“十二五”国家重点图书出版规划项目

石油炼制辞典

A DICTIONARY OF PETROLEUM REFINING

（第二版）

王基铭　主编

中国石化出版社

图书在版编目(CIP)数据

石油炼制辞典 / 王基铭主编 . —2 版 . —北京:
中国石化出版社, 2020.6
“十二五”国家重点图书出版规划项目
ISBN 978-7-5114-5480-5

Ⅰ.①石… Ⅱ.①王… Ⅲ.①石油炼制-词典
Ⅳ.TE62-61

中国版本图书馆 CIP 数据核字(2020)第 056238 号

中国石化出版社出版发行
地址:北京市东城区安定门外大街 58 号
邮编:100011 电话:(010)57512500
发行部电话:(010)57512575
http://www.sinopec-press.com
E-mail:press@sinopec.com
北京柏力行彩印有限公司印刷
全国各地新华书店经销
*
850×1168 毫米 32 开本 35 印张 1031 千字
2020 年 11 月第 2 版 2020 年 11 月第 1 次印刷
定价:300.00 元

《石油炼制辞典》(第一版)编委会

《石油炼制辞典》(第一版)编辑部

《石油炼制辞典》(第一版)主要参编人员

杨朝合	金　强	夏道宏	涂永善	王从岗	刘长江	杜启振
仇延生	屠式瑛	康小洪	濮仲英	杜泽学	黄燕民	周震寰
段庆华	许友好	范启明	王卫平	袁　清	宋海涛	温朗友
田龙胜	侯朝鹏	刘银亮	程从礼	吴　昊	白凤宇	张执刚
蒋文斌	崔守业	朱金泉	姜　楠	沙有鑫	阎　龙	孔令江
何奕工	唐津莲	杨　超	徐　莉	刘玉良	王文寿	倪　蓓
张秋平	王辉国	张　辉	王维家	程国香	马艳秋	刘立军
王士新	刘树华	齐慧敏	侯凯锋	雷　强	刘　刚	孙元碧
李京芳	王志强	王玉翠	霍宏伟	陈允中	梁凤印	杜金奎
张文杰	赵　江	张　华	张春辉	张连英	刘　红	徐　建
刘旭英	杨　榕	付晓先	王　煜	李龙娟	李万英	胡　刚
曹玉发	俞巧珍	王　俊	李杏涛	辛　虎	刘庆廉	栗志彬
宗　明	赵玉贞	王克华	林荣兴	蒋　彤	曹毅春	陈　霞
戴建芳	丁　蕴	李中全	裘剑蓉	桑国翠	赵　玲	张　宇
郭　奇	王昌东	魏志刚	肖云鹏	方　明	周　斌	杨善文
王东亮	章友祥	施　源	何松杰	鲍官祥	刘　美	康　珏
伍　林	陈　宁	邹琳翔	方宗顺	胡钟伊	汪　川	夏一丁
许明春	王建平	宋登舟	董利新	李建国	庹春梅	易　宾
余定平	辛　宇	赵　宏	龚兴阳	彭云峰	荆　棘	王福其
刘小辉	韩　磊	胡海燕	黄　飞	路荣博	姜素霞	高雪琦
朱先俊	张昌运	高根煜	罗　敏	魏亚玲	朱一华	王忠国
郑伟清	尹　强	吕爱民	宋　磊	崔振初	周立伟	李　莉
樊兴岗	陈　栋	阮煜彬	乔飞敏	张志雄	刘永红	陈　浩
陈启智	杨　波	陈小军	林茂南	张德洪	梁　飞	周若洪
张小宏	刘歌颂	刘延军	陈柏华	王守春	张　静	刘　易
张静芳	魏永治	王　华	魏新鹏	高礼杰	李　浩	陈胜利
赵　亮	王　曦					

《石油炼制辞典》(第一版)主要审稿人员

王基铭	张德义	侯芙生	闵恩泽	陆婉珍	陈俊武
徐承恩	李大东	汪燮卿	杨启业	胡永康	舒兴田
关德范	张　抗	田松柏	芦寅生	李志强	郑世桂
贾鹏林	张立新	张久顺	李　浩	关明华	徐又春
杨森年	李　锐	李出和	李和杰	华　炜	袁忠勋
范晓梅	李菁菁	刘爱华	闫振乾	朱永进	潘草原
李志英	张永光	姚志龙	何祚云	孙宝慈	任相坤
马伯文	郭锦标	张春辉	郭小川	李兆斌	仇恩沧
赵　岩	陆文高	顾望平	丁亦西	肖素琴	朱廷彬
叶元凯	王为华	刘彦波	戴宝华	张建荣	仇延生
姜　琳	孟庆海	黄小平	王宗景	张　力	张　勇
王　强	孟庆鹏	詹　鲲	林大泉	李本高	杨学军
毛加祥	朱　煜	王北星	谈文芳	黄文轩	俞巧珍
刘雄华	单洪青	刘顺涛	何启军	戴照明	刘歌颂
王玉翠	霍宏伟	齐学忠	潘欣荣	张志檩	孙明荣
周若洪	王　森	陈香生	吕家欢	邓春森	陈允中
刘鸿洲	周志敏	范立平	张敏燕	宋　阳	王　洋
孙　菲	林大朋	苏静婷	陈明杰	张子鹏	张国相
蒋文钧	叶小舟	程丽华	谢　颖		

第一版序

改革开放以来，随着中国经济的快速发展，中国炼油工业实现了跨越式发展，原油加工能力和加工量快速增长，2012年炼油能力已达到5.75亿吨，成为世界第二炼油大国，同时中国炼油技术发展非常迅速，已达到国际先进水平，自主全面掌握了炼油核心技术和成套技术。据预测，在21世纪前50年，石油仍将是全球主要能源之一。交通运输燃料仍将以油品为主，炼油工业仍将处于持续发展的态势。随着科学和技术的进步，新概念、新术语不断涌现，已有技术术语的内涵也在不断更新和扩展，当前现有的于1984年出版的《石油炼制词典》已不能适应当前炼油工业的发展趋势。广大从事炼油工业科学与技术工作的人员以及有关高等院校的教师和学生都迫切希望有一本反映当代炼油最新知识和技术的工具书，以利于不断提高专业知识，跟上时代的发展，以满足业务工作和学术交流的需要。因而出版一部覆盖面广、收词全面、释义准确，并具有较强知识性、实用性和可读性的工具书《石油炼制辞典》(以下简称《辞典》)是十分迫切、也是十分必要的。

受中国石化出版社之托，邀请我出面牵头组织该《辞典》的编写事宜。这是一件光荣而艰巨的任务。所幸该项工作得到了中石化、中石油、中海油、石油大学、华东理工大学等单位的大力支持，由此成立了编写委员会，邀请了三大石油公司近三十家炼油企业、科研设计单位与石油化工类高等院校的专家学者共同参与。参加编写的人员，都是长期在科研、设计、教学和生产部门担负重要工作，从事炼油领域的专家和技术骨干，知识面广、专业强，具有较高的学术水平和丰富的实践经验。这些参与编写的同志在繁重的业务工作情况下，挤出时间甚至放弃休息，夜以继日，查阅了大量国内外有关资料，精心编写每一个词条。编写过程中，侯芙生、陆婉珍、陈俊武、徐承恩、李大东、汪燮卿、杨启业、胡永康、舒兴田等院士及炼油行业内近百名知名专家自始至终参与了审查工作；负责编写词条的作者均根据专家的审查意见反复修改完善，精雕细琢，精益求精；先后多次召开了各专业的审查会，四次召开全体编委会。编写工作历时两年多，数易其稿，编写工作认真负责、严谨、缜密、一丝不苟。

《辞典》收词既照顾全面，又突出重点；既考虑技术演化，又突出当代。内容涵盖了包括炼油工艺过程、原料、中间产品、石油产品、添加剂及催化剂、产品性质及评定、专用设备及仪器、油品储运、环保及经济等专业词汇，突出“全、新、准”的原则，尽量注意兼顾与炼油领域关系紧密的相关词条。全书收词8500余条。我们深信本《辞典》的出版将有利于促进炼油技术术语的科学化、规范化，对传播炼油知识，尤其是对学术交流有着极为重要的作用。

本《辞典》编写和出版，得到了中国石油化工集团公司、中国石油天然气集团公司、中国海洋石油总公司三大公司及下属企事业单位、中国石油大学(北京)、中国石油大学(华东)、华东理工大学、广东石油化工学院、常州大学等单位的大力支持，在此一并表示感谢。

由于《辞典》专业涉及面很广，百密一疏，书中难免有不足和疏漏之处，敬请广大读者批评指正。

王基铭

第二版前言

《石油炼制辞典》于2013年出版，内容涵盖了包括炼油工艺过程、原料、中间产品、石油产品、添加剂及催化剂、产品性质及评定、专用设备及仪器、油品储运、环保及经济等专业词汇，收录了炼油工业特别是近三十多年来发展中出现的大量新技术词汇。《石油炼制辞典》词条术语科学规范，中英对照，释义简明准确，实用性强，出版后深受广大读者欢迎。于2015年获得中国石化科技进步三等奖。

本次修订，根据全国科学技术名词审定委员会审定公布的《化工名词（一）——石油炼制·煤制油及天然气·生物质制油》，规范修正了第一版部分词条的中英文名称及释义，并重点审查校订了词条的英文译名，由邓春森和陈允中负责。本版还对第一版的所有附图进行了重新排版制作。

辞典编撰是一项复杂而细致的工作，本次修订，虽然尽了很大努力，仍可能存在不足和疏漏之处，希望读者批评指正。

总目录

说明

1. 本辞典收词紧密围绕石油加工过程，突出新工艺、新设备、新技术、新材料；涵盖炼油整个产业链，做到全、新、准；有老有新，既延伸到过去，也注意超前；不收集一般性的通用词条、常识性词条，通用词条只收录与炼油工业密切相关的术语。

2. 词条术语科学规范，有标准的以标准为主；有关行业术语尚未标准化的，词条按一般公认的习惯列出。主词条以通用名词为原则，别称在释文中列出，释义力求简明准确。

3. 本辞典解释的词目按专业分类编排。"加工工艺"各专业内词目按照名词解释、原料、工艺、方法、专用设备、产品等顺序编排，"炼油一般词汇"和"信息"专业内词目按照拼音顺序编排，其他专业均按照各自专业顺序编排。通用的设备、仪表等方面的词在设备、仪表专业收集，工艺专业不收集，专用的设备、仪表等收集到相应的工艺专业中。

4. 对于在不同专业都可能涉及的词，则只在一个专业中列出，其他专业不再列。如"生物质能"可以列到"生物燃料"或"替代能源"专业，在本辞典中只列在"生物燃料"专业中。

5. 正文前有《专业分类目录》，并有《词目汉语拼音索引》，该索引中包括附录内的内容。

6. 英文字母开始的词目，在《词目汉语拼音索引》中按汉字译音第一个音排在最前面，如"API 度"，排在 A 部的最前面；希腊字母、阿拉伯数字开始的词目，排在 Z 部的最后面。

7. 词目正文中，每一词目后均有相应的英文译名，英译名后圆括内的字母为其缩略词。

8. 释义内并列事项的序号用圈码(1)、(2)、……分开。

专业分类目录

词目汉语拼音索引

A

B

C

D

E

F

H

L

M

N

O

Q

S

T

U

V

W

1 油气资源

1.1 油气田类型

陆相油气田 continental oil-gas field 指非海相盆地(陆相盆地)烃源岩生成的油气进而聚集形成的油气田。

海相油气田 marine oil-gas field 指海相盆地沉积的烃源岩生成的油气进而聚集形成的油气田。

浅海油气田 shallow sea oil-gas field 指存在于海水深度小于 200m 的油气田，特别是指大陆架和内陆海及陆缘海发现的油气田。

海底石油资源 subsea petroleum resources 埋藏在海底的石油和天然气称为海底石油资源。大部分拥有出海口的国家均拥有部分海底石油资源。

大陆架石油资源 petroleum resource on continental shelf 大陆板块自然向海洋板块延伸的海水深度小于 200m 的区域称大陆架，蕴藏在大陆架区域的石油资源称为大陆架石油资源。

含油气盆地 petroliferous basin 在某一地质历史阶段，地壳某区域稳定下沉、并接受了巨厚沉积物的沉降区称为沉积盆地。如果其中有发育良好的油气生成和聚集条件，并且发现了具有工业价值的油气田，则称为含油气盆地。

板块构造 plate tectonics 指地球圈层结构中最外层性质不同的块体运动、演化及其产生的全球性构造地质现象。地球最外层是厚约 50~150km 的固态岩石圈(包括地壳和部分上地幔)，岩石圈以下是塑性软流层。岩石圈被活动带分隔成不同的块体(即板块)，这些板块漂浮在软流层上由地幔对流驱动，由大洋中脊向两边扩张，在大洋板块和大陆板块之间发生碰撞，大洋板块沉没于地幔之中，完成对流循环，并在地壳上产生相应构造。

陆相 continental facies 大陆沉积环境中形成的沉积相的总称。

海相 marine facies 海洋环境中形成的沉积相的总称。

特大型油气田 giant oil-gas field 指油气地质储量超过 10 亿吨油当量的油气田。

大型油气田 large oil-gas field 指油气地质储量超过 1 亿吨油当量的油气田。

1.2 常规油气资源

常规石油 conventional petroleum 指储存在常规储层中，具有明显油水界面或气水界面和油气边界的油气资源，并且可以通过常规勘探和开发方式产出的石油。

石油 petroleum 指自然界中以气态、液态、固态的形式存在于地下的烃类混合物。人们常把自然界产出的油状可燃液体矿物称为“石油”，把可燃气体称为“天然气”，把固态可燃油质称为“沥青”。这些可燃物质具有成因联系，均属烃类化合物，因此将它们统称为石油。

原油 crude oil 通常称未经加工的自然产出的液态石油为原油。原油是由各种烃类组成的油状、可燃的复杂混合物，其中也含有少量的硫、氮、氧等有机化合物和微量元素。通常是淡黄色到黑色的、流动或者半流动的黏稠液体，可按密度、烃类成分、硫含量、酸值、蜡含量等进行分类。原油性质因产地不同而有很大差异。一般分为石蜡基原油、中间基原油和环烷基原油三类。

合成原油 synthetic crude 指由油页岩、油砂、煤、重质油以及生物质等为原料，经过热裂解等各种加工过程得到的、可以运输和进行市场销售的产物，其主要组分都是常规原油中所含有的烃类。

凝析油 condensate 指凝析气田天然气凝析出来的液相组分，又称天然汽油。其主要成分是 $C_5 \sim C_8$ 烃类的混合物；或指在地层条件下介于临界温度和临界凝析温度之间的气相烃类，开采时，当地层压力降至露点压力后凝结析出的轻质液态油。一般相对密度<0.8。

凝析液 condensate liquid 指在一定温度、压力条件下由气体凝析成的液体。油气资源领域专指“天然气凝析液(natural gas liquids，缩写为 NGL)”，是一类在地表温度和压力下为液体状态的或者在适度压力下为液态的天然气中的烃类化合物，其主要成分为乙烷、丙烷、丁烷和戊烷等。

天然气 natural gas 指以甲烷为主的复杂烃类混合物，通常含有乙烷、丙烷和少量更重的烃类，以及若干不可燃类气体，如二氧化碳、氮气等。广义上的天然气是指地球地壳中存在的一切气体，包括煤层气、天然气水合物、泥火山气、水溶性天然气和非烃气等。

压缩天然气 compressed natural gas(CNG) 指主要成分为甲烷的压缩气体燃料。以专用压力容器储存的用作车用燃料的压缩天然气称为车用压缩天然气。

凝析气 condensate gas 指对地下温度压力较高的液相烃类进行开采时，由于温度压力降低相态反转，而生成的气相烃类。

重质原油 heavy crude oil 一般指相对密度介于 0.9~1.0 的原油，颜色深，富含胶质和沥青质，汽油馏分含量比轻质原油和中质原油少。见 14 页“原油相对密度分类法”。

超重原油 extra heavy crude oil 指相对密度 $d_4^{20}>0.9980$(API<10)的原油。见14页“原油相对密度分类法”。

深色石油 dark petroleum 一般指深黑色的重质原油、油砂沥青等。

低凝原油 low freezing point crude oil 一般指凝点低于0℃的原油。低凝原油一般蜡含量较低。

乳化原油 emulsified crude oil 指呈油包水、水包油等形式的含水原油。

储采比 reserves-production ratio 指一个国家、地区或油气田，剩余可采储量与当年年产量的比值。储采比反映油气产量的保证程度，是石油工业中为分析、判断油气田合理开发、建设规模、生产形式和稳产形势的重要指标。

资源评价 resource assessment 指对一个国家或一个勘探区地下油气潜力的估算。油气资源评价就是对不同的地质单元进行分类评价，查明油气资源的分布规律，为勘探决策规划提供有利资源依据。

含油饱和度 oil saturation 指油气储集岩中原油所占孔隙体积的百分数。油藏投入开发前的含油饱和度，称原始含油饱和度。石油开采过程中残余原油所占孔隙体积的百分数称为残余油饱和度。它们是计算可采储量和采收率的主要参数。

有机成因说 theory of organic origin 有机成因说认为油气是地质历史上的生物有机质在还原环境下因温度压力升高而转化生成的。该学说分为早期成因说和晚期成因说。晚期成因说应用广泛，它认为生物有机质先转换为干酪根，干酪根再生成油气。

无机成因说 theory of inorganic origin 无机成因说认为石油是由自然界中碳氢等元素在高温高压条件下合成的，与有机物质无关。它包括多种学说，如碳化物说、石油宇宙成因说、石油火山起源说以及岩浆说等。

油藏 oil reservoir 指地下原油储集的一个空间，具有储集层、盖层和遮挡等要素。油藏是油田开发的基本单元，具有统一的压力系统。一个油田可以由一个油藏或多个油藏组成。

气藏 gas reservoir 指地下天然气储集的一个空间，具有储集层、盖层和遮挡等要素。气藏中只有天然气聚集，或含有少量原油与凝析油的称为“纯气藏”。当气藏中聚集的天然气量达到了可供工业开采的品位和数量，则称为“工业气藏”。

油气当量 oil and gas equivalent 指某一地区产出的天然气数量按热值折算为原油的数量。不同地区天然气热值不同，天然气折算成原油的系数也不同。例如国内某天然气折算成原油的系数为1255，即将1255m^3天然气折算为1t原油。

石油资源量 petroleum resources 指一个油气田或地区技术上可以获得的、具有经济效益的最终可采石油数量。

天然气资源量 gas resources 指一个油气田或地区技术上可以获得的、具有经济效益的最终可采天然气数量。

石油剩余可采储量 remaining recoverable reserves of oil 指油田投入开发后，可采储量与累积采出量之差。

天然气剩余可采储量 remaining producible reserves of gas 指气田投入开发后，可采储量与累积采出量之差。

石油可采储量 recoverable reserves of oil 指在现代工艺技术和经济条件下，能从储油层中采出的那一部分石油量。

天然气可采储量 recoverable reserves of gas 指在现代工艺技术和经济条件下，能从储气层中采出的那一部分气量。

石油地质储量 geological reserves of oil 指在地层原始条件下，储层中原油的总量。

天然气地质储量 geological reserves of gas 指在地层原始条件下，储层中天然气的总量。

石油探明储量 proved reserves of oil 指在油田评价钻探阶段完成或基本完成后计算的储量。是在现代技术和经济条件下，可提供开采并能获得经济效益的可靠储量。探明储量是编制油田开发方案、进行油田开发建设投资决策和油田开发分析的依据。

天然气探明储量 demonstrated reserves of gas 指在气田评价钻探阶段完成或基本完成后计算的储量。是在现代技术和经济条件下，可提供开采并能获得经济效益的可靠储量。探明储量是编制气田开发方案，进行气田开发建设投资决策和气田开发分析的依据。

石油控制储量 probable reserves of oil 指在某一圈闭内预探井发现工业油流后，以建立探明储量为目的，在评价钻探过程中钻了少数评价井后所计算的储量。控制储量的精度比探明储量的精度差一些。

天然气控制储量 probable reserves of gas 指在某一圈闭内预探井发现工业气流后，以建立探明储量为目的，在评价钻探过程中钻了少数评价井后所计算的储量。控制储量的精度比探明储量的精度差一些。

石油预测储量 possible reserves of oil 指在地震详查以及其他方法提供的圈闭内，经过预探井钻探获得油流、油层或油苗显示后，根据区域地质条件分析和类比，对有利地区按容积法估算的储量。预测储量的精度比控制储量的精度差一些。

天然气预测储量 possible reserves of gas 指在地震详查以及其他方法提供的圈闭内，经过预探井钻探获得气流、气层或气苗显示后，根据区域地质条件分析和类比，对有利地区按容积法估算的储量。预测储量的精度比控制储量的精度差一些。

石油采收率 oil recovery factor 指石油可采储量占原始石油地质储量的百分率。是反映地下石油资源开采利用程度的指标，其值与油藏地质条件和开采方法有关。

天然气采收率 gas recovery factor 指天然气可采储量占原始天然气地质储量的百分率。是反映地下天然气资源开采利用程度的指标，其值与天然气藏地质条件和开采方法有关。

1.3 非常规油气资源

油砂 oil sand; tar sand 指露出地表或埋藏较浅的含重质石油的砂岩、砾岩或松散砂层，亦称“天然沥青”“焦沥青”或“重油砂”。系原油在地表、近地表条件下失去轻质组分后的产物，还可能是微生物降解的产物。普通的油砂约含有12%(质量)的沥青，若小于6%(质量)就没有开采价值。

页岩油 shale oil 在石油地质领域，页岩油是一种残留在泥岩、页岩等烃源岩中的石油。在炼油工业中一般指由油页岩经干馏而得的油状产物，与天然石油相比，含烯烃以及氮和氧等有机化合物较多。

油页岩 oil shale 又称油母页岩，是一种富含有机质、可以燃烧的细粒沉积岩。油页岩中绝大部分有机质是不溶于普通有机溶剂的成油物质，俗称“油母”。油页岩是一种能源矿产，属于低热值固态化石燃料，是人造石油的重要原料，可用于发电或经低温干馏得到页岩油，进一步加工生产油品。国际上常以每吨油页岩能产出0.25桶(即0.034t)以上页岩油的油页岩或者将产油率高于4%的油页岩称为“油页岩矿”。

天然沥青 natural bitumen 指油气藏在遭受破坏过程中变化而形成的固体或半固体物质。如石油成藏后，受断裂构造运动的影响，在断层或断裂带内受到自由氧或热力的作用或由于物理分异作用，形成的一系列固态石油物质。

伴生气 associated gas 亦称“伴生天然气”“油田气”。指与石油共生的天然气，包括气顶气和溶解气，即在采出的原油中分离出的天然气。

天然气水合物 natural gas hydrate(NGH)指在一定条件下(即合适的温度、压力、气体饱和度等)由水和天然气组成的类似冰状的、笼形结晶化合物，因其遇火即可燃烧，所以也被称为"可燃冰"。形成天然气水合物的主要气体为甲烷。对甲烷分子含量超过99%的天然气水合物通常称为"甲烷水合物"。在标准状况下，1单位体积的甲烷水合物分解，最多可产生164单位体积的甲烷气体，是一种重要的潜在资源。

1.4 原油评价

原油评价 crude evaluation; evaluation of crude oil 根据不同目的在实验室对原油进行各种分析和试验，通常包括原油一般性质分析、实沸点蒸馏、窄馏分性质测定、直馏产品性质测定等；确定原油的类别、特点，并预见其产品性质，为编制原油开发、储运和加工方案，以及相关工程设计提供基本数据。

原油评价方法 crude evaluation method 利用多种分析技术，采用规格化分析仪器或设备，遵守规定的操作步骤，对原油及其馏分油的物理性质、化学性质、烃类及非烃类化合物的组成进行分析的试验方法。通常是采用标准方法，在规定条件下进行试验和分析测定。

原油评价标准 evaluation criterion of crude oil 测定原油及石油产品性质需遵循的试验标准，包括国内标准和国际标准。国内标准主要有国家标准(GB)和石油、石化行业标准(SY/T、SH/T)；国际标准主要有国际标准化组织标准(ISO)、美国试验和材料协会标准(ASTM)、英国石油学会标准(IP)、俄罗斯国家标准(ГОСТ)、德国国家标准(DIN)、日本石油协会标准(JPI)等。

原油简单评价 simple evaluation of crude oil 进行原油的一般性质分析，初步确定原油的基本性质和特点，以用于原油的普查，为不同类型原油的合理利用提供依据。

原油常规评价 conventional evaluation of crude oil 又称为原油基本评价，包括原油的一般性质分析，原油实沸点蒸馏，宽、窄馏分性质测定和石油产品性质预测等。目的是为一般燃料型炼油厂的设计提供数据，或为各炼油厂了解原油变化、及时调整操作提供依据。

原油基本评价 basic evaluation of crude oil 见"原油常规评价"。

原油综合评价 comprehensive evaluation of crude oil 原油综合评价内容最全面，包括原油性质分析，实沸点蒸馏及窄馏分性质分析，汽油馏分及重整原料的性质分析，喷气燃料的性质分析，两种以上的煤、柴油馏分的性质分析，润滑油馏分潜含量及性质分析，减压馏分性质分析，重油及渣油性质分析等。为综合型炼油厂设计和拟定生产方案提供基本数据，为油田新区拟定原油资源合理利用方案提供依据。

减压馏分油评价 VGO evaluation 包括作为润滑油原料和裂化原料的评价。润滑油原料评价一般切取减压馏分油的各个50℃馏分，分析其润滑油的潜含量和主要性质，包括收率、凝点和黏度指数。裂化原料的评价是分析其催化裂化和加氢裂化的基本性能，包括测定密度、碳氢含量、硫氮含量、黏度、凝点、相对分子质量、烃族组成、金属含量和残炭等。

渣油评价 residue evaluation 渣油评价的目的是为其制定合理的加工路线，一般包括密度、黏度、凝点测定，碳氢硫氮元素分析，镍钒钙钠等金属元素分析，四组分(SARA)分析，残炭、针入度、延度和软化点测定等。还可以采用分子蒸馏、超临界萃取等方法进一步将渣油分离成多个组分，配合现代分析仪器深入研究其结构性质。

原油类别 type of crude oil 指原油的类属或属性。一般而言，相同属性的原油具有相似的化学组成和相近的加工特性。

原油分析 crude assay 包括原油的蒸馏特性和其他理化性质的分析测定。理化性质通常包括原油的含水量、含盐量、密度、黏度、凝点、残炭、酸值、含硫量、含氮量、含蜡量、含沥青质量等基本性质。

原油组成 crude composition 指原油中不同组分所占的比例。通过分析测定构成原油的各种烃类和非烃类组分来确定。

原油稳定 crude stabilization 为降低原油蒸气压，从原油中分离出轻烃及溶解气体的过程。原油稳定工艺可采用负压脱气、加热闪蒸和分馏等方法。

原油闪蒸 crude flashing 在一定的压力下，将原油加热到一定温度，其中汽化的组分与未汽化的组分处于平衡状态，使其进入一个容器，由于压力降低即会发生已汽化组分与未汽化组分的瞬时分离，即分离为气液两相。原油的这种汽化蒸发分离过程，称为原油闪蒸。因为这种汽化蒸发是在气液平衡下的一次汽化蒸发，因而也称一次汽化或平衡闪蒸。

原油分离 crude distillation 是原油评价的基本手段，一般指在实沸点蒸馏装置上将原油蒸馏，按照评价要求切割出宽、窄馏分油的过程。原油切割需要采用常压及多段不同减压蒸馏过程来完成。试验方法见GB/T 17280、GB/T 17475。

原油乳化 crude emulsification 指水均匀分散在原油中或原油均匀分散在水中的过程。原油中的胶质、沥青质、环烷酸等为天然乳化剂，大多数重质原油容易形成油包水型的乳化液，水是分散相，油是连续相，导致原油脱盐脱水困难。在稠油开采或输送过程中，通过加入表面活性剂形成水包油型的乳化液，可以显著降低稠油的黏度，降低稠油的流动阻力。

原油沉降 crude oil setting 将油田采出的原油送入储罐静置，利用水重油轻的原理，使水及泥沙等杂质沉降分出的过程。若原油密度较大，可在储罐中安装蒸汽盘管加热原油，降低原油密度，提高油水沉降分离效率。

馏出液 distillate 指测定油品馏程时，收集在量筒或其他接受容器中的冷凝液体。又称蒸馏液或馏出物。

馏出油 distillate oil 指原油或其他油料经蒸馏塔分馏时，自塔顶和侧线得到的馏分。

馏出气 distillate gas 指原油或其他油料经蒸馏塔分馏时，自塔顶得到的气体。

蒸馏特性 distillation characteristics 又称分馏特性。以初馏点、终馏点、馏出温度对应馏出量变化规律等表示的蒸馏试验结果。

窄馏分 narrow fractions 指沸点范围较窄的石油馏分。为一相对概念，无具体沸程范围界限。窄馏分的沸点范围取决于需要。在原油评价中经实沸点蒸馏切割成3%（质量、体积）或10℃、20℃、30℃间隔的窄馏分。在科研中也有经实沸点蒸馏切割成10~50℃间隔的窄馏分。在润滑油生产中，减压侧线馏分沸程范围在100℃以内可视为窄馏分。窄馏分对溶剂精制和溶剂脱蜡有利，有利于优化操作条件，提高产品质量与收率。

馏出温度 distillation temperature 油品在规定条件下进行馏程测定中，馏出液量达到某一体积分数时对应的气相温度。如馏出液体积为10%时的气相温度即为10%馏出温度或简称10%点，用以表示油品的馏分组成及使用性能。如汽油的初馏点和10%点、50%点及90%点和终馏点分别说明汽油在发动机中的启动性能、加速性能及蒸发完全程度。

恩氏蒸馏曲线 Engler distillation curve 在油品恩氏蒸馏实验中所得到的馏出温度和馏出物体积分数的关系曲线。

实沸点蒸馏曲线 true boiling point distillation curve; TBP curve 在原油实沸点蒸馏实验中，用馏出温度与馏出油质量分数绘制的关系曲线。为原油蒸馏装置设计计算的基本依据之一。

中比（性质）曲线 mid-percent (property) curve 在实沸点蒸馏过程中，所测得的窄馏分性质具有平均的性质。以窄馏分馏出一半时的性质标绘性质曲线，就称为中比曲线。如相对密度中比曲线、黏度中比曲线等。

产率性质曲线 yield property

curve 是以某特定油品的不同产率为横坐标，相应产率下油品的物性为纵坐标绘制而成。最常用的是汽油和重油的产率性质曲线。例如在确定润滑油减压流程方案时，需要知道蒸到不同深度所剩余残油的性质，就可以从重油产率性质曲线中得到。

柴油指数 diesel index(DI)表示柴油在柴油机中点火性能的一个计算值。该值由相对密度和苯胺点得来，且不因使用点火促进剂改变其计算值。柴油指数越大，表示其燃烧性能越好。

黏重常数 viscosity-gravity constant(VGC)一种表征原油和油品化学组成的指数。烷烃的黏重常数较小，芳香烃的黏重常数较大。可根据试样15℃密度ρ_{15}(g/cm^3)和40℃运动黏度ν_{40}或100℃运动黏度ν_{100}(mm^2/s)按下式计算：$VGC=[\rho_{15}-0.0664-0.1154\lg(\nu_{40}-5.5)]/[0.94-0.109\lg(\nu_{40}-5.5)]$；$VGC=[\rho_{15}-0.108-0.1255\lg(\nu_{100}-0.8)]/[0.90-0.097\lg(\nu_{100}-0.8)]$。黏重常数<0.82，表示为石蜡基；黏重常数=0.82~0.85，表示为中间基；黏重常数>0.85，表示为环烷基。

相关指数 Bureau of Mines correlation index(BMCI)美国矿务局相关指数，又称关联指数。一种表征油品化学组成的参数，是一个与相对密度d及体积平均沸点t_v相关联的指标，其定义式为：$BMCI=[48640/(t_v+273)]+473.7d_{15.6}^{15.6}-456.8$。正构烷烃的相关指数最小，基本为0；芳香烃的相关指数最高(苯约为100)；环烷烃的相关指数居中(环己烷约为52)。油品的相关指数越大表明其芳香性越强，相关指数越小则表示其石蜡性越强。BMCI广泛用于表征裂解制乙烯原料的化学组成。

碳七不溶物 C_7 insolubles 沥青质、胶质的成分并不固定，是由很多物质组成的复杂体系，由不同测定方法得到的结果不同。目前的测定方法大多数是根据沥青质、胶质在不同溶剂中的溶解度不同及不同吸附剂对它们的吸附能力不同或其他物理性质的差异来实施的。在测定油样沥青质含量时，用正庚烷作为溶剂沉淀出沥青质的量，称为碳七不溶物或庚烷沥青质。

碳五不溶物 C_5 insolubles 在测定油样沥青质含量时用正戊烷作为溶剂沉淀出沥青质的量，称为碳五不溶物或戊烷沥青质。见“碳七不溶物”。

结构族组成 structural group composition 不论石油烃类的结构多么复杂，它们都是由烷基、环烷基和芳香基的结构单元所组成。而结构族组成就是确定复杂分子混合物中这些结构单元的量，而不是研究其在分子中的结合方式。结构族组成广泛用来表征石油及其高沸点馏分平均分子的化学组成，包括芳碳百分数、环烷碳百分数、烷基碳百分数，芳环数、环烷环数和总环数。

渣油四组分 SARA components 指用溶剂沉淀法及液体色谱法将渣油分为饱和烃(S)、芳烃(A)、胶质(R)和沥青质(A)四个组分。

原油含水量 water content of crude oil 存在于原油中的含水量，以质量分数表示。具体测定方法见GB/T 8929。

原油含盐量 salt content of crude oil 在溶剂和破乳剂存在下，在规定的抽提器中用水抽提，抽出液经脱除硫化物后测定其卤化物含量，每升原油中所含卤化物以氯化钠计的毫克数。若出于防腐目的，要求脱盐后原油含盐量小于5mg/L；为保护后续加工过程的催化剂，则要求脱盐后原油含盐量不大于3mg/L。

原油含蜡量 wax content of crude oil 将原油样品加入溶剂，然后冷却至-18℃，析出的石蜡经过滤、冲洗、干燥后称重，占原油样品的质量分数。

原油密度 crude oil density 在规定温度下，单位体积内所含原油的质量，以 kg/m^3 表示。我国规定油品在20℃时的密度为其标准密度，以 ρ_{20} 表示。具体测定方法见GB/T 1884。

原油凝点 solidifying point of crude oil 原油样品在规定的试验条件(GB/T 510)下冷却至停止移动时的最高温度，是表征原油低温流动性能的重要指标。

原油黏度 crude oil viscosity 原油流动时内摩擦力的量度，常用绝对黏度表示。绝对黏度又称动力黏度或物理黏度。在国际单位(SI)制中以 Pa · s 表示，测定方法见SY/T 0520。也可通过测定原油的运动黏度计算绝对黏度，具体方法见 GB/T 11137。

原油闪点 flash point of crude oil 在规定条件下，加热油品所溢出的蒸气与空气组成的混合气与火焰接触时发生瞬间闪火时的最低温度，以℃表示，是原油安全性能指标。一般是指常压下的闪点，通常采用开口杯法测定，详见GB/T267。

原油酸值 acid number of crude oil 定量表示原油中酸性含氧化合物含量的指标。即中和1g原油试样中的酸性物质所需的氢氧化钾毫克数，以mgKOH/g表示。

原油残炭 carbon residue of crude oil 在规定条件下，油样在蒸发、裂解中所形成的残留物，以质量分数表示。具体测定方法见GB/T

268、GB/T 17144，当残炭>0.01%时，两种方法等效。

原油灰分 ash content in crude oil 在规定条件下，原油试样被炭化后的残留物经煅烧所得的无机物，以质量分数表示。

原油胶质 resin content in crude oil 是一种由含硫、氮、氧的稠环烃类化合物组成的红褐色至暗褐色半固体状黏稠物质，相对密度在1.0左右。

原油沥青质 asphaltenes content in crude oil 一般把石油中不溶于低分子(C_5~C_7)正构烷烃，但能溶于热苯的物质称为沥青质。它是一种由含硫、氮、氧、金属的稠环烃类化合物组成的黑褐色固态物质，相对密度大于1.0。在原油和重油中，与胶质一起呈胶体状态而存在。常见到的是正庚烷沥青质和正戊烷沥青质，即用正庚烷或正戊烷作为溶剂沉淀出沥青质，测定其质量分数。

原油元素分析 elemental analysis of crude oil 指原油中的碳、氢、硫和氮等非金属元素的含量分析。

原油微量金属含量 trace metal content in crude oil 指原油中的镍、钒、钠、铁、钙等金属元素含量。

原油平均相对分子质量 average molecular weight of crude oil 用不同统计方法可以得到不同定义的平均相对分子质量。常用的有数均相对分子质量和重均相对分子质量。在炼油工艺计算中，原油及油品的相对分子质量一般是指其数均相对分子质量。原油平均相对分子质量是指原油中各组分的摩尔分数与其相对应的相对分子质量的乘积的总和。可利用蒸气压渗透法实测得到，也可用经验公式近似地计算得到。

原油馏程 distillation range of crude oil 原油在规定条件下蒸馏所得到的，以初馏点和终馏点表示其蒸发特征的温度范围。常用的标准试验方法有实沸点蒸馏、恩氏蒸馏、高真空减压蒸馏等，测定方法可分别参见 GB/T17280、GB/T 6536、GB/T 17475。

原油馏分组成 distillate yields of crude oil 按照原油中各组分的沸点差别，利用蒸馏设备将原油切割成<200℃（或180℃）汽油馏分、200（或180）~350℃柴油馏分、350~500℃润滑油馏分及>500℃减压渣油等若干馏分，并得到各馏分的质量收率，称为原油的馏分组成。

API度 API gravity 美国石油学会用来表示油品密度的一种约定尺度。又称比重指数或API重度。其范围为0~100度，标准温度为15.6℃（即60℉）。它与相对密度

$d_{15.6}^{15.6}$的关系式为：API 度=[141.5/$d_{15.6}^{15.6}$]-131.50 油品的相对密度愈小，则其 API 度愈大。

总硫 total sulfur content 石油及石油产品所含的所有硫化物中硫的总量，以单质硫对样品的质量分数表示。测定方法主要有波长色散 X 射线荧光光谱法 GB/T 11140、能量色散法 GB/T 17040、紫外荧光法 SH/T 0689 等。

原油简易蒸馏 simplified distillation of crude oil 一种利用简易蒸馏装置对原油进行常压、减压蒸馏得到馏分油的试验方法。常压蒸馏的馏程范围为初馏点至 200℃。减压蒸馏的第一段在 1.33kPa 压力下蒸馏到 285℃（相当于常压温度 450℃）；第二段在 0.27kPa 压力下蒸馏到 300℃（相当于常压温度 500℃）。试验方法详见 GB/T 18611。

原油实沸点蒸馏 true boiling point distillation of crude oil 一种实验室定制的釜式精馏方法，可以切取原油中≤400℃的馏分油，主要用于原油评价及石油馏分组成的表征。实沸点蒸馏数据是制定原油加工方案的主要依据之一。试验方法见 GB/T 17280。

原油模拟蒸馏 simulated distillation of crude oil 一种气相色谱分析方法。采用程序升温方式，使原油中的烃类组分按照沸点升高的顺序流出，根据烃类组分在色谱柱上的保留时间，计算出它们的沸点。然后用这些数据与实沸点蒸馏、恩氏蒸馏、平衡蒸馏等实际蒸馏数据进行关联，从而得到原油不同的沸程分布。可用于测试原油及重质油品的馏分分布，但不能对馏分的物性进行进一步测试。测定方法参见 ASTM D2887、D5307、D6352。

原油恩氏蒸馏 Engler distillation of crude oil 一种实验室的简单蒸馏方法，分离精度较低，用于原油及油品馏程的相对比较或了解原油及油品中轻重组分的相对含量，是一种常用的测定油品馏分组成的标准方法。取 100mL 油样，在恩氏蒸馏设备中按规定条件加热蒸馏，记录馏出第一滴馏出液的气相温度（即初馏点）、每馏出 10%（体积）时的气相温度以及蒸馏终了时的最高气相温度（即终馏点）。试验方法见 GB/T 6536。

原油分子蒸馏 molecular distillation of crude oil 一种特殊的液-液分离技术，也称为短程蒸馏。它不同于传统蒸馏依靠沸点差分离的原理，而是在极高的真空度下，依靠混合物分子运动平均自由程的差异，使液体混合物在远低于其沸点的温度下实现分离。可为原油的深加工提供基础数据。试验操作压力最低至 0.1Pa，蒸发温度最高至 350℃。蒸馏过程如下：油料从蒸发器顶部加入，经转子上的料液分布器将其连续均匀地分布在加热面上，随即刮膜器将料液刮成一层极薄、呈湍流状的液膜，并以螺旋状向下推进。从加热面上逸出的轻分子到达内置冷凝器冷凝成液体，并沿冷凝器管流下，通过位于蒸发器底部的出料管排出收集；重分子在加热区下的圆形通道中收集，再经侧面的出料管中流出。

1.5 原油类属

原油分类 classification of crude oil 通过原油分类能判定原油的大致属性，了解原油的生产、储运和加工特性，推测原油的加工方案和加工经济性。可从工业、地质、化学等角度对原油进行分类，主要有化学分类和工业分类（即商品分类）两种方法。

原油化学分类法 chemical classification of crude oil 根据原油化学组成性质对原油进行分类的一种方法。具体包括关键馏分特性分类法、特性因数分类法、相关系数分类法、结构族组成分类法等。最常用的是关键馏分特性分类法。

原油特性因数分类法 crude classification by characterization factor 根据原油特性因数大小将原油划分为石蜡基原油、中间基原油和环烷基原油的分类方法。原油特性因数大于12.1时为石蜡基；原油特性因数为11.5～12.1时为中间基；原油特性因数小于11.5时为环烷基。该分类方法较粗，一般仅作为参考。

原油关键馏分特性分类法 crude classification by the density of two key fractions 利用实沸点蒸馏装置得到250～275℃和395～425℃两个馏分，称为第一和第二关键馏分，并测定其密度。根据两个馏分20℃密度 ρ_{20} 或API度首先确定各自的属性。第一关键馏分 $\rho_{20}<0.8210$（API度>40）为石蜡基，$\rho_{20}=0.8210\sim0.8562$（API度=33～40）为中间基，$\rho_{20}>0.8562$（API度<33）为环烷基；第二关键馏分 $\rho_{20}<0.8723$（API度>30）为石蜡基，$\rho_{20}=0.8723\sim0.9305$（API度=20～30）为中间基，$\rho_{20}>0.9305$（API度<20）为环烷基。根据两关键馏分的属性即可确定原油的类属：如两关键馏分均为石蜡基则该原油为石蜡基；如第一关键馏分为石蜡基、第二关键馏分为中间基，则原油为石蜡-中间基。

原油酸含量分类法 crude classification by acid number 根据原油酸值大小将原油划分为低酸原油、含酸原油和高酸原油。原油酸值<0.5mgKOH/g时为低酸原油；原油酸值为0.5～1.0mgKOH/g时为含酸原油；原油酸值>1.0mgKOH/g时为高含酸原油。含酸原油尤其是高酸原油对炼油生产装置的腐蚀较大，必须采取有效防腐措施，才能确保装置的安全运行。

原油硫含量分类法 crude classification by sulfur content 根据原油中硫含量多少将原油划分为低硫原油、含硫原油和高硫原油。低硫原油硫含量质量分数<0.5%；含硫原油硫含量质量分数为0.5%～2.0%；高硫原油硫含量质量分数>2.0%。含硫原油尤其是高硫原油对装置造成的腐蚀危害较大，必须采取相应的防腐措施。

原油相对密度分类法 crude classification by relative density 一种对商品原油的分类方法。根据原油相对密度大小可将原油分成轻质原油、中质原油、重质原油和超重原油（或特稠原油）。相对密度 $d_1^{20}<0.8520$（API度>34）为轻质原油，$d_4^{20}=0.8520\sim0.9300$（API度=34～20）为中质原油，$d_4^{20}=0.9310\sim0.9980$（API度=10～20）为重质原油，$d_4^{20}>0.9980$（API度<10）为超重原油。

原油氮含量分类法 crude classification by nitrogen content 根据原油氮含量将原油划分为低氮原油和高氮原油。低氮原油的氮含量质量分数<0.3%；高氮原油的氮含量质量分数>0.3%。高含氮原油对原油的催化加工和产品使用性能会产生不利影响，如使催化剂中毒失活，或引起石油产品的不安定性，使其易产生胶状沉淀等。

原油蜡含量分类法 crude classification by wax content 按照吸附法测定的原油蜡含量可将原油分为低蜡原油、含蜡原油和高蜡原油。蜡含量质量分数<2.5%为低蜡原油，2.5%～10%为含蜡原油，>10%为高蜡原油。低蜡原油一般可以直接生产喷气燃料和低凝柴油；低蜡环烷基原油可以用来生产道路沥青；而高蜡原油可以生产优质润滑油和石蜡产品。

原油胶质含量分类法 crude classification by resin content 根据硅胶胶质含量多少将原油划分为低胶原油、含胶原油和多胶原油。胶质含量质量分数<5%为低胶原油，5%～15%为含胶原油，>15%为多胶原油。低蜡、多胶的环烷基原油是生产优质道路沥青的良好原料。

石蜡基原油 paraffin-base crude (oil) 指蜡含量较高而胶质、沥青质含量较低的原油。烷烃含量一般超过50%，特性因数大于12.1。其主要特点是密度较小，蜡含量较高，凝点高，硫含量、胶质含量及非烃组分较低，属于地质年代古老的原油。所产直馏汽油辛烷值低，柴油十六烷值较高，润滑油黏度指数较高，重馏分和渣油中重金属含量低。适于生产润滑油、石蜡等产品，但难以生产高质量的沥青产品。

中间基原油 intermediate-base crude(oil)又称混合基原油，性质介于石蜡基原油和环烷基原油之间的一类原油。其烷烃和环烷烃含量基本相近，特性因数为11.5~12.1。

环烷基原油 naphthene-base crude(oil)又称沥青基原油，特性因数小于11.5。其主要特点是密度较大，含环烷烃和芳烃较多，蜡含量较少，凝点低，硫含量、胶质和沥青质含量较高，属于地质年代较年轻的原油。所产直馏汽油辛烷值较高，柴油十六烷值较低，润滑油黏度指数较低、黏温性较差，适合生产高质量沥青产品。

沥青基原油 asphalt-base crude(oil)指蜡含量较低而胶质、沥青质含量较高的原油。通常环烷基原油含胶质、沥青质多，故常把环烷基原油称为沥青基原油。

2 加工工艺

2.1 脱盐脱水

原油脱盐脱水 crude oil desalting and dewatering 原油加工前的预处理过程。通过电化学等方法将原油中含有的水和盐类物质脱除，以避免设备产生腐蚀、结垢和对后续加工装置造成催化剂中毒等不良影响。脱水与脱盐过程是同时进行的。

原油脱钙 crude oil decalcification 原油加工前的预处理过程。可与脱盐脱水过程同时进行，但需要注入合适的脱钙剂。原油中的钙不仅易使设备和管道结垢，而且会影响后续加工装置的产品质量，产生结焦、催化剂中毒失活等影响。

电脱盐 electrical desalting (EDS)原油脱盐的一种技术。在外加高压电场的作用下，原油乳化液中的微滴水析出并聚结成大滴，靠油水密度差实现油水分离，盐溶解在水中而从原油中脱除。原油电脱盐过程一般需注入化学破乳剂和洗涤水，以加快原油乳化液中微滴水的析出和盐溶解于水中。

交流电脱盐 alternating current (AC) electrical desalting 一种电脱盐技术。在水平电极板之间施加交流高电压，形成交流高压电场，原油中的水滴两端感应产生相反的电荷，在电场中发生震荡，引起水滴形状和电荷极性的相应变化，小水滴相互碰撞破裂而合并为大水滴，在重力作用下含盐水从原油中沉降下来而实现分离。

直流电脱盐 direct current (DC) electrical desalting 一种电脱盐技术。一般采用垂直吊挂的电极板，极板施加直流高压电场，极间形成水平向的直流电场，含盐水微滴在其中产生偶极性，并发生极向电泳移动，增加了水滴碰撞几率，可得到比交流电脱盐高的脱盐脱水率。直流电脱盐耗电小，但需要整流装置，且直流电对设备有电解腐蚀作用。

交直流电脱盐 AC and DC electrical desalting 一种电脱盐技术。电极板由传统的水平电极板改为垂直吊挂式电极板，通以半波整流的高压电，使垂直极板间上部形成直流强电场，下部为直流中电场，垂直电极板下端与油水界面形成交流弱电场。原油完全由水相进入，自下而上先后通过交流弱电场、直流中电场和直流强电场，较大水滴在交流弱电场脱除，小或更小的水滴在具有更高电场强度的直流电场中脱除。交直流电脱盐技术具有适应性强、稳定性高、电耗低和脱盐效率高的特点。

高速电脱盐 high speed electrical desalting 由美国 Petrolite 公司开发的一种电脱盐技术。原油乳化液的进料方式突破了传统电脱盐技术在罐体底部水相进料的形式，通过特殊设计的进油喷嘴直接进入到高压电场中，极性微小水滴在很短的时间内聚积成大水滴从原油中沉降出来。原油在电场中的停留时间和罐体内的总停留时间大大缩短，电脱盐罐的处理能力可提高 1.75~2.2 倍。

鼠笼式电脱盐 squirrel cage type electrical desalting 一种电脱盐技术。电极板采用轴向鼠笼结构，罐体内有效空间利用率可提高 50%~80%。一般采用交流高压电供电，形成弱电场、过渡电场和强电场三个区域。原油从罐体的封头一端进入，以平流方式依次通过三个不同强度的电场，分段脱水、脱盐，增加了原油在电场中的停留时间。脱后原油从罐体另一端排出，沉降分离出来的水由罐体底部的水包排出。

电载荷响应控制电脱盐 load responsive electrical desalting 一种电脱盐技术。利用电载荷响应控制器产生不同强度的静电脉冲电压，由此产生由颗粒扩散、混合、结合和沉降四个处理阶段组成的静电混合周期，达到油水充分混合，提高脱盐效果的目的。在一个静电混合周期中，原油与从罐体内顶部分配管进入的洗涤水逆向接触，在电压急剧上升时(颗粒扩散阶段)，大颗粒水由于电场作用迅速减少，同时小颗粒水增多；当电场强度达到最大(混合段)，水颗粒被最大限度细分并扩散，与原油中的盐充分结合；电场强度转弱时，小水颗粒相互结合成较大的颗粒；电场强度达到最低后，已结合在一起的大颗粒水很快沉降到水层区。

智能调压电脱盐 intelligent voltage regulating electrical desalting 是一种能耗低、破乳能力强和对劣质原油适应性强的新型电脱盐技术。电源采用 0~30kV 无级可调高压输出，根据乳化液的乳化状况，优化调整施加在原油乳化液上的电压；采用可调频率的高频电压(50~5000Hz 连续可调)增强了对乳化膜的冲击频次和穿透力。

破乳 demulsification 指加入破乳剂使油水乳化液的两相达到完全分离的过程。破乳剂在油水相之间的界面处积聚，亲油基团溶解在油中，亲水基团溶解在水滴中，破坏了油水界面膜，达到破乳目的。

超声波破乳 ultrasonic demulsification 基于超声波(频率在 21~25kHz)作用于性质不同的流体介质产生的位移效应来实现乳化液的破乳。由于位移效应的存在，乳状液中的水颗粒将不断向波腹或波节移动、聚积并发生碰撞，生成直径较大的颗粒，在重力作用下与油分离。

电泳聚结 electrophoresis coalescence 乳化液中带有电荷的水滴在电场中向着与其电荷符号相反的电极移动，在运动过程中相互碰撞聚结增大成大水滴，然后依靠重力沉降使油水分离，这一过程即是电泳聚结。

偶极聚结 dipole coalescence 在直流或交流高压电场中，油包水型乳化液中的水滴两端由于感应而带上不同极性的电荷，产生诱导偶极。水滴两端受方向相反、大小相等的两个力的作用而趋向聚结，称为偶极聚结。当水滴粒径增大到一定程度，其重力足以克服乳状液的稳定性时，即从原油中沉降分离。电脱盐中，偶极聚结是主要作用。

脱钙剂 decalcification agent 是原油脱钙过程中使用的一种化学药剂。它是一种高分子物质，大多呈酸性，可以与微溶于水的钙盐螯合形成水溶性化合物或沉淀物，在电脱盐过程中随水排出。工业上应用的脱钙剂主要有含磷螯合剂(无机酸及其盐)和有机酸类脱钙剂。

混合设施 mixing device 是使原油、洗涤水和破乳剂、脱钙剂等化学药剂充分接触、混合均匀的设施。多采用静态混合器与混合阀串联的混合技术，控制电脱盐装置的油水混合程度，提高脱盐效果。

反冲洗系统 backwashing system 指设置在电脱盐罐底部，用于定期冲洗沉积于罐底的油泥或固体沉积物的设施，由两根安装了若干个偏向罐底喷嘴的水冲洗管等构成，起保持罐体有效容积、维持油水界面的作用。

混合强度 mixing intensity 用于表征原油电脱盐过程中，原油、水和破乳剂的混合程度，与混合设备(静态混合器+混合阀)的压差直接相关，其数值通常用混合设备的压差来表示。通常可在30~150kPa之间进行调整。

原油脱盐率 crude oil desalting ratio 是衡量原油电脱盐效果的一项重要指标。用处理前后原油含盐量的差值与处理前原油含盐量的比值百分数表示。

乳化层 emulsion layer 指电脱盐罐内由不同油水比例混合而形成的油水混合层，下部介质为水包油，上部介质为油包水。其厚度随过程条件的变化而变化，一般在几厘米至几十厘米之间。乳化层中由上至下含水量逐渐增加，其密度、黏度及电特性亦随着含水量的不同而不同。

油水界面 oil-water interface 指电脱盐罐内油相和水相的连接面位置，但油水界面并不是很清晰，两者之间有一层乳化层。油水界面的高度对罐中弱电场的稳定及排水水质具有重要影响。

乳状液 emulsion 又称乳化液，是两种互不相溶液体的混合物。其中一种液体(内相或分散相)以微滴状分散在另一种液体(外相或连续相)中，并为乳化剂所稳定。石油的乳状液大多数是油包水型的，基本组分是水、油、乳化剂。水是分散相(粒径从几微米到几十微米)，油是连续相，乳化剂则是石油中的沥青质、胶质、环烷酸、晶体石蜡、氧化硫和氧化氮等化合物以及一些沉积物。这种乳状液很稳定，在通常条件下，油、水几乎不会分离。

电脱盐罐 electric desalting tank 是原油脱盐脱水的核心设备，多为卧式结构，设有进料分配器、出油收集器、高压电场(电极)、水冲洗设施、排水系统、油水界面检测仪等。电脱盐罐直径通常为3~6m，长度随处理量而定。一般设计压力为1.5~2.2MPa，设计温度为160~200℃，油在罐内停留时间为20~60min。

100%阻抗变压器 100% impedance transformer 是为电脱盐装置供电的专用高压防爆电气设备。在变压器的一侧串接了电抗器，当电极板间介质导电率增加，甚至达到“短路”时，输出电压能自动相应降低，因而可避免电压过载而跳闸的现象。在保护电源和安全生产方面可起到重要作用。

电极板 plate electrode 采用碳钢材料制成，具有导电性，可在极板表面形成薄水层，在电脱盐罐内形成电场区域。其形式有水平式电极、垂直悬挂电极、鼠笼式电极等，通过绝缘设备安装在电脱盐罐内，与罐外变压器相连接。

极板间距 spacing of plate electrode 极板间距是电脱盐罐内相邻两层电极板间的距离。通电后，极板间形成电场，在电压一定时，电场强度与极板间距成反比。

静态混合器 static mixer 指利用两种或几种流体的离心力和剪切力，通过固定在管内的混合元件，产生分流、合流、旋转、压缩、扩张、改变流向等，使流体达到良好混合的设备。与机械驱动的动态混合器相比，其内部没有运动部件，具有生产能力大、适应性强、能耗低、无泄漏点、维护量小、投资省、操作费用低、占地面积小、混合效果好等优点。用于原油与洗涤水和乳化剂的混合时，乳化倾向性较小，但无法对混合强度进行调节。

混合阀 mixing valve 是一种带执行机构的特殊球阀。通过改变流道的方向和流通面积达到混合效果，可用于调节电脱盐装置的油水混合强度。

射频导纳 radio frequency admittance是一种料位控制技术。采用三端Cote-Shield技术，利用发射100kHz射频信号，射频导纳物位变送器分别测量物料的容性电导(由电容产生)和阻性电导(由挂料电阻产生），并加以计算处理后测得真实物位（或称界面）。它提高了界面测量的可靠性和精度，不受附着物、传感器结垢、温度、密度变化的影响，很好地解决了电脱盐罐的油水界面检测问题。

2.2 轻烃回收

轻烃回收 light hydrocarbon recovery 回收原油加工过程中的轻烃，将C_3、C_4及少量的石脑油组分从含烃气体中分离出来的工艺。

单塔石脑油稳定流程 single tower naphtha stabilization process 只设置石脑油稳定系统的轻烃回收流程。石脑油送入稳定塔后，在塔底再沸器加热热源的作用下，溶解在石脑油中的C_3/C_4等轻烃组分从塔顶分离出来，塔底得到蒸气压合格的稳定石脑油。

初馏塔加压回收轻烃流程 light ends recovery process by elevated primary distillation tower pressure 在初馏塔流程基础上，将初馏塔提压操作，由稳定塔将初馏塔顶油分离成干气、液化气和石脑油的流程。又称无压缩机轻烃回收流程。

压缩机单塔回收轻烃流程 single tower light ends recovery process with compressor 在初馏塔流程基础上，初馏塔常压塔顶气经压缩机加压后，液相与初馏塔、常压塔顶油进稳定塔，分离出干气、液化气和石脑油的流程。

双塔回收轻烃流程 twin-towers light ends recovery process 在初馏塔流程基础上，初、常压塔顶气经压缩机加压后先进吸收塔，再进稳定塔，分离出干气、液化气和石脑油的流程。

三塔回收轻烃流程 three-towers light ends recovery process 在初馏塔流程基础上，初馏塔、常压塔顶气经压缩机加压后进吸收塔被常压塔顶油吸收，富吸收油进解吸塔，解吸塔底油进稳定塔，分离出干气、液化气和石脑油的流程。

四塔回收轻烃流程 four-towers light ends recovery process 在轻烃回收三塔流程的基础上增设再吸收塔，进一步吸收解析气中的轻烃组分的流程。

油吸收分离法 oil absorption separation method 炼厂气或裂解气的一种分离方法。利用混合气中各种烃类组分在吸收油中的溶解度不同，用吸收油将混合气中甲烷和氢以外的其他烃类组分吸收下来，然后再用精馏法将各烃类组分逐一加以分离。可用C_3、C_4、芳烃或更重组分作吸收油。

液气比 liquid-gas ratio 指气体吸收过程中，吸收剂用量与进入吸收塔的原料气体量之比。在吸收稳定系统的吸收解吸塔中，原料气量还应包括解吸段进入吸收段的气体量。当塔板数一定时，提高液气比可提高吸收率。但是当吸收因数达到一定数值时，继续增加液气比，吸收率提高并不明显，反而增大了吸收剂的动力消耗，增加了解吸塔和稳定塔的液相负荷和热能消耗。

最小液气比 minimum liquid-gas ratio 在吸收-解吸工艺过程中，为了达到指定的吸收率，假定用无穷多层吸收塔板时的液气比。此时的吸收因数即等于吸收率，最小液气比即等于此时的吸收因数和被吸收组分气液相平衡常数的乘积。

解吸率 desorption rate 在气体解吸过程中，液相中某组分实际浓度的变化对最大可能浓度变化的比值，也就是某组分被解吸的程度。

解吸因数 desorption factor 又称解吸因子。是一个无因次的数群。在一定解吸操作条件下，等于某组分的气液平衡常数 K 与液气比倒数 V/L 的乘积(KV/L)。在塔板数一定时，某组分的解吸因数越大，则该组分被解吸的百分数也越高。

吸收解吸塔 absorption/desorption tower 指吸收过程和解吸过程在同一塔内进行的塔设备。催化裂化分馏系统，以原料气进塔位置为界，将塔分为两段：上部为吸收段，用稳定汽油或未稳定汽油作吸收剂，吸收原料气中 C_3^+ 组分；下部为解吸段，采用重沸器加热，将从上段流入的吸收液中被吸收下来的 C_2 组分蒸脱出去。塔顶引出贫气，塔底得脱乙烷汽油。塔板数约为 40~50 层，其中解吸段占 14~20 层，一般采用浮阀塔板。

富油 rich oil 吸收剂与被吸收气体接触后，气体中的绝大部分轻烃组分就会溶解到吸收剂中，则称之为富油。

贫油 lean oil 轻烃回收工艺中，用于吸收气体中轻烃组分的油品(如粗石脑油、柴油)，在进入吸收塔与被吸收气体接触前，称之为贫油，即吸收剂中不含或少含待吸收的轻烃组分。

解吸气 desorbed gas 指富吸收油进解吸塔分离出来的气体部分。

补充吸收剂 supplementary absorbent 为改善吸收塔中 C_3 及以上组分的吸收效果，减少贫气中丙烯含量，一般将常压中段回流或轻柴油作为再吸收塔的吸收剂，即为补充吸收剂。

2.3 常减压蒸馏

原油蒸馏 crude distillation 是原油在蒸馏设备或仪器(如蒸馏塔、蒸馏釜、蒸馏瓶)中被加热汽化，接着把蒸气进行分段冷凝并加以收集的操作过程。原油蒸馏是炼油厂加工的第一个工艺过程，应用蒸馏的工艺与工程技术，将原油按馏程的不同进行分离，生产各种产品或为下游二次加工装置提供合格原料。

常减压蒸馏 atmospheric and

vacuum distillation 是原油常压蒸馏和减压蒸馏的总称，通常包括闪蒸塔或初馏塔系统、常压蒸馏系统和减压蒸馏系统。闪蒸塔或初馏塔为一级蒸馏，将换热至 200～250℃的脱盐后原油中的轻烃及轻汽油从塔顶分离出来，以降低常压系统的负荷；常压蒸馏是二级蒸馏，在常压条件下将原油中<350℃的馏分从塔顶和侧线分馏出来；减压蒸馏为三级蒸馏，在减压条件下，进一步将原油中的蜡油和渣油馏分分开。

常压蒸馏 atmospheric distillation 指在常压条件下操作的蒸馏过程。在石油炼制中习惯上是专指原油的常压蒸馏。原油经加热炉加热到 360～370℃，进入常压蒸馏塔，塔顶操作压力为 0.05MPa(表压)左右，塔顶得到石脑油馏分。常压塔一般开 3～4 个侧线，常一线为煤油馏分，常二线和常三线为柴油馏分，常四线为过汽化油，塔底为常压重油(>350℃)。

减压蒸馏 vacuum distillation 又称真空蒸馏，是在低于大气压力的真空状态下进行的蒸馏过程。在石油炼制中，减压蒸馏多用于从常压重油中分离在常压蒸馏温度下不能汽化的馏分(350～560℃)。常压重油在减压炉加热到 400℃左右，进入减压塔，塔顶真空度控制在 93～100kPa，塔顶为气体和极少量油品。减压塔通常开 3～4 个侧线，一线馏分油可作柴油或裂化原料，二到四线馏分油作裂化原料或润滑油原料，塔底渣油可作焦化、减黏裂化、氧化沥青、丙烷脱沥青、渣油加氢等原料。根据减压炉管注气量和减压塔底汽提蒸汽量的多少不同，减压蒸馏可分为“湿式”、“微湿式”和“干式”三种；按目的产品不同分为燃料型减压蒸馏和润滑油型减压蒸馏。

预分馏 pre-distillation 为满足工艺对原料油技术指标的要求而设置的原料油蒸馏加工环节。如原油常压蒸馏之前进行的分馏，包括闪蒸、初馏两种工艺。目的是将原油所含的少量水、气体、轻烃和一部分轻石脑油预先分离出来，可调节常压炉和常压塔负荷，保证常压塔稳定操作，又可减轻设备腐蚀；重整预分馏是切取一定沸程范围的石脑油，满足不同生产方案的需要，并降低其水含量。

蒸馏 distillation 利用混合物中各组分的挥发度或沸点的不同，分离各组分的方法。通常经历加热、汽化、冷凝、冷却等操作单元。炼油行业所谓的蒸馏是一种在蒸馏塔内完成原油或烃类分离的工艺。塔内装有塔板或填料作为分离组件，利用塔顶产品部分作为回流，使塔内气液相多次逆流接触，把多次汽化与多次冷凝过程有效地组合起来，从而使混合物中轻重组分得到较高程度的分离。这种蒸发和冷凝同时进行的气液之间物质交换过程，就是蒸馏的基本原理。最终从塔顶得到轻组分，塔底得到重组分。

减压深拔 deep cut vacuum distillation 通过减压蒸馏把原油切割到560℃(TBP)以上，控制减压渣油中轻组分含量(<538℃)不超过5%，减压重质蜡油的干点(或ASTM D1160 95%)不高于切割点温度30℃，一般控制残炭、重金属含量、C_7不溶物含量等略高于通过原油分析得到的该馏分中这些物质的含量。这个概念下的减压操作称之为减压深拔。减压深拔的主要目的是提高减压馏分油收率，降低渣油收率。

一脱三注 desalting and injection of ammonia，water and inhibitor 原油脱盐(一脱)和蒸馏塔顶挥发线注氨、注水、注缓蚀剂(三注)的简称。是在一脱四注工艺防腐基础上取消注碱措施。注碱有利于中和原油中的H_2S和环烷酸以及水解生成的HCl，减轻腐蚀，但也会增加馏分油中Na^+含量，对二次加工装置造成一定影响。

一脱四注 desalting and injection of ammonia，water，inhibitor and caustic 原油脱盐(一脱)和蒸馏塔顶挥发线注氨、注水、注缓蚀剂、注碱(四注)的简称，是防止原油蒸馏系统发生塔顶冷凝系统H_2S—HCl—H_2O腐蚀采取的一种工艺防腐措施。注碱是指往脱盐后原油中注入氢氧化钠或碳酸钠的水溶液，把原油中残存的氯化镁和氯化钙转化为不易水解的氯化钠，从而减少HCl的生成；注碱还可中和原油中的H_2S和环烷酸以及水解生成的HCl，以减轻腐蚀。

工艺防腐 process corrosion protective measure 在生产工艺上采取一些技术措施，如一脱三注、一脱四注等，防止或减轻对装置产生腐蚀。

平衡冷凝 equilibrium condensation 又称一次冷凝，是一次汽化的相反过程，即在恒压冷凝过程中所形成的液相一直与气相接触，保持气液平衡。混合相冷到一定温度时，才将液体与未凝气相分开。

减压塔抽真空系统 vacuum system for vacuum tower 为实现将减压塔内的气体(包括可凝油气、不凝气和吹入的水蒸气等)连续地从塔顶抽出，维持塔内真空度要求，由抽空器、冷凝器(预冷凝器、中间冷凝器、后置冷凝器)、水封罐和相应的管道、阀门等组成的一套系统。抽空器的形式有蒸汽喷射式抽空器、液环真空泵、液体喷射抽真空等。

渐次汽化 gradual vaporization 又称微分汽化。指液体混合物在一定压力下加热而开始汽化，每一次微量蒸气在其形成的瞬间都与全部残存液相处于相平衡状态。形成的微量蒸气立即被分开或引出，混合液继续被加热，所生成的气体不断被引出，液相的轻组分浓度越来越低，温度也不断上升，直至残存液体达到所规定的程度为止。渐次汽化过程是连续的升温汽化过程，由无穷次平衡汽化组成。

渐次冷凝 gradual condensation 渐次汽化的相反过程，即冷凝过程中，将形成的液体不断与气体分开，而气体的温度不断降低，直到规定限度为止。

渐次蒸馏 gradual distillation 又称微分蒸馏或简单蒸馏，是应用渐次汽化理论对液体混合物进行分离的一种间歇蒸馏过程。因处理能力很低，分离效率不高，只用于小型的粗略分离。原油釜式蒸馏和实验室的恩氏蒸馏，都属于渐次蒸馏。

汽化段 vaporization zone 又称闪蒸段或蒸发段，指分馏塔进料口处的空间。原料中的气液两相在此段处分离，液相进入下部的提馏段，气相进入上部的精馏段。

精馏段 rectifying section 是分馏塔进料段以上的整个塔段。作用是将进料和提馏段来的蒸气中的轻组分提浓，在塔顶和侧线得到含重组分最少、符合质量要求的轻组分。

提馏段 stripping section 又称汽提段，指分馏塔进料段以下塔段。作用是将进料和精馏段来的液相中的重组分提浓，在塔底得到含轻组分最少、符合质量要求的重组分。

冲洗换热塔板 flushing and heat exchanging plate 指精馏塔、吸收塔中用于有固体物污垢或易于结焦情况的塔板。其具有较大的升气面积，能冲洗脏物和固体粉料，又能起到换热作用。如减压塔闪蒸段上方的洗涤段、催化裂化分馏塔下部的人字换热挡板等。又指蒸馏塔内中段回流抽出口处到回流返回塔内的那段塔板，即主要起换热作用的塔板。

回流 reflux 指返回分馏塔各部位的质量相近而温度较低的流体。如精馏段的液相回流和提馏段的气相回流。通常是指液相回流。目的是为分馏过程提供必要的介质条件，使塔内气液两相充分接触，建立温度及浓度梯度，进行传热、传质，使轻、重组分分离。液相回流可分为外回流和内回流两类。外回流按回流返回部位，可分为塔顶回流、侧线回流及塔底回流；按回流方式又可分为冷回流、热回流和循环回流等。

回流比 reflux ratio 分馏塔内回流量与塔顶产品量之比值。在实际操作中，通常是指塔顶冷回流量与塔顶产品量之比值。主要根据各组分的分离难易程度及对产品的质量要求而定。回流比决定塔内回流量即塔内气液负荷的大小。进料条件和产品要求不变，回流量和回流比也不变；如变化太大，则需调整中段回流以保持合适的回流比。例如，稳定塔回流介质是液化石油气，其回流比一般为1.5~2，深度稳定生产方案回流比为2.5左右。

回流热 reflux heat 指用回流取走的热量。分馏过程中，气-液混相进料在较高温度下进塔，而产品在较低温度下抽出，过剩热量需用回流来取出。根据回流热，再确定需用回流量。

内回流 internal reflux 实际是一种热回流，指分馏塔精馏段内，各层塔板的溢流液。在工业分馏塔中，它是由塔顶外回流(即冷回流)造成的。它与上升的蒸气接触，只吸取汽化潜热，内回流量与外回流量有关，而且逐层由上而下地减少。侧线抽出量也影响内回流量。内回流温度由上而下逐层升高，即液相组成逐层变重。

循环回流 pumparound reflux 又称中段回流或侧线回流。是从分馏塔中部一处或几处塔板上抽出一部分液相馏分，经换热降温后，又重新打回塔内的回流取热方式。循环回流可改善分馏塔内气液相负荷分布，降低塔顶气体负荷，有利于高温位热源的利用。如催化裂化分馏塔，包括一中段循环回流和二中段循环回流。一中段循环回流主要有使轻柴油凝点合格、回收塔内余热、提供吸收稳定系统热量、使塔内气液相负荷均匀等作用。二中段循环回流主要是多取热，以减少一中段的取热量。二中段抽出液温度较高，可回收较高温位的能量，用于提供吸收稳定系统热量。

过汽化量 overflash 分馏塔在汽化段的汽化量超出总拔出量的部分。目的是保持精馏段最低侧线抽出层以下塔板有足够的内回流，从而保证该侧线抽出油的质量。原油蒸馏装置分馏塔的设计中，过汽化量一般取塔底产品量的2%~3%。

冷却 cooling 热物流的温度降低而不发生相变化的过程。

冷凝 condensation 气态物质受冷变成液态的过程。

汽化热 vaporization heat 又称汽化潜热。是指单位质量的物质在一定温度及饱和蒸气压下，由液态变成为相同温度下的气态时所吸收的热量。

气相负荷 vapor load 又称蒸汽负荷，指通过分馏塔塔板的气相体积流量，往往以空塔气速表示。是估算塔径、考察塔板流体力学状态和分馏塔操作稳定性的基本参数之一。

蒸气分布比 vapor distribution ratio 泡罩塔板上液面落差与湿泡罩平均压降的比值。用于表示塔板上蒸气分配的均匀程度，通常应控制在0.5以下，否则会造成严重不均衡泄漏，影响塔板效率。

气相负荷因子 vapor capacity factor 又称气流动能因数，指空塔气相流速与气相密度平方根的乘积，为一无因次量。与塔板距离、塔板结构及分馏物质在塔板温度下的表面张力有关。

负荷转移 shift of capacity 通过设置初馏塔，将原油先在初馏塔内进行初步分馏，分多条(两条或两条以上)侧线抽出，直接送入常压塔组分相近的部位，可有效降低常压塔的下部负荷，使塔内气液负荷沿塔高的分布趋向均匀，有利于发挥常压塔的整体能力。

干板 dry plate 指由于塔盘开孔率过大、回流中断或减少、侧线产品抽出量大等原因，致使该层塔板上的持液量过低，使通过该层塔板的气相不能与液体充分接触，即不能发生传质、传热过程的现象。

突沸 bumping 指液态水进入塔内后被加热快速变成气态蒸汽，体积发生剧烈膨胀并迅速上升，短时间内造成塔顶压力升高的现象。

抽空 pump-off 离心泵启动前没灌泵、进空气、液体不满或介质大量汽化，这时离心泵出口压力大幅度下降并激烈地波动，此现象称为抽空。在原油蒸馏装置内，抽空是指蒸馏塔内侧线抽出斗或集油箱内液体持有量低于抽出量，不能满足离心泵灌注头高度要求时发生的汽蚀现象。

液泛 flooding 又称冲塔或淹塔，指分馏塔内各层塔板气液负荷过大或降液管面积太小，液体不能顺利向下流动，在塔板上形成液体堆积的现象。冲塔时，塔底液面、塔顶压力、塔顶温度、回流温度和回流罐液面都会波动很大，产品分割不好。

动液封 dynamic liquid seal 又称动态液封。指板式分馏塔中，在一定液体负荷下，板上液体流动时对气相所形成的液封高度。对泡罩塔板，指塔板上液面至齿缝顶端的液层高度；对其他类型塔板，指板上平均清液高度。较高的动液封可使气液接触良好，提高板效率，但会增加蒸气压降。动液封要根据操作压力和塔板的允许压降来确定。

空塔气速 superficial tower velocity 在操作条件下通过塔器横截面的蒸气线速度。由蒸气体积流量除以塔器横截面积而得，是衡量塔器气体负荷的一项重要数据。板式塔的允许空塔气速。受过量雾沫夹带、塔板开孔率和适宜孔速等的控制。一般以雾沫夹带作为控制因素来确定板式塔的最大允许空塔气速。此值应保证既不引起过量的雾沫夹带，又能使塔板上有良好的气液接触。

全塔气液相负荷分布图 vapor-liquid load distribution diagram 是以塔板序号为纵坐标，离开该块塔板的气、液相负荷为横坐标而绘制的反映全塔气液相负荷分布状况的图。

泛点率 flooding point rate 又称泛点负荷或泛溢系数，是实际空塔线速和允许空塔线速之比，以百分率表示。它表示雾沫夹带的影响点，衡量雾沫夹带量是否处于允许范围以内。一般规定，大型塔的泛点率取80%~82%，负压操作塔取75%~77%，直径小于900mm的塔取65%~75%。泛点率计算可作为估计塔径的一种方法。

泡点 bubble point 多组分液体混合物在某一压力下加热至刚刚开始沸腾，即出现第一个小气泡时的混合液体温度，也就是该混合物在此压力下平衡汽化曲线的初馏点（0%馏出温度）。

泡点压力 bubble point pressure 多组分液体混合物在某一温度下逐渐降低表面油气压力至液体刚刚开始沸腾时的压力。

泡沫层高度 foam height 蒸馏塔塔板上或降液管内的鼓泡充气液体层的高度。在此泡沫层内，气液相密切接触，所以泡沫高度在一定程度上决定了气液的接触时间、传热和传质效率。板上泡沫高度与板上清液高度、开孔气速、塔板形式、液体表面张力等有关。过高的泡沫层会造成泡沫充塞，甚至淹塔。

真空度 degree of vacuum 衡量设备内真空程度的量度。其数值等于大气压减去设备内的绝对压力（残压）。

重叠馏分 overlapping cuts 用来衡量分馏塔相邻两馏分之间的分馏精确度。如果较轻馏分的终馏点高于较重馏分的初馏点，即这两个相邻馏分的头尾馏分有交叉重叠，称为重叠馏分。通常用较重馏分恩氏蒸馏曲线5%点与较轻馏分恩氏蒸馏曲线95%点之间的温度差值表示。重叠程度越大，说明该塔段分馏精度越差。

脱空馏分 gapped cuts 用来衡量分馏塔相邻两馏分之间的分馏精确度。如果较轻馏分的终馏点低于较重馏分的初馏点，这两点的温度差就是相邻馏分的间隔，称为馏分脱空度。通常用较重馏分恩氏蒸馏曲线5%点与较轻馏分恩氏蒸馏曲线95%点之间的温度差值表示。脱空程度大，说明精馏段分离效果好。脱空并不是由于原料中不存在这个沸程的组分，也不是蒸馏中的跑损，而是由于精馏时分馏塔精馏效果高于恩氏蒸馏的精馏效果所致。

物质传递 mass transfer 物质间的传递，简称传质，是物质系统由于浓度不均匀而发生的质量迁移过程。某一组分在两相中的浓度尚未达到平衡时，就会由浓度高的一相转移入浓度低的另一相，直到两相间浓度达到平衡为止。原油蒸馏过程即属于气-液系统的传质过程。

热量传递 heat transfer 简称传热，是物质系统内由于温度差的存在而发生的热量从高温物体传向低温物体，或从物体的高温部分传向低温部分的现象。传热方式有热传导、对流传热和热辐射三种。

塔效率 column efficiency 又称

全塔效率，表示板式塔的性能尺度。等于理论塔板数与实际塔板数的比值。它反映了塔中各层塔板的平均效率，是对理论塔板数的一个校正系数，其值恒小于1。

热回流 hot reflux 分馏塔顶的一种回流方式。塔顶蒸气经部分冷凝器冷凝成与塔顶温度相同的饱和液体，回流到塔内，称之为热回流。这种回流只取走了汽化潜热。在蒸馏塔内，从上一块塔板流到下一块塔板的内回流，也属于热回流。

清液层高度 clear liquid head 是塔板上或降液管内不存在泡沫时的液层高度。塔板上的清液高度等于出口堰高+堰上液头高度+平均板上液面落差。降液管内清液高度是由管内外压力平衡所决定，包括板上清液压头、降液管阻力头及两板间气相压降头。清液高度用以衡量气液接触程度和塔板气相压降，其数值的2~2.5倍可作为液泛或过量雾沫夹带的极限条件。

液封点 seal point 在带溢流无升气管塔板的操作中，允许的滴漏与淋降现象之间的分界点。也就是在逐渐提高气速时，塔板上开始形成液层的点称为液封点。

液相负荷 liquid load 又称液体负荷，是指离开上层塔板进入下层塔板的液相体积流量。液体负荷过大，进出塔板堰间液位落差大，会造成鼓泡不匀及蒸气压降过大，将会引起操作不良或液泛。

液泛极限 flooding limit 为防止液泛现象发生而规定的一个极限指标。因为液泛的发生经常是由于降液管液面升高所造成，所以一般把板间距的一半定义为降液管清液高度的最大允许值，并作为液泛极限。

理论塔板 theoretical plate 指能使气液充分接触，离开该块塔板的气液两相成平衡状态，而且塔板上的液相组成也可视为均匀一致的一种理想塔板。它是作为衡量实际塔板分离效率的依据和标准。实际上，由于塔板上气液间接触面积和接触时间是有限的，因此在任何型式的塔板上气液两相都难以达到平衡状态。通常，在设计中先求得理论塔板层数，然后用塔板效率予以校正，即可求得实际塔板层数。

分馏精度 degree of fractionation 一般用来表示原油蒸馏装置各侧线产品之间分离程度的高低。常压系统用侧线产品间的脱空度或重叠度或常压渣油中<350℃馏分含量表示；减压系统用馏分宽度或减压渣油中<500℃（或530℃）馏分含量表示。

馏分宽度 cut range 一般指减压馏分油恩氏蒸馏曲线2%与97%体积馏出量之间的温度范围。减压蜡油馏分作润滑油生产原料时，馏分宽度控制要求较窄(100℃、80℃以内，甚至更窄的范围)；当作为催化裂化或加氢裂化装置原料时，在保证原料性质指标控制要求的同时，馏分宽度可适当放开。

湿塔板压降 wet plate pressure drop 指气体通过塔板时，为克服各种阻力所引起的压力损失。通常等于气体通过干板的压降和通过液层压降之和。

塔板开孔率 opening ratio of plate 指塔板上开孔总面积与鼓泡面积之比。筛板塔的开孔率可用孔中心距对孔径的比值来衡量，比值可取 3～4，相应开孔率为 5.8%～10.1%；重盘式浮阀塔板的阀孔径与阀径比为 0.75～0.85，开孔率为 4%～15%。

塔板效率 plate efficiency 又称默弗里(Murphree)板效率，是指气相或液相经过一层实际塔板前后的组成变化与经过一层理论塔板前后的组成变化的比值；可用气相组成变化，也可用液相组成变化来表示。它是衡量每块塔板上实际传质效果的一个尺度。

塔板间距 plate spacing 指板式塔相邻两层塔板之间的距离。其大小与雾沫夹带程度及是否易于出现液泛有关，还要考虑人孔或手孔的安装需要。板间距较大时，蒸气负荷受雾沫夹带控制的上限高；板间距较小时，雾沫夹带较重，易于出现液泛。一般规定板间距不小于塔板上计算清液高度的二倍。

塔板负荷性能图 load-carring characteristies chart of plate 在以气相负荷 V 和液相负荷 L 分别为纵、横轴的直角坐标系中，标绘各种界限条件下的 V-L 关系曲线，从而得到允许的负荷波动范围图形，这个图形称为塔板的负荷性能图。在此图上，画出该塔板在某一实际回流比下的操作线，其与稳定操作区域的上下交点，即为该塔板在实际操作时的上下极限负荷范围。

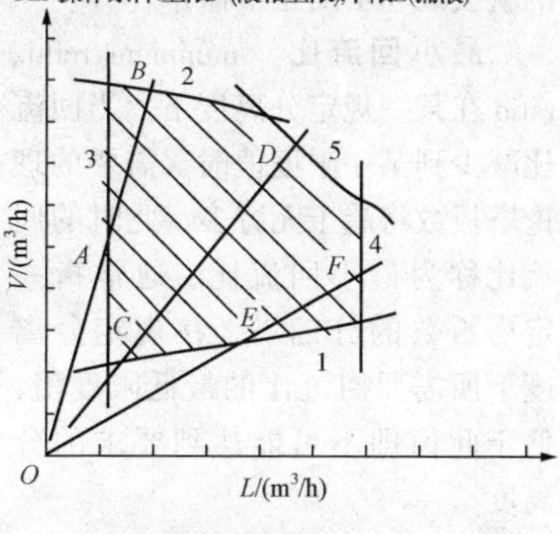

塔板负荷性能图

1—气相下限操作线(漏液线)；2—过量雾沫夹带线；3—液相下限线；4—液相上限线；5—液泛线

塔板操作性能图 operating characteristics chart of plate 是塔板稳定操作区域图、塔板负荷性能图、塔板适宜操作区域图的统称。

塔板适宜操作区域图 suitable operating area chart 指在塔板负荷性能图上进一步作出塔板等效率曲线，标出等效传质区域的图。用此图来分析或设计塔板和指导操作，比用塔板稳定操作区域图和负荷性能图更为全面得多。

塔板稳定操作区域图 stable operating area chart 指在塔板负荷性能图中，由雾沫夹带上限线、液泛线、液相负荷上限线、泄漏线(又称气相负荷下限线)、液相负荷下限线等所包围的区域。表示了在物系性质和塔板的几何结构一定时，塔板稳定操作的气液相流量的允许变化范围。气液相流量超越这一范围就会破坏塔的正常操作。

最小回流比 minimum reflux ratio 在某一规定分离度下，当回流比减少到某一限度值时，需要的理论塔板数将趋于无穷多，此时的回流比称为最小回流比。通常指一定塔板数的分馏塔，在规定分离度下所需要回流比的最低限度值，低于此值即不可能达到要求的分离度。

最少理论塔板数 minimum theoretical plate number 一个二元或多元组分分馏塔在全回流的极限条件下所需要的理论塔板数。

雾沫夹带 entrainment 指板式分馏塔操作中，上升蒸气从某一层塔板夹带雾状液滴到上层塔板的现象。雾沫夹带会使低挥发度液体进入挥发度较高的液体内，降低塔板效率。一般规定雾沫夹带量为10%，按此值来确定蒸气负荷上限和塔径。影响雾沫夹带量的因素有蒸气垂直方向速度、塔板形式、板间距和液体表面张力等。

捕液吸能器 trapping liquid energy absorber 蒸馏塔进料下方设置的一种包括捕液吸能板和环形固定筋板的结构。在全面吸收从双切向环流气体分布器中喷射而来的气流的高速动能、大幅度降低流动速度的同时，气体中夹带的液滴被吸能板捕集、释放，基本消除了气体对塔底液面的冲击以及由于这种冲击而造成的大量液体夹带，从而消除了由于塔底气体的夹带而造成的液相返混，提高了塔的操作效率。

转油线 transfer line 泛指工艺过程中油料从一个设备流向另一个设备所通过的管线。炼油厂中通常指由加热炉出口到分馏塔或反应器的热油管线。

蒸汽发生器 steam generator 一种利用工艺物流热量发生水蒸气的设备。一般采用管壳式换热器结构作为传热设备，有卧式重沸器型和带汽包的列管换热器型。

抽出塔盘 draw-off pan 从分馏塔中抽出侧线产品或回流油的塔盘(板)。对有溢流管的塔板，侧线油从溢流斗中抽出，抽出塔板与其他塔板在结构上无区别，称为部分抽出塔盘；对无溢流管的塔板或填料塔，抽出塔板是只具有升气管的盲塔板，为全抽出塔盘，又称集油箱。

灵敏塔板 sensitive plate 塔顶产品组成变化后，指塔板上液体组成或温度变化最大的塔板。精馏过程温差控制的核心是确定灵敏塔板的位置(在进料口至塔顶之间)，需要通过计算或实验来确定。

平行换热 parallel heat exchange一种原油预热流程，将冷原油分成多路，平行地与各种产品和回流等热物流换热，提高原油换热温度。优点是可利用原油来最大限度地回收低温位热量，使部分产品可不经冷却器直接冷却到出装置温度。每路串联的换热器台数少，压降低，可减少原油泵的扬程，节约操作费，并允许轻组分在换热器内较多地汽化，从而改善传热性能。

窄点 pinch point 又称夹点。指在温-焓曲线图(T-H 图)中，冷热物流换热最小允许温差处热组合曲线温度和冷组合曲线温度的中点温度。窄点理论是 20 世纪由英国学者 B. Linnhoff 提出来的换热理论。它的基本观点是任何通过窄点的传热都会带来冷的或热的公用工程的过分消耗，因而冷热流的换热不能通过窄点。

复合曲线 complex curve 为处理多物流的换热，在温-焓曲线图(T-H 图)中，把任何给定温度范围内的所有物流的热负荷或热容流率叠加在一起，形成的曲线称为复合曲线或组合曲线。包括热物流复合曲线和冷物流复合曲线。

总拔出率 total distillate yield 一般指原油经过蒸馏分离后，所得除减压塔底产品之外的所有产品与原油总量的比例(以百分数表示)。

饱和蒸气 saturated vapor 容器中液体在一定温度下与其上部空间的气体达到平衡时，即气液两相处在稳定的共存状态时的蒸气。这时单位时间内从液体蒸发出来的分子数和从气体返回液面的分子数相等。

过热蒸汽 superheated steam 实际温度超过饱和温度的水蒸气。过热蒸汽是由饱和蒸汽加热升温获得的，其中绝不含液滴或液雾，属于实际气体。

不凝气 non-condensable gas 在冷凝冷却条件下，不能凝结下来的气体，如空气、氢气等，称为不凝气。不凝气的存在对系统有很大的危害，主要表现在会使系统冷凝压力升高，冷凝温度升高。

直馏汽油 straight-run gasoline (SRG)从原油常压系统直接蒸馏所得的汽油馏分。通常不含烯烃，安定性好，但辛烷值低，一般用作重整原料或蒸汽裂解原料。

直馏煤油 straight-run kerosene (SRK)从原油常压系统直接蒸馏所得的煤油馏分，可以用于生产喷气燃料或灯用煤油。

直馏柴油 straight-run diesel (SRD)从原油常减压系统直接蒸馏所得的柴油馏分。

减压蜡油 vacuum gas oil (VGO)从原油减压蒸馏塔侧线得到

的馏分油，又称减压瓦斯油、直馏蜡油或蜡油馏分。可以作为催化裂化、加氢裂化、润滑油生产的原料。

重质减压蜡油 heavy vacuum gas oil (HVGO) 特指减压深拔中，从减压塔侧线抽出的温度范围在540~560℃(TBP)的馏分。为达到深拔的目的，需要控制减压重质蜡油的干点以及残炭、重金属含量等杂质，满足作为加氢裂化或催化裂化原料的质量要求。

减压渣油 vacuum residue (VR) 指从减压塔底抽出的残渣油。可作为溶剂脱沥青、延迟焦化、减黏、渣油加氢等装置的原料，也可作燃料油或加工成沥青产品。

常压加热炉 atmospheric heater 是将换热后的原油由280~300℃加热到常压蒸馏所需要的温度(360~370℃)的加热炉。由于被加热介质的出口温度较低，管内的油膜温度远低于油品的裂解温度，因此一般管内被加热介质不会发生裂解结焦。常压加热炉通常采用立管加热炉，当热负荷不大于40MW时，常选用辐射-对流型圆筒炉；当热负荷大于40MW时，通常选用立管立式炉、箱式炉或立管双室箱式炉。

减压加热炉 vacuum heater 是将常压重油由350℃左右加热到减压蒸馏所需要的温度(390~420℃或以上)的加热炉。由于常压重油重组分含量高，热裂解的温度相对较低，应控制管内油膜温度不能超过油品的裂解温度并采取防结焦措施。减压炉的炉型一般为立管立式炉或卧管箱式炉。由于减压炉出口温度高，绝对出口压力仅为20~40kPa。为保证被加热介质接近等温汽化，加热炉出口部位汽化段炉管一般要逐级扩径，保证汽化管段内各点的介质流速不大于临界流速的80%。

二级减压蒸馏 two-stage vacuum distillation 指包括二级减压炉和二级减压塔串联的减压蒸馏系统。

"湿式"减压蒸馏 wet vacuum distillation 减压蒸馏的一种生产模式，通过向减压炉管注入一定量蒸汽和减压塔底采用水蒸气汽提的方式完成减压蒸馏过程。

"干式"减压蒸馏 dry vacuum distillation 是相对"湿式"减压蒸馏操作的一种生产模式。在蒸馏过程中不注入任何水蒸气，减压塔顶残压不超过2.67kPa(20mmHg)，依靠具有高传质、传热效率和低压降的金属塔填料实现高真空度下的操作。由于取消了加热炉管注入水蒸气和减压塔底的汽提蒸汽，装置的能耗明显降低。

"微湿"减压蒸馏 damp vacuum distillation 介于"湿式"和"干式"间的一种减压蒸馏模式。为减少蒸汽消耗，采用向减压炉管少量注汽和减压塔底少量通入汽提蒸汽，并适当提高减压塔顶真空度的方式完成减压蒸馏操作，称之为"微湿"或

"半干式"减压蒸馏。由于水蒸气分压的作用，减压塔顶残压可提高到8kPa(60mmHg)左右。

加热炉热效率 thermal efficiency of heater 指被加热介质总吸热量与总供给热量的比值(以百分数表示)。用以表示加热炉体系中参与热交换过程的热能利用程度，是衡量加热炉燃料利用率的一项重要指标。提高加热炉热效率，是降低装置燃料消耗、实现节能减排的重要手段。目前大型加热炉的设计热效率一般要求不低于92%。

烟气余热回收 waste heat recovery from flue gas 高温烟气经过加热炉的辐射室和对流室与工艺介质换热后，排烟温度仍达到280~360℃。烟气余热回收主要是通过某种换热方式将烟气的这部分热量转换成可以利用的热量。常用的烟气余热回收方式是用烟气预热燃烧空气，以减少燃料消耗。

烟气露点 dew point of flue gas 烟气中可冷凝物质(如水蒸气、硫酸蒸气等)开始凝结时的温度。

烟气露点腐蚀 dew point corrosion of flue gas 由于燃料中含硫，在燃烧时生成SO_2和SO_3。当换热面的外表面温度低于烟气露点温度时，在换热面上就会形成硫酸雾露珠，导致换热面腐蚀的现象，称为烟气露点腐蚀。

2.4 催化裂化(FCC)

松动气 fluffing gas; loosen gas 催化裂化中常用术语，也常用在化工过程中的固体粉料输送。通常指可以促进催化剂流化的补充气体，如空气、蒸汽、氮气等。作用主要是使粉体疏松，便于运输，常用于立管、斜管、U形管等松动点。一般气速较低，压降较流态化压降偏低。

内摩擦角 angle of internal friction 又称剪切角。是固体对固体的角，是催化剂以非流化状态流动时流动颗粒移动的部分与水平面的夹角。对于FCC催化剂，剪切角大约为79°。

静止角 repose angle of repose; angle of rest 又称休止角。在静止平衡状态下，散体堆积层的自由表面与水平面形成的最大角度。对于FCC倾斜催化剂，静止角通常为32°。

壁面摩擦角 angle of wall friction 表示颗粒与壁面之间的摩擦特性。壁面摩擦角中ϕ_w的正切值即为摩擦系数f_w，其值为所有作用于壁面的水平力$\sum F$与全部垂直力$\sum W$之比，即$f_w=\sum F/\sum W$，所以壁面摩擦角中$\phi_w=\tan^{-1}f_w$。

滑动角 slide angle 散体颗粒在平面上，使平面倾斜到一定角度时，所有的散体颗粒全部滑落时板与水平面的最小夹角。用来表示散体颗粒与倾斜固体表面的摩擦特性。

表观堆积密度 apparent bulk density 又称表观体积密度。指成堆的固体颗粒催化剂单位体积的质量。是流化床催化剂密度常用的一种表示方式。用以计算催化裂化床层内催化剂的藏量和单位时间内催化剂循环量以及剂油比等。

床层密度 bed density 指床层中单位体积催化剂的质量。流化催化裂化反应器和再生器内催化剂在密相床层的密度，一般随两器内气体的流速变化而变化。床层密度是计算系统内催化剂藏量的依据。

最小鼓泡速度 minimum bubbling velocity 即分散的个别的气泡开始形成时的速度。对于FCC催化剂，通常最小的鼓泡速度约为0.009m/s。

最小流化速度 minimum fluidizing velocity 催化剂全部重量被流化气体支承起的最低速度。在这个最小的气体速度下，固体颗粒填充床开始膨胀并具流体行为。对于FCC催化剂，最小流化速度大约为0.006m/s。

骨架密度 skeletal density 单位固体颗粒净体积(不含空隙)所具有的质量。

颗粒密度 grain density; particle density 包括微孔在内的单位颗粒体积的质量。

堆积密度 bulk density; stacking density 单位堆积颗粒体积(包含颗粒之间空隙体积)的质量。堆积着的颗粒体积，随颗粒间空隙大小的改变而改变，在不同情况下可分别以充气密度、沉降密度和压紧密度来表示。

充气密度 packing density 将已知质量的颗粒装入量筒中，并颠倒摇晃，然后将量筒直立。待样品刚好全部下落时读取其体积，此时测得的密度称为充气密度，或称松装密度。

沉降密度 sedimentation density 将已知质量的颗粒装入量筒中，并颠倒摇晃，然后将量筒直立、静置。待样品全部落下后，再静置2min，读其体积，此时求得的密度称为沉降密度，或称自由堆积密度。

压紧密度 compacted density 将已知质量的颗粒装入量筒中，并颠倒摇晃，然后将量筒直立、静置。待样品全部落下后，放置于特定操作仪上振动数次，直至体积不变为止，此时的密度为压紧密度，或称磙实密度。

空隙率 void fraction 颗粒之间空隙的体积 V_A 与床层体积 V_B 的比值。床层体积 V_B 应包括颗粒体积 V_p 与颗粒之间空隙的体积 V_A。

滑落系数 slide factor 在催化裂化提升管反应器中，催化剂颗粒被油气携带而上行，其上升速度总是低于气体的上升速度，此现象称为催化剂的滑落。气体平均线速与催化剂平均线速之比称为滑落系数，表示催化剂与油气的返混程度。当气速达到25m/s时，滑落系数接近于1。

沉积速度 sedimentation velocity 在水平输送过程中，气体速度大时，固体呈稀相在水平管线中流动；当气体速度下降时，固体在水平管线内移动缓慢；当气体速度下降到一定程度时，颗粒在管底沉降，此时的气速称为沉积速度。沉积速度为气、固特性和管径的函数。

黏滑流动 stick-slip flow 在流化催化裂化催化剂循环过程中，当固体颗粒向下流动时，气体与固体颗粒的相对速度不足以使固体流化起来，此时固体颗粒之间互相压紧，阵发性地缓慢向下移动，这种流动形态称为黏滑流动。是固体颗粒的密相输送两种形态之一，另一种为充气流动。

形状因子 form factor; shape-dependent constant 对于FCC催化剂而言，并非所有颗粒均为规则的球形，而是不同粒径的混合物，形成非均一粒径颗粒群。形状因子用来表示非圆球形颗粒的非球形程度，又称为球形度，通常用与颗粒体积相等的球表面积/颗粒实际表面积来表示。

起始流化速度 incipient fluidizing velocity 颗粒在气流中运动时，当气流速度大于颗粒的沉降速度时，堆积在表面的颗粒就要悬浮，加大空隙率使得颗粒受气流作用的实际速度与颗粒的沉降速度相等，从表面起逐渐使表面以下各层颗粒开始悬浮。此时容器内的颗粒处于松散状态，颗粒间相互脱离接触，此床层称为流化床。在开始流化时以床层截面为基准的流体表观速度称为起始流化速度。

表观起始鼓泡速度 apparent incipient bubbling velocity 气体通过流化床层运动，逐渐增大气体表观速度至起始流化速度后，床层呈现散式流化，继续增大气体表观速度，至床层出现第一个气泡而进入鼓泡床，此点线速度称为表观起始鼓泡速度，又称表观起始气泡速度。测定方法有塌落法、床膨胀法等。

带出速度 terminal settling velocity 流态化中，从流化过程到气力输送的转折点对应的气流速度，又称终端速度或最大流化速度。颗粒直径越小，密度越小，气体黏度越大，则带出速度越小。

乳化相/气泡相 emulsion phase/bubble phase 在流态化中，为区分流动模型，将流动模型分为一区、二区模型及两相、三相和四相模型。其中两相模型指气泡相和乳化相。把不参加反应的气泡称作气泡相，把余下的固体颗粒包括催化剂及其他物料以及除气泡相以外的气体，看作一个拟均相，称为乳化相。化学反应在乳化相中进行，所生成的产品，一部分传递到气泡相被带出反应器。

筛分组成 screen composition 用适当孔目的筛子将催化剂颗粒按照不同大小筛分，分别称重，计算出它们各占总重的百分数，即为筛分组成。

体积直径 volume diameter 与颗粒具有相同体积的圆球直径即体积直径。

面积直径 area diameter 与颗粒具有相同面积的圆球直径即面积直径。

调和平均粒径 harmonic average particle diameter 用粒度分布表示颗粒群体的粒径在关联式中计算不太方便，常用颗粒群体代表粒径表达粒径值。在流态化中，常用调和平均粒径来表示某一大小粒径颗粒群。$d_{pi}=\frac{1}{\sum x_i/d_{pi}}$，式中，$x_i$ 为粒径的质量分率。

有效直径（中径） effective diameter(pitch diameter) 粒径分布累积值为50%时的粒径。

扩展径 extended diameter 粒径分布累积值为84%和16%之差的平均值。

$$\sigma=\frac{d_{p84\%}-d_{p16\%}}{2}$$

气固相对速度 gas-solid relative velocity 颗粒在气流中运动，气流的真实速度与颗粒受气流作用产生的真实速度之差称为气固相对速度。在垂直立管中又称滑移速度或滑动速度。

脱气曲线 degasification curve 在流态化中，脱气时床层高度随脱气时间的变化曲线，又称塌落曲线。表示颗粒脱气性能及流化性能。脱气曲线一般可分为三个阶段，即脱气泡阶段、颗粒沉积阶段及颗粒密实阶段。

均一颗粒 homogeneous particle 在颗粒群中，粒径大小相等、形状相似的颗粒称为均一颗粒。

非均一颗粒 inhomogeneous particle 在颗粒群中，颗粒粒径等性质不同的颗粒称为非均一颗粒。

膨胀比 expansion ratio 在流化床中，用来表示某流速下密相流化床高度与最小流化速度时床层高度的比值。符号：ε。

脉动因子 fluctuation factor 用来表示颗粒流化输送过程存在的气泡对输送过程的干扰程度。脉动因子越大，气泡干扰越小。脉动因子的大小等于颗粒乳化相脱气速度与起始流化速度的比值。

散式流化床 particulate fluidized bed 在流化床中，固体颗粒脱离接触，但颗粒均匀分布，颗粒间充满流体，无颗粒与流体的集聚状态，此时已具有一些流体特性。

鼓泡床 bubbling bed 在流化床中，随着表观气速的增长，固体颗粒脱离接触，但流化介质气体出现集聚相，称为气泡。此时由于气泡在床层表面出现破裂，将部分颗粒带到表面稀相空间，出现床层表面下的密相区与床层表面上稀相空间的稀相区，稀相区内含颗粒量较少。

湍动床 turbulent bed 在流化床中，床层内表观气速增大到一定限度时，由于气泡的不稳定性而使气泡分裂产生更多小气泡，床层内循环加剧，气泡分布较前为均匀，床层由气泡引起的压力波动变小，表面夹带颗粒量增大，床层表面界面变得模糊不清，床层密度与固体循环量无关。在小直径床中，在鼓泡床向湍流床过渡时，之间有一个腾涌床存在。

快速床 high-velocity bed 在流化床中，气速增大，密相床层要靠固体循环量来维持，当无固体循环量密相床层时，固体就会被气体全部带出，气体夹带固体达到饱和量，此时便称为快速床。在快速床阶段，密相出现大量絮团的颗粒聚集体，密相床层密度与循环量有密切关系。在催化裂化装置中烧焦罐操作便属于快速床。

载流速度 carrying velocity 在流化床中，气速增大到一定程度时，快速床被破坏，进入气力输送阶段，此时的气速称为载流速度。载流速度与物料属性、加料速度等因素有关。

输送床 transport bed 依靠固体循环强度也无法维持床层，此时已达到气力输送状态，称为输送床。流化催化裂化提升管反应器就属于输送床流化。

密相气力输送 dense-phase pneumatic transport 当表观气速增大到一定程度时，床层内上稀下密的复合状态消失，呈上下均一密度。此时颗粒悬浮与颗粒加速的力等于颗粒静压头，气固两相沿轴向接近平推流，径向空隙率分布均匀，称为密相气力输送。

稀相气力输送 dilute-phase pneumatic transport 当流化床到达密相气力输送时，继续增加表观气速，床层压降受气固两相与边壁摩擦的作用明显增加，摩擦压降与静压头相当，此时已达密相气力输送与稀相气力输送的临界点。超过此气速时，便为稀相气力输送。此时管道床层压降主要为摩擦压降。

EMMS 模型 EMMS model 能量最小多尺度模型，由李静海等提出，用以判别流化状态的转变。所谓多尺度是指颗粒流体系统中存在三种尺度的作用，即流体与单体颗粒之间相互作用的微尺度，稀相与密相之间相互作用的宏尺度以及整个颗粒流体系统与外界作用的宇尺度。所谓能量最小原理是指平衡系统总是保持最小能量，流体趋向选择最小阻力的途径流动，而颗粒尽可能处于位能最小的位置。

架桥 bridging 由于固体物料

与料斗摩擦系数太大、物料之间的内摩擦系数太大、料斗的锥角太大等因素导致物料在料斗上方形成一个拱形的料塞，造成进料不均甚至中断。催化裂化中，架桥在反应器与再生器立管处较为常见，原因可能为两器压力脉冲式变化、松动风或松动蒸汽量过大、带水，汽提蒸汽温度低、带水严重，催化剂流动性变坏等。

热崩 heat collapse 催化剂在高温或者有其他介质(如水蒸气)存在情况下，发生的大粒径催化剂崩裂成几个粒径相同或者不同的小颗粒催化剂的过程。

尾迹 wake 流化床中气泡的形状为球帽形(如图)。底部微向上凸起，凸起部分夹带呈乳化相状态的颗粒束。这部分颗粒束与气泡一起运动，故称为尾迹。尾迹随气泡运动时，边运动边脱落。

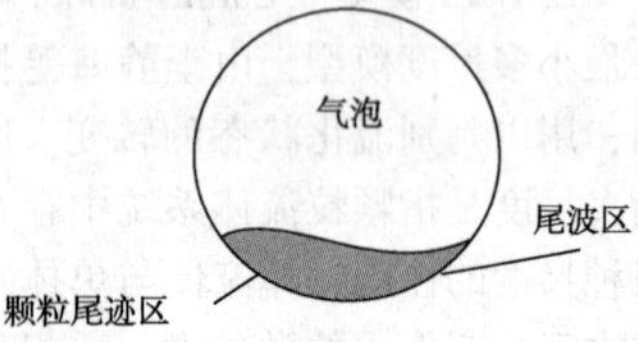

气泡形态

尾波区 tail wave region 在鼓泡流化床中，固体颗粒不是以单个而是以聚团进行运动，气体主要是以气泡形式通过床层。气泡的上半部呈半球形，气泡的尾部则有一凹入部分，该凹入部分称为尾波区。尾波区夹带着固体颗粒，而气泡内则基本上不含固体颗粒。

气泡晕 bubble cloud 在细粉颗粒床内，床层中气泡上升速度大于乳化相中颗粒间气体速度，气体由气泡底进入气泡后，受气泡与周围滑落的固体颗粒流的作用，由气泡顶部流出的气体在气泡与周围形成环流场，构成气泡外围的气体环流(该环流有一定厚度)，此环流称为气泡晕。

气泡径 bubble diameter 一般是指气泡在床层中的当量直径，用以表示气泡的尺寸，以 D_{be} 表示。因气泡在床层并非呈规则的形状，为计算方便以当量直径表示。它与分布器孔口直径、孔口气速、分布器的形式以及在床层中的行程有关。

稳定最大气泡径 maximum diameter of stable bubble 当气泡径大到一定大小后，气泡就要分裂为小气泡。此时的气泡径为稳定最大气泡径 D_{bemax}。

颗粒分层 particle delamination 非均一颗粒系统在床层内颗粒分布并不统一，粒径小的、颗粒密度小的颗粒“飘浮”在床层顶部较多，而粒径大、密度大的“沉集”在底部，形成轴向上、下部不一致的现象即为颗粒分层。

死区 dead zone 流态化床层中的局部空间。该空间中的固体颗粒基本上不参加主流体流动，只在原地作局部运动。死区处的固体颗粒的停留时间是无限长的。在流态化装备中应避免存在死区，因为它不但减少了设备有效利用的空间，而且会造成事故。

分布板临界压降 critical pressure drop through distributing plate 分布板能起到均匀分布气体并具有良好稳定性的最小压降。这个最小压降与分布板下面的气体引入及分布板上床层状况有关。

输送分离高度 transport disengaging height (TDH) 气泡离开密相床层时会把部分固体颗粒带入稀相。随气流向上运动，被夹带颗粒中较大者在上升到一定高度后会转而向下运动返回密相床层，较小的则随气体向上运动。在密相床层以上气体中夹带的固体颗粒浓度基本不变时的高度就称为输送分离高度，用 TDH 表示。

饱和夹带区 saturated entrainment area 在流化床稀相段中，输送分离高度以上的区域。

饱和夹带量 saturated entrainment quantity 稀相中颗粒浓度沿沉降高度逐渐降低，当达到输送分离高度处时，固体颗粒浓度不再变化，此时的颗粒浓度称为饱和夹带量。

旋风分离器临界粒径 critical particle diameter for cyclone 气固旋风分离过程的重要参数。是指理论上能从气体中以 100% 的效率分离出来的最小粉尘粒子的直径(或当量直径)。

夹带速率 entrainment rate 气泡离开密相床层时，流化气体会从床层中带走固体颗粒，所夹带的固体颗粒的质量流率称为夹带速率。

噎塞流动 choking flow 固体颗粒在操作气速处于噎塞速度下的流动方式。

非噎塞流动 unchoking flow 固体颗粒在操作气速大于噎塞速度下的流动方式。

噎塞速度 choking velocity 在垂直输送的气固流动中，保持固体质量流率不变的情况下，随着气速降低、固体颗粒密度逐渐增大。当颗粒密度增大至气流不足以支持固体颗粒时，就会出现腾涌。此时的表观气速称为噎塞速度。固体颗粒输送中一般要保证操作气速大于噎塞速度。噎塞速度主要取决于催化剂的筛分组成、颗粒密度等物性。

噎塞点 choking point 垂直输送的气固流动中，出现腾涌时气速对应的点。

类比律(*J* 因子法) law of analogy 研究流体与固体间传质与传热的方法。*J* 因子的表达式为 $J=St\cdot Pr^{2/3}$，其中 $Nu/(Re\cdot Pr)=St$。传热过程 *J* 因子以 J_H 表示，传质过程用 J_M 表示。

立管输送 standpipe transfer 气固混合物在管线中通过孔板或滑

阀流动且固体垂直向下流动称为立管输送。立管输送一般指固体催化剂颗粒垂直向下流动的输送方式，其中气体仍可向上或向下流动。

斜管 sloping pipe; slanting pipe 是并列式催化裂化装置中用于传输催化剂的管路，分为再生斜管和待生斜管。前者将再生器内的再生剂传输到提升管底部，利用再生滑阀控制催化剂流量；后者将汽提段的待生剂传输到再生器中，利用待生滑阀控制催化剂的流量。为了保证催化剂流化，再生斜管和待生斜管中有松动风保持催化剂的流化状态。

淹流管 submerged flow tube 是再生催化剂导出再生器的一种形式，设在密相床较高处的淹流管称为高淹流管，而设在密相床内较低位置如分布器附近的则称为低淹流管。与低淹流管相比，高淹流管引出的催化剂密度较低，质量速度也较低。

料封 material seal 一种旋风分离器料腿的密封方式，防止气体反窜。将料腿插入流化床层内，靠料层密封。

流化因子 fluidization factor 颗粒流化输送性能的判据，简记为 F-PROP，计算公式为 F-PROP = $\exp(0.508F_{45})/(d_{\mathrm{P}}^{0.568}\rho_{\mathrm{BT}}^{0.663})$，其值越大，流化性能越好。

腾涌 slugging 在实际应用的鼓泡流化床中往往存在大量气泡，气泡向上运动过程中小气泡会互相聚合成更大的气泡。在小直径的流化床中，气泡可能长大到和床径一样大，形成一层气泡、一层固体颗粒相，这种现象称为腾涌，又称气节。

腾涌密相输送 slugging dense-phase transport 提升管输送中，当输送管道较细时，鼓泡床在 Geldart 分类中的 B、D 类颗粒等较大颗粒常出现腾涌床，此时称为腾涌密相流动。在腾涌密相流动下的颗粒输送称为腾涌密相输送。

惯性分离器 inertial separator 通常设于催化裂化提升管反应器的出口处，习惯上称作快速分离设施（快分）。它的作用是使反应油气与催化剂快速分离，达到快速中止汽油裂化生成气体等不利的二次反应以提高反应选择性的目的。在惯性分离器内主要发生气流的急速转向，或先冲击在挡板上再急速转向，其中固体颗粒由于惯性效应，其运动轨迹与气流轨迹不一样，从而使两者获得分离。

催化裂化 catalytic cracking 石油二次加工的主要工艺之一，是将重质油转化为汽油、柴油等轻质产品的主要手段。催化裂化是重质油在热和催化剂作用下进行的裂化反应。与热裂化相比，其轻质油产率高，汽油辛烷值高，安定性好，并副产低碳烯烃。

流化催化裂化 fluid catalytic

cracking(FCC)是重油轻质化的主要二次加工过程，是从固定床和移动床催化裂化发展起来的石油炼制过程。催化剂在反应和再生系统中呈“循环流化状态”，为反应系统提供原料汽化和反应热。催化剂生焦后失去活性，在再生系统恢复活性后返回反应系统。

多产异构烷烃催化裂化工艺 maximizing iso-paraffins (MIP) 由中国石化开发，采用新型串联提升管反应器及相应的工艺条件，突破了常规催化裂化工艺对二次反应的限制，使裂化反应、氢转移反应和异构化反应具有可控性和选择性。

渣油催化裂化 residue fluid catalytic cracking(RFCC)以渣油(重质油)为原料的催化裂化技术。由于渣油具有高密度、高残炭和高金属等特点，因此该技术涉及原料雾化技术、取热技术、重金属钝化技术和催化剂预提升等技术。

多产异构烷烃并增产丙烯技术 MIP process for clean gasoline and propylene(MIP-CGP)由中国石化开发，在MIP工艺平台开发的以重质油为原料生产丙烯的催化裂化工艺。采用串联提升管反应器，在不同的反应区内设计与烃类反应相适应的工艺条件，并充分利用专用催化剂结构和活性组元进行催化裂化反应。

FGO加氢处理与选择性催化裂化工艺集成技术 integrated technology of hydrotreating FCC gas oil and highly selective catalytic cracking(IHCC)由中国石化开发，属于催化裂化工艺和加氢工艺集成工艺。对重质油不再追求重油单程转化率最高，而是控制催化裂化单程转化率在合理的范围，使干气和焦炭选择性最佳，未转化的重油FGO经加氢处理后再采取适当的催化裂化技术来加工，从而获得高价值产品收率最大化。

HAR加氢处理工艺 hydrogenation of aromatics and resin of FCC gas oil 为IHCC工艺的子工艺，定向饱和FGO中的多环芳烃和胶质生成多环烷烃，同时尽可能地保留所生成的多环烷烃。

缓和催化裂化/高选择性催化裂化 highly selective catalytic cracking(HSCC)为IHCC工艺的子工艺，是基于原料油中的多环芳烃有效时空约束概念，使原料油中的烷烃结构集团发生选择性裂化，而多环芳烃芳核结构被保留，实现干气和焦炭产率之和与转化率之比最小。

灵活多效催化裂化工艺 flexible dual-riser fluid catalytic cracking (FDFCC)由中国石化开发，是一种重油催化裂化与汽油改质、增产烯烃相结合的催化裂化工艺，采用双提升管，一根提升管加工重油，另外一根提升管加工汽油馏分。先后发展为FDFCC-Ⅱ型和FDFCC-Ⅲ型。

FDFCC-Ⅰ/Ⅲ技术 flexible dual-function FCC process FDFCC-Ⅲ工艺技术是FDFCC-Ⅰ工艺的进一步发展，其生产目标是改善产品分布，进一步提高丙烯产率，降低汽油中烯烃含量。该系列工艺技术的核心是对重油提升管反应器进行优化操作，采用双提升管、双沉降器，低油剂瞬间接触温度、高反应温度、大剂油比、短反应时间操作。FDFCC-Ⅲ相比FDFCC-Ⅰ，在相同转化率条件下，干气加焦炭产率下降一个百分点左右，产品分布也略有改善。

辅助提升管催化裂化技术 subsidiary riser FCC for naphtha olefin reduction technology 由中国石油大学(北京)开发，采用两根提升管反应器，一根提升管用于加工重油组分，另外一根提升管用于对所生产汽油组分进行改质，达到降低汽油烯烃的目的。

两段提升管催化裂化 two stage riser fluid catalytic cracking (TSRFCC)由中国石油大学(华东)开发，将常规提升管反应器分为两段，油气和催化剂在第一段提升管内反应至一定程度后分离，待生催化剂进入再生器再生，油气则连续进入第二段提升管与再生好的催化剂接触并继续反应，实现催化性能的接力。

催化裂解 deep catalytic cracking (DCC)由中国石化开发，在催化剂存在的条件下，将重质油进行高温裂解来生产乙烯、丙烯和丁烯等低碳烯烃的一种方法。由于催化剂的存在，催化裂解较蒸汽裂解温度低，较常规催化裂化反应苛刻度高。

多产液化气和高辛烷值汽油工艺 maximum gas plus gasoline (MGG)由中国石化开发，是以蜡油、重质油为原料，最大量生产液化气、低碳烯烃和高品质汽油的催化裂化工艺。

催化热裂解工艺 catalytic pyrolysis process (CPP)由中国石化开发，是以石蜡基常压渣油为原料，采用提升管反应器和专门研制的分子筛催化剂及催化剂流化输送的连续反应-再生循环操作方式，在比蒸汽裂解缓和的操作条件下生产乙烯和丙烯的新技术。

多产低碳异构烯烃技术 maximizing iso-olefins (MIO)由中国石化开发，以重质馏分油掺部分渣油为原料，在特定的工艺条件下，采用改进的提升管反应技术，最大量地生产异构烯烃和高辛烷值汽油。

HS-FCC high severity FCC 日本石油协作中心和沙特阿拉伯法赫德石油矿业大学联合开发的高苛刻度FCC工艺，采用下行式提升管反应器和含ZSM-5分子筛的催化剂，在高反应温度、短接触时间和大剂油质量比的操作条件下实现最大量生产丙烯的目的。

常压渣油多产液化气和汽油工艺 atmospheric residuum maximum gas plus gasoline(ARGG)在MGG工艺技术基础上开发的以常压渣油等重油为原料的ARGG工艺技术，是采用具有特殊反应性能的RMG、RAG系列催化剂及相应的工艺条件，通过提升管或床层反应器，最大量地生产富含低碳烯烃的液化气和高辛烷值汽油的催化转化工艺技术。

多产液化气及柴油催化裂化工艺 maximizing gas and diesel(MGD)由中国石化开发，最大量生产液化气、柴油，同时提高汽油辛烷值，降低汽油烯烃及硫含量的催化裂化工艺技术。

Maxofin 工艺 novel FCC process for maximizing light olefins (Maxofin)由Kellogg公司和Mobil公司联合开发的一种双提升管生产低碳烯烃催化裂化技术。该技术的主要特点为设立第二提升管进行汽油的二次裂化，使用高ZSM-5含量的助剂，采用密闭式旋风分离器。

R2R 工艺 FCC process with one riser and two regenerators(R2R)由Total公司开发的一种重油催化裂化工艺，现授权给Axens/IFP公司和Stone & Webster公司。该工艺包括一个提升管反应器、一个汽提器和两个再生器。第一再生器条件相对缓和，可以烧掉40%~70%焦炭，第二再生器在低蒸汽分压下使催化剂活性得到恢复。同时包括混合温度控制技术、待生剂汽提技术、两段再生技术等。

Flexicracking 工艺 Flexicracking process由Exxon公司开发，包括两种构型：一种为提升管与密相床层混合裂化型；另一种为全提升管裂化型。两种型号均可根据原料性质或市场需要情况的变化，在较大范围内改变操作条件，故有多种生产方案，如多产汽油、多产柴油或多产气体等。

DNCC 工艺 denitrogenation-catalytic cracking process(DNCC)由中国石化开发，处理焦化蜡油等碱性氮化物高的原料的催化裂化工艺技术。

Indmax 工艺 Indmax process由Indian Oil公司研究与开发中心开发，从重质原料生产低碳烯烃的催化裂化工艺。采用新型多组分、多功能催化剂，使得催化反应可以在高温、短接触和低烃分压下进行，获得高转化率和高丙烯选择性。

Superflex 工艺 Superflex process最早由ARCO/Lyondell公司开发，用于以轻质烃馏分为原料，侧重于丙烯产品的技术。1998年与KBR公司签订排他性合作协议，并在全球范围转让。采用高选择性的ZSM-5分子筛催化剂和适宜的反应条件，用于多产丙烯和乙烯产品。其原料有液化气、轻石脑油、C_4馏分、C_5

馏分和 C_6 非芳烃等。以催化裂化反应-再生系统和蒸汽裂解回收分离系统为技术特征。

Petro FCC 工艺 Petro FCC process UOP 公司开发的一种催化裂化工艺，可从各种原料，如瓦斯油和减压渣油等增产轻质烯烃，尤其是丙烯。

正碳离子 carbocation 又称碳正离子或碳阳离子，是带有正电荷的活性中间体。正碳离子包括三配位正碳离子(carbonium ion)和非经典正碳离子(non-classical carbonium ion)。经典正碳离子是含有一个三价碳原子和带有一个正电荷的离子；非经典正碳离子即五配位正碳离子，它是一种五配位的高能量的正碳离子，具有三中心两电子键的结构。

氢转移反应 hydrogen transfer reaction 主要发生在有正碳离子或烯烃参与的反应，如正碳离子从"供氢"分子中抽取一个负氢离子生成一个烷烃，"供氢"分子则形成一个新的正碳离子；烯烃与环烷烃反应生成烷烃和芳烃；烯烃与焦炭前身缩合物反应生成烷烃和进一步缩合成焦炭；烯烃之间、环烯之间也能发生氢转移反应。

β 位断裂 beta scission 按照正碳离子反应机理，形成正碳离子后，在正碳离子的 β 位发生 C—C 键断裂，生成一个烯烃和一个较小伯正碳离子。伯正碳离子很快发生氢转移生成较稳定的仲正碳离子，并继续在 β 位置裂化，当碎片小于 C_3 时，不再发生裂化，此反应导致大量丙烯生成。

第一反应区 first reaction zone 多产异构烷烃的流化催化裂化工艺(MIP)将提升管反应器分成两个反应区。第一反应区类似于现有的提升管，采用较高的反应温度、较大的剂油比和较短的停留时间，将重质油转化。第一反应区以烃类的裂化反应为主。

第二反应区 second reaction zone 多产异构烷烃的流化催化裂化工艺(MIP)将反应器分成两个反应区。第二反应区为提升管扩径后的快速流化床反应器，采用较低的反应温度和较长的反应时间。第二反应区以双分子氢转移反应、异构化等反应为主，同时还发生双分子裂化反应，将烯烃选择性转化为异构烷烃和芳烃，以调节汽油组成，提高产品的选择性。

回炼比 recycle ratio 又称循环比，指催化裂化装置中回炼油(含油浆)与新鲜原料油量之比。回炼比增加，转化率提高，原料预热炉、反应器和分馏塔等的负荷都会增大，能耗增加。

提升管 riser 在流化催化裂化装置中，借助气体介质(空气、蒸汽或油气)的提升力将催化剂提升至高处所用的管子。由下而上依次为预提升段、进料段和裂化反应区。出口一般设置快速分离装置。反应在提升管内以接近活塞流(平推流)的方式进行。

固定流化床 fixed fluidized bed 一种利用气体或液体通过颗粒状固体层而使固体颗粒处于悬浮运动状态的床层。与固定床相比，具有反应均匀、传热传质效率高、压降小的优点，在工业上得到广泛的应用。

两相湍流流动模型 two-phase turbulent flow model 应用颗粒相动力学理论及经验公式描述提升管反应器内典型的气固两相流动状态的模型，即湍流气相-湍流颗粒相模型。此模型引入颗粒相湍流运动，将颗粒运动分成三个部分：局部平均速度、单颗粒脉动速度和颗粒团聚物的脉动速度，因此此模型更为综合。

减活速率 deactivation rate 催化剂会因为活性表面结焦、吸附毒物、催化剂烧结或者热失活等导致其活性下降或消失。催化剂相对活性随催化剂在失活环境中的停留时间延长而衰减的变化率称为催化剂的减活速率。

水热稳定性 hydrothermal stability催化裂化催化剂在工业应用时，在高温及一定水蒸气分压处理下，保持其结构不受破坏和具有足够平衡活性的重要性质。

二次裂化 secondary cracking 又称二次反应。烃类在裂化或裂解过程中裂化产物又继续发生裂化反应生成更小分子的过程。

油浆 oil slurry 催化裂化分馏塔底抽出的带有催化剂粉末的重油，含大量的稠环芳烃。部分送回反应器作回炼油浆，部分作为循环油浆经冷却后送回分馏塔底部换热段去冷却自反应器来的物流，多余的油浆可排出装置，称为外甩油浆。

澄清油 clarified oil 催化裂化分馏塔底油浆经沉降分离催化剂粉末后，从沉降器上部排出的洁净产品称为澄清油。只带有少量催化剂粉末，含较多稠环芳烃。

再生烟气 regeneration flue gas 催化裂化再生器中主风与待生催化剂上的焦炭(主要元素是碳和氢)发生焦炭燃烧反应生成 CO、CO_2 和 H_2O，使催化剂活性得以恢复，同时所生成的高温气体称为再生烟气。再生烟气经旋风分离器实现与催化剂的分离，并利用烟气轮机系统和余热锅炉系统回收其显热和压力能。

同高并列式催化裂化装置 parallel level side-by-side type FCCU 指反应器与再生器标高接近，两器操作压力接近的催化裂化装置。两器之间的催化剂循环主要靠 U 形管两端的催化剂密度来调节。

同轴式催化裂化装置 coaxial type FCCU 指反应器(或沉降器)与再生器叠置在同一轴线上的催化裂化装置，布局紧凑，占地面积小。

我国同轴式装置沉降器在上部，采用折叠式提升管反应器，沉降器汽提段置于再生器内部。待生催化剂线路为立管输送，使用塞阀控制待生催化剂的循环量和沉降器料位。

高低并列式催化裂化装置 high and low side-by-side type FCCU 沉降器标高高于再生器的催化裂化装置。两器不在一条轴线上，为满足压力平衡，一般再生器比沉降器的压力高 0.02~0.04MPa。提升管从沉降器汽提段中心深入到沉降器中部，并与之同轴。催化剂在两器间循环，用斜管和立管输送，并由滑阀调节。

反应再生系统 reaction-regeneration system 催化裂化的反应过程与催化剂再生过程所构成的工艺系统。工业上分为床层裂化反应-再生系统和提升管裂化-再生系统两大类型。

再生器 regenerator 进行待生催化剂烧焦再生的设备。为一立式筒形设备。下部为密相床层，床层下通风进行燃烧烧焦；上部为沉降空间，装有旋风分离器，以回收烟气携带的催化剂。按催化剂和烧焦空气的流程不同可分为单段再生和两段再生；按流化床类型不同又可分为湍流床再生、快速床再生或输送床再生等。

催化剂输送线 catalyst transfer line 在催化裂化装置中使催化剂在不同设备之间流动的管线。一般采用密相输送，根据处理量和生产条件，利用增压风流量、两器的压差或滑阀、塞阀进行流量调节。例如将汽提段中的待生催化剂送入再生器的待生催化剂输送线，将再生器密相床中再生催化剂返回反应器的再生催化剂输送线等。

主风机 main air blower 催化裂化装置中将旋转的机械能转化为空气压力能和动能，并将空气输送出去的机械。主风机是催化裂化装置的心脏设备。主要作用是：提供烧焦所需的氧气，保证催化剂再生过程正常进行，恢复催化剂活性；保证再生器、烧焦罐内的催化剂处于流化状态，只有流态化才能使催化剂更好地烧焦并在两器内正常流动。主风机分为离心式和轴流式。

吸收稳定系统 absorbing-stabilizing system 指将催化裂化工艺过程产生富气中的气体与汽油(或石脑油)组分分开，并将气体中的液化气和干气初步分离的系统，包括吸收过程、解吸过程和稳定过程，主要由富气压缩机、吸收塔、解吸塔、稳定塔、再吸收塔及相应的冷换设备、容器、机泵等组成。吸收过程是吸收塔用汽油或柴油作吸收剂对压缩到 1.2~1.6MPa 富气中的 C_3、C_4 组分进行吸收，没有被吸收的 C_2 及其以下组分排出系统；有时需采用再吸收塔，用轻柴油对贫气中的 C_3、C_4 及汽油组分进一步吸收。解吸过程是在解吸塔中把吸收液中溶解的 C_2 脱出去的过程。稳定过程是在稳定塔中将经解吸后尚溶解有 C_3~C_4 组分的粗汽油进行精馏，使绝大多数 C_3、C_4 组分(有时带一部分 C_5 组分)分离出去后，得到蒸气压符合要求的稳定汽油的过程。

催化裂化原料雾化 FCC feedstock atomization 指催化裂化装置中，将预热后的原料经过高效雾化喷嘴，在雾化介质作用下使原料从提升管下部或侧壁以高度分散状态喷入到上升的催化剂流中，均匀地与催化剂接触，使油滴迅速汽化裂解，从而降低焦炭的生成，增加液体产品的收率。

低速鼓泡床 low velocity bubbling bed 对于催化裂化气-固系统来说，当床层操作气速大于临界气泡速度时，进入床层的气体一部分由颗粒间的间隙通过床层，而大部分气体则以气泡形式通过床层，气体表观操作速度较低。

催化剂预提升段 pre-lifting zone for catalysts 指在提升管反应器底部，利用催化裂化预提升蒸汽(或干气)作提升介质，使再生器来的催化剂向上预加速，控制适宜的催化剂密度，保证催化剂在到达进料位置处时具有良好的剂油接触效果的区域。

预提升介质 pre-lifting media 在提升管预提升段，引入催化裂化预提升蒸汽或干气，使再生器来的再生剂向上预加速，控制适宜的催化剂密度，保证良好的油剂接触效果，这部分蒸汽或干气称为预提升介质。

钝化作用 passivation 指通过加入钝化剂或采用其他工艺手段改变沉积于催化裂化催化剂上的镍、钒等重金属化合物的分散状态和存在形式，抑制其对催化剂活性和选择性的破坏，从而减少重金属的毒害作用。

旋风分离器 cyclone separator 指利用离心力作用使固体颗粒或液滴与气体分开的设备。由进气管、升气管、筒体圆柱部分、筒体圆锥部分、灰斗、料腿和顶盖等组成。其工作原理：含固体颗粒的气流以切线方向进入，在升气管与壳体之间形成旋转的外涡流，由上而下直达锥体底部。悬浮在气流中的固体颗粒在离心力作用下，被甩向器壁，并随气流旋转而下，最后通过料腿返回催化剂床层。分离后气体形成上升的内涡流，通过升气管排出。

快分 quick separation device 即快速分离设备(495页)，指安装在催化裂化提升管出口使裂化油气与催化剂快速分离的设备。其作用是防止油、剂在沉降器稀相继续接触，减少有害二次反应，降低干气产率和沉降器内的结焦，避免油气将过多的催化剂携带到分馏系统造成油浆固体含量超标。有多种形式，如：伞帽形、T 形、弹射式、粗旋风式、三叶形、倒 L 形等。

带式过滤机 band filter 又称带式压榨过滤机。是由两条无端滤带缠绕在一系列顺序排列、大小不等的辊轮上，利用滤带间的挤压和剪切作用脱除料浆中水分的一种过滤设备。可用于对催化裂化催化剂过滤、洗涤。

终止剂 terminator 在提升管特定区域控制提升管内混合物温度和反应深度的介质。注终止剂是调整 FCC 反应苛刻度的重要手段。终止剂通过专用进料喷嘴，打入提升管特定区域，以控制提升管内剂油混合温度，促进有益的化学反应，以改善产品的性质和提高目的产物的选择性。终止剂注入效果与终止剂介质的类型、用量和注入位置等有关。

待生催化剂 spent catalyst 见 304 页“待生裂化催化剂”。

串联提升管反应器 riser reactor in series 一种新型提升管反应器形式。通过设置串联的两个反应区，在不同的反应区设计与烃类反应相适应的工艺条件并充分利用催化剂结构或活性组元，控制烃类反应的深度和方向，使其选择性转化。

双提升管反应器 dual-riser reactor 指新鲜原料油与回炼石油烃（回炼汽油、回炼油、C_4烃等）分别在两根提升管中进行反应的催化裂化反应系统。两根提升管可独立操作，具有原料适应性强、产品方案灵活、操作弹性大等优点。如中国石化开发的灵活多效催化裂化（FDFCC）工艺，有一根重油提升管反应器和一根汽油改质提升管反应器。

低碳烯烃 low carbon olefin; light olefins 指碳原子数在 2～4 之间的烯烃，即乙烯、丙烯和丁烯等小分子烯烃的总称。

生焦因子 coke factor（CF）生焦因子属于平衡催化剂反应性能评价的一部分，也属于产物选择性评价的一部分。在常规微反活性装置中，可采用在相同转化率时平衡催化剂的生焦量与参考催化剂生焦量之比作为生焦因子。目前，国际上普遍采用的生焦因子计算方法为：生焦因子 = 焦炭产率 ×（100 - 转化率）/转化率。

生氢因子 hydrogen production factor 生氢因子用于平衡催化剂反应性能的评价，属于产物选择性评价的一部分。其定义方式为：干气中氢气和甲烷摩尔比；干气中氢气和甲烷质量比。

汽提挡板 stripping baffles 主要用于催化裂化沉降器汽提段，用于改善待生催化剂汽提效果的装置。其形式有环形、开孔形、伞形、人字形等多种汽提挡板。

大油气管线 oil vapor transfer line 催化裂化反应后所生成的油气经旋风分离器气固分离后，将油气输送到分馏塔进行分馏的管线。

集气室 plenum chamber 用于汇集油气或烟气的腔体，分为内集气室和外集气室两种。

防焦蒸汽 anti-coking steam 由于沉降器顶部存在死区，为防止油气在沉降器顶停留时间过长造成结焦而通入的蒸汽。

T 形快分 type T separator 一种提升管出口快速分离装置，用于将反应油气快速与催化剂分离，减少不必要的二次反应，并可降低旋风分离器入口催化剂浓度。T 形快分设置在提升管顶部，形似 T 字，即提升管顶部为两端封死的三通管，靠近横管两端各有一根向下的短管。

旋流快分 vortex separation system(VSS)一种提升管出口快速分离装置，用于将反应油气快速与催化剂分离，减少不必要的二次反应。采用在提升管末端出口装设的旋流臂使其产生必要的离心作用，使沿快分出口切线方向流出的混合物物流在旋流室内侧呈螺旋状旋转流动，达到油剂初步快速分离效果。

旋风分离器料斗 hopper of cyclone 起膨胀室作用，使快速旋转流动的催化剂从旋风分离器的锥体流出后，旋转速度降低，同时将大部分夹带的气体分出，使它重新返回锥体，有利于催化剂连续经料腿自由排料。

旋风分离器翼阀 trickle valve of cyclone 用于防止料腿出口由床层倒窜气体，以致影响料腿催化剂下流和破坏旋风分离器分离作用。

主风分布板 main air distributing plate 使再生空气沿整个床层截面均匀分布的设施。分布板多为下凹蝶形多孔板，多用裙筒支承于壳体的内环梁上，裙筒与外壳衬里间留有足够的热膨胀间隙，可满足分布板受热后径向膨胀的需要。

主风分布环 ring type main air distributor 催化裂化装置中对再生器主风进行分布的环形管结构。其作用是使空气沿整个床层截面分布均匀，创造一个良好的起始流化条件。主风分布环为环形管结构，环形管上设有不同角度的喷嘴。

二密相床 second dense bed 常见于烧焦罐/管高效再生方式，即烧焦罐/管上部用于收集催化剂并保持流化的密相流化床。二密相段高度一般为 4~6m，密度为 500~600kg/m^3。

MTC 技术 mix temperature control(MTC)是法国 IFP 公司提出的混合温度控制技术。通过改变回炼和终止剂的注入位置与注入量，改进原料的雾化，提高剂油比和剂油混合温度，提高了反应转化率，同时可减少焦炭产率，实现重质原料快速雾化和强化催化反应。

烟风比 flue gas/air ratio 烟气量与主风量之比。

耗风指标　air consumption 主风量与焦炭量之比，单位 m^3/kg 焦炭。

过剩氧　excess oxygen 再生器烧炭剩余的氧气。

J形斜管　type J sloped pipe 指再生剂进入提升管的 J 形结构。由于 J 形弯管的转弯处到原料油喷入区之间的距离太短，因而在喷嘴平面处得不到均匀的催化剂分布，可采用设置多个蒸汽注入点来减缓下部催化剂的脱气作用。

U形管轻腿　U-pipe light leg 催化裂化装置采用 U 形管进行催化剂输送时，管内密度相对小的称为 U 形管轻腿。

U形管重腿　U-pipe heavy leg 催化裂化装置采用 U 形管进行催化剂输送时，管内密度相对大的称为 U 形管重腿。

半再生催化剂　semi-regenerated catalyst 对于有两段再生器的催化裂化装置，自第一再生器出来的催化剂称为半再生催化剂。

催化剂循环量　catalyst circulation rate 催化剂在反应器和再生器之间的循环速率，单位为 t/h 或 t/min。

单段再生　single stage regeneration 催化剂再生烧焦时采用一个再生器的再生型式。单段再生可以是完全燃烧再生也可以是不完全燃烧再生。

二次燃烧　secondary combustion 又称尾燃，再生器内自催化剂密相进入稀相的烟气中存在 CO 和 O_2，如 O_2 含量过高，则二者在稀相可能继续燃烧。由于稀相催化剂密度小而无法吸收燃烧释放的热量，使得稀相温度明显升高，严重时可能超过设备设计温度，造成设备损坏。

反吹风　back-blowing air 催化裂化装置测压系统为了防止催化剂堵塞测压引管而配置的吹气。

催化裂化辅助燃烧室　FCC auxiliary combustion chamber 催化裂化装置开工时在其内燃烧燃料，以提高进入再生器的主风温度的设备。

富氧再生　rich oxygen regeneration 供给再生器燃烧的主风中含氧量超过正常空气含氧量的再生。

高压再生　high pressure regeneration 催化剂在较高再生压力下（0.25～0.40MPa）的再生。提高再生压力意味着提高氧气分压，从而提高烧焦速率，降低催化剂藏量，降低催化剂单耗。较高的再生压力一般也可提高烟机效率和降低湿气压缩机能耗。

鼓泡床烧焦　bubbling bed coke-burning 指催化裂化催化剂在再生器内以鼓泡床流化状态进行烧焦。对催化裂化催化剂，鼓泡床流化状态时气体空塔线速范围为 0.003～0.6m/s，有清晰的密相和稀相界面，但界面波动较大。鼓泡床由于气泡大且不易破裂，传质速率较慢。

提升管式再生器 riser regenerator 催化剂再生采用提升管式。燃烧用的主风分成3~4股在提升管的不同高度注入。提升管底部的线速较低，保持催化剂处于活塞流状态。烧焦强度高，可达1000kg/(t·h)。在提升管内可烧掉80%左右的焦炭量，剩下的焦炭在烧焦管顶部湍流床中烧掉。

快速床烧焦 fast bed coke-burning 指催化裂化催化剂在再生器内以快速流化床的流化状态进行烧焦。对催化裂化催化剂，快速床流化状态的气体空塔线速为1.2~3m/s，气泡消失。一部分固体颗粒分散于气体中形成稀薄的固体连续相，还有一部分不稳定的固体颗粒聚集形成絮状粒团，构成分散相，需要补充催化剂才能维持流化床料位。快速床传质速率很快，烧焦强度是湍流床的几倍甚至十几倍。由于待生裂化催化剂温度较低，需要循环部分再生高温催化剂提高初始烧焦温度，同时维持快速床的密度和料位。

两段再生 two-stages regeneration 指催化裂化催化剂依次在两个流化床中进行烧焦再生。一般采用双器两段再生，一再采用贫氧部分燃烧，二再采用完全燃烧的催化剂再生模式。一再贫氧可以提高氧气的利用率，温度一般较低，为630~680℃，催化剂失活较少，可以烧掉焦炭中80%~90%的氢气。二再可以提高再生温度而不会使催化剂明显失活，有利于降低再生催化剂上碳含量。两段的烧焦比例可根据热平衡条件调节。

两器差压 pressure difference between reactor and regenerator 指催化裂化装置反应器沉降器和再生器沉降器之间的压力差。

膨胀节 expansion joint 用以避免设备或管道因温度变化而膨胀或收缩造成设施的损坏。一般用在长径比很大和温度很高的部位或管道。如在固定管板式换热器中，管束与壳体是刚性连接的。当管束与壳体的壁温或材料的线膨胀系数相差较大时，在壳体和管束中将产生较大的轴向应力，严重时会损坏换热器。为减小此应力，常在壳体上设置膨胀节。膨胀节是一种补偿设施，为挠性构件，刚度小。通过其变形，可减小壳体、管束的轴向应力。工程上应用较多的膨胀节为U形膨胀节，另有Ω形膨胀节。根据补偿量，可采用单波或多波膨胀节。膨胀节材料应具有良好的加工性能。

三级旋风分离器 third-stage cyclone 为了保护烟气轮机，防止催化剂颗粒对烟气轮机叶片造成磨损，在烟气进入烟气轮机前一般配有旋风分离器。由于再生器内一般配有两级旋风分离器，所以称此旋风分离器为三级旋风分离器，简称三旋。为了保护烟气轮机，一般要求三级旋风分离器出口烟气中固体颗粒浓度小于 200mg/m^3，直径 10μm 以上颗粒数量不大于 5%（也有要求不大于 3%）。

四级旋风分离器 fourth-stage cyclone 是将催化裂化再生烟气进行第四次气固分离的设备，设置在三级旋风分离器和临界流速喷嘴之间。配置四级旋风分离器可以有效改善临界流速喷嘴磨损情况，进而保障烟机平稳和安全长周期运行。

烧焦罐 coke burning drum 一般指快速床烧焦的再生器部分。

烧焦速率 coke burning rate 再生器单位时间内烧掉的焦炭量，单位为 t/h 或 kg/h 或 t/d。

烧焦强度 coke burning intensity 单位时间内再生器密相单位质量催化剂烧掉焦炭的质量，单位为 kg/(t · h)。

事故蒸汽 incident steam 在装置紧急停工或切断进料或切断主风时，为保护相应部位催化剂流化、输送或防止旋风分离器大量催化剂跑损而注入的临时性保护蒸汽。

炭堆积 carbon build-up 当催化剂生焦量超过烧焦能力而使催化剂上焦炭含量逐渐增加的现象。

同轴式烧焦罐 coaxial coke burning drum 烧焦罐出口的催化剂需要脱气形成密度较大的流化床（快速床），以利于再生催化剂进入再生立管的输送。烧焦罐一般与催化剂脱气形成鼓泡床的容器同轴布置，以利于催化剂和气体的分布。

湍动床烧焦 coke burning in turbulent bed 烧焦催化剂流化床处于湍动床状态，除再生温度的影响外，气泡相与乳化相间的传递阻力对于烧焦强度影响较大。由于催化剂床层属于典型的返混床，整个床层的平均碳浓度等于出口的再生催化剂上含碳量，而烧炭反应速度与碳浓度成正比关系。催化剂上含碳量越低，烧炭速率就越低。

催化剂取热器 catalyst heat exchanger 是利用高温催化剂与低温介质换热而从再生器催化剂床层取走一定热量的装置。其主要目的是维持反应-再生系统的热平衡，并防止催化剂床层过热，减少水热老化失活。取热器分为内取热器和外取热器两类。内取热器设在再生器内部，没有调节取热量的手段。外取热器设在再生器外部，可通过调整催化剂流量调整取热负荷。

完全燃烧 complete combustion 主要针对 CO 而言。如果再生过程焦炭燃烧不完全，烟气中存在 CO 和氧气，离开旋风分离器后可能发生尾燃或二次燃烧。完全燃烧即烧焦过程中将生成的 CO 再次氧化生成 CO_2。实现完全燃烧的手段包括使用 CO 助燃剂；向再生器提供超过完全燃烧所需的空气量。前者利用金属组分促进 CO 燃烧，后者利用高温实现 CO 的完全燃烧。

限流孔板 restriction orifice 为一同心锐孔板，用于限制流体的流量或降低流体的压力。其工作原理为：流体通过孔板会产生压力降，压力降随通过孔板流量的增大而增大。但当压力降超过一定数值，即超过临界压力降时，不论出口压力如何降低，流量将维持在一定的数值而不再增加。按板上开孔数分为单孔板和多孔板，按板数分为单板和多板。

循环床催化剂再生 recycle bed catalyst regeneration 指以烧焦罐为第一段再生的两段再生流程。由通称为烧焦罐的快速流化床作为第一密相床，烟气和再生催化剂并流向上经稀相输送管进入粗旋风分离器系统，气体和催化剂初步分离。催化剂进入第二密相床进一步烧焦。然后部分再生催化剂循环到烧焦罐底部与待生催化剂混合，使混合催化剂温度达到起始烧焦的温度。

烟机 flue gas expander 又称烟气轮机、烟气透平，是烟气能量回收机组中的关键设备，直接影响能量回收的经济效益。烟机实质上与透平工作原理相似，以具有一定压力的高温烟气冲击叶片膨胀做功，推动烟机叶轮旋转，进而驱动主风机和发电机做功，实现能量回收。影响烟机寿命的因素包括：含催化剂粉尘的烟气速度、催化剂粉尘的含量及速度、叶片材料的耐冲蚀性能和温度等。

一次风 primary air 是主风的一部分，主要指进入辅助燃烧室炉膛的压缩空气，提供燃料燃烧所需的氧。它区别于进入筒体夹层，起冷却作用、防止钢板超温的二次风。调节一次风量既要考虑火焰燃烧稳定，燃烧完全，也应保障炉膛不超温和再生器床层温度升高和降低的需求。

二次风 overgrate air 主要指进入辅助燃烧室筒体夹层，起冷却作用，防止钢板超温的主风部分。主风分为一次风和二次风，可避免主风全部进入炉膛，风速太高，影响火焰稳定。

一氧化碳锅炉 carbon monoxide bolier 是催化裂化烟气能量回收的组成部分。不完全燃烧的再生过程产生的烟气中含有一定量的 CO，烟气经过烟气轮机系统后进入一氧化碳锅炉，烟气中的 CO 在其中完全燃烧以回收其化学能。

一氧化碳助燃剂 carbon monoxide combustion promoter 是催化裂化装置再生器中用于促进 CO 燃烧的助剂，可以提高再生温度，降低催化剂上含碳量，避免二次燃烧。助燃剂使用方法与催化裂化催化剂相同，先加入催化剂缓冲管中，然后由输送风将其送到再生器密相床中。目前主要有铂助燃剂和钯助燃剂。高温下活性组分铂吸附氧原子形成 PtO，PtO 能再吸附 CO，使 CO 和 O_2反应生成 CO_2。

再生斜管 regenerated catalyst sloped pipe 是并列式催化裂化装置中连接再生器沉降段密相床与提升管底端的斜管，负责将再生剂传输到提升管底端。再生斜管通过再生滑阀控制催化剂流量。为了防止催化剂堆积，再生斜管通有松动风，保持催化剂的流动性。再生斜管中催化剂密度与再生器内催化剂密度相近。为了吸收设备或管道热膨胀而产生的膨胀应力，再生斜管设有膨胀节。

再生立管 regenerated catalyst stand pipe 是同轴式催化裂化装置中将再生剂从再生器传输到提升管的管路。再生立管入口连接再生器密相床底部，再生剂通过溢流的方式流入再生立管，出口连接到提升管底部。再生立管在拐角处设有塞阀，通过调整塞阀的开度控制催化剂的流量。

再生器藏量 catalyst inventory of regenerator 即再生器中催化剂的储量，主要存在于再生器的密相床中。催化剂循环量固定时，再生器催化剂藏量决定催化剂再生时间。再生器催化剂藏量太小会导致催化剂烧焦时间短，烧焦不完全，催化剂活性无法恢复；催化剂藏量太大则导致催化剂在再生器内停留时间过长，催化剂长时间处于高温条件下，失活速度加快，增加整个装置的剂耗。

再生器分布板 regenerator grid；regenerator distribution plate 是设在再生器密相床底部用于分布主风的多孔板式空气分布器。主要作用包括：均匀分布气体，同时降低压降；使流化床有一个良好的流化状态，并在分布器附近创造一个良好的气-固接触条件；在操作条件下要有足够的强度，能够承受床层的负荷，长期操作不堵塞、不腐蚀；分布板的设计应尽可能地减少颗粒的粉碎。

再生器过渡段 regenerator transition section 再生器密相床属于线速达 0.8～1.2m/s 的高速床时，再生器必须采用变径筒体再生器。再生器过渡段就是变径筒体再生器中大筒体和小筒体之间的连接部分，其锥体斜面与水平面之间的夹角一般取 60°。过渡段下部为小筒体，其内为密相床。过渡段上部为大筒体，其内为稀相床，再生器过渡段也是密相床与稀相床的过渡区。

再生器催化剂密度 catalyst density of regenerator 即再生器内催化剂床层密度。再生器内催化剂床层分为密相床、稀相床以及烧焦罐中的快速床。密相床的密度明显高于稀相床的密度。装置运行过程中通过实时检测再生器床层的密度可以确定再生器内各床层的流化状况。可以通过调整催化剂循环量和再生器的主风量改变再生器内床层的流化状况和床层密度。

再生器密相床 dense phase bed of regenerator 即再生器内分布器上方的鼓泡床或湍动床。这里的催化剂藏量占整个再生器藏量的大部分，也是再生器烧焦的主要场所。进入再生器的待生或半待生催化剂都首先进入密相床升温再开始烧焦。主风同样先进入密相床。密相床的催化剂将通过再生斜管流到提升管底端。

再生器取热 regenerator heat removing 指将再生器中多余的热量取出来，发生蒸汽以供他用，并维持好反应-再生系统的热平衡的技术。当生焦量在5%左右时，催化裂化两器可以维持热平衡，焦炭产率更高时，热量过剩，将导致再生器催化剂超温。高温则导致催化剂破裂、活性降低，催化剂剂耗增加。再生剂温度增加也会改变剂油比和反应温度的对应关系，改变整个反应的产物分布。

再生器燃烧油 burning oil for regenerator 主要指在再生器催化剂床层中燃烧进而为反应-再生体系提供热量的油品，轻柴油和重柴油都可作为燃烧油。开工时，当再生器内催化剂被辅助燃烧室的烟气-空气混合物加热至大于燃烧油自燃点后，即可以开始喷燃烧油。生产过程中，当生焦量少、两器热平衡不足时，也可使用燃烧油以补足热量。反应器切断进料，也可使用燃烧油补充热量。

再生器稀相床 dilute phase bed of regenerator 即密相床上部直到再生器顶部之间的区域。稀相床催化剂藏量和催化剂密度比密相床明显要小。稀相区催化剂上碳含量和氧气浓度都比较低，因此烧焦效果差。由于稀相区催化剂密度偏低，一旦发生CO二次燃烧，会发生明显的温升，甚至烧塌装置。旋风分离器的入口设在稀相区，烟气和催化剂进入旋风分离器，烟气则离开再生器，而催化剂回到再生器。

再生器溢流管 regenerator over-flow pipe 是一个漏斗形管子，设置在再生器密相床表面部位，导出催化剂的设备。溢流管连接再生斜管，密相床中的催化剂进入溢流管脱气后，靠自身压力流入再生斜管。溢流管脱气斗面积、结构、高度都影响再生剂导出。溢流管分为外溢流管和内溢流管。

再生塞阀 regenerator plug valve 是同轴式催化裂化装置用于调节催化剂循环量的阀门，位于再生立管底部。塞阀主要由阀体部分、传动部分、定位及阀位变送部分和补偿弹簧阀组成。由管网来的净化风经空气过滤器、喷雾润滑器、气动指挥阀、错气排气阀后，或进入风动马达作为关阀风，或经过快开阀作为动力风。进入风动马达的动力风一部分从马达排出口排出，残留在转子叶片间的余气由错气阀排出。

再生温度 regeneration temperature 指再生器中结焦催化剂烧焦并恢复活性所需的温度。再生温度对再生器中烧焦反应影响明显，但不能仅靠提高再生温度改进再生效果。再生温度过高，催化剂会受到严重水热失活的影响。目前单段再生的密相床温度很少超过730℃；两段再生中由于第二段床层烟气中水分压较低，可以允许750℃甚至更高的温度。

再生烟气氧含量 oxygen content of regeneration flue gas 即再生烟气中氧气的含量。再生烟气氧含量过低可能使催化剂烧焦不完全，烟气中含有 CO。如果再生烟气氧含量过高，表明主风用量偏大。再生烟气氧含量是通过调节进入再生系统的主风量来控制的。大多数装置一般采用氧过剩操作或加入一氧化碳助燃剂，高温完全再生。再生烟气氧含量一般为1.5%~3%(体积)。

增压风 boosted air 催化裂化装置催化剂循环量大，而且循环系统比较复杂。增压机将主风机出口的主风再次增压，利用其与主风的压差推动催化剂循环，这股压缩空气称为增压风。增压风主要作用有：为外取热催化剂提供流化风；为待生剂水平输送提供动力，改变催化剂密度以调节催化剂循环。

蒸汽抽空器 steam jet pump 其作用是产生真空，由喷嘴、扩压管和混合室构成。工作蒸汽进入喷射器中，先流经喷嘴将压力能变成动力能。压力下降而流速加快，在喷嘴出口处可以达到极高的速度，因而在喷嘴周围形成真空。不凝气从进口处被抽吸出来，在混合室内与驱动流体开始混合，驱动流体带着不凝气进入扩压管，在扩压管前部，两种流体进一步混合，进行能量转化，使工作蒸汽减速而不凝气加速。

蒸汽过热器 steam superheater 是利用再生烟气的热能，通过换热将饱和蒸汽加热成为过热蒸汽的能量回收设备。过热器按传热方式可分为对流式、辐射式和半辐射式；按结构特点可分为蛇形管式、屏式、墙式和包墙式。它们都由若干根并联管子和进出口集箱组成。

主风 main air 再生器底部必须供给压缩空气，这股压缩空气称为主风。主要作用是：提供烧焦所需的氧气，保证催化剂再生过程正常进行，恢复催化剂活性；保证再生器、烧焦罐内的催化剂处于流化状态，只有流态化才能使催化剂更好地烧焦并在两器内正常流动。

尾燃 after-fire 见50页“二次燃烧”。

待生滑阀 spent catalyst slide valve 指催化裂化装置上待生斜管上的滑阀，用于控制待生催化剂循环量或切断待生催化剂循环。

再生滑阀 regenerated catalyst slide valve 指催化裂化装置上再生斜管上的滑阀，用于控制再生催化剂循环量或切断再生催化剂循环。

再生催化剂藏量 regenerated catalyst inventory 见54页“再生器藏量”。

汽提段藏量 stripping section catalyst inventory 指沉降器汽提段中待生催化剂的藏量，是汽提时间的决定因数之一。

松动蒸汽 loosen steam 指催化裂化装置反应器端防止催化剂阻塞，改善流态化使用的蒸汽。

松动风 loosen air 指催化装置再生器端防止催化剂阻塞，改善流态化使用的空气。

炭差 delta coke 指再生催化剂与待生催化剂上炭量的差。

一氧化碳燃烧炉 carbon monoxide burner 早期催化裂化装置再生多采取CO不完全燃烧方式。CO所含化学能约占焦炭燃烧热的1/6至1/3，一氧化碳燃烧炉是指燃烧这部分CO的燃烧炉。

烟气透平 flue gas expander 见53页“烟机”。

待生催化剂分布器 spent catalyst distributor 待生催化剂经待生斜管或待生立管引入再生器密相段时使催化剂均匀分配进入再生器密相段的分布设备。通常有船形分布器、Y形分布器等形式。

三机组 three machine set 催化裂化装置中由烟机、主风机、电机(电动机或发电机)组成的机组，是烟气能量回收系统的主要单元。烟机回收系统再生烟气的能量带动主风机运转，若烟机功率不能满足主风机需求，就利用电机补充做功；若烟机功率能满足主风机需求且有多余能量，就带动电机发电。

四机组 four machine set 催化裂化装置中由主风机、烟气轮机、电动/发电机和汽轮机(蒸汽透平)四个重要单机组成的机组。各机组轴端用联轴器串连在一起，成为一起旋转的机组，以烟气轮机和汽轮机共同驱动主风机并发电上网。

循环滑阀 catalyst recycle slide valve 指催化剂循环斜管上控制催化剂流量的滑阀。一般通过控制催化剂循环量来控制滑阀末端连接腔体中的催化剂藏量。

催化剂内循环 catalyst internal recycle 指催化剂由第二再生器通过内溢流管输送回第一再生器或烧焦罐的循环过程，通常用以调控两个再生器的温度和催化剂藏量。

级间冷却蒸汽 interstage cooling steam 再生器温度过高或出现二次燃烧时喷在两级旋风分离器之间的冷却蒸汽，用于给烟气降温并保护旋风分离器。

稀密相温差 temperature difference between dense phase bed and dilute phase bed 指再生器密相段与稀相段之间温度的差，通常用来判断再生器二次燃烧状况。若稀密相温差较大则应调节主风量，以控制烟气中氧含量，预防发生二次燃烧。

预热温度 preheat temperature 指原料在进入提升管反应器之前被预热到的温度，是两器热平衡的重要参数之一。

贫氧再生 lean oxygen regeneration 是指再生烟气氧含量<1%(体积)的再生方式。其主要目的是控制烟气氧含量以降低 CO 二次燃烧的风险。采用贫氧再生的装置通常设有一氧化碳锅炉。

两器压力平衡 pressure balance of reactor and regenerator 指反应压力与再生器稀相段压力之间的平衡关系。反应压力由富气压缩机转数调节，再生器稀相段压力由烟道双动滑阀开度调节。

催化裂化装置热平衡 heat balance of FCC unit 指反应器消耗热量与再生器提供热量之间的平衡关系，包括烧焦热、反应热、预热原料耗能、加热主风耗能、再生器取热以及系统散热等热量之间的平衡关系，主要决定催化剂循环量和原料预热温度等重要参数。

推动力 driving force 指催化剂在两器间循环的动力，通常包括两器差压，再生器床层料位产生的压力和斜管内催化剂料位的压力之和。

催化剂自动加料系统 catalyst automatic feed system 指通过在催化剂储罐出口和再生器入口增设流化罐与相应的管线、阀门和控制系统，将催化剂定时、定量且均匀地加入再生器的系统。

原料雾化喷嘴 feed stock atomizing nozzle 是将原料雾化并喷入提升管反应器的设备，作用是将原料雾化成粒度小且均匀的雾状流体。其主要特点是雾化粒径小且均匀；雾滴具有良好的统计分布与空间分布特征；雾滴速度适当以利于催化剂正常工作并提高其使用寿命；喷嘴压降低、汽液比小等。国内常见的喷嘴主要包括 LPC 型、KH 型、HW 型、BWJ 型 UPC 型等。

汽提器 stripper 见 497 页“汽提段”。

催化裂化分馏系统 fractionating system of FCCU 指把反应油气按沸点范围分割成富气、粗汽油、轻柴油、重柴油、回炼油、油浆等馏分，并保证各个馏分质量符合规定要求的一个复杂的多系统体系。该系统包括原料油、回炼油系统；顶循、一中段、二中段、油浆循环系统；粗汽油、轻柴油、重柴油系统等。而且它上受反应系统制约，下又牵扯富气压缩机和吸收稳定系统，在催化裂化装置中的作用非常重要。

富气 rich gas 在气体吸收过程中，指被吸收前的含有大量丙烷以上(C_3^+)液化气组分的气体混合物。在炼厂气中，指含液化气组分较多的气体，一般每立方米气体中丙烷以上(C_3)液化气组分按液态计大于100mL。

粗汽油 raw gasoline 多指未经稳定处理的裂化汽油。过去往往把石脑油也称为粗汽油。

轻柴油 light diesel oil 通常指200~350℃石油馏分，主要用作每分钟转数大于1000转的高速柴油机的燃料。轻柴油规格(GB252—2000)要求其闪点不低于55℃。轻柴油的十六烷值越高，在柴油机中的着火落后期也越短，越不容易产生爆燃。轻柴油牌号是按凝点来划分的，例如0号轻柴油，即凝点不高于0℃柴油。在催化裂化过程中的轻柴油(称作LCO)凝点主要是通过改变分馏塔一中段回流取热量(包括回流量、回流温度)控制抽出层下层塔盘气相温度来调节的。

碳四馏分 C_4 fraction 主要为含四个碳原子的多种烷烃、烯烃、二烯烃和炔烃的混合物，来源于天然气、石油炼制过程生成的炼厂气和石油化工生产中烃类裂解的裂解气。碳四馏分广泛用作燃料和化工基础原料。

重柴油 heavy diesel oil 用于中速或低速柴油机(转速在1000 r/min以下)的燃料。通常是由常压蒸馏装置三、四线馏分或催化裂化重柴油馏分经精制而得。其主要部分的馏程约在300~400℃。在催化裂化过程中，重柴油凝点主要是通过改变分馏塔中抽出量来调节的。

回炼油 recycle stock 催化裂化回炼油一般是指产品中343~500℃的馏分油(又称重循环油，HCO)。可以重返反应器回炼，增加轻质油产率，也可以作为重柴油产品的混合组分使用。回炼油产生量与催化裂化生产方案有较大关系。采用柴油生产方案时，单程转化率较低，回炼油生成量较大；采用汽油生产方案时，单程转化率较高，回炼油产率较低。

催化裂化分馏塔 fractionation column of FCCU 催化裂化分馏塔分上下两部分，上部为精馏段，是分馏塔主体，一般有28~32层塔盘；下部为脱过热段，装有8~10层人字挡板或圆盘型挡板。由于催化裂化工艺要求分馏塔压降尽量小，分馏塔一般采用压降较小的舌型、筛孔等塔盘。近几年开发的ADV、Super V、箭型、JF系列浮阀、规整填料等也得到广泛应用。

催化裂化分馏塔分离精度 fractionating sharpness of FCCU's fractionation column 催化裂化分馏塔内是一个复杂体系，两个相邻馏分之间的分离精度通常用这两馏分的馏分组成或蒸馏曲线的相互关系来表示。倘若较重馏分的初馏点高于较轻馏分的终馏点则称这两个馏分之间有一定的“间隙”；反之称为“重叠”。“重叠”意味着一部分轻馏分进入到重馏分里去了，或者是一部分重馏分进入到轻馏分里去了。“重叠”是由于分离精度较差造成的。“间隙”则意味着较高的分离精确度。“重叠”越大，说明分离精度越低；“间隙”越大，说明分离精度越高。

甩油浆 discharging slurry oil 指将一部分油浆经冷却后送出装置去油浆罐。甩油浆可减少生焦量。因为油浆的稠环芳烃含量较高，生焦率很高，减少油浆回炼，可减少生焦率，降低再生温度。外甩的油浆经过分离催化剂粉末后，可以作为生产针状焦的优质原料。

脱过热段 desuperheating section 催化裂化分馏塔的进料是高温的、带有催化剂粉尘的过热油气，因此在塔底设油浆循环回流以冷却过热油气并洗涤除去催化剂。分馏塔中的这部分就是所谓的脱过热段。由于油气温度较高，同时又有催化剂粉尘，因此脱过热段一般用人字挡板而不用塔盘。

原料油预热系统 preheating system of feed stock 原料油分冷原料和热原料。冷原料预热系统是指冷原料首先进入原料油罐，用原料油泵升压后依次和顶循环回流、轻柴油、重柴油、循环油浆换热，温度升到200~250℃或更高温度（或进入开工加热炉加热到200~350℃），经雾化喷嘴进入提升管反应器的过程。热原料预热系统是指从常减压蒸馏装置直接来的150~200℃热原料，经与循环油浆换一次热，控制原料油温度稳定后进提升管反应器的过程。

顶回流 top-pumparound reflux 通常是指从塔顶的下面几块塔盘上抽出的液体经冷却后，返回塔的最上一层塔盘。这样，以下各层塔盘就都有了内回流，从而满足塔中要有液相回流的要求。催化裂化顶回流除具有回收余热及使塔中气液相负荷均匀的作用外，还担负着使粗汽油终馏点合格的任务。

中段回流 mid-pumparound reflux 见25页“循环回流”。

塔底回流 bottom-pumparound reflux 即塔底循环回流，是将塔底油浆分出一部分进行冷却后，再返回塔中。对于催化裂化分馏塔，进料是反应器来的高温过热油气，带来了巨大的热量，还带有不少催化剂粉末。因此塔底循环回流可以在塔底部取出大量高温位热量供回收利用，塔上部的负荷可以大幅度降低；而且大量的循环油浆可以把油气中的固体颗粒冲洗下来，以免堵塞上部塔盘。

催化裂化分馏塔三路循环 three-loop circulation of FCC fractionation tower 指开工过程中，分馏塔引油后，首先建立装置内原料油、回炼油、循环油浆三个系统循环，简称三路循环。三路循环装置开工初期首先进行开路大循环(也称为塔外循环)；当分馏塔 250℃ 恒温时，反再系统升温基本结束，拆大盲板，沉降器与分馏塔连通，分馏塔引油，建立塔内循环(也称为闭路循环)。

三通合流阀 three-way converging valve 是在要求总流量不变的情况下调节换热器冷热流比例，从而调节换热器出口温度的阀门。在催化裂化装置的分馏系统中各循环回流冷却器和吸收稳定系统中各重沸器多采用三通合流阀调节换热温度。

结盐 salt formation 指在分馏塔顶油气管线上，注入浓度为 0.5%~3.0% 的氨水，与分馏塔顶油气中的酸性物质 H_2S、RSH、HCl、HCN 等中和生成盐的过程。这些酸性物质主要是由原料中的硫化物、氮化物及盐类在催化裂化反应过程中产生的。中和反应产物铵盐溶于水，可从分馏塔顶油气分离器中以含硫污水的形式，从汽油中分出。

吸收 absorption 是气体吸收的简称，是一种利用气体混合物中各组分在液体中溶解度的不同而将气体混合物分离或净化的过程。用来进行吸收的液体称为吸收剂，被吸收的组分称为溶质。吸收剂吸收溶质形成的液体称为吸收液。例如，用轻质油作为吸收剂在吸收塔中溶解裂化产物中 C_3、C_4 等气态烃溶质，是单纯的溶解过程，称为物理吸收；用醇胺溶液吸收气体中的硫化氢和二氧化碳，是通过化学反应进行的，称为化学吸收。气体被吸收的程度取决于吸收条件下的气液相平衡关系。

解吸 desorption 是吸收的反向过程。溶液中某组分平衡分压大于混合气体该组分分压，该组分便从溶液中转移到气相，即为解吸。解吸的具体方法：(1)将吸收液升温，使被溶解组分蒸脱出来；(2)降低吸收液的压力，使解吸组分减压闪蒸出来；(3)通入惰性气体，如水蒸气，以降低气相分压，使被溶解组分汽提出来；(4)采用精馏的方法，将溶解组分和吸收剂分离。

单塔吸收–解吸流程 single tower process for absorption and desorption 指吸收过程和解吸过程在一座塔内进行，上段吸收、下段解吸。粗汽油和稳定汽油自吸收段顶部进入，向下流动与上升的油气在各层塔板接触，吸收油气中 C_3、C_4 组分，经吸收段底部直接进入解吸段顶部，然后继续向下流动并进行解吸过程；解吸段底部重沸器提供热量，解吸气自解吸段上端直接进入吸收段底部。单塔流程简单，但吸收和解吸过程相互影响，吸收要求低温、高压，而解吸要求高温、低压，同时提高吸收率和解吸率比较困难。

双塔吸收-解吸流程 dual tower process for absorption and desorption 指吸收过程和解吸过程在两座塔内独立进行。其典型流程为：从分馏部分来的富气经压缩机压缩到 1.2～1.6MPa 压力，在出口管线上注入洗涤水对压缩富气进行洗涤，去除部分氰、氮、硫类物质减轻冷换设备腐蚀。经空冷器冷却后与解吸塔顶气、吸收塔底油混合，再经冷凝冷却器冷却到 40～45℃，进入油气分离器进行气液分离。气体去吸收塔，液体(称为凝缩油)去解吸塔，冷凝水经脱水包排出装置。双塔流程较为复杂，但吸收和解吸条件可分别调整，解决了吸收和解吸相互干扰问题，吸收率和解吸率可同时提高。

催化裂化解吸塔 FCC desorption tower 用于脱除吸收液中溶解的 C_2 组分，又称脱乙烷塔。塔底设有重沸器。解吸塔理论板数为 15 块，平均板效率为 30%～40%，实际板数为 40 层。解吸塔的特点是液相负荷大，气体负荷较小，多数采用双溢流和四溢流塔盘，解吸塔塔盘降液管面积也较大，与塔截面积之比为 22.5%～25%。

稳定塔 stabilizer; stabilization tower 采用精馏的方法分离出粗汽油中溶解的 C_3、C_4 组分，得到蒸气压符合规格要求的稳定汽油的塔器。稳定塔又称脱丁烷塔，包含精馏段和提馏段，塔底设有重沸器，塔顶设冷凝器，是典型的油品分馏塔。稳定塔理论板数为 22～26 块(包括塔底重沸器和塔顶分液罐)，平均板效率为 50%，实际板数为 40～50 层。稳定塔精馏段(上段)降液管面积与塔横截面积之比为 10.6%～16%；提馏段(下段)降液管面积与塔横截面积之比为 18.8%～30%。由于液相负荷大，大多采用双溢流塔盘或四溢流塔盘。稳定塔设有 3 个进料口，可根据进料温度和季节选择不同的进料口操作，用来有选择性地控制稳定汽油蒸气压和液化石油气中 C_5 含量。

再吸收塔 reabsorber 用于轻柴油进一步吸收贫气中的 C_3、C_4 及汽油组分的塔器。再吸收塔通常为单溢流浮阀塔板，理论板数为 4～10 块，平均板效率为 25%～33%，实际板数为 14～30 层。降液管面积与塔横截面积之比为 20%左右。小型装置由于设备直径较小，塔板安装困难而采用填料。为避免干气带油，有的装置在塔顶扩径降低流速减少夹带；也有的装置单独设一个干气分液罐。

重沸器 reboiler 又称再沸器，用来加热塔底流出物或进料，以提供分馏所需热量的一种加热设备。催化裂化分馏塔、气体精馏塔、吸收-解吸塔均装有重沸器。常用重沸器有釜式、热虹吸式和强制循环式。

三塔循环 tri-column cycle; cycle of three towers 在催化裂化生产装置开工或正常生产过程中发生粗汽油干点不合格或富气、粗汽油中断等故障时，需建立或维持凝缩油或汽油在吸收塔、解吸塔、稳定塔三塔之间循环。具体流程为：吸收塔→吸收塔底泵→调节阀→冷凝器→气压机出口罐→凝缩油泵→解吸塔→脱乙烷油泵→调节阀→换热器→稳定塔→重沸器→各换热器→稳定汽油泵→吸收塔，进行周而复始的循环。

油气比 gasoline-gas ratio; liquid-gas ratio 即液气比，指气体吸收过程中，吸收剂用量与进入吸收塔的原料气体量之比。在吸收稳定系统中，油气比具体指吸收油量(粗汽油和稳定汽油之和)与进入吸收塔的压缩富气量之比；另外，吸收解吸塔原料气量还应包括解吸段进入吸收段的气体量。塔板数一定时，提高液气比可提高吸收率，但是当吸收因数达到一定数值时，继续增加液气比，吸收率提高并不明显，反而增大了吸收剂的动力消耗，增加解吸塔和稳定塔的液相负荷和热能消耗；液气比也不宜过小，过小容易导致干气中 C_3 回收率低。一般吸收塔液气摩尔比为 1.5 左右。当要求干气中 C_3 含量很低时，液气摩尔比为 2 左右。

稳定汽油 stabilized gasoline 一般来说，粗汽油中含有的轻质烃蒸气压较高，稳定性不好，需经处理脱除其中的轻烃。通过稳定塔把粗汽油中绝大部分 C_3、C_4 和一部分 C_5 分出以后，成为蒸气压符合成品汽油规格标准的汽油，即稳定汽油。

凝缩油 condensed oil 又称凝析汽油，在催化裂化过程中具体指催化裂化装置气压机出口气体或者轻烃在气液分离罐中随着温度降低、逐渐冷凝下来形成的液相。凝缩油的组分主要是汽油组分和液化气，以 C_3 ~ C_8 烃类为主，含少量 C_2 烃。

碳三吸收率 C_3 absorption rate; C_3 absorption ratio 在吸收过程中，富气中 C_3 组分的量与干气中 C_3 组分的量的差值与富气中 C_3 组分的量的比值，也就是回收 C_3 组分的量占原料气中 C_3 量的比例。反映了 C_3 组分被吸收的程度，是考核轻烃回收装置的一项重要指标。

干气带油　entrained gasoline in dry gas 指催化裂化干气中夹带有 C_5^+ 组分。主要是由再吸收塔液位控制失灵、操作不正常、设备故障或者冲塔造成的。

碱洗　alkaline wash; caustic washing 又称碱精制。指用碱液对油品进行精制脱除油品中的某些氧化物，如环烷酸、酚类和某些硫化物，如硫化氢和低分子硫醇，以保证产品质量和防止设备腐蚀。常用的碱液为氢氧化钠的水溶液，浓度为 2%～4% 或 10%～20%。碱洗工艺简单，可处理直馏汽油、煤油或柴油，催化裂化汽油、柴油或液态烃。但硫醇脱除率低，所产生的减渣对环境污染严重，难于处理。

汽油脱臭　gasoline sweetening 指汽油等轻质油品脱除硫醇。硫醇不仅有臭味，而且有腐蚀性。最早用的是氧化脱臭法，即用药剂作氧化剂，把硫醇氧化成无臭的二硫化物，但是当油长期储存时二硫化物有分解的可能。因此，又开发了抽提脱臭法，用加有助溶剂的碱液抽提硫醇，但此法很难抽提丙基以上大分子硫醇。现在广泛应用的是抽提氧化法，又称催化氧化法，即抽提脱臭和氧化脱臭相结合，既能降低总硫，脱臭效果也好。另外，还有用铜分子筛选择吸附法来脱臭。

2.5　加氢

FHUG-FHF 加氢改质工艺　dieselhydroupgrading process 见 71 页“MHUG-Ⅱ灵活加氢改质工艺”。

FCC 汽油加氢脱硫异构降烯烃工艺　isomerization of olefin and hydrodesulfurization of FCC gasoline (RIDOS) 见 74 页“RIDOS 汽油脱硫工艺”。

RLG LCO 加氢裂化生产高辛烷值汽油工艺　LCO hydrocracking process for producing high-octane gasoline (RLG) 见 71 页“FD2G 柴油加氢改质工艺”。

常/减压渣油加氢脱硫工艺　atmospheric and vacuum residue hydrotreating process (RDS/VRDS) 见 81 页“RDS/VRDS 渣油加氢脱硫工艺”。

催化剂在线置换式固定床渣油加氢工艺　on-stream catalyst replacement/fixed bed residue hydrotreating process (OCR/RDS) Chevron 公司 1992 年开发的一种催化剂在线置换技术与固定床技术结合的逆向流移动床工艺。原料油和氢气与新鲜催化剂逆向流动通过反应器，提高了催化剂的利用率，减少剂耗和床层堵塞，利于流体均匀分配。该工艺可减小反应器体积，增加对原料的灵活性，脱金属率高，有利于更好地发挥下游固定床催化剂的使用性能。

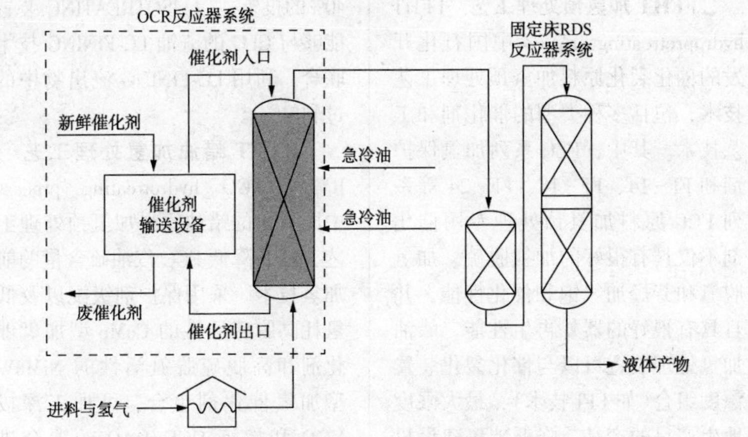

催化剂在线置换渣油加氢流程

UFR/RDS 上流式固定床渣油加氢工艺 UFR/RDS up-flow reactor/fixed bed residue hydrotreating process Chevron 公司 1999 年开发的上流式固定床反应器与下游渣油固定床系统串联的反应器体系。渣油自上流式反应器底部进入，自下而上通过级配的催化剂床层，然后进入下游固定床反应系统。UFR 具有更低的压降及抗压降能力。适用于已有固定床渣油加氢装置改造。但进料的黏度不得大于 400mm²/s。

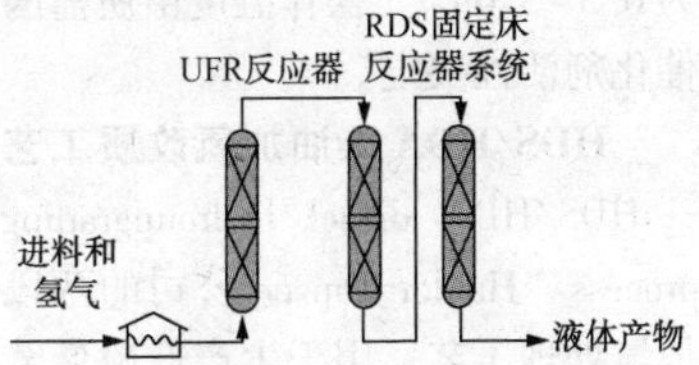

UFR/RDS 上流式渣油加氢流程

DSO FCC 汽油加氢脱硫技术 FCC gasoline hydrodesulfurization DSO process 为中国石油开发。流程为：将催化裂化汽油切割分馏成轻重馏分。富硫重馏分经预加氢除去易结焦的双烯烃，再经加氢脱硫，然后再与富烯烃轻馏分混合去碱洗脱硫醇，从而在很大程度上避免了轻馏分中的烯烃大量饱和而造成辛烷值损失，减轻了加氢脱硫催化剂因结焦而导致的活性下降。

Aroshift 加氢预处理工艺 Aroshift hydropretreating process Haldor Topsøe 公司的 FCC 原料预处理工艺。采用一种专有的催化剂来维持较高的加氢脱硫率、加氢脱氮率和多环芳烃饱和率。该工艺允许掺炼焦化蜡油和脱沥青油，且整个运转周期内加氢预处理装置产品质量稳定。

FFHT 加氢预处理工艺 FFHT hydropretreating process 中国石化开发的催化裂化原料加氢预处理工艺技术，包括多种类型的催化剂和工艺技术。其中，FZC 系列加氢保护剂和 FF-14、FF-18、FF-24 等系列 FCC 原料加氢预处理专用催化剂不仅具有很好的加氢脱硫、加氢脱氮和芳烃加氢饱和催化性能，并且具有很好的器外再生性能。蜡油加氢处理装置可以与催化裂化装置深度组合(如 FFI 技术)，最大限度地生产目的产品，降低装置建设投资和操作费用。

Go-Fining 加氢预处理工艺 Go-Fining hydropretreating process ExxonMobil 公司的加氢处理工艺。可加工多种原料，包括直馏、热解及焦化蜡油，催化裂化循环油，脱沥青油和渣油。该工艺的主要用途是对催化裂化进料进行加氢处理以脱除硫、氮和金属，从而使下游催化裂化装置操作实现收率和转化率最大化。

ISOTREATING 加氢处理工艺 ISOTREATING hydrotreating process CLG 公司的加氢处理工艺。工艺特点：(1)可用在渣油加氢装置下游或与加氢裂化装置联合来提高产品收率和质量；(2)能够将裂解和直馏进料几乎全部转化为超清洁煤油和柴油；(3)对于特定的加工目的，ISOTREATING 反应器与另一装置联合比一套独立的加氢处理装置节省40%的投资；(4)ISOTREATING 装置能够与 CLG 的渣油 LC-FINING 技术联合，利用 LC-FINING 流出物中的过剩氢。

RVHT 蜡油加氢处理工艺 RVHT VGO hydrotreating process 中国石化的蜡油原料加氢预处理工艺，是为降低 FCC 汽油硫含量的前加氢技术。采用保护剂级配以及低氢耗高脱硫活性的 CoMo 型加氢催化剂和高脱硫脱氮活性的 NiMoW 型加氢催化剂组合，可加工深拔 VGO 和掺炼 CGO/DAO 的混合进料，将硫含量降至 1000μg/g 以下。同时具有脱氮率高、运行周期长等优点。

VGO Unionfining 加氢预处理工艺 VGO Unionfining hydropretreating process UOP 公司的 FCC 原料(AGO、VGO、CGO 等重馏分油)预处理工艺。采用固定床反应器(2~3 个床层)，装填非贵金属催化剂，主要目的是脱硫、脱氮、脱金属，也用于缓和加氢裂化以提高石脑油和柴油收率。典型的操作条件是压力为 5.5~12.4MPa，LHSV 为 0.5~3.0h^{-1}。操作温度由所需的催化剂活性决定。

HDS/HDA 柴油加氢改质工艺 HDS/HDA diesel hydroupgrading process Haldor Topsøe 公司的两段加氢处理工艺，用于生产低硫低芳烃柴油，并降低柴油密度以及提高十六烷值。第一段采用非贵金属催化剂进行深度 HDS 和 HDN，典型操作条件为：反应压力 2.0~6.0MPa，反应温度 320~400℃。第二段采用贵金属催化剂进行芳烃饱和，典型操作条件为：反应压力 2.0~6.0MPa，反应温度 260~330℃。

MQD Unionfining 柴油加氢改质工艺 MQD Unionfining diesel hydroupgrading process UOP 公司的系列馏分油加氢处理工艺，主要以 VGO、直馏柴油和催化裂化柴油为原料，生产硫含量、芳烃含量、十六烷值和低温流动性符合严格要求的清洁柴油产品。如果转化是主要目的，则采用单段工艺流程和非贵金属催化剂。如果降低芳烃含量和提高十六烷值是主要目的，则采用两段工艺流程。第一段采用非贵金属催化剂，第二段采用贵金属催化剂。如果需要改进低温流动性，则还需要加装异构脱蜡或催化脱蜡催化剂。

NExSAT 加氢苯饱和工艺 NExSAT benzene saturation hydrogenation process Neste Oil 公司的加氢处理技术，可用于将直馏石脑油、FCC 石脑油或轻重整汽油中的苯转化为环己烷，也可用于中间馏分油的芳烃饱和。NExSAT 工艺采用一个滴流床反应器、一个分离器和一个稳定/分馏装置。用于苯加氢时，反应器入口温度通常低于 100℃，压力低于 2MPa；用于中间馏分油芳烃加氢时，反应器入口温度通常低于 200℃，压力低于 4MPa。

RICH 催化裂化柴油深度加氢处理工艺 RICH deep hydrotreating process for improving octane number of catalystic diesel oil 中国石化的一种提高催化裂化柴油十六烷值、降低其密度的深度加氢处理技术。采用的 RIC 催化剂兼有较高的脱硫、脱氮、脱芳烃和选择性开环性能，可提高柴油十六烷值 10 个单位以上，降低柴油密度 0.035 个单位以上，且柴油收率达到 95%以上。适合于现有柴油加氢或新建装置。在多产柴油的同时，可以提高柴油十六烷值，降低柴油密度，生产出优质柴油。

Syn 技术 Syn Technology 由 Lummus Technology，Criterion Catalysts & Technologies 和 Shell Global Solutions 公司组成的 Syn 联盟开发的系列馏分油加氢处理工艺，包括 SynHDS、SynSat 和 SynShift 等工艺。Syn 代表协同作用；Sat 代表饱和；Shift 代表沸程转移。采用 Criterion专有的 SynCat 催化剂，反应器既可采用单段并流配置，也可采用第一段为并流、第二段为并流或逆流的两段配置。两段体系通常包括一个高压段间汽提塔。

RHW 润滑油加氢处理 RHW hydrotreating and hydrodewaxing process 中国石化的润滑油高压全加氢处理工艺，压力≥15.0MPa。该工艺流程由加氢处理-临氢降凝-补充精制构成。加氢处理脱除硫、氮，芳烃加氢并开环；临氢降凝改善油品倾点；补充精制进一步饱和不饱和烃类，保证基础油的氧化安定性。该工艺可加工环烷基油、石蜡基油和中间基油等不同原料，分别生产得到特种基础油、APIⅡ/Ⅲ类基础油及高质量光亮油。

HPN裂解汽油两段加氢工艺 HPN pyrolysis gasoline two-stage hydrogenation process 美国Engelhard公司开发的裂解汽油两段加氢工艺。一段采用钯催化剂，在70~120℃下进行液相加氢；二段采用镍钼或钴钼催化剂，为高温气相加氢。特点是一段加氢采用上流型反应器，物料流速稳定，分布均匀，不易产生沟流，同时催化剂受到连续冲洗，有利于减少积胶和局部过热生胶，催化剂床层压降低。

HR™烃重组工艺 HR™ hydrocarbon recombination process 以FCC汽柴油馏分为原料，通过萃取分离、蒸馏切割及加氢脱硫等手段将FCC汽柴油馏分进行重新组合及精制的一种工艺。工艺流程：将FCC汽柴油馏分通过分馏塔分为轻馏分和重馏分。重馏分去萃取分离塔，分离成芳烃组分和非芳烃组分。对芳烃组分进行加氢脱硫，加氢脱硫后芳烃与轻馏分进行调和，得到高辛烷值汽油组分。对非芳烃组分进行蒸馏切割，分离出化工轻油和低凝柴油组分。

HYDROFINING/DODD柴油加氢脱硫工艺 HYDROFINING/DODD diesel hydrodesulfurization process ExxonMobil公司的石脑油和中间馏分油加氢处理工艺。DODD工艺是HYDROFINING工艺的延伸，为柴油深度脱硫工艺。由于不能将硫含量降至10μg/g以下，所有的已建柴油DODD装置都已被改造为ULSD HYDRO-FINING装置。

Prime-D柴油加氢脱硫工艺 Prime-D diesel hydrodesulfurization process Axens公司开发的柴油加氢处理工艺，是生产超低硫柴油、降低柴油芳烃含量、提高柴油十六烷值等技术的集成。所涉及的技术、催化剂和服务包括：(1)分析确定原料油性质；(2)根据原料性质和加工目标选择催化剂；(3)反应器采用equiflow内构件，催化剂装填采用catapac密相装填方法；(4)根据动力学模型确定操作条件；(5)采用先进工艺控制(APC)系统。

FHDO重整油加氢脱烯烃工艺 FHDO selective reformate hydrogenation process of olefin removal 中国石化开发的催化重整生成油选择性加氢脱烯烃工艺，可以将重整生成油苯馏分、BTX馏分、C_8^+馏分和全馏分加氢精制成为溴指数合格的芳烃抽提进料，或酸洗比色合格的芳烃产品，芳烃基本上不损失。该工艺采用为之专门开发的HDO-18贵金属催化剂，催化剂可以长周期稳定运转。

Benfree 重整油加氢脱苯工艺 Benfree reformate hydrogenation of benzene removal process Axens 公司的重整生成油加氢脱苯工艺，是一种将苯转化为环己烷的反应蒸馏工艺。组合使用了一个重整生成油分馏塔和一个固定床加氢反应器。工艺优点：由于苯被加氢脱除，使分馏塔内不能形成苯与某些 C_7 烷烃的共沸物，因而 C_7 烷烃不会被携带进入轻馏分中。

PROP 废润滑油加氢精制工艺 PROP spent lubricating oil hydrofining process 美国 Phillips 公司开发的一种废润滑油精制工艺，主要包括化学脱金属和加氢处理两部分，以回收高黏度指数的石蜡基车用润滑油为目的，也能处理混合废润滑油。因不使用酸和溶剂，也不进行废油减压蒸馏及脱水预处理，因而无环境污染问题。

SCANfining 汽油加氢脱硫工艺 SCANfining gasoline hydrodesulfurization process ExxonMobil 公司的 FCC 汽油选择性加氢脱硫工艺。主要特点：(1)通过使用高选择性的 RT-225 催化剂来提高脱硫/烯烃饱和比率，以减少汽油的辛烷值损失；(2)在加氢脱硫反应器上游安装预处理反应器来脱除二烯烃，以防止二烯聚合导致下游的换热器和加氢脱硫反应器堵塞。

Unisar 柴油加氢改质工艺 Unisar diesel hydroupgrading process UOP 公司的加氢脱芳烃工艺，采用贵金属催化剂在缓和条件下对石脑油、煤油和柴油等进行芳烃加氢。反应器内设多个催化剂床层来控制催化剂温度。典型运转结果：精制柴油芳烃体积分数从进料时的 24.6% 降至 1.0% 以下；精制煤油芳烃体积分数从进料时的 28.2% 降至 3.0%；精制溶剂油芳烃体积分数从进料时的 10.0% 降至 0.5% 以下。

Ultrafining 加氢精制工艺 Ultrafining hydrofining process 美国印第安纳美孚石油公司开发的油品加氢精制工艺。有较宽的操作范围和多种用途。采用钴-钼或镍-钼催化剂，可用于直馏和裂化原料的脱硫、脱氮和烯烃饱和等。

Hydrobon 加氢精制工艺 Hydrobon hydrofining process 美国 UOP 公司早期开发的汽油、煤油和轻柴油加氢精制工艺。用来脱除硫、氮、氧等杂质，并使不饱和烃饱和。1966 年以前与联合油公司(Unocal)的尤宁(Union)法合并称为尤宁精制法。1967 年又作为独立工艺，仍保留原名。1973 年改名为尤尼邦(Unibon)法。

气相加氢脱硫工艺 vapour-phase hydrodesulfurization process 一种气相加氢精制工艺，可处理沸程达 260℃的石脑油。除可脱除油中硫、氮等杂质外，还可进行烯烃饱和，但对芳烃无影响。用钨-镍的硫化物作催化剂，并可以再生，循环使用。

燃料油加氢脱硫工艺 fuel oil hydroodesulfurization process 一种高硫重油脱硫生产合格燃料油的工艺。根据不同原料及硫含量不同分为三种方法：(1)将原料重油先进行减压蒸馏，将蒸出的减压瓦斯油进行脱硫后再与减压渣油调和；(2)间接脱硫和溶剂脱沥青，即将(1)法中减压渣油进行溶剂脱沥青，将脱沥青油经加氢脱硫后再与脱硫后的减压瓦斯油调和；(3)对含硫较低的常压渣油直接加氢脱硫。

热解馏分油加氢工艺 pyrolysis distillate hydrogenation process 一种水蒸气裂解及焦化塔热解馏分油(汽油、柴油)加氢精制工艺。进行二烯烃选择性加氢，以提高产品稳定性(如汽油的诱导期、轻馏分的色泽及稳定性)；进行加氢脱硫及二烯烃、烯烃的完全加氢饱和，以回收芳烃。

Sovafining 加氢精制工艺 Sovafining hydrofining process 一种石脑油加氢脱硫预处理作为催化重整进料的工艺。也可用于轻质燃料油脱硫。

特种油品加氢精制工艺 specialty products hydrofining process 中国石化开发的一种固定床高压加氢工艺。可将溶剂油、白油、石蜡和地蜡等原料中的芳烃含量降到很低的水平，使之适用于医药和食品工业。

Sinclair 加氢脱硫工艺 Sinclair hydrodesulfurization process 一种轻油加氢脱硫工艺，采用以氧化铝为载体的钴-钼催化剂。

自加氢精制工艺 autofining process BP公司开发的一种馏分油催化脱硫工艺。其催化剂借助催化反应过程中的氢气，很容易用空气和蒸汽的混合气烧焦再生。

REDAR 柴油加氢改质工艺 REDAR diesel hydroupgrading process ShawGroup/BASF 公司的柴油加氢改质工艺。当第一段反应器采用 Ni-Mo 催化剂进行 HDS 和 HDN 时，该工艺也可用于将 LCO 改质为柴油。第二段反应器采用 BASF 公司的以 SiO_2-Al_2O_3球为载体的 Pt/Pd 催化剂(无黏结剂)进行深度加氢脱芳烃，其进料温度基本上可依靠与反应器流出物换热而得以维持。精制柴油产品中多环芳烃和总芳烃含量可分别降至1%和5%以下，硫几乎全部脱除，产品密度降低，十六烷值增加5个单位。

MHUG 柴油中压加氢改质工艺 MHUG diesel medium pressure hydroupgrading process 中国石化开发的加氢处理/加氢改质两剂一段串联工艺。用劣质柴油或其与常三减一线的混合油生产低硫低芳烃的柴油。加氢处理催化剂为 Ni-W 型，具有很强的加氢功能，脱除硫、氮的同时使芳烃加氢；加氢改质催化剂含Y型分子筛，能选择性地使已加氢的环发生开环反应，有利于进一步芳烃加氢。该工艺操作压力8.0~12.0MPa，能有效地提升柴油产品的十六烷值。

MHUG-Ⅱ灵活加氢改质工艺 MHUG-Ⅱ flexible hydroupgrading process 中国石化在MHUG基础上开发的新工艺。该工艺采用分区进料的方式，适合加工多个来源且性质相差较大的柴油原料，其中劣质柴油进入加氢改质反应区进行深度改质，性质较好的柴油进入加氢精制反应区进行脱硫，两个反应区共用循环氢压缩机以及分离和分馏系统，操作压力为8.0~12.0MPa。产品柴油质量可满足欧Ⅴ以上排放标准，具有柴油收率高、氢耗和能耗较低等特点。

FD2G柴油加氢改质工艺 FD2G diesel hydroupgrading process 中国石化开发的高芳烃柴油加氢转化生产高辛烷值汽油调和组分工艺。工艺特点：(1)选用单段串联部分循环工艺流程，产品质量好，所生产的低硫柴油十六烷值较原料提高30个单位；(2)循环油与高芳烃含量的新鲜原料混合进料，循环油起到了一定的稀释新鲜原料的作用，可大幅降低反应器催化剂床层温升；(3)装置操作压力等级相对较低，有利于降低装置建设投资；(4)将高芳烃含量的柴油部分转化为高辛烷值汽油调和组分，在有效利用原料中所含芳烃、增加产品附加值的同时，还较好地适应了增产车用汽油的市场需求。

MCI柴油加氢改质工艺 MCI diesel hydroupgrading process 中国石化开发的最大限度提高劣质柴油十六烷值工艺和催化剂成套技术。该技术采用单段单剂或单段两剂一次通过工艺流程，选用专用的高加氢活性和很高开环选择性的MCI催化剂，在6.0~10.0MPa压力条件下，对劣质柴油进行深度加氢脱硫、脱氮，烯烃和芳烃深度加氢饱和及多环烃类进行选择性开环等反应。在降低柴油产品硫/氮含量、降低密度、改善安定性的同时，使柴油产品十六烷值提高8~15个单位，并保持柴油产品收率在95%以上。

OTA汽油降烯烃工艺 OTA gasoline reducing olefins process 中国石化开发的全馏分催化裂化汽油烯烃芳构化工艺，采用加氢预处理和烯烃芳构化两个反应段串联一次通过工艺流程和专用催化剂。加工烯烃含量高达40%~50%的催化裂化汽油时，在保证精制汽油产品RON损失小于1.0的前提下，可以将烯烃含量降低约20个体积百分点，硫含量脱除40%~70%，并能适度降低苯含量。

Prime-G(+)汽油脱硫工艺 Prime-G(+) gasoline desulfurization

process Axens 公司的催化汽油选择性加氢脱硫工艺。Prime-G(+)是 Prime-G 的改进。Prime-G 工艺采用单一脱硫催化剂，适用于加工中、重质 FCC 汽油，使其硫含量降至 150μg/g 以下。Prime-G(+)工艺采用双催化剂体系，适用于加工全馏分 FCC 汽油，使其满足 10μg/g 的汽油总硫含量要求。Prime-G(+)也适用于直馏石脑油、蒸汽裂解汽油、焦化石脑油或减黏裂化石脑油的加工。

ROK-Finer 汽油脱硫工艺 ROK-Finer gasoline desulfurizaton process Nippon Oil 公司的 FCC 汽油选择性加氢脱硫工艺。能够将精制汽油硫含量降至 10μg/g 以下，且使烯烃最小程度加氢。该工艺通过降低反应器压力来减少烯烃加氢反应，从而最小化辛烷值损失。所用催化剂为以氧化铝为载体的 Co-Mo 催化剂，催化剂中还添加了一种用于调整 Co 和 Mo 比例的专有组分。

Select Fining 汽油脱硫工艺 Select Fining gasoline desulfurization process UOP 和 PDVSA-Intevep 公司联合开发的催化裂化汽油选择性加氢工艺。工艺特点：采用 S200 催化剂，能够在 HDS 和 HDN 的同时使烯烃饱和反应减至最低；最大限度地降低了氢耗，提高了液体产品收率，同时防止了烯烃与硫化氢重组生成硫醇。在主反应器上游可增加一个反应器来稳定原料油中的二烯烃，以防止其聚合。

UD-HDS 柴油脱硫工艺 UD-HDS diesel desulfurization process Albemarle公司的柴油超深度加氢脱硫工艺，可生产硫含量在 10μg/g 以下的精制柴油产品。该工艺采用一个并流的固定床反应器，并装填 Albemarle 公司的 STARS 或 NEBULA 系列催化剂。典型操作条件：反应压力 3.0～8.0MPa，反应温度 300～400℃，体积空速 0.5～2.0h^{-1}。装置运转周期 1～3 年。

SSHT 柴油单段加氢脱芳烃工艺 SSHT single stage desel hydrodearomatization process 中国石化开发的一种以劣质柴油为原料，以生产超低硫和低芳烃柴油为目标的加氢处理工艺。该工艺采用 NiW 型加氢处理催化剂以及两个反应器单段串联的工艺流程，各反应器催化剂可以相同，也可以不同。该工艺具有催化剂费用低、装置投资和操作费用相对较低及柴油收率高等优点。

BenSat 汽油苯饱和工艺 BenSat gasoline benzene saturation process UOP 公司的汽油加氢脱苯工艺。以重整汽油轻馏分或直馏石脑油轻馏分为原料，通过深度加氢脱苯，可以生产苯含量小于 0.5% 的产品。所用催化剂为该公司 H-8 或 H-18(较新)贵金属催化剂，具有高的选择性，C_5^+产品收率高，体积收率可达到 101%～106%，氢耗基本与苯加氢生成环己烷所需的化学氢耗一致。重整轻馏分油经苯加氢饱和后辛烷值通常下降 9~10 个单位。

FDAS 柴油脱硫工艺 FDAS diesel desulfurization process 中国石化开发的两段柴油深度加氢脱硫脱芳烃工艺。工艺特点：(1)第一段采用非贵金属催化剂，其主要目的是最大限度地脱除原料油中的硫、氮、氧等杂质，并饱和烯烃和部分芳烃；(2)第二段既可以采用非贵金属催化剂，也可以采用贵金属催化剂，其目的是深度脱硫和芳烃饱和；(3)第一段和第二段可以在不同工艺条件(如第二段可以在较高氢分压)下操作；(4)通过增加高压汽提、循环氢脱硫等设施，可显著降低杂原子对柴油深度脱硫脱芳烃的影响。

FRS 汽油脱硫工艺 FRS gasoline desulfurization process 中国石化开发的全馏分 FCC 汽油选择性加氢脱硫工艺，适合于加工高硫(1000μg/g)、低烯烃(<25%)的 FCC 汽油。采用专门开发的高选择性催化剂及单段一次通过工艺流程。典型操作条件：反应温度 200~270℃、反应压力 1.0~2.5MPa、体积空速 3.0~10.0h^{-1}。特点：装置建设投资低、运行周期长、能耗低、氢耗低，精制汽油产品收率高，硫含量可降低至 200μg/g 以下，并能适度降低烯烃含量。

ISAL 汽油脱硫工艺 ISAL gasoline desulfurization process UOP 和 PDVSA-Intevep 公司联合开发的 FCC 汽油加氢工艺，能够降低 FCC 汽油的硫、烯烃和芳烃含量，同时保持辛烷值。ISAL 工艺的核心是采用 PDVSA-Intevep 开发的非贵金属分子筛催化剂，除进行脱硫和烯烃饱和反应外，也发生正构烷烃异构化及裂解降低平均相对分子质量等反应，从而得到低硫、低烯烃的高辛烷值汽油产品，但液体产品收率偏低。

OCTGAIN 汽油脱硫工艺 OCTG-AIN gasoline desulfurization process ExxonMobil 公司的 FCC 汽油低压脱硫、降烯烃工艺，无辛烷值损失，但汽油收率有损失。反应器中装有两种类型的催化剂，先发生硫和烯烃的转化反应，之后进行恢复辛烷值的裂解和异构化反应(催化剂选自 OCT-100、OCT-125 或 OCT-220)。该工艺尤其适合于氢气廉价且充足，进料是重石脑油，辛烷值和 LPG 具有高价值以及要求汽油中烯烃含量低的情况。

OCT-M 汽油脱硫工艺 OCT-M gasoline desulfurization process 中国石化开发的 FCC 汽油选择性加氢脱硫工艺，包括 FCC 汽油预分馏、重汽油选择性加氢脱硫、加氢重汽油和轻汽油混合进行脱硫醇处理等多个单元。其改进型工艺 OCT-

MD，先对 FCC 汽油进行脱硫醇，而后进行分馏切割、重汽油选择性加氢脱硫、加氢重汽油和轻汽油调和。其最新改进型工艺 OCT-ME，先在催化裂化装置内对 FCC 汽油进行预分馏，而后对轻汽油单独进行脱硫醇和分馏在脱除脱硫醇过程中生成的高沸点二硫化物，以及对重汽油进行选择性加氢脱硫，最终进行产品调和。该系列技术适合用于生产国Ⅲ、国Ⅳ和国Ⅴ车用汽油产品，具有装置建设投资低、运行周期长、生产灵活性大、汽油产品收率高、辛烷值损失小、氢耗低和能适度降低烯烃含量等特点。

RIDOS 汽油脱硫工艺 RIDOS gasoline desulfurization process 中国石化开发的一种 FCC 汽油选择性脱硫降烯烃工艺。原料首先切割为轻、重馏分，前者进行碱洗以脱除硫醇；后者进行加氢脱硫、烯烃加氢饱和，同时发生裂化和异构化反应以提高辛烷值；精制后的轻、重两部分汽油混合进行氧化脱硫醇，最终获得 RIDOS 清洁汽油产品。

RSDS 汽油脱硫工艺 RSDS gasoline desulfurization process 中国石化开发的一种 FCC 汽油选择性脱硫降烯烃工艺。首先将原料切割为轻、重馏分，前者进行碱洗以脱除硫醇；后者进行选择性加氢脱硫；精制后的轻、重汽油混合进行氧化脱硫醇。本技术烯烃饱和率低，氢耗低，辛烷值损失少（0~1.8 个单位），产品汽油硫含量可降低至 50μg/g 或 10μg/g 以下，满足欧Ⅳ和欧Ⅴ车用汽油标准。

RHSS 喷气燃料低压加氢精制工艺 RHSS low pressure hydrofining process of jet fuel 中国石化开发的喷气燃料低压加氢精制技术，又称喷气燃料低压临氢脱硫醇技术。可以在低压（0.7MPa）、高空速（4~6h^{-1}）下操作，硫醇含量可降到 <15μg/g，颜色、酸值等性能均有改善。此技术原料适应性强，最低投资与常规的氧化脱硫醇技术相当，但均小于常规加氢技术。与中压加氢裂化技术配套使用，既可提高产品的质量，又可降低炼油厂装置的总投资。

RTS 柴油脱硫工艺 RTS diesel desulfurization process 中国石化开发的一种或两种非贵金属催化剂置于两个串联反应器完成柴油深度或超深度脱硫工艺。第一反应区完成易脱硫硫化物的脱硫和几乎全部氮化物的脱除；脱除了氮化物的原料在第二个反应区彻底脱除剩余硫化物并进行多环芳烃加氢饱和。柴油产品硫含量小于 50μg/g 或小于 10μg/g，多环芳烃含量小于 11%，产品为水白色。

APCU 加氢裂化工艺 APCU hydrocracking process UOP 公司的加氢裂化工艺。特点：(1)操作压力低于 10.0MPa，裂化转化率为

20%~50%，投资低于常规的高压加氢裂化；(2)在进料中可掺入难以转化的LCO和CGO；(3)可以同时生产低硫石脑油、柴油调和组分和优质FCC进料；(4)原料加氢处理和加氢裂化在反应系统的不同部位进行，因而有改变产品结构的灵活性。当需要较多的FCC原料时，可以在较低的转化率下操作，而不损及石脑油和柴油产品质量。

FDC加氢裂化工艺 FDC hydrocracking process 中国石化开发的单段两剂加氢裂化工艺，既适合于全循环操作最大量生产超低硫喷气燃料和低凝柴油产品，也适合于一次通过或部分循环操作最大量生产超低硫喷气燃料、低凝柴油和低倾点高黏度指数润滑油基础油产品。中间馏分油选择性高达78%~82%，柴油产品质量满足欧Ⅴ排放标准要求。

FHC加氢裂化工艺 FHC hydrocracking process 中国石化开发的灵活生产化工原料和中间馏分油的加氢裂化工艺，包括单段串联单程通过、单段串联部分循环和单段串联全循环等操作流程，可通过更换加氢裂化催化剂、改变装置运行模式和操作条件、改变产品切割方案等方法，随时调整生产方案。

FHC加氢裂化系列组合工艺技术 FHC series combination hydrocracking technologies 中国石化开发的加氢裂化与其他加氢过程系列组合工艺技术，包括FHC-FFHT加氢裂化-蜡油加氢处理组合工艺技术、FHC-FHF加氢裂化-加氢精制分段进料组合工艺技术、FHC-FHT加氢裂化-加氢处理反序串联工艺技术、FHC-LCO高芳烃柴油加氢转化生产高芳潜石脑油技术和FHC-WSI加氢裂化-尾油异构脱蜡组合工艺技术等。这些组合工艺的特点是：降低装置建设投资和操作费用，或增强生产灵活性，扩大原料油适应性，可以满足不同企业加工不同原料、生产不同产品的需求。

FMC加氢裂化工艺 FMC hydrocracking process 中国石化开发的一段串联多产化工原料的加氢裂化工艺，用于最大量生产轻石脑油、重石脑油和/或尾油等化工原料产品。包括一段串联一次通过多产化工原料加氢裂化工艺技术(FMC1)和最大量生产化工原料两段中间馏分油全循环加氢裂化工艺技术(FMC2)。

FMD加氢裂化工艺 FMD hydrocracking process 中国石化开发的尾油全循环最大量生产中间馏分油的加氢裂化工艺，用于最大量生产优质的喷气燃料和超低硫清洁柴油产品。在工艺流程上可以分为一段串联(FMD1)和两段(FMD2)工艺技术。

FMN加氢裂化工艺 FMN hydrocracking process 中国石化开发的一段串联全循环最大量生产石

脑油的加氢裂化工艺。以 VGO 或 VGO 与 CGO、DAO 的混合油为原料，轻石脑油和重石脑油产品总收率可以达到 85%~90%。其中，重石脑油产品收率高达 65%~70%，可以作为催化重整装置进料。轻石脑油可以作为蒸汽裂解制乙烯原料和"无硫"车用汽油调和组分。

HC-Platforming 组合工艺 HC-Platforming combined process UOP 公司开发的一种加氢裂化-铂重整组合工艺过程，是在铂重整装置的重整反应器之前增设一个小的加氢裂化反应器。石脑油进料先进加氢裂化反应器进行适度加氢裂化，而后再进重整反应器进行重整反应。特点是：加氢裂化和铂重整共用同一氢气循环系统；可选择性地提高异丁烷产率，供烷基化之用；可提高重整生成油中的芳烃含量，改进重整汽油的辛烷值分布；还能加工终馏点较高的石脑油进料。

HDHPLUS 渣油加氢浆态床工艺 HDHPLUS slurry-bed residue hydrogenation process Intevep/PDVSA 公司开发的浆态床渣油加氢裂化工艺。采用 3 台鼓泡浆态床反应器串联操作，以含镍和钒的天然矿物细粉作催化剂，在中等压力下操作，转化率高，没有或几乎没有低价值副产品。

H-G 加氢裂化工艺 H-G hydrocracking process 美国 GRDC (海湾研究与开发公司)与 APCI(空气产品和化学品公司)共同开发的加氢裂化工艺。以轻、重蜡油为原料，生产液化石油气、石脑油及中间馏分油等产品。可采用一段法或两段法。在两段法中，第一段主要起精制作用，第二段起加氢裂化作用。分馏塔底重馏分可循环回第二段反应器或作为优质尾油产品出装置。循环氢经处理除去杂质及轻质烃后回用。

HyC-10 缓和加氢裂化工艺 HyC-10 mild hydrocracking process Axens 公司的缓和加氢裂化工艺。新鲜 VGO 进料与循环氢混合后进入缓和加氢裂化反应器，反应产物依次进行冷却、汽提和分馏。得到的柴油馏分与新氢一起送入一次通过的精制反应器。精制反应器采用高的氢分压，不仅确保了能够对难以脱硫的加氢裂化柴油进行深度加氢精制，而且还使精制柴油产品质量保持稳定而不受加氢裂化反应器内条件变化的影响。在 HyC-10 的改进工艺 HyC-10(+)中，可将 LCO、LCGO 和/或重 SRGO 与加氢裂化柴油一起送入精制反应器。

HyK-HC 加氢裂化工艺 HyK-HC hydrocracking process Axens 公司的高转化率(>85%)高压加氢裂化工艺，可将 VGO、DAO、LCO 和 HCO 等转化为优质柴油和煤油、高黏度指数润滑油基础油及蒸汽裂解制乙烯原料。操作压力为 10~14MPa 以上。该工艺包括单段一次通过、单段部分循环和两段加氢裂化三种工艺流程。用于预处理段的较新催化剂是该公司的HRK558和HDK776，用于加氢裂化段的较新催化剂是HYK742。

ISOCRACKING加氢裂化工艺 ISOCRACKING hydrocracking process CLG公司的馏分油高压加氢裂化工艺。有单段一次通过(SSOT)、单段循环(SSREC)和两段循环(TSR)三种工艺流程。采用独特的共凝胶催化剂，产品异构烷烃含量高，因此轻石脑油的辛烷值相对较高、中间馏分油的低温流动性好、喷气燃料馏分冰点及柴油倾点低。尾油的芳烃含量低，异构烷烃所占比例高，适合于生产润滑油基础油。

ISOFLEX加氢裂化工艺 ISOFLEX hydrocracking process CLG公司的灵活高效加氢裂化工艺技术。特点是：可以加工多种在柴油和VGO馏程范围的进料；以最少的设备需求获得最高的转化率和高的产品选择性；通过减少轻质馏分生成及合理引入氢气，使氢耗最小化。CLG公司目前提供缓和加氢裂化的ISOFLEX工艺和高转化率的ISOFLEX工艺。

OPC加氢裂化工艺 OPC hydrocracking process CLG公司的优化部分转化加氢裂化工艺。通过在原单段装置反应器的上游增加一台小反应器，使其变为部分(或全部)循环的两段装置，新氢(补充氢)只送进新增的第二段反应器。工艺特点：气体反向流动，从压力较高的第二段反应器流向压力较低的第一段反应器。OPC工艺可用于新建装置，加工高干点、高氮和高芳烃含量的难转化原料油。

RHC高压加氢裂化工艺 RHC high pressure hydrocracking process 中国石化开发的一种高压加氢裂化工艺。主要以VGO为进料，在≥13.0MPa操作压力下，采用保护剂+加氢处理剂+加氢裂化剂+后精制剂使油品发生脱硫、脱氮、烯烃和芳烃加氢饱和、裂化及异构化等反应。主要特点是：产品质量好，硫氮杂质含量低，烷烃和异构烃含量高，石脑油芳潜高，喷气燃料烟点高，柴油十六烷值高。尾油适合用作制乙烯原料、润滑油基础油生产原料等。

RMC中压加氢裂化工艺 RMC medium pressure hydrocracking process 中国石化开发的一种操作压力8.0~12.0MPa的两剂一段串联加氢裂化工艺。在高性能加氢预处理催化剂的配合下，可加工干点达540℃的VGO进料。工艺主要目的是低成本转化劣质蜡油，生产高芳潜石脑油、优质柴油和优质乙烯装置进料。由于反应压力较低，喷气燃料的烟点相对较低。

SPC缓和加氢裂化工艺 SPC

mild hydrocracking process Haldor TopsΦe公司的分段部分转化缓和加氢裂化工艺。原料油全部进行加氢处理，但加氢处理产物仅部分进行加氢裂化，因此可以独立控制转化率和产品质量。

CLG 分段进料加氢裂化工艺 CLG's hydrocracking segment feeding combination process CLG公司的分段进料加氢裂化工艺，用于FCC进料预处理，同时对LCO进行改质。工艺特点：加氢裂化反应器的流出物与柴油/LCO一起送入下游的加氢处理反应器，既避免了瓦斯油的过度裂解，又降低了对急冷气体的需求；共用新氢和循环氢压缩机等设备，投资成本降低；能够在较低的反应温度和氢耗下获得较高的转化率和柴油产品收率。

Unicracking 加氢裂化工艺 Unicracking hydrocracking process UOP公司的馏分油加氢裂化工艺。可加工除常压渣油和减压渣油之外几乎所有的炼油厂物料。产品方案可以是最大石脑油产率，生产催化重整料，也可以是多产喷气燃料和柴油，同时兼产少量石脑油和气体产品。工艺流程可以采用单段、两段、全循环和一次通过等不同模式。Unicracking工艺的技术创新包括：部分转化Unicracking、LCO Unicracking、Hycycle Unicracking和APCU Unicracking等新工艺。

Aurabon 加氢裂化工艺 Aurabon hydrocracking process UOP公司的一种用于处理含有高金属、高沥青质原料油的加氢裂化工艺。使用非化学计量的硫化钒催化剂，除具有加氢裂化功能外，还能在反应器内就地形成一种脱金属催化剂，使加氢裂化和脱金属在一个反应器内同时完成。

Shell 加氢裂化工艺 Shell hydrocracking process Shell公司开发的以生产汽油为主的固定床加氢裂化工艺，可采用单段、两段或多段配置。工艺特征：(1)进料灵活性，从瓦斯油到重质减压油和脱沥青油均可作原料；(2)产品选择性/灵活性，通过合理地安排工艺组合和选择催化剂，针对特定产品可获得优化的选择性/灵活性；(3)获得高的体积收率(可达28%)。

Paragon 加氢裂化工艺 Paragon hydrocracking process Chevron公司开发的加氢裂化工艺。是在两段加氢裂化之间，增加一择形沸石催化剂反应器，使脱蜡与加氢裂化工艺联合，用于生产汽油、喷气燃料。不仅改进了汽油辛烷值，增加了喷气燃料收率，同时也提高了气体中烯烃含量。

ERE 加氢裂化工艺 ERE hydrocracking process 美国ERE(埃克森研究工程公司)开发的固定床加氢裂化工艺。可用直馏常压瓦斯油、减压瓦斯油、催化裂化循环油及脱沥青油等为原料，生产液化石油气、石脑油及中间馏分等。石脑油的环状化合物含量很高，是良好的催化重整原料，用以生产汽油或芳烃。而中间馏分的硫及芳烃含量都很低。

RLT 临氢降凝工艺 RLT hydrodewaxing process 中国石化的加氢+传统技术的组合工艺。该工艺加工流程由糠醛精制-加氢处理-酮苯脱蜡-补充精制构成。操作压力8.0~12.0MPa。糠醛精制脱除部分稠环芳烃、胶质和沥青质，减轻加氢的负荷；脱蜡装置脱除高凝点石蜡烃；补充精制改善油品颜色和安定性。可从中间基或石蜡基油生产APIⅡ/Ⅲ类基础油和光亮油。投资及操作费用低。

BPCDW 临氢降凝工艺 BPCDW hydrodewaxing process BP公司的催化脱蜡工艺，采用铂-丝光沸石催化剂，在288~400℃和2~10MPa条件下，将馏分油中正构烷烃选择性裂解为低分子异构烷烃，脱蜡油凝点可低达-40℃。

CFI 临氢降凝工艺 CFI hydrodewaxing process Albemarle公司的加氢处理或缓和加氢裂化与催化脱蜡组合工艺，用于生产低温流动性很好的柴油产品。该工艺在同一反应器中装填缓和加氢裂化或加氢处理催化剂及催化脱蜡催化剂，可加工从AGO到HVGO宽范围原料，反应压力3.0~5.0MPa，体积空速2.0h^{-1}，氢油体积比200：1~500：1，反应温度350~430℃。突出优点是可以部分转化原料为轻质油品，同时降低产物浊点和倾点。

FHI 加氢改质异构降凝工艺 FHI hydroupgrading-isodewaxing process 中国石化开发的柴油加氢改质异构降凝工艺，采用单段单剂或单程两剂一次通过工艺流程及专门开发的多功能催化剂，在实现进料深度加氢脱硫、脱氮、脱芳和选择性开环的同时，可以使进料中正构烷烃等高凝点组分进行异构化反应，并使进料中重组分发生适度加氢裂化反应，从而在保持较高柴油产品收率和显著降低柴油产品硫、氮、芳烃和稠环芳烃含量的同时，能够降低柴油产品的凝点，并使其密度、T95%点和十六烷值等指标得到明显改善。

FHUG-DW 加氢改质降凝工艺 FHUG-DW hydroupgrading-hydrodewaxing process 中国石化开发的柴油加氢改质-临氢降凝工艺。采用加氢改质-降凝一段串联工艺流程，使用加氢精制或加氢改质及降凝催化剂组合。加氢改质部分的作用是在脱除硫、氮等杂质时，使多环芳烃等低十六烷值烃类加氢开环不断链，从而达到大幅度提高柴油十六烷值的目的。临氢降凝部分的作用是在降凝催化剂作用下进行高凝点烃类组分的择形裂解或异构反应，达到改善油品低温流动性的目的。该工艺集加氢改质、临氢降凝优点于一体，是生产低硫、低芳、低凝清洁柴油的有效工艺技术。该工艺也可用于润滑油的加氢降凝。

MDDW临氢降凝工艺 MDDW hydrodewaxing process Mobil公司开发的馏分油催化脱蜡生产低凝柴油工艺，于1974年在法国Frontignan炼油厂150kt/a的工业装置上试验成功。该工艺技术采用以ZSM-5分子筛为载体基质并载有少量Ni金属组分的催化剂。优点是产品凝点低、基本不消耗氢气、十六烷值变化小；缺点是产品中的硫、氮、芳烃等杂质无法脱除，再生周期短。该工艺在炼油厂有四种应用方案：单独催化脱蜡，不配其他装置；先加氢脱硫再催化脱蜡；先催化脱蜡后加氢脱硫；催化脱蜡与加氢脱硫串联。

MIDW临氢降凝工艺 MIDW hydrodewaxing process。ExxonMobil公司开发的异构脱蜡工艺，采用一种专有的双功能贵金属分子筛催化剂来进行烃类的加氢异构化和选择性裂解反应，生产低倾点馏分油。经异构化和选择性裂解得到的烷烃仍在馏分油沸程范围，因此馏分油收率通常超过90%。典型操作条件：反应温度260~440℃，入口氢分压2.5~14.9MPa，氢油体积比180∶1~900∶1。

RDW临氢降凝工艺 RDW hydrodewaxing process中国石化开发的润滑油临氢降凝工艺。采用保护剂、择形分子筛和非贵金属活性组分构成的催化剂。原料经过预精制，如糠醛精制或预脱酸等后进入降凝反应器。在氢气存在下高凝点正构烷烃发生裂解反应，馏出物再经过加氢补充精制得到低凝点基础油产品。也可用于柴油临氢降凝等其他工艺过程。

RIW临氢降凝工艺 RIW hydrodewaxing process中国石化开发的润滑油临氢异构脱蜡工艺，流程由加氢处理(裂化)-异构脱蜡-加氢后精制三段构成。异构脱蜡催化剂含一维孔分子筛如SAPO或ZSM类及贵金属组分，在≥12.0MPa高压下，可生产各黏度等级的、具有极低倾点的API II/III类润滑油基础油。

Unicracking/DW临氢降凝工艺 Unicracking/DW hydrodewaxing process UOP公司开发的催化脱蜡工艺，能够提高中间馏分油在极冷条件下的流动性，选用不同的技术组合以实现对柴油进行脱硫、脱芳和脱蜡。该工艺采用固定床反应器。脱蜡降凝催化剂有两种选择，一种是催化脱蜡，典型催化剂为HC-80非贵金属降凝催化剂；另一种为DW-10贵金属异构脱蜡催化剂。HC-80催化剂可用于一段串联工艺流程，工艺流程可以是加氢脱硫-加氢脱蜡或加氢脱硫-脱芳-脱蜡。DW-10催化剂在两段工艺流程中用于第二段脱蜡异构降凝。

WSI临氢降凝工艺 WSI

hydrodewaxing process 中国石化开发的加氢裂化尾油异构脱蜡工艺，主要用于生产 API Ⅱ、Ⅲ类润滑油基础油和工业级、食品级白油等产品。该工艺设置两个串联使用的反应段。第一段装填以特种择形分子筛为酸性组分的贵金属加氢异构脱蜡催化剂，用于降低加氢裂化尾油进料的凝点。第二段装填高加氢脱芳活性的贵金属加氢补充精制催化剂，用于异构脱蜡产物的深度加氢脱芳。装置按一次通过方式运行。

Shell 加氢改质降凝工艺 Shell's hydroupgrading-dewaxing process 美国Shell 公司开发的加氢改质降凝工艺技术，使用 DN 系列加氢精制催化剂、DC 系列加氢改质催化剂及 SDD 系列降凝催化剂。该工艺有多种组合方案：单独脱蜡降凝；一段串联工艺流程，即脱蜡降凝与 HDS 相结合的工艺流程；两段流程，即脱蜡降凝与 HDA 相结合，HDA 催化剂一般为贵金属催化剂。

RDS/VRDS 渣油加氢脱硫工艺 atmospheric and vacuum residue hydrodesulfurization process 指在适宜温度、压力、临氢及催化剂存在条件下，使常压/减压渣油发生加氢脱硫、加氢脱氮、加氢脱金属、加氢脱残炭及浅度加氢裂化等反应的工艺过程。原料油中>538℃渣油转化率通常小于50%。加氢常压渣油既可作催化裂化装置进料，也可作为低硫燃料油使用。

Varga 重油加氢脱硫工艺 Varga heavy oil hydrodesulfurization process 由匈牙利科学研究所瓦尔加博士开发的原油或重残油加氢脱硫工艺。以氢氧化银-活性炭为催化剂，可以处理含沥青及硫多的原料。

RICP 渣油加氢-催化裂化双向组合工艺 integrated process for residue hydrotreating and RFCC 中国石化开发的渣油加氢处理和 RFCC 双向组合工艺。该工艺将 RFCC 装置的重循环油(HCO)由自身循环改为循环至渣油加氢装置用作混合进料。一方面可降低进料渣油的黏度，有利于减少含金属大分子的扩散阻力，提高渣油加氢系统的反应效率，亦可使 RFCC 轻质油收率至少提高 2.5 个百分点。

Uniflex 浆态床渣油加氢工艺 Uniflex slurry-bed residue hydrogenation process UOP 公司的渣油悬浮床加氢裂化工艺，采用专有的纳米铁固体催化剂，反应温度 435~470℃，反应压力 14MPa。加氢裂化产物经汽提和减压蒸馏使未转化沥青中的 HVGO 含量降到最低，并可将部分 HVGO 循环回反应器进一步转化。该工艺柴油选择性高。

SOC 浆态床渣油加氢工艺 super-oil cracking (SOC) slurry-bed residue hydrogenation process 日本旭化成、日本矿业和千代田三家株式会社联合开发的减压渣油加氢裂化工艺。采用一种高活性的悬浮式催化剂，裂化反应在管式炉中高温和短停留时间下完成，渣油转化率在90%以上。可加工含硫、氮、沥青质和金属量较高的原料。催化剂加入量很少，用后的催化剂容易处理。

Dynacracking 移动床渣油加氢工艺 Dynacracking moving-bed residue hydrogenation process 美国HRI公司(烃研究公司)开发的重油转化工艺。有一个独特的移动床三段反应器，上段为加氢裂化，中段为汽提段，下段为汽化段。具有加氢裂化和热裂化的特点，但不用催化剂，而用一种惰性热载体。加氢裂化需要的氢由汽化段产生的富氢气体供给，不需另配置制氢设备。可灵活调整产品气体、汽油和馏分油分布。

Hy-C 沸腾床渣油加氢工艺 Hy-C ebullated bed residue hydrogenation process 美国HRI公司开发的重油加氢裂化生产石脑油、煤油、柴油馏分的工艺。应用载有钨、镍的硅铝催化剂和氢油法的沸腾床催化反应器。原料油、氢及催化剂在反应器截面上均匀分布，等温反应，催化剂从反应器排出，引至再生器再生，无须为了卸催化剂而定期停运。

VisABC 渣油裂化组合工艺 VisABC residue cracking combination process 日本千代田化工株式会社开发的重油加工工艺。由临氢减黏和沥青渣油裂化结合而成。渣油原料和氢混合进行减黏裂化，反应产生物用循环氢急冷，然后进入保护反应器和固定床加氢裂化反应器，使物流中的沥青质充分加氢裂化。该工艺转化率高，产品质量好，减压瓦斯油可直接作催化裂化或加氢裂化装置的原料。

CANMET 浆态床渣油加氢工艺 CANMET slurry-bed residue hydrogenation process 加拿大石油公司与另一公司共同开发的常减压渣油加氢裂化生产石脑油和中间馏分油的技术。工艺过程的核心为浆态床反应器，采用单程操作模式，反应压力14.0MPa，反应温度435～455℃，525℃以上馏分转化率达90%以上。反应器中采用一种廉价的铁-煤化合物添加剂，加入原料油中代替常规用的金属催化剂，可以促进加氢反应并有效地抑制生焦。

VCC 浆态床渣油加氢工艺 VCC slurry-bed residue hydrogenation process 德国维巴公司于20世纪50年代开发的浆态床渣油加氢裂化工艺，现归BP公司所有。VCC工艺具有如下特征：(1)把串联式浆态床反应体系与滴流床加氢处理反应器结合在一起，以热分离器作为中间连接单元；(2)通过减压蒸馏进一步回收浆态床加氢裂化未转化油中的馏分油；(3)除加氢残渣外的所有产品均进行加氢处理，还可将直馏馏分油一并在该加氢处理反应器中进行加工；(4)利用加氢处理反应产物的热量为浆态床反应器的进料预热；(5)典型操作压力为18~23MPa，典型渣油和沥青质的转化率为95%。

RHC/GHC 渣油加氢联合工艺 RHC/GHC residue hydrogenation combination process 日本 Cosmo(科斯莫)石油株式会社开发的渣油加氢转化工艺。工艺分为两段：第一段是常压渣油加氢转化；第二段是将一段未转化的渣油经减压蒸馏得到的减压瓦斯油进一步进行加氢转化。两段均系中压加氢裂化，但所用催化剂不同。该工艺的中间馏分油收率比一般的渣油加氢转化率高出约20%，同时获得低硫、低金属燃料油。

H-Oil 沸腾床渣油加氢工艺 H-Oil ebullated-bed residue hydrogenation process Axens 公司的沸腾床渣油加氢工艺。特点是：可以加工处理金属和沥青质含量高的原料油；可以连续补充和取出催化剂，而无须停工再生；反应器内保持等温操作，压降小；适当调整操作条件，还可进行渣油加氢裂化生产煤油、柴油等产品。

EST 浆态床渣油加氢工艺 EST slurry-bed residue hydrogenation technology Eni 公司的浆态床渣油加氢裂化技术。采用分散型单一组分的微晶钼(MoS_2)催化剂，在400~425℃和16MPa条件下，几乎可以将渣油原料全部转化为馏分油产品(>98%)，并具有很好的改质效果。

HDH 渣油加氢工艺 HDH residue hydrogenation process 委内瑞拉 Intevep 公司开发的渣油悬浮床加氢裂化工艺。采用一种廉价的天然粉末催化剂，与渣油和氢气混合后，在420~470℃及7.0~14.0MPa氢压下通过立式空筒反应器，一次转化率达85%~90%。未转化渣油经催化剂分离系统，固体分离效率达99%。分离出的油料既可用于调和生产燃料油，也可循环回反应系统，以实现全部转化。分离出的废催化剂经沸腾炉烧焦后，可送去回收金属。

HFC 渣油加氢工艺 HFC residue hydrogenation process 日本国立公害与资源研究所和合作单位共同开发的一种使用粉末催化剂的加氢裂化工艺。采用悬浮床反应器。可加工重质原油、拔顶原油、减压渣油、油砂、沥青等，中间馏分油收率高，气体和焦炭产率低。可使用重油直接脱硫装置的废催化剂。

LC-Fining 渣油加氢工艺 LC-Fining residue hydrogenation process CLG 公司的沸腾床渣油加氢裂化工艺。原料油和氢混合后，从反应器底部进入，穿过催化剂床层。反应器中设有循环盘和降液管，一部分进料通过它们下降到反应器底部，再用循环泵反方向提升，在通过催化剂床层时使催化剂膨胀，呈不规则状态，形成一个等温床层。催化剂的添加和排出均在线进行。

MRH 渣油加氢工艺 MRH residue hydrogenation process 日本出光兴产株式会社与美国 Kellogg 公司共同开发的渣油缓和加氢裂化工艺。可加工高残炭、高金属、高硫、高氮含量的减压渣油，转化率可达 85%。操作压力低于 7.0MPa，氢耗较低，约为 $110Nm^3/m^3$。主要特点是研究了一种能使气、液和催化剂三相良好混合接触的特殊反应器，且在反应器中装有催化剂分离器，使排出油浆中固体含量降到 0.1%左右。

R-HYC 渣油加氢工艺 R-HYC residue hydrogenation process 日本出光兴产株式会社开发的常压渣油加氢裂化工艺。可处理高残炭、高金属、高硫、高氮含量的渣油。转化率 60%，未转化油可作催化裂化进料。使用一种大孔含铁沸石催化剂和固定床反应器。可在同一反应器内设置加氢裂化和脱硫两个催化剂床层，而同时完成两种反应。反应器温度 370 ~ 410℃，压力 10 ~ 15MPa。

ABC 渣油加氢工艺 asphaltenic bottom cracking (ABC) process 日本千代田化工建设株式会社开发的沥青质渣油转化工艺，能处理各种原油的渣油。用钴、钼、镍等活性金属担载在天然矿物海泡石上作催化剂，催化剂金属沉积量可达 70%。

HYCON 移动床渣油加氢工艺 HYCON moving-bed residue hydrogenation process Shell Global Solutions 公司的移动床渣油加氢工艺。所加工的原料范围可以是常规的渣油、重油和油砂沥青。反应系统由料仓式移动床脱金属反应器及固定床脱硫和转化反应器组成。料仓式反应器作为前处理段，操作条件比较苛刻，可以连续地加入和取出催化剂，从而维持催化剂一定的活性水平。第一套工业装置于 1989 年在 Shell 公司 Pernis 炼油厂建成投产，使移动床渣油加氢技术在世界上首次实现了工业应用。

Hyvahl 固定床渣油加氢工艺 Hyvahl fixed-bed residue hydrogenation process Axens 公司的固定床渣油加氢工艺。Hyvahl 工艺有两个显著的特点：(1)具有独特微孔结构的加氢脱金属催化剂；(2)设置互换式保护反应器。加氢深度较深，主要产品为 RFCC 原料。典型的加氢脱硫率和加氢脱金属率都在 90%以上，同时副产 12% ~ 25% 的石脑油和柴油。

OCR 移动床渣油加氢工艺 OCR moving-bed residue hydrogenation process Chevron 公司的在线置换催化剂工艺，是一种逆向流移动床工艺。原料油和氢气从反应器底部进入，而新鲜催化剂分批从反应器顶部加入，这样使最新鲜的渣油进料首先与活性最低的催化剂接触，提高了催化剂的利用率。渣油进料自下而上的流动使催化剂床层略微膨胀，促进催化剂和渣油的接触，有利于流体分配均匀。在反应器顶部加入新鲜催化剂的同时，废催化剂在反应器底部卸出。

RCD 固定床渣油加氢工艺 RCD fixed-bed residue hydrogenation process UOP 公司的固定床渣油加氢工艺。采用多个固定床反应器及非贵金属催化剂，用于脱除常压渣油、减压渣油和/或 DAO 中的硫、氮、金属和沥青质。该工艺最常用于 FCC/RFCC 进料预处理，但也能用于生产低硫燃料油，并可将部分进料转化为轻质产品。

S-RHT 固定床渣油加氢工艺 S-RHT fixed-bed residue hydrogenation process 中国石化开发的常(减)压渣油加氢处理工艺，增加渣油氢含量，脱除金属和硫等杂原子，降低残炭含量。加氢渣油作为 RFCC 装置进料，可增加 RFCC 轻质油收率，减少金属和残炭对 RFCC 催化剂失活的影响，是获取轻质油的重要二次加工过程。

UFR 上流式固定床渣油加氢工艺 UFR up-flow fixed-bed residue hydrogenation process Chevron 公司的上流式固定床渣油加氢工艺。工艺要点：(1)按催化剂活性从低到高，分级装填在从下部到上部的不同催化剂床层中；(2)原料油和氢气自下而上通过反应器的流速要足够低，以保证催化剂床层的膨胀减到最小；(3)为了满足 UFR 催化剂床层对进料黏度的限制，需用 VGO 作稀释油；(4)用急冷油代替急冷氢以更有效地控制催化剂床层温度。

OCR/RDS 在线置换式固定床渣油加氢工艺 on-stream catalyst replacement/fixed bed residue hydrotreating process 见 64 页“催化剂在线置换式固定床渣油加氢工艺”。

TERVAHL-C 渣油加氢工艺 TERVAHL-C residue hydrogenation process 法国 Asvahl 集团开发的渣油加氢改质工艺。是在渣油临氢减黏的过程中，往渣油原料中加入极少量(50μg/g)高度分散的催化添加剂。它能提高氢的效率，提高转化率，从而增加中馏分油的收率，还可进一步降低减黏渣油的黏度和提高稳定性。极少量的催化剂粉末不影响渣油的燃烧使用。

Gulf 固定床渣油加氢工艺 Gulf fixed-bed residue hydrotreating process 美国 GRDC(海湾研究与开发公司)开发的以渣油脱硫为主要目的的固定床催化加氢脱硫工艺。所用催化剂具有适当的孔径分布。金属沉积量达到催化剂的 65%(质量)时，活性仍无明显下降。有Ⅰ、Ⅱ、Ⅲ、Ⅳ型等方法，其脱硫率分别为75%、85%、92%、97%。生成物为脱硫重油、煤油、柴油、汽油和燃料气。

SHF渣油溶剂脱沥青–加氢处理–掺渣催化裂化工艺 SHF combinated process for solvent deasphalting/hydrotreating/RFCC to produce more lighter fractions from vacuum residue oil 中国石化开发的一种减压渣油深加工组合工艺。溶剂脱沥青除去渣油中的大部分金属及胶质、沥青质等。脱沥青油再经过加氢处理，降低金属和硫、残炭含量，生产RFCC进料，提高RFCC装置的轻质油收率。该技术是一条劣质渣油低成本加工路线，其关键是要解决高收率脱沥青油时副产物"硬沥青"的出路。该技术特别适用于建有循环流化床锅炉(CFBB)、联合气化循环(IGCC)发电装置、燃料发电厂等能处理硬沥青的炼油厂。

DDA–Ⅱ柴油脱芳烃工艺 DDA–Ⅱ diesel dearomatization process 中国石化开发的柴油深度脱芳烃技术。该技术全部采用非贵金属催化剂以及两段集成工艺流程，中压操作，产物柴油芳烃总含量在25%以下，多环芳烃含量小于5%，硫含量在10μg/g以下，并可大幅度提高十六烷值，产品收率大于96%。

DDA柴油脱芳烃工艺 DDA diesel dearomatization process 中国石化开发的柴油深度脱芳烃技术。该技术采用非贵金属催化剂和贵金属催化剂以及两段集成工艺流程，中压操作，可大幅度降低芳烃含量至5%以下。

液相汽柴油加氢 liquid phase hydroprocessing technology for gasoline & diesel 液相加氢技术源自于杜邦公司2007年8月底从过程动力学公司手中购得炼油厂用的Iso-Therming工艺。在常规系统中，氢气与液体进行混合，并通过分配器，均衡地进入催化剂床层。随着反应发生，氢气从液体中耗去，必须从气相加以补充。新工艺则先用氢气溶于混合进料并在先前已被加氢处理的液体循环物流中达到饱和，一起进入催化剂床层。此时整个反应受到内在反应速率(催化剂的有效因素和实际反应速率)的控制。由于绝大多数加氢反应为放热反应，氢饱和的流体循环物流不仅可向反应器释出更多氢气，而且也作为热阱，有助于吸收反应热量，使反应器在更为等温的模式中运行。新工艺可使用常规的现用催化剂，也适用于煤柴油液相加氢脱硫。液相加氢技术较传统加氢技术节省了高压容器、循环氢系统、循环氢脱硫系统、高压空冷等设备，同时增加了反应器循环泵和部分低压空冷。随着工艺技术的发展，氢气饱和的进料可以是上流式进料，也可以是下流式进料，均已工业应用。其中下流式进料的液相加氢反应器结构与传统加氢有较大区别，反应器床层较多，各床层间有气液分离空间，同时由于液相加氢反应速率低于常规的滴流床，因此液相加氢反应器重量要比传统的大。而伴有过量氢的上流式进料的液相加氢反应器内构件则与常规的滴流床反应器区别不大。

2.6 催化重整

径向反应器 radial (-flow) reactor 反应器进料沿催化剂床层半径方向流动的反应器。紧贴壳体内壁装有多孔扇形筒，或距内壁一定距离装有筛网(外筛网)，中心部位装有多孔中心管，两者间装填催化剂。进料油气由顶部进入反应器，并被引入扇形筒或外筛网内，径向经由筛孔、催化剂床层和中心管，最后导出反应器。其优点是床层压降小，适合高空速、大处理量装置使用。按照催化剂的状态可分为径向固定床反应器和径向移动床反应器，二者分别在半再生和连续再生重整装置上得到广泛应用。

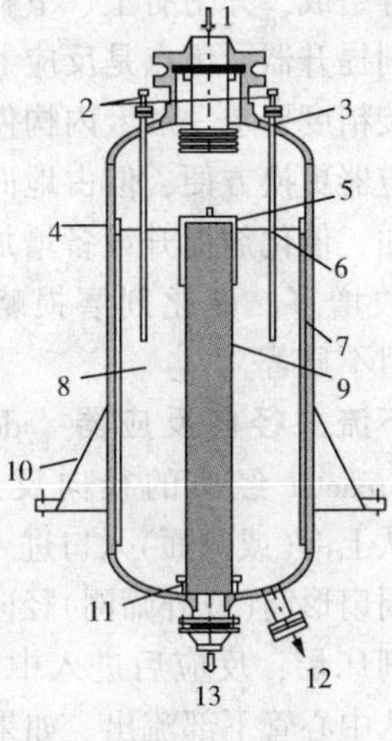

径向固定床反应器

1—油气入口；2—热电偶；3—入口分配器；4—反应器器壁；5—中心管管帽；6—扇形盖板；7—扇形筒；8—催化剂床层；9—中心管；10—裙座；11—中心管底座；12—卸料口；13—油气出口

热壁反应器 hot wall reactor 内壁不衬绝热材料的反应器。反应器壁温度较高，器壁材料需要使用抗氢、抗硫化氢、抗氯化氢腐蚀，耐高温的合金钢材。优点是容积利用系数高，可达80%，在石油、化工企业中得到广泛的利用。内壁衬有绝热材料的反应器称为冷壁反应器，20世纪80年代以后我国不再采用冷壁反应器。

球形反应器 spheroid reactor 外形呈球状的反应器。在相同体积下，消耗钢材较少，中部装填催化剂的床层截面积较大，床层厚度减小，反应压降随之降低。曾经作为大型重整装置反应器使用，但是现已被淘汰。

中心管 center pipe 催化重整径向反应器的主要内构件，沿轴向装于反应器中心，具有收集和导出反应产物的功能。它由开孔圆筒、外网和上下连接件组成。内部开孔圆筒通常用6mm厚的不锈钢筒，据工艺要求开一定面积的小孔，产生一定的压降，保证气流分布均匀。开孔圆筒外面包以金属丝网或焊接条缝筛网(如约翰逊网)，防止催化剂漏入中心管。

扇形筒　scallop 径向反应器的主要内构件，沿轴向紧贴反应器壁安装一圈，具有引导和均匀分布原料气流进入催化剂床层的功能。截面呈 D 字形，背面略呈弧形贴壁。圆弧部分有两种结构，一种是用 1. 2mm 或 1. 5mm 厚的钢板冲制而成，冲孔为横向宽 1. 0mm，长 13mm 的两头圆的长条孔，各排孔心距为 3. 2mm。另一种为焊接条缝筛网。冲孔扇形筒制作容易，成本低，强度好，在工业上得到广泛应用。

外筛网　cylindrical outer screen 径向反应器的主要内构件，距反应器壁一定距离处，固定安装一圈筛网，具有引导和均匀分布原料气流进入催化剂床层的功能。优点是有利于床层中油气和催化剂均匀流动。但是大筛网的制作，必须在反应器顶盖焊接以前，在反应器内制作好，因此维护和检修十分不便。外筛网结构曾在 IFP 的连续重整反应器中采用，近期也改用扇形筒。

重叠式重整反应器　stacked reforming reactor 将催化重整多个反应器布置为重叠的结构形式。UOP 公司在连续重整中，采用该专利技术。一反在顶部，末反在最下面，每台反应器均由一根中心管、8～15 根催化剂输送管、靠器壁的若干扇形筒以及连接中心管和扇形筒的盖板组成。优点是反应器占地面积小，催化剂靠势能向下移动，减少了催化剂的磨损。但设备加工和现场安装的精度要求较高，反应器内构件检修有所不便。

并列式重整反应器　side-by-side reforming reactor 将催化重整多个反应器布置为并列的结构形式。Axens 和中国石化在连续重整中分别按各自专利要求采用该结构形式。每台反应器由中心管、催化剂输送管、大直径外筛网或扇形筒、盖板等组成，并附有上、下料斗和催化剂提升器。优点是反应器加工和安装精度要求一般，内构件检修和反应器更换方便，但占地面积略有增加，催化剂提升设备增加，提升次数增多。催化剂磨损略有增加，但不显著。

下流式径向反应器　dowflow radial reactor 经典的径向反应器。油气从上部(或侧面)入口进入，通过四周扇形筒(或外筛网)径向流经催化剂床层，反应后进入中心管，最后从中心管下部流出。如果是移动床，需增加催化剂进、出的内构件，催化剂从上部入口进入，由反应器下部流出。

上流式径向反应器　upflow radial reactor 改进后的径向反应器。油气从下部(或侧面)入口进入，通过四周扇形筒(或外筛网)径向流经催化剂床层，反应后进入中心管，最后从中心管上部流出。中心管流向的改变，使参与反应的油气通过催化剂床层时分布更加均匀，有利于催化剂反应性能的发挥。该技术在UOP连续重整中使用。

固定床再生器 fixed bed regenerator 固定床重整催化剂的再生，在原反应器内进行，此时反应器也就是再生器。某些CCR装置也使用过类似固定床的再生器，催化剂分批进行再生。再生器分两段，每段下部设有锥形筛网和催化剂流通口组成的支承床。待生催化剂分批定量装入再生器，按程序进行烧焦、氧氯化和焙烧干燥。再生后一次卸出，然后再重新装入一批待生催化剂依次循环进行。

移动床再生器 moving bed regenerator待生催化剂在移动中完成烧焦、氧氯化、干燥、冷却等再生步骤的再生器。它由径向烧焦段、轴向氧氯化段和干燥、冷却段组成。待生剂从顶部进入内、外筛网之间的环形空间，在向下移动的同时与高温含氧循环气接触，完成烧焦。烧焦后催化剂依次通过氧氯化区、干燥区和冷却区完成整个催化剂再生过程。它又分为常压再生和加压再生两种。

一段烧焦再生器 one-stage coke-burning regenerator 只设一个催化剂烧焦区的移动床再生器。可分为常压再生和加压再生(0.25MPa)两种。1988年后UOP在CCR装置上广泛采用一段加压再生技术。再生气入口温度477℃，氧含量0.5%~1.0%(体积)，气中水含量0.12%~11%(体积)。设备结构较简单、控制仪表较少。在再生过程中催化剂比表面积损失较大，对使用寿命有影响。烧炭起始碳含量较高，约3%(质量)，再生能力弹性较小。

二段烧焦再生器 two-stage coke-burning regenerator 设有两个催化剂烧焦区的移动床再生器。1990年后IFP在CCR装置上广泛采用二段加压再生技术。操作压力为0.5MPa，二段再生气入口温度480℃，气中水含量≤0.2%(体积)，氧含量0.3%~0.8%(体积)，设计催化剂最高碳含量为7%(质量)。设备结构较复杂。在再生过程中催化剂比表面积损失小，可以再生低碳含量的催化剂，再生能力弹性较大。

粉尘收集器 dust collector 收集气流中催化剂粉尘及碎颗粒的设备。在连续重整中有两种结构形式，一种是由一级旋风分离器(90% 5μm以上的粉尘可被收集)和二级滤管过滤器组成，90% 2μm以上的粉尘可被回收，除尘效果好，但压降稍大；另一种仅有几组过滤管或布袋，结构简单，压降小，是常用形式之一。

氢气脱氯罐 chloride absorber for the hydrogen 脱除重整氢中氯化氢的设备。常用两个圆柱形固定床脱氯罐，可串联或并联使用的流程，带压，接近常温操作，罐内装条形低温脱氯剂(如 WDL 型)，氢气一次通过可将氯化氢脱除到 0.5mg/L 以下。可消除下游装置在氢气使用过程中引起的设备堵塞和腐蚀等问题。

氢气增压机 hydrogen booster 一种专用压气机。主要是将低压氢气压缩到高压，以满足下游其他装置或用户的需求。例如连续重整产氢压力低(0.25MPa)，需要增压至氢气管网压力向外供氢；加氢裂化反应压力高(15MPa)，上游供氢压力低，需要增压等。由于需要的压缩比大，多采用多级压缩的往复式压缩机或离心式压缩机，级间须设冷却设备。

氢气循环压缩机 hydrogen recycle compressor 一种专用氢气压缩机，用来提高循环气体压力以克服系统压降，保证工艺需要的循环气量。由于要求压缩比低，无须压缩气冷却设备，多采用单级压缩的往复式压缩机或离心式压缩机，例如加氢精制、加氢裂化、催化重整等装置使用的循环气压缩机。

脱丁烷塔 debutanizer 一种轻组分分馏塔。以脱丙烷塔底物料或 C_5^- 为进料，塔底设再沸器加热，塔顶有回流，从塔顶分馏出 C_4 或 C_4^-，塔底出 $>C_4$ 馏分。

提升风机 lift gas blower 为催化剂提升供风的风机。在连续重整工艺中，催化剂提升使用两种介质，氮气和氢气。在以氮气为提升介质时，使用提升风机或压缩机循环利用氮气；以氢气为介质时，使用增压氢提升，提升后氢气进入临氢系统回收。

除尘风机 catalyst fines removal blower 为淘析器淘析催化剂粉尘和碎颗粒提供气流的循环风机，又称为淘析风机。通常采用离心式风机。

淘析风机 elutriating blower 见“除尘风机”。

连续重整再生器 continuous catalytic reforming regenerator 见 89 页“移动床再生器”。

催化重整闭锁料斗 lock hopper of catalytic reforming 连续重整中实现催化剂分批、可调输送以及环境气氛升压的关键设备之一。由于专利技术不同，其结构也有所不同，但其功能基本相同。以 UOP 专利技术为例，闭锁料斗呈圆柱状外形，内被两个漏斗形内构件自上而下分成 3 个区：分离区、闭锁区和缓冲区。相邻的两个区分别由平衡阀连接，缓冲区连接补充气调节阀。催化剂从顶部进入，从缓冲区下部移出。通过特定的控制系统调节平衡阀的开闭和补充气流量，实现催化剂分批可调输送和所处气氛的升压。

闭锁料斗分离区 disengaging zone of lock hopper UOP闭锁料斗组成部分，位于闭锁料斗上部。催化剂通过从顶部插入管管口的限流孔板进入分离区，经过下部漏斗形内构件的长腿管口限流孔板进入闭锁区。侧面装有带过滤器的平衡阀接口和氢气放空阀接口。限流孔板的设置保证了再生燃烧剖面的稳定，以及控制闭锁区催化剂装卸速率在设置范围内。由于放空管线与反应系统的气液分离器连接，其操作压力与分离器相同。

闭锁料斗闭锁区 locking zone of lock hopper UOP闭锁料斗组成部分，位于闭锁料斗中部。装有一个气体接管，与上部分离区和下部缓冲区经过平衡阀连接，用于输送来自缓冲区和去分离区的气体。还装有两个核料位计：高、低料位开关，用于控制装、卸料料位，同时在高压（缓冲区）和低压（分离区）两个相互交替的压力下运行，实现卸、装料操作。装卸料一次为“一斗”，催化剂输送量由每小时斗数来控制。

闭锁料斗缓冲区 surge zone of lock hopper UOP闭锁料斗组成部分，位于闭锁料斗下部。其功能是储存闭锁区卸下的催化剂，对底部连续稳定出料起缓冲作用。缓冲区在接近再生剂L阀组（反应器1）压力下运行。装有一台核料位计，连续显示料位；有两个气体接管，一个与平衡阀连接，用于去闭锁区的气体，一个接管用于连接补充气。补充气由补偿阀和差压调节阀提供，以保持缓冲区与下部L阀组二次气的压差及缓冲区压力相对稳定。

平衡阀 equalizing valves UOP闭锁料斗的阀组件之一，有两个平衡阀，分别连接闭锁料斗上下相邻两个区的气相管线，并在管线入口处装有过滤网。阀门打开，相邻两区压力平衡；关闭时，建立下部区比上部区压力高的压差。在补充气阀的配合下，按照程序两个平衡阀交替开闭，完成闭锁区催化剂的装卸输送，以及保持缓冲区与分离区高的差压，实现分批计量输送和环境压力的升高。

烧焦区 coke-burning zone 连续重整再生器中催化剂烧焦的区域。催化剂经过对称布置的管道进入再生区顶部，依靠重力流入烧焦区。烧焦区是一个环形催化剂床，位于垂直外筛网和内筛网之间，高温含氧循环气经过外筛网均匀进入催化剂床层进行烧焦，尾气进入内筛网返回循环系统。烧焦区结构有两种：一段烧焦和两段烧焦，操作压力分别为0.25MPa和0.5MPa；入口温度分别为477℃和480℃。

氯化区 chlorination zone 对再生后的重整催化剂进行氧氯化处理的区域，位于烧焦区下部。该区域具有两个功能：使催化剂上的铂得到再分散，恢复铂的分散度和补充催化剂在运转及再生时流失的氯，并达到要求值。氯化区是一个圆柱形催化剂床，在环形挡板内侧。来自干燥区的空气与有机氯化物在外侧混合，并引到催化剂床的底部，向上流动进行氧氯化处理。入口温度 510℃，注氯量参照催化剂氯含量调节。

干燥区 drying zone 进行催化剂干燥处理的区域，位于氯化区的下部。催化剂依靠重力，经过分配器流入一个在环形挡板内侧的圆柱形催化剂床。干燥空气由外侧进入，流向催化剂床底部，并向上流动带走催化剂的水分。干燥空气入口温度 565℃，含水量小于 5mg/L。

冷却区 cooling zone 进行催化剂冷却处理的区域。冷却区在干燥区下面，催化剂依靠重力，经过锥形料斗和分布器流入环形挡板内侧的圆柱形催化剂床。冷却气进入环形挡板外侧，均匀下流至床层底部，然后向上通过内侧的催化剂床。气体通过催化剂床上方器壁上的气体出口离开该区域，并被送到空气加热器，向干燥区供气。调节冷却气量以控制冷却区下部催化剂进入氮气包的温度为 150℃。

催化剂提升器 catalyst lifter 连续重整催化剂循环系统提升（输送）催化剂的关键设备。它具有结构简单、催化剂提升平稳、提升量可平滑调节、压降小、催化剂磨损少等特点。有两种结构形式：罐式提升器和管式提升器（又称 L 阀组）。经多年发展，两者结构均采用一次气提升、二次气调节提升量的技术方案，使该设备在安装、调试、运转等方面十分简便，得到了普遍应用。

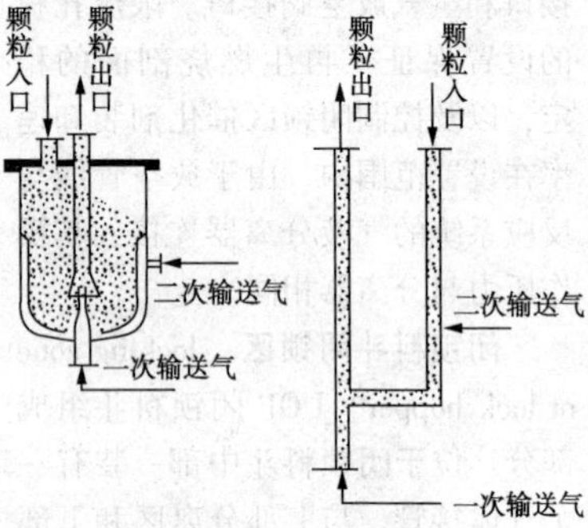

罐式提升器　　管式提升器

氯化氢腐蚀 hydrogen chloride corrosion 氯化氢在无水时不腐蚀金属，遇水会造成严重腐蚀，直至穿孔，还会引起金属应力腐蚀破坏。奥氏体不锈钢最易在氯离子作用下发生应力破坏。原油中含盐、水和原油二次开采中带入的有机氯化物，经过电脱盐、脱水和常压塔顶注氨水，可解决盐和水带来的腐蚀问题。但是有机氯化物与氢气反应生成氯化氢以及重整氢中的氯化氢需要用脱氯剂脱除，以有效防止氯化氢腐蚀的发生。

还原区 reducing zone 连续重

整中，完成氧化态催化剂还原为还原态催化剂的工作区域。催化剂从还原罐顶部进入环形挡板内侧的圆柱形催化剂床，侧面装有核料位计，床层中装有测温热偶，催化剂从底部离开。还原氢气由上向下或由下向上通过床层。还原区分为一段或二段还原，效果基本相同。还原区压力略高于一反入口压力，氢气入口温度为377~482℃。

移动床 moving bed 一种催化剂床层类型。催化剂为小球状，从反应器顶部进入，并自上而下缓慢移动。反应物料走向有两种，物料与催化剂同向(轴向)流动(如移动床催化裂化)，进行反应，在反应器底部分离；另一种为物料径向通过催化剂床层，然后进入中心管，实现催化剂与物料及时分离(如连续重整)。最后催化剂从反应器底部移出。

轴向反应器 axial(-flow) reactor 常用的一种反应器类型。反应物料自上而下或自下而上沿轴向流经催化剂床层。反应器结构简单，内构件少，投资小，操作简便，得到广泛应用。但催化剂床层厚，压降较大，因此在某些情况下，例如：反应压力低或高空速、高气油比条件下，此种反应器不适宜使用。

铂重整工艺 platforming process 美国UOP公司于1949年开发投产的世界第一套铂重整工艺。采用铂-氧化铝双功能催化剂，固定床，反应温度：450~520℃，压力：1.5 ~ 5.0MPa，空速：3.0 ~ 5.0h^{-1}，可连续运转半年至一年，生产芳烃、高辛烷值汽油和氢气。该工艺的开发是一个重要的里程碑。从此，催化重整得到了迅速的发展。

强化重整工艺 powerforming process 美国Exxon公司于1957年开发的固定床催化重整工艺，其中包括半再生式和循环再生式强化重整工艺。20世纪70年代末，又开发了末反再生技术。半再生装置适用于产品辛烷值要求不高的情况，采用多金属催化剂。循环再生见“循环再生重整”。末反再生工艺是将50%的催化剂装填在末反，并增设再生系统。末反再生时，其他反应器继续低苛刻度运转，再生后切回系统，可使装置运转周期延长30%~50%。

麦格纳重整工艺 Magna forming process 美国Engelhard公司开发的半再生式重整工艺。它是将原来四个串联反应器的循环氢气全部进一反，改为循环氢分成两路，分别进入一反和三反。前两个反应器在低温、低氢油比下操作，提高了环烷烃脱氢选择性，减少了烷烃裂解反应。后两个反应器在高温、高氢油比下操作，可减少催化剂积炭，延长操作周期，液体收率增加，循环压缩机能耗下降。

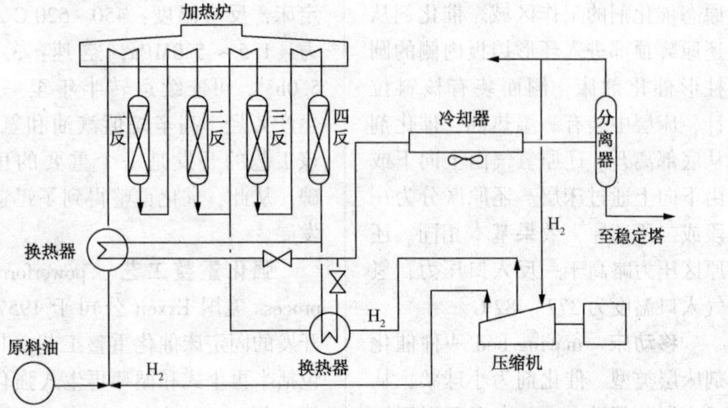

麦格纳重整工艺流程

铼重整工艺 rheniforming process 美国 Chevron Reseach 公司于 1967 年开发的半再生式重整装置，首次采用铂-铼双金属催化剂，装置由一个脱硫保护床、三台反应器、一个油气分离器和一台稳定塔组成。反应压力 1.4~1.8MPa，氢油比 2.5~3.5，进料硫含量小于等于 0.2μg/g，产品辛烷值 93~100，运转周期 6 个月以上。

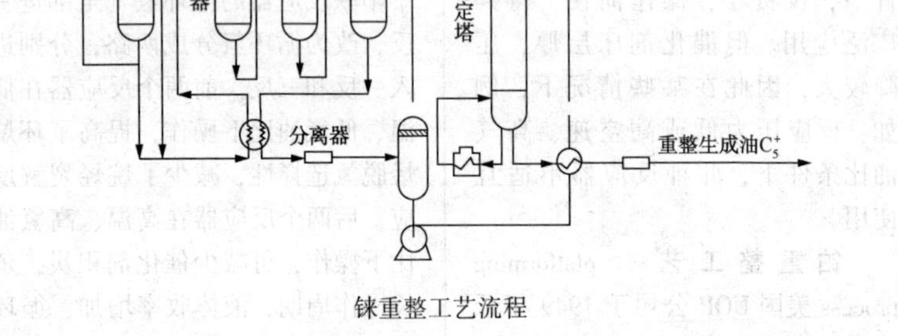

铼重整工艺流程

超重整工艺 ultraforming process 美国 Standard Oil of Indiana 公司 1954 年工业化的固定床循环再生重整工艺。采用铂-氧化铝催化剂，其工艺特点见 94 页"循环再生重整"。

胡德利重整工艺 Houdriforming process 美国 Air Products and Chemicals 公司于 1953 年工业化的高压半再生重整装置，采用铂-氧化铝为催化剂。与低压装置相比，虽然投资费用低、运转周期长，但是产品液收低，辛烷值低。工艺特点见 94 页"半再生式重整"。

芳构化工艺 aromizing process 法国 IFP 自行开发的用于生产芳烃的连续重整工艺。该工艺采用增添适当助剂的催化剂，在高温下，将未转化的重烷烃裂化为轻烃，使甲苯、二甲苯通过简单蒸馏就可得到合格产品，省去了抽提工艺，而苯馏分仍需抽提蒸馏分离。产品辛烷值控制在 104~105。

辛烷值化工艺 octanizing process 法国 IFP 自行开发的用于生产高辛烷值汽油的连续重整工艺。该工艺本质上与芳构化工艺基本相同，在催化剂的选用上更偏重于好的选择性，产品辛烷值 98~102。

沸石重整工艺 zeoforming process 采用 Zn-HZSM-5 催化剂的汽油重整工艺。运转过 100kg 催化剂装量的示范装置，但没有大型工业化装置投产。反应温度 340~360℃，空速 $1.0h^{-1}$，常压；结果显示较好的正构烷烃转化率，异构烷烃和环烷烃含量基本没有变化。产物中芳烃含量增加 10%~15%，苯不超过 3%~4%，脱硫率 79%~90%，得到的汽油接近新配方汽油。

催化剂连续再生 catalyst continuous regeneration (CCR) 连续重整工艺中催化剂连续再生系统的总称。其中包括烧焦、氧氯化、干燥、冷却、还原等步骤。除了还原步骤以外的其他步骤均在再生器内完成(见 89 页"移动床再生器")，还原步骤在还原区内完成(见 92 页"还原区")。

上部料斗 upper hopper 并列式连续重整装置中，再生器、反应器上部的料斗。装有核料位计，提升催化剂入口、缓冲内构件或淘析器(再生器和第一反应器上部料斗)，下部有催化剂出口，上部有气体出口。反应器并列布置，需要催化剂在各反应器间提升和输送。上部料斗可缓冲提升来的催化剂以及缓冲各反应器间提升催化剂量的微小差异，保证平稳操作。

下部料斗 lower hopper 并列式连续重整装置中，再生器、反应器下部的料斗。结构比较简单，来自再生器或反应器底部的催化剂经过一组管束从顶部进入，同时顶部有氮气或氢气入口，防止再生器或反应器的气相物流窜入；下部有催化剂出口，与催化剂提升器连接。其功能是收集催化剂，并具有隔离上部设备气相物料的作用。

分离料斗 disengaging hopper 重叠式连续重整再生器上面的待生催化剂料斗。料斗上部是淘析器，提升来的待生剂进入淘析器，并下落到料斗中。料斗装有核料位计，中上部装有大孔筛网，下部与氯吸附器连接或通过一组管线与再生器连接。容量较大，在再生器检修时可存储再生器内的催化剂。其主要功能是待生催化剂的缓冲和存储。

淘析器 elutriator 将催化剂颗粒中的粉尘、碎颗粒淘析分离的设备。立管状结构，提升气流携带催化剂由立管的上部进入，催化剂颗粒自由落体向下跌落。立管下端一股淘析气自下向上流动，将下落的催化剂中混有的细粉和碎颗粒随上升气流带走。淘析气与提升气在管上部汇合，从立管顶部引出，去粉尘收集器过滤分离。为保证粉尘脱除率，通常粉尘中颗粒催化剂应该占有20%～30%（质量）。

偏三甲苯 1, 2, 4 – trimethylbenzene 是一种精细化工中间体产品。液体，无色，有独特的芳香气味，熔点–43.8℃，沸点169.4℃，相对密度0.8758，折射率1.5048，闪点48℃，不溶于水，溶于乙醇、乙醚和苯。具有溶解力强、挥发性低的优点，是高档油漆的溶剂。可用于合成偏苯三酸酐（偏酐），由偏酐可以合成很多高附加值的精细化工产品；也可异构化生产均三甲苯等化工产品。

均三甲苯 1, 3, 5 – trimethylbenzene 一种精细化工中间体产品。无色透明液体，沸点164.7℃，凝固点–44.7℃，折射率1.5011，闪点44℃，相对密度0.8637，有毒，易燃，不溶于水，易溶于有机溶液。用作有机化工原料，制取合成树脂、均三甲苯胺抗氧剂330、高效麦田除草剂、聚酯树脂稳定剂、醇酸树脂增塑剂，还可以用于生产活性艳蓝、K–3R等染料中间体。

均四甲苯 1,2,4,5–tetramethylbenzene 重要的精细化工原料，熔点79.2℃，沸点196.8℃，闪点73℃，相对密度0.8918，溶于乙醇、乙醚、苯，不溶于水。经氧化得到的均苯四甲酸二酐与二胺类化合物聚合可制成耐高温、绝缘性能好的聚酰亚胺工程塑料。它是微电子、航天及军工等高科技工业的重要材料。均四甲苯也可作为医药、染料的中间体。副产的高级芳烃溶剂油广泛应用于农药、轻工、机械等行业，萘和甲基萘是农药、医药及染料等工业的重要原料。

催化重整　catalytic reforming 以重石脑油为原料，在催化剂作用和临氢条件下进行烃类分子结构重排反应，生产芳烃、高辛烷值汽油和副产大量氢气的工艺过程。按所用的催化剂不同，有铂重整、双金属重整和多金属重整之分；按再生方式，可分为半再生、循环再生和连续再生三种。由于重整反应强烈吸热，需要3~4个反应器串联，并各设加热炉，以维持所需反应温度。

半再生式重整　semi-regenerative reforming(SR)一种固定床催化剂间歇再生的重整工艺。1949年UOP公司开发，并建成投产第一套工业装置，至今仍是应用较为广泛的工艺过程。固定床、3~4个反应器串联使用。当催化剂活性降低而不能继续使用时，装置停工，再生催化剂(或器外再生)。装置设备少，投资小，适合生产汽油调和组分，运转周期为1~3年。

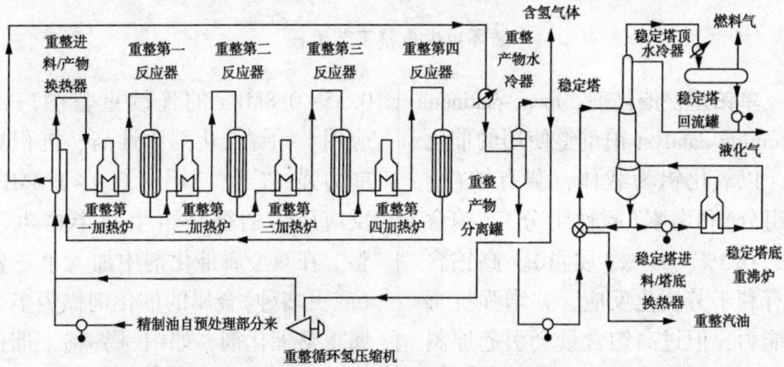

半再生式重整工艺流程

循环再生重整　cyclic regenerative reforming 反应器可以交替切换的重整装置。大小相同的固定床反应器4~5个，其中3~4个进行反应，另一个交替切换运转中的反应器，切换出的反应器进行催化剂就地再生，以保持系统中催化剂较好的活性和选择性。该工艺适合处理量大、原料性质差和产品辛烷值要求较高的工况，产品RON可达100~102，催化剂再生周期可以几天至几周或数月。装置的设备和操作较复杂，但有一定的经济效益，至今仍有相当数量的装置在运转。

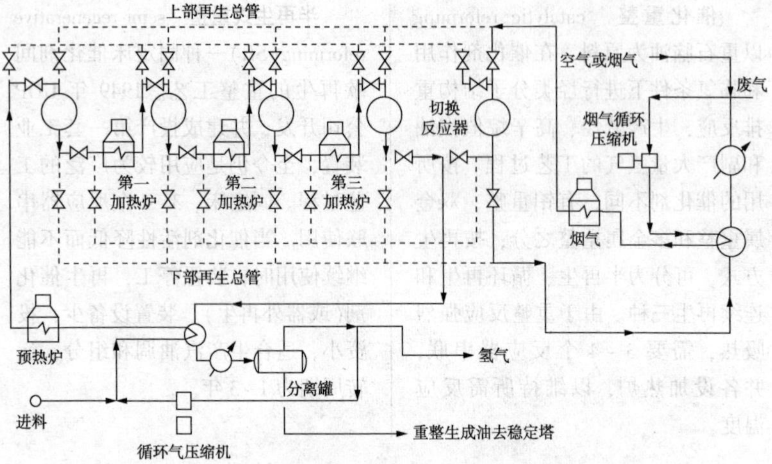

循环再生重整工艺流程

单铂重整催化剂 mono-platinum reforming-catalyst 铂重整使用的催化剂。以氧化铝为载体，载有铂(金属组分)和卤素(酸性组分)。铂含量为0.3%~0.7%(质量)。高铂含量有利于芳构化反应，并增强抗毒物能力，但过高铂含量会引起原料脱甲基和环烷开环反应。按铂含量可分为高、低铂催化剂。酸性组分含量0.1%~3%(质量)。催化剂的金属和酸性功能应保持平衡，否则影响催化剂活性和选择性。

双(多)金属重整催化剂 bimetallic (multi-metallic) reforming-catalyst 铂重整催化剂添加第二种金属称为双金属重整催化剂。常用的有铂铼、铂铱、铂锡等催化剂，其性能明显优于单铂催化剂。铂锡催化剂低压性能优异，在反应压力为0.35~0.8MPa的连续重整中广泛应用。铂铼催化剂活性高、抗积炭能力强，广泛应用于0.9~1.4MPa反应压力的循环再生和半再生重整。在双金属催化剂中加入第三种(或更多种)金属的催化剂称为多金属重整催化剂，如铂-锡-稀土催化剂、铂-铼-稀土催化剂等。第三金属的作用，主要是抑制副反应，增强氢溢出能力，降低积炭速率，提高反应活性、选择性和稳定性。如铂-锡-稀土催化剂积炭下降30%(质量)，液收提高0.8%(质量)，活性提高3℃。

低铂重整催化剂 low platinum reforming-catalyst 铂重整催化剂通常铂含量在0.3%~0.7%(质量)。铂含量接近0.3%(质量)的称为低铂催化剂。含铂0.5%~0.7%(质量)

的则称为高铂催化剂。在铂铼催化剂中，铂含量接近0.2%(质量)时称为低铂铼催化剂。

高铼铂比重整催化剂 high Re-Ptratio reforming-catalyst 铂铼催化剂中铼含量与铂含量的比例接近或大于2的催化剂。随着铼铂比的升高，催化剂的稳定性进一步改善。铼铂比为2的催化剂，其稳定性是等铼铂比催化剂的1.6~1.8倍；铼铂比为3的催化剂稳定性可达2.2~2.5倍。但随铼铂比提高，要求原料油硫含量更低，等铼铂比催化剂要求<0.5μg/g，铼铂比为3的要求<0.25μg/g。

铂铼重整催化剂 Pt-Re reforming-catalyst 含铂和铼的重整催化剂。具有活性高、选择性好、稳定性优异等特点，可以在低压(0.12 ~ 0.16MPa)、低氢油比(3.5~5.5)下操作。为抑制铼的裂解活性，开工时必须对催化剂进行硫化，以防止超温和改善选择性，同时它对反应环境和原料所含的杂质要求更为苛刻，如硫含量<0.5μg/g、水<5μg/g等。铂铼催化剂在半再生重整工艺中得到了广泛的应用，其品种有等铼铂比和高铼铂比催化剂。

铂锡重整催化剂 Pt-Sn reforming-catalyst 一种以锡为第二金属的重整催化剂。具有很好的活性、选择性和良好的稳定性，其低压的活性和选择性尤为突出，因此在低压(0.35~0.8MPa)连续重整中得到广泛应用。我国开发的铂锡多金属催化剂，在催化剂表面积不变的条件下，与铂铼催化剂相比。积炭速率下降30%(质量)，得到了国内外市场的认可。

脱氯剂 dechlorination agent 以物理或化学吸附方法，脱除气相或液相物流中氯化物的吸附剂。重整工艺中预加氢产物、再生尾气、再生循环气和重整产氢分别使用高、低温气相脱氯剂；稳定塔进料和塔顶戊烷使用常温液相脱氯剂。气相脱氯剂与传统碱洗相比，具有设备结构简单、不腐蚀、操作简便稳定，无碱渣污染等优点，工业上已广泛取代碱洗工艺。

环烷烃脱氢反应 naphthene dehydrogenation 六元环烷烃脱氢生成芳烃的反应，是催化重整反应中重要反应之一。在重整条件下，诸多反应中该反应是速度最快、平衡常数最大、吸热量最多的反应，因此在第一反应器装剂量少的情况下，也能完成大部分反应，并伴随最大的温降。高温、低压有利于反应。随着重整反应压力的降低，重整产物中六元环烷烃的含量，可以从2%~3%(质量)降低到0.5%(质量)左右。

链烷烃脱氢异构化反应 paraffinic hydrocarbon dehydro-isomerization 链烷烃发生碳链重排而不改变组成和相对分子质量的反应。该反应的异构产物平衡值随反应温度升高而下降。在重整条件下，反应按双功能反应机理进行：正构烷烃在金属中心脱氢，然后在酸性中心异构为异构烯烃，再转移到金属中心加氢为异构烷烃。该反应是微放热反应，对高苛刻度运转下的重整产物辛烷值的贡献并不起主要作用。

链烷烃脱氢环化反应 paraffin hydrocarbon dehydrocyclization 链烷烃脱氢转化为环烷烃和或芳烃的反应。在重整条件下该反应主要通过双功能反应机理进行，先在金属中心脱氢，然后在酸性中心环化，最后在金属中心进一步脱氢生成芳烃。与诸多重整反应比较，其反应速度最慢。高温低压有利于烷烃转化为芳烃的反应，其转化率和选择性与烷烃的碳数有关。C_6烷烃脱氢环化只能完成0~5%，C_8烷烃生成芳烃的速度是C_6烷烃的12倍。

五元环烷烃脱氢异构化反应 C_5 naphthene dehydroisomerization 烷基环戊烷转化为芳烃的反应，是重整过程中重要反应之一。在原料的环烷烃中，烷基环戊烷约占50%左右。该反应是典型的双功能催化反应，烷基环戊烷在金属中心脱氢生成烷基环戊烯，进而在酸性中心异构为烷基环己烯，然后在金属中心转化生成烷基苯。反应历程较长，反应速度较慢。随着烷基环戊烷相对分子质量增加，反应速度加快，选择性提高。催化剂水氯平衡失调，对该反应极为不利。

氢解反应 hydrogenolysis 氢气存在下，烃类在催化剂金属中心上发生C—C键断裂和低分子烃类生成的反应。产品中多为甲烷。催化剂预硫化和添加其他金属是抑制氢解反应的有效方法。在重整反应中，氢解反应对催化剂积炭最为敏感，运转初期的积炭已经使催化剂氢解活性迅速下降。正常条件下，氢解反应已不起重要作用，但催化剂氯含量过于偏低时，氢解反应将明显加剧。

催化剂贴壁现象 catalyst adherence phenomenon 在移动床径向反应器中，当催化剂自上而下轴向移动时，与中心管壁接触以及附近的催化剂出现移动困难的现象。气相物料与催化剂的移动方向相互垂直，物料将催化剂推向中心管，当气流速度大到一定程度时就会出现催化剂贴壁现象，此时催化剂移动困难，反应器压降增大，反应效果变差。由于气流速度的设计值远比产生贴壁现象所需值小，因此在实际运转中很少遇到这一现象。

氢烃比 hydrogen-hydrocarbon ratio 又称氢油比。在临氢工艺中指氢与烃的比例。见“氢油比”。

气油比 gas-oil ratio 临氢工艺的一个操作参数，其定义为标准状态下循环气的体积流率与反应进料的体积流率之比。

氢油比 hydrogen-oil ratio 临氢

工艺中的一个操作参数，常用体积比和摩尔比表示。前者指标准状态下反应器进料中纯氢的体积流量与原料油体积流量之比；后者指二者的摩尔流量之比。氢油比对催化剂和反应的影响，不同工艺有明显差异。对于异构化反应，氢油摩尔比的选择与异构化催化剂有关，中温及超强酸催化剂氢油摩尔比在1~3，而低温氯化铝催化剂的氢油摩尔比约在0.3左右。对于催化重整，较高的氢油比对催化剂活性没有明显影响，但会减少反应总温降和催化剂积炭，同时会增加装置能耗。

芳烃潜含量 aromatic potential content 是我国常用的一种催化重整原料油特性指标，可比较直观地评价原料油的优劣。100份(质量)原料中C_6以上的环烷烃全部转化为芳烃的量与原料中已含有的芳烃量之和，称为芳烃潜含量(简称：芳潜)。芳潜是用来计算重整转化率以及用来判定催化剂和装置运行情况的重要依据之一。

芳构化指数 aromatization index 一种衡量重整原料质量的指标，表示为原料的N+A、N+2A或N+3.5A的体积分数，也称为重整指数。但通常用N+2A表示。N为原料中环烷烃的体积分数；A为原料中芳烃的体积分数。芳构化指数越大，表示重整的芳烃产率越高、氢气产率越大。

加权平均入口温度 weighted average inlet temperature (WAIT) 表示几个串联的反应器的平均反应温度的一种方法。是每个反应器床层内催化剂的装量占总装填量的分数与它的进口温度的乘积之和。它与总体的平均床温度没有关联性，对催化剂和装置运转的评估没有意义。仅用于装置操作条件的描述和调节。

加权平均床层温度 weighted average bed temperature (WABT) 表示几个串联的反应器的平均反应温度的一种方法。是每个反应器床层内催化剂的装量占总装填量的分数与它的进出口温度的平均值的乘积之和。它虽不能真实代表催化剂的反应温度，但与总体平均床层温度有一定的关联，因此常用来评估催化剂和装置的运转状态。

水氯平衡 water-chlorine balance 用来控制全氯型重整催化剂双功能(金属和酸功能)平衡的重要技术措施。其关键点是在使用过程中催化剂的氯含量应保持在一定的范围内。然而催化剂在运转过程中氯总会有所流失，因此反应气氛中要保持相应的水氯比(摩尔比)，即保持适当的水氯平衡。若水或氯任一种物质过多或过少，都会使催化剂双功能作用失衡，导致催化剂活性、选择性和稳定性变坏。

氯化更新 chloridizing revivification 全氯型重整催化剂烧炭后再

处理的重要步骤，又称氧氯化过程。其目的是补充催化剂流失的氯和使其聚集的铂颗粒再分散。该步骤需要在含氧、氯和水的气氛中进行，条件为氧含量大于8%(体积)，温度490~510℃，适宜的水氯摩尔比和处理时间。不同催化剂或同一催化剂不同比表面积，所需水氯摩尔比各不相同，因此在连续重整工艺中，随催化剂再生次数增加，比表面积下降，注氯量随之提高。

两段混氢工艺 two-stage hydrogen circulation process 见93页"麦格纳重整工艺"。

催化剂两段装填重整工艺 two-stage catalyst loading reforming process 一种半再生式重整工艺技术。将等铼铂比催化剂装填在第一、二反应器，高铼铂比催化剂装填在第三反应器或第三、四反应器，构成两段装填工艺。与全部装填等铼铂比催化剂相比，在相同条件下，生成油RON提高1.2~1.7个单位，收率可提高1.0%~1.5%(质量)，催化剂运转周期可延长30%以上。

CycleMax再生过程 CycleMax regeneration process UOP公司于1996年推出的催化剂连续再生工艺。反应和再生操作条件与前期加压再生工艺相同，但在再生流程和设备上作了不少改进。其主要特点：再生器内采用锥形筛网，减少高温停留时间，延长催化剂寿命；采用L阀组管式提升器和无冲击弯头，减少催化剂磨损；还原区改为两段还原，重整氢为还原介质；增加一个加料斗，不停工可更换催化剂；再生系统减少35个仪表回路，简化粉尘收集系统。整个系统调试、操作更为简便有效。

Regen C再生工艺 Regen C regeneration technology 法国IFP开发的连续重整工艺。并列式反应器，反应压力0.35MPa，再生压力0.5MPa，两段干法再生工艺。与Regen B相比，其特点是：将两段再生气串联通过改为既可并联又可串联流程，从而可以再生低碳催化剂；催化剂焙烧和氧氯化介质改为空气，提高了氧含量，使催化剂性能更稳定；将再生气与氧氯化气体回路分开，各自碱洗放空。

Chlorsorb技术 Chlorsorb technology 一种取代碱洗的连续重整再生尾气脱氯技术。它是利用待生剂吸附再生尾气中的氯(和水)，使其达标排放(HCl含量<100mg/Nm^3)。其优点是省去碱洗系统，注氯量可减少70%左右。缺点是：(1)再生气水含量达10%(体积)以上，催化剂比表面积下降速率增大；(2)该系统操作温度波动会造成设备严重腐蚀；(3)催化剂使用中、后期，比表面积下降，吸氯能力降低，补氯量增加，尾气排放可能不合格。

约翰逊网 Johnson screen 一种焊接条缝筛网。由于其强度、耐用性和流量特性好，广泛用于石化等行业的过滤器、格栅、分布器和内构件等。条丝有 V 形丝和梯形丝等，材质为多种型号的不锈钢。由于筛网条缝隙均匀，表面光滑，催化剂移动时阻力小、流畅，因此在连续重整反应器的中心管、再生器的外网和内网的制作中得到广泛应用。条缝隙宽度与催化剂颗粒直径有关，在连续重整中目前使用的有 0.8mm 和 1.0mm 两种。

L 阀组 L-valve assembly 一种连续重整工艺的催化剂管式提升器(图例见 92 页“催化剂提升器”)。它由直立提升管以及与其底部上侧连接一 L 形下料管构成。主提升管底部进一次输送气，并设有过滤网，在 L 形管的立管下部设二次输送气入口，并附有过滤网。一次气用于输送催化剂，二次气用于调节输送过程的固气比，即调节催化剂输送量。其结构简单、成本低、调控性能好。

重整生成油后加氢 reformate post-hydrogenation 一种降低重整油烯烃含量的工艺。它是将重整最后一台反应器流出的物料，经过换热，降温到 330℃左右，然后进入后加氢反应器进行烯烃加氢反应，以此取代后续芳烃生产工艺中的白土精制工艺。虽然流程简单，操作方便，但系统压降增大，并伴有芳烃损失。

苯-甲苯-二甲苯 benzene-toluene-xylene(BTX)混合芳烃 BTX 通常是从重整、裂解制乙烯、甲苯歧化与烷基转移、煤液化等过程的生成油中经芳烃抽提后分离获得，其构成主要包含苯、甲苯、三种二甲苯异构体和乙苯以及少量重质芳烃。芳烃抽提产物中的苯和甲苯混合物，也称为混合芳烃。

芳烃精馏 aromatics fractionation 将 BTX 混合芳烃，通过精馏分离成各种芳烃的过程。有三塔精馏过程和五塔精馏过程。三塔精馏是将混合芳烃分离成苯、甲苯和混合二甲苯。五塔精馏是再加上邻二甲苯分离塔和乙苯分离塔(通常采用三塔串联操作)。至于分离对二甲苯和间二甲苯，由于二者的沸点极为接近，不能采用精馏方法，而是采用吸附分离或冷冻结晶分离。

连续再生式重整 continuous regenerative reforming 一种在移动床中催化剂连续反应和再生的重整工艺。按再生方式，可分为批量再生和连续再生。批量再生是将一批含碳催化剂装入固定床再生器，进行烧炭、氧氯化、干燥、冷却操作后放出，然后进行下批催化剂的操作，依此循环，连续再生。见“移动床再生器”“一段烧焦再生器”和“二段烧焦再生器”。

组合床式重整 combined fix-bed/moving-bed reforming process 一种半再生与连续重整相结合的重整工艺。前端采用固定床反应器，后部或末反采用移动床反应器并设置一套催化剂连续再生系统。我国独立开发的低压组合床重整装置于2001年3月建成投产。在原料P/N/A = 60.7/27.7/11.6（%，质量）时，第一、二固定床反应器温度490℃，第三、四移动床反应器温度515℃，高分压力0.75MPa，WHSV = 1.78h^{-1}，产品RON = 100.8，收率87.05%（质量），氢气产率3.12%（质量）。

Regen B 再生工艺 Regen B regeneration technology 法国Axens公司开发的连续重整工艺。将原来的分批再生发展为连续再生，并列式反应器，两段干法再生工艺。反应压力从0.8MPa降至0.35MPa，再生压力0.5MPa。再生气一段进入，串联通过二段。一段入口氧含量0.5%～0.7%（体积）。二段出口氧含量控制在0.25%（体积），焙烧区和氧氯化区出口气体氧含量4%～6%（体积），排出后与再生尾气混合碱洗，碱洗后气体部分放空，部分经水洗后循环使用，催化剂比表面积下降大幅减少，与先前装置相比整体效能有明显提高。

Sinopec 连续重整 Sinopec CCR 中国石化开发出的1000kt/a超低压连续重整装置于2009年在广州石化投产成功。四个反应器分两组，每组两个反应器叠式安装，两组并列布置。反应压力0.35MPa，再生压力0.5MPa。一段高纯氢还原，保证还原质量；一段干法烧焦，降低了催化剂比表面积下降速率；闭锁料斗置于再生器上部，实现无阀输送，减少了催化剂磨损。

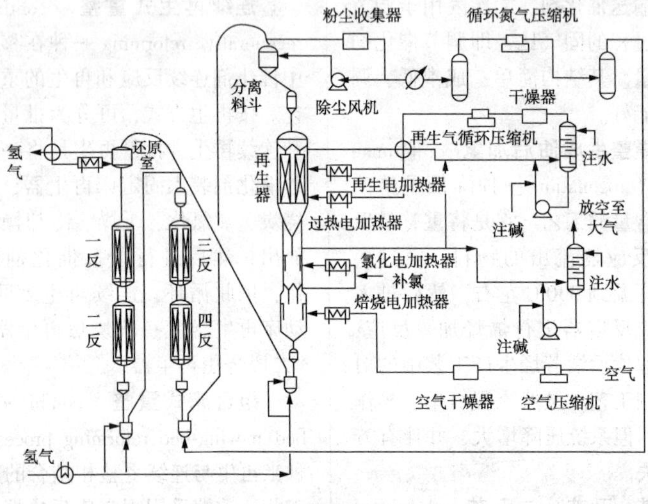

Sinopec 连续重整工艺流程

环化脱氢 cyclo dehydrogenation 将链烷烃脱氢环化为芳烃的反应，是重整的重要反应之一。见 97 页“链烷烃脱氢环化反应”。

脱烷基化 dealkylation 烃类在催化剂或加热的作用下发生键断裂而使烷基脱离的反应，是烷基化反应的逆反应。脱甲基反应是这类反应的最简单形式，如甲苯脱甲基、苯甲醚脱甲基、*N*-烷基胺脱甲基等。在石油加工中，主要发生带支链的环烷烃、烷基苯、烷基萘等脱除烷基的 C—C 键断裂反应，如甲苯、乙苯、其他烷基苯和烷基萘脱烷基得到苯、甲苯、萘等的反应。该反应是强放热反应。

环化反应 cyclization 将链烷烃脱氢环化为芳烃的反应，是重整的重要反应之一。见 100 页“链烷烃脱氢环化反应”。

脱氢反应 dehydrogenation 从有机化合物的分子中脱除氢原子的反应过程。脱氢时化合物分子中的碳-氢、氧-氢或氮-氢键断裂，氢被解离生成氢分子。如丁烷脱氢制丁烯、异丙醇脱氢制丙酮等。脱氢有热法和催化法。热法，如轻烃裂解制乙烯；催化法又分为：催化脱氢，如环烷烃脱氢制芳烃以及氧化脱氢，如丁烯转化成丁二烯。脱氢是可逆、吸热、分子数增加的反应，高温和低压有利于反应的进行。

异构化反应 isomerization 改变有机化合物分子结构而不改变其分子组成和相对分子质量的反应。异构化反应是放热的可逆反应。反应深度受热力学平衡限制。分三种类型：(1)骨架异构化，如烷烃异构、五元环和六元环烷烃相互转化；(2)几何异构化，如顺烯变为反烯；(3)双键位移异构化，如烯烃双键位置位移。

脱氢环化反应 dehydrocyclization 将链烷烃脱氢环化为芳烃的反应，是催化重整的重要反应之一。见 100 页“链烷烃脱氢环化反应”。

脱甲基反应 demethylation 从有机化合物中脱去甲基(—CH_3)的反应。又称氢解反应。高温、高压、临氢有利于反应，并释放大量的反应热。甲苯和甲萘脱甲基制苯和萘曾经是工业应用的技术。在重整催化剂中的某些金属组分，如铂、铼，能促进脱甲基反应，可通过预硫化抑制金属中心的氢解活性，或加入第二和(或)第三金属组分，减弱金属功能，抑制该反应的进行。

预脱砷 pre-dearsenication 一般指重整原料油的脱砷。砷能使很多催化剂严重中毒失活，如重整、裂解 C_4 加氢和石脑油加氢等催化剂。我国大庆和新疆石脑油中砷含量很高，为此我国发展了硅铝小球砷吸附剂、临氢脱砷剂和过氧化氢异丙苯等一系列适合不同工艺需求的脱砷技术。其中临氢脱砷剂是装填在加氢催化剂上部或在加氢反应器前增设脱砷反应器，可使原料砷含量降至不大于 1μg/kg，从而满足了重整工艺的要求。

芳烃分离 aromatics separation 通过多塔精馏分离，或精馏分离与吸附分离(或冷冻结晶分离)组合工艺，将 BTX 混合芳烃分离成各种芳烃的过程。

后精制 finishing processes 石油产品生产过程中的最后精制过程。如用白土精制，则称白土后精制；如用加氢精制，则称加氢后精制。后精制的作用是进一步脱除产品中残存的硫、氮化合物、游离酸碱及其他杂质，以改善产品颜色和安定性，使之成为成品出厂。

催化剂预硫化 catalyst presulfurization 一种催化剂预处理技术。在催化剂进油前，临氢状态下用硫化氢、二硫化碳或二甲基二硫等硫化物对催化剂进行硫化处理，以改善其性能。不同工艺催化剂的硫化目的各不相同。如加氢催化剂可将活性组分转化为硫化态，以提高脱硫、氮等活性和稳定性。对铂铼系列重整催化剂，则可抑制催化剂的氢解活性，防止催化剂床层超温，并可提高催化剂的选择性。

烧炭 coke-burning 清除催化剂和某些设备上积炭的一种方法。在半再生重整、加氢精制、加氢裂化等固定床反应器中，或连续重整、催化裂化的再生器中，于氮气循环的条件下引入空气，将催化剂上的积炭烧掉，以恢复催化剂活性，又称催化剂再生。加热炉的炉管内壁结焦也常用烧焦的方法来清除。

还原 reduction 一种化学反应。在化学反应中，还原反应是氧化反应的逆过程，即是得到电子的过程。在炼油工业中，大部分贵金属催化剂，如重整、异构化、润滑油异构降凝催化剂等，以还原态使用，因此氧化态新鲜催化剂和再生后的催化剂，投运前需用氢气还原为金属态催化剂。而还原的工艺条件和介质质量必须符合工艺要求，否则对催化剂的性能将会产生明显的影响。

重整催化剂失活与再生 reforming catalyst deactivation and regeneration 催化剂出现因积炭、中毒、双功能失衡或结构破坏等引起活性下降或丧失的现象称为催化剂失活。失活分为可逆失活和不可逆失活，或称为暂时失活和永久失活。可逆失活(如积炭、硫中毒、氮中毒、酸性偏离等)可通过再生，如烧炭、注水、注氯、热氢循环等，以恢复其铂的分散度和活性；不可逆失活(如重金属中毒、超温烧结变相等)则不能恢复其活性，需更换催化剂。

脱戊烷塔 dependentanizing tower 将C_5馏分(及更轻的组分)与C_6馏分(及更重的组分)分离的精馏塔。如重整生成油的脱戊烷塔，塔顶出C_5馏分以及更轻的组分，塔底出脱戊烷油，可直接作为芳烃抽提进料。

蒸发脱水塔 evaporation-dehydration column 一种脱除石脑油中水的蒸馏塔。在催化重整装置中，该设备配置在预加氢高压分离罐的后面。它是利用轻烃与油中水形成共沸物，从塔顶蒸出，塔底设有再沸器或再沸炉提供热源。脱水后的石脑油由塔底抽出，油中水可以达到小于5μg/g。

2.7 焦化

焦化 coking 是重质油热转化过程之一，也是一种石油炼制主要加工过程。是以贫氢的重质油(如减压渣油、裂化渣油等)为原料，在高温和长反应时间条件下，进行深度热裂化和缩合反应，将原料转化为气体、石脑油、汽油、柴油、重质馏分油和石油焦的过程。整个加工过程周期较长，但控制温度不很高(500℃或以下)，以使物料在此条件下完成烷烃的分解和脱氢、环烷烃的侧链断裂、开环和脱氢、烯烃的分解和缩合以及芳烃的侧链断裂和缩合等反应。焦化方法最早出现的是釜式焦化，其后是平炉焦化。现代焦化过程包括接触焦化、延迟焦化、流化焦化和灵活焦化等，但目前炼油厂主要应用的只有延迟焦化、流化焦化和灵活焦化等工艺过程。

延迟焦化 delayed coking 是重油加工的一种主要加工过程。该过程采用加热炉将原料加热到反应温度，并在高流速、短停留时间的条件下，使原料基本不发生或只发生少量裂化反应就迅速离开加热炉而进入其后绝热的焦炭塔内，借助自身的热量，原料“延迟”在焦炭塔内进行裂化和缩合生焦反应，因此称为“延迟焦化”过程。延迟焦化处理的原料性质范围广，主要是渣油(如常压渣油、减压渣油等)，一般康氏残炭为3.8%~45%，API度为2~20。焦化工艺过程的产物有焦化气体、焦化汽油(焦化石脑油)、焦化柴油、焦化蜡油和焦炭。典型的延迟焦化装置由焦化部分、分馏部分、放空部分、冷焦水及切焦水处理部分设施组成。

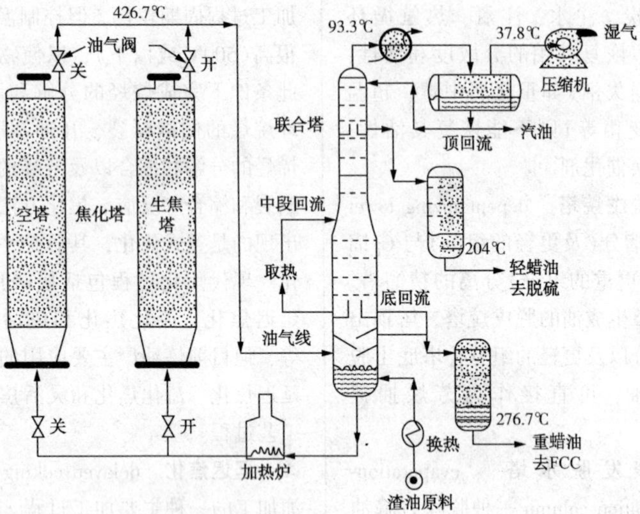

典型的延迟焦化流程

流化焦化 fluid coking 20 世纪 50 年代美国 Exxon 公司开发的一种流态化焦化工艺技术。特点是焦化反应不在焦炭塔内进行，而是在流态化反应器内进行。装置类似于流化催化裂化，设有焦化反应器和焦炭燃烧器，以细小的焦粒(20~100 筛目)作为热载体，在反应器和燃烧器之间循环。反应器的温度在 480~565℃，压力稍高于常压。反应器中的焦粒，是靠底部吹入的蒸汽和焦化反应生成物而形成流化床的。液体原料通过喷嘴进入反应器，与焦粒接触并在其表面气化和炭化。反应生成的油气经旋风分离器分出所带的焦粒后，进入洗涤器和分馏塔。一般以重油作洗涤油，以洗去油气所带出的焦粒。所得油浆可作为循环油返回反应器。原料油炭化时，在焦粒表面留下一层焦，使焦粒长大。这些焦粒经反应器底流到燃烧器去燃烧，靠底部吹入的空气形成流化床，床层温度维持在 590~650℃。烧焦后的焦粒重新返回到反应器。流化焦化于 20 世纪 50 年代实现工业化，可处理任何重质原料油。同延迟焦化相比，可连续操作，无须除焦过程，但容易出现反应器内挂焦和旋风分离器堵塞问题。

灵活焦化 flexicoking 由美国 Exxon 公司开发的一种流态化焦化工艺技术。是在流化焦化装置的基础上，组合一套焦炭气化设备(一段或两段焦炭气化），将流化焦化产生的焦炭转化为燃料气（和合成气）。焦炭在流化焦化反应器中生成后，进入加热器加热，然后一部分回到反应器，一部分去气化。焦炭气化分为气化和水煤气化两段，第一段气化用空气烧焦，以供应加热器和水煤气反应所需热量，并产生低热值气体；第二段气化用水蒸气生产合成气（H_2+CO）。灵活焦化原料的适应性大，可以加工各种高硫、高金属、高残炭的重质油，并能使约99%的进料转化为气体、汽油、中间馏分油和重质馏分油，其余1%为石油焦。

热裂化 thermal cracking 石油炼制过程之一，是在热的作用下（反应温度一般在480～500℃，无催化剂）使重质油发生裂化反应，转变为裂化气（炼厂气的一种）、汽油、柴油的过程。热裂化原料通常为原油蒸馏过程得到的重质馏分油或渣油，或其他石油炼制过程副产的重质油。热裂化是老工艺技术，由于其轻质油产率低，产品质量差，裂化气又不宜做化工原料，故目前在炼油厂多被催化裂化工艺所取代。但减黏裂化和焦化也属热裂化范畴，目前仍是炼油厂加工渣油的工艺手段。

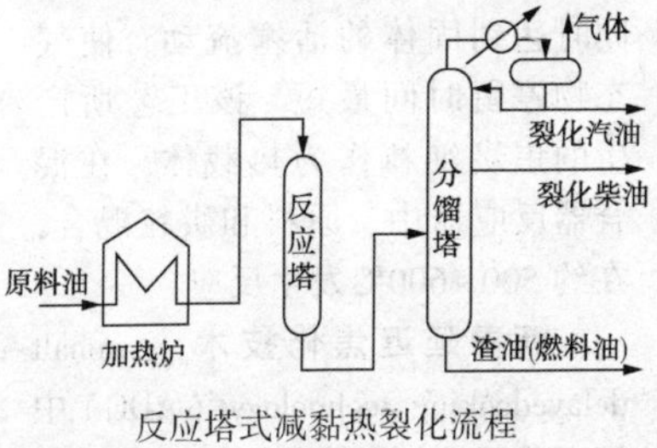

反应塔式减黏热裂化流程

伯顿热裂化工艺 Burton thermal cracking process 由 William M. Burton 发明的最早的热裂化工艺。1913年由美国印第安纳标准油公司将伯顿热裂化法实现工业化。原理是在较高温度和压力下，将碳氢化合物大分子裂解为较小的分子，从而从原油中提炼出更多的轻质馏分——汽油、柴油等。

尤利卡工艺 Eureka process 由日本吴羽化学公司和富士石油公司开发的工艺。该工艺的特点是利用过热蒸汽，使渣油在低分压下进行深度转化。裂化馏出油收率可接近焦化的水平，但不生成焦炭，故不需要除焦设备，而是生成一种软化点很高的沥青。主要产品为裂化馏分油，经加氢精制后，可作裂解制乙烯、催化裂化的原料。与其他热加工装置相比，能耗较大。

杜布斯热裂化工艺 Dubbs thermal cracking process 由 J. Dubbs 于1913年提出在管式炉中加热快速流动油料的方法，是现代热裂化工艺的雏形。杜布斯热裂化装置由加热炉、反应器和分馏器组成。原料油进入分馏器后，与循环油混合成联合料从分馏器底部直接靠重力流入加热炉中，加热后的油气进入反应器的顶部进行裂化反应。裂化油气再返回分馏器，汽油则从其顶部逸出，而残油则由反应器底部放出。

高液收延迟焦化技术 maximum distillates yield delayed coking technology (MDDC) 中国石化开发的高液收延迟焦化技术。是在进料流程上采取了主分馏塔底重油在塔内循环，渣油直接进加热炉。与常规焦化相比，液体收率增加5%~8%，焦炭和气体收率分别下降2%~3%和3%~4%。现有装置采用该技术，原装置主体设备不变，只进行局部改造。应用该技术可扩大装置处理能力。蜡油收率增加，可为裂化装置提供更多的原料。加工低硫原料时，该工艺生产的焦炭质量符合冶金焦要求。

高中间馏分油收率延迟焦化技术 high middle distillates yield delayed coking technology (HMDDC) 中国石化开发的多产柴油的焦化技术。和常规焦化相比，焦化分馏塔的循环方法不同，采用焦化轻蜡油循环，柴油收率可提高7%以上。在保持MDDC工艺特点的基础上，气体和焦炭产率比较低。

多产轻质油品延迟焦化技术 high light coker gas oil yield through delayed coking technology (HLCGO) 中国石化开发的一种延迟焦化工艺。主要针对处理高沥青质含量、高硫含量和高金属含量的劣质渣油原料。这类原料在焦化过程中容易产生加热炉结焦和产生弹丸焦等影响焦化装置正常运行的严重问题。HLCGO技术是通过高循环比，增加焦化实际进料中芳烃含量，以抑制弹丸焦的产生和减轻焦化加热炉炉管结焦问题。同时，可将焦化蜡油大部分转化为轻质油。HLCGO工艺不仅可以增产轻质油品，更主要是可以加工沥青质含量高的重质渣油，避免加工过程生成弹丸焦，减轻炉管结焦，延长开工周期。

渣油缓和焦化 satellite conversion (SATCON) Lurgi Envirotherm 与美国ExxonMobil研究与工程公司联合开发的一种“缓和焦化”工艺。该工艺是Lurgi的LR闪蒸焦化装置技术的一种改进，主要用于减压渣油等重质烃类的改质和脱除金属污染物，为催化裂化或加氢裂化生产原料。SATCON工艺与一般焦化或溶剂脱沥青工艺相比，可以提高液体产率，减少气体和焦炭产率。SATCON工艺的核心是LR混合器反应器，它有两个螺杆，把原料与热的循环焦炭进行混合。这两个螺杆相互啮合并相互清扫，同时达到固体的活塞流动，使气态物停留时间最短。该工艺所产生的焦炭细粒作为热载体，在混合器反应器中，原料和炭粒混合，在约500~600℃发生反应。

沥青延迟焦化技术 asphalt delayedcoking technology (ADC) 中国石化开发的以溶剂脱沥青装置的

脱油沥青为部分焦化原料，与渣油进行掺炼，提高总的液体产品收率的工艺方法。脱油沥青直接进入焦化分馏塔底部，脱油沥青单独焦化时加热炉结焦将非常严重，为了改善焦化加热炉进料状况，可将焦化蜡油全部作为循环油应用。

选择性产率延迟焦化技术 selective yield delayed coking (SYDEC) 福斯特惠勒(FW)公司的SYDEC工艺是调整产品收率的延迟焦化工艺。通过增加加热炉注汽量、降低焦炭塔压得到最大的液体产品收率。焦炭塔的操作压力范围为103~689kPa，压力进一步下降需要将焦炭塔顶管线与闸阀更换为大直径。该工艺的特点为：(1)低操作压力：103kPa。(2)高焦化温度：单面或双面辐射加热炉，焦炭塔入口温度最高510℃。(3)在线清焦，加热炉运行周期达到一年以上。(4)可采用超低循环比或零循环比操作，提高液体收率。①超低循环比：在分馏塔底使用一个喷淋洗涤室替代分馏塔盘或填料避免塔盘结焦；②零循环比：即使急冷产生的液体也收集作为重焦化蜡油，不会作为循环油返回加热炉。(5)短生焦周期：16h。(6)自动拆头盖机：遥控液压设备升降焦炭塔底盖和斜槽，采用滑车组合可以安全地将底盖移开。(7)在线咨询软件(FWDCOA)：提供在线指导，优化焦化操作，避免事故发生。

缓和热转化-焦化组合工艺 combined process of mild thermal cracking and coking 一种缓和热转化和延迟焦化的组合工艺，对黏度很高的新鲜焦化原料先进行缓和热转化，产生5%~15%的低沸点物质作为供氢剂和稀释剂。然后再将其渣油送入焦炭塔焦化。采用该组合工艺后，装置的处理能力可扩大20%左右，总液体收率提高0.5%~2%，柴油收率有较大的提高。

焦炭塔 coke tower; coke drum 延迟焦化装置的核心设备之一，是个空塔，用来进行焦化反应和生成焦炭。焦炭塔是一个直立圆柱壳压力容器，顶部是球形或椭圆形封头，下部是锥体。

焦化分馏塔 coker fractionator 其作用是把焦炭塔顶来的高温油气中所含的组分按其挥发度不同切割成不同沸点范围的油品，如汽油、柴油、蜡油及部分循环油，在分馏塔里用塔板作为气液两相进行接触的场所。分馏塔里每层塔板都有气液两相接触，进行传热传质，完成分馏的目的。

焦化加热炉 coker heater 延迟焦化核心设备之一。焦化加热炉必须快速把工艺介质加热到所需的焦化温度，并具有低结焦速率、长周期运行的特点。

生焦周期 coking cycle time 焦炭塔从进油进行焦化反应到切塔停止进料的时间。

除焦器 coke cutter 利用高压水形成的线束将延迟焦化装置焦炭塔中焦炭切碎的设备。主要由阀体、防松法兰、二位四通阀、钻孔喷嘴和切焦喷嘴等部分组成。

对流段 convection section 是加热炉内接受高温烟气对流放热(或油品等吸热)的管段，也称对流室。立式炉和无焰炉都把对流室置于辐射室的顶上，对流室排列着供油品加热的对流炉管管段、过热蒸汽管和注水预热管，它们靠各式管板固定在对流室内。在对流室里，炉管是采用紧密的交叉排列，管内油流与管外烟气换热，烟气以强制对流方式将热量传递给对流炉管内的油品。

辐射段 radiant section 是加热炉内以接受辐射放热(或油品吸热)为主的管段，也称辐射室。辐射室排列着供油品加热用的炉管，炉管的编号顺序一般是从下向上编排，即最下面的一根为第一根。炉管两端由管板和固定吊挂支承。当燃料在炉膛里燃烧时，产生高温烟气。高温烟气以辐射传热(90%以上)方式将大量的热量传递给辐射室的炉管，被油品吸收。

多点注汽(水) multipoint steam(water)injection 在加热炉炉管多个位置注汽(水)，以增加管内介质流速，降低停留时间，尤其可降低介质裂解温度以上段的停留时间，同时还可提高管内已生软焦的脱离速度，由此提高加热炉运行时间。多点注汽(水)相比炉入口单点注汽(水)在同等注汽量下，压降要小，同时便于分段调节注汽量，强化管内传热。

放空系统 blowdown system 用于处理焦炭塔吹汽、冷焦过程中从焦炭塔排出的油气和蒸汽。焦炭塔生焦完毕后，开始除焦之前，需泄压并向塔内吹蒸汽，然后再注水冷却。此过程从焦炭中汽提出来的油气、蒸汽混合物排入放空系统的放空塔下部，用经过冷却的循环油从混合气体中回收重质烃，然后将之送回焦化主分馏塔；放空塔顶排出的油气和蒸汽混合物经过冷凝、冷却后，在沉降分离罐内分离出污油和污水，分别送出装置；沉降分离罐分出的轻烃气体经过压缩后送入燃料气系统。

急冷油 quench oil 向焦炭塔顶注入以控制焦炭塔顶温度、防止油气线结焦的介质。一般为蜡油，也可使用装置污油为急冷油。

焦池 coke pot 用于储存除焦过程中放出的焦炭和水的混凝土池，焦炭在焦池中脱水后用吊车装车外运。

加热炉管清焦 heater tubes decoking 对沉积在加热炉炉管内壁上的焦炭进行清除的过程。由于加热炉炉管结焦会导致焦化装置操作后期炉膛及管壁温度上升，加热炉热效率降低，因此结焦到一定程度后需要对炉管进行清焦。常用的清焦方法有蒸汽清焦(online spalling coke)、蒸汽－空气烧焦(online steam-air decoking)、机械清焦(tube cleaner)等。

焦粉携带 carry over of coke powder 在延迟焦化生产过程中焦粉被焦炭塔内高温裂解的油气携带到分馏塔的过程。在焦炭塔生焦过程中，部分裂化的焦化原料油气形成泡沫层，泡沫层逸出中夹带大量的焦粉。生焦后期焦炭塔内焦层上升到一定高度时，焦粉极易随焦化油气一起从焦炭塔顶大油气管线携带到分馏塔，引起大油气管线、分馏塔底部和加热炉管结焦，迫使装置停工，影响装置的正常安全生产。携带的焦粉容易堵塞分馏塔底循环泵过滤器、辐射进料泵过滤器，增加检修次数。携带到分馏塔的部分焦粉经分馏塔可进入到焦化石脑油和柴油中，对后续加氢工艺造成危害。

焦炭塔顶压力 coke drum top pressure 又称焦化操作压力。焦炭塔顶压力下限值是为克服焦化主分馏塔及后续系统压降所需的压力，对产品的分布有一定的影响。我国焦炭塔的操作压力一般在0.15～0.20MPa，新设计的焦化装置操作压力约为0.1MPa。

可灵活调节循环比工艺 flexible adjustable recycle ratio process 中国石化开发的一种延迟焦化工艺。采用增加循环油抽出设施，循环比的调节直接采用循环油与减压渣油混合的方式，反应油气热量采用循环油中段回流方式取走，取消反应油气在塔内直接与减压渣油换热的流程。该流程不但循环比可以灵活调节，而且可以大大减少在较低循环比或零循环比下分馏塔下部的结焦倾向，同时，由于进料的减压渣油不直接与含有焦粉的反应油气接触，辐射进料泵的焦粉含量可以大幅度下降，因而可以减缓辐射进料泵的磨损，延长辐射进料泵的使用寿命。该流程的循环油不但可以是重蜡油，也可以是轻蜡油或柴油，实现馏分油循环。

哈氏可磨性指数 Hardgrove grindability index(HGI) 是衡量生焦和煅烧焦硬度的指标。将一定粒度范围和质量的石油焦，经可磨性测定仪研磨后在规定的条件下筛分，称量筛下物的质量。从标准样中得到的可磨性指数曲线计算煅后石油焦的可磨性指数。高的HGI值表明焦是软的，低的HGI值表明焦硬。

冷焦水 coke quench water 用于冷却焦炭塔内的高温焦炭的冷却水。在冷焦过程中冷焦水由塔底进入，与热焦炭及热裂解生成物接触换热后由焦炭塔顶溢流和塔底排出，主要分布在冷焦水热水罐及冷焦水处理系统。处理后在冷焦水冷水罐中储存备用。

联合循环比 combined feed ratio (CFR) 联合循环比(CFR)=(新鲜原料油量+循环油量)/新鲜原料油量=1+循环比。

裂化温度 cracking temperature 大分子烃裂解成小分子烃的反应称为裂化反应。发生裂化反应所需的温度称为裂化温度。

零循环比操作 zero recycle ratio operation 焦化循环比为零的操作，有时也称单程操作。

低循环比操作 low recycle ratio operation 焦化循环比小于0.10的操作。

超低循环比操作 ultra-low recycle ratio operation 焦化循环比小于0.05的操作。

馏分油循环 distillate recycle 采用焦化轻馏分油循环来代替重馏分油循环，可以实现减少焦炭收率、提高液体产品收率和延长操作周期的目的。焦化石脑油、柴油或重蜡油馏分均可用作循环油，但效果不同。根据对焦化产品种类的要求和后继加工装置的能力大小确定采用循环馏分的馏程范围。随着所采用馏分油馏程的不同，各类液体产品收率的变化也不同。

暖塔 drum warm up 利用高温瓦斯油对除焦后的焦炭塔进行预热的过程。预热到380℃左右切换进料。

泡沫高度 foam height 焦炭塔在成焦过程中，大部分稠环芳烃聚焦在焦炭层顶部，经气体鼓动形成“泡沫”，泡沫层的高度称为泡沫高度。焦化原料越重，含硫量越高，泡沫层越高。

汽提 steam stripping 指水蒸气汽提，即在蒸馏过程中引入水蒸气，来分离低沸点组分的一种工艺方法。利用过热蒸汽或饱和蒸汽作为惰性气体，降低重馏分中所含低沸点组分的分压，以达到分离的目的，俗称吹汽，如常压塔、减压塔、侧线汽提塔的塔底吹汽都属于这一过程。

切焦 coke cutting 由焦炭塔塔顶操作平台启动钻机绞车，使除焦器在塔内上、下往复运动，将焦炭塔内焦炭切割、破碎的过程。

切焦水 coke cutting water 又称除焦水，是用于水力除焦过程中的水。在切焦过程中经高压水泵增压后通过喷嘴转化为高速射流，从而将焦炭切割破碎。高压切焦水切割焦炭后和焦炭一起由焦炭塔底排出，主要分布在焦池及切焦水处理系统，处理后存入切焦水储罐备用。

切焦喷嘴 cutting nozzle 除焦器中用于喷射高压水流流束以切割焦炭的喷嘴。

热裂化渣油 thermal cracking residue 直馏蜡油、焦化蜡油或其他蜡油组分经单炉或双炉热裂化得到的副产物。沸程范围为250～540℃，密度为0.95g/cm^3左右，芳烃含量达 65%以上，残炭为 6%~7%。一般来讲它是生产针状焦的较好原料。

热通量 heat flux 单位时间、单位面积传递的热量，表示式为：$q=Q/A$，单位为 W/m^2。热通量是一强度指标，可用来表示传热设备的传热性能。

污泥回炼 sludges recycling 将炼油厂污泥利用焦化装置进行回炼的技术，可节省操作费用，减少环境污染。注：活性污泥不能处理。

双面辐射炉 double radiant-type heater 双面辐射炉的炉管布置在炉膛中间，管排两侧布置燃烧器，火焰及热烟气对炉管呈双面辐射传热方式。与常规单面辐射焦化炉相比，具有传热均匀、传热效率高等优点，在操作周期及操作费用等方面有着显著的技术和经济优势。

有井架水力除焦 hydraulic decoking with derrick 是以井架为基体，钻机绞车安装于井架底部的两侧的除焦方式。

无井架水力除焦 hydraulic decoking without derrick 是我国自行开发的具有独立知识产权的技术。利用高压胶管代替钻杆，具有建设周期短、节省钢材、建设投资少等特点。但高压胶管在受压、拉、扭及冲击等交变载荷下工作使用寿命短、水涡轮维修率高，因此限制了该技术的推广。

除焦钻杆 drill stem for decoking 水力除焦系统中钻探用套管，具有机械性能好的特点。

水涡轮 water turbine 水力除焦时，用以带动切焦器旋转的机械。高压水通过涡轮叶片，产生旋转运动，主轴将运动的扭力传出，经减速使转速降到 12~15r/min，以此速度带动切焦器旋转。

除焦水泵 decoking water pump 专指延迟焦化除焦用的高压水泵。

挥发线 coke drum overhead line 又称大油气管线。焦炭塔中反应生成的油气经焦炭塔顶逸出进入分馏塔，油气所经过的塔顶管线。

充油高度 oil filling height within coke drum 指焦炭塔生焦高度和泡沫层高度之和。表示物料在焦炭塔中到达的位置，可用料位计测量。

水冷 water quenching 当焦炭塔降到一定温度后，通过给水继续冷却焦炭的过程。

水力除焦 hydraulic decoking 利用高压水将焦炭切割、破碎，使其与塔壁脱离，靠自重下落排出焦炭塔的过程。

四组分 SARA（saturate, aromatic, resin, asphaltene）用于表示减压渣油族组成的方法。用溶剂处理及液相色谱法把减压渣油分成饱和分、芳香分、胶质和沥青质 4 个组分。

焦炭塔切换 coke drum switching

焦炭塔一个生焦周期结束后，将加热炉出料切至另一个空塔进行生焦的过程。

停工除焦 off-stream decokings 在焦化装置停工检修时对焦化炉炉管进行除焦的操作。

吸收稳定 absorption and stabilization 把分馏系统压缩过的富气分离为干气、液化气和稳定汽油等合格产品的过程。一般包括吸收塔、解吸塔、再吸收塔以及稳定塔。

洗涤段 wash zone 位于焦化主分馏塔底部，主要作用是将从焦炭塔来的高温气体进行冷却和洗涤，控制焦化重蜡油干点，尽可能降低主分馏塔产品（主要是焦化蜡油）中携带的焦粉量，通过调整循环油切割点或循环比，优化焦化产品分布。

焦化循环比 recycle ratio in delayed coking 循环油量和新鲜原料油量的比值。是对延迟焦化装置处理能力、产品性质及其分布都有影响的重要操作参数。

焦化循环时间 coking cycle time 是延迟焦化装置的一个工作周期。在一炉两塔流程中，一个塔处于生焦过程，另一个塔处于准备除焦、除焦和油气预热阶段，两塔轮流切换，周期性操作，每个生产周期包括的操作步骤有进油生焦、切换、吹汽汽提、水冷却、除焦、试压、油气预热等。循环时间为生焦时间的2倍。

焦化循环油 coking recycle oil 在焦化过程中返回加热炉进行循环裂化或焦化的馏分油。

焦化原料预热 coker feedstock preheating 焦化原料分别与焦化柴油、中段油和焦化蜡油等中间馏分油换热的过程，以提高热量利用率。

在线清焦 online spalling coke 在不停炉情况下，利用焦层和管材不同的膨胀系数，通过不断的冷却和升温循环，促成焦层和管壁分离，从而除去炉管内沉积的焦炭的过程。一般用于多管程，一管程通入蒸汽，其余管程仍正常操作。在线清焦的蒸汽及清除的焦炭与其他三管程油品一同进入焦炭塔。

在线烧焦 online steam-air decoking 在不停炉情况下对炉管内结焦进行燃烧予以清除的过程。一般用于多管程，一管程进行烧焦，其余管程正常操作。其原理为：炉管内的结焦（焦炭和盐垢），在高温下和空气接触燃烧，利用蒸汽控制烧焦的速度并带走多余的热量，防止局部过热、保护炉管。同时，由于空气、蒸汽和燃烧的气体以较高的速度在炉管内流动，将崩裂和粉碎的焦粉及盐垢一同带出炉管。

振实密度 vibrated bulk density（VBD）一定粒度范围的石油焦粒，在规格化的量筒内振动测定得到的密度。

蒸汽吹扫 steam purging 焦炭塔生焦完毕后，开始除焦前，焦炭塔需泄压并向塔内吹蒸汽进行汽提和冷却焦炭的过程。

蒸汽剥焦 steam spalling coke 利用焦层和管材不同的膨胀系数，通过不断的冷却和升温循环，促成焦层和管壁分离，从而除去炉管内沉积的焦炭的过程。由注射蒸汽作为急冷汽和载体将沉积的焦炭冲入焦炭塔中。

料位计 level gauge; level indicator 用于测量焦炭塔内焦炭、泡沫层和冷焦水料位高度的设备。目前主要采用放射性料位计，通常采用的是中子料位计。

自动卸盖机系统 automatic unheading system 靠控制系统和液压系统实现焦炭塔顶盖、底盖自动开合的装置。分为自动顶盖机和自动底盖机。自动顶盖机靠液压系统实现动作，当液压缸压紧锁定后，液压系统泄压，碟簧实现压紧密封。自动底盖机由机架、伸缩油缸、底盖组件、下支承、组合油缸、上支承、保护桶、液压油站等组成。底座上设有底盖水平移动的导轨，伸缩油缸是用来推动底盖组件作水平移动的执行机构。自动底盖机全部动力都由液压油站提供。

焦化气体 coking gas 焦化装置得到的气体产品的总称。延迟焦化气体产率约占延迟焦化原料的7%~9%，其组成随着所处理的原料及工艺条件的不同而变化。一般甲烷含量高，C_2、C_3、C_4烷烃含量比相同碳数的烯烃含量高，C_4烷烃中正构烷烃含量比异构烷烃含量高，含有一定量的H_2S和CO_2等。

焦化汽油 coker gasoline 又称焦化石脑油，是延迟焦化过程生产得到的初馏点至180(205℃)的馏分。焦化汽油的硫含量、烯烃含量高，马达法辛烷值较低(在60左右)，安定性差(溴价40~60 gBr/100g)。一般需经过加氢精制，除去其中含氮、含硫化合物及二烯烃，才可用作车用汽油调和组分或作为石油化工原料(轻油)生产乙烯，用作合成氨原料或用作催化重整原料。

焦化轻柴油 light coker gas oil (LCGO) 延迟焦化过程生产得到的180~350(365℃)的馏分。焦化轻柴油馏分的十六烷值较高，可达50左右，但溴价也较高(35~40 gBr/100g)，需经加氢精制后才能成为合格的车用柴油燃料或调和组分。

焦化蜡油 heavy coker gas oil (HCGO)延迟焦化装置的中间馏分产物。与直馏蜡油相比，含有较多的杂质，密度、残炭值、硫、氮、金属含量较高；从组成看，芳烃和胶质含量也较高。可作为催化裂化或加氢裂化的原料。

超重焦化蜡油 ultra-heavy coker

gas oil(UHCGO) 采用超低循环比或零循环比操作时得到的重质焦化蜡油产物，其密度、残炭、C_7不溶物和金属含量都高于常规焦化蜡油。

石油焦 petroleum coke 渣油原料在焦化装置中进行深度裂解缩合得到的残余物。它是一种黑色或暗灰色固体，多孔并带有金属光泽。石油焦含碳90%~97%，含氢1.5%~8%，还含有氮、硫、氧及微量重金属。广泛应用于冶金、化工等行业作为制作电极或生产化工产品的原料。

生焦 green coke 见264页“生石油焦”。

熟焦 calcined coke 又称煅烧焦。经过高温煅烧(1300℃以上)处理除去水分和挥发分的焦炭。

海绵焦 sponge coke 又称普通焦。延迟焦化装置所生产的大部分属于此类焦，其外观为黑褐色、多孔、如海绵状的不规则固体。海绵焦经煅烧后主要用于炼铝工业及碳素行业。

弹丸焦 shot coke 又称球形焦。形如弹丸，其直径大小不一，表面坚硬少孔，只能用作发电、水泥等工业燃料。弹丸焦是由于焦化原料中含量过高的沥青质沉淀分离快速结焦形成的，一般是2~5mm小球。这些小球比较松散地黏结在一起形成直径25cm的大球。弹丸焦的形成主要是由原料性质所决定，具有高残炭(>22%)、高沥青质(>15%)和较低胶质含量的焦化原料易于形成弹丸焦。

针状焦 needle coke 又称优质焦。是制造高级石墨电极的主要原料，因其外观具有明显的针状或纤维状纹理结构，故称为针状焦。针状焦具有低热膨胀系数、低孔隙度、低硫、低灰分、低金属含量、高导电率及易石墨化等一系列优点。针状焦根据原料的不同可以分为石油系针状焦和煤系针状焦。

阳极焦 anode grade coke 用于炼铝用阳极的石油焦。一般为低硫焦。

电极焦 electrode grade coke 用于炼钢工业中石墨电极所需的石油焦，又称针状焦。主要用于制造炼钢用高功率和超高功率的石墨电极。电极焦具有热膨胀系数低、硫含量低、灰分低和真密度高等特点。

高硫焦 high sulfur content coke 硫含量大于4%的石油焦。

燃料焦 fuel grade coke 用作普通锅炉、循环流化床锅炉(CFB)和水泥生产中燃料的石油焦。一般为含硫焦或高硫焦。

焦炭塔裙座 coke drum skirt 是支承焦炭塔壳体的部位，需要有足够的强度同时还要求其径向有较好的柔韧性，以便避免热应力的影响。是焦炭塔最容易出现裂纹的地方。

锻焊结构裙座 forge-welding structural skirt 采用整体锻焊结构构件与壳体锥体连接部位进行焊接的裙座。其焊接连接处的应力集中系数较极焊结构形式小，多用于大型焦炭塔。

板焊结构裙座 plate-welding structure skirt 焦炭塔裙座与壳体结构采用塔接等极焊接结构形式。这种结构形式现场制造难度大，且堆焊部位的圆滑过渡很难满足要求，应力集中系数较锻焊结构高。

真实循环比 real recycle ratio 是循环油量与实际返回到加热炉辐射段的新鲜原料油量之比。

超低循环比 ultra-low recycle ratio 焦化循环比小于0.05。

焦炭塔气速 coke drum vapor velocity 焦炭塔内油气的速度，单位为m/s。国外焦炭塔在不注入消泡剂时一般允许气速为0.11~0.17m/s，使用消泡剂时正常的设计油气速度为0.12~0.21m/s。国内焦炭塔的气速一般为0.09~0.19m/s，建议的气速不大于0.15m/s。

生焦高度 coke fill height 延迟焦化焦炭塔内焦炭的填充高度。在设计焦炭塔时，根据焦炭收率、堆积密度和生焦时间来计算生焦高度。

空高 coke drum outage 焦炭塔的总高减去生焦高度和泡沫层的高度。空高也是焦炭塔生产的一个安全高度，空高过低会导致焦粉携带，分馏塔底加速结焦。

四通阀 four-way switch valve 是焦炭塔底进料管线的一个阀门，有四个联接口，分别是辐射段出口油进两个焦炭塔的入口、辐射段出口油自加热炉来和去开工线接口。四通阀是焦化装置中非常重要的设备之一。

阻焦阀 block coke valve 延迟焦化装置中焦炭塔上的专用阀门。装在紧靠塔壁的预热循环短管上。焦炭塔生焦时，将它关闭，防止渣油窜入预热循环管而结焦堵塞；在焦炭塔需要进行油气预热时，把它打开，使油气循环。阻焦阀关闭时应加汽封以免阀头结焦堵塞。阻焦阀的开关是气动的，阀杆行程150mm。

结焦 coking 高温燃烧产生熔融状灰分，黏结在设备内部受热面上的焦炭状积聚物的现象。是重油热反应时发生缩合生焦的过程。在延迟焦化加热炉中，重油在高温下会同时发生裂解和缩合反应，焦化炉管上沉积的来自于重油中胶质、沥青质的缩合，由苯不溶物到喹啉不溶物进而缩聚成焦炭的反应过程。焦粒的生成和长大与油品的性质、温度有关。而焦粒的沉积还与油品的流速、含盐等有关。焦粒在炉管内壁的沉积速度，实际反映了炉管内的结焦程度。

冷焦水密闭处理技术 close-loop treatment of coke cooling water 是采用密闭的系统处理冷焦水的工艺。焦炭塔运行至冷焦工序时，开启冷焦冷水泵，将冷焦水从冷焦冷水储罐送入焦炭塔进行冷焦。冷焦溢流水排入溢流储水罐，放空水由焦炭塔底排入放空储水罐。储水罐上部设周边环形集油槽，污油浮至水面，溢流排入集油槽，通过管道进入污油罐，粉焦沉至罐底。污油罐中污油沉降至含水率合格后，通过污油泵送往全厂污油罐。冷焦溢流储水罐及放空储水罐出水经冷焦热水泵加压、经过滤器后送至旋流除油器进一步除油，再经空冷器冷却降温，空冷器出水送至冷焦水储罐储存再用。冷焦冷水罐内粉焦沉降至罐底，罐底定期排污，自流排至粉焦池。粉焦池内焦粉由粉焦泵送往储焦池。通过以上措施减少冷焦水敞开式循环造成的废气污染。

2.8 减黏裂化

常压重油 atmospheric residue 又称常压渣油，是原油通过常压塔蒸馏后塔底的重油。馏程一般大于350℃，用作减压炉进料，经减压塔分馏后，可得到各种减压馏分油，以作为炼油厂各种二次加工的原料。

高黏度渣油 high-viscosity residue 是经过常减压装置蒸馏分离后得到的黏度较高的重油。渣油的100℃运动黏度大于1000mm^2/s。

催化减黏 catalytic visbreaking 是在传统的减黏裂化工艺中加入催化剂。目前使用最多的催化剂是从Se、Te、S族元素中选出的单质及其化合物等。现阶段催化减黏技术还处于实验室研究阶段。

HSC工艺 high conversion soacker cracking process 是由日本东洋工程公司和三井矿山化成公司共同开发的一种减黏裂化工艺。德国施韦特(Schwedt)炼油厂于1988年建成世界上第一套工业装置。HSC工艺可加工各种高杂质重质原料，具体过程为原料换热后进入分馏塔洗涤段，然后用泵送至加热炉，被加热至400~460℃。炉出口物料从上部进入常压反应塔，塔底吹入汽提蒸汽。从塔底抽出渣油经过换热，冷却后送出。反应塔顶油气进入分馏塔的洗涤段并分馏为石脑油、轻瓦斯油与重瓦斯油。

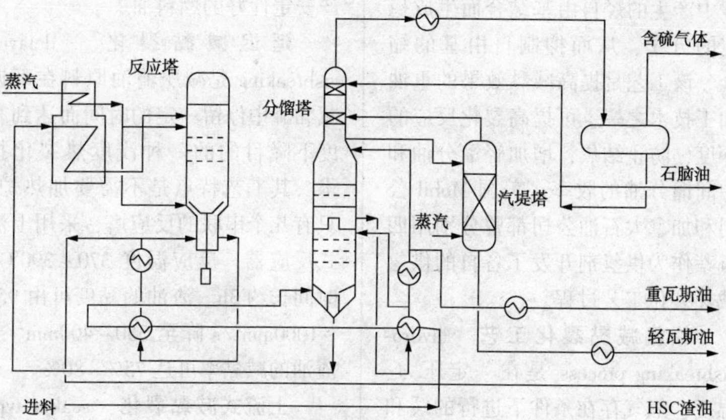

HSC 减黏裂化工艺流程

STGP 工艺 Shell thermal gas oilprocess 是壳牌公司和 CB&L Lummus公司共同开发的带减压闪蒸的瓦斯油热转化工艺。它是常压渣油与瓦斯油热转化联合过程，包括渣油塔式减黏过程和与之联合的蜡油转化用的循环加热炉。具体过程为常压重油首先进入减黏加热炉，然后进入反应塔。通过控制操作温度和压力完成热转化过程，反应塔出料进入旋风分离器，顶部的油气进入常压塔分离为产品。常压塔底和旋风分离器底部的重油送入减压闪蒸塔分离为减压蜡油和裂化渣油，来自常压塔和减压塔的两股蜡油合并后进入蜡油加热炉，在高压下完成热转化反应后，送至常压塔进行分离。STGP 是一项低成本的转化工艺过程，适用于旧炼油厂改造或投资不足的新建炼油厂。

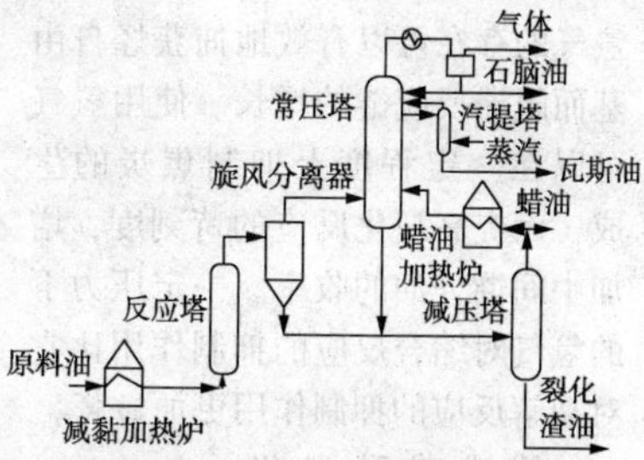

STGP 工艺流程

催化临氢减黏裂化工艺 catalytic hydrovisbreaking process 是在临氢减黏裂化反应中加入具有催化活性的物质，这样可以使氢活化，从而进一步抑制缩合反应的发生，提高减压渣油的转化率。

供氢剂减黏裂化工艺 hydrogen donor visbreaking process 是在常规减黏裂化工艺基础上加入具有供氢效果的溶剂，使反应过程中液体供氢剂释放出的活性氢与渣油热裂化过程中产生的烃自由基结合而生成稳定的分子，从而抑制自由基的缩合。该工艺是提高减黏效果的重油加工技术之一，可提高裂化反应的深度，防止结焦，增加轻馏分油和中间馏分油的收率。美国 Mobil 公司和加拿大石油公司都曾分别用四氢萘作为供氢剂开发了各自的供氢减黏裂化工艺过程。

临氢减黏裂化工艺 hydro-visbreaking process 是在一定压力、温度、氢气存在条件下进行的缓和热裂化反应。它和常规减黏裂化一样也是由热激发的自由基链反应。氢气的存在可以有效地捕获烃自由基而阻滞反应链的增长。使用氢气可以在一定程度上抑制焦炭的生成，而提高裂化反应的苛刻度，增加中间馏分油的收率。一定压力下的氢气对缩合反应的抑制作用比它对裂解反应的抑制作用更加显著。

管式减黏裂化 coil type visbreaking 管式减黏裂化的转化过程是在加热炉的反应炉管中进行，特点为高温短停留时间，加热炉的炉管分为加热段和反应段两个区段。产物在炉出口处急冷以中断裂化反应，然后进入分馏塔。炉管式减黏能回收重瓦斯油，为其他二次转化装置提供原料。加热炉的设计应做到：满足保证供应热量的高度灵活性以便更好地对加热物料进行控制；加热炉管可以方便地使用蒸汽-空气除焦；加热炉应保证能生产安定性好的燃料油。

延迟减黏裂化 delayed visbreaking 是减压渣油原料在延迟减黏罐中停留一定的时间而达到黏度下降目的的一种浅度热裂化技术。其工艺特点是不需要加热炉，只有几个串联的反应塔，采用上流式反应器，反应温度 370～390℃，时间长约 3h。渣油的黏度可由 950～1000mm^2/s 降至 350～400mm^2/s。渣油的减黏率可达 75%～80%。

上流式减黏裂化 soaker type visbreaking 物料出加热炉后，从反应器底部进入，物料向上流动至反应器上部出口，然后进分馏塔。渣油在炉管内只进行部分转化，至反应器才完成转化过程。它的优越性在于液相反应多、反应温度低，并且开工周期长、操作弹性大、减黏效果较好。100℃ 运动黏度可由 510mm^2/s 降到 70mm^2/s。

下流式减黏裂化 downflow type visbreaking 指反应物料自上而下在反应器内流动，反应温度高、停留时间长，是一种混相反应，装置易结焦，开工周期也短。

轻度热裂化 mild thermal cracking 减黏裂化可以被视为重油的轻度热裂化过程，可生产一定量的中间馏分、少量的汽油、较轻的组分及重质渣油。轻度热裂化的一个特征是不产生明显的焦炭。

渣油轻质化 resid upgrading 是利用渣油加工工艺如脱碳、加氢等工艺将劣质渣油转换为各种轻质油品的过程。

减黏裂化加热炉 visbreaking furnace 分为两种，一种是不仅提供反应所需的热量，并且原料转化过程发生在加热炉的反应炉管中，如管式减黏裂化中的加热炉；另一种加热炉的主要作用是提供热量，只有少量的反应发生在反应炉管，如塔式减黏中的加热炉。

减黏分馏塔 visbreaking fractionator 是对减黏后产品按沸点不同进行分离的设备。在高温段容易结焦，闪蒸段和换热段设计应注意防止结焦；渣油进料的硫含量一般较高，需要考虑防腐蚀措施；若采用渣油作急冷油时，闪蒸段以下的负荷增大，可采用喷淋塔盘以提高处理量；由于转化率较低，分馏塔精馏段的气-液相负荷比常压塔小。

上流式反应塔 upflow type reactor 反应介质从下往上流动的反应器(塔)。其液相反应多，反应温度低，并且其开工周期长，操作弹性大，减黏效果好。

下流式反应塔 downflow type reactor 为早期的减黏反应器(塔)，反应介质从上往下流动。其反应温度高，停留时间长，是一种混相反应，装置易结焦，开工周期短。

沥青稳定器 pitch stabilizer 尤利卡工艺中的设备。反应器中生成的沥青软化点达到预定值后，用水使沥青冷却，然后将沥青送入沥青稳定器内。沥青稳定器内是高黏度流体，然后用泵送往沥青成片机。

轻油稳定塔 light oil stabilizer 是尤利卡工艺中分馏塔的后续装置。从分馏塔顶出来的油气进入轻油稳定塔，塔底得到裂化轻油。

沥青成片机 pitch flaker 是尤利卡工艺中处理液体沥青的设备。液体沥青在沥青成片机中固化成型，然后固体沥青送出装置。

减黏柴油 visbroken diesel 减黏裂化的柴油馏分，馏程一般在180~350℃。通常，调入燃料油内，含有一定量的烯烃与双烯烃，颜色安定性差，在日光与空气作用下即能氧化、聚合。减黏柴油一般需要加氢才能作柴油的调和组分。

减黏石脑油 visbroken naphtha 减黏裂化的石脑油，馏程一般在90~210℃。其中烯烃含量较高，稳定性差。减黏重石脑油经过加氢处理脱硫及烯烃后，混合到催化重整原料中以提高辛烷值。有时可将全部减黏石脑油送至催化裂化装置去改质，经过加工后可改善稳定性，然后再脱臭，除去硫醇。

减黏渣油 visbroken residue 经过减黏裂化后黏度下降的渣油。减黏渣油主要用作燃料油，黏度降低率取决于原料油的性质和转化率。减黏渣油的相对密度、硫含量及残炭值均与原料油性质有关。多数炼油厂把大于350℃减黏重油用作重燃料油组分。减黏渣油的热稳定性一般较差，使用过程中被加热后易氧化，使沥青质含量增加和氧化后易生成固定炭沉淀物。

减黏重瓦斯油 visbroken heavy gas oil 减黏裂化的一种馏分。馏程一般在350~500℃，性质主要与原料油性质有关，芳烃含量一般比直馏VGO高，主要送往催化裂化继续加工。对催化裂化的反应有影响，包括降低转化率、使汽油选择性降低、生焦量比相应的直馏VGO多50%~60%，但有时有助于提高汽油的辛烷值。适当控制减黏分馏效率，可使减黏瓦斯油的金属含量和残炭值符合催化裂化原料的质量指标。

减黏反应器 visbreaking reactor 实现渣油轻度裂化反应的设备。早期的反应器多为下流式塔式反应器或炉管式反应器，其反应温度高、停留时间长、易结焦、开工时间短。20世纪80年代出现了上流式减黏裂化反应器，它的优越性在于反应温度低、运行周期长、操作弹性大、减黏效果好，推动了减黏裂化技术的发展与推广。目前开展了流化床裂化反应器等新型减黏反应器的研究，以提高减黏裂化过程操作苛刻度并增加馏分油产量。

2.9 脱蜡脱油

石蜡烃 paraffin hydrocarbon 又称链烷烃，以正构烷烃为主。其通式为C_nH_{2n+2}。在常温常压下甲烷至丁烷(C_1~C_4)为气体，戊烷至十六烷(C_5~C_{16})为液体，十七烷(C_{17})以上为蜡状固体。从丁烷开始，除有正构烷烃外，还有异构烷烃。石油中的链烷烃性质较稳定，但在适宜条件下也可发生氧化、置换、热解等反应。

馏分油脱蜡 distillate dewaxing (1)含蜡馏分油脱蜡。见267页“脱蜡”。(2)美国美孚石油公司开发的高倾点瓦斯油脱蜡制取低倾点油的过程。同时将瓦斯油中的蜡进行选择性裂化生成高辛烷值汽油，并可提高馏分油收率。

蜡结晶 wax crystallization 蜡在溶液中形成结晶的过程。方法是使溶液逐渐冷却达到过饱和而结晶。结晶分两步进行，先形成晶核，再逐渐成长为晶体。

冷榨脱蜡 cold pressing dewaxing 又称压榨脱蜡。是通过冷却结晶和压滤的方法将蜡从油中分离出来，以降低油的凝点并获得石蜡原料的方法。一般适用于柴油和轻质润滑油的脱蜡。分段压榨指脱蜡油经降温结晶后再次压滤分离，按结晶温度不同，分别称为温榨、中榨和冷榨，或称为一榨、二榨和三榨。

蜡饼 wax cake 冷榨脱蜡过程中留在压滤机滤布上的含油饼状粗蜡。是进一步脱油制取石蜡的原料。

冷榨蜡　cold pressed wax 又称压榨蜡。在冷榨脱蜡过程中得到的含油粗蜡。通常为柴油或轻质润滑油中含有的蜡，具有较好的结晶性，是良好的制蜡原料。

压榨油　filter pressed oil 在冷榨脱蜡过程中得到的脱蜡油。通常可作为低凝点柴油或轻质润滑油。

蜡脱油　wax deoiling 以含油蜡为原料生产成品蜡的过程。目的是脱除其中所含的油和低熔点蜡，以降低蜡的含油量，提高蜡的熔点。主要有喷雾脱油、发汗脱油和溶剂脱油三种方法。

发汗脱油　sweating deoiling 又称石蜡发汗。一种含油蜡脱油方法。有盘式发汗和罐式发汗。在盘或罐内将含油蜡冷却成固体，然后缓慢升温，油和低熔点蜡先流出来，称为蜡下油或一蜡（一般作裂化原料）。随着温度的升高，油和熔点稍高的蜡接着流出来，称为二蜡（一般作循环发汗原料）。最后得到的是经发汗脱油的石蜡产品。发汗脱油为间歇操作，产品收率低，正逐渐被溶剂脱油取代。

发汗周期　sweating cycle 发汗脱油为间歇操作，从熔蜡入罐（盘）冷却到发汗产品熔化退罐（盘）为一个操作周期。一个周期所需时间称为发汗周期，单位为 h。

循环发汗　cycle sweating 在发汗脱油过程中，随着温度的逐渐升高，先流出来的是油和低熔点蜡，称为一蜡或蜡下油。接着流出来的是少量的油和熔点稍高的蜡，这部分流出物含蜡量约 75%～80%（质量），称为二蜡。将二蜡作为发汗脱油原料进行的发汗脱油称为循环发汗。

发汗蜡　sweated wax 经发汗脱油制取的粗石蜡。

发汗油　sweat oil 在发汗脱油过程中得到的蜡下油（一蜡）。一般作裂化原料。

喷雾脱油　spray deoiling 一种蜡脱油方法。将含油蜡加热熔化，在压力下通过喷嘴雾化成细小的液滴，在冷气流中固化，并与溶剂进行逆流固液抽提，利用溶解度的不同将蜡粒中的油和低熔点蜡溶解抽出，达到脱油的目的。常用的溶剂有二氯乙烷、酮苯混合溶剂、丁烷和炼油厂 C_4 组分等。

喷雾成型　spray moulding （1）在喷雾脱油过程中，将熔化原料在压力下通过喷嘴雾化成细小的液滴，并在制冷溶剂气体中固化成细小固体颗粒的过程。（2）粒状石蜡产品的一种成型方式。

溶剂脱蜡　solvent dewaxing 一种广泛采用的脱蜡方法。利用选择性溶剂对油和蜡溶解度的差异，在有溶剂稀释的情况下进行冷却，使蜡结晶析出，然后用过滤方法使油蜡分离。可使用的溶剂有丙酮、甲基乙基酮、甲基异丁基酮等与苯、甲苯的混合溶剂，也可使用丙烷、二氯乙烷-二氯甲烷等。工业上主要使用的是酮苯混合溶剂，其中使用甲基乙基酮和甲苯混合溶剂最为普遍。

溶剂脱油 solvent deoiling 一种含油蜡脱油制取石蜡的方法。脱油原理和流程与溶剂脱蜡相似，溶剂脱蜡使用的溶剂均适用于溶剂脱油。是工业生产石蜡的主要方法。

酮苯脱油 ketone-benzol deoiling 一种溶剂脱油制取石蜡的方法。使用酮苯混合溶剂，包括丙酮、甲基乙基酮、甲基异丁基酮等与苯、甲苯的混合溶剂。工业上广泛使用的是甲基乙基酮和甲苯混合溶剂。

酮苯脱蜡脱油联合工艺 ketone-benzol dewaxing and wax deoiling process 一种酮苯混合溶剂脱蜡脱油制取基础油和石蜡的工艺过程。含蜡原料油经脱蜡制得脱蜡油，滤饼采用重结晶脱油或升温脱油的方法制取石蜡。重结晶是将脱蜡时生成的蜡结晶全部熔化后重新结晶，然后过滤。升温脱油是保持脱蜡时生成蜡结晶的大部分于原有的固态，仅升温熔化其一小部分，然后过滤。工业上多采用升温脱油方法，采用的工艺主要有甲基乙基酮-甲苯一段脱蜡两段脱油和两段脱蜡两段脱油。

溶剂组成 solvent composition 混合溶剂脱蜡或脱油过程中各种溶剂在混合溶剂中的比例。

酮比 ketone-aromatics ratio 酮苯脱蜡过程中酮在混合溶剂中所占的质量分数。

多点稀释 multipoint dilution 溶剂脱蜡过程中溶剂分多次在不同部位加入的稀释方法。就三次稀释的多点稀释而言，按加入顺序分别称为一次稀释、二次稀释和三次稀释。加入溶剂的温度应与加入点的温度相同或略低。

冷点稀释 cold point dilution 溶剂脱蜡过程中第一次稀释溶剂在原料油冷却至凝点以下某点温度时加入的稀释方法。加入点温度称为冷点温度。

一次全稀释 single point dilution 又称单点稀释。溶剂脱蜡过程中的一种溶剂稀释方法。溶剂一次性加入原料油中，然后冷却结晶、过滤分离。特点是过滤速度快，但油收率低。

预稀释 predilution 一种溶剂脱蜡的多点稀释方法。对馏分较重、含蜡较多的原料油，在冷却之前加入少量溶剂稀释，以降低黏度，减小石蜡分子的扩散阻力，为结晶创造良好的环境。

脱蜡溶剂比 dewaxing solvent-oil ratio 溶剂脱蜡过程中所用溶剂与脱蜡原料油的质量比。所用溶剂包括稀释溶剂和冷洗溶剂。

稀释比 dilution solvent-oil ratio 溶剂脱蜡过程中所用稀释溶剂与脱蜡原料油的质量比。稀释比的大小应能保证在过滤温度下充分溶解油，降低溶液的黏度，使之利于蜡的结晶、易于输送和过滤。

冷洗 cold washing 又称冲洗。指采用真空转鼓过滤机作为过滤设备进行溶剂脱蜡时，用冷溶剂喷淋滤布上离开液面的滤饼。冷洗可降低蜡的含油量，提高脱蜡油收率。

冷洗比 washing solvent-oil ratio 又称冲洗比。指溶剂脱蜡过程中冷洗所用溶剂与脱蜡原料油的质量比。

温洗 warm wash 指溶剂脱蜡过程中对真空转鼓过滤机进行的定期或不定期的热溶剂冲洗，以化除阻塞滤布孔隙的蜡粒，提高过滤速度。

滤饼 filter cake 存留在过滤介质上的滤渣层。对于含有蜡结晶颗粒的悬浮液来说即是经过滤而截留于滤布上的半干饼状物。

滤液 filtrate 含有蜡结晶颗粒的悬浮液经过滤而得的澄清液体。

脱蜡滤液 dewaxed filtrate 溶剂脱蜡过程中经过滤所得的含有溶剂和脱蜡油的滤过溶液。

滤液循环 filtrate recycling 指在多段过滤的溶剂脱蜡脱油联合装置中，将后面某段滤液循环到前一段代替新鲜溶剂使用的方法。该方法可以降低溶剂和能量消耗，提高脱蜡油和脱油蜡的收率。

蜡膏 slack wax; petroleum jelly 溶剂脱蜡过滤后得到的滤饼，再经溶剂回收得到的含油蜡。

蜡液 wax solution 溶剂脱蜡过滤分离出的含油蜡和溶剂的混合液。

脱油蜡 scale wax 经过发汗或溶剂脱油而未经过精制的粗石蜡。

脱蜡油 dewaxed oil 脱蜡后得到的低凝点油。

含油蜡 slack wax 含油较多的蜡。含油量为5%~50%(质量)。

蜡下油 foots oil (1)溶剂脱油时所得的油和低熔点蜡的混合物。(2)发汗脱油时最先流出的油。

脱蜡温差 dewaxing differential 溶剂脱蜡中脱蜡油凝点与脱蜡温度的差值，以℃表示。脱蜡温差与原料油性质、溶剂组成和稀释方法等因素有关。

脱蜡助滤剂 dewaxing filter aid 又称石蜡结晶改良剂，是溶剂脱蜡过程中使用的添加剂。助滤剂通过成核、吸附、共晶等作用，干扰蜡结晶的正常生长，使蜡结晶在各个方向上生长速度相近，促使形成大小均匀、离散性好的蜡结晶，易于过滤，并可提高油收率，降低蜡含油量。脱蜡助滤剂按化合物类型可分为三大类，即烷基萘化合物、无灰高聚物和金属有机化合物。

过滤速度 filtering rate 溶剂脱蜡过滤时，单位时间、单位过滤面积通过的原料油的量，以 $kg/(h \cdot m^2)$ 表示。

脱蜡溶解剂 dewaxing dissolve agent 溶剂脱蜡所用的混合溶剂中

起溶解油作用的溶剂。在酮苯溶剂中指苯类溶剂。

脱蜡沉淀剂 dewaxing precipitant 又称抗蜡剂。溶剂脱蜡所用的混合溶剂中起降低蜡溶解度作用的溶剂，在酮苯溶剂中指酮类溶剂。

脱蜡温度 dewaxing temperature 溶剂脱蜡过程中油蜡分离时的过滤温度。

脱油温度 deoiling temperature 溶剂脱油过程中油蜡分离时的过滤温度。

脱蜡第二液相 second phase of dewaxing 酮苯脱蜡过程中，因混合溶剂中酮比过高和/或脱蜡温度过低，溶剂对油的溶解能力下降而产生的不溶于溶液相的油相。适当降低酮比或提高温度，可以避免第二液相出现。

多效蒸发 multieffect evaporation 一种溶剂蒸发回收流程。是将多个不同温度、压力下的蒸发器连接起来操作，蒸发温度逐步升高，利用后一蒸发器所产生的蒸汽加热前一蒸发器的进料，从而节约热量。工业上多为两效蒸发和三效蒸发。用于溶剂抽提和溶剂脱蜡过程。

浆化 slurrying 溶剂升温脱油过程中，在滤饼中加入溶剂稀释并使二者充分混合的操作。

升温脱油 warmingup deoiling 溶剂脱蜡脱油联合工艺中的一种脱油方法。是保持脱蜡时生成蜡结晶的大部分于原有的固态，仅升温熔化其一小部分，然后过滤。

重结晶脱油 recrystallization deoiling 溶剂脱蜡脱油联合工艺中的一种脱油方法。是将脱蜡时生成的蜡结晶全部熔化后重新结晶，然后过滤。

互溶点 miscibility point 在酮苯脱蜡中，混合溶剂的酮比过高，导致溶剂对液相油组分不能完全互溶，出现第二液相附着在蜡结晶上，使脱蜡油收率迅速降低，在脱蜡油收率与酮比关系曲线上出现转折点，称为互溶点，以%表示。它是这个原料油在生产上能保持正常脱蜡油收率的最高酮比。

冷反洗 cold backwashing procedure 溶剂脱蜡的真空转鼓过滤机运转一定时间后，滤布的孔隙被蜡和水结晶堵塞，必须定期或不定期用溶剂从过滤的相反方向对滤布进行冲洗。反洗可用冷溶剂或热溶剂，用冷溶剂反洗称为冷反洗。

高-低酮法 high-low ketone method 指在酮苯脱蜡的冷却结晶过程中，采用高、低酮溶剂的稀释方法。即一次稀释应用酮含量较高的溶剂，有利于形成良好的蜡结晶；而在三次或四次稀释中则宜采用酮含量较低的溶剂，有利于降低蜡饼含油量，提高脱蜡油收率。

脱蜡溶剂 dewaxing solvent 溶剂脱蜡过程所用的溶剂。应具有以下性质：(1) 选择性好，即在脱蜡温度下，对蜡的溶解度小，对油的溶解度大；(2)使蜡结晶大而致密，易于过滤；(3)沸点比油和蜡低，便于蒸发分离回收；(4)凝固点低。目前广泛应用的脱蜡溶剂是酮苯混合溶剂，应用最多的是甲基乙基酮和甲苯的混合溶剂。

石蜡再浆化脱油 repulping 溶剂脱蜡脱油联合工艺中的一种脱油方法。在含有溶剂和含油蜡的脱蜡滤饼中，加入溶剂稀释混合，保持脱蜡时生成蜡结晶的大部分于原有的固态，仅升温熔化其中一小部分，然后过滤分离。特点是既节省冷量又节省热量，且可提高过滤速度降低脱油蜡含油量。

甲基异丁基酮法蜡脱油 methyl-isobutyl ketone (MIBK) wax deoilling 美国联合油公司开发的一种溶剂蜡脱油方法。采用水饱和的甲基异丁基酮作溶剂，在常规的套管结晶器和真空转鼓过滤机等溶剂脱蜡设备上进行蜡脱油，可生产含油量0.2%(质量)以下的石蜡或含油量1%(质量)以下的微晶蜡。

甲基异丁基酮脱蜡 MIBK dewaxing一种溶剂脱蜡方法。使用甲基异丁基酮单溶剂作脱蜡溶剂。流程与酮苯脱蜡基本相同。

甲基乙基酮蜡脱油 MEK wax deoiling 一种酮苯脱油方法。采用甲基乙基酮、苯和甲苯三溶剂或甲基乙基酮和甲苯双溶剂作脱油溶剂。流程与酮苯脱蜡基本相同。

甲基乙基酮脱蜡 MEK dewaxing 一种酮苯脱蜡方法。采用甲基乙基酮、苯和甲苯三溶剂或甲基乙基酮和甲苯双溶剂作脱蜡溶剂。

甲基乙基酮甲苯脱蜡 MEK toluene dewaxing 一种酮苯脱蜡方法。采用甲基乙基酮和甲苯双溶剂作脱蜡溶剂。

丙烷脱蜡 propane dewaxing 一种溶剂脱蜡方法。以液化丙烷为溶剂，与含蜡原料油加热至互溶，将其蒸发制冷，使蜡结晶析出，再过滤脱蜡。

直接接触冷冻连续脱蜡 direct contact refrigeration continuous dewaxing 美国埃克森公司开发的一种溶剂脱蜡过程。采用C_3~C_6酮的混合物或其与芳烃的混合物为溶剂，以C_2~C_4烃或其混合物为制冷剂，在一个多级的结晶器内直接混合冷却和蜡结晶，然后通过过滤分离和溶剂及冷剂回收而得脱蜡油。该过程优点是冷却效率高，可减少冷冻量，减少消耗。

抽提脱蜡联合过程 extraction/dewaxing combination process 美国埃克森公司开发的一种溶剂精制和溶剂脱蜡联合工艺过程。采用*N*-甲基吡咯烷酮与一氯甲烷或二氯乙烷、二甲亚砜与一氯甲烷或二氯乙烷的组合溶剂。蜡结晶和精制分别在稀冷塔和抽提塔中进行。将精制和脱蜡两个工艺联合后可省去中间的溶剂回收，节约能量。

苯-丙酮脱蜡过程 benzol-acetone dewaxing process 早期的酮苯脱蜡过程。用丙酮、苯和甲苯作混合溶剂。现已被甲基乙基酮和甲苯混合溶剂取代。

石蜡分级过程 wax fractionation process 一种连续溶剂蜡脱油过程。是在含油蜡料中加入溶剂，重复经过冷却、结晶和过滤，得到不同油含量和熔点的石蜡产品。

脱蜡溶剂干法回收 dewaxing solvent dehydration 美国诺夫辛格公司开发的从溶剂脱蜡装置汽提回收溶剂的过程。在脱蜡油和蜡的最终产品汽提过程中，用氮气等惰性气体代替水蒸气。优点是取消水蒸气，避免脱蜡温度下水结冰，减少能量消耗。干溶剂能改善对蜡结晶的控制，提高脱蜡油收率。

尿素脱蜡 urea dewaxing 一种利用油中正构烷烃与尿素形成固体络合物而从油中分离出来的脱蜡方法。尿素脱蜡分为干法和湿法。干法是在加有活化剂下直接使用固体尿素；湿法使用的是尿素溶液。湿法尿素脱蜡根据所用活化剂不同分为异丙醇法、二氯甲烷法和甲醇法等。尿素脱蜡可生产低凝点煤油、轻质柴油和轻质润滑油。

尿素溶液 urea solution 又称尿液。指尿素、活化剂和水的混合液。用于湿法尿素脱蜡。

异丙醇尿素脱蜡 isopropanol-urea dewaxing 一种以异丙醇为活化剂和稀释剂的湿法尿素脱蜡方法。见“尿素脱蜡”。

沉降洗涤 settling-washing 异丙醇尿素脱蜡过程的一个工艺步骤。即络合反应完成后进行的脱蜡液和络合物的沉降分离及络合物洗涤。洗涤可除去附着在络合物上的油分，降低液体石蜡的芳烃含量。洗涤溶剂通常采用馏分在95~165℃范围内的直馏轻质油。

洗油比 washing solvent-feedstock ratio 异丙醇尿素脱蜡过程的一个工艺参数。指络合物洗涤溶剂与脱蜡原料油的质量比。

油水比 dewaxed oil solution-water ratio 异丙醇尿素脱蜡过程的一个工艺参数。指络合物沉降分离得到的脱蜡液水洗时脱蜡液和洗涤水的质量比。

蜡水比 deoiled wax solution-water ratio 异丙醇尿素脱蜡过程的一个工艺参数。指络合物热分离得到的蜡液水洗时蜡液和洗涤水的质量比。

催化脱蜡 catalytic dewaxing (CDX) 又称加氢脱蜡。指在催化剂及氢气的作用下，将油品中的石蜡转化，以制取低凝点油品的脱蜡过程。可以通过正构烷烃进入分子筛的孔道进行选择性加氢裂化或在加氢异构催化剂上进行加氢异构反应来实现。

美孚馏分油脱蜡过程 Mobil distillate dewaxing process; MDDW

process 美国美孚公司开发的固定床馏分油临氢脱蜡工艺。采用一种专利催化剂，可选择性裂解正构烷烃和一些长链异构烷烃。该工艺可加工常压和减压直馏瓦斯油及直馏瓦斯油与减黏裂化瓦斯油的混合油。

分子筛脱蜡 molecular sieve dewaxing 一种利用分子筛从馏分油中吸附分离出正构烷烃的过程。通常所用馏分油为煤油和轻柴油馏分，所用分子筛为5A分子筛。馏分油中只有正构烷烃能进入分子筛孔道而被吸附，可用溶剂或蒸汽脱附。分子筛脱蜡可得到低凝点煤油或柴油，同时得到液体石蜡。

筛油比 molecular sieve-oil ratio 分子筛脱蜡的一个工艺参数。指吸附塔内分子筛质量与一次循环过程中进入吸附塔内的原料油质量之比。

筛汽比 molecular sieve-steam ratio 分子筛脱蜡的一个工艺参数。指吸附塔内分子筛质量与一次循环过程中脱附所用的水蒸气质量之比。

乳化蜡脱油 emulsion deoiling 一种先用水将蜡膏乳化，然后冷冻，再离心分离冷乳状液的蜡脱油过程。其产品蜡的含油量约为5%(质量)。该过程由于乳状液的冷冻及蜡回收所需热量均低，故操作费用较低。

鼓泡脱蜡 bubbling dewaxing 一种溶剂脱蜡过程。在溶液冷却结晶过程中，通入惰性气体鼓泡，促使形成蜡晶移动，增强与固体烃分子的接触，有利于生成大的晶粒，并可阻止新的小晶核生成，从而提高过滤速度，降低蜡含油量，提高油收率。

机械脱蜡 mechanical dewaxing 使用机械作用将油与蜡分离的方法。有冷榨脱蜡法和离心脱蜡法。

正序蜡工艺 regular sequence solvent dewaxing process 含蜡油按溶剂精制、溶剂脱蜡脱油的工艺顺序生产石蜡的工艺。所产的脱油蜡称为正序蜡。

反序蜡工艺 invert sequence solvent dewaxing process 含蜡油先经溶剂脱蜡脱油，脱蜡油入溶剂精制，脱油蜡不入溶剂精制，直接入加氢精制或白土精制的制蜡工艺。所得的脱油蜡称为反序蜡。

石蜡精制 wax refining 指脱油蜡精制。脱油后的蜡含有少量胶质、沥青质、含硫及含氮物质、不饱和烃和芳烃等杂质，影响产品的颜色和安定性。精制的目的就是脱除这些杂质。精制方法有硫酸精制、白土精制和加氢精制。硫酸精制目前已很少在工业上采用，加氢精制是工业上主要的精制方法。

石蜡加氢精制 wax hydrofinishing 一种石蜡精制方法。在氢气和催化剂存在下，脱除石蜡中的硫、氮、芳烃等杂质。可获得符合标准的全精炼石蜡和食品级石蜡。

SFBP 石蜡加氢精制 SFBP wax hydrofining 英国石油公司法国分公司开发的一种石蜡加氢精制工艺。特点是采用双反应器，一反为钼镍-氧化铝催化剂，二反为活性炭载钼钴镍催化剂。二反具有加氢和吸附精制双重作用，催化剂寿命长，不用再生。另一特点是在反应器入口注氨，以防止加氢后蜡含油量上升。该工艺方法可生产食品蜡、全精炼蜡和半精炼蜡。

稀释冷冻蜡加氢精制 dilchill wax hydrofining 美国埃克森研究工程公司开发的润滑油脱蜡与蜡精制的联合过程。将稀释冷冻法所得的含油蜡用温溶剂将蜡中的油稀释，并溶解低熔点蜡，经过滤后得到符合要求的高熔点硬蜡，再经加氢精制即得精制蜡，可进一步得到脱蜡油和精制蜡。

IFP/CFR 石蜡加氢精制 IFP/CFR wax hydrofining 法国石油研究院开发的石蜡加氢精制工艺。采用单反应器、氢气一次通过流程。根据不同原料，反应器压力 5~10MPa，温度 260~300℃，空速 0.5~2h^{-1}，可生产食品级石蜡。

阿科石蜡加氢精制 ARCO wax hydrofining 美国阿科公司开发的石蜡加氢精制工艺。其工艺特点：(1)采用两个串联反应器和 10.0MPa、260~370℃ 的苛刻反应条件；(2)氢分离采用高温高压、低温高压和低温低压三次分离方法，以保证氢气质量。可生产食品级石蜡。

石蜡白土精制 wax clay treating 一种石蜡吸附精制方法。将脱油蜡加热熔化，在一定温度下，与白土均匀混合一定时间后，经板框过滤机过滤分离，即得精制蜡。

石蜡成型 wax moulding 将熔化的蜡在专门的成型设备内冷却凝固成一定形状。成型包装是石蜡生产的最后工序。主要成型方法有间歇式板框成型、刮片成型、链盘式连续成型以及造粒成型等。工业上多采用后两种方法，其中造粒成型包括钢带造粒和水下造粒。

蜡裂解 wax cracking 一种以石蜡为原料，裂解制烯烃的过程。原料蜡以含油量小为佳，一般含油量控制在 5%(质量)以下。蜡裂解在气相下进行，生成的烯烃主要为直链 α-烯烃，是合成烷基苯、烷基酚的优良原料。聚 α-烯烃合成润滑油具有黏温性好、凝点低、热稳定性好等特点，用于调制高档内燃机油和其他高端油品。

石蜡裂解 paraffin wax cracking 见“蜡裂解”。

轻脱沥青油 light deasphalted oil 在二段法丙烷脱沥青过程中，从抽提塔顶引出的溶液，经回收丙烷得到的残炭值较低的脱沥青油。可作生产残渣润滑油基础油的原料。

真空转鼓过滤机 rotary

drum vacuum filter 一种连续式转鼓过滤机。用于润滑油溶剂脱蜡过程。其主要组成部分为一装在壳内的转鼓，蒙上滤布。当其低速转动时，由于滤鼓内为负压，不断地将脱蜡油和溶剂经滤布吸入鼓内，通过管路和分配头流至真空滤液罐。结晶蜡停留在滤布上形成滤饼，随滤鼓转动而离开进料液面，用溶剂洗掉蜡中油，经惰性气吹松，用刮刀刮下，由螺旋输送器送入蜡罐。

套管结晶器 double-pipe chiller 一种润滑油溶剂脱蜡用的结晶设备。一般由10~16根套管组成。原料油走内管，冷冻剂走外管。内管中心钢轴装有刮刀，用来刮除管壁上的蜡，以提高传热系数。用以冷却加有溶剂的原料油，并使之在套管中冷却速度不致太快。根据冷冻剂不同，又分为换冷式和氨冷式套管结晶器。

蜡过滤机 wax filter 用于从冷却后的含蜡馏分油中分出石蜡的设备。常用的有板框过滤机和真空转鼓过滤机。板框过滤机用于低黏度馏分油；真空转鼓过滤机常用于有溶剂存在的场合，即溶剂脱蜡过程。

石蜡发汗装置 wax sweater 用于石蜡发汗脱油的设备。常用的有盘式和罐式两种。在盘或罐内先将含油蜡冷却成固体，然后缓慢升温，使油和低熔点蜡流出，最后得到低含油量、高熔点的石蜡产品。

石蜡压滤机 paraffin press 冷榨脱蜡过程所用的油蜡分离设备。常用的有板框式压滤机。原料油在套管结晶器内冷却结晶后送入压滤机过滤，将含油蜡饼和脱蜡油分离。过滤为间歇式操作，定期清除蜡饼。适用于处理柴油和低黏度润滑油，以降低油品凝点。

发汗罐 sweat tank 用于发汗脱油的主要设备。其结构近似固定管板式换热器，罐内有多根相同长度和管径的钢管均匀分布，蜡料在壳程，管程走冷热介质。发汗操作包括冷却、升温、化蜡三个步骤。管程冷却时走循环水，升温时走温水，化蜡时走蒸汽。发汗过程为间歇式操作。

榨蜡机 wax press 含蜡油压榨脱蜡过程中使用的压榨机，通常使用的为板框式过滤机。有方形板框和圆形板框两种。现代采用操作过程全部自动化的板框式过滤机，大大降低了劳动强度。

冷冻站 refrigeration station 为需要冷量的工业生产、物品储藏、工民建筑提供冷源的系统。系统由制冷机、制冷剂、载冷剂和配套的罐、泵组成。在石蜡生产中，酮苯冷冻站为酮苯脱蜡的结晶过程提供冷量，以氨压缩机为制冷机，氨为制冷剂，并由氨直接为套管结晶器提供冷量。

2.10 烷基化

烷基化 alkylation 利用加成或置换反应将一个分子转移到另一个有机物分子中的反应过程。目前在石油炼制工业中应用的烷基化反应有两类：一类是苯与烯烃、醇、卤代烃在酸催化剂的作用下反应生成烷基苯的反应（Friedel-Crafts 反应），反应产物为乙苯、异丙苯、长链烷基苯等，这些烷基苯都是重要的有机化工原料和产品；另一类是异丁烷与 C_3 ~C_5烯烃（主要是丁烯）在强酸性催化剂（硫酸或氢氟酸）的作用下反应生成三甲基戊烷的反应，反应产物是烷基化汽油。烷基化汽油具有高辛烷值（研究法 RON：94~96，马达法 MON：92~94）和低雷德蒸气压，且由饱和烷烃组成，不含芳烃、烯烃和硫。因此，它是新配方汽油的理想调和组分，又被称之为清洁烷基汽油。烷基化汽油有非常高的辛烷值，用它可以调和各种高辛烷值的车用汽油产品。烷基化汽油在汽油的构成中占有重要地位。

液体酸烷基化 liquid acid alkylation 在异丁烷与丁烯的烷基化反应中，以液体浓硫酸或氢氟酸作为催化剂，反应生成烷基化汽油的工艺过程。石油炼制工业中一直并正在应用的液体酸烷基化工艺技术有两种：硫酸法烷基化和氢氟酸（HF）法烷基化。

固体酸烷基化 solid acid alkylation 在异丁烷与丁烯的烷基化反应中，以固体酸作为催化剂，反应生成烷基化汽油的工艺过程。液体酸烷基化工艺存在废酸处理、腐蚀设备和污染环境等问题。因此，固体酸烷基化技术是目前国内外石油化工领域正在研究开发的、新一代的、环境友好的生产烷基化汽油的工艺技术。由于固体酸催化剂在异丁烷与丁烯烷基化反应过程中极易快速失活，且反应生成的烷基化汽油的品质也不如液体酸烷基化，因此，研究开发和工业化应用的难度极大。

烷基化工艺 alkylation process 在石油炼制工业中实现烷基化反应全过程的工程技术，主要包括：反应原料预处理（杂质和水分的去除）、反应原料的进料方式、反应器的形式、酸催化剂的循环、反应原料和产物的分离和循环、酸催化剂的再生、反应产物的后处理等。

硫酸法烷基化 sulfuric acid alkylation 以浓硫酸作为催化剂的异丁烷与 C_3 ~ C_5 烯烃（主要是丁烯）烷基化反应的工艺过程。它是目前石油炼制工业中两种烷基化工艺之一。

氢氟酸法烷基化 hydrofluoric acid alkylation 以氢氟酸作为催化剂的异丁烷与 C_3 ~ C_5烯烃（主要是丁烯）烷基化反应的工艺过程。它是目前石油炼制工业中两种烷基化工艺之一。

多点烯烃进料 split olefin feed technology (SOFT) 烷基化反应中原料烯烃进入反应器的方式。烯烃通过多点注入管式反应器的立管中，分散了烯烃浓度，增大了反应的烷烯比，提高了产品的质量和增加了反应装置的处理量。

硫酸法烷基化废酸回收 waste acid recovery of sulfuric acid alkylation 硫酸法烷基化废酸除含80%～90%左右的硫酸外，还含有3%左右的硫酸酯、聚合物以及少量水分等，是一种黏稠状液体，色泽呈黑红色，性质不稳定，散发特殊性臭味，很难处理。目前国外较大的装置多采用焚烧再生法回收废酸，在高温下生成 SO_2，再将 SO_2 进一步氧化成 SO_3 制取硫酸。

酸耗 acid consumption 指生产每吨烷基化油所消耗酸催化剂的量。烷基化原料中的某些杂质会在反应过程中进入酸相，使酸催化剂被污染，从而降低了酸催化剂的活性。如果以98.5%的硫酸作为新酸，当酸浓度下降到90%时即认为是必须更新的废酸。造成酸耗增加的原料杂质包括：乙烯、丁二烯、硫化物、水、二甲醚、甲醇等。

红油 red oil 又称酸溶性油(ASO)。指在硫酸烷基化过程中，由烯烃和叔丁基正碳离子经过重排和聚合而形成的溶于硫酸的聚合物。这些聚合物是高度不饱和的、离子化的，含有一些 C_5、C_6 环的化合物，它们能够和烯烃继续聚合产生更高的聚合物。红油的生成一般认为会增加酸耗，降低烷基化油产量，但同时也有利于增加烷烃和烯烃在硫酸中的溶解度。

烷基化反应器(HF) alkylation reactor (HF) 特指氢氟酸烷基化采用的垂直提升管式反应器，是一种利用密度差循环的反应器系统，由酸沉降罐、酸冷却器以及上升管(轻腿)和回酸管(重腿)组成，酸沉降器在酸冷却器的上方。上升管中主要是酸烃混合物，通常其密度约为 0.84 g/cm^3；而回酸管中主要是HF，其密度为 0.99 g/cm^3。混合原料经喷嘴在轻腿中反应后上升到酸沉降罐，沉降后的酸经重腿沉到冷却器参加循环反应，反应生成的烃由酸沉降罐上部抽出进行烃酸的进一步分离。

轻腿 light leg 是氢氟酸烷基化反应系统中对上升反应管的俗称。

重腿 heavy leg 是氢氟酸烷基化反应系统中对回酸管的俗称。

烷烯比 ratio of paraffin to olefin 反应物料中异构烷烃与烯烃的摩尔比。

苯烯比 ratio of benzene to olefin 反应物料中苯与烯烃的摩尔比。

酸烃比 ratio of acid to hydrocarbon 反应器中酸催化剂与反应原料的质量比或体积比。

烷基化反应产物 alkylation product 在苯与乙烯、丙烯、长链烯烃的反应中，反应产物为乙苯、异丙苯、长链烷基苯；在异丁烷与轻烯烃的烷基化反应中，反应产物为烷基化汽油。

三甲基戊烷 trimethyl pentane (TMP) 异丁烷与丁烯烷基化反应的主要产物，共有四种：2,2,4-TMP、2,2,3-TMP、2,3,3-TMP、2,3,4-TMP。

二甲基己烷 dimethyl hexane (DMH) 异丁烷与丁烯烷基化反应中生成的副产物。

酸溶性油 acid soluble oil (ASO) 液体酸烷基化反应过程中溶解在酸催化剂中的反应副产物。它的组成非常复杂，颜色呈暗红色，又称为红油。

烷基化重产物 heavy alkylate 烷基化反应过程中生成的高碳数、高沸点的产物。

2.11 异构化

Penex/DIH 工艺 Penex/DIH Process UOP 公司开发的脱异己烷塔循环异构化工艺，即将一次通过反应产物中辛烷值较低的正己烷和甲基戊烷通过脱异己烷塔分离，并将分离出的正己烷和甲基戊烷循环回反应器中重新反应。该工艺由反应部分和分离部分组成：其中反应部分采用 Penex 工艺；分离部分采用脱异己烷塔。该工艺可以增加原料的异构化转化率，提高产品辛烷值。

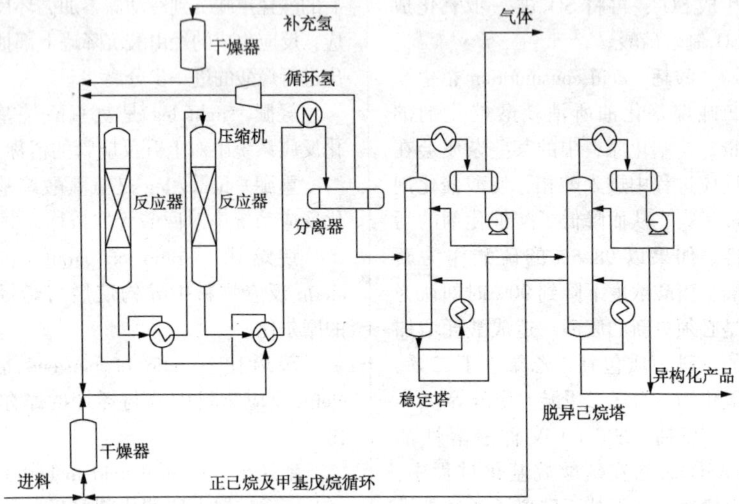

Penex/DIH 工艺流程

Penex/Molex 工艺 Penex/Molex Process UOP 公司开发的液相分子筛吸附分离循环异构化工艺，即将一次反应产物中的正构烷烃和异构烷烃通过液相分子筛吸附分离，分离出的正构烷烃再返回到反应器中重新反应。该工艺由反应部分和分离部分组成：其中反应部分采用 Penex 工艺；分离部分采用模拟移动床的分子筛吸附技术，吸附、脱附在液相中进行，所用的脱附剂为正丁烷。该工艺可以增加原料的异构化转化率，提高产品辛烷值。

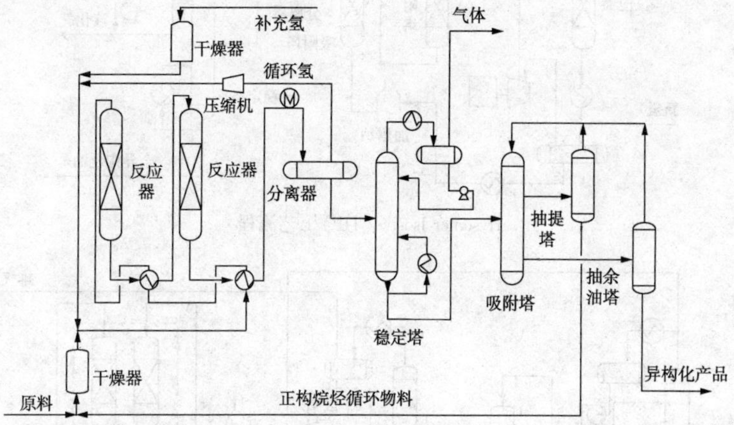

Penex/Molex 工艺流程

Hysomer-Isosive (TIP) 工艺 Hysomer-Isosive Process (TIP) 由 Shell 公司开发的 Hysomer 异构化工艺和 UCC 公司开发的 Isosive 气相吸附分离工艺相结合的循环异构化工艺。目前该工艺已完全归 UOP 公司所有。Hysomer 异构化工艺采用非氯化型中温分子筛催化剂；Isosive 气相吸附分离工艺采用分子筛型吸附剂，H_2作脱附剂。该工艺可以达到正构烷烃的全异构，产物研究法辛烷值可以高达 86~88。

Ipsorb 工艺 Ipsorb Process 由 Axens/IFP 开发的正构烷烃完全异构化循环工艺。工艺过程由原料脱异戊烷塔、反应器、稳定塔和分子筛吸附系统组成。脱异戊烷塔将异戊烷从原料中分离出来，作为分子筛吸附系统的解吸剂去脱附正构烷烃；异构化反应在低温或中温催化剂作用下进行，获得正构/异构烷烃混合物；反应产物在稳定塔中排出部分不凝气；稳定后的反应产物进入分子筛吸附系统，吸附操作在异构化产物稳定塔的压力下进行过热气相上流式作业，而解吸操作在脱异戊烷塔的压力下进行过热气相下流式作业，两个作业的过热温度相同。该工艺可以将正构烷烃完全转化为异构烷烃，获得较高的产物辛烷值。

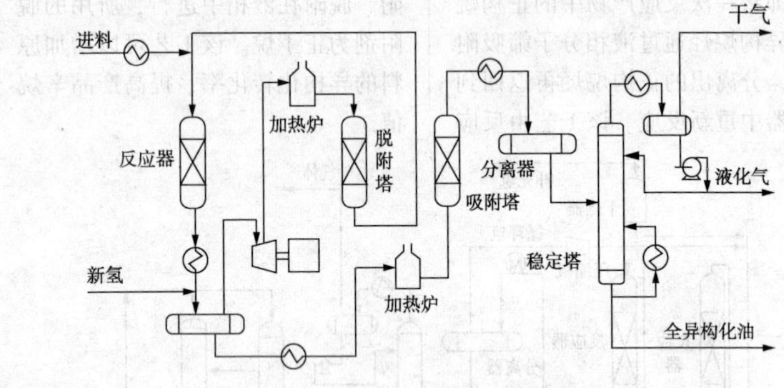

Hysomer-Isosive(TIP)工艺流程

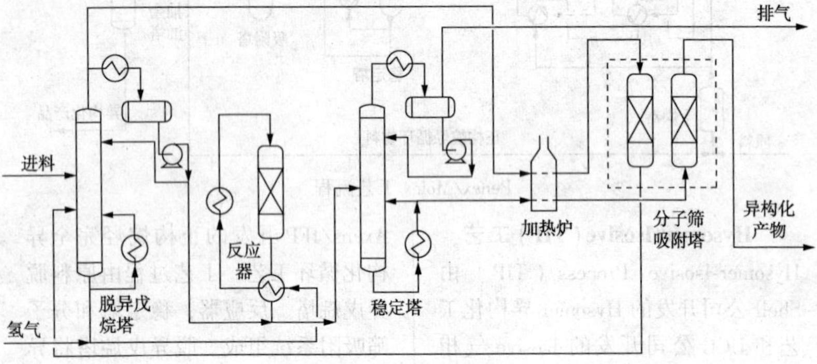

Ipsorb 工艺流程

Hexorb 工艺 Hexorb process 由 Axens/IFP 开发的正构烷烃及甲基戊烷循环工艺。新鲜原料和反应后经过稳定塔的物料一起进入分子筛吸附分离塔，吸附分离后的异构烷烃进入脱异己烷塔，分离出富含异戊烷及二甲基丁烷的塔顶馏出物和未被吸附的高沸点塔底馏出物作为产品出装置，而侧线产物甲基戊烷作为解吸剂，与被吸附的正构烷烃一起循环回反应系统进一步转化。该工艺可以将大部分甲基戊烷转化为二甲基丁烷，异构化产物辛烷值较高。

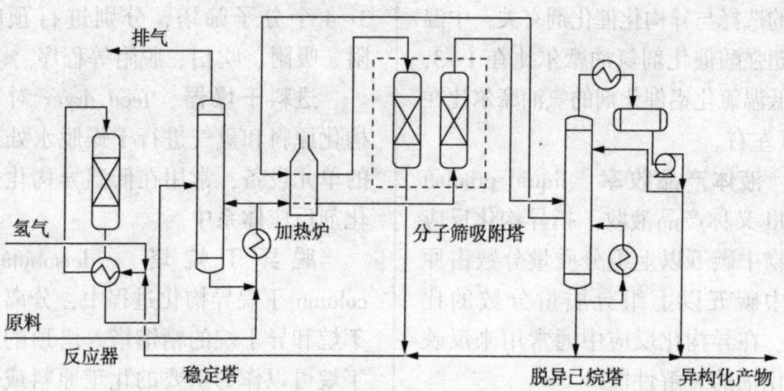

Hexorb 工艺流程

ABB Lummus 工艺 ABB Lummus Process 由 ABB Lummus 公司开发的丁烷及戊烷/己烷异构化工艺。该工艺可以通过选装不同的催化剂，分别使用丁烷或者戊烷/己烷为原料。

碳五异构化率 C_5 isomerization rate 表示戊烷在异构化反应中的转化率，是反映异构化催化剂性能的重要指标之一。

碳六选择性 C_6 isomerization selectivity 表示 2,2-二甲基丁烷在产物中己烷组分中的比例，是反映异构化催化剂性能的重要指标之一。

碳六异构化率 C_6 isomerization rate 表示己烷在异构化反应中的转化率，是反映异构化催化剂性能的重要指标之一。

起始反应温度 initial reaction temperature 指异构化催化剂运行初期时的平均反应温度，温度的高低可间接反映催化剂的活性。

终点反应温度 end reaction temperature 指异构化催化剂运转末期时的平均反应温度。此时，提高温度不足以弥补辛烷值的损失，催化剂可更换或需再生。

反应器入口温度 reactor inlet temperature 指一个或多个反应器的入口温度。入口温度的高低可间接反映催化剂的活性。

反应器床层加权平均温度 weighed average bed temperature (WABT) of reactor 表示几个串联反应器床层平均温度的一种方法。指每个反应器床层内催化剂所占分数与它的进出口温度平均值的乘积之和。常用来表示催化剂的工作状态。

异构化反应氢油摩尔比 H_2/HC mole ratio of isomerization reaction 指异构化反应中循环氢的物质的量与异构化原料的物质的量的比值。氢油摩尔比的选择与异构化催化剂有关，中温及超强酸催化剂氢油摩尔比在1~3，而低温氯化铝催化剂的氢油摩尔比在0.3左右。

液体产品收率 liquid product yield 又称产品液收。指异构化反应产物中碳五以上组分质量分数占原料中碳五以上组分质量分数的比率。在异构化反应中通常用来反映催化剂的裂解性能。

裂解率 cracking rate 指异构化反应中发生裂解反应转化成小分子(C_1~C_4)的反应产物占总反应产物的比率。若催化剂裂解率高，则异构化性能差，产物收率低。

脱异戊烷塔 deisopentane column 用于正、异构戊烷分离的精馏塔。塔顶是异戊烷组分，作为异构化产品；塔底是辛烷值较低的正戊烷组分，可以进入反应系统进一步转化。

脱异己烷塔 deisohexane column 用于正、异构己烷分离的精馏塔。分塔顶组分、侧线组分和塔底组分。塔顶是二甲基丁烷和部分甲基戊烷组分，这两部分组分辛烷值较高，可以作为异构化产品；侧线是富含正己烷的组分，可以进入反应系统进一步转化。

分子筛吸附塔 molecular sieve adsorption column 进行正、异构烷烃吸附分离的单元设备，常用在全异构工艺中，可以最大化生产异构烷烃。为使工艺连续生产，一般有3~4个分子筛塔，分别进行预吸附、吸附、吹扫、脱附等程序。

进料干燥器 feed dryer 对异构化原料和氢气进行干燥脱水处理的单元设备，常用在低温异构化催化剂反应体系中。

脱异丁烷塔 deisobutane column 丁烷异构化过程中，分离正丁烷和异丁烷的精馏塔。塔顶的异丁烷可以作为重要的化工原料或烷基化原料出装置，塔底的正丁烷循环至反应器进一步转化。

异构化汽油 isomerization gasoline 指以碳五、碳六异构烷烃为主的清洁汽油调和组分。具有低硫、无苯、无芳烃、无烯烃的特点，研究法、马达法辛烷值相差1~2个单位，可以优化车用汽油的辛烷值分布，改善发动机的启动性能。

辛烷值敏感度 octane sensiti vity 指发动机工作条件对汽油抗爆性的感应性。以汽油的研究法辛烷值与马达法辛烷值之差表示。即辛烷值敏感性=研究法辛烷值-马达法辛烷值，一般都是正值。富含烷烃的汽油如异构化汽油的敏感度小，富含芳烃的汽油如重整汽油的敏感度大，富含烯烃的叠合汽油的敏感度最大。

异戊烷油 isopentane fraction 指脱异戊烷塔塔顶产物，其研究法辛烷值可达88以上，可作为高辛烷值汽油调和组分。异戊烷油既可以从异构化原料中得到，也可以是原料经异构化反应后经脱异戊烷塔得到。

丁烷异构化反应 butane isomerization reaction 指正丁烷在异构化催化剂上进行异构反应生成异丁烷。异构化反应属热力学平衡控制的反应，随着温度的升高，产物中异丁烷的含量降低，因此低温有利于丁烷异构化反应。

戊烷异构化反应 pentane isomerization reaction 指正戊烷在异构化催化剂上进行的异构反应。主要产物有两种：2-甲基丁烷(异戊烷)和2,2-二甲基丙烷(新戊烷)。由于在异构化条件下，不会参与异构化反应，所以正戊烷的异构化反应产物主要是异戊烷。异构化反应属热力学平衡控制的反应，随着温度的升高，产物中异戊烷的含量降低，因此低温有利于异构化反应。

己烷异构化反应 hexane isomerization reaction 指己烷在异构化催化剂上进行的异构反应。主要产物有4种：2,2-二甲基丁烷、2,3-二甲基丁烷、2-甲基戊烷及3-甲基戊烷，其中2,2-二甲基丁烷、2,3-二甲基丁烷的辛烷值较高。由于异构化反应属热力学平衡控制的反应，随着温度的升高，产物中高辛烷值的2,2-二甲基丁烷的含量降低，2,3-二甲基丁烷的含量降低的幅度不大，而低辛烷值的2-甲基戊烷和3-甲基戊烷的含量增加，故低温有利于异构化反应。

环己烷异构化反应 cyclohexane isomerization reaction 指环己烷在异构化催化剂上发生开环、异构反应生成甲基环戊烷、己烯等开环产物，属微放热反应。在异构化反应体系下，通过控制反应条件，可以控制环己烷和甲基环戊烷之间的转化，尽量生成高辛烷值的甲基环戊烷，减少产物辛烷值的损失。

2.12 叠合

叠合过程 polymerization process 在一定温度和压力条件下，两个或两个以上的烯烃分子，互相加成生成较大的烯烃分子的过程。在炼油工艺过程中，主要用于以炼厂气中的烯烃为原料，生产高辛烷值汽油或化工原料。为可逆放热反应。按照反应条件不同，可分为热叠合和催化叠合。根据产品不同，可分为选择性叠合和非选择性叠合。

催化叠合 catalytic polymerization 借助催化剂作用，在较低的温度和较低的压力下实现烯烃叠合的方法。因其产品产率高、副产物较少，已完全取代热叠合成为主要的叠合方法。一般使用固体磷酸作为催化剂，反应过程可用正碳离子机理来解释。反应的主要影响因素为温度与原料烯烃浓度，为可逆放热反应。

非选择性叠合 nonselective

polymerization 与选择性叠合相对应，原料组成复杂，如采用未经分离的炼厂气，叠合过程中各类烯烃生成二聚物、三聚物及共聚物，所得到的叠合产物是一个宽馏分、各种烃类的混合物，此类叠合过程称为非选择性叠合。

选择性叠合 selective polymerization 炼厂气进一步分离后，采用单一组成原料，如分别用丙烯、丁烯馏分，选择合适的操作条件，生产每种特定目标产品的叠合过程。如将碳四馏分中的异丁烯选择性叠合成异辛烯，后加氢成异辛烷，作为高辛烷值汽油调和组分。工业常用的选择性叠合过程为固体磷酸催化剂气相叠合法。

叠合稀释剂 polymerization dilutent 在叠合工艺过程中用来稀释原料气体中烯烃浓度的物质。烯烃的叠合为放热反应，为防止反应器内温度升高造成的催化剂失活和副产物的增加，可采用烷烃和烯烃含量较少的气体稀释原料气的方法来避免。一般叠合反应中，控制烯烃浓度不大于40%~45%。

叠合汽油 poly-gasoline 液化石油气经过非选择性叠合过程得到的叠合产物，再经蒸馏去掉高沸点的多聚物所得的汽油馏分。辛烷值较高，马达法辛烷值为80~85，具有良好的调和性能。但叠合汽油含有大量的不饱和烃，存储时不够稳定，不能作为航空汽油组分，可以与其他工艺过程产生的汽油馏分调和来生产高辛烷值汽油。

二聚物 dimer; dipolymer 在叠合、催化和化工等过程中，常把两个相同烯烃分子的聚合物称为二聚物。如两个异丁烯分子在酸性催化剂作用下生成异辛烯。也泛指催化剂作用下，两个烯烃分子聚合得到的物质。如一个丙烯分子与一个丁烯分子共聚得到异庚烯。

四聚物 tetramer 由四个相同分子聚合而成的物质，如四聚乙烯等。

共聚物 copolymer; interpolymer 又称共聚体。有机单体聚合反应的产物，通常是指几种不饱和或环状单体分子的聚合反应得到的产物。根据各种单体在共聚物分子链中排列方式，可分为无规共聚物、交替共聚物、嵌段共聚物和接枝共聚物。

高分子叠合物 macromolecule polymer 在叠合反应中，二聚物、多聚物、共聚物继续发生叠合反应，由一种或几种结构单元通过共价键连接起来的相对分子质量很高的化合物。在叠合反应中，也会发生高分子叠合物的解叠反应。

烯烃转化率 olefin conversion rate 在叠合反应中，用来表示叠合过程转化率的指标。指反应前烯烃浓度与反应后烯烃浓度之差与反应前烯烃浓度的比值，受反应温度、反应压力、空间速度等影响。

筒式多段激冷反应器 barrel type multisection chilling reator 叠合工艺第三代反应器，为多床层的筒式反应器。各床层之间用烷烃作为冷激油以控制温度。造价低，处理量大，最大直径可达4m，转化率高，产品质量好，催化剂寿命长，但需要大量物料循环，操作要求高。

2.13 S Zorb

休止角 angle of repose 是衡量颗粒流动性的重要指标之一，指在重力场中，颗粒堆积体的自由表面处于平衡的极限状态时自由表面与水平面之间的角度。休止角越小，表示颗粒的流动性越好。

平板角 angle of plate 是衡量颗粒流动性的重要指标之一，指将埋在颗粒中的平板向上垂直提起，颗粒在平板上的自由表面(斜面)和平板之间的夹角与受到震动后的夹角的平均值。平板角越小，表示颗粒的流动性越强。一般情况下，平板角大于休止角。

S Zorb 工艺 S Zorb technology 在适宜的压力、温度和氢气条件下，使用专用吸附剂在流化床反应器中将催化裂化汽油中所含的硫以金属硫化物形态吸附到吸附剂上，生产超低硫汽油的技术。

S Zorb 反应-再生系统 S Zorb reaction-regeneration system 由 S Zorb 吸附脱硫反应过程与吸附剂再生过程所组成的工艺过程系统，是 S Zorb 装置的核心所在。由反应器、再生器、闭锁料斗、反应器接受器、还原器、再生器进料罐、再生器接受器、吸附剂输送管线、程控阀门等组成。S Zorb 装置的反应和再生是连续的：经过预热后的原料进入反应器中与吸附剂接触发生脱硫反应，反应后的油气与吸附剂分离后去稳定系统，吸附了硫原子的吸附剂连续地输送到再生器中进行再生，再生后的吸附剂返回反应器中。S Zorb 反应-再生系统中通过闭锁料斗步序控制实现氢氧环境的隔离和吸附剂的输送。

S Zorb 反应器 S Zorb reactor 用来实现汽油吸附脱硫反应过程的设备，工业上采用流化床反应器。反应器是 S Zorb 脱硫过程的核心部分，底部放置带泡帽的分布板，汽化后的汽油原料及氢气混合物进入反应器底部。主要的脱硫反应发生在床层下部流化状态的吸附剂上，反应器上部的扩径段使气体流速降低，以便被气体夹带的吸附剂沉降返回床层下部。反应器顶部装有过滤器，使反应油气与吸附剂实现分离。

S Zorb 再生器 S Zorb regenerator 参与吸附剂再生过程的设备，为脱除待生吸附剂上的硫和炭提供场所。再生器底部设有主风分布管，顶部设有旋风分离器，吸附剂密相床层内设有取热盘管。

S Zorb 反应器接受器 S Zorb reactor receiver 与 S Zorb 反应器及闭锁料斗相连，用于收集来自反应器的参与脱硫反应后的吸附剂，为从吸附剂中脱除烃类气体提供场所，并为进入闭锁料斗的吸附剂提供缓冲空间。S Zorb 反应器接受器通过横管与反应器联结成为一体。

S Zorb 还原器 S Zorb reducer 用于实现 S Zorb 吸附剂还原过程的设备，其目的是将再生后的吸附剂进行还原，以保持吸附剂活性。再生后的吸附剂由闭锁料斗进入还原器经氢气提升进入 S Zorb 反应器。S Zorb 还原器通过斜管与反应器联结成为一体。

再生器进料罐 regenerator feed drum 用来收集来自闭锁料斗的待生吸附剂，为再生器提供进料的设备。待生吸附剂依靠重力由闭锁料斗进入再生器进料罐，通过滑阀从再生器进料罐连续流出后由氮气提升至再生器。

再生器接受器 regenerator receiver 用来收集再生器内已完成再生反应的吸附剂的设备，为再生吸附剂进入闭锁料斗提供缓冲空间。再生器内完成再生的吸附剂由再生滑阀调节流量，用氮气提升至再生器接受器内，然后依靠重力进入闭锁料斗。

S Zorb 闭锁料斗 lock hopper S Zorb 装置的关键设备，用来实现 S Zorb 反应-再生系统中高压烃/氢环境与低压氧环境之间的隔离，保障吸附剂的连续循环。闭锁料斗以下述方式交替移动待生和再生吸附剂：待生剂依靠重力由反应器接受器间歇式进入闭锁料斗，降低闭锁料斗压力并且用氮气吹扫置换，置换过的待生吸附剂依靠重力进入再生器进料罐。然后，再生吸附剂同样依靠重力由再生器接受器间歇式进入闭锁料斗。闭锁料斗用氮气吹扫置换并用氢气增压，再生剂由闭锁料斗进入还原器反应器。闭锁料斗中采用了双隔离及放空系统将烃/氢环境和含氧环境分开，以确保从隔离阀中漏出的物料能够进入低压的闭锁料斗缓冲罐。再生器接受器与闭锁料斗的连接管线同样也采用双隔离及氮气吹扫的方法来保证无含硫气体进入闭锁料斗。里面还装有过滤器以防止吸附剂被排出的气体携带出去。

吸附剂储罐 sorbent storage drum 储存吸附剂的设备，包括新鲜吸附剂储罐、废吸附剂储罐。

再生器粉尘罐 regenerator fines drum 主要是用来收集经再生器过滤器滤出的细粉的设备。

吸附剂循环管线 sorbent circulation pipeline 用来将待生吸附剂自反应部分输送至再生部分，以及将再生吸附剂自再生部分输送至反应系统的管线。

反应器过滤器 reactor filter 安

装在反应器顶部，作用是脱除反应器出口气体中夹带的吸附剂，通常采用金属粉末烧结滤芯制成。需采用高温高压的反吹气按照设定的条件进行反吹，以吹掉沉积在过滤器表面的吸附剂粉尘。反吹频次由过滤器压差设定或者由预设的时间控制。

闭锁料斗过滤器 lock hopper filter 安装在闭锁料斗顶部，防止吸附剂被闭锁料斗排出的气体携带出去，通常采用金属粉末烧结滤芯制成。

再生器过滤器 regenerator filter 作用是脱除再生器出口再生烟气中夹带的吸附剂。

再生取热盘管 sorbent cooling coil in regenerator 位于再生器吸附剂密相床层，使用水作取热介质，用来取出再生器内过量的燃烧热，以保持再生器在理想的操作温度下运行。

闭锁料斗程控阀门 lock hopper program-controlled valve 与闭锁料斗相连的吸附剂输送管线上的开关阀门，由闭锁料斗控制系统控制，以实现吸附剂的循环输送。

闭锁料斗控制系统 lock hopper control system 通过预设的程序控制闭锁料斗内的吹扫、充压、泄压、装料和卸料等步骤，实现吸附剂在高压烃/氢环境与低压氧环境之间的连续循环。

S Zorb 再生器分布管 S Zorb regenerator sparger 为再生器中的内构件，用来均匀气体分布，促进气、固相的接触。

S Zorb 反应器分布板 S Zorb reactor grid plate S Zorb 反应器中重要内构件之一。主要作用有：支承吸附剂及均匀分布气体，促进气、固相的接触，保证S Zorb 反应器中床层具有良好而稳定的流化状态。

再生器滑阀 regenerator slide valve S Zorb 装置中用来控制再生器料位和吸附剂循环速率，包括再生器进料器向再生器的进料滑阀和再生器向再生器接受器的进料滑阀。

核料位计 nuclear level detector 一种利用 γ 射线通过介质时被介质吸收而使 γ 射线强度减弱的程度来测量料位的仪表。

在线硫分析仪 online sulfur analyzer 与工艺管线相连的、在线分析汽油硫含量的硫检测仪器。S Zorb 装置中安装有在线硫分析仪实时分析原料及产品中硫含量的变化，为装置操作调整提供数据支持。

在线氧分析仪 online oxygene analyzer 可在线分析测定气体中氧含量的分析仪器。在 S Zorb 装置中分别在线监测再生烟气中氧含量以及闭锁料斗吹扫排气中的氧含量，指导再生器及闭锁料斗的操作。

在线烃分析仪 online hydrocarbon analyzer 直接与工艺管线相连，可在线分析测定气体中烃含量的分析仪器。S Zorb 装置中在线监测闭锁料斗吹扫排气中的烃含量，闭锁料斗控制系统根据在线烃分析仪的结果来控制闭锁料斗的操作。

S Zorb 流化床 S Zorb fludized-bed 在 S Zorb 吸附脱硫反应器和再生器中，吸附剂维持在流化状态，称之为 S Zorb 流化床。在流化床反应器中汽油进行脱硫反应，吸附剂上积炭、积硫后活性下降；在流化床再生器中对反应后的吸附剂进行氧化再生。

反吹 blow back 指向反应器过滤器内引入高压气体来及时清理积存在过滤器表面的吸附剂粉尘的过程，通过反吹维持过滤器的过滤效率。

过滤器压差 filter pressure difference S Zorb 装置中使用金属烧结过滤器对吸附剂和反应油气进行过滤分离，反应油气经过过滤器后的压力降。

S Zorb 氢烃摩尔比 S Zorb hydrogen-hydrocarbon ratio S Zorb 吸附脱硫反应过程中的一个重要的工艺参数，指进入反应器的氢气和汽油原料的摩尔比值。S Zorb 工艺过程中通常需要维持一定的氢烃摩尔比来实现汽油脱硫率高及辛烷值损失少的目的。

吸附剂循环速率 sorbent circulation rate 单位时间内在 S Zorb 装置反应器和再生器之间循环流动的吸附剂的量。S Zorb 工艺过程中通常需要维持一定的吸附剂循环速率来保证吸附剂的活性。

吸附剂藏量 sorbent inventory 装置(流化床反应器)内经常保持的吸附剂量，通常以吨为单位。S Zorb 工艺过程中，反应器床层内吸附剂的数量称为反应器吸附剂藏量；再生器床层内吸附剂的数量称为再生器吸附剂藏量。S Zorb 反应器、再生器以及吸附剂循环管线中存在的吸附剂数量之和称为系统吸附剂藏量。通常 S Zorb 工艺过程中需要维持一定的吸附剂藏量来实现汽油脱硫的目的。

吸附剂硫含量 sulfur content on sorbent 吸附剂上硫的质量分数。S Zorb 工艺过程中待生吸附剂上硫的质量分数称为待生剂硫含量；再生吸附剂上硫的质量分数称为再生剂硫含量。

吸附剂碳含量 carbon content on sorbent 吸附剂上碳的质量分数。S Zorb 工艺过程中待生吸附剂上碳的质量分数称为待生剂碳含量；再生吸附剂上碳的质量分数称为再生剂碳含量。

吸附剂硫差 delta sulfur on sorbent S Zorb 工艺过程中待生吸附剂与再生吸附剂上的硫含量的差值。通常在 S Zorb 工艺过程中需维持一定的吸附剂硫差以保证吸附剂的活性。

吸附剂消耗量 sorbent consumption S Zorb 工艺中处理单

位质量的原料所需补充的新鲜吸附剂的量，单位是 kg/t。在装置处理量一定时通常以 t/a 来表示。

新鲜吸附剂 fresh sorbent 未进入工艺流程参与吸附脱硫反应的成品吸附剂。

S Zorb 待生吸附剂 S Zorb spentsorbent 参与 S Zorb 吸附脱硫反应后、吸附了一定量硫和碳的吸附剂，其活性降低，需要送往再生器再生，称为待生吸附剂。

S Zorb 再生温度 S Zorb regeneration temperature S Zorb 吸附脱硫工艺中，再生器内吸附剂密相床层的温度。

S Zorb 再生空气量 regeneration air rate S Zorb 吸附脱硫工艺中，待生吸附剂在再生器内进行氧化再生所使用的空气量，单位为 m^3/h 或者 kg/h。

吸附脱硫 adsorption desulfurazation 特指 S Zorb 工艺中汽油脱硫的反应。指在 S Zorb 工艺条件下使用专用吸附剂，使汽油中含硫化合物吸附在吸附剂上，实现汽油脱硫的目的。

吸附剂活性 sorbent activity 表征吸附剂反应性能的重要指标。通常 S Zorb 吸附剂活性越高，脱硫能力越强。

S Zorb 贫氧再生 S Zorb lean oxygen regeneration 通过控制进入再生器内氧气的量来控制吸附剂上炭的燃烧，进而控制再生温度，同时通过补充氮气维持再生器内的流化的再生操作模式。

S Zorb 再生烟气氧含量 oxygen content in S Zorb flue gas S Zorb 装置中再生器出口烟气中氧气的含量。通常在 S Zorb 工艺过程中通过该数值来指导 S Zorb 再生器操作。

吸附剂结块 sorbent cakings 特指在 S Zorb 装置内出现的吸附剂块状物。其主要成分为硫酸锌和硫酸镍，通常是由于水的存在，在再生器内吸附剂与水发生反应而生成，影响吸附剂的循环。

吸附剂补剂速率 sorbent make up rate 单位时间内向系统中补充加入的新鲜吸附剂的量，在 S Zorb 工艺中通常为一定时间内的平均值，单位为 t/mon。S Zorb 工艺过程中吸附剂的补剂速率通常由装置的处理量、原料的硫含量以及系统中吸附剂的性能情况决定。

吸附剂细粉 sorbent fine 吸附剂中粒径小于 20μm 的部分。

再生烟气处理 regeneration flue gas treatment S Zorb 工艺中再生烟气中含有二氧化硫，为达到环保要求需要处理后才能排入大气，通常采用的处理方法包括：碱洗、烟气制硫等。

反吹氮气罐 blow back nitrogen drum 为一缓冲罐，用来为再生器过滤器提供反吹所需的氮气；为再生器过滤器、再生器粉尘罐提供流化氮气；为闭锁料斗提供氮气以吹扫再生吸附剂中的氧气。

吸附剂储罐过滤器 sorbent storage drum filter 安装在 S Zorb 吸附剂储罐顶部，进行气固分离时以避免当氮气或空气流出时夹带吸附剂的过滤器。

再生粉尘过滤器 regeneration fines drum filter 安装在 S Zorb 再生粉尘罐中，进行气固分离时，以避免当氮气流出时夹带吸附剂的过滤器。

烧结金属过滤器 sintered metalic filter 通常指用于固-气、固-液分离的透过性烧结金属组件，具有过滤精度高、适用温度范围广等优点。当前 S Zorb 工业装置中反应器过滤器、闭锁料斗过滤器及再生器过滤器均采用烧结金属过滤器。

空塔线速 space velocity 在操作条件下通过分馏塔横截面的气体线速度，单位是 m/s，是表示塔内气体负荷的一项指标。在 S Zorb 工艺中的空塔线速特指在操作条件下通过反应器横截面的气体线速度。

反吹压力比 blow back pressure ratio 反吹气体压力与反应器顶部压力之比。通常需要维持一定的反吹压力比以实现有效的反吹。

过滤器迎风面速度 filter face velocity 指通过过滤器的气体体积流量除以过滤器的表面积。该值的大小能够体现过滤器的处理能力，通常由过滤器厂商提供。

2.14 催化蒸馏与醚化

催化蒸馏 catalytic distillation (CD) 将催化反应和蒸馏分离耦合在一起的单元过程强化技术。与传统工艺相比,可提高反应的转化率和选择性，简化工艺过程和节能。催化蒸馏的概念最早由 Bacchaus 于 1921 年提出，现已用于加氢脱硫、选择性加氢饱和、烷基化等石油炼制过程以及酯化、醚化等化工过程。

反应精馏 reactive distillation 反应精馏又称催化蒸馏，见“催化蒸馏”。

催化蒸馏 MTBE(甲基叔丁基醚)醚化技术 MTBE production by catalytic distillation 以甲醇和异丁烯为原料，在酸性催化剂作用下，采用催化蒸馏技术生产甲基叔丁基醚的技术。该技术的工艺流程一般包括醚化预反应器、催化蒸馏塔醚化反应器、水萃取塔和甲醇回收塔等主要单元。该技术以 CD TECH 公司的 CD MTBE 和中国石化的 MP-Ⅲ型催化蒸馏技术为代表。

催化蒸馏 TAME(甲基叔戊基醚)醚化技术 TAME production by catalytic distillation 以甲醇和 C_5 馏分中的 2-甲基-1-丁烯和 2-甲基-2-丁烯为原料，在酸性催化剂作用下，采用催化蒸馏技术生产甲基叔戊基醚的技术。其工艺流程与

MTBE醚化相似。

催化蒸馏 ETBE(乙基叔丁基醚)醚化技术 ETBE production by catalytic distillation 以乙醇和异丁烯为原料，在酸性催化剂作用下，采用催化蒸馏技术生产乙基叔丁基醚的技术。

催化蒸馏 TAEE(乙基叔戊基醚)醚化技术 TAEE production by catalytic distillation 以乙醇和 C_5 馏分中的2-甲基-1-丁烯和2-甲基-2-丁烯为原料，在酸性催化剂作用下，采用催化蒸馏技术生产乙基叔戊基醚的技术。

催化蒸馏轻汽油醚化技术 light gasoline etherification by catalytic distillation 一种通过醚化反应提高汽油辛烷值、减少汽油烯烃含量的催化蒸馏技术。是以轻汽油和甲醇为原料，使用酸性催化剂，采用催化蒸馏技术生产混合醚的醚化技术。主要是利用轻汽油中的异戊烯和异己烯为反应物，生产相应的醚，从而有效降低汽油中的烯烃含量，同时提高汽油辛烷值和氧含量，降低汽油蒸气压。

催化蒸馏 MTBE 制异丁烯技术 isobutene production from MTBE through catalytic distillation MTBE裂解制异丁烯的反应过程是合成MTBE的逆反应。首先利用催化蒸馏技术，将混合 C_4 中的异丁烯和甲醇醚化反应制成MTBE，MTBE从混合 C_4 分离后，进入裂解反应器发生催化裂解反应，生成异丁烯和甲醇。通过水洗，可以从反应产物中除去甲醇，然后经过蒸馏得到高纯度的异丁烯。

催化蒸馏选择性加氢技术 selective hydrogenation through catalytic distillation 催化蒸馏选择性加氢时，烃类与氢气分别从催化剂床层的下部进入催化蒸馏塔，加氢后的物流从塔顶进入回流罐，部分回流，部分进入下游，从塔底得到重组分。应用催化蒸馏选择性加氢可以降低投资费用，提高目的产物的收率，延长催化剂的寿命等。

催化蒸馏碳四炔烃选择性加氢技术 C_4 acetylenes selective hydrogenation through catalytic distillation 在传统的丁二烯萃取工艺中，除了产生丁二烯及剩余 C_4 以外，还有富炔烃液生成，对富炔烃液直接进行加氢，可以获得额外的丁二烯。美国UOP公司公开了用反应萃取蒸馏从 C_4 馏分中分离丁二烯的工艺：在 C_4 馏分萃取蒸馏塔的富丁二烯段，将其中的炔烃进行选择加氢，然后从溶剂中分离出丁二烯，最后把1,3-丁二烯与1,2-丁二烯分离开。

催化蒸馏丁二烯选择性加氢技术 selective hydrogenation of butadiene through catalytic distillation 采用催化蒸馏技术选择性加氢脱除 C_4 馏分中的丁二烯。在催化蒸馏塔反应段，C_4 原料中的丁二烯选择性加氢生成丁烯，同时还发生不同丁烯异构体进行氢转移反应相互转化。美国 CR&L 公司的催化蒸馏选择加氢技术，将选择加氢反应段放在 MTBE 催化蒸馏塔醚化反应段的上部，可以同时进行醚化与选择加氢反应，除去 C_4 中的异丁烯和丁二烯。

催化蒸馏混合碳四选择性加氢 mixed C_4 selective hydrogenation through catalytic distillation 一种用于醚化反应或烷基化反应的原料精制工艺。在混合 C_4 中含有少量的二烯烃和炔烃会在催化剂上聚合形成胶质，进而影响催化剂的活性和使用寿命。在催化蒸馏塔内，二烯烃和炔烃加氢转化成单烯烃，同时还发生 1-丁烯转化为 2-丁烯的反应，可提高 2-丁烯的含量。催化蒸馏技术有利于提高反应的选择性。

催化蒸馏混合碳五选择性加氢 mixed C_5 selective hydrogenation through catalytic distillation 一种用于醚化反应的原料精制工艺。在混合 C_5 中含有少量的二烯烃会在催化剂上聚合形成胶质，进而影响催化剂的活性和使用寿命，可通过选择性加氢的方法予以脱除。采用催化蒸馏技术有利于提高反应的选择性。

催化蒸馏苯加氢技术 benzene hydrogenation through catalytic distillation 催化蒸馏技术用于苯加氢生成环己烷过程。苯进入催化剂床层上部，氢从床层下部加入。该技术的优点是液相苯与氢能充分接触，有利于加氢，另外苯的汽化可吸取大量反应热，使苯在系统中呈沸腾状态，反应温度可由压力进行控制；此外，液相苯对催化剂上生成的聚合物和焦炭具有洗涤效果，可延长催化剂寿命。

催化蒸馏重整油苯加氢技术 hydrogenation of benzene in reformate through catalytic distillation 一种降低重整汽油苯含量的催化蒸馏加工方法。美国 CDHydro 催化蒸馏技术是在同一个塔内先将重整汽油分为轻、重组分，包括苯在内的轻组分进入反应段，将苯催化加氢为环己烷，同时甲苯、二甲苯等重组分进入提馏段，从而避免了高辛烷值的甲苯、二甲苯等芳烃被加氢为低辛烷值组分。

催化蒸馏脱硫 CDHDS 技术 catalytic distillation hydrodesulfurization process CDHDS 过程是一种汽油重馏分选择性加氢脱硫技术。在装填有加氢脱硫催化剂的规整填料的催化蒸馏塔内，其中硫含量高、烯烃含量低的重组分在塔下段温度高、氢气浓度高的环境下脱硫，而硫含量低、烯烃含量高的中汽油在塔上段温度低、氢气浓度低的环境下脱硫，选择性地促进了脱硫反应而抑制了烯烃饱和反应。

CDHydro 轻汽油脱硫技术 CDTECH hydrodesulfurization for light gasoline CDTECH 的一种脱除轻汽

油馏分中含硫化合物，并同时实现汽油馏分切割的临氢技术。在装有催化剂的催化蒸馏塔内，轻汽油中的硫醇与双烯反应生成沸点高的硫化物而富集到塔底重馏分中，多余的双烯通过加氢脱除，在催化蒸馏塔顶得到硫含量很低的轻汽油馏分。

用于汽油加氢脱硫的 CDHydro/CDHDS 技术 gasoline hydrodesulfurization by CDHydro and CDHDS technologies 这是美国 CR&L 公司的一种全馏分汽油选择性加氢脱硫技术，是将上述 CDHydro 和 CDHDS 技术进行组合。该组合工艺具有脱硫率高且辛烷值损失小等优点。

催化蒸馏烷基化技术 alkylation through catalytic distillation 催化蒸馏技术用于烷基化反应主要是指苯与烯烃(少数工艺用卤代烃)反应生产烷基苯，如苯与丙烯烷基化制异丙苯、苯与乙烯烷基化制乙苯、炼厂干气制乙苯等。所用催化剂包括氟化硅铝、分子筛、杂多酸及离子液体等。

催化蒸馏制乙苯技术 ethylbenzene production by catalytic distillation technology 指以苯和乙烯为原料，苯由催化蒸馏塔反应段上部进料，乙烯从反应段下部进料，塔顶全回流，在反应段催化剂作用下反应生成乙苯的技术。催化蒸馏乙苯技术与传统固定床工艺相比，具有条件缓和、流程简单、转化率和选择性高等优点。

催化蒸馏制异丙苯技术 cumene production by catalytic distillation technology 美国 CR&L 公司的催化蒸馏生产异丙苯工艺。该工艺的催化剂用玻璃纤维或不锈钢丝网捆包有序排列在催化蒸馏塔反应段的筛板上。所用催化剂有两种，用于烷基化反应的是 Ω-沸石，用于烷基转移反应的是 Y-沸石。该工艺的优点是反应条件温和，可充分利用反应热，产品质量高；不足之处是反应段结构和工艺操作比固定床复杂。

催化蒸馏汽油苯烷基化技术 gasoline benzene alkylation through catalytic distillation 一种降低汽油中苯含量的加工方法，包括汽油中的苯与烯烃的烷基化反应，如苯与乙烯、丙烯在催化蒸馏塔内烷基化生成乙苯、异丙苯，以及苯与醇、醚等在催化蒸馏塔内发生的烷基化反应。采用催化蒸馏技术有利于提高反应的转化率和选择性。

催化蒸馏丁烯异构化技术 isomerization of butene-1 to butene-2 through catalytic distillation 美国 CR&L 公司公开了一种将 2-丁烯异构化为 1-丁烯的工艺，将含有 1-丁烯和 2-丁烯的混合 C_4 馏分加入催化蒸馏塔中，以 Pd/Al_2O_3 为催化剂，在氢气气氛中，部分 2-丁烯异构化为 1-丁烯，从塔顶得到富含 1-丁烯的物流，从塔底得到富含 2-丁烯的物流，并可将部分富含 2-丁烯的塔底物流返回塔中进一步异构化为 1-丁烯。

催化蒸馏齐聚技术 oligomerization through catalytic distillation 在催化蒸馏塔内实现低碳烯烃（通常指含有 2~6 个碳原子的烯烃分子）的齐聚反应，用于生产化工中间体或高辛烷值汽油组分，其中应用最多的是 C_8 和 C_{12} 齐聚物的生产。利用该技术可以提高原料转化率和产物选择性，不足之处在于催化剂更换比较困难。

催化蒸馏氯化技术 chlorination through catalytic distillation 在催化蒸馏塔内，原料苯与氯气在催化剂作用下发生反应，反应生产的氯化苯向下流入塔釜，塔顶未反应的苯回流，气体由塔顶排出。采用催化蒸馏氯化技术，可保证在保持氯化苯高选择性的同时大幅度提高苯的单程转化率，同时能有效地利用反应热，简化工艺流程。

催化蒸馏塔 catalytic distillation tower 催化蒸馏过程中的反应塔，一般分为 3 段：精馏段、反应段和提馏段。精馏段和提馏段与一般蒸馏塔作用相同，可以用填料或塔板。在反应段，将催化剂采用一定的装填方式固定在反应器内，既具有催化反应的催化功能，还具有分馏功能。催化剂床层要保持一定的空隙率，以满足精馏操作的需要。

催化蒸馏塔内催化剂装填 catalyst loading in catalytic distillation tower 催化剂的装填主要有四种方式：(1)催化剂颗粒直接放置在催化蒸馏塔塔板上或降液管内；(2)催化剂颗粒装入玻璃丝网袋或金属丝网袋，再将网袋卷成填料或直接放置在规整填料的缝隙中；(3)催化剂直接做成填料的形状装于塔内；(4)催化剂悬浮在塔板的筛网上靠上升蒸气处于悬浮状态。

MP-Ⅲ型催化蒸馏技术 MP-Ⅲ catalytic distillation technology 中国石化开发的一种催化蒸馏 MTBE 生产技术，催化剂直接堆放在反应段的催化剂床层中，并留有气相通道。向上流动的气相物料绕过催化剂床层与塔内向下流动的液相物料直接穿过催化剂床层，在催化剂作用下进行反应。各床层之间设分馏塔板，反应与分馏交替进行。该技术催化剂装填简单，投资低，异丁烯转化率 99.5%以上。

催化剂包 catalyst pack 美国 CR&L 公司开发的一种催化剂装填方式，将催化剂颗粒装入多孔容器中，再以特定方式做成催化剂构件。多孔容器的材质对反应呈惰性，对操作条件保持稳定，且必须保证催化剂粒子不会穿过小孔而漏出。所述容器可以是玻璃纤维、尼龙、聚酯和聚四氟乙烯的编织物，也可以是铝、不锈钢等丝网。

金属丝网管催化剂包 wire

gauze tubes catalyst pack 美国CR&L公司开发的一种捆扎包状催化蒸馏元件，是将多链节的或连续的管状元件放置在金属丝网上面，与捆扎包的纵向轴构成一定的角度排列，然后将丝网卷起。所述的管子由装有颗粒状催化剂的柔软的半刚性开式网管状元件组成，管状元件每1~12in(1in=0.0254m)长度有一紧固件形成多链结。

三明治式催化剂结构 sandwiched catalyst structure UOP公司与多家公司共同开发出了一种商品名为Ethermax的醚化技术，该技术将催化剂装填在两层填料间，类似"三明治"结构。主要用于生产ETBE，产品中含有少量叔丁烯，乙醇质量分数在10^{-4}以下。

苏尔寿公司催化剂结构 catalyst structure of Sulzer company 苏尔寿公司推出了Katapak-S型和Katapak-Sp型催化剂填充方式，把催化剂颗粒放入两片金属波纹丝网的夹层中形成横向通道使气液两相充分接触，使催化剂完全润湿，催化反应效率提高，传质效率和常规规整填料等同。适用于腐蚀性产品的生产，且当催化剂活性降低时可在塔内再生，当催化剂完全失活更换时，可再次将活性催化剂填充在网内。

悬浮床催化蒸馏技术 suspension catalytic distillation(SCD) 中国石化提出的悬浮床催化蒸馏技术，以苯与丙烯烷基化反应为模型反应，催化剂与苯经分散机均质化制成悬浮液，经计量泵打入反应段上部，丙烯由反应段下部进入反应塔。在反应段，粉状催化剂保持悬浮状态，并随液体沿填料表面向下的同时催化苯与丙烯进行烷基化反应。

催化蒸馏稳态模拟 steady-state simulation for catalytic distillation 又称催化蒸馏静态模拟。它是根据催化蒸馏过程的稳态数据，诸如物料的压力、温度、流量、组成、反应和有关的工艺操作条件、产品规格以及一定的设备参数，如催化蒸馏塔结构、进料位置等，通过对数学模型进行求解得出详细的物料平衡、热量平衡和反应进程等重要数据。

催化蒸馏动态模拟 dynamic-state simulation for catalytic distillation 催化蒸馏过程模拟的数学模型中，时间是主要自变量，过程对象的主要参数随时间而变化，参数随时间变化规律常用微分方程组来描述，这类模拟称为动态模拟。动态模拟主要用于研究化工过程在外部干扰作用下引起的不稳定过程，如开停车过程和间歇操作过程。

催化蒸馏稳态模拟平衡级模型 steady-state simulation equilibrium stage model for catalytic distillation 在催化蒸馏稳态模拟过程中，采用理论级数对催化蒸馏塔进行简化处理，并作以下假设：(1)化学反应仅发生在液相中；(2)各块塔板上气液相完全混合；(3)离开塔板的气液两相处于热力学平衡和相平衡。数学模型包括物料平衡方程、相平衡方程、组分加和方程、焓平衡方程以及反应动力学方程构成的方程组。

催化蒸馏稳态模拟非平衡级模型　steady-state non-equilibrium stage model for catalytic distillation 非平衡级模型又称反应–扩散模型。假设：(1)以气液相界面为界，两相分别作物料平衡和能量平衡，相界面两侧的传质、传热过程用传质、传热速率方程表达，相界面的阻力忽略不计，界面处没有质量和热量的累积；(2)气液两相在相界面处达到热力学平衡，而两相主体之间不存在热力学平衡关系；(3)反应由动力学方程控制。

简单蒸馏　simple distillation 又称微分蒸馏，是一种间歇、单级蒸馏操作，主要用于组分挥发度相差较大，分离要求不高的情况。原料液分批加入蒸馏釜中，通过间接加热使之部分汽化，产生的蒸气随即进入冷凝器，冷凝液作为馏出液进行收集，当馏出液平均组成或釜液组成达到规定要求后即停止蒸馏操作。

平衡蒸馏　equilibrium distillation 又称闪蒸。是一种连续、稳态的单级蒸馏操作，主要用于组分挥发度相差较大、分离要求不高的情况。原料液经加热升温至高于分离压力下的泡点温度，然后通过节流阀等降低压力至规定值，过热的液体在分离器中部分汽化，平衡的气液两相及时分离。平衡蒸馏器通常为闪蒸塔或闪蒸罐。

平衡级　equilibrium stage 指在该分离级上气液两相都充分混合，传质传热阻力均为零，不论进入该分离级的气液两相组成如何，离开分离级的气液两相组成上互成平衡，温度相等。

板式精馏塔　plate distillation column 为逐级接触式气液传质设备，由壳体、塔板、溢流堰、降液管以及受液盘等部件组成。液体在重力作用下自上而下依次流过各层塔板，至塔底排出；气体在压力差推动下，自下而上依次穿过各层塔板，至塔顶排出。每块塔板上保持着一定厚度的流动液层，气体通过塔板分散到液层中去，进行相际接触传质和传热。

二元蒸馏　binary distillation 指原料为仅由两种不同组分组成的混合物，利用两组分的挥发度差异，在蒸馏塔内轻组分以气相形式从塔顶排出，经冷凝后收集；重组分则以液相形式从塔釜排出，从而实现两组分的分离。

多元蒸馏　distillation of multi-component mixtures 又称多组分蒸馏。是将含有三个或三个以上组分的混合物通过蒸馏的方法实现分离的过程。多元蒸馏原理与二元蒸馏完全相同。双组分精馏许多概念处理方法也同样适用于多组分精馏中。

相对挥发度 relative volatility 组分 i 对组分 j 的相对挥发度定义为组分 i 气液相摩尔分数之比除以组分 j 气液相摩尔分数之比，即 $\alpha_{ij}=(y_i/x_i)/(y_j/x_j)$，式中，$y$ 为气相摩尔分数，x 为液相摩尔分数。对于组分互溶的混合溶液，习惯上将溶液中易挥发组分的挥发度对难挥发组分的挥发度之比，称为相对挥发度，以 α 表示。相对挥发度是精馏过程的基本依据，α 越大说明组分越容易通过精馏的方法分离。

清晰分割 clean cut separation 对于多组分精馏，最多只能对其中的两个组分规定分离要求，通常将规定了分离要求的组分称为关键组分。若塔顶产品中只有轻关键组分和比轻关键组分轻的组分，塔底产品中只有重关键组分和比重关键组分重的组分，这样一种分割称为清晰分割，除此之外的分割情况都称为非清晰分割。

轻关键组分 light key component 在多组分精馏过程中，规定塔釜馏出液中某个易挥发组分(轻组分)的含量不能高于某一限定值，此时塔釜馏出液产品质量满足要求，该组分称为轻关键组分。

重关键组分 heavy key component 在多组分精馏过程中，规定塔顶馏出液中某个难挥发组分(重组分)的含量不能高于某一限定值，此时塔顶馏出液产品质量满足要求，该组分称为重关键组分。

醚化 etherification 醇分子间脱水反应或由醇与烯烃加成反应生成醚类化合物的过程。两者均采用酸性催化剂，前者采用活性氧化铝或分子筛催化剂在较高的温度下(一般高于 200℃)进行，后者采用强酸性离子交换树脂在较低温度下(一般 40～80℃)进行。炼油工业中，广泛采用 C_4～C_6 叔碳烯烃与低碳醇(甲醇、乙醇)的醚化反应来制取醚类化合物，作为汽油的高辛烷值调和组分。重要醚化反应包括甲醇与异丁烯醚化生成甲基叔丁基醚，甲醇与异戊烯醚化生成甲基叔戊基醚，轻汽油与甲醇的醚化，以及甲醇脱水醚化生成二甲醚等过程。

含氧燃料添加剂 oxygenated fuel additive 用于改善燃料的燃烧性能的含氧有机化合物。主要包括用作汽油高辛烷值调和组分的醚类化合物，如甲基叔丁基醚、乙基叔丁基醚、甲基叔戊基醚等；醇类燃料主要是含生物质乙醇和异丁醇燃料；以及处于研究阶段的新型含氧燃料，如二甲醚、异丙醚、碳酸二甲酯等。这些含氧化合物能够提供氧含量，具有较好的燃烧性能，且加入后可使汽车尾气中 CO 和未燃烧烃减少。

甲基仲丁基醚 methyl sec-butyl ether (MSBE)甲醇与正丁烯的醚化产物，是 MTBE 合成过程中影响 MTBE 纯度的副产物之一，其辛烷值低于 MTBE，其他性质与 MTBE 类似，因此含少量 MSBE 的 MTBE 对用作燃料几乎没有影响。但如 MTBE 用作化工产品，应通过控制反应条件限制其生成，或将 MTBE 产品进行精制将其脱除。

乙基叔丁基醚 ethyl tertiary-butyl ether (ETBE)乙醇和异丁烯的醚化反应产物。与 MTBE 相比，其辛烷值高(RON 为 119，MON 为 103)，雷德蒸气压低(66kPa)。乙基叔丁基醚无毒，且水溶性小，能被好氧性微生物分解，因此是一种使用性能及安全性好的汽油高辛烷值调和组分。被认为是在 MTBE 禁用情况下的替代产品之一。

甲基叔戊基醚 tert-amyl methyl ether (TAME)叔戊烯与甲醇的醚化反应产物。RON 为 112，MON 为 99，稍低于 MTBE，但沸点较高(86℃)，雷德蒸气压较低(10kPa)，而毒性比 MTBE 小，是目前世界范围内认可的安全性好的汽油高辛烷值添加组分。工业上，一般采用稳定汽油中的 C_5 馏分为原料，经脱除碱性氮和双烯等有害杂质后，与甲醇混合，在一定温度和压力条件下，通过阳离子型磺酸树脂催化剂进行醚化反应而制得。

甲基叔己基醚 tertiary hexyl methyl ether (THME)异己烯与甲醇的醚化反应产物。其辛烷值比 TAME 低(RON 为 100，MON 为 90)，但沸点高，蒸气压低，更接近汽油组分，是一种很好的汽油高辛烷值添加组分。工业上，一般采用终馏点小于 75℃的轻汽油为原料来生产。生产工艺同轻汽油醚化。

二甲醚 dimethyl ether(DME)由甲醇脱水醚化制得。传统上采用硫酸催化剂，目前已多采用活性氧化铝、分子筛等固体酸催化剂。二甲醚燃烧充分，燃烧热效率高，燃烧过程中无残渣、无黑烟，CO、NO 排量低，是一种清洁燃料和燃料添加组分。可替代液化石油气应用于民用燃料，替代柴油应用于车用燃料，还可作为生产汽油和烯烃的中间体；用作发泡剂、气雾推进剂、制冷剂等。

二异丙基醚 diisopropyl ether (DIPE)又称二异丙醚和异丙醚，是一种性能与 MTBE、TAME 类似的醚化物，RON 为 107~110，MON 为 97~103，无毒，是一种环保型汽油添加组分。生产工艺有分离异丙醇副产物法、异丙醇脱水法、醇烯合成法和丙烯直接水合法。但由于生产成本较高，目前很少用作汽油添加组分。

催化裂化轻汽油醚化 FCC light gasoline etherification 催化裂化轻汽油与甲醇的醚化过程。一般取沸点低于 75℃的汽油馏分，其含有

C_5~C_7的异构烯烃，在催化剂作用下与甲醇进行醚化反应生成甲基叔戊基醚、甲基叔己基醚、甲基叔庚基醚类。随烯烃碳原子数的增加，醚化反应的平衡转化率减小，工业上一般采用反应蒸馏工艺以提高烯烃转化率。轻汽油醚化能提高汽油辛烷值，同时能降低汽油烯烃含量，增加汽油产量，是一种重要的汽油改质工艺。

醚化原料 etherification feed 可用于生产醚类产品的原料，包括甲醇、乙醇、异丙醇和叔丁醇等醇类化合物，以及丙烯、异丁烯、异戊烯、异己烯和异庚烯等烯烃。烯烃原料可采用纯烯烃，但炼油工业中为降低成本通常采用主要包括FCC、蒸汽裂解等过程副产的混合C_4或轻汽油等馏分。

醚化原料净化 etherification feed purification 将醚化原料(醇和烯烃)中影响醚化催化剂活性和寿命的有害杂质(如金属阳离子、碱性氮化物、双烯等)脱除的过程。工业上一般采用水洗或装有吸附剂的净化床来脱除金属阳离子和碱性氮化物，采用选择性加氢方法脱除双烯。一般要求醚化原料中金属阳离子和碱性氮化物含量小于1μg/g，双烯小于1000μg/g。

醚化活性烯烃 reactive olefins for etherification 在通常的条件下能与醇进行醚化反应的烯烃，主要包括叔碳烯，如异丁烯、2-甲基-1-戊烯、2-甲基-2-戊烯等。由于在FCC副产的C_4和C_5馏分中，叔碳烯含量一般不高，因此常以醚化后的C_4和C_5原料进行骨架异构反应，将正构烯烃异构成叔碳烯烃，以增加醚化物的收率。

醚化未反应碳四 unreacted C_4 raffinate from MTBE unit MTBE生产装置中经水萃取塔脱除甲醇后剩余C_4馏分，其组成随MTBE装置C_4原料和加工方案不同而有很大差异。一般由异丁烷、正丁烷、正丁烯、顺反2-丁烯和少量异丁烯组成，主要用作液化气，也可以作甲乙酮、乙酸仲丁酯、芳构化和异构化的原料，还可用于分离出聚烯烃所需的共聚单体1-丁烯。此外，还可把这些C_4烯烃催化裂解生产丙烯和乙烯。

醚化催化剂 etherification catalyst 用于醇脱水和醇烯加成反应的酸性催化剂。传统的醚化反应采用硫酸和BF_3等液体酸催化剂，现已被固体酸催化剂所取代。醇脱水已采用活性氧化铝和沸石分子筛作催化剂，醇烯加成反应采用大孔强酸性离子交换树脂、沸石分子筛、杂多酸等作催化剂。

强酸性离子交换树脂醚化催化剂 strong-acid ion exchange resin etherification catalyst 由苯乙烯-二乙烯基苯在引发剂、致孔剂和表面活性剂等助剂存在下进行悬浮共聚得到白球，再经磺化得到的强酸性大孔树脂小球。作为醚化催化剂，一般要求交换容量（干剂）≥4.8 mmolH^+/g，耐温性能≥120℃，粒径大小 0.4～1.2mm，另外对强度和堆密度也有一定要求。其优点是烯烃转化率高，选择性好，且价格便宜，因而在工业上获得广泛使用；缺点是，耐温性能较差且失活后一般不能再生。

分子筛醚化催化剂 molecular sieve etherification catalyst 由合成沸石经氢交换和其他改性处理得到的醚化催化剂，主要包括 HZSM－5、Hβ、HY 等。沸石分子筛以其独特的孔道结构、很高的热稳定性、可调节的酸性质及可再生性，被认为是很有希望代替树脂类的醚化催化剂。其缺点是活性低于树脂、容易失活，且制造成本较高。目前主要用于反应温度较高的醇脱水醚化过程。

醚化催化剂毒物 etherification catalyst contaminant 醚化原料中影响催化剂活性和寿命的杂质，包括金属阳离子、碱性氮化物、氰化物、硫化物和双烯等。金属阳离子、碱性氮化物、氰化物会中和催化剂的酸性中心而使其失活，硫化物容易引起催化剂骨架的破坏，而双烯主要是引起催化剂表面积炭而使催化剂失活。

醇烯摩尔比 molar ratio of alcohol to olefin 醚化反应过程中醇与烯烃的摩尔比，是醚化过程中需要控制的重要操作参数之一。醇烯醚化反应为化学平衡反应，为提高烯烃转化率和选择性，一般需要适当提高醇烯比，但过高的醇烯比会增加后续醇回收的难度和能耗。在 MTBE 合成反应中，醇烯比一般控制在 1.0～1.1。在要求较高的情况下，可采用在线分析仪器分析醇烯比，实现在线控制。

醚化反应机理 etherification reaction mechanism 醇烯的醚化反应一般认为遵循正碳离子机理，首先，烯烃在酸性催化剂的作用下进行质子化反应，生成正碳离子；作为中间体的正碳离子再与亲核试剂（醇）反应生成醚。反应过程中一般醇是过量的，起溶剂和亲核试剂作用，对反应速率影响不大，烯烃的质子化为反应控制步骤。研究中，通常采用 R－E 模型或 L－H 模型来推导反应动力学方程，研究表明醚化反应对烯烃为 1 级反应，对醇为 0 级反应。

醚化预反应器 etherification prereactor 在醚化物生产工艺中，安装于主醚化反应器（催化蒸馏塔）前的醚化反应器，一般采用固定床反应器。其目的是使醇和烯烃先进行部分反应，并使原料进行净化，从而减小主醚化塔的大小，并延长主醚化塔催化剂的使用寿命。由于预醚化反应器催化剂一般失活较快，常设置两个反应器切换使用。

泡点床醚化工艺 bubbling bed

etherification process 美国 CDTECH 的一种在反应混合物的泡点状态下操作的固定床醚化工艺，在国内称为混相床醚化工艺。反应器结构与固定床基本相同，在操作时控制反应器内的压力和温度，使部分反应物料吸收反应产生的热量。其优点是结构简单、温度控制均匀、无热点产生、反应热得到有效利用。缺点是反应器要求原料中异丁烯含量在一定范围内，含量过低，反应物料不汽化；含量过高，产物会发生逆反应，且对控制系统要求较高。

列管式固定床醚化工艺 tube-shell type fixed bed etherification process 又称管束式醚化工艺。其结构与管壳式换热器相似，由管束、壳体、两端封头等组成。在管子内装有醚化催化剂进行反应，在管外通入热水以移出反应放出的热量，维持反应温度恒定。其优点是反应器操作简单，床层的轴向温差小；缺点是结构复杂，制造及维修较麻烦，且催化剂装卸比较困难。

膨胀床醚化工艺 expanded bed etherification process 一种上行式固定床醚化工艺，其结构与固定床类似。在催化剂顶部留有一定的空间，反应物料从底部以一定的流速进入，在上升流体的作用下，反应器内催化剂床层处于膨胀状态，催化剂颗粒有不规则的自转和轻微扰动。其优点是结构简单，整个床层压降小且恒定，床层径向温度分布均匀，催化剂装填容易等；缺点是要求催化剂有一定的强度和抗磨能力，同时要采取打冷循环液的措施以取出反应产生的热量。

外循环固定床醚化工艺 external circulation fixed bed etherification process 一种利用外循环换热来取走反应热量的固定床醚化工艺。反应系统由筒式固定床反应器、循环泵和换热器组成。其优点是结构简单，操作灵活；缺点是催化剂利用率低，反应热不能利用，且采用外循环泵将增加一定的电耗。

混相床醚化工艺 mixed phase bed etherification process 又称泡点床醚化工艺。

催化蒸馏醚化工艺 catalytic distillation etherification process 一种利用蒸馏塔来进行醚化反应的工艺。反应塔由精馏段、反应段和提馏段组成。催化剂以特殊包装方式或散装方式布置在反应塔中构成反应段，催化反应与蒸馏同时进行，可突破化学平衡限制并直接将反应热用于蒸馏。优点是烯烃转化率高、能耗低、流程简单、投资低；缺点是结构复杂，催化剂装卸不方便，对施工质量要求较高。

混相反应蒸馏醚化工艺 etherification process by mixed phase reactive distillation 由中国石化开发的一项催化蒸馏醚化新工艺。反应塔的结构与催化蒸馏类似，只是在催化蒸馏塔的反应区下面增设一段混相反应区，物料从混相区顶部进入反应塔，会同上部的液相强制向下流动穿过催化剂床层进行醚化反应，混相床中设置有气相上升通道。该技术保留了催化蒸馏的特点，但进一步增加了反应区域，可进一步简化流程，降低能耗。

共沸蒸馏塔 azeotropic distillation column 在 MTBE 合成过程中，用于将 MTBE 产物与未反应的 C_4 和甲醇分离的蒸馏塔。甲醇的沸点高于 MTBE，但能与 C_4 形成最低沸点的恒沸物，因此能与 C_4 一起从塔顶排出，塔底得到 MTBE 产品。由于甲醇在恒沸组成中摩尔分数较低，且随操作压力的降低而减小，因此，塔进料须控制一定的甲醇含量且分离塔须在一定压力下操作，才能保证甲醇完全被 C_4 从塔顶带出。

甲醇萃取塔 methanol extraction column 以水为萃取剂将未反应 C_4 中甲醇脱除的分离塔。塔内装塔内件(填料或塔盘)，顶部扩径。水从塔的上部进入，含甲醇的 C_4 从下部进入，两者逆流接触(水为连续相)，使 C_4 中的甲醇进入水相。含甲醇的水相经塔釜沉降后从塔釜排出，C_4 相经顶部扩大段减速沉降，使 C_4 不含游离水，从顶部排出。C_4 中甲醇质量分数一般可控制在低于 0.01%。

甲醇回收塔 methanol recovery column 在 MTBE 合成工艺中，用于从含有甲醇的水中回收甲醇的精馏塔。本塔为常压(或微正压)操作的精馏塔，既可采用板式塔，也可采用填料塔。要求从塔顶回收甲醇含有水的质量分数小于 1%，才能返回反应系统，从塔底排出的水甲醇质量分数要小于 0.1%。一般需要根据进料量和组成，调节塔釜加热量和回流比，来满足分离要求。

MTBE-TAME 联合生产工艺 MTBE-TAME coproduction process 美国 CDTECH 的联合生产 MTBE 和 TAME 的醚化工艺。本工艺将精制后的 C_4 和 C_5 馏分同时进入醚化反应系统中，在最大 MTBE 产量的条件下操作，异戊烯转化率大约在 50%。反应产物进入产品分离塔，从塔底得到 MTBE、TAME 和 C_5 馏分的混合物，冷却后直接作产品外送，从塔顶得到含甲醇的 C_4，进入甲醇萃取和回收系统。本工艺在一定条件下，可用较少投资，获得较多含氧醚化物，从而达到较佳的经济效益。

叠合醚化工艺 dimerization-etherification process 由中国石化开发的一种联产异辛烯和 MTBE 的新技术。其原理是将异丁烯与控制量的甲醇在同时具有叠合和醚化活性催化剂的作用下，发生异丁烯的醚化和选择性叠合反应，生产 MTBE 和异辛烯。叠合物和 MTBE 产物的比例可通过进料醇烯比进行调节。

叠合产物可经分离得到二异丁烯作为精细化工原料，或进行加氢制取异辛烷。

化工型甲基叔丁基醚装置 chemical type MTBE unit 以生产高纯度MTBE或脱除C_4中异丁烯为目的的醚化装置。前者要求精细控制C_4进料组成和操作条件，以获得高纯度的MTBE产品，满足制取高纯度异丁烯等化工单体要求；后者要求采用多级反应-分离或催化蒸馏工艺，将使混合C_4中的异丁烯几乎完全反应，满足制取高纯度1-丁烯或制取其他化工原料要求。

炼油型甲基叔丁基醚装置 refining type MTBE unit 以生产汽油高辛烷值组分为目的的醚化装置。此类装置对异丁烯的转化率和MTBE的产品纯度无特殊要求，因此对原料和反应条件的控制要求较松，工艺过程可采用外循环固定床、膨胀床、混相床、催化蒸馏等各种工艺，MTBE纯度要求95%以上即可。

甲基叔丁基醚裂解 MTBE cracking MTBE在固体酸催化剂的作用下分解为异丁烯和甲醇的反应过程，是一条比较理想的生产高纯度异丁烯的工艺路线。一般采用氧化铝或二氧化硅为载体负载的硫酸氢铵(钾)为催化剂，采用列管式反应器，在170~230℃、0.2~0.6MPa、液相空速0.5~2h^{-1}的条件下操作，MTBE转化率高于90%，异丁烯和甲醇选择性均大于99.9%。

甲基叔丁基醚替代技术 afternative technologies for MTBE 在MTBE受到限制或禁止使用的情况下，用于改造MTBE装置生产替代产品的技术，主要包括乙基叔丁基醚生产技术和异辛烷生产技术。乙基叔丁基醚由乙醇和异丁烯醚化得到，异辛烷由异丁烯二聚后加氢得到。两者均可将MTBE装置的反应系统和分离系统经适当改造后即可生产。

2.15 气体分馏

气体分馏 gas fractionation 又称气体精馏。通过精馏的方法，从炼油厂液化气中制取纯度较高的单体烃(如丙烷、丙烯、丁烷、丁烯等)或某类烃的窄馏分(如丙烷-丙烯馏分、丁烷-丁烯馏分等)的过程。由于气体烃的沸点低，同系烃的沸点相近，气体精馏要在相当高的压力下进行，而且所需塔板数较多，回流比较大，主要靠塔底重沸器供热。炼油厂主要用于分离回收催化裂化中的丙烯、丙烷、C_4等产品。

气体分馏热泵工艺 heat pump technology for gas fractionation 热泵是将低温位热源的热转换为高温位热源的一种设施，可节约能量。在丙烯-丙烷分离系统中，利用热泵原理，将丙烯塔塔顶的丙烯(蒸气)

通过压缩机组压缩提高温位，作为塔底热源（利用蒸气冷凝热），从而达到节能的一种气体分馏工艺流程。

气体分馏三塔流程 three-tower process for gas fractionnation 气体分馏的一种流程，由脱丙烷塔、脱乙烷塔、丙烯精馏塔组成。液化气先后经过脱丙烷塔、脱乙烷塔和丙烯精馏塔的分离，得到干气（C_2）、丙烷、丙烯和 C_4组分。

气体分馏四塔流程 four-tower process for gas fractionation 如果气体分馏三塔流程中分离出的 C_4 馏分中含过多的 C_5^+ 组分，则需要增加脱丁烷塔，即构成四塔流程，以满足下游 MTBE、烷基化等装置对 C_4 原料的要求。

气体分馏五塔流程 five-tower process for gas fractionation 在气体分馏四塔流程基础上，增加 C_4 分离塔的一种气体分馏流程。C_4 分离塔的作用是将 C_4 馏分分离为轻 C_4 和重 C_4 馏分，轻 C_4 馏分富含异丁烯和异丁烷，用作MTBE和烷基化装置的原料。设置 C_4 分离塔的目的主要是为了调节烷烯比，以满足烷基化装置的进料要求。

丙烯-丙烷分离塔 propylene-propane separation tower 用于分离丙烷和丙烯混合物的分馏塔，塔顶获得高纯度的丙烯产品。塔的总塔板数接近200多层，故一般分为丙烯塔（1）和丙烯塔（2）两塔串联操作。

聚合级丙烯 polymer grade propylene 指纯度>99.6%的丙烯产品。为满足下游化工装置，如聚丙烯、丁辛醇等装置对丙烯原料的纯度要求，气体分馏装置需要通过采用高效塔板和（或）增加丙烯塔塔盘数量等手段提高丙烯-丙烷分离精度。

化学级丙烯 chemical grade propylene 指纯度>95%的丙烯产品，主要用于对原料丙烯纯度要求不是特别严格的化工产品生产，如丙烯腈、丙酮、环氧丙烷、甘油、聚丙烯树脂等。

2.16 制氢

制氢 hydrogen production 氢气的制取方法。工业上制氢常用煤焦造气法、烃类蒸汽转化法、电解水法和甲醇蒸汽重整法等。

水蒸气转化法制氢 hydrogen production by steam reforming（SR）烃类和水蒸气在催化剂床层转化成主要含一氧化碳、二氧化碳和氢气的转化气，转化气再经提纯后得到产品氢气的工艺技术。

自热催化转化法制氢 autothermal reforming process（ATR）丹麦托普索公司开发的一种将部分氧化和水蒸气转化相结合的制氢方法。将天然气或石脑油原料气、富氧空气和水蒸气预热到540～650℃后，引入自热反应器顶部，产生部分燃烧，利用其反应热作为烃类在反应器下部进行水蒸气转化的热源。优点是可以不用高级合金钢管，但需制氧设备，且只能用天然气、丁烷、石脑油等轻质原料。

部分氧化法制氢 hydrogen production by partial oxidation 利用原料与氧气和水蒸气部分燃烧释放热量引起烃的裂化和转化制取氢气的方法。

轻质原料制氢 hydrogen production from light hydrocarbon feedstock 以天然气、炼厂干气或轻烃、石脑油等轻质油品为原料，用水蒸气转化法制取氢气，是炼油厂制取氢气的最常用工艺方法。具有原料来源广、易获得、技术稳定可靠、投资省和氢气收率高等优点。但随着原油价格的高涨和轻质油品用于高附加值产品生产的需求增加，轻质原料制氢的成本也随之大幅上升。

重质原料制氢 hydrogen production from heavy hydrocarbon feedstock 以重油、沥青、水煤浆、干粉煤等为原料，采用部分氧化法，与水蒸气及氧气反应制得含氢气体产物。反应所需热量由部分重质原料燃烧提供。

联合自热式转化技术 combined autothermal reforming technology (CAR)是在一个反应器中实现蒸汽转化和部分氧化的制氢技术。基本流程为：蒸汽和一部分一段进料首先进入反应器上部蒸汽转化段，在转化炉管中发生吸热反应。第一段排出的氢气、一氧化碳、二氧化碳、残余甲烷和蒸汽混合物被送入反应器下部的部分氧化段，与氧气及剩余部分原料(第二段进料)相混并进一步转化。第二段产品气的显热直接用作第一段转化部分的热源，因此不需要燃料，也不排放烟气。

对流转化制氢工艺 convection reforming process 采用托普索对流式转化炉(HTCR)的制氢工艺。对流式转化炉将常规转化炉的辐射段和废热回收段置于一体，包括燃烧室和反应管束两个部分。工艺气自上而下进入反应管内反应，然后转入转化管中心的上集气管从顶部出反应器，燃烧室燃烧产生的高温烟气从反应管束底部上升，与反应管内的工艺气换热。对流式转化炉结构紧凑，强化了蒸汽转化反应的热量传递，避免了常规转化炉的热量过剩(常用于产汽)。小型转化炉可以在生产车间组装，现场进行安装，维护和安装更加简单。

LCH 法制氢工艺 leading concept hydrogen process(LCH)英国 ICI Katalco 公司开发的制氢专利工艺，是一种完全取消辐射式转化炉的工艺。该工艺采用气体加热转化器(GHR)代替辐射式转化炉。转化反应分两段进行，出 GHR 的工艺气在二段转化器中与空气(或纯氧)

产生部分氧化反应，出二段反应器出口工艺气的显热为GHR提供转化反应热。具有投资低、占地面积省、烟气排放量少等优点。该工艺1988年首次应用于合成氨装置，1994年又应用于合成甲醇装置。

制氢原料气净化　purification of feed gas for hydrogen production 对制氢装置的原料气进行处理，去除原料气中所含的硫化氢和有机硫化物(二硫化碳、氧硫化碳、硫醇、噻吩等)及烯烃，以防止转化、变换、甲烷化等后续过程所用催化剂中毒。

氧化锌法脱硫　zinc oxide desulfurization 以氧化锌为脱硫剂的脱硫方法，普遍用于制氢原料气的脱硫。氧化锌既是催化剂，又是吸附剂。在操作温度(200～400℃)下，原料气中的硫醇和二硫化物催化分解成硫化氢而被氧化锌吸收。此法不能使其他硫化物如氧硫化碳、二硫化碳、噻吩等转化成硫化氢，所以一般不单独使用，而是与加氢脱硫串联使用。氧化锌对硫化氢的吸附性能好、硫容量大，但吸收后转化成硫化锌，不能再生。

氧化锰法脱硫　manganese oxide de sulfurization 以氧化锰为脱硫剂的脱硫方法。用于制氢原料气的脱硫，操作和作用原理与氧化锌法基本相同。

一氧化碳变换　carbon monoxide conversion 制氢转化气的净化过程之一。指一氧化碳和水蒸气在催化剂作用下生成二氧化碳和氢气的过程。转化气中的一氧化碳和二氧化碳是加氢催化剂和氨合成催化剂的毒物，而且会腐蚀管道和设备，因此都必须脱除。但清除二氧化碳比一氧化碳容易得多。变换的目的就是使一氧化碳变换成易于清除的二氧化碳，同时增加氢气产量。通常采用中温和低温二段变换流程。

二段变换　two-stage conversion 水蒸气转化制氢过程中，将一氧化碳转化为二氧化碳的中温(315～510℃)、低温(180～300℃)两段变换过程。一段是中温变换，在较高温度下进行，以提高反应速度；二段是低温变换，以提高平衡转化率。一段变换气经换热降温后进二段变换，在较低温度下进行反应，以提高平衡转化率。采用两段变换可获得较高的最终变换率。

耐硫变换　sulfur tolerant shift 指转化气中的CO和水蒸气在耐硫催化剂的作用下生成氢气和二氧化碳的过程。

常规法制氢流程　conventional hydrogen production process 水蒸气转化法制氢工艺的一种氢气提纯方式，采用化学吸收和甲烷化对粗氢气进行提纯的流程。

PSA法制氢流程　PSA hydrogen purification process 水蒸气转化法制氢工艺的一种氢气提纯方式，采用变压吸附(PSA法)对粗氢气进行提纯的流程。

弛放气 purge gas 制氢过程中，变换气经过氢气提浓后的排放尾气。

甲烷化 methanation 在催化剂作用下，使一氧化碳和二氧化碳与氢作用转化成无害的甲烷和水的过程。

碳转化率 carbon conversion 指工艺气体中碳总量占入炉总碳量的百分数。

脱碳 decarbonizing process 制氢转化气的净化过程之一，指脱除变换气中的二氧化碳，使其含量低于0.3%。脱碳方法一般分为物理吸收和化学吸收两大类。物理吸收的常用溶剂有水、低温甲醇、低温液氮等。化学吸收的常用溶剂常有乙醇胺、MDEA、热碳酸钾溶液等。

水碳比 steam/carbon ratio 水蒸气分子数和原料中碳原子数比，是烃-水蒸气转化过程的一个主要操作参数。增加水碳比，有利于原料的充分利用，可以防止积炭，所以实际采用的水碳比比按化学平衡计算的值(称最小水碳比)大得多。但过高，将导致蒸汽消耗增大，炉管内阻力降增加，燃料消耗也加大。目前工业上采用的水碳比在2~5之间。

低温甲醇洗 cool methanol absorption 是利用甲醇物理吸收脱除合成气中酸性气(H_2S、CO_2)的常用方法。特点为：(1)吸收能力大，溶剂循环量小，动力消耗小；(2)对CO_2和H_2S可选择性吸收；(3)溶剂无腐蚀性，设备仅需用碳钢；(4)溶剂损失小，价格便宜。主要有鲁齐公司工艺(Rectisol process)和林德公司工艺，其净化度、能耗和消耗水平大体相当。

转化气 reforming gas 原料气和水蒸气通过转化炉后的生成气。以石脑油为原料时，转化气中约含氢70%~75%，一氧化碳10%，二氧化碳15%，甲烷4.5%。

助熔剂 agent of fusion 泛指各种可以降低物质熔点的物质。

灰熔点 ash fusion point 由各种矿物质组成的混合物，没有一个固定的熔点，只有一个熔化温度的范围，其熔融性称灰熔点。根据矿物质成分不同，其灰熔点比其某一单个成分灰熔点低。灰熔点的测定方法常用角锥法：将其与糊精混合塑成三角锥体，放在高温炉中加热，根据灰锥形态变化确定变形温度(DT)、软化温度(ST)和熔化温度(FT)。一般用ST评定其熔融性。

硫穿透 sulfur penetration 在以氧化锌等脱硫剂进行制氢原料气脱硫过程中，当脱硫剂床层被床层中的硫所饱和时，出口物中开始含硫，这种现象称为硫穿透。一般当出口气含硫量超过0.5mg/L时，即认为硫穿透，需要更新催化剂。

硫容量 sulfur capacity 在以氧

化锌等脱硫剂进行制氢原料气脱硫过程中，每单位质量新脱硫剂能够吸收硫的数量，一般以硫穿透时(床层被硫饱和)床层平均每100kg新脱硫剂吸收硫的千克数表示。

示温漆 temperature indicating paint 一种工业用的特殊涂料。涂膜遇热达一定温度范围时改变颜色，可用来指示被涂覆物件的温度。按照涂膜的变色情况分可逆性示温漆(降温后恢复原来颜色)和不可逆性示温漆两种。可用于炼油厂的高温、高压反应器外表面，以观察是否发生局部过热。

夹心层脱硫器 desulfurization reactor with sandwiched catalyst 制氢原料气脱硫用反应器，适用于处理含噻吩化合物的高沸点原料。脱硫剂由两层氧化锌中间夹一层钼酸钴催化剂组成。在第一层氧化锌中，硫醇等硫化物催化分解成硫化氢而被吸收；噻吩化合物在钼酸钴上转化成硫化氢，被第二层氧化锌吸收。

转化炉 reformer 水蒸气转化制氢的关键设备。炉中有许多排转化炉管，管内装有催化剂。原料气经对流段预热至500℃左右，自上集气管分配到上猪尾管进入转化炉管，进行反应。转化气经下猪尾管由下集气管出炉。根据给热的方式，转化炉可分顶部烧嘴转化炉、侧壁烧嘴转化炉、梯台式转化炉三类。

阶梯式炉 terrace furnace 基本型式与立式炉相同，炉管在中间立式布置，两边炉墙呈1~2个台阶，台阶上安放上烧式燃烧器，形成敷墙火焰。这种多层燃烧可以使炉管在长度方向上热强度均匀，同时炉管是双面辐射，炉管的平均热强度较高。适用于一些工艺有特殊要求的炉子如制氢转化炉。

顶部烧嘴转化炉 top-fired conversion heater 一种制氢转化炉。燃烧器布置在辐射室顶部，转化管为单排管双面辐射受热。火焰与炉管平行，垂直向下燃烧。烟气下行，与转化管内介质并流，从炉膛底部烟道离开辐射室。对流室布置在辐射室旁边。其优点是火焰集中在炉膛顶部，最高管壁温度和热强度的峰值同时出现在转化管顶部，有利于满足转化反应上部新鲜原料反应速度快、吸热量大的要求。燃烧器数量少，转化管排列紧凑，节省投产和占地。缺点是转化管设计壁温高，纵向温度不能调节，在操作末期或催化剂积炭情况下，易造成管壁温度升高，影响寿命。

梯台式转化炉 terrace type conversion heater 一种制氢转化炉。炉两侧设计成倾斜状，每段斜墙底部设一排烧嘴，由侧壁将热量传给反应管。炉体有单膛式、双膛式和三膛式。这种炉型具有顶部烧嘴炉型的优点，烧嘴能量大，数量少，操作方便，也结合了侧壁烧嘴炉型的特点，烧嘴沿侧壁燃烧，加热均匀，炉膛温度高，但侧壁结构复杂，施工要求高。

猪尾管 pigtail 转化炉中连接集合管和反应管的小管。转化炉操作时，反应管将受热伸长，上下集气管也有所伸长，彼此相对位移很大，可利用猪尾管挠性来吸收其膨胀量。

集合管 header；manifold 一种具有多个开口的管子，上面可以接多个分支管，从而可与多个其他部件相连通。在制氢装置中，主要指转化炉出入口管线。

预转化反应器 pre-converting reactor 在制氢装置中设置在转化炉前的反应器，可使一部分烃类在进入转化炉之前就进行转化，从而减少转化炉的负荷。可将较重的进料基本上都转化为甲烷，即使原料有所变化，主转化炉操作条件也相对稳定，这样就使制氢装置对进料具有很大灵活性。

换热式气体加热转化器 gas heated converter ICI Katalco 公司开发。在合成氨装置中，在合成氨装置转化工段要制取合格的 H_2/N_2 气体，因此要在二段转化炉内加空气完成部分氧化反应。为了节能，将二段转化出口高温气体作为一段转化的热源。在以天然气为原料的合成氨厂应用有一定节能效果，但不适用于制氢装置。

气化炉 gasifier 一种以生物质煤、焦炭或渣油等为原料，以空气(氧气)为气化剂，转化生成合成气的设备。按气化介质流动形式分为固定床、流化床和气流床等。按专利商的技术特点分德士古炉、壳牌炉、鲁奇炉、科柏炉、K-T 炉、多喷嘴对置式气化炉等。

多喷嘴对置式气化炉 gasifier with opposed multi-burners 华东理工大学开发的具有自主知识产权的水煤浆气化技术的核心专利设备。是一个多喷嘴对置的竖式气流床，在炉体周边同一水平面或多个水平面对称设置两个或两个以上的喷嘴。煤气与液渣并流且呈向下流动，由气化炉下部的出口排出炉外，气化炉碳转化率可达 98%，水蒸气分解率可达 25%。该种气化炉具有处理负荷高、混合效果好、转化率高、气化反应进行完全等优点。

2.17 润滑油基础油

润滑油基础油全氢型工艺 all hydroprocessing technology for lube base oil production 由加氢裂化(处理)-催化脱蜡或异构脱蜡-加氢精制组成的润滑油基础油生产工艺，从原料处理到产品基础油精制整个过程全用加氢技术完成，生产高质量 API Ⅱ/Ⅲ类基础油。其中 Chevron 公司的润滑油异构脱蜡 IDW 技术、ExxonMobil 公司的 MSDW 技术和中国石化的润滑油加氢处理 RHW 技术为典型的基础油生产全氢型工艺流程。Chevron 公司的 IDW 技术由 isocracking-isodewaxing-hydrofinishing 三段工艺构成，以 Pt/SAPO-11 为异构脱蜡催化剂，以 VGO 或加氢裂化尾油为原料，生产 API Ⅱ/Ⅲ类基础油。ExxonMobil 公司 MSDW 技术以含蜡油(或加氢裂化尾油)为原料，经过贵金属/专用异构脱蜡催化剂(MSDW)生产 API Ⅲ类基础油。中国石化开发的加氢处理-临氢降凝-高压加氢后精制(RHW)工艺流程，采用高活性的 Ni-W 型加氢处理催化剂和择形分子筛为基础的临氢降凝催化剂，可适应原料油凝点的波动，从环烷基原料生产高质量光亮油和橡胶填充油，从石蜡基或中间基进料可生产 API Ⅱ/Ⅲ类内燃机基础油。

润滑油基础油组合工艺　combined process for lube base oil production 为 Shell 公司润滑油基础油生产工艺。润滑油进料的轻质馏分油经溶剂抽提加工；重质馏分油溶剂抽提后，再经加氢处理；脱沥青油可直接进行加氢处理。组合工艺对原料有较大的灵活性。根据原料质量选定溶剂抽提深度，可以得到组成稳定的加氢处理进料。组合工艺只增设一套加氢处理装置，使润滑油厂的生产能力和基础油收率提高。

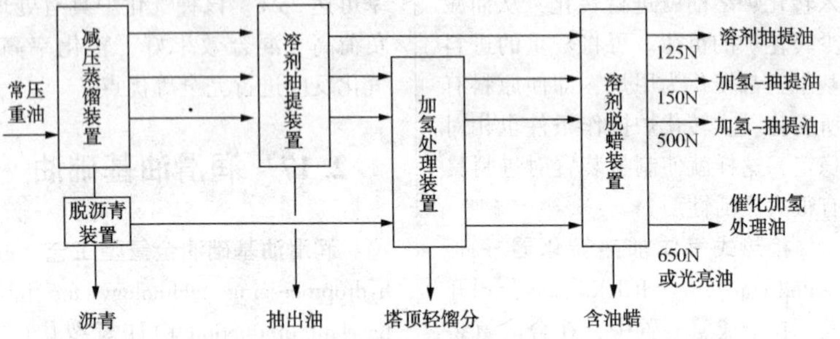

Shell 润滑油基础油组合工艺流程

润滑油加氢处理　lube oil hydrotreating 又称润滑油加氢裂化(有别于燃料型加氢裂化)或润滑油加氢改质。转化深度约 30%，操作压力 15～18MPa，温度 350～420℃，空速≤$0.5h^{-1}$，脱除绝大部分硫、氮和多环芳烃，并进行适度开环反应，以大幅度改善油品的黏温性能，是生产重质基础油或 API Ⅱ/Ⅲ类高黏度指数基础油的重要加氢技术之一。

润滑油异构脱蜡　lube oil isodewaxing process 在氢气和择形分

子筛催化剂(如含 Pt 或 Pd 的 SAPO-11、ZSM-22/48 等)的存在下，将润滑油馏分中的高凝点正构烃异构化成低凝点的支链同分异构烃，仍保留在油中。生产 API Ⅱ/Ⅲ类基础油，与催化降凝相比，有更高的收率和黏度指数。

润滑油(高压)加氢后精制 lube oil high pressure hydrofinishing 转化深度较高的基础油加氢法生产流程中，通常需要安排高压加氢后精制，脱除少量残留的芳烃和不稳定的化合物如烯烃等，得到颜色、稳定性好的基础油作为产物或下游工艺的进料。

润滑油加氢改质技术(RLT) lube oil hydrotreating under moderate pressure(RLT)见 79 页“RLT 临氢降凝工艺”。

润滑油低压临氢降凝技术 lube oil hydrodewaxing under low hydrogen pressure 又称催化脱蜡。在择形分子筛催化剂和低压氢气存在下，选择性地断裂高凝点正构烷烃，从而降低油品凝点的工艺过程。该技术已工业应用于柴油临氢或非临氢降凝及润滑油催化降凝过程。

加氢裂化-选择性异构脱蜡(MSDW)技术 hydrocracking selective isodewaxing process(MSDW™) ExxonMobil 公司推出的以 Pt/一维分子筛为催化剂的润滑油异构脱蜡工艺，将来自上游加氢裂化(处理)的原料中高凝点正构烃选择性异构化，降低润滑油品倾点的技术。催化剂为 MSDW-1 和 MSDW-2。

两段加氢异构化技术 two-stage hydroisomerization process for producing lubricant oil 指以加氢裂化尾油或费-托合成蜡为原料，通过催化脱蜡或加氢裂化/异构脱蜡两段法生产 VHVI 基础油。如 Shell 公司的 XHVI 基础油加氢裂化(处理)/异构脱蜡生产技术和加工加氢裂化尾油生产基础油的 Lyondell、Criterion 异构化/催化脱蜡技术。

润滑油催化脱蜡技术 lube hydrodewaxing process(MLDW)是 Mobil 公司开发的工艺。见“润滑油低压临氢降凝技术”。

润滑油选择性催化脱蜡技术 见“加氢裂化-选择性异构脱蜡(MSDW)技术”。

蜡异构化技术 slack wax isomerization process ExxonMobil 公司的 MWI 工艺，将石蜡或高含蜡油进行异构化，可生产 API Ⅲ⁺类基础油，基础油具有极高的黏度指数和很小的挥发度。该工艺适用于石蜡或 GTL 蜡临氢异构化生产高档基础油，催化剂已发展到第二代 MWI-2。

天然气合成蜡(GTL wax)润滑油基础油生产工艺 process for base oil production from GTL wax 见“石蜡或费-托合成蜡生产超高黏度指数基础油技术”。

石蜡或费-托合成蜡生产超高黏度指数基础油技术 UHVI base oil fromwax/GTL wax by isomerization-solvent dewaxing process 以石蜡或GTL蜡为原料，通过异构化反应-溶剂脱蜡组合工艺生产润滑油基础油的技术。生产的基础油黏度指数在140以上。

环烷基油加氢脱酸技术 hydro-deacid process for lube fraction of naphthene-base crude oil 采用加氢技术降低环烷基原油润滑油馏分酸值的加氢预处理工艺。放在溶剂精制工序前，目的是脱除进料中的杂原子化合物，特别是脱除酸性化合物(降低酸值)，改善后续溶剂精制的效果，降低溶剂比，提高抽余油收率。加氢工艺条件较缓和，转化深度近似或稍高于加氢补充精制，所用催化剂也相似。国外称该技术为Hy-Starting。

燃料型加氢裂化尾油生产润滑油基础油技术 technology of lube base oil from tail oil of fuel type hydrocracker 切取燃料型加氢裂化未转化油(又称尾油)中润滑油范围馏分，采用溶剂脱蜡或催化脱蜡或异构脱蜡技术生产润滑油基础油的技术。由于尾油中的正构烷烃含量高，所得基础油具有较高的黏度指数。

燃料型加氢裂化-异构脱蜡或催化脱蜡-加氢后精制技术 lube base oil production by fuel type hydrocracking-isodewaxing or catalytic dewaxing-hydrogenation refining technology 以燃料型加氢裂化尾油润滑油馏分为进料，经过异构脱蜡或催化脱蜡和加氢后精制，生产APIⅡ/Ⅲ类基础油。

石蜡烃择形异构化技术 wax selective isomerization(WSI)中国石化推出的加氢尾油异构脱蜡工艺。采用微-中孔择形分子筛担载贵金属的异构脱蜡催化剂，以加氢尾油为原料，通过异构脱蜡-加氢后精制串联技术生产API Ⅱ/Ⅲ类润滑油基础油。

润滑油基础油"老三套"工艺 conventional lubricating base oil process"the previous three process"基础油传统生产工艺流程的俗称，由溶剂精制-溶剂脱蜡-白土精制三段工艺构成。三段工艺的作用分别是改善油品黏温性能，降低倾点以改进低温流动性，以及改善基础油的颜色、气味和安定性。20世纪50年代白土精制开始被加氢补充精制取代，形成近代的"溶剂精制-酮苯脱蜡-加氢补充精制"加工流程，在生产API Ⅰ/Ⅱ类基础油中扮演主要的技术角色。该流程经历长期使用和演变，但三段工艺的基本作用却没有发生变化，成为基础油生产工艺的固定模式，被称为"老三套"。三段工艺的详细描述分别见"溶剂精制""白土精制""酮苯脱蜡技术"和"加氢补充精制"。

润滑油型减压蒸馏技术 lube oil type vaccum distillation 减压蒸馏是润滑油生产的第一道工序，为后续润滑油基础油加工过程提供原料。由于生产润滑油的原料要求馏分窄，裂化少，因此对润滑油型减压蒸馏提出了分馏精度高、炉出口温度低、减压塔顶真空度高和渣油在减压塔中停留时间短等要求。润滑油型减压塔理论板数多，分馏精度高，一般设4~6条侧线生产不同黏度等级的润滑油馏分，每个侧线都设汽提塔，进一步提高分馏精度，达到窄馏分的要求。高真空可以降低石油组分的汽化温度，提高其分离精确度，因此润滑油型减压蒸馏塔顶一般要求真空度在96 kPa以上，最好达到98 kPa以上。润滑油型减压蒸馏加热炉一般采取炉管扩径，提高油气在炉管中汽化率，降低炉出口压强和控制较低炉出口温度(385~400℃)等措施防止进料裂化。润滑油型减压塔底部还采用缩径设计，减少渣油在塔底停留时间。润滑油减压蒸馏分为湿式和干式减压蒸馏。通常用水蒸气喷射泵或机械抽真空泵产生真空条件。减压塔减二至五线作为润滑油原料，塔底减压渣油为生产残渣润滑油和石油沥青的原料。

丙烷脱沥青技术 propane deasphalting process 溶剂脱沥青技术的一种。利用丙烷对润滑油组分和蜡有选择性溶解性能，几乎不溶解胶质和沥青质的特性，将其沉降脱除，从而减少渣油的残炭、金属及硫含量，生产高黏度润滑油原料。如果与丁烷混合作溶剂，也可生产催化裂化、加氢裂化或重油脱硫的原料。分离出的沥青可用于调和燃料油或作为氧化沥青原料或部分氧化制氢的原料。丙、丁烷混合溶剂脱沥青过程又称丙烷脱碳或溶剂脱碳过程。

酮苯脱蜡技术 ketone-benzol dewaxing techndogy 一种溶剂脱蜡方法。传统润滑油生产工艺中广泛采用的改善油品低温流动性和生产蜡的技术。常采用酮作为蜡的沉淀剂，以苯-甲苯混合溶液为油的溶剂，利用蜡在溶剂和油中溶解度的差异，使蜡和油分离。早期采用丙酮和苯-甲苯混合溶剂，现已被甲乙酮、苯和甲苯或甲乙酮和甲苯混合溶剂所取代。后者比丙酮脱蜡滤速快，蒸发损失小，脱蜡油凝点低，而且用苯量小，因而毒性降低。其流程是：原料油用溶剂混合稀释后进套管结晶器，再进入真空转鼓过滤机分成蜡和滤液，然后分别回收溶剂以循环使用。同一流程在不同操作条件下也可加工蜡脱油。

糠醛精制技术 furfural refining 润滑油溶剂精制工艺的一种，为美国Texaco公司开发。利用糠醛对润滑油中非理想组分的选择性、溶解性，将它们从油中分离，从而改善油品的黏温性能，降低残炭和酸值。工艺采用转盘抽提塔，设塔中间循环冷却器，以控制抽提塔顶部和底部的温度分布，操作较灵活。

白土补充精制技术 clay contact process 是“老三套”润滑油基础油生产工艺的最后一道工序，又称白土接触精制。将经过溶剂精制和溶剂脱蜡的油品通过酸性白土的吸附作用，除去残留的胶质、沥青质、氮化物、环烷酸、酸碱渣、硫酸酯及残留溶剂等的加工方法，主要目的是改善油品的安定性和颜色。目前已逐渐被加氢补充精制取代，或与加氢联用，或与络合脱氮工艺联用。

废润滑油再生 regeneration for used lube oil 润滑油在使用一定时间后，由于高温、氧化的作用而逐渐老化变质，并且使用过程中许多金属、水分、机械杂质等进入润滑油里，造成机械的磨损和各种故障，需要更换新的润滑油。卸出的废润滑油可以再生，根据需要采用不同的再生方法，获得不同质量的润滑油再生基础油。有代表性的技术有：酸-白土精制型、蒸馏-溶剂精制-白土精制型、蒸馏-溶剂精制-加氢精制型、脱金属-固定床加氢精制型和蒸馏-加氢精制型等。废润滑油再生利用不仅节约了资源，也保护了环境。由于对再生油的质量和环保的要求日益严格，以及回收废润滑油数量的增多，废润滑油再生有越来越多采用加氢技术的趋势。

废润滑油再净化工艺 used lube oil purification process 该工艺包括沉降、离心、过滤、絮凝等物理步骤，一个或几个联用，目的是脱除废油中的水分、悬浊的或以胶体状态稳定分散的机械杂质。净化的润滑油由生产单位自用，一般不在市场上销售。

废润滑油再精制工艺 used lube oil reprocessing 在净化工艺基础上再经过化学精制或吸附精制，如白土精制或硫酸-白土精制等。

废润滑油再炼制工艺 used lube oil rerefining 包括蒸馏在内的再生工艺流程，如蒸馏-加氢工艺流程等，再生油可达到新鲜基础油的质量水平，用于调制各种低、中、高档油品。是废润滑油再生工艺中产品质量最好的一种技术。

沉降 sedimentation 分离浑浊液体中固体杂质最常用的方法之一，其原理是利用固体杂质与液体的密度差进行分离。废润滑油静置一定时间后，水分和机械杂质由于密度比油大而逐渐沉积在容器底部从而与油层分离。沉降速度与油品黏度、温度有关。

离心分离 centrifugal separation 利用混合液中液体和固体杂质的密度差，在分离器高速旋转产生的离心力推动下将固体杂质与液体分离。离心分离速度与温度、混合液黏度以及固体杂质和混合液体间密度差有关。实际应用中有分离机和离心机两种设备。分离机一般直径较大，转速较低；离心机一般直径较小，转速较高，转速可达 15000~40000 r/min。

废润滑油过滤 used lube oil filtration 过滤是使悬浊液体通过多孔介质而将悬浊液中的固体与液体分离的方法。废润滑油过滤可以根据要求采用不同的过滤介质：一是直径小于悬浊液中固体颗粒直径的介质，滤液为纯液体，如用滤纸等；二是直径大于颗粒直径的介质，过滤时部分固体物在通过孔道时吸附于孔道壁上，如用石棉，毛毡；三是直径大于固体颗粒直径的介质，但过滤一段时间后孔道被固体填充而使孔道直径小于颗粒直径，恢复到第一种过滤情况，如用金属丝网。

絮凝 flocculation 是在液体中因物质团聚而产生絮状悬浮或沉淀的现象。如润滑油基础油在一定温度之下的絮状浑浊，是长直链烃类从溶解状态转为固体蜡状态而产生；又如废润滑油中的固体颗粒由于添加剂而以胶体状态分散在油中形成分散相，难以用常规的沉降、离心分离或过滤除去，加入能破坏静电力的清净分散剂使这些分散相颗粒凝聚而沉积下来。絮凝剂有无机絮凝剂、有机絮凝剂，是一些带有正离子或负离子或两者兼有的电解质或有机聚合物。絮凝常与机械分离技术结合，如絮凝-沉降，絮凝-离心分离，絮凝-离心分离-过滤等。

真空薄膜蒸发器 vacuum film evaporator 为防止在废润滑油回收重质润滑油时因蒸馏温度太高而发生裂化，采取在真空和在不发生裂化的温度下使液体形成薄膜状，来回收其中的重质润滑油的蒸发器。它具有温度低、停留时间短和蒸发量大的优点，可在比普通减压蒸馏低数十度的温度下将润滑油馏分蒸馏出来。蒸发器分为三种：擦膜蒸发器、固定桨间隙薄膜蒸发器和旋风式薄膜蒸发器。

刮(擦)膜蒸发器 wiped film evaporator 一种高效换热设备，又称旋转薄膜蒸发器或机械搅拌薄膜蒸发器，广泛应用于石油化工、医药及环保行业中。主要由加热夹套和刮板组成，夹套内通加热蒸汽，刮板装在可旋转的轴上。被蒸馏的液体沿加热的筒壁向下流动，在旋转刮板的刮擦作用下分散成向下运动的薄膜(称降膜)。薄膜从热壁吸热而沸腾，轻组分产生的蒸气经过极短的行程到达冷凝面上凝结成液体，残渣从蒸发器底部排出。按刮板型式分类，国外主要有 3 种：(1) Buss 型，即原来的 Luwa 型(鲁瓦型)。转子和筒体间为固定间隙，筒体需要精加工。它是销售量最大，历史最悠久的产品。(2) Sambay 型(桑贝型)。转子上的刮板是活动铰链式或擦壁的软刮板。(3) Smith 型(史密斯型)。转子是一个十字架形，架的四边开有沟槽，沟槽内装有多组聚四氟乙烯或其他耐磨材料的活动滑块。由于转子的离心作用，活动滑块被抛到筒壁而使物料流体形成一层薄的液膜。此种产品筒体不需要精加工，制造成本较低。这类蒸发器的缺点是结构复杂(制造、安装和维修工作量大)，加热面积不大，且动力消耗大。

固定桨间隙薄膜蒸发器 fixed blade clearance film evaporator 见“刮(擦)膜蒸发器”，属 Luwa 型刮(擦)膜蒸发器。

旋风式薄膜蒸发器 cyclon type film evaporator 被蒸馏的液体依切线方向进入加热的筒壁，高速旋转形成剧烈运动的旋转下降的液体薄膜。薄膜从热壁吸热而沸腾，产生的蒸气经过极短的行程到达冷凝面上凝结成液体产品，残渣则由底部排出。

分子蒸馏窄馏分技术 narrow fraction molecular distillation 多个分子蒸馏柱串联进行窄馏分切割的技术。以不同的温度进行不同馏分的蒸出，避免了轻质馏分受单级蒸馏时高温度的损害，可得到不同黏度等级的基础油。

吸附精制 adsorption refining 利用天然或人工合成的具有微小孔道的固体对油品进行精制的方法，以脱除废润滑油中的胶质、沥青质、酸类、皂类、脂类及含硫、氮的极性物质，改善油品的颜色和气味。其原理是吸附剂对极性物质产生静电吸引力而使极性物质被吸附在吸附剂表面上。影响因素有吸附温度、隔绝空气(氧)的程度，扩散控制影响及吸附量大小等。吸附剂有白土、膨润土、活性炭、氧化铝及分子筛等各种各样的吸附剂。

接触精制 contact treatment 最常用的吸附精制方法。将粉末态的吸附剂加入废油中，于选定的温度下搅拌一定时间，然后用沉降、离心分离或过滤等方法将吸附剂与油分离。吸附剂常用白土，吸附温度一般在 100~140℃，主要影响因素有温度、吸附时间等。接触精制又称白土精制。

渗滤精制 percolating refining 是将颗粒状吸附剂填充于吸附柱中，混合物通过吸附柱时，不同极性的物质由于吸附强弱的不同而产生色谱分配的分离效果，最先流出吸附柱的是极性最弱的组分。在一定的操作周期中，强极性组分被吸附在吸附柱上，流出的是质量较纯净的弱极性组分。该方法比白土精制设备庞大复杂，但单位吸附剂上可以吸附更多的废油杂质，由于是色谱分配效应的原理，可以再生后重复使用，但很麻烦。在工业上未广泛使用，目前只用于变压器油的再生。

化学精制 chemical refining 利用化学反应原理，采用酸、碱或各种盐类与废润滑油中相应的杂质进行反应而从废润滑油中除去的精制工艺统称为化学精制，如硫酸精制、碱精制、磷酸铵盐精制、三氯化铝精制等。化学精制有一个共同的问题，即残渣的处理和防止环境污染的问题。

润滑油基础油 lube base oil 是润滑油的主要组成部分，由石油中约350~550℃馏分经“老三套”加工工艺或加氢裂化、加氢精制等工艺制得。其主要特点是有较好的黏温性、稳定性、低倾点以及对添加剂的感受性。基础油主要分矿物基础油、合成基础油以及植物基础油三大类。矿物基础油的应用广泛，用量很大(约90%以上)。矿物基础油的化学成分包括高沸点、高相对分子质量烃类和微量的非烃类混合物。合成基础油是指通过化学方法合成的基础油，常见的有：合成烃、合成酯、聚醚、硅油、含氟油、磷酸酯。合成基础油具有热氧化安定性优良、热分解温度高、耐低温性能好等优点，但成本较高。植物基础油(例如菜籽油等)具有生物降解性好、毒性低、润滑性好等优点，但有成本高、低温下易结蜡、氧化安定性差等缺陷。

溶剂脱沥青油 solvent deasphalted oil 减压渣油通过丙烷、丁烷等溶剂脱沥青工艺，脱除油中的胶质、沥青质、多环芳烃、重金属等非理想组分，得到低残炭的润滑油基础油原料及催化裂化原料等。

二次萃取脱沥青 two stage deasphalting process 是通过两次萃取生产润滑油基础油原料的萃取工艺。减压渣油和溶剂(丙烷)在萃取塔内逆向接触进行第一次萃取，在塔顶加热沉降段得到轻脱油溶液、沉降油(二段油)，塔底为脱油沥青溶液。轻脱沥青油溶液经临界分离、蒸发和汽提后，油、剂分离得到轻脱沥青油和溶剂。二段油进入二次萃取塔进行再次逆向接触萃取和沉降得到二次抽出油和残脱沥青油。脱油沥青溶液、二次抽出油和残脱沥青油分别经蒸发和汽提后得到脱油沥青、重脱沥青油和残脱沥青油。轻脱沥青油、重脱沥青油可作为120BS、150BS润滑油基础油生产原料，残脱沥青油作为催化裂化原料，脱油沥青可作为道路沥青和建筑沥青的生产原料，回收溶剂循环使用。

一次萃取二次沉降脱沥青 deasphalting process operating at extracting once, settlement twice 是通过一次萃取和抽出液二次沉降过程生产润滑油基础油原料的萃取工艺。减压渣油和溶剂(丙烷)在萃取塔内逆向接触进行萃取，塔顶加热沉降后得到脱沥青油溶液，塔底为脱油沥青溶液。脱沥青油随即进入沉降塔，经沉降后，塔顶得到轻脱沥青油，塔底为重脱沥青油。轻脱沥青油可作为 120BS 润滑油基础油生产原料，重脱沥青油作为催化裂化原料，脱油沥青可作为道路沥青和建筑沥青的生产原料。

丙烷脱沥青转盘萃取塔 rotating disc contactor of propane deasphalting unit 溶剂脱沥青装置的主要设备之一。转盘塔是用外力做动力使塔盘旋转来强化传质过程提高萃取效率的设备。转盘塔分为溶剂塔内驱动式和电机塔外驱动式。

丙烷脱沥青填料萃取塔 packed extraction tower of propane deasphalting unit 以塔内的填料作为液液两相间接触构件，使液液两相呈逆流流动的连续微分接触式的萃取设备。填料塔的塔身是直立式圆筒，塔内构件主要由液体分配器、填料及支承构成。液液两相分别从上部和下部呈逆流连续通过填料层的空隙，在填料表面上，两相密切接触进行传质，具有通量大、效率高的特点。

溶剂临界回收 critical solvent recovery 是利用溶剂在临界状态时基本上不溶解油的特性，使抽出液中的油全部析出，以回收溶剂。溶剂临界回收与蒸发回收工艺相比，能耗大幅度降低。根据临界状态的不同可分为临界回收和超临界回收两种方法。

溶剂超临界回收 supercritical solvent recovery 超临界回收技术是利用在临界点附近存在的一个特殊相变区，在该区域内温度和压力的变化对体系的相平衡会产生明显影响。以脱沥青油溶剂为例，在此区域内，当温度保持恒定而改变压力时，脱沥青油在气相的浓度有一个明显的转折，降低压力则脱沥青油在气相中的浓度很低，浓度随压力升高呈指数函数增加；压力不变而改变温度也会有同样的现象出现。远离此特殊相变区后，温度和压力的变化对体系的相平衡影响就比较迟钝。实际应用中由于提高设备压力等级的难度较大，因此操作压力是选择稍高于体系的临界压力，而通过升高温度使气相中脱沥青油的浓度降低，实现溶剂的循环使用。

减压蜡油 vacuum gas oil (VGO) 常压渣油经减压蒸馏，从减压塔侧线分馏出的相当于常压下约 350~550℃ 的高沸点馏分，是生产润滑油基础油的主要原料。

糠醛精制油 raffinate from furfural refining 通过糠醛溶剂萃取，除去所含的大部分多环短侧链芳香烃、胶质、沥青质以及含氧、氮、硫的非烃化合物等非理想组分后，剩余的含烷烃、环烷烃、少环长侧链芳香烃等理想组分的馏分，可使润滑油基础油的黏温性能、安定性、稳定性得到显著改善。

糠醛抽出油 extract oil from furfural refining 减压馏分油或溶剂脱沥青油通过糠醛溶剂萃取，溶解在糠醛溶剂中而被分离出来的组分，其组分主要是多环短侧链芳香烃、胶质、沥青质以及含氧、氮、硫的非烃化合物等。可作为裂化原料、沥青调和料、燃料油的调和组分。

液相脱氮油 liquid phase denitrification oil 润滑油基础油液相络合脱氮工艺过程中，减压蜡油或脱沥青油经过溶剂精制和溶剂脱蜡加工后的馏分油，其中含有的微量碱性氮化合物，与脱氮剂发生络合反应，并通过电精制过程将络合物等杂质沉降分离，进一步改善润滑油基础油的氧化安定性等。

液相脱氮尾油 liquid phase denitrification tail oil 润滑油液相络合脱氮工艺过程中，经过溶剂精制和溶剂脱蜡加工后的减压蜡油或脱沥青油。其中含有的微量碱性氮化合物，与脱氮剂发生络合反应生成了络合物，通过电精制过程沉降分离出的络合物，是具有高黏度、深颜色反应产物与未反应的脱氮剂及少量油品的混合物。

白土精制油 clay-filltered oil 减压蜡油和脱沥青油经过溶剂精制和溶剂脱蜡加工后，通过与白土接触、吸附、过滤后，脱除油中残存的溶剂、环烷酸、碱性氮化物、胶质及脱氮剂等杂质，油品的颜色、安定性得到进一步改善和提高，加工后的油称为白土精制油，即润滑油基础油。

MVI 基础油 MVI base oil 根据原油构成特点，在满足生产高、中、低档润滑油产品需求的前提下，中国石化制定的“润滑油基础油(溶剂精制)协议标准”基础油分类，将Ⅰ类油中饱和烃含量≤90%、硫含量≥0.03%、黏度指数≥60的基础油称为MVI(中黏度指数)基础油。

API 润滑油基础油分类 API classification of base oils 1992年美国石油学会(API)公布的基础油互换准则，按照基础油的组成主要特性把基础油分成5类。根据硫含量、饱和烃含量和黏度指数将矿物基础油分为Ⅰ~Ⅲ类，Ⅰ类为溶剂精制基础油，Ⅱ类主要为加氢处理基础油，Ⅲ类主要为加氢异构化基础油(往往要用特殊的原料)；Ⅳ类为聚α-烯烃(PAO)合成油基础油；Ⅴ类则是除Ⅰ~Ⅳ类以外的各种基础油(主要是醚类及酯类合成油)。

API Ⅰ类润滑油基础油 API Group Ⅰ base oil 在API基础油分类中，Ⅰ类为溶剂精制基础油，其硫含量>0.03%、饱和烃含量<90%、黏度指数80~120。Ⅰ类润滑油基础油加工通常采用“老三套”传统工艺，即“溶剂精制-溶剂脱蜡-白土补充精制”生产工艺。

API Ⅱ类润滑油基础油 API Group Ⅱ base oil 在API基础油分类中，Ⅱ类主要为加氢处理基础油，其硫含量<0.03%、饱和烃含

量≥90%、黏度指数 80~120。Ⅱ类润滑油基础油加工也可采用"溶剂精制-加氢处理"等组合生产工艺。

API Ⅲ类润滑油基础油 API Group Ⅲ base oil 在 API 基础油分类中，Ⅲ类主要是加氢异构化基础油，其硫含量<0.03%、饱和烃含量≥90%、黏度指数>120；Ⅲ类润滑油基础油加工采用全加氢工艺，往往要用特殊原料，如蜡、加氢裂化尾油等。

API Ⅳ类润滑油基础油 API Group Ⅳ base oil 在 API 基础油分类中，Ⅳ类润滑油基础油为聚α-烯烃(PAO)合成油。

API Ⅴ类润滑油基础油 API Group Ⅴ base oil 在 API 基础油分类中，除Ⅰ~Ⅳ类基础油之外的其他合成油，如合成烃类、酯类等统称Ⅴ类基础油。

费-托合成润滑油基础油 Fischer-Tropsch lube base oil 经过费-托合成转换生产的润滑油基础油，即：将合成气经过含有钴基专利催化剂的固定床或浆态悬浮床的反应器，转变为各种黏度级别的液态碳氢化合物。

溶剂精制中性油 solvent refine dneutral oil 以减压馏分油为原料，经溶剂精制-溶剂脱蜡-白土补充精制生产工艺加工的矿油型基础油，称为中性油。溶剂精制中性油黏度等级按照40℃赛氏黏度分为60N、65N、75N、90N、100N、125N、150N、175N、200N、250N、300N、350N、400N、500N、600N、650N、750N 和 900N，共计 18 个黏度等级。

光亮油 bright stock 通常指以减压渣油为原料，经丙烷脱沥青-溶剂精制-溶剂脱蜡-白土补充精制等工艺加工的矿油型基础油。溶剂精制光亮油黏度等级按 100℃赛氏黏度整数值分为 90BS、120BS 和 150BS，共计 3 个黏度等级。

润滑油理想组分 ideal component of lube oil 润滑油馏分(包括减压蜡油及溶剂脱沥青油)中含有的具有良好的黏温性能、低温流动性、氧化安定性等润滑油性质和使用性能的组分，主要是异构烷烃、少环长侧链环烷烃、少环长侧链芳香烃等。

润滑油非理想组分 unideal component of lube oil 润滑油馏分(包括减压蜡油及溶剂脱沥青油)中含有的一些不利于润滑油使用性能的化合物，主要是胶质、沥青质、短侧链的中芳烃和重芳烃、多环及杂环化合物、环烷酸类、正构烷烃，以及某些含硫、氮、氧的非烃类化合物。

聚α-烯烃合成润滑油基础油 poly-alpha olefin synthetic base oil (PAO)是以α-烯烃为原料，在催化剂作用下聚合，生成的齐聚物经加氢处理、蒸馏等工艺过程制成。PAO 是具有特定优化结构、特殊优良性能的合成烃类油品，用作调制高级润滑油基础油。

通用基础油 general base oil 在Q/SHR001—1996基础油分类标准中，根据基础油适用范围，将基础油分为通用基础油和专用基础油两大类别。通用基础油是用于生产通用润滑油品的润滑油基础油。根据黏度指数不同，通用基础油分为UHVI、VHVI、HVI、MVI、LVI共5档标准。通用基础油的标准对黏度指数、运动黏度、闪点、倾点、中和值、色度、氧化安定性、残炭等提出质量指标，而外观、密度、苯胺点、硫、氮和碱性氮含量等项目要求“报告”。

专用基础油 special base oil 用于生产专用润滑油品的润滑油基础油。分为高黏度指数深度精制基础油和深度脱蜡基础油，中黏度指数深度精制基础油和深度脱蜡基础油。专用基础油在各自通用基础油技术指标的基础上，提高了氧化安定性、倾点的标准；深度精制基础油增加抗乳化度和蒸发损失等项目，深度脱蜡基础油提高了黏度指数、倾点和蒸发损失指标；专用基础油的外观、密度、苯胺点、硫含量、氮和碱性氮含量等项目仍要求“报告”。深度精制基础油适用于汽轮机油、重负荷工业齿轮油等润滑油产品，低倾点基础油适用于多级发动机油、低温液压油和液力传动液等润滑油产品。

硅酸酯 silicate ester 具有$Si(OR)_4$通式的化合物。由四氯化硅和醇或酚反应生成。硅酸酯具有热安定性好的特性，黏温性能和抗氧化安定性也较好。

有机硅烷水解 organosilane hydrolysis 是制备硅油的一个中间反应过程。将有机氯硅烷加入过量水中进行水解，一般用水量是使生成的盐酸浓度不超过20%。二甲基二氯硅烷水解后，生成的硅醇一部分缩聚成线型低聚物，一部分自行缩合成环体。所得的环体和线型体的比例与水量、溶剂及水的pH值有关。

聚硅氧烷分子重排 polysiloxane molecule rearrangement 由水解得到的聚硅氧烷相对分子质量相差比较悬殊，为了得到相对分子质量比较接近的产品，需要进行分子结构重排或平衡化。平衡化通常使用酸或碱作为平衡化催化剂，常用的酸是硫酸，常用的碱是四甲基氢氧化胺、四丁基氢氧化磷等。

聚硅氧烷拔顶 topped polysiloxane聚硅氧烷分子重排以后的产物相对分子质量分布仍然宽，含有蒸气压较大的轻馏分，需要进行减压拔顶。一般在间歇式蒸馏釜中或者连续式的分子蒸馏设备中进行，控制真空度、温度、时间，达到硅油所要求的闪点和蒸发度。拔顶后的釜底油进行过滤或活性炭处理后过滤，再经调配或加入适当的添加剂，得到硅油成品。

含氟润滑油 fluorine-containing lubricating oil 润滑油分子中含有氟元素的合成润滑油，包括全氟烃、氟氯碳油和全氟聚醚等。含氟润滑油具有优良的化学稳定性，热、氧化安定性，润滑性，介电性，抗辐射性和生理惰性等特性，应用于核工业、航天工业以及其他民用工业。

烃氟化 fluorination of hydrocarbon 工业上通常采用金属的高价氟化物对烃进行氟化，氟化剂有三氟化锰、三氟化钴等。经氟化的烃或蜡得到全氟烃油。

三烷基磷酸酯 trialkl phosphate 由相应的醇和三氯氧磷直接制取，是磷酸酯合成润滑油品种之一。磷酸酯具有优良的难燃性、良好的润滑性和热稳定性，主要用于难燃液压油，还可作为润滑性添加剂等。

三芳基磷酸酯 triaryl phosphate 由苯酚和三氯氧磷直接反应的产物，是磷酸酯合成润滑油品种之一。具有优良的难燃性、良好的润滑性和热稳定性，主要用于难燃液压油，还可作为润滑性添加剂等。

溶剂精制-加氢改质-溶剂脱蜡组合工艺 combined technology including solvent refining-hydroupgrating-solvent dewaxing 属于润滑油加氢技术与传统"老三套"工艺相结合的"组合工艺"，此流程可生产一部分API Ⅱ类或API Ⅱ⁺类基础油。原料油先经过溶剂精制降低进料中氮化物、稠环芳烃及胶质、沥青质含量，再经过中压或高压的加氢处理过程，使原料中的多环芳烃、胶质、沥青质等非理想组分转化为理想组分，提高基础油黏度指数，最后经过溶剂脱蜡过程达到基础油低倾点的要求。此工艺过程也适用于重质基础油的生产，生产的基础油具有黏度损失小、光安定性好等特点，可以生产120BS或150BS基础油。

溶剂精制-异构脱蜡-加氢精制组合技术 combined technology including solvent refining-isodewaxing-hydrofining 属于润滑油加氢技术与传统"老三套"工艺相结合的"组合工艺"。润滑油原料经过溶剂精制过程降低进料中氮化物、稠环芳烃、胶质、沥青质等非理想组分，经过加氢异构化脱除高倾点石蜡组分，再经过加氢后精制提高光安定性并改善颜色，生产出API Ⅱ/Ⅲ类基础油。

溶剂精制-加氢处理-选择性脱蜡组合技术 combined technology including solvent refining-hydrotreating-selective dewaxing 原料油先经过溶剂精制降低进料中氮化物及稠环芳烃含量，通过加氢处理工艺，提高基础油黏度指数，最后经过适应于含硫油的选择性异构脱蜡过程达到基础油低倾点的要求，生产出API

Ⅱ/Ⅱ⁺类基础油。

加氢裂化-溶剂精制-酮苯脱蜡组合技术 combined technology including hydrocracking-solvent refining-ketone-benzol dewaxing 采用加氢裂化尾油作为原料，经过溶剂精制-酮苯脱蜡工艺制得的润滑油基础油。其特点是低黏度油收率高，目前已基本不采用该工艺。

溶剂精制-溶剂脱蜡-蜡膏异构化和芳烃饱和组合技术 combined technology including solvent refining-solvent dewaxing-wax isomerization and aromatic saturation 原料油先经过溶剂精制降低进料中氮化物及稠环芳烃含量，通过溶剂脱蜡降低油品倾点，再经过蜡膏异构化深度降低油品倾点，通过芳烃饱和提高基础油黏度指数，生产出 API Ⅲ⁺类基础油。

溶剂精制-加氢处理-异构脱蜡-加氢后处理组合技术 combined technology including solvent refining-hydrotreating-isodewaxing-post hydrotreating 利用溶剂精制的中性油料通过加氢处理进行脱氮、脱硫、脱金属，以满足异构脱蜡的需要；使原料中的芳烃特别是多环芳烃饱和开环、多环环烷烃开环和烷烃异构化，变为高黏度指数组分；通过择形异构化与裂化反应，使基础油料中的正构烷烃异构化，得到低倾点、高黏度指数的基础油；加氢后处理反应主要是降低异构脱蜡油中残留的多环芳烃、硫化物、氮化物和其他影响颜色安定性的杂质烯烃、二烯烃等，以提高基础油的氧化安定性和颜色安定性。

燃料油型加氢裂化-溶剂精制-溶剂脱蜡-加氢后精制技术 combined process including fuel type hydrocracking-solvent refining-solvent dewaxing-post hydrogenation 日本三菱公司的润滑油基础油技术路线。加氢反应器进料为重减压瓦斯油(HVGO)，并向其中加入软蜡。该工艺将加氢裂化装置与传统润滑油精制装置工艺相结合，生产低、中等黏度的超高黏度指数(UHVI)润滑油基础油。

加氢裂化/加氢处理-加氢异构化/加氢后精制-溶剂脱蜡组合技术 combined technology including hydrocracking/hydrotreating-hydroisomerization/post hydrogenaton-isolvent dewaxing Shell公司的润滑油基础油技术路线。以软蜡为原料，通过加氢裂化-加氢异构化、加氢后处理-溶剂脱蜡工艺生产黏度指数为145的超高黏度指数基础油。

连续滴加聚合法制备聚醚 continuous dropping polymerizaion for polyether preparation 连续滴加聚合是先把催化剂和引发剂加入聚合釜中，用氮气置换空气后，加热真空脱水，然后升温，单体由聚合釜的底部逐渐通入，控制加料速度和冷却水量以调节聚合温度。当计算的单体量通完后，维持一定时间，反应结束。聚合得到的聚醚为粗制品，含有催化剂、低聚物等杂质，色泽也较深，必须精制。后处理包括中和、过滤、蒸馏三步。中和主要是除去碱性催化剂，常采用乙酸、草酸、酸性活性白土等；过滤是采用板框滤机以除去机械杂质或白土；蒸馏是最后脱除聚合物中的水、醛、低聚物等以获得最终产品。

一次加料聚合法制备聚醚 a feeding polymerization process for polyether 一次加料聚合是将经过脱水的引发剂和催化剂同单体一起，按一定的比例一次加入聚合釜中，在规定的压力下，逐步升温，但最高温度不得超过120~130℃。当聚合反应逐步达到完全，釜内压力降低至零时，反应结束。聚合得到的聚醚为粗制品，含有催化剂、低聚物等杂质，色泽也较深，必须精制。后处理包括中和、过滤、蒸馏三步。中和主要是除去碱性催化剂，常采用乙酸、草酸、酸性活性白土等；过滤是采用板框滤机以除去机械杂质或白土；蒸馏最后脱除聚合物中的水、醛、低聚物等以获得最终产品。

氟氯碳油热调聚制备法 chlorofluorocarbon oil thermal telomerization preparation process 三氟三氯乙烷以F113为原料，经锌粉脱氯得到三氟氯乙烯（$CF_2=CFCl$），三氟氯乙烯以四氯化碳（CCl_4）为调聚剂，在加热下聚合成聚氟氯乙烯粗油。三氟氯乙烯与四氯化碳形成的自由基进行自由基型调聚反应，通过控制反应温度能够改变链增长和链转移步骤的反应速度、反应压力、反应物的比例，可以控制粗油相对分子质量的分布。粗油再经元素氟直接氟化，使之稳定。

氟氯碳油裂解制备法 cracking preparation technology for chlorofluorocarbon oil 聚三氟氯乙烯塑料粉在高温、真空条件下，经催化剂硫酸铜催化裂解，得到聚三氟乙烯粗油，精制后可得到稳定的氟氯碳油。

聚全氟醚光氧化聚合制备法 polyperfluoroether preparation by photo-oxidation polymerization 六氟丙烯或四氟乙烯通过光氧化聚合、粗醚蒸馏、碱洗或氟化精制、分馏、后处理、调配等过程，生产聚全氟醚油。

聚全氟醚催化聚合制备法 polyperfluoroether preparation by catalytic polymerizition 首先将全氟烯烃与氧作用生成全氟环氧烷，然后再将全氟环氧烷在氟离子催化作用下聚合成全氟醚粗油。聚全氟醚粗油经过精制（方法同光氧化法）得到聚全氟醚油。

催化脱蜡催化剂 catalytic dewaxing catalyst 是用于润滑油催化脱蜡工艺的催化剂。采用以分子筛为担体的催化剂。由于分子筛有规则的孔结构，这种催化剂只允许正构及某些异构烷烃进入其内部，而把其他烃类排斥在孔外，所以能使正构烷烃发生选择性加氢裂化反应而生成低分子烷烃，而其他烃类则基本上不发生变化，从而达到降低基础油倾点的目的。

异构脱蜡催化剂 isodewaxing catalyst 是用于润滑油异构脱蜡反应的催化剂。异构化反应的机理是，在催化剂作用下，将大分子正构烷烃异构裂化成相对分子质量相同或略小的异构烷烃，从而达到润滑油基础油高黏度指数、低倾点和高收率的目的。目前工业上使用较多的是 ExxonMobil 公司的异构脱蜡催化剂 MSDW 和 Chervon 公司开发的载铂中孔磷酸硅铝分子筛催化剂，其特点是选择性强，具有较高的异构活性和收率，得到的基础油倾点低。

基础油生产正序工艺 base oil positive sequence production process 根据润滑油原料性质、装置特点和加工经济性，“老三套”润滑油基础油生产采用先溶剂精制再溶剂脱蜡的过程，称为正序生产工艺。

基础油生产反序工艺 base oil opposite sequence production process 根据润滑油原料性质、装置特点和加工经济性，“老三套”润滑油基础油生产采用先溶剂脱蜡再溶剂精制的过程，称为反序生产工艺。

润滑油酸碱精制 lube oil acid-alkali treating 是早期生产精制润滑油的方法。采用浓硫酸除去润滑油原料中非理想组分，再通过碱洗除去油中含有的酸性物质，生产合格的润滑油基础油。

酚精制 phenol extraction 属于润滑油溶剂精制的一种。其原理是在一定的温度条件下，利用酚的选择性溶解能力，溶解润滑油中的一些非理想组分(多环短侧链的芳烃和环烷烃、胶质、沥青质及含硫、氮、氧化合物等)，将它们分离出来，从而改善基础油的黏温性能，降低残炭值与酸值，提高氧化安定性。与糠醛精制过程比较，存在溶剂毒性高、选择性差等问题，该工艺逐步被糠醛精制和 NMP 精制过程所替代。

***N*-甲基-2-吡咯烷酮精制** *N*-methyl-2-pyrrolidone extraction 又称 NMP 精制。属于润滑油溶剂精制的一种，其原理是在一定的温度条件下，利用 *N*-甲基-2-吡咯烷酮的选择性溶解能力，溶解润滑油中的一些非理想成分(多环短侧链的芳烃和环烷烃、胶质、沥青质及含硫、氮、氧化合物等)，将它们分离出来，从而改善基础油的黏温性能，降低残炭值与酸值，提高氧化安定性。与酚、糠醛溶剂相比，具有溶解能力高和选择性强的特性，具有较高的化学稳定性、热稳定性和毒性小的特点。在国外，NMP 精制应用广泛，因其价格昂贵，限

制了在国内的发展。

糠醛 furfural 又名α-呋喃甲醛($C_5H_4O_2$)，具有苦杏仁味的浅黄色至琥珀色透明液体，沸点161.7℃，熔点-38.7℃，密度1.16g/cm³，储存中色泽逐渐加深，直至变为棕褐色。作为润滑油溶剂精制过程的良好溶剂之一，具有毒性低、溶解能力高、选择性好等特点。

糠酸 furoic acid 又称α-呋喃羧酸、2-呋喃甲酸或呋喃甲酸。无色晶体，熔点133~134℃，沸点230~232℃，微溶于冷水，溶于热水、乙醇和乙醚。由糠醛氧化而生成，是糠醛精制生产过程中的有害物质，加大设备腐蚀，造成润滑油基础油酸值上升，腐蚀性增加。

苯酚安定性 phenol stability 苯酚溶剂抵抗大气(或氧气)的作用而保持其性质不发生变化的能力。纯净的苯酚常温下是无色晶体，暴露在空气中因氧化而显粉红色。

糠醛安定性 furfural stability 糠醛溶剂抵抗大气(或氧气)的作用而保持其性质不发生变化的能力。糠醛在有氧的条件下极易发生氧化生成糠酸，长期放置或在受热和催化剂影响下可生成树脂状产物。

糠醛精制溶剂回收 furfural extraction solvent recovery 在润滑油糠醛精制工艺过程中，萃取过程得到的精制液(萃余液)与废液(萃取液)都含有大量的糠醛溶剂，需要进行分离以得到目的产品和可以循环使用的糠醛。根据糠醛溶剂和油品沸点差较大的特点，将混合物加热到适宜的温度，使糠醛蒸发而实现油品和糠醛溶剂分离，糠醛溶剂循环使用。

糠醛精制溶剂选择性 solvent selectivity of furfural extraction 糠醛溶剂能很好地溶解润滑油原料中的非理想组分，同时对理想组分的溶解性很小，称为溶剂的选择性。选择性 $\beta=(y_a/x_a)/(y_b/x_b)$。式中，$\beta$为选择性系数；$y$为物质在溶剂相中的浓度(即抽出相的浓度)；$x$为物质在抽余相中的浓度；下标a为易溶组分；下标b为难溶组分。

糠醛精制溶剂溶解能力 solvent solubility of furfural extraction 烃类在溶剂中的溶解度大小，称为该溶剂对烃类的溶解能力。糠醛精制溶剂溶解能力指润滑油原料中非理想组分(多环短侧链的芳烃和环烷烃、胶质、沥青质和含氧、含氮、含硫化合物等)在糠醛溶剂中的溶解度。

糠醛精制溶剂干燥 solvent drying of furfural extraction 糠醛精制过程中原料带入的微量水以及溶剂回收过程中混入糠醛中的水降低了糠醛的溶解能力。利用糠醛和水在一定温度下形成共沸物，经干燥塔精馏脱水后得到干燥的糠醛溶剂。

糠醛精制温度梯度 temperature gradient for furfural extraction 糠醛精制生产过程，利用溶剂温度越高、溶解度越大的特性，在萃取塔中采用上高下低、逐步下降的温度分布，自上而下形成一定温度降，称为温度梯度。在萃取塔上部被溶剂溶解的中间组分，同抽出液一起下降，由于存在温度梯度，温度的下降导致重新析出，回到油相中，随油相上升，在塔内形成循环，从而提高分离效果，提高精制油质量和收率。

糠醛精制溶剂比 furfural solvent to oil ratio 一定时间内进入糠醛精制萃取塔的总溶剂量与原料油量之比。

糠醛临界溶解温度 furfural critical solution temperature 在较低的温度下，糠醛溶剂和蜡油馏分部分互溶，随着温度的升高，两相界面逐步消失成为一个液相，这时的温度称为糠醛临界溶解温度。临界溶解温度作为确定萃取塔操作温度的依据。萃取温度通常较临界溶解温度低 20~30℃左右。

糠醛精制液 furfural raffinate 减压蜡油及溶剂脱沥青油在糠醛精制过程中，从萃取塔顶分离出的混合液，其中含润滑油理想组分和少量溶剂。

糠醛抽出液 furfural extract 减压蜡油及溶剂脱沥青油在糠醛精制过程中，从萃取塔底分离出的混合液，其中含大量溶剂和润滑油非理想组分。

醛水共沸物 furfural-water azeotrope 糠醛与水形成的恒沸点混合物。其常压下的共沸点是 97.45℃，共沸物中的糠醛质量分数为 35%。

湿糠醛溶剂 wet furfural solvent 糠醛精制溶剂回收系统汽提塔顶馏出物经冷却后进入水溶液罐，沉降分离后下层为含有少量水(约 6%)的富糠醛溶剂。

干糠醛溶剂 dry furfural solvent 经过溶剂干燥过程脱除水后得到的干燥糠醛溶剂。作为糠醛精制过程循环溶剂使用。

循环糠醛 circulating furfural 润滑油糠醛精制过程中糠醛溶剂是循环使用的。经萃取过程后的含溶剂油通过多效蒸发过程分离出糠醛溶剂，再经过降温冷凝、干燥脱水后循环使用。

糠醛精制两段萃取、沉降工艺 two stage furfural extraction and sedimentation technology 利用萃取后的抽出液降温后溶解能力降低的性质，通过降温沉降分离出部分中间组分而使抽出液再作为溶剂进入另外一个萃取塔中进行萃取。分离出的中间组分可去一段萃取塔进料段重新进行萃取。

糠醛精制水溶液回收 recovery of furfural from aqueous solution 糠醛精制过程中糠醛与水分离的工艺过程，一般采用精馏的方法。塔顶糠醛与水在脱水塔塔顶中形成的共沸物再次进入水溶液分离罐循环脱水，塔底排出废水。

精制液沉降工艺 settlement process of furfural raffinate 糠醛精制过程中，萃取塔顶馏出的精制液中含有约 15%~25%的糠醛溶剂，通过冷却降温降低糠醛在油中的溶解度，使部分糠醛因不能溶解而析出，然后进入容器内沉降分离将精制液中部分糠醛分离出来，作为溶剂重新进入萃取塔以代替部分循环溶剂的工艺技术。此技术可降低精制液回收系统的负荷，减少燃料消耗，同时大幅降低湿醛量。

抽出液沉降工艺 settlement process of furfural extract 糠醛精制过程中，对抽出液进行冷却到适当温度后由于溶解度降低，部分原来溶解的理想组分及中间组分析出并在沉降罐中分离。分离后的析出油返回萃取塔，使其含有的理想组分部分及部分中间组分回到精制液中，从而提高精制油收率。

糠醛精制原料油脱气 feed-stock degassing in furfural refining 由于糠醛极易被氧化，而糠醛精制过程原料油中溶解有 50~100μL/L 的空气，因此，进装置首先进入脱气塔，利用减压和汽提将溶解在原料油中的微量氧气脱除，避免后续过程中糠醛氧化产生酸性物质，并进一步缩合生成胶状物质，造成设备的腐蚀与堵塞等问题。

转盘塔表观比负荷 apparent specific load of rotating disc contactor 为单位时间内、单位塔截面上通过原料和溶剂的总流量。转盘萃取塔的生产能力常以表观比负荷表示。

糠醛转盘萃取塔 rotating disc extractor for furfural extraction 装有回旋圆盘的萃取设备，是糠醛精制过程的液-液萃取设备。塔体为圆柱形，塔内有若干等距离的固定环和转动圆盘，每一转盘置于两固定环之间。在剪切力作用下，连续相产生涡流，处于湍动状态，分散的油相破裂，形成液滴，增大了传质系数及接触面积，提高了传质效率。固定环的存在，在一定程度上抑制了轴向混合，因此，转盘塔萃取效率高。

糠醛精制转盘塔的操作特性 operating characteristics of rotating disc extractor for furfural extraction 指转盘塔输入的功率强度与溶剂和油相界面张力相匹配，使萃取的过程控制在既不液泛也不造成接触不良操作区。一般用图表示。

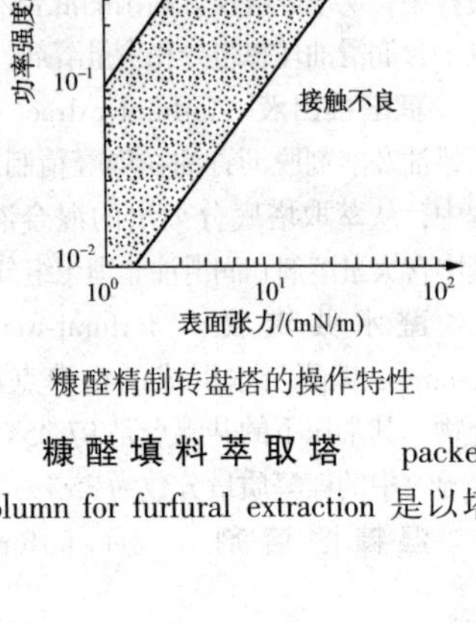

糠醛精制转盘塔的操作特性

糠醛填料萃取塔 packed column for furfural extraction 是以塔

内的填料作为液液两相间接触构件，使液液两相呈逆流流动的连续微分接触式的萃取设备。填料塔的塔身是直立式圆筒，塔内件主要由液体分配器、填料及支承构成。液液两相分别从上部和下部呈逆流连续通过填料层的空隙，在填料表面上，两相密切接触进行传质。和转盘塔相比，具有通量大、效率高的特点。

糠醛氧化 furfural oxidation 糠醛的分子式含有呋喃环和醛基。呋喃环含有双键而且是共轭体系，位于α位的氢原子受氧原子的影响而活泼，在有氧的情况下很容易发生氧化反应，生成糠酸。

糠酸缩合 furancarboxylic acid condensation 糠醛精制系统内存在空气和水，在高温作用下，糠醛氧化生成过氧化糠醛酸。过氧化糠醛酸是一种氧化剂，可使糠醛氧化成糠醛酸，最后缩合成焦，也可以使原料油中的不饱和烃氧化成环氧化合物，进而聚合成焦。

糠醛精制干燥塔 drying tower in furfural extraction 润滑油糠醛精制工艺流程中用于脱除糠醛溶剂中溶解的水(约 6%)的塔式精馏设备。塔底可以得到除去水的纯度为98%以上的糠醛溶剂。

液相脱氮工艺 liquid phase denitrification technology “老三套”基础油生产过程中，与白土补充精制联合使用的工艺过程。采用专用的液相脱氮剂，与原料油中碱性氮化合物发生络合反应，生成密度大、极性强的络合物。在高电场的环境下，络合物及过剩的脱氮剂产生定向运动而富集，依靠 600～1000kg/m^{3}的较大密度差，实现油、杂质的分离。脱氮油进入白土补充精制单元继续进行精制。

吸附剂补充精制技术 adsorbent additional treatment technology 即润滑油基础油液相络合脱氮工艺与低温吸附精制相结合的技术。在液相络合脱氮工艺的基础上，用少量的专有高效吸附剂完全替代白土精制工艺中的白土，在一定温度下吸附脱氮后的油品中的有害物质(残存的络合物、脱氮剂，原料中的微量胶质、沥青质、溶剂等)，大幅度降低润滑油基础油补充精制过程的白土用量，提高了基础油收率的同时减少含油废白土的生成量，减少环境污染。

加氢补充精制 hydrofinishing 在催化剂和一定的氢分压作用下，处理各种经过溶剂精制和溶剂脱蜡的润滑油料，以化学转化的方式脱除原料中的微量杂质及部分脱除硫、氮、氧等有机化合物，并使不饱和烃加氢饱和，降低油品的残炭、酸值，改善油品的颜色、气味，提高油品的抗氧化安定性及对添加剂的感受性。

活性白土 activated clay 白土是一种含氧化硅和氧化铝的天然陶

土，是一种结晶或无定形物质，由硅酸铝土和水组成。化学组成通式：$Al(OH)_3 \cdot mSiO_2 \cdot nH_2O$。颗粒具有许多微孔，形成150~450 m^2/g的大比表面积。活性白土是天然白土经过预热、粉碎、酸活化、中和、水洗、干燥、粉碎等过程制得。经活化处理后吸附能力为天然白土的4~10倍，具有吸附能力强、选择性好的特性，是润滑油基础油生产过程的补充精制剂。

脱氮剂　denitrogenation catalyst　一种基于Lewis酸碱理论开发的、专门用于润滑油基础油补充精制过程的脱除碱性氮的物质。利用脱氮剂的非金属中心离子含有3d空轨道与碱性氮化合物中氮含有的孤对电子结合，形成碱氮络合物，分离脱除。

预膜层　prefilming layer　在白土精制过程中，在过滤操作前，预膜式转鼓真空过滤机先在滤布(网)上形成一定厚度的过滤介质，称为预膜层。此预膜层即为过滤介质，通过其完成过滤操作。

板框过滤机　filter press　一种常见的过滤设备，是由交替排列的滤板和滤框构成一组滤室。滤板的表面有沟槽，其凸出部位用以支撑滤布。滤框和滤板的边角上有通孔，组装后构成完整的通道，能通入悬浮液、洗涤水和引出滤液。板、框两侧各有把手支托在横梁上，由压紧装置压紧板、框。板、框之间的滤布起密封垫片的作用。由供料泵将悬浮液压入滤室，在滤布上形成滤渣，直至充满滤室。滤液穿过滤布并沿滤板沟槽流至板框边角通道，集中排出。板框式过滤机适用于润滑脂生产原料的过滤。

白土精制电精制(沉降)罐　electrofining precipitator in clay finishing　一种用于分离液相脱氮络合物和润滑油基础油理想组分的分离设备(容器)。容器内部安装若干块正、负极电极板并沿电精制罐轴向间隔排布，外部设有高压电供配电系统，在通电状态下每一个相邻的正极板与负极板之间形成一个具有一定电场强度的直流电场。利用极性带电粒子在电场中的定向运动，使分散的络合物向电极作定向运动并聚集增大，产生较大的络合物颗粒，在重力的作用下从油相中沉降并分离。

预膜式转鼓真空过滤机　prefilming rotary drum vacuum filter　过滤机的一种类型，由转鼓、分配头、料槽、刮刀、搅拌叶轮、绕线装置等组成。借真空抽力，混有白土的润滑油物料从转鼓料槽底部进入，同时在转鼓表面的硅藻土涂层上过滤。预膜式转鼓真空过滤机与一般转鼓真空过滤机的结构基本相同，所不同的是多了一套预膜涂层设施，刮刀较薄，卸料时将滤渣连同一层预膜层一齐刮掉。此外在下部壳体处还设有一搅拌叶轮以保持固体介质与油呈悬浮状态。

蜂窝型格栅规整填料 honeycomb type grating regular packing 用于液-液萃取的一种新型塔内填料。填料结构呈蜂窝状，是一种在塔内按均匀图形排布、整齐堆砌的规整填料。其结构是在与垂直方向倾斜一定角度的多层平面上，有两块以上的矩形板片平行排列，在矩形板片之间按一定距离插入相应的矩形隔板，以使板片与隔板相互交叉成"X"形。

少环长侧链环烷烃 mono- or bi-cyclic naphthene with long side-chain 润滑油基础油含有多种结构的高分子环烷烃。在环烷环侧链上带有高碳数烷基的单环环烷烃和双环环烷烃，称为少环长侧链环烷烃。这种结构的环烷烃倾点低，并具有良好的黏温性和氧化安定性，是润滑油基础油的理想组分之一。

少环长侧链芳烃 mono- or bi-cyclic aromatics with long side-chain 润滑油基础油含有多种结构高分子芳烃。在芳环侧链上带有高碳数烷基的单环芳烃和双环的芳烃，称为少环长侧链芳烃。这种结构的芳烃倾点低，并具有良好的黏温特性和氧化安定性，是润滑油基础油的理想组分之一。

2.18 润滑油脂

地槽加剂 doping into geosyncline 是一种人工的投料过程。即将计量好的添加剂倒入加剂槽中，利用循环的基础油带入调和罐。

机械搅拌调和 mechanical agitation blending 利用机械搅拌器将调和罐内的物料混合均匀的调和过程。润滑油调和常用的搅拌方式主要有侧向伸入式搅拌和立式中心式搅拌。

泵循环调和 pump circulating blending 利用机泵将调和罐内物料从罐底部抽出，再返回调和罐，使油品混合均匀的调和过程。

静态混合器调和 static mixer blending 利用静态混合器内相互交错、倾斜的挡板，使物料有效地分割、旋转，强化混合均匀的调和过程。

气动脉冲调和 pneumatic pulse blending 以具有一定脉冲频率的、洁净干燥的压缩空气为动力，将罐底油品托带至油面，气泡破裂产生的爆破力使油品混合均匀的调和过程。

射流搅拌调和 jet mixing agitation blending 利用输送泵为动力，驱动喷嘴进行三维转动，喷出的高速流体推动罐内物料混合均匀的调和过程。

自动批量调和 automatic batch blending(ABB)是一种罐式调和工艺过程。即在系统自动控制下，原料按比例依次通过计量、投料、加热、混合、出料、吹扫等调和过程。自动批量调和适用于小批量、高频次、多品种调和，操作简便灵活、准确度高、更换品种时残留物少，也可以为连续调和过程提供稀释母液。

同步计量调和 simultaneous metering blending(SMB)是管道调和的一种。即按照调配要求，将基础油、添加剂同时通过各专用通道计量后，汇入集合管，进入储罐继续混合的一种调和过程。同步计量调和过程全部自动控制，生产效率高，组分计量精确，对配方的适用性强，适合于大批量产品的生产。

在线调和 in-line blending (ILB) 连续式管道调和过程。系统根据配方自动计算各组分的调和量，通过调节分流量泵，使各流量按指定的比例控制，以保证各组分在集合管中瞬时的配比符合预先设定的要求；各组分汇入总管后经混合器混合均匀。生产效率高，适合批量大、组分少的产品调和。

自动抽桶投料 drum decanting 是桶装原材料的一种加料过程。即自动抽取置于电子秤台上的桶装原料至调和罐，具有自动计量、自动清洗功能。其特点是操作简便、计量精确，物料残留少。

加热工艺 heating process 为了降低油品黏度，提高流动性，利于输送和杂质沉降，提高油品温度的过程。常用的加热方法有蒸汽间接加热法、热水间接加热法、热油循环加热法、电加热法等。

管线清扫 pipeline purging 以压缩空气为动力，推动塑胶球将管道内存油清扫至目的地，清理效果好，残留物少；或是直接利用压缩空气(或蒸汽)吹扫管道内的油品至目的地，也可以用油品置换管道内存油，防止油品相互污染和凝结。

油罐清理 oil tank cleaning 清除罐底沉积的杂质、水分和罐壁清理、检查的操作过程，避免其影响油品质量和腐蚀油罐。

油品回调 oil reblending 在油品调和时，将同种合格油品按照一定的比例调入到所生产的产品中的操作过程。

干胶溶解工艺 dry gel dissolving process 在一定温度或机械剪切条件下，将黏度指数改进剂的固体胶块完全溶解在规定的基础油中，混合、过滤，形成均匀、稳定物料的工艺过程。

预混合 pre-mixing 在调和投料前使用一定比例的基础油或溶剂对固体添加剂、高黏度添加剂、难溶添加剂和微量添加剂进行稀释或溶解的工艺过程，便于投料、输送和准确计量。

润滑油调和配方 lubricating oil blending formula 为润滑油生产过程提供各组分原材料加入配比的方案。方案中明确原料组分的名称、加入比例、工艺条件等信息。一般以内差法计，总比例为百分之百。常用的是质量分数。

高清洁度油生产工艺 high cleanliness oil production process 在净化的工作环境下，采用相应的过滤设备及过滤材料对油品进行净化处理，使用净化的包装容器和采样器具，生产高清洁度油品的生产工艺过程。

局部加热 local heating 利用局部加热器，对油罐内需要使用的少量油品，边输送边加热的过程。

调和温度 blending temperature 为了保证调和的油品具有一定的流动性，充分混合均匀，油品调和过程控制在一定的温度范围。调和温度是调和过程关键参数之一。调和温度过高会加速油品氧化；过低则难以混合均匀或延长混合时间。不同油品的调和温度设定不一致。

调和时间 blending time 润滑油生产过程中，各组分在一定的温度下混合达到均匀状态的时间。由于原料的物理性质不同，配比不同，混合方式不同，油品达到混合均匀的时间也不同。调和时间是油品调和工艺的关键指标之一。

润滑油灌装 lubricating oil filling 指将合格的润滑油产品，按照规定的包装标准，装入瓶、桶、罐等包装容器中的操作。

首件检测 first article inspection 在润滑油灌装操作中，对所灌装的第一件产品进行规定项目的分析检测。首件检测是控制产品出厂质量的重要手段。更换产品品种和批次、设备维护重新使用之后均需进行首件检测。

油桶封口 oil drum sealing 对完成润滑油灌装操作的包装桶进行旋盖、扣盖、铝箔封口等桶口密封的操作过程。

纸箱封箱 carton sealing 将灌装、密封合格的包装桶放至相应的纸箱中，使用热熔胶、胶带、打包带等对纸箱进行封装的过程。

液位监控 liquid level monitoring 在润滑油生产中，利用储罐所配备的监控设备，对各种原料和成品油储罐的液位进行监视和控制，以便出现异常变化时及时采取应对措施。也可用于油罐油品计量的参考。

检尺 gaging 使用检定合格的量油尺对油罐内油品的液面高度进行人工检测，以计算油品储量的过程。

基础油沉降 base oil precipitation 在生产之前，对储罐内的基础油加温沉淀，除掉水分和机械杂质的操作过程。

油品脱水 oil dehydrating 根据油中水分的存在形式和含量的不同，采用相应的方法，除去油中水分的操作过程。避免水分对润滑油品质、性能和所服务的设备产生不良影响，常用的方法有重力沉降、离心分离、抽真空、吸附、膜分离和聚结等。

过程检测 process monitoring 在润滑油调和、灌装等过程中，对过程控制点进行监控，对各环节的产品进行分析检测，保证进入下一环节的为合格产品，确保最终产品质量的操作过程。

成品检验 finished product testing 润滑油调和完成后，对调和好的润滑油品取样，并按照产品标准和检验规范对其相关理化性能进行分析、检测，从而判断油品是否合格的过程。

包装净含量控制 net weight control in the packaging process 润滑油灌装操作中，对润滑油品净含量进行控制的过程。主要采用的计量方式有容积式、称重式和流量计式等。

批号喷码 batch number printing 在灌装过程中，将包含产品相关信息的数码或条码，直接喷印、打印和粘贴在包装物上的操作过程，便于产品的追溯和识别。

金属氟化物气相法制备全氟碳油 preparation of perfluorocarbons by metal fluorides gas-phase fluorination 在高温下烃蒸气与高价金属氟化物通过气相催化氟化反应先制备全氟碳粗油，再经氟直接氟化生产稳定全氟碳油的工艺过程。

电化学氟化法制备含氟油 preparation of fluorinated oil by electrochemistry fluorination 采用电解氟化法先制备含氟粗油，再经元素氟直接氟化生产稳定含氟油的工艺过程。目前用此法制备的产品主要有全氟三丁胺等。

催化聚合法制备氟氯碳油 preparation of fluorochlorocarbon oil by catalytic polymerization 三氟三氯乙烷与锌粉反应先制备三氟氯乙烯，再与过氧化物和调聚剂催化聚合成聚三氟氯乙烯粗油，再经元素氟直接氟化生产稳定氟氯碳油的工艺过程。

热调聚法制备氟氯碳油 synthesizing fluorochlorocarbon oil by thermotelomerization 三氟三氯乙烷与锌粉反应先制备三氟氯乙烯，再与四氯化碳发生热调聚反应合成聚三氟氯乙烯粗油，再经元素氟直接氟化生产稳定氟氯碳油的工艺过程。

液相氟化法制备氟氯碳油 synthesizing fluorochlorocarbon oil by liquid phase fluorination 三氟化氯和氟化剂与烃或含氯烃进行液相氟化反应先制备聚三氟氯乙烯粗油，再经元素氟直接氟化生产稳定氟氯碳油的工艺过程。

裂解法制备氟氯碳油 synthesizing fluorochlorocarbon oil by pyrolysis 聚三氟氯乙烯树脂通过裂解反应先制备聚三氟氯乙烯粗油，再经元素氟直接氟化生产稳定氟氯碳油的工艺过程。

催化聚合法制备全氟聚醚油 synthesizing PFPE oil by catalytic polymerization 全氟烯烃与过氧化物通过环化反应先制备全氟环氧烷，再经氟化物催化、光照聚合成全氟聚醚粗油，然后经元素氟直接氟化生产稳定全氟聚醚油的工艺过程。

光氧化聚合法制备全氟聚醚油 synthesizing PFPE oil by photooxidation polymerization 全氟烯烃与氧通过光照聚合反应先制备全氟聚醚粗油，再经元素氟直接氟化反应生产稳定全氟聚醚油的工艺过程。

调聚法制备氟溴油 preparation of fluorine bromine oil by telomerization 三氟溴乙烯通过调聚反应制备氟溴油的工艺过程。

脱氯反应过程 dechlorination reaction process 在一定温度下以醇类作介质，三氟三氯乙烷与锌粉反应制备三氟氯乙烯单体的工艺过程。

热调聚反应过程 thermal telomerization reaction process 在高温条件下以四氯化碳为调聚剂通过聚合反应制备氟氯碳粗油的工艺过程。

高分子氟氯碳裂解过程 pyrolysis process for high polymer of fluorochlorocarbon 在真空和高温条件下高分子聚三氟氯乙烯通过催化裂解反应制备氟氯碳粗油的工艺过程。

分子蒸馏过程 molecular distillation process 一种在高真空下操作的蒸馏过程，利用不同物质分子运动平均自由程的差别实现物质的分离。该过程可分为四步：分子从液相主体向蒸发表面扩散；分子在液层表面上的自由蒸发；分子从蒸发表面向冷凝面飞射；分子在冷凝面上冷凝。与常规蒸馏相比，分子蒸馏技术的特点是操作温度远低于沸点、真空度高、受热时间短、分离效率高等，特别适宜于高沸点、热敏性、易氧化物质的分离。

直接氟化反应过程 direct fluorination process 在一定温度下油品与纯氟气或用惰性气体稀释的氟气，通过直接氟化反应制备含氟油品的工艺过程。

电解制氟过程 electrolysis for fluorine preparation process 在一定温度条件下将低压直流电通入电解槽内按要求比例配制的熔融电解液中，使氟化氢分解为氟气和氢气的工艺过程。电解制氟过程分为高温法、中温法和低温法。工业生产常用的是中温法。

氟气压缩过程 fluorine compression process 将电解制氟产生的氟气经膜式压缩机增压后储存于氟气储罐中的工艺过程。

氟气净化过程 fluorine purification process 采用低温或吸收剂吸收的方法降低氟气中氟化氢等杂质含量的工艺过程。

直接氯化过程 direct chlorination process 含氟油品与纯氯气反应，消除油品分子中的酰氟、羧基、双键等不稳定基团制备稳定含氟油品的反应过程。

碱脱羧过程 alkaline decarboxylation process 在高温高压条件下含氟油与碱进行反应，除去分子中酰氟基和羧基等不稳定基团制备稳定含氟油的工艺过程。

聚四氟乙烯裂解过程 polytetrafluoroethene cracking process 在高温条件下聚四氟乙烯树脂吸收过热水蒸气的热量发生裂解生成四氟乙烯单体的工艺过程。

光氧化聚合过程 photo-oxidation polymerization process 在低温和紫外光的照射下全氟烯烃与氧气进行聚合反应制备液态全氟聚醚油的工艺过程。

光照反应过程 photochemical reaction process 在紫外光照射下去除全氟聚醚粗油中过氧基团的工艺过程。

双级低温制冷过程 two-stage low temperature refrigeration process 通过高温级制冷循环与低温级制冷循环换热为反应设备获取超低温冷源的工艺过程。

氟气回收过程 fluorine recollection process 氟油制备工艺中未参与反应的氟气回收再利用的工艺过程。

氟尾气处理过程 fluorine-containing tail gas treatment process 以碱溶液为吸收剂，经逆流吸收、混合、蒸发、结晶等过程，使氟尾气中的氟元素回收固化，减少排放的工艺过程。

氢尾气处理过程 hydrogen-containing tail gas treatment process 氟油制备工艺中以碱溶液为吸收剂，经混合吸收、蒸发、结晶等过程，使氢尾气中的氟元素回收固化，减少排放的工艺过程。

钾盐溶液蒸发结晶过程 potassium salt solution evaporation crystallization process 氟油制备工艺中在真空条件下钾盐溶液经加热蒸发、结晶等过程，使钾盐溶液中的氟元素得以回收固化，减少排放的工艺过程。

酯化过程 esterification process 有机酸与醇在一定温度、压力和催化剂作用下，生成酯和水的过程。羧酸与醇的酯化反应是可逆的。采用不同的原料则可生成不同类型的酯，如双酯、多元醇酯、复酯等。

碱水洗 alkali wash 以酯化后的粗酯为原料，加入一定浓度和量的氢氧化钠水溶液，通过中和反应除去粗酯中过量酸、催化剂等杂质的工艺过程。

减压脱水 vacuum dehydration 在调配釜中，通过真空和高温处理，以除去油品过量水分的工艺过程。

威廉姆森法 Williamson reaction

指用卤代烷、硫酸烷酯、醇钠或酚钠(钾盐)进行聚醚改性的反应。

脂肪酸乙氧基化反应 fatty acid ethoxylation reaction 一种在酸或碱催化剂存在条件下，采用脂肪酸与环氧乙烷加成聚合得到脂肪酸聚乙二醇酯的合成方法。

开环聚合 ring-opening polymerization 指环状结构单体在离子引发剂作用下经过开环和聚合，制备高分子化合物的工艺过程。

水解缩聚 hydrolyzation polycondensation 有机硅低聚体合成的一种方法。以有机硅氯硅烷与烷氧基硅烷为单体，分别或共同在催化剂作用下进行水解、缩合反应，来制备各种不同结构性能的有机硅低聚物的工艺过程。

平衡化反应 equilibration reaction 在硅油聚合反应的后期，随着较小分子的增大，同时发生较大分子的减小，直至系统达到热力学稳定的平衡状态，分子大小不一的硅氧烷状态混合物变成相对分子质量比较集中、均匀的聚硅氧烷。

格氏反应 Grignard reaction 用格氏试剂与有机硅氧烷反应，制备甲基苯基硅氧烷的工艺过程。

皂基润滑脂制备工艺 soap-based grease production process 以金属皂稠化剂稠化基础油制备皂基润滑脂的工艺过程，主要工序包括原料的预处理、皂化、皂稠化剂在润滑油内的分散、润滑脂的冷却、均化研磨及灌装等。

皂化 saponification 皂基润滑脂制备工艺的关键步骤之一。指在基础油或水相中，动植物油脂或脂肪酸与碱(或碱土)金属氧化物或氢氧化物进行反应，生成金属皂的工艺过程。

循环剪切 cyclic shearing 利用循环泵使皂油混合物连续地通过剪切器，实现分散和均质的工艺过程。

脱气 deaeration 指利用特定的装置或操作，使润滑脂中的气泡由于负压的作用而逸出，以改善润滑脂性能和外观的工艺过程。脱气方式主要有罐式真空脱气法和直接脱气法。

罐式真空脱气法 tank vacuum deaeration process 指利用真空泵对脱气罐抽真空。脱气罐包括储罐或带搅拌的密闭釜两种形式，操作时可采用间歇式也可以采用连续式。

直接脱气法 direct deaeration process 指在润滑脂经釜底输送泵循环的过程中，逐渐将釜底出料阀关小，让输送泵在供料不足的条件下工作，从而形成一定的负压，物料中的气泡由于减压的作用从润滑脂中逸出，达到脱气的目的。其特点是不需要专门的脱气设备和真空系统，操作简单而连续。

急速冷却 rapid cooling 在润滑脂生产过程中，当反应釜内物料达到最高炼制温度后，将釜内物和部分剩余基础油分别泵入急冷设备，实现快速冷却降温的过程。急速冷却可获得细而致密的皂结构纤维，使润滑脂具有良好的胶体安定性。

薄膜冷却 film cooling 润滑脂生产工艺中冷却方式的一种，利用特殊设备使润滑脂形成薄膜强化传热，实现快速冷却的过程。

套管冷却 jacket cooling 润滑脂生产过程中的一种冷却方式，通常在物料循环的管线外加装套管进行冷却，具有结构简单、制作容易的特点。

泄压脱水 dehydration via pressure releasing 用压力釜生产皂基脂时，通过泄压闪蒸来脱水的工艺过程。

直接皂化法 direct saponification method 在制脂釜中，按照润滑脂配方，使脂肪或脂肪酸(在部分基础油存在的情况下)与碱(或碱土)金属的氧化物或氢氧化物反应生成金属皂。然后升温脱水并继续升温进行高温炼制，再加入剩余基础油进行冷却。在适宜的温度下加入添加剂制备润滑脂产品。

预制皂法 prefabricated-soap method 采用预制的皂基稠化剂稠化基础油制备润滑脂的过程。

间歇皂化法 batch saponification process 以单釜(批)的形式生产润滑脂的工艺过程。该工艺具有适合生产不同品种、不同牌号润滑脂，操作灵活的特点。

连续皂化法 continuous saponification process 以连续投料出料的方式生产润滑脂的工艺过程。其特点是适于生产大批量单一品种的产品。

真溶液 true solution 指润滑脂炼制过程中，皂纤维由固态或半固态转化为熔融态，皂与油形成均匀的溶胶状态。

润滑脂最高炼制温度 maximum processing temperature of grease production process 指润滑脂制造过程中控制的极限温度。制备不同的润滑脂，控制的最高炼制温度不同。

水化 hydration 钙基润滑脂生产过程中，为了形成稳定的皂纤维骨架结构而加入水的过程。

凝聚法 coacervation method 将稠化剂在适当温度下高度分散在基础油里，通过快速冷却，自动凝聚成胶体粒子，形成稳定的骨架结构，制备润滑脂的过程。

分散法 dispersion method 借助于化学力(分散剂表面在介质中自动形成溶剂化层)或机械力，使稠化剂均匀分散到基础油中形成稳定的骨架结构制备润滑脂的过程。

铝基脂制备工艺 production of aluminum based grease 包括直接皂化法和复分解法两种工艺。直接皂化法是用异丙醇铝与脂肪酸进行皂化反应，生成脂肪酸铝并稠化基础油来制备铝基脂的过程。复分解法是用复分解反应预制铝皂，然后用铝皂稠化基础油制备铝基润滑脂的过程。

复合铝基脂制备工艺 production of complex aluminum grease 指使用异丙醇铝三聚物直接皂化制取复合铝基脂的过程。

均质 homogeneity 又称均化。指润滑脂在强烈的冲击下发生剧烈的碰撞、剪切、混合、分散，使润滑脂均匀细腻的工艺过程。

无机稠化剂表面改性 surface modification of inorganic thickener 通过加入覆盖剂使膨润土、硅胶等无机物的表面由亲水变为亲油的工艺过程。

复合锂基脂制备工艺 complex lithium grease production process 采用12-羟基硬脂酸锂皂和二元酸锂皂在一定工艺条件下共结晶而形成的复合皂，稠化基础油制备复合锂基脂的工艺过程。

一步皂化法 one-step saponification method 在制脂釜中一次加入一元酸、二元酸和氢氧化锂制备复合锂基脂的工艺过程。

两步皂化法 two-step saponification method 在制脂釜中第一步加入一元酸，第二步加入二元酸和氢氧化锂反应制备复合锂基脂的工艺过程。

锂基脂制备工艺 lithium based grease production process 在制脂釜中加入长链脂肪酸和氢氧化锂稠化基础油制备锂基脂的工艺过程。制备工艺目前主要有四种：常压釜生产工艺、压力釜生产工艺、管式炉连续生产工艺和预制皂法生产工艺。

钙基脂制备工艺 calcium based grease production process 在制脂釜中加入动植物油和石灰稠化基础油，并用水化工艺处理来制备钙基脂的过程。

聚脲脂生产工艺 polyurea grease production process 在适当温度下，将有机胺与基础油的混合液慢慢加入异氰酸酯与基础油的混合液中进行反应，反应完成后升至一定温度，再经冷却、加入添加剂、研磨均化成脂的工艺过程。聚脲脂生产工艺按照生产特点可以分为预制法和直接法。

膨润土润滑脂制备工艺 production process of bentonite grease 以膨润土为稠化剂生成润滑脂的工艺过程。有机膨润土是采用优质钠基膨润土，经提纯、变性和有机活化精制而成。膨润土润滑脂的生产工艺包括干法和湿法。干法生产工艺共有四种，即：(1)简单混合法：将有机膨润土和所有基础油以及助分散剂在不加热的情况下搅拌均匀成脂；(2)冷浓缩法：将有机膨润土和部分基础油和助分散剂搅拌分散均匀后再将剩余基础油分批加入搅拌均匀后成脂；(3)加热混合法：

将有机膨润土和所有基础油以及助分散剂在加热的情况下搅拌均匀成脂；(4)加热浓缩法：将有机膨润土和部分基础油和助分散剂加热搅拌分散均匀后，再将剩余基础油分批加入搅拌均匀后成脂。湿法生产工艺是指以膨润土矿石为原料，通过水分散工艺、变型工艺、覆盖工艺、稠化成脂等工艺过程制备成脂。

烃基润滑脂制备工艺 hydrocarbon base grease production process 以石蜡、地蜡或其他固体烃和基础油为原料，采用凝聚法制备烃基润滑脂的工艺过程。

乙烯齐聚法 ethylene oligomerization process 一种生产聚 α-烯烃的方法。即先将乙烯聚合成 α-癸烯，再将 α-癸烯在催化剂作用下聚合，从而获得聚 α-烯烃基础油。主要包括烷基铝催化法、SHOP 法和金属络合物催化法等三种工艺。

十八酰胺对苯甲酸钠皂制备工艺 production process of sodium *p*-octadecylamidobenzoate soap 采用一步法将十八胺与对苯二甲酸酯进行酰胺化，再经氢氧化钠皂化制备十八酰胺对苯甲酸钠皂的工艺过程。

硅胶润滑脂制备工艺 silica gel grease production process 以改性硅胶稠化基础油(矿物型或合成型)，制备硅胶润滑脂的工艺过程。

2.19 沥青

沥青 asphalt; bitumen 暗褐色黏稠物质，天然产或在原油加工中产生。在北美和欧洲，asphalt 和 bitumen 经常作为同义词使用，但有时也有区分，asphalt 多指原油加工中产生的沥青，而 bitumen 多指天然沥青。有些英文文献中 asphalt 是指 bitumen 和筑路用的无机物(混凝料)的混合物。

湖沥青 lake asphalt 由地表天然形成的沥青湖中取得的沥青，属天然沥青。

饱和分 saturates 沥青中正庚烷或石油醚可溶物质在规定条件下用正庚烷或石油醚从液固色谱上脱附得到的石油或沥青组分。

芳香分 aromatics 沥青中正庚烷或石油醚可溶物质在规定条件下分离出饱和分后，再用甲苯从液固色谱上脱附得到的石油或沥青组分。

非离子乳化沥青 non-ion emulsified asphalt 用非离子乳化剂制成的沥青乳化液。

非牛顿型沥青 non-Newtonian asphalt 不服从牛顿定律，在给定温度下黏度与剪切速率有关的沥青。

改性沥青相容性 compatibility of modified asphalt 沥青与改性材料的共混体在易施工黏度的温度下不发生离析、可以稳定存在的性能。

高模量沥青 high modulus asphalt 通过添加改性剂之后，与普通改性沥青相比，劲度模量有较大幅度提高的改性沥青。其特点是具有优良的抗高温车辙性能。

可溶质 maltene 在规定实验条件下分离出沥青质后得到的沥青组分。

沥青混合料 asphalt mixture 沥青与一定级配的矿物集料和矿粉经加热拌合后的混合材料。

沥青混凝土 asphalt concrete 用沥青作黏结材料，与矿质集料和矿粉按一定比例经加热、拌合、压实而成的混合材料。

沥青胶结料 asphalt binder 能使矿质集料黏结成团的沥青类物质。一般将各类道路沥青、建筑沥青及部分特种沥青统称为沥青胶结料。

沥青胶体结构 asphalt colloidal structure 以相对分子质量很大的沥青质为中心，周围吸收一些胶质形成分散相(胶团)，而极性很小甚至基本没有极性的油分(饱和分+芳香分)形成分散介质，形成的胶体溶液。

沥青焦油 asphalt tar 沥青焦化馏出物的蒸馏残油。一般直接用作锅炉燃料。

沥青矿 asphalite 一种非金属矿产，主要包括由地下开采得到的天然固体和半固体的地沥青、软沥青、岩沥青、碳质沥青和含沥青质的岩石(沥青岩)等。

沥青冷补料 asphalt cold patch 没有经过加热的矿料与稀释的沥青经过拌合而形成的一种用于常温路面修补的沥青混合料。

沥青路面 asphalt pavement 表层或顶层由沥青混合料铺筑而成的路面。

沥青玛蹄脂 asphalt mastic 加入适量填充料及少量添加剂制成的沥青混合物，用于建筑及道路工程。

沥青漆 asphalt varnish 以沥青为主要成分的漆。涂膜黑色，坚韧光亮，耐水、酸、碱和耐磨。有沥青清漆、沥青烘漆和沥青绝缘漆等。分别用于金属和木材防腐，自行车、缝纫机、仪器等的涂饰以及电气绝缘等。

沥青乳化液 asphalt emulsion 又称乳化沥青。由沥青和水并加入适量乳化剂，通过机械(如胶体磨)混合而制成的乳化液。

沥青砂 asphaltic sand 浸渍了沥青类物质的砂子，其中沥青可以被溶剂抽提出来。

沥青树脂 asphalt resin 以富芳材料为原料交联、缩合而成的一种多环多核芳烃树脂。

沥青塑料 asphaltic plastic 以沥青为基本成分，加入石棉、植物纤维、石粉填充料等压制成型的塑料。耐水，耐酸碱，价廉。用于制造耐酸槽箱、盖板和耐酸管等。

沥青质　asphaltene 在规定条件下不溶于正庚烷而溶于苯或甲苯的石油或沥青组分。

煤焦油沥青　coal tar pitch 煤焦油蒸馏后的残余物制取的沥青类物质，约占煤焦油总量的50%左右。

凝胶型沥青　gel type bitumens 沥青质浓度较高，沥青不服从牛顿流体，分散相和分散介质之间的化学组成及性质差别较大，沥青针入度指数 *PI* 值大于 2。

牛顿型沥青　Newtonian asphalt 在给定温度下黏度与剪切速率无关的沥青。

沥青配伍性　asphalt compatibility 沥青与一种有机物相互混合达到协调一致的程度。与沥青配伍性（也称相容性）好的有机物会改善沥青的某种性能，而与沥青配伍性不好的有机物会降低沥青的某种性能。

热拌沥青混合料　hot mix asphalt mixture（HMA）在热态下拌合、运输、摊铺和压实并符合一定级配要求的沥青混合料。

溶胶型沥青　sol type asphalt 沥青质含量较低，沥青服从牛顿流体，分散相和分散介质之间的化学组成及性质比较接近的沥青，*PI* 值小于-2。

溶凝胶型沥青　sol-gel type asphalt 介于溶胶型和凝胶型之间的沥青，*PI* 值在-2~2 之间。

聚合物溶胀　polymer swelling 橡胶类聚合物改性剂加入到沥青中时，聚合物吸收沥青中的油分而引起体积膨胀的现象通常称为聚合物的溶胀现象。溶胀过程属于物理变化。

水泥乳化沥青砂浆　cement-emulsified asphalt mortar 又称水泥沥青 CA 砂浆（cement asphalt mortar）。由乳化沥青、水泥、细骨料、水和外加剂经特定工艺搅拌制得，具有混凝土的刚性和沥青弹性的半刚性体。用于板式无砟轨道垫层，主要起到调平、缓冲和支撑作用。

酸渣沥青　acid-sludge asphalt 石油产品经酸洗精制后所剩余的、带酸渣的沥青。

温拌沥青　warm mix asphalt（WMA）拌合温度低于常规热拌沥青的沥青材料，通常在 100~130℃。

稀释沥青　cut-back asphalt 在沥青中加入适量液态稀释剂制成的液态混合物。

橡胶沥青　rubber asphalt 在沥青类物质中添加废旧轮胎橡胶粉，橡胶粉与热沥青接触软化而形成的混合物。

性能分级　performance grading 在美国沥青胶结料标准 superpave 中使用的沥青分级体系。该体系在模拟实际路面使用临界温度和老化条件下以沥青的力学性能为基础的沥青分级体系。

岩沥青 rock asphalt 内含沥青的石灰岩或硅质岩，属天然沥青中的一种。

阳离子乳化沥青 cationic emulsified asphalt 用阳离子乳化剂制成的沥青乳化液。

氧化沥青 air blown asphalt 以减压渣油或溶剂脱油沥青为原料，经空气氧化而得到的一种石油沥青。沥青经氧化后，沥青质含量提高，软化点上升而针入度减小，沥青的温度敏感性减小。

页岩沥青 shale pitch 由页岩焦油蒸馏后的残余物制取的焦油沥青。

阴离子乳化沥青 anionic emulsified asphalt 用阴离子乳化剂制成的沥青乳化液。

黏度分级 viscosity grading 根据60℃黏度对沥青进行分级的沥青分级系统。

针入度分级 penetration grading 根据25℃的针入度对沥青进行分级的沥青分级系统。

中间相沥青 mesosphase asphalt 由重质芳烃类物质在热处理过程中生成的一种由圆盘状或者棒状分子构成的向列型的液晶物质，其原料可以是煤焦油沥青、石油沥青和纯芳烃类物质及其混合物。

罐调和 tank blending 生产道路沥青的一种技术。是将各调和组分按比例泵入调和罐中，利用机械搅拌的作用将各调和组分进行分散达到均匀状态的调和方式。

沥青保温能力 asphalt heat preservation capacity 在一定条件下，沥青罐内沥青温度下降的平均速率，用于衡量沥青罐的保温能力。

沥青泵 asphalt pump 将液态沥青由一个容器转运到另外一个容器的输送装置。是一种容积式泵，属于高黏度保温泵。常用螺杆泵或齿轮泵，必要时泵头可配电、导热油、蒸汽伴热，常用于重油加工装置、重油库、沥青库等设施中沥青、重油等高黏物料的输送。

沥青储仓 asphalt storage 带有加热、保温系统的沥青储存容器。按加热方式分为导热油加热式沥青储仓、电加热式沥青储仓、蒸汽加热式沥青储仓及远红外线加热式沥青储仓等。

沥青储仓容量 asphalt storage capacity 指储存沥青的有效容积。

沥青船 asphalt tanker 用于石油沥青或重油运输的专用运输船。

沥青罐 asphalt tank 用以储存沥青的特殊容器。一般带有加热和搅拌装置。

沥青熔化加热装置 asphalt melting and heating unit 使固态沥青熔化、脱水并加热到工作温度的装置。

沥青再生剂 asphalt rejuvenating agent 主要是由富含多环芳烃组分及其他高聚物组成的混合物，其作用机理是提高沥青老化后降低的芳香分等组分含量，改善老化后沥青的胶体结构，使沥青恢复原有性能。

热塑性树脂 thermoplastic resin 树脂的一类，可反复受热软化(或熔化)和冷却凝固的树脂，代表性产品有 PE、PP 等。

热塑性橡胶 thermoplastic rubber又称热塑性弹性体。兼具橡胶和热融性塑料特性，在常温下显示橡胶弹性，受热时显示塑料可塑性的高分子材料。代表性产品有 SBS、SB、SIS 等。

沥青稳定剂 asphalt stabilizer 能增加溶液、胶体、固体、混合物等类物质稳定性能的添加剂称为稳定剂。当用于改性沥青时，可以保持改性剂在基质沥青中的均匀分散，防止改性剂凝聚、离析，提高改性沥青的储存稳定性。

半氧化沥青 semi-oxidized asphalt 在比较缓和的氧化条件下制备的一种沥青。

超临界溶剂脱沥青 supercritical solvent deasphalting 在高于溶剂临界温度和临界压力条件下，进行的渣油溶剂脱沥青过程。

硅藻土改性沥青 diatomite modified asphalt 一种以硅藻土为改性剂生产的改性沥青，用以提高沥青混合料的高低温性能和抗水损害能力。

沥青氧化 asphalt blowing 一种沥青生产工艺。以减压渣油或溶剂脱油沥青为原料，在一定温度下，通入空气进行氧化，以获得符合各种用途及规格要求的沥青。

泡沫沥青 foamed asphalt 通过一定工艺条件，将水、水蒸气或发泡剂引入到沥青中，使沥青体积膨胀而制得的泡沫状沥青。

汽提沥青 steam stripping asphalt在渣油或直馏沥青中通入过热蒸汽进行汽提，以改善其技术性能而制得的沥青。

溶剂混溶法 solvent miscible method 用溶剂将改性材料溶化或溶胀后与沥青混合的改性沥青加工工艺。

溶剂脱沥青 solvent deasphalting 根据渣油中各种组分在丙烷、丁烷、戊烷等低分子溶剂中溶解度不同，将渣油中的胶质、沥青质分离出来的一种抽提过程。根据所使用的溶剂不同，分别按溶剂的名称称为丙烷脱沥青、丁烷脱沥青、戊烷脱沥青及混合溶剂脱沥青。

乳化沥青 emulsifying asphalt process 将沥青热融，经过机械剪切作用，以微小液滴状态分散在含有乳化剂的水溶液中，形成沥青乳状液的过程。

脱沥青油 deasphalted oil (DAO)在溶剂脱沥青过程中，经选择性溶剂抽提脱除了沥青质和部分胶质，从而降低了残炭、硫及重金属等杂质含量的减压渣油。主要用于生产润滑油基础油或催化裂化、加氢处理等其他二次加工过程的原料油。

脱油沥青 deoiled asphalt (DOA)在溶剂脱沥青过程中，不溶于溶剂而沉淀下来的残渣油。

直接混溶法 direct miscible method 用加热和高剪切力搅拌的方式将改性剂与沥青直接混合的改性沥青加工工艺。

直馏沥青 straight reduced asphalt 原油经蒸馏后，其渣油不经任何改性过程，直接作为沥青产品并符合一定标准的石油沥青。

2.20 脱硫

硫醇 mercaptan 通式为 R-SH (R 表示烷基)的有机硫化合物。

硫醇硫 mercaptan sulfur 以硫醇形式存在于油品中的硫。由于硫醇具有活性，是引起设备硫腐蚀的主要硫来源，因而对某些石油产品除规定其总硫含量外，尚需规定其硫醇硫的含量。

二硫化物 disulfide 通式为 R-S-S-R′(R 和 R′为烷基或芳基)的有机硫化物。

多硫化物 polysulfide 含有多硫离子[S_x^{2-}(x=2，3，4，5 或 6)]的化合物。常见的有多硫化氢(H_2S_x)、多硫化钠(Na_2S_x)、多硫化铵[$(NH_4)_2S_x$]。有机多硫化物通式为 RS_xR'($x\geq3$，R、R′代表烃基)。多硫化钠和多硫化铵可用作分析试剂。

活性硫化物 active sulfide 主要包括单质硫、硫化氢和硫醇等，其共同特点是对金属设备有较强的腐蚀作用。

非活性硫化物 inactive sulfide 主要包括硫醚、二硫化物和噻吩等，是通常条件下对金属材料无腐蚀作用的硫化物。受热分解后一些非活性硫化物会转变成活性硫化物。

脱硫醇(脱臭) mercaptan removal(sweetening)在石油加工过程中，需要脱除油品中的硫醇，或将其转变成危害较小的二硫化物。由于硫醇具有恶臭味，因此在炼油工业中通常又把脱硫醇过程称为脱臭过程。

脱硫醇活化剂 mercaptan removal activator 用于汽油固定床脱臭工艺的助剂，其主要成分是具有表面活性作用的有机碱。将原料汽油、活化剂和空气一起通过催化剂床层，使其中的硫醇氧化为二硫化物，即可达到脱臭效果。脱硫醇活化剂能够提高脱臭效率，延长装置操作周期。

脱硫醇催化剂 mercaptan removal catalyst 用于硫醇催化氧化的催化剂。主要有聚酞菁钴、磺化酞菁钴类催化剂。该类催化剂作用原理是将硫醇催化氧化成二硫化物。

磺化酞菁钴 sulfonated cobalt

phthalocyanine(CoSPc)酞菁钴的芳环上连有磺酸基的衍生物。可用于催化氧化法脱除汽油、喷气燃料及液化气中的硫醇。磺酸基的引入可大大提高催化剂在碱液中的溶解性。

聚酞菁钴 cobalt polyphthalocyanine(CoPPc)高分子化的酞菁钴配合物，其主链由酞菁环稠并构成，通常具有网型和线型结构。在碱液里有良好的溶解性。

预碱洗 caustic prewash 在汽油、液化气脱除硫醇前，先以 NaOH 碱液除去其中的硫化氢或胶质。这是保证硫醇脱除效率及降低物料消耗的处理措施。

硫醇萃取 mercaptan extraction 指利用萃取方法脱硫醇的过程。在脱硫醇过程中，首先用 NaOH 碱液将油品中的硫醇抽提出来，生成的硫醇钠转入水相，从而使物料的含硫量降低。

Merox 催化氧化脱硫醇工艺 Merox catalytic oxidation sweetening process 美国 UOP 公司 1958 年提出的脱硫醇工艺方法。使轻质油品及液化气中的硫醇在催化剂、碱液(NaOH 水溶液)及氧化剂(空气)存在条件下，氧化为二硫化物，得以除去恶臭。二硫化物可被分离出来或仍留在油中。目前 Merox 催化氧化脱硫醇包括液-液法与固定床法。

无碱液脱臭 sweetening without caustic solution 一种与液-液法脱硫醇(脱臭)相比不使用碱液即能达到对轻质油品脱臭精制的方法。采用载有催化剂活性组分、碱性组分的固定床催化剂，使原料油品中的硫醇在脱硫醇活化剂、空气存在的情况下，催化氧化为二硫化物从而达到脱臭的目的。

液-液法脱硫醇 liquid-liquid sweetening 含有硫醇的油品与溶有酞菁钴类催化剂的苛性碱溶液接触，在氧化剂如空气的存在下，硫醇在油水两相界面上被氧化成二硫化物，得到合格油品。或者油品中的硫醇被催化剂碱液抽提后，得到硫醇含量合格油品，分离后的含有硫醇钠的催化剂碱液在空气中氧化再生、循环使用。该方法主要适用于相对分子质量不太大、含量不太高的硫醇脱除。

固定床法脱硫醇 fixed-bed sweetening 指利用固定床反应器进行脱硫醇的工艺。将催化剂活性组分等浸渍到载体上制得固定床催化剂，使含有硫醇的原料油与活化剂、空气一起通过催化剂床层进行脱臭。该方法适用于沸程较宽、硫醇硫含量较高的馏分油脱臭。催化剂寿命长、活性较高。

纤维膜法脱硫醇 fiber membrane sweetening 美国 Merichem 公司 20 世纪 70 年代首先开发的脱硫醇技术。利用纤维膜接触器，内部装有大量极细的金属或玻璃纤维丝。当石油烃和碱液从接触器顶部流入时，碱液首先在纤维丝的表面形成很薄的液膜，随后烃类在碱液膜上流动。反应在流动的两相间的平面膜上接触和完成，可提高两相间的传质、强化脱硫醇效果。

博士试验 doctor test; sodium plumbite test 又称亚铅酸钠试验。定性检测汽油等油品中是否含有活性硫化物的方法。样品和亚铅酸钠溶液混合后，再加入升华硫粉摇匀，若试样颜色不变或者界面的升华硫粉保持黄色，则试验为“合格”；若试样颜色明显变深或界面层的升华硫粉变为橘红色、褐色甚至黑色，则判为“不合格”。

液化气脱硫醇 LPG sweetening 脱除液化气(LPG)中以硫醇为主的含硫化合物的工艺方法。LPG 脱硫醇技术主要有 Merox 抽提-氧化法、纤维膜法、固定床法。

无苛性碱精制组合工艺 akali free refining combination process 固定床催化氧化法脱硫醇工艺的一种形式。在操作过程中，向原料油中注入液体活化剂、氨，而不使用苛性碱液，通过固定床催化剂即可达到对油品进行脱硫醇精制的目的。

碱渣 akali waste 利用碱洗将油品中含有的 H_2S 及其他酸性非烃化合物除去，以改善油品的安定性，降低油品对设备的腐蚀性。碱洗后的废碱液俗称碱渣。碱渣不能直接排放，需排至碱渣处理装置进一步处理。

含硫气体 sour gas 含有硫化氢、羰基硫、硫醇等硫化物的气体。

净化气 purified gas 指含硫气体经过净化装置处理达到一定质量指标要求的气体。净化后的天然气中的杂质含量通常应达到管输标准。

炼厂气脱硫化氢 hydrogen sulfide removal of refinery gas 炼油厂各种排放气脱除硫化氢的过程。炼厂气脱硫化氢方法主要有两类：一类是干法脱硫，将炼厂气通过固体吸附剂床层脱除硫化氢；另一类是湿法脱硫，用液体吸收剂洗涤炼厂气，以除去其中的硫化氢。气量小、硫化氢含量少的可采用干法脱硫，否则应选用湿法脱硫。

化学溶剂法脱硫化氢 chemical solvent removal of hydrogen sulfide 一种气体脱硫方法。以水溶性的溶剂作为脱硫剂，使它和原料气中的硫化氢发生反应并生成“复合物”，然后在再生条件下富液升温降压，使“复合物”分解，硫化氢解吸出来，溶剂获得再生。由于溶剂是以化学结合的方式来吸收硫化氢的，故名化学溶剂法。醇胺法和碱法等都属于化学溶剂法。

物理溶剂法脱硫化氢 physical solvent removal of hydrogen sulfide 一种气体脱硫方法。采用一种溶剂或混合溶剂在高压低温条件下吸收原料气中的硫化氢，然后在再生条件下富液升温降压，使溶解在溶剂中的硫化氢解吸出来，溶剂获得再生。由于溶剂是靠物理吸收方式来脱除硫化氢的，故名物理溶剂法。这种方法受酸性气体的分压影响较大，分压越高，酸性气就越容易被溶剂吸收。

吸附法脱硫化氢 adsorption removal of hydrogen sulfide 根据烃类与硫化氢分子极性不同、分子大小及构型不同，以及其他物理性质的不同，通过固体吸附剂选择性地对硫化氢进行吸附脱除的过程。常用的吸附剂有活性炭、分子筛等。

干法脱硫 dry desulfurization 用固体吸收(附)剂脱除气体中所含硫化物的一类方法。一般而言，干法脱硫适用于原料气中硫化物含量不高，而对脱硫后成品气中的硫含量又限制较严的场合。脱硫效率接近100%。按所用吸收(附)剂的不同，目前经常采用的方法包括活性炭法、分子筛法、海绵铁法等。

湿法脱硫 wet desulfurization 用液体溶剂脱除气体中所含硫化氢的一类方法。根据溶液的吸收和再生原理，又分为化学吸收法、物理吸收法和直接转化法等类型。

醇胺法脱硫 alcohol-amine desulfurization; amine gas treating 一种用于气体脱硫的化学溶剂法，也是目前最广泛采用的方法。可采用单乙醇胺(MEA)、二乙醇胺(DEA)或甲基二乙醇胺(MDEA)的水溶液为脱硫剂，其中以采用MDEA溶剂最为广泛。在吸收塔内，脱硫剂与气体中的酸性组分(硫化氢和二氧化碳)反应而生成“复合物”，再生时“复合物”分解放出酸性气，脱硫溶剂循环使用。酸性气则作为硫黄回收的原料。

胺液夹带 amine entrainment 由于胺液发泡或线速过大导致脱硫过程中烃类夹带含有硫化氢的微量甚至常量胺液。胺液夹带会影响产品质量，增加胺液消耗。

贫液 lean solution 气体净化系统中经再生后的吸收溶液。“贫”指溶液中吸收质(如H_2S、CO_2等)的含量很少。

富液 rich solution 气体净化系统中吸收了酸性气但尚未再生的吸收溶液。“富”指溶液中吸收了一定量的吸收质(如H_2S、CO_2等)。

精贫液 refined lean solution 气体净化系统中经完全再生后的吸收溶液，其中几乎不含酸性气体(如H_2S、CO_2)。

半贫液 semi-lean solution 溶液中的酸性组分含量较低的富液。如还原吸收尾气处理中脱硫塔底的富液，也可称为半贫液。

富液闪蒸 rich solution flash 气体净化系统中，吸收了酸性气待再生的吸收溶液，在压力迅速降低时释放出所溶解的气体的操作工序。影响闪蒸效率的三要素是闪蒸压力、闪蒸温度和闪蒸罐内的停留时间。

贫液质量 quality of lean solution 指再生后的贫液中酸性组分(主要是 H_2S，有时也包括 CO_2)的含量。贫液质量会直接影响产品质量，且贫液质量受再生条件如蒸汽量、回流比、再生塔塔盘数等因素影响。

CO_2共吸收率 CO_2 absorption rate 气体脱硫过程中，H_2S 被吸收脱除的同时，CO_2也会被部分吸收，该过程中 CO_2 的吸收脱除率称为 CO_2共吸率。其值增大会导致酸性气中 CO_2浓度上升，对后续硫黄回收及尾气处理装置将带来不利影响。

溶剂集中再生 solvent concentrated regeneration 在气体净化过程中，不同脱硫装置产生的吸收了酸性气、但尚未再生的富液集中在一个再生系统中进行处理。

串级吸收 cascade absorption 指溶剂串级使用，目的是减少再生溶液量，降低蒸汽耗量并节能。在醇胺法气体脱硫工艺中，由于甲基二乙醇胺(MDEA)和 H_2S 的反应速率比和 CO_2的反应速率快得多，为保持溶剂良好的选择性，在吸收塔上部设置多个贫液入口，在保证 H_2S 吸收的前提下，降低 CO_2共吸收率，保证气体脱硫净化度。

脱硫吸收塔 absorption tower for desulfurization 一种用于从气体中脱除硫化物的塔器。用于气体湿法脱硫的吸收塔多为填料塔。吸收溶剂以具有良好选择性的甲基二乙醇胺(MDEA)为主，吸收气体中的硫化氢，使气体净化。

脱硫再生塔 desulfurization regeneration tower 一种用于从富液中脱除酸性气的塔器。在气体净化工艺中设置在脱硫吸收塔的后面，使吸收了酸性气的乙醇胺解吸其中的吸收质，从而使乙醇胺得到再生，循环使用。为了增强溶液再生效果和提供热量，通常设有重沸器，塔顶有回流。再生塔大部分采用板式塔，通常塔盘数为 22~30 块。

胺净化设施 amine cleaning facility 为脱除胺液中的热稳定性盐和其他降解产物的设施，以使胺液减少发泡和降低腐蚀。国外于 20 世纪 70 年代开发了胺净化设施，有在线式和非在线式两种。

溶液过滤 solution filtrating 气体脱硫系统中，在贫液管线上设置过滤器以除去吸收溶液中某些冷凝的烃类及胺降解物，同时可除去溶液中导致磨蚀或破坏保护膜的固体颗粒。目前越来越多的装置在富液管线上也设置过滤器。溶液过滤可减轻装置的腐蚀并预防发泡，维持溶液清洁，实现装置长周期稳定运行。

发泡损失 foaming loss 指溶液产生泡沫时引起的损失。气体脱硫系统中，当脱硫塔和再生塔内的溶剂产生发泡时，不仅会导致脱硫效果变差，净化度受影响，同时还会因冲塔造成溶剂大量损耗，严重时装置被迫停工。

溶液的复活 solution reclaimation 对含有胺降解产物的吸收溶液，采用加碱蒸馏方法，使胺的酸式盐分解，从而回收胺；或采用分馏方法，使胺的高沸点变质聚合物，成为残渣，从而使溶液恢复原有性质。

溶剂蒸发损失 solvent vaporization loss; evaporation loss 指溶剂因蒸发而产生的损失。胺液的蒸发损失与溶剂种类和操作条件(温度、压力和胺浓度)有关。可以通过胺的蒸气压、操作温度及操作压力计算。吸收塔顶、再生塔顶及闪蒸罐都会产生蒸发损失，其中以吸收塔顶的蒸发损失量最大，可采用水洗减少损失量。

溶解损失 dissolve loss 指溶质分散于溶剂中成为溶液的过程中引起的溶质量的减少。液化气脱硫时，液态烃中溶解和夹带醇胺是醇胺损耗的主要原因。醇胺的溶解损失量取决于醇胺在液态烃中的平衡溶解度。而平衡溶解度又与操作温度、压力和醇胺浓度有关。为降低胺的溶解损失，用于液态烃脱硫的胺液浓度应较低。

夹带损失 entrainment loss 指气体在一定流速下将固体微粒或液体微滴带走引起的损失。吸收塔气速高于设计值或压力低于设计值是造成夹带损失的主要原因。气体脱硫时，会引起胺夹带损失。

空间位阻胺 steric hindered amine胺分子中，氨基($H_2N—$)上的一个或两个氢原子被体积较大的烷基或其他基团取代后形成的胺类。如二乙基乙醇胺(DEAE)、叔丁基氨基乙醇(TBAE)、*N*-叔丁基二乙醇胺(TBDEA)等。这类胺由于体积较大基团的存在而引起对化学反应的阻碍，是一类正在开发中的新型选择性脱硫溶剂。

选择性脱硫 selective desulfurization; selective hydrogen sulfide removal 在干气、液化气脱硫过程中，常常从工艺要求或节能的角度出发，要求 H_2S 几乎完全被脱除，而 CO_2 仅少部分被脱除，称为选择性脱硫。除选择性胺法外，可实现选择性脱硫的工艺还有直接转化法及物理溶剂法等。

一乙醇胺 monoethanolamine (MEA)又称单乙醇胺。分子式为 $H_2NCH_2CH_2OH$。浅色液体，相对密度 1.0179 (20/20℃)，沸点 172.2℃，易溶于水和酒精，呈弱碱性。由环氧乙烷与氨反应制得。是最活泼的醇胺。用于酸性气处理，有极好的吸收能力，但对硫化氢和二氧化碳的选择性差。

二乙醇胺 diethanolamine(DEA) 分子式为 $HN(CH_2CH_2OH)_2$。无色黏稠液体，相对分子质量 105.14，相对密度 1.0920(30/20℃)，熔点

28℃，沸点 268.8℃。溶于水和酒精。二乙醇胺溶剂的特点是：(1)对 H_2S 和 CO_2 的吸收无选择性；(2)由于 DEA 与 COS 及 CS_2 的反应速率较低，加之与 COS 及 CS_2 的反应产物在再生条件下可分解而使 DEA 得到再生，故适于处理含 COS 及 CS_2 较高的原料气。

二异丙醇胺 diisopropanolamine (DIPA)分子式为 $[CH_3CH(OH)CH_2]_2NH$。常温为结晶固体，具有弱碱性。熔点 44.5℃，相对密度 0.9890 (45/20℃)，闪点 126℃，沸点 248.7℃。用作天然气和石油炼制气中 CO_2 和 H_2S 酸性气体的吸收剂，其吸收性能及回收性能均优于其他醇胺。由环氧丙烷与氨反应制得。二异丙醇胺溶剂的特点是：(1)有一定的选择吸收能力；(2)再生所需蒸汽耗量较低；(3)腐蚀较轻，使用浓度较高；(4)因熔点较高，装置需设置溶剂加热熔化设施。

甲基二乙醇胺 methyldiethanolamine (MDEA) 分子式为 $CH_3N(CH_2CH_2OH)_2$。无色或微黄色油状液体，相对密度 1.042 (20/20℃)，沸点 247℃，冰点 −21℃，黏度 101mPa · s(20℃)，折射率 1.4642。能与水、醇互溶，微溶于醚。是选择性脱除酸性气中 H_2S 的优良溶剂。由甲胺和环氧乙烷反应制得。甲基二乙醇胺的特点是：(1)良好的选择吸收性能；(2)可采用较高的溶液浓度和酸性气负荷；(3)再生消耗的蒸汽量最低；(4)溶剂损失量小，其蒸气压在几种醇胺中最低，而且化学性质稳定，溶剂降解物少。

复合型甲基二乙醇胺 complex methyldiethanolamine 以甲基二乙醇胺为主，添加消泡剂、抗氧剂和选择性添加剂等复配而成的脱硫溶剂。具有良好的选择吸收 H_2S 性能、酸性气负荷大、腐蚀轻、溶剂使用浓度高、循环量小、能耗低等特点。

2.21 硫黄回收

硫黄回收 sulfur recovery 从酸性气所含的 H_2S 中回收硫黄的工艺。该工艺可以化害为利，降低污染，保护环境。

克劳斯法制硫 Claus sulfur recovery process 广泛用于从含 H_2S 的酸性气中回收硫黄的方法。1883 年由英国科学家 C. F. Claus 首先提出了原始的克劳斯工艺。1938 年德国法本公司对克劳斯工艺作了重大改革，将 H_2S 的氧化还原催化反应由一个阶段改为热反应和催化反应两个阶段，即通常所称的“改良克劳斯工艺”。克劳斯法制硫根据酸性气中 H_2S 含量高低，分为部分燃烧法、分流法、直接氧化法三种方法。

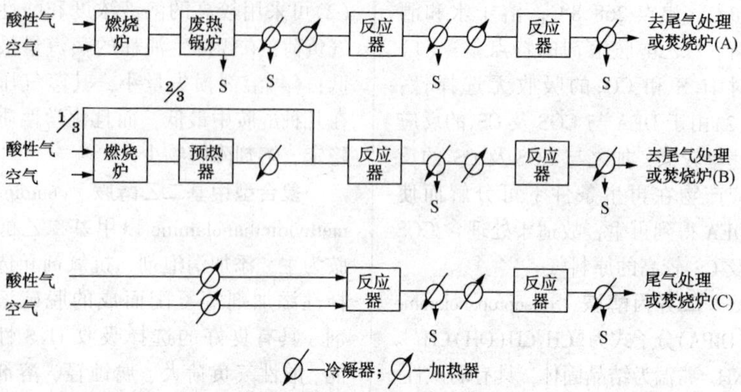

克劳斯法硫黄回收工艺流程

(A)部分燃烧法；(B)分流法；(C)直接氧化法

部分燃烧法 partial combustion process 克劳斯法制硫的一种工艺。当酸性气中 H_2S 含量高于 40%(体积)时，采用部分燃烧法。全部酸性气进入酸性气燃烧炉，同时供给酸性气中 1/3 体积的 H_2S、全部 NH_3 和烃燃烧所需的空气量，使过程气保持 $H_2S/SO_2=2/1$，以获得高平衡转化率。剩余 H_2S 将继续在反应器内与 SO_2 进行催化反应生成单质硫。当采用二级反应器时，总硫转化率可达 92%～96%。

分流法 split-flow method 克劳斯法制硫的一种工艺。酸性气中 H_2S 含量在 15%～40%(体积)时，采用分流法。1/3 体积的酸性气进入酸性气燃烧炉，配以适量的空气使酸性气中 H_2S 完全燃烧生成 SO_2，燃烧后气体与其余 2/3 体积的酸性气混合后进入反应器进行催化反应生成单质硫。当采用二级反应器时，总硫转化率为 89%～92%。选择分流法除了酸性气中的 H_2S 含量外，也要考虑燃烧炉的操作温度。燃烧炉平稳运行的最低操作温度通常不能低于 930℃，否则火焰不够稳定。炼油厂酸性气由于含有 NH_3、HCN 和烃等杂质，不适合采用分流法。

直接氧化法硫黄回收 direct oxidation method for sulfur recovery 克劳斯法制硫的一种工艺。酸性气中 H_2S 含量小于 15%(体积)时，采用直接氧化法。酸性气和空气分别被预热到适当温度后，直接进入反应器内进行催化反应，配入的空气量等于 1/3 体积 H_2S 氧化成 SO_2 所需空气量，生成的 SO_2 与其余的 H_2S 在反应器内发生克劳斯反应，生成单质硫。当采用二级反应器时，总硫转化率为50%~70%。该法仅适合于H_2S浓度低的天然气。

富氧克劳斯工艺 oxygen-enriched Claus sulfur recovery process 指以纯氧或富氧空气代替空气的克劳斯制硫工艺。代表技术有Cope法(美国空气产品化学公司)、Sure法(英国BOC/美国Parsons公司)和OxyClause法(德国Lurgi公司)等。优点是：大幅度提高装置处理能力或在相同处理能力时，可缩小设备规格，降低投资；H_2S的总硫转化率稍有提高；硫蒸气和硫雾沫夹带损失相应减少；燃烧炉炉温提高，有利于酸性气中NH_3、HCN等杂质的分解和燃烧。

NH_3分解工艺流程 NH_3 decomposition process 克劳斯制硫工艺中处理含NH_3酸性气的工艺流程。根据含NH_3酸性气和不含NH_3酸性气进入燃烧炉的方式，可分为同室燃烧(包括同室同喷嘴和同室不同喷嘴)和不同室燃烧(包括并联两室型和两室串联型)两种。采用较多的是两室串联型和同室同燃烧器型两种流程。

工艺气再热方式 process gases reheating mode 克劳斯制硫工艺中冷凝器出口气体经再热才能满足反应器内催化剂对入口气体的温度要求。工艺气再热方式主要可分为直接预热法(包括掺合法和在线炉加热法)和间接预热法(包括蒸汽加热、电加热和气-气换热法)两大类。上述方法可单独使用也可混合采用。

克劳斯尾气处理 Claus tail-gas treatment 对克劳斯尾气进行处理的工艺，以提高硫回收率和减少SO_2排放。受克劳斯反应热力学平衡的限制，克劳斯装置的硫回收率最高只能达到97%左右，尾气中仍有约1%的硫化物，如直接排入大气，既浪费硫资源，也造成大气污染。按尾气处理的工艺原理分为低温克劳斯工艺、选择性催化氧化工艺和还原-吸收工艺三大类。

低温克劳斯工艺 low-temperature Claus process 通过在液相或固体催化剂上进行低温克劳斯反应来提高硫转化率的克劳斯尾气处理工艺。前者是在加有特殊催化剂的有机溶剂中，在略高于硫熔点的温度下，发生克劳斯反应生成单质硫；后者是在低于硫露点温度下，在固体催化剂上发生克劳斯反应，利用低温和催化剂吸附反应生成的硫。硫回收率可提高至98.5%~99.5%。主要包括MCRC法、CBA法、Clauspol法和Sulfreen法等。

还原-吸收工艺 reduction-absorption process 该工艺是用H_2或H_2和CO混合气体作还原气体，将克劳斯尾气中的SO_2和硫，加氢还原生成H_2S。尾气中的COS、CS_2等有机硫化物水解为H_2S，再通过选择性脱硫溶剂进行化学吸收，溶剂再生解析出的酸性气返回到燃烧炉继续回收硫。硫回收率可提高到99.8%。主要包括 SCOT、串级 SCOT、RAR、LSS-COT、Super SCOT、ARCO、HCR、SSR、ZHSR、BSR/MDEA 等方法。

SSR 工艺 Sinopec sulfur recovery process (SSR) 中国山东三维石化工程有限公司的硫黄回收专有技术，属还原吸收尾气处理工艺。技术特点是加氢反应器入口工艺气和焚烧炉烟气换热以满足加氢反应器入口温度要求。

ZHSR 工艺 ZHSR sulfur recovery process(ZHSR) 中国镇海石化工程有限公司的硫黄回收专有技术，属还原吸收尾气处理工艺。技术特点是：硫回收单元采用在线炉或中压蒸汽加热；尾气加氢部分采用在线还原炉加热；尾气净化采用溶剂两级吸收、两段再生等专利技术。

选择性催化氧化工艺 selective catalytic oxidation process 利用选择性氧化催化剂将克劳斯尾气中的 H_2S 直接氧化为硫，硫回收率提高至 99%~99.5%。该工艺的技术关键是选择性氧化催化剂的性能。包括 BSR-Selectox 法、Modop 法、BSR/Hi-Activity 法、Clinsulf-DO 法、Super Claus 法和 EURO Claus 法等。

液硫脱气 liquid sulfur degassing 克劳斯工艺回收的液硫中均含有少量的 H_2S。为避免 H_2S 在生产和运输过程中污染环境、腐蚀管道和因 H_2S 结聚而引起爆炸，将 H_2S 从液硫中脱除的工艺过程称为液硫脱气。目前国内采用较多的有循环脱气法、Shell 脱气法和 BP/Amocot 脱气法三种方法。

液硫成型 liquid sulfur molding 指将液硫通过硫黄成型设备转变为固体硫黄的过程。固体硫黄有块状、片状和粒状三种形式。

尾气焚烧 off-gas incineration 由于 H_2S 的毒性远比 SO_2 严重，因此硫黄回收装置的尾气必须通过焚烧将 H_2S 和其他硫化物全部氧化为 SO_2 后才能排放。有热焚烧和催化焚烧两种方式，目前国内全部采用热焚烧。

H_2S/SO_2 比值控制 H_2S/SO_2 ratio control 由于克劳斯反应是严格按照 H_2S 和 SO_2 的比例为 2∶1 进行的，因此当工艺气中 H_2S/SO_2 比例为 2 时，克劳斯反应的平衡转化率最高。控制 H_2S/SO_2 比例是硫黄回收装置最重要的操作参数。操作运行中 H_2S 和 SO_2 的比例是通过对主调空气量的前馈控制和对微调空气量的反馈控制的组合实现的。其中微调是由设置在尾气管道的 H_2S/SO_2 在线分析仪测定值和微调空气流量串级控制实现的。

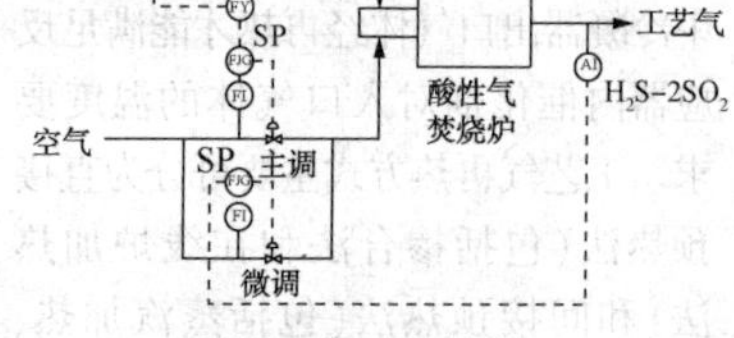

燃烧空气量的控制

气风比 gas to air ratio 硫黄回收装置中进酸性气燃烧炉的空气和酸性气的体积流量比。

在线还原炉 online reduction furnace 克劳斯尾气还原吸收工艺(SCOT 工艺)中，将硫黄尾气加热到加氢还原所需温度和通过燃料气的不完全燃烧提供加氢还原所需还原性气体(H_2+CO)的加热炉，多采用卧式。分为燃烧区和混合区二个区域，介质在燃烧区的温度为1000~1700℃，在混合区的温度为240~350℃。

酸性气燃烧炉 acid gas combustion furnace 是硫黄回收装置酸性气中的H_2S与空气接触燃烧，氧化成SO_2并进一步转换为硫的设备，为内衬耐火材料的卧式筒状设备。60%~70%的H_2S在燃烧炉中转化为硫，酸性气中的杂质在燃烧炉中分解或燃烧。

硫冷凝器 sulfur condenser 硫黄回收装置中冷凝工艺气中的单质硫蒸气并分离冷凝的液硫的设备，以提高后续反应器的转化率，同时产生低压蒸汽。

深度冷凝器 cryogenic condenser 荷兰 Jacobs 公司和 Gastec N V 公司联合开发，可使硫黄回收装置工艺气在100~115℃下操作的硫冷凝器。当无尾气处理流程时，可作为末级硫冷凝器使用，以提高硫回收率。常规硫冷凝器为防止因硫冷凝而堵塞设备，一般工艺气温度不能低于125℃。

内冷式反应器 inner cooling reactor 德国 Linde 公司的专利技术，可用于处理H_2S浓度低的贫酸性气或硫回收尾气。反应器设有上、下二个催化剂床层，上层为绝热反应区，酸性气和空气首先进入上层催化剂床层进行反应，释放的反应热使温度上升，有利于 COS 和CS_2水解；下层为等温反应区，反应气体通过内冷却(催化剂床层中设置盘管，管内的水吸热转化为蒸汽)，严格控制温度略高于硫黄的露点温度。因采用等温反应，反应温度降低，利于提高平衡转化率。当用于处理硫回收尾气时，总硫回收率为99.3%~99.6%。

含NH_3酸性气 NH_3-containing acid gas 指含有氨的酸性气。当酸性水采用单塔低压汽提或双塔高低压汽提时，前者的汽提塔顶和后者的总汽提塔塔顶产生的气体都是含氨酸性气。为防止H_2S和NH_3反应生成铵盐晶体，堵塞管线，要控制输送温度在90℃以上。含氨酸性气一般送至硫黄回收装置的烧氨喷嘴，将氨焚烧为氮气，并回收硫黄。

热稳定胺盐 heat stable amine salts(HSAS)气体混合物中的氧或其他杂质与醇胺反应生成的一系列很难再生的盐。炼厂气脱硫过程中容易生成的盐有甲酸盐、乙酸盐、草酸盐、亚硫酸盐、硫酸盐、硫代硫酸盐和硫氰酸盐。热稳定性盐不能通过加热的方法获得再生，而需通过专有的胺净化设施来脱除。

热稳定酸性盐 heat stable acid salt 热稳定性盐有碱性也有酸性，当热稳定性盐是酸性时，又称为热稳定酸性盐，有强烈的腐蚀性。

WSA湿法制酸工艺 wet gas sulfuric acid process（WSA）丹麦托普索（Topsoe）公司开发的专利技术，适合处理各种浓度的酸性气或硫黄尾气，产品是浓度约98%的硫酸，硫回收率为98.5%～99.2%。工艺流程包括三部分：（1）制气部分。酸性气中的H_2S燃烧全部转变为SO_2。（2）转化部分。过程气中的SO_2通过转化器内的专利催化剂转化为SO_3，转化率>99%。SO_3和水蒸气反应，生成气态硫酸。（3）冷凝成酸部分。通过WSA专利冷凝器，气体被冷却和冷凝生成液体硫酸。

低温冷凝制酸工艺 cryogenic condensation process for sulfuric acid production 20世纪30年代德国鲁奇公司提出的一种湿法制酸工艺。工艺过程是：含H_2S酸性气体在焚烧炉内燃烧生成SO_2，SO_2在转化器内进行催化转化后直接进入冷凝塔，与塔顶喷淋的循环冷硫酸逆流接触，冷凝成酸。该工艺SO_2转化率可达98.5%，产品硫酸浓度为78%（质量）左右。缺点是不能处理燃烧后SO_2浓度低于3%（体积）的气体，仅适用于小规模装置。

LQSR节能型尾气处理工艺 LQSR energy-saving sulfur recovery off-gas treatment process（LQSR）中国石化开发的尾气处理工艺，属低温SCOT工艺。技术特点是采用国产低温加氢催化剂，加氢反应器入口温度可降至220℃。工艺流程特点是：加氢反应器入口工艺气采用一、二级蒸汽加热或一级蒸汽加热+电加热器。由于采用了低温加氢催化剂，不仅简化了流程，而且节能效果明显。

Concat制酸工艺 Concat process for sulfuric acid production 又称高温冷凝工艺（即SO_3气体与水蒸气在高温下凝结成酸），是鲁奇公司推出的改良湿法制酸工艺。工艺过程是：湿H_2S气体与燃料气在焚烧炉内燃烧生成SO_2，SO_2在转化器内进行氧化后直接进入文丘里管冷凝器，与高度分散的热硫酸并流接触，生成硫酸，沉析放热，气体经冷却并和硫酸雾滴分离。该工艺特别适用于处理温度高、H_2S含量低的气体，也适用于处理克劳斯硫回收尾气，硫回收率可达99.5%。产品硫酸的浓度（质量）可达93%。

高温热反应 high temperature thermal reaction 指酸性气中的H_2S在无催化剂条件下，在酸性气燃烧炉内与空气中的氧进行的氧化反应，总反应式是：$H_2S+1/2O_2\rightarrow$

$1/2S_2+H_2O$；实际反应分为两步：$H_2S+3/2O_2 \rightarrow SO_2+H_2O$；$2H_2S+SO_2 \rightarrow 3/2S_2+2H_2O$。在酸性气燃烧炉的高温下，硫元素基本是以 S_2 形态存在。高温热反应的反应温度一般不低于 927℃，在烧氨工艺中，炉膛温度须高于 1250℃。

低温催化反应 low temperature catalytic reaction 是在反应器内催化剂床层上发生的克劳斯反应，反应式：$2H_2S+SO_2 \rightarrow 3/2S_2+2H_2O$。理论上温度愈低转化率愈高，但当温度低于硫露点温度时，液硫会沉积在催化剂表面而使催化剂失活。通常应在硫露点温度以上至少 30℃操作，一般控制在 210~350℃。在上述温度范围内，硫元素以 S_6 和 S_8 形态为主。

掺合法 mixing method 是硫回收装置提高工艺气进反应器入口温度的一种方法。将酸性气燃烧炉的高温或中温气体掺入一、二级反应器入口工艺气中，达到再热目的。掺合法又分内掺合和外掺合两种方式。该方法温度调节灵活，操作方便，运转费用低，但由于掺合气体中含有硫元素，导致反应器中平衡转化率稍有下降。

在线燃烧炉法 online combustion furnace method 硫回收装置提高工艺气进反应器入口温度的一种方法。将酸性气或燃料气与空气在燃烧炉内发生化学计量燃烧产生的高温气体掺入工艺气中，达到再热目的。该方法虽然投资及操作成本较高，但开工迅速，温度调节灵活、可靠，尤其适合大、中型装置。炼油厂由于酸性气中杂质含量高，组分复杂，不能作为燃料；炼油厂燃料气组成不稳定，为避免催化剂中毒和/或污染，需要设置燃料气密度测量仪和空气/燃料气质量比值控制系统。

气-气换热法硫回收工艺 sulfur recovery process through gas to gas heat exchanging 硫回收装置提高工艺气进反应器入口温度的一种方法。在克劳斯部分，通常利用一级反应器出口工艺气和二级或三级反应器入口工艺气换热达到再热目的。气-气换热法操作简单，但气-气换热效率甚低，设备庞大，操作弹性较小，且压降增加，管线布置较复杂。

硫转化率 sulfur conversion rate 指 H_2S 中的硫转化为单质硫的比例。

多硫化氢 hydrogen polysulfide 分子式为 H_2S_x，x 通常为 2。当 H_2S 溶解于液硫中时会生成 H_2S_x，反应式如下：$H_2S+(x-1)S \rightarrow H_2S_x$。

循环脱气法 circulation acid gas removal method 液硫脱气的一种工艺。利用搅动、喷洒和降温作用使 H_2S 从液硫中释放出来。工艺过程是用液硫泵抽出液硫通过喷嘴喷洒再返回液硫池，不断循环至 H_2S 被脱到符合要求为止。优点是流程和设备较简单。缺点是：(1)需加

入 NH_3 及其衍生物作为催化剂，以致产品硫发脆；(2)容易生成固体沉淀物，需定期清扫泵的滤网、喷洒器、管道和硫池；(3)循环量大，循环时间长，操作费用及能耗均较高；(4)液硫停留时间长，硫池容积大。

Shell 脱气法 Shell acid gas removal method 荷兰 Jacobs 公司和 Shell 公司合作开发的液硫脱气专利技术。利用鼓风机出口的小股空气，自下而上通过设在脱气池内的汽提塔，空气鼓泡使塔内液硫进行剧烈搅动，与分散的空气小气泡接触，起到汽提作用，同时使约 60% 的 H_2S 被直接氧化成单质硫，达到脱气目的。该工艺的优点是：(1)不加入催化剂，硫性能不受影响；(2)汽提出的 H_2S 大部分氧化为单质硫，降低了 SO_2 的排放量；(3)所需空气流量小，压力低，操作费用低。

BP Amoco 脱气法 BP Amoco degassing method 由 BP/Amcoco 公司开发的液硫脱气工艺。冷却至 130~140℃ 的液硫与来自风机的空气同时从下而上通过装有氧化铝催化剂的脱气塔，大部分 H_2S 直接氧化为单质硫，达到脱气目的。该工艺的优点是：(1)不加入催化剂，产品硫性能不受影响；(2)汽提出的 H_2S 大部分氧化为单质硫，降低了 SO_2 的排放量；(3)脱气塔设置在硫池外，安装与维修方便。缺点是：(1)设备多，流程复杂，投资增加；(2)公用工程消耗大，操作费用和能耗较高。

Cope 工艺 Cope process (COPE) 美国 Air Products 公司和 Goar Arrington& Associates 公司共同开发，是一种富氧克劳斯工艺。有两个特点：一是增设工艺气循环系统，一级硫冷凝器出口的部分工艺气通过循环风机循环至燃烧炉，以控制燃烧炉温度低于耐火材料允许温度；二是设计了一种特殊燃烧器。

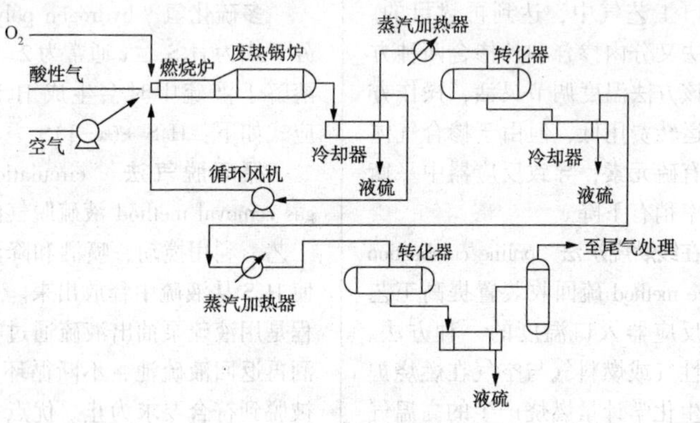

Cope 工艺流程

Sure 工艺 Sure process (SURE) 英国 BOC 公司和美国 Worley Parsons 公司合作开发的 Sure 系列硫黄回收工艺，包括双燃烧室工艺、侧线燃烧炉工艺、内循环工艺和 PS 克劳斯工艺。根据进入燃烧炉空气中的氧含量可分为低富氧含量工艺、中等富氧含量工艺和高富氧含量工艺。

SO_2 排放浓度 SO_2 emission concentration 指硫、二氧化硫、硫酸和其他含硫化合物生产排放烟气体中所含 SO_2 浓度。1997 年 1 月 1 日起开始实施的我国《大气污染物综合排放标准》中规定 SO_2 的最高允许排放浓度(包括硫、二氧化硫、硫酸和其他含硫化合物生产)：新污染源 ≤960mg/m^3，现有污染源 ≤1200 mg/m^3（注：气体体积指 0℃，101.325kPa）。

Sulfreen 工艺 Sulfreen process 由德国 Lurgi 公司与法国 Elf Aquitanine公司联合开发的最早工业化的硫黄尾气处理方法，属低温克劳斯尾气处理工艺。工艺特点是：在低于硫露点温度下，在固体催化剂上发生克劳斯反应，利用低温和催化剂吸附反应生成的硫，降低硫蒸气压，提高平衡转化率。设有两个由时间程序控制器控制的反应器，一个反应器进行反应吸附，另一个反应器进行再生，定时自动切换、连续操作。总硫收率可提高到 99.0%~99.5%。在 Sulfreen 工艺基础上，又相继开发了 Hydrosulfreen、Oxysulfreen、Doxosulfreen、Carbonsulfreen 及二段 Sulfreen 五种工艺。

MCRC 工艺 maximum Claus recovery concept process (MCRC) 加拿大 Delta 公司开发的克劳斯尾气处理专利技术，属低温克劳斯尾气处理工艺。由常规 Claus 段和 MCRC 催化反应段二部分组成，其中催化反应段设二个或三个反应器。当设二个反应器时，其中一个反应器处于高温再生，并同时进行常规克劳斯反应，另一个反应器处于低温克劳斯反应和吸附；当设三个反应器时，反应器按再生、一级亚露点和二级亚露点顺序定期切换，用时间程序控制器控制。总硫收率可提高到 98.5%~99.4%。

CBA 工艺 cold bed adsorption process (CBA) 美国 Amoco 公司开发的克劳斯尾气处理专利技术，属低温克劳斯尾气处理工艺。其在常规克劳斯反应器后，继以一个于露点下运行的低温反应段，转化生成的硫吸附在催化剂表层，达到一定条件后需定期加热再生。主要工艺特点是：(1) 再生气源是克劳斯反应器出口气体(旁路硫冷凝器)，再生气的温度约为 343℃；(2) 克劳斯反应器入口工艺气的预热方式首先采用装置自产中压饱和蒸汽加热，再用一级废热锅炉出口约 650℃的中温气体进行掺合；(3) 硫冷凝器是双管程，以最大限度回收热能。总硫回收率可达98%~99.5%。

Clauspol 工艺　Clauspol process　法国石油研究院开发的克劳斯尾气处理专利技术，属低温克劳斯尾气处理工艺。工艺过程是：克劳斯尾气在反应塔内与加有特殊催化剂的有机溶剂逆流接触，在略高于硫熔点的温度下，尾气中的 H_2S 和 SO_2 进行克劳斯反应生成单质硫，沉降分离硫后，溶液循环使用。

超级克劳斯工艺　super Claus process　荷兰 Comprimo 公司(现在的 STORK 公司)、VEG 气体研究所、Utrecht 大学和催化剂制造商 Engelhard联合开发的克劳斯尾气处理专利技术，属选择性催化氧化尾气处理工艺。工艺特点是在常规 Claus 硫黄回收后增加一个选择性氧化反应器，在氧化催化剂作用下，使工艺气中 H_2S 直接氧化为单质硫，装置硫回收率可达到99%。

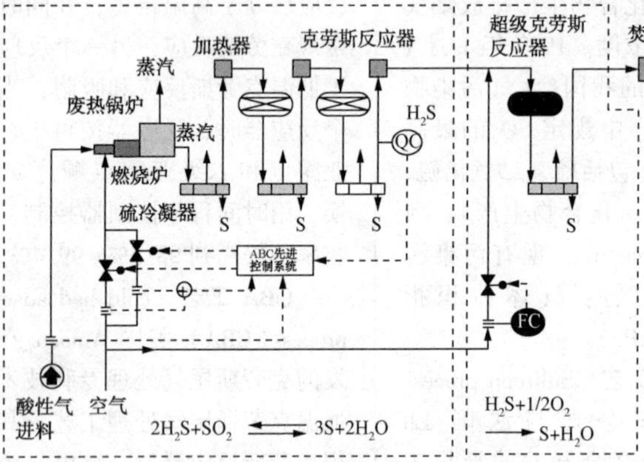

超级克劳斯工艺流程

超优克劳斯工艺　extremely upgraded reduction oxidation Claus process(EURO)JNL 公司和 Gastec 公司在催化剂制造商 Engelhard 公司协助下开发的克劳斯尾气处理专利技术。是在 Super Claus 工艺基础上发展起来的，在不增加投资的基础上，可将硫回收率提高至 99.5% 或更高。技术核心是将克劳斯尾气中的 SO_2通过设置在二级克劳斯反应器底部的加氢催化剂加氢为H_2S，再将仅含 H_2S 的尾气在选择性氧化催化剂作用下，氧化还原为单质硫。工艺特点是：(1)加氢过程不需单独设置反应器，因此工艺气无须加热和冷却。(2)还原气由尾气中所含的 H_2和 CO 提供，不需要外供氢气。(3)尾气中的 H_2S 无须溶剂吸收，省却了溶剂吸收和再生系统。

SCOT 工艺 Shell Claus off-gas treatment process(SCOT) 荷兰壳牌(Shell)国际石油集团的克劳斯尾气处理专利技术，属还原吸收尾气处理工艺。硫回收率≥99.8%。典型的SCOT工艺由四部分组成：还原气生成及尾气加热部分；加氢还原部分；急冷部分；吸收再生部分。

串级 SCOT 工艺 cascade SCOT process 荷兰壳牌(Shell)国际石油集团的克劳斯尾气处理专利技术。根据不同的串级方式，又可分为共用再生塔和分流式两种，前者是装置内不单独设置再生塔及相应的换热器，溶液换热及再生都是在上游再生装置的换热器和再生塔中进行；后者是把吸收塔底的富液(也称为半贫液)循环至脱硫装置吸收塔的中部进行二次吸收以提高酸性气负荷，减少富液量和再生蒸汽用量，节省投资。

RAR 工艺 reduction-absorption-recycle process(RAR)意大利 TKT 国际动力技术公司(原 KTI 公司)的克劳斯尾气处理专利技术，属还原吸收尾气处理工艺。硫回收率≥99.8%。主要技术特点是：利用外供氢源；采用气-气换热器(加氢反应器入口工艺气和加氢反应器出口工艺气换热，适合中、小型规模装置)或尾气加热炉(加氢反应器入口工艺气利用尾气加热炉加热，适合大、中型规模装置)，满足加氢反应器入口工艺气温度要求，急冷塔系统设备材质采用不锈钢，不采用注氨或注碱。

HCR 工艺 high Claus ratio process 意大利 SII RTEC NIGI 公司的克劳斯尾气处理专利技术，属还原吸收尾气处理工艺。硫回收率≥99.8%。HCR 工艺和 SCOT 工艺原理相同，仅操作方式不同。HCR 意为高克劳斯比例，即通过减少酸性气燃烧炉的空气供给量，使工艺气中 H_2S/SO_2 比例从常规的 2∶1 增大至 4∶1 以上，大幅度减少尾气中需加氢还原的 SO_2 量。装置不需外供氢源，依靠酸性气燃烧炉中 H_2S 分解生成的 H_2 就足以作为加氢的氢源。

超级 SCOT 工艺 super SCOT process 荷兰壳牌(Shell)国际石油集团的克劳斯尾气处理专利技术，硫回收率达 99.95%，净化尾气中 H_2S 体积分数小于 10μL/L，总硫小于 50 μL/L。主要工艺特点是采用两段再生。再生塔分为上、下二段，上段贫液采用浅度再生，再生后部分贫液返回至吸收塔中部作为吸收溶剂；其余部分进入下段进行深度再生，再生后贫液返回至吸收塔顶部作为吸收溶剂。贫液至吸收塔温度较低。

低硫 SCOT 工艺 low sulfur SCOT process(LS SCOT)荷兰壳牌(Shell)国际石油集团的克劳斯尾气处理专利技术。技术关键是在溶液中加入一种廉价的助剂以提高溶液再生效果，降低贫液中 H_2S 含量。硫回收率可达 99.95%，净化尾气中 H_2S 体积分数小于 10μL/L，总硫小于 50μL/L。

低温 SCOT 工艺 low temperature SCOT process (LT SCOT) 采用低温加氢催化剂的克劳斯尾气处理工艺。技术特点是：(1) 加氢反应器入口温度可由常规 280℃ 降低至 220~240℃；(2) 一级反应器底部装填部分有机硫水解催化剂，利于有机硫的水解；(3) 反应温度降低后，加氢反应器后可不设置尾气废热锅炉，流程简化，压降减少，投资也相应降低。

热焚烧 thermal incineration 指在过量空气存在下，用燃料气燃烧把硫黄回收装置的尾气加热到一定温度后，使其中的 H_2S 和硫化物全部氧化为 SO_2 的过程(因为 H_2S 的毒性远比 SO_2 大)。尾气经焚烧后排放，提高了排放温度，可避免低温排放时酸性物质对设备管线的腐蚀；同时因排放温度的提高，烟气排放时可充分扩散，降低 SO_2 的落地浓度。热焚烧温度一般控制在 540~800℃，低于 540℃ 时 H_2 和 CO 不能完全焚烧；高于 800℃ 对焚烧完全影响不大，但燃料用量却大幅度增加。

催化焚烧 catalytic incineration 指在催化剂和较低温度条件下，使硫黄回收装置尾气中的 H_2S 和硫化物催化氧化为 SO_2 的过程。催化焚烧技术在国内尚未有工业应用，其原因是：(1) H_2S、COS 或其他硫化物在较低温度下燃烧不完全；(2) 催化剂费用昂贵；(3) 催化剂二次污染还没有完全解决。

焚烧炉 incinerator 是硫黄回收装置热焚烧尾气的设备，通常采用卧式圆筒型结构，壳体为碳钢，衬里采用耐火砖、隔热材料双层衬里结构，下部采用鞍式支座支承，顶部有防护罩。

尾气加热炉 off-gas heating furnace RAR 工艺中用于将工艺气再热至加氢反应器入口温度要求的设备，适合大型装置。炉子形式为卧式方炉，燃烧器为自然通风，不设对流段，热效率一般约为 65% 左右。

硫雾 sulfur mist 工艺气中夹带的细小液硫颗粒。

急冷塔 quench tower 硫黄回收装置用以降低加氢反应器出口工艺气温度，满足后续吸收温度要求，并冷凝气体中的水蒸气的板式或填料塔设备。在急冷塔内，气体与低温水逆流接触，气体温度降至 40℃，水蒸气含量从约 30% 降至约 5%。低温水经泵循环使用，通过水冷却器和空冷器降温。

硫封 sulfur sealing 在液硫池和液流管之间形成的一定液硫高度，用于隔断工艺气与外界大气联系，防止工艺气通过液硫系统逸出。硫封高度过低，工艺气会冲破硫封，造成环境污染。

液硫池 liquid sulfur pond 暂时储存液硫，并为液硫脱气提供场所的构筑物。为降低装置各设备标高，通常硫池主体部分位于地坪以下，分为脱气池和储存池二部分。硫池从里到外分别由耐酸层、耐热层和防水层组成。为防止液硫凝固，硫池底部设有蒸汽加热管。硫池底面坡度一般应大于1%。

转鼓结片机 rotary drum sulfur flaker 成型片状固体硫黄的机械设备，主要由转鼓、液硫托槽、电动机、减速箱和刮刀组成。成型原理是筒型转鼓下半部浸于液硫中，内壁喷水冷却或采用夹套水冷却，液硫在转鼓表面形成薄层固化硫黄后，用刮刀刮下即得片状硫。该设备占地面积小，操作简单，投资低，但转鼓热胀冷缩容易变形，产生的粉尘会造成环境污染，而且处理量有限，只适合于小型硫黄回收装置。

钢带硫成型机 steel strip sulfur forming machine 成型块状固体硫黄的机械设备。它利用硫黄的低熔点特性，通过特殊的布料装置将液硫均匀分布在匀速移动的钢带上，钢带下方设置的连续喷淋冷却装置，使物料在移动、输送过程中快速冷却、固化、成型。一般钢带宽1~1.5m，轮距长20~70m，处理量可达2~20t/h，适合大、中型装置使用。

粒状硫成型机 sulfur granulator 成型粒状固体硫黄的机械设备。液硫经液硫泵加压后送至粒状成型机的滴落机部分(由一个带有蒸汽加热的定子和一个有一定排列的带孔转子组成)，经孔呈液滴状滴落到冷却的钢带上。在液体表面张力作用下，液滴在钢带上呈半球状。从滴落机滴出到产品卸料端，液硫冷却先后经预冷、固化和后冷三个阶段。粒状成型机具有所产硫黄粒度均匀，操作环境粉尘较少，固化能力大，储存、包装及输送方便等优点。

高温掺合阀 high temperature mixture valve 是硫黄回收装置外掺合法预热工艺气时所使用的特殊控制阀。安装在燃烧炉的出口管线上，作用是控制热混合气体与冷混合气体的掺合量，保证掺合后的混合气体在最佳的转化温度范围内，进入转化器进行转化。通过控制高温掺合阀的开度，将一部分高温的酸性气燃烧炉气体与硫冷凝冷却器出口气体混兑，满足反应器入口温度要求。阀芯为锥形结构，阀体上端配有带定位器的气动执行机构，进行调节控制。

捕集器 sulfur catcher; sulfur trap 从硫黄回收装置末级冷凝器出口气流中进一步回收液硫和硫雾沫的设备。捕集器是设有夹套的容器，内部有丝网捕集元件、加热盘管等。夹套和加热盘管的作用是防止液硫因温度过低冷凝而堵塞系统。

不溶性硫黄 insoluble sulfur 普通硫黄在临界温度(159℃)以上开环聚合而生成的线型聚合体，分子式为 S_n(n 一般在 200~5000 之间)。其结构和高分子聚合物类似，又称聚合硫，为黄色粉末。因为它不溶于对普通硫黄有很强溶解能力的有机溶剂，如二硫化碳等，故称为不溶性硫黄。

硫黄混凝土 sulfur concrete 采用硫聚合物法制成。首先在硫黄中加入改性剂，制成硫聚合物，称为硫聚合物水泥，再在 127~149℃条件下用硫聚合物水泥全部替代传统水泥，与混凝土材料混合制成硫黄混凝土。其抗压、抗拉、抗弯强度、抗腐蚀能力都比普通水泥混凝土好，具有施工速度快、施工过程不用水、可在 0℃以下施工、使用寿命长等优点。硫黄混凝土尤其适用于有酸、碱、盐、溶剂等化学品的化工、炼油、化肥、造纸等企业，但不适合高温下使用。

可溶性硫 soluble sulfur; dissolvable sulfur 指可溶于二硫化碳的普通硫黄。

正交晶硫 rhombic sulfur 硫在常温下为黄色固体，有结晶形和无定形两种。结晶形硫黄主要有两种同素异晶体：在 95.6℃以下稳定的是 α 硫或斜方硫，又称正交晶硫；在 95.6℃以上稳定的是 β 硫或单斜硫，又称单斜晶硫。正交晶硫密度 2.07 kg/L，熔点 112.8℃，凝固点 110.2℃，折射率 1.957，熔融热 49.8J/g。结晶形硫不溶于水，稍溶于乙醇和乙醚，溶于二硫化碳、四氯化碳和苯。

工业硫黄 sulfur for industrial use 外观呈黄色或淡黄色，是重要的化工原料。广泛应用于农业、医药、催化剂、橡胶、火药、建材、建筑、食品等各领域，其中大部分用于生产硫酸，其次是生产各种专用硫黄和特种硫黄。原油中的硫化物在加工过程中以 H_2S 的形式存在于各馏分及污水中，经溶剂脱硫、溶剂再生、汽提回收等方式回收后送硫黄回收单元制取硫黄产品。中国工业硫黄的国家标准见 GB/T 2449。

食品级硫黄 food-grade sulfur 是单质硫的块状固体，淡黄色脆性结晶或粉末，有特殊臭味。食品生产中用于漂白、防腐之用。国家标准要求含量为 99.9%(质量)，砷含量≤0.0001%。

硫黄沥青 sulfur asphalt; sulfur extended asphalt 以部分硫黄或改性硫黄替换常规热拌混合料中的部分沥青，并添加少量分散剂，使硫黄和沥青均匀混合，形成硫黄-沥青黏合物(黏合物中硫黄含量至少要超过 30%)，然后再与其他材料混合用于铺设道路。硫黄沥青作为铺路材料的优点是：道路使用寿命长、改善耐磨性、抗溶剂腐蚀、黏度比沥青低、施工方便。

硫循环法 sulfur cycle method 指当酸性气中 H_2S 浓度低、燃烧不足以维持燃烧炉炉温时，向炉膛内喷入部分产品液硫燃烧为 SO_2，以其所产生的热量协助维持炉温，是早期曾采用过的一种硫黄回收工艺。由于目前有多种处理贫 H_2S 酸性气的工艺手段，硫循环法已少应用。

亚露点工艺 sub-dew point process(SDP)即低温克劳斯工艺，指在低于硫露点温度下进行克劳斯反应的一类酸气处理工艺方法。使用的催化剂有液相催化剂和固体催化剂两类。前者在加有特殊催化剂的有机溶剂中，在略高于硫熔点的温度下，使尾气中的 H_2S 和 SO_2 继续进行克劳斯反应，从而提高硫的转化率；后者在低于硫露点的温度下，在固定催化剂上发生克劳斯反应，生成的硫被吸附在催化剂上，可降低硫的蒸气压。低温和低硫蒸气压有利于 H_2S 和 SO_2 的进一步反应，同时达到提高硫收率的目的。

低温加氢催化剂 low temperature hydrogenation catalyst 是硫黄回收装置加氢反应用的一种催化剂，可使加氢反应器入口温度由280℃降低至220~240℃，既有利于提高硫转化率，也简化了流程并降低投资。国外主要有 Axens 公司生产的 TG107 和 TG136 两种催化剂。国内主要有中国石化研制的 LSH-02 催化剂。

脱氧催化剂保护剂 deoxidation catalyst 是硫黄回收装置克劳斯反应用的一种催化剂，又称脱氧催化剂。功能是脱除工艺气中微量氧，防止催化剂硫酸盐化，起到保护催化剂作用。保护催化剂通常装填在一、二级反应器床层顶部，装填量约为每个反应器催化剂用量的30%。国外有法国的 AM 催化剂和日本的 CSR-7 催化剂。国内有中国石化研制的 LS-971 催化剂和中国石油研制的 CT6-4B 催化剂。

钛基催化剂 titania-based catalyst 是硫黄回收装置克劳斯反应用的一种催化剂，通常装填在一级反应器床层下部，约占床层总体积的1/3~1/2，以利于有机硫化物的水解反应。主要有两类：一类是以活性氧化铝为主要成分，添加一定量钛作为活性组分；另一类是由氧化钛粉末、水和少量成型添加剂混合成型后经焙烧而制得。由于氧化钛与 SO_2 反应生成的硫酸钛在克劳斯装置的操作温度下不稳定，故此类催化剂的抗硫酸盐化能力极强，能长期保持很高的有机硫水解效率。

液相催化氧化法 liquid phase catalytic oxidation method 湿法脱硫的一种，是在吸收液中加入氧化剂和催化剂，将吸收的 H_2S 转化为硫黄的回收工艺。具有氧化剂可再生、产物硫黄可回收、不产生二次污染等特点。

2.22 抽提蒸馏

芳烃液－液抽提 aromatics liquid-liquid extraction(LLE)根据选择性溶剂对芳烃和非芳烃溶解性及选择性的不同，利用萃取和提馏相结合的方法从烃类混合物中分离芳烃的物理过程。

抽提蒸馏 extractive distillation (ED)根据选择性溶剂对芳烃和非芳烃相对挥发度影响不同的基本原理，利用萃取精馏分离芳烃的物理过程。

族选择性 hydrocarbon group selectivity 一般定义为一个非芳烃活度系数与一个芳烃活度系数之比，如甲苯对正庚烷的选择性定义为：$\beta(A/P)=\gamma_{正庚烷}/\gamma_{甲苯}$。族选择性取决于溶剂分子的极性和不同类的烃类的亲和力次序。极性溶剂对烷烃、环烷烃以及芳烃等不同族烃类物质的溶解性不同，有依次增大的性质。对不同族物质溶解性差异越大，表示其族选择性越好。

轻/重选择性 light/heavy selectivity 指同族烃类和溶剂的相对亲和力，也就是极性溶剂对同族烃类物质溶解性随相对分子质量增大而逐渐递减的性质。一般可以定义为正庚烷与正己烷活度系数之比，即$\beta(L/H)=\gamma_{正庚烷}/\gamma_{正己烷}$。

分散相过孔速率 dispersed phase rate through hole 在液液萃取塔中，分散相通过筛孔的线速度。

回流芳烃 reflux aromatics 在芳烃液液抽提工艺中，从汽提塔(提馏塔)顶蒸出的以轻质芳烃和非芳烃为主的物料，被送回抽提塔底作为回流或反洗，称为回流芳烃。目的是置换溶于抽提塔底物料中的重质非芳烃，以强化抽提效果。

返洗液 back wash stream 在芳烃液液抽提工艺中，回流芳烃又称为返洗液。从汽提塔顶蒸出的以轻质芳烃和非芳烃为主的物料，被送回抽提塔底与富含芳烃的溶剂相进行接触，轻质非芳烃取代了溶剂相中的重质非芳烃杂质，以达到强化抽提效果的目的。

返洗比 back wash ratio 返洗液与抽提进料量之比。一般为0.3～0.9。

第一次溶剂比 first solvent feed ratio 在液液抽提工艺中当进料中芳烃含量大于80%时，采用第一、二、三溶剂分别进入的方法以改善抽提效果。从抽提塔顶第一层塔板进入的溶剂量与进料量的比，又称主溶剂比。

第二次溶剂比 second solvent feed ratio 在液液抽提工艺中，从汽提塔进入的溶剂量与进料量的比。第二次溶剂主要用于强化汽提塔芳烃与非芳烃的分离效果。

第三次溶剂比 third solvent

feed ratio 在液液抽提工艺中，从抽提塔进料处进入的溶剂量与进料量的比。主要用于稳定抽提塔的界面。

汽提水比 stripping water/solvent ratio 汽提塔汽提水与溶剂量的比。不同溶剂的抽提工艺汽提水比有一定差别，一般为 0.01～0.05。在抽提过程中使用适宜的汽提水是为了降低烃的分压，使其和溶剂更容易分离。

水洗水比 wash water/raffinate ratio 在液液抽提工艺中用于抽余油水洗的水量与油量的比，一般为 0.15～0.3。水洗水比太低难于洗净抽余油中的溶剂，水洗水比太高能耗增大。

抽提蒸馏塔 extractive distillation column (EDC) 又名萃取精馏塔，是借助选择性溶剂增大液体混合物中各组分挥发度差异的作用，通过萃取精馏实现芳烃与非芳烃分离的主要设备。一般为板式塔，也可以是填料塔。

抽余液 raffinate 在溶剂抽提工艺中，抽出芳烃之后剩余的油简称抽余液，其中还含少量溶剂。回收溶剂之后的油一般称抽余油。

抽出液 extract 芳烃抽提工艺中溶剂抽出的芳烃或芳烃混合物。

溶剂溶解性 solubility of solvent 溶剂对芳烃和非芳烃的溶解能力。

萃取溶剂的选择性系数 selectivity coefficient of extraction solvent 在芳烃抽提工艺中，评定一种萃取剂性能优劣单用分配系数是不够全面的，它与萃取剂的选择性溶解能力即选择性系数 β(其性质类似于蒸馏中的相对挥发度)具有重要关系。当选择性系数 β 具体应用时采用族选择性和轻/重选择性两个概念。

二甘醇 diethylene glycol (DEG) 又名二乙二醇醚，一种含氧的有机极性溶剂，分子式为 $C_4H_{10}O_3$，相对分子质量为 106.1，常压沸点为 244℃，可用作芳烃抽提溶剂。

三甘醇 triethylene glycol (TEG) 又名三乙二醇醚，一种含氧的有机极性溶剂，分子式为 $C_6H_{14}O_4$，相对分子质量为 150.2，常压沸点为 287℃，可用作芳烃抽提溶剂。

四甘醇 tetraethylene glycol (TET-RA) 又名四乙二醇醚，一种含氧的有机极性溶剂，分子式为 $C_8H_{18}O_5$，相对分子质量为 194.2，常压沸点为 327℃，是一种较好的芳烃抽提溶剂。

环丁砜 sulfolane 分子式 $C_4H_8O_2S$，无色无味固体，在 27～28℃时，熔化成无色透明液体。可与水、混合二甲苯、甲硫醇、乙硫醇混溶，也可溶入芳烃和醇类。是溶解力强、选择性好的极性溶剂。大部分有机化合物与聚合物溶入环丁砜，或与它混溶。主要用作芳烃抽提的萃取剂，聚合物纺丝或浇膜溶剂，天然气及合成气、炼厂气的净化、合成气的净化脱硫，以及作为橡胶、塑料的溶剂等。此外，还可用于纺织印染工业作为印染助剂，可使色彩鲜明、光亮。该品可燃，具有腐蚀性，可致人体灼伤。

二甲基亚砜 dimethyl sulfoxide (DMSO) 一种含硫和氧的有机极性溶剂，分子式为 C_2H_6SO，相对分子质量为 78.1，常压沸点为 189℃，可用作芳烃抽提溶剂。

***N*-甲酰基吗啉** *N*-formylmorpholine (NFM) 一种含氮和氧的有机极性溶剂，分子式为 $C_5H_9NO_2$，相对分子质量为 115，常压沸点为 243℃，是一种良好的芳烃抽提蒸馏溶剂。

液-液相平衡 liquid-liquid phase equilibrium 体系中所有组分在萃取和萃余两相之间达到平衡，液-液相平衡是萃取传质过程进行的极限，主要与温度有关。

尤达克斯工艺 Udex (polyethylene glycol extraction) process 以甘醇类为溶剂的芳烃液液抽提工艺，原料一般为催化重整生成油或裂解加氢汽油，产品为苯、甲苯、二甲苯。该工艺由美国 UOP 和 DOW 化学公司开发。

阿洛索尔文工艺 Arosolvan extraction process 以 *N*-甲基吡咯烷酮及乙二醇的混合溶剂为萃取剂的芳烃液液抽提工艺。该工艺由德国 Lurgi 公司开发。

环丁砜抽提工艺 sulfolane extraction process 以环丁砜为溶剂的液液抽提工艺，原料可以是催化重整生成油、加氢裂解汽油和煤焦轻油，产品为苯、甲苯、二甲苯。该工艺芳烃产品的纯度高，回收率高，能耗低，溶剂消耗量低，是目前国内外采用最多的芳烃抽提技术。该工艺由美国 Shell 公司开发，后被 UOP 公司发展完善。

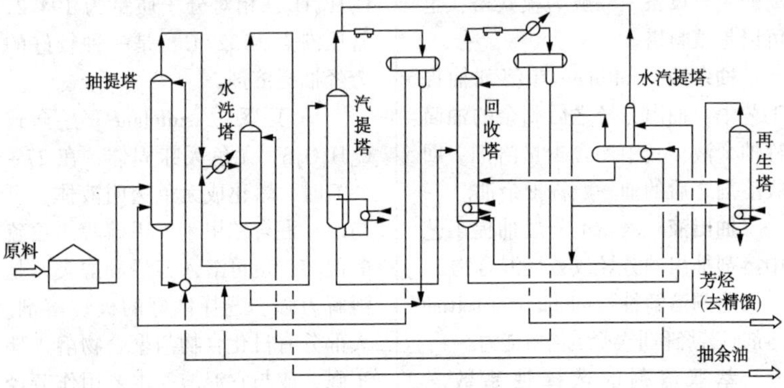

环丁砜抽提工艺流程

二甲基亚砜抽提工艺 dimethyl sulfoxide extraction process（DMSO）以二甲基亚砜为溶剂的芳烃液液抽提工艺。溶剂稳定性差，不能蒸馏回收，回收过程采取了低沸点烃类进行反抽提，因此能耗、物耗较高，目前工业上已很少采用。该工艺由法国 IFP 公司开发。

***N*-甲酰基吗啉抽提工艺** *N*-formylmorpholine extraction process（Morphylane）以 *N*-甲酰基吗啉为溶剂的抽提蒸馏工艺，主要用于从窄馏分原料中抽提苯、甲苯或二甲苯。在煤焦油粗苯的提纯中应用较多。该工艺由德国 KRUPP KOPPERS公司开发。

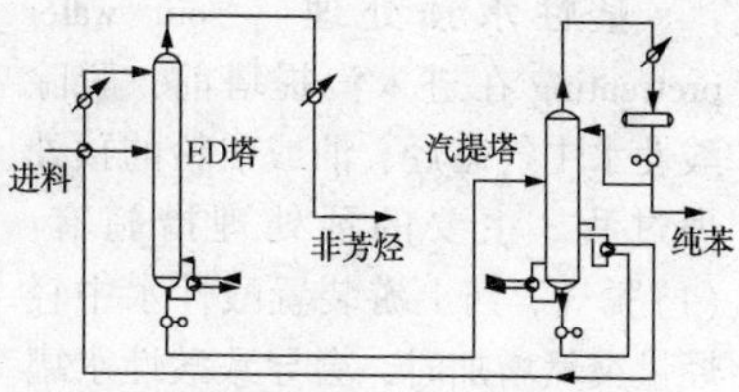

N-甲酰基吗啉抽提工艺流程

环丁砜抽提蒸馏工艺 sulfolane extractive distillation process（SED）以环丁砜为溶剂的抽提蒸馏工艺，原料可以是催化重整生成油或加氢裂解汽油，产品为苯或苯、甲苯。该工艺流程简单、投资低，芳烃产品的纯度高，回收率高，能耗低，溶剂消耗量低，比较适合处理窄馏分原料。该工艺由中国石化开发。

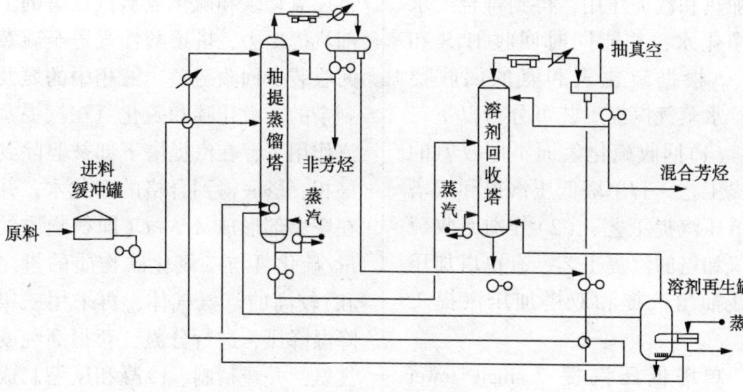

环丁砜抽提蒸馏工艺流程

2.23 酸性水

酸性水 sour water 含有硫化氢、氨和二氧化碳等挥发性弱电解质的水溶液。主要来源于常减压、催化裂化、焦化及加氢等生产装置。

酸性水预处理 sour water pretreating 在进入汽提塔前，脱除酸性水中气态烃、油或焦粉的预处理过程。主要的预处理措施有：(1)脱气。当上游装置酸性水中轻烃量突然增加时，会导致酸性水罐因大量气体逸出而引起设备损坏或爆炸等事故，出于安全和环境保护考虑，需设置脱气设施。(2)脱油。酸性水带入的油会破坏汽提塔内的气、液相平衡，造成操作波动，影响进塔水的质量，一般要求进塔水的油含量小于 50 mg/L。(3)除焦粉。焦粉易引起塔盘及换热器堵塞，因此焦化水需脱除焦粉。

酸性水汽提工艺 sour water stripping process 酸性水通过水蒸气的加热和汽提作用，得到符合要求的净化水，并能同时回收 H_2S 和 NH_3。根据硫化氢和氨的回收要求，水蒸气汽提工艺可分为以下二类：(1)回收硫化氢而不回收氨的汽提工艺，有单塔低压汽提和双塔高低压汽提工艺；(2)分别回收硫化氢和氨的汽提工艺，有单塔加压侧线抽出汽提和双塔加压汽提工艺。

单塔低压汽提 single tower with low pressure stripping 指在尽可能低的汽提塔操作压力(只要能满足塔顶酸性气自压排至硫黄回收装置或焚烧炉的最低压力)下，一般为0.05~0.07MPa(表)，将酸性水中的 H_2S 和 NH_3 全部汽提出去，塔顶含氨酸性气排至硫黄回收装置的烧氨喷嘴或焚烧炉，塔底净化水可回用。单塔低压汽提工艺流程简单，操作方便，投资和占地面积少，净化水质好。国外广泛采用这种流程，国内随着烧 NH_3 技术及烧 NH_3 喷嘴的应用和推广，该工艺也逐渐被广泛采用。

单塔加压侧线抽出汽提 single tower pressuried stripping with side drawing 中国石化开发的专利技术。该技术采用一个塔完成酸性水的净化、硫化氢及氨的分离回收。一般可处理 H_2S、NH_3 和 CO_2 的综合浓度为 5000~55000mg/L 的酸性水。该工艺利用二氧化碳和硫化氢的相对挥发度比氨高的特性。首先将二氧化碳和硫化氢从汽提塔的上部汽提出去，塔顶酸性气送至硫黄回收装置回收硫黄。液相中的氨及剩余的二氧化碳和硫化氢在汽提蒸汽作用下，在汽提塔下部被驱除到气相，塔底得到合格的净化水，并在塔中部形成 $A/S+C$(即氨物质的量/硫化氢与二氧化碳物质的量之和)较高的富氨气体，再采用三级降温降压，进行分凝，获得高纯度气氨，并经精制、冷凝和压缩制成液氨。该工艺流程和设备较简单，操作平稳，投资和操作费用较低，与双塔加压汽提比较，投资减少20%~30%，蒸汽节约 35%~45%。

双塔加压汽提 two-tower pressureied stripping 该工艺设有硫

化氢汽提塔和氨汽提塔两个塔。酸性水可先进硫化氢汽提塔，也可先进氨汽提塔。为减少蒸汽耗量，以采用先进硫化氢汽提塔，后进氨汽提塔居多。一般硫化氢汽提塔操作压力为0.5~0.7MPa(表)，氨汽提塔操作压力为0.1~0.3MPa(表)。硫化氢汽提塔塔顶酸性气送至硫黄回收装置回收硫黄；氨汽提塔塔顶的富氨气体经二级降温降压，进行分凝，精制脱除H_2S后压缩、冷凝制成液氨。双塔加压汽提工艺操作平稳可靠，但流程和设备较复杂，投资也较高，适用于H_2S和NH_3浓度较高的酸性水。

氨精制工艺 ammonia purification process 酸性水汽提装置产生的富氨气中杂质含量约为1000~10000μg/g，其成分也较复杂，除硫化氢外，还含有SO_2、RSH、酚、烃及水分等，因此必须经过精制才能得到可回用于炼油装置或作为化工原料的气氨或液氨产品。这一精制过程称为氨精制工艺。目前国内主要有三种氨精制工艺：浓氨水洗涤工艺、结晶-吸附工艺或吸收-吸附工艺、气氨精脱硫工艺。

结晶-吸附工艺 crystallization-adsorbtion process 结晶工艺是利用H_2S和NH_3在低温下形成NH_4HS和$(NH_4)_2S$的结晶原理脱除气氨中的H_2S。结晶器内设有结晶板，运转一段时间后，板上的结晶需定期用水冲洗，冲洗水至酸性水汽提装置进一步处理；结晶器顶的气氨再经吸附剂吸附，脱除残留的微量硫。工业生产中，为确保气氨质量，结晶温度往往低于5℃。该温度通过控制液氨蒸发量来调节。工业装置中，通常设置二个结晶器和二个吸附器，切换操作。

气氨精脱硫工艺 gas ammonium deep desulfurizng process 是在浓氨水洗涤工艺和结晶-吸附工艺或吸收-吸附工艺基础上，再在氨压缩机前后分别增加一级精脱硫。当采用结晶-吸附或吸收-吸附氨精制工艺时，氨压缩机前的精脱硫可利用上述工艺中的吸附器，不必新增加吸附器；氨压缩机后的精脱硫需增加一个装有固体脱硫剂的反应器，脱硫剂饱和后需要更换，不进行再生。若有脱氯要求，则可在脱硫反应器后再设脱氯反应器。气氨经精脱硫后，硫化氢含量小于2μg/g。

酸性水注碱汽提工艺 sour water stripping process with alkali injection 中国石化开发的酸性水注碱汽提工艺，目前已得到广泛应用。工艺原理是：酸性水中有SO_3^{2-}、$S_2O_3^{2-}$、$CHCOO^-$、HSO_3^-、CN^-等强酸或弱酸的阴离子存在，促使NH_4^+被固定为铵盐。通过加碱，使固定铵向游离氨转变，而游离氨在汽提过程中容易脱除。操作关键是：(1)注碱量。通过分析净化水中固定铵的组成和含量确定理论注碱量，实际注碱量应是理论注碱量的1.0~1.2倍。(2)注碱位置。要求在汽提塔H_2S浓度较低的部位，即汽提塔下部注碱，否则注入的碱将会固定水中的H_2S，造成净化水H_2S含量超标。

净化水回用　reuse of purified water 酸性水经过汽提后的水称为净化水。净化水回用，可节约大量新鲜水和软化水，降低污水处理场的负荷，在解决环保问题的同时也为企业增加了可观的经济效益。目前，新建大、中型炼油厂都采用全厂酸性水分类集中处理。通常设置二套酸性水汽提装置，分别处理加氢型和非加氢型酸性水，既有利于根据不同水质选择工艺流程，又可满足不同装置对回用净化水的水质要求。通常非加氢型装置净化水回用作为电脱盐注水、催化裂化富气水洗水等；加氢型装置净化水回用于加氢型装置。

固定铵　fixed ammonium 以强酸或弱酸盐形式存在的铵盐如氯化铵、硫酸铵，通过汽提难以直接脱除其中的氨氮，这类物质在酸性水汽提工艺中被称为固定铵。

三级分凝　three-stage dephlegmation 在酸性水单塔加压侧线抽出汽提工艺中，侧线抽出的富氨气通过三级降温降压，进行分凝，冷凝大部分水蒸气并脱除大部分硫化氢，获得高纯度气氨。一般一、二、三级分凝器的操作温度分别为130℃、90℃和40℃。

酸性气　sour gas 是指含H_2S、CO_2等组分的气体，这些气体的湿气体呈酸性。炼油厂酸性气主要来源于气体和液化气脱硫装置(或溶剂再生装置)和酸性水汽提装置。

净化水　purified water 指酸性水经过汽提后的水。净化水质根据回用或排放要求而不同。国内通常要求H_2S含量≤25mg/L，NH_3-N含量≤50mg/L。

加氢型酸性水　sour water from hydrogenizing unit 指来自加氢型工艺装置(如加氢裂化、加氢精制、渣油加氢等)的酸性水。加氢型酸性水有以下特点：(1)酸性水中硫化氢和氨的浓度较高，回收价值大，适宜采用单塔加压侧线抽出汽提工艺或双塔加压汽提工艺，以分别回收硫化氢和氨；(2)酸性水中氨氮大部分以游离氨(NH_3)的形式存在，在汽提过程中容易脱除，故汽提塔不需要注碱；(3)净化水可回用于加氢型工艺装置。

非加氢型酸性水　sour water from non-hydrogenizing unit 指来自非加氢型工艺装置(如常减压、催化裂化、焦化等)的酸性水。非加氢型酸性水有以下特点：(1)酸性水中硫化氢和氨的浓度较低，回收价值不大，为简化流程，适宜采用单塔低压汽提工艺；(2)酸性水中固定铵含量高，故汽提塔需注碱；(3)酸性水除含硫化物和氮化物外，还含有油、酚和氰化物等物质，焦化装置的酸性水还含有焦粉，须设置预处理设施；(4)净化水回用于非加氢型工艺装置。

脱气罐 degassing tank 是装置出于安全和环境保护考虑而设置的安全设施。当上游装置操作不正常时，酸性水中轻烃量会突然增加，导致酸性水罐因大量气体逸出而引起设备损坏或爆炸等事故。为避免上述事故，设置脱气罐。对于小规模装置，脱气罐通常为卧式容器；对于大、中型规模装置，也可采用立式容器，并在罐内设置挡板，以增加脱气表面积。在催化裂化装置中脱气罐一般设置在再生斜管上，用以脱除再生催化剂夹带的烟气。

氨水精馏法制液氨工艺 ammonia water fractionation process to produce anhydrous ammonia 工艺过程是：精制后的气氨用换热后的精馏氨水塔塔底的稀氨水(质量分数10%)吸收，并冷却制成浓度为20%的浓氨水，经换热至150℃进入氨水精馏塔中部，塔顶99.9%的气氨冷凝为液氨进入液氨储罐，塔底的稀氨水经换热，温度由约170℃降为约45℃后再次吸收气氨。该工艺可以替代氨压机制液氨工艺。但由于工艺流程较复杂，能耗较高，目前采用此工艺的装置较少。

蒸汽单耗 unit steam consumption 指处理每吨酸性水需要消耗的蒸汽量，单位是 kg 蒸汽/t 酸性水。蒸汽单耗是评价汽提工艺能量消耗的重要指标。

液氨质量 anhydrous ammonia quality 中国国家标准 GB 536—1988 规定了各级商品液氨的产品质量。其中优等品、一等品和合格品的氨含量分别 >99.9%、>99.8% 和 >99.6%，残留物含量分别<0.1%、<0.2%和<0.4%。

2.24 氢气回收

氢气回收 hydrogen recovery 指对工业生产过程中排出的含氢气体中的氢气资源进行回收利用的过程。根据来源和组成不同，含氢气体一般需经过脱硫化氢、除尘、除氧、除水、除烃等处理，使处理后氢气质量重新达到正常生产要求而可以循环使用。

氢气提浓 hydrogen purification 从低浓度含氢气体中得到较高浓度氢气的过程。该类过程主要有膜分离法、变压吸附法、低温冷凝分离法和低温溶剂吸收法等。美国联合碳化物公司开发的以变压吸附技术(PSA)为基础回收纯氢的过程，可用水蒸气转化气、合成氨弛放气、脱甲烷塔废气、催化重整废气、苯乙烯废气为原料，采用氢分子筛(Hysiv)四床系统或多床变压吸附系统，回收高纯度氢气。

膜分离法氢气回收 membrane separation process for hydrogen recovery

利用生物膜、有机膜或无机膜等膜结构对不同气体分子选择性通透的原理，从含氢气体中回收和提浓氢气的技术。

变压吸附氢气回收 PSA process for hydrogen recovery 利用分子筛等固体吸附剂对不同气体分子“吸附”性能差异的原理，并通过压力变化对吸附剂进行再生，从含氢气体中回收和提浓氢气的技术。

低温分离法氢气回收 cryogenic sepration process for hydrogen recovery 又称深冷法氢气回收。通常采用冷凝分离和低温溶剂吸收两种工艺路线。冷凝法是基于氢气沸点比其他气体沸点更低的原理，在一定低温条件下，含氢气体中所有高沸点组分被冷凝为液体，从而得到高纯度氢气。低温溶剂吸收是根据溶剂对不同气体的溶解容量随温度与压力的不同而有差异的特性，在低温高压条件下，利用溶剂选择性吸收含氢气体中的其他组分，未被吸收的氢气得到回收和提浓。溶剂再经过升温减压或纯气吹洗等措施解吸被吸收的气体分子，再生后循环利用。

变温吸附 temperature swing adsorption(TSA)是一种利用吸附剂对不同气体分子吸附性能的差异而将气体混合物分离，并利用被吸附分子的平衡吸附量随温度升高而降低的特性通过提高温度对吸附剂进行再生的方法。

渗透率 permeability 气体组分在单位时间内透过单位膜面积的流通量。

膜分离系数 membrane separation coefficient 又称膜分离因子，表示膜分离过程中两种物质分离的程度，定义为膜分离前后某一关键组分相对含量的比值。

分离性能 separation performance 分离膜对被分离混合物中各组分具有选择透过的能力，即具有分离能力，这是膜分离过程得以实现的前提。不同膜分离过程中膜的分离性能有不同的表示方法，如截留率、截留相对分子质量、分离因数等。

快气 fast gas 气体混合物通过聚合物薄膜时，各气体组分在聚合物中溶解扩散系数的差异会导致其渗透通过膜壁的速率不同，速率大的气体称为“快气”。

慢气 slow gas 气体混合物通过聚合物薄膜时，各气体组分在聚合物中溶解扩散系数的差异，导致其渗透通过膜壁的速率不同，速率小的气体称为“慢气”。

渗透气 osmotic gas 气体混合物进行膜分离时，在渗透侧富集的气体。

非渗透气 impermeable gas 气体混合物进行膜分离时，在原料侧富集的气体。

中空纤维膜 hollow fiber membrane 外形呈纤维状，具有自支撑作用的膜。它是非对称膜的一种，其致密层可位于纤维的外表面

(如反渗透膜)，也可位于纤维的内表面(如微滤膜和超滤膜)。对气体分离膜而言，致密层位于内表面或外表面均可。

普里森中空纤维膜 Prism collison hollow fiber membrane 美国孟山都公司发明的聚砜中空纤维复合膜，具有分离效率高、操作简单、能耗低、生产灵活性大、几乎不需要维护保养等特点。

高分子气体膜 polymer gas membrane 由聚砜、聚酯、聚酰亚胺、醋酸纤维素等高分子材料制成的用于气体混合物分离的一种膜元件，在炼油厂中主要用于制氢装置氢气的提浓、含氢气体中氢气的回收、催化干气中的稀乙烯提浓、挥发有机油气的回收等。其基本原理是以压力差为推动力，利用气体混合物中各组分在气体分离膜中渗透率的不同而实现有效组分分离和回收。理想的气体分离膜应该同时具有良好的分离性能、优良的热稳定性和化学稳定性、较强的机械强度。

含氢气体 hydrogen-containing gas 含有氢气的气体混合物，如重整氢和加氢装置低分气、排放气、塔顶气等都属于含氢气体。

2.25 油品调和

自动罐式调和 automatic tank blending 油品调和是炼油企业把组分油按照产品质量标准调和成合格产品的过程。自动罐式调和是把各组分油先收入组分罐，化验分析质量指标，通过计算机的优化建模程序，计算出最佳调和比例。按该优化比例把组分油输送到调和罐，达到预计的调和总量后停止调和作业。这种调和方式可大大提高产品调和的一次合格率。

柴油组分 diesel fraction 又称柴油馏分，指构成柴油的各个成分，是烃类化合物的混合物(碳原子数约10~28)。柴油是轻质石油产品，主要有原油蒸馏、催化裂化、热裂化、加氢裂化、石油焦化等过程生产的柴油馏分。

乙醇柴油 ethanol-diesel 指在常规柴油组分油中，按体积比加入一定量的变性乙醇，按一定质量要求，通过特定工艺混配而成的车用燃料。混配一般由乙醇柴油定点调配中心完成。乙醇柴油燃烧充分，发动机排放的有害尾气总量少，但乙醇柴油的十六烷值会有所降低。乙醇是亲水性液体，易与水互溶，会出现醇油分层现象，从而影响发动机正常工作。

涡流扩散 eddy diffusion 指在特定混合体系(例如静态混合器)中，混合组分分子随流动相通过填充物中的不规则空隙，不断改变流动方向，形成紊乱的类似涡流的流动状态，造成同一组分的分子在填充物附近滞留的时间不等，使同一组分在体系中的浓度产生扩散的现象。

对流扩散 convective diffusion 在湍流流体中，物质的传递既靠分子扩散也靠涡流扩散，合称对流扩散。对流扩散时流体中由流体质点所携带的某种物理量，如温度或溶解于流体中的物质的浓度变化在流动过程中呈现出一定的规律。这种物理量变化一般包括对流、扩散以及由于某种物理化学原因引起的物理量自身衰减或增长的过程。

车用燃料经济性 vehicle fuel economy 汽车在保证动力性的基础上，以尽可能少的燃油消耗所能够行驶的能力，也指机动车辆使用单位容量燃料可行驶的距离。通常用一定运行工况下汽车行驶百公里的燃油消耗量或一定燃油量使汽车行驶的里程来衡量。车用燃料经济性有两种测定法：一是行驶试验法；另一种是在平坦道路上和一定条件下进行等速油耗试验。

汽油组分 gasoline fraction 又称汽油馏分。指构成汽油的各个成分，是烃类化合物的混合物(碳原子数约 4~15)。汽油是轻质石油产品，主要有原油蒸馏、催化裂化、催化重整、加氢裂化、异构化等过程分割出的适宜的馏分。

喷气燃料组分 jet fuel component 指构成喷气燃料的各个成分，如直馏馏分、加氢裂化和加氢精制等馏分，是烃类化合物的混合物(碳原子数约 8~20)。主要用作喷气发动机的燃料。

线性调和 linear blending 在油品调和过程中，油品的一些重要指标符合线性叠加原理的工作属性。指自变量与变量之间按比例、成直线的关系。在数学上可以理解为一阶导数为常数的函数。

非线性调和 non-linear blending 在油品调和过程中，油品的一些重要指标不符合线性叠加原理的工作属性。指自变量与变量之间不成线性关系，成曲线或抛物线关系或不能定量。在数学上可以理解为一阶导数不为常数的函数。

管道混合器 pipeline mixer 又称管式静态混合器。具有快速高效混合、结构简单、节约能耗、体积小巧等特点。物料通过管道混合器会产生分流、交叉混合和反向旋流三个作用，使各个组分迅速、均匀地扩散到整个油品中，达到瞬间混合的目的。管道混合器一般由喷嘴、涡流室、多孔板或异形板等促进混合的原件组成。

动态调和 dynamic blending 是把所有待调和的组分油和添加剂按照预定的比例，经过输油管线直接进入到调和系统，混合均匀后直接得到产品。其中设有采用先进的在线成分分析仪表连续控制调和成品油的质量指标。优点是减少储罐容量，能够连续作业，组分油可以合理利用，提高产品一次合格率，减少中间分析，降低能耗。

静态调和 static blending 是把

待调和的组分油和添加剂按照预定的调和比例，分别送入到调和罐内，再用泵循环、电动搅拌等方式将它们混合均匀，得到新的产品。

配方保持 formula control 管道调和自动化控制中的一种调和工艺过程控制概念，是控制系统模块中最底层的控制模块，按照预定的调和方案和调和配方完成调和过程，所得到的产品质量标准与设计方案相一致。

性质微调 trimming of property 管道调和自动化控制中的一种调和工艺过程控制概念。指在调和过程中，通过对组分油调和比例进行微小的调整，以保证产品的性质满足油品要求，并且和实验室的分析数据一致。

在线分析 online analysis 在生产过程中直接对产品性质，如黏度、凝点、辛烷值进行实时分析的过程，又称过程分析。主要有间歇式在线分析、连续式在线分析、直接在线分析和非接触在线分析等。仪器有在线近红外、在线核磁、过程气相-液相色谱仪(间歇式)、傅里叶变换红外光谱仪(连续式)、光导纤维化学传感器(直接)和超声波分析或X射线光谱分析(非接触)。

比例泵 proportional pump 又称定量泵或计量泵。是一种可以满足各种严格的工艺流程需要，流量可以在0~100%范围内无级调节，用来输送液体(特别是腐蚀性液体)的一种特殊容积泵。根据过流部分可以把比例泵分为柱塞式、活塞式、机械隔膜式及液压隔膜式；或根据工作方式，把比例泵分为往复式、回转式和齿轮式等。

喷射泵 ejector; injector pump 俗称射流泵和喷射器。是利用流体通过喷嘴形成的高速射流携带被抽流体，使被抽容器内获得一定真空度的一种低真空设备。由喷嘴与文氏管组成，使高压水或压缩空气由喷嘴喷出，造成周围局部负压。利用它可输送液体，也可输送气体。根据所用的工作流体，一般分为蒸汽喷射泵和水喷射泵两类。构造简单、使用方便。但产生压头小，效率低，且被输送的流体因与工作流体相混而被稀释，使其应用范围受到限制。

调和规则模型 blending rule model 是一种数学模型，它描述多种调和组分混合时油品性质的变化规律。在油品调和过程中建立数学模型一般有以下三个步骤：(1)根据影响所要达到目的的因素找到决策变量；(2)由决策变量和所要达到目的之间的函数关系确定目标函数；(3)由决策变量所受的限制条件确定决策变量所要满足的约束条件。

在线配方优化 online formula optimization; online blending optimization 指调和生产过程的实时优化。在线配方优化是根据产品的性质，如黏度、凝点、辛烷值等指标的实时分析数据，结合用户指定的优化目标，在调和设备和调和组分使用等约束条件下，用特定的优化算法对配方进行优化，在确保最终调和产品质量合格的前提下，实时计算最优的调和配方，实现调和全过程的优化控制。

离线配方优化 off-line formula optimization；off-line blending optimization 生产过程的非实时优化，即生产过程之前对产品配方进行优化。是根据产品的性质，如黏度、凝点、辛烷值等指标的分析数据，结合用户指定的优化目标，用特定的优化算法对配方进行优化，在确保最终调和产品质量合格的前提下，离线计算最优的调和配方，对调和生产进行优化指导。

2.26 对二甲苯(PX)

芳构化 aromatization 环状或链状烷烃、烯烃在一定条件(温度、压力及催化剂)下转化成芳烃的过程。不同烃类的芳构化有不同的反应过程，如六元环烷烃为单纯的脱氢反应，五元环烷烃为先异构化为六元环再脱氢，烷烃则为先脱氢再环化为芳烃。芳构化反应是催化重整最主要的反应；在轻油裂解制烯烃中，也伴有芳构化反应，因而在副产裂解汽油中含有大量芳烃。

二甲苯 xylene(X)是苯环上两个氢被甲基取代的产物，存在邻、间、对三种异构体。在工业上，二甲苯即指上述异构体的混合物。二甲苯为无色透明液体，有芳香烃的特殊气味，易燃，与乙醇、氯仿或乙醚能任意混合，在水中不溶。沸点为137~140℃。低毒，半数致死浓度(大鼠，吸入)0.67%(4h)，蒸气高浓度时有刺激性。

对二甲苯 para-xylene(PX)是苯环上两个氢原子被甲基取代，且与两个取代基相连接的碳原子位置相对。无色透明液体，有芳香烃的特殊气味，易流动，几乎不溶于水；化学式 C_8H_{10}，相对分子质量106.17，相对密度约0.8610，熔点13.2℃，沸点138.37℃，易燃。是涤纶聚酯的主要原料。

间二甲苯 meta-xylene(MX)是苯环上两个氢原子被甲基取代，且与两个取代基相连接的碳原子中间间隔一个碳原子。无色透明液体，有特殊芳香气味，易流动，不溶于水，可混溶于乙醇、乙醚、氯仿等多数有机溶剂；化学式 C_8H_{10}，相对分子质量106.17，相对密度约0.8642，熔点-47.9℃，沸点139.12℃，易燃。主要用于生产间苯二甲酸、间苯二腈等。

邻二甲苯 ortho-xylene(OX)是苯环上两个氢原子被甲基取代，且与两个取代基相连接的碳原子位置相邻。无色透明液体，有芳香烃的特殊气味，易流动，几乎不溶于水；化学式 C_8H_{10}，相对分子质量 106.17，相对密度约 0.8802，熔点 -25.5℃，沸点 144.41℃，易燃。主要用于生产苯酐、染料、杀虫剂等。

混合芳烃 mixed aromatics (BTX)是经芳烃抽提后获得的苯、甲苯、二甲苯混合物。通常从重整、裂解、甲苯歧化与烷基转移、煤液化等过程的生成油中分离获得，其构成主要包括苯、甲苯、三种二甲苯异构体和乙苯，以及少量重质芳烃。芳烃抽提产物中的苯和甲苯混合物，也称为混合芳烃。

碳八芳烃异构化 C_8 aromatics isomerization 一种重要的芳烃转化过程。以非热力学平衡的 C_8 芳烃为原料，经特定的酸性/金属双功能催化剂处理后，对、间、邻二甲苯相互异构，接近热力学平衡组成；乙苯若向二甲苯转化，称为乙苯转化型异构化工艺；乙苯若脱乙基生成苯，称为脱乙基异构化工艺。该工艺一般使用固定床临氢反应系统，分离系统主要是去除反应产物中的苯和 C_7 非芳烃及以下的轻质产物。

甲苯歧化 toluene disproportionation(TDP)甲苯反应生成二甲苯和苯的化学反应过程。在催化剂酸性中心作用下，两个甲苯分子间甲基转移生成二甲苯和苯，产物以苯和二甲苯为主，二甲苯异构体的分布接近热力学平衡，实际催化反应中会生成少量轻烃和重质芳烃。

甲苯歧化和烷基转移 toluene disproportionation and transalkylation (TDT)芳烃联合装置中重要的单元技术。以甲苯和 C_9、C_{10} 重芳烃为原料，在一定温度、压力、空速、氢烃比条件下，在沸石催化剂上发生甲苯歧化和甲苯与重芳烃之间的烷基转移反应，生成富含 C_8 芳烃的产物，同时也产出一定比例的苯。

甲苯择形歧化 selective toluene disproportionation(STDP)甲苯反应主要生成对二甲苯和苯的化学过程。一定工艺条件下，甲苯经催化歧化反应生成二甲苯和苯，受择形催化剂孔道空间效应的影响，生成的对二甲苯优先扩散出来，而间二甲苯和邻二甲苯扩散较慢，继续异构化为对二甲苯，从而使得产物中 PX 在二甲苯中的含量高于热力学平衡。

重质芳烃轻质化 heavy aromatics lighting(HAL)重质芳烃生成轻质芳烃的催化反应过程。通常是指 C_9、C_{10} 及以上重芳烃原料在一定温度、压力、空速、氢烃比条件下，借助金属-酸双功能催化剂，将重质芳烃苯环上的取代基(主要是 C_2 及 C_2 以上)经加氢脱烷基转化为小分子轻烃，重质芳烃则转化为 BTX 等轻质芳烃。

碳八芳烃 C_8 aromatics(C_8A) 一种重要的芳烃混合物。含有乙苯以及对、间、邻位二甲苯四种异构体。无色透明液体，有芳香烃的特殊气味，易流动，几乎不溶于水，易燃。化学式 C_8H_{10}，相对分子质量 106.17，相对密度 0.86。低毒，有刺激性，蒸气高浓度时有麻醉性。广泛用于涂料、树脂、染料、油墨等行业做溶剂，也可作为高辛烷值汽油组分。

解吸剂 desorbent(D)在吸附分离工艺中用于洗脱吸附相中被吸附组分的溶剂，使吸附剂在下一周期的操作中恢复吸附目标组分的能力，所得脱附物流再通过精馏将解吸剂与原料中相关组分分离，解吸剂循环使用。解吸剂在工况条件下要有良好的化学稳定性，与待分离原料之间有良好的互溶性和足够大的沸点差，与原料中的强吸附组分在吸附剂上具有相近的吸附选择性。在吸附分离对二甲苯的工艺中通常以对二乙基苯作为解吸剂，在吸附分离间二甲苯的工艺中通常以甲苯作为解吸剂。

Parex 工艺 Parex process 一种对二甲苯吸附分离工艺，UOP 公司开发，1971 年首次投入商业应用，是迄今为止应用最广泛的对二甲苯分离工艺，在本领域具有技术代表性地位。该工艺采用特定的固体分子筛吸附剂和相应的溶剂解吸剂，以及连续逆流模拟移动床技术，从含有乙苯、对二甲苯、间二甲苯和邻二甲苯的 C_8 芳烃混合物中吸附分离生产高纯度对二甲苯，产品纯度大于 99.7%，收率大于 97%。该工艺的特点是吸附剂床层固定不动，采用多槽道的 24 通旋转阀步进控制各股工艺物流进出吸附剂床层位置的变化，从而实现液固两相间的逆流移动。

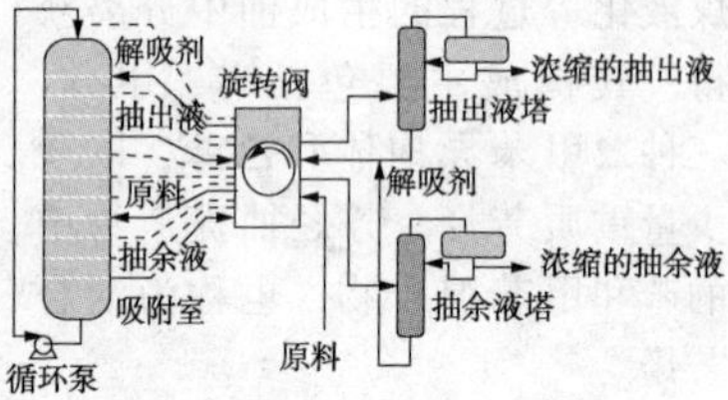

Parex 工艺流程

MX-Sorbex 工艺 MX-Sorbex process 一种间二甲苯吸附分离工艺，为 Sorbex 家族工艺成员之一，UOP 公司开发，1995 年首次投入商业应用。采用特定的固体吸附剂和相应的溶剂解吸剂，以及连续逆流模拟移动床技术，从含有乙苯、对二甲苯、间二甲苯和邻二甲苯的 C_8 芳烃混合物中吸附分离生产高纯度间二甲苯，产品纯度大于 99.5%，收率大于 95%，是当前生产间二甲苯的先进工艺。该工艺采用多槽道的 24 通旋转阀控制各股工艺物流进出吸附剂床层的位置，实现液固两相间的逆流移动。

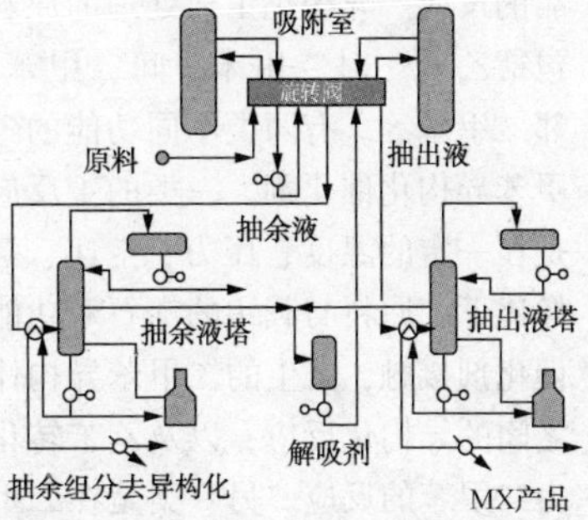

MX-Sorbex 工艺流程

ELUXYL 工艺 ELUXYL process 一种对二甲苯吸附分离工艺，Axens公司开发，第一套大型化工业装置于 1997 年建成投产。采用特定的固体分子筛吸附剂和相应的溶剂解吸剂，以及连续逆流模拟移动床技术，从含有乙苯、对二甲苯、间二甲苯和邻二甲苯的 C_8 芳烃混合物中吸附分离生产高纯度对二甲苯，产品纯度大于 99.7%，收率大于 97%，是目前分离对二甲苯的主流工艺之一。该工艺的特点是每个床层连接有 6 条工艺物流管线，通过由 144 个气动阀组成的程控阀组时序控制切换各股工艺物流进出吸附剂床层的位置，来实现液固两相间的逆流移动。

Tatoray 工艺 Tatoray process 一种由日本东丽公司和美国 UOP 公司开发的甲苯歧化与烷基转移工艺。以甲苯和 C_9 芳烃混合物(也可含部分 C_{10} 芳烃)为原料，采用了不含贵金属的丝光沸石催化剂，通过固定床临氢绝热反应生成苯和二甲苯，调整进料中的甲苯与 C_9 芳烃的比例可以改变苯和二甲苯的产率分布。典型的原料配比含 40%～60%(质量)的 C_9 芳烃，生成二甲苯的质量分数在 46%～67%，总转化率接近 50%，芳烃总收率在 97% 以上。该工艺于 1969 年投入工业应用，技术成熟，操作稳定，是应用广泛的甲苯歧化与烷基转移工艺之一。

S-TDT 工艺 S-TDT process 一种由我国自主开发的甲苯和重质芳烃歧化与烷基转移成套工艺技术，1997 年实现工业化。含有甲苯和 C_9、C_{10} 芳烃的原料与循环氢混合预热后，进入固定床绝热反应器，在催化剂作用下发生甲苯与 C_9 芳烃的歧化和烷基转移以及 C_{10} 芳烃轻质化反应，生成苯和二甲苯。该工艺采用负载非贵金属的 HAT 和 HLD 系列高硅沸石催化剂，具有优良的抗水、抗结焦能力，活性高，稳定性好，允许进料中 C_{10} 芳烃含量高达 10%，可充分利用重质芳烃最大化生产苯和二甲苯产品。

乙苯转化型异构化工艺 ethylbenzene conversion isomerization process 使用特定的催化剂，在临氢条件下，发生二甲苯异构化反应的同时将原料中的乙苯转化为二甲苯的工艺。反应进出料中含有一定量的乙苯转化的中间产物 C_8 非芳烃。

乙苯脱乙基型异构化工艺 ethylbenzene deethylation isomerization process 使用特定的催化剂，在临氢条件下，发生二甲苯异构化反应的同时将原料中的乙苯脱除乙基转化为苯的工艺。反应产物中含有一定量的苯，但 C_8 非芳烃很少。

双床层催化剂乙苯脱乙基型异构化工艺 dual catalyst bed EB deethylation isomerization process 一种重要的芳烃转化工艺过程。以贫PX 的 C_8 芳烃为原料，采用两种催化剂分别置于两个床层：上床层催化剂具有乙苯脱乙基反应活性，下床层催化剂具有二甲苯异构化性能；使用轴向反应器。

异构化工艺参数 reaction parameters of isomerization 芳烃异构化反应参数包括反应温度、压力、空速和氢烃摩尔比。在工业装置上，通常以反应器入口温度作为反应温度；以反应器出口压力作为反应压力〔或以气液分离罐内压力(高分压力)作为反应系统的压力〕；以单位时间的进料质量流量与催化剂装填(不含死区)质量之比作为空速；以单位时间内进入的纯氢物质的量与 C_8 烃进料量的物质的量之比作为氢烃摩尔比。

碳八芳烃异构化主反应 main reaction of C_8 aromatics isomerisation C_8 芳烃异构化过程中增产目的产品的反应。异构化工艺处理的原料包括乙苯、对二甲苯、间二甲苯、邻二甲苯等。有两类不同功能的二甲苯异构化催化剂。一类的主反应是在一定的温度、压力、空速、氢烃比下，原料与载铂的沸石双功能催化剂接触，发生的二甲苯异构体之间的异构化反应，以及乙苯转化为二甲苯的反应。另一类是在二甲苯异构化的同时，发生乙苯脱乙基生成苯的反应。

碳八芳烃异构化副反应 side reaction of C_8 aromatics isomerisation 在一定的温度、压力、空速、氢烃比下，原料与载铂的沸石双功能催化剂接触，发生的二甲苯之间、乙苯自身、二甲苯与乙苯之间的歧化和烷基转移反应，C_8 芳烃加氢开环裂解反应，脱烷基反应等，是造成 C_8 芳烃损失的副反应。

对二甲苯比率 paraxylene to xylene ratio PX/X C_8 芳烃异构化反应产物中，对二甲苯与二甲苯总量的比值。是表征催化剂异构化活性的指标。

二甲苯收率 xylene yield(XY) 乙苯脱乙基型异构化过程中，反应产物中的二甲苯质量与原料中二甲苯质量的比值。是脱乙基异构化催化剂选择性指标。

碳八烃收率 C_8 hydrocarbon yield(C_8Y) 乙苯转化型 C_8 芳烃异构化过程中，反应产物中的 C_8 烃

数量与原料中的 C_8 烃数量的比值。是乙苯转化型异构化催化剂选择性指标。

非芳环烷桥 non-aromatics naphthene bridge C_8 芳烃异构化反应中，乙苯异构化为二甲苯是一个复杂的连串反应过程。乙苯首先加氢为乙基环己烷，再经过缩环和扩环异构为二甲基环己烷，二甲基环己烷脱氢变为二甲苯。环烷烃是乙苯异构化为二甲苯的桥梁，通称为非芳环烷桥。

碳九芳烃 C_9 aromatics(C_9A) 指含有9个碳原子的芳烃馏分。一般状况下，C_9 芳烃大约占所有重整重芳烃的80%~90%，其中三甲苯占50%，甲基乙基苯占20%~25%。C_9 芳烃馏分组分复杂，沸点相近，难以一一分离，目前主要分离出偏三甲苯用于制偏苯三酸酐等，也用于涂料、合成树脂等。

二乙苯异构化 diethylbenzene isomerization 一种以非平衡组成的二乙苯为原料，在特定的催化剂作用下，对二乙苯、间二乙苯、邻二乙苯异构体间相互转化，趋于热力学平衡组成的反应过程。

重芳烃 heavy aromatics(HA) 在芳烃联合装置中，指碳原子数在9~11之间的混合芳烃。有芳香气味，不溶于水，溶于乙醇、苯。可用作汽油、高沸点溶剂、石油树脂、炭黑等的原料。

三甲苯异构化 trimethylbenzene isomerization 一种芳烃转化过程，以非平衡组成的三甲苯为原料，在特定的催化剂作用下，偏三甲苯、均三甲苯和联三甲苯相互异构向着热力学平衡组成方向转化。

芳烃联合装置 aromatics complex 石油化工中以生产单体二甲苯、苯和/或甲苯为目的的联合生产装置。芳烃联合装置一般包括预加氢、重整、抽提、甲苯歧化和烷基转移、精馏、吸附分离、异构化等工艺过程。其原料为轻质石脑油。

择形催化 shape-selective catalysis 一种借助含有特殊孔结构和孔径的分子筛催化剂空间效应的催化过程。利用催化材料活性位的空间尺寸或孔道尺寸，对反应物、产物或过渡态分子的生成和扩散加以限制，实现提高选择性的目的。

非芳烃平衡 non-aromatic hydrocarbons balance 通常指乙苯转化型 C_8 芳烃异构化反应过程中，给定工艺条件下反应进出料中含有5%~15%的 C_8 非芳烃。源于二甲苯与乙苯的相互异构反应需要 C_8 环烷作催化反应中间体。在双功能催化剂作用下，部分乙苯和二甲苯会加氢生成环烷非芳烃，再进行骨架异构化，完成反应。

分子内迁移机理 intramolecular migration mechanism 一种二甲苯异

构化反应过程的机理，认为二甲苯上的甲基是在分子内的苯环上进行迁移。一般是在酸性中心的作用下，甲基从苯环上相连的α碳迁移到相邻的β碳上，迁移过程持续进行，使得系统内的三种二甲苯间可相互转化。分子内迁移机理是二甲苯异构化的主要反应途径。

分子间迁移机理 intermolecular migration mechanism 一种二甲苯异构化反应过程的机理，认为二甲苯上的甲基是在两个分子的苯环间进行迁移。在酸性中心的作用下，甲基从一个分子的苯环上迁移到另一个分子的苯环上，生成甲苯和三甲苯。三甲苯上的甲基再次迁移，返回到甲苯上生成二甲苯，使系统内的三种二甲苯相互转化。在二甲苯异构化过程中，分子间迁移机理不是主要反应途径，但随着温度的升高，其所占比例逐渐增加。

碳八芳烃热力学平衡 C_8A thermodynamics equilibrium 在封闭体系中，C_8 芳烃异构体混合物的宏观性质(如化学组成等)达到稳态，则称 C_8 芳烃体系处于热力学平衡状态。C_8 芳烃的热力学平衡组成与产品需求结构差异很大，需要不断从体系中通过分离手段移出所需的产品，使反应向平衡方向持续进行。

异构化催化剂装填 isomerization catalyst loading 目前的异构化工艺中，反应器多采用径向反应器，所以异构化催化剂的装填分为封头装填、筒体装填、塌落层和密封层装填以及环隙装填。采用的装填方法多为布袋装填，也可采用密相装填方法。在底部封头、顶部塌落密封及环隙部分，通常采用惰性材料(瓷球或高聚物隔膜)密封。

催化剂器内处理过程 in-situ catalyst treating 在反应器内对催化剂进行活化、还原、钝化、烧焦再生等催化剂的处理过程。由于异构化单元反应部分带有循环氢压缩机，可以得到较大的气体空速，有利于催化剂的器内处理。

乙苯转化率 ethylbenzene conversion ratio(EBC) C_8 芳烃异构化反应中，乙苯异构化为二甲苯或乙苯脱乙基生成苯均是主反应。反应前后乙苯数量的差值与原料中乙苯数量的比值，称为乙苯转化率，是催化剂乙苯转化活性指标。转化型催化剂的乙苯转化率受热力学平衡限制，脱乙基型催化剂则无此限制。

吸附分离 adsorptive separation 气固或液固两相接触时，利用特定类型的吸附剂对混合原料中某组分具有优先吸附的选择特性，使该组分从流动相中吸附转移至吸附剂中，实现与其余组分之间分离的目的，然后再选用适当的解吸剂将被吸附组分从吸附剂中解吸出来获得脱附液，精馏此脱附液分离出其中的解吸剂以回收目的产品，解吸剂和吸附剂则循环使用。代表性的应用如采用 KBaX 型分子筛吸附剂从 C_8 芳烃混合物中吸附分离对二甲苯，采用 NaY 型分子筛吸附剂从 C_8 芳烃混合物中吸附分离间二甲苯等。

络合分离 complex separation 一种液液两相间的分离过程，利用原料相中某组分与另一相中的某化合物反应生成络合物的特性，使其与原料相的其余组分分离，然后再分解络合物释放目的产物。代表性的二甲苯络合分离过程为日本三菱瓦斯化学公司开发的 $HF-BF_3$ 络合分离间二甲苯工艺。间二甲苯是 C_8 芳烃混合物中碱性最强的异构体，易与 $HF-BF_3$ 之间形成稳定的络合物而从烃相中分离出来，再通过络合物分解释放出间二甲苯，产品纯度可达 99% 以上。1995 年前曾是分离间二甲苯的工业化方法之一，后因 $HF-BF_3$ 的污染和设备腐蚀问题逐步被吸附分离工艺取代。

低温结晶分离 low temperature crystallization separation 一种利用混合物各同分异构体的熔点不同和不同温度下晶体溶解度的差异，通过降低物料温度使熔点相对较高的组分优先结晶析出的分离技术。如 C_8 芳烃四种异构体中，对二甲苯熔点 13.2℃，显著高于其他异构体，一般通过二级冷冻结晶过程实现其分离提纯。第一级在 -80 ~ -60℃ 的低温下将含大部分对二甲苯的组分结晶出来，通过离心固液分离得到纯度在 80% ~ 90% 之间粗晶，粗晶熔化或部分熔化后去第二级结晶；第二级结晶温度一般在 -20 ~ 0℃，晶浆离心分离洗涤后得到高纯度对二甲苯，母液返回第一级。采用该法可以获得 99.8% 的产品纯度和 90% 以上的收率，应用较多的结晶分离工艺有 Amoco 法、ARCO 法、Chevron 法、PROABD 法、BP 法等。

模拟移动床 simulated moving-bed(SMB) 一种基于固体吸附剂的选择吸附特性而开发的连续化液相分离技术。其特征是吸附剂以固定床的形式装填在塔柱状吸附室内，内部被格栅分成多个吸附剂床层，每个床层都与工艺物流管线相连，整个吸附室又被在不同位置进或出床层的工艺物流划分为床层数不等的四个功能区。吸附剂固定不动而液体物流自上而下流动，然后再用循环泵送返吸附室顶部，构成一闭合回路。其总的结果起到固体吸附剂在吸附器中自下而上相对移动与液体物料逆流接触的效果，但并不是实际的移动床，而是模拟移动床的操作。进料是 A、B 组分混合物，解吸剂 D。吸附强度次序是 D≈A>B，见图。进料中的强吸附组分在Ⅰ区被吸附进入吸附相，弱吸附组分随主流体向下流动，从Ⅰ区底部排出形成抽余液，周期性切换原料进入吸附室的床层位置，则相对于进料而言完成吸附的床层就向上移动了一个位置进入Ⅱ区，实现强、弱吸附组分之间的分离；进入Ⅱ区的吸附剂与上层含高纯度强吸附组分的流体接触，吸附相中残留的少量弱吸附组分就会被置换出来进入主流体，达到吸附相中强吸附组分逐步提纯的目的；进入Ⅲ区的吸附剂与解吸剂接触，吸附相中的强吸附组分又会被解吸剂置换出来进入主流体，从Ⅲ区底部的床层排出形成抽出液，完成脱附过程；Ⅰ区和Ⅲ区之间设置较小的床层作缓冲区，为Ⅳ区，用于避免Ⅰ区杂质污染Ⅲ区产品。

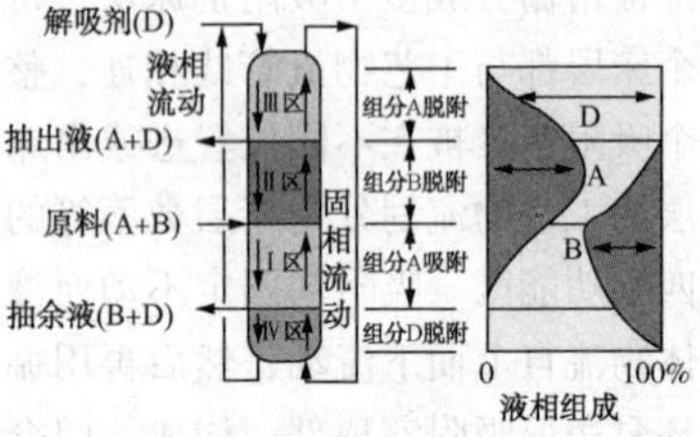

模拟移动床原理示意

模拟移动床分离器 simulated moving-bed separator 一种利用吸附剂的选择吸附特性而进行混合物组分间分离操作的传质设备。通常由并立的两个塔柱状吸附分离器组成。两器之间通过循环泵首尾相连构成闭合的环形系统。每个吸附分离器内部由格栅分成 12 个床层，吸附剂以固定床的形式逐层装填在吸附分离器中。每层吸附剂底部由格栅支承，每层格栅又与工艺物流管线相连，起到流体混合与分配的作用。操作时，吸附分离器内的主流体穿过格栅和吸附剂床层自上而下连续流动，吸附剂床层固定不动，通过旋转阀或程控阀组控制，周期性向下切换不同工艺物流进出吸附剂床层的位置。模拟移动床过程实现液固两相间的逆向移动效果，使液固两相的浓度组成随着工艺物流位置的移动而改变，如此可以获得比固定床更大的传质推动力和更高的吸附剂利用率。

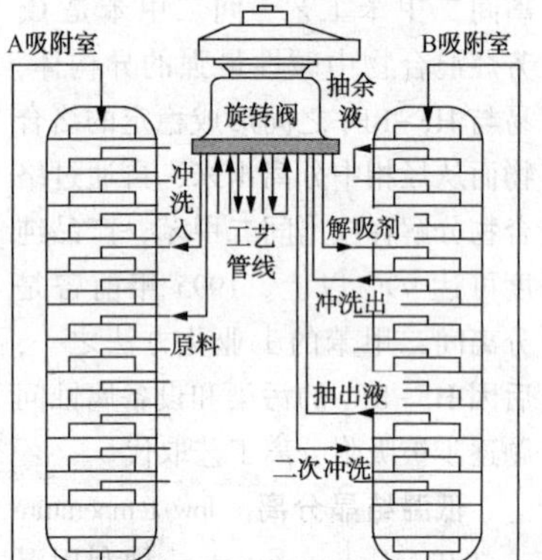

应用旋转阀的吸附室示意

阿洛麦克斯工艺 Aromax process 日本 Toray 公司开发的一种对二甲苯吸附分离工艺。用 Y 型分子筛作吸附剂，采用卧式吸附器，每台吸附器有12个器壁之间完全隔离的小室。每个吸附室配有原料、解吸剂、抽出液、抽余液、回流液及室与室联通线等6根物料管线，采用144个阀门导通各股工艺物流，用电子计算机控制依次切换，实现模拟吸附剂连续运动与原料液流对流接触的移动床操作过程。第一套工业装置1973年建成投产，该工艺早已停止推广使用。

2.27 炼油一般词汇

拔头 topping 又称拔顶蒸馏。指仅蒸出原油中的轻馏分，如汽油、煤油和柴油的蒸馏过程，如原油初馏或常压蒸馏过程。拔头后的重油，通常称作拔头残油或拔头原油，作为减压塔进料或催化裂化装置的原料，有时也直接作为锅炉燃料。

拔头馏分 tops 经原油初馏或常压蒸馏分馏出的所有轻馏分。

饱和溶液 saturated solution 在一定温度和压力下，溶剂中溶质达到最大溶解量的溶液，亦即达到溶解平衡时的溶液。此时溶液的浓度即为溶质在该条件下的溶解度。溶解度与溶剂、溶质性质和温度有关，若为气态溶质则还与相应的气相压力有关。溶质未达到溶解度的溶液称为不饱和溶液；溶质量超过饱和状态的溶液称为过饱和溶液。不饱和溶液与过饱和溶液均处于不稳定状态。

饱和烃 saturated hydrocarbon 分子结构中，碳原子间以单键相连结，而其余键则为氢原子所饱和的直链烃或环烃，亦即烷烃或环烷烃。饱和烃化学稳定性高，可发生取代反应，但不能聚合。

饱和蒸气压 saturated vapor pressure 简称蒸气压。一般指气液平衡时液面上饱和蒸气的压力。单组分液体的蒸气压值只与温度有关；多组分液体的蒸气压值不仅与温度，还和组分浓度有关。饱和蒸气压是汽油的一项重要质量指标，反映了油品的挥发性能。

本体聚合 bulk polymerization 又称整体聚合，是生产聚合物的主要方法之一。单体在光、热、引发剂或催化剂作用下，由其自身进行聚合反应。根据单体和聚合物的混溶情况，有均相和非均相聚合之分。该聚合散热较难，因而聚合速度较慢，聚合物相对分子质量不均匀，但纯度高。本体聚合可用来制造聚苯乙烯或透明度好的有机玻璃及高级电绝缘材料等。

表压 gauge pressure 压力表指示的设备内的压力。表压加上一个大气压才是设备内的绝对压力。见254页“绝对压力”。

CFR研究法 CFR research test method 测定汽油辛烷值的一种方法。以不同体积分数的异辛烷与正庚烷的混合物作为比较试样的标准燃料。若 CFR-ASTM 发动机转速达到 600r/min，则依据规定条件比较试样与标准燃料的爆震强度。若两者指示相同，则此时标准燃料中的异辛烷体积分数即为试样的研究法辛烷值。

柴油馏分 desel fraction 见 233 页“柴油组分”和 257 页“馏分油”。

柴油牌号 diesel grades 我国柴油的牌号是以其凝点来划分的。这是因为作为燃料的柴油在使用时，必须是液体，所以要对柴油的凝点提出要求。柴油的牌号共有 6 个，即 5 号、0 号、-10 号、-20 号、-35 号和-50 号，所谓 5 号柴油就是要求其凝点不能高于 5℃，其余类推。这样，便可以根据地域和季节的气温不同来选用。

产率 yield 又称收率，石油加工过程中获得的目标产品的数量占加工原料的比率，通常以质量分数或体积分数表示。

产率曲线 yield curve 原油蒸馏时，各种馏分产率与温度范围的关系曲线。一般是蒸馏塔设计的重要依据。

产品方案 product solutions; product slates 指为了谋求理想的利润空间，制定的产品组合和产品开发策略。

常压渣油 atmospheric residue (AR) 见 120 页“常压重油”。

超临界抽提 supercritical extraction(SCE) 在超临界状态下进行溶剂抽提的过程。当溶剂(如二氧化碳、丙烷等)处于超临界状态下，兼有液体的高密度和气体的低黏性的特点，不仅对溶质的溶解度高，且扩散系数大。因而抽提效果好于传统的溶剂抽提。此外，溶剂与溶质的分离相对简单，只需降低压力或升高温度，改变溶剂的密度就可达到分离，从而也简化了溶剂的循环利用过程，节约了能量。在石油炼制业，运用超临界抽提技术分离或浓缩重质油中的非烃化合物和超分子聚集体是已工业化的工艺方法。

超临界流体抽提 super (critical)-fluid extraction (SFE) 利用超临界流体对物质进行溶解和分离的过程。超临界流体是处于临界温度(T_c)和临界压力(p_c)以上，介于气体和液体之间的流体，具有气体和液体的双重特性。其密度和液体相近，黏性与气体相近，但扩散系数远大于液体。由于溶解过程包含分子间的相互作用和扩散过程，因而超临界流体对许多物质有很强的溶解度。这些特性使得超临界流体成为一种很好的萃取剂。被萃取的物质通过降低压力，或升高温度即可析出，不必经过反复萃取操作，流程简单。可作为超临界流体的物质很多，如二氧化碳、一氧化二氮、六氟化硫、乙烷、丙烷、庚烷、氨等。工业上，多选用二氧化碳，主要是其临界温度接近室温，且无色、无毒、无味、不易燃、强化学惰性、价廉、易制成高纯度气体。

重整 reforming 低辛烷值汽油馏分烃分子或其他烃分子在热或催化剂作用下，重新排列分子结构的过程。在热作用下的重整过程，称为热重整，通过高温裂化以得到较小分子的烷烃、烯烃和使环烷烃脱氢生成芳烃。在催化剂作用下的重整过程，称为催化重整，主要通过催化剂作用进行脱氢和环化反应，生成芳烃和副产氢气。重整目的是提高其原料的辛烷值或生产芳烃。

重整过程 reforming process 重整原料通常为直馏汽油和二次加工汽油馏分。若生产芳烃则取窄馏分；若生产高辛烷值汽油则取宽馏分。原料进重整反应器前，须先进行预分馏和预加氢以降低有害杂质含量和切得适用馏分。其后再进行重整反应及稳定处理。生产芳烃时，还需要进行芳烃抽提和分离。

抽提 extraction 一种物理分离混合物组分的方法，通常在液-液间进行，又称液-液萃取。一般在液体混合物中，加入与混合物互不混溶(或稍相混溶)的溶剂，利用混合物组分在溶剂中的不同溶解度达到提取或分离的目的。如炼油厂的润滑油溶剂精制就是抽取了其中的无益的组分，达到精制目的。固-液间也可抽提，处理的混合物是固相。溶质先溶解再扩散到溶液中，也称浸取。

传质 mass transfer 即物质传递。物质系统由于存在浓度梯度而发生质量迁移的过程。如果某一组分在两相中的浓度不平衡，那么该组分就会从浓度高的一相向浓度低的另一相转移，直到两相间浓度平衡为止。这种质量的转移过程可在一种流体内部或两种流体间进行。工业上可以据此分离混合物。石油炼制中，蒸馏或精馏即属于气-液系统传质过程；液-液萃取则属于液-液系统传质过程。

传质单元 transfer unit(TU)是说明填料传质过程的一个重要概念。若将填料塔的整个填料层微分成若干传质单元填料层，当气、液经过某一传质单元填料层时，气相(或液相)所发生的浓度变化等于该填料层气相(或液相)传质的平均推动力，则称此传质单元填料层为一个传质单元。传质单元数完全取决于两相的浓度变化和传质推动力。要求的浓度变化越大，传质推动力越小，则传质单元数越大。对于相平衡关系比较简单的物系，传质单元数可用积分式导出的代数计算式求取。对于相平衡关系比较复杂的物系，需通过数值积分求取传质单元数。可用来计算填料塔的有效高度。

传质系数 mass transfer coefficient 传质过程方程式中的一

个比例系数。可以反映某一具体传质过程的强化程度，即在单位相际接触面积、单位浓度或压力差下，单位时间内物质从一相转移至另一相的数量。一般，传质系数由实验测定，也可根据实验数据，借用因次分析或相似论得出。

催化芳构化 catalytic aromatization 工业上生产芳烃的主要方法。一般以石脑油为原料生产苯、甲苯、二甲苯。采用含铂多金属催化剂和连续再生式流程。在低压高温下反应，这样有利于芳烃分离。苯通过抽提蒸馏，甲苯、二甲苯通过蒸馏即可分离，可避免采用溶剂抽提系统。

催化剂 catalyst 在化学反应系统中，能影响反应速度和方向，但自身在反应前后却不发生任何化学变化的物质。通常将促进反应速度，缩短达到平衡时间的催化剂称为正催化剂。炼油厂大多使用这种固体的正催化剂，一般由活性组分、助催化剂和担体组成。品质优良的催化剂应具备高活性、优良的选择性、稳定性和相当的抗毒能力。

催化加氢 catalytic hydrogenation 在催化剂作用下，对石油馏分油进行加氢的过程。包括以重质馏分油为原料，以获取优良轻质油品为目的的加氢裂化；以脱出馏分油，甚至原油中的含硫、氮、氧化合物中的硫、氮、氧杂原子以改善油品质量的加氢精制和取代润滑油溶剂精制与白土精制的润滑油加氢。

催化脱硫 catalytic desulfurization 催化加氢精制油品的过程，以脱硫为目的，燃料油与润滑油均有应用。催化剂都是以氧化铝为担体的，由两种或两种以上的镍、钴、钼、钨、铁的金属硫化物组成，如镍-钼、钴-钼-镍催化剂等。

催化作用 catalysis 指在化学反应中，催化剂所起的作用。一般分两类。一类是单相或均相催化作用，即催化剂与反应物处于同相，如硫酸法烷基化等；一类是多相或非均相催化作用，即催化剂与反应物处于不同相，如催化裂化、加氢裂化等。由于炼油厂大多使用固体催化剂，而反应物大多为气体或液体，因而炼油厂所发生的催化作用也大多为多相或非均相催化作用。

单位能量因数 unit energy factor 用于能耗评价指标的计算，包括炼油装置因数和辅助系统因数两部分。各装置的能耗定额与常减压蒸馏装置能耗定额基准的比值为该装置的能量因数。各炼油装置的加工量与全厂原油加工量的比值与该装置能量因数的乘积之和为炼油装置能量因数。能量因数也是炼油厂加工复杂程度的体现。辅助系统能量因数是以各辅助系统能耗定额与常减压蒸馏装置能耗定额基准的比值，并乘以处理量与原油加工量的比值所计算的因数之和，其由储运系统、污水处理场、其他辅助系统、热力损失和电力损失共五部分组成。

单位综合能耗 unit comprehensive energy consumption 指统计对象(炼油装置、辅助系统或全厂)在统计期内，以单位原料加工量或单位产品产量所表示的能耗量。

单元操作 unit operation 化工或石油化工过程中一系列使物料发生预期变化的、相对独立且自成单元的基本操作过程。如分馏、蒸发、抽提、吸收、分离、结晶、提纯等以及传热、传质过程等。

当量组分 equivalent component 以混合烃为原料进行裂解时，出于简便，取某一组分，而不是混合烃的反应速度常数作为计算动力学裂解深度函数之用，则该组分称为当量组分。一般选用在裂解条件下，不会重新产生的组分作为当量组分。如以石脑油为原料时，取正戊烷为当量组分；以乙烷、丙烷混合物为原料时，取丙烷为当量组分。

等规聚合 tactic polymerization 又称定向聚合。单体在定向催化剂作用下，发生聚合反应，并生成有规则结构的产物。所得产物称为等规聚合物或定向聚合物。发生等规聚合的单体如丙烯、苯乙烯、1-丁烯等。常用的定向聚合催化剂有齐格勒-纳塔催化剂和离子型催化剂等。

等值曲线图 contour chart 由集合大量实验数据并经计算处理所得的、表达油料或馏分某种性质的关系曲线图。图中某一曲线上的所有点均为同值，故称等值曲线图。查等值曲线图可以估算某一油料或馏分的某种性质。

定量分析 quantitative analysis 用于测定物质各种组分含量的实验方法。依据分析方法要求不同，可以分为容积分析、定量分析和物理化学分析等。可以用来分析物质的组成，检验原料或制成品纯度。对生产和科研有重要意义。

定性分析 qualitative analysis 用于鉴定物质组成的元素、离子或官能团的实验方法。依据分析条件不同可分为干法和湿法两种。通常，对于不明物质应首先进行定性分析。

断链反应 chain breaking reaction 烷烃受热时发生碳链断裂的反应，是热裂化过程的主要反应之一。低分子烷烃受热时易于在分子两端发生断链，断链后形成较大分子的烯烃和较小分子的甲烷。但随着烷烃相对分子质量的增大，在分子中间断链的可能性亦有增加。

对比温度 reduced temperature 纯组分物质或多组分混合物的温度与临界温度或假临界温度的比值。是重要的无因次对比状态参数之一。可与液体的膨胀因数、气体的压缩因子、黏度、热容、热焓、蒸发潜热等物理特性值建立函数关系。

对比压力 reduced pressure 纯组分物质或多组分混合物的压力与临界压力或假临界压力的比值。是重要的无因次对比状态参数之一。

二次加工装置 secondary processing unit 指将通过炼油厂一次加工装置获得的馏分油进一步再加工成燃料、润滑油等产品或化工原料的生产装置，如催化裂化、加氢裂化、加氢精制、延迟焦化、催化重整装置等。

发动机燃料 engine fuel 指为发动机提供动力，通过燃烧将化学能变为热能，最终转变为机械能的燃料。

反应热 reaction heat 参与反应的物质在某一恒定温度下发生反应，生成反应产物时所吸收或放出的热量，即化学反应的热效应。可用量热计测量，单位 kJ/mol。

放热反应 exothermic reaction 在反应过程中放出热量的化学反应。如油品加氢精制、聚合等反应都是放热反应。

非均相聚合 non-homogeneous polymerization 又称多相聚合。在非单一、非均匀的体系中进行的聚合反应。该反应的生成物不溶于体系而析出。如苯乙烯溶于甲醇中聚合时，生成聚苯乙烯不溶于甲醇而析出。乳液聚合和悬浮聚合都是非均相聚合。

沸点 boiling point 液体受热汽化，当液体的蒸气压与外部的气压相等时，液体内部亦汽化沸腾，此时的温度称为该液体的沸点。沸点随着外部压力的增加而上升。当外部压力为一个标准大气压时，液体的沸点就是通常所说的正常沸点。

负荷性能图 load-carrying performance chart 表示分馏塔板负荷性能的图。在分馏塔板稳定操作区域图（见 269 页“稳定操作区域图”）的基础上，增加一条应用于某一具体精馏过程的实际操作线，即得塔板负荷性能图。根据该图，可查出在不同回流比下塔板的上下极限负荷范围和控制因数。塔板负荷性能图在塔板设计和操作中具有重要意义。通常在设计后可以用来检验设计的合理性。而对于操作，则可用以分析操作的合理性和问题产生的原因。

高温裂解 pyrolysis 又称高温热解。烃类在 750℃ 以上的高温下发生断链或脱氢反应生成低分子烃的分解过程。工业上用来制取乙烯、丙烯、乙炔、合成气等。同时还副产氢、甲烷、C_3、C_4 馏分及裂解汽油、燃料油等。现在多以石脑油、煤油、柴油等轻烃为原料，采用管式炉裂解方法。如烃类蒸汽裂解等。目前，重油裂解技术也有应用。

工厂设计 plant design 指对新建、改扩建工厂进行方案规划与论证的工程设计活动。“工厂”是技术与经济相结合的产物，工厂设计工作对建设项目的投资决策起着至关重要的作用。

工厂设计师 plant designer 指从事“工厂设计”的专业工程技术人员。

共聚作用 interpolymerization 几种不饱和或环状的单体分子在催化剂作用下发生的聚合反应，又称共聚反应。如丁二烯与苯乙烯共聚成丁苯橡胶。根据参与共聚反应的单体在共聚物链中的排列，可分为无规共聚、交替共聚、镶嵌共聚和接枝共聚。

焓 enthalpy 又称热含或热函。在热力学中表示物质系统能量状态的一个基本函数。物质系统在等压过程中发生焓的变化，代表了该系统所吸收或释放的热量。焓在表述流动物质的能量关系时很有用。它代表了稳定物质流所携带的能量。在数值上等于系统内能和在流动方向上所传递的流动能之和，即焓(I)等于系统内能(U)加上压强(p)与系统体积(V)的乘积，$I=U+pV$。焓越大，做功能力就越大。通常将蒸气和气体等各种工质在不同状态下的焓值制成图表以备查用。

合成 synthesis 通过化学反应将成分比较简单的物质转变成成分较为复杂的物质的方法。如合成油、合成氨、合成纤维等。

化工原料 chemical raw material 一般指炼油厂提供给化工装置的原料，主要包括富含乙烯的催化裂化干气、丙烯、轻石脑油、醚后碳四、石脑油、液化石油气、加氢尾油等。

化工装置 chemical unit 指化工产品生产装置，如芳烃生产、某些聚合物单体的合成、含硫化氢气体的脱硫制硫等。

化学能 chemical energy 物质在发生化学反应或产生化学变化时吸收或释放出的能量，往往以电、光、热及机械能的能量形式表现出来。如燃料在燃烧的同时释放出光和热。

化学氢耗量 chemical hydrogen consumption 加氢反应中消耗于化学反应的氢气量。这些在加氢中发生的化学反应有脱硫、脱氮、脱氧、烯烃和芳烃饱和、加氢裂化及开环反应等。这些化学反应都有不同程度的氢气消耗，其反应程度越深，氢气消耗也越大。

化学吸附 chemical adsorption 又称活化吸附。以类似于化学键力相互吸引，其活化能较高，吸附热较大，且大多是不可逆作用。见269页“吸附”。

化学吸收 chemical absorption 气体混合物分离的方法。其原理是利用气体混合物组分在某种液体中溶解度的不同达到吸收分离的目的。如炼油厂用乙醇胺吸收硫化氢和二氧化碳。

环烷-中间基原油 naphthenic intermediate base crude oil 见2页“原油”。

活塞流 piston flow 流体的一种流动方式。指瞬间同时流入一处的不同的流动物体，作为整体以同一速度、同一方向持续流动，而无返混和滑落现象。以这种流动状态发生化学反应称活塞式反应。如催化裂化装置提升管反应器内的物料流动就近似于活塞流。

活性金属组分 activated metal constituent 又称主金属。固体催化剂中起主要催化作用的金属组分。

活性中心 active center 又称活性部位或活性位。即固体催化剂中促进反应的部位，可以是原子、原子团、离子或晶体结构缺陷等。如重整催化剂含少量卤素的氧化铝载体结构中的质点即是催化剂的酸性活性中心，能促进烃分子的裂化、异构化等正碳离子反应；金属铂则构成了脱氢活性中心，能促进脱氢、加氢反应。

活性组分 active constituent 催化剂中起催化作用或添加剂中起所要求作用的组分。

剂油比 catalyst-oil ratio 催化裂化装置的催化剂循环量与反应器的总进料量之比。剂油比实际上反映了参与反应的催化剂的活性。提高剂油比则可使反应深度加深，转化率提高，汽油中的芳烃含量增加，烯烃含量和含硫量下降。

加成反应 addition reaction 一种重要的有机反应。有机物不饱和键与其他原子或原子团直接作用、结合生成一种新的加成产物的反应。含不饱和键的有机物或烃类，有的与不同原子或原子团发生加成反应生成新的加成物，如乙烯和氢加成反应生成乙烷；有的自身连续加成反应生成聚合物，也称加成聚合，如乙烯聚合、丙烯聚合等。

加氢作用 hydrogenation 在氢气存在并作用下产生的化学反应。石油炼制工业中，常见的发生加氢作用的工艺过程有加氢裂化、加氢精制及润滑油加氢处理等。

夹带 carry-over 又称携带。气体以一定速度携走固体微粒或液体微滴的现象。

间歇加工过程 batch process 不同于连续加工过程的一种加工方法。指物料以批量为单位进行间歇加工的过程。这种加工方法效率低，生产周期长。例如催化剂半再生、酸碱间歇洗涤、间歇调和等即为这种加工过程。

碱处理 alkali treatment 又称碱精制或碱洗。用于处理直馏汽油、煤油、柴油以及催化裂化汽油或柴油等轻质油品。经过碱处理可去除油中的某些氧化物，如环烷酸、酚类物质和某些硫化物如硫化氢及低分子硫醇。若酸精制后再碱洗，则是为了中和油品中残存的酸，并除去酸与烃类的反应产物，如磺酸、硫酸酯等。通常大多采用氢氧化钠水溶液作为碱洗液。

接触吸附 contact adsorption 通常用多孔型物质的固体表面，如白土、活性炭、硅胶以及分子筛等，对气体或液体的吸附能力除去原料或油品中的某些极性有害物质（如胶质、色质、硫氮化合物等）达到精制目的的过程。在炼油厂中常见的有悬浮床式接触吸附和固定床式接触吸附。前者使吸附剂与被精制液充分混合、充分接触进行吸附，如润滑油白土精制过程；后者将被精制液或气通过吸附剂床层达到对有害物的吸附，如固定床层吸附脱硫等。

结晶 crystallization 在过饱和状态下，从液态（包括液体和熔融体）或气态析出物质晶体的过程，是提纯物质的重要方法。结晶过程经历晶核生成和晶体成长两个阶段。根据溶解度随着温度下降而减少的情况，相应采取不同的结晶方法。对于溶解度随温度下降不明显的物质，如氯化钠、氯化钾等，可以采用使部分溶剂汽化或蒸发达到过饱和状态的办法；对于溶解度随温度下降明显的物质，如石蜡，可以采取冷却溶液达到过饱和状态的办法。

结晶点 crystallization point 又称冰点。轻质油品在试验条件下冷却，直到出现肉眼可见结晶时的最高温度称为结晶点，以℃表示。用来描述油品的低温性能。该点是航空汽油与喷气燃料的重要的质量指标。结晶点高，说明燃料的低温性能差，在较高温度下就会析出晶体，妨碍供油。

解聚 depolymerization 高分子化合物受到光、热、辐射等物理因素和氧、酸、碱和化学药剂等化学因素作用发生严重降解，形成单体的过程。本质上是聚合反应的逆反应。

精制溶剂 refining solvent 润滑油溶剂精制过程所用的溶剂。一般要求精制溶剂对组分具有较强的选择性，较好的溶解能力和热安定性。溶剂不仅无毒、无腐蚀性，且容易回收，循环再用。炼油厂润滑油精制常用的溶剂有糠醛和苯酚。两者相较，糠醛的选择性较好，而苯酚的溶解能力稍强。*N*-甲基吡咯烷酮对芳烃，尤其是重芳烃有更好的溶解能力和选择性，已得到广泛的应用。

聚合度 degree of polymerization 高分子链中所含重复结构单元的数目，一般称作平均聚合度。由于计算时所用相对分子质量有数均相对分子质量、重均相对分子质量和黏均相对分子质量，相应有数均聚合度、重均聚合度和黏均聚合度之分。通常，高分子的聚合度越大，则高聚物的相对分子质量也越大，抗张强度及熔点也越高，而溶解度越低。

聚合物　polymer 一种或多种单体经聚合或加聚反应而生成的产物，又称聚合体或加聚物。根据相对分子质量高低，有低聚物和高聚物(高分子化合物)之分。如塑料、合成纤维、合成橡胶等都属聚合物之列。

绝对黏度　absolute viscosity 表征流体内摩擦力的参数，以绝对单位(Pa · s)表示。运动黏度和动力黏度均属绝对黏度。

绝对湿度　absolute humidity 表示湿度的一种方式。单位体积或单位质量的混合气体中所含水蒸气的质量，常以 g/kg 或 g/m^3 为单位表示。

绝对温度　absolute temperature 一种温度的标示方法，又称热力学温度或开氏温度，以符号“K”表示。其温标的间隔与摄氏温标间隔相同。但其零度为－273.15℃，称为绝对零度。通常以 T 代表绝对温度，以 t 代表摄氏温度。二者之间关系为 $T=273.15+t$(或 $273+t$)。

绝对压力　absolute pressure 作用在物体上的真实压力。绝对压力值以绝对真空作为起点。安装在大气环境下的容器内的绝对压力等于表压与当地大气压力之和。

均聚　homopolymerization 通称聚合(反应)。一种不饱和的或环状的单体分子的聚合反应，其产物称均聚物。如乙烯、丙烯聚合成聚乙烯、聚丙烯。其通式为 $n\mathrm{A}\rightarrow(\mathrm{A})_n$。

均相催化　homogeneous catalysis 催化剂与反应物处于同相时的催化作用，又称同相催化。反之，催化剂与反应物处于不同相时的催化作用，称之为非均相催化或多相催化。在炼油工业中，大多数催化反应都是固体催化剂和气、液相的反应物共同作用，催化剂与反应物有一明显的界面，属于非均相催化反应。

均相聚合　homogeneous polymerization 在单一、均匀的体系中进行的聚合反应。由于单体、引发剂以及聚合反应生成物都溶于聚合系统中，反应生成物可溶而不析出，故整个体系呈均匀状态。如苯乙烯聚合时，生成的聚苯乙烯能溶于苯乙烯中。又如苯乙烯溶于甲苯中，聚合时生成聚苯乙烯也能溶于甲苯中，系统成均匀状态。

空速　space velocity(SV)单位时间(h)内进入反应器的原料量与反应器催化剂藏量之比称为空间速度，简称空速。如果进料量和藏量都以质量单位计算，称为质量空速；如果进料量和藏量都以体积单位计算，称为体积空速。空速的概念是反映反应器处理能力的重要指标。质量空速＝原料总进料量(t/h)/藏量(t)；体积空速＝原料总进料量(m^3/h)/催化剂藏量(m^3)。质量空速多用于流化床反应器的计算；体积空速则多用于固定床和移动床反应器的计算。计算体积空速时，进料量的体积流量是按 20℃时的液体流量计算。

空塔速度 superficial (tower) velocity又称“空塔气速”。操作条件下，通过塔器横截面的蒸汽线速度(m/s)，是衡量塔器负荷的一项重要指标。板式塔允许的空塔气速主要受雾沫夹带限制，过量的雾沫夹带会破坏塔的分馏操作。一般，板式塔的最大允许空塔气速既不引起过量的雾沫夹带，又能保证塔板上气液良好接触。

宽馏分 wide cut; wide fractions 沸程(或馏程)范围相对较宽的石油馏分。如以生产高辛烷值汽油为目的的宽馏分重整工艺，其原料油馏程为 80~180℃的宽馏分石脑油；而以生产芳烃为目的的窄馏分重整工艺，其原料油馏程为 60~145℃的窄馏分石脑油。

扩散 diffusion 物质在气、液、固相内发生迁移的现象。扩散是物质的分子或原子产生热运动的结果。扩散可以在同一相内或不同相间发生，由浓度差、温度差及湍流运动而引起。物质从浓度等高的区域向浓度等低的区域迁移，直到平衡为止。浓度差大，温度高，微粒质量小，扩散速度就快。扩散是物质间发生传质的根本原因。常见的传质单元的操作过程，如精馏、结晶、吸收、吸附等无不与扩散过程相关。

扩散系数 diffusion coefficient 表示物质扩散能力的物理量。是沿扩散方向，单位浓度差下，单位时间内垂直通过单位面积的物质的质量或摩尔数，单位为 m^2/s。扩散系数大小取决于扩散物质和扩散介质的种类及其温度和压力。扩散系数一般由实验测定。

LP 模型 LP model 指炼油厂线性规划模型，主要用于炼油厂的总工艺流程优化。比较知名的炼油厂线性规划模型有 GRTMPS、PIMS、RPMS。

蜡油加工工艺 wax oil processing 蜡油馏分一般不直接作为石油产品外销，必须进行进一步的加工，才能变成符合质量要求的石油产品。蜡油馏分经过二次加工，可生产汽油、煤油、柴油等燃料产品和化工原料，也可加工生产各种牌号的润滑油基础油。其主要的加工工艺包括以生产燃料油、化工原料为主的蜡油催化裂化(FCC)、加氢裂化(HC)，以及生产润滑油基础油的“老三套”工艺和润滑油加氢工艺等。

蜡油馏分 wax oil fraction (VGO)见 257 页“馏分油”。

蜡油平衡 wax oil balance 指总工艺加工流程中对减压蜡油馏分的统筹安排、优化。

雷诺数 Reynolds number 用来表征流体流动状态的无量纲数，以 *Re* 表示。雷诺数小，意味着流体流动时各质点间的黏性力占主导地位，流体各质点平行有规则地流动，呈层流状态。雷诺数大，意味着惯性力占主导地位，流体呈紊流（也称湍流）状态。一般 $Re<2000$ 为层流状态，$Re>4000$ 为紊流状态，$Re=2000\sim4000$ 为过渡状态。在不同的流动状态下，流体的运动规律、流速的分布等都是不同的。

理论塔板数　theoretical plate number 分馏塔在完成预定分馏过程时所需的理论塔板的数目。由预定分馏介质的气液平衡曲线关系求得。而实际塔板数则由理论塔板数除以塔板的效率因数。故实际板数总是多于理论板数。

联合装置　combined units 指由两个或两个以上装置集中紧凑布置，且装置间直接进料，无供大修设置的中间原料储罐，其开工或停工检修等均同步进行，可视为一套装置开展设计、管理。

炼厂气加工　refinery gas processing 指以石油炼厂气为原料进一步加工利用的工艺过程。

炼化一体化　refining-chemical integration 指跨越单独的炼油厂、化工厂的范畴，按照“一体化”的原则，将炼油、化工在工厂总流程、总平面布置上，在公用工程、油品储运及其他辅助系统上进行统一考虑，实现炼油化工原料互供与能量利用的整体优化。

炼油工艺　refining process 将原油或石油馏分加工或精制成各种石油产品的方法。如常减压蒸馏工艺、催化裂化工艺、重整、加氢工艺以及润滑油精制、脱蜡工艺等。

炼油厂工艺装置　refinery process unit 实现炼油工艺的装置。按加工深度和加工顺序，可分为一次加工装置、二次加工装置及辅助生产装置。一次加工装置，如蒸馏装置；二次加工装置，如催化裂化装置、催化重整装置、加氢裂化、精制装置以及润滑油生产装置等；辅助生产装置，如酸性水汽提装置等。

炼油装置　refining units 指炼油生产装置。炼油厂的生产装置大体上可以按生产目的分为以下几类：(1)原油分馏装置；(2)重质油轻质化装置；(3)油品改质和油品精制装置；(4)气体加工装置；(5)油品调和装置；(6)制氢装置；(7)化工产品生产装置；(8)润滑油生产装置。

链式反应聚合　chain polymerization 通过链式反应，即连锁反应历程进行的聚合反应，又称连锁聚合反应。反应需要活性中心，一旦反应中形成单体活性中心，就能迅速传递，瞬间形成高分子聚合物。聚合过程由链引发、链增长和链终止几步基元反应组成。反应体系中只存在单体、聚合物和微量引发剂。参与连锁聚合反应的单体主要是烯类、二烯类化合物。根据活性中心或活性分子的形式，连锁聚合反应可分为自由基或游离基聚合、离子型聚合(包括阳离子、阴离子和配位离子聚合)。

劣质原油 inferior crude oil 一般指高硫、高酸原油和稠油。

裂化 cracking 在加热或催化剂存在条件下，大分子烃裂解成小分子烃的反应。同时，在裂化主反应之外还发生小分子烃结合成质量较大分子的缩合反应。如重油裂解为裂化气和轻质油，同时也发生缩合反应生成渣油或焦炭。裂化过程是将重质油转化成轻质油的重要工艺过程和手段。通常，炼油厂的主要裂化工艺过程有热裂化、催化裂化和加氢裂化。

裂化性能 crack ability 烃类受热可以裂化的倾向与程度。通常，石蜡基油料的裂化性能较好，环烷基油料次之，芳香基油料最次。比较而言，重质馏分油的裂化性能要好于轻质馏分油，因而工业上将馏分组成或化学组成不同的原料油置于不同的裂化炉内，选择适宜条件进行裂化。

临界状态 critical state 物质的气态和液态达到平衡时的一种极限热力状态，亦是物质处于临界压力与临界温度，即处于临界点时的一种状态。在这种状态下，液体的密度与饱和蒸气的密度相同，气液界面消失，没有表面张力，汽化热为零。

流态化 fluidization 又称固体流态化或流体化、假液化。以一定速度向固体颗粒层通入液体或气体，使固体颗粒以高浓度悬浮状态与液体或气体混为一体而不被强化流体带走，形成沸腾状的、类似真实的流体。不仅具有流体的性态(如具有流动压力和黏度等)，而且可以自由流动。流态化技术可使过程操作连续、简化，加大生产强度。因而，广泛应用于各工业部门，如炼油厂的催化裂化反应过程。

硫平衡 sulfur balance 指原油加工过程中关于硫的回收、排放。是炼油项目环境影响评价的重要指标之一。

馏程 distillation range 又称沸程。油品在蒸馏试验中得到的从初馏点到终馏点的整个温度范围，以馏出温度和馏出液体积百分数表示。实际上，馏程只要求测定几个温度，如初馏点、10%、50%、90%馏出温度、终馏点等。馏程可用来判断油品组分的轻重含量，据此制定加工和调和方案，检查工艺和操作条件，控制产品质量和使用性能。产品标准中往往规定测定馏程的蒸馏方法和相应馏程。

馏分 fraction 原油蒸馏时按沸程分割成各种馏分油的通称，如汽油馏分、煤油馏分、柴油馏分等。有时也指油料中具有一定沸程的组分。

馏分油 distillate 指按照沸点的差别将原油“切割”成若干组分，

统称为“馏分”，例如<200℃馏分，200~350℃馏分等，每个馏分的沸点范围简称为馏程或沸程，从原油直接分馏得到的馏分称为“直馏馏分”，它们基本上保留着石油原来的性质，不含不饱和烃。为了统一称谓，一般把原油中从常压蒸馏开始馏出的温度(初馏点)到200℃(或180℃)之间的轻馏分称为汽油馏分(也称轻油或石脑油馏分)；常压蒸馏200(或180℃)~350℃之间的中间馏分称为煤油、柴油馏分，或称常压瓦斯油(简称AGO)；由于原油从350℃开始即有明显的分解现象，所以对于沸点高于350℃的馏分，需在减压下进行蒸馏，在减压下蒸出馏分的沸点再换算成常压沸点。一般将相当于常压下350~500℃的高沸点馏分称为减压馏分或称润滑油馏分(蜡油馏分)，或称减压瓦斯油(简称VGO)；而减压蒸馏后残留的>500℃的油称为减压渣油(简称VR)；同时人们也将常压蒸馏后>350℃的油称为常压渣油或常压重油(简称AR)。石油直馏馏分经过二次加工(如催化裂化等)后，若所得的馏分与相应直馏馏分“馏程”范围相同，也统称为馏分油。

馏分组成 fractional composition 以各种馏分含量表示的混合物的成分。通常用体积分数或质量分数表示。

露点 dew point 多组分气体混合物在某一压力下冷却、冷凝，刚出现第一滴冷凝液时的温度。也是该混合物在此压力下平衡汽化曲线的终馏点(100%馏出温度)。

煤油馏分 kerosene fraction 见“馏分油”。

煤油气共炼 coprocessing of coal, oil and gas 指通过煤炭、天然气(或其它含烃气体)与石油共同转化，将煤、劣质原油改质为合成油，转化为汽煤柴油、化工原料等轻质油品的工艺过程。

密相 dense phase 流化床床层界面以下的区域，又称密相段、密相层。其特点是低空隙率、高密度区。反之为稀相段。催化裂化装置中，密相段位于反应器和再生器的下端，其催化剂的密度大于100kg/m^3，是原料发生裂化反应和催化剂再生的主要区域。

能量密度指数 energy density index(EII) Solomon公司于1983年开发的、适用于比较燃料型炼油厂之间能源消耗相对大小的评价指标，是炼油厂实际能耗总量与应达到的标准能耗总量的比值。EII考核的炼油装置标准能耗量有一套专门数据，一般为炼油企业能耗的先进指标。因此，EII概念的意义很容易理解。若该比值为1，说明炼油厂总体上已达到了先进能耗指标；若比值大于1，如为1.2，则实际能耗比先进能耗指标高20%。

能量平衡 energy balance 即能平衡，是考察一个体系的输入能量与有效能量、损失能量之间的平衡关系，它的理论依据是热力学第一定律，或以企业为对象，研究各类能源的收入与支出平衡、消耗与有效利用及损失之间的数量平衡。企业能量平衡是对企业用能过程进行定量分析的一种科学方法及手段，是企业能源管理的一项基础工作和重要内容。

黏度 viscosity 又称黏性系数，是流体的一种物理属性，用以衡量流体的黏性。流体在流动时，分子间产生抵抗相对运动的内摩擦力，称为黏滞力。黏度是衡量黏滞力大小的一个物性量。其大小由流体种类、温度、浓度等因素决定。黏度是评定柴油、喷气燃料、燃料油等油品流动性的指标，也是润滑油的重要质量指标。同时，也是选择、使用润滑油的主要依据。黏度过大，则流动性差，会使润滑点得不到润滑；黏度过小，则不能保证润滑效果，容易造成机件干摩擦。另外，黏度是重要的水力学参数，是设计计算油品流动和输送时常用的物理常数。黏度可分为绝对黏度和相对黏度两大类。绝对黏度又分为动力黏度和运动黏度；相对黏度则有恩氏黏度、赛氏黏度(美)和雷氏黏度(英)等几种表示方法。

黏度曲线 viscosity curve 油品黏度随温度变化的曲线，表示油品的黏温特性。润滑油黏度随温度变化越小，曲线走向也越平缓，说明油品的黏温特性越好。通常，该曲线也是设计计算油品流动和输送时常用的计算依据。

凝点 condensation point; solidification point 油品试样在规定条件下冷却到液面不流动时的最高温度，又称凝固点。油品的凝固和纯化合物的凝固有很大的不同。油品没有明确的凝固温度，所谓“凝固”只是从整体看液面失去了流动性。凝点是柴油和润滑油的一项说明低温流动性的质量指标。其高低与油品的化学组成有关。馏分轻则凝点低，馏分重、含蜡高则凝点也高。通常以脱蜡或加降凝剂的方法来降低石油产品的凝点。脱蜡程度深则凝点也低。若脱蜡深度不能满足需要，可加适量的降凝剂。

pH 值 pH value 表示溶液酸、碱度的数值。为所含氢离子浓度(H^+)对数的负值。其数值范围为常温下，0~14 之间。pH = 7，溶液显中性；pH < 7，溶液呈酸性，值越小，酸性越强；pH > 7，溶液呈碱性，值越大，碱性越强。

泡点 bubble point 在一定压力下，多组分液体混合物加热至刚开始沸腾，出现第一个气泡时的温度。泡点温度是该液体混合物在此压力下平衡汽化曲线的初馏点(0%馏出点)。

配伍性 compatibility 在同一油品内，以合适量加入两种或两种以上的添加剂以提高油品的使用性能，但不产生沉淀或降低添加剂自身性能的性质。

膨胀系数 expansion coefficient 是表征物体热膨胀性质的物理量，即表征物体受热时其长度、面积、体积增大程度的物理量。长度的增加称为"线膨胀"，面积的增加称为"面膨胀"，体积的增加称为"体膨胀"，总称为热膨胀。单位长度、单位面积、单位体积的物体，当温度上升1℃时，其长度、面积、体积的变化，分别称为线膨胀系数、面膨胀系数和体膨胀系数，总称为膨胀系数。

品值 performance number(PN) 又称品度值，是一项有关航空汽油抗爆性能的指标。航空汽油主要性能指标是辛烷值和品度值。辛烷值是指与这种汽油的抗爆性相当的标准燃料中所含异辛烷的百分数。它表示航空汽油的抗爆性能。品值指的是以富油混合气工作条件，用增压法检测，对比航空汽油试样与标准燃料(纯异辛烷)在开始爆震时发出的最大功率之比，用百分数表示。发出的功率越大，则表示品值越高。品值越高，则表示其抗爆性越好。燃料的品值取决于燃料的芳烃含量。芳烃含量高，其品值也高。

破乳化 demulsification 破坏乳状液的过程。通过破坏乳化剂的保护作用使处于分散相的液滴集聚成大的液滴，从而减少了液滴量，最终使乳状液完全破坏。常用的方法有：用不能形成坚固保护膜的表面活性剂顶替乳化剂；加入适量反乳化剂；根据所用乳化剂性质采用化学破坏法。此外，外加电场、离心力场或加压令乳化液通过吸附层等也对乳状液有破坏作用。

歧化反应 disproprotionation reaction 相同的两个分子在一定条件下由于相互之间的原子(团)转移而生成两种不同分子的反应过程。不仅有机化合物，如烷基芳烃(烷基苯、烷基萘等)、烯烃、烷烃、醛类、酸类等可以进行歧化反应，而且有些无机化合物也可进行歧化反应。所用催化剂因反应物不同而异。烷基芳烃的歧化反应主要采用分子筛催化剂，常用的有稀土Y型分子筛及ZSM-5分子筛等和固体酸催化剂。烯烃歧化反应常用的是高比表面积物质，易分离，故产品纯度很高。歧化反应使一种烃转变为两种不同的烃，因此是工业上调节烃供求的重要方法之一。最重要的应用是甲苯歧化以增产二甲苯并同时生产高纯度苯，以及丙烯歧化生产聚合级乙烯和高纯度丁烯(主要是顺、反-2-丁烯)。

气液平衡 gas/liquid equilibrium 处于封闭系统中的混合物，气-液两相共存，在一定的温度和压力下，混合物中的组分在气、液两相中的逸度相等，称气液平衡。气液平衡是相之间传质的极限状态，若改变外界条件(如温度、压力以及组分浓度),平衡则被打破,新的平衡关系则会重新建立起来。气液两相从不平衡到平衡状态的往复,就是汽化和冷凝、吸收和解吸以及分馏等过程的基础。

气液平衡常数 vapor/liquid equilibrium constant 在一定温度和压力下,混合物的气液两相达到平衡状态时,气相中任一组分的摩尔分数与其液相中的摩尔分数的比值恒定为常数,称为该组分在该温度和压力下的平衡常数。工程上常利用气液平衡常数计算烃类的蒸发、分馏、汽化、冷凝等过程。

汽化 vaporization 由液体转变为气体的过程。如水蒸发为水汽,油受热成油气等。汽化过程往往也是混合物分离的一个过程。

汽油牌号 gasoline grades 我国国五的汽油标准按辛烷值的不同划分为各种牌号,如 89 号、92 号、95 号、98 号。牌号越高,汽油的抗爆性越好。

亲水性 hydrophilicity 物质易被水浸润的性质,其反义是疏水性。亲水性固体大多分子间作用力很强,或具有离子型晶格构造。可通过表面活性物质在固体表面吸附或生成表面化合物,来改变固体表面的浸润性。

氢分压 hydrogen partial pressure 氢气在系统或某一设备内的分压,等于反应总压力乘以气相中氢的摩尔分数。在加氢过程中,反应压力起着关键作用。而反应压力的影响是通过氢分压体现的。系统中的氢分压(或气相中氢的摩尔分数)决定于反应总压、循环氢纯度、氢油比、原料油的汽化率以及转化深度等。通常,计算时以反应器入口的循环氢纯度乘以反应总压来表示。一般来说,提高氢分压则有利于加氢反应的进行,加快反应速率。

氢平衡 hydrogen balance 指炼油厂产氢(包括回收氢)与用氢之间量的平衡关系。是炼油厂生产中的重要控制指标之一。

轻油加工工艺 light oil processing 指"轻馏分"(包括石脑油、煤柴油馏分)的加工工艺。

倾点 pour point(PP)油品在规定的试验条件下,冷却试样能够流动的最低温度,以℃或℉表示。过去常用凝点,现在国际通用倾点来表示润滑油等低温流动性的质量指标。同一油品的倾点比凝点略高几度。若油品倾点偏高,则表示油品的低温流动性不够好。若倾点越低,油品的低温流动性越好。

清洁燃料 clean fuel 指燃烧时不产生对人体和环境有害的物质,或有害物质十分微量的石油燃料产品,如天然气、液化石油气、酒精、低硫汽油、低硫柴油等。

全回流 total reflux 分馏塔操作的一种极限状态,即塔顶的全部冷凝冷却液完全用作回流，塔底液体也全部汽化重新进入塔内。此时，回流比无限大，塔板分离效率最高，但塔两端不出产品，进料量为零，塔内气液相负荷为恒定值。实际的分馏操作应介于全回流和最小回流比之间的范围，即在两个极限操作状态之间进行。

全馏程 full range 石油馏分油从初馏点到终馏点的全部馏程温度范围。

燃料化工型炼油厂 fuel-chemicals type refinery 指在生产汽油、煤油、柴油等发动机燃料的同时，生产芳烃、聚烯烃等化工产品或尽量多化工原料的炼油厂。

燃料润滑油化工型炼油厂 fuel-lubricating oil-chemicals type refinery 指在生产发动机燃料的同时，也生产一部分润滑油料（润滑油基础油）和化工产品/化工原料的炼油厂。

燃料润滑油型炼油厂 fuel-lubricating oil type refinery 指在生产发动机燃料的同时，也生产润滑油料（润滑油基础油）的炼油厂。

燃料油牌号 fuel oil grades 见387页“燃料油”。

燃料油型炼油厂 fuel oil type refinery 以生产汽油、柴油、煤油、燃料油等燃料为主的炼油厂。这类工厂不生产或少量生产润滑油料。其特点是通过一次加工最大量地提取原油中的轻质油品，同时利用二次加工手段最大限度地将重质油和石油气转化为轻质燃料。

热安定性 thermal stability 又称热稳定性。指石油产品抵抗热影响，保持其质量不发生变化的性质，是某些油品，如喷气燃料、汽轮机油等润滑油的质量指标之一。

热聚合 thermo-polymerization 在热的激发下，单体分子活化成自由基，进而引发单体连锁聚合，属于自由基聚合反应。目前只有苯乙烯、丁二烯和甲基丙烯酸甲酯被认为可热聚合。苯乙烯的热聚合已经工业化。将苯乙烯在100~110℃下保持10个多小时，可得透明性良好的聚苯乙烯。

热联合 thermocombination 装置间能量联合利用的一种形式。将上下游两套或多套装置作为一个整体联合考虑彼此间热量利用问题，尽量做到“高热高用，低热低用”，以达到能量优化综合利用的目的。如一个装置的热出料可作为另一装置的进料，或工艺过程之间进行交叉换热、供热，使热量得到充分合理的利用。同时，也可减少冷却器和中间罐。

热值 heat value 又称卡值或发热量。单位体积或质量的燃料完全燃烧时所放出的热量。热值是各种燃料的重要质量指标之一，有高、低热值之分。前者除燃烧热外，还包括水蒸气冷凝热；后者仅指燃料本身的燃烧热。单位质量（g

或 kg)的石油及其产品完全燃烧时所放出的热量(J 或 kJ)称为石油产品的(质量)热值，乘以密度即得体积热值。其大致的热值为 43.54～46.05kJ/g。馏分越轻，质量热值越高，体积热值则越小。反之，馏分重的油，质量热值低，体积热值大。质量热值高的燃料，燃烧时发动机产生的功率也大。

溶剂精制 solvent refining 萃取除去原料(或半成品)中所含多环芳烃、硫、氮、氧化合物以及胶质、沥青质等杂质和非理想组分的工艺过程。这些杂质的存在会影响润滑油的黏温性、抗氧化安定性和颜色的稳定。溶剂精制是石油炼制过程中常用的石油产品精制方法之一，大规模用于润滑油馏分的精制。在润滑油溶剂精制过程中，所选用的溶剂对润滑油中的杂质和非理想组分的溶解度很大，而对油中的理想组分的溶解度则很小。当所用润滑油馏分中蜡质含量较高(如石蜡基或中间基原油得到的润滑油料)时，除了进行溶剂精制外，尚需经溶剂脱蜡与加氢精制(或白土精制)；对胶质、沥青质含量较大的润滑油原料如减压渣油，需先经溶剂脱沥青再进行溶剂精制、溶剂脱蜡与加氢精制。润滑油精制常用的溶剂有糠醛、苯酚和 *N*-甲基吡咯烷酮等。

溶剂选择性 solvent selectivity 在一定温度条件下，溶剂对馏分油中的组分具有不同的溶解能力(见“溶剂精制”)，溶剂的这种特性称为溶剂选择性。人们依据溶剂的这种特性，实现溶剂精制、抽提等处理过程。

润滑油调和 lube oil blending 按照产品规格和使用性能要求，将不同的润滑油组分和所需添加剂调和，通过主体对流、涡流扩散传质和分子扩散传质，使物料性质达到均一，生产出成品润滑油的过程。通常，润滑油调和有罐调和和管道调和两种方法。其中罐调和的方式又分泵循环调和与机械搅拌调和两种。

润滑油馏分 lube oil fraction 适于制取润滑油的石油馏分。通常指常减压蒸馏装置的减压分馏塔的侧线产品，馏程范围为 320～500℃的馏分。

闪蒸 flash vaporization 若混合物在一定压力条件下加热，则汽化和未汽化的混合物组分将处于平衡状态混合存在。如果突然降低系统压力，就会使汽化和未汽化的组分瞬时分离成气液两相。这种蒸发分离的过程称为闪蒸或平衡闪蒸。如原油加热后进入闪蒸塔蒸发。

熵 entropy 热力学中表示物质系统热学状态的物理量。用来描述自然界实际过程的单向性或不可逆性，常用 S 表示。在热力学上，一个系统的熵的(微小)变化 ΔS 是系统吸收的热量与绝对温度 T 之比，标志着热量转化为功的程度。$\Delta S>0$表示一部分热量丧失了转化为功的能力。熵值大的系统，系统能量的可利用性也越差；熵值小的系统，热量转化为功的能力越强；熵值增加，意味着能量不可利用性在加大。熵的大小，亦是判断状态自发实现可能性的量度。物质的状态一定时，熵值一定。熵大的状态，自发实现的可能性也大。从分子运动论的观点出发，熵变大，表示分子运动的混乱程度增加。从热力学第二定律可知，在孤立或绝热体系中发生的任何变化或化学反应，总是向着熵值趋大的方向进行。

烧焦 coke-burning 除去催化剂上和加热炉管内积炭的方法。在催化裂化装置中烧焦在再生器中进行。烧焦用风引入再生器，烧掉催化剂表面上的积炭，恢复催化剂的活性。炉管烧焦则是向被加热的高温炉管内通入适量空气以燃烧管内积炭，并适时导入防护蒸汽，达到保护炉管和清除积炭的目的。

生成热 heat of formation 在一定温度和压力下，由最稳定的单质生成1mol纯物质的热效应。因为此反应热等于该过程体系焓的增量，故也称生成焓。标准状态下(单质与生成的纯物质皆处于标准状态)亦即25℃和一个大气压下的生成热称为标准生成热，单位kJ/mol。

生石油焦 raw petroleum coke 石油原料用焦化方法进行深度裂解所得的残余物，是一种多孔性的焦炭物质，又称原焦。其成分中约85%为炭，其余为少量的挥发分和水。根据焦化的原料不同，可得海绵状焦、蜂窝状焦、弹丸焦及针状焦等不同结构的焦炭。石油焦可用来制造电极或用作燃料。

失活 deactivation 通指催化剂活性的下降或丧失。催化剂失活有各种原因，如表面积炭、中毒、结构破坏、活性金属晶粒聚集等。

石脑油馏分 naphtha fraction 见257页"馏分油"。

石脑油平衡 naphtha balance 指总工艺加工流程中对石脑油馏分的统筹安排、优化。

石油产品 petroleum products 指以石油为原料生产的烃类产品，一般包括石油燃料、石油溶剂与化工原料、润滑剂、石蜡、石油沥青、石油焦等六类。

石油炼制 petroleum refining 以原油为原料采用物理分离和/或化学反应方法得到各种石油燃料、润滑油、石油蜡、石油沥青、石油焦等各种石油产品和石油化工基本原料的生产过程。

石油燃料 petroleum-based fuels 指用于燃烧的石油产品，主要包括汽油、煤油、柴油、液化气、燃料油等。

石油溶剂 petroleum solvent 指对某些物质起溶解、稀释、洗涤和抽提等作用的轻质石油产品。主要成分为烷烃、环烷烃，不含任何添加剂。

石油树脂 petroleum resin 在烃类裂解制烯烃过程中，得到一些含有大量不饱和烃类的液体副产物。在催化剂作用下，这些不饱和烃类可以聚合(或共聚)成软化点不同的树脂性产品，即石油树脂。一般，这些树脂聚合度不高，颜色较深，具有良好的电学性质和防水性，也容易与其他树脂混溶。通常，低软化点树脂用作天然橡胶或合成橡胶的增塑剂、黏合剂；软化点稍高的树脂用于涂料、印刷油墨、纸张等用胶料。

塑性流 plastic flow 非牛顿型流体的一种流型。当流体受到外力作用时并不立即流动而当剪应力超过一定值(屈服值)后，流体静止时的三维结构被破坏，于是呈现出与牛顿流体一样的行为，开始流动且具有一定黏度。具有此类流型的流体称为塑性流体，又称宾汉流体。塑性流体的最明显特性是，可随作用力(如剪切力)的施加而产生变形，当外力撤除后并不恢复原型。如润滑脂、油漆、含蜡沥青等属于塑性流体。

塑性屈服值 plastic yield point value 使塑性流体出现层流流动时而必须施加的最小剪切应力，又称塑流值。

酸 acid 在水溶液中可电离产生 H^+ 的化合物。其水溶液有酸味，可使一些指示剂变色。能和碱进行中和反应，生成盐和水；与某些金属反应生成氢和盐。大致分为强酸(如硫酸等)、弱酸(如乙酸等)；含氧酸(如硝酸等)、无氧酸(如盐酸等)；有机酸(如羧酸等)、无机酸(如硫酸等)。

酸酐 acid anhydride 由含氧酸缩水而生成的氧化物或化合物。如与水作用可复原成酸。根据酸的性质，酸酐可分为无机酸酸酐和有机酸酸酐。

酸碱平衡 acid-alkali balance 双功能催化剂中的酸性组分与碱性组分之间的平衡。其酸性活性中心(如重整催化剂担体氧化铝)与碱性活性中心(金属)之间的平衡是双功能催化剂形成催化作用的基础，只有两者在平衡状态下才能获得最佳的效应。因此，持续保持其酸碱平衡，对于双功能催化剂而言是重要的。

酸碱洗涤 acid-alkali washing 又称酸碱处理或酸碱精制。是用硫酸与碱液精制油品的方法。油品先用浓硫酸处理，分离酸渣后再用碱液中和油品中的残酸并进一步脱出硫醇类物质。该方法的缺点是产生大量难以利用和处理的酸渣。

酸性组分 acid constituent 双功能催化剂中起酸性功能作用的组分，亦是酸性活性组分。

缩合反应 condensation reaction 在加热或催化剂存在下，两个或两个以上的有机化合物分子释放出水、氨、氯化氢等简单分子并生成一个较大分子的反应。缩合反应可以是分子间的，也可以是分子内的(如在多官能团化合物的分子内部)。此外，两个有机化合物分子互相作用生成一个较大分子，但并不放出简单分子，也可称之为缩合反应。

缩聚 polycondensation 含有两个或两个以上官能团的单体经多次缩合生成聚合物的过程，同时析出低分子副产物，如水、氯化氢等。是生产聚酰胺、聚酯、聚氨酯、环氧树脂等合成树脂和合成纤维的基本反应。通常，依据参与反应的单体原料，有均缩聚、混缩聚和共缩聚之分。

塔板 plate 板式塔内的主要结构部件，又称塔盘。其作用是在塔内提供气液两相充分接触以进行传热传质。过程工业常用的塔板，按气液接触方式分，有鼓泡型和喷射型塔板；按塔板结构分，有溢流型和无溢流型(穿流式塔板)塔板；按气液流动方式分，有逆流型、错流型和并流型塔板。

碳化 carbonization 又称干馏。将固体燃料，如煤、油母页岩等，在隔绝空气下，通过加热使其分解为气体、液体和残余固体产物的过程。炼油中的焦化工艺实际上也是碳化过程。

碳氢比 carbon hydrogen ratio; CH ratio 烃类产品的碳和氢的质量之比，是表征石油产品性质的重要因数，用于计算重油的热值。显然，重质油的碳氢比要大于轻质油。重油加工的过程，不论是加氢还是脱碳(焦化)，都是要通过改变进料的碳氢比达到提高轻质油收率的目的。

特性因数 *K* characterization factor *K* 又称 *K* 值，表示石油及石油馏分组成的一个指数。在评价原料的质量时被普遍采用。该因数由油品的相对密度和平均沸点(一般用中平均沸点)计算得到，也可以从计算特性因数的诺谟图查出。其计算式为 $K=1.216T^{\frac{1}{3}}d_{15.6}^{15.6}$；式中：$T$ 为沸点，单位为 K；$d_{15.6}^{15.6}$ 为相对密度。特性因数可以说明原料石蜡烃的含量。*K* 值高，原料的石蜡烃含量高；*K* 值低，原料的石蜡烃含量低。但在芳烃和环烷烃之间则难以准确表达其特性。烷烃 *K* 值的平均值约为 13，环烷烃约为 11.5，芳烃约为 10.5。就原油而言，特性因数 *K* 大于 12.1 为石蜡基原油，*K* 值 11.5~12.1 为中间基原油，*K* 值 10.5~11.5 为环烷基原油。原料特性因数亦能说明原料的生焦倾向和裂化性能。原料的 *K* 值高，裂化性能好，而且生焦倾向也小；反之，就难以进行裂化反应，而且生焦倾向也大。

提升管裂化 riser cracking 是为适应分子筛裂化催化剂而开发的

一项技术。由于分子筛催化剂具有很高的活性，在反应过程中，容易引起二次反应。而提升管反应器是一个直立圆管，进料在下端与高温再生催化剂混合并油气化，呈稀相以接近活塞流方式高速向上流动(可达20m/s)，同时进行催化裂化反应，反应后油气与催化剂在出口快速分离。由于管内流速高，催化剂与油气接触时间短(1~4s)，因而很少返混，降低了二次反应的可能性。克服了流化床反应器返混现象严重，易引起二次反应的缺点。因此提升管催化裂化轻质油收率高，生焦率低，油品安定性好，生产能力高，灵活性大。

填料 packing 在填料塔中，用来提供充分气液接触面积的、具有各种形状和由不同材质(如陶瓷、金属等)制得的填充料。大体分为无规则填料(或乱堆填料)及规则填料(或规整填料)。前者如拉西环、鲍尔环等，后者如波纹板型、栅格型、蜂窝型规整填料等。在填料装填方法上，根据填料不同有散装(乱堆)和砌装区别。填料的突出优点是压降小，操作弹性接近于浮阀塔盘。

调和 blending 两种以上的物料或组分混合、搅动的过程，如油品组分加入添加剂或不同汽油组分或不同柴油组分调和等，以制备符合某种要求的油品。调和是油品生产的重要工序，大多油品都经调和后才能出厂。调和有两种方式，即间歇式罐式调和和管道式连续调和。

调和剂 blending agent 为改善油品使用性能而加入的各种有机添加物，如烷基化油、MTBE、甲苯、苯等有机化合物。炼油厂习惯上把加入汽油的高辛烷值组分称为调和剂或调和物。

调和油品 blending oil 用炼油厂生产的馏分油，辅以一些添加剂，调和成符合客户(市场)要求的汽油、煤油、柴油，以达到最大程度降低成本、节约石油资源的目的。

脱氮 denitrogenation; denitrification 加氢精制反应过程中，在催化剂作用下，油品中含氮氧化物转化为氨除去，以改善油品的颜色和稳定性或降低燃料油燃烧时的氮氧化物的排放量。反应过程中，脱氮和脱硫往往同时进行，所用催化剂兼具脱氮脱硫的能力。

脱附 desorption 通过采用加热、降压、吹扫等方法使被吸附的物质脱离吸附剂表面的过程，是吸附的逆过程。工业上吸附与脱附往往联合使用，既可获得纯净的气体或溶质，也可使脱后的吸附剂循环使用。

脱蜡 dewaxing 脱除油品中低温时析出的高凝点组分，即石蜡或微晶蜡的过程，以降低油品的凝点或倾点，保持良好的低温流动性，同时获得石油蜡产品。脱蜡是生产润滑油、变压器油以及低凝点柴油等必不可少的过程。常用的脱蜡方法大致有结晶脱蜡(如溶剂脱蜡和冷榨脱蜡)、尿素脱蜡、分子筛脱蜡和微生物脱蜡四类。其中，溶剂脱蜡可用于处理各种润滑油馏分。其他方法可用于处理柴油及一些轻质润滑油。

脱硫 desulphurization 脱除石油液化气及馏分油或渣油中所含硫的化合物，如硫化氢、硫醇、噻吩等的过程，以改善油品气味，减小油品的腐蚀性或减少燃烧时对空气的污染。炼油厂常用醇胺法脱除硫化氢；用催化氧化法，即抽提氧化法脱除硫醇，去除臭味；用加氢脱硫方法脱除有机硫化物。

脱水 dehydration 从物质中除去水分的过程。通常，炼油厂原油脱水都采用电化学法，即利用外加电场的作用使分散的小水滴聚集成大液滴沉淀析出，并同时有脱盐功效。天然气等含少量水分的气体可采用压缩、冷却、吸收和吸附等方法脱出水分，如采用硅胶、分子筛等固体吸附剂等。

脱吸 desorption 吸收的逆过程，又称解吸或提馏。将吸收剂吸收的溶质或气体通过采用加热、精馏、汽提、减压闪蒸等方法释放出来。工业上吸收与脱吸往往联合使用，既可获得纯净的气体或溶质，也可使脱后的吸收剂循环使用。

脱吸因数 desorption factor 吸收因数的倒数，为一个无因次数群。在脱吸的操作条件下，脱吸因数等于某组分的气液平衡常数 m 与液气比 L/G 的倒数的乘积，即 $m \cdot G/L$。脱吸因数越大，则吸收的组分也越易解吸。这是因为脱吸因数与气液平衡常数成正比。

脱盐 desalting 从原油中脱出盐类的过程。通常，原油都含有各种盐类物质，如氯化钠、氯化镁、氯化钙、碳酸盐、硫酸盐等。在石油加工过程中，这些盐类有的分解成酸导致设备腐蚀，有的会析出堵塞设备、管道甚至影响传热。因此在加工前需要脱出这些盐类。炼油厂通常采用电脱盐和电化学脱盐方法，在脱水同时脱盐。

万元工业总产值综合能耗 comprehensive energy consumption of the ten thousand yuan industrial output value 指企业每万元工业增加值所消耗的能源量(吨标准煤/万元)。

尾气 tail gas 泛指通过反应或燃烧过程排放出的气体或废气。如加氢尾气、脱硫尾气、发动机排气、锅炉烟气等。尾气大都含有有害物质，如硫化氢、硫氧化物、氮氧化物、二氧化碳等，需经处理达标后才能排入大气。

尾油 tail oil 泛指蒸馏的残留油，含杂质较多，多作燃料油用。有时也将其他加工过程的剩余油称为尾油，如加氢裂化尾油等。

稳定 stabilization 通过分馏脱除原油或汽油中所含的气体烃类，以使在输送或储存时减少挥发性损失。用于稳定作用的塔称为稳定塔。

稳定操作区域图 stable operating area chart 用来表示各种结构形式的分馏塔板稳定操作区的性能图。由漏液线(气相负荷下限)、雾沫夹带线(气相负荷上限)、液相负荷下限线、气泡夹带线(液相负荷上限)及液泛线构成。各曲线围成的区域即为该塔板稳定操作区。若塔板上气、液负荷配合得当，操作点落在图上表达的稳定操作区内，塔就可以正常操作。否则操作就属于不正常，分馏效率下降，甚至可能完全不能工作。以上各曲线的形状和相对位置与塔板的形式、构造及操作条件等有关。

稳定性 stability 石油产品的重要指标之一。通常指石油产品在长期储存或受外界环境影响时质量不发生变化的性能。一般包括化学稳定性、氧化安定性、颜色稳定性、胶质稳定性等。

物理吸附 physical adsorption 在固体表面，以分子间力相互作用而产生的吸附现象。由于它是分子间的吸力所引起的吸附，所以结合力较弱，吸附热较小，吸附和解吸速度也都较快。被吸附物质也较容易解吸出来，而不改变其原有的性状，如活性炭对气体吸附。因此，物理吸附是可逆的。物理吸附在化学工业、石油加工工业、医药工业、环境保护等部门和领域都有广泛的应用，例如从气体和液体介质中回收有用物质或去除杂质、气体或液体干燥、油的脱色等。物理吸附是多相催化反应的必要条件。并且可以利用其原理来测定催化剂的表面积和孔结构，这对于制备优良催化剂，比较催化活性，改进反应物和产物的扩散条件，选择催化剂的载体以及催化剂的再生等都有重要作用。

物料平衡 material balance 指产品或物料的理论产量或用量之间的比较，可允许有正常的偏差。在石油化工过程中，根据质量守恒定律，来确定原料和产品间的定量关系，从而可以计算出某个单元或全厂的原料和辅助材料的用量、各种中间产品、副产品、产品的产量和规格以及三废的排放量。

吸附 adsorption 气体或溶液混合物中的某些组分在固体或液体相界面上被吸着、浓集的现象。分物理吸附和化学吸附两类。物理吸附主要是分子间引力起作用，吸附热较小，吸附组分很容易(如升高温度)从界面脱出，但组分性质不变。因而，物理吸附是可逆的。化学吸附是以类似于化学键力起作用，吸引力较强，吸附热较大，吸附组分很难(如需要温度更高)从界面脱出，且组分性质也发生化学变化。因而，化学吸附大多是不可逆的。吸附在炼油厂往往用于气体净化、产品精制以及烷烃分离等。

吸附剂 adsorbent 具有吸附作用的固体物质。通常是要求具有大面积内表面和选择性吸附能力的多孔性固体，如活性炭、分子筛、活性白土等。

吸热反应 endothermic reaction 反应过程中吸收热量的化学反应。反之为放热反应。如炼油厂的裂化、重整等反应均为吸热反应。

吸收剂 absorbent 见61页“吸收”。

吸收率 absorption rate 吸收过程中，某气体组分的实际浓度变化与理论上(吸收在一有无限层塔板的塔中进行，此时其出塔贫气与进塔贫液处于平衡)最大可能的浓度变化的比值。表示为 Φ(吸收率)=[y(进气某组分浓度)$-y_1$(出气某组分浓度)]/[$y-y_0$(出气与进塔贫液处于平衡状态下的理论浓度)]，说明该组分被吸收的程度。

吸收能力 absorbing capacity 又称吸收容量。在操作条件下，单位体积或单位质量的吸收剂吸收气体的体积或质量数。

吸收热 absorption heat 吸收过程放出的热量。通常，气体吸收为放热反应，热量大小与吸收剂和被吸收气体的性质有关。放热会导致吸收剂温度升高，从而影响吸收效果。工程上，常以安装冷却盘管或塔外冷却器的方式取走热量。

吸收因子 absorption factor 又称吸收因数。表示吸收剂吸收混合气体中不同组分的难易程度，为一无因次数群。以在操作条件下的液气比 L/V 与某组分气液平衡常数 K 倒数的乘积(L/KV)来表示。可见吸收因子与液气比、操作温度和操作压力相关。在一特定塔内，某一组分的吸收因子越大，则该组分被吸收的量越多。

稀相 dilute phase 在流化床床层界面之上的区域，又称为稀相层、稀相段。该区域空隙率高，催化剂密度低。在催化裂化装置的反应器和再生器的稀相段内，催化剂密度通常小于100kg/m^2。

纤维级 fiber grade 合成材料的质量级别，属合成材料的最高等级。其含义指分子结构整齐，等规度高，灰分及杂质少，可用来抽丝和纺织的合成材料。

相 phase 又称物相。指在物系中具有相同性质(包括物理性质和化学性质)的任一均匀部分。相既可是单一物质，也可是混合物。一个物系可以由单相组成，也可以由多相组成。在一定条件下，相与相之间有明显的界面，而且可用机械的方法将其分开。如在气液平衡系统中，组分蒸气为气相，液体为液相。又如在溶剂抽提过程中，存在互不相溶的两个液体相，分别称之为抽出相和抽余相。在水、冰、蒸汽共存时，则形成气、液、固三相。

相图 phase diagram 用来描述和表达多相系统状态和系统中相平衡与外界条件或系统组成的关系图，又称状态图。如在蒸馏过程中描述气液两相间平衡关系，溶剂抽提过程中描述液液两相间平衡关系等所用的相图。

辛烷值分布 octane distribution 指汽油馏分间的辛烷值分布情况。通常，车用汽油馏分间的辛烷值前后不同，但不能相差太大，以避免引起汽车的瞬间爆震。一般用100℃以前馏分的辛烷值与全馏分辛烷值的差值 ΔR 表示辛烷值分布。ΔR 值越小，表示辛烷值分布越好。

辛烷值要求 octane number requirement 主要指汽油发动机对车用汽油辛烷值的要求。汽油发动机要求的辛烷值与汽车设计的压缩比有关。提高汽油发动机压缩比，不仅可以提高发动机的热效率从而提高发动机的输出功率，而且还可以提高燃油利用率和降低排气温度。但是，发动机压缩比的提高，必须与汽油辛烷值相适应，以防止因提高发动机压缩比而产生爆震燃烧的现象。压缩比大的汽油机应该选用抗爆性好的高辛烷值汽油。这样，不仅能充分发挥发动机的功能和燃料的经济性，而且不会产生爆震现象。

选择性 selectivity 工艺过程中某种催化剂、溶剂或特定的工艺条件使得反应或加工过程向人们所希望的方向进行的特性。利用选择性是石油加工的主要方法之一。如选择性加氢、选择性裂化、选择性溶剂抽提等。

烟点 smoke point 又称无烟火焰高度。灯用煤油和喷气燃料在规定试验条件下燃烧时生成无烟火焰的最大高度，超过这个高度就会产生黑烟。烟点是煤油类产品的一项重要指标，无烟火焰的高度值大，表明芳烃含量低，燃烧的清净性好。其单位以 mm 表示，一般值在 22~28mm，是控制航空煤油积炭性能的规格指标。

衍生物 derivative 化合物分子中的原子或原子团被另外的原子或原子团所置换而衍生出来的产物。如甲醇、甲醛是甲烷的衍生物。

氧化安定性 oxidation stability 又称热氧化安定性，是指石油产品抵抗氧和热的作用而保持其性质不发生永久变化的能力。一般通过油品的黏度增长、酸值、胶质、颜色及沉淀生成等指标进行评价。

液泛点 flooding point 又称液泛极限。在分馏塔设计中，液泛点是确定空塔最大气速的极限。其值为塔板降液管中清液高度等于 1/2 板间距时的空塔气速。

一次加工装置 primary processing unit 指炼油厂原油分馏装置，如常压蒸馏或常减压蒸馏装置。

异构化 isomerization 在一定的反应条件和催化剂作用下，有机化合物分子结构重新排成相应异构体，而不改变其组成和相对分子质量的过程。在石油炼制工艺中，正丁烷通过异构化过程制得异丁烷，作为烷基化原料；以 C_5/C_6 烷烃为原料通过异构化生产高辛烷值汽油组分，是炼油厂提高轻质馏分油辛烷值的重要方法。

㶲 exergy 工质的一个热力学状态参数，用以评价能量品位，由热力学第一定律和第二定律导得，又称有效能或可用能。表示稳定流动的工质在所处状态下相对于环境状态所具有的做功能力。㶲的大小是衡量能量做功能力的统一尺度，㶲值越大，能量可转变为有用功也越多。可以揭示工质在有损失的状态变化过程中有用功的损失，由此可以明了改进热动力设备经济性的关键。

㶲分析法 exergy analysis 又称热力学第二定律分析法，即利用㶲的概念来评价能量品位和能量转换效率。可以暴露装置及系统中㶲损率最大的薄弱环节，从而为改善装置及系统的能量消耗提供对策依据。现在，该分析法已广泛应用于能源利用、化工、动力、冶金等国民经济各个部门。

油品改质 oil modification; oil upgrading 为提高油品质量以达到更高产品质量要求所采取的工艺过程。如催化重整、柴油加氢改质、氧化沥青等。

油品精制 oil finishing 为脱除油品中的杂质以达到规定产品质量要求所采取的工艺过程。如煤柴油加氢精制、溶剂精制、白土精制等。

原油分馏装置 crude oil fractionation unit 指原油加工的第一步——原油蒸馏装置，利用不同组分的沸点不同，将原油分馏为多种馏分油和渣油(常渣、减渣)。原油分馏装置一般都有原油脱盐、脱水设施。

原油加工流程 crude oil processing flow 指炼油厂石油加工工艺流程。原油加工流程的设计，应站在行业发展和炼油厂全局的高度，以系统工程的研究方法，统筹考虑装置及系统的配置，确定最适合的工艺技术方案，以优化物料和能量利用。总工艺加工流程的制定不仅要使炼油厂灵活适应加工原油性质一定范围内的变化，而且应能够合理利用有限的原油资源，提供更多的清洁化产品，并实现清洁化生产。

原油配置 crude configuration 指为了满足企业对加工原油性质的限制要求、生产出更多符合市场需要的石化产品，对原油资源进行最优组合，从而把有限的资源分配给生产效率最高的企业的活动。

原油评价数据 crude oil evaluation data 指利用科学的分析方法得

到的原油性质数据，是准确认识和合理加工原油的基础。

原油一般性质 general properties of crude oil 指原油的综合性质。内容包含原油的物理性质和化学性质两个方面，物理性质包括颜色、密度、黏度、凝点等；化学性质包括化学组成、组分组成和杂质含量等。

渣油加工工艺 residue processing 指常压渣油、减压渣油的加工工艺，包括焦化、溶剂脱沥青、加氢裂化、催化裂化、加氢处理等。

渣油平衡 residue balance 指总工艺加工流程中对重油馏分(减压渣油、常压渣油)的统筹安排、优化。

真空蒸馏 vacuum distillation 又称减压蒸馏，在低于大气压力下进行的蒸馏过程。通常，液体的沸点是其蒸气压与外界压力相等时的温度，因此液体的沸点是随外界压力的变化而变化的。如果设法降低系统内的压力，就可以降低液体的沸点，蒸出重质馏分。减压蒸馏是分离、提纯有机化合物的常用方法之一。它特别适用于那些在常压蒸馏时未达沸点即已受热分解、氧化或聚合的物质。如常压蒸馏后剩下的重油中，各种成分的沸点很高。通过采用减压蒸馏，降低分馏塔内的压强，使重油在较低沸点沸腾，从常压重油中分馏出重质馏分油，作为润滑油原料或裂化原料。在炼油厂，为了得到优良的润滑油料，通常减压塔都采用高真空度。

蒸馏曲线 distillation curve 分别以馏出温度和馏出百分数为纵、横坐标，以油品蒸馏试验得到的馏分数据为依据做出的曲线。原油或馏分油的实沸点蒸馏曲线、恩氏蒸馏曲线和平衡汽化曲线是炼油厂科研、设计及蒸馏计算的基本工具。

蒸气分压 partial vapor pressure 在多组分的气液平衡系统中，混合蒸气中每一组分蒸气的压力，称为该组分气体的蒸气分压。混合蒸气的总压力则等于混合气体中各组分气体的分压之和。这实际上是道尔顿分压定律所表达的关系。而混合气体的任一组分分压亦等于总压力乘以该组分的体积(或摩尔)分数。

蒸气负荷 vapor load 通过塔板的蒸气体积流量(m^3/h 或m^3/s)，又称气相负荷，以空塔气速(m/s)表示。通常用来估算塔径，也是表示塔板流体力学状态和操作稳定性的基本参数之一。

脂 fat 动、植物油的统称，又称脂肪或油脂。属于脂肪酸和甘油的化合物。一般，液态的脂称为油；固态的脂称为脂。总体上有饱和与不饱和油脂之分。液态油类根据在空气中可否干燥，又分为干性油、半干性油和非干性油。工业上常用于制造润滑剂、润滑脂、乳化剂等。

重质油 heavy oil 一般指天然重质原油(见原油)或常规原油中脱

出轻质馏分油，即脱出汽油、煤油、柴油及蜡油馏分之后的重质馏分油和减压塔底油，合称为重质油。一般用作润滑油原料、裂化、焦化和汽化原料以及锅炉燃料。

重质油轻质化装置 heavy oil upgrade unit 指为了提高轻质油品收率，将重质油馏分部分或全部转化为轻质油的装置。这类装置主要有催化裂化、加氢裂化、焦化、减黏裂化等装置。

转化率 conversion rate 评价反应深度的一个综合指标。通常认为在全部反应产物中，与原料油馏程相同的部分产物未参加反应，而除此之外的其余产物则是由反应转化所得。将反应转化所得产物与原料油之比，称之为转化率。如催化裂化反应的转化率是指包括气体、汽油和焦炭的总和，亦即转化率＝(气体+汽油+焦炭)/原料油×100%(质量)。

自燃点 spontaneous ignition temperature 在规定的条件下，可燃物质受热，无需外界引火点燃即产生自燃并持续燃烧的最低温度称为该物质的自燃点。通常，油品越轻，自燃点越高，而闪点和燃点则越低；反之，油品重，则自燃点低，而闪点和燃点高。

总工艺加工流程 overall process flow 见272页“原油加工流程”。

总氢耗量 total hydrogen consumption消耗在加氢过程中的氢气总量，等于化学氢耗量、溶解氢量和漏损氢量之和。

总液收率 total liquid recovery 石油炼制过程中液体产物的总收率，以体积分数或质量分数表示。是一项衡量炼油厂二次加工过程的重要技术经济指标。

总有机碳 total organic carbon (TOC)工厂排水中溶解性和悬浮性有机物碳的总含量。水中有机物的种类很多，可简单用TOC表示。TOC是一项快速检定的综合指标，它以碳的数量代表水中所含有机物的总量。但由于它不能反映水中有机物的种类和组成，因而不能反映总量相同，但来源不同的有机碳所造成的不同的污染后果。由于TOC的测定采用燃烧法，因此能将有机物全部氧化，比BOD_5或COD更能直接表示有机物的总量。通常，TOC是评价水体有机物污染程度的重要依据。

阻聚剂 polymerization inhibitor 能使易聚合物质(如烯烃类)单体的自由基聚合反应终止的物质。为了避免烯烃类单体在储藏、运输等过程中发生聚合，单体中往往加入少量阻聚剂，在使用前再将它除去。一般阻聚剂为固体物质，挥发性小，在蒸馏单体时即可将它除去。

组合工艺 composite process 根据原油的性质、目标产品、质量要求及技术经济性，选择两种或两种以上最适合的馏分油加工工艺技术进行优化组合而形成的生产方案。

3 三剂

3.1 燃料用添加剂

2,6-二叔丁基对甲酚 2,6-ditertbutyl-*p*-cresol(DBPC)润滑剂和燃料的抗氧剂，产品为白色结晶，遇光颜色变黄逐渐变深，相对密度0.8937，熔点71℃，沸点265℃，闪点135℃，黏度3.47mPa·s(80℃)，折射率1.4859(75℃)。以对甲酚、异丁烯为原料，用浓硫酸为催化剂，经烷基化反应而得。溶于矿物油、合成油和石油醚，不溶于水。广泛应用于工业润滑油、润滑脂和燃料中，还可作塑料的防老剂。一般不单独使用，常与金属减活剂或金属钝化剂复合使用。一般用量为0.002%~1.0%(质量)。

2-乙基己基硝酸酯 2-ethylhexyl nitrate 柴油十六烷值改进剂，产品为无色到浅黄色液体，相对密度0.9637(20℃)，闪点80℃。易于分解产生自由基，加快柴油燃烧速度，促进柴油的快速氧化。以2-乙基己醇为原料，通过硝化制得。在柴油中加入0.1%(质量)能提高4~6个单位十六烷值。对各种柴油都具有很好的适应性和明显的效果。

抗泡剂 antifoam agent; antifoaming additive 抑制或消除油品在使用过程中起泡倾向的化学品。抗泡剂分两类：(1)硅油，又称硅酮，用量10~20μg/g；(2)非硅抗泡剂，用量50~200μg/g，主要是丙烯酸酯(或甲基丙烯酸酯)与不饱和醚类或酯类的共聚物。此外还有聚乙二醇醚、聚丁二醇醚、脂肪醇及烷基磷酸酯等。

抗氧剂 antioxidant; antioxidation additive 能提高油品的抗氧化性能和延长其使用或储存寿命的化学品。抗氧剂又称氧化抑制剂(oxidation inhibitor)。油品在使用过程中，由于受光、热及氧等因素和金属的催化作用下会加速氧化，产生自由基和过氧化自由基，进一步连锁反应，生成酮、醛和有机酸等中间产物，最后进行缩合反应生成油泥和漆膜。抗氧剂分为自由基终止剂(称为主抗氧剂)和过氧化物分解剂(称为副抗氧剂)。广泛应用于润滑剂和燃料中。主要抗氧剂类型有二芳基仲胺类、二氢化喹啉类、酚类、酚酯类以及含硫化合物、有机铜化合物和二烷基二硫代磷酸盐等。受阻酚类抗氧剂有：2,6-二叔丁基对甲酚及其衍生物。芳香胺类抗氧剂有：二苯胺、对苯二胺及其衍生物。

防锈剂 antirusting agent 一种可增强油品抵抗空气中氧、水分侵蚀金属表面的化合物。它是一种表面活性剂，其中的极性基团会在金属表面吸附形成保护膜，从而阻止腐蚀介质与金属接触，同时其还会对水及其他腐蚀性物质有增溶作用，从而消除腐蚀性物质对金属的侵蚀。常见品种有烷基磺酸盐、羧酸及羧酸盐、山梨醣醇脂肪酸酯、有机胺和咪唑啉等。

抗静电剂 antistatic agent 能防止燃油在运输或装卸等过程中产生静电的化合物。燃油快速流动，会导致大量静电荷聚积，产生不安全因素。抗静电剂可以提高燃油的电导率，把大量的电荷通过接地方式进行释放。抗静电剂是由含氮、含硫高分子化合物混配而成，易溶于燃油中。推荐加剂量一般为 1～10μg/g。

十六烷值改进剂 cetane number improver; cetane number booster 能提高柴油的十六烷值，改善柴油的着火性能的化学品。十六烷值改进剂一般为硝酸烷基酯，也有使用过氧化物。2-乙基己基硝酸酯是常用的十六烷值改进剂，在该分子中 $RO-NO_2$ 链很容易断裂，提高柴油在燃烧过程中的链引发速率，促进柴油的快速氧化，改善其着火特性。加入 0.1%(质量)能提高十六烷值 4～6 个点。推荐加剂量 0.05%～0.15%(质量)。

防冰剂 anti-icing additive 能防止燃料中微量溶解水在低温下析出冰晶的化学品。防冰剂有两种类型：一是冰点降低型，主要是使溶于燃料中微量水的冰点降低；二是表面活性型，主要是在金属表面形成憎水性吸附膜，阻止水滴和冰晶附着在金属表面。冰点降低型有乙醇、乙二醇、异丙醇等；表面活性型有酸式磷酸酯胺盐、烷基胺、脂肪酰胺、有机酯、链烯基琥珀亚酰等。加入量因燃油的性能而异，一般在 10～50μg/g。商品防冰剂 T1301 是无色透明液体，由甲醇与环氧乙烷在三氯化硼催化作用下制得。

破乳剂 demulsifying agent; demulsifier 又称抗乳化剂，是一类能破坏乳状液稳定性、使分散相聚集分离出来的化合物。它属于表面活性剂，其分子是由在原油中可溶的亲油基团和在水中可溶的亲水基团组成。按分子结构，可分为离子型和非离子型两类；按溶解性能，可分为水溶性和油溶性两类。应用最多的破乳剂是非离子型表面活性剂，其破乳效果很好。

柴油流动性改进剂 diesel flow improver 用于改善石油产品尤其是柴油的低温流动性能的化合物，可以和柴油中蜡分子发生共晶或者吸附作用，改善柴油的低温流动性能，降低柴油的凝点及冷滤点。常用的化合物有：乙烯与乙酸乙烯酯共聚物、乙烯与丙烯酸酯共聚物、烯基丁二酰胺酸等。

柴油润滑性添加剂 diesel lubricity additive 柴油脱硫度超过一定程度，含在柴油中的多环芳烃被裂解，因而导致柴油润滑性能降低。柴油润滑性添加剂是含有各种界面活性的化合物，对金属表面具有亲和性，在金属表面形成界面膜可以防止金属间相互接触，在轻度乃至中等负荷条件下防止磨损。主要有脂肪酸及其酯或胺盐。加入量一般在20~200μg/g范围内。

乙二醇单甲醚 ethylene glycol monomethyl ether（EGME）分子式$C_3H_8O_2$，相对分子质量76.09，无色液体，略有气味，蒸气压0.83kPa(20℃)，闪点39℃，沸点124.5℃，与水混溶，可混溶于醇、酮、烃类，相对密度(水=1)0.97(20/4℃)，相对密度(空气=1)2.62，属于易燃液体。主要用在喷气燃料中作防冰剂。

自由基反应终止剂 free radical reaction terminator 一类抗氧剂，可以终止燃油中自由基活性的化合物。在燃油中阻止链式反应进行。常见化合物有：2,6-二叔丁基对甲酚及其衍生物，二苯胺、对苯二胺及其衍生物。一般加入量20~200μg/g。

车用燃料用分散剂 vehicle fuel dispersants 应用于汽油或柴油中的一种表面活性剂，可将在汽油或柴油中已形成的沉积物微小颗粒包裹起来，形成油溶性胶束，分散到油中，随油燃烧，达到清洁的目的。产品主要有聚异丁烯琥珀酰亚胺、Mannich碱类以及聚醚胺类等。

金属钝化剂 metal deactivator 又称金属减活剂。在油品调和过程中能抑制活性金属离子(铜、铁、镍、锰等)对油品氧化的催化作用的物质。因油品中所含微量酸性杂质组分，在炼制、储运和使用过程中与机械设备中的铜金属接触，反应生成可溶性的微量的铜化合物。这些油溶性的铜化合物可发生催化氧化反应，导致油品质量下降。金属钝化剂的作用机理是将柴油中的铜化合物转化为螯合物，使其不具有催化活性。常与抗氧剂复合使用于汽油、喷气燃料、柴油等轻质燃料中，可提高油品的安定性，延长储存期。常用的金属钝化剂有*N*,*N*′-二亚水杨基丙二胺。

***N*,*N*′-二亚水杨基-1,2-丙二胺** *N*,*N*′-dis(salicylidene)-1,2-propanediamine 又名*N*,*N*′-双水杨醛缩-1,2-丙二胺，是常用的燃料金属钝化剂。产品的相对分子质量282.34，熔点48℃，沸点499.3℃，闪点186.4℃。以水杨醛和丙二胺为原料，经缩合反应及精制后处理而制得。具有良好的油溶性，能与活泼金属离子形成螯合物，降低金属离子活性，抑制金属离子对油品氧化的催化作用。

乙烯-乙酸乙烯酯聚合物 ethylene vinyl acetate copolymer (EVA)又称乙烯-醋酸乙烯酯共聚物，是由乙烯(E)和乙酸乙烯酯(VA)共聚而制成。其中乙酸乙烯酯含量30%~40%(质量)，相对分子质量1000~2000。主要用作柴油流动性改进剂，可以和柴油中蜡分子发生共晶或者吸附作用，降低柴油的凝点及冷滤点，改善柴油的低温流动性能。

抗爆剂/辛烷值改进剂 antiknock additive; octane number improver能提高汽油辛烷值的化合物，防止汽油在汽油机内发生爆震现象的添加剂。金属类抗爆剂常见的有四乙基铅、二茂铁、甲基环戊二烯三羰基锰等。这些化合物在发动机内部会产生金属沉积物，导致气缸磨损、火花塞点火不良等严重故障，所以目前已被禁止或限制使用。其中四乙基铅和二茂铁为国标明确禁止，锰系抗爆剂被限制使用。非金属抗爆剂主要有醇类、醚类、胺类等化合物。

烷基铅抗爆剂 alkyl lead antiknock additive常用的品种有四乙基铅或四甲基铅，也有采用两者的混合物。因其易挥发，易毒害人畜，不少国家已停止使用。有些国家虽仍在使用，但严格控制其用量。例如，航空汽油中四乙基铅不得超过3.3g/kg。

甲基环戊二烯三羰基锰 methyl cyclopentadienyl manganese tricarbonyl(MMT)是一种有机锰汽油抗爆剂。分子式$C_9H_7MnO_3$，相对分子质量218.09，熔点-1℃，沸点232~233℃，密度1.38 g/mL(25℃)。遇光易分解。在燃烧条件下分解为活性氧化锰，可以降低汽油中过氧化物浓度，提高抗爆性。在汽油中加入锰含量不超过18mg/L,可提高辛烷值2~3个单位。由于该化合物中含有金属，在汽油中其加入量受到严格限制。

甲基叔丁基醚 methyl tertiary-butyl ether(MTBE)是汽油的辛烷值改进剂，产品为无色透明、低黏度液体，含氧量为18.2%。以异丁烯和甲醇为原料制得。分子式$C_5H_{12}O$，相对分子质量88.15。研究法辛烷值117，马达法辛烷值101。雷德蒸气压为55kPa(38℃)。1979年意大利首先工业化合成MTBE以来，由于其可提高无铅汽油的氧含量，使汽油燃烧更充分，能减少汽车尾气中CO和未燃烧烃类的排放，辛烷值高，当添加量为3%~7%(质量)时，可提高汽油辛烷值2~3个单位，还能改善汽车燃烧性能，成为世界调配清洁汽油的重要抗爆添加剂。但20世纪90年代后期，美国发现因油品泄漏而导致MTBE对地下水污染而禁止使用。

汽油沉积物控制添加剂 gasoline deposit control additives 在燃料系统采用电控孔式燃料喷射器代替化油器，可以提高发动机经济性。但是电喷系统易受沉积物影响，必须使用汽油沉积物控制添加剂来抑制汽油中的沉积物。汽油沉积物控制添加剂也是汽油清净剂的一种。根据发动机的特点，调整添加剂配方来减少积炭形成，保持燃油喷嘴清洁方面更有优势。

柴油稳定剂 diesel stabilizing agent 一般是由抗氧剂、分散剂、防腐剂、金属钝化剂等一种或几种添加剂组成的复合剂。稳定剂的主要作用是减少已生成的自由基，或快速分解氢过氧化物，阻止进一步形成新的自由基。柴油稳定剂主剂主要有酚醛胺的 Mannich 碱缩合物，具有较好的抗氧化能力和清净分散性能。另外叔胺与仲胺类化合物也有较好的效果。

防表面着火剂 surface ignition suppressor 能防止碳类燃料燃点降低而表面着火的化合物，过去又称抗沉积添加剂。在含金属的抗爆剂的汽油(如铅或锰化合物)燃烧后仍难免有部分金属化合物沉积在燃烧室内，与炭沉积物一起达到炽热后，往往能将燃料与空气混合气点燃。这种燃烧与正常火花塞点燃不同，常伴随有震动声，使输出功率降低。这种现象称为表面着火。常用防表面着火剂有磷化合物，如磷酸三甲苯酯(TCP)、磷酸甲酚二苯酯(CDP)等，TCP 用得较多，硼化物也有防止表面着火的性质。

助燃剂 combustion improver 可以降低燃油着火温度，增加燃烧速度，促使燃油充分燃烧，从而降低燃油消耗，减少污染物的排放。金属助燃剂有可油溶性的羧酸盐、环烷酸盐等，非金属助燃剂主要为羧基类、氨基类化合物。在燃烧起始阶段，这些化合物可提供自由基强化燃烧，有的还具有表面活性，使燃料雾化得更好，不会对燃烧系统造成不利影响。

消烟剂 smoke suppressor 能改善燃料燃烧性能和减少尾气中黑烟的化合物。黑烟是燃料燃烧不完全的微小粒子，烟是烃燃料脱氢反应生成炭粒子的结果。消烟剂能对柴油燃烧过程起催化氧化作用，促使燃油充分燃烧，降低燃油消耗，减少柴油发动机黑烟和污染物排放。常用的消烟剂是有机的碱土金属盐类，特别是钡盐效果最好，如高碱值磺酸钡盐，加清净分散剂等表面活性剂，使喷嘴清洁，改善了燃料雾化状态，既改善了燃烧状态，也减少了尾气中的烟量。

车用燃料用清净分散剂 detergent dispersant for vehicle fuels 是一种车用燃料复合剂，由清净剂、防锈剂、破乳剂、抗氧剂以及稀释油组成。清净剂在金属表面形成一层分子保护膜，防止沉积物在金属表面聚积，起到保持清洁作用；清净剂还可将已形成的沉积物的微小颗粒包裹起来，形成油溶性胶束，分散到油中，随油燃烧，达到清洁目的。产品可以在汽油、柴油中应用。

醇类燃料金属腐蚀抑制剂 metal corrossion inhibitor for gasohol 醇类燃料(甲醇汽油、乙醇汽油)中会有少量酸性物质，在储运中会吸收微量水分而加剧对金属的腐蚀。另外，醇类燃料在燃烧中，也会产生少量甲醛、甲酸等，这些酸性物质对发动机部件均有腐蚀作用。腐蚀抑制剂是多效添加剂，有抗氧、防金属腐蚀等功能，能有效防止醇类燃料对设备的腐蚀。用量：乙醇汽油，200～400μg/g；甲醇汽油，300～600μg/g。

生物柴油抗微生物剂 biodiesel antimicrobial agent 抗微生物剂，又称防霉剂、杀菌剂等。它的功能就是保护生物柴油免受微生物侵蚀。常用的是含硼元素的化合物。

生物柴油抗氧剂 biodiesel antioxidant 一些能够抑制或者延缓生物柴油氧化的化合物。生物柴油的氧化过程是自由基链式反应，在热、光或氧的作用下，这些自由基可以引发一系列自由基链式反应，导致生物柴油的结构和性质发生变化。抗氧剂可以消除刚刚产生的自由基，阻止链式反应的进行。常见产品：2，6-二叔丁基对甲酚、二苯胺、对苯二胺等化合物及其衍生物。

生物柴油流动性改进剂 biodiesel flow improver 用于改善生物柴油低温流动性的化合物。由于生物柴油与普通石化柴油的化学性质不同，常规的柴油流动性改进剂在生物柴油中的应用效果不理想。能够用于生物柴油的常见流动性改进剂有：乙酸乙烯酯与马来酸酐-胺的共聚物，乙烯与丙烯酸酯共聚物，烯基丁二酰胺酸等。

染色剂 coloring matter; coloring agent 为了区别或改善油品色泽的化学品。染色剂是合成色素，属偶氮染料。早期为了提高汽油辛烷值需要添加微量四乙基铅。因四乙基铅有剧毒，规定含铅汽油必须同时加入红色染色剂以示区别。在汽油中常用的是苏丹红，1-苯基偶氮-2-萘酚，相对分子质量 248.28。参考用量 1～10μg/g。苏丹红具有致突变性和致癌性，禁止用于食品中。现在车用汽油不加铅，也不再需要染色剂。

3.2 润滑油脂用添加剂

减摩剂 antifriction additive 降低摩擦系数，减少机具能耗的添加剂。见 287 页“摩擦改进剂”。

防噪音剂 antisquawk agents 一种摩擦改进剂，用于减少具有不同材质摩擦副(青铜-钢、石棉-钢等)的离合器由振动引起的噪音。其工作原理是使静摩擦系数小于动摩擦系数，消除黏滑现象。常用的有黄原酸酯、硫化脂肪油、硫化合成酯、亚磷酸酯与脂肪酸的混合物、二聚酸酯等。

抗磨剂 antiwear additives 润滑油添加剂。在混合润滑区域，油膜被表面微凸体间歇穿透，具有化学活性的添加剂在摩擦副表面形成有足够黏附性的边界膜，承受载荷。微凸体发生直接接触时，添加剂与金属反应，生成易于塑性流动的产物，使微凸体变形，导致载荷重新分布，防止快速磨损。有上述功能的添加剂称为抗磨剂。主要指有机磷化合物，如磷酸酯、亚磷酸酯、硫代磷酸酯及其衍生物。某些抗磨剂，如ZDDP、酸性磷酸酯胺盐，还有极压性，有时也称为极压抗磨剂。

无灰摩擦改进剂 ashless friction modifier 不含金属元素的摩擦改进剂。见287页“摩擦改进剂”。

无灰硫磷添加剂 ashless sulfur-phosphorus additives 极压抗磨剂。二烷基二硫代磷酸与适当的有机基质，如烯烃、二烯烃、不饱和酯(丙烯酸酯、甲基丙烯酸酯等)、不饱和酸、醚，反应生成二硫代磷酸酯。市场上使用最多的是由*O*，*O*-二异丙基二硫代磷酸与丙烯酸乙酯反应制备的。三苯基硫代磷酸酯由三苯基亚磷酸酯与单质硫反应制备。此类添加剂的抗磨性不如ZDDP。

石油添加剂 petroleum additives 以一定量加入油品中，可以加强或赋予油品的某种(某些)性能的化学品，添加量由百万分之几(抗泡剂)至20%(质量)或更多。根据SH/T0389—1992《石油添加剂的分类标准》，石油添加剂按用途分成润滑油添加剂、燃料添加剂、复合添加剂和其他添加剂四大类。润滑油添加剂按作用机制分为清净剂、分散剂、抗氧抗腐蚀剂、极压抗磨剂、油性剂和摩擦改进剂、抗氧剂和金属减活剂、黏度指数改进剂、防锈剂、降凝剂、抗泡剂等；燃料添加剂按作用机制分为抗爆剂、金属钝化剂、防冰剂、抗氧防胶剂、抗静电剂、抗磨剂、流动性改进剂、防腐蚀剂、消烟剂、助燃剂、十六烷值改进剂、清净分散剂、染色剂等；复合添加剂按应用场合分为润滑油复合添加剂和燃料复合添加剂，润滑油复合添加剂包括内燃机油复合剂、齿轮油复合剂、液压油复合剂、汽轮机油复合剂、压缩机油复合剂等，燃料复合添加剂包括汽油清净剂、柴油清净剂等。用于原油的添加剂有破乳化剂和流动性改进剂等。

内燃机油清净剂 detergents for internal combustion engine oils 能使发动机部件得到清洗并保持发动机部件干净、同时有助于固体污染物颗粒悬浮于油中的化学品。清净剂是现代润滑剂的五大添加剂之一。在发动机油配方中，清净剂大多是用碱金属皂来中和氧化或燃烧中生成的有机酸或无机酸。清净剂一般与分散剂、抗氧剂、抗腐剂复合使用，主要用于内燃机油，具有酸中和、洗涤、分散和增溶等四个方面的作用。其类型有磺酸盐、烷基酚及硫化烷基酚盐、烷基水杨酸盐、硫代膦酸盐和环烷酸盐。

磺酸盐 sulfonate 是使用较早、应用较广和用量最多的一种清净剂。按原料来源不同，可分为石油磺酸盐和合成磺酸盐。按碱值来分，有中性或低碱值磺酸盐(30mgKOH/g 左右)、中碱值磺酸盐(150mgKOH/g 左右)、高碱值磺酸盐(300mgKOH/g 左右)和超碱值磺酸盐(≥400mgKOH/g)。按金属的种类分有磺酸钙盐、磺酸镁盐、磺酸钠盐和磺酸钡盐，但以磺酸钙盐用量较多。磺酸镁盐的灰分含量低，适应了低灰油的要求且防锈性好，多用于高档汽油机油。而钡盐是重金属，有毒，作为清净剂几乎完全被淘汰。磺酸盐高温清净性好，中和能力强，防锈性好，并有一定的分散性，原料易得，价格便宜，与分散剂和抗氧抗腐剂复合能配制各种内燃机油，也用于船用气缸油和发动机油。

烷基酚盐和硫化烷基酚盐 alkylphenate and sulfurized alkylphenate 用量仅次于磺酸盐的润滑油清净剂。烷基酚盐是以烷基酚为主要原料，和金属化合物(氧化物或氢氧化物)反应，生成中性盐，然后再加入二氧化碳进行反应，生成碱性盐；硫化烷基酚盐的制备是将烷基酚先进行硫化，生成硫化烷基酚，再与金属化合物(氧化物或氢氧化物)反应，生成中性盐，然后再加入二氧化碳进行反应，生成碱性盐。烷基酚盐的综合性能不如硫化烷基酚盐好，目前使用更多的是硫化烷基酚盐；从金属的类别看，有钡盐、钙盐、镁盐，使用最多的是钙盐；从碱值看，有中碱值(150mgKOH/g 左右)、高碱值(250mgKOH/g 左右)等不同品种。硫化烷基酚盐除具有酸中和性能和清净性外，还具有抗氧化性和抗磨性能，广泛应用于内燃机油。

烷基水杨酸盐 alkyl salicylate 一种润滑油清净剂，由 $C_{14\sim18}$ 的蜡裂解烯烃，在催化剂作用下与苯酚反应生成烷基酚，再经羧基化和钙化而制成的高碱性盐。因为水杨酸盐是用 CO_2 在烷基酚盐的苯环上引入羧基，并将金属由羟基位置转到羧基位置，这种结构转变使其分子极性加强，高温清净性大为提高，并超过硫化烷基酚盐，但其抗氧抗腐性则不及硫化烷基酚盐。它与其他添加剂复合适用于各种汽、柴油机油和船用发动机油。

硫代膦酸盐 thiophosphonate 内燃机油清净剂。由相对分子质量 500~1000 的聚异丁烯与 P_2S_5 反应，经水解、中和制备，含有硫代膦酸盐、硫代焦膦酸盐和膦酸盐。商品名称为硫磷化聚异丁烯钡盐或钙盐，由于毒性原因，钡盐已不再使用。热稳定性较差，虽然带有极压性基团，但因烷基相对分子质量较大，极压性不如短链烷基或芳基硫代磷酸酯。

环烷酸盐 naphthenate 一种润滑油清净剂，是以环烷酸为原料，经钙化、分渣、脱溶剂等工艺制得，常用的有环烷酸钙和环烷酸镁。高碱值环烷酸盐产品除具有良好的清净分散性能外，还具有优异的扩散性能，是船用气缸油的理想添加剂组分，以保证油品在大缸径表面形成连续性油膜而维持良好的润滑状态。

润滑油分散剂 lubricating oil dispersants 一种润滑油添加剂，其作用是将发动机油中易于生成油泥的固体颗粒物、氧化单体等物质增溶分散于润滑油中，以免沉积生成低温油泥。多是不含金属的有机聚合物，根据结构可分为聚合型和非聚合型两大类。聚合型多为甲基丙烯酸高级脂肪醇酯和甲基丙烯酸含氮极性酯的共聚体。非聚合型主要有聚异丁烯丁二酰亚胺、聚异丁烯丁二酸酯、苄胺、膦酸酯等。

聚异丁烯丁二酰亚胺 polyisobutylene succinimide 应用较广泛和使用量最多的一种润滑油无灰分散剂。是由聚异丁烯与马来酸酐反应后，再与不同比例的多烯多胺反应制得。分为单丁二酰亚胺、双丁二酰亚胺、多丁二酰亚胺和高相对分子质量丁二酰亚胺。单丁二酰亚胺的低温分散性能较好，多用于汽油机油；双丁二酰亚胺和多丁二酰亚胺热稳定性能好，多用于增压柴油机油中；高相对分子质量丁二酰亚胺的高温清净性和油泥分散性能都较好，主要用于高档内燃机油中。

聚异丁烯丁二酸酯 polyisobutylene succinate 一种润滑油无灰分散剂，是用相对分子质量约为1000的聚异丁烯与马来酸酐反应后，再与多元醇反应制得。由于酯分散剂具有更好的热-氧化稳定性，因此在柴油发动机试验中表现优秀，多应用于汽油机油和柴油机油中，多数是与丁二酰亚胺复合使用，产生协同效应。

苄胺 benzyl amine 一种润滑油无灰分散剂，是由烷基酚、甲醛和胺进行Mannich反应制得，应用于汽、柴油机油中，具有良好的分散性和沉积物控制作用，还具有一定的抗氧性。

烷基膦酸酯 alkyl phosphonate 溶于醇、醚及大多数有机溶剂。由亚磷酸三烷基酯与卤代烷反应制备。可用作重金属萃取剂、抽提溶剂、抗泡剂、增塑剂、聚合物稳定剂、润滑油脂的极压抗磨剂及防止汽油早燃的添加剂。聚氧化亚乙基膦酸酯由二烷基亚磷酸酯和环氧乙烷反应制备，是自动变速箱油(ATF)的摩擦改进剂。膦酸酯的水解稳定性比相应的磷酸酯高。作为润滑性添加剂，膦酸酯的应用不如磷酸酯普遍。聚异丁烯与 P_2S_5 和环氧乙烷的反应产物是硫代膦酸酯和膦酸酯的混合物，可作内燃机油清净剂，主要用于柴油机油、燃气涡轮机油，具有优良的耐热性，生成漆膜倾向小，但油泥分散性较丁二酰亚胺差。

抗氧抗腐剂 oxidation-corrosion inhibitor 防止或延缓氧化和腐蚀过程的物质。加在润滑油中，其作用在于阻止或/和延缓润滑油的氧化及减少氧化生成的酸性物质对金属的腐蚀。常用的有二烷基(二芳基)二硫代磷酸锌、二烷基二硫代氨基甲酸盐等，某些清净分散剂，如烷基酚盐、烷基水杨酸盐也具有抗氧、抗腐能力。

二烷基二硫代磷酸盐 dialkyl dithiophosphate 具有抗氧、抗腐和抗磨作用的多效添加剂。通式如图例所示，一种硫取代的磷酸盐。其中R为烷基或芳基；M为多价金属，以锌为主，也用钡、钙等。由醇或酚与五硫化二磷加热反应，生成二烷基(或芳基)二硫代磷酸，再用相应的金属氧化物进行中和制得。

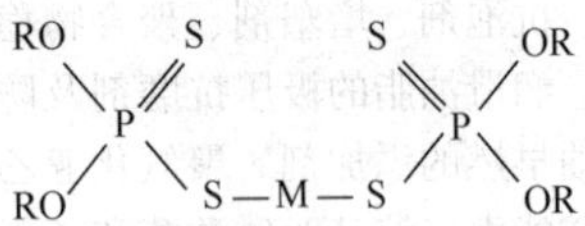

ZDDP zinc dialkyl dithiophosphate 一种具有抗氧、抗腐和抗磨作用的多效添加剂，是二烷基二硫代磷酸盐的一种。具有抗氧、抗腐、抗磨作用，抑制发动机油产生漆膜、油泥、环槽黏附物；防止气缸、环槽、凸轮和阀轮磨损；还能防止轴承腐蚀。具有 $[(RO)_2PSS]_2Zn$ 的结构，由醇与五硫化二磷反应生成硫磷酸，再与氧化锌中和而制得。由于醇的结构不同，产品性能有所差异。

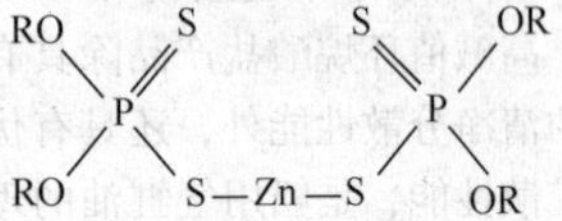

二烷基二硫代氨基甲酸盐 dialkyl dithiocarbamate 另一类无磷的多效添加剂，同样具有抗氧、抗腐、抗磨作用，还有较好的极压性。通式如图例所示，其中R为烷基或芳基；M为多价金属，一般为

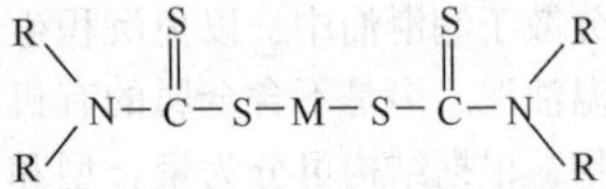

锌、钼、铅、锑和镉。常用的如二丁基二硫代氨基甲酸锌，由二丁胺与二硫化碳在氢氧化钠溶液中作用生成二丁基二硫代氨基甲酸钠后，再用氯化锌或者硫酸锌处理制得。金属M可被—CH_2—代替，得到无灰抗氧抗腐剂。常用于内燃机油和润滑脂中。

极压剂 extreme pressure additive 是化学活性物质，在摩擦化学反应中与金属反应，生成临界剪切强度低于本体金属的表面膜。能减轻高载荷下工作的摩擦副接触表面磨损，防止咬卡和胶合。常用的有：(1)硫化物，如硫化脂肪油、硫化合成酯、硫化烃；(2)氯化物，如氯化石蜡、氯化联苯；(3)含硫、氯化合物，如硫氯化脂肪油、硫氯化石蜡、氯化苄基二硫化物；(4)磷化物，如磷酸酯、亚磷酸酯；(5)含硫、磷化合物，如ZDDP、二烷基二硫代磷酸-*O*，*O*，*S*-三酯；(6)含硫、氮化合物，如双(二戊基二硫代氨基甲酸)锌、亚甲基-双(二正丁基二硫代氨基甲酸酯)、二烷基-2，5-二巯基-1，3，4-噻二唑；(7)含硫、磷、氮化合物，如二烷基二硫代磷酸胺盐、硫磷酸-甲醛-胺反应生成的Mannich碱；(8)硼化物，如硼酸钠(钾)或硼酸酯；(9)惰性极压剂，如高碱性磺酸盐；(10)有机铅化合物，历史上曾广泛使用，现因毒性问题已被淘汰。极压剂广泛用于各种润滑油脂中，齿轮油和金工油(液)使用较多。

氯化石蜡 chlorinated paraffin C_{10}～C_{30}直链烷烃氯代衍生物的统称，按氯含量(质量)分为38%、42%、52%、60%和70%几大类。用作高分子材料的增塑剂和阻燃剂、涂料助剂、合成润滑油、润滑油极压剂。作为极压剂的氯化石蜡氯含量为42%和52%，以C_{12}～C_{18}液体石蜡为原料制备。动物实验表明，C_{12}氯化石蜡(氯含量60%)有致癌性，重质氯化石蜡有疑似致癌性。含氯化物的有机物焚烧时产生二噁英，是剧毒物质。因为毒性问题，在齿轮油中已很少使用，但在金工油中仍有使用。

硫化烯烃 sulfurized olefin 极压剂，由C_4～C_{18}链烯烃或环烯烃经硫化反应制备。制备方法有：(1)适当压力下烯烃与单质硫反应。产物含有硫酮与硫酚，色深，残留一定量双键，热氧化稳定性差。制备过程中加入催化剂，如氨水、碱金属硫化物或二硫代氨基甲酸盐，硫酮和多硫化物减少，所得产物主要是二硫化物至六硫化物。(2)烯烃与S_2Cl_2反应，然后与Na_2S反应。产物主要为单硫化物和二硫化物，曾广泛用作齿轮油添加剂，但由于产物中残留氯，用量逐渐减少。(3)高压下烯烃与H_2S和单质硫反应。产物质量好，制备工艺对H_2S管理要求严格。以异丁烯或其二聚体为原料，用(3)和(2)法制备的硫化烯烃是主流产品，为橙色油状液体，硫含量40%～50%(质量)，主要用于齿轮油和金工油。以长链烯烃为原料制备的硫化烯烃主要用于金工油。

亚磷酸酯 phosphite ester 润滑油添加剂。三烷基或三芳基亚磷酸

酯由醇或酚与 PCl_3 反应制备。高相对分子质量亚磷酸三酯由醇或酚与亚磷酸三甲酯经酯交换反应制备。二烷基或二芳基亚磷酸酯由相应的亚磷酸三酯经酸催化的水解反应制备。在低温下向甲醇与高相对分子质量醇的混合物中加入 PCl_3，反应足够时间后，减压蒸出副产物 CH_3Cl 和 HCl，亦可制取二烷基亚磷酸酯。是优良的极压抗磨剂，极压性优于磷酸酯，但抗磨性不如后者。短链亚磷酸酯的极压性优于长链亚磷酸酯，但抗磨性相反。易水解，对金属有腐蚀性。三芳基和长链三烷基亚磷酸酯水解稳定性较高。是过氧化物破坏剂，与第一类抗氧化剂联用有协同效应。是游离硫捕捉剂，与硫反应生成硫代磷酸酯。广泛用于齿轮油和自动变速箱油。

酸性磷酸酯胺盐 amine salt of acid phosphate 润滑油用多效添加剂。酸性磷酸酯的化学活性高于中性磷酸酯，但易引起金属腐蚀，与有机胺反应制成胺盐，可以减轻腐蚀性，所用有机胺为伯胺、仲胺或叔胺，叔烷基伯胺最佳。二烷基酸性磷酸酯胺盐除极压抗磨性外，还有抗氧化性、缓蚀性、金属钝化性。抗磨性和减摩性优于磷酸三甲苯酯。主要用于齿轮油、自动变速箱油和金工油(液)。

酸性硫代磷酸酯胺盐 amine salt of acid thiophosphate 润滑油用多效添加剂。磷酸酯极压抗磨剂的功能以抗磨性为主，引入硫元素可增强极压性。酸性硫代磷酸酯的化学活性大于中性酯，但易引起金属腐蚀，与有机胺反应制成胺盐可减轻腐蚀性。此类添加剂的有效性取决于胺的结构，例如，以正构长链烷基胺为原料，除极压抗磨性外，还有摩擦改进性和抗腐蚀性，但容易出现熔点高、低温混浊问题，用叔烷基伯胺为原料，即可克服这种缺点。

芳基磷酸酯 aryl phosphate 分子式 $O{=}P(OR)_3$，式中，R 为芳基。由磷酰氯与酚反应制备。其物理性质取决于相对分子质量和结构对称性，是低黏度液体至固体。具有阻燃性，是优良溶剂。可作合成润滑油，用于重负荷燃气轮机、飞机、空气压缩机、矿业和铸造厂的液压设备以及润滑油可能漏至表面高温的设备。水解和热稳定性高于烷基磷酸酯，是广泛使用的抗磨剂。在复合剂中与其他添加剂的反应性小，配伍性好，且可增溶油溶性不良的添加剂。常用的是磷酸三甲苯酯(TCP)、磷酸三(二甲苯)酯(TXP)和磷酸三丁苯酯(TBPP)。

硼酸盐 borate 极压抗磨剂。常用的是偏硼酸钠、偏硼酸钾、三硼酸钾等。通常用乳化脱水法和化学反应法制备，制得的硼酸盐颗粒多为微米级，靠分散剂(有机磺酸钙盐或丁二酰亚胺)分散在润滑油中。将颗粒表面化学修饰或引入烷基，可减少颗粒团聚。具有良好的氧化稳定性、抗腐蚀性、防锈性、密封件配伍性，但抗水性不良，有胶体稳定性问题。主要用于齿轮油、金工油、内燃机油及润滑脂。

硼酸酯 boric acid ester 润滑油和燃料用添加剂。分子式 R_2BOR 或 $RB(OR)_2$，式中，R 为烷基或芳基。制备方法有：(1) BCl_3 与醇(或酚)反应；(2) H_3BO_3 与醇(或酚)反应；(3) B_2O_3 与醇(或酚)反应；(4) $Na_2B_4O_7$ 与醇(或酚)反应；(5)酯交换反应。可作柴油和航空燃料的抗菌剂、燃料经济性改进剂、润滑油极压抗磨剂。具有优良的热氧化稳定性、抗腐蚀性。主要用于内燃机油、齿轮油、自动变速箱油、金工油。极压抗磨性不如硫磷型添加剂，水解稳定性差。以硼酸酯为基本结构的表面活性剂具有乳化、防锈、阻燃性能。硼原子的缺电子性和酯交换反应能力，使其成为优良的偶联剂。

惰性极压剂 inert EP additive 润滑油添加剂。传统的极压剂是化学活性物质，与金属反应生成化学反应膜，以此提高油品承载能力。高碱性磺酸盐（碱值 400～500mgKOH/g），特别是钙盐和钠盐，是惰性极压剂，与活性硫极压剂复合使用，使金工油的极压性明显提高，其作用机制并不是生成化学反应膜，而是形成物理沉积膜。石墨、二硫化钼、聚四氟乙烯、无机硼酸碱金属盐也可称为惰性极压剂。

油性剂 oiliness additive 润滑油添加剂。由物理吸附或化学吸附，在摩擦副接触表面形成边界膜，降低摩擦系数的添加剂。见“摩擦改进剂”。

摩擦改进剂 friction modifier (FM)润滑油添加剂，用于温和温度、压力下工作的摩擦副，在混合润滑开始阶段降低摩擦系数的添加剂，又称减摩剂或油性剂。有些 FM 能使静摩擦系数小于动摩擦系数，防止汽车自动变速器颤振、限滑差速器噪声，消除机床导轨黏-滑现象。常用的 FM 有：(1)形成吸附膜的 FM，如脂肪酸、酯、醇、胺、酰胺、酰亚胺；(2)形成摩擦化学反应膜的 FM，如饱和脂肪酸、磷酸酯、亚磷酸酯、硫代磷酸酯、黄原酸酯、硫化脂肪酸、硼酸酯；(3)形成摩擦聚合物的 FM，如乙氧基化二羧酸半酯、甲基丙烯酸酯、不饱和脂肪酸；(4)有机金属化合物，如二硫代磷酸钼、二硫代氨基甲酸钼、ZDDP、有机铜化合物；(5)固体润滑剂，如二硫化钼、石墨、聚四氟乙烯、聚酰胺、聚酰亚胺、氟化石墨；(6)聚合物型 FM，如具有分散作用的黏度指数改进剂。摩擦改进剂广泛用于各种润滑剂，特别是节能型内燃机油和工业润滑油(液)。

脂肪酸 aliphatic acid; fatty acid 具有脂基链的羧酸，分饱和酸和不饱和酸。大多数天然脂肪酸有 C_4～C_{28} 偶数碳链。不饱和酸有一个或多个双键。天然的一个双键不饱和酸为顺式，易酸败，双键处碳链有一个弯曲，熔点较低。反式酸的稳定性和熔点较高。天然脂肪酸是以脂肪或脂肪油为原料，经水解或甲醇分解制备。合成脂肪酸是以烯烃为原料，用 Oxo 法或 Koch-Haaf 法制备。脂肪酸是重要化工原料，用于制备脂肪酸皂、清净剂、化妆品、涂料、增塑剂、合成润滑油、润滑油添加剂、乳化剂、纺织助剂、脱模剂。以脂肪酸为原料制备的润滑油添加剂包括摩擦改进剂、极压剂、降凝剂、抗氧化剂、缓蚀剂等。

脂肪酸酯 fatty acid ester 脂肪酸和醇的反应产物，是油脂化工的基础原料。可用作表面活性剂、增塑剂、聚氯乙烯加工润滑剂、摩擦改进剂、防锈剂、合成润滑油、生物柴油等。

脂肪酸皂 fatty acid soap 脂肪酸与碱金属化合物的反应产物，是一种阴离子型表面活性剂，可用作聚氯乙烯加工润滑剂、摩擦改进剂、防锈剂等。

脂肪醇 aliphatic alcohol; fatty alcohol 羟基与脂肪基相连的醇，C_1 ~ C_2 为低级醇；C_3 ~ C_5 为中级醇；C_6 及以上为高级醇。工业上使用的多为伯醇。脂肪醇主要发生 O—H 键断裂和 C—O 键断裂两大类反应。制备方法有：(1)脂肪酸或脂肪酸甲酯的催化加氢反应；(2)石油裂解烯烃的水合反应；(3)碳水化合物发酵。主要用作化妆品、清净剂、溶剂、抗泡剂、增塑剂、乳化剂、摩擦改进剂。

脂肪胺 aliphatic amine; fatty amine 指 C_8 ~ C_{24} 直链伯胺、仲胺和叔胺。近来以烯烃或石蜡为原料合成的具有类似结构的烷基胺也称作脂肪胺。脂肪胺也包括像 *N*-烷基-1,3-丙二胺这样的衍生物。有重要工业用途的椰油胺、牛脂胺、加氢牛脂胺、油胺、大豆胺是脂肪胺混合物。脂肪胺的碱性大于 NH_3。制备方法主要有：(1)脂肪酸氨化生成脂肪腈，然后加氢；(2)催化剂存在下烯烃直接氨化；(3)雷尼镍存在下脂肪醇氢氨化。脂肪胺是制备阳离子型表面活性剂的原料。可作浮选剂、沥青抗剥落剂、橡胶工业用脱模剂和润滑剂、颜料分散剂、润滑油防锈剂、摩擦改进剂、汽油清净剂、油田化学剂等。

硫化脂肪油 sulfurized fatty oils 极压剂，兼有摩擦改进性。由脂肪油与元素硫反应制备，是深色产品。高压下脂肪油与元素硫和 H_2S 反应可制备浅色产品。常用的是硫化鲸油、硫化猪油、硫化棉籽油、硫化菜籽油等。通过控制硫含量，可得不同化学活性产品。硫含量通常不能大于 15%(质量)，否则油溶性不良。主要用于金工油，也是硫化鲸油代用品的主要组分。以不饱和脂肪酸酯为原料制备的硫化脂肪酸甲酯对润滑条件苛刻的深孔钻削作业很有效。

硫化鲸油代用品 replacement of sulfurized sperm oil 润滑油极压剂和摩擦改进剂。与大多数脂肪油不同，鲸油的主要成分是直链醇的脂肪酸酯而不是三酸甘油酯。硫化鲸油是氧化稳定性最好的硫化脂肪型极压剂、摩擦改进剂。由于许多国家禁止捕鲸，鲸油资源越来越少，从1972年开始，出现了硫化鲸油代用品。目前用于制备硫化鲸油代用品的原料有：(1)动植物油和α-烯烃的混合物；(2)以适当的植物或深海鱼类为原料，制取的与鲸油结构相似的脂肪油；(3)动植物油与脂肪酸酯的混合物。国内生产的硫化烯烃棉籽油，是以棉籽油和α-烯烃为原料生产的。

连锁反应终止剂 chain termination agent 又称自由基终止剂。此类抗氧剂的作用是将烃类分子受外界影响分解生成的自由基即时予以消除，从而阻止氧化反应的进行。广泛使用的有烷基酚类、双酚类和芳香胺类化合物，如2,6-二叔丁基对甲酚、2,6-二叔丁基苯酚、苯基-α-萘胺、辛基二苯胺等。

过氧化物分解剂 peroxide decomposer 一类抗氧剂。其作用是使作为氧化中间体的过氧化物分解，成为安定的化合物，使氧化反应停止。常用的有：有机硫化物型、硫磷型和硫脲型。

屏蔽酚抗氧剂 shielded phenol antioxidant agent 一类游离基终止剂型抗氧剂，一般指邻位上具有产生空间位阻效应取代基的酚类，包括烷基化单酚、烷基化多酚及硫代双酚等类型，此外还有多元酚及氨基酚衍生物。常用的有2,6-二叔丁基对甲酚，2,6-二叔丁基苯酚。使用温度较低，多用于工业润滑油(脂)。

芳香胺抗氧剂 aromatic amine type antioxidant 一类游离基终止型抗氧剂，一般指芳香族仲胺的衍生物，使用温度相对较高，抗氧效果良好但容易促进油品变色。主要有二苯胺及其衍生物，苯基-α-萘胺及其衍生物，常用的有烷基化二苯胺(例如丁基辛基二苯胺、二辛基二苯胺、二壬基二苯胺等)。

酚酯类抗氧剂 phenolic ester type antioxidant 屏蔽酚抗氧剂，一般是指在羟基对位含有酯类基团，用以提高产品油溶性及热稳定性。一般以β-(3′,5′-二叔丁基-4′-羟基苯基)丙酸甲酯(简称3,5-甲酯)为母体，与醇进行酯交换而得到。常用的有β-(3′,5′)-二叔丁基-4′-羟基苯基)丙酸异辛酯。

苯并三唑及其衍生物 benzotriazole and its derivatives 分子式$C_6H_5N_3$，白色结晶化合物。由亚硝酸与邻苯二胺反应制得。它和它的衍生物，如苯并三唑胺盐、苯并三唑-甲醛-胺的缩合物是有效的金属减活剂，典型衍生物为N,N-

二正丁基氨基亚甲基苯并三唑(T551)，主要用于有色金属铜和银的减活作用。用于汽轮机油、变压器油、齿轮油等。苯并三唑的脂肪胺盐(例如苯并三唑十二胺盐)是有效的极压抗磨剂，通常与硫化烯烃、磷酸酯等复合使用。常用的紫外线吸收剂UV-P、UV-320、UV-327、UV-328等均为苯并三唑的衍生物。

噻二唑衍生物 thiadiazole derivative分子式 $C_2H_2N_2S_3$。白色结晶性粉末。它和它的衍生物，是铜的腐蚀抑制剂，非铁金属减活剂。其衍生物有噻二唑多硫化物、2,5-二巯基-1,3,4-噻二唑(DMTD)、2-巯基苯并噻唑(MBT)、2-巯基苯并噻唑钠等化合物。典型衍生物为噻二唑多硫化物(T561)，其合成工艺是以水合肼、二硫化碳和氢氧化钠为原料合成2,5-二巯基噻二唑钠盐，酸化后再加硫醇和过氧化氢氧化偶联，再抽提、水洗、蒸馏得产品。主要用于金属铜的减活作用。通常用于工业润滑油。

杂环化合物 heterocyclic compound 除碳原子外还有其他元素的原子构成的环状化合物。如呋喃(含氧五元环)、噻吩(含硫六元环)、吡啶(含氮六元环)等，用作润滑油脂添加剂，如杂环硫氮化合物，具有一定的金属减活作用。

黏度指数改进剂 viscosity indeximprover(Ⅶ)又称增黏剂或黏度改进剂，用于提高润滑油品的黏度和改善黏温性能。是一种油溶性的链状高分子化合物，在溶剂中溶解时，随所用的溶剂及温度不同而收缩或伸展。常用的有聚异丁烯、聚甲基丙烯酸酯、乙丙共聚物、苯乙烯双烯共聚物、苯乙烯聚酯、聚正丁基乙烯基醚等。

聚异丁烯 polyisobutylene(PIB) 一种黏度指数改进剂，历史上曾用于内燃机油，因低温黏度增加过大等缺欠，现已停用。目前主要用于某些工业润滑油及用作油品添加剂的原料。

乙丙共聚物 ethylene-propylene copolymer 乙烯、丙烯共聚物，一种润滑油黏度指数改进剂。增黏能力和剪切稳定性较好，低温性能稍差，可用于内燃机油，特别是柴油机油。若配制低黏度的多级油，最好与酯型降凝剂复合来改善其低温性能。聚合物中乙烯、丙烯比例要适当，其比例直接影响产品性能。若乙烯含量过高，黏度指数较高，聚合物结晶增加，产品油溶性变差，低温易形成凝胶；若丙烯含量过高，使增黏能力降低，氧化稳定性变坏。一般乙烯含量在40%~50%(质量)的乙丙共聚物基本上是无定形高聚物。

聚甲基丙烯酸酯 polymethacrylate(PMA)用作润滑油黏度指数改进剂和降凝剂，是由不同碳数的甲基丙烯酸烷基酯单体，在引发剂和相对分子质量调节剂存在下，通过溶液聚合制备。根据其烷基侧链和聚合物相对分子质量大小的不同，其用处及性能也不相同。当PMA作为单一的黏度指数改进剂使用时，其烷基侧链R的平均碳数为8~10；当作为增黏、降凝双效使用时，R的平均碳数为12~14；若同时具有增黏、降凝和分散作用，则还需引入第三组分，即含氮的极性化合物。

苯乙烯双烯共聚物 styrene-diene copolymer 一种润滑油黏度指数改进剂，是由苯乙烯和丁二烯或异戊二烯通过阴离子聚合制得。其相对分子质量在5万~10万之间，增稠能力和剪切稳定性较好，但低温性能和热氧化安定性较差。可以通过催化加氢得到氢化苯乙烯-双烯聚合物，从而改善其热氧化安定性。

二壬基萘磺酸盐 dinonyl naphthalene sulfonate 润滑油主要防锈剂品种，是将丙烯三聚体或将叠合汽油切割的壬烯馏分与萘进行烃化，制取二壬基萘，再磺化、金属化、精制得到产品。品种主要有钡盐、钙盐、锌盐和铵盐几种，是一个很重要的防锈剂品种，具有防锈、防腐、酸中和及破乳等作用。对钢铁、黄铜具有良好的防锈及抗盐雾效果，有些还有抗乳化性能，如中性二壬基萘磺酸钡盐。

烷基羧酸防锈剂 alkyl carboxylic acidantirust agent 一种润滑油防锈剂。目前烷基羧酸类防锈剂主要是烯基丁二酸，烯基碳数12~18，通常用作汽轮机油、液压油防锈剂，也可与磺酸盐类防锈剂复合调制封存防锈油脂。常用的羧酸酯类防锈剂主要是山梨糖醇单油酸酯(又名司盘-80)、季戊四醇单油酸酯、十二烯基丁二酸半酯和羊毛脂等品种，通常不单独使用，常与磺酸盐等防锈剂复合使用，用于调制各种封存防锈油脂。具有防潮湿、水置换性能。

羧酸酯类防锈剂 carboxylic ester antirust agent 见“烷基羧酸防锈剂”。

防腐剂 anticorrosive additive 一种可以防止石油产品在使用过程中对所接触金属产生腐蚀的添加剂。润滑油品在使用过程中会不可避免地发生氧化，对于内燃机油而言，燃料燃烧的副产物(含硫、含氮化合物)还会进一步催化氧化，产生酸性物质，从而引起金属部件腐蚀、磨损。防止这类腐蚀的添加剂有三类：(1)降低润滑油氧化速度，即抗氧抗腐剂，如二烷基二硫代磷酸盐；(2)将氧化生成的酸性物质及时进行中和，如某些碱性含氮化合物；(3)在金属表面形成保护膜以防止腐蚀物质接触，如磺酸盐、磷酸盐等。

缓蚀剂 corrosion inhibitor 又称腐蚀抑制剂，是防止金属腐蚀所用药剂的总称。多采用能在金属表面形成一单分子保护膜的成膜缓蚀剂，其含有的氮、硫或氧极性官能团能吸附在金属表面，而分子中的烃基部分则形成分子膜的外层。目前常用的缓蚀剂是咪唑啉、松香胺、磺酸盐等类型的化合物，以带直链烷烃的高分子胺及其衍生物用得最多。

降凝剂 pour point depressant 又称倾点下降剂。是一种化学合成的高分子有机化合物，加入油品中能够降低油品凝点或改善油品的低温流动性。降凝剂的分子中具有与固体烃的齿形链结构相似的烷基侧链，另外还可能含有极性基团或芳香核。其主要作用机制是通过与油品中的蜡吸附或共晶来改变蜡的结构和大小，从而延缓或防止导致油品凝固的三维网状结晶的形成。常用的降凝剂主要有烷基萘、聚酯类和聚烯烃类等三类化合物。

烷基萘降凝剂 alkylnaphthalene pour point depressant 使用最早的一种降凝剂，由氯化石蜡与萘在三氯化铝催化剂作用下缩合反应而成。外观呈深褐色，对中质和重质润滑油的降凝效果较好，但由于其颜色较深，不宜用于浅色油品中，多用于内燃机油、齿轮油和全损耗油。

苯乙烯富马酸酯降凝剂 styrene-fumarate ester copolymer pour point depressant 一种润滑油降凝剂，由苯乙烯和富马酸酯经自由基聚合而成，具有良好的降凝效果和基础油适应性，与其他润滑油添加剂的配伍性好，主要用于内燃机油和齿轮油。

聚 α-烯烃降凝剂 poly-α-olefinepour point depressant 国内使用较多的一种润滑油降凝剂，是采用蜡裂解的 α-烯烃为原料，在齐格勒、纳塔催化剂存在下进行聚合反应制备。颜色较浅，降凝效果与聚甲基丙烯酸酯(PMA)相当，价格适中，可用于各种润滑油。

硅油抗泡剂 silicone antifoam agent 聚硅氧烷，主链具有 Si-O-Si 结构。常用的是聚二甲基硅氧烷，又称二甲基硅油，黏度 20～100000mm^2/s(25℃)，表面张力 21～25mN/m(35℃)。在润滑油及水中的溶解度都很小，可用作润滑油及水基润滑剂的抗泡剂。具备如下特点：(1)表面张力小；(2)化学稳定性高；(3)蒸气压低；(4)氧化稳定性好；(5)热稳定性好；(6)凝点低；(7)在宽温度范围内黏温性质好；(8)易从油中析出；(9)对油品的析气性有负面影响。使用时应使硅油在油中分散的液珠直径减小，才能降低硅油沉降速度，因此，分散方法十分重要。乙基或丙基硅油表面张力增大，在油中的溶解度也增大，失去抗泡能力。

非硅抗泡剂　non-silicone antifoam agent 主要是指丙烯酸酯或甲基丙烯酸酯共聚物，即不同结构丙烯酸酯共聚物、丙烯酸酯(或甲基丙烯酸酯)与含双键的醚类或酯类化合物的共聚物。此外，还有聚乙二醇醚、聚丁二醇醚、脂肪醇及烷基磷酸酯、烷基膦酸酯等。非硅抗泡剂的效果不如硅油，添加剂量较大，但对油品析气性影响小，在油中不易析出，抗泡持久性好，对调和工艺要求不高。硅油在油中分散的细小液珠，容易被光学计数器误认为是颗粒物，因此，某些 OEM 规定液压油只能使用非硅抗泡剂。与某些添加剂，如烷基水杨酸钙、聚乙烯基正丁基醚或二壬基萘磺酸钡联用，抗泡性下降，使用时应注意。

复合抗泡剂　antifoam packages 由硅油和非硅抗泡剂组成的复合剂。硅油抗泡剂效果好，用量少，但易使油品析气性变差，且在油中分散性差，长期储存易析出。非硅抗泡剂效果不如硅油，剂量较大，但对析气性影响较小，抗泡持久性好。两种类型抗泡剂复合使用，可取长补短。

润滑油黏附剂　lubricating oil tackifier 能提高润滑油在金属表面黏附性的聚合物，如聚异丁烯及烯烃共聚物。相对分子质量范围 $4\times10^5\sim4\times10^6$。将聚合物研磨成 2~5mm 颗粒，立即加入轻质矿油中，约 90℃下剧烈搅拌溶解，然后过滤、装桶。溶解操作不能延迟，否则颗粒相互黏结。用于防止润滑油从摩擦副表面流失的场合，如高速机床导轨油、织布机油、开式齿轮油等。以植物油为基础油的环境友好油脂，不宜使用聚异丁烯，因为效果较差甚至不溶，应使用二烯烃或苯乙烯聚合物或共聚物。有剪切稳定性和热稳定性问题，使用时应注意。

密封件膨胀剂　seal swelling agent 润滑油对润滑系统密封件弹性体有侵蚀作用，有时引起弹性体收缩、硬化，导致漏油。使弹性体保持轻微膨胀对润滑系统有利，有这种功能的添加剂称为密封件膨胀剂。常用的有环烷基油、光亮油、烷基萘、长烷基链双酯、多元醇酯、聚烯烃、聚醚。矿物润滑油中的芳烃和环烷烃是天然的密封件膨胀剂。API Ⅱ、Ⅲ、Ⅳ类油以及聚丙烯和费-托合成油需要密封件膨胀剂，磷酸酯类和双酯类合成油则不需要。须与密封件弹性体、基础油及其他功能剂相匹配，要通过油品规格试验和 OEM 专项试验。

光稳定剂　light stabilizer 减轻有机物在日光或紫外光照射下变色的添加剂，又称颜色稳定剂。按作用机制分为四类：(1)紫外线吸收剂，见 300 页“石蜡紫外线吸收剂”；(2)光屏蔽剂，能反射紫外线的物质，如氧化锌、氧化钛；(3)猝灭剂，能量转移剂，能将吸收的光能转化为热能放出，主要是二价镍螯合物；(4)受阻胺，以2,2,6,6-四甲基哌啶为母体的化合物，具有空间位阻效应。光稳定剂主要用于塑料、橡胶和涂料工业。紫外线吸收剂、猝灭剂和受阻胺亦可用于石蜡和浅色润滑油脂。与抗氧化剂联用有协同效应。

颜色稳定剂 color stabilizer 见“光稳定剂”。

乳化剂 emulsifying agent 能促使两种互不相溶的液体形成稳定乳状液的表面活性剂。工业上广泛应用的乳化剂有阴离子表面活性剂和非离子表面活性剂。在金属加工润滑剂中主要用于制备稳定的油包水型或水包油型乳化液及微乳液等。

抗乳化剂 demulsifying agent; demulsifier 又称破乳剂，是表面活性剂，可以增加乳化液中油水界面的张力，使得稳定的乳化液成为热力学上不稳定的体系，出现破乳现象。润滑油所用的抗乳化剂主要有胺与环氧乙烷缩合物、环氧丙烷/环氧乙烷共聚物等类型。

杀菌剂 backericide; antimycotic agent 能杀死或抑制细菌、霉菌、真菌等微生物生长的物质。在水基金属加工液中，由于工作环境的影响易产生细菌和霉菌，常需要添加此类添加剂。主要应用的抗菌剂有三嗪衍生物、含硼化合物等。该类添加剂具有毒性，对人体有刺激性，使用寿命较短。

表面活性剂 surfactant 指一种能显著降低液体表面张力，或改变两种液体之间或液体与固体之间界面张力的物质。由亲水的极性部分和亲油的非极性部分组成。一般分为阴离子表面活性剂、阳离子表面活性剂、非离子表面活性剂、两性表面活性剂及一些特殊类型的表面活性剂等。

阴离子表面活性剂 anionic surfactant; anionic surface active agent 指能在水中电离产生负电荷并呈现出表面活性的一类表面活性剂。常用的有羧酸盐、硫酸酯盐、磺酸盐和磷酸酯盐等。此类表面活性剂具有良好的渗透、去污、发泡、分散、乳化、润湿等作用。阴离子表面活性剂多作为乳化剂应用于金属加工液中，其乳化性能良好，具有一定的清洗和润滑性，但抗硬水能力较差。

阳离子表面活性剂 cationic surfactant; cationic surface active agent 指能在水中生成具有表面活性的憎水性阳离子的一类表面活性剂。可以分为脂肪胺季铵盐、烷基咪唑啉季铵盐、烷基吡啶季铵盐等。可用于矿物浮选、抗静电、防腐、抗菌等用途。一般情况下，不与阴离子表面活性剂配合使用。

两性表面活性剂 amphoteric surfactant 指能在水中同时产生具有表面活性的阴离子和阳离子的一类表面活性剂。多数情况下，阳离子部分由铵盐或季铵盐作为亲水基，而阴离子可以是羧酸盐、硫酸酯盐和磺酸盐等。通常具有良好的洗涤、分散、乳化、杀菌、柔软纤维和抗静电等性能。

非离子表面活性剂 nonionic surfactant 指在水中生成一类不显电性离子的表面活性剂。其亲水基主要是由具有一定数量的含氧基团构成。由于其稳定性高，可与其他类型的表面活性剂混合使用，具有良好的乳化、渗透、润湿等作用。在金属加工液中，常与阴离子表面活性剂复合使用。其主要特点是抗硬水能力强，且不受 pH 值的限制，但是价格较高。

烷基酚与环氧乙烷缩合物 alkylphenol with epoxy ethane condensation product 非离子表面活性剂中的一类。壬基酚聚环氧乙烷，主要作为乳化剂用于调配金属加工用乳化液。也常称为 OP(X)，其中 X 代表环氧乙烷的聚合度。一般情况下，随着聚合度的增大，其 HLB 值逐渐增高，水溶性增强，浊点升高。

山梨糖醇单油酸酯 sorbitol monooleate 分子式 $C_{24}H_{44}O_6$，相对分子质量 428.59，俗称司盘-80，属非离子型表面活性剂。淡黄色黏性液体，具有油脂味，不溶于水，热水中可分散，溶于有机溶剂，HLB 值 4.3。具有乳化、扩散能力，同时还具有防锈、消泡、稳定作用，是金属加工润滑剂中常用的一种乳化剂。

山梨糖醇油酸酯聚氧乙烯醚 polyoxyethylene sorbitol oleate 又称聚氧乙烯山梨糖醇油酸酯，非离子表面活性剂中的一类，俗称吐温-80。琥珀色油状液体，可溶解于水、乙醇、异丙醇。HLB 值 15。常作为乳化剂用于乳化液的配制。

脂肪醇环氧乙烷缩合物 fatty alcohol-polyethylene oxide ether 脂肪醇聚环氧乙烷醚，又称乙氧基化脂肪醇，是非离子表面活性剂中产量大、应用广泛的一类。C_{12} ~ C_{18} 混合脂肪醇与环氧乙烷的生成物，俗称平平加。在金属加工用油中，主要与阴离子表面活性剂混合作为乳化剂，用于乳化液的调配。

抗雾剂 anti-mist agent 一类用于金属切削液中，能够防止或减少油雾形成的添加剂，多使用聚合物，如聚异丁烯等。由于在金属加工过程中，刀具的高速运动会把切削油打成微细的雾状油滴，漂浮在工作环境中，严重影响操作工人健康。抗雾剂可使油聚结，不易在空气中扩散，从而减少了油雾生成。

偶合剂 couplant; coupling agent 又称乳化稳定剂。主要作用是改善金属加工浓缩液及乳化液的稳定性，扩大乳化剂的乳化范围并增加油中皂的溶解度。通常与乳化剂一起使用。常用的偶合剂主要有甲基纤维素、乙二醇、三乙醇胺及苯乙醇胺等。

金属螯合剂 metal chelating agent 能降低硬水（钙和镁离子）对金属加工乳化液稳定性影响的化合物。金属螯合剂是通过分子与金属离子的强结合作用，将金属离子包合到螯合剂内部，变成稳定的、相对分子质量更大的化合物，从而阻止金属离子起作用。在金属加工液中，由于水质的硬度会影响乳化液的稳定性，通常会使用无机金属螯合剂作为硬水软化剂。

碱储备添加剂 alkali reserve agent 又称中和剂。用于中和金属加工液在使用和储存过程中产生的酸性物质。此类添加剂主要是胺类化合物，如链烷醇胺、单乙醇胺、三乙醇胺等。

润滑脂结构改进剂 lubricating grease structure modifier 又称结构稳定剂。作用是改进润滑脂的胶体结构，从而达到改进润滑脂的某些性能的目的。主要有水、甘油、醇、脂肪酸、碱金属或碱土金属氢氧化物等。另外，一些硼酸酯或磷酸酯也能起到结构改进剂的作用。

润滑脂稠化剂 grease thickener 其主要作用是浮悬油液并保持润滑脂在摩擦表面密切接触和较高的附着能力（与润滑油液相比较），并能减少润滑油液的流动性，因而能降低流失、滴落或溅散。它同时也有一定的润滑、抗压、缓冲和密封效应。稠化剂是润滑脂的主要成分。润滑脂的稠化剂分为皂类和非皂类两大类，皂类主要是高级脂肪酸的金属皂。用脂肪酸皂稠化矿物油或合成润滑油而制得的润滑脂，称为皂基润滑脂，也是最常用的润滑脂。皂基润滑脂可分为单皂基脂（如钙、钠、锂基脂）和混合皂基脂（如钙钠、钙铝及锂钙基脂）等。非皂基有机稠化剂，主要用芳基脲、酞菁铜、阴丹士林等。此外，还有地蜡、凡士林等高分子烃类和聚四氟乙烯、聚烷基脲等高分子聚合物。

润湿剂 wetting agent 指能使固体表面容易被水或液体浸湿的物质，多为表面活性剂。其作用原理是降低水或液体的表面张力，使其易于在固体表面铺展或渗透。

淬冷剂 quenching media 金属工件淬火时使用的冷却物质。根据钢的种类或工件的特性采用的淬冷剂可以分为液体和气体。钢件淬火时最常用的淬冷剂为油基和水基两大类，如可满足不同工艺要求的各种淬火油、无机盐水溶液和有机聚合物水溶液等。

润滑油补强剂 luboil reinforcing agent 润滑油的添加剂，用于未使用的成品油或在用油。常用于内燃机油，减少摩擦、磨损，降低油品工作温度，提高发动机输出功率和燃料经济性。通常为有机铅、有机铜化合物，纳米软金属粉和金属氧化物。

增稠剂 thickening agent 又称增黏剂，见 290 页“黏度指数改进剂”。在水-乙二醇液压液中常使用聚醚作为增稠剂。

固体润滑添加剂 solid lubricant 具有减轻在载荷下相对运动的固体表面间的摩擦和机械干涉作用的固体物质。常用的是石墨、二硫化钼(MoS_2)、氮化硼(BN)和聚四氟乙烯(PTFE)。石墨、MoS_2、BN 是层状物质，层间结合力小，容易相对滑动。PTFE 形成棒形大分子，分子链具有平滑的外形。在氧化环境中，PTFE 最高工作温度为 260℃，MoS_2 400℃，石墨 450℃，BN 1200℃。载荷越大，MoS_2 越有效，可用于真空环境，但在潮湿条件下易氧化失效。石墨须在水蒸气存在时才有效，不能用于真空环境。只有六角形晶体 BN 才有润滑性，立方晶体 BN 是磨料。PTFE 可取得很低的摩擦系数(0.04)，载荷越大，静摩擦系数越小，且静摩擦系数小于动摩擦系数。固体润滑添加剂的使用方式是干粉、固态膜或胶态分散体。

纳米润滑添加剂 nano-scale lubricating additive 具有润滑作用的纳米材料。纳米颗粒尺度的量变引起粒子理化性质的质变，化学活性、表面能、吸附性能大幅度提高，所以，纳米边界润滑添加剂的油膜强度远高于传统添加剂。纳米颗粒直径小，易于在油中形成稳定的胶体分散液，容易解决普通固体润滑剂在油中的沉淀问题。纳米粒子可填补磨损部位的凸凹不平，提高表面光洁度，或者渗入表面微小裂缝，防止裂缝扩展，延长表面疲劳寿命。因此，纳米粒子，特别是纳米软金属粉或金属氧化物，具有优良的修复功能。常用的纳米润滑添加剂有：(1)纳米无机物，如石墨粉、氧化石墨粉；(2)纳米无机盐，如硼酸钙、磷酸锌；(3)纳米有机物，如有机铝化物、有机硼化物；(4)纳米聚合物，如聚四氟乙烯；(5)纳米软金属粉，如铅、铜、镍、铋粉；(6)纳米金属氧化物，如氧化钛、氧化铝。

复合添加剂 complex additive; additive package 各种功能的单剂按照油品性能要求组成的复合物。与单剂相比，复合添加剂的性能更为全面，使用更为方便，所以目前各种油品直接使用的添加剂，多为复合添加剂。复合添加剂按油品分为润滑油复合添加剂和燃料油复合添加剂：润滑油复合添加剂包括内燃机油复合剂、齿轮油复合剂、液压油复合剂、气轮机油复合剂、压缩机油复合剂等；燃料油复合添加剂包括汽油清净剂、柴油清净剂等。

多效添加剂 multi-functional additive 具有同时改善油品两种性能以上的添加剂。由于其分子中具有不同的官能团、元素、碳链结构等因素，使得多效添加剂具有多种功能。

添加剂协同效应 additives synergistic effect 指两种或多种添加剂复合使用的功效大于在总剂量不变情况下，各种添加剂单独使用功效的加合，又称协和效应。显现协同效应的添加剂组合举例如下：(1)抗氧化剂与金属减活剂(抗氧化性)；(2)亚磷酸三烷基酯与第一类抗氧化剂(抗氧化性)；(3)非活性硫化物与芳胺型抗氧剂(抗氧化性)；(4)苯三唑脂肪胺盐与硫化烯烃(Timken 试验)；(5)ZDDP与MoDTC(抗磨性)；(6)酸性亚磷酸酯与磷酸三甲苯酯(极压抗磨性)；(7)非活性硫化脂肪油与高碱性磺酸钙盐(承载性)；(8)不同类型硫化脂肪油、硫化酯、硫化烯烃联用(极压性)。

添加剂对抗效应 additive antagonistic effect 系指如下两种情况：(1)在总剂量不变情况下，两种或多种添加剂复合使用的功效小于单独使用功效的加合；(2)由于添加剂之间的物理或化学作用，引起油品性质劣化。例如，在大多数情况下，防锈剂使载荷添加剂的功效降低。油酸与高碱性磺酸钙反应生成钙皂沉淀。烯基丁二酸半酯与高碱性磺酸钙反应生成烯基丁二酸半酯钙盐，油溶性变坏。金工油中的三乙醇胺与脂肪酸反应生成乳化剂，使油品的乳化性改变。

环境友好添加剂 environmentally friendly additive 指无致癌物、致基因诱变和畸变物，不含氯和亚硝酸盐，不含除 K 和 Ca 以外的金属，生物降解能力>20%(OECD 302 试验)的添加剂。目前使用的有：(1)抗氧化剂，如酚类、胺类、维生素 E；(2)极压抗磨剂，如硫化脂肪油；(3)抗腐蚀剂，如胺类、三唑类、咪唑啉类；(4)增黏剂，如聚丙烯酸酯、聚异丁烯、天然树脂；(5)抗泡剂，如硅油、丙烯酸酯共聚物。

内燃机油复合剂 internal combustion engine oil additive package 用于生产内燃机油的复合剂。包括汽油机油复合剂、柴油机油复合剂、通用汽车发动机油复合剂、二冲程汽油机油复合剂、四冲程汽油机油复合剂、铁路机车油复合剂、船用发动机油复合剂、燃气发动机油复合剂等品种。内燃机油复合剂主要由清净剂、分散剂、抗氧抗腐剂、极压抗磨剂、摩擦改进剂、抗氧剂、黏度指数改进剂、降凝剂、抗泡剂等组成。

工业润滑油复合剂 industrial luboil additive package 用于工业润

滑油的复合剂。包括齿轮油复合剂、液压油复合剂、气轮机油复合剂、压缩机油复合剂等品种。工业润滑油复合剂主要由抗氧抗腐剂、极压抗磨剂、摩擦改进剂、抗氧剂、降凝剂、防锈剂、抗乳化剂、抗泡剂等组成。

助分散剂　dispersant aid 又称极性活化剂，主要指具有一定极性的低分子有机化合物，如甲醇、乙醇、水、碳酸丙烯酯、丙酮等；某些碱土金属氧化物或盐也可作为助分散剂使用。在生产膨润土润滑脂过程中，助分散剂帮助聚集态的有机膨润土晶片膨胀，促进胶体形成。

3.3　沥青与石蜡用添加剂

沥青添加剂　asphalt additive 用于改善沥青及沥青制品性能的添加剂，其品种有：(1)沥青改性剂，用于改善沥青的使用性能，如高低温性能、沥青路面抗车辙能力、抗疲劳性、抗水剥离性；(2)乳化剂，用于制备乳化沥青；(3)抗剥离剂，用于提高铺路沥青中骨料与沥青之间的黏附性；(4)抗老化剂，用于提高沥青的抗老化性，包括抗氧化剂和紫外线吸收剂；(5)纳米改性剂，用于改善沥青使用性能的纳米材料，是近年来的一个热门研究课题。

沥青改性剂　asphalt modifier 用于沥青或沥青混合料，改善沥青路面使用性能的添加剂，主要为聚合物，分三大类：(1)热塑性弹性体，如 SBS、SIS、SE/BS；(2)橡胶类，如 NR、SBR、EPDMBR、IIR；(3)树脂类，如 EVA、PE、APP、APAO。近年来的新进展是使用纳米材料，将无机非金属纳米材料加入沥青中，由于纳米效应可改善沥青的使用性能，如高温稳定性、低温抗裂性、抗疲劳性、防滑性、抗水性等。非金属材料多为亲水性物质，须先用表面活性剂进行表面改性，使其与沥青有相容性。目前研究工作做得较多的是改性蒙脱土和 Fe_3O_4 纳米材料。

沥青乳化剂　asphalt emulsifier 能使沥青制品乳化并保持稳定的一种表面活性剂。稳定的 O/W 型沥青乳化液的 HLB 值为 10~13；W/O 型为 4~5。用二元复合乳化剂，由于协同效应的存在，对乳化液的稳定有利。乳化剂烷基链碳数增加，乳化液的稳定性提高。常用的有：(1)阴离子型乳化剂，如有机磺酸盐、有机硫酸盐或酯、氧化木质素、妥尔油酸盐；(2)阳离子型乳化剂，如烷基酚季铵盐、聚乙氧基季铵盐；(3)非离子型乳化剂，如烷基酚聚氧乙烯醚、多元醇酯、聚醚；(4)矿物型乳化剂，如膨润土、消石灰。路用骨料在水存在时表面带负电荷，阳离子型乳化剂带正电荷，由于静电力的作用，与骨料的黏附性好，使用较广。非离子型乳化剂有起泡性小的优点。乳化剂复合使用比单独用效果好。

沥青抗剥离剂 antistripping agent for asphalt 用于提高铺路骨料与沥青之间黏附性的添加剂，分为胺类和非胺类两种类型。常用的胺类抗剥离剂有二亚乙基三胺、三亚乙基四胺、四亚乙基五胺、酰氨基胺、氨基乙基哌嗪、多烯多胺-甲醛缩合物、多烯多胺-甲醛-酚反应生成的曼氏碱等。非胺类抗剥离剂主要是指消石灰和水泥。

石蜡乳化剂 wax emulsifier 石蜡乳液使用的乳化剂 HLB 值为 8~18，各种类型乳化剂都可使用，例如：(1)阴离子型乳化剂，如烷基磺酸钠、脂肪醇聚氧乙烯醚硫酸钠；(2)阳离子型乳化剂，如十八烷基三甲基氯化铵；(3)非离子型乳化剂，如壬基酚聚氧乙烯醚、脂肪醇聚氧乙烯醚、聚氧乙烯失水山梨糖醇单油酸酯、聚氧乙烯失水山梨糖醇单硬脂酸酯。石蜡不溶于水，难乳化，为制备稳定的石蜡乳液，除选用合适的乳化剂外，乳化工艺也十分重要。有时先将石蜡氧化，引入—COOH、—OH、C ═ O 等极性基团，增强其亲水性。制备乳液时，使用较高温度（85 ~ 95℃），强力搅拌(>800r/min)。如制备微乳液，应使用大剂量乳化剂，例如，石蜡：乳化剂 = 1.0：0.6(质量比)。

石蜡抗氧化剂 wax antioxidant 石蜡主要使用酚型抗氧化剂，如 2,6-二叔丁基对甲酚、4,4-亚甲基-双(2,6-二叔丁基苯酚)、β-(4-羟基-3,5-二叔丁基苯基)丙酸十八碳醇酯、四[β-(4-羟基-3,5-二叔丁基苯基)丙酸]季戊四醇酯。

石蜡紫外线吸收剂 UV absorber for wax 石蜡中有微量 S、N、O 杂环化合物和稠环芳烃等极性物质，在日光直射或散射下，颜色逐渐变深，使用价值降低。加入紫外线吸收剂可改善石蜡的光稳定性。常用的是二苯甲酮类和苯三唑类。例如，2-羟基-4-正辛氧基二苯甲酮、2-羟基-4-甲氧基二苯甲酮、2-(2-羟基-5-甲基苯基)苯并三唑、2-(2-羟基-5-叔辛基苯基)苯并三唑。紫外线吸收剂与抗氧化剂联用有协同效应。

石蜡改性剂 wax modifier 改进石蜡理化性质的物质，如硬脂酸、植物蜡及石油树脂等。硬脂酸可提高石蜡硬度。巴西棕榈蜡可提高石蜡熔点、滴熔点、黏度、硬度。马来西亚棕榈蜡可降低石蜡熔点、滴熔点、硬度，提高黏度。石油树脂能改善蜡膜的附着力、耐水性和耐酸碱性。将用季铵盐改性的蒙脱土加入石蜡乳液中，用此乳液处理纸张，可提高纸张的力学性能，因为季铵盐带正电荷，与带负电荷的纤维有较强的结合力。

3.4　催化裂化催化剂

催化裂化催化剂　catalytic cracking catalyst 用于催化裂化过程的催化剂，一般为固体酸催化剂。又称裂化催化剂。早期的固定床催化裂化工艺过程采用白土催化剂；移动床催化裂化工艺过程采用合成硅铝小球催化剂；流化床催化裂化工艺过程采用硅铝微球催化剂；提升管催化裂化工艺过程则采用分子筛微球催化剂。现在所说的催化裂化催化剂通常是指用于提升管催化裂化工艺过程的分子筛微球催化剂。裂化催化剂的型号和分类方法很多，如按催化剂制备原料来源可分为全合成与半合成催化剂；按加工目标和产品方案可分为渣油裂化催化剂、多产柴油催化剂、汽油降烯烃催化剂、多产气体或多产丙烯催化剂等。

裂化催化剂　cracking catalyst 见“催化裂化催化剂”。

流化催化裂化催化剂　fluid catalytic cracking catalyst (FCC catalyst) 通常简称为裂化催化剂，指用于流化催化裂化(发展至今基本采用提升管催化裂化)过程的催化剂。早先的流化催化裂化一般使用合成硅酸铝微球催化剂，现普遍使用平均粒径为60~70μm的微球形分子筛催化剂。

沸石裂化催化剂　zeolite cracking catalyst 以沸石(分子筛)为活性组分的微球催化裂化催化剂，用于提升管催化裂化过程。沸石催化剂相对于传统的无定形硅酸铝催化剂具有较高的裂化活性和选择性。活性组分基本采用Y型沸石，考虑目的产物不同而采用ZSM-5或其他沸石。常用的基质组分含有高岭土等黏土类物质、无定形硅酸铝和氧化铝、氧化硅等黏结剂。

分子筛裂化催化剂　molecular sieve cracking catalyst 见“沸石裂化催化剂”。

微球裂化催化剂　microspheroidal cracking catalyst 指用于流化催化裂化(流化床或提升管催化裂化)过程的催化剂。当前用于提升管催化裂化过程的微球催化剂多为分子筛催化剂。微球催化剂的基本物理性能为：平均粒径为60~70μm，具有合乎要求的耐磨损性能(AI)和表观松密度(ABD)。

渣油裂化催化剂　residue cracking catalyst (RFCC catalyst) 又称重油裂化催化剂，指用于加工原料油为常压渣油、减压渣油或原料油中掺炼一定比例的常压渣油或减压渣油(也有定义为原料中沸点高于538℃、组分含量大于5%的原料油)的催化裂化过程的催化剂。它应具备重油裂化能力强，水热稳定性好，焦炭和干气产率低，抗重金属污染能力好等性能。通常以超稳Y(USY)、稀土超稳Y(REUSY)沸石为主要活性组分，采用半合成或全天然土大孔基质制备催化剂。

氢Y型沸石裂化催化剂　HY zeolite cracking catalyst 以HY沸石为活性组分的催化裂化催化剂。不经改性处理的HY型催化剂水热稳定性通常较差，现已不采用HY沸石制备裂化催化剂。

超稳Y型沸石裂化催化剂　USY zeolite cracking catalyst (USY cracking catalyst) 以超稳Y型沸石(简称USY)为活性组分的裂化催化剂。USY沸石具有较好的水热稳定性和较好的焦炭选择性，因其氢转移活性较低，产物汽油馏分中烯烃含量较高，故其辛烷值亦较高。USY型沸石裂化催化剂用于渣油催化裂化时，采用较高的剂油比以使装置维持较高的转化率水平。

稀土沸石裂化催化剂　rare earth containing zeolite cracking catalyst (REY cracking catalyst) 以稀土离子改性的Y型(REY)沸石为活性组分的裂化催化剂。稀土改性可提高沸石的总酸量和水热稳定性。以高稀土含量沸石为活性组分的催化剂，可以在较低沸石含量下达到与低稀土含量沸石相当的裂化活性，但焦炭产率相对较高，汽油辛烷值较低。

稀土X型沸石裂化催化剂　REX zeolite cracking catalyst 以稀土阳离子交换改性X型沸石(REX)为活性组分的裂化催化剂，因活性稳定性较REY差，目前已不使用。

稀土Y型沸石裂化催化剂　REY zeolite cracking catalyst 以稀土离子改性Y型沸石(REY)为活性组分的裂化催化剂。提升管催化裂化发展初期用于蜡油裂化的催化剂即以REY为活性组分。由于REY沸石裂化活性较高，在渣油催化裂化催化剂中也有一定比例的应用。

稀土氢Y型沸石裂化催化剂　REHY zeolite cracking catalyst 以稀土氢Y型(REHY)沸石为活性组分的裂化催化剂。REHY沸石的稀土含量低于REY，焦炭选择性较好，多用于掺炼渣油的催化裂化过程。

全合成裂化催化剂　synthetic cracking catalyst 泛指采用合成物质制备的裂化催化剂。包括早期的合成硅酸铝催化剂，以及后来的以合成沸石为活性组分和合成硅酸铝为基质制备的裂化催化剂。

半合成催化裂化催化剂　semi-synthetic cracking catalyst 泛指由天然白土与合成物质组成的裂化催化剂。如以高岭土和合成硅铝为基质的沸石催化剂，以高岭土和硅(或铝)溶胶为黏结剂的Y型沸石裂化催化剂。半合成裂化催化剂具备的物理性能特点有：松密度较高、耐磨性能较好、比表面积较低、孔径较大等。

天然土型裂化催化剂 natural clay FCC catalyst 指全部由天然黏土制备的裂化催化剂。包括早期的活性(酸性)白土型催化剂，以及现在的由天然土(高岭土)微球经原位晶化得到的沸石裂化催化剂等。

小球裂化催化剂 bead catalytic cracking catalyst 指用于早期的固定床和移动床催化裂化(TCC)过程的小球形裂化催化剂。包括硅铝小球和硅铝分子筛小球等类型，通常采用油柱法成型，粒径约2~3mm。

硅酸铝裂化催化剂 silica-alumina cracking catalyst 通常指由无定形硅酸铝制备的小球或微球形裂化催化剂。无定形硅酸铝是由氧化硅和氧化铝结合而成的非结晶型硅、铝复合氧化物(因难用确切的化学式来描绘，常简称硅铝)，通常用水玻璃(硅酸钠)和硫酸铝或氯化铝为原料来制备。

低铝硅酸铝裂化催化剂 low alumina silica-alumina cracking catalyst 通常指含氧化铝(Al_2O_3)为13%~15%的硅酸铝裂化催化剂。

高铝硅酸铝裂化催化剂 high alumina silica-alumina cracking catalyst 通常指含氧化铝 Al_2O_3 约25%~30%的硅酸铝裂化催化剂。与低铝硅酸铝相比，具有裂化活性较高、稳定性好及耐磨损性能好等特点，但焦炭产率较高。

增加辛烷值裂化催化剂 FCC catalyst for enhancing octane number 用于增加汽油辛烷值的催化裂化催化剂。早期主要通过采用氢转移活性较低的超稳Y型沸石催化剂以提高汽油烯烃含量，从而增加辛烷值。新的环保标准限制汽油烯烃和芳烃含量以后，主要通过优化超稳Y型沸石和基质的性能，以及添加ZSM-5沸石来进一步增加汽油辛烷值。

固体酸催化剂 solid acid catalyst 固体酸是指具有给出质子(Brönsted酸中心)能力或者接受电子对(Lewis酸中心)能力的固体。通常将以固体表面上存在的酸性中心为活性位的催化剂称为固体酸催化剂。常用的固体酸催化剂的材料有各类阳离子交换沸石、无定形硅铝、酸洗白土、磷酸等。在石油炼制中，催化裂化、烷基化、异构化、烯烃叠合制汽油等过程都用的是固体酸催化剂。

增产柴油裂化催化剂 FCC catalyst for maximum diesel production 用于增加柴油产率的催化剂。多产柴油催化剂应具有较强的重油裂化能力和较弱的中间馏分二次裂化能力，因此需要丰富的大中孔和中、弱强度的酸中心。催化剂制备过程中主要通过分子筛改性、优化与基质的配伍和采用适合的制备工艺来调节催化剂的酸性和孔分布。

降低汽油烯烃裂化催化剂 FCC catalyst for reducing gasoline olefin 用于催化裂化过程中降低汽油烯烃含量的催化剂，简称为降烯烃催化剂。降烯烃催化剂通常采用具有较高氢转移活性的稀土改性Y型沸石为活性组分，并引入适量的改性MFI型沸石，以增加汽油中异构烷烃和芳烃含量，从而实现在辛烷值基本不降低的情况下，降低汽油中烯烃含量。

降烯烃催化剂 olefin-reducing FCC catalyst 见“降低汽油烯烃裂化催化剂”。

新鲜裂化催化剂 fresh FCC catalyst 指出厂后未经使用的FCC催化剂，简称为新鲜剂。新鲜剂裂化活性很高，直接用于FCC过程会造成干气和焦炭产率大幅增加。FCC操作中，新鲜剂通常是从储罐少量连续或分批地加入再生器中与运转着的催化剂汇合构成装置的催化剂藏量。

待生裂化催化剂 spent FCC catalyst 指在催化裂化反应器中与原料油接触反应后生焦失活的FCC催化剂，简称为待生剂。FCC操作中，待生剂通常经汽提后循环回至再生器中烧焦再生。

平衡裂化催化剂 equilibrium FCC catalyst(EQ catalyst)裂化催化剂在反应器和再生器中循环运转，过程中催化剂发生结构老化、烧结以及遭受重金属中毒、导致催化剂活性下降；加上催化剂在循环运动中与器壁以及催化剂颗粒自身之间的撞击和磨耗，细粉排出造成催化剂量的损失，故需要不断补充新鲜催化剂来维持催化剂在装置中的活性和循环量，使装置达到稳定的操作状态。由此可见，催化裂化装置中的催化剂是一个由不同“年龄”分布的催化剂所组成的动态平衡体系，称为平衡裂化催化剂，简称平衡剂。通过对平衡剂的评定(chacterization)可以得知催化剂以及装置操作的状态，从而对各种影响因素做及时有效的调整，以达到运转最优化的结果。

再生裂化催化剂 regenerated FCC catalyst 指生焦失活后的待生催化剂经汽提后进入再生器，在空气(氧)的作用下烧焦再生，经再生后活性得以恢复的催化剂，简称再生剂。提升管催化裂化过程中，分子筛催化剂再生后的碳含量一般控制在低于0.2%。

分子筛 molecular sieve 具有规则的孔道结构，孔道尺寸在50nm以下的多孔性无机氧化物晶体材料的总称。由于其孔道直径与一般分子大小接近，因此能对不同大小的分子起到筛分(分离)作用，故名。分子筛在炼油、石油化工、化工、精细化工、天然气、冶金等工业中得到了广泛应用。

沸石 zeolite 天然或人工合成的碱金属、碱土金属含结晶水的晶体铝硅酸盐的总称。化学通式为 $[M_2(I), M_1(II)]O \cdot Al_2O_3 \cdot nSiO_2 \cdot mH_2O$，其中 M(I)、M(II)依次为碱金属和碱土金属阳离子，m 为水分子数，n 为 SiO_2/Al_2O_3 分子比。以硅氧四面体与铝氧四面体或硅氧四面体之间通过各自的四个顶点共享氧原子而形成三维开放性的骨架结构，经脱水后形成具有特定结构的多孔材料，按其孔道特征分为一维、二维、三维体系。沸石具有吸附性、离子交换性、催化、耐酸、耐热等性能，被广泛用作吸附剂、离子交换剂、催化剂，也用于气体和污水净化等领域。

A 型沸石(分子筛) A type zeolite (molecular sieves)一种人工合成的三维孔道沸石。按照国际纯粹和应用化学联合会(IUPAC)的定义，属 LTA 结构类型。空间群为：Fm-3c。晶胞化学式为：$[Na^+_{12}(H_2O)_{27}]_8[Al_{12}Si_{12}O_{48}]_8$。晶体结构中含四元环、六元环、八元环等结构单元。拥有[100] 0.41nm×0.41nm 八元环三维孔道。

L 型沸石(分子筛) L type zeolite (molecular sieve)一种人工合成的一维孔道沸石。按照国际纯粹和应用化学联合会(IUPAC)的定义，属 LTL 结构类型。空间群为：P6/mmm。晶胞化学式为：$[K^+_6 Na^+_3(H_2O)_{21}][Al_9Si_{27}O_{72}]$。晶体结构中含四元环、六元环、八元环及十二元环等结构单元。拥有[001] 0.71nm×0.71nm 十二元环一维孔道。

T 型沸石(分子筛) T type zeolite(molecular sieve)一种由毛沸石和菱钾沸石交互生长在一起形成的共生物。一般 T 型沸石中菱钾沸石约占 60%~97%，其余为毛沸石。T 型沸石的性质介于毛沸石和菱钾沸石之间，其催化性质随着两者比例的变化而有所不同。

X 型沸石(分子筛) X type zeolite (molecular sieve)一种人工合成的三维孔道沸石。按照国际纯粹和应用化学联合会(IUPAC)的定义，属于八面沸石(FAU)结构，SiO_2/Al_2O_3 摩尔比在 2.2~3.0 之间。空间群为：Fd-3m。晶胞化学式为：$[(Ca^{2+}Mg^{2+}Na^+_2)_{29}(H_2O)_{240}][Al_{58}Si_{134}O_{384}]$。晶体结构中含四元环、六元环、十二元环等结构单元。拥有[111] 0.74nm×0.74nm 十二元环三维孔道。

Y 型沸石(分子筛) Y type zeolite (molecular sieve)一种人工合成的八面沸石型分子筛。按照国际纯粹和应用化学联合会(IUPAC)的定义，把 SiO_2/Al_2O_3 摩尔比大于 3.0 的八面沸石称为 Y 型分子筛。

由次级结构单元β笼和六方棱柱相互连接，形成具有超笼结构的三维孔道体系。超笼直径在1.2nm左右，含有4个按四面体取向的十二元环孔口，直径约为0.74nm。在催化裂化、加氢裂化、烷基化及异构化等领域有着广泛的应用。

八面沸石 faujasite 具有三维孔道结构，其晶胞化学式为：$Na_2O \cdot Al_2O_3 \cdot (3\sim6)SiO_2 \cdot (1\sim9)H_2O$，构成单位晶胞的硅氧四面体和铝氧四面体共192个，其主要孔道直径为0.74nm，八面沸石笼空腔平均直径为1.25nm。广泛用于吸附分离和催化。经改性处理后，是制备裂化催化剂的主要活性组分和其他催化剂的酸性载体，活性、选择性、稳定性俱佳。

ZSM-5型分子筛 ZSM-5 type zeolite(MFI)属于双十元环交叉孔道的MFI(mordenite framework inverted)分子筛结构类型。其包含两种相互交叉的三维孔道结构，平行于*a*轴方向的十元环孔道呈Z字形，孔径为0.55nm×0.51nm，平行于*b*轴方向的十元环孔道呈直线型，椭圆形孔道的孔径为0.53nm×0.56nm。属于正交晶系，合成时硅铝比可在很大范围内调整。其特殊的孔道结构使其可用于芳烃的分离，以及用作择形催化反应如催化裂化、临氢降凝、加氢裂化等过程的催化剂组分。

MFI型沸石 MFI zeolite 具有双十元环交叉孔道的分子筛结构类型，其典型代表是ZSM-5分子筛，主要用作催化裂化催化剂的助剂。

择形沸石(分子筛) shape-selective zeolite(molecular sieve)一类含有特殊孔结构和孔径的沸石(分子筛)材料。作为催化剂的活性组元，在反应时只有具有某种分子结构(尺寸)大小的烃类(如直链烃)才能进入沸石孔道进行择形反应。较多使用的具有择形性质的组分有ZSM-5分子筛、丝光沸石等，涉及的工艺过程有选择性加氢、选择性裂化、选择性歧化和异构化等。

合成沸石(分子筛) synthetic zeolite (molecular sieve)由人工方法合成的沸石，一般称为分子筛。广泛应用的有A型、X型、Y型、L型、丝光沸石、β沸石等。合成是以水玻璃(硅酸钠)和硫酸铝为原料，按不同比例配料，经成胶、晶化、过滤、洗涤、离子交换、焙烧等过程而成。合成沸石广泛应用于制备石油加工和石油化工催化剂。

超稳Y型沸石 ultra-stable Y zeolite(USY)又称超稳Y型分子筛。Y型沸石在一定的处理条件下，可脱除部分骨架铝，晶胞收缩幅度大于1%，得到水热稳定性提高的超稳Y型沸石。脱铝-超稳化方法主要有：(1)高温热处理与水热处理；(2)化学法脱铝；(3)高温水热与化学脱铝相结合。与未改性Y型沸石相比，USY骨架硅铝比高，结构稳定性好，同时富含二次孔。用USY作为裂化催化剂的活性组分，可以改善裂化催化剂的干气和焦炭选择性，同时FCC汽油产物烯烃含量较高，故其辛烷值也较高。

斜发沸石　clinoptilolite 一种人工合成的二维孔道沸石。按照国际纯粹和应用化学联合会(IUPAC)的定义，属HEU结构类型。空间群为：C2/m。晶胞化学式为：$[Ca^{2+}(H_2O)_{24}][Al_8Si_{28}O_{72}]$。晶体结构中含四元环、五元环、八元环及十元环等结构单元。拥有[001] 0.31nm×0.75nm十元环和[100] 0.36nm×0.46nm八元环两种孔道。

菱沸石　chabazite 一种人工合成的三维孔道沸石。按照国际纯粹和应用化学联合会(IUPAC)的定义，属CHA结构类型。空间群为：R－3m。晶胞化学式为：$[Ca_6^{2+}(H_2O)_{40}][Al_{12}Si_{24}O_{72}]$。晶体结构中含四元环、六元环、八元环等结构单元。主孔道为沿[001]方向0.38nm×0.38nm的八元环孔。

毛沸石　erionite(T type molecularsieve)一种人工合成的三维孔道沸石。按照国际纯粹和应用化学联合会(IUPAC)的定义，属ERI结构类型。空间群为：P6₃/mmc。晶胞化学式为：$[(Ca^{2+}, Na_2^+)_{3.5}\ K_2^+(H_2O)_{27}][Al_9Si_{27}O_{72}]$。晶体结构中含四元环、六元环、八元环等结构单元。主孔道为沿[001]方向的0.36nm×0.51nm的八元环孔。

丝光沸石　mordenite 一种天然或人工合成的一维孔道沸石。按照国际纯粹和应用化学联合会(IUPAC)的定义，属MOR结构类型。空间群为：Cmcm。晶胞化学式为：$[Na_8^+(H_2O)_{24}][Al_8Si_{40}O_{96}]$。晶体结构中含四元环、五元环、八元环及十二元环等结构单元。主孔道为沿[001]方向的0.7nm×0.65nm的十二元环孔。水热稳定性和耐酸性优于Y型沸石，工业上用于吸附分离、选择裂化、加氢裂化、甲苯歧化和异构化等过程。

β沸石　β zeolite 一种人工合成的三维孔道沸石。按照国际纯粹和应用化学联合会(IUPAC)的定义，属BEA结构类型。空间群为：$P4_122$。晶胞化学式为：$[Na_7^+][Al_7Si_{57}O_{128}]$。晶体结构中含四元环、五元环、六元环及十二元环等结构单元。拥有[100] 0.66nm×0.67nm和[001] 0.56nm×0.56nm双十二元环交叉孔道。用于芳烃烷基化、歧化、丙烯醚化、甲醇芳构化、环氧丙烷与乙醇醚化、苯胺甲基化反应的催化剂。

基质　matrix 母体、基材之意。分子筛裂化催化剂由活性组分和基质组成。活性组分为经过处理的沸石分子筛(主要为Y、ZSM-5)，提供活性和选择性，作为分散相断续分布于连续相的基质中。基质多为硅铝胶与高岭土的紧密结合体，能黏结分子筛使催化剂成型后具有适合的宏观结构，以提供必要的反应空间和良好的水热稳定性，其适合的酸性可与分子筛达到最佳的性能配合。

载体 carrier 见“基质”。

氧化铝 alumina 铝的氧化物，多是从铝的氢氧化物加热脱水制得，其存在的多种晶形有 α-、γ-、χ-、η-、ρ-、δ-、κ-、θ-Al_2O_3 等8种；其中不超过600℃脱水的产物为 ρ-、χ-、η-、γ-Al_2O_3，在900~1000℃生成含水极少的 κ-、δ-、θ-Al_2O_3，超过1000℃时，所有晶形都会转变为 α-Al_2O_3。氧化铝是冶炼金属铝的主要原料。作为催化剂载体，最常使用晶形规整的 α-Al_2O_3 以及多孔胶态分散的 η-Al_2O_3 和 γ-Al_2O_3。

活性氧化铝 activated aluminiumoxide(active alumina)一般指用作催化剂、催化剂载体和吸附剂的多孔性、高分散度的氧化铝，具有合适的宏观结构(微孔孔径、比表面积、孔体积、孔分布)，良好的吸附性能、表面酸性和热稳定性等。最常使用的是晶形规整的 α-Al_2O_3 以及晶型、多孔、胶态分散的 η-和 γ-Al_2O_3；后二者都具有错层的尖晶石结构。η-Al_2O_3 是由拜铝石(β_1-$Al_2O_3 \cdot 3H_2O$，β_1-三水铝石)转化而来，过去曾用作炼油重整催化剂的载体。γ-Al_2O_3 是由薄水铝石(α-$Al_2O_3 \cdot H_2O$，α-一水软铝石)加热转化而来，作为多相催化剂载体或单独作为催化剂使用。

三水铝石 gibbsite 旧称三水铝矿或水铝氧石，是氧化铝的三水合物矿物，含于土壤、沉积岩和天然水中，是自然界中最普遍的氧化铝形态。其化学式是 α-$Al_2O_3 \cdot 3H_2O$，与拜铝石和诺铝石成同质多相存在。三水铝石属单斜晶系，其晶体极细小，呈假六方片状，聚集成结核状、豆状或土状，一般为白色或灰绿色，有玻璃光泽，相对密度为2.4，是制取铝金属的主要原料。工业上通常采用铝酸钠沉淀法制成无定形氢氧化铝，经加热脱水生成不同晶型的氧化铝，用作吸附剂、载体或催化剂。

水铝氧矿 gibbsite 见“三水铝石”。

拟薄水铝石 pseudo-boehmite 假一水软铝石，是胶态的 α-氧化铝的一水化物。薄水铝石(一水软铝石)，属斜方晶系，其化学式是 α-$Al_2O_3 \cdot H_2O$，是铝土矿的主要矿物成分。拟薄水铝石的X射线衍射图与晶态的一水软铝石(薄水铝石)相似，但 H_2O/Al_2O_3 比值在1.2~2.5，为半结晶物质，其晶面间距稍大。拟薄水铝石酸化后可作为分子筛裂化催化剂的黏结剂，并且是催化剂的活性酸性组分。

凝胶 gel 兼具固体和液体特征的胶体体系。凝胶具有一定的形状，不流动性，大多数无机物凝胶属刚性凝胶，其分散相浓度很低，由刚性粒子构成连续的三维网状骨架，视粒子的形状可构成由球形质点连接成的串珠状网架或由板状或棒状质点搭成的网架。骨架空隙中充有的液体虽不能自由流动，但小于20nm的分子在凝胶中可以迁移，还可发生离子交换的过程，通过加热可使分散介质从骨架中逸出，故又显示出液体物质的特性。

水凝胶 hydrogel 是一种以水为分散介质的胶体分散体系，外观似固体，无流动性，是在一定的外部条件下由溶胶态转变形成的。分散质构成凝胶的骨架，通过氧桥形成网状交联的三维结构，其空隙中充满了作为分散介质的水。催化裂化催化剂的基质多由硅铝水凝胶以及经处理后胶态的高岭土结合而成。前者为球形质点互联成串珠状网架，后者是以板状或棒状质点搭成网架，经脱水成型后成为具有机械强度的干胶。

黏结剂 adhesive 制备分子筛裂化催化剂时，把分子筛和高岭土黏结起来的组分。常用的黏结剂有硅溶胶、铝溶胶、酸化的拟薄水铝石溶胶-凝胶、硅铝凝胶等，这些组分使分子筛和高岭土相结合，其自身也是构成基质之组分。除硅溶胶对裂化反应呈惰性外，其他几种溶胶或凝胶都具有一定的酸性(表现为催化裂化活性)，以便与分子筛和高岭土达到最佳的性能配合。成型后的催化剂颗粒经后续化学及高温处理，形成工业使用时必需的机械强度。

溶胶 sol 具有各种大小粒子的胶体溶液或者假溶液。它是高度分散的不均匀的多相体系，其分散相粒子是由许多分子或原子聚集而成的颗粒，直径大小在1~100nm。溶胶的高度分散性使其具有极大的相界面，即很大的表面自由能。这种不稳定体系具有自发降低分散度的趋势，溶胶聚沉即发生溶胶-凝胶过程。溶胶-凝胶过程是一种湿化学过程，可认为溶胶是先行物，其一级粒子通过脱水或缩合形成集成的三维网络。凝胶即为充满分散介质的三维网络。溶胶的特性是其呈现出丁达尔现象、电泳和电渗现象。

铝溶胶 alumina-sol 是铝的氢氧化物凝胶或金属铝经单价强酸(如盐酸、硝酸)处理后，得到的透明氧化铝溶胶，其分散质粒子大小为1~100nm，并呈现丁达尔现象。粒子为双电层构造，带正电荷，与其在介质中分散的同样粒子相互排斥，故体系有很好的稳定性。铝溶胶粒子本身可发生聚合作用生成八水二羟基铝盐二聚阳离子[$4H_2O \cdot Al_2(OH)_2 \cdot 4H_2O]^{4+}$，经进一步脱水、脱质子而形成更大的聚合体；加入过量的电解质，会使粒子加速聚合，生成凝胶。铝溶胶无毒、无臭、不污染环境，可以任意比例与水溶合。其耐高温黏结性好，多作为耐火纤维、铸造型砂以及分子筛催化裂化催化剂的黏结剂。

水玻璃 water glass 俗称泡花碱，偏硅酸钠 $Na_2O \cdot SiO_2$ 或 Na_2SiO_3 的水合物，其水溶液称为玻璃，具有黏稠性。化学式为 $Na_2O \cdot nSiO_2$，n 为 SiO_2 对 Na_2O 的摩尔比，称为水玻璃的模数。水玻璃广泛用于国民经济的各个部门，是化工、轻工、建筑、纺织、机械等制造业重要的基本原料，也是生产炼油硅铝催化裂化催化剂和沸石分子筛不可缺少的主要原料。

偏硅酸钠 sodium metasilicate 见“水玻璃”。

硅藻土 kieselguhr 由海洋微小生物硅藻残骸硅质细胞壁自然构成的软硅质沉积岩，外观为细白、浅黄或浅灰色质地轻软疏松的细粉，孔隙率高，粒径一般为 10~200μm，其经烘干后的典型组成为 SiO_2 80%~90%，$Al_2O_3$2%~4%，$Fe_2O_3$0.5%~2%，以及 MgO、CaO、有机物等。酸处理可提高硅藻土的 SiO_2 含量、比表面积、孔体积和平均孔半径，再经成型可用作过滤介质、吸附剂和催化剂载体，还可作为建筑材料、绝热体等。

硅溶胶 silica sol 二氧化硅胶态微粒在水中均匀扩散形成的胶体溶液，化学式：$mSiO_2 \cdot nH_2O$，分散质胶体粒子大小在 10~20nm。硅溶胶一般由水玻璃与硫酸在低 pH 值下混合，硅酸离子即转化为 $Si(OH)_4$的单体物，经聚合即成为胶态的氧化硅颗粒。pH 值在 2~4 之间的为酸性胶，pH 值在 8.5~10 之间的为碱性胶。氧化硅可作为较低温(低于 300℃)条件下加氢、叠合和某些氧化反应催化剂的载体，作为吸附剂有十分广泛的用途。

硅酸铝 aluminium silicate 是一种含水的碱金属或碱土金属的铝硅酸盐，其构造的基本单元是硅氧四面体和铝氧四面体，经脱羟基，硅氧四面体自身或与铝氧四面体通过共享四面体顶角的氧原子相连，形成开放的三维、层状的二维和纤维型的链状构造，或为无定形体。晶型硅酸铝的天然产物有高岭土、膨润土等黏土矿物，还有天然沸石如方沸石、丝光沸石、钠沸石、八面沸石等。人工合成法可制得硅酸铝凝胶或沉淀，产物为无定形。合成的泡沸石分子筛是在高温、高碱度下由硅酸铝水凝胶体系晶化而成。

硅铝凝胶 silica-alumina gel 硅

铝氧化物的凝胶，由共沉淀法或分步沉淀法制备得到，原料为水玻璃、硫酸铝、铝酸钠、硫酸、氢氧化铵等。制备过程是在一定的条件(溶液浓度、温度和 pH 值——由酸和碱来调节)下，分别含有硅盐和铝盐的水溶液经充分混合后生成溶胶，然后逐渐转变为没有流动性的半透明硅铝凝胶。构成胶体的基本粒子为硅氧四面体和铝氧四面体，硅氧四面体呈单体物、二聚物甚至多聚物存在。凝胶过程中硅原子与铝原子通过四面体顶端共用氧原子(氧桥)而连接起来，向空间发展形成三维结构的凝胶骨架。四面体中心铝离子为+3 价与顶端 4 个氧原子(呈-1 价作为氧桥)结合时，通过吸附原料溶液中的一个 Na^+ 以使电价平衡。凝胶经洗涤由 H^+ 取代 Na^+，即为硅铝凝胶的酸性活性中心，再经干燥即得硅铝干凝胶。

硅铝胶 silica-alumina gel 见“硅铝凝胶”。

无定形硅酸铝 amorphous aluminum silicate 见“硅铝凝胶”。硅铝凝胶即无定形硅酸铝，炼油工艺用催化裂化催化剂，有低铝(含 Al_2O_3 13%～15%)和高铝(含 Al_2O_3 25%～30%)微球催化剂之分。高铝催化剂较之低铝催化剂活性较高、稳定性较好、生焦较多，现今主要用作分子筛裂化催化剂基质组分之一，有裂化活性，具有一定的黏结功能。

去离子水 deionized water 又称软化水，是指除去了呈离子形式杂质后的纯水。国际标准化组织 ISO/TC 147 规定的“去离子”定义为：“去离子水完全或不完全地去除离子物质，主要指采用离子交换树脂处理方法。”原料水多采用城市自来水，其中含有 Na^+、K^+、Ca^{2+}、Mg^{2+}、Cl^-、SO_4^{2-}、HCO_3^- 等。去离子水广泛使用于轻工、化工、催化剂生产、纺织、药物、生物、电子、食品、贵金属提炼、电镀水回收等领域。选择去离子水，应考虑所需水的品质与经济、环保等因素间的综合平衡。

分散基质结构 distributed matrix structure(DMS) BASF 催化剂公司(原 Engelhard 公司)推出的用于 FCC 催化剂制备的一项重要技术平台。其技术核心是采用高岭土微球原位晶化，使生成的沸石分布于基质孔道的外表面(催化剂颗粒内部 SEM 照片如图所示)，从而促进原料分子的扩散及其在高分散沸石表面的预裂化。采用 DMS 技术可以改善 FCC 催化剂的重油裂化能力，提高液体产物收率，降低焦炭产率。

催化剂颗粒内部 SEM 照片

锐钛矿　anatase 是一种以二氧化钛为主要成分的矿石，其中所含的二氧化钛晶体属四方晶系，化学式为 TiO_2。其两种同质多相变体，即金红石和板钛矿，分属四方晶系和斜方晶系。锐钛矿外观呈褐、黄、浅紫、浅绿、灰黑等色，通常均呈尖锐的四方双锥晶形、具平行底面和锥面的中等解理。与金红石相比，其相对密度(3.82~3.97)较低，其他物理性质、产出条件和用途都与金红石相似，但不如金红石稳定和常见。工业品锐钛矿型二氧化钛，用于制油漆、金属钛和钛合金、电绝缘体等，还用作光催化剂材料，具有很强的氧化还原能力。

黏土矿物　clay mineral 组成黏土岩和土壤的主要矿物，是含铝、铁和镁为主的层状结构含水硅酸盐矿物，其晶粒一般小于 0.01mm，因风化作用、热液和温泉水作用或沉积—成岩作用而生成。黏土的主要结构单元是二维排列的硅氧四面体和二维排列的铝氧八面体，每个顶点是一个氧原子，两种片体以不同方式连结堆叠，形成了结构各异的黏土矿物。包括：高岭石族矿物、蒙脱石、蛭石、黏土级云母、伊利石、海绿石、绿泥石和膨胀绿泥石以及有关的混层结构矿物，还有具过渡性的层链状结构的坡缕石(凹凸棒石)、海泡石和非晶质的水铝英石等。

莫来石　mullite 即富铝红柱石，是一系列由铝硅酸盐组成的矿物统称，是铝硅酸盐在高温下生成的矿物，为一种链状结构的硅酸盐，化学式为 $3Al_2O_3 \cdot 2SiO_2$ 或 $2Al_2O_3 \cdot SiO_2$。天然莫来石晶体为细长的针状且呈放射簇状，无色至玫瑰红或蓝色，属斜方晶系，其两种同质多相变体为红柱石(正交晶系)和蓝晶石(三斜晶系)，后两者分别在 1380℃ 和 1350℃ 高温下分解为莫来石和二氧化硅，加热铝硅酸盐时亦会形成莫来石。人工合成莫来石通常用烧结法或电熔法。其密度为 $3.16g/cm^3$，莫氏硬度为 6~7，高于 1800℃ 时仍很稳定。莫来石是一种优质的耐火材料，具有膨胀均匀、热震稳定性极好、荷重软化点高、高温蠕变值小、硬度大、抗化学腐蚀性好等特点，广泛用来生产优质高温耐火材料。在化工、冶金、环保等领域的应用将具有很大的社会及经济意义。

富铝红柱石　mullite 见"莫来石"。

高岭土　kaolin 一种铝土矿物，主要成分为铝的含水硅酸盐高岭石(理论结构式为 $Al_4Si_4O_{10}(OH)_8$ 或 $Al_2O_3 \cdot 2SiO_2 \cdot 2H_2O$)，经极度风化成的白色或灰色的细黏土，加水不膨胀，可塑性强，耐高温结构稳定，是陶瓷和耐火材料不可缺少的原料。用作炼油催化裂化半合成分子筛催化剂或全天然分子筛催化剂的原料，需脱除其他矿物杂质，对所含的氧化铁和石英含量有严格的要求。

高岭石 kaolinite 一种黏土矿物成分，是天然产的层状硅酸铝，外观为无色–白色的细小鳞状结晶体，粒径小于2μm。其化学式为 $Al_2O_3 \cdot 2SiO_2 \cdot 2H_2O$ 或 $Al_4(Si_4O_{10})(OH)_8$，理论的化学组成为：SiO_2 46.54%，Al_2O_3 39.50%，H_2O 13.96%。高岭石晶体是由一层硅氧四面体和一层铝氧八面体通过共享的氧原子互相连接为一个晶层，即1∶1型层状硅酸盐，属三斜晶系。晶胞中电荷基本上是平衡的，极少有同晶置换，相邻晶层之间是由羟基层和氧原子层相接，晶层之间由氢键紧紧地连在一起，水和极性分子不易进入，无膨胀性，也无离子交换能力。其比表面积、孔隙率、吸附容量均不大。

膨润土 bentonite 是一种含水合硅酸铝的天然黏土矿物，其主要矿物组分蒙脱石的含量为85%~90%，其余为少量的他种矿物石、石英、云母晶屑及火山岩屑等。膨润土有强的吸湿性和膨胀性，在水介质中能分散成悬浮液或胶凝液，具有很强的阳离子交换能力。膨润土有多种用途，如：耐火材料增塑、釉浆悬浮、钻井泥浆稠度调节、石油产品吸附、铸造砂模黏结等；经酸处理后，亦用作氧化催化剂载体或精细化工催化剂。

蒙脱石 montmorillonite 是一种层状结构、片状结晶的硅酸盐黏土矿物，属单斜晶系，是组成膨润土的主要矿物成分。外观为块状或土状集合体，颜色白灰、浅蓝或浅红色，其颗粒细小，约0.2~1μm，具胶体分散特性，可从膨润土中提纯获得。蒙脱石化学式为 $(Na, Ca)_{0.33}(Al, Mg)_2[Si_4O_{10}](OH)_2 \cdot nH_2O$，其晶层单元由两层硅氧四面体中间夹着一层铝氧八面体，为2∶1型三层结构，相邻晶层之间由氧原子层联系，结合力较弱，水和Ca、Mg、Na、K等阳离子以微弱的氢键相联形成水化状态进入单位晶层之间，引起晶格沿 c 轴方向膨胀。当无层间水时，晶层厚度为0.96nm；当有层间水时，晶层厚度最大增至2.14nm。晶层之间的阳离子易被其他阳离子交换。蒙脱石的性质与它的化学成分和内部结构有关。其膨胀性和阳离子交换性都是可逆的。

微孔材料 microporous material 按照国际纯粹和应用化学联合会(IUPAC)的定义，指具有规则而均匀孔道结构的多孔材料，孔径低于2nm。

沸石分子筛 zeolite molecular sieve 一种多孔的晶体铝硅酸盐。1756年，瑞典矿物学家克朗斯提(Cronstedt)发现有一类天然铝硅酸盐矿石在灼烧时会产生沸腾现象，因此命名为"沸石"。因为它的孔径落在微孔尺度范围(<2nm)内，可以筛分分子，所以称之为沸石分子筛。到目前为止，国际分子筛协会认可的沸石分子筛结构有206种，广泛应用于吸附、催化等多种领域。

杂原子分子筛　heteroatom molecular sieve 结晶铝硅酸盐沸石分子筛的骨架硅、铝原子，可被包括Be、B、Mg、Co、Mn、Zn、P、Ti等在内的金属元素或非金属元素的原子部分或全部同晶取代，形成的分子筛。

稀土Y型分子筛　rare earth Y type zeolite(REY)　NaY分子筛在含稀土的盐溶液中，在一定温度下发生Na^+与稀土离子(RE^{3+})的交换作用，经过后续的干燥、焙烧处理，使稀土离子进入Y型分子筛晶体内，得到酸强度、热稳定性和水热稳定性都大大提高的稀土型Y分子筛。

介孔材料　mesoporous material 按照国际纯粹和应用化学联合会(IUPAC)的定义，指具有规则而均匀孔道结构的多孔材料，孔径在2~50nm。

有序介孔材料　ordered mesoporous material 又称为结晶介孔材料，以美国ExxonMobil公司合成的M41S系列材料为代表，孔径范围在2~50nm。材料在原子水平上是无序的、无定形的，但孔道形状规则、排列有序，孔径大小分布很窄，长程有序，因此也具有一般晶体的某些特征，结构信息可由衍射方法及其他结构分析手段得到。

无定形介孔材料　amorphous mesoporous material 又称为无序介孔材料，孔径范围在2~50nm，孔道形状不规则，孔径尺寸分布范围较宽，如无定形氧化硅凝胶和氧化铝凝胶等。

金属有机骨架材料　metal-organic framework(MOF)一种类分子筛配位聚合物，是通过过渡金属和有机配体的自组装形成的以无机有机杂化物质为主体的有序骨架。这些通过有机链连接的金属离子或金属簇组成的多孔晶体材料，比表面积可高达每克几千平方米，孔径大小可通过有机链来调整。

待生剂　spent FCC catalyst 见304页"待生裂化催化剂"。

平衡剂　equilibrium FCC catalyst 见304页"平衡裂化催化剂"。

球形裂化催化剂　bead catalytic cracking catalyst 指用于早期的固定床和移动床催化裂化(TCC)过程的小球形裂化催化剂，包括硅铝小球和硅铝分子筛小球等类型，通常采用油柱法成型，粒径约2~3mm。

溶胶法制备凝胶　gel prepared by sol method 无机物类凝胶的生成，是一种湿化学过程，即聚沉的过程。影响因素有：溶胶的温度、其中分散相的浓度、电解质的作用乃至分散相粒子的形状等。可认为溶胶是先行物，其中分布有带电荷的溶胶粒子，体系是处于暂时稳定的状态。经加入电解质，使粒子局部去溶剂化、互相黏结，随后老化，全过程发生缩聚反应，形成了连续的、其中充满分散介质的三维网络凝胶。凝胶制备十分重要，广泛用于制备石油化工、化工合成等催化剂和载体。目前，纳米材料的研究与开发受到极大的重视，纳米材料的粒度大小在1~100nm，属于胶体粒子的范围，通过溶胶-凝胶法已能制备出超分子级乃至纳米亚结构的材料。

三水合氧化铝 hibbsite 即氢氧化铝，为氧化铝的三水合物，存在三种晶态：三水铝石（gibbsite，α-$Al_2O_3 \cdot 3H_2O$）、拜铝石（bayerite，β_1-$Al_2O_3 \cdot 3H_2O$）和诺铝石（nordstrandite，β_2-$Al_2O_3 \cdot 3H_2O$）。

3.5 加氢催化剂

重整原料预加氢催化剂 reformer feed pre-hydrotreating catalyst 用于重整原料的加氢精制，脱除其中的硫、氮和砷等杂质，避免重整催化剂中毒。重整原料预加氢催化剂的活性组分主要由Co-Mo、Ni-Mo或Ni-W及助剂构成。使用条件较缓和，总压一般2MPa，反应温度在260~320℃范围内。加氢生成油硫、氮需降低至<0.5μg/g以下。

催化裂化汽油选择性加氢脱硫催化剂 selective hydrodesulfurization catalyst for FCC gasoline 用于FCC汽油的加氢精制，选择性地脱除其中的硫化物而最大限度地保留烯烃，以达到降低汽油硫含量、减少辛烷值损失的目的。催化裂化汽油选择性加氢脱硫催化剂的活性组分主要由Co-Mo及助剂构成。使用条件较缓和，一般氢分压为2MPa，反应温度在230~350℃范围内。

催化裂化汽油加氢改质催化剂 catalyst for FCC gasoline hydroupgrading 用于加氢脱硫后FCC汽油的加氢改质，通过促进油品发生裂化、异构化或芳构化等反应提升汽油辛烷值以弥补FCC汽油加氢脱硫过程因烯烃加氢饱和而导致的汽油辛烷值损失。FCC汽油加氢改质催化剂置于FCC汽油加氢脱硫催化剂之后，一般含有酸性较强的H型丝光沸石、H-β、改性ZSM-5等择形分子筛。

石油化工原料加氢脱砷保护剂 hydrodearsenification protective agent for petrochemical feedstocks 用于气、液态石油化工进料的加氢预脱砷。砷与活性金属反应而被除去，减轻砷对下游催化剂的毒害。置于主剂之上或前置预脱砷反应器中，常用Ni、Cu、Pd等为活性组分，多为高含镍剂，呈氧化态、还原态或硫化态。脱砷石脑油作为乙烯原料要求 As 含量 ≤20ng/g，作为加氢原料 As 含量 ≤200ng/g，作为重整原料 As 含量 ≤1ng/g。

柴油加氢精制催化剂 diesel hydrotreating catalyst 用于柴油馏分加氢精制，降低其硫、氮和芳烃含量，提高柴油安定性及生产低硫或超低硫柴油。催化剂多为以 Co-Mo、Ni-Mo、Ni-W 为主要活性组分的负载型催化剂，也有少量无载体相催化剂。由于不同加工工艺所获取的柴油馏分性质差异较大，所以反应条件较宽，一般压力为 3～10MPa，空速在 $1.0 \sim 2.5h^{-1}$ 范围内。

柴油加氢改质催化剂 diesel hydroupgrading catalyst 用于柴油馏分的加氢改质，除降低其中的硫、氮含量外，还实现芳烃加氢饱和、部分开环转化，提高柴油十六烷值及生产低硫或超低硫清洁燃料。柴油加氢改质催化剂多以 Ni-Mo、Ni-W金属和分子筛为主要活性组分。反应条件一般为压力 6～12MPa，空速在 $1.0 \sim 3.0h^{-1}$ 范围内。

柴油临氢降凝催化剂 diesel hydro-dewaxing catalyst 一种含 ZSM-5 或丝光沸石等分子筛的催化剂，在氢气存在下选择性地将高凝点的正构烃裂解为小分子除去，从而降低油品的凝点。反应条件缓和，氢耗低。但因部分烃类裂解时形成气体烃类被除去，因此产品收率较低。与润滑油临氢降凝催化剂组分类似，仅其裂化性能要求低于润滑油临氢降凝催化剂。

柴油加氢改质异构降凝催化剂 diesel hydroupgrading isodewaxing catalyst 用于中压下(<10.0MPa)直馏柴油、二次加工柴油加氢裂化过程的双功能催化剂，以改性大孔硅铝分子筛与无定形硅铝复合物为酸性组分，以 Ni-Mo 或 Ni-W 为加氢组分。在深度脱硫、脱氮、脱芳烃和选择性开环同时，也使其中高凝点正构烃组分发生异构化以改善低温流动性，并使进料中重馏分发生适度的加氢裂化反应。柴油选择性和十六烷值保持能力优于临氢降凝催化剂。见 79 页“FHI 加氢改质异构降凝工艺”。

缓和加氢裂化催化剂 mild hydrocrackingcatalyst 用于缓和加氢裂化工艺的含加氢金属和酸性组分(分子筛或无定形硅铝)的加氢裂化双功能催化剂，其单程转化率多为 10%～40%，适用于常规原油的重馏分油，以氧化铝或氧化铝-分子筛为载体，以 Ni-Mo 或 Ni-W 为加氢组分。

加氢裂化预处理催化剂 pre-hydrotreating catalyst in hydrocracking processe 用于加氢裂化原料(多为蜡油馏分)加氢预处理，脱除其中的硫、氮、饱和芳烃及少量胶质、沥青质和金属。有利于提高加氢裂化催化剂的转化率和稳定性，又称为加氢裂化精制段催化剂。多以Ni-Mo或Ni-W为主要活性组分。该剂设计时需要考虑具有较大蜡油分子的扩散性能。反应条件一般为压力10~18MPa，空速1.0~1.5h^{-1}。

加氢裂化催化剂 hydrocracking catalyst 用于原料蜡油的大分子加氢转化。加氢裂化催化剂分轻油型、灵活型、中油型。石油化工的发展还要求提供更多加氢裂化尾油作乙烯原料或润滑油基础油生产原料，出现了偏重提供此类尾油的催化剂新类别——尾油型加氢裂化催化剂。轻油型以石脑油为主产品；灵活型需兼顾石脑油和中间馏分；中油型以中间馏分油为主产品；尾油型以生产优质乙烯原料或润滑油装置进料的尾油为主产品。催化剂多采用无定形硅铝、分子筛等为酸性组分，Ni-Mo或Ni-W为加氢组分。反应条件一般为压力12~18MPa，空速在1.3~2.0h^{-1}。

加氢裂化后精制催化剂 hydrocracking post-hydrofining catalyst 是一种馏分油加氢精制催化剂，加氢功能主要由活性金属组分（Ni、Co、Mo、W）来提供，载体一般是采用改性γ-氧化铝。通常装填在加氢裂化反应器下床层下部，用于将加氢裂化反应生成物中少量的烯烃组分加氢饱和，以免烯烃在低温下与硫化氢反应生成硫醇导致产品腐蚀不合格。

润滑油加氢处理催化剂 lube hydrotreating catalyst 一种加氢功能与酸性功能平衡的双功能加氢催化剂，主要由Ni-Mo或Ni-W硫化物和具有适度酸性的载体，通过在中压或高压下加氢，脱除硫、氮杂质，芳烃高度饱和，使润滑油非理想组分转化为理想组分，改善油品的黏温性能和颜色，为生产高质量APIⅡ/Ⅲ类润滑油基础油提供原料。

润滑油临氢降凝催化剂 lube hydrodewaxing catalyst 催化剂组分雷同于柴油临氢降凝剂，在氢气存在下选择性地将高凝点的正构烃裂解为小分子除去，从而降低基础油的倾点。过程反应条件缓和，氢耗低。但因部分烃类裂解时形成气体烃类被除去，因此产品收率较低，而且黏度指数损失较大，目前正逐渐被异构脱蜡技术所取代。

润滑油临氢异构降凝催化剂 lube hydroisomerization catalyst 一种含有择形分子筛SAPO、ZSM-22/48等的贵金属加氢催化剂。在氢气存在下，选择性地使高凝点长直链烷烃异构化成低倾点的异构烷烃并保留在油品中，因而目的产品收率高，氢耗低，但反应压力高，对进料杂质要求严格。广泛应用于润滑油和柴油改进低温流动性的加氢工艺过程。

润滑油补充精制催化剂 lube hydrofinishing catalyst 一种用于润滑油传统生产流程末端的加氢催化剂，使原料基础油中的硫、氮和芳烃进一步加氢转化，改善其颜色和安定性，又称为润滑油加氢补充精制催化剂，替代老式的白土精制。催化剂主要成分为 Co-Mo、Ni-Mo 或 Ni-W，反应过程缓和，转化深度较浅。

白油加氢精制催化剂 white oil hydrofining catalyst 一种贵金属加氢催化剂，以经过深度精制的基础油为原料，在高压下深度加氢脱芳烃，生产芳烃含量极低的无色透明、无味、无臭的白油产品。

石蜡加氢精制催化剂 wax hydrorefining catalyst 传统润滑油生产流程获得的脱油蜡，含有少量胶质、沥青质和硫、氮、芳烃，影响石蜡的颜色和安定性。采用白土精制，污染大，质量差。用加氢精制替代白土精制，可进行硫、氮脱除和芳烃饱和，深度加氢还可脱除易致癌的多环芳烃，生产食品级和医药级石蜡，催化剂活性组分主要是 Co-Mo、Ni-Mo 或 Ni-W，载体常用低酸性氧化铝。

上流式渣油加氢脱金属催化剂 residue hydrodemetallization catalyst for upflow reactor 用于上流式渣油加氢反应器(Chevron 公司工艺技术)，脱除并容纳渣油中的 Ni 和 V 等，有一定的脱硫和残炭转化能力，由活性不同的 2~3 种催化剂组成，装填时沿反应物流方向活性依次增加。使用过程中催化剂床层有一定的膨胀，因此催化剂要具有特殊形状以增强抗磨损能力。催化剂孔结构和活性组分类似于固定床加氢脱金属催化剂。

固定床渣油加氢保护剂 guard catalyst in residue hydrodemetallization fixed-bed reactor 用于固定床渣油加氢保护反应器或最早接触到反应物流的反应器前端，拦截渣油进料中含有的机械杂质、脱除并容纳多种易沉积的金属，降低床层压降上升的速度，保护下游催化剂。保护剂一般都设计成特殊形状，具有大的床层空隙率，并由系列保护剂构成，其级配装填采用沿反应物流方向活性逐渐增加和床层空隙率逐渐减少的方式。

固定床渣油加氢脱金属催化剂 fixed-bed type residue hydrodemetallization catalyst 用于固定床渣油加氢反应器，置于保护剂后，脱除并容纳渣油中 Ni 和 V 等杂质，有较高沥青质转化能力，一定的脱硫和降低残炭的活性。催化剂具有较高的孔体积和较大的孔径，一般为氧化铝负载 Ni-Mo 活性组分。由1~3种活性不同的催化剂构成，根据渣油性质和对加氢生成油的要求，选用不同催化剂种类和比例，以达到最佳效果。

固定床渣油加氢脱硫催化剂 fixed-bed type residue hydrodesulfurization catalyst 用于固定床渣油加氢反应器，一般装填在脱金属催化剂后面，主要作用是脱除渣油中的硫，同时具有较高的脱除残炭的活性和脱氮活性，并增加渣油中的氢含量。该类催化剂一般具有集中的孔分布和较高的反应比表面积，Co-Mo或 Ni-Mo 为其活性组分，载体以 γ-氧化铝为主。

固定床渣油加氢脱残炭催化剂 carbon residue reduction catalyst in fixed-bed reside hydrotreating 用于固定床渣油加氢反应器，置于脱硫催化剂后，脱除渣油中的残炭，同时脱除最难脱除的硫和氮，具有最高的多环芳烃加氢饱和能力，可最大限度增加渣油中的氢含量。该类催化剂一般具有集中的孔分布和较高的反应比表面积，Ni-Mo 或 Ni-Co-Mo 为其活性组分，并含有助剂磷等，具有最高的活性金属含量，载体以 γ-氧化铝为主。

双功能加氢精制催化剂 bifunctional hydrotreating catalyst 加氢功能是加氢精制催化剂重要的性质，实际催化反应中还需要有一定的酸性功能与之匹配，最终达到较佳的加氢精制效果。双功能加氢精制催化剂的加氢功能主要由活性金属组分（Ni、Co、Mo、W）来提供，酸性功能主要来自于载体。Al_2O_3 本身仅有弱酸性，为提高酸性，可在 Al_2O_3 载体中添加 Si、B、F、P 等助剂或添加沸石，也可采用硅铝载体。

双功能加氢裂化催化剂 bifunctional hydrocracking catalyst 加氢裂化催化剂是一种具有加氢功能和裂解功能的双功能催化剂。加氢功能和裂解功能之间的协同作用决定了催化剂的反应性能。加氢功能通常来自第ⅥB 族 Mo、W 和第Ⅷ B 族 Ni、Co 等组合金属硫化物或 Pt、Pd 等还原态贵金属。裂解功能一般由沸石分子筛、无定形硅铝等酸性载体提供。

无定形加氢裂化催化剂 amorphous hydrocracking catalyst 以无定形硅铝、无定形硅镁或其他改性氧化铝等为载体的加氢裂化催化剂。该类催化剂酸中心数少，孔径大，不易发生过度裂化和二次裂化，因此有利于多产中间馏分油。在使用过程中，随着运转时间的延长、催化剂的逐渐失活、反应温度的提升，产品分布比较稳定，中间馏分油选择性下降幅度很小。主要不足：裂化活性低，生产灵活性差，对原料变化适应性差。

分子筛加氢裂化催化剂 molecular sieve based hydrocracking catalyst 以各种改性 Y 型分子筛、丝光沸石、β 分子筛、ZSM 系列分子筛、SAPO 系列分子筛或 Ω 分子筛等为载体的加氢裂化催化剂。该类催化剂酸中心数多，孔径小，通常具有较高的裂化活性、较大的生产灵活性和较强的原料适应性。主要不足：在需要生产最大量中间馏分油时，随着运转时间的延长、催化剂的逐渐失活、反应温度的提升，中间馏分油选择性下降幅度比较大。

选择性加氢脱烯烃催化剂 catalyst for selective hydrogenation of olefins 各种高温裂解过程所得到的汽油，含有较大量的不稳定组分，如双烯、环二烯、苯乙烯、烷基苯乙烯及茚，需要通过加氢将其脱除，才能达到汽油安定性的要求。但为保留具有高辛烷值的单烯烃和芳烃，这种加氢操作必须是选择性的。选择性加氢脱烯烃催化剂应采用表面酸性较低的载体(如氧化铝、氧化硅)，活性组分可以是周期表中ⅧB、ⅠB等族的金属、某些金属元素的氧化物或硫化物等。该类催化剂的制备一般采用浸渍法或喷淋法。

加氢保护剂 hydroprocessing reactor guard catalyst 催化加氢过程的辅助催化剂，通常装填在第一床层顶部，主要用于脱除铁和垢物等。其作用是延缓床层压降的上升速度和保护主催化剂的活性免受损失。

支撑剂 proppant 催化加氢过程的辅助催化剂，具有加氢活性相对较低和抗压碎强度很高的特点。支撑剂可放置在主催化剂床层的上部，使进料中的双烯加氢饱和；也可放置在主催化剂床层的底部，使反应过程中由于裂化产生的少量不饱和烯烃加氢，有效地改善反应产物的安定性；可顶替瓷球，既发挥部分加氢功能，又提高反应器空间的利用率。

加氢捕硅催化剂 hydro desilicification guard catalyst; silica trap 用于加氢过程脱硅的保护剂。为了提高热转化装置运行负荷并达到更高的轻质油收率，一般会在延迟焦化或减黏装置中注入消泡剂或防焦剂。这些消泡剂和防焦剂有含硅化合物，会随着汽柴油等馏分进入下游加氢装置，引起加氢装置催化剂硅中毒。解决催化剂硅中毒的办法主要是在反应器床层的上部装填部分容硅能力强的加氢捕硅剂。

水溶性催化剂 water-soluble catalyst 用于悬浮床加氢裂化的一种分散型催化剂，一般为无机化合物，主要包括金属氧化物、氢氧化物、硫化物、卤化物和无机酸盐。杂多酸及其铵盐或碱金属盐也属此类。悬浮床催化剂是一次性的，一般用价廉易得的物质。水溶性催化剂制备简单，成本较低，但分散效果和加氢活性略差。

油溶性催化剂 oil-soluble catalyst 用于悬浮床加氢裂化的一种分散型催化剂，一般为有机金属化合物，通常包括有机酸盐、有机金属化合物或配合物以及有机胺的金属盐。

油溶性催化剂分散效果和加氢活性好，但制备复杂且成本高。

异形催化剂 special-shaped catalyst 指催化剂外观形状为三叶草形、四叶草形、齿球形、拉西环形、多孔片形、多孔球形、车轮形、蜂窝形、鸟巢形、梅花形、雏菊形、齿轮形、四叶蝶形等非常规形状，而不是常见的圆柱片形、圆柱条形和球形等。

微球形催化剂 microspherical catalyst 指平均粒径为几十微米到百余微米的球形催化剂，具有似流体的良好流动性能，为流化床常用的颗粒形状。采用喷雾干燥的方法制备。

球形催化剂 spherical catalyst 直径在 0.5~25mm 的球状催化剂，用于固定床和移动床反应器。球形颗粒具有充填均匀、流体阻力均匀而稳定等特点。当希望在一定容积的反应器内充填尽量多催化剂时，球形是最适宜的催化剂外形选择。球形颗粒耐磨性能也较佳。

碎块状催化剂 fragmental catalyst 将块状催化剂用粉碎机破碎，经适当筛分制成，块径在 2~14mm 之间，用于固定床反应器。由于形状不定，气体流通阻力不均匀，且大量筛下的小颗粒难以利用，所以随着成型技术的进步，这种催化剂的使用日趋减少。尽管有上述缺点，但因制法简便，有时强度也较高，因此目前工业上还在使用，如合成氨熔铁催化剂、浮石、天然白土、硅胶及其他较难成型的催化剂。

粉末催化剂 powdered catalyst; fine catalyst 将块状催化剂用粉碎机破碎，选适当筛分制成，直径 0.1~80μm，形状不定，主要用于悬浮床反应器。

蜂窝形催化剂 honeycomb catalyst 蜂窝状是一种具有无序毛细微孔和有序轴向通道的结构，外形和轴向通道可以制成多种几何形状。蜂窝形催化剂常用的有陶瓷蜂窝型催化剂及金属蜂窝型催化剂两大类，主要用作尾气净化催化剂。

蜂窝形催化剂

氧化态催化剂 oxidation state catalyst 根据催化剂活性组分含量要求配置合适浓度的金属盐(可用硝酸盐、碳酸盐、有机盐或氯化物等)溶液，用此溶液对成型的载体进行浸渍或喷淋，然后干燥和焙烧，即可得到氧化态催化剂。

还原态催化剂 reduction state catalyst 氧化态催化剂在一定温度和压力条件下，用氢气或其他还原性气体还原得到的金属态或低价氧化物形态的催化剂。还原态催化剂通常用于溶剂油和白油等特种油品深度脱芳烃、裂解汽油选择性脱二烯烃、重整生成油选择性脱烯烃、柴油馏分油二段深度脱芳烃、第二段加氢裂化和加氢法生产润滑油基础油的补充精制等加氢过程。

硫化态催化剂 sulfurized catalyst 氧化态催化剂在 H_2S、CS_2、二甲基二硫醚、含硫油等含硫分子作用下，经过硫化转化而成的催化剂。

非贵金属催化剂 non-noble metal catalyst 以非贵金属为活性加氢组分的催化剂，常用的有ⅥB 族的 Mo、W 和ⅧB 族的 Co、Ni 等。

贵金属催化剂 noble metal catalyst 以贵金属为活性加氢组分的催化剂，常用的有ⅧB 族的 Pt、Pd 等。贵金属催化剂具有很高的加氢(或脱氢)活性，一般在较低的反应温度下就显示出很高的加氢活性；但对有机硫化合物、氮化合物和硫化氢等非常敏感，多半用于硫含量很低和不含硫的原料油加氢过程。贵金属价格昂贵，只是在特殊临氢催化过程中使用。

加氢异构裂化催化剂 catalyst for hydroisomerization and cracking 是一种具有加氢功能和异构裂解功能的双功能催化剂。通常有很强的加氢性能、较强的异构功能和较弱的开环断链能力。加氢功能通常来自第ⅥB 族 Mo、W 和第ⅧB 族 Ni、Co 等组合金属硫化物或 Pt、Pd 等还原态贵金属。异构和裂解功能一般由无定形硅铝和/或改性分子筛(β、ZSM 系列、SAPO 系列等)等酸性载体提供。

石脑油加氢催化剂 naphtha hydrofining catalyst 一种石脑油馏分加氢精制催化剂，加氢功能主要由活性金属组分(Ni、Co、Mo、W)来提供，载体一般是采用改性 γ-氧化铝。可加速烃分子中硫、氮、氧等杂质的加氢脱除和烯烃、芳烃加氢饱和等反应，用于加氢处理直馏石脑油、焦化石脑油等不同石脑油原料。

加氢处理催化剂 hydrotreating catalyst 通常由加氢金属组分和改性氧化铝载体组成，在一定温度和氢分压下，用于石油馏分加氢处理，促进加氢脱硫(HDS)、加氢脱氮(HDN)、加氢脱氧(HDO)、加氢脱金属(HDM)以及烯烃和芳烃(尤其是稠环芳烃)加氢饱和等反应，同时发生少量开环、断链等裂解反应，转化率一般小于 15%。

加氢精制催化剂 hydrofining catalyst 通常由加氢金属组分和改性氧化铝载体组成，在一定温度和氢分压下，用于石油馏分加氢精制，促进加氢脱硫(HDS)、加氢脱氮(HDN)、加氢脱氧(HDO)、加氢脱金属(HDM)以及烯烃和芳烃(尤其是稠环芳烃)加氢饱和等反应，几乎不发生开环、断链等裂解反应，基本不生成碳分子数小于原料烃分子的产品。

齿球形催化剂 tooth spherical catalyst 是一种带有沟槽的球形催化剂，采用专利技术的挤条与切割修饰相结合成型工艺制备。该类催化剂兼有球形催化剂装填均匀、物流分布效果好和条形催化剂系统压降低等特点。

齿球形催化剂

鸟巢形催化剂 bird's- nest shaped catalyst 是一种采用特殊工艺制备的大颗粒、高孔隙率、圆柱片形催化剂，截面具有密度高、大小均匀的三角或四方形网孔，外观形状类似鸟巢状。优点是孔隙率大、系统压降小，能最大限度利用整个床层的空隙来容纳垢污。

鸟巢形催化剂

圆柱条形催化剂 cylindrical catalyst 横截面为圆柱形的条状催化剂。采用挤出成型方法制备。将催化剂粉体和适量助剂经充分捏合后，湿物料送入挤条机，在外部挤压力作用下，粉体从圆柱形孔板的另一端挤出，再经过适当干燥、切粒、整形、过筛和焙烧，可获得一定直径和长度分布的催化剂产品。

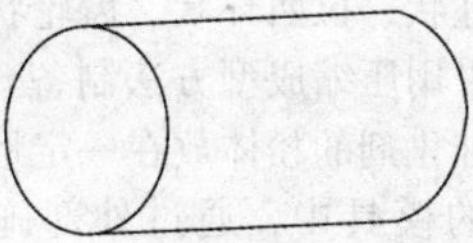

圆柱条形催化剂

三叶草形催化剂 clover shaped catalyst 横截面为三叶草形的条状催化剂，采用挤出成型方法制备。将催化剂粉体和适量助剂经充分捏合后，湿物料送入挤条机，在外部挤压力作用下，粉体从三叶草形孔板的另一端挤出，再经过适当干燥、切粒、整形、过筛和焙烧，可获得一定直径和长度分布的催化剂产品。

三叶草形催化剂

四叶草形催化剂 four-leaf clover shaped catalyst 横截面为四叶草形的条状催化剂，采用挤出成型方法制备。将催化剂粉体和适量助剂经充分捏合后，湿物料送入挤条机，在外部挤压力作用下，粉体从四叶草形孔板的另一端挤出，再经过适当干燥、切粒、整形、过筛和焙烧，可获得一定直径和长度分布的催化剂产品。

四叶草形催化剂

压片形催化剂 pellet catalyst 包括圆柱状、拉西环状、齿轮状等片剂，采用压缩成型方法制备。将载体或催化剂的粉体放在一定形状的封闭的模具中，通过外部施加压力，使粉体团聚、压缩成型制得。

拉西环形催化剂 Rasching ring catalyst 横截面为拉西环形的片状催化剂，采用压缩成型方法制备，将载体或催化剂的粉体放在拉西环形封闭的模具中，通过外部施加压力，使粉体团聚、压缩成型制得。

体相催化剂 bulk catalyst 与活性组分分散在载体上的负载型催化剂不同，体相催化剂不以非活性组分为载体，即使含有一定量的非活性组分，也是起提高强度的黏结作用。催化剂大部分由活性组分构成，活性组分的含量一般不受限制，有时又称本体催化剂。由于体相法催化剂可以摆脱金属含量限制，同时可任意调变催化剂中各个活性组分的比例，因此可以大幅度提高催化剂的活性。

CENTINEL 催化剂 CENTINEL catalyst Criterion 公司的加氢处理催化剂制备技术，将活性金属以金属络合物形式物理吸附在载体表面，直接与硫化物反应，生成高度分散的金属硫化物物种。这些高度分散的金属硫化物结晶在活化过程中被“锁在原地”，最终形成催化剂的金属硫化物活性相。它比常规催化剂上的金属易被硫化完全和高度分散，金属利用率高。CENTINEL 催化剂的表观活性也高于常规催化剂，即在高温下具有相对高的 HDS 和 HDN 活性。CENTINEL 催化剂用于 FCC 或加氢裂化原料预处理及柴油深度加氢脱硫过程。

CENTINEL GOLD 催化剂 CENTINEL GOLD catalyst Criterion 公司的加氢处理催化剂制备技术。CENTINEL GOLD 催化剂包含Ⅱ型 NiMoS 或 CoMoS 活性中心，具有活性金属担载量较高和 MoS_2 分散性好等特点，适合在中高压条件下使用。用于柴油深度加氢脱硫过程时，其 HDS 活性比 CENTINEL 催化剂高出 7～16℃。该类催化剂 HDS 活性高的部分原因在于上部床层能够有效地脱除对 HDS 有抑制作用的含氮化合物，而其代价则是氢耗有所增加(约 3%～5%)。

ASCENT 催化剂 ASCENT catalyst Criterion 公司的加氢处理催化剂制备技术，采用改进的氧化铝载体以及专有的浸渍技术以使得 MoS_2 晶片的相对尺寸最小，从而获得很高的钼分散度。ASCENT 催化剂的 I 型和 II 型活性中心经过合理搭配，使得脱硫反应可按直接脱硫和先加氢后脱硫两条路径进行。

CENTURY 催化剂 CENTURY catalyst Criterion 公司的加氢处理催化剂制备技术，基于提高活性相的分散度，增加活性中心的数量，改善单位体积催化剂的表面积来加强催化剂的 HDN 活性。例如，采用 CENTURY 技术制备 DN-190 催化剂时，是在 γ-氧化铝载体上就地(原位)合成氧化铝的纳米结晶相，以形成缝状孔隙。纳米结晶相可抑制硫化钼在催化剂上的堆积，有许多单层存在，使活性相的分散度达到很高，结果是单位体积催化剂的表面积很大，脱氮活性大大提高。

CENTERA 催化剂 CENTERA catalyst Criterion 公司的加氢处理催化剂制备技术，综合了 CENTINEL、CENTINEL GOLD 和 ASCENT 催化剂制备技术的优点，包括催化剂载体的改进以及Ⅱ型活性相制备技术的提高，从而改善了催化剂的初始动力学活性和Ⅱ类活性相的活性保留程度，实现了活性中心高度分散、硫化效果理想以及活性中心组合优化。CENTERA 催化剂用于柴油深度加氢脱硫、加氢裂化和 FCC 原料预预处理等工艺过程。

STARS 催化剂 STARS catalyst Albemarle 公司的加氢处理催化剂制备技术，既保证有数量很大且分散很好的活性中心，也确保所有的活性中心都是Ⅱ型。Ⅱ型活性中心与载体的相互作用较弱，分散度较低，硫化比较完全，HDS 和 HDN 本征活性较高。因此，用 STARS 技术制备的加氢处理催化剂，具有比传统方法制备的催化剂高得多的活性。STARS 催化剂再生后的活性下降较多，这是由于其Ⅱ类活性中心转化为Ⅰ类活性中心。

NEBULA 催化剂 NEBULA catalyst Albemarle 公司的加氢处理催化剂制备技术，基于一种新型催化材料，大幅度增加了催化剂的活性中心密度，是加氢催化剂技术的重大突破，其加氢脱硫、加氢脱氮和芳烃饱和活性远比传统催化剂高，特别适用于加氢裂化原料预处理和在高氢分压条件下加氢生产超低硫柴油产品。另外，也可用于煤油/石脑油加氢精制和特种润滑油生产等工艺过程。NEBULA 催化剂具有较高的金属含量和装填密度。

BRIM 催化剂 BRIM catalyst Haldor Topsøe 公司的加氢处理催化剂制备技术，能够较好地控制催化剂直接脱硫和间接脱硫两类活性中心的数量和活性。认为直接脱硫在催化剂的Ⅱ型活性中心上进行；间接脱硫在催化剂 NiMoS 或 CoMoS 晶片的顶部和接近边缘位置即所谓“边缘活性中心”上进行。复杂结构硫化物的加氢和开环反应即在边缘活性中心上进行，随后硫原子脱除反应在Ⅱ型活性中心上进行。BRIM 技术通过提高载体表面活性中心分散性和金属负载量，增加边缘活性中心和Ⅱ型活性中心数量，实现提高催化剂活性的目的。BRIM 催化剂可用于 FCC 和加氢裂化原料预处理及加氢精制生产超低硫柴油等工艺过程。

喷气燃料加氢精制催化剂 hydrorefining catalyst for jet fuel 用于直馏喷气燃料的加氢精制，在加氢工艺条件下，有效脱除硫醇硫，同时可降低总硫和酸值，改善产品颜色，提高产品烟点，生产合格的3号喷气燃料。喷气燃料加氢精制催化剂主要由 Co-Mo、Ni-Mo 或 Ni-W等活性组分及载体构成。有常规和低压两类加氢精制，后者反应压力、反应温度低，空速高，氢耗低，投资低。

3.6　催化重整催化剂

低积炭铂锡重整催化剂　low coke formation Pt-Sn reforming catalyst　一种新型铂锡重整催化剂。具有很好的活性和稳定性，催化剂积炭速率下降20%~30%，有利于催化剂再生能力受限制的连续重整中扩大处理能力或提高反应苛刻度。目前降低催化剂积炭速率的途径有二种，添加第三金属和降低催化剂初始比表面积，后一种途径会影响催化剂最终的使用寿命。

铂铱重整催化剂　Pt-Ir reforming catalyst　以铱为第二金属的双金属铂重整催化剂。铱的引入使催化剂脱氢环化能力增强，氢解能力也随之提高，因此反应产物芳烃含量高，液体收率低，催化剂运转周期短。引入第三金属后，催化剂的性能有改善，目前在生产芳烃的固定床重整装置上有少量使用，在连续重整装置上没有使用。

双功能重整催化剂　bi-functional reforming catalyst　既有金属功能又有酸性功能的重整催化剂。金属功能由铂提供，第二、三金属起修饰作用，但作用各不相同，铂是缺电子结构，吸附氢离子，促进脱氢反应；酸功能由氯提供，促进异构化反应。控制催化剂上氯含量在要求范围内是金属与酸功能合适配伍的关键，也是催化剂高性能平稳运转的关键。

双金属重整催化剂　bimetallic reforming catalyst　见“多金属重整催化剂”。

多金属重整催化剂　muti-metallic reforming catalyst　一种在双金属催化剂中加入第三种(或更多种)金属的新型重整催化剂。如铂-锡-稀土催化剂、铂-铼-稀土催化剂、铂-铱-铝-锶催化剂等。第三金属的作用，主要是抑制副反应，增强氢溢出能力，对积炭前身物加氢，降低积炭速率，提高反应活性、选择性和稳定性。如铂-锡-稀土催化剂积炭下降30%，液收提高0.8%，活性提高3℃。

高堆密度重整催化剂　high bulk density reforming catalyst　指堆密度为0.64~0.68g/mL的重整催化剂。中国石化和UOP公司大部分重整催化剂的堆密度在0.56g/mL左右，与高堆密度催化剂相比，两者性能基本相当，高堆密度催化剂没有显示出明显的优势。

氧化态重整催化剂 oxidation state reforming catalyst 催化剂的金属组分是氧化态的重整催化剂。在催化剂加工中氧化态催化剂储存的风险小。但是催化剂在应用时，需在装置内增加还原步骤，使氧化态催化剂用氢还原为活性更高的金属态催化剂。1988年以前，我国生产的重整催化剂均以氧化态出厂。

还原态重整催化剂 reduction state reforming catalyst 在催化剂厂产出氧化态重整催化剂后，增设还原步骤，得到还原态催化剂，生产成本相应增加。用还原态催化剂开工时，简化了步骤，减少了风险，缩短了开工时间，但对还原态催化剂的包装和储存环境有较高的要求，以避免对性能产生影响。1988年国产重整催化剂开始有还原态产品出厂，目前全部以还原态产品出售。

球形重整催化剂 spherical reforming catalyst 外形为圆球状的重整催化剂。重整反应不是内扩散控制，因此球状直径大小在一定范围内对催化剂性能不产生影响。它用于重整工艺时，装填方便，自然堆积密度大且较均匀，但催化剂生产工艺复杂、成本高，因此圆球状催化剂当前主要用于移动床重整工艺。

条形重整催化剂 extruded reforming catalyst 圆截面长条状的重整催化剂。由于重整反应不是内扩散控制，因此条状直径的大小和截面形状在一定范围内对催化剂性能不产生影响。条状催化剂主要应用于各种固定床重整工艺，如半再生重整、循环再生工艺等。催化剂生产工艺简单、效率高、成本低，但装填要求高，需要边装边扒平，以防止出现因堆积过松、不均匀造成床层沟流和沉降过大的现象。

氟氯型重整催化剂 fluorine and chlorine-promoted reforming catalyst 一种早期的以氟和氯作为酸性组分的重整催化剂。氟的酸性强，选择性差，不易流失，很难控制和调节其酸性催化的加氢裂化反应；氯的酸性温和，选择性好，但易流失，随着催化剂在运转过程中氯含量调节技术的开发成功，重整催化剂酸性组分全部被氯取代。

全氯型重整催化剂 chlorine-promoted reforming catalyst 以氯作为酸性组分的重整催化剂。氯的酸性温和，选择性好，易于调节；有助于催化剂氢的溢流效应，起到降低积炭的作用，存在最佳氯含量(约1.0%±0.1%)；增强金属与载体的相互作用，稳定铂晶粒，防止其烧结；再生时，氯有助于铂晶粒的再分散，因此双(多)金属重整催化剂均采用氯为酸性组分。

3.7 其他催化剂

S Zorb 吸附剂 S Zorb sorbent 指用于 S Zorb 吸附脱硫工艺过程，

主要由 ZnO、NiO 以及一些硅铝组分喷雾干燥成型的微球形吸附剂。该吸附剂平均粒径为 65～80μm，具有较好的流化性能和耐磨性能，并且该吸附剂在基本不损失产品汽油辛烷值的同时，具有很高的脱硫活性，能够满足国Ⅴ或欧Ⅴ标准对汽油硫含量的要求。

待生吸附剂 spent sorbent 指经过吸附反应器系统中进行脱硫反应后的吸附剂，其上沉积有大量的炭和硫，硫含量一般为 7%～11%。待生吸附剂的脱硫活性不能满足生产要求，需要再生恢复活性，其外观呈黑色。

再生吸附剂 regenerated sorbent 指经空气烧焦，脱除待生吸附剂上的炭和硫，然后由氢气还原表面的镍组分，活性得到恢复的吸附剂。再生吸附剂硫含量较低，一般为 3%～6%，其外观呈淡灰色。

叠合催化剂 polymerization catalyst 用于催化叠合过程中的催化剂，目前应用得广泛的是固体磷酸催化剂，主要活性组分为正磷酸和焦磷酸。

Friedel-Crafts 型碳五碳六异构化催化剂 Friedel-Crafts type C_5/C_6 isomerization catalyst 一种最早使用的碳五碳六异构化催化剂，其主要组成为卤化铝-卤化氢。该类催化剂可分为两种，一种应用在气相反应中，是将主要组分负载在硅藻土等载体上；另一种应用在液相反应中，直接使用主要组分。此类催化剂都必须有助剂卤化氢才能引发反应。催化剂活性高，选择性差，消耗量大，对设备腐蚀性严重，目前基本不再使用。

双功能型碳五碳六异构化催化剂 bifunctional catalyst for C_5/C_6 isomerization 一种同时具有酸性功能和金属功能的碳五碳六异构化催化剂。催化剂中含有两种催化组分，一种是酸性组分，如分子筛、氯化氧化铝、固体超强酸等，主要提供酸性功能；一种是金属组分，如铂等，主要提供金属功能。酸性功能和金属功能在反应过程中协同作用，提高催化剂的活性和选择性，目前得到广泛应用。

高温型碳五碳六异构化催化剂 C_5/C_6 isomerization catalyst used for higher temperature 一种反应温度在 400℃以上的碳五碳六异构化催化剂。催化剂由贵金属和硅铝胶等载体组成，由于异构化活性较低而需要较高的反应温度；反应时裂解产率较高，积炭多，寿命短，目前基本不再使用。

中温型碳五碳六异构化催化剂 C_5/C_6 isomerization catalyst used for moderate temperature 一种反应温度在 200～300℃之间的碳五碳六异构化催化剂。催化剂由贵金属和丝光沸石、β 沸石等载体组成。由于异构化活性较高，选择性好，运转周期长，对设备无腐蚀性，目前得到广泛应用。

低温型碳五碳六异构化催化剂 C_5/C_6 isomerization catalyst used for low temperature 一种反应温度在130~160℃之间的碳五碳六异构化催化剂。该类催化剂早期由贵金属、氧化铝和氯组成；目前发展为由贵金属、氧化铝和氯化氧化铝组成。该类催化剂活性高，反应温度低，产物辛烷值相对较高。但对设备有一定的腐蚀性，对反应环境要求较为苛刻，一般要求水含量小于0.1μg/g，硫含量小于0.1μg/g，氧含量小于0.1μg/g。为维持此类催化剂的活性，需要在原料中添加一定量的氯化物。

分子筛型碳五碳六异构化催化剂 molecular sieve type C_5/C_6 isomerization catalyst 一种以改性的分子筛为载体，载以铂金属的碳五碳六异构化催化剂。载体一般包括丝光沸石、β 沸石等。该类催化剂可再生，寿命长；对原料中某些毒物如硫、水有良好的耐受性，一般要求水含量小于50μg/g，硫含量小于50μg/g。

固体超强酸型碳五碳六异构化催化剂 solid superacid C_5/C_6 isomerization catalyst 一种以硫酸改性的氧化锆为载体，载以铂金属的碳五碳六异构化催化剂。该类催化剂异构化活性高于中温型异构化催化剂，但低于低温型异构化催化剂。该类催化剂可在较高空速下运行，可再生，寿命长；对原料中某些毒物如硫、水有较好的耐受性，一般要求水含量小于10μg/g，硫含量小于10μg/g。

高铂碳五碳六异构化催化剂 C_5/C_6 isomerization catalyst with higher platinum content 一种铂质量分数大于0.3%的碳五碳六异构化催化剂。该类催化剂铂含量较高，稳定性好，抗杂质危害的能力较强，运转周期长。

低铂碳五碳六异构化催化剂 C_5/C_6 isomerization catalyst with reduced platinum content 一种铂质量分数小于0.3%的碳五碳六异构化催化剂。该类催化剂铂含量较低，但抗杂质危害的能力相对较差，需要严格控制原料中杂质含量。

非铂碳五碳六异构化催化剂 platinum-free C_5/C_6 isomerization catalyst 一种使用非铂金属作为活性组分的碳五碳六异构化催化剂。使用的非铂金属一般包括钯、镍、铱等。该类催化剂活性较低，再生性能不好，目前在工业上并未广泛使用。

FER型沸石 FER zeolite 又称镁碱沸石(ferrierite)，一种硅铝类的分子筛，原为天然沸石，1977年由Plank等首次人工合成。属于正交晶系，空间群为Immm，晶胞常数为 $a=1.9018$nm，$b=1.4303$nm，$c=0.7541$nm，二维孔道结构，其中(001)十元环为0.42nm×0.54nm，(010)八元环为0.35nm×

0.48nm，和十元环相平行的六元环孔道与八元环孔道相交形成一个椭球状的小笼，即所谓 FER 笼。合成中多采用季铵盐类为模板剂，模板剂的位置及脱除方法直接影响着分子筛结构的稳定性。烷烃裂化和烯烃异构化，特别是对 C_4～C_7烯烃骨架异构化反应，在活性、稳定性及选择性等方面性能优异。

TON 型沸石 TON zeolite 一种高硅铝类分子筛，20 世纪 80 年代被发现，其编号包括 Theta-1、NU-10、KZ-2、ISI-1 和 ZSM-22 等，包括五元环、六元环和十元环，但没有交叉孔道结构。属于正交晶系，空间群为 Cmcm，其晶胞为：a = 1.4105nm，b = 1.7842nm，c = 0.5256nm，孔道为十元环一维椭圆形通道，平行于(001)方向，自由直径为 0.46nm×0.57nm。得益于具有最为适合的孔道结构和较强的表面酸特性，TON 在临氢异构化反应中表现出很高的催化活性与选择性。在临氢异构降凝、催化裂化、多产轻烯烃等方面有着广阔的应用前景。

AEL 型沸石 AEL zeolite 磷酸铝类分子筛，由 UCC 公司于 1982 年发明，其骨架由磷氧四面体和铝氧四面体交替连接而成。1984 年经过同晶取代成功将 Si 引入磷铝骨架，这类分子筛就有了活性中心，后来又引入多种不同金属，并很快得到广泛应用。AEL($AlPO_4$-11)结构分子筛为磷酸铝分子筛的一员，它属于正交晶系，空间群为 Ibm2，晶胞常数为 a = 1.3534nm，b = 1.8482nm，c = 0.8370nm，其单维十元环孔道为 0.40nm×0.65nm。由于其结构及酸性特点，据报道，目前已在催化裂化、加氢裂化、异构化、带支链芳烃的烷基化、异构脱蜡以及轻烯烃聚合等多种炼油与化工工业中得到应用。

KBaX 型沸石 KBaX zeolite 晶内平衡电荷的阳离子位主要被 K^+ 和 Ba^{2+} 占据的 X 型沸石，K^+和 Ba^{2+}起到调节沸石晶内电场性质的作用，主要用作从混合 C_8 芳烃中吸附分离对二甲苯的吸附剂。

KBaY 型沸石 KBaY zeolite 晶内平衡电荷的阳离子位主要被 K^+ 和 Ba^{2+} 占据的 Y 型沸石，K^+ 和 Ba^{2+}起到调节沸石晶内电场性质的作用，主要用作从混合 C_8 芳烃中吸附分离对二甲苯的吸附剂。

LiNaY 型沸石 LiNaY zeolite 晶内平衡电荷的 Na^+部分被 Li^+取代的 Y 型沸石，交换的 Li^+起到调节沸石晶内电场性质的作用，主要用作从混合 C_8 芳烃中吸附分离间二甲苯的吸附剂。

固体酸烷基化催化剂 solid acid catalyst for alkylation 表面具有酸性中心的固体多孔催化剂。这类催化剂有固体超强酸、负载型杂多酸、分子筛催化剂。固体超强酸，如 SO_4^{2-}/M_xO_y型、WO_3/M_xO_y和 A-

n/M_xO_y 型；负载型杂多酸，如 $H_3PW_{12}O_{40}/SiO_2$；分子筛催化剂有 X 型、Y 型、β 型、ZSM-5 以及 MCM-41 等。

液体酸烷基化催化剂 liquid acid alkylation catalyst 主要有 H_2SO_4、HF、$AlCl_3$ 等，其最大特点是具有确定的酸强度、酸度和酸型，而且在较低温度下有相当高的催化活性，广泛用于烷基化汽油和烷基苯的生产过程。液体酸具有很强的腐蚀性，对环境和人身健康有较大的危害。目前，烷基苯生产过程已可用分子筛催化剂替代液体酸，烷基化汽油生产还是用 H_2SO_4 或 HF 为催化剂。

EU-1 分子筛 EU-1 molecular sieve 一种人工合成的分子筛品种，通式为 $Na_n(Al_nSi_{112-n}O_{224})(H_2O)_{26}$，$n<19$，通常 n 约为 3.6，主孔道一维十元环，在主孔道两侧分布有十二元环侧袋(又称侧笼)。可以作为活性组分用于碳八芳烃异构化等催化过程。

EUO 结构分子筛 EUO molecular sieve 一类具有 EUO 结构特征的分子筛，结构为 Cmme 空间群，正交晶系。通式为 $Na_n(Al_nSi_{112-n}O_{224})(H_2O)_{26}$，$n<19$，通常 n 约为 3.6，主孔道一维十元环，0.41nm × 0.54nm；在主孔道两侧分布有十二元环侧袋(又称侧笼)，0.68nm × 0.58nm × 0.81nm。包括 EU-1、ZSM-50、TPZ-3 等品种。

还原态异构化催化剂 reduction state isomerization catalyst 一种碳八芳烃异构化催化剂的成品状态。由于芳烃异构化催化剂含有金属组分，在生产过程中以氧化物的形式分散在催化剂中，在使用之前需还原为金属态。若还原步骤在催化剂生产过程中完成，即为还原态成品催化剂，可以直接装填到反应器中使用。

双功能催化剂 bifunctional catalyst 含有两种催化活性功能的催化剂。通常情况下，一种是金属组分，可以吸附-活化氢分子，促进加氢-脱氢反应；一种是酸性组分，有酸催化功能。例如碳八芳烃异构化催化剂，含有两种催化活性组分，以贵金属作为加脱氢催化组分，氢型沸石作为酸性组分。

煤加氢液化催化剂 coal hydroliquefaction catalyst 煤加氢转化为液体燃料过程所用的催化剂，分为含钴、钼等贵金属催化剂、含氧化铁的矿物或铁盐的铁系催化剂以及金属卤化物催化剂。

煤制油助剂 coal-to-oil promoter 可将氧化物催化剂前驱体转化为硫化物活性组分的含硫化合物，一般为硫化氢、硫黄粉和二硫化碳等。

费-托合成催化剂 Fischer-Tropsch synthesis catalyst 以合成气为原料生产油品所用催化剂，以 Co、Fe 和 Ru 等周期表第ⅧB 族金属为主，或加入助催化剂和/或负载于载体上，工业上主要是铁基和钴基催化剂。

3.8　助剂

催化助剂　promotor; promoter cocatalyst 又称助催化剂，通常指和催化剂一起使用，能提高、改进催化剂的某些性质，从而增加目的产品收率或减少污染物的少量物质。它独立于催化剂存在，只能配合催化剂使用。

添加剂　additive 以一定量加入特定物质中，改进其已有性能或赋予新性能的化学品。添加剂种类繁多，例如，石油添加剂、燃气添加剂、聚合物添加剂、食品添加剂、饲料添加剂、混凝土添加剂、化妆品添加剂等。

CO 助燃剂　CO combustion promoter 又称 CO 燃烧助剂，是一种应用于催化裂化装置中的固体助剂。通常是贵金属负载在与裂化催化剂物理性能相近的氧化硅或氧化铝微球上。以少量添加至裂化催化剂系统中，可以促使烧焦完全，并使再生器密相床中的一氧化碳迅速转化为二氧化碳。

$DeSO_x$ 助剂　SO_x transfer; $DeSO_x$ additive 又称 SO_x 转移剂，是一种用来减少催化裂化装置再生烟气 SO_x 排放污染的固体助剂。其有效组分通常为 Mg、Ce 等元素。其作用机理是在再生器中将 SO_2 催化氧化成 SO_3，SO_3 与助剂中某些金属形成硫酸盐，随再生催化剂一起进入提升管，金属硫酸盐被还原、水解，生成的 H_2S 随 FCC 气体产物进入硫黄回收装置回收硫，再生后的硫转移剂随生焦失活裂化催化剂循环进入再生器中重新发挥捕获 SO_x 的作用。

硫转移剂　SO_x transfer 见"$DeSO_x$ 助剂"。

硫转移催化剂　sulfur transforming catalyst 见"$DeSO_x$ 助剂"。

$DeNO_x$ 助剂　$DeNO_x$ additive 是为了减少催化裂化装置再生烟气 NO_x 排放污染而使用的一种固体助剂。含贵金属的 $DeNO_x$ 助剂在富氧再生工况下通过催化部分 NO_x 分解而降低再生烟气 NO_x 排放。非贵金属 $DeNO_x$ 助剂自身有 CO 助燃功能但并不催化再生器中 N_2 生成 NO_x 的反应，代替含铂 CO 助燃剂后，可以减少 NO_x 的生成，从而间接降低再生烟气 NO_x 排放。

FCC 塔底油裂化助剂　FCC bottoms cracking additive 一种为了促进催化裂化过程中重油大分子的裂化，以提高轻烃收率而使用的固体助剂。

FCC 固钒剂　FCC vanadium capturer; FCC vanadium trap 又称捕钒剂。是一种应用于催化裂化装置中的固体助剂。通常载有能与钒氧化合物强烈反应的组分，且能利用钒氧化合物在催化裂化再生条件下容易在催化剂间迁移的性质，将其固定在助剂上，从而减轻钒对裂化催化剂的毒害，以维持裂化催化剂的较高活性。

FCC 汽油辛烷值助剂 promoter for enhancing octane number of gasoline 一种用于催化裂化装置中，以提高 FCC 汽油辛烷值的固体助剂。通常采用 MFI 型沸石，如 ZSM-5 或其改性产物作为活性组分，在催化裂化过程中可将汽油中低辛烷值的直链烃异构化、芳构化成高辛烷值的烃类，或裂解成低碳烯烃，从而实现提高 FCC 汽油辛烷值的目标。

FCC 增产低碳烯烃助剂 promoter for increasing light olefin yield 一种用于 FCC 装置中，以提高丙烯、异丁烯低碳烯烃产率的固体助剂。通常采用 MFI 型沸石，如 ZSM-5 或其改性产物作为活性组分，在催化裂化过程中可将汽油中 C_5 以上链烃裂解成低碳烯烃，从而实现 FCC 增产低碳烯烃的目标。

FCC 增产丙烯助剂 promoter for increasing propylene yield 一种用于 FCC 装置中，以提高丙烯产率的固体助剂。通常采用 MFI 型沸石，如 ZSM-5 或其改性产物作为活性组分，基质中还含有提高丙烯选择性功能组分。在催化裂化过程中可将汽油中 C_5 以上链烃裂解成低碳烯烃，并且有较高的丙烯选择性，从而实现 FCC 增产丙烯的目标。

FCC 汽油降硫助剂 promoter for reducing sulfur content in FCC gasoline 一种用于 FCC 装置中，以降低 FCC 汽油中硫含量的固体助剂。其作用机理是，改变原料中含硫化合物的反应历程，使其生成硫化氢，或使 FCC 汽油产物中的含硫化合物发生反应，转化为硫化氢，从而在 FCC 工艺过程中直接降低催化裂化汽油的硫含量。

FCC 金属钝化剂 FCC metal passivator 是在 FCC 工艺过程中，为了抑制原料中的重金属如 Ni、V 等对裂化催化剂的污染作用，改善裂化催化剂的选择性和活性而使用的一种液体助剂。其作用机理是钝化剂中的 Sb、Sn、Bi 等有效组分与催化剂表面沉积的 Ni、V 等发生物理-化学作用，使 Ni 形成无脱氢或低活性的组分，使 V 形成高熔点化合物，从而抑制其对裂化催化剂负面作用。金属钝化剂主要有钝镍剂、钝钒剂和复合钝化剂等三种类型。

溶剂精制助剂 solvent refining additive 一种用于提高润滑油溶剂精制效率的助剂。润滑油溶剂精制是采用对芳烃具有较高选择性溶解能力的溶剂作萃取溶剂。在抽提塔内，经液液逆流萃取，分离原料油中润滑油的非理想组分。在萃取溶剂中添加助剂，可以提高萃取过程中对氮化物，尤其是碱性氮化物的选择性萃取能力，提高产品的氧化安定性。由于氮化物为 Lewis 碱性物质，因此，助剂一般为 Lewis 酸性物质。

溶剂脱蜡助剂　solvent dewaxing additive 一种改善蜡分子结晶状况、提高脱蜡油收率和脱蜡过滤速度的助剂。润滑油溶剂脱蜡过程是原料油经与溶剂混合，并逐渐降温和过滤分离油蜡的过程。蜡分子结晶的好坏直接影响到脱蜡油收率、脱蜡过滤速度和蜡膏含油量。原料油中添加脱蜡助剂可以有效改善蜡分子的结晶状况，提高蜡分子结晶颗粒度，进而提高脱蜡油收率和脱蜡过滤速度，降低蜡膏含油量。脱蜡助剂一般为高分子聚合物，例如聚 α-烯烃和聚甲基丙烯酸酯等。

糠醛精制抗氧缓蚀剂　antioxidant and anticorroive agent for furfural refining 一种防止糠醛氧化并降低糠醛氧化生成糠酸对装置腐蚀的助剂。糠醛的氧化安定性较差，与氧气接触，极易发生氧化反应，生成糠酸。糠酸是一种酸性较强的化合物，可以腐蚀装置，尤其是对抽出液溶剂回收加热炉中炉管的腐蚀。装置中添加抗氧缓蚀剂后，可以降低糠醛的氧化速度和循环糠醛中糠酸的浓度，进而降低循环糠醛对装置的腐蚀程度。糠醛的抗氧缓蚀剂一般为碱性含氮有机化合物，在水分离罐中加入。

酮苯脱蜡缓蚀剂　corrosion inhibitor for ketone-benzol dewaxing 一种缓解酮苯脱蜡装置腐蚀的助剂。该助剂是一种含氮的有机化合物，可以中和由于溶剂精制油携带微量糠醛到酮苯装置，且被氧化为腐蚀性较强的糠酸，能够有效降低酮苯装置被腐蚀程度。一般在溶剂回收的水回收系统中加入该缓蚀剂。

硫化剂　sulfiding agent; sulfidation agent 是硫化型催化剂原位预硫化过程用的化学试剂。它应当较易在硫化温度和氢气环境中分解生成 H_2S，并且其硫含量应尽可能高，可产生足够高浓度的 H_2S，满足金属的硫化反应。常用硫化剂包括：CS_2、二甲基二硫（DMDS）、二甲基硫（DMS）等。

阻垢剂　scale inhibitor; fouling inhibitor 炼油设备和管线的表面结垢和循环冷却水系统污垢沉积现象在炼油企业中普遍存在，阻垢剂是一种能有效防止或减缓结垢或污垢沉积的化学药剂，具有清净分散性、抗氧化性、减聚性等性能。

3.9　溶剂

溶剂精制助溶剂　cosolvent insolvent refining 一种可以改善溶剂精辅效果的辅助溶剂。为了调节萃取溶剂的极性，提高溶剂精制过程脱除稠环芳烃或含杂原子等极性化合物的效率，一般可以采取向萃取溶剂或原料油中添加助溶剂的方法。向萃取溶剂中添加的助溶剂极性较强，例如水，可以提高萃取溶剂的极性和对芳烃等极性化合物的萃取选择性。但向原料油中添加的助溶剂一般为极性较弱、在萃取溶剂中溶解度较小的低相对分子质量有机化合物，添加后，可以降低进料黏度，提高原料油在萃取塔内的分散效果，进而提高萃取效率。

N-甲基-2-吡咯烷酮 N-methyl-2-pyrrolidone(NMP)是2-吡咯烷酮的N-甲基衍生物，分子式为 C_5H_9NO，相对分子质量为99.1，密度为 1028kg/m^3（20℃），沸点为202.0℃，呈微碱性，无色透明油状液体，微有胺的气味。NMP是一种极性的非质子传递溶剂，具有毒性小、热稳定性高的优点。用于润滑油精制过程中，和酚精制相比，*NMP* 对原料中芳烃，尤其是重芳烃的溶解能力出众，选择性更好。NMP广泛用于芳烃萃取过程及丁二烯抽提。

苯酚 phenol 简称酚，俗称石炭酸，分子式 C_6H_5OH，相对分子质量为94.1，熔点为40.9℃，沸点为181.2℃，常温下为无色晶体，温度在68℃以上可以与水完全互溶，与水形成共沸物，共沸点99.6℃。酚是弱酸性物质，易氧化，在空气和光线中首先变成玫瑰色，后变成红色。在以苯酚为溶剂的润滑油精制过程中苯酚的选择性比糠醛稍差，但溶解能力较强，曾是主要溶剂之一。但由于酚具有毒性，存在环境污染问题，且对设备具有腐蚀性，该过程逐渐被淘汰。

丙烷 propane 常温下为无色、无臭气体，属易燃易爆品，其化学性质稳定，分子式 C_3H_8，相对分子质量44.1，熔点-187.7℃，沸点-42.2℃，临界温度96.84℃，临界压力4.26MPa，爆炸极限2.2%～9.5%（体积），气体密度1.868kg/m^3（20℃，0.1MPa）。丙烷对减压渣油中各组分的溶解能力差别很大。在一定温度范围内，丙烷对烷烃、环烷烃和单环芳烃等的溶解能力强，对多环及稠环芳烃等的溶解能力弱，对胶质溶解能力更弱，对沥青质几乎不溶解。因此，丙烷对润滑油理想组分的溶解选择性较高，是脱除减压渣油中胶质、沥青质和重芳烃等非理想组分，生产高黏度润滑油原料的主要溶剂。一般抽提溶剂中丙烷质量分数在85%～95%之间。

丁烷 butane 常温下为无色气体，有轻微的异味，属易燃易爆品，其化学性质稳定，分子式 C_4H_{10}，相对分子质量58.1，熔点-138.4℃，沸点-0.5℃，临界温度152.8℃，临界压力3.79MPa。对于生产催化裂化和加氢裂化原料的溶剂脱沥青装置多采用丁烷或混合 C_4 作为溶剂。与丙烷相比，液体丁烷对渣油中沥青质、胶质、重芳烃、中芳烃、轻芳烃和饱和烃的溶解度要高，对润滑油理想组分的选择性差。因此，生产润滑油原料的溶剂脱沥青装置所采用的溶剂中丁烷含量不宜高，其体积分数一般小于4%。

4 产　品

4.1 燃　料

汽油 gasoline 石油加工的重要产品之一，是应用于点燃式发动机(即汽油发动机)的专用燃料。汽油的外观一般为水白色透明液体，密度一般在 0.70 ~ 0.78g/cm³，有特殊的芳香味，馏程一般为 30 ~ 220℃。商品汽油按该油在气缸中燃烧时抗爆震燃烧性能的优劣区分，标记为辛烷值 90 号、93 号、95 号、97 号或更高，标号越大，抗爆性能越好。汽油质量的主要控制指标包括：抗爆性(研究法辛烷值、马达法辛烷值、抗爆指数)、硫含量、蒸气压、烯烃含量、芳烃含量、苯含量、腐蚀、馏程等。

车用汽油 vehicle gasoline 用作点燃式发动机燃料的石油轻质馏分(一般为 C_5 ~ C_{12} 烃类)，无色或浅色透明液体，易挥发，易燃，馏程范围在 30 ~ 205℃。国产车用汽油以催化裂化汽油为主要组分，经精制后与重整汽油、加氢汽油、烷基化汽油、异构化汽油等组分混合，并加入适量添加剂调和而成。

含铅汽油 leaded gasoline 添加四乙基铅的汽油，提高车用汽油的辛烷值，改善车用汽油的抗爆性。使用含铅汽油的汽车会排放铅化合物等有害气体，污染环境，直接危害人体健康，如损害人的神经、造血、生殖系统等。

无铅汽油 unleaded gasoline 指含铅量在 0.005g/L 以下的汽油，但不得人为添加含铅添加剂。使用无铅车用汽油能够减少汽车尾气排放中的铅化合物，减少污染，对保护环境起到一定的积极作用。

航空汽油 aviation gasoline 用作活塞式航空发动机燃料。由烷基化汽油和重石脑油、工业异丙苯等组分调和制成。主要由 C_5 ~ C_{12} 烃类组分组成。按马达法辛烷值分为 75 号、95 号和 100 号三个牌号。

汽油池 gasoline pool 泛指汽油调和组分的总合，包括直馏汽油、催化裂化汽油、重整汽油、加氢裂化汽油、异构化汽油、甲基叔丁基醚(MTBE)、烷基化汽油及其他组分。

催化裂化汽油 catalytic gasoline 经催化裂化工艺制得的汽油组分，研究法辛烷值 RON 约为 91。催化裂化汽油中烯烃含量较高，需与其他低烯烃含量、适宜辛烷值的汽油调和组分进行调和。

重整汽油 reformed gasoline 以重石脑油为原料，在一定的操作条件和催化剂作用下，发生烷烃异构化、环烷烃脱氢等反应后得到的汽油组分，芳烃含量相对较高，作为汽油调和的高辛烷值组分。

加氢汽油 hydrotreated gasoline 以催化裂化汽油为原料，在一定的操作条件和催化剂作用下，进行加氢精制、异构化反应得到的汽油组分，具有低硫、低氮的特点，但是辛烷值受烯烃饱和影响有所下降。

烷基化汽油 alkylation gasoline 指经过烷基化工艺得到的高辛烷值汽油组分。以炼厂气中异丁烷和丁烯为原料，在酸催化剂作用下，反应制得烷基化油。烷基化反应将小分子烯烃和侧链烷烃转变成更大的具有高辛烷值的侧链烷烃，从而有效提高汽油的辛烷值。

吸附脱硫汽油 adsorption desurfurization gasoline 经汽油吸附脱硫工艺制得的低硫汽油组分。汽油吸附脱硫工艺可制得硫含量低于0.001%(质量)的汽油组分。

汽油抽余油调和组分 raffinate oil used as gasoline blending component 是汽油的一种调和组分。抽余油一般指抽提芳烃后的重整汽油。

汽油芳烃调和组分 aromatics used as gasoline blending component 是汽油的一种调和组分，其中含有甲苯、二甲苯，用来提高汽油辛烷值。

煤油 kerosene 轻质石油产品中的一类。由天然石油或合成石油经分馏或裂化而得。根据用途可以分为喷气燃料、动力煤油、照明煤油等。主要由160~300℃的烃类化合物组成。

灯用煤油 lamp kerosene 用作点灯照明和各种煤油燃烧器的燃料，主要由160~300℃的烃类化合物组成。

航空煤油 aviation kerosene 现称作"喷气燃料"。

喷气燃料 jet fuel 又称航空煤油，石油加工的重要产品之一，是涡轮发动机(飞机)的专用燃料。馏程范围一般在130~280℃，主要由石油直馏馏分或加氢裂化馏分制得，广泛用于各种喷气式飞机。要求热值高，低温性能好，燃烧稳定。喷气燃料的主要指标是密度和冰点，要求密度大，冰点低。目前我国生产标准规定的喷气燃料分为5个牌号：1号、2号、3号、4号、5号，进出口油品中以3号喷气燃料为常见。

军用喷气燃料 military jet fuel 用作军用航空涡轮发动机的燃料，与3号喷气燃料相比，有更小的腐蚀性。

美军标准喷气燃料 America military standard jet fuel 专门用于美军战斗机的喷气燃料。通常有JP-1/JP-2/JP-3/JP-4/JP-5/JP-6/JP-7/JP-8等牌号。

国际航运协会标准喷气燃料 PINAC jet fuel 指符合国际航运协会

喷气燃料标准的喷气燃料，我国3号喷气燃料标准参照国际航运协会标准制定，质量指标基本相同。

舰载喷气燃料 jet fuel for carrier-borne aircraft 又称5号喷气燃料，为重煤油型燃料，馏程为150~280℃，结晶点不高于零下46℃，闪点大于60℃，适用于舰艇上的飞机。

大比重喷气燃料 high gravity jet fuel 为满足飞机延长续航时间要求的需要，终馏点许可达到316℃的喷气燃料。我国在1980年底曾以孤岛原油为原料生产大比重喷气燃料，具有密度大、凝点低的特点。

航空涡轮燃料 aviation turbine fuel 用于航空涡轮发动机和航空涡轮螺旋桨发动机的各种牌号燃料的总称。属轻质石油产品，有军用和民用之分。按馏程分为煤油型、高闪点煤油型和宽馏分型。其中煤油型的产品又称航空煤油。沸程150~315℃，密度0.775~0.830g/cm^3(20℃)，闪点不低于38℃。对燃料基本要求：热值高，密度大，洁净，不含游离水，具有较好的热安定性、防静电性能。

柴油 diesel 石油加工的重要产品之一，是应用于压燃式发动机(即柴油发动机)的专用燃料。柴油的外观为水白色、浅黄色或棕褐色的液体。柴油又分为轻柴油和重柴油两种。轻柴油是用于1000r/min以上的高速柴油机中的燃料，重柴油是用于1000r/min以下的中低速柴油机中的燃料。商品柴油按凝点分级，牌号分为10号、5号、0号、-10号、-20号、-35号和-50号。柴油的主要质量控制指标包括：十六烷值、氧化安定性、硫含量、色度、酸度、灰分、铜片腐蚀、凝点、冷滤点、闪点、馏程等。

普通柴油 diesel 符合GB252—2015标准的柴油，主要用作压燃式高速柴油发动机的燃料，适用于拖拉机、内燃机车、工程机械、船舶和发电机组等压燃式发动机。外观为淡黄色液体，主要由C_{15}~C_{24}烃类化合物组成。由直馏柴油、催化裂化柴油、加氢柴油和焦化柴油等组分调和而成。在GB252—2011标准颁布实施前，柴油分为轻柴油和重柴油。轻柴油适用于高速(1000r/min以上)柴油机，按照凝点分为10号、0号、-10号、-20号和-35号。适用于低速(500~1000r/min)柴油机，按照50℃运动黏度分为10号、20号和30号。

车用柴油 vehicle diesel 符合GB19147—2011标准，适用于压燃式高速柴油发动机的燃料，不用于三轮汽车和低速汽车。设计时速高于70km/h的四轮柴油汽车应选用车用柴油。

军用柴油 military diesel 主要用作坦克、装甲车、汽车、潜艇、舰艇等高速柴油发动机的燃料，执行军用油生产标准。馏程为200~335℃的无色透明液体，闪点(闭口)50~66℃。与民用柴油相比，具有优良的蒸发性和化学安定性，燃烧性能好，燃烧安全，抗结焦及积炭性能好，燃烧后产生的硫氧化物少，对环境污染小。

柴油池 diesel pool 指柴油调和组分总合，包括催化裂化柴油、直馏柴油、少部分加氢裂化柴油、焦化柴油以及其他组分。

加氢精制柴油 hydrotreated diesel 以催化裂化柴油、焦化柴油及部分含硫较高的直馏柴油为原料，在催化剂作用下进行加氢改质，脱除油品中的硫、氮、氧及金属等有害杂质，并能使烯烃饱和，稠环芳烃部分加氢而得到的柴油，又称低硫柴油或超低硫柴油。

催化裂化柴油 catalytic diesel oil 经催化裂化工艺制得的柴油组分。催化裂化的柴油产率约为30%(质量)，但因含正构烷烃少，安定性能较差，需和其他柴油组分进行调和后才能成为成品柴油。

加氢裂化柴油 hydrocracking diesel 以常压蜡油和减压蜡油为原料，在较高的温度条件下，经催化剂作用，油品发生加氢裂化和异构化反应得到的柴油调和组分，具有十六烷值高、倾点低的特点，是清洁车用柴油的理想组分。

炉用柴油 furnance diesel 适用于锅炉或化工冶金工业及其他工业炉的柴油燃料。

农用柴油 agricultural diesel oil 用于中速或低速农用柴油机的燃料，按照50℃运动黏度分为10号、20号、30号三个牌号。

液化石油气 liquefied petroleum gas(LPG) 又称液化气或液态烃，是通过增压或降温，把原油加工过程中产生的常温常压下呈气态的烃保持为液体状态的一种轻质烃混合物。其主要成分是丙烷、丙烯、丁烷和丁烯。除可用作化工原料外，也用作民用燃料和工业燃料。

汽车用液化石油气 motor LPG 用作汽车和内燃机燃料的液化气，主要成分为丙烷。

高级液化石油气 advanced LPG 用作家庭、宾馆和打火机的液化气，主要成分为丁烷。

轻烃裂解料 light hydrocarbon cracking material 用于裂解制乙烯的乙烷、LPG、石脑油、柴油等原料，具有乙烯收率高的特点。

4.2 润滑油

润滑油 lubricating oil 指用在各种机械上以减少摩擦，保护机械及加工件的液体润滑剂，主要起润滑、冷却、清洁、密封及缓冲等作用。从石油制得的润滑油按黏度分级，负荷大、速度低的机械用高黏度润滑油；反之，则用低黏度润滑油。炼油装置生产的润滑油是指通过各种精制工艺制成的基础油。

高清洁度润滑油 high cleanliness lubricating oil 润滑油的清洁度水平，常用油液中的颗粒污染物含量来计算。NAS1638 标准和 ISO4406 清洁度标准被普遍用于油品质量规格中，作为润滑油清洁度的检测方法。一般认为清洁度不大于 NAS 9 级的润滑油是高清洁度润滑油。

食品级工业润滑油 food grade industrial lubricating oil 是一种专门适用于食品机械工作环境要求的油品，与普通润滑油最大的区别是其使用的基础油和添加剂都是无毒无害的，偶尔和食品接触到也不会污染食品，仍然可以确保食品的卫生安全。

全损耗系统油 total loss system oil 采用润滑油基础油，加入适量添加剂制得，适用于无循环润滑系统机械部件的润滑与防护。

机械油 machine oil 采用矿物基础油加入适量添加剂调和制成。用于一般机械的润滑。

L-AN 全损耗系统油 L-AN total loss system oil 由矿物基础油加入少量添加剂制得，主要用于轻载、普通机械的全损耗润滑系统或换油周期较短的油浴式润滑系统，不适用于循环润滑系统。

L-AY 全损耗系统油 L-AY total loss system oil 由未精制矿物基础油加入适量添加剂调和制成，适用于铁路货车滑动轴承的润滑。

脱模油 mold oil 采用矿物基础油加入适量添加剂制得，用于混凝土脱模，一般分为矿物油型和乳化型两类。

变速箱油 transmission fluid 采用精制矿物基础油或合成基础油加入多种添加剂调和制成，用于车辆变速箱系统齿轮润滑、清洁以及提供液压动力。

手动变速箱油 manual transmission fluid(MTF)采用精制矿物基础油或合成基础油加入多种添加剂调和制成，用于手动变速箱的变速箱油品。

自动变速箱油 automatic transmission fluid(ATF)采用精制矿物基础油或合成基础油加入多种添加剂调和制成，用于自动变速箱的变速箱油品，主要提供湿式离合器和行星齿轮的润滑和摩擦，另外在液力变矩器、液压控制单元起到传动介质等作用。

无级变速器油 continuously variable transmission fluid(CVTF)采用精制矿物基础油或合成基础油加入多种添加剂调和制成，用于无级变速箱的变速箱油品，主要为传动链、带，以及锥形推轮等部件提供润滑和摩擦控制、冷却等作用。

双离合变速箱油 double clutch transmission fluid(DCTF)是应用于

双离合变速箱的变速箱油品。双离合变速箱是在手动变速箱的基础上增加两组联动的离合器，从而实现变速的功能。DCTF 可以满足齿轮的承载性能和抗疲劳寿命性能要求，同时可以为离合器提供相对优良、适宜的摩擦系数。

车辆齿轮油 automobile gear oil 车辆变速箱、驱动桥等齿轮传动机构所用的润滑油的统称。见 340 页“变速箱油”。

普通车辆齿轮油 GL-3 gear oil for common automobile GL-3 采用精制矿物基础油加入多种添加剂调和制成，用于普通车辆轻负荷齿轮的润滑。

中负荷车辆齿轮油 GL-4 mediumduty gear oil for automobile GL-4 采用精制矿物基础油或合成基础油加入多种添加剂调和制成，适用于轻型卡车和轿车齿轮箱的润滑。

重负荷车辆齿轮油 GL-5 heavy-duty gear oil for automobile GL-5 采用精制矿物基础油或合成基础油加入多种添加剂调和制成，用于重负荷车辆齿轮箱及后桥的润滑。

差速器齿轮油 differential gear oil 采用精制矿物基础油或合成基础油加入多种添加剂调和制成，适用于带机械差速器的车辆齿轮箱的润滑。

限滑差速器齿轮油 limited slip differential gear oil 采用精制矿物基础油或合成基础油加入多种添加剂调和制成，具有较好降噪效果，应用于限制车轮滑动的带限滑差速器的车辆齿轮箱的润滑。

拖拉机油 tractor oil 采用精制矿物基础油或合成基础油加入多种添加剂调和制成，用于大马力拖拉机的传动系统和液压系统的润滑。

液力传动油 power transmission fluid(PTF)采用精制矿物基础油或合成基础油加入多种添加剂调和制成，作为传动介质用于液力变矩器与液力耦合器中的油品。

动力转向液 power steering fluid(PSF)采用精制矿物基础油或合成基础油加入多种添加剂调和制成，具有较高的黏度指数和较低的倾点，作为传动介质用于液压助力转向系统。

工业齿轮油 industrial gear oil 用于工业机械设备齿轮箱，润滑齿轮部件的润滑油品统称。

工业闭式齿轮油 gear oil for industrial enclosed gear system 用于封闭式齿轮润滑的油品统称。

L-CKC 工业闭式齿轮油 L-CKC industrial enclosed gear oil 采用精制矿物基础油加入多种添加剂调和制成，用于正常或中等油温和中负荷下运转的齿轮润滑的油品。

L-CKD 工业闭式齿轮油 L-CKD industrial enclosed gear oil 采用精制矿物基础油加入多种添加剂调和制成，比 CKC 具有更好的抗磨性和热氧化安定性，适用于高温下操作的重负荷的齿轮润滑。

L-CKE 工业闭式齿轮油 L-CKE industrial enclosed gear oil 采用精制矿物基础油或合成烃基础油加入适量添加剂调和而成，具有良好的润滑特性和抗氧化、防锈性能，适用于蜗轮蜗杆润滑。

L-CKS 工业闭式齿轮油 L-CKS industrial enclosed gear oil 采用精制矿物基础油或合成基础油加入多种添加剂调和制成，适用于宽温度范围的轻负荷齿轮润滑。

L-CKT 工业闭式齿轮油 L-CKT industrial enclosed gear oil 采用合成型或半合成型基础油加入多种添加剂调和制成用于宽温度范围的重负荷齿轮润滑。

L-CKH 工业开式齿轮油 L-CKHindustrial open gear oil 通常采用具有抗腐蚀性的特种沥青型，适用于中等温度和轻负荷的圆柱型齿轮或伞齿轮润滑。

L-CKJ 工业开式齿轮油 L-CKJ industrial open gear oil 采用具有抗腐蚀性的特种沥青型及矿物基础油，加入极压抗磨添加剂调和制成，用于中等温度和轻负荷的圆柱形齿轮或伞齿轮润滑。

L-CKM 工业开式齿轮油 L-CKM industrial open gear oil 采用精制矿物基础油或合成基础油加入多种添加剂调和制成，在极限负荷下改善抗擦伤性和抗腐蚀性的产品，偶尔应用于特殊重负荷运转的齿轮。

极压型蜗轮蜗杆油 extreme pressure worm gear oil 采用精制矿物基础油或合成基础油加入多种添加剂调和制成，适用于极压性能要求较高的蜗轮蜗杆润滑油品。

抗微点蚀工业齿轮油 anti-micropitting industrial gear oil 采用精制矿物基础油或合成基础油加入多种添加剂调和制成，具有预防齿轮设备运转过程中微点蚀产生的性能，用于有抗微点蚀要求的齿轮箱润滑。

柴油机油 diesel engine oil 适用于柴油作燃料的汽车发动机所用的润滑油。一般来说，柴油机处于长时间高速行驶的工况比较多，其热负荷通常都高于汽油发动机，故对柴油机油的高温清净性要求较高。另外柴油燃烧更易出现烟炱，因此要求柴油机油要有较好的烟炱分散性能以及控制烟炱引起的磨损的能力。以精制矿物油、合成油或精制矿物油与合成油的混合油为基础油，加入多种添加剂或复合剂制成。质量等级由低向高为 CC、CD、CE、CF-4、CG-4、CH-4、CI-4、CJ-4 等。黏度等级包括 5W-30、5W-40、15W-40、20W-50 等。

CD 柴油机油 CD diesel engine oil 美国石油学会（API）于 1955 年推出的柴油机油规格。采用精制矿物基础油或合成型基础油加入多种添加剂调和制成。它具有控制轴承腐蚀和高温沉积物的性能，适用于重负荷条件下运行的使用高硫燃料非增压、低增压及增压式柴油机。

CF 柴油机油 CF diesel engine oil 美国石油学会(API)于 1994 年推出的间接喷射柴油机油规格。采用精制矿物基础油或合成型基础油加入多种添加剂调和制成，适用于非公路用间接喷射柴油机和其他非增压、低增压及增压式柴油机。

CF-2 柴油机油 CF-2 diesel engine oil 美国石油学会(API)于 1994 年推出的重负荷二冲程柴油机油规格。采用精制矿物基础油或合成型基础油加入多种添加剂调和制成，适用于二冲程柴油机润滑。

CF-4 柴油机油 CF-4 diesel engine oil 美国石油学会(API)于 1990 年推出的柴油机油规格。采用精制矿物基础油或合成型基础油加入多种添加剂调和制成。它具有控制油耗和活塞沉积物的性能，适用于重负荷条件下，高转速四冲程柴油发动机。

CG-4 柴油机油 CG-4 diesel engine oil 美国石油学会(API)于 1994 年推出的重负荷柴油机油规格。采用精制矿物基础油或合成基础油加入多种添加剂调和制成，适用于使用低硫燃料[硫含量 0.05%(质量)]的重负荷公路卡车和工程机械车辆(硫含量<0.05%)的高转速四冲程柴油机。

CH-4 柴油机油 CH-4 diesel engine oil 美国石油学会(API)于 1998 年推出的重负荷柴油机油规格。采用精制矿物基础油或合成基础油加入多种添加剂调和制成。它可以有效地维持发动机耐久性，严格控制高、低温沉积物和磨损，尤其是控制高烟炱引起的黏度增加和配气机构的磨损。适用于重负荷条件下，高转速四冲程柴油发动机。

CI-4 柴油机油 CI-4 diesel engine oil 美国石油学会(API)于 2004 年推出的重负荷柴油机油规格。采用精制矿物基础油或合成基础油加入多种添加剂调和制成。它能有效地控制腐蚀磨损、活塞沉积物、阀系磨损、机油氧化稠化和黏度下降，具有较好的高低温稳定性和烟炱处理能力。适用于重负荷条件下，采用废气再循环装置(EGR)的高转速四冲程柴油发动机。达到美国 2002 年排放要求。

CJ-4 柴油机油 CJ-4 diesel engine oil 美国石油学会(API)于 2006 年推出的重负荷柴油机油规格。采用精制矿物基础油或合成基础油加入多种添加剂调和制成，适用于高转速四冲程柴油机。它满足美国 2007 年的排放要求。CJ-4 润滑油适用于含硫量达 500μg/g 的柴油燃料，然而含硫量大于 15μg/g 燃料可能会影响废气处理系统的持久力和换油间隔时间。CJ-4 润滑油对于维护带有微粒过滤器和其他先进的尾气处理装置的排放处理系统的持久性非常有效。具有控制催化剂中毒、微粒过滤器堵塞、发动机磨损、活塞堵塞、高低温稳定性、烟炱处理、机油氧化变稠、起泡沫和剪切黏度损失等多种使用性能，为发动机提供适宜的保护。

DH-1 柴油机油　DH-1 diesel engine oil 日本汽车标准组织(JASO)于 2000 年推出的重负荷柴油机油规格，采用精制矿物基础油或合成基础油加入多种添加剂调和制成。推荐用于日本技术的四冲程高速柴油发动机。适用的燃料硫含量为 0.05%(质量)以下。

DH-2 柴油机油　DH-2 diesel engine oil 日本汽车标准组织(JASO)于 2005 年推出的重负荷柴油机油规格，采用精制矿物基础油或合成基础油加入多种添加剂调和制成。推荐用于带排放处理系统的日本技术的四冲程高速柴油发动机。适用的燃料硫含量为 0.005%(质量)以下。

DL-1 柴油机油　DL-1 diesel engine oil 日本汽车标准组织(JASO)于 2005 年推出的轻负荷柴油机油规格，采用精制矿物基础油或合成基础油加入多种添加剂调和制成。推荐用于带排放处理系统的日本技术的柴油轿车发动机。适用的燃料硫含量为 0.005%(质量)以下。

E1 柴油机油　E1 diesel engine oil 欧洲汽车制造商协会(以下简称 ACEA)于 1996 年发布 E1 规格，目前已废除。适用于自然吸气或低涡轮增压重负荷柴油发动机在轻负荷或中等负荷工况下使用，换油期长度为普通级别。

E2 柴油机油　E2 diesel engine oil　ACEA 于 1996 年发布 E2 规格，目前已废除，采用精制矿物基础油或合成基础油加入多种添加剂调和制成。适用于自然吸气或低涡轮增压重负荷柴油发动机在轻负荷或中等负荷工况下使用，换油期长度为普通级别。

E3 柴油机油　E3 diesel engine oil　ACEA 于 1996 年发布 E3 规格，目前已废除，采用精制矿物基础油或合成基础油加入多种添加剂调和制成。油品能有效控制活塞清净性、缸壁光洁程度、磨损、烟炱分散性及润滑稳定性。适用于欧Ⅰ、欧Ⅱ排放技术的柴油发动机在苛刻工况下使用，可以按照制造商的建议延长换油期。

E4 柴油机油　E4 diesel engine oil　ACEA 于 1998 年首次提出 E4 规格，后经多次修订，最新版本为 E4-08(2010 年修订版并未对指标进行修改)，采用精制矿物基础油或合成基础油加入多种添加剂调和制成。油品稳定、黏度级别持久不变，能有效控制活塞清净性、磨损、烟炱分散性及润滑稳定性。满足欧Ⅰ、欧Ⅱ、欧Ⅲ、欧Ⅳ及欧Ⅴ排放要求，适用于运转条件十分苛刻的柴油发动机，可以按照制造商的建议延长换油期。适用发动机的排放处理装置为 EGR 和 SCR，不适用于颗粒捕捉器(DPF)。该油品符合 ACEA E4-08 Issue 2 规范。

E5 柴油机油 E5 diesel engine oil ACEA 于 1999 年发布 E5 规格，目前已废除，采用精制矿物基础油或合成基础油加入多种添加剂调和制成。油品稳定、黏度级别持久不变，能有效控制活塞清净性及缸壁光洁程度，与 E3 规格相比对磨损、涡轮增压器沉积物控制、烟炱分散性及润滑稳定性的控制进一步提高。适合于欧Ⅰ、欧Ⅱ、欧Ⅲ技术的高转速柴油发动机在苛刻工况下使用，可以按照制造商的建议延长换油期。

E6 柴油机油 E6 diesel engine oil ACEA 于 2004 年首次提出 E6 规格，后经多次修订，最新版本为 E6-08(2010 年修订版并未对指标进行修改)，采用精制矿物基础油或合成基础油加入多种添加剂调和制成。油品稳定、黏度级别持久不变，能有效控制活塞清净性、磨损、烟炱分散性及润滑稳定性。满足欧Ⅰ、欧Ⅱ、欧Ⅲ、欧Ⅳ及欧Ⅴ排放要求，适用于运转条件十分苛刻的柴油发动机，可以按照制造商的建议延长换油期，适用的发动机排放处理装置包括 EGR、SCR、DPF 等。E6 特别适于带有颗粒捕捉器(DPF)的发动机及使用低硫柴油燃料的工况下使用。该油品符合 ACEA E6-08 Issue 2 规范。

E7 柴油机油 E7 diesel engine oil ACEA 于 2004 年首次提出 E7 规格，后经多次修订，最新版本为 E7-08(2010 年修订版并未对指标进行修改)，采用精制矿物基础油或合成基础油加入多种添加剂调和制成。油品稳定、黏度级别持久不变，能有效控制活塞清净性及缸壁光洁程度，对磨损、烟炱分散性及润滑稳定性的控制进一步提高。满足欧Ⅰ、欧Ⅱ、欧Ⅲ、欧Ⅳ及欧Ⅴ排放要求，适用于运转条件十分苛刻的柴油发动机，可以按照制造商的建议延长换油期。适用发动机的排放处理装置为 EGR 和 SCR，不适用于颗粒捕捉器(DPF)。该油品符合 ACEA E7-08 Issue 2 规范。

E9 柴油机油 E9 diesel engine oil ACEA 于 2008 年首次提出 E9 规格，2010 年修订版并未对指标进行修改，采用精制矿物基础油或合成基础油加入多种添加剂调和制成。油品稳定、黏度级别持久不变，能有效控制活塞清净性及缸壁光洁程度，对磨损、烟炱分散性及润滑稳定性的控制进一步提高。满足欧Ⅰ、欧Ⅱ、欧Ⅲ、欧Ⅳ及欧Ⅴ排放要求，适用于运转条件十分苛刻的柴油发动机，可以按照制造商的建议延长换油期。适用的发动机排放处理装置包括 EGR、SCR、DPF 等。E9 特别适于带有颗粒捕捉器(DPF)的发动机及使用低硫柴油燃料的工况下使用。该油品符合ACEA E9-08 Issue 2规范。

醇燃料发动机油 alcogas engine oil 适用于醇或醇与传统燃料混合为燃料的发动机所用的润滑油。醇燃料燃烧产物酸性较强，容易出现锈蚀及磨损等问题，因此要求发动机油具有较高的碱值；优良的防止锈蚀和抗磨的能力，同时要求发动机油具有优良的抗氧化性能，能有效地抑制油泥、积炭的产生。

二冲程柴油机油 two stroke diesel engine oil 适用于二冲程柴油发动机润滑的内燃机油。二冲程柴油发动机多用于工程机械车辆，这类发动机常处于低速高扭矩工作状态，要求发动机油具有良好的润滑性及抗磨性能。

固定式柴油机油 stationary diesel engine oil 适用于固定式柴油发动机润滑的内燃机油。

气体燃料发动机油 gas fuel engine oil 适用可燃气体(常为压缩天然气)作为燃料的发动机润滑油。汽车使用的天然气燃料具有辛烷值高、能改善排放等优点，但另一方面气体燃料因燃烧室温度高和本身无润滑性等特点，因此，要求配套的发动机油具有更好的抗氧化性能和合适的灰分。合适的硫酸盐灰分，可防止灰分沉积导致的提前点火和发动机故障。

铁路内燃机车柴油机油 diesel engine oil for railway diesel locomotive 适用于铁路内燃机润滑的发动机油。因铁路机车长期在野外行驶，环境条件苛刻，燃料的质量相对较差，燃料硫含量较高，因此铁路内燃机车润滑油要求具有一定的碱值，优异的抗磨、抗腐蚀特性以及良好的清净分散性。

重负荷柴油机油 heavy duty diesel engine oil(HDDO)适用于重负荷柴油发动机润滑的内燃机油。

汽油机油 gasoline engine oil 用于以汽油为燃料的点燃式发动机的润滑油。一般来说，汽油发动机的运行状况常包括开开停停的市内行驶工况和城市之间高速公路上的高速行驶工况，因此汽油机油除应具备良好的高温氧化安定性和清净性外，还应具有优良的抑制和分散低温油泥的能力，以及良好的防锈、防腐蚀和抗磨能力。

GF-2汽油机油 GF-2 gasoline engine oil 国际润滑剂标准化及认证委员会(ILSAC)在1996年推出的汽油机油规格。采用精制矿物基础油或合成基础油加入多种添加剂调和制成。GF-2需要通过L-38、程序ⅡD、ⅢE、ⅤE、ⅥA等台架试验。它与GF-1相比进一步提高了节能要求，进一步限制磷含量。GF-2相当于SJ+节能要求。

GF-3汽油机油 GF-3 gasoline engine oil 国际润滑剂标准化及认证委员会(ILSAC)在2001年推出汽油

机油规格。采用精制矿物基础油或合成基础油加入多种添加剂调和制成。GF-3 需要通过ⅢF、Ⅷ、ⅣA、ⅤE、ⅥB 等台架试验。GF-3 强调环保与节能(行驶 6400km 后的旧油的节能性)，改进汽车排放系统的耐久性，控制油中磷含量[不大于 0.1%(质量)]。GF-3 相当于 SL^+ 节能要求。

GF-4 汽油机油 GF-4 gasoline engine oil 国际润滑剂标准化及认证委员会(ILSAC)在 2004 年推出汽油机油规格。采用精制矿物基础油或合成基础油加入多种添加剂调和制成。GF-4 需要通过ⅢG、Ⅷ、ⅣA、ⅤG、ⅥB 等台架试验。它与 GF-3 和 GF-2 规格相比，最重要的变化是降低磷含量，有效地防止尾气转化催化剂中毒。GF-4 提高 VIB 要求指标，进一步提高燃料经济性及其保持性。GF-4 相当于 SM^+ 节能要求。

GF-5 汽油机油 GF-5 gasoline engine oil 国际润滑剂标准化及认证委员会(ILSAC)在 2009 年推出汽油机油规格。采用精制矿物基础油或合成基础油加入多种添加剂调和制成。与 GF-4 汽油机油规格相比，GF-5 中增加了 TEOST 33C 高温沉积物模拟试验来评价油品的高温清净性能，有效地保护了涡轮增压器。GF-5 汽油机油进一步提高了燃料经济性，改善了对排放处理系统的保护，提高了汽油机油的高低温性能，增加了生物燃油适应性要求和密封件材料相容性要求，强调用油低温泵送性能的保持性。GF-5 相当于 SN^+ 节能要求。

SE 汽油机油 SE gasoline engine oil 美国石油学会(API)于 1972 年推出的汽油机油规格，是由精制基础油和一组功能添加剂调配而成。SE 汽油机油通过了 L-38、程序ⅡB、ⅡC 或ⅢD、ⅢB、ⅤC(或ⅤD)等台架试验。它比 SD 汽油机油具有更好的发动机保护性能，能满足 1979 年以及更早期的车型对车辆保修期的要求。现在已经被 API 废除，目前是中国汽油机油标准最低的质量级别。

SF 汽油机油 SF gasoline engine oil 美国石油学会(API)于 1980 年推出的汽油机油规格，是由精制基础油和一组功能添加剂调配而成。SF 汽油机油通过了 L-38、程序ⅡD、ⅢD、ⅤD 等台架试验。它比 SE 汽油机油具有更好的抗磨损和抗氧化性能，能满足 1988 年以及更早期的车型对车辆保修期的要求。满足 API SF 标准，现在已经被 API 废除，中国标准仍然保留其质量级别。

SG 汽油机油 SG gasoline engine oil 美国石油学会(API)于 1987 年推出的汽油机油规格，是由精制基础油和一组功能添加剂调配而成。SG 汽油机油通过了 L-38、程序ⅡD、ⅢE、ⅤE 等台架试验。SG

汽油机油改进了油品的中低温性能，比SF汽油机油具有更好的油泥控制性能，能满足1993年以及更早期的车型对车辆保修期的要求。现在已经被API废除，中国标准仍然保留其质量级别。

SH汽油机油　SH gasoline engine oil 美国石油学会(API)于1997年推出的汽油机油规格，是由精制基础油和一组功能添加剂调配而成。SH汽油机油比SG汽油机油具有更好的油泥控制、抗氧化、抗磨、防锈、抗腐蚀性能，能满足1997年以及更早期的车型对车辆保修期的要求。通过了L-38、程序ⅡD、ⅢE、ⅤE等台架试验，满足API SH标准。

SJ汽油机油　SJ gasoline engine oil 美国石油学会(API)于1997年推出的汽油机油规格，是由精制基础油和一组功能添加剂调配而成。SJ汽油机油减低了磷含量，提高了蒸发损失要求、过滤性、高温抗泡、低温性能、高温沉积TEOST控制。能满足1997年以及更早期的车型对车辆保修期的要求。通过了L-38、程序ⅡD、ⅢE、ⅤE等台架试验，满足API SJ标准。

SL汽油机油　SL gasoline engine oil 美国石油学会(API)于2001年推出的汽油机油规格，是由精制基础油和一组功能添加剂调配而成。SL台架的苛刻度基本不变，其中程序ⅡD被BRT(球锈蚀试验)代替，程序VE被VG加IVA代替，L-38被程序Ⅷ代替，ⅢE被ⅢF代替，而ⅢF的苛刻度大于程序ⅢE，因此SL汽油机油与SH汽油机油相比，更具有超强的抗氧化性能，更好地抑制油泥和积炭能力，更加环保。能满足2001年或更早期车型对车辆保修期的要求，满足API SL标准。

SM汽油机油　SM gasoline engine oil 美国石油学会(API)于2005年推出的汽油机油规格，是由精制基础油和一组功能添加剂调配而成。SM汽油机油对硫、磷含量的控制，明显提高了后处理系统的耐久性。程序ⅢG代替ⅢF，提高氧化安定性和对沉积物的控制，增加ⅢGA评定低温泵送性能。与SL相比，各试验通过指标都更加严格，能满足2004年或更早期车型对车辆保修期的要求，满足API SM标准。

SN汽油机油　SN gasoline engine oil 美国石油学会(API)于2010年推出的汽油机油规格，是由精制基础油和一组功能添加剂调配而成。SN汽油机油对硫、磷含量进行控制，并对在用油的磷含量的保持性能提出了控制要求，提高后处理系统的耐久性；提高了ⅢG发动机试验的评分标准，活塞沉积物优点评分从GF-4的3.5提高到了4.0；采用程序ⅥD取代程序ⅥB，提高了燃料经济性试验的精确度；增加了E85乳化保持性试验，保证乙醇汽油的兼容性；增加了橡胶相容性试验，有效保护发动机零部件及密封件；增加ROBO试验，对老化油的低温泵送性能进行评价。与SM汽油机油相比，各试验通过指标都更加严格，能满足2010年或更早期车型对车辆保修期的要求。满足API SN标准。

内燃机油 internal combustion engine oil 内燃机润滑油简称内燃机油，又称马达油、发动机油和曲轴箱油。内燃机油以石油或合成油为原料，经加工精制并使用各种添加剂调和而成。内燃机油是内燃发动机重要的匹配润滑材料，广泛用于汽车、内燃机车、摩托车、施工机具、船舶等移动式与固定式发动机中。内燃机油是润滑油中用量最多的一类，约占润滑油总量的50%（质量）。

通用内燃机油 universal internal combustion engene oil 同时符合汽油机油和柴油机油质量指标的内燃机油。以SJ/CF-4 5W-30通用内燃机油和CF-4/SJ 5W-30通用内燃机油为例，前者表示其配方首先满足SJ汽油机油要求，后者表示其配方首先满足CF-4柴油机油要求，两者均需同时符合SJ汽油机油和CF-4柴油机油质量指标。

农用柴油机油 agricultural diesel engine oil 以精制矿物油为基础油，加入适量添加剂调和制成。适用于以单缸柴油机为动力的三轮汽车(原三轮农用运输车)、拖拉机运输机组、小型拖拉机发动机，还可用于其他以单缸柴油机为动力的小型农机具，如抽水机、发电机等，满足《农用柴油机油》国家标准(GB 20419—2006)。

催化剂兼容性发动机油 catalyst compatibility engine oil 可以与发动机排放处理催化剂兼容的发动机油。受排放、燃油经济性和耐久性要求的影响，欧洲汽车制造商协会(ACEA)于2004年颁布了C1、C2、C3等级规范，而C4催化剂兼容性发动机油于2007年首次被引入ACEA机油等级规范。该等级规范中陈述了对装有排放处理系统的乘用车汽油机及轻负荷柴油机用“催化剂兼容性”发动机油的要求。由API三类基础油和多种添加剂调配的催化剂兼容性发动机油是顶级的低硫酸盐灰分、低硫和磷含量发动机油，可以与催化剂相兼容，保护催化转换器，从而降低尾气排放，主要用于高性能汽油和轻负荷柴油发动机。这些发动机采用的是先进的后处理系统，例如柴油发动机颗粒捕捉器(DPF)，并使用三元催化剂(TWC)。

C1发动机油 C1 engine oil 符合欧洲汽车制造商协会(ACEA) C1-10规范的催化剂兼容性发动机油，用于高性能汽油机和轻负荷柴油机，使用性能与A5/B5相当。低硫酸盐灰分、低磷和硫含量(SAPS),即硫含量≤0.2%(质量),磷含量≤0.05%(质量),硫酸盐灰分≤0.5%(质量)。HTHS 黏度≥2.9mPa·s,低黏度(OWX,5WX)。

C2 发动机油 C2 engine oil 符合欧洲汽车制造商协会(ACEA)C2-10 规范的催化剂兼容性发动机油,用于高性能汽油机和轻负荷柴油机,使用性能与 A5/B5 相当。中等 SAPS,即硫含量≤0.3%(质量),磷含量≤0.09%(质量),硫酸盐灰分≤0.8%(质量)。HTHS 黏度≥2.9mPa·s,低黏度(OWX,5WX)。

C3 发动机油 C3 engine oil 符合欧洲汽车制造商协会(ACEA)C3-10 规范的催化剂兼容性发动机油,用于高性能汽油机和轻负荷柴油机,使用性能与 A5/B5 相当。中等 SAPS,即硫含量≤0.3%(质量),磷含量 0.07%~0.09%(质量),硫酸盐灰分≤0.8%(质量)。HTHS 黏度≥3.5mPa·s,低黏度(OWX,5WX)。

C4 发动机油 C4 engine oil 符合欧洲汽车制造商协会(ACEA)C4-10 规范的催化剂兼容性发动机油,用于高性能汽油机和轻负荷柴油机,使用性能与 A3/B4 相当。低 SAPS,即硫含量≤0.2%(质量),磷含量≤0.09%(质量),硫酸盐灰分≤0.5%(质量)。HTHS 黏度≥3.5mPa·s,低黏度(OWX,5WX),蒸发损失小。

A1/B1 汽柴通用内燃机油 A1/B1 gasoline and diesel engine oil 2004 年10 月底欧洲汽车制造商协会(ACEA)出台了 ACEA-2004 内燃机油规格,在轿车机油方面,首先将分别适用于汽油机油和柴油机油的 A 类和 B 类合并为 A/B 类。但是由于相当多的 OEM 认为原来的 A 类和 B 类仍然可以很好地保护汽车满足欧Ⅳ规格,而无须设定化学指标,因而仍然保留了原来的类别,只是将 A1 与 B1 合并。A1/B1 通用内燃机油采用精制矿物基础油或合成基础油加入多种添加剂调和制成,设计用于延长汽油发动机和轻负荷柴油发动机的换油期。该油品要求低摩擦、低黏度以及高温高剪切黏度在 2.9~3.5mPa·s 之间(对于 XW/20 黏度等级的高温高剪切黏度要求最小 2.6mPa·s)。2008 年 12 月 22 日 ACEA 发布了欧洲机油等级规范的新版本,在后处理保护、燃油经济性和耐用性等方面对汽车发动机油提出了更高的性能要求,2010 年 12 月又发布了最新的版本,对油泥评分和中温沉积物评分的指标进行了修改。该油品符合 ACEA A1/B1-10 规范。

A3/B3 汽柴通用内燃机油 A3/B3 gasoline and diesel engine oil 在 1996 年和 1998 年引入的最初版本 ACEA A3 和 ACEA B3 等级规范

的基础上，欧洲汽车制造商协会(ACEA)于2004年颁布了A3/B3质量等级规范。A3/B3通用内燃机油采用精制矿物基础油(或合成基础油)加入多种添加剂调和制成，用于高性能汽油和柴油发动机。2010年版的ACEA规范对ACEA A3/B3的要求做出多项修改，其中包括纳入VW TDI发动机测试以取代VWICTD，纳入新的OM646LA发动机测试以取代OM602A，同时在油泥处理方面的要求也有所提高。

A3/B4 汽柴通用内燃机油 A3/B4 gasoline and diesel engine oil 在1996年和1998年引入的最初版本ACEA A3和ACEA B4等级规范的基础上，欧洲汽车制造商协会(ACEA)于2004年颁布了A3/B4质量等级规范。A3/B4通用内燃机油是由精制基础油和功能性添加剂调和而成，设计用于高性能汽油和轻负荷柴油发动机。2008年版的ACEA规范对ACEA A3/B4的要求进行了多项修改，提高了性能要求，其中包括提高了VW TDI发动机测试中柴油发动机活塞洁净度性能的水平，并且引入新的OM646LA发动机测试以取代OM602A，同时增加了油泥处理方面的要求。该油品符合ACEA A3/B4-08规范。

A5/B5 汽柴通用内燃机油 A5/B5 gasoline and diesel engine oil 欧洲汽车制造商协会(ACEA)于2004年颁布了A5/B5质量等级规范。A5/B5通用内燃机油采用精制矿物基础油或合成基础油加入多种添加剂调和制成，设计用于延长换油里程的高性能汽油和轻负荷柴油发动机。该油品要求低摩擦、低黏度以及高温高剪切黏度在2.9~3.5mPa·s。2008年版的ACEA规范对ACEA A5/B5的要求进行了多项修改，2010年12月又发布了最新的版本，对油泥评分和中温沉积物评分的指标进行了修改。该油品符合ACEA A5/B5-10规范。

水冷二冲程汽油机油 water-cooled two-stroke gasoline engine oil 采用精制矿物基础油或合成基础油加入多种添加剂调和制成，用于点燃式、以水为循环介质冷却发动机气缸和气缸盖等零部件的二冲程发动机润滑。水冷二冲程汽油机油可与汽油以一定比例混合，以分离润滑的形式润滑发动机零部件，是不能循环利用的一次性使用的润滑油品。

风冷二冲程汽油机油 air-cooled two-stroke gasoline engine oil 采用精制矿物基础油或合成基础油加入多种添加剂调和制成，用于点燃式、以空气为循环介质，冷却发动机气缸和气缸盖等零部件的二冲程发动机润滑。风冷二冲程汽油机油可与汽油以一定比例混合，以分离润滑的形式润滑发动机零部件，是不能循环利用的一次性使用的润滑油品。

摩托车油 motorcycle oil 是用于摩托车发动机润滑的油品总称。分为二冲程摩托车油、四冲程摩托车油。

四冲程摩托车油 four-stroke motorcycle oil 用于四冲程摩托车发动机的润滑油。四冲程摩托车油具有满足进气、压缩、燃烧、排气四个发动机工作循环过程中润滑发动机部件，同时满足湿式离合器、齿轮传动装置的润滑作用。

二冲程摩托车油 two-stroke motorcycle oil 泛指风冷二冲程汽油机油，用于点燃式发动机，进气、压缩、作功(燃烧)、排气一个工作循环在两个冲程内完成的发动机润滑油，即采用空气为循环冷却介质的风冷二冲程汽油机油。二冲程摩托车油是采用分离润滑的方式，油品与燃料油、空气混合燃烧的一次性使用的润滑油品。

舷外发动机油 outboard engine oil 是用于舷外发动机润滑的油品总称。按舷外发动机活塞工作循环往返次数的不同可分为舷外二冲程发动机油、舷外四冲程发动机油。

L-FC 轴承油 L-FC bearing oil 采用精制或深度精制矿物油加入各种添加剂调和制成。用于使用温度不大于60℃的普通轴承润滑。

L-FD 主轴轴承油 L-FD main bearing oil 采用精制或深度精制矿物油或以聚烯烃合成油为基础油，加入各种添加剂调和制成。用于精密机床主轴轴承及其他以循环、油浴、喷雾润滑的高速滑动轴承或精密滚动轴承润滑。

锭子油 spindle oil 采用精制矿物油，并加入多种添加剂调和制成。用于纺纱机的锭子和各种负荷小、速度高的轴承和摩擦部位润滑。

L-G 导轨油 L-G slide ways oil 采用精制矿物油，并加入多种添加剂调和制成，用于机床导轨和普通轴承的润滑。如果符合设备制造者所提出的要求，可以用相同黏度等级的 HG 油代替。

导轨油 slide ways oil 用来润滑机床导轨的专用润滑油。它的作用是使导轨尽量接近液体摩擦下工作，保持导轨的移动精度，防止滑动导轨在低速重载荷工况下发生“爬行”现象，延长导轨使用寿命。

液压导轨油 hydraulic slide ways oil 又称 L-HG 液压导轨油，是在抗磨液压油基础上添加抗黏滑剂(油性剂或减摩剂)的一类液压油。该油具有优良的抗黏滑性，在低速下，防“爬行”效果好。对于液压及导轨润滑共用一个油路系统的精密机床，必须选用液压导轨油。

液压油 hydraulic oil 用于液压系统的传动介质。液压系统中用液压油来实现能量的传递、转换和控制，同时还起着系统的润滑、防锈、防腐、冷却等作用。

L-HL 液压油 L-HL hydraulic oil 采用矿物型基础油，加入适量添加剂调和制成，用于无特殊极压抗磨性能要求的通用工业设备。

抗磨液压油 anti-wear hydraulic oil 又称 HM 液压油，是从防锈、抗氧液压油基础上发展而来的，除加有抗氧、防锈剂外，还添加抗磨、极压添加剂、金属减活剂、破乳化剂和抗泡添加剂等。它不仅要求具有良好的防锈、抗氧性，在抗磨性方面也提出高要求。主要用于重负荷、中压、高压的叶片泵、齿轮泵、柱塞泵液压系统。

无灰抗磨液压油 ashless anti-wear hydraulic oil 指不含金属盐的抗磨液压油。无灰抗磨液压油使用的极压抗磨剂主要是硫化物和磷化物，可用于含有银和铜部件的液压系统。

L-HV 低温抗磨液压油 L-HV low temperature antiwear hydraulic oil 采用深度脱蜡精制的矿物润滑油或与聚 α-烯烃合成油混合构成低倾点基础油，添加各种添加剂调和制成，适用于露天、寒区及环境温度变化大的中、高压液压系统。

L-HS 低凝抗磨液压油 L-HS low pour point antiwear hydraulic oil 采用 API III 类基础油或与聚 α-烯烃合成油混合构成低倾点基础油，添加各种添加剂调和制成，适用于冬季严寒地区作业机械的润滑。

航空液压油 aircraft hydraulic fluid 采用矿物油、PAO、磷酸酯、硅油、氟油和聚苯醚等作基础油，添加多种添加剂调和制成，用于航空飞行器液压系统的工作介质。其主要功能是动力传输与控制、热传导、密封和润滑作用。

多级液压油 multi stage hydraulic fluid 又称高黏度指数液压油、全天候液压油。一般是由高黏度指数石油基基础油或合成油，加入高质量的黏度指数改进剂和其他功能添加剂调配而成，具有良好的黏温性能、低温性能和良好的剪切安定性。

难燃液压液 fire-resistant hydraulic fluid 又称抗燃液压液，是不燃烧、能预防燃烧或阻止燃烧的液压介质的统称。可分为水包油型抗燃液压液、油包水型抗燃液压液、水-乙二醇型抗燃液压液、酯型难燃液压油和磷酸酯型难燃液压油等。

HFC 水-乙二醇液压液 HFC water-glycol hydraulic fluid 采用水、二元醇和水溶性增黏剂作基础液，添加多种添加剂调配而成的液压液，具有良好的抗燃性、润滑性和低温稳定性，主要用于与高温或明火有接触的液压系统。

HFAE 水包油型乳化液 HFAE oil-in-water emulsion 采用精制矿物

油作基础油，添加乳化剂和其他多种添加剂调配而成的液压液。使用时兑水调配成水包油型乳化液，具有优良的抗燃性、润滑性和防锈性，主要用于矿山支架液压系统。

HFB 油包水型乳化液 HFB water-in-oil emulsion 采用精制矿物油和水作基础介质，借助乳化剂的分散作用形成稳定的油包水型乳化液。具有优良的润滑性和良好的抗燃性，主要用于矿山支架液压系统。

HFDR 磷酸酯无水合成液 phosphate ester anhydrous synthetic fluid HFDR 采用磷酸酯作基础油，添加多种添加剂调配而成的难燃液压油。具有自燃点高、挥发性低、抗燃性好的特点，主要应用于高温热源和明火场合的高压精密液压系统中。

HFDU 酯型难燃液压油 ester type fire-resistant hydraulic fluid HFDU 采用长链不饱和脂肪酸酯作基础油，添加多种添加剂调配而成的全合成液压油。是一种符合环保要求的绿色润滑剂，具有闪点和燃点高、抗燃性好、黏度指数高、黏温性能好、润滑性能优良的特点，同时与金属和非金属材料的适应性好，使用温度范围宽，能满足苛刻液压系统的使用要求。

气动凿岩机油 pneumatic rock drilling oil 以精制矿物油或合成油为基础油，并添加多种功能添加剂制备而成。用于以压缩空气为动力驱动钎杆、钎头，以冲击回转方式在岩体中凿孔的机具的润滑。

导热油 heat transfer fluid 作为传热介质使用的油品，又称传热油、热载体油、热导油、热媒油等。根据其成分及基本物性，分矿物型导热油和合成型导热油两大类。

L-QB 导热油 L-QB heat transfer fluid 满足不超过 300℃ 高温使用要求的导热油，可分为矿物油型和普通合成型两种。

L-QC 导热油 L-QC heat transfer fluid 满足不超过 320℃ 高温使用要求的导热油，可分为矿物油型和普通合成型两种。

L-QD 导热油 L-QD heat transfer fluid 满足不超过 400℃ 高温使用要求的导热油，主要成分为具有特殊高温稳定性的纯的化学合成物。

链条油 chain oil 采用精制矿物油、聚醚、合成酯作基础油，添加多种添加剂调配而成，用于链条润滑的润滑油。

冲洗油 flushing oil 指在设备安装、重要检修之后及润滑油受严重污染需要换油时，加入设备所需润滑油前，用于清洗设备油箱及管路的润滑油品。产品应该与设备装填油相适应。

系统循环油 circulatory system oil 指用于集中润滑系统中、被系统传送到多个需要润滑的设备部件的润滑油。

干式气柜密封油 dry gas-holder sealing oil 采用精制矿物油，并加入多种添加剂调和制成，用于干式气柜中储存气体的密封及活塞与柜体之间的润滑。

造纸机油 paper machine oil 采用深度精制的矿物基础油加入多种添加剂调和制成，用于造纸机循环系统齿轮及轴承的润滑。

汽车减震器油 automobile shock absorber oil 采用精制矿物基础油或合成基础油加入多种添加剂调和制成，用于汽车减震器的润滑。汽车减震器油主要特点是要求具有较高的黏度指数，良好的低温流动性能，良好的水分离性能，与汽车减震器同寿命。

摩托车减震器油 motorcycle shock absorber fluid 采用精制矿物基础油或合成基础油加入多种添加剂调和制成，用于摩托车减震器的润滑。摩托车减震器油按摩托车减震器在摩托车中的位置可分为前减震器油和后减震器油。摩托车减震器油主要特点是要求具有适宜的黏度指数，良好的低温流动性能，良好的水分离性能，与摩托车减震器同寿命。

蒸汽汽缸油 steam cylinder oil 采用矿物基础油，并加入各种添加剂调和制成。适用于蒸汽机汽缸及与蒸汽接触的滑动部件的润滑，也可用于其他高温、低转速机械部位的润滑。

白油 white oil; mineral oil 石油的润滑油馏分通过深度精制后，脱除芳烃、硫、氮等杂质后得到的特种润滑油馏分。基本组成为饱和烃结构，芳香烃、硫、氮等杂质含量接近于零，具有无色、无味、化学惰性强、光安定性好的特点，因而广泛应用于日化行业、药品生产、食品加工、化妆品、纺织行业和石油化工行业。目前白油的生产方法有三种：发烟硫酸精制法、三氧化硫精制法、高压加氢精制法。

工业级白油 industrial white oil 石油的润滑油馏分，经过加氢裂化工艺、深度脱蜡工艺和化学精制工艺处理得到的一种润滑油基础油。可用于聚乙烯、聚苯乙烯和聚氨酯等生产，广泛用于工业加工、纺织行业和石油化工行业。

化妆级白油 cosmetic grade mineral oil 经过加氢处理的润滑油馏分，经过深度脱蜡工艺、化学精制工艺处理得到的产品，无色、无味、无荧光、透明的油状液体。适用于化妆品工业，可作发乳、发油、面油、护肤油、防晒油、婴儿油、雪花膏等软膏和软化剂的基础油。

食品级白油 food grade mineral oil 润滑油基础油经深度化学精炼、食用酒精抽提等工艺处理后得到的产品。适用于粮食加工、水果蔬菜加工、乳制品加工、面包切制机等食品工业的加工设备的润滑，应用于食品工业上光、防黏、消泡刨光、密封。可作通心面、面包、饼干、巧克力等食品的脱模剂，能够延长酒、水果、蔬菜的储存期。

医药级白油 medical grade mineral oil 润滑油基础油经深度化学精炼，食用酒精抽提等工艺处理后得到的产品。适用于制药工业，可作轻泻药、药片、胶囊加工黏合剂；青霉素、抗生素用防泡剂、药用生产防潮剂、糖业生产的消泡剂、造粒食品生产用防潮剂、食品加工机油。可延长酒、醋、水果、蔬菜、罐头的储存期。

橡胶填充油 rubber filling oil 石油的润滑油馏分，经过脱蜡工艺和化学精制工艺处理得到的一种润滑油基础油，适用于橡胶加工业、制鞋业、服装加工辅业和汽车制造业。

轧制油 rolling oil 采用精制矿物基础油，加入多种添加剂调和制成。在轧制工艺过程中，作为润滑与冷却介质使用。按用途分为冷轧油和热轧油。

冷轧油 cold-rolling oil 采用精制矿物基础油，加入多种添加剂调和制成，在低于再结晶温度（最低的再结晶温度一般约为金属熔点的0.4倍）进行的轧制过程（冷轧）使用的润滑与冷却介质。按使用方式分为纯油型冷轧油与乳化型冷轧油（兑水使用）。

热轧油 hot-rolling oil 采用精制矿物基础油，加入多种添加剂调和制成，在高于再结晶温度（最低的再结晶温度一般约为金属熔点的0.4倍）进行的轧制过程（热轧）使用的润滑与冷却介质。按轧材可分为黑色金属热轧油（非乳化型热轧油）与有色金属热轧油（乳化型热轧油）。

轧制乳化液 rolling emulsion 轧制油使用时兑水后形成的稀释液，呈乳化状态，综合并平衡了水的冷却性与油的润滑性能。在轧制工艺过程中作为润滑与冷却介质使用。

平整液 tempering lubricant 由多种水溶性添加剂和去离子水复配而成。用于带钢平整工艺中，主要起清洗与工序间防锈作用。根据其采用的缓蚀剂类型不同，分为无机型平整液与有机型平整液。

冲压油 stamping oil; punching oil 采用精制矿物基础油或合成油，加入多种添加剂调和制成。用于各种板材、型材的冲压加工，起到润滑、防锈、冷却等作用。

拉拔油 drawing oil 采用精制矿物基础油，加入多种添加剂调和制成。用于各种金属线材的拉拔工艺，起着润滑、冷却作用。

冷镦油 cold heading oil 采用精制矿物基础油，加入多种添加剂调和制成。用于通过金属线材镦粗制造螺钉、螺栓、铆钉等的头部的锻压工艺润滑与冷却。

切削油(液) cutting oil(fluid) 在金属切削加工过程中，能降低切削区域的温度，减少工件、刀具、切屑三者之间的摩擦，延长刀具使用寿命等所用的液体。适用于车、铣、镗、攻丝、钻孔、拉削、滚齿等多种切削加工工艺，起润滑、冷却、防锈和清净等作用。按切削液的组成成分可分为油基切削液、乳化切削液、半合成切削液、合成切削液等。

磨削油 grinding oil 以精制矿物油为基础油，加入多种添加剂调和制成。适用于高速强力磨削和其他类型金属切削工艺的润滑及冷却。

深孔钻削油 deep-hole drilling oil 以精制矿物油为基础油，加入多种添加剂调和制成。适用于各种枪钻(深孔钻)和枪钻机床(单轴至多轴)的润滑，亦可用于一般金属的切削、拉削工艺。

珩磨油 honing oil 以精制矿物油为基础油，加入多种添加剂调和制成，适用于珩磨机珩磨工艺的润滑及冷却。它是一种在机械加工中珩磨内孔的一种特殊油类，适用于齿轮精加工工序、发动机壳体等多种加工。

乳化切削液 emulsified cutting fluid 以矿物油、乳化剂、防锈添加剂、极压添加剂乳化稳定剂等调和制成的切削液，其中油含量一般为60%~90%(质量)。适用于车削、铣削、钻削、磨削和攻丝等多种加工。

半合成切削液 semi-synthetic cutting fluid 以矿物油、适量的水和相关添加剂调和制成的微乳切削液，其中油含量一般为10%~30%(质量)，也称为微乳型切削液。适用于车削、铣削、钻削、磨削和攻丝等多种加工。

合成切削液 synthetic cutting fluid 由水及水溶性添加剂组成。合成液也可因加入的不同添加剂而制成具有不同性能特点的品种。适用于车削、铣削、钻削、磨削和攻丝等多种加工。

电火花加工油 electrical discharge machining oil 以精制矿物油为基础油，加入多种添加剂调和制成，又称为火花油、电火花机油、火花机油、放电加工油。作为电火花机加工的放电介质液体，主要起到冷却、绝缘和排屑等作用。

金属清洗剂 metal cleaner 以表面活性剂、助剂、防腐剂等添加剂和水或溶剂调配而成。主要用于去除加工后零件表面的油污、残液和金属屑等，有清洗和防锈作用。分为水基金属清洗剂和溶剂型金属清洗剂两种。

液压支架用液态浓缩物 liquid concentrate for hydraulic support 以水为基础液(载体)复合水溶性添加

剂调和制成。与乳化型产品相比具有较好的抗硬水性能和使用稳定性。作为液压支架的传动介质。

液压支架用乳化油　emulsified oil for hydraulic support 以精制矿物油为基础油，加入多种添加剂调和制成。作为液压支架的传动介质。

电气绝缘油(液)　electrical insulating oil(fluid)用作电器设备的电介质的液态物质，主要起绝缘、散热和灭弧作用，包括变压器油、低温开关油和电缆油等。按基础油可分为矿物绝缘油和合成绝缘液。

变压器油　transformer oil 以精制矿物油为基础油，加入适量添加剂调和制成。适用于油浸式变压器等电器(电气)设备，起冷却和绝缘作用的低黏度润滑油。

高燃点绝缘油　high fire point insulating oil 采用精制矿物基础油或合成基础油(包括大分子烃类基础油、酯类及硅油等)，加入适量添加剂调和制成。具有较高燃点(大于300℃)的一种"防火"绝缘油品，可用于油浸式变压器及开关等电气设备中，起绝缘及散热作用。

矿物绝缘油　mineral insulating oil 以精制矿物油为基础油，加入合适添加剂调和制成。适用于变压器、开关等电气设备。

低温开关油　low-tempreture switch oil 采用精制矿物基础油或合成基础油，加入适量添加剂调和制成。用于户外寒冷气候条件下使用的充油开关设备中，起绝缘和灭弧作用。

电缆油　cable oil 以精制矿物油或矿物油与其他增稠剂(如软蜡、树脂、聚合物或沥青等)的混合物组分为基础油，加入适量添加剂调和制成。主要用于电力电缆中，起绝缘、浸渍和冷却作用。

合成绝缘液　synthetic insulating oil 人工合成的液体绝缘材料，包括芳烃合成油(烷基苯、烷基萘等)、硅油、酯类油、醚类和砜类合成油、聚丁烯等，其中用于电缆的主要有烷基苯、聚丁烯和硅油，用于变压器的主要有烷基苯、硅油及酯类合成油。

防锈油　antirust oil 含有腐蚀抑制剂，主要用于暂时防止金属大气腐蚀的油品。根据SH/T 0692—2000《防锈油》分为溶剂稀释型防锈油、润滑油型防锈油、除指纹型防锈油、脂型防锈油和气相防锈油共五大类；根据防锈油成膜状态，分为硬膜防锈油和软膜防锈油两类；根据防锈周期分为工序间防锈油、中短期防锈油、中长期防锈油和长期防锈油等。

除指纹型防锈油　fingerprint removing type rust preventive oil 以溶剂油或低黏度矿物油为基础油，加入油溶性缓蚀剂、表面活性剂等配制而成，具有良好的渗透性、吸附性，适用于工序间防锈，也可与封存防锈材料配合使用。

溶剂稀释型防锈油 solvent cut-back rust preventive oil 以石油溶剂和缓蚀剂、成膜剂、助剂等配制而成，可采用浸、喷、刷等工艺施涂于金属表面。按防锈膜性质不同可分为硬膜防锈油、软膜防锈油和水膜置换型防锈油。硬膜防锈油适用于使用时不需去除防锈油膜的金属制品；软膜防锈油与聚乙烯塑料膜或防锈纸配合使用，可实现金属制品长期封存防锈。水膜置换型适用于工序间防锈及封存防锈前的清洗。

脂型防锈油 grease-type rust preventive oil 以黏度较高的矿物油为基础油，加入稠化剂、油溶性缓蚀剂和助剂等配制而成，在常温下刷涂于洁净的金属制品表面，形成较厚的防锈保护膜，实现封存防锈。

润滑油型防锈油 lubricating type rust preventive oil 以常用润滑油基础油和缓蚀剂等功能添加剂配制而成，按使用对象不同可分为金属制品用防锈油和内燃机等设备用防锈润滑油。后者还需要加入润滑添加剂，可用于一般机械设备的试车润滑，试车后不换油实现封存防锈。

气相防锈油 volatile preservative oil 以精制矿物油为基础油，加入油溶性气相缓蚀剂及助剂等配制而成。既具有接触防锈性，又具有不接触防锈性。用于齿轮箱、空压机、油箱等密闭系统内腔的封存防锈。

水膜置换型防锈油 water film displacement type rust preventive oil 以渗透性较好的溶剂油为基础油，加入油溶性缓蚀剂配制而成。带水的金属制品浸入其中，水膜能迅速被置换，在金属表面形成防锈保护膜。常用于工序间防锈及封存防锈前的清洗。

水溶性防锈液 water-soluble antirust liquid 以水为基础材料，添加水溶性防锈缓蚀剂等配制而成的防锈液，具有容易清洗、表面质量好等特点。适用于金属制品的短期或工序间防锈。

静电喷涂防锈油 electrostatic spraying rust preventive oil 以深度精制的矿物油为基础油，添加多种防锈剂和表面活性剂调和制成润滑油型防锈油。适用于静电喷涂油机对冷轧薄板的静电涂油防锈工艺，可实现冷轧薄板的中长期封存防锈。

柴油机喷油泵校泵油 calibration fluid for diesel injection pump 以精制矿物油为基础油，加入多种添加剂调和制成。适用于柴油机喷油泵调试、校验和标定，也适用于调试前喷油泵的清洗，有一定的防锈效果。

涡轮机油 turbine oil 以精制矿物油或合成油为基础油，加入多种添加剂调和制成，又称透平油。主要用于发电厂蒸汽轮机、燃气轮机、燃气-蒸汽联合循环机组，水电站水轮机、船舶涡轮机、离心式压缩机等设备的润滑、冷却和调速。

蒸汽轮机油 steam turbine oil 以精制矿物油为基础油，加入多种添加剂调和制成。适用于以蒸汽为推动力的涡轮机轴承和控制系统的润滑。

燃气轮机油 gas turbine oil 以精制矿物油或合成油为基础油，加入多种添加剂调和制成。适用于以气体为推动力的涡轮机轴承和控制系统的润滑。

燃/汽轮机油 gas-steam turbine oil 以精制矿物油或合成油为基础油，加入多种添加剂调和制成。适用于以燃气-蒸汽联合循环涡轮机组轴承和控制系统的润滑。

极压蒸汽轮机油 EP steam turbine oil 以精制矿物油为基础油，加入多种添加剂调和制成。适用于具有减速齿轮箱装置的蒸汽涡轮机轴承、减速箱和控制系统的润滑。

极压燃气轮机油 EP gas turbine oil 以精制矿物油或合成油为基础油，加入多种添加剂调和制成。适用于具有减速齿轮箱装置的燃气涡轮机轴承、减速箱和控制系统的润滑。

极压燃/汽轮机油 EP gas-steam combined cycle turbine oil 以精制矿物油或合成油为基础油，加入多种添加剂调和制成。适用于具有减速齿轮箱装置的燃气-蒸汽联合循环机组轴承、减速箱和控制系统的润滑。

航空涡轮机油 aviation turbine oil 采用矿物油、PAO、合成酯等作基础油，添加多种添加剂调配而成，用于涡轮式航空发动机的润滑油。其主要功能是起润滑、冷却与密封作用。

抗氨汽轮机油 anti-ammonia turbine oil 以精制矿物油为基础油，加入多种添加剂调和制成。适用于以氮气和氨气为压缩介质的压缩机和汽轮机共用一种润滑油的化肥生产装置中。添加的防锈剂不能为酸性防锈剂，以免和氨发生化学反应。

长寿命涡轮机油 long service-life turbine oil 与涡轮机油性能相同，具有更好的氧化安定性，即酸值达 2.0mgKOH/g 的时间超过 7000h。

长寿命极压涡轮机油 long service-life EP turbine oil 与极压涡轮机油性能相同，具有更好的氧化安定性，即酸值达 2.0mgKOH/g 的时间超过 7000h。

淬火油 quenching oil 指金属零件在进行淬火热处理时所使用的油性冷却介质，主要包括普通淬火油、快速淬火油、快速光亮淬火油、超速淬火油、真空淬火油以及等温分级淬火油等种类。

普通淬火油 ordinary quenching oil 采用精制矿物基础油，加入多种添加剂调和制成。适用于小尺寸及淬透性好的材料淬火。

快速淬火油 fast quenching oil 采用精制矿物基础油，加入多种添加剂调和制成。适用于中、大型材料淬火，是一种用量大、使用面广的淬火冷却介质。

超速淬火油 overspeed quenching oil 采用精制矿物基础油，加入多种添加剂调和制成。适用于大型及淬透性差的材料淬火，是一种冷却速度极快的淬火冷却介质。

快速光亮淬火油 fast bright quenching oil 采用精制矿物基础油，加入多种添加剂调和制成。适用于中型及淬透性差的材料在可控气氛下淬火，淬火后零件表面光亮性好。

真空淬火油 vacuum quenching oil 采用精制矿物基础油，加入多种添加剂调和制成。适用于金属材料在真空状态下淬火，具有饱和蒸气压低、冷却性好、工件淬火后表面光亮等特点。

等温分级淬火油 austempering-martempering oil 采用精制矿物基础油，加入多种添加剂调和制成。一般使用温度在120~200℃左右，俗称“热油”，适用于要求将变形量与开裂减到最小的零件淬火。

回火油 tempering oil 采用精制矿物基础油，加入多种添加剂调和制成。适用于回火炉中对淬火后的零件进行回火处理，一般使用温度为160~260℃。

淬火液 quenching liquid 由高分子聚合物加入多种添加剂调制而成的水溶性淬火介质，其中应用较多的有聚(烷撑)二醇(PAG)淬火液、聚乙烯(基)吡咯烷酮(PVP)淬火液等，适用于各类碳钢、合金钢、铸铁等零件的淬火。

含氟润滑剂 fluorine-containing lubricant 含有氟元素的合成润滑剂。主要有含氟润滑油、以含氟润滑油为基础油调配的含氟润滑脂和以聚四氟乙烯为代表的固体润滑剂等。含氟润滑剂具有特殊的化学惰性，广泛应用于核工业、航空工业、航天工业、电子工业、化学工业、制氧工业、造船工业、金属加工等行业。

全氟碳油 perfluorocarbon oil 烃分子中的氢原子被氟原子完全取代的产物。20℃密度约为2.0g/cm^3，具有特殊的化学惰性和抗辐射性能。主要应用于铀同位素分离，接触强酸、强碱、强腐蚀性等介质，半导体离子刻蚀，电器元件壳封检漏，陀螺支承，制氧等领域。

全氟碳脂 perfluorocarbon grease 是以全氟碳油为基础油与稠化剂调配而成的润滑脂，具有良好的化学稳定性、润滑性和密封性。主要应用于接触强酸、强碱、强腐蚀性介质，制氧等领域。

氟氯碳油 fluorochlorocarbon oil 可视为烃分子中的氢原子被氟

原子和氯原子完全取代的产物。20℃氟氯碳油密度约为 1.9g/cm^3，具有特殊的化学稳定性，优良的抗辐射性以及良好的润滑性。氟氯碳油主要应用于铀同位素分离，接触强酸、强碱、强腐蚀性介质，电器元件壳封检漏，陀螺支承，制氧，钽等特种金属加工领域。

氟氯碳脂 fluorochlorocarbon grease 是以氟氯碳油为基础油与稠化剂调配而成，具有良好的化学稳定性、润滑性和密封性，主要应用于接触强酸、强碱、强腐蚀性介质，制氧等领域。

全氟聚醚油 fluoro-polyether oil 以全氟烯烃与氧气或过氟化物为原料通过聚合等化学反应生产而成。20℃密度约为 1.85g/cm^3，具有良好的化学稳定性、热稳定性、黏温性、抗辐射性。主要应用于铀同位素分离，接触强酸、强碱、强腐蚀性介质，电器元件壳封检漏，陀螺支承，制氧，真空等领域。

全氟聚醚脂 fluoro-polyether grease 以全氟聚醚油为基础油与稠化剂调配而成，具有良好的化学稳定性、热稳定性、润滑性和密封性。主要应用于高温，接触强酸、强碱、强腐蚀性介质，制氧，真空等领域。

氟溴油 fluorobromocarbon oil 三氟溴乙烯的调聚产物，20℃密度可达到 2.1～2.6g/cm^3。可用作高精度导航系统液浮陀螺仪和加速度计等的浮液及阻尼液。

陀螺仪表油 gyro instrument oil 由含氟油调配而成，用作高精度导航系统液浮陀螺仪和加速度计等的浮液及阻尼液。油品要求具有密度大、良好的黏温性质、良好的密封性、优良的热稳定性、低的体积膨胀系数和高清洁度等特点。

抗化学介质润滑油 chemicals resistant lubricating oil 由含氟油调配而成，用于制备、使用、储运强酸、强碱、强腐蚀性等介质的机械和设备。油品要求具有优良的化学稳定性。

电子检漏液 electronic leakage detecting liquid 由含氟油调配而成，用于电子元器件壳封密封性检漏。油品要求具有优良的热稳定性和化学稳定性、低表面张力、优良的浸润性、良好的生理惰性、长期使用不变色不变质等特点。

压力隔离液 pressure spacer fluid 由含氟油调配而成，用于制备、使用、储运强酸、强碱、强腐蚀性等介质的机械、设备、仪器仪表中，作用是将介质与机械、设备、仪器仪表隔离，延长使用寿命。油品要求密度大，具有优良的热稳定性、化学稳定性。

液面指示液 liquid level indicating fluid 由含氟油调配而成，用于在制备、使用强酸、强碱、强腐蚀性介质，制氧等行业中，直观显示液面高度和压力大小。油品要求密度大，具有优良的热稳定性、化学稳定性。

氧气系统用油 oxygen system oil 由含氟油调配而成，用于制备、使用、储运高压空气、富氧气体、纯氧、液氧等介质的机械、设备、仪器仪表中，作用是润滑、密封、防爆、隔离、显示。油品要求密度大、不燃不爆、长寿命。制备时不宜添加化学稳定性低于含氟化学品的物质，否则易存在燃爆隐患。

氧气系统用脂 oxygen system grease 由含氟油和含氟稠化剂调配而成，用于制备、使用、储运高压空气、富氧气体、纯氧、液氧等介质的机械、设备、仪器仪表中，作用是润滑、密封、防爆、隔离。润滑脂要求密度大，具有优良的热稳定性，不燃不爆，长寿命。制备时不宜添加化学稳定性低于含氟化学品的物质，否则易存在燃爆隐患。

高低温导热油 high and low temperature heat transfer fluid 由全氟聚醚油调配而成，可达到同一个系统中用同一种导热油实现高温加热和低温冷却要求。油品要求具有良好的化学惰性和生理惰性、优良的黏温性能、较高的比热容和导热系数、使用温度范围内饱和蒸气压低。

特种金属拉拔油 special metal drawing fluid 由氟氯碳油调配而成，用于钽、铌等特种金属拉丝、拉拔工艺的高效润滑油。油品要求具有优良的热稳定性和化学稳定性，不燃不爆，良好的生理惰性，长期使用不变色、不变质，较高的导热系数，优异的润滑性能和抗磨性能，优异的防锈性能，低表面张力。

真空泵油 vacuum pump oil 采用矿物油或合成油作基础油，添加多种添加剂调配而成，用于真空泵的工作介质。具有低蒸气压的特点，在真空泵中起润滑、冷却和密封作用。

特种真空设备用油 special vacuum equipment oil 由全氟聚醚油调配而成，用于腐蚀性介质和放射性等工况中的真空设备润滑油。油品要求具有优良的化学稳定性和抗辐射性，使用温度范围内饱和蒸气压低，优异的润滑性能和抗磨性能，优异的防锈性能。

镀膜屏蔽油 coating shield oil 由全氟聚醚油调配而成，用于真空蒸发镀膜，作用是屏蔽、隔离。油品要求具有优良的热稳定性和化学稳定性，良好的生理惰性，长期使用不变色、不变质，良好的绝缘性能。

镀膜油 coating oil 又称真空镀膜油，采用矿物油或合成油作基础油，添加多种添加剂调配而成。在镀膜过程中起黏结镀件与金属膜的作用，同时也有保护金属膜的作用。

二甲基硅油 dimethyl silicone

oil 与硅原子相连的基团均为甲基的硅油。二甲基硅油无毒无味，具有生理惰性、良好的化学稳定性、电绝缘性和耐候性，黏度范围广，凝点低，闪点高，疏水性能好，并具有很高的抗剪切能力。可在 50~180℃温度内长期使用，广泛用作绝缘、润滑、防震、防尘、介电液和热载体，及用作消泡、脱模、油漆和日用化妆品的添加剂。

二乙基硅油 diethyl silicone oil 与硅原子相连的基团均为乙基的硅油。二乙基硅油具有防水性能好、耐化学腐蚀、黏温系数小、蒸气压低、可压缩性大、表面张力小、对金属表面无腐蚀等特点。其介电性能和润滑性能优良，广泛用于各种精密仪器仪表、精密机械设备、速度测量机、同步电动机、通用仪器、钟表、轴承和各种摩擦组件的润滑。

支链硅油 branched silicone oil 在线型硅油的分子链中引入其他官能团作支化点形成的聚有机硅氧烷液体。支链硅油具有比线型硅油更加优异的低温性能，广泛用于对低温有苛刻要求的润滑油中；还可用作消泡剂、织物整理剂等。

苯基硅油 phenyl silicone oil 含有二苯基或甲苯基链节的聚有机硅氧烷液体。苯基硅油具有优异的热稳定性和氧化稳定性，广泛应用于对高温性能有较高要求的环境。

氯苯基硅油 chlorinated-phenyl silicone oil 含有多氯苯基链节的聚有机硅氧烷液体。氯苯基硅油具有优良的高低温性能和润滑性能，主要应用于航空液压油、仪表油等。

改性硅油 modified silicone oil 指二甲基硅油分子中的部分甲基被其他有机基团取代，具有有机基团与二甲基硅油相互影响性能的特种硅油。包括氨基硅油、环氧改性硅油、氟硅油、聚醚改性硅油、羟基硅油等。广泛应用于涂料、偶联剂、表面处理剂、脱模剂、消泡剂和纤维整理剂等。

阻尼油 damping oil 具有减振、缓冲、密封、防水和阻尼性能的润滑油，又称阻力油。阻尼油具有优良的黏着性、润滑性和机械安定性，在不同温度条件下阻尼力矩稳定，转动平稳，广泛应用于家电、电子、玩具、光学仪器产品的旋钮、转轴及各种定位机构。

硅油变压器油 silicone transformer liquid 采用二甲基硅油作基础油，添加适量添加剂调配而成的变压器油。具有放热率低、生烟量少、燃烧副产品毒性低、热稳定性和抗氧化性优异的特点，适用于电力变压器。

油膜轴承油 filmatic bearing oil 采用优质矿物油作基础油，添加多种添加剂调配而成，用于油膜轴承润滑的润滑油。

合成润滑油 synthetic lubricating oil 用化工原料通过化学合成的方法制备的润滑油，以区别从石油馏分中获得的润滑油。合成润滑油主要分为有机酯类、聚醚类、合成烃类、硅油和硅酸酯类、含氟油以及磷酸酯等。

PAO 类合成油 poly-α-olefin synthetic oil 由 α-烯烃(主要是 C_8~C_{10})在催化剂作用下聚合而获得的一类具有比较规则化学结构的长链异构烷烃。以不同黏度 PAO 为基础油，通过添加不同类型的功能添加剂可以制备各种不同用途的 PAO 型合成润滑油。

PAO 型合成齿轮油 PAO based synthetic gear oil 采用 PAO 合成油为基础油，加入极压抗磨剂、防锈抗腐蚀剂、抗氧剂等复配所得到的齿轮油。分为车辆齿轮油和工业齿轮油。具有操作温度范围宽、较低的摩擦系数、降低内摩擦损耗等特点。

航空发动机润滑油 aircraft engine lubricating oil 采用精制矿物油、PAO 或合成酯等作基础油，添加多种添加剂调配而成。用于航空发动机的润滑油，主要起润滑、冷却与密封作用。

酯型变压器油 synthetic ester based transformer oil 采用合成酯类基础油，添加各种功能添加剂制备的一种高性能变压器油。相较于一般矿物油型产品，具有高燃点、高闪点、更好的低温流动性、低燃烧热、可生物降解等特点。

酯型高温链条油 synthetic ester-based high-temperature chain oil 采用合成酯类基础油，添加抗氧剂、防腐蚀添加剂等制备的一种高性能高温链条油。相较于一般矿物油型产品，在高温稳定性、抗结焦性能方面具有明显优势。

制动液 brake fluid(BF)又称刹车油，是机动车液压制动系统工作介质的统称。包括合成型制动液和矿物油型制动液。

矿物油型制动液 mineral-oil based brake fluid 采用精制的低凝矿物油作基础油，添加多种添加剂调配而成的制动液。具有优良的高低温性能和防锈性能，但与天然橡胶的适应性差，用于机动车液压制动系统。矿物油型制动液已被淘汰。

非石油基制动液 non-petroleum based brake fluid 采用非矿物油作基础介质调配的制动液，一般指合成型制动液。

合成制动液 synthetic brake fluid 采用合成基础液调配的制动液。

醇醚型制动液 alcohol ether based brake fluid 采用低分子聚醚作基础液，添加多种添加剂调配而成的制动液。具有良好的高温抗气阻性，低温不黏滞，与金属和非金属的匹配性较好，但吸湿性较强，属中低档制动液。

硼酸酯型制动液 boric acid

ester based brake fluid 采用硼酸酯和聚醚作基础液，添加多种添加剂调配而成的制动液。具有优良的高温抗气阻性，低温不黏滞，与金属和非金属的匹配性较好，但有一定的吸湿性，属中高档制动液。

硅油型制动液 silicone based brake fluid(SBBF) 采用硅氧烷或硅酯作基础液，添加多种添加剂调配而成的制动液。具有优良的高温抗气阻性，低温不黏滞，与金属和非金属的匹配性好，有一定空气溶解性和可压缩性，应用较少。

聚醚型热定型机油 polyether based heat-setting oil 采用聚醚作基础油，添加多种添加剂调配而成。用于纺织工业中拉幅机链条的润滑。

聚醚型合成齿轮油 polyether based synthetic gear oil 采用聚醚作基础油，添加多种添加剂调配而成。用于各种正齿轮、伞齿轮和蜗轮蜗杆润滑。

聚醚型淬火液 polyether type quenching liquid 采用高分子聚醚、低分子醇和水作基础介质，添加多种添加剂调配而成，用于金属淬火，能控制冷却速度的工作液。

压缩机油 compressor oil 采用矿物油或合成油作基础油，添加多种添加剂调配而成，用于压缩机活塞或螺杆等部件润滑/冷却的润滑油。具有优良的热氧化安定性和低积炭倾向，主要起润滑、冷却、密封和防护作用。

矿油型压缩机油 mineral compressor oil 采用矿物油作基础油，添加多种添加剂调配而成，用于压缩机活塞润滑的润滑油。用于轻、中负荷等使用条件不太苛刻的压缩机，主要起润滑、冷却、密封和防护作用。

合成型压缩机油 synthetic compressor oil 采用 PAO、酯类油、聚醚等合成油作基础油，添加多种添加剂调配而成，用于压缩机活塞润滑的润滑油。具有使用寿命长、不易结焦、抗气体稀释等优点，主要起润滑、冷却、密封和防护作用。

合成空气压缩机油 synthetic air compressor oil 采用 PAO、酯类油、聚醚等合成油作基础油，添加多种添加剂调配而成，用于压缩机活塞润滑的润滑油。具有使用寿命长、不易结焦等特点，用于中、重负荷、高温或要求长换油期的空气压缩机润滑系统，主要起润滑、冷却、密封和防护作用。

合成烃空气压缩机油 synthetic hydrocarbon air compressor oil 采用合成烃类油作基础油，添加多种添加剂调配而成，用于压缩机活塞润滑的润滑油。具有稳定性好、使用寿命长的优点，用于螺杆式或离心式空气压缩机润滑系统，主要起润滑、冷却、密封和防护作用。

合成酯型空气压缩机油 synthetic

ester based air compressor oil 采用酯类油作基础油，添加多种添加剂调配而成的压缩机油。用于空气压缩机的密封、冷却与降噪。

醚酯型合成空气压缩机油 synthetic ether-ester based air compressor oil 采用聚醚和酯类油作基础油，添加多种添加剂调配而成的压缩机油。用于空气压缩机的密封、冷却与降噪。

合成气体压缩机油 synthetic gas compressor oil 采用合成烃、酯类油、聚醚等合成油作基础油，添加多种添加剂调配而成，用于压缩机活塞润滑的润滑油。具有使用寿命长、不易结焦、抗气体稀释等优点，主要起润滑、冷却、密封和防护作用。

烃类气体合成压缩机油 synthetic hydrocarbon gas compressor oil 采用聚醚或合成烃等合成油作基础油，添加多种添加剂调配而成。用于压缩烃类气体如天然气、甲烷、丙烷、炼厂尾气等，主要起润滑、冷却和密封作用。

冷冻机油 refrigrator oil 采用矿物油、合成烃、聚醚、合成酯等为基础油，添加多种添加剂调配而成，用于制冷压缩机的润滑油。主要起润滑、密封、冷却和降噪等作用，用以保障制冷压缩机正常工作和延长制冷压缩机的使用寿命。

矿油型冷冻机油 mineral refrigerator oil 由石油馏分经过蒸馏和精制制得基础油，并加入多种添加剂制得，用于制冷压缩机的润滑油。

合成型冷冻机油 synthetic refrigerator oil 基础油采用化学合成方法制备(如烷基苯、聚醚、酯类油、合成烃等)，加入各种功能性添加剂得到的专用于制冷压缩机的润滑油。主要起润滑、密封、冷却和降噪等作用。

酯型合成冷冻机油 synthetic ester based refrigerator oil 采用合成酯类油作基础油，加入各种添加剂调配而成。用于制冷压缩机的润滑，主要起润滑、密封、冷却和降噪等作用。主要用于 HFC(如 R134a)为制冷剂的制冷系统。

聚醚型合成冷冻机油 polyether based synthetic refrigerator lubricant 采用聚醚作基础油并加入各种功能性添加剂得到的一种用于制冷压缩机的润滑油。主要用于烃类(如丙烷)、二氧化碳、HFC(如 R134a)为制冷剂的制冷系统。

烷基苯型合成冷冻机油 alkylbenzene based synthetic refrigerator oil 采用烷基苯作基础油并加入各种功能性添加剂得到的一种用于制冷压缩机的润滑油。主要用于 CFCs(如 R12)、HCFCs(如 R22)为制冷剂的制冷系统。

合成烃型合成冷冻机油 synthetic hydrocarbon based refrigerator oil 采用合成烃作基础油，添加多

种添加剂调配而成，用于制冷压缩机润滑的润滑油。主要起润滑、密封、冷却和降噪作用。

可生物降解型合成冷冻机油 biodegradable synthetic refrigerator oil 采用可生物降解的合成酯作基础油，添加多种添加剂调配而成，用于制冷压缩机润滑的润滑油。主要起润滑、密封、冷却和降噪作用。

API 内燃机油基础油互换规则 API base oil interchange guide(BOI) for internal combustion engine oil 指用于内燃机油调和时，不同基础油互换对发动机油产品没有负面影响的规则。该规则基于采用不同基础油的实际发动机试验数据，定义了一种基础油互换时最少需要进行的发动机台架试验。该规则适用于API 规定的SH 和 CD 以上级别发动机油。API 基础油互换规则需结合API 黏度延伸发动机试验规则执行。考虑到相同配方体系不同黏度级别的发动机油在测试中可能会表现出不同的性能，API 黏度延伸发动机试验规则与基础油互换规则类似，规定了相同配方体系下延伸到其他黏度级别时需要进行的测试。

烷基萘合成油(基础油) alkylated naphthalene synthetic based oil 在催化剂作用下，萘或取代萘与烯烃、卤化物或醇的 Friedel-Craft 烷基化反应所得到的基础油。具有优异的热氧化安定性、水解安定性和油膜厚度。

聚内烯 poly-internal-olefin (PIO)一种新型的合成油，曾经被ACEA 称为Ⅵ类基础油，是由正构C_{15}和C_{16}的混合内烯烃，在催化剂作用下聚合而成。其结构与 PAO 类似，具有 PAO 的基本特性，优良的高低温性能、氧化安定性和水解安定性，可用于调配高性能的内燃机油和工业润滑油。

低灰分低硫磷内燃机油 low SAPS engine oil 为适应日益严格的环保要求以及不断发展的发动机后处理技术，内燃机油配方中采用合适的添加剂种类及配比，在保持和提高性能的同时，降低对尾气处理催化剂有害的添加剂硫、磷等元素和硫酸盐灰分含量，制成低灰分、低硫磷内燃机油。

内燃机油的黏度等级 SAE viscosity grades for engine oil 现在国际上通用的内燃机油黏度分类，是美国汽车工程师协会(SAE)黏度分类法，我国采用其制定了内燃机油黏度分类(GB/T14906)。该分类有六个含 W(0W-25W)的低温度黏级号，五个不含 W(20-60)的 100℃运动黏度级号。前六个以最大低温黏度、最高边界泵送温度以及100℃时最小运动黏度划分，后五个仅以 100℃时运动黏度划分。黏度牌号有单级油和多级油之分，一个多黏度级内燃机油，其低温黏度和边界泵送温度满足系列中一个 W 级的需要，并且 100℃运动黏度是在系列中一个非W级分类规定的黏度范围之内，如10W-30等。

内燃机油的燃料经济性 fuel economy of internal combustion engine oils 内燃机油对发动机节能的影响，主要体现在黏度和油品的摩擦性能。在发动机节能试验程序Ⅵ-A中，内燃机油的燃料经济性用下式表示：$FEI=6.238-1.697N_{150}-4.05\mu_{100}$ 式中：FEI—内燃机油的燃料经济性；N_{150}—内燃机油在150℃、$10^6 s^{-1}$下的动力黏度；μ_{100}—内燃机油在100℃下的摩擦系数。从上式可以看出，内燃机油的黏度越低，内燃机油的摩擦系数越小，发动机的燃料经济性越好。

磁流体 magnetic fluid; megnetorheological fluid 又称磁流变液，是一种新型润滑材料。过渡金属微粒，主要是铁素体在惰性液体中的悬浮液。在磁场作用下，金属微粒形成有分枝的链状体，悬浮液的表观黏度增大，承载能力提高。

环境友好液压油 environmentally friendly hydraulic oil 除具备液压油的功能外，环境友好液压油还应该满足如下要求：(1)基础油浓度>5%(质量)时，生物降解性≥70%；(2)添加剂具有潜在的可生物降解性，可接受的生态毒性总量≤50%；(3)产品不含氯和亚硝酸盐。

船用发动机油 marine diesel engine oil(MDEO)采用精制高黏度矿物基础油，加入多种添加剂调和制成。适用于各类船舶发动机、陆用柴油发电机组发动机的润滑。按其使用环境分为船用气缸油、船用系统油、船用中速机油和船用高速机油。

船用气缸油 marine cylinder oil(MDCL)采用精制高黏度矿物基础油，加入多种添加剂调和制成。适用于大型低速十字头二冲程柴油机活塞、活塞环和气缸壁间的润滑，参与燃烧，属一次性润滑。根据其使用环境和使用燃料的硫含量，选择不同牌号船用气缸油。通常，产品牌号由四位数字组成，前两位代表油品黏度等级，后两位代表碱值等级。

船用气缸油 5010 marine cylinder oil 5010(MDCL 5010) 黏度等级50、碱值10的船用气缸油。采用精制高黏度矿物基础油，加入多种添加剂调和制成。适用于燃烧使用硫含量0.5%(质量)左右的低硫燃料的低速十字头柴油发动机的气缸润滑。

船用气缸油 5040 marine cylinder oil 5040(MDCL 5040) 黏度等级50、碱值40的船用气缸油。采用精制高黏度矿物基础油，加入多种添加剂调和制成。适用于燃烧使用含有0.5%~2.0%(质量)较低硫含量燃料的低速十字头柴油发动机的气缸润滑。

船用气缸油 5070 marine cylinder oil 5070(MDCL 5070) 黏

度等级 50、碱值 70 的船用气缸油。采用精制高黏度矿物基础油，加入多种添加剂调和制成。适用于燃烧使用含有 1.5%(质量)以上较高硫含量燃料的低速十字头柴油发动机的气缸润滑。

船用系统油 marine system oil (SO) 采用精制高黏度矿物基础油，加入多种添加剂调和制成，又称曲轴箱油，为二冲程低速十字头发动机的曲轴箱用油。适用于润滑横隔板和活塞杆填料箱以下的轴承部件，亦可用于船舶艉轴系统等辅助设备的润滑。通常，船用系统油产品牌号由四位数字组成，前两位代表油品黏度等级，后两位代表碱值等级。

船用系统油 3005 marine system oil 3005(SO 3005) 黏度等级 30、碱值 5 的船用系统油。采用精制高黏度矿物基础油，加入多种添加剂调和制成。适用于船用低速二冲程十字头柴油机的曲轴箱润滑，亦可适用于艉轴等辅助设备的润滑。

船用系统油 3008 marine system oil 3008(SO 3008) 黏度等级 30、碱值 8 的船用系统油。采用精制高黏度矿物基础油，加入多种添加剂调和制成。适用于船用低速二冲程十字头柴油机的曲轴箱润滑，以及使用低硫燃料的筒状活塞柴油机，亦可适用于艉轴等辅助设备的润滑。

船用中速筒状活塞柴油机油 marine medium speed trunk piston diesel engine oil(TPEO) 采用精制高黏度矿物基础油，加入多种添加剂调和制成，简称为船用中速机油。用于四冲程中速筒状活塞柴油发动机的润滑，亦可用于大型船舶的辅机和陆用发电机组的润滑。通常，船用中速机油产品牌号由四位数字组成，前两位代表油品黏度等级，后两位代表碱值等级。

船用中速筒状活塞柴油机油 4030 marine medium speed trunk piston diesel engine oil 4030(TPEO 4030)黏度等级 40、碱值 30 的船用中速机油。适用于使用硫含量 3.5%(质量)以下的船用中速筒状活塞柴油发动机、大型船舶辅助发动机、陆用柴油发电机组的润滑。

船用中速筒状活塞柴油机油 4040 marine medium speed trunk piston diesel engine oil 4040(TPEO 4040)黏度等级 40、碱值 40 的船用中速机油。适用于使用硫含量 3.5%(质量)以上高硫燃料的船用中速筒状活塞柴油发动机、大型船舶辅助发动机、陆用柴油发电机组的润滑。

船用中速筒状活塞柴油机油 4050 marine medium speed trunk piston diesel engine oil 4050(TPEO 4050)黏度等级 40、碱值 50 的船用中速机油。采用精制高黏度矿物基础油，加入多种添加剂调和而成。适用于使用硫含量 3.5%(质量)以上高硫燃料的船用中速筒状活塞柴油发动机、大型船舶辅助发动机、陆用柴油发电机组的润滑，满足用户对高碱值发动机油的需求，比4040中速机油具有更长换油期。

船用高速柴油机油 marine high speed diesel engine oil(HDDEO)采用精制高黏度矿物基础油，加入多种添加剂调和制成。适用于船舶主机为四冲程高速柴油发动机的润滑，亦可用于大型船舶的发电机组和救生艇发动机等辅机的润滑。

4.3 润滑脂

润滑脂 lubricating grease俗称黄油，是润滑油基础油加稠化剂制成的固体或半流体状的可塑性润滑材料，用于不宜使用润滑油的轴承、齿轮部位。润滑脂普遍按所用稠化剂组成分类，分为皂基脂、烃基脂、无机脂和有机脂。

锂基润滑脂 lithium based grease采用高级脂肪酸锂皂稠化矿物基础油或合成基础油，并加入添加剂形成的润滑脂产品。具有较好的机械安定性和胶体安定性，并有一定的抗水性，是目前应用最广泛的润滑脂。

合成润滑脂 synthetic grease以酯类油、硅油、PAO以及PAG等合成油为基础油制成的润滑脂，或者以酰胺、聚脲、聚四氟乙烯等非脂肪酸皂类为稠化剂的润滑脂。这种润滑脂具有优异的高低温性能，较长的使用寿命，可用于密封、真空、极端温度等多种应用场合。

复合磺酸钙基润滑脂 complex calcium sulfonate grease采用非牛顿体的超高碱值磺酸盐复合钙稠化基础油制成的润滑脂。与其他高温润滑脂相比，具有优良的抗水性、防锈性和高的抗负荷能力，多用于高温、潮湿、多水和重负荷的摩擦部位。

复合聚脲润滑脂 complex polyurea grease将有机脲和金属盐复合作为稠化剂稠化基础油制备的润滑脂。主要是把钠、锂、钙等金属盐引入聚脲分子中，可以提高聚脲润滑脂的极压抗磨性，用于冶金、钢铁等高温、重负荷机械设备的润滑。

复合钛基润滑脂 complex titanium grease是以对苯二甲酸、硬脂酸和有机钛化合物反应生成的复合钛皂稠化矿物基础油或合成基础油制备的润滑脂产品，具有优良抗水性、防锈性、极压抗磨性，可用于食品机械等设备的润滑。

聚脲润滑脂 polyurea grease由分子中含有脲基的有机化合物稠化矿物油或合成油所制备的润滑脂。由于聚脲稠化剂不含金属离子，避免了金属离子对润滑脂基础油的催化氧化作用，因此聚脲润滑脂具有良好的氧化安定性和热稳定性，并且具有一系列的优良性质，可应用于电器、冶金、食品、造纸、汽车等行业。

锂钙基润滑脂 lithium-calcium based grease 采用羟基脂肪酸锂钙混合皂稠化矿物基础油或合成基础油，并加入添加剂形成的润滑脂产品。与锂基润滑脂相比，具有较好的抗水性，可用于汽车、铁路列车滚动轴承的润滑。

膨润土润滑脂 bentonite grease 用改性有机膨润土稠化矿物油或合成油制备的高温非皂基润滑脂，含有一种或多种添加剂，以改善其使用性能。该产品特点是高低温性能及黏温性能良好，具有很好的胶体安定性。一般用于高温机械设备的润滑。

复合铝基润滑脂 complex aluminum grease 以硬脂酸、苯甲酸和有机铝化合物反应生成的复合铝皂稠化基础油制备的润滑脂。具有较高的滴点，良好的泵送性，适用于集中润滑系统，可应用于冶金、食品机械等行业。

硅胶润滑脂 silica-gel grease 以凝絮二氧化硅作为稠化剂稠化矿物油或合成油制得的润滑脂。其特点是有良好的耐高温性能和抗辐射性能，一般用于电子、电器等精密仪器润滑和密封。

可生物降解润滑脂 biodegradable grease 指润滑脂使用后的废弃物可以在自然环境下被微生物降解为水和二氧化碳等对环境无害的物质，一般指在规定试验条件下润滑脂组分生物降解率大于75%。目前可生物降解润滑脂仅仅使用在特殊的场合，如森林伐木工业等特定的场合。

长寿命润滑脂 long service-life grease 一般采用锂皂、复合锂皂或其他稠化剂稠化精制矿物油或合成油制成的润滑脂，可用于非现场润滑（NFL）的机械设备的润滑。通常情况下润滑脂的使用周期可以与设备同寿命。

耐油密封润滑脂 oil resistant sealing grease 以复合金属皂、膨润土或硅胶稠化复酯、聚醚等制成的润滑脂，具有良好的耐油性能、良好的耐压密封性能及对金属无腐蚀，与所接触的橡胶密封件相容。

混合皂基润滑脂 mixed soap grease 用两种或两种以上不同金属皂作为稠化剂稠化基础油制得的润滑脂。此外还有使用不同稠化剂（如皂–膨润土）的混合基脂，是一种脂中含有两种或多种稠化剂体系的润滑脂。性能特点是具有不同稠化剂润滑脂的优点，并弥补单一稠化剂润滑脂的缺点。

皂基润滑脂 soap based grease 以脂肪或脂肪酸金属皂稠化基础油制成的润滑脂，一般包括单皂基润滑脂、混合皂基润滑脂和复合皂基润滑脂。

非皂基润滑脂 non-soap based grease 以非皂基稠化剂如有机稠化剂和无机稠化剂稠化基础油制成的

润滑脂。

烃基润滑脂 hydrocarbon based grease 以烃基稠化剂如地蜡、石蜡、石油脂等固体烃稠化基础油制成的润滑脂。

钙基润滑脂 calcium based grease 以动植物脂肪、脂肪酸或合成脂肪酸与氢氧化钙反应制成的钙皂稠化中等黏度的矿物油，并以水作为胶溶剂制成的润滑脂。一般用于农用机械的润滑。

钠基润滑脂 sodium based grease 以动植物脂肪、脂肪酸与氢氧化钠反应制成的钠皂稠化中等黏度的矿物油制成的润滑脂。由于它遇水易乳化流失，一般用于干燥气候条件下的机械设备的润滑。

铝基润滑脂 aluminum based grease 由脂肪酸铝皂稠化矿物基础油制成，并加有一种或多种添加剂以改善润滑脂的使用性能，具有良好的抗水性能和氧化安定性。用于潮湿和有水环境下的机械设备的润滑。采用食品级基础油制成的润滑脂可用于食品机械的润滑。

复合钙基润滑脂 complex calcium grease 以动植物脂肪、脂肪酸或合成脂肪酸和乙酸与氢氧化钙反应生成的复合钙皂稠化基础油制备的润滑脂。具有高滴点、极压性和抗水性好等优点，一般用于重负荷、低转速设备的润滑。由于在储存过程中会产生表层硬化现象，会影响复合钙基润滑脂的使用。

复合锂基润滑脂 complex lithium grease 由羟基脂肪酸锂皂与低分子酸锂盐复合生成的复合锂皂稠化基础油并加入添加剂制备的润滑脂。具有优异的高温性能，可以用于汽车、钢铁、铁路、航空等多个领域，是一种多效、长寿命润滑脂。

钡基润滑脂 barium based grease 由脂肪酸钡皂稠化精制的中黏度矿物油制成，具有良好的抗水性和防护性能。由于钡基润滑脂密度大于同温度水的密度，一般用于船舶推进器、抽水机轴承的润滑。

半流体润滑脂 semi-fluid grease 由单皂基或复合皂基稠化剂稠化特定基础油，并加有抗氧、极压、防锈等添加剂制成的一类润滑脂。其牌号按稠度通常分为 00 号或 000 号，属于半流体润滑脂，适合集中润滑系统、齿轮箱等的润滑。

极压润滑脂 extreme pressure grease 在普通润滑脂中添加了含硫、磷、氯等活性元素的极压添加剂或其他类型的极压添加剂制成的润滑脂。具有相对较高的负荷承载能力，能适应高载荷工况条件下的机械设备的润滑。

防锈润滑脂 anti-rust grease 一类用于防止和延缓金属腐蚀的润滑脂。它是在润滑脂中添加了防锈剂和其他添加剂而成，可以防止氧、水透过油膜腐蚀金属，从而起到防锈的作用。

多效润滑脂 multi-purpose grease 指除润滑功能以外，同时还具有防锈、密封等其他功能的润滑脂。例如密封防护脂同时具有密封和防护的功能。

宽温度范围润滑脂 wide temperature range grease 使用温度范围较宽的一类润滑脂的统称。例如同一种润滑脂最低使用温度可达-50℃甚至更低，同时可以满足温度200℃以上的使用条件。

抗辐射润滑脂 radiation resistant grease 用于核电设备润滑和防护的一类润滑脂。通常使用抗辐射的稠化剂和基础油，稠化剂通常选取的是阴丹士林、芳基脲等不易聚合的稠化剂，而基础油则选用的是含芳香烃多的矿物油、聚苯醚和烷基萘。

阻尼润滑脂 damping grease 用于电位器、调谐器等电器元件调节轴与轴套间的阻尼与润滑的一类润滑脂，对金属无腐蚀。使用该润滑脂能缩小轴的旋转力矩比，改善手感性能，并提高调谐准确度。

导电润滑脂 conductive grease 具有导电功能润滑脂的统称。通常以电导率相对较高的稠化剂、基础油和添加剂制成，用于电接点的润滑、灭弧、减小接触电阻和降低导体接触面的发热温度。

食品机械润滑脂 food machinery grease 采用食品级稠化剂、基础油和添加剂制成的润滑脂，具有无毒、无害等性能。按美国 FDA 对食品级润滑脂的分类，分为 H1 级和 H2 级，其中 H1 级可以偶尔和食品接触，H2 级用于不与食品接触的场合。

二硫化钼润滑脂 molybdenum disulfide grease 在润滑脂中添加二硫化钼制成的润滑脂。由于二硫化钼具有良好的极压抗磨性能和润滑性能，添加二硫化钼的润滑脂有较好的抗磨性能，可以用于低转速、重负荷设备的润滑。

石墨润滑脂 graphite grease 在润滑脂中添加石墨制成的润滑脂。由于石墨具有良好的极压抗磨性能和润滑性能，添加石墨的润滑脂有较好的抗磨性能，可以用于低转速、重负荷设备的润滑。抗磨性能不如二硫化钼润滑脂。

低噪声润滑脂 low-noise grease 专为精密轴承研制的、能够显著降低轴承振动值的润滑脂，使用矿物油或合成油为基础油。润滑脂的清净度是低噪声润滑脂的必备性能之一。

4.4 石　蜡

蜡 wax 各种天然动植物蜡、矿物蜡（包括石油蜡）和合成蜡的总称。除液体石蜡外，常温下呈固态，具有油质、可塑性、能燃易熔等特性。可用于制造模型、清漆、鞋油、地板蜡、蜡纸、绝缘防湿材料，也可用于食品、药品和化妆品生产。

矿蜡 mineral wax 从天然矿物质中提炼出来的蜡。除石油蜡外，还包括蒙旦蜡、褐煤蜡、矿地蜡和泥煤蜡等。

石油蜡 petroleum wax 由轻质、重质润滑油馏分及残渣油经脱蜡或脱蜡脱油所得蜡的总称。通常可分为软蜡、石蜡和微晶蜡三类。

石蜡 paraffin; paraffin wax 从轻质、重质润滑油馏分经脱蜡脱油所得的固体烃。主要成分是正构烷烃，晶型主要为片状。未精制蜡为褐色或黄色，精制脱色后为白色。石蜡按熔点划分牌号。

全精炼石蜡 fully-refined paraffin wax 又称精白蜡。经脱蜡脱油及深度精制得到的一种精制程度高、含油量小、安定性好的白色石蜡。全精炼石蜡按熔点划分牌号。

半精炼石蜡 semi-refined paraffin wax 又称白石蜡。经脱蜡脱油及一般精制得到的一种白色石蜡。含油量较全精炼石蜡高，颜色和安定性也不及全精炼石蜡。半精炼石蜡按熔点划分牌号。

食品级石蜡 food grade paraffin wax 一类深度精制的白色石蜡，包括食品石蜡和食品包装石蜡两种，按熔点划分牌号。食品级石蜡对稠环芳烃含量和易炭化物含量有严格限制，适于用作食品和药物组分、载体以及脱模、压片、打光等的蜡料。食品包装石蜡的质量要求略低于食品石蜡，对稠环芳烃含量有限制指标，但对易炭化物含量没有限制，适用于直接与食品和药物接触的容器、包装材料的涂敷和浸渍。

食品包装石蜡 food packing wax 食品级石蜡的一种。见“食品级石蜡”。

粗石蜡 crude scale wax 经发汗或溶剂脱油，未经精制的石蜡。

皂用蜡 soap-making wax 用于氧化制取脂肪酸和脂肪醇，进而用于生产肥皂等洗涤用品和润滑脂的石蜡。通常为轻质润滑油料经脱蜡脱油制得，一般要求其含油量不大于8%(质量)。

化妆用石蜡 paraffin wax used for cosmetics 一种由润滑油料经脱蜡脱油及深度精制得到的石蜡。适于作化妆品工业的原料，如制作冷霜、唇膏和发蜡等。

板状石蜡 slab wax 商品石蜡按形态可分为液态和固态两种。固态石蜡按形状分为板块状、粒状和片状，其中以板块状为主。板状石蜡就是精制后成型为板块状的商品石蜡，俗称板蜡。

高熔点石蜡 high melting point paraffin wax 经脱蜡脱油得到的熔点在60℃以上的石蜡。精制前呈褐色或黄色，精制后呈白色。

黄石蜡 yellow paraffin 由含油

蜡经脱油和浅度精制脱色或未精制脱色的淡黄色石蜡。用于生产橡胶制品、篷帆布、火柴、蜡烛、纤维板及作一般工业原材料。

硬石蜡 hard paraffin 又称硬蜡。指含油量较小、熔点在48℃以上的商品或工业用石蜡。按外观分为白蜡和黄蜡两种。按熔点划分牌号。

微晶蜡 microcrystalline wax 又称地蜡、非结晶蜡，精制微晶蜡也称提纯地蜡。由减压渣油提炼残渣润滑油时得到的含油蜡，经脱油后制得。其组成除正构烷烃外，还含有大量高分子异构烷烃和带有长链的环烷烃，相对分子质量越高，含非正构烃越多。微晶蜡的碳链长度为 $C_{35}\sim C_{80}$，平均相对分子质量大于500。未精制的微晶蜡呈褐色或黄褐色，精制微晶蜡呈黄色或白色。微晶蜡按滴熔点划分牌号。

食品级微晶蜡 food grade microcrystalline wax 一种深度精制的微晶蜡。食品级微晶蜡按滴熔点划分牌号，对稠环芳烃含量有严格限制，但对易炭化物含量没有限制。

混晶蜡 mixed crystalline wax 馏分润滑油料(减压最重馏分除外)中的蜡以正构烷烃为主，其结晶较大，为片状或带状，通常称作石蜡。残渣润滑油料中的蜡，含有一定数量的异构烷烃和长链环烷烃，它的结晶为细小的针状结晶，通常称作微晶蜡。减压蒸馏的最重馏分处于石蜡和微晶蜡的分界处，所含有的蜡是石蜡和微晶蜡的混合物，称为混晶蜡。混晶蜡结晶时视其相对数量的多少，微晶蜡可以进入石蜡的晶格按石蜡的晶格结晶，石蜡也可以进入微晶蜡的晶格结晶。相对分子质量相差较大的蜡在一起结晶时还可以形成共熔物。

液体石蜡 liquid paraffin; atoleine 一种从煤油和柴油中得到的正构烷烃混合物。碳数 $C_8\sim C_{24}$。工业生产主要有分子筛脱蜡和尿素脱蜡两种方法。产品为无色、无味、透明油状液体，日光下无荧光，溶于烃类，微溶于乙醇，几乎不溶于水。可用于生产表面活性剂、石油蛋白、燃烧抑制剂、加脂剂、增塑剂、高级脂肪醇和润滑油添加剂等。

重质液体石蜡 heavy liquid paraffin 液体石蜡的一种。由柴油馏分制取。工业生产采用分子筛脱蜡法或尿素脱蜡法，以尿素脱蜡法较为适宜，初馏点不低于220℃或195℃，98%馏出温度不高于310℃。可用于生产加脂剂、增塑剂、高级脂肪醇和润滑油添加剂等。

轻质液体石蜡 light liquid paraffin 液体石蜡的一种。由煤油馏分制取。工业上多采用分子筛脱蜡法生产，也可采用尿素脱蜡法，初馏点不低于185℃，98%馏出温度不高于240℃或250℃。可用于生产表面活性剂、石油蛋白、燃烧抑制剂、增塑剂、高级脂肪醇等。

石油地蜡 petroleum ceresin 又称地蜡。微晶蜡的早期叫法。见376页“微晶蜡”。

软蜡 soft wax 含油较多的石油蜡。通常指软石蜡，即熔点在48℃以下的粗石蜡。多用作各种浸渍剂。

石油脂 petrolatum 又称矿脂，精制石油脂也称白矿脂。一种微晶蜡和润滑油馏分组成的油膏状半固体混合物。依物理性质不同又可称为蜡膏或凡士林。一般含有70%～80%(质量)的微晶蜡，以及20%～30%(质量)润滑油馏分的油。因精制程度不同，可呈白色、黄色或褐色。主要用于调制凡士林或直接作为凡士林应用。深度精制的白色石油脂可用于食品、药品和化妆品。

无定形蜡 amorphous wax 通常指由黏稠润滑油料、残渣油或罐底油制取的软蜡膏。

无油蜡 oil-free wax 经过深度脱油得到的石蜡。用于制取全精炼蜡和食品蜡等低含油石蜡产品。

卤化石蜡 halogenated paraffin 分子结构上引入卤族元素的石蜡，按所含卤素类型可分为溴化石蜡、溴氯化石蜡和氯化石蜡。依原料不同，产品呈固态或液态。通式为$C_nH_{2n+2-m}Br_xCl_y$，其中轻液蜡原料$n=10\sim15$，重液蜡原料$n=14\sim18$，固蜡原料$n=20\sim30$；$m=x+y$，且$m\leq n$；根据不同的牌号，n、x、y取不同的值。可用于生产石油添加剂、阻燃剂、增塑剂等。

合成蜡 synthetic wax 用化学合成法制得的蜡。除费-托合成蜡和聚乙烯蜡以外，还包括聚丙烯蜡、乙烯-乙酸乙烯共聚蜡和氧化聚乙烯蜡等。具有耐磨、滑爽和高熔点等特性。可用于塑料加工、涂料油墨、热熔胶、纺织品和上光油等。

混凝土用蜡 wax used for concrete 用作混凝土防水剂的添加组分。含蜡防水剂具有成本低、黏度小、蜡熔点低、施工方便等特点，在混凝土中起抗裂、防渗、缓凝、早强、减水等作用。

合成地蜡 synthetic petrolatum wax 在一氧化碳和氢合成石油过程中附着在催化剂上的副产非结晶型蜡。用于食品、化工和糖纸等工业。并可用于制造化妆品、蜡纸、鞋油、地板蜡和绝缘材料等。

费-托合成蜡 Fischer-Tropsch wax；F-T wax 又称费-托蜡、合成石蜡。在德国人费希尔和托罗普歇早期开发的用一氧化碳和氢合成烃和烃的含氧化合物的过程中副产的石蜡。具有高硬度、高熔点、电性质好等特性。用于石油蜡改性、电子电气绝缘和炸药减敏，还可用作防水剂和润滑剂等。

X蜡 X-wax 电气绝缘油使用

过程中，在强电场作用下，油中的正构烷烃发生脱氢反应生成烯烃，烯烃进一步缩合生成的蜡状高分子聚合物的俗称。

结晶蜡　crystalline wax 从柴油及轻质润滑油馏分中分离出来，呈片状或针状结晶的石蜡。

聚环氧乙烷蜡　polyethylene oxide wax 含四个以上乙氧基的聚乙二醇混合物，为以羟基为端基的聚乙烯聚醚。其平均相对分子质量200~1000者为液体，>1000者为固体。可用于制造增塑剂、乳化剂、分散剂和洗涤剂等。

蜡膏型防锈油　petrolatum type rust preventing oil 又称防锈凡士林。以蜡膏为主要成分，加有防锈剂的防锈膏。具有良好的防锈性能。分硬膜、中膜及软膜三种。其防锈膜较一般防锈油膜厚，用于精密机械的长期封存。

页岩蜡　shale wax 从页岩油中分离得到的石蜡，精制后与石油蜡无区别。

蜂蜡　bees wax 蜜蜂工蜂分泌的用于修筑蜂巢的脂肪性物质。将蜂巢熔化滤出蜂蜡或水煮撇出蜂蜡可得粗蜂蜡，再经脱色后制得精制蜂蜡。蜂蜡颜色黄至乳白，主要成分是棕榈酸酯，容易皂化和乳化，不溶于水，微溶于冷乙醇，溶于氯仿、乙醚和四氯化碳，与天然蜡和油脂互溶。可用于医药、食品、化妆品等领域，也用于蜡烛、地板蜡和上光蜡的生产。

植物蜡　plant wax 从树或灌木的叶子、果实或表皮中提取出来的蜡。主要包括巴西棕榈蜡、小烛树蜡、小冠椰子蜡、漆树蜡、日本蜡等。具备动植物蜡可塑性、上光性、延展性、互溶性良好等共性，作为油性成分和黏合成分在化妆品中广泛使用，较石油蜡和合成蜡在化妆品中使用更具安全性。

真空封蜡　vacuum sealing wax 供高真空系统中作半永久性密封用的石油产品。由含蜡重质石油馏分经氧化、脱气制成。

特种蜡　special wax 又称专用蜡。以石油蜡为基本原料，通过特殊加工或添加组分调和制得的适应特种性能和特定部位要求的特种蜡产品。

聚乙烯蜡　polyethylene wax 又称低分子量聚乙烯。是一种聚烯烃合成蜡。一般有乙烯聚合、聚乙烯裂解、聚乙烯生产副产几种来源。外观呈白色粉末、颗粒或片状。相对分子质量800~10000，具有良好的机械性能、电性能、分散性、流动性和化学稳定性，以及无毒、高硬度、高软化点、低熔融黏度，耐光、易脱模等特性。在涂料油漆、塑料加工、油墨、上光剂、热熔胶、橡胶制品和蜡制品中有着广泛的应用。

聚丙烯蜡　polypropylene wax 又称低分子量聚丙烯。是一种聚烯烃合成蜡。白色固态物，无毒，相对分子质量在一千到几万范围。一般有丙烯聚合、聚丙烯裂解、聚丙烯生产副产几种来源。具有高软化点、高硬度、高韧性、高结晶度、润滑性、耐湿性和耐油脂性以及熔融黏度选择范围宽等优良性能。应用于塑料、油墨、纸加工、热熔胶、橡胶和石蜡改性等领域。

感温蜡 thermal sensitive wax 一种由石油蜡或合成蜡经精细加工制成的专用蜡。主要用于蜡质感温元件，在其中起接收温度变化信息和输出动作的双重作用。其作用原理是利用蜡固液相变时的体积变化控制阀门开度，从而达到根据环境温度变化调节物流流量的作用。

电子工业用蜡 wax used for electronic industry 一类具有良好电性能的专用蜡。是电子工业、军事工业、空间技术、电子通信等行业众多电子元器件生产中的配套材料，包括浸渍蜡、黏结蜡和封固蜡等。

黏结封固蜡 bonding-mounting wax 一种电子工业用蜡。具有良好的黏结性、绝缘性、防潮性、耐低温开裂性、热稳定性和电性能。用于各种线圈、瓷介电容器基片、螺旋滤波器、集成电路、晶体管硅圆片和电子调谐器等电子元器件的黏结和封固。起黏结、定位、绝缘、防潮等作用。

汽车防护蜡 wax for automobile protection 一类由石油蜡或合成蜡经改性、乳化等精细加工制成的专用蜡。具有防锈、防腐、防水、防紫外线、防静电等作用。用于汽车内腔、底盘和面漆的防护。

汽车上光蜡 wax for automobile polish 一种由石油蜡或合成蜡经改性、乳化等精细加工制成的专用蜡。具有明亮光滑、防水、防紫外线、防静电等性能。涂于汽车表面，起上光、防水、防尘等作用。

上光蜡 polish wax 一种由石油蜡或合成蜡经改性、乳化等精细加工制成的专用蜡。为半固状物或乳状液。具有明亮光滑、防水、防紫外线、防静电等性能。涂于物器件表面，起上光、防水、防尘等作用。

防锈蜡 antirust wax 一种由石油蜡或合成蜡经防锈改性制成的专用蜡。具有防锈、防腐、防水、防紫外线等性能。用于汽车及其他物器件表面的防锈、防腐。

橡胶防护蜡 rubber protective wax 一种由石油蜡经改性制成的专用蜡。具有适宜的异构烷烃含量、合理的碳数分布，以及良好的附着性。可作为物理防老剂，用于子午轮胎、斜交轮胎、工程轮胎和其他橡胶制品。由于在胶料中具有逐渐向制品表面迁移的特性，可在制品表面形成致密的保护膜，阻断臭氧对橡胶制品的破坏，在较宽的温度范围内长期保持防护性能，延长橡胶制品的使用寿命。

乳化蜡 emulsified wax 以石油蜡或氧化石油蜡为基础原料，利用乳化技术制成的乳化液。稳定的乳化蜡外观呈半透明或白色黏稠状，pH 值约为 7，蜡质量分数约 15%～20%，放置不分层、无沉淀，使用时可以任意稀释而不分层。具有成膜均匀、覆盖性好及使用安全、高效、经济和方便等特点。广泛应用于造纸、木材加工、炸药制造、果蔬园艺、纺织、陶瓷、橡胶和建筑等行业。

乳化炸药蜡 emulsion explosive complex wax 一种乳化蜡。是乳化炸药的关键组分之一，约占炸药总质量的 3%～6%，其作用是均匀地涂覆于硝酸铵(乳化炸药中氧化剂的主要成分)等粉末表面，阻止水汽渗入，提高其抗湿性和抗结块性，为炸药提供良好的储存稳定性和爆炸性能。另外，它也作为敏化剂和还原剂，为炸药提供足够的爆轰敏感度，维持炸药零氧平衡，减少毒气产生量。

农业用乳化蜡 emulsion wax for agriculture 一种乳化蜡。主要用作果蔬保鲜剂、植物保护剂和防冻剂。将其喷涂于农作物和植物表面，风干后形成的保护膜可适当封闭植物和作物表皮的毛孔，控制呼吸作用，减少水分和营养的损失，也能阻止微生物侵入，防病防腐。用于果蔬保鲜和苗木保水防冻。

地板蜡 floor wax 用于打光和保护地板的蜡。要求黏着力强、有光泽、不易产生裂纹和防湿性好。

氧化蜡 oxidized wax 石油蜡经催化氧化引入含氧基团制取的一种氧化改性蜡。可提高蜡的乳化能力，并使溶解性、阻燃性、润滑性等性能得到改善。除用于制取更稳定的乳化蜡外，还可用于纺织、塑料、皮革、印刷、造纸、冶金、建筑、林业等方面。

硬质合金蜡 wax for cemented carbide forming 一种用作硬质合金成型剂的专用蜡。具有无机械杂质、高温气化无残留等特点，有助于合金的总碳控制，提高合金碳量的精确度，生产质量稳定的硬质合金制品。

熔模铸造蜡 investment casting wax 又称精密铸造蜡或熔模精密铸造蜡。一种由石油蜡改性制成的专用蜡，是熔模铸造的重要模料。具有良好的硬度、韧性和抗拉性，可用于电子、石油化工、轻工、医疗器械等行业零部件的铸造。

口香糖用蜡 wax for chewing-gum 一种以食品级微晶蜡为原料制取的专用蜡。具有良好的韧性、黏合性、抗水性和抗氧化性。其作用主要是调节口香糖和泡泡糖的硬度和分散度，增加糖分的溶解度，使其口感更好，更具咀嚼性且不易断裂。

纸制品蜡 wax for paper products 一种石油蜡经改性制成的专用蜡。通过浸渍或涂覆的方法用于纸箱、柔性包装、纸杯和食品容器等纸制品，提供热密封、热黏结、光泽、减少磨损、抗油质污染等功能，阻止水、蒸汽、气体或气味通过纸制品。

纺织工业用蜡 wax for textile industry 包括纺织用蜡环和织物整理工序用蜡。纺织用蜡环具有适宜的硬度和附着力，使用后易清洗。主要在纺纱加工过程中起润滑作用，防止飞花、断线。织物整理工序用蜡主要作为柔软剂、滑爽剂、上浆助剂等，用于上浆、印花、防水、上光和其他整理工序，可使纤维获得柔软性、柔韧性和弹性。

家禽拔毛蜡 poultry depilation wax 一种石蜡经改性制成的食品级专用蜡。具有良好的挠性、韧性和黏结性，以及无毒、无味、无污染等特点。适用于鸭、鹅及猪头、猪脚的拔毛。

相变储能蜡 wax for phase change energy storage 一种石蜡经精细加工制成的有机类固-液相变储能材料。具有相变中无过冷和相分离现象、化学性质稳定、相变潜热高、无毒、无腐蚀性等特点，可起到储能、节能、调节温度、保护电子器件和增大物体热惰性的作用。适用于建筑节能、室内地板采暖、太阳能存储、电子电器热保护、服装和热接口材料等领域。

纤维板蜡 fibreboard wax 一种乳化蜡。颗粒度细小均匀，具有良好的储存稳定性、稀释性、扩散性、耐酸性、耐碱性、耐硬水性。用作纤维板和刨花板等人造板的防水剂。在人造板加工过程中能有效地破乳，使微小的蜡颗粒均匀地吸附在木纤维上，起到人造板防水的作用。

热熔胶用蜡 wax for hot melt adhesive 热熔胶的添加组分，起降低熔化温度和熔融黏度、改进操作性能、降低成本的作用。适用的蜡包括石蜡、微晶蜡和聚乙烯蜡等。

水果保鲜蜡 fresh-keeping wax of fruits 一种乳化蜡。无毒，对喷涂后的表面光泽和失水率有要求，用于水果保鲜。

火柴蜡 match wax 在火柴制造中用于浸渍火柴杆的石蜡。常用的石蜡是熔点 52~56℃ 的半精炼石蜡。

密封蜡 sealing wax 用于真空系统或密封包装的蜡。常用的为高熔点石蜡、微晶蜡和虫蜡。

糖果蜡 candy maker's wax 用于生产糖果和糖果包装纸的石蜡。属于食品石蜡和食品包装蜡。见375页“食品级石蜡”。

烛用蜡 candle wax 制造蜡烛用的石蜡。通常为半精炼石蜡或粗石蜡。熔点 54~58℃，含油量 1.2%~1.6%(质量)。

表板蜡 instrument panel wax 又称仪表蜡。是一种专门针对汽车皮革饰件、仪表等部件质地的保养用品，能有效防止仪表板、车内饰件的老化，同时具有去污、防静电功效的液体蜡。适用于汽车仪表板、皮革用品、车胎、保险杠以及家居各类皮革、木质制品的防护保养。

洗车水蜡 wax for car wash 又称水蜡或亮光蜡。是一种洗车机专用的液体蜡。具有超强的驱水性，使用后吹干效果好，且在漆面形成一层蜡膜，起到上光防护的功效。经常使用洗车水蜡洗车，会使车漆保持长期的光亮效果。

液体蜡 liquid wax 水性、液态专用蜡的统称。一般指具有去污、抛光、增亮和保护功效的专用蜡，如车蜡和地板家具用蜡。

抛光蜡 polishing wax 一种含有模料、含蜡膏体和添加剂的专用蜡。具有整平、降糙、上光、护漆的功效，适用于车体、金属、塑料和胶木表面的养护。

防水蜡 waterproof wax 一种半固态汽车养护蜡。具有去污、上光、防水等功效，可快速清除车漆表面污垢，并形成持久、防水、高光泽的保护层，保护露天停放车辆的车漆，有效抵御雨水、日常污水及空气污染物的侵蚀。适用于普通漆、金属漆、透明漆等各种车漆的养护。

磨砂蜡 dull polish wax 一种具有清洁和上光作用的专用蜡。含有特殊的研磨微粒，可快速、有效、安全地除去漆膜或物体表面的顽渍、污垢，消除轻微的划痕、擦纹和喷漆后留下的漆斑；去除旧漆膜的哑色层和氧化层，令褪色及风化的漆层重现原来的光滑度、色泽度和光亮度。适用于汽车、摩托车、家具、玻璃、塑料及电镀制品表面的养护。

光复软蜡 luster recovering wax 一种具有清洁和上光作用的半固态软蜡。有50%去污的功能，包括水性和油性污垢；还有50%上光的功能，使得原来老化而变色脆化的漆面回复光泽，同时形成一道防水、防紫外线的保护膜。

凡士林 vaseline 一种油膏状石油脂。由轻脱沥青油脱蜡蜡膏与润滑油馏分的油调制而成。因精制程度不同，可呈白色、黄色或褐色。依用途不同分为食品级凡士林、医药凡士林、电容器凡士林、工业凡士林和化妆级凡士林。

食品级凡士林 food grade vaseline 一种深度精制的凡士林。颜色白至淡黄色，对稠环芳烃和易炭化物有严格要求。适于作食品加工中的润滑剂、脱模剂、防护涂层、消泡剂等。

医药凡士林 medicinal vaseline 一种深度精制的凡士林。按精制程度分为黄、白两种，对稠环芳烃有严格要求。适于作配制药膏及皮肤保护油膏的原料。

电容器凡士林 capacitor vaseline 一种对电性质有严格要求的工业凡士林。颜色白至黄色。适用于电容器的浸渍和灌封。

工业凡士林 industrial vaseline 一种经浅度精制后加入防腐蚀添加剂的凡士林。颜色呈褐色，具有一定的润滑性、防锈性和黏附性。适用于金属制品防锈、低温及轻负荷机械轴承润滑和橡胶软化剂。

化妆级凡士林 cosmetic grade vaseline 一种深度精制的凡士林。颜色白至微黄色，对芳烃、重金属和硫化物有严格要求。可作为发蜡、香脂、润肤脂等化妆品的原料。

4.5 沥 青

石油沥青 petroleum asphalt 是原油加工过程的一种产品，在常温下是黑色或黑褐色的黏稠液体、半固体或固体，具有良好的黏结性、绝缘性、不渗水性，并能抵抗多种化学药物的侵蚀，被广泛用作铺路、建筑、水利、绝缘材料、防护材料、橡胶、塑料、油漆等工业原料。按照不同的用途，沥青可分为许多类型，其中道路沥青的用量最大。沥青的规格中，最基本的要求是软化点、针入度和延伸度三项。道路沥青和建筑沥青是以针入度划分商品牌号的。

道路石油沥青 road asphalt 以直馏渣油为原料，经渣油氧化或丙烷脱油制备沥青，然后与催化裂化油浆、糠醛抽出油调和所得的沥青。主要用于铺路。按针入度划分牌号。除用于铺路外，还可用作工程黏结剂或制造防水纸及绝缘材料。

重交通道路沥青 heavy traffic road asphalt 用于高速路、一级路、城市快速路、主干路及机场道面的道路沥青，也适用于其他各等级公路、城市道路、机场道面等，以及作为乳化沥青、稀释沥青和改性沥青原料的石油沥青。低温延度、针入度比等指标要求高于道路石油沥青。

1号重交通道路沥青 1[#]heavy traffic road asphalt 符合中国石化Q/SHPRD 007—2006标准的道路沥青。按针入度的大小分为AH50、AH70、AH90、AH110四个牌号，质量等级高于GB/T15180的标准。延度高，抗裂化性能好，高温稳定性好，抗车辙能力强。

聚合物改性沥青 polymer modified asphalt (PMA) 掺加橡胶、树脂、高分子聚合物、天然沥青、磨细的橡胶粉或其他材料等外掺剂，使沥青或沥青混合料的性能得以改善而制成的沥青结合料。

F1赛道沥青 asphalt used for F1 racing track 一种专门用于F1赛

道铺设的道路石油沥青。一般采用聚合物改性沥青，对性能要求通常高于重交通道路沥青。

彩色沥青 colored asphalt 又称彩铺胶结料，以无色胶结料加色粉方法制备。无色胶结料可以由沥青脱色而得，也可以由石油树脂等浅色聚合物调配而得。

弹性体改性沥青防水卷材 styrene butadiene styrene (SBS) modified asphalt waterproof sheet 以热塑性苯乙烯-丁二烯-苯乙烯嵌段聚合物(SBS)类材料改性沥青作浸涂材料所制成的沥青卷材。

低温沥青 low temperature coal-tar pitch 常在煤干馏中使用的专业术语，指软化点介于 30～75℃ 的煤焦油沥青。

电池封口剂 asphalt for battery sealing 用于各种干电池及蓄电池封口的石油沥青。要求沥青的软化点高，具有良好的耐热、耐寒及耐酸性等。

电极沥青黏结剂 electrode asphalt binder 用于电炉炼钢的高功率电极、电解铝的阳极糊及碳素制品的黏结材料，一般采用煤焦油沥青生产。

电缆沥青 cable asphalt 主要用作电缆护层防腐防潮和密封绝缘的石油沥青。主要技术指标除针入度、软化点外，还包括垂度、冷冻弯曲、黏附率等。

调和沥青 blended asphalt 以改善技术性能为目的，将不同的石油馏分与沥青或不同沥青混合而得到的一种沥青产品。

多级沥青 multigrade asphalt 通过凝胶化而得到的一种化学法改性沥青。与常规沥青相比，多级沥青具有更好的高低温性能和抗老化性能。

防水防潮沥青 wet proof and waterproof asphalt 用作各类防水防潮工程中的黏结材料及油毡涂覆材料的石油沥青，要求具有较低的感温性。国内一般按针入度指数分为四个牌号，主要指标除针入度指数外，还包括软化点、脆点、垂度及加热安定性等。

废胶粉改性沥青 crumb rubber modified asphalt (CRMA) 在基质沥青中添加废旧轮胎橡胶粉，并与热沥青进行反应而引起废轮胎橡胶溶胀或分散在热沥青中形成的混合物。轮胎橡胶粉对基质沥青的性能有改善作用。

氟化沥青 fluorinated asphalt 一种石油沥青或煤沥青与氟气直接反应得到的产物。沥青分子通过引入氟原子后，使其具有优异的热稳定性和化学稳定性及疏水等性能。

改性沥青防水卷材 modified asphalt waterproof sheet 用改性沥青作浸涂材料所制成的沥青卷材。

改性乳化沥青 modified emulsified asphalt 在乳化剂作用下制得的改性沥青乳状液。

高速铁路专用沥青 bitumen specialized for high-speed railway 用于生产高速铁路专用乳化沥青的原料，并符合中国石化 Q/SH PRD283 标准的基质沥青。该标准用以指导和规范中国石化高速铁路专用沥青的生产和质量控制。标准中按针入度的大小将沥青划分为 AR-1、AR-2、AR-3 三个规格，主要技术参数除包括一般道路沥青的指标外，还包括脆点和族组成等指标，用以规范沥青的低温性能和沥青的胶体结构。

高速铁路专用乳化沥青 emulsified-asphalt specialized for high-speed railway 用于生产高速铁路专用水泥乳化沥青砂浆的原料，并符合中国石化 Q/SH PRD284 标准的沥青乳液。该类型沥青乳液与普通沥青乳液比较，具有与水泥相容性好、黏度较大、破乳速度较慢、抗冻、耐老化的优异性能，凝固后的沥青形成连续层，能与水泥、细骨料构成与温度具有依存关系和滞弹性特征的复合材料。该标准按离子类型分为阴离子和阳离子两类。

高温沥青 high temperature coal-tar pitch 常在煤干馏中使用的专业术语，指软化点介于 95～120℃的煤焦油沥青。

管道防腐沥青 pipeline anticorrosion asphalt 一种主要用于输油、输气及上下水金属管道防止腐蚀的保护涂层用石油沥青。国内产品标准按照软化点高低分为两个牌号，分别用于不同输送介质温度的管道。主要技术指标还包括针入度、延伸度、脆点等。

环氧沥青 epoxy asphalt 由沥青、环氧树脂、固化剂及其他添加剂等多种材料混合而成的一种改性沥青，广泛应用于桥面铺装、路面和机场跑道磨耗层、公交停车站等场所。

磺化沥青 sulfonated asphalt 沥青与磺化剂在一定条件下经过磺化反应、碱中和及后处理等工序所制得的磺化产物，主要成分是沥青磺酸钠盐。

机场跑道沥青 airport runway asphalt 用于机场道面铺设的石油沥青，沥青的作用类似于道路沥青，但在一些技术指标上优于道路沥青。一般使用改性沥青。

建筑沥青 building asphalt; bitumen for building 用于构筑屋面、防水工程及其他建筑工程用的石油沥青。

绝缘胶 insulating glue 在沥青中加入适量绝缘油及少量添加剂，主要用于浇灌电器终端匣，并符合相关技术要求的沥青产品。

绝缘沥青 insulating asphalt 主要用作各种电器材料和电器设备涂料及绝缘填充物的石油沥青。

沥青底漆 asphalt primer 涂敷在埋地管道上的沥青基漆。沥青里掺加磨细的云母、黏土、皂石或滑石粉、趁热涂敷于管道表面，再包扎石棉毡，构成埋地管道防腐涂层。

沥青防水卷材　asphalt wateproof sheet 以沥青为主要浸涂材料所制成的卷材，分为有胎卷材和无胎卷材两大类。

沥青基防水涂料　asphaltic base waterproof coating 以沥青为主要成分配制而成的水乳型或溶剂型防水涂料。

沥青基碳纤维　asphalt base carbon fiber 以沥青等富含稠环芳烃的物质为原料，通过聚合、纺丝、不熔化、碳化处理制备的一类碳纤维。

沥青软化(稀释)油　asphalt softening(flux) oil 一种用于降低沥青黏度的重质低挥发性石油产品。

沥青油毡　asphalt felt 建筑工业用的一种卷材，俗称油毡。系用适当的胎基(纸胎、玻璃纤维胎等)浸渍与涂覆沥青而制得。

耐油沥青　oil resistant asphalt 一种既具有铺路用道路沥青胶结料的使用性能，又具有抵抗(耐)轻、中质石油产品，如燃料油、内燃机油、机械润滑油等油品溶解能力的石油沥青产品。

抛光沥青　polishing asphalt 一种用于调配抛光胶的沥青产品，要求沥青耐热性能好，溶解度高，杂质含量少。

嵌缝沥青　caulking asphalt 填入路面、桥面及建筑物接缝的起黏结、密封作用的一种沥青产品。

水工沥青　hydraulic asphalt 主要用于水利工程中修筑水坝、海岸护堤、渠道及蓄水池等方面的石油沥青。

塑性体改性沥青防水卷材　atactic polypropylene modified asphalt sheet materials 用无规聚丙烯(APP)、无规聚 α-烯烃(APAO)类改性沥青作浸涂材料所制成的沥青卷材。

橡胶填充沥青　rubber extender asphalt 主要用作橡胶软化剂、增强剂和填充剂，并符合相关技术要求的沥青产品。

油漆沥青　paint asphalt 用于生产油漆的一种石油沥青，要求沥青具有一定的油溶性。

黏稠沥青　viscous asphalt 道路沥青的一类。包括符合黏稠沥青规格的直馏沥青，或以渣油为原料经氧化或溶剂脱沥青得到的符合黏稠沥青规格的沥青产品。

中温沥青　medium temperature coal-tar pitch 软化点介于 75～95℃ 的煤焦油沥青。

阻燃沥青　fire(flame) retardant asphalt 在沥青中加入一种或多种阻燃剂或抑烟剂，得到的混合物符合相关技术要求的沥青产品，可降低沥青在热拌合和摊铺过程中释放的有害气体含量。一般用于隧道路面的铺装。

钻井沥青 gilsonite used for drilling fluid 用于钻井液中的一种高软化点天然硬质沥青。也可以由减压渣油经氧化加工后制成不同粒度的硬质沥青产品。主要用于封堵、防塌和降滤失等稳定井壁作用。

4.6 其 他

燃料油 fuel oil 一般指石油加工过程中得到的比汽油、煤油、柴油重的剩余产物。主要有催化裂化油浆和直馏残渣油，其特点是黏度、相对分子质量较大，含非烃化合物、胶质及沥青质较多，广泛用于船舶锅炉燃料、加热炉燃料、冶金炉和其他工业炉燃料。黏度是划分燃料油等级的主要依据，它的大小显示了燃料油的流动难易与雾化性能的好坏。目前国内对于馏分型燃料油常用40℃运动黏度，残渣型燃料油用 100℃运动黏度来区分。以往我国还使用恩氏黏度(80℃、100℃)作为重要的质量控制指标，用 80℃运动黏度来划分牌号。

炉用燃料油 furnace fuel oil 由减压渣油和裂化渣油等组分调和制成，用作锅炉或化工冶金工业炉及其他工业炉的燃料。

船用燃料油 bunker fuel oil 由减压渣油和裂化渣油等组分调和制成，用作船用柴油机的燃料。

军舰用燃料油 naval fuel oil 主要由减压重油、常二线油和馏分抽出油等组分组成。

溶剂油 solvent oil 以直馏馏分或催化重整抽余油为原料，经精制、分馏制成。外观为无色透明不溶于水的液体。用于涂料、油漆、印刷油墨、皮革、化妆品的生产以及食品加工。

6号抽提溶剂油 6# extraction solvent oil 别名：大豆抽提溶剂油。主要以催化重整抽余油为原料，经精制、分馏制得。用于香料、植物油脂的萃取溶剂，也用作合成橡胶工业的溶剂、精密仪器仪表的清洁剂和干燥剂。

香花溶剂油 fragrant flower solvent oil 溶剂油的一个牌号，满足 GB1922—1988 标准，沸程 60~70℃，主要成分为饱和烃。日用化学工业部门用于抽提香料物质中的香精，油脂工业部门用于抽取油料中的油脂。

石油醚 petroleum ether 溶剂油的一个牌号，满足 GB1922—1988 标准，沸程 60~90℃。主要用作工业溶剂和化学试剂，也用于抽提药物的有效组分，提取烟叶中烟碱及抽取动植物中的油脂。

橡胶溶剂油 rubber solvent oil 以直馏馏分或催化重整抽余油为原料，经精制、分馏制成，由沸程 80~120℃的石油馏分组成。具有较低的硫含量，腐蚀性小。

航空洗涤汽油 aero-washing gasoline 用于航空机件等精密机件

的洗涤，又作航空涡轮发动机点火燃料。主要由沸点180℃以下的石油馏分组成，通常为常压蒸馏所得的直馏馏分。

油漆溶剂油 solvent oil for paint 用作油漆、涂料的稀释溶剂。有适宜的挥发性，对油漆和磁性漆溶解性好，溴值小，安定性好，硫含量低，无活性硫化物，无腐蚀性。

油墨溶剂油 solvent oil for printing ink 以石蜡基或环烷基原油为原料，用加氢工艺制取的溶剂油。馏程窄、精制程度高、低异味、易挥发，具有适宜的烃组成，对油墨树脂的溶解性和释放性优良。用于配制高档油墨。按沸程划分有30号、40号、60号、140号、170号、180号、310号等牌号。

脱芳油 dearomatic oil 以直馏煤油馏分作原料，经加氢、分子筛脱蜡、加氢脱芳烃等工艺制成。用作杀虫剂调和油、上光剂、特种清洗剂。

石脑油 naphtha 由C_4～C_{12}的烷烃、环烷烃、芳烃、烯烃组成的混合物。通常由原油直接蒸馏得到，也可以由二次加工装置生产。

加氢尾油 hydrogenation tail oil; unconverted oil of hydrocracking 是加氢裂化装置产品最重的馏分。可作为乙烯裂解原料。

常压蜡油 atmospheric gas oil (AGO) 蒸馏装置常压塔蒸馏出的常压蜡油，一般是200～380℃馏分，可用作乙烯装置的原料。

煅烧石油焦 calcined petroleum coke 在制备炼钢用的石墨电极或制铝、制镁用的阳极糊(融熔电极)时，为使石油焦(生焦)适应要求，必须对生焦在1300℃左右进行煅烧，目的是将石油焦挥发分尽量除掉。煅烧后的生焦称作煅烧焦。

石油环烷酸 petrolum naphthenic acid 从石油炼制的过程中得到的有机酸，主要成分为带有环烷环和羧基的酸性含氧化合物。

石油环烷酸盐 petrolum naphthanate 石油环烷酸的碱金属及其他金属的盐类。

液体无水氨 liquid anhydrous ammonia 无色液体，有强烈刺激性气味，极易汽化。通常将气态的氨气通过加压或冷却得到液态氨。

苯 benenze 无色透明、易挥发液体，有芳香气味，能与乙醇、乙醚、丙酮等以任意比例混合，微溶于水，是基本的有机化工原料，可用作油漆涂料和农药的溶剂。

甲苯 toluene 无色透明、易挥发液体，有芳香气味，能与醇、醚、丙酮、氯仿等以任意比例混合，不溶于水。用于生产染料、香料、苯甲醛、苯甲酸及其他有机化合物的原料，或用作树脂、树胶、乙酸纤维素的溶剂及植物成分的浸出剂。

5 分析、化验、评定

5.1 油品分析仪器与方法

常压馏程 atmospheric distillation range 油品在环境大气压及规定条件下进行蒸馏，以初馏点、10%、50%、90%馏出温度、终馏点等表示其蒸发特性的温度范围，以馏出温度和馏出液体积分数表示。根据常压馏程可以大致判断油品组分的轻重，用以确定加工和调和方案，检查工艺和操作条件，控制产品质量和使用功能。

初馏点 initial boiling point (IBP)油品在规定条件下进行馏程测定，当第一滴冷凝液从冷凝器的末端落下的一瞬间所记录的温度，以℃表示。

终馏点 end boiling point (EBP)油品在规定条件下进行馏程测定，其最后阶段所记录的最高温度，以℃表示。

干点 dry point(DP)油品在规定条件下进行馏程测定，最后一滴液体从蒸馏烧瓶中的最低点蒸发瞬时的温度，以℃表示。

减压馏程 vacuum distillation range 油品在规定条件下，由减压蒸馏测得的从初馏点到终馏点(换算为常压下)的范围，表示其蒸发特征的整个温度范围。减压蒸馏时在某压力下读取的蒸馏温度，通常要用标准曲线、算图或换算表换算为760mmHg 压力下的温度，以℃表示。

蒸发温度 evaporation temperature 油品在规定条件下进行馏程测定，在规定蒸发百分数时的温度计读数，以℃表示。

回收温度 recovered temperature 又称馏出温度。油品在规定条件下进行馏程测定，量筒中回收的冷凝液达到某一规定回收体积(mL)时所观察到的温度，以℃表示。

残留百分数 percent residue 油品在规定条件下进行馏程测定，测得的蒸馏烧瓶中残留物体积，以%表示。

回收百分数 percent recovered 油品在规定条件下进行馏程测定，在观察温度计读数的同时，在接收量筒内观测得到的冷凝液体积，以%表示。

蒸发百分数 percent evaporated 油品在规定条件下进行馏程测定，回收体积分数与损失百分数之和，以%表示。

损失百分数 percent loss 油品在规定条件下进行馏程测定，用100%减去总回收体积分数，以%

表示。

模拟蒸馏 simulated distillation 又称石油馏分沸程分布测定法(气相色谱法)。将样品注入能按沸点增加次序分离烃类的气相色谱柱，在程序升温的柱条件下，检测和记录整个分离过程的色谱图及其面积。在相同的条件下，测定沸程范围宽于被测试样的已知正构烷烃混合物，由此得到保留时间-沸点校正曲线，从而获得被测试样的沸程分布。

酸度 acidity 用以表示石油产品中酸性物质的含量，以中和100mL石油产品中的酸性物质所需的氢氧化钾毫克数(mgKOH/100mL)表示。酸性物质包括有机酸、无机酸、酯类、酚类、树脂、重金属盐、铵盐和其他弱碱盐、多元酸的酸式盐、某些抗氧剂和清净剂。根据酸度的大小，可判断油品中酸性物质的量，以及某些油品对金属的腐蚀性质和在用油品的变质程度。多用于汽油、煤油、柴油等轻质产品。

酸值 acid number; acid value 又称总酸值。中和1g石油产品中的酸性物质所需的氢氧化钾毫克数，以mgKOH/g表示。多用于表示原油、润滑油和石蜡等石油产品的酸性性质。和酸度一样，用来表示油品中酸性物质的量及对金属的腐蚀性质和在用油品的变质程度。

酸值(电位滴定法) acid number (potentiometric titration method)测定酸值的一种方法。将试样溶解在含有少量水的甲苯-异丙醇混合溶剂中，用氢氧化钾异丙醇标准溶液作为滴定剂，在玻璃电极-甘汞电极或银-氯化银电极组成的电极体系中进行电位滴定，以电位计读数对滴定剂消耗量作图。并从滴定曲线上确定滴定终点，用以计算酸值，以mgKOH/g表示。

酸值(颜色指示剂法) acid number (colour-indicator titration method)测定酸值的一种方法。将试样溶解在含有少量水的甲苯-异丙醇混合溶剂中，以对萘酚苯为指示剂，用氢氧化钾氧化钾异丙醇标准溶液进行滴定，溶液颜色由橙色变为暗绿色时即为滴定终点，以mgKOH/g表示。

强酸值 strong acid number 石油产品中强酸性物质的含量。用热水将油品中的强酸性物质抽提出来，然后再用氢氧化钾异丙醇标准溶液进行滴定，根据氢氧化钾异丙醇的消耗量，计算出油品的强酸值，以mgKOH/g表示。

总酸值 total acid number(TAN) 见“酸值”。

碱值 base number 又称总碱值。碱值测定中滴定1g试样到规定终点所需的酸量，以mgKOH/g表示。

碱值(颜色指示剂法) base number (colour-indicator titration

method)测定碱值的一种方法。试样溶剂在含有少量水的甲苯-异丙醇混合溶剂中，使其成为均相体系。在室温下用盐酸异丙醇标准溶液进行滴定，以对萘酚苯为指示剂，溶液颜色由暗绿色变为橙色时即为滴定终点，以 mgKOH/g 表示。

碱值(电位滴定法) base number (potentiometric titration method)测定碱值的一种方法。将试样溶于甲苯-异丙醇-三氯甲烷和微量水组成的混合溶剂中，并用盐酸乙丙酸标准溶液作为滴定剂，在玻璃电极-甘汞电极或银-氯化银电极组成的电极体系中进行电位滴定，以电位计读数对滴定剂消耗量作图。并从滴定曲线上确定滴定终点，用以计算碱值，以 mgKOH/g 表示。

总碱值 total base number(TBN) 见“碱值”。

机械杂质 mechanical impurities 存在于油品中所有不溶于规定溶剂的杂质，以%(质量)表示。燃料和润滑油中含有机械杂质不仅会影响燃料的正常供应，而且还会造成机械部件的磨损，因此，石油产品指标必须对其加以限制。

蒸馏指数 distillation index (DI)又称驱动指数。通常用汽油馏程的 10%、50%、90%蒸发温度和氧含量计算得到。用于反映汽油馏分分布对发动机启动、加速、爬坡等性能的影响。如计算公式：$DI=1.5\times T_{10}+3\times T_{50}+T_{90}+11\times O\%$，式中：$T_{10}$—10%蒸发温度,℃；$T_{50}$—50%蒸发温度,℃；$T_{90}$—90%蒸发温度,℃；O%—氧含量，质量分数。

驱动指数 drivability index (DI)见“蒸馏指数”。

水溶性酸及碱 water soluble acids and alkalis 石油产品中可溶于水的无机酸或碱。无机酸主要为硫酸及衍生物，包括磺酸和酸性硫酸酯。水溶性碱主要为氢氧化钠和碳酸钠。它们多是在油品酸碱精制过程中带入的。石油产品中的水溶性酸几乎对所有金属都有强烈的腐蚀作用，碱腐蚀铜、铝等有色金属。油中有水溶性酸或碱，在大气中的水分、氧气作用及受热情况下，会促使油品老化。

水分 water content 又称水含量。特指存在于石油及石油产品中的水。其来源有：(1)油田水；(2)在运输、储存中落入的水；(3)吸附水。原油所含乳化状态的油田水，不但会造成蒸馏装置操作的不稳定，而且会因油田水中盐的分解造成装置的严重腐蚀。发动机燃料和润滑油含水，在低温时会结冰，妨碍供油。因此，油品的水分含量需加以控制。

水分(蒸馏法) water content (distillation method)用蒸馏法测得的石油和石油产品中的水含量。在试样中加入与水不混溶的溶剂，在回流条件下加热蒸馏。冷凝下来的溶剂和水在接受器中连续分离，水沉降到接受器中带刻度部分，溶剂返回到蒸馏烧瓶中。读出接受器中水的体积，计算出试样中水的含量，以%表示。

水分(卡尔·费休库仑法) water content (Karl Fischer Coulometric method)用卡尔·费休库仑法测得的石油产品中的水含量。在含有恒定碘的电解液中通过电解过程，使溶液中的碘离子在阳极氧化为碘，碘与水反应，反应终点通过一对铂电极来指示。当电解液中的碘浓度恢复到原定浓度时，电解自行停止。根据法拉第电解定律即可求出石油产品中相应的水含量，以mg/kg表示。

水分(电解法) water content (electrolytic method)用电解法测得的液化石油气中微量的水含量。液化石油气在恒温下汽化，以固定流量通过水分测定器的电解池，水分被电解池内的五氧化二磷膜吸收。水含量通过五氧化磷吸收的水电解后的平衡电流值来进行测定，以μg/g表示。

水分(定性) water content (qualitative analysis)将试样加热至规定温度下，用听声响的方法，定性地判定润滑油中有无水分存在。当润滑油中有水分存在时，会产生泡沫，可以听到噼啪响声，甚至试管会发生震动或颤动，油层会变混浊。

闪点 flash point 石油产品在规定条件下加热到它的蒸气与火焰接触会发生闪火时的最低温度，以℃表示。闪点是石油产品重要的性能指标。油品越轻，闪点越低。根据闪点可判断其馏分组成的轻重。有闭口和开口闪点之分。前者一般用于轻质油品；后者一般用于重质油品。油品的闪点是预示出现火灾和爆炸危险程度的指标，是评价石油产品安全性的指标之一。

闪点(闭口杯法) flash point (closed cup method)用闭口闪点测定器测得的闪点。多用于蒸发性较大的轻质石油产品，如溶剂油、煤油等的闪点测定。由于测定条件与轻质油品的实际储存和使用条件相似，可以作为防火安全控制指标的依据。

闪点(开口杯法) flash point (open cup method)用开口闪点测定器测得的闪点。多用于润滑油及重质石油产品的闪点测定。

燃点 fire point 在规定条件下，在一稳定的空气环境中，可燃性液体或固体表面产生的蒸气在试验火焰作用下被点燃且能持续燃烧不少于5s时的最低温度。燃点又称着火点，即可燃液体或固体能放出足量蒸气，并在容器内液体或固体表面与空气形成能持续燃烧的可燃性混合物的最低温度。油品越轻，燃点越低。根据燃点，可判断石油产品在储存和使用时的火灾危险程度。

残炭 carbon residue 在规定的条件下，样品经过蒸发和热解后所产生的残余物，其值以残余物占样品的质量分数表示。各种石油产品的残炭值是用来估计该产品在相似的降解条件下，形成炭质型沉积物的大致趋势，以提供石油产品相对生焦倾向的指标，以%(质量)表示。

残炭(微量法) carbon residue (micro method) 将试样放入一个样品管中，在惰性气体(氮气)气氛中，按规定的温度程序升温加热，留下的炭质型残渣，以%(质量)表示。测定范围 0.10%～30.0%。对残炭超过 0.10%的样品用本方法测定的结果与康氏残炭法测定结果等效。

残炭(康氏法) carbon residue (Conradson method) 将已称重的试样置于坩埚内进行分解蒸馏，残余物经强烈加热一定时间即进行裂化和焦化反应。在规定的加热时间结束后，将盛有炭质残余物的坩埚置于干燥器内冷却并称重，计算残炭值，以%(质量)表示。一般用于常压蒸馏时易部分分解，相对地不易挥发的石油产品。

残炭(柴油 10%残留物) carbon residue (10% distillation residues of diesel fuel) 把测定柴油馏程馏出 90%以后的残留物作为试样所测得的残炭，以%(质量)表示。

残炭(兰氏法) carbon residue (Ramsbottom method) 在规定的加热周期之后，将装有试样的特制焦化瓶从炉内取出，置于干燥器内冷却、称重，残炭值以%(质量)表示。一般适用于在常压蒸馏时部分分解的不易挥发的石油产品。

残炭(电炉法) carbon residue (electric furnace method) 在规定的加热条件下，用电炉来加热蒸发试样，并测定燃烧后形成的焦黑色残留物，以%(质量)表示。适用于润滑油、重质液体燃料或其他石油产品。

针入度 needle penetration; penetration 在规定温度、荷重和时间下，标准针体垂直穿入试样的深度，以 1/10mm 表示。针入度越大，硬度越小，试样越软。

铜片腐蚀 copper strip corrosion 将一块已磨好的铜片浸没在一定量的试样中，并按产品标准加热到指定的温度，保持一定的时间。待试验周期结束后，取出铜片，经洗涤后与腐蚀标准色板进行比较，确定腐蚀级别。通过铜片腐蚀试验可判断石油产品中是否含有能腐蚀金属的活性硫化物。

银片腐蚀 silver strip corrosion 将磨光的银片浸没在一定量和一定温度的试样中，保持一定的时间。试验结束时，从试样中取出银片，洗涤后评定腐蚀程度。用于评定喷气燃料对发动机燃料系统银部件的腐蚀倾向。

硫含量 sulfur content 存在于油品中的无机硫(硫化氢、单质硫等)及有机硫(硫醇、硫醚、二硫化物、噻吩等)的总量。硫是影响石油产品质量的重要组成元素，是影响原油价格高低的主要因素之一。硫含量过高可造成设备及管线腐蚀、催化剂中毒，还可导致油品的安定性变差等；燃料油中硫化物是SO_x空气污染物的重要来源之一。常用%(质量)表示。

硫含量(燃灯法) sulfur content (lamp method) 石油产品在灯中燃烧，用碳酸钠水溶液吸收其燃烧生成的二氧化硫，用盐酸溶液滴定，测得石油产品中的硫含量。适用于轻质油品硫含量的测定，以%(质量)表示。

硫含量(能量色散 X 射线荧光光谱法) sulfur content(energy dispersive X-ray fluorescence spectrometry method)把样品置于从 X 射线源发射出来的射线束中，测量激发出来能量为 2.3keV 的硫 K_α特征 X 射线强度，并将累积计数与预先制备好的标准样品进行对比，从而获得硫含量，以%(质量)表示。

硫含量(单波长色散 X 射线荧光光谱法) sulfur content (single wavelength dispersive X-ray fluorescence spectrometry method)具有合适波长可以激发硫 *k* 层电子的单色 X 射线照射被测样品上，由硫元素发出的波长为 0.5373nm 的 K_αX 射线荧光被一个固定单色器收集，收集的硫元素的 X 射线荧光强度被检测器测量，并将其转换成被测样品中硫的含量，以 mg/kg 等表示。

硫含量(管式炉法) sulfur content(tubular oven method)试样在空气流中燃烧，用过氧化氢溶液和硫酸溶液将生成的亚硫酸酐吸收，生成的硫酸用氢氧化钠标准滴定溶液进行滴定，通过计算测得油品中的硫含量。适用于测定深色石油产品的硫含量，以%(质量)表示。

总硫含量(紫外荧光法) total sulfur content (ultraviolet fluorescence method)试样由进样器送至高温燃烧管，在富氧条件中，燃烧生成的SO_2气体被紫外光照射，SO_2吸收紫外光的能量转变为激发态的SO_2^+，当激发态的SO_2^+返回到稳定态的SO_2时发射荧光，并由光电倍增管检测，通过将试样与标准样品的信号强度进行比较计算得到试样的硫含量。一般适用于测定低硫含量，以 mg/kg 或%(质量)表示。

硫含量(高温法) sulfur content (high-temperature method)将称量后的试样装入特殊的瓷舟，将瓷舟推入具有氧气氛围的高温炉中，硫燃烧生成二氧化硫，用捕集器除去湿气及灰尘后，用红外检测器进行检测。微处理器根据试样质量、检测信号值和预先测定的校正因子来计算试样中的硫含量；也可以将试样燃烧，燃烧产物通入一个装有碘化钾和淀粉指示剂的酸性溶液的吸收器中，加入碘酸钾标准溶液，使吸收器溶液呈浅蓝色。随着燃烧的进行，蓝色变淡时，加入碘酸钾标准溶液。从燃烧过程中所消耗的碘酸钾标准溶液的总量来计算试样中的硫含量，以%(质量)表示。适用于沸点高于177℃，硫含量不低于0.06%(质量)的石油产品，也可测定硫含量高达8%(质量)的石油焦。

总硫含量(电量法) total sulfur content(coulometry)又称库仑法。石油产品在高温下燃烧，硫转化为二氧化硫，随载气进入滴定池，与电解液中的三碘离子发生反应。滴定池中三碘离子浓度降低，通过电解阳极使被消耗的三碘离子得到补充，根据法拉第定律即可计算出样品中的硫含量。适用于测定轻质石油产品的硫含量。根据测试样品种类的不同，分别以mg/kg、mg/m^3或%(质量)表示。

硫含量(氧弹法) sulfur content(oxygen bomb method)试样在氧弹中进行燃烧，用蒸馏水洗出，然后用氯化钡进行沉淀，以测定试样中的硫含量，以%(质量)表示。适用于测定润滑油、重质燃料油等重质石油产品的硫含量。

工业硫黄硫含量 sulfur content in industrial sulfur 通过扣除工业硫黄中的杂质(灰分、酸度、有机物和砷)的质量分数总和的方法，计算硫含量，以%(质量)表示。

微量硫(镍还原法) trace sulfur(nickel reduction method)在活性镍催化剂作用下进行脱硫，使试样中的硫生成硫化镍，加盐酸分解硫化镍，使硫以硫化氢形式逸出，并收集于氢氧化钠丙酮溶液中，用乙酸汞标准溶液滴定。适用于测定苯、重整原料和汽油馏分中的硫含量，以mg/kg表示。

硫醇硫(氨-硫酸铜法) mercaptan-sulfur(ammonia copper sulfate method)测定发动机燃料中硫醇硫的含量的方法。以氨-硫酸铜溶液与燃料中的硫醇相互作用而形成铜的硫醇化合物，用%(质量)表示。

硫醇硫(电位滴定法) mercaptan sulfur(potentiometric titration method)将无硫化氢试样溶解在乙酸钠的异丙醇溶剂中，用硝酸银醇标准溶液进行电位滴定，用玻璃参比电极和银-硫化银指示电极之间的电位突跃指示滴定终点。在滴定过程中，硫醇硫沉淀为硫醇银，以%(质量)表示。测定硫醇硫在0.0003%~0.01%(质量)之间的无硫化氢的喷气燃料、汽油、煤油和柴油。元素硫含量大于0.0005%(质量)时有干扰。

弹热值 oxygen bomb calorific value 利用氧弹式量热计所测得的热值，以J表示。它是测定总热值和净热值的基础。

总热值 gross heating value 又称最高热值。从弹热值中减去酸(主要指试样中硫变成硫酸和氮变成硝酸)的生成热及其熔解热后所得到的热值，以J表示。

净热值 net heaing value 又称最低热值。从总热值中减去水的汽化热(指试样中水形成蒸汽和氢燃烧形成的水蒸气在氧弹中再凝结时放出的热)后所得到的热值，以J表示。

十六烷值 cetane number(CN) 评定柴油在发动机中着火性能的一个指标。在规定试验条件下，用标准单缸试验机测定柴油的着火性能，并与一定组成的标准燃料的着火性能相比较，当试样的着火性能和在同一条件下用来比较的标准燃料的着火性能相同时，则标准燃料中的十六烷值的体积分数，即为试样的十六烷值。柴油组分不同，其十六烷值也不尽相同。烷烃的十六烷值最大，环烷烃和烯烃其次，而芳烃最小。一般而言，十六烷值高，则燃烧性能和低温启动性能好。若十六烷值低于使用要求，则会延迟燃烧和燃烧不完全，并可能发生爆震，降低发动机功率，增加柴油消耗量。但十六烷值过高也会导致燃烧不完全，增大柴油的消耗量。通常，高速柴油机所用柴油的十六烷值为40~56；而普通柴油机则为40~45。

十六烷指数 cetane index(CI) 柴油在发动机中着火性能的一个计算值。由可用柴油的标准密度和50%馏出物温度计算而得。用于表征柴油的燃烧性能。

辛烷值 octane number(ON) 在规定条件下的标准发动机试验中，通过和标准燃料相比较而测得的燃料辛烷值。采用和被测定燃料具有相同抗爆性的标准燃料中异辛烷的体积分数表示，用于评定汽油的抗爆性。测定辛烷值的方法不同，所得值也不一样，因此，引用辛烷值时应该指明所采用的方法。

马达法辛烷值 motor octane number(MON) 用马达法测得的汽油辛烷值。在混合气温度149℃和发动机转速900r/min的条件下，由实验室标准发动机测得的辛烷值。它反映了汽车在高速、重负荷行驶时的汽油抗爆性。

研究法辛烷值 research octane number(RON) 用研究法测得的汽油辛烷值。测定研究法辛烷值所用的试验机基本与马达法相同，但混合气温度(一般不加热)与发动机转速(600r/min)均低于马达法。研究法辛烷值代表汽车在常有加速的情况下低速行驶时，如在市区慢速行驶时的汽油抗爆性。对同一种汽油，其研究法辛烷值比马达法辛烷值高约0~15个单位。美国和西欧国家多采用研究法，优质汽油研究法辛烷值一般为96~100，普通汽油为90~95。

抗爆指数 anti-knock index (AKI) 研究法辛烷值与马达法辛烷值的平均值。抗爆指数相对比较全面地反映了车辆运行中汽油的抗爆性能。

胶质 gum 在规定条件下，石油和石油产品中的所有挥发组分蒸发后所剩下的深色残留物，用mg/100mL表示。

实际胶质 existent gum 是判断油品安定性的项目。它是在规定条件下，测得燃料的蒸发残留物中的正庚烷不溶物含量，用mg/100mL表示。它具有黏附性，常用来评定汽油或柴油在发动机中生成胶质的倾向，从实际胶质大小可判断油品能否使用和继续储存。

潜在胶质 potential gum 指油品长期储存期间或加速老化后所产生的胶质，用mg/100mL表示。

溶剂洗胶质 solvent-washed gum 非航空燃料的蒸发残渣经过正庚烷洗涤，除去洗涤液后的残渣量，可以用来反映汽油在发动机上可能生成沉积物的倾向，用mg/100mL表示。对车用汽油或非航空汽油，溶剂洗胶质以前曾被称作"实际胶质"。

未洗胶质 unwashed gum 指在试验条件下，油品未经进一步处理的蒸发残渣量，可以用来反映汽油在发动机上可能生成沉积物的倾向，用mg/100mL表示。

喷气燃料管壁评级 tube color rating of aviation turbine fuels 测定喷气燃料在模拟发动机燃油系统工作条件下，产生沉积物倾向的方法。试验燃料通过计量泵以固定的体积流量送至加热器管，然后进入一个能够捕集试验过程中燃料变质、生成分解产物的多孔精密过滤器，变质产物沉积的程度用试验过滤器前后压差的大小表示。试验结果主要用加热器管表面沉积物的颜色级别和试验过滤器压差作为评定喷气燃料热氧化安定性的标准。

水反应界面状况评级 water reaction interface conditions rating 喷气燃料中水溶性组分的评定方法，定性评定水和航空涡轮燃料混合形成的界面薄膜或沉淀的趋势。水反应界面评级高，表明存在着较多的部分溶解污染物，如表面活性剂。这些影响界面的污染物，容易使过滤分离器很快失去作用，导致游离水和颗粒物含量超标。

水反应分离程度评级 water reaction separation rating 定性评定在玻璃量筒中分离的油层和水层中产生乳化和沉淀的趋势，以及玻璃量筒洁净情况。

水反应体积变化 water reaction volume change 航空汽油水溶性组分存在的定性指示。

水分离指数 water separation characteristics 表示喷气燃料在表面活性物质的影响下，乳化后从燃料中聚结分离的难易程度。使用仪器评定喷气燃料通过玻璃纤维聚结材料时释放携带的游离水或乳化水的能力，以水分离指数表示。

辉光值 luminometer number 在可见光谱的黄绿带内于固定火焰辐射下火焰温度的量度相对值。该值与喷气燃料的燃烧特性有关。油品在燃烧室内燃烧时，会出现光亮的火焰。光亮火焰的产生主要是由于燃烧中含有的芳香烃(特别是萘系)在燃烧时，因不完全燃烧而生成炽热而又光亮的炭微粒所致。光亮的火焰使得燃烧室的壁温猛烈升高，以致影响燃烧室的寿命。

萘系烃含量 naphthalene hydrocarbons content 是评价煤油型喷气燃料燃烧性能的指标之一。萘系烃燃烧时比单环芳烃更易产生积炭、黑烟和热辐射。以待测喷气燃料为溶质，异辛烷为溶剂，配制一定浓度的喷气燃料的异辛烷溶液，用紫外分光光度法测定其在285nm处的吸光度，计算试样中的萘系烃总含量，以%(体积)表示。

爆炸性分析 explosivity analysis 在规定条件下，用可燃气体测爆仪测定由燃料释放的可燃蒸气与空气混合物的爆炸性，以%(体积)表示。

煤油燃烧性(点灯法) burning quality of kerosene(lamp method)试样在规定条件下用标准试验灯燃烧一定时间，以燃烧平均速率、火焰形状的变化、灯罩沉积物的稠密度和颜色来判断煤油的燃烧性能。

冰点 freezing point 在规定的条件下，航空燃料经过冷却形成固态烃类结晶，然后使燃料升温，当烃类结晶消失的最低温度即为航空燃料的冰点。对冷却液来讲，冰点是在没有过冷的情况下，冷却液开始结晶的温度；或在过冷的情况下冷却液最初形成结晶后迅速回升所达到的最高温度。用来反映油品的低温流动性的指标之一，以℃表示。

喷气燃料防冰剂含量 icing inhibitor content of jet fuel 防冰剂通常用于喷气燃料，用来防止燃料结冰。用水抽提燃料中的防冰剂，然后可用三种不同方法进行含量测定(碘量法、冰点法、折射率法)，以%(体积)表示。

密度 density 单位体积物质的质量。油品的密度与化学组成和结构有关。碳原子数相同的情况下，不同烃类密度大小顺序为芳烃>环烷烃>烷烃。沸点范围相同时，含芳烃越多，密度越大；含烷烃越多，密度越小。胶质的密度越大，油品中胶质含量越高。在我国，油品是以20℃时的密度作为标准密度，以g/cm^3或kg/m^3表示。

相对密度 relative density 在温度t_1下，某一体积液体的质量与在温度t_2下相同体积纯水质量之比，即在温度t_1下液体密度与温度t_2下纯水密度之比。在报告结果时，应注明温度 t_1 和 t_2。

视密度　observed density 在测定温度下用石油密度计直接读出的石油产品的密度。

密度（比重瓶法）　density (pycnometer method) 用比重瓶法测得的石油及石油产品的密度。把比重瓶充满液体至溢流，使其在试验温度下的水浴中达到平衡，通过比较相同体积的试样和水的质量来确定。可用于测定液体或固体石油产品的密度。

密度（压力密度瓶法）　density (pressure density bottle method) 用压力密度瓶测定的、饱和蒸气压不大于 1.5MPa 的气体的密度，以 g/cm^3 或 kg/m^3 表示。用压力密度瓶采取预测定的试样后，放入恒温至20℃的水浴中，经恒温定容后称重。用称得的试样质量与试样所占容积之比并经修正后计算所得。

密度（U 形振动管法）　density (oscillating U-tube method) 用 U 形振动管法测得的石油及石油产品的密度。把少量试样注入控制温度的 U 形试样管中，记录振动频率或周期，用事先得到的 U 形试样管的常数计算试样的密度。U 形试样管的常数是由 U 形试样管中充满已知密度的水时的振动频率来确定的。

工业硫黄有机物含量　toal carbon content of industrial sulfur 表征工业硫黄中有机物杂质的含量。试样在氧气流中燃烧，生成二氧化硫和三氧化硫在铬酸和硫酸溶液中被氧化吸收，而有机物燃料生成二氧化碳，用溶液吸收再滴定得出，以%（质量）表示。

分光光度法　spectrophotometry 通过测定被测物质在特定波长处或一定波长范围内光的吸收度，对该物质进行定性和定量分析的方法。

砷含量（硼氢化钾–硝酸银分光光度法）　arsenic content (potassium borohydride and silver nitrate spectrophotometry) 用硫酸和过氧化氢萃取试样中的砷，加热破坏萃取液中的有机物。在酒石酸介质中，用硼氢化钾发生砷化氢，经净化除去砷化氢中的杂质。用硝酸银–聚乙烯醇–乙醇溶液吸收，形成黄色银溶胶，在 410nm 处测定吸光度，再计算砷含量，以 μg/kg 表示。适用于石脑油、重整原料油中砷含量的测定，砷含量大会降低催化剂的活性使之中毒。

工业硫黄铁含量　iron content in industrial sulfur 表征工业硫黄中杂质铁的含量。试样燃烧后其残渣溶解于硫酸中，用氯化羟胺还原溶液中的铁，在一定条件下与邻菲啰啉反应生成络合物，测其吸光度求得铁含量，以%（质量）表示。

粉状硫黄筛余物　powdered sulfur residue on sieve 将一定量的试样置于指定孔径的筛上进行筛选，对筛上的筛余物进行称量，通过计算便得样品的筛余物含量。

比色(铂-钴) colorimetry (platinum-cobalt scale) 试样的颜色与标准铂-钴比色液的颜色目测比较，并以 Hazen(铂-钴)颜色单位表示结果。Hazen(铂-钴)颜色单位是指每升溶液含 1mg 铂(以氯铂酸计)及 2mg 六水合氯化钴溶液的颜色，主要用于测定苯类产品的颜色强度。色号越小表示颜色越浅。

颜色(劳维邦德) color (Lovibond) 将试样注入试样容器中，用一个标准光源与 0.5~8.0 值排列的颜色玻璃圆片进行比较，以相等的色号作为该试样的色号。由颜色反映出产品精制的程度和产品质量稳定性。

颜色(赛波特) color (Saybolt chromometer method) 当透过试样液柱与标准色板观测对比时，测得与三种标准色板之一最接近时的液柱高度数值，按赛波特颜色号与液柱高度对照表查出赛波特颜色号。赛波特颜色号规定为 -16(最深)~+30(最浅)。

苯类产品蒸发残留量 amount of distillation residual of benzene type product 试样装入带冷凝器的蒸馏瓶中，蒸发 3/4 体积，将残留液注入已恒重的铝皿中，在空气流中加热蒸发至干，测定铝皿的增重，此增量即为试样的蒸发残留量。反映苯类的纯净程度，残留量越小，苯的纯净度越高，以 mg/100mL 表示。

滴点 dropping point 在规定的条件下的固体或半固体石油产品达到一定流动性时的最低温度，以℃表示。

盐含量 salt content 指原油中所含的金属盐类。原油在极性溶剂存在下加热，用醇水抽提其中包含的盐，离心分离后抽取适量抽提液，注入含一定量银离子的乙酸电解液中，通过测量电生银离子消耗的电量求得原油盐含量，以 mgNaCl/L 表示。

汽油气-液比 vapor/liquid ratio of gasoline 表征汽油在大气压力下形成蒸气的体积。将已测好体积的液体燃料注入量管并放在恒温水浴中，测定在规定压力和温度下处于平衡的蒸气体积，再计算气-液比。

汽油铅含量 lead content of gasoline 指汽油中所含的铅化合物。其测定方法有铬酸盐容量法、原子吸收光谱法、X 射线光谱法、一氯化碘法等。

汽油铅含量(铬酸盐容量法) lead content of gasoline (volumetric chromate method) 烷基铅与盐酸一起回流转化成氯化铅并从汽油中萃取出来。酸性萃取液被蒸发到干涸，并用硝酸氧化除去存在的有机物质。铅成为铬酸铅沉淀析出，用碘量法测定铅。结果以 15℃时每升汽油所含铅的克数表示(gPb/L)。

汽油铅含量(原子吸收光谱

法） lead content of gasoline(atomic absorption spectrometry)试样用甲基异丁基甲酮稀释，加入碘和季铵盐与烷基铅化合物反应使之稳定。以氯化铅为标样用火焰原子吸收光谱法在283.3nm下测定试样中铅含量，以mg/L表示。

汽油铅含量(X射线光谱法) lead content of gasoline(X-ray spectrometry)先从一个合适的校准标样和异辛烷空白溶液中求出校正因子F，然后在同样条件下测出未知样品的铅L－α_1辐射对波长为0.1500nm的钨L－α_1辐射净强度的比值，用此比值乘以F即可算出铅含量，结果以gPb/L（15.5℃）表示。

汽油铅含量(一氯化碘法) lead content of gasoline(iodine monochloride method)一定体积的试样稀释后与一氯化碘水溶液振荡，试样中的四烷基铅与一氯化碘反应，生成二烷基铅化合物进入水相。水相蒸发分解游离的一氯化碘，用硝酸除去其他有机物且使二烷基铅转为无机铅，残留物用水溶解后，加入缓冲液调至pH值为5，用二甲酚橙作指示剂，用EDTA标准溶液滴定，测定其铅含量，以mg/L表示。

石油产品铅含量(原子吸收光谱法) lead in petroleum products (atomic absorption spectrometry)用一氯化碘萃取试样中的铅，将萃取液煮沸并冷至室温，再加入过量的碘化钾，则生成碘化铅络合物，产生的碘用抗坏血酸还原，最后用甲基异丁基甲酮反萃取碘络合物，用空气-乙炔火焰原子吸收分光光度计测定，以ng/g表示。

汽油四乙基铅含量(络合滴定法) tetraethyl lead content of gasoline (complexometric titration method)四乙基铅是剧毒的神经毒物，主要通过吸入、食入、经皮肤吸收等影响人体健康。其测定方法通常是采用沸腾的盐酸分解汽油中的四乙基铅，使生成氯化铅，再加入过量的乙二胺四乙酸二钠标准溶液与铅离子生成络合物。过量的乙二胺四乙酸二钠标准溶液用氯化锌标准溶液滴定。以1kg汽油中含四乙基铅克数表示。

沉淀物(抽提法) sediment (extraction method)将试样装在一个耐火多孔材料的套筒中，用热甲苯抽提，直至残渣达到恒重，以%(质量)表示。适用于原油和燃料油中沉淀物的测定。

蒸气压 vapor pressure 指液体的蒸气与液体处于平衡状态时所产生的压力，以kPa表示。是液化石油气及汽油的重要规格指标之一，用以确保适当的挥发性、安全性。

浊点 cloud point 在规定条件下，清晰的液体石油产品由于蜡晶体的出现而呈雾状或浑浊时的温度，以℃表示。是油品低温流动性的指标之一。

高效液相色谱 high performance liquid chromatography (HPLC) 流动相为液体，采用高压泵、高效固定相和高灵敏度检测器，实现分析速度快、分离效率高和操作自动化的一种色谱技术，又可称为现代液相色谱、高压液相色谱或高速液相色谱。对于高沸点、热稳定性差、相对分子质量大的有机物原则上都可用高效液相色谱法进行分离、分析，在石油化工行业常用来分析物质组成。

诱导期 induction period 反映汽油在储存中不致迅速变质生胶或增长酸度的指标，也是反映有关机件结焦、腐蚀的倾向的指标。汽油和氧气在一定条件下接触，从开始到汽油吸收氧气、压力下降为止，这段时间称为诱导期，以 min 表示。

有机热载体热氧化安定性 thermaloxidation stability of organic heat transfer fluids 有机热载体是作为传热介质使用的有机物质的统称。将有机热载体在规定温度下加热，通过测定有机热载体的变质率，评价有机热载体的热稳定性。变质率为高沸物、低沸物、气相分解产物和不能蒸发产物的质量分数之和。

氧化安定性(潜在残渣法) oxidation stability (potential residue method) 在规定的试验条件下，将装有试样的氧弹充氧后放入氧化浴中，达到规定时间后，分别测定试样氧化生成的可溶胶质、不溶胶质和沉淀物的质量。氧化安定性可一定程度上反映油品在长期储存或长期高温下使用时抵抗氧化，保持其性质不发生永久性变化的能力。

脂肪酸甲酯含量(红外光谱法) fatty acid methyl esters (FAME) content (infrared spectroscopy method) 脂肪酸甲酯为黄色澄清、透明液体，具有一种温和的、特有的气味，结构稳定，无腐蚀性，是用途广泛的表面活性剂生产原料，也是生物柴油的组分之一。可采用红外光谱法测定柴油机燃料中脂肪酸甲酯的含量。

柴油储存安定性 storage stability of diesel 用在规定的试验条件下所形成的沉渣数量和颜色变化来评定柴油储存安定性。用 700mL 试样在规定条件下 100℃、16h (50℃时为 4 周)加速储存后，测定其沉渣量和透光率，来判断柴油的储存安定性。沉渣用玻璃纤维滤纸过滤。

汽油储存安定性 storage stability of gasoline 将一定体积的试样在 93℃下储存 16h，测定其吸氧量和生成的总胶质(为实际胶质和沉渣的总和)，以不安定指数 BZ16 表示其储存安定性。BZ16 值越小，则试样储存安定性越好。

总氮(改进的克氏法) total nitrogen (modified Kjeldahl method)

油品中的氮化物是导致油品在储存过程中生成胶质并产生沉淀的主要因素之一。其测定方法为将样品引入高温裂解炉后，完全汽化并发生氧化裂解，样品中的氮化物在臭氧的作用下定量地转化为激发态的二氧化氮，激发态的二氧化氮回到基态时的发射光被光电倍增管检测，测量产生的电信号以得到试样中的氮含量，以 mg/kg 表示。

总氮(麝香草酚比色法) total nitrogen(thymol colorimetry)油品中的氮化物主要有吡啶、吡咯等，是石油产品变色的主要原因。其测定方法为将试样在加有亚硒酸催化剂的硫酸中进行煮解，煮解产物硫酸铵直接用次氯酸钠-麝香草酚比色法测定，以%(质量)表示。

碱性氮 basic nitrogen 试样中能与高氯酸作用的氮化物的氮，以 mol/L 表示。其测定方法通常为将试样溶于苯-冰乙酸混合溶剂中，以甲基紫或结晶紫为指示剂，用高氯酸-冰乙酸标准滴定溶液滴定试样中的碱性氮，根据消耗的高氯酸-冰乙酸标准滴定溶液的浓度和体积，计算试样中碱性氮含量。碱性氮化合物是影响石油产品抗氧化性能的主要因素之一。

荧光指示剂吸附法 fluorescent indicator adsorption(FIA) method 检测沸点小于 300℃烃类组成的方法。将试样注入装有活化过硅胶的玻璃吸附柱中，加入醇脱附试样，加压使试样顺柱而下。试样中各种烃类根据其吸附能力强弱分离成芳烃、烯烃和饱和烃。荧光染料也和烃类一起选择性分离，使各种烃类区域界面在紫外灯下清晰可见，根据吸附柱中各烃类色带区域的长度计算出各烃类的体积分数。

中间馏分烃类组成(质谱法) hydrocarbon types in middle distillates (mass spectrometry)采用质谱法测定石油产品中间馏分(馏程范围为 204~365℃)中十一类烃组成。所测样品在进入质谱检测前须用色层分离法或固相萃取法进行分离。在采用本法分析时，如果样品中烯烃含量较高(质量分数大于 5%)，会对各类饱和烃的测定有干扰。

烃类组成(白土-硅胶吸附色谱法) hydrocarbon types (clay-silica gel adsorption chromatography) 测定馏分烃类组成的一种方法。试样用溶剂稀释后，加到装有吸附剂的吸附柱中，用冲洗剂洗脱，按规定收集流出液。除掉流出液中的溶剂，称量残余物，计算出饱和烃、芳烃和极性化合物的含量，以%(质量)表示。

溴值 bromine number 又称溴价，指 100g 试样所消耗的溴的克数。其测定方法通常是将试样溶解于滴定溶剂中，以甲基橙为指示剂，用溴酸钾-溴化钾标准滴定溶液滴定至红色消失为止。是衡量油品中不饱和烃含量的一个指标，溴值越高，则说明样品中不饱和烃含量越高。测定结果以 gBr/100g 表示。

溴指数 bromine index 指在规定的条件下，与100g油品起反应所消耗的溴的质量。其测定方法是将试样注入含有已知溴的电解液中，试样中的不饱和烃同电解液中的溴反应，测量电解补充溴所消耗的电量。溴指数同溴价、溴值一样，也是衡量油品中不饱和烃含量的一个指标。溴指数越高，则样品中不饱和烃含量越高，以 mgBr/100g 表示。

元素分析 elemental analysis 用仪器对油品中所含元素进行含量分析。通常测定碳、氢、氮、硫、磷、卤素、金属元素等。在石油炼制过程中，碳、氢含量(碳氢比)是研究石油化学结构组成、制定重质油品加工方案的一个重要参考数据；而氧含量与设备腐蚀、催化剂活性、油品腐蚀性和安定性等都密切相关，须严格控制；其他非金属元素、金属元素的存在也影响着石油产品的质量、炼制设备的腐蚀等，常根据需要加以控制。

铜含量(分光光度计法) copper content (spectrophotometry) 重整原料中铜的存在会引起催化剂中毒而丧失活性。其测定方法通常是用次氯酸钠将试样氧化破坏，用稀盐酸萃取分离铜。然后将试样溶解在微碱性溶液中，以柠檬酸铵作为隐蔽剂，在异辛烷溶剂中，使二乙基二硫化铵基甲酸铅与铜离子生成黄色络合物，然后用分光光度计进行比色测定，以 μg/kg 表示。

汽油锰含量 manganese in gasoline 指汽油中以甲基环戊二烯基三羰基锰(MMT)形式存在的锰含量。其测定方法是试样经溴-四氯化碘溶液或碘-甲苯溶液处理，用甲基异丁基酮(MIBK)溶液稀释后，用火焰原子吸收光谱仪在295.5nm处测定试样中锰含量。汽油中的锰会对汽车发动机产生不利影响，污染物排放增多，污染环境。测定结果以 mg/L 表示。

汽油铁含量 iron in gasoline 指汽油中以二茂铁形式存在的铁含量。其测定方法为试样用碘-甲苯溶液处理，用氯化甲基三辛基铵-甲基异丁基酮溶液稀释后，用火焰原子吸收光谱仪在248.3nm处测定试样中铁含量。汽油中加入一定量的二茂铁会适当提高汽油的辛烷值，但过量会对发动机产生负面影响。测定结果以 mg/L 表示。

液化石油气挥发性 volatility of LPG 指液化石油气由液态转化为气态的倾向。其测定方法为在汽化管中收集经冷却剂冷却的液化石油气100mL，在特定的条件下使其汽化，测定液化石油气汽化95%(体积)的温度。汽化温度受大气压变化的影响，非标准状况下的测定要进行大气压补正。

环烷酸皂 naphthenic soap 环烷酸金属盐类的统称，如环烷酸钠、钙盐等。喷气燃料中的环烷酸皂是燃料精制过程化学反应的副产物。它的存在会使固体颗粒污染物和细菌污染物难以从喷气燃料中沉降-分离掉，从而引起过滤分离设备的堵塞。通常采用反应-萃取法测定喷气燃料中环烷酸皂含量(质量)。

挥发分 volatile component 在无空气通入的情况下，将试样加热至一定温度并保持7min，按损失总质量与蒸发水分损失之间的差来确定，以%(质量)表示。适用于延迟石油焦挥发分的测定。

粉焦量 powder coke content 按规定制备石油焦试样，取1kg分批倒入筛子，用手左右连续移动筛子三次，然后称出过筛的粉焦质量。

颗粒污染物 particulate contaminant 在规定的条件下，试样经玻璃砂芯过滤装置过滤，微孔薄膜过滤片上的增重物即为样品中的固体颗粒污染物含量，以mg/L表示。用于测定存在于喷气燃料等燃料中，因灰尘污染、腐蚀、燃料不安定物或保护涂层变质产生的小的固体或半固体颗粒。

溶剂油芳香烃含量(色谱法) aromatic content in petroleum solvent (chromatography) 采用气相色谱法测定得到的溶剂油(145~200℃)中芳烃含量。通常采用极性色谱柱、火焰离子化检测器以反吹法检测，用外标法定量计算溶剂油中芳香烃含量(质量)。

液化石油气硫化氢含量(乙酸铅法) hydrogen sulfide content in LPG (lead-acetate test method) 在规定条件下将汽化的液化石油气通过湿润的乙酸铅试纸条，根据试纸条是否变色来确定样品中有无硫化氢，报告为“有”或“无”硫化氢。本方法检测硫化氢的下限为4mg/m^3。液化气中含有的硫化氢对人体神经系统有严重危害，同时会加速钢瓶的内腐蚀，降低使用年限，必须严格控制硫化氢含量。

液化石油气残留物 residue of LPG 在规定条件下，100mL液化石油气在38℃挥发后所剩余物质的体积数。通常的测定方法是将100mL液化石油气试样置于离心管中挥发，测定并记录38℃时遗留下的残留物体积。实验结果可以用残留物的体积(mL)表示。

轻质油品过氧化值 peroxide number of light oil products 每毫克试样中所含活性氧的当量数。原理是基于过氧化物在酸性介质中放出活性氧，用碘量法进行定量分析，以mg/kg表示。表示油品被氧化程度的一种指标。一般来说，过氧化值越高，油品越容易氧化。

液化气组成(气相色谱法) composition of liquefied petroleum gases (gas chromatography) 试样由仪

器进样口注入，由载气带入气相色谱柱后进行分离，通过热导池检测器检测，由色谱数据处理机记录到的色谱图，用面积归一化法计算各组分的含量。

硫化氢浓度 concentration of hydrogen sulfide 空气中硫化氢浓度的测定方法：硫化氢被氧化镉-聚乙烯醇磷酸铵溶液吸收，生成硫化镉胶状沉淀。聚乙烯醇磷酸铵能保护镉胶体，使其隔绝空气和阳光，以减少硫化物的氧化和光分解作用。在硫酸溶液中，硫离子与氨基二甲基苯溶液和三氯化铁溶液作用，生成亚甲基蓝。根据颜色深浅用分光光度法测定，以 mg/m^3 表示。

硫化氢含量(层析法) hydrogen sulfide content(chromatography)将浸渍了乙酸铅的粗孔硅胶装入玻璃反应管中，当气体载试样通过硅胶层时，硫化氢和乙酸铅反应生成黑色硫化铅，使硅胶层上显出一定长度的染色层。根据染色硅胶体积确定通过反应管的硫化氢量，再根据试样体积计算出硫化氢含量，以 mg/m^3 表示。适用于液化石油气。

碘值 iodine value 在规定的条件下和 100g 油品起反应时消耗的碘的克数，以 $gI_2/100g$ 表示。表征油品的不饱和烃含量以及对油品安定性的影响，碘值越大，油品的安定性就越差。

碘值(碘-乙醇法) iodine value(iodine-ethanol method)将碘的乙醇溶液与试样作用后，用硫代硫酸钠标准滴定溶液滴定剩余的碘，以 100g 试样所能吸收碘的克数表示碘值；也可以由试样的碘值和平均相对分子质量计算其不饱和烃含量，以 $gI_2/100g$ 表示。

轻质石油产品碘值 iodine value of light petroleum products 将碘的乙醇溶液与轻质石油产品试样作用后，用硫代硫酸钠标准滴定溶液滴定剩余的碘，以 100g 试样所能吸收碘的克数表示碘值。

碘值(邱卜力-瓦列尔法) iodine value 将注入三氯甲烷、试样和滴加了邱卜力-瓦列尔溶液的碘量瓶混合至透明，移在暗处放置 1h 后，再加入碘化钾和水，以淀粉为指示剂，用硫代硫酸钠标准滴定溶液滴定计算出试样的碘值，以 $gI_2/100g$表示。

冷滤点 cold filter plugging point 在规定条件下，20mL 试样开始不能通过过滤器时的最高温度，以℃表示。用于评价柴油的低温流动性。

氢含量(核磁共振法) hydrogen content (nuclear magnetic resonance spectrometry)以正十二烷(分析纯)为标样，用低分辨核磁共振仪测定标样和试样产生核磁共振的信号积分值，该值表示标样和试样中氢原子的绝对量。根据标样质量及其理论氢含量和试样的质量计算出试样中的氢含量(质量分数)。通过控制燃料的氢含量可以控制燃烧质量。

气相色谱法 gas chromatography 色谱法的一种，采用气体作为流动相，根据分配原理使混合物中各组分分离的一种色谱分离技术。通常根据固定相的物态，气相色谱法又可分为气固色谱法和气液色谱法。

汽油含氧化合物 oxygen compounds in gasoline 指汽油中甲基叔丁基醚、乙基叔丁基醚、叔戊基甲基醚、二异丙醚、叔戊醇及 $C_1 \sim C_4$ 的醇类。一般采用气相色谱法进行分析。将适当的内标加入样品中，通过火焰离子化检测器检测馏出的组分，测定结果以%(质量)表示。过量的氧化物会增加汽车尾气的排放以及挥发性汽车尾气排放物。

总甘油含量(气相色谱法) total glycerol content (gas chromatography) 指生物柴油中游离甘油和键合甘油(单脂肪酸甘油酯、二脂肪酸甘油酯和三脂肪酸甘油酯)的总和。一般采用气相色谱法进行分析，用双内标和四种参比物对结果进行校正，利用平均转化因子计算试样中键合甘油的含量。游离和键合甘油的含量反映生物柴油的质量。游离含量高，会在储存过程中或燃料系统中产生分层现象；而总甘油含量高，则易引起喷油嘴堵塞或者在喷油器的活塞和阀门等部位形成沉淀物。测定结果以%(质量)表示。

脂肪酸甲酯含量(气相色谱法) fatty acid methyl esters content (gas chromatography) 指生物柴油中 $C_{14} \sim C_{24}$ 的脂肪酸甲酯的含量。一般采用气相色谱法进行分析测定。将预先加入了一定量十七烷酸甲酯内标物的待测试样导入气相色谱系统，用火焰离子化检测器检测，采用内标法定量，以%(体积)表示。脂肪酸甲酯的含量越高，生物柴油的质量也就越好。

亚麻酸甲酯含量(气相色谱法) inolenic acid methyl ester content (gas chromatography) 又称十八碳三烯酸酯，是生物柴油组成的一部分。一般采用气相色谱法进行分析测定，以%(质量)表示。测定方法见“脂肪酸甲酯含量(气相色谱法)”。

石脑油汞含量(冷原子吸收法) mercury content in naphtha (cold atomic absorption spectrometry) 指石脑油中无机汞和有机汞含量的总和。汞的存在会引起催化剂中毒，在运输和储存过程中，汞会腐蚀储运容器，使石脑油本身被污染。其测定方法为样品在仪器内被加热分解，气态化合物中的汞蒸气经过两次金汞齐化后，汞在700℃被释放，汞蒸气由纯载气带入吸收池，由冷原子吸收光谱检测。测定结果以 μg/kg 表示。

总酸含量 total acid content 指

氢氟酸溶液中的总酸含量，包括氢氟酸、氟硅酸和痕量的二氧化硫。通常采用中和滴定法进行测定，称取一定量的氢氟酸试样，以酚酞为指示剂，用氢氧化钠标准滴定溶液进行滴定。测定结果以%（质量）表示。

非甲烷总烃分析 nonmethane hydrocarbons analysis 非甲烷总烃指除甲烷以外的碳氢化合物的总称，主要包括烷烃、烯烃、芳香烃和含氧烃等组分。碳氢化合物在低温下浓缩于耐火砖硅藻土上，然后解吸导入气相色谱仪，再经玻璃微球分离，用氢火焰离子化检测器测定。其浓度用正戊烷计算。大气中的非甲烷总烃超过一定浓度，在一定条件下经日光照射还能产生光化学烟雾，对环境和人类造成危害。其浓度以 mg/m^3 表示。

苯系物分析 benzene series analysis 苯系物在常温下为一种无色、有甜味的透明液体，并具有强烈的芳香气味。是一种碳氢化合物，也是最简单的芳烃。它难溶于水，易溶于有机溶剂，本身也可作为有机溶剂。在浓硫酸存在下，苯类化合物与甲醛反应生成黄棕色二苯基甲烷聚合物，其浓度与显色程度成正比关系，以此进行比色测定。苯可燃，有毒，也是一种致癌物质。其浓度以 mg/m^3 表示。

二氧化氮 nitrogen dioxide 是一种棕红色、高度活性的气态物质。二氧化氮在臭氧的形成过程中起着重要作用。空气中的二氧化氮，在采样吸收过程中生成的亚硝酸，与对氨基苯磺酰胺进行重氮化反应，再与 *N*-(1-萘基)乙二胺盐酸盐作用，生成紫红色的偶氮染料。根据其颜色的深浅，比色定量。二氧化氮还是酸雨的成因之一。其浓度以 mg/m^3 表示。

总悬浮颗粒 total suspended particulate(TSP)指悬浮在空气中的空气动力学当量直径≤100μm 的颗粒物。通过具有一定切割特性的采样器，以恒速抽取定量体积的空气，空气中粒径小于 100μm 的悬浮颗粒物，被截留在已恒重的滤膜上。根据采样前、后滤膜质量之差及采样体积，计算总悬浮颗粒物的浓度。悬浮颗粒物能直接接触皮肤和眼睛，引起皮肤炎和眼结膜炎。其浓度以 $\mu g/m^3$ 表示。

磨痕直径 wear scar diameter 用四球法测定润滑剂极压性能时，在不同负荷下三个固定钢球上产生的椭圆形、斑点状、光亮磨痕的平均直径，以 mm 表示。

喷气燃料磨痕直径 wear scar diameter of jet fuel 是评定喷气燃料润滑性的指标。用球柱润滑性评定仪测定喷气燃料在摩擦钢表面上边界润滑性的磨损状况，以在试球上产生的磨痕直径(mm)表示。

灰分 ash 在规定条件下，油品被炭化后的残留物经炼烧所得的无机物，以%(质量)表示。灰分是石油产品洁净性的重要指标。它可能来源于油溶性的金属化合物，也可能来源于大气的尘灰，是造成气缸壁与活塞环磨损的重要原因。

汽油苯含量 benenze content in gasoline 样品中加入丁酮(MEK)作为内标物，组分依沸点顺序分离，流出的组分用热导检测器(或火焰离子化检测器)检测，按峰面积计算出苯含量。苯是一种致癌物，应限制汽油中苯含量以控制汽车排放废气中总有毒物。

贝壳松脂丁醇值 kauri-butanol value 在25℃时将甲苯加入至20g的贝壳松脂丁醇溶液中，产生规定的浑浊度时所需的甲苯毫升数。贝壳松脂丁醇值用来表示烃类溶剂的相对溶解能力。贝壳松脂丁醇值高，表示该溶剂的相对溶解能力强，反之则弱。

喷气燃料抗磨指数 anti-wear index of jet fuel 在同一台试验机、同一试件、相同的试验条件下，标准样与试油进行对比试验时，取标准样的磨痕宽($b_{标}$)作分子，试油的磨痕宽($b_{试}$)作分母，其比值乘以100定为抗磨指数，用K_m表示。K_m的大小，表示试油润滑性好坏的程度。抗磨指数愈大，试油的润滑性愈好；抗磨指数愈小，试油的润滑性愈差。

柴油润滑性评定法(高频往复试验机法) assessment of diesel fuel lubricity[high-frequency reciprocating rig(HFRR)] 评价柴油润滑性的一种方法。试验样品放在给定温度下的油槽内，固定在垂直夹具中的钢球对水平安装的钢片进行加载，钢球以设定的频率和冲程往复运动，球与片的接触界面应完全浸在样品中。根据试验环境(温度和湿度)把钢球的磨斑直径校正到标准状况下的数值，试验样品的润滑性用校正后的磨斑直径表示。

硝酸烷基酯 alkyl nitrate 是十六烷值改进剂，可以促进柴油的快速氧化，改善其着火特性。试样中的硝酸烷基酯在硫酸溶液中水解、硝化，生成硝酸及硝基苯酚，用异辛烷把生成的硝基苯酚从反应混合物中萃取出来，并使其与氢氧化钠作用，得到黄色酚钠盐。在波长为452nm下用分光光度计测定吸光度，根据工作曲线计算硝酸烷基酯含量，以%(体积)表示。

柴油机喷嘴结焦试验方法 test method for diesel engine injector nozzle coking(XUD-9) Peugeot XUD9 喷嘴结焦方法是欧洲的评定方法，该方法所使用的发动机是由法国标致雪铁龙公司(PCM)专门为柴油机喷嘴结焦试验提供的 PCM XUD9 A/L 直列四缸、四冲程 1.9L 自然吸气、非直喷式柴油发动机。将流量检查合格的清洁喷嘴装配在发动机上，在方法要求的工况下，发动机运转10h。测量试验前、后喷嘴的空气流量变化，得到燃油对喷嘴的结焦性能。

汽油清净性 gasoline detergency 车用汽油使用中能减轻或防止发动机燃油管路、进气系统、燃烧室产生沉积物，保持发动机清净的性能。

进气阀沉积物 intake valve deposit(IVD)指堆积在进气阀喇叭口部分的物质，通常是由碳、其他燃料、润滑油和添加剂的分解产物以及大气中吸入的污染物组成。

总燃烧沉积物 total combustion deposit(TCD)由燃料或润滑剂反应生成的或从外部吸入的任何沉积在燃烧室(气缸盖和活塞顶部)部位沉积物质量的总和，结果以 mg 表示。

5.2 润滑油脂的分析评定

中和值 neutralization number 油品酸碱性的量度，也是油品的酸值或碱值的习惯统称，是以中和一定质量的油品所需的碱或酸的相当量来表示的数值，以 mgKOH/g 表示。

水解安定性 hydrolytic stability 油品抵制与水反应导致永久性能改变的能力。

腐蚀性硫 corrosive sulfur 油品中存在的对金属有腐蚀作用的游离(单质)硫和腐蚀性硫化物。腐蚀性硫化物会导致金属材料变坏劣化。

储备碱度 reserve alkalinity 油品中用来中和氧化等原因产生的酸的能力。用浓度为 0.1mol/L 的盐酸标准滴定溶液滴定 10mL 试样至 pH 值为 5.5 时所需要的毫升数。

苯胺点 aniline point 等体积苯胺与待测样品混合物的最低平衡溶解温度，以℃表示。苯胺点最常用于对烃类混合物中的芳烃含量进行估测。芳烃的苯胺点最低，链烷烃最高，环烷烃和烯烷的苯胺点处于芳烃和链烷烃之间。同系物中，苯胺点随烃类相对分子质量的增加而增加。

黏度指数 viscosity index 表示石油产品的运动黏度随温度变化这个特征的一个约定值。对于运动黏度相近的油品，黏度指数越高，温度对运动黏度影响越小。

运动黏度 kinematic viscosity 液体的动力黏度与同温度下液体的密度之比，又称动黏度或运动黏性系数，单位为 m^2/s。非法定计量单位为 St 或 cSt，$1St = 10^{-4}\ m^2/s$。在石油产品规格中大都采用运动黏度，一些润滑油牌号也是根据其运动黏度值规定的。

动力黏度 dynamic viscosity 又称动态黏度或绝对黏度。表示液体在一定剪切应力下流动时内摩擦力的量度，其值为所加于流动液体的剪切应力和剪切速率之比，单位为 Pa · s。

赛氏黏度 Sagbolt viscosity 即

赛波特黏度。以一定量的试样，在规定温度(100°F、210°F 或 122°F 等)下从赛氏黏度计流出 200mL 所需的时间表示，单位为 s。赛氏黏度又分为赛氏通用黏度和赛氏重油黏度[或赛氏弗罗(Furol)黏度]两种。

雷氏黏度 Redwood viscosity 以一定量的试样，在规定温度下，从雷氏度计流出 50mL 所需的时间表示，单位为 s。雷氏黏度又分为雷氏 1 号(用 Rt 表示)和雷氏 2 号(用 RAt 表示)两种。

恩氏黏度 Engler viscosity 以一定量的试样，在规定温度(如 50℃、80℃、100℃)下，从恩氏黏度计流出 200mL 试样所需的时间与蒸馏水在 20℃流出相同体积所需要的时间之比。

勃氏黏度 Brookfield viscosity 又称布氏黏度。采用 Brookfield 黏度计测定转子与流体之间产生的剪切和阻力之间的关系而得出的表观黏度值，以 mPa·s 表示。

表观黏度 apparent viscosity 在一定速度梯度下，用速度梯度除以相应的剪切应力所得的商，单位是 mPa·s。表观黏度包括了可逆的高弹性变形部分和不可逆的黏性流动部分。表观黏度又可以分为剪切黏度和拉伸黏度。

抗乳化性 demulsibility 润滑油防止与水形成乳化液的能力，又称水分离性。在一定条件下，润滑油与水强制乳化后，考察油水分离时间、分水量或乳化层体积等指标。

泡沫倾向 foam tedency 润滑油在混入气体后形成泡沫的倾向和稳定性。在规定条件下测定停止通气前瞬间的静态泡沫量、运动泡沫量以及停止通气后规定时间的静态泡沫量、泡沫消失的时间和总体积增加百分数。

消泡性 anti foam performance 在规定条件下，润滑油在混入气体形成泡沫后，泡沫消失能力的特性。

空气释放值 air release value 油品混入空气后，内部小气泡(雾沫)从油品释放出去的能力。在标准规定情况下，试样中雾沫空气的体积减少到 0.2% 时所需的时间，以 min 表示。

水分离性 water separability 见“抗乳化性”。

析气性 gassing property of insulating oil 指绝缘油在强度足以引起放电的电场或电离作用下，油本身表现出吸收或放出气体的能力。测定析气性时，绝缘油注入试验装置中并充入氢气，按程序施加高电压，记录量气管的液面变化，得到规定时间段内绝缘油释放(吸收)的气体量，以“析气倾向”表征析气性，单位 mL/min。

冷却性能 cooling performance 指润滑油品在使用过程中带走多余

热量，降低摩擦副和机件温度的能力。淬火油的冷却性能是影响到淬火零件质量的重要性能，以冷却曲线来表征，特性温度和800~400℃（或800~300℃）的冷却时间及冷却速度是描述冷却曲线的常用参数。

防冻液冰点 freezing point of antifreezing fluid 在低温的情况下，发动机冷却液开始结冰的温度，是衡量发动机冷却液防冻性能的一项重要指标，单位为℃。

成沟点 channel point 油品低温性能指标。装有油品的容器，在试验温度下存放 18h，然后用钢片将试样刮一条沟，试样在 10s 之内不能流回并完全覆盖容器底部的最高温度，其单位为℃或℉。

低温运动黏度 low temperature kinematic viscosity 在低温条件下测定的运动黏度。

低温动力黏度 low temperature dynamic viscosity 在低温条件下测定的动力黏度。

低温泵送黏度 pumping apparent viscosity of engine oils at low temperature 发动机油低温性能指标。表示在规定温度条件下，发动机油连续充分供给发动机油泵入口的表观黏度。

边界泵送温度 critical pumping temperature 发动机油低温性能指标。表示能将机油连续充分供给发动机油泵入口的最低温度。

密封适应性能指数 seal compatibility index 油品对密封橡胶件的适应能力。在规定试验条件下，标准的丁腈橡胶环在试样中的体积膨胀分数。

过滤性 filterability 在特定条件下，油品通过过滤器的能力。

均匀性和混溶性 homogeneity and miscibility 均匀性指油品经过一系列温度变化，外观保持一致的能力；混溶性指试验油和参比油在混合后，形成均相混合物，在经过一系列温度变化后，未分为两相的能力。

低温流动性 low temperature fluidity 样品在低温条件下的流动性能。可以通过肉眼观测、黏度测量、扭矩测量等来考察。

蒸发性能 evaporation property 在特定温度压力条件下，润滑油中小分子化合物汽化为气体的性质。通常以蒸发损失、挥发性或闪点指标来衡量。

容水性 water tolerence 制动液能够把外来的少量水分完全溶解吸收，且不会因此产生分层、混浊、沉淀或显著改变原来性质的能力。

凝胶指数 gelation index 润滑油低温性能指标。在油品缓慢降温过程中流变性变化引起的扭矩增长速率的最大值，即在扫描温度范围内，温度连续降低 1K 的过程中比值增加的最大值。

清洁度 cleanliness 反映液体中含有固体颗粒物的数量和分布的

指标，按照标准进行分级，方法有ISO 4406和GB/T 14039等。

不溶物 insoluble matter 存在于油中的不溶于规定溶剂的物质的量，多用于评价用过的润滑油性能，主要有正戊烷不溶物、甲苯不溶物。不溶物往往同酸值、碱值、黏度等理化指标一起考虑，综合判断润滑油污染的原因和氧化变质程度。也有用正庚烷代替正戊烷测定不溶物的，但主要用于表征石油沥青和石油产品中胶质含量。

清净性 detergency 润滑油在高温条件下或在酸性污染物作用下，阻止或减少生成沉淀的能力。

沉淀值 precipitation number 样品在一定条件下处理，经离心机分离后离心管底部的沉积物体积。

挥发度 volatility 通常用来表示纯物质在一定条件下蒸气压的大小，也就是其分子向周围扩散挥发的能力。具有较高蒸气压的物质，其挥发度也大，称之为易挥发性物质，它的分子向周围空间扩散挥发的能力大；反之，蒸气压较低的物质其挥发度也小，称之为难挥发性物质，它的分子向周围扩散的能力小。多组分混合液中各组分的挥发度，以气液相平衡时各该组分在气相中的分压与在液相中的分子分数之比来表示。对理想液体混合物，因符合拉乌尔定律，所以组分的挥发度就等于纯态时的蒸气压。

润滑油老化特性 aging characteristics of lubricating oil 表示润滑油在热、氧及其他外部物理化学因素作用下的老化程度。在恒温条件下向试样中通入空气，以老化试验后试样残炭的增加值表征油品的老化特性。

蒸发损失 evaporation loss 指油品在一定条件下受热蒸发而损失的量，用质量分数表示。

相对介电常数 relative dielectric constant 表征介质材料的介电性质或极化性质的物理参数。其值等于以预测材料为介质与以真空为介质制成的同尺寸电容器电容量之比，又称电容率。

介质损耗因数 dielectric dissipation factor 表征绝缘材料介质损耗的数据，是介质损耗角的正切。

体积电阻率 volume resistivity 指在试验条件下起绝缘作用的油脂内直流电场强度与稳态电流密度的比值。

电容率 permittivity 表征电介质极化性质的宏观物理量，又称介电常数。是电容器的两电极周围和两电极之间均充满该绝缘材料时所具有的电容量与同样电极结构在真空中的电容量之比。

击穿电压 breakdown voltage 电介质在足够强的电场作用下将失去其介电性能成为导体，称为电介质击穿，所对应的电压称为击穿电压。

盐水浸渍试验 salt water

immersion test 是一种室内评价防锈油脂在接触氯化钠溶液时防锈蚀能力的加速试验方法。将涂抹了防锈油脂的金属试片浸泡在氯化钠溶液中，评定防锈油膜抗盐水腐蚀的性能的过程。

水置换性试验 water displacement test 防锈试样除去附着在金属表面的水分，防止金属锈蚀的能力。将浸润过蒸馏水的试片浸入防锈试样中15s后，放入恒温湿热槽内，在23℃±3℃下放置1h，以观察试片上有无锈蚀、污斑。

防锈油干燥性 drying characteristics of rust preventive oil 经涂覆过防锈试样的试片在23℃±3℃下，按规定的时间垂直保持自然干燥后，油膜的干燥状态即为防锈油的干燥性。

防锈油脂流下点 flow down point of rust preventive oil 在规定的温度下，将涂有防锈试样的试片加热1h后，在23℃±3℃下自然冷却，观察油膜是否流下的现象来判断防锈油脂的流下点。

防锈油耐候试验 weather resistance test of rust preventive oil 将涂有防锈试样的试片放置于模拟光照、温度、湿度、降雨等气候条件的耐候试验机中，经规定的试验时间后，取出试片检查油膜的耐老化和防锈性能。

防锈油人汗防蚀性 fingerprints anti-corrosive property of rust preventive oil 用来评价附着在金属表面的防锈试样油膜对人汗液引起锈蚀的防止能力。将涂有防锈试样的试片经打印人工汗液后，在23℃±3℃下放置24h后，观察试片有无锈蚀。

防锈油人汗洗净性试验 synthetic perspiration cleaning test of rust preventive oil 用来评价防锈油对附着在金属表面的人汗液指纹的去除能力，以防止金属锈蚀。将印有人工汗液的试片，在防锈试样中摆洗2min，在23℃±3℃条件下放置24h，观察试片印汗面的锈蚀情况，判断人汗液的去除能力。

防锈油脂低温附着性 low-temperature adhesion property of rust preventive oil 用来评价防锈油脂油膜在低温金属表面上的附着能力。将涂有防锈油脂的金属试片在低温箱中经规定的试验周期后，用划痕试验器划痕，并检查被线条包围的膜有无脱落，以此判断防锈油脂的低温附着性是否合格。

防锈油脂除膜性 film removability of rust preventive oil 将涂有防锈油脂经加速风化、包装储存或湿热试验后的金属表面，用溶剂揩擦防锈油脂油膜，以判断附着在金属表面的防锈油脂油膜被石油溶剂去除的性能。

防锈油膜厚度 film thickness of rust preventive oil 将试片放入500mL防锈试样中浸1min后提起，

垂直悬挂24h后测定试片油膜的质量，由油膜的密度、质量及试片的表面积计算出溶剂型防锈油的油膜厚度，用μm表示。

防锈油喷雾性 sprayability of rust preventive oil 用来评价溶剂型防锈油所形成雾滴是否均匀的定性指标。用喷枪将防锈试样喷在干净的平板玻璃上，待油膜干燥后，检查油膜的连续性，以此判断防锈油的喷雾性能。

防锈油脂分离安定性 separating stability of rust preventive oil 将装有防锈油脂的试管按规定的试验周期在一定的高温、低温及室温交替处理后进行观察，以试管内油脂有无相变或分离现象来判断防锈油脂的分离安定性。

乳化液稳定性 emulsion stability 指乳化油和水混合配制成乳化液后保持乳液状的性能，又称乳液安定性。试验时以5%浓度的乳液放置规定时间后，以每100mL乳液析出的油、皂毫升数和下层乳液状态表示。

液相锈蚀试验 rust test in liquid phase 指在规定条件下，将钢棒浸入试样与蒸馏水或合成海水的混合液中保持至规定时间后，目测钢棒生锈程度的试验。主要用于评定气轮机油、液压油、齿轮油等油品在与水或海水混合时对铁部件的防锈能力。

防锈性 antirust property 润滑油脂防止金属腐蚀生锈的性能。试验方法较多，如液相锈蚀、湿热试验、盐雾试验、叠片试验、水置换性等。

铁屑滤纸防锈试验 cast iron drillings/filter paper test; scrap iron filter paper rust prevention test 用铁屑浸泡到切削液中评价其防锈性的一种试验方法。根据浸泡到试样中的铁屑在试验后滤纸上留下的斑点情况评价试样的防锈性能。

叠片试验 lamination test 评定金属加工液对金属表面在重叠或卷置状态时的防锈性能。将涂抹试样的金属以重叠形式置于含水的密闭容器中，在恒温一定时间后，根据金属片的锈蚀状态判断试样的防锈性。

湿热试验 wet heat test 在高湿和特定温度条件下，检查防锈油脂对金属的防锈性能的试验。将涂有防锈油脂的金属试片挂在湿热试验箱中，经规定的试验周期后，取出检查，以试片表面有效区锈点的数量和大小来判断油品试样的防锈性能。

盐雾试验 salt spray test 在氯化钠溶液制成的雾状环境中进行的防锈蚀试验。将涂抹试样的金属片按规定角度放置到盐雾试验箱中，在35℃恒温和规定的喷雾量(沉降率)条件下，经规定的试验时间后，观察试片表面是否锈蚀和锈蚀点的多少来判断油品试样的防锈性能。

旋转氧弹试验 rotary oxygen bomb test(ROBT)评价润滑油氧化安定性的方法。试样置于一个压力容器(氧弹)内，容器内充入氧气，在水和铜催化剂存在的条件下置于恒温浴中，以弹内压力达到规定压力降所经历的时间(min)表示试样的氧化安定性。

氧化诱导期 oxidation induction time(OIT)评价润滑油氧化安定性的方法。试样置于差示扫描量热仪中，在保持温度和氧气压力条件下，在充氧气和发生氧化放热反应间的时间即为氧化诱导期，单位为 min。

发动机高温氧化沉积物 high-temperature deposits for engine oil 指发动机油在规定的温度、氧化剂和催化剂等试验条件下形成的沉积物。用于评价发动机油在高温氧化条件下产生沉积物的倾向，试验结果与试验方法相关，以 mg 表示。

热稳定性 thermal stability 见 262 页“热安定性”。

多金属氧化试验 multi-metal oxidation test 是一种评价内燃机油氧化性能的试验方法。

曲轴箱模拟试验 crankcase simulation test 用曲轴箱模拟试验机评定内燃机油热氧化安定性的试验，多用于实验室内评选清净剂、抗氧抗腐剂和油品复合配方的热氧化安定性。

薄层吸氧氧化试验 thin-film oxygen uptake test(TFOUT)用于评价汽油机油在高温条件下的氧化安定性的试验。其原理是将试验油、催化剂及蒸馏水混合于玻璃盛样器内，并放入一个装有压力表的氧弹中。氧弹在室温下充入 620kPa 的氧气，放置于 160℃的油浴中，与水平成 30°角，以 100r/min 的速度轴向旋转。当试验达到规定的压力降时，记录时间，根据实验时间来评定汽油机油的高温氧化安定性。

热管试验 hot tube test 用于评价内燃机油高温清净性的试验。该试验规定少量油在玻璃毛细管中形成的薄膜，在高温下发生氧化、结焦，通过玻璃毛细管中漆膜的颜色评级或成焦物的重量来评价油品的高温清净性，又称小松(KOMATSU)热管试验。

ROBO 氧化试验 ROBO oxidation test 模拟评定内燃机油高温氧化后油品的低温性能的模拟氧化方法。适用于 API SM 规格和 ILSAC 的 GF-4、GF-5 规格油品，评价内燃机油高温氧化后油品的低温性能。

负荷磨损指数 load-wear index (LWI)润滑剂在所加负荷下将磨损减小到最低的指数。在四球试验条件下，负荷按 0.1 对数单位的间隔逐级加到三个静止的钢球上，直至卡咬或烧结。取烧结负荷前十次试验结果的校正负荷的平均值作为负荷磨损指数，又称综合磨损值或平均赫兹负荷。

摩擦系数　friction coefficient　两摩擦件之间的摩擦力(F_f)与施加于摩擦面上的正压力(F_n)的无量纲比值，用μ表示，$\mu = F_f / F_n$。

抗刮伤性能　scratch resistance　指润滑油防止运动摩擦表面在滑动方向上形成广泛的沟槽和划痕的性能。

磨料磨损　abrasive wear　由外界硬质颗粒或硬表面的微峰在摩擦副对偶表面相对运动过程中引起表面擦伤与表面材料脱落的现象，又称磨粒磨损。

滑动磨损　sliding wear　两固体接触表面之间因相对滑动造成的磨损。其特征是磨粒为细小的薄片状并具有光滑的表面。

切削磨损　cutting wear　摩擦副中存在硬质微突体或外部进入的硬质颗粒和磨料向滑动表面切削而产生的磨损，是非正常磨损。

滚滑磨损　rolling-sliding wear　指同时存在滚动和滑动的接触面上所产生的磨损。

腐蚀磨粒　corrosion abrasion debris　指润滑剂中含有腐蚀性介质致使摩擦副表面发生腐蚀磨损而产生的微粒。

摩擦聚合物磨粒　abrasive debris of frictional polymers　载荷的摩擦副工作时，由于热、剪切应力、新生金属的催化作用及电子发射作用，润滑油的某些组分或添加剂分子发生聚合反应，在摩擦副接触表面生成摩擦聚合物，由于剪切作用成为磨粒。其特征是金属磨粒嵌在非晶体材料内。

高频往复线性振动(SRV)试验　high-frequency linear-oscillation (SRV) test　使两试验件在有润滑剂的情况下作相对的往复运动，以测定润滑剂的摩擦磨损和极压性能。两试验件之间的接触方式可以是点、线或面。高频往复试验多采用SRV试验机进行。

抗磨损性能　antiwear performance　润滑剂抵抗相对运动的零件表面上材料位移、损失的能力。

承载能力　loadcarrying capacity　指润滑剂在一定的试验条件下保持机具摩擦副正常工作所能承受的外加负荷。

最大无卡咬负荷　last non-seizure load　指四球试验中在试验条件下不发生卡咬的最大负荷，即磨痕平均直径不超过相应负荷补偿线上数值5%时的最大负荷。

烧结负荷　weld load　指四球试验中转动球与三个静止球发生烧结的最小负荷。烧结负荷表示已超过润滑剂的极压能力。某些润滑剂并不能真正地烧结，而是三个静止的钢球出现严重的擦伤，在这种情况下，则以产生最大磨痕直径为4mm时所加的负荷为烧结负荷。

综合磨损值　load-wear index　见416页“负荷磨损指数”。

磨斑直径 wear scar diameter 指用四球试验机测试润滑剂的抗磨损性能试验中，三个静止球磨斑（磨痕）直径的平均值，以 mm 表示。

微点蚀试验 micro-pitting test 微点蚀是指齿轮表面出现微小麻坑并伴随少量材料转移的现象。影响微点蚀的因素主要有润滑剂、齿轮材料及其热处理、齿轮设计及其加工工艺。微点蚀试验指用齿轮试验机来测试齿轮油对微点蚀、点蚀承载能力的试验。

极压抗磨性 extreme pressure and anti-wear property 衡量油品保护润滑部件在苛刻条件下不发生过度磨损、胶合、擦伤、烧结等失效现象的能力。

SAE No.2 试验 SAE No.2 friction test 用于评价自动变速箱油（ATF）等油品的摩擦特性和摩擦耐久性。

FZG 试验 FZG Test 用于测定齿轮用润滑剂承载能力的一种齿轮试验，以载荷级来表示承载能力。按标准方法试验载荷级最高到 12 级。

剪切安定性 shear stability 指润滑剂在机械剪切作用下的安定性。润滑油一般以试样在剪切试验前后的运动黏度变化量或变化百分比表示，变化越小表示剪切安定性越好。

柴油喷嘴剪切安定性 diesel injector shear stability 指采用柴油喷嘴方法来测定含聚合物润滑油的剪切安定性。由于含聚合物润滑油在一定的剪切速率下通过柴油喷嘴时会引起聚合物分子的断裂和降解，从而导致聚合物稠化能力下降，使油品运动黏度减小。用油品黏度下降率来表示其剪切安定性。

超声波剪切试验 ultrasonic shear test 一种测定含聚合物润滑油剪切安定性的方法。利用超声波振荡器，使油中聚合物受到超声波剪切，以油的黏度下降率来表示其剪切安定性。

齿轮剪切试验 gear shear test 用齿轮运转来评价润滑剂剪切安定性的一种试验方法。试验时将润滑油充填到齿轮箱中，按程序启动齿轮（如 FZG 齿轮）运转，结束后测定试样运动黏度。以运动黏度下降率表示润滑剂的剪切安定性。

剪切稳定性指数 shear stability index（SSI）描述了黏度指数改进剂在剪切条件下对黏度贡献的损失比例。基础油中加入黏度指数改进剂制成的试验油样在剪切前后运动黏度的差值，与剪切前的试油和基础油运动黏度的差值的比值即为 SSI 值。其值越小，说明该黏度指数改进剂的抗剪切能力越好。

高温高剪切黏度 high temperature high shear viscosity 发动机油在温度 150℃、剪切速率 $10^6 s^{-1}$ 条件下的动力黏度。

磨粒分析 wear particle analysis 指通过分析润滑油中的磨粒形态、尺寸、浓度、材质成分等特征反映出丰富的来自相对运动的摩擦副接触表面的摩擦学信息。

磨损颗粒 wear particle 指在磨损过程中从固体摩擦表面脱离的微粒。

铁谱分析 ferrography analysis 一种借助磁力将油液中的金属颗粒分离出来，并对这些颗粒进行分析的技术。

磨损趋势分析 wear trend analysis通过观察磨损随时间的变化趋势的一种分析方法。在润滑油的在用油监控分析中，磨损趋势分析常用以判断设备是否加速磨损，并采取必要维护措施，减少设备意外故障的概率。

液压油水解安定性 hydrolytic stability of hydraulic fluid 指液压油在水和金属铜作用下的稳定性。将液压油与水和铜片一起密封在耐压玻璃容器中，在恒温条件下，按头尾方式转动 48h 后，以油的黏度、酸值，水层的酸度和铜片质量变化，表征液压油的水解安定性。

铸铝合金传热腐蚀试验 corrosion test of cast aluminum alloy under heat transfer condition 将发动机冷却液和铝合金试块置于一定温度、压力条件下，进行高温表面的传热腐蚀试验，测定在传热状态下，发动机冷却液对发动机铝质缸盖常用铸铝合金腐蚀的情况。

铝泵气穴腐蚀特性试验 test for cavitation erosion characteristic of alumium pump with engine coolers 用标准铝制汽车水泵，在一定温度、压力、转速条件下，测定铝泵的气穴腐蚀程度的试验方法。

滤清器堵塞倾向试验 filter blocking tendency test 一种模拟滤清器在发动机工作过程中被油品杂质阻塞的试验，用于评定油品的清净分散性。

储存安定性 storage stability 油品在储存过程中，保持油品各种性质不发生变化的能力。

抗氨性 anti-ammonia performance 抗氨汽轮机油、压缩机油等产品的重要使用指标。在规定的试验条件下，试样与氨气充分接触，油中酸性物质与氨发生化学反应，经过沉降后，摇动试样，观察试样有无沉淀物析出，有沉淀物析出者为抗氨不合格，无沉淀物析出者为抗氨合格。

硬水相容性 hard water compatibility 发动机冷却液抗硬水能力的一项重要指标，考察发动机冷却液抵抗硬水影响的试验方法。将发动机冷却液与人造硬水以一定比例混合，在一定温度和时间条件下考察混合液是否有沉淀生成。

冷却液混兑试验 coolant mixed confirmatory test 将不同牌号及型号的发动机冷却液以一定比例混合，

在一定温度和时间条件下观察混合液是否有沉淀生成，判定发动机冷却液混兑的可行性。

冷却液导热性 coolant thermal conductivity 又称发动机冷却液热传导性能，是发动机冷却液传热效果好坏的重要体现。

抗抖动耐久性能 anti-jittering endurance performance 机械设备在运转过程中由于摩擦而引起震动和磨损，油品润滑能够降低机械抖动，保持机械稳定的性能。

换挡性能 shift performance 变速器各个挡位间切换时，换挡齿轮和同步器啮合效果。

造纸机油过滤指数试验 test for filtration index of paper machine oil 造纸机油专用过滤试验。在一定流速、温度和过滤精度下，测试油通过一个直径为47mm的薄膜圆盘滤芯，当通过滤芯的压力降为172.4kPa时，或通过滤芯的流量大于预先设定的2000mL的流量，通过滤芯的油量被记录为过滤指数。

密封材料适应性 sealing material adaptability 润滑油对橡胶密封件的影响程度。通过对比测量在一定条件下橡胶件浸入油品前后硬度、体积、拉伸长度、拉力等的变化而确定。

发动机台架试验 engine bench test 将试样放在试验室内能代表使用的发动机中进行运转，根据运转情况和所得的结果来评价油品的使用特性的实验室试验。

OM646LA 发动机台架试验 OM646LA engine bench test 采用排气量为2.2L奔驰OM646LA轻负荷柴油发动机，评价ACEA A1/B1、A3/B3、A3/B4、A5/B5、C1、C2、C3、C4以及OEM规格等油品，评价柴油发动机油的凸轮磨损、缸套磨损和缸套抛光。

Mack T-8E 发动机台架试验 Mack T-8E engine bench test 采用Mack E7-350发动机，评定CH-4、CI-4等柴油机油的发动机台架试验，主要用于评定油品的烟炱分散能力。

OM501LA 发动机台架试验 OM501LA engine bench test 采用排气量为11.9L奔驰OM501LA柴油发动机，评价ACEA E4、E6、E7、E9和OEM规格等油品，评价重负荷柴油机油的发动机油泥、油耗、缸套抛光和活塞清净性。

康明斯 M-11HST 发动机台架试验 Cummins M-11 HST engine bench test 使用1994年生产的Cummins M-11 330-E发动机，用于评定API CH-4柴油机油和Cummins CES 20076级油等的发动机台架试验，评定油品对由烟炱引起的发动机摇臂相关部件的磨损。

康明斯 M-11EGR 发动机台架试验 Cummins M-11 EGR engine bench test 采用Cummins ISM425发动机，用于评定API CI-4、CI^{+}-4

柴油机油和 Cummins CES 20078 等油品的发动机台架试验。通过模拟 2002 年以后高速公路上行驶的载货车工况，评定油品对降低与烟炱相关的、具有废气再循环(EGR)的发动机磨损的效果。

OM602A 发动机台架试验 OM602A engine bench test 采用排气量为 2.497L 奔驰 OM602A 轻负荷柴油发动机，评价 ACEA B1、B2、B3、E2、E3 以及 ACEA B4-98、E4-98、VW50500、MB227、MB228、MB229 规格等油品，评价柴油机油磨损、黏度稳定性和油耗。

OM441LA 发动机台架试验 OM4-41LA engine bench test 采用排气量 11.1L 奔驰 OM441LA 柴油发动机，评价 ACEA E4、E5、M228.5 等油品，用来评估重负荷发动机油活塞清净性、缸套抛光、油耗、积炭、油泥、发动机平均磨损、缸套磨损、环黏结、涡轮增压器积炭。

TU5JP-L4 发动机台架试验 TU5JP-L4 engine bench test 采用排气量为 1.587L 标志(PSA)TU5JP-L4 汽油发动机，评价 ACEA A1/B1、A3/B3、A3/B4、A5/B5 和 C1、C2、C3、C4 以及 VW 50500、MB 227、MB228、MB229 规格油品，用于评价汽油机油的高温沉积物、油品增稠、活塞环黏结等情况。为欧洲评定方法。

TU3M 发动机台架试验 TU3M engine bench test 采用排气量 1.36L 标志(PSA)TU3M 汽油发动机，评价 ACEA A1/B1、A3/B3、A3/B4、A5/B5、C1、C2、C3、C4 以及 VW 502、VW503、VW50301、VW50500 规格油品，主要用于评价汽油机油的阀系磨损。为欧洲评定方法。

M111 发动机台架试验 M111 engine bench test 采用戴姆勒-克莱斯勒排量 2.0L 的 M111 发动机，用于评定汽油清净剂对汽油机进气阀和燃烧室沉积物生成倾向的影响。

DV4TD 发动机台架试验 DV4TD engine bench test 采用排气量为 1.398L 标志(PSA)DV4TD 轻负荷柴油发动机，评价 ACEA A1/B1、A3/B3、A3/B4、A5/B5、C1、C2、C3、C4 以及 OEM 规格油品，用于评定轻负荷柴油发动机油的中温分散性和由烟炱引起的黏度增长和活塞清净性。

VW TDI 发动机台架试验 VW TDI engine bench test 采用 VW1.9L 直喷式、四缸、涡轮增压、带中冷的柴油发动机，用于评定轻负荷直喷柴油发动机油环黏结及活塞清净性。

CRCL-38 发动机台架试验 CRCL-38 engine bench test 采用美国润滑油研究协调委员会(CLR)的化油器点火式单缸汽油机，配有一套外接式机油加热循环装置，用于评价 API SE、SF、SG、SJ、CE、CF 和 ILSAC GF-1、GF-2 等产品，评定内燃机油的高温氧化和轴瓦腐蚀性能。

Mack T-8 发动机台架试验 Mack T-8 engine bench test 采用 Mack E7E-Tech 460 发动机，用于 Mack EO-L、EO-L Plus、EO-M、EO-M Plus、API CG-4、API CH-4 和 DHD-1 等油品的发动机台架试验。用于评定发动机油与烟炱有关的黏度增长性能。

Mack T-9 发动机台架试验 Mack T-9 engine bench test 采用 Mack E7-350 发动机，用于评定 API CH-4 级油，同时代替 Mack T-6 评定 CF-4 级油。评定油品对发动机活塞环和缸套磨损能力的影响。

Mack T-10 发动机台架试验 Mack T-10 engine bench test 采用带废气再循环装置(EGR) Mack E7 E-Tech 的发动机，用于 Mack EO-O Premiun Plus 03、API CI-4/CI-4 Plus 等油品的发动机台架试验。用于评定发动机油减少缸套/活塞环磨损及轴瓦腐蚀的能力。

Mack T-11 发动机台架试验 Mack T-11 engine bench test 采用带废气再循环装置(EGR) Mack E-Tech V-MACIII 的发动机，用于 API CI-4Plus、APICJ-4、Mack EO-O Premiun Plus、EO-O Premiun Plus 03、EO-O Premium Plus 等油品的发动机台架试验。用于评定发动机油与烟炱有关的黏度增长性能。

Mack T-12 发动机台架试验 Mack T-12 engine bench test 采用带废气再循环装置(EGR)和低涡流燃油技术的 Mack E7 E-Tech 460 的发动机，用于 Mack EO-O Premiun Plus、API CJ-4 Plus 等油品的发动机台架试验。用于评定发动机油减少缸套/活塞环磨损及轴瓦腐蚀的能力。

滚动随动件磨损试验 rolling follower wear test(RFWT) 采用通用 6.5L 非直喷发动机，用于评价 API CG-4、CH-4、CI-4 等柴油机油，评定发动机油减少滚轮随动件的磨损的能力。

卡特皮勒 1G2 发动机台架试验 Caterpillar 1G2 engine bench test 采用 Caterpillar 1G2 发动机，用于评价 API CD、CD-Ⅱ、CE 级柴油机油，评定润滑油的环黏结、环与缸套磨损、活塞沉积物生成倾向。

卡特皮勒 1H2 发动机台架试验 Caterpillar 1H2 engine bench test 采用 Caterpillar 1H2 发动机，用于评价 API CC 级柴油机油，评定润滑油的环黏结、环和缸套磨损、活塞沉积物生成倾向。

卡特皮勒 1K 发动机台架试验 Caterpillar 1K engine bench test 采用 Caterpillar IY540 单缸直喷发动机，用于评价 API CF-4、CH-4 和 CI-

4等柴油机油，评定发动机油活塞沉积物、环黏结、环及缸套磨损及机油消耗的性能。

卡特皮勒1M-PC发动机台架试验　Caterpillar 1M-PC engine bench test采用Caterpillar IY73单缸非直喷发动机，评价API CF和CF-4等柴油机油，评定发动机油活塞沉积物、环黏结、环及缸套磨损的性能。

卡特皮勒1N发动机台架试验　Caterpillar 1N engine bench test采用Caterpillar IY540单缸直喷发动机，用于评价API CG-4、PC-9等柴油机油，评定发动机油活塞沉积物、环黏结、环及缸套磨损及机油消耗的性能。

卡特皮勒1P发动机台架试验　Caterpillar 1P engine bench test采用Caterpillar IY3700单缸直喷发动机，评价API CH-4等柴油机油，评定发动机油活塞沉积物、环黏结、环及缸套磨损及机油消耗的性能。

卡特皮勒1R发动机台架试验　Caterpillar 1R engine bench test采用Caterpillar IY3700单缸直喷发动机，用于评价API CI-4和DHD-1等柴油机油，评定发动机油活塞沉积物及防止铁的活塞擦伤的性能。

卡特皮勒C13发动机台架试验　Caterpillar C13 engine bench test采用带废气再循环装置(EGR)的Caterpillar C13六缸发动机，评价API CJ-4等柴油机油，用于评定发动机油活塞沉积物和机油消耗的性能。

康明斯ISB发动机台架试验　Cummins ISB engine bench test采用康明斯ISB带废气再循环装置(EGR)的发动机，用于评价API CJ-4等柴油机油，评定发动机油减少凸轮轴和气门机构磨损的能力。

康明斯ISM发动机台架试验　Cummins ISM engine bench test采用康明斯ISM带废气再循环装置(EGR)的发动机，用于评价API CJ-4、CumminsCES－20081、Mack EO－O Premium Plus等柴油机油，评定发动机油减少与烟炱有关的磨损、沉积物生成的能力。

L-38发动机台架试验　L-38 engine bench test通过测定连杆铜铅轴瓦的失重以及生成的沉积物和试样的黏度变化等对试样作出评价。

程序ⅡD发动机台架试验　sequence ⅡD engine bench test采用美国通用发动机公司1978年生产的排量为3.8L V-8燃油喷射式汽油发动机，评价API SE、SF、SG、SH、ILSAC的GF-1、GF-2等油品，评定内燃机油的高温氧化变稠、高温油泥和漆膜等沉积物生成倾向及抗磨损性能。

程序ⅢD发动机台架试验　sequence ⅢD engine bench test采用Oldsmobile V-8 5.7L发动机，用于评价API SE、SF等油品，评定润滑油高温氧化、增稠、油泥、漆膜沉积和发动机磨损的能力。

程序ⅢE 发动机台架试验

sequence ⅢE engine bench test 采用美国通用发动机公司 1986 年生产的排量为 3.8L V-6 燃油喷射式汽油发动机，用于评价 API SG、SJ、ILSAC 的 GF-1、GF-2 规格和美国军用标准 MIL-L-46152E、MIL-L-2104F、MIL-L-21260D 和 MIL-L-47167BACEA 以及 A1-96、A2-96、A3-96 产品，评定内燃机油的高温氧化变稠、高温油泥和漆膜等沉积物生成倾向及抗磨损性能。

程序ⅢF 发动机台架试验

sequence ⅢF engine bench test 采用美国通用发动机公司 1996/1997 年生产的排量为 3.8L 的系列Ⅱ的 V-6 燃油喷射式汽油发动机，用于评价 ILSAC 的 GF-3 等油品，评定试验油在高温使用条件下的抗稠化能力、活塞沉积物生成和气门杆系磨损情况。

程序ⅢG 发动机台架试验

sequence ⅢG engine bench test 采用排量为 3.8L 的美国通用发动机公司 1996/1997 年生产的系列Ⅱ的 V-6 燃油喷射式汽油发动机，用于评价 API SM 规格和 ILSAC 的 GF-4 规格等油品，评定油膜厚度、高温活塞沉积物生成和阀系磨损情况。

程序ⅣA 发动机台架试验

sequence ⅣA engine bench test 采用 1994 年生产的排量为 2.4L、日本尼桑 KA-24E 燃油喷射、水冷式四缸直立、顶置凸轮发动机，用于评价 API SL、SM 和 ILSACGF-3、GF-4 规格等油品，评定润滑油在顶置凸轮发动机的使用过程中抗御凸轮磨损的能力。

程序ⅤE 发动机台架试验

sequence ⅤE engine bench test 采用美国福特公司生产的排气量为 2.3L、4 缸、滚动式凸轮挺杆机构、燃油喷射式发动机，用于评价 API SG、SH 和 ILSAC GF-1、GF-2 等油品，评定内燃机油油泥、漆膜等沉积物生成的倾向和抗磨损性能。

程序ⅤG 发动机台架试验

sequence ⅤG engine bench test 采用 1994 年美国福特公司生产的排气量为 4.6L 燃油喷射式发动机，用于评价 API SL、SM 和 ILSAC GF-3、GF-4 规格等产品，评定试验油在使用中抗御油泥和漆膜生成能力的情况。它还是程序ⅤE（ASTM D 5302）试验的替代方法。

程序ⅥA 发动机台架试验

sequence ⅥA engine bench test 采用美国福特汽车公司 1993 年生产的排量为 4.6L 组合式 V-8 型汽油发动机，用于评价 ILSAC GF-2 规格油品，评定发动机润滑油对低摩擦发动机的轿车和轻型载货车（自身质量不超过 3656kg）燃料油经济性能的影响。

程序ⅥB 发动机台架试验

sequence ⅥB engine bench test 采用美国福特汽车公司 1993 年生产的

排量为4.6L组合式V-8型汽油发动机，用于评价API SL、SM和ILSAC GF-3、GF-4规格等油品，评定发动机润滑油对装备了“低摩擦”发动机的轿车和轻型载货车(自身质量不超过3856kg)燃料油经济性能的影响。

程序Ⅷ发动机台架试验 sequence Ⅷ engine bench test 采用美国润滑油研究协调委员会(CLR)的化油器点火式单缸汽油机，用于评价API SL、SJ、SM和ILSAC的GF-3规格油品，评定润滑油对于铜、铅、锡合金轴瓦的腐蚀性能和在使用无铅汽油情况下润滑油的高温抗剪切性能。

叶片泵试验 vane pump test 将试样放入旋转叶片泵装置，以一定的工作压力、温度和转速运行一定的时间，以泵的总磨损量作为试验结果来考察液压油的抗磨性。常用的叶片泵台架试验有：V104C试验、T6C试验及35VQ25试验。

柱塞泵试验 plunger pump test 将试样放入旋转柱塞泵装置，以一定的工作压力、温度和转速运行一定的时间，以泵的总磨损量作为试验结果来考察液压油的抗磨性。常用的柱塞泵试验方法有：P46、HPV35+35。

车辆齿轮油台架试验 automotive gear oil bench test 针对于车辆齿轮油的L-33锈蚀试验，L-37高速低扭矩、低速高扭矩试验，L-42后桥冲击负荷试验，L-60-1齿轮油氧化试验，以及手动变速箱的同步器性能测试，自动变速箱油品的SAE No.2摩擦测试等试验的统称。

CRC L-33车辆齿轮油台架试验 CRC L-33 automotive gear oil bench test 是SAE J2360、API GL-5以及部分变速箱、车桥制造商要求的车辆齿轮油的一项测试。该方法被用于评价油品在受到水分污染和承受高温的状态下，其抑制锈蚀的能力。

CRC L-37车辆齿轮油台架试验 CRC L-37 automotive gear oil bench test 是SAE J2360、API GL-5以及部分变速箱、车桥制造商要求的车辆齿轮油的一项测试，标准试验方法参照ASTM D 6121。该方法用于表征车辆齿轮油在准双曲面齿轮试验箱中在高速低扭矩和低速高扭矩试验状态下的润滑油承载、抗磨损和极压性能。

CRC L-42车辆齿轮油台架试验 CRC L-42 automotive gear oil bench test 是SAE J2360、API GL-5以及部分变速箱、车桥制造商要求的车辆齿轮油的一项测试。该台架试验被用于评价车辆齿轮油在高速和冲击负荷状态下的抗擦伤能力。

CRC L-60-1车辆齿轮油台架试验 CRC L-60-1 automotive gear oil bench test 是SAE J2360、API GL-5、MT-1以及部分变速箱、车桥制造

商要求的车辆齿轮油的一项测试，标准试验方法参照 ASTM D 5704。该方法被用于评价齿轮油在极端热和氧化条件下的油品恶化情况。

同步器性能试验 synchronizer performance test 通常被用于评价润滑油品保护同步器磨损的性能，同时油品对同步器能够提供充足的摩擦力以保证其正确操作的能力。常见的同步器性能试验如 SSP180 同步器耐久测试。

LVFA 低速摩擦试验机试验 LAFA low velocity friction apparatus test 低速摩擦试验机 LVFA 可以依据 JASO M34901 的方法，以及变速箱等客户的测试条件，来评价自动变速箱油品以及离合器材料的摩擦特性、抖动特性和耐久性能。

行车试验 road test 是评价润滑油实际使用效果的依据。按照预设程序模拟实际工况，研究润滑油在汽车运行中所产生的一系列理化性能变化的试验。

行车试验里程 accumulated mileage of road test 从润滑油被加到油箱中进行行车试验起，行驶的所有里程数，包括前进、后退。

行驶参数 driving parameter 车辆行驶中所需要考察的参数，是车辆性能的评价指标。主要包括：加速时间、加速度、最高车速、行驶燃油消耗量、行驶速度、最小转弯直径、刹车距离、冲刺时间、牵引重量等。

补油周期 oil supplement interval 汽车实际行驶过程中由于润滑油被消耗而需要补充润滑油至所需体积。补油周期指两次补充润滑油的时间间隔。

换油周期 oil drain interval 指每两次更换润滑油之间的行驶里程或时间。乘用车的使用说明书中多推荐为 5000km 或 7500km，或以时间计，如 6 个月等。由于换油周期受车况、路况、行驶强度和环境等多种因素的共同影响，不可简单一概而论。

采样量 sample quantity 从被测试油品中按一定程序抽取的一定质量或体积的具有代表性的样品量。

采样间隔 sampling interval 润滑油在实际机械上运行时，两次抽取润滑油样品进行检测分析的时间间隔。

燃油消耗率 fuel consumption rate 内燃机在单位时间内所消耗的燃油量，单位为 L/h。对于汽车而言指在单位里程内所消耗的燃油量，以 L/km 表示。

机油消耗率 engine oil consumption rate 指维持发动机良性运转时所消耗的发动机润滑油。机油消耗在很大程度上取决于发动机的转速和负荷，与驾驶习惯有很大的关系。按照规定的试验规范进行发动机的机油消耗评定时，发动机和车辆的机油消耗量在润滑油燃油消耗百分比小于0.3%（质量）时被认为属于正常和合理的水平。

润滑方式 lubrication method 向摩擦表面供给润滑剂的方法。润滑方式主要有循环润滑、全损耗性润滑、浸油润滑、飞溅润滑、滴油润滑、油链润滑和集中润滑、系统润滑等方式。

拆检 strip inspection 润滑油在相应工况下运行一段时间后，将发动机等设备拆开检查摩擦件的磨损、腐蚀和油泥生成情况的过程。

油品化学惰性 chemical inertness of oil product 是油品参与化学反应的难易程度。如果某物质很难与其他物质反应说明其化学惰性优异。

油品生理惰性 physiological inertness of oil product 指油品对人、动物等有机体毒害程度。可按照《食品安全性毒理学评价程序和方法》通过动物口服和皮肤接触试验进行分析和分类。

油品抗纯氧试验 pure oxygen resistance test of oil product 用于检测一定温度下油品抗高压纯氧冲击和氧化的能力。

油品耐六氟化铀试验 uranium hexafluoride resistance test of oil product 用于检测一定温度下油品耐六氟化铀腐蚀的能力。

黏温系数 viscosity temperature coefficient 评价油品在规定温度范围内黏温性的一个特征参数，计算方法是黏度差与相应温度差的比值。

密温系数 density temperature coefficient 评价油品在规定温度范围内密度随温度变化的一个特征参数，计算方法是密度差与相应温度差的比值。

微氧含量 trace oxygen content 样品中的微氧与定量的一价铜氨溶液定量反应，将生成的二价蓝色铜氨溶液与标准色阶进行目视比色，得到微氧含量。

氟油中氯含量 chlorine contentin fluorine-containing oil 含氟油中氯元素含量的测定方法。将含氟油样品在碱溶液中与纯氧气燃烧，生成氯离子，用硝酸汞 $Hg(NO_3)_2$ 滴定，生成 $HgCl_2$ 络合物，到达终点后，过量的 Hg^{2+} 与二苯偶氮碳酰肼反应，使溶液由黄色变为紫红色。

润滑脂外观 appearance of grease 通过目测和感观来控制其质量的检查项目，主要检测润滑脂的颜色、光泽、软硬度、黏附性、均匀性及纤维状况和拉丝性等。虽然这是一个简单的带有人为经验性的直观检查项目，但却可以初步确定润滑脂的种类牌号，推断产品质量。其方法是在光线下直接用肉眼观察均匀涂抹在玻璃板上的润滑脂样品来进行判断。

稠度 consistency 润滑脂在规定的剪切力或剪切速度下变形的程度。按照美国润滑脂协会（NLGI）

的规定，润滑脂稠度按锥入度值分为 9 个等级。

工作锥入度 worked cone penetration 润滑脂在工作器中经过 60 次往复工作后测定的锥入度。

非工作锥入度 unworked cone penetration 试样在尽可能少搅动的情况下，从样品容器转移到工作器脂杯中测定的锥入度。

延长锥入度 prolonged worked cone penetration 润滑脂在工作器中按多于 60 次往复工作后 1 万次或 10 万次测定的锥入度。

块锥入度 block cone penetration 润滑脂在不需要容器情况下，具有保持其形状的足够硬度时测定的锥入度。润滑脂块锥入度是用润滑脂切割器切割块状润滑脂，在新切割的立方体表面上进行测定。

润滑脂在稀释合成海水存在下的防腐蚀性试验 test for corrosion-preventive properties of lubricating greases in presence of dilute synthetic sea water environment 在潮湿条件下，在各种浓度的稀释合成海水环境中存放涂有润滑脂的锥形滚动轴承来测定润滑脂的防腐蚀性能。新的清洗净并填充好润滑脂试样的轴承在轻推力负荷下运转 60s±3s，将轴承暴露在用蒸馏水稀释的合成海水溶液中，在 52℃±1℃ 和 100% 相对湿度的条件下存放 24h±0.5h，然后清洗并检查轴承外圈的腐蚀痕迹。

润滑脂分油量 oil separation from lubricating grease 润滑脂在一定温度和压力作用下基础油被析出的趋势。润滑脂分油量的试验方法主要有钢网分油、压力分油、存储分油和离心分油等。

润滑脂氧化安定性测定法（氧弹法） test for oxidation stability of lubricating grease(oxygen bomb method) 用氧弹来测定润滑脂吸氧程度的方法。将试样置于一个加热到 99℃ 并充有 760kPa 氧气的氧弹中氧化，按规定的时间间隔观察并记录压力。在 100h 后由相应氧气压力的降低值来表示试样的吸氧程度。

润滑脂游离碱和游离有机酸 free alkali and free organic acid of lubricating grease 指润滑脂中未经皂化的有机酸含量或过剩的碱量。将润滑脂试样加入溶剂油（或苯）-乙醇混合溶剂中，加热回流至试样完全溶解。以酚酞为指示剂，以盐酸标准溶液滴定其游离碱或以氢氧化钾乙醇标准溶液滴定其游离有机酸。

润滑脂皂分 soap content in grease 指皂基脂含有的金属皂的质量分数，通常以皂基脂中加入的脂肪酸的含量来计算。将润滑脂溶于苯后，用丙酮沉淀润滑脂-苯溶液中的金属皂，然后用质量法测定皂分含量。皂分含量大小与润滑脂稠度几乎成正比关系。含皂量过高，润滑脂在使用过程中易产生硬化结块和干涸现象，缩短使用寿命。含皂量过低，会使润滑脂机械安定性和胶体安定性下降。

机械安定性 mechanical stability 指润滑脂在机械剪切力的作用下，其骨架结构体系抵抗从变形到流动的能力。润滑脂的机械安定性的分析评价方法有润滑脂剪切安定性测定法、润滑脂滚筒安定性测定法和汽车轮轴承润滑脂漏失量测定法。

润滑脂轴承漏失量 leakage tendencies of bearing greases 模拟润滑脂在汽车轮毂轴承中的工作状态和性能，是一种可以区别有明显不同漏失特性产品的筛选方法。把试样装入经过修改的前轮轮毂及轴组合件内，轮毂在 660r/min±30r/min 的速度，轴逐渐升温并保持在 104.5℃±1.5℃ 的条件下共运转 360min±5min。测定润滑脂或油(或两者都有)的漏失量，并在试验结束时注意观察轴承表面状况。

胶体安定性 colloid stability 指润滑脂在受热和受压力条件下保持胶体结构稳定、基础油不析出的能力。润滑脂的胶体安定性取决于制备润滑脂的稠化剂含量、基础油的黏度以及稠化剂、基础油、添加剂之间的配伍性和制备工艺。润滑脂胶体安定性的分析评价方法有钢网分油、压力分油、离心分油和存储分油等。

化学安定性 chemical stability 是评价润滑脂抗氧化能力的重要指标，反映润滑脂化学安定性优劣的实际状况。将润滑脂试样放在规定氧气压力和温度的氧弹中氧化，按规定的时间间隔，观察并记录压力。在氧化时间终了后，测定试样氧化后之酸值或游离碱，并与氧化前比较，以其变化值和压力降，表示该试样的化学安定性。

润滑脂滴点 dropping point of grease 表示润滑脂热安定性能的指标，即润滑脂在润滑脂滴点计的脂杯中滴出第一滴试样的温度，用温度值表示。可以预测润滑脂的最高使用温度界限，滴点越高，表明该润滑脂的高温性能越好。

润滑脂低温性能 low-temperature property of lubricating grease 指润滑脂在低温环境下，其稠度和黏度增大的程度和趋势。在低温下工作运转的机械设备和车辆必须考虑其所使用的润滑脂低温性能是否良好，尤其对航空用润滑脂的低温使用要求更为严格。润滑脂的低温性能主要取决于基础油的性能。

润滑脂流变性能 rheological property of lubricating grease 润滑脂在受到外力作用时所表现出来的流动和变形性质。

强度极限 ultimate strength 指润滑脂在产生流动时的剪切应力。润滑脂强度极限与温度有关，温度越高，强度极限越小；温度低时，强度极限较大。

抗水淋性能 water washout characteristic 在试验条件下评价润滑脂抵抗从滚珠轴承中被水淋洗出来的能力。

润滑脂使用寿命试验 test for service life of lubricating grease 用于评价润滑脂使用寿命的试验。以在特定装置中和试验条件下润滑脂的失效时间作为润滑脂的使用寿命。常用的试验方法是 SH/T 0773 和 ASTM D 3336。

抗水/水–乙醇(1∶1)溶液性能 resistance to water and water-ethanol (1∶1) solution 指润滑脂在水和水–乙醇溶液中抗浸泡溶解的能力。把试样分成两份，其中一份放在蒸馏水中，另一份放在水–乙醇溶液中，一周后检查试样的解体现象。

润滑脂与合成橡胶相容性试验 test for elastomer compatibility of lubricating greases 润滑脂使标准弹性体在与润滑脂接触时保持其体积、硬度、质量和拉伸强度不发生变化的能力。测定润滑脂与合成橡胶相容性可以评定润滑脂的使用质量。将具有规定尺寸的标准合成橡胶试片置于 100℃(对于标准氯丁橡胶)或 150℃(对于标准丁腈橡胶)的润滑脂试样中，经过 70h 试验后，用其体积变化和硬度变化来评定润滑脂与标准合成橡胶的相容性。

滚筒安定性试验 test for roll stability of lubricating grease 润滑脂在滚筒试验机内受机械碾压抵抗稠度变化的能力，经过碾压作用的润滑脂的结构体系的变化程度用润滑脂的锥入度表示。经过滚筒试验后润滑脂的工作锥入度变化值被认为是测试润滑脂在低剪切试验条件下其机械安定性的一种度量方法。

微动磨损性能试验 test for fretting wear protection by lubricating greases 以润滑脂润滑的两个推力球轴承在室温下进行的振动试验。试验条件为载荷 2450N，振动频率 30. 0Hz，摩擦接触弧线圆心角 0. 21 弧度，试验时间 22h。用轴承圈的质量损失来评价润滑脂的抗微动磨损性能。

抗水喷雾试验 test for resistance to waterspray 润滑脂在直接接触水喷雾时，对金属表面的黏附能力，其测定结果可以预测润滑脂在直接接受水喷雾冲击的工作环境下的使用性能。将润滑脂涂在一块不锈钢板上，用在规定试验温度和压力下的水喷雾。经 5min 后，测定润滑脂的喷雾失重百分数，作为润滑脂抗水喷雾性的量度。

润滑脂接触电阻测定试验 test for measuring contact resistance of lubricating greases 将润滑脂试样涂在板状电极上，使其与半球状电极接触，保证两极间承受一定的力。用直流双臂电桥测定规定温度下的接点电阻，以涂脂前后接触电阻的差值作为润滑脂接触电阻值。

润滑脂低温转矩 low-temperature

torque of lubricating grease 评价润滑脂低温性能的重要指标，反映了润滑脂的低温性能。包括滚珠轴承润滑脂低温转矩试验法和汽车轮毂轴承润滑脂低温转矩试验法等。

絮凝点 floc point 其测试方法为GB/T 12577-1990标准方法。将冷冻机油与制冷剂按一定比例混合，在封闭的条件下互溶后降温，测定出现乳浊或絮凝现象的温度点。用以表征冷冻机油在相应制冷剂环境下使用时的最低使用温度。

制动液高温稳定性 high temperature stability of brake fluid 用来评价制动液在一定试验条件下的物理稳定性能的试验方法。将60mL实验制动液加热到185℃，恒温2h后，再升温测定其平衡回流沸点，用原试液的平衡回流沸点与恒温后的平衡回流沸点之差来评定制动液的高温稳定性能。

制动液腐蚀试验 test for corrosion of brake fluid 用来评价制动液对系统中各种金属腐蚀情况的试验方法。将规定品种的金属试片磨光、清洗、称量后，以一定形式组合，放在实验瓶内的皮碗上，加入含水制动液，淹没试片，在规定的100℃温度条件下，保持120h或260h。取出冷却后，按产品标准要求分别对金属试片外观、损失量、皮碗及制动液外观和性能进行有关检验，并根据检测结果判断制动液的金属防腐蚀性能是否合格。

制动液低温流动性 low temperature fluidity of brake fluid 用来评价制动液在低温条件下的流动性和稳定性的试验方法。将制动液放置在规定的-40℃和-50℃低温箱或低温浴中，保持规定的144h和6h后，取出，通过观察透明度变化、是否产生沉淀物、是否分层等来判断其外观变化；通过测量倒置试管时气泡上升到液面的时间来判断其流动性。

制动液液体相容性 compatibility of brake fluids 用来评价试验制动液与其他同类型制动液的混溶情况。取50mL±0.5mL制动液与50mL±0.5mL相容试验标准样品配成混合溶液加到锥形离心管中，在-40℃下保持22h，迅速观察试样外观，接着在60℃下保持22h后，立即观察试样外观，并测定离心沉淀体积分数。该试验重点考察制动液产品之间的物理和化学相容性。

制动液抗氧化性 oxidation resistance of brake fluid 评价制动液抵抗氧化衰变能力的试验方法。用过氧化苯甲酰、蒸馏水和制动液配成试验用试样，并放入1/8个橡胶皮碗和铝片、铸铁片。在70℃下保持168h后，取出检查试片外观并计算试片的质量变化。

制动液橡胶相容性 brake fluid compatibility on rubber 评价制动液与系统中各种橡胶材料匹配性的试验方法。将橡胶皮碗或橡胶件浸入制动液中，在规定温度和时间下，按产品标准分别对橡胶外观、根径变化、硬度变化、体积变化等进行检验。

润滑脂流动压力测定 determination for flow pressure for lubricating greases 用来考察润滑脂在常温及低温下的流动性及泵送性的试验。将润滑脂装入试验装置后，在规定的温度条件下，使压力以一定的时间间隔上升，然后测定在检测喷嘴里润滑脂的瞬间压力。

密封脂抗燃料性 fuel resistance of sealing grease 密封脂抵抗燃料溶解作用的能力，主要测定密封脂在标准燃料中的溶解度，以及观察密封脂在标准燃料中浸泡 8h 后引起的物理变化。

密封脂密封性 seal property of sealing grease 密封脂耐油（汽油、煤油、润滑油）、耐水、耐乙醇水溶液等的密封性能。

密封脂耐甲醇试验 test for methanol resistance of sealing grease 用于测定与甲醇接触环境下轴承润滑脂抵抗甲醇溶解作用的能力。

临界溶解温度 critical solution temperature 在一定温度下，部分互溶的两种液体形成组成相同的单相物系，此温度称临界溶解温度或会溶温度。

润滑油脂化学稳定性 chemical stability of lubricating grease 主要指润滑油脂抵抗化学物质腐蚀的能力。

制动液行程模拟试验 brake fluid stroke simulation test 用于评价制动液的制动润滑性能及其高温下对金属橡胶材料的适应性。在台架模拟制动系统中加入一定量的试验制动液，通过制动系统对 1 个刹车主泵和 4 个分泵进行模拟刹车制动，要求试验温度为 120℃ ± 5℃，油压 7.0MPa ± 0.3MPa。每次试验要求连续模拟汽车制动 85000 次行程，试验后分解制动系统，测量制动泵活塞、钢体直径、皮碗唇径和硬度等变化情况。

润滑剂抗擦伤能力 anti-scratching ability of lubricant 以 OK 值来评价润滑剂的抗擦伤能力，称为梯姆肯试验机法或环块试验机法。在梯姆肯试验机中，一个装在试验轴上的试环以（800 ± 5）r/min 的速度相对于下面装在卡具中静止的试块作旋转运动，按试验程序逐级加载，每级运行 10min ± 15s。试验后测量试块摩擦面的磨痕状况，判断是否出现擦伤或卡咬，未出现擦伤和卡咬时的最大负荷即为 OK 值。

刮伤值 scoring value 在利用梯姆肯试验机测定润滑剂抗擦伤能力过程中，旋转的试环相对于静止的下试块作旋转运动，钢-钢摩擦副接触面之间的油膜出现破裂或刮伤或卡咬现象时所施加的最小负荷即为刮伤值，以此评价润滑剂的极压性能。

有机热载体热稳定性 thermal stability of organic heat carrier 有机热载体在高温下抵抗化学分解的能力。

黏-滑特性 stick-slip characteristics 摩擦副滑动时，摩擦力和滑动速度循环波动的现象称为黏滑，衡量润滑剂防止黏滑出现的能力称为润滑剂的黏-滑特性。黏滑引起滑动速度波动，使摩擦副工作不稳定，并伴有啸声和颤震。黏滑通常与摩擦系统的弹性有关，与滑动开始或滑动速度增加时摩擦系数的减小引起的张弛震动有关，同时也与润滑剂的黏-滑特性有关。润滑剂的静、动摩擦系数的差值越小，防止黏滑出现的能力越强。其测试是在 FALEX 多功能试验机中通过 10000∶1 减速装置减速，采用钢-钢环面接触摩擦副在一定的温度和负荷下作 4h 低速旋转运动，测量润滑剂在试验期间的动、静摩擦系数。

铝杯氧化试验 aluminium beaker oxidation test(ABOT)为 FORD 公司的 OEM 方法，用于评价液力传动液高温氧化安定性及高温下对金属材料的腐蚀性。该试验装置配有 6 个试验铝杯，可同时做 6 个样品，每个杯可装 250mL 样品，并挂有 1 个铜片和 1 个铝片。杯中通入约 5mL/min 的空气流量，在 155℃下进行氧化试验 300h，试验后测量戊烷不溶物等理化指标、对铜片和铝片评级等。

润滑剂承载能力试验 test for load-carrying capacity of lubricant 用于评价润滑剂的承载能力试验，简称 FZG 试验或 CL-100 齿轮机试验。在一种封闭力流型的正齿轮试验机中，通过封闭的弹簧扭力轴将杠杆砝码的重力施加到一对齿数为 16/14 的试验齿轮上，在一定温度下试验齿轮以一定的速度运转。按照试验程序逐级加载，每级运转 15min，最高可加到 12 级，直至试验失效，以小齿轮齿面产生的擦伤或胶合的总和等于或大于一个齿面宽时即为试验失效。

5.3 石蜡的分析评定

蜡黏点 picking point of wax 当试验带被分离时蜡纸表面首先出现膜破坏时的温度，以℃表示。蜡纸在较低温度发生粘连，这是纸膜工艺的主要问题。蜡黏点和蜡结点指示了近似的温度范围，在此温度之上相互接触的蜡表面可能引起表面膜破坏。

蜡结点 blocking point of wax 当试验带被分离时蜡纸表面出现 50%膜破坏时的最低温度，以℃表示。

蜡抗张强度 tensile strength of wax 指断裂有代表性的、特定形状的蜡样横断面所需的轴向应力，以

kPa 表示。是控制石蜡综合质量的一项常用指标，但在实际应用中一般不直接作为使用性能的指标，需进行关联试验。

嗅味　odor 是感官分析。按最适合于试样的气味强度来评定，用数字等级号表示。石蜡的嗅味与原油的性质和加工工艺及精制深度有关。一般是由一些杂质引起的。

固化点　setting point 指石油蜡从液态变为固态时，蜡的冷却曲线上斜率出现第一个显著变化的温度。可表征石油蜡的流动性。

干馏法　dry distillation 用于测定样品含油率的一种方法。将石油产品装于铝瓶中，在隔绝空气条件下，以一定的升温速度加热到520℃，并保持一定时间。干馏后测定所得油、水、半焦和干馏副产物的收率。

石蜡易碳化物分析　analysis of carbonizable substance in paraffin wax 在规定条件下，石蜡产品与硫酸反应后所得酸层颜色和标准颜色比较，定性估计其易碳化物的含量是否合格的试验。是确定食品和医药用石蜡是否符合其生产质量的指标之一。

石油蜡含油量　oil content in paraffin wax 石油蜡中油分的含量，以%(质量)表示，是石油蜡的主要质量指标之一。油分是石油蜡的非理想组分，因其含有的不稳定化合物在空气和氧的作用下，会使石油蜡颜色变深。含油量的高低反映了酮苯装置脱除油的能力。

石油蜡含油量(压滤法)　oil content in paraffin wax(pressure filtration method)用压滤法测得的石油蜡的含油量。将 1g 石油蜡溶解于 15mL 丁酮中，冷却至-32℃，析出蜡。过滤并将滤液中的丁酮蒸出，称重残留油，计算得出石蜡中油的含量。

微晶蜡含油量(体积法)　oil content in microcrystalline wax(volume method)用体积法测得的微晶蜡的含油量。4g 微晶蜡溶解于 60mL 丁酮中，加热回流溶解试样，溶液冷至-32℃，析出蜡。过滤并重取 15mL 滤液。将滤液中的丁酮蒸出，称量残油量，计算得出微晶蜡中油的含量。

石油蜡砷限量　limited content of arsenic compounds in petroleum wax 指石油蜡中砷的允许含量。通常用砷斑目视比色法检验石油蜡中砷含量是否符合允许限量。适用于石蜡、石油脂和白色油中砷限量检验，该限量以三氧化二砷的量表示为 2μg/g。

石蜡灼烧残渣　ignition residue of paraffin wax 以灼烧残渣试验法测得的石油蜡或石油脂中无机物含量。用少量硫酸润湿一定量的样品，加热炭化，重复此过程，再灼烧至恒重，测定得到的硫酸盐灰分含量，以质量分数表示。石蜡中含有的无机杂质会影响产品外观、赛氏比色、光安定性等质量指标，必须严格控制杂质含量。

石蜡中氯离子 chloride ion in paraffin wax 是定性检测石蜡中氯离子的方法。将石蜡与蒸馏水煮沸冷却后的水溶液用硝酸酸化并加入硝酸银溶液，溶液发生/不发生混浊现象，则试样有/无氯离子的存在，报告“有”或“无”氯离子。常用此方法检测石蜡经酸精制后有无残留物，考察精制效果。

石蜡中硫酸根离子 sulfate ion in paraffin wax 是定性检测石蜡中硫酸根离子的方法。将石蜡与蒸馏水煮沸冷却后的水溶液用盐酸酸化并加入氯化钡溶液，溶液发生/不发生浑浊现象，则试样有/无硫酸根离子的存在，报告“有”或“无”硫酸根离子。常用此方法检测石蜡经酸精制后有无残留物，考察精制效果。

白色油固态石蜡 solid paraffin wax in white oil 指白色油中以固体状存在的石蜡。通常将盛有干燥白油的带塞试管在0℃的冰水中恒温4h，根据白油是否清澈透明判断是否含有固态石蜡。若无固态石蜡析出，则认定试样的固态石蜡试验合格。

石蜡过氧化值 peroxide number of paraffin wax 每1kg蜡中能氧化碘化钾的组分的毫摩尔数。用一定量的试样溶解于四氯化碳中并用冰乙酸溶液酸化，加入碘化钾溶液，经过一定时间反应后，用硫代硫酸钠溶液滴定，淀粉指示剂颜色变化指示滴定终点，表明石油蜡中氧化性组分存在的量。石油蜡变质导致过氧化物和其他含氧化合物形成。过氧化值表示能氧化碘化钾的化合物的量。

液蜡过氧化值 peroxide number of liquid paraffin wax 用碘量法测定液体石蜡的过氧化值，其含量按过氧化氢计算。把一定量的试样加入异丙醇和乙酸溶液中，再加入碘化钠异丙醇饱和溶液，进行加热。试样中存在的过氧化物使碘从碘化钠溶液中定量地游离出来，游离出来的碘用硫代硫酸钠标准滴定溶液滴定，以mg/kg表示。

平均相对分子质量 average relative molecular mass 相当于把混合物看作一个“单一组分”，这“单一组分”的相对分子质量就是平均相对分子质量。通常采用蒸气压渗透仪测量因样品溶液和溶剂饱和蒸气压不同产生的温度变化，用标准曲线法计算样品的平均相对分子质量。

石油蜡体积收缩率 volume contraction of petroleum waxes 将高于石油蜡滴熔点(或熔点)5.5℃的试样注入100mL成型量筒中，冷却至低于滴熔点27.8℃时产生的体积收缩，用50%(体积)甘油水溶液填充，所消耗的甘油水溶液体积与样品体积 100mL 之比为体积收缩率。

石蜡热安定性　thermal stability of paraffin wax 石蜡在高温下防止自身颜色变深的能力。石蜡在规定试验条件下，将受热后试样用色度仪进行液体比色。以赛波特颜色号表示石蜡的热安定性，颜色号即为热安定性号。号数越大，热安定性越好。适用于食品用石蜡和全精炼石蜡。反映了石蜡的稳定性和精制深度。

石蜡光安定性　light stability of paraffin wax 石蜡在光照下防止自身颜色变深的能力。石蜡在规定试验条件下，经紫外光照射后试样用色度仪测其色度，色度号即为光安定性号。号数越小，光安定性越好。石蜡光安定性是全精炼石蜡、半精炼石蜡和食品级石蜡的质量指标之一，体现石蜡的精制深度。颜色越深表示精制深度越差，颜色越浅表示精制深度越好。

差示扫描量热　differential scanning calorimetry 在程序控制温度下，测量输给样品和参比物的功率差与温度关系的一种技术。

石油蜡转变温度　transition temperature of petroleum wax 用差示扫描量热法扫描的石油蜡固–固态的晶型变化和固–液态的物态变化时的温度曲线上吸热峰顶点所对应的温度。

石油蜡碳数分布（气相色谱法）　carbon number distribution of petroleum wax (gas chromatography) 用气相色谱法测定石油蜡中各个碳数的正构烷烃和非正构烷烃相对分布。对某些类型试样，可用内标法定量计算得到各个正构烷烃浓度的绝对值。

石蜡晶型转变点　crystal transition temperature of wax 又称石蜡转晶点。石蜡在固化点温度以下会发生晶体结构的变化，发生这一变化的温度称作转变点。不同石蜡结晶转变所持续的温度范围各不相同，一般在 0.6~15℃，这些范围的上限都在熔点以下 12~16℃。石蜡转变点可依 SH/T0589《石油蜡转变温度测定法》测定，以 T1A 表示，单位为℃。

石蜡熔点　melting point of wax 石蜡固–液相之间转变的温度，以℃表示。依照冷却曲线法测定的石蜡熔点为石蜡液相转变为固相的温度。石蜡的馏分越重、相对分子质量越大，熔点越高。石蜡牌号依熔点划分。

石蜡含油量　oil content of wax 石油蜡中含油分的量，以%（质量）表示。是石蜡和微晶蜡的质量指标之一。其测定方法是将试样溶于规定溶剂中，冷却至规定温度，过滤掉析出的蜡，蒸出滤液中的溶剂，以残留油的质量计算蜡的含油量。

滴熔点　drop melting point 石油蜡和石油脂的一个理化性质。指石油蜡或石油脂在试验条件下由固态或半固态转变为液态时的温度。即试样在规定条件下稳定加热时，从滴熔点温度计上滴落第一滴液体时的温度。

稠环芳烃 polynuclear aromatics (PNA)又称多环芳烃。分子内含有两个及以上苯环的芳烃，主要指苯环分别共用两个相邻碳原子的芳烃。稠环芳烃为致癌物质，食品级的石蜡、微晶蜡和凡士林以及医药凡士林均对稠环芳烃有严格限制。蜡类产品稠环芳烃采用紫外分光光度法测定。吸光度值越高，稠环芳烃含量越高。

稠环芳烃(二甲亚砜抽提法) polynuclear aromatics (dimethyl sulfoxide extraction method) 其分析测试是以二甲亚砜为溶剂，抽出石蜡中芳烃，再用异辛烷反抽提出溶于二甲亚砜中的芳烃，浓缩后测其紫外吸光度。适用于检验食品用石蜡中稠环芳烃。

ASTM 颜色 ASTM color 按美国材料试验学会评定颜色的标准和方法测得的石油产品的颜色。颜色号从 0.5 号至 8 号，间隔 0.5 号。色号越小，颜色越浅。深色石油蜡采用该方法测试颜色。测试方法为 ASTM D1500。

皂化值 saponification number 指皂化 1g 油脂所需氢氧化钾的毫克数，以 mgKOH/g 表示。表示在 1g 油脂等油品中游离的和化合在脂内的脂肪酸的含量。用以估计油脂等油品中所含化合的脂肪酸的性质和所含游离脂肪酸的数量。是矿物油、氧化蜡、含油蜡等油品的一项质量指标。

含蜡量 wax content 原油或馏分油中的蜡含量。将待测油样加入溶剂，然后冷却至规定温度，析出的蜡经过滤、冲洗、干燥后称重并计算油的含蜡量。

石蜡透湿性 water vapor permeability of wax 石蜡用作密封材料和制造包装纸的一项重要性质。与石蜡的可挠性有关，可挠性差的石蜡容易产生裂纹，透湿性就高。在石蜡中添加一定量的微晶蜡或聚烯烃类物质可改善可挠性，降低透湿性。

石蜡密封强度 sealing strength of paraffin wax 在规定条件下，将用石蜡粘在一起的两片纸分开所需要的力。

锥入度 cone penetration 在规定温度、荷重和时间下，标准锥体垂直穿入试样的深度，以 1/10mm 表示。表征石油脂的稠度。锥入度越大，稠度越小，试样越软。

冻凝点 congealing point 石油蜡和石油脂的一个理化性质。指熔化的石油蜡或石油脂在试验条件下冷却至停止流动时的温度。

5.4 沥青的分析评定

m 值 m value 在弯曲梁流变仪实验中，在规定实验条件下，劲度对数与时间对数曲线的斜率的绝对值。

薄膜烘箱试验 thin film oven test(TFOT)在规定的条件下加热沥青试样，并检验其加热前后特定物性(如质量变化、针入度、延度、黏度等)变化，以判断沥青抗热老化的性能试验。

布氏黏度计 Brookfield viscometer(RV)一种用于测量沥青表观黏度的仪器，主要用于测量沥青的高温黏度。转子在装有沥青样品的筒中转动所产生的扭矩与沥青的黏度成正比，扭矩与仪器系数的乘积即为沥青的黏度。

低温柔性 low temperature flexibility 防水卷材或片状沥青试样在指定低温条件下经受弯曲时的柔性性能，以℃表示。

动态剪切流变仪 dynamic shear rheometer 一种用于测定沥青材料复数剪切模量和相位角的仪器，其数值是评价沥青抵抗车辙和疲劳的能力，是 PG 分级的指标之一。

冻裂点 freezing breaking point 沥青试样在规定器皿内冷冻至发生裂纹时的温度，以℃表示。

弗拉斯脆点 Fraas brittle point 在规定条件下冷却并弯曲沥青涂片至出现裂纹时的温度，以℃表示。

复合剪切模量 composite shear modulus 由剪切应力的峰值的绝对值(τ)除以剪切应变的峰值的绝对值(γ)计算得到的比值。

感温性 temperature susceptibility 指沥青对温度的敏感程度，常表征为黏度或稠度随温度变化而改变的程度。

聚合物改性沥青离析试验 test for separation of polymer modified asphalt 评价聚合物改性沥青相容性的一种试验方法。通常是将装有改性沥青样品的铝管垂直置于 163℃ 烘箱中，放置 48h 后，用铝管上段与下段样品软化点之差表示改性沥青的相容性。

沥青标准黏度计 asphalt standard viscometer 一种用于测定液体石油沥青黏度的仪器。试样在规定的温度下，从标准黏度计的流孔流出 50mL 样品所需之时间，以 s 表示。

沥青表观黏度 apparent viscosity of asphalt 牛顿流体或非牛顿流体的剪切应力与剪切速率之比值。

沥青测力延度 force ductility of asphalt 在规定的温度下以规定的速度拉伸至断裂，测定最大拉力和最大拉力时的伸长变形，同时可以测定沥青材料的断裂延度值。

沥青垂度 sag of asphalt 在规定条件下，黏附在试验板上的沥青试样受热产生蠕变下垂的距离，以mm表示。

沥青弹性恢复　elastic recovery of asphalt 沥青试件在规定的温度下以规定的速度拉伸至规定长度后剪断，测定其可恢复变形的能力。

沥青蜡含量　wax content of asphalt 在规定条件下，沥青试样经裂解蒸馏所得到的馏出油脱出的蜡量，以质量分数表示。

乳化沥青破乳度　demulsibility of emulsified asphalt 通过在阴离子乳化沥青中加入规定数量和浓度的氯化钙溶液，在阳离子乳化沥青中加入规定数量和浓度的丁二烯二辛酯磺酸钠溶液，测试从乳液中破乳得到的沥青数量来鉴别乳化沥青是快凝型还是中凝型。

沥青燃烧性（氧指数法）　burning behaviour of asphalt (oxygen index method) 在规定的试验条件下，氧氮混合气流中刚好维持试样燃烧所需最低氧浓度。

沥青溶解度　solubility of asphalt 沥青试样在规定的溶剂中可溶物的质量分数。

沥青软化点　asphalt softening point 表示沥青高温性能指标之一。在规定条件下，加热沥青试样使其软化至一定稠度时的温度，以℃表示。

沥青四组分法　four component analysis of asphalt (SARA analysis) 在规定条件下测得沥青中的饱和分、芳香分、胶质、沥青质四种组分的含量，以质量分数表示。

沥青延度　ductility of asphalt 表示沥青抗裂性的指标之一。在规定条件下，使沥青的标准试件拉伸至断裂时的长度，以cm表示。

沥青黏度（真空毛细管法）　asphalt viscosity measuring (vacuum capillary method) 在规定温度和真空度的条件下，采用毛细管黏度计测定沥青所得到的动力黏度。

沥青黏附率　adherence ratio of asphalt 沥青与一种有机物相接触时，由于化学键或分子间作用力的作用，产生由于抵抗外界环境的变化而引起的沥青与界面之间相互脱离而表现出的一种性能。

沥青黏韧性　toughness and tenacity of asphalt 在规定试验条件下拉伸头从试样中完全分离出来所需的总功。韧性为试样拉伸过初始峰后所做的功，它是拉伸试样时克服了初始阻力后所做的功。可用于评价改性材料的改性效果。

沥青针入度　asphalt penetration 沥青主要质量指标之一。在规定条件下，标准针垂直穿入沥青试样的深度，以1/10mm表示。

韧性　tenacity 是评价橡胶类改性沥青改性效果的一个指标，表征沥青在后期较长时间、较低应力下无断裂塑性形变过程中所需的能量。

乳化沥青残留物　residue in

emulsified asphalt 采用减压蒸馏设备在规定的加热升温时间内定量测定乳化沥青在 135℃ 下蒸馏残留物的含量。

乳化沥青残留物与馏出油含量 residue and oil distillate in emulsified asphalt 乳化沥青残留物表明乳化沥青中沥青的含量，是一个重要的技术指标和质量控制参数，一般采用蒸馏法测定乳化沥青残留物与馏出油含量。

乳化沥青沉淀 settlement of emulsified asphalt 将乳化沥青注入规定的储存管中，静置 5 天后，分别取储存管顶部和底部试样，测得顶部和底部试样的蒸发残留物含量的百分差值，表征乳化沥青的储存稳定性。

乳化沥青恩氏黏度 Engel viscosity of emulsified asphalt 试样在 25℃ 温度下，从恩格拉黏度计流出 50mL 所需时间与等量蒸馏水流出所需时间的比值。

乳化沥青裹附性 coating of emulsified asphalt 乳化沥青与给定级配的集料拌合，观察其表面被乳化沥青裹附情况，用来检验乳化沥青与集料的黏附性。

乳化沥青颗粒电荷试验法 test method for particle charge of cationic emulsified asphalt 乳化沥青中通直流电时，颗粒电荷向阴极移动，则判定为阳离子乳化沥青；反之，则判定为阴离子乳化沥青。

乳化沥青冷冻安定性 freezing stability of emulsified asphalt 将乳化沥青放在规定的低温下冷冻，室温下融解，经过三次冻融后观察试样的破乳情况，用于评价乳化沥青的抗冻性。

乳化沥青密度 density of emulsified asphalt 通过测定已知容积的标准容器中乳化沥青的质量计算乳化沥青密度。一般用标准密度瓶法测定乳化沥青的密度。

乳化沥青赛氏黏度 Saybolt viscosity of emulsified asphalt 在规定温度条件下，采用赛波特-福洛尔黏度计测定沥青所得到的黏度。

乳化沥青筛上剩余量 sieve residue of emulsified asphalt 乳化沥青通过孔径为 1.18mm 的筛网过滤后的筛上剩余物含量。

乳化沥青施工现场黏附 field coating of emulsified asphalt 一定量的施工集料与一定量的施工用乳化沥青手动拌和，5min 后观察乳化沥青的黏附能力。用于现场快速判定乳化沥青与施工集料的涂覆性。

乳化沥青水含量 water content in emulsified asphalt by distillation 采用带集水器的蒸馏装置通过回流蒸馏测定乳化沥青中的水含量。

乳化沥青与施工集料的裹附性 emulsified asphalt with job aggregate coating 一定量的干燥施工用集料与已称重的水手动拌和预湿集料，然后将已预湿的集料与已称重的乳化沥青手动拌和15~120s，直到施工集料被最大程度地裹附。用于判定慢凝型乳化沥青的拌和裹附性。

乳化沥青黏附和抗水能力 coating ability and water resistance of emulsified asphalt 乳化沥青在规定条件下，与规定量的粗集料进行拌和，5min后取约一半的混合物观察乳化沥青对集料的黏附能力，然后将另一半混合物用自来水喷洒冲洗直至冲洗液澄清，观察冲洗后集料上黏附的乳化沥青的面积，评价其抗水能力。

乳化沥青蒸发残余物 evaporation residue of emulsified asphalt 将乳化沥青放在规定温度的烘箱中，至规定时间后，测量其质量变化，可得到蒸发残留物含量，用于快速评价乳化沥青中水与沥青的组成情况。

乳化沥青储存稳定性 storage stability of emulsified asphalt 将乳化沥青注入规定的储存管中静置24h后，从储存管的顶部和底部分别取样，测得顶部和底部乳化沥青中残留物的百分差值，用于评价乳化沥青的储存稳定性。

弯曲梁流变仪 bending beam rheometer(BBR)一种测定老化沥青样品低温弯曲蠕变劲度的仪器，用于评估沥青胶结料的低温断裂特性。测试结果包含低温蠕变劲度$S(t)$和蠕变劲度变化率$m(t)$指标，是PG分级指标之一。

弯曲蠕变 flexural creep 通过对被简单支撑的梁的中间施加一个恒负载，测定在加载时间下梁的形变试验而得到的材料特性。

弯曲蠕变柔量 flexural creep compliance 在弯曲梁流变仪试验中，在规定试验条件下最大弯曲应变除以最大弯曲应力得到的比率。弯曲蠕变劲度是弯曲蠕变柔量的倒数。

相位角 phase angle 在控制应变模式下施加的正弦应变和产生的正弦应力之间或在控制应力模式下施加的应力与产生的应变之间的夹角。

旋转薄膜烘箱试验 rolling thin film oven test(RTFOT)在规定条件下，鼓风加热旋转的沥青薄膜，并检验其加热前后特定的特性变化（质量变化、针入度、延度、黏度等）以判断沥青抗热和空气老化的性能。

压力老化容器试验 pressurized aging vessel(PAV) test 一种模拟沥青胶结料长期老化的试验方法。沥青暴露于热和加压空气中，模拟沥青胶结料在路面条件下使用7~10年的老化结果。

黏附性 adhesiveness 沥青与一种界面接触时由于化学键和分子间作用力的作用而产生的抵抗外界环境变化而引起的沥青与界面之间相互脱离而表现出的一种性能。

针入度黏度指数 penetration viscosity number(PVN) 沥青对温度

敏感性的表示，可根据25℃针入度及135℃黏度求算。

针入度指数 penetration index (PI)沥青对温度敏感性的表示，可以用沥青的针入度和软化点计算而得，也可以用两个或两个以上不同温度下测得的沥青针入度计算而得。

沥青蒸发损失 loss on heating of asphalt 沥青在规定条件下蒸发后，其质量变化的百分数。

直接拉伸试验 direct tension test(DTT)测量沥青胶结料低温劲度和松弛性质的一种试验。在规定温度下以恒定拉伸速率拉断沥青胶结料样品，并记录此时的应力和应变，用以表征沥青胶结料的抗低温开裂性能。

5.5 催化剂的分析评定

裂化催化剂活性 FCC catalyst activity 用于表示FCC催化剂裂化能力的指数，裂化活性越高，则转化率越高。科研和生产中用于表示FCC催化剂活性的微反活性等指数即为特定测试条件下催化剂对标准原料的裂化转化率。

裂化催化剂活性评定 activity test of FCC catalyst 实验室通常在微反活性测试(MAT)装置上，采用标准原料在特定操作条件下评价FCC催化剂的性能，以质量转化率表示裂化活性；一般而言，计入转化率的产物包括干气、液化气、汽油和焦炭。活性评价前，新鲜催化剂通常需要进行减活预处理，如水热老化等。

FCC催化剂小型固定流化床性能试验 FFB test of FCC catalyst 指采用小型固定流化床反应装置(FFB)评价FCC催化剂的性能。原料油与处于流化状态的催化剂接触反应，能较好地模拟催化剂在工业过程中的实际操作情况，使评价结果更有代表性。但反应过程中原料油与催化剂存在非均匀返混，与提升管中近似活塞流的状况仍有较大差距。

水热老化失活处理 hydrothermal deactivation treating 新鲜FCC催化剂通常具有很高的裂化活性，实验室评价前，为模拟催化剂在工业装置中运转达到动态平衡时的性能，通常需要对新鲜剂进行减活预处理。水热老化是最常用的减活预处理方法之一，通常是将新鲜剂在高温(700~850℃)及水蒸气存在的条件下处理一定时间。

微反活性指数 micro-activity index 指采用微反装置在特定的操作条件下测得的FCC催化剂对标准原料油的质量转化率。我国通常采用轻油微反装置，以直馏柴油为原料，在460℃、剂油比3.2、空速$16h^{-1}$操作条件下评价催化剂的微活指数。

FCC平衡剂活性 FCC equilibrium catalyst (E-cat) activity 指系统中的催化剂活性达到稳定后的平衡催化剂的微反活性。平衡剂进行微反活性测定时不需要减活预处理，测试方法见“微反活性指数”。

动态活性　dynamic activity 指二级转化率[转化率/(100-转化率)]与焦炭产率之比。因指标中包含了焦炭产率这一重要因素，能更好地表达催化剂的反应性能，近十几年来得到越来越多的应用。

FCC 催化剂活性稳定性　activity stability of FCC catalyst 指催化剂在使用时保持其裂化活性的能力。裂化催化剂的失活，一般是由于催化剂在高温及水蒸气气氛下，结构发生改变而引起；另外，催化剂在使用中也会由于原料中碱金属、重金属沉积而引起中毒失活。对于沸石裂化催化剂，其稳定性主要是指水热稳定性(见“FCC 催化剂的水热稳定性”)；重油裂化催化剂开发中，还需注重抗重金属中毒失活性能。

FCC 催化剂的水热稳定性　hydrothermal stability of FCC catalyst 指裂化催化剂在高温水蒸气气氛下，保持其裂化活性的能力，是评价 FCC 催化剂性能的重要指标之一。实验室通常是将新鲜剂水热老化(见 442 页“水热老化失活处理”)后进行微反活性评价(见 442 页“裂化催化剂活性评定”)。

FCC 催化剂的选择性　selectivity of FCC catalyst 指 FCC 催化剂将原料油转化为高价值目的产物(液化气、汽油和柴油)相对干气、焦炭等副产物的选择性裂化能力，是评价 FCC 性能的另一重要指标。选择性通常表示为：(目的产物产率/转化率)×100%。FCC 过程一般希望提高轻质液体产物选择性，降低干气和焦炭选择性。

生炭因数　coke factor 用于表示 FCC 催化剂生焦性能的因数，通常以待测催化剂在某一转化率下的焦炭产率与参比催化剂在相同转化率下的焦炭产率之比来表示，但不同公司和研究机构的表示方法不尽相同。一般而言，生炭因数越高，催化剂的选择性越差。

FCC 催化剂污染指数　fouling index of FCC catalyst 用于表示催化裂化装置运转过程中重金属对 FCC 催化剂的污染程度，国内常用的表示式为：污染指数 = 0.1(Fe+Cu+14Ni+4V)。式中：Fe 为催化剂上的铁含量，μg/g；Cu 为催化剂上的铜含量，μg/g；Ni 为催化剂上的镍含量，μg/g；V 为催化剂上的钒含量，μg/g。

FCC 催化剂金属污染　metal fouling of FCC catalyst 指原料油中的镍、钒、铁、铜等重金属在裂化反应过程中沉积到催化剂上，造成催化剂中毒失活及结构破坏，从而影响裂化活性和选择性。如镍主要是通过促进脱氢和缩合反应影响催化剂的选择性；钒主要通过破坏沸石结构造成活性损失。金属污染程度通常用污染指数来表示。

小型试验 bench scale test 简称小试，指介于实验室规模和中型规模试验之间的一种较小规模的放大试验过程，即对实验室研究结果进行探索性放大，并为进行中型试验做准备。有些情况下也将实验室阶段的研究工作笼统地称为小试。小型试验一般具有贯通主要工艺过程的条件，可为中试及工业装置的设计取得必要的基础数据(如物料平衡、主要工艺参数等)，并可提供少量的产品，供分析鉴定之用。

中型试验 pilot test; intermediate test 又称中间试验，或简称中试。指一种新工艺、新技术或新产品开发过程中，从实验室探索研究到工业生产的一个中间步骤。中试需要采用接近工业生产的方法、装置完成小试的工艺流程，不仅在规模上相对小试进一步放大，而且需要关注小试中未特别关注的一些问题，如热量、动量传递等。中试的目的是为工业放大取得必要的基础设计数据，进行工艺流程和设备的考察和优化。供中间试验的装置称为中间装置或中试装置。

活性中心可接近性 active site accessibility 指反应分子(如烃类等)接近催化剂表面活性中心的能力和程度，即能否与活性中心吸附并发生相互作用。其对分布在孔道内功能位(酸中心、金属钝化位)作用的有效性发挥至关重要。

工艺流程示意图 process flow scheme 用以表达某个工艺过程中物料由原料到半成品、成品的工艺过程。一般采用单线条方框表示所采用的设备名称或物料到达的加工阶段，物料走向用单线，用文字标注原料、产品、设备名称和工艺条件。示意图之外可配以简要的文字来介绍整个工艺过程。此图作一般用途，有别于工程项目的方案流程图、物料流程图或施工流程图等。

催化剂粒度的筛分分析法 screen analysis of catalyst particulate 简称筛析，是用试验筛将物料按粒度分成若干级别的粒度分析法。物料通过一套筛网已校准过的套筛，其筛孔尺寸由顶筛至底筛依次减小，套筛装于振筛机上，振摇一定时间后，物料被分成一系列粒级。各粒级物料的粒度是以相邻的2个筛子相应的筛孔尺寸区间表示。目数表示每英寸(25.4mm)筛网长度上所具有的网眼数，其与筛孔尺寸或粒度均有对照表可查。我国《金属丝编织网试验筛国家标准》GB/T 6003.1—1997，符合 ISO 3310—1：1990R20/3，R20，R40/3 国际标准系列。针对不同性质的物料，筛分测定法的细节不同，如 GB/T 21824—2008《无机化工产品中粒度的测定 筛分法》通用于粒径 >45μm、不吸潮不溶于水的无机化工产品粒度的测定。

平均孔直径 average pore diameter 表征固体材料孔结构的数据之一。平均孔直径定义为等效圆柱孔的统计直径。平均孔直径可由比表面积和总孔体积算出，计算公式为：$d=\frac{4V_g}{S_g}$。式中：V_g为总孔体积，S_g为比表面积。

孔径分布曲线 pore size distribution curve 固体吸附剂或催化剂，其孔体积随孔径变化的分布状态称为孔径分布。采用低温氮吸附法测定孔分布时，在中孔范围，孔径分布一般由氮吸附等温线脱附值的数据采用圆柱孔模型 BJH 计算方法(ASTM D 4641)得出；在微孔范围较普遍采用 HK 法。近年来研究者比较关注用非定域密度函数理论(NLDFT)测定孔分布，该方法适用于微孔和中孔全范围。

孔体积 pore volume 固体吸附剂或催化剂等颗粒内所有孔的体积总和，又称比孔容积，以 mL/g 表示。催化剂分析时包括总孔体积和微孔体积的分析。测定总孔体积的方法有低温氮吸附容量法、四氯化碳法、水滴法等。在催化剂分析中常用的是低温氮吸附容量法，催化剂的总孔体积由相对压力为 0.98 时氮的吸附量计算得到，微孔体积则根据 V-t 法(ASTMD 4365)得出。

粒度分布曲线 particle size distribution pattern(PSDP)在以粒度大小为横坐标，百分含量为纵坐标的坐标纸上，按各粒级百分含量绘出相应的点后，连接各粒级百分含量的点即成一波状起伏的圆滑的频率曲线。

激光粒度分析 laser particle size analysis(LPSA)一种通过颗粒的衍射或散射光的空间分布(散射谱)来分析颗粒大小的技术。其原理是由激光器发出的光束，经光学系统得到平行单色光束，当光束通过不均匀介质时，会发生偏离其直线传播方向的散射现象。散射光形式中包含有散射体大小、形状、结构以及成分、组成和浓度等信息。利用光散射技术可以测量颗粒群的浓度分布与折射率大小，还可以测量颗粒群的尺寸分布。

吸附等温线 adsorption isotherm 在一定温度下，固体吸附剂或催化剂吸附气体的量与吸附气体压力或相对压力之间的关系，通称吸附等温线。吸附等温线是对吸附现象以及固体的表面与孔结构进行研究的基本数据。有了吸附等温线便能从中研究表面与孔的性质，计算出比表面积与孔径分布。

比表面积 specific surface area 比表面积是指单位体积(或质量)的物质具有的表面积，分外表面积、内表面积两类，单位 m^2/g。理想的非孔性物料只具有外表面积，如硅酸盐水泥、黏土矿物粉粒等；有孔和多孔物料具有外表面积和内表面积，如石棉纤维、岩(矿)棉、硅藻土等。比表面积是评价多孔材料的活性、吸附、催化等诸多性能的重要参数之一。

FCC 催化剂的磨损指数 attrition index (AI) of FCC catalysts 在高速空气喷射流的作用下，使微球催化剂流呈流化态，导致颗粒的表面磨损和本体碎裂产生细粉而磨损的程度。其值等于催化剂磨损的质量损失百分数。由于各生产者设计使用的仪器(如其中磨耗产生元件有鹅颈弯管、直管、孔板等各种)和方法细节的差异，而有 DI(戴维逊指数)、AJI(空气喷射磨损指数)、AI(磨损指数，我国)等指数，相互不能作横向比较，但所呈现的趋势大体一致。ASTM 颁布的空气喷射法标准方法编号为 ASTM D 5757—95，我国《催化裂化催化剂磨损指数的测定直管法》企业标准编号为 Q/SH3360208—2006。

戴维逊指数 Davison index (DI) 国外应用较为广泛的一种 FCC 催化剂耐磨损性能表征参数，由 Grace Davison 公司提出，称为戴维逊磨损指数，简称戴维逊指数(DI)。在带有精确开孔喷射杯的磨损试验装置上测定，测试前需预先分析催化剂样品中 0~20μm 细粉含量。其计算公式为：*DI*＝(磨损测试中产生的 0 ~ 20μm 细粉含量,%)/(初始 20μm 以上颗粒含量,%)。

催化剂密度 catalyst density 单位体积催化剂的质量，即 $\rho = m/V$。式中，m 为催化剂的质量；V 为催化剂的体积。实际催化剂是固体多孔性、成型的催化剂颗粒或片剂群体，颗粒体积 V_{pa} 即是颗粒的骨架体积 V_{sk} 与颗粒内部微孔体积 V_{po} 之和，$V_{pa} = V_{sk} + V_{po}$。当颗粒处于堆积状态时，V_{pa} 加上颗粒之间(包含颗粒与测量容器壁之间)的空隙体积 V_{sp}，构成催化剂的总体积 V_{ttl}：$V_{ttl} = V_{sk} + V_{po} + V_{sp}$。$V_{ttl}$ 可从测量容器直接读出。用不同涵义的体积代入式中，就产生不同涵义的催化剂真密度、骨架密度、表观堆积(松)密度、颗粒密度等。

真密度 true density 指多孔材料中去掉开孔和闭孔后的体积除粉末的质量所得到的密度。若催化剂质量为 m，骨架体积为 V_{sk}，真密度 $\rho_{tr} = m/V_{sk} = m/(V_{ttl} - V_{po} - V_{sp})$。可以用异丙醇或 He 置换法，在真空静态容量法吸附装置中测定 V_{po} 与 V_{sp} 之和，V_{ttl} 可从测量容器直接读出，然后据公式算出真密度 ρ_{tr}。真密度也用以表示石油焦的密度，即在一定温度下，粒度不大于 0.1mm 的石油焦试样单位体积的质量，其单位是 g/cm^3。

催化剂骨架密度 skeletal density of catalyst 即催化剂的真密度。测定微球裂化催化剂的骨架密度，经常使用比重瓶法。方法是：将已知质量的催化剂放入比重瓶中，用蒸馏水或异丙苯为介质，由加入催化剂前后注满液体的比重瓶质量差数，得到催化剂骨架所占体积，再计算出催化剂的骨架密度。

催化剂表观堆积(松)密度 apparent bulk density of catalyst 单位体积疏松装填的固体催化剂颗粒粒片的质量，即 $\rho_{ab}=m/V_{ttl}=m/(V_{sk}+V_{po}+V_{sp})$。式中，$\rho_{ab}$ 为催化剂表观松密度；m 为催化剂的质量；V_{ttl} 可从测量容器直接读出。测定微球裂化催化剂松密度，是将经预处理过的催化剂在规定时间内，通过一置于固定位置的漏斗进入 25mL 的专用量筒内，由量筒内催化剂的质量计算出实验条件下样品的密度，即表观松密度。

催化剂表观压紧密度 apparent compacted density of catalyst 单位体积密实堆积的催化剂颗粒粒片的质量。$\rho_c=m/V_{ttl}$。式中，ρ_c 为堆积密度；m 为催化剂的质量；$V_{ttl}=V_{sk}+V_{po}+V_{sp}$，$V_{ttl}$ 可从测量容器直接读出。测定中应使催化剂处于密实的状态，可使用振动或敲击的设备来达到。

催化剂颗粒密度 catalyst particle density 单位体积固体催化剂颗粒粒片的质量，即 $\rho_{pa}=m/V_{pa}=m/(V_{sk}+V_{po})$。式中，$\rho_{pa}$ 为催化剂颗粒密度；m 为催化剂质量；V_{pa} 为颗粒体积；V_{sk} 为颗粒骨架体积；V_{po} 为颗粒内微孔体积。V_{pa} 又可由关系式 $V_{pa}=V_{ttl}-V_{sp}$ 求出，V_{ttl} 为颗粒总体积，V_{sp} 为颗粒之间(包含颗粒与测量容器壁之间)的空隙体积。见446页“催化剂密度”。

硅铝比 silica-alumina ratio 通常指某种物质中二氧化硅和三氧化二铝的摩尔比值，即 SiO_2/Al_2O_3 的数值。若要表示 Si/Al 的比值，则称为硅铝原子比。硅铝比决定着物质的硅氧四面体和铝氧四面体的比例关系，一般来说硅铝比越高，热稳定性越好。

晶胞常数 unit cell constant 反映晶体周期性结构的一套向量 $\vec{a}$、$\vec{b}$、$\vec{c}$，决定了晶胞的平行六面体的形状及大小。设 α、β、γ 分别代表向量 $\vec{b}$ 与 $\vec{c}$、$\vec{c}$ 与 $\vec{a}$ 以及 $\vec{a}$ 与 $\vec{b}$ 间的夹角，$\vec{a}$、$\vec{b}$、$\vec{c}$ 是相应向量 $\vec{a}$、$\vec{b}$ 与 $\vec{c}$ 模的大小，则可以用 a、b、c、α、β、γ 六个标量来描述晶胞的形状与大小。因此，这六个几何量称为晶胞常数，又称为晶胞参数。可以采用 XRD 技术进行精确测量计算。

相对结晶度 relative crystallinity; relative degree of crytallization 指结晶部分的质量或体积占全体质量或体积的百分数。实际中结晶度的真值很难准确测定，在分子筛领域通常应用相对结晶度的概念，它是指与相同或相近结构的标准物质比较所得的质量或体积分数。假设要求测定 Y 型分子筛的相对结晶度，如采用 ZSM-5 分子筛的标准物质就没有意义。

限制指数 constraint index (CI) 衡量沸石材料晶体结构选择性的重要指标。是表示沸石孔结构限制窗口大小以及反应分子在孔道内畅通程度的指标，用吸附和转化正己烷及3-甲基戊烷的相对速度表示：限制指数 $CI = \lg$(剩余正己烷)/lg(剩余3-甲基戊烷)。限制指数在2~7为合适。

固体酸性中心 solid acidic site 在多相催化反应中，固体催化剂的催化活性中心为酸性中心，即催化剂表面能够给出质子(B酸)或者接受电子对(L酸)的酸性位。其特征主要由酸中心的类型(B酸与L酸)、数量(又称酸度、酸浓度或酸量)和强度(又称酸强，即给出质子或接受电子的能力)三个方面来描述。

路易斯酸 Lewis acid 一个物质具有"接受电子对"的倾向(或能力)就成为路易斯酸(L酸)，又称无水酸，可看作形成配位键的中心体。常见的路易斯酸有氯化铝、氯化铁、三氟化硼、五氯化铌以及镧系元素的三氟甲磺酸盐等。

布朗斯特德酸 Bronsted acid 一个物质具有"给出质子 H^+"的倾向(或能力)就成为布朗斯特德酸(B酸)，又称质子酸。例如 NH_4^+、H_3^+O、HCl 等都是质子酸，因为它们都能给出质子。布朗斯特德-劳里酸碱论于1923年由丹麦的布朗斯特德(Bronsted)和英国的劳里(Lowry)分别提出，是多种酸碱理论的一种。

裂化催化剂化学组成分析 chemical composition analysis of FCC catalyst 采用特定的分析技术分析催化裂化催化剂的化学组成，如铝、硅、稀土以及一些微量元素的含量，最常用的方法是X射线荧光光谱。

原子吸收光谱分析 atomic absorption spectrometry (AAS) 是利用特定气态原子可以吸收特定波长的光辐射，使原子中外层的电子从基态跃迁到激发态的现象而建立的分析方法。特定的吸收波长可作为元素定性的依据，而吸收强度可作为定量的依据。AAS现已成为无机元素定量分析最常用的方法之一，主要适用样品中微量及痕量元素分析。

X射线衍射分析 X-ray diffraction analysis (XRD) 晶体具有三维周期性的结构特点，当晶体受到X射线照射时，晶体作为X射线的光栅，其中的原子向四周散射X射线。当散射X射线的光程差等于入射X射线波长的整数倍时会导致X射线强度的增加，而在其他方向上则减弱或抵消。这些特定X射线强度加强的方向称为衍射方向，这种现象称作X射线衍射，是对物质的原子位置的空间分布及衍射强度进行分析的结构分析方法，是常用的晶体结构测定方法。

X射线荧光光谱分析 X-ray fluorescence spectrometry(XRF)原子受到X射线光子的激发使其内层电子电离而出现空位，原子内层电子重新配位，外层电子跃迁到内层电子空位，并同时放射出次级X射线光子，此即X射线荧光。利用X射线荧光进行分析研究的方法称作X射线荧光分析。按激发、色散和探测方法的不同，可分为X射线荧光光谱分析(波长色散)和X射线荧光能谱分析(能量色散)。可用X射线荧光分析的元素测量范围为11号元素(Na)到92号元素(U)。

原子发射光谱分析 atomic emission spectrometry(AES)利用物质在热激发或电激发下发射特征原子光谱来进行元素的定性与定量分析方法。原子发射光谱法可对约70种元素(金属元素及磷、硅、砷、碳、硼等非金属元素)进行分析。原子发射光谱有火焰光度法、原子荧光法和X射线荧光法三种类型。

质谱分析 mass spectrometry (MS)将被测物质离子化后，按离子的质荷比分离，测量各种离子谱峰的强度而实现分析目的的一种分析方法。质量是物质的固有特征之一，不同的物质有不同的质量谱——质谱，利用这一性质，可以进行定性分析(包括分子质量和相关结构信息)；谱峰强度也与它代表的化合物含量有关，可以用于定量分析。

红外光谱分析 Fourier transform infrared spectrometry(FTIR)一种利用红外吸收效应进行定性和定量分析的分子光谱分析方法。将红外射线照射到物质的分子上，某些特定波长的红外射线被吸收，形成分子特征振动-转动红外吸收光谱，据此可研究分子的结构和化学键特性，也可表征和鉴别化学物种。通常采用傅里叶变换红外光谱仪进行测试，所以又称傅里叶变换红外光谱分析。

电感耦合等离子发射光谱分析 inductively coupled plasma-optical emission spectrometry(ICP-OES)电感耦合等离子体是由高频电流经感应线圈产生高频电磁场使工作气体形成等离子体达到近万度的高温，形成一个良好的蒸发-原子化-激发-电离的光谱光源。ICP-OES就是利用检测电感耦合等离子体的原子发射光谱来确定样品中的元素种类以及含量的光谱分析方法，可以测定全部的金属元素及部分非金属元素。多数元素检测限能达到10^{-6}级。

固体核磁共振技术 solid-state NMR technique 所测试的样品为固体，适用于晶体也适用于无定形体，用于研究样品中特定磁核的短程(局部环境)结构。在多相催化研究中，固体核磁共振技术主要用于分析固体酸催化剂的详细结构特征以及表面酸性质(酸类型、酸强度、酸量和酸位分布)。原位固体核磁共振技术可追踪催化反应的动态过程、原位检测反应中间物。

低温 N_2 吸附法分析 analysis by low-temperature nitrogen adsorption 一种测定多孔固体或固体粉末的孔径分布和比表面积的方法。氮气的分子可看作是一个个有效直径等于0.43nm 的圆球，所以从固体表面上能吸附多少氮分子便可通过一系列计算得出其表面积。在-196℃的极低温度下，气体状态的氮在毛细孔中会凝聚成液体状态的氮，不同大小的孔在不同的氮气压力下为氮的凝聚液所充满，因此改变压力，测定相应氮的凝聚液量，再通过一系列的计算，便可求出孔径分布。

X 射线光电子能谱分析 X-ray photoelectron spectroscopy analysis (XPS)以X射线为激发源，以受激发射出电子的能量和强度作为探测对象的一种表面分析技术。它可对固体材料表面进行元素定性、定量、化学态及电子结构分析。除常规XPS外，常用衍生技术有原位XPS、离子溅射XPS、角分辨XPS、小面积XPS及成像XPS等。

扫描电子显微镜分析 scanning electron microscope analysis(SEM)利用汇聚得很细的电子束扫描样品，采集电子束与样品相互作用产生的各种特征信息(二次电子、背散射电子、特征X射线等)，采用逐点成像的方法获得样品的放大像，观察样品表面形貌及成分的信息，结合能谱分析技术可获得测量样品微区的元素及元素分布信息。

透射电子显微镜分析 transmission electron microscopy analysis (TEM)高能电子束穿过超薄样品时与样品发生相互作用，利用电子光学系统获得透射过样品的电子并在成像系统上获得放大的聚焦像。现代球差校正电子显微镜的分辨率可以达到0.08nm。采用不同方式采集高能电子束穿过超薄样品时产生的各种信号可以获得样品的透射电子像、扫描透射电子像、能量过滤电子像、电子衍射像、电子能量损失谱以及X射线能量分散谱等。

差热分析 differential thermal analysis(DTA)物质在被加热或冷却的过程中，会发生物理或化学等的变化，如相变、脱水、分解或化合等过程并伴随有吸热或放热现象。当把这种能够发生物理或化学变化并伴随有热效应的物质，与一个对热稳定的基准物(或叫参比物)在相同的条件下加热(或冷却)时，在样品和基准物之间就会产生温度差，从而确定物质的一些重要物理化学性质，称为差热分析。

热重分析 thermogravimetry analysis(TGA)在程序控温下测量试样质量随温度或时间变化的技术。热重分析通常可分为两类：动态法和静态法。动态法：就是人们常说的热重分析和微商热重分析。微商热重分析又称导数热重分析(简称DTG)，它是TG曲线对温度(或时间)的一阶导数。静态法：包括等压质量变化测定和等温质量变化测定。

激光拉曼光谱分析 laser Raman spectrometry analysis(LRS)一种利用拉曼散射效应进行定性和定量分析的分子光谱分析法。以单色性很好的激光作为光源照射到物质上，发生非弹性散射，检测器检测到的散射光具有比激发光波长长或短的光谱，包含表面的键合、构型和取向等分子的特征信息。LRS分析的样品无需准备，可置于石英池、水溶液中，或直接通过光纤探头来测量。

5.6 水质的分析评定

化学需氧量 chemical oxygen demand(COD)水体中能被氧化的物质在规定条件下进行化学氧化过程中所消耗氧化剂的量，通常记为COD。是在水样中加入一定量的重铬酸钾和硫酸银，在强酸性介质中加热回流一定时间，部分重铬酸钾被水样中可氧化物质还原，用硫酸亚铁铵滴定，根据消耗重铬酸钾的量计算COD的值。COD越大，说明水体受有机物的污染越严重。以mg/L表示。

生化需氧量 biochemical oxygen demand(BOD)水体中微生物分解有机物所需消耗水中溶解氧的量，通常记为BOD。水样充满完全密闭的溶解氧瓶中，在20℃的暗处培养5天，分别测定培养前后水样中溶解氧的浓度，由培养前后浓度之差，计算每升样品消耗的溶解氧量，以BOD_5形式表示。BOD_5越高，说明水中有机污染物质越多，污染也就越严重，以%(质量)表示。

溶解氧分析 dissolved oxygen (DO)analysis 溶解氧指溶解于水中的分子态氧，通常记作DO。在水样中加入硫酸锰和碱性碘化钾，加酸后，氢氧化物沉淀溶解，并与碘离子反应。以淀粉为指示剂，用硫代硫酸钠标准溶液滴定释放出的碘，据滴定溶液消耗量计算溶解氧含量，以mg/L表示。水里的溶解氧低，水体中的厌氧菌就会很快繁殖，有机物因腐败而使水体变黑、发臭。

硫化物分析 sulfide analysis 硫化物指水中溶解性无机硫化物和酸溶性金属硫化物，包括溶解性的H_2S、HS^-和S^{2-}，以及存在于悬浮物中的可溶性硫化物和酸可溶性金属硫化物。以mg/mL表示。测定时，样品经酸化，硫化物转化成硫化氢，用氮气将硫化氢吹出，转移到盛有乙酸锌-乙酸钠溶液的吸收显示管中，与*N*,*N*-二甲基对苯二胺和硫酸铁铵反应生成蓝色的络合物亚甲基蓝，在665nm波长处测定。

氨氮 ammonia nitrogen 指水中以游离氨(NH_3)和铵离子(NH_4^+)形式存在的氮。氨氮是水体中的营养素，可导致水富营养化现象产生，是水体中的主要耗氧污染物，对鱼类及某些水生生物有毒害。以HJ 535—2009方法分析其含量时，采用碘化汞和碘化钾的碱性溶液与氨反应生成淡红棕色胶态化合物，其色度与氨氮含量成正比，通常可在波长420nm测其吸光度，计算其含量，以mg/L表示。

石油类物质 petroleum type substances 以碳氢化合物为主要成分的可燃性油质。用四氯化碳萃取水中的油类物质，测定总油，将萃取液用硅酸镁吸附，经脱除动植物油等极性物质后，测定石油类物质。石油类物质的含量由波数分别为$2930cm^{-1}$、$2960cm^{-1}$、$3030cm^{-1}$谱带的吸光度A_{2930}、A_{2960}、A_{3030}进行计算，以mg/L表示。石油形成的油膜覆盖海面，会减少大气复氧和光照，导致水生生物缺氧致死。

挥发酚分析 volatile phenol analysis挥发酚随水蒸气蒸馏出并能和4-氨基安替比林反应生成有色化合物挥发性酚类化合物，结果以苯酚计，以mg/L表示。被蒸馏出的酚类化合物，于pH值为10.0±0.2的介质中，在铁氰化钾存在下，与4-氨基安替比林反应生成橙红色的安替比林染料，在不同的波长下测定吸光度。酚类属高毒物质，人体摄入一定量会出现急性中毒。

氰化物 cyanide 指带有氰基的化合物，其中的碳原子和氮原子通过叁键相连接。向水样中加入磷酸和乙二胺四乙酸(EDTA)二钠，在pH<2条件下，加热蒸馏，以氰化氢形式被蒸馏出，用氢氧化钠吸收。与氯胺T反应生成氯化氰，再与异烟酸作用，经水解后生成戊烯二醛，最后与吡唑啉酮缩合生成蓝色染料，其颜色与氰化物的含量成正比。氰化物具有剧毒。以mg/L表示。

悬浮物 suspended solid(SS) 指悬浮在水中的固体物质，包括不溶于水中的无机物、有机物及泥砂、黏土、微生物等。水中悬浮物含量是衡量水污染程度的指标之一。悬浮物是指水样通过孔径为0.45μm的滤膜，截留在滤膜上并于103～105℃烘干至恒重的物质。以mg/L表示。

总磷 total phosphorus 水中各种形态磷的总量。在中性条件下用过硫酸钾使试样消解，将所含磷全部氧化为正磷酸盐。在酸性介质中，正磷酸盐与钼酸铵反应，在锑盐存在下生成磷钼杂多酸后，立即被抗坏血酸还原，生成蓝色的络合物。用分光光度计测定其吸光度，利用工作曲线得到磷含量，以mg/L表示。水体中的过量磷是造成水体污秽异臭，使湖泊发生富营养化和海湾出现赤潮的主要原因。

游离二氧化碳 free carbon dioxide 指溶于水中的二氧化碳。水体中的二氧化碳来自有机物的分解及接触空气时的吸收等过程。其溶解度与温度、压力等有关。游离二氧化碳的含量，可在规定条件下用碱液滴定法测定，或根据水的 pH 值和碱度通过计算得到，用二氧化碳的每毫升毫克数表示。水中侵蚀性二氧化碳含量高于 15mg/L，对混凝土有侵蚀性。

氯化物 chloride 指氯与另一种元素或基团组成的化合物，盐酸的盐或酯。水样以铬酸钾作指示剂，在 pH 值为 5.5~9.5 的范围内用硝酸根标准溶液进行滴定，硝酸根与氯化物生成白色氯化银沉淀；当有过量硝酸银存在时，则与铬酸钾指示剂反应，生成砖红色铬酸银沉淀，表示反应到达终点。以 mg/L 表示。水中氯化物含量高时，会损害金属管道和构筑物，并妨碍植物的生长。

水硬度 hardness of water 水中钙、镁离子浓度的总和称为总硬度，按照国家《生活饮用水卫生标准》，以每升水含碳酸钙的毫克数或毫克当量表示。水的硬度分为碳酸盐硬度(是由钙、镁的碳酸氢盐所形成的硬度)和非碳酸盐硬度(由钙镁的硫酸盐、氯化物和硝酸盐等盐类所形成的硬度)。测试用 EDTA 标准溶液滴定，由 EDTA 标准溶液的浓度和消耗体积来计算，以 CaO 计，用 mg/L 表示。硬度太高，水里的钙和镁会在锅炉内结成水垢，使锅炉内的金属管道的导热能力大大降低。

钙离子分析 calcium ion analysis 钙离子含量高低反映水中硬度情况。钙黄绿素能与水中钙离子生成荧光黄绿色络合物，在 pH>12 时，用 EDTA 标准溶液滴定钙，当接近终点时，EDTA 夺取与指示剂结合的钙，溶液荧光黄绿色消失，呈混合指示剂的红色，即为终点。以 mg/L 表示。

硫酸盐(重量法) sulphate (gravimetric method) 指由硫酸根离子(SO_4^{2-})与其他金属离子组成的化合物，都是电解质，且大多数溶于水。在强酸性溶液中，氯化钡与硫酸根离子定量地产生硫酸钡沉淀，经过滤洗涤，灼烧称重后，求出硫酸根离子的含量。硫酸根遇高温会分解为二氧化硫和氧。以 mg/L 表示。

正磷酸盐 orthophosphate 指水体中正磷酸盐的含量。在酸性条件下，正磷酸盐与钼酸铵反应生成黄色的磷钼杂多酸，再用抗坏血酸还原成磷钼蓝，于 710nm 最大吸收波长处用分光光度法测定。以 mg/L 表示。水体中的磷是藻类生长需要的一种关键元素，过量磷是造成水体污秽异臭、湖泊发生富营养化和海湾出现赤潮的主要原因。

总磷酸盐 total phosphate 指样品中各种形态磷的总量。简称“总磷”。

钾离子分析 potassium ion analysis指锅炉用水和冷却水中的钾离子含量分析。用火焰激发溶液中钾离子产生各自特定的辐射光谱线，其强度与钾离子的浓度成正比，以 mg/L 表示。锅炉用水和冷却水中的钾离子测定，可用于控制循环冷却水的浓缩倍数。

锌离子分析 zinc ion analysis 指锅炉用水和冷却水中的锌离子含量分析。在 pH 值为 8.5~9.5 溶液中，锌试剂与锌离子生成蓝色络合物，用分光光度法测定其含量。在循环水中，锌离子是一种阴极型缓蚀剂，含量在 2mg/L 左右。以 mg/L 表示。

铁离子分析 iron ion analysis 指水样中铁离子的含量分析。水样先用酸煮沸，使各种状态的铁完全溶解成离子态，然后将高铁用盐酸羟胺还原成亚铁，在 pH 值为 4~5 的条件下，亚铁和 1，10-邻菲罗啉反应生成浅红色络合物，此络合物的最大吸收波长为 510nm。在冷却水中，铁附着于加热管壁上，会降低管壁的传热系数，发生严重的堵塞腐蚀，致使设备寿命大大减短。以 μg/L 表示。

钠离子分析 sodion analysis 指水样中钠离子的含量分析。当钠离子选择性电极与甘汞参比电极同时浸入溶液后，即组成测量电池对。其中钠离子电极的电位随溶液中钠离子的活度而变化。含钠过高，水加热后，会产生大量二氧化碳而形成泡沫。以 mol/L 表示。

硅分析 silicon analysis 在 pH 值为 1.2~1.3 的溶液中，可溶硅与钼酸铵反应生成硅钼黄，再与氯化亚锡反应生成硅钼蓝，此蓝色的色度与水样中可溶性硅的含量有关。炉水中的硅是从给水中富集来的，因此炉水的硅能反映出炉水的浓缩情况。以 mg/L 表示。

浊度 turbidity 水的透明程度的量度，指水中悬浮物对光线透过时所发生的阻碍程度。浊度也可以用浊度计来测定。浊度计发出光线，使之穿过一段样品，并从与入射光呈 90° 的方向上检测有多少光被水中的颗粒物所散射。这种散射光测量方法称作散射法。通常浊度越高，溶液越浑浊。单位 FTU。

固体含量 solid content 指除去水分和挥发性成分后的所有固体物质的含量。将一定体积的水样置于已知质量的蒸发皿中蒸干后，转入 105~110℃ 烘箱中烘干至恒量。所得剩余残留物为水中的总固体含量，以 mg/L 表示。

固体物质 solids material 指水中所有残渣的总和。固体包括溶解物质和悬浮固体物质，以 mg/L 表示。

异养菌 heterotrophic bacteria 是一种依赖于有机碳化合物的微生物。采用浮游生物网收集循环冷却水中的黏泥，所得的黏泥用石英砂充分研磨使细胞分散，再利用平皿计数技术，培养 72h 来测试黏泥中的异养菌，以个/mL 表示。异养菌包括腐生菌和寄生菌，通常被列为冷却水重要的监控指标。这类菌群能产生致密的黏液，会导致管道堵塞，影响传热效果。

硫酸盐还原菌 sulfate reducing bacteria 是一类以乳酸或丙酮酸等有机物作为电子供体，在厌氧状态下，把硫酸盐、亚硫酸盐、硫代硫酸盐等还原为硫化氢的细菌总称。产生的 H_2S 对埋在地下的铁构件产生严重腐蚀。以个/mL 表示。

铁细菌 iron bacteria 一种能使二价铁氧化成三价铁并从中得到能量的菌落的总称。采用试管发酵技术，在 29℃±1℃ 培养 14 天，如果试管内棕色消失而且形成褐色或黑色沉淀，表明阳极反应。采用 MPN(最大可能数法)技术，对被测试样中的铁细菌进行计数，以个/mL 表示。铁细菌能在给水管道、工厂循环冷却装置、地下水泵、水电站压力吸水管内生长繁殖，形成锈层或锈瘤，不仅污染水质，而且增加水流的阻力、堵塞管道。

碱度 alkalinity 水中能与 H^+ 发生反应的物质质量。采用指示剂法或电位滴定法，用盐酸标准溶液滴定水样。终点为 pH=8.3 时，可认为近似等于碳酸盐和二氧化碳的浓度并代表水样中存在的几乎所有的氢氧化物和二分之一的碳酸盐已被滴定。终点 pH=5.4 时，可认为近似等于氢离子和碳酸根离子的等当点，可用于测定水样的总碱度。以 mmol/L 表示。

灼烧失重 ignition loss 又称灼烧减量。是试样在高温下加热后其质量的减少率。它以恒重后样品的减量除以样品原重的百分率表示。适用于工业循环冷却水污垢和腐蚀产物 550℃ 灼烧失重和 550~950℃ 灼烧失重的测定。根据 550℃ 灼烧失重可估计污垢和腐蚀产物中有机物和化合水的含量，并从 550~950℃ 灼烧失重推算污垢和腐蚀产物中碳酸盐等含量。

酸不溶物 insolubles in acid 工业循环冷却水污垢和腐蚀产物中酸不溶物一般是指在稀盐酸(10%~20%的盐酸)中不溶的物质。试样用酸分解后，硅酸液体经高氯酸脱水产生二氧化硅沉淀，与铁、铝、钙等不溶性化合物一起经过滤、洗涤灼烧至恒重等步骤，最后求出酸不溶物的含量，以%(质量)表示。

五氧化二磷分析 phosphorus pentoxide analysis 工业循环冷却水污垢和腐蚀产物样品经酸分解后除去二氧化硅滤液，在酸性条件下，正磷酸与钼酸铵反应生成黄色磷钼杂多酸，再用抗坏血酸还原成磷钼蓝，在波长为 710nm 处测定吸光度，以%(质量)表示。工业循环冷却水污垢和腐蚀产物中五氧化二磷高，说明聚磷酸盐分解正磷酸较多。

三氧化二铁分析 ferric oxide analysis 工业循环冷却水污垢和腐蚀产物中试样溶液，在 pH 值为 1.8~2 的酸性条件下，以磺基水杨酸为指示剂，用乙二胺四乙酸二钠标准溶液滴定，即求出三氧化二铁的含量，以%(质量)表示。

氧化铝分析 alumina analysis 工业循环冷却水污垢和腐蚀产物中加入过量的 EDTA 溶液与 pH 值等于 3 的试样溶液中，加热使之与铁、铝等离子全部络合。然后以二甲基酚橙为指示剂，用锌标准溶液回滴过量的 EDTA 溶液，加入氟化钠置换出与铝络合的 EDTA，再用锌标准溶液回滴，从其所消耗的量即可求出氧化铝的含量，以%(质量)表示。

氧化锌分析 zinc oxide analysis 工业循环冷却水污垢和腐蚀产物中试样溶液加入大量氟化钾消除铁、铝离子干扰，在 pH=5 左右，以二甲基酚橙为指示剂，用 EDTA 标准溶液滴定，从而求出氧化锌的含量，以%(质量)表示。

氧化钙分析 calcium oxide analysis工业循环冷却水污垢和腐蚀产物中在试样溶液中加入氯化铵和氨水，使试样中铁、铝离子均以氢氧化物形式沉淀，经过滤后，滤液在 pH 值≥12 时，以钙黄绿素-酚酞为指示剂，用 EDTA 标准溶液测定钙离子含量，以%(质量)表示。

氧化镁分析 magnesium oxide analysis 工业循环冷却水污垢和腐蚀产物中在 pH 值等于 10 时，以酸性络蓝 K-萘酚绿 B 为指示剂，用 EDTA 标准溶液测定钙、镁含量，由差减法求出镁离子含量，以%(质量)表示。

磷酸盐分析 phosphate analysis 在酸性介质中，磷酸盐和亚磷酸在硫酸和过硫酸铵存在下，加热/氧化成磷酸。利用钼酸铵、酒石酸锑钾和磷酸反应生成锑磷钼酸络合物，以抗坏血酸还原成“锑磷钼蓝”，用吸光度法测定总磷酸盐含量(以 PO_4^{3-} 计)。然后再减去磷酸和亚磷酸的含量，计算出磷酸盐含量，以 mg/L 表示。用于锅炉用水和冷却水中的测定。

亚磷酸盐分析 phosphite analysis 在 pH 值为 6.5~7.2 条件下，亚磷酸被碘氧化成正磷酸，利用硫代硫酸钠滴定过量的碘，从而测出亚磷酸的含量，以%(质量)表示。

6 加工设备与材料

6.1 塔

初馏塔 primary flash column 常减压蒸馏装置中原油经换热后第一次进行轻馏分分离的塔设备。其侧线抽出作为回流可以直接进入常压塔上部满足工艺生产要求，可以起到降低常压炉的热负荷、稳定常压蒸馏生产的作用。

汽提塔 stripper 蒸馏塔的一种。通过往塔内通入少量过热蒸汽或其他惰性气体来降低低沸点组分的分压分离轻组分，如常减压装置的侧线汽提塔和抽提过程的溶剂回收汽提塔等。

加压塔 pressurized tower 根据气液平衡原理增加塔的操作压力，从而稍降低了组分间的相对挥发度，有利于重组分分离的设备。

常压塔 atmospheric tower 常减压蒸馏装置的主要设备之一。常压塔通常为等径的板式塔，有 40 层以上的塔盘，开 3~5 个侧线。除塔顶回流外，还设 1~3 个中段回流。原油(或初馏塔底油)经常压炉加热形成气液混合物后进入常压塔。进入塔后气液迅速分离，油气上升，在塔盘上与来自上层塔盘且温度较低的液体接触，逐渐分离。液体(主要为重质油)则下流，继续提馏。塔顶分馏出汽油或石脑油；侧线抽出煤油、柴油等；塔底为常压重油，可作为减压塔进料和催化裂化装置的原料。

减压塔 vacuum tower 常减压蒸馏装置的主要设备之一。塔顶以机械方式抽真空，使进料在低于大气压力下进行分馏。减压塔塔板要求压降小，因而分馏段直径较大，通常为一异径塔。产品经 3~5 个侧线抽出，作为润滑油或裂化的原料，塔底则为减压渣油。减压塔有干式和湿式之分。干式减压塔不吹蒸汽，一般是填料塔或板式塔塔盘与填料的复合塔。

精馏塔 rectification tower 是实现分馏或蒸馏的重要设备。整塔分为分馏或精馏段、提馏段和进料段。塔内安装供气、液相接触的塔板或填料。气液混合物由进料段进入，塔顶分馏出轻质组分，塔底分出重质组分。塔顶和塔底分别由冷凝设备和惰性气体(如蒸汽)提供液相和气相回流。

吸收塔 absorption tower 用吸收方法实现分离或净化气体混合物的塔设备。操作过程中需要加压、降温。按气液相接触形态分为三类：第一类是气体以气泡形态分散在液相中的板式塔、鼓泡吸收塔、搅拌鼓泡吸收塔；第二类是液体以液滴状分散在气相中的喷洒、喷雾塔；第三类为液体以膜状运动与气相进行接触的填料吸收塔和降膜吸收塔。塔内气液两相的流动方式可以逆流也可并流，通常采用逆流操作。吸收剂从塔顶加入自上而下流动，与从下向上流动的气体接触，吸收了溶质的液体从塔底排出，净化或分离后的气体从塔顶排出。如以汽油为吸收剂从催化裂化气体中分离回收 C_2以上的组分的吸收塔；以及用二乙醇胺溶液对炼厂气脱硫的接触塔。

解吸塔 desorption tower 是实现解吸操作的塔设备。与吸收塔的操作过程相反，将吸收塔排出的吸收液，通过升温、减压及通入蒸汽降低分压的方式将吸收的溶质分离出来，以使吸收剂再生循环使用。如使乙醇胺富液脱出所吸收酸性气体的再生塔。

抽提塔 extraction tower 又称萃取塔。利用抽提(液-液传质)方法实现混合物分离的塔设备。主要利用混合物中不同组分在选择性溶剂中溶解度的不同，达到组分分离的目的。常用的塔的形式有填料塔、筛板塔、转盘塔等。如炼油厂的丙烷脱沥青和润滑油溶剂精制的抽提塔。

洗涤塔 scrubbing tower 是一种新型的气体净化处理设备，用水来除去气体中无用的成分或固体颗粒，同时还有一定的冷却作用。其结构多采用简单的圆形泡罩或筛板式的板式塔，由塔体、塔板、再沸器和冷凝器组成。它是在可浮动填料层气体净化器的基础上改进而产生的，广泛应用于工业废气净化、除尘等方面的前期处理。

萃取塔 extraction tower 见“抽提塔”。

塔体 tower shell 塔设备的壳体，由筒体与上下封头组成。筒体可以为等直径、等厚度的圆筒，也可根据需要采用不等直径、不等厚度的筒体。依据工作压力、温度和介质的腐蚀性，同一塔体材料可以相同，也可因不同部位选用不同材料。

裙座 skirt 支承塔体并与塔基础连接的部件，由裙座、基础环和地脚螺栓等组成。根据承受载荷情况不同，裙座分为圆筒形和圆锥形两种。

旋流板 rotating-stream-tray 为喷射型塔的内件。塔板叶片如固定的风车叶片，气流通过叶片时产生旋转和离心运动。吸收液通过中间盲板均匀分配到各叶片，形成薄液层，与旋转向上的气流形成旋转和离心的效果，喷成细小液滴，甩向塔壁。液滴受重力作用集流到集液槽，并通过降液管流到下一塔板的盲板区，强化气液间接触，提高了吸收作用。多用于除尘、烟气脱硫。

除沫器　demister 又称破沫网，蒸馏塔内件之一。用来分离气体夹带的液滴，保证传质效率，提高产品质量。一般由支承栅板和多层波状金属丝网构成，有较高的破沫效率。根据需要可装于进料口上方和塔顶或板间等部位。用于塔顶时，可分离塔顶气体所夹带的液滴，保证塔顶馏出产品的质量。

人孔 manhole 设备上供人员通过而开设的孔。常用的人孔类型有回转盖人孔、回转盖对焊法兰人孔、水平吊盖人孔、水平吊盖对焊法兰人孔、垂直吊盖人孔等五种。

视孔　eye hole 又称观察孔。设备上用以观察内部情况的小孔。

接管　adapter 塔体上用于连接外部工艺管线、测量设备、仪表等的短管。按其用途有进液管、出液管、回流管、进气管、出气管、侧线抽出管、取样管、仪表接管等。

集液箱　liquid trap 收集塔内液相的塔内件。主要作用是收集液体，用于液体的再分布或产品的抽出或塔中段换热。

抽出斗　draw-off pan 与集液箱相匹配的塔内件。用于塔内产品的抽出，有全抽出斗和部分抽出斗之分。

防涡流挡板　anti-swirl baffle 塔底液体流出时，若产生漩涡会将油气卷带入与塔底出口管相连的泵内，造成泵抽空或汽蚀。为防止漩涡产生，在出料管处装设防涡流挡板。出料管管径小时挡板可为一块板，出料管管径大时可用十字形板，焊于管口。

防涡器　vortex breaker 见"防涡流挡板"。

滤焦器　coke filter 是一个带圆锥帽的圆筒，筒壁上开有滤孔，用以过滤液体中的固体焦粒。常减压装置的减压塔、催化裂化装置的分馏塔等，为防止焦粒进入塔底出口管带入泵内，影响装置正常运转，通常都装有塔底滤焦器。

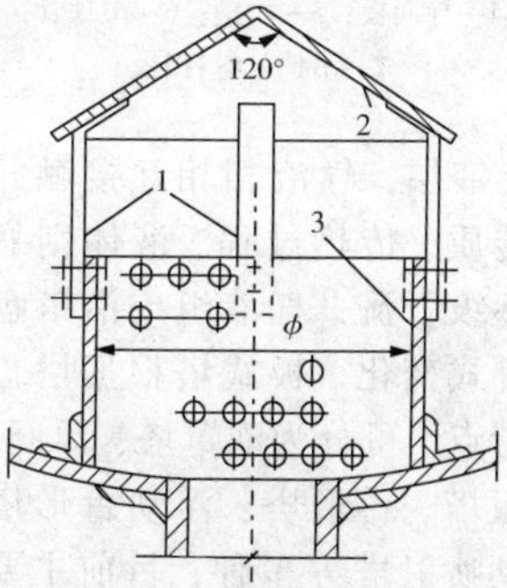

塔底焦滤器

1—支承；2—圆锥形顶；3—圆筒壁

吊柱　davit 又称吊架。通常安装于塔顶，在塔设备安装或维修时用于吊装内件、填料等，是塔外部附件。其主要结构尺寸参数已制定成系列标准。

板式塔　plate tower 在塔内设置一定数量的塔盘，作为气液传质的基本构件。气液逆流操作，气体靠压差以鼓泡或喷射形式穿过塔

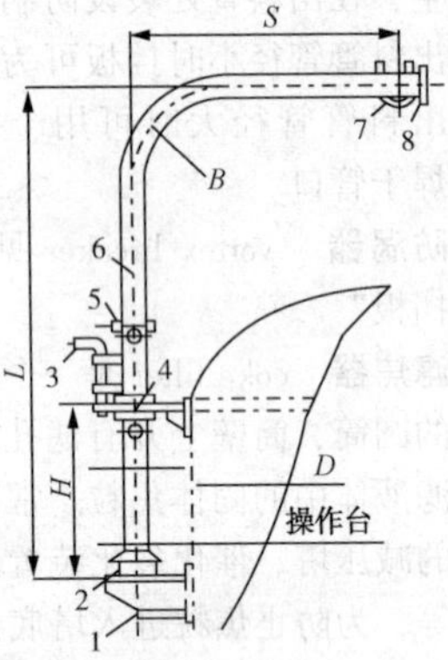

吊柱结构

1—支架；2—防雨罩；3—固定销；4—导向板；5—手柄；6—吊柱管；7—吊钩；8—挡板

盘上液层，气液相相互接触并进行传质、传热过程。液体则靠自重逐级下流，气液组成沿塔盘呈阶梯式变化。板式塔根据塔盘结构特点，可分为泡罩塔、浮阀塔、筛板塔、舌形塔、浮动舌形塔和浮动喷射塔等多种，目前主要使用的塔型以浮阀塔和筛板塔居多。板式塔多用于蒸馏、吸收或抽提等过程。

填料塔 packed tower 又称填充塔。塔内设置一定高度的填料层，以填料作为气液传质传热的基本元件。液体从塔顶沿填料表面呈薄膜状向下流动，气体则呈连续相由下向上流动，气液相逆流接触并进行传质、传热。塔内气液相组成呈连续变化。填料分为散装填料和规整填料两大类。常用填料有拉西环、鲍尔环、矩鞍形填料、波纹板填料、丝网波纹填料等。与板式塔相比，具有通量大、效率高、压降低且持液量小等优点，故广泛用于减压蒸馏、吸收、油品洗涤等过程。

塔盘 tray; plate 又称塔板，是板式塔实现传热、传质的基本部件。塔盘分为溢流式和穿流式两类。溢流式塔盘由塔板、气液接触元件、降液管及溢流堰、紧固件和支承件等组成。穿流式塔盘则无降液管和溢流堰。按气体上升状态可分为鼓泡型和喷射型塔盘；按气液流动方向可分为逆流、错流和并流型塔盘。塔盘有整块式和分块式两种。

实际塔板数 actual plates 理论塔板数与总板效率的比值。

泡罩塔盘 bubble cap tray 是工业上应用最早的塔盘之一。由塔板、泡罩、升气管、溢流堰、降液管等组成。泡罩周围开有多个条形孔、齿缝。工作时，液体由上层塔盘经降液管流入下层塔盘，然后横向流过塔盘板，经溢流堰、降液管流入下一层塔盘；蒸气从下一层塔盘上升进入升气管，通过升气管与泡罩间的环形通道再经泡罩的条形孔逸散到液层形成气泡进行气液传质。

圆形泡罩塔盘 circular bubble cap tray 泡罩为圆形的泡罩塔盘。

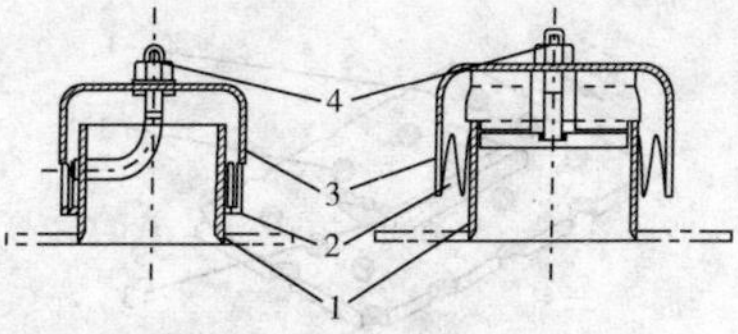

常见圆形泡罩结构
1—升气管；2—梯形齿缝；3—泡爪缘圈；4—可拆卸结构

条形泡罩塔盘 strip bubble cap tray 泡罩为条形的泡罩塔盘。

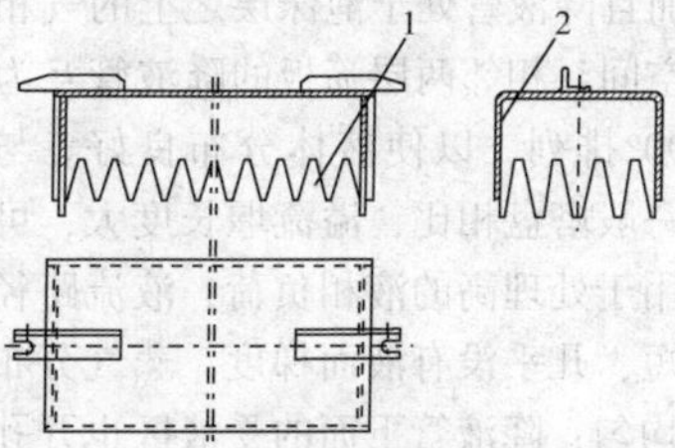

条形泡罩结构
1—齿缝；2—泡罩

泡罩 bubble cap 又称泡帽。在塔盘板上开许多圆孔，每个孔上焊接一个短管，称为升气管，管上罩的就是泡罩。泡罩是泡罩塔的气液接触元件。泡罩有圆形、条形和伞形，以圆形泡罩应用居多。

升气管 riser 泡罩塔盘的组件之一，焊在塔板开孔上的短管。塔内蒸气由下层塔盘上升进入其中，并经过升气管与泡罩间的环形通道，穿过泡罩的齿缝分散到泡罩间的液层中。

溢流管 overflow pipe 催化裂化装置的溢流立管，是一漏斗形管子，颗粒从流化床料面上溢流进入再生催化剂立管返回反应器底部。

溢流堰 overflow weir 是塔板上液体溢出的构件，具有维持板上液层及使液体均匀溢出的作用，又可分为出口堰及入口堰。出口堰一般用平堰，当流量很小时可采用齿形堰，堰的高度根据不同的塔板型式以及液体负荷而定。入口堰主要是为了减少液体在入口处的水平冲击而影响塔板液体的流动，并保证降液管的液封。

降液管 downcomer 又称溢流管。是板式塔中供液体在板间通过的通道，有弓形、圆形和矩形降液管之分。常用的为弓形降液管。降液管还具有分离气泡、减少板间的气相返混的作用，因此需要保持液体在降液管内有一定的停留时间。管内的清液层高不超过整个降液管高度的40%~60%，以免造成液泛。

受液盘 liquid receiving pot; seal pan 塔板上接受上一块塔板流下的液体的部位。有凹形和平形两种形式，直径大于800mm时，多用凹形受液盘。受液盘用以保证降液管出口处的液封。

S形塔盘 S-type tray 由板材冲压成的S形长条构件所组成。在S形长条构件上，只有一侧开有齿缝，气流单向喷出，推动液体流动。可有效减小液体落差，使气体鼓泡均匀，但塔盘压力降大。此塔盘20世纪50年代推出，现基本被淘汰。

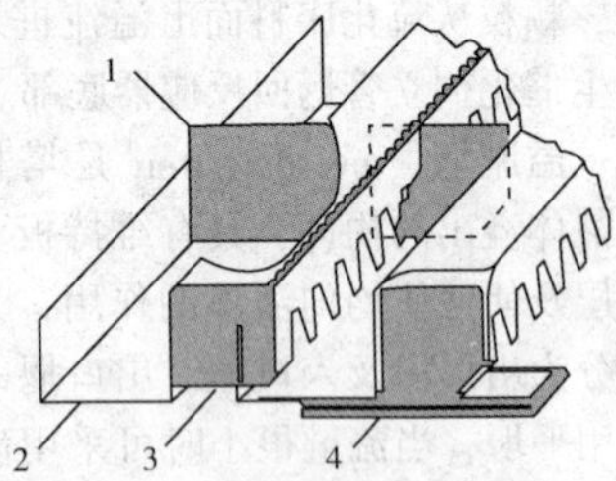

S 形塔盘结构

1—中间加强版；2—S 形元件；3—气端封板；4—塔板支承圈

筛板塔盘 sieve tray 是开有许多小孔的塔盘板。操作时液体从上层塔盘的降液管流入，横向流过筛板后，越过溢流堰经降液管导入下层塔盘；气体则自下而上穿过筛孔，分散成气泡通过液层，在此过程中进行传质、传热。由于通过筛孔的气体具有动能，故在设计合理和正常操作下液体不会从筛孔大量泄漏。

导向筛板 flow-guided sieve plate；Linde sieve tray 是一种改进型的筛板塔盘。在塔盘上开有一定数量的导向孔，通过导向孔的气流与塔盘上液流方向一致，对液流有一定的推动作用，有利于减小液面梯度；在塔板的液体入口处增设了鼓泡促进结构，将液体入口处塔板加工成向上凸起，有利于液体刚流入塔板就可以迅速鼓泡，形成良好的气液接触条件，以提高塔板利用率，减薄液层，减小压降。与普通筛板塔盘相比，导向筛板塔板效率高，压降低，操作弹性大。

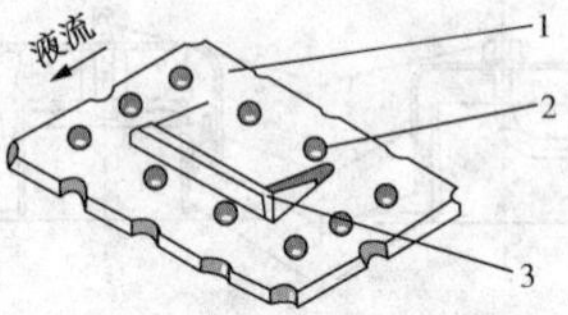

导向筛板

1—塔盘；2—筛孔；3—导向板

MD 筛板 MD sieve plate 是一种多降液管筛板。与一般筛板不同之处在于有多根矩形悬挂降液管，而且降液管处于泡沫层之上的气相空间。相邻两层筛板的降液管互为90°排列，以使液体分布良好。与一般塔盘相比，溢流堰长度大，可用于处理高的液相负荷；液流路径短，几乎没有液面梯度，蒸气分布均匀；降液管下面的受液区也开孔鼓泡，增加了塔板的有效面积。而且操作稳定性高，板间距低。用于新塔可降低塔高，减小塔径。用于旧塔改造，可实现扩能增产。

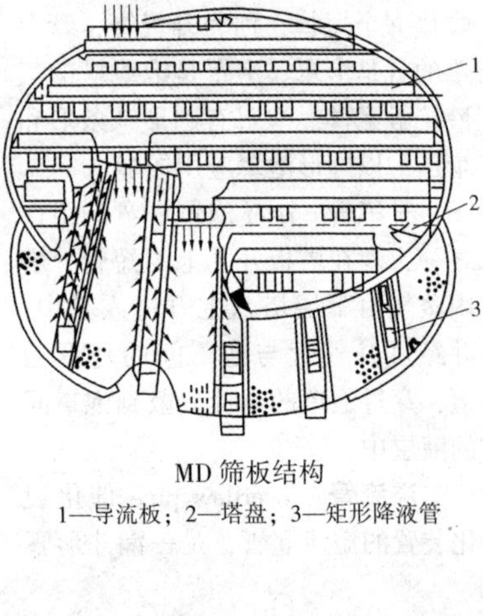

MD 筛板结构

1—导流板；2—塔盘；3—矩形降液管

DJ 型塔板 DJ type plate 是我国开发的一种高通量筛板。这种塔板和 MD 筛板一样具有多根矩形悬挂降液管，但液流模式和结构与 MD 筛板有所不同，可承受大的液体负荷。有 DJ-1 型、DJ-2 型和 DJ-3 型之分。DJ-1 型塔板的两根宽直型降液管布置在塔板中间，悬挂在气相空间。管底开设数条矩形条孔可使液体顺畅流入下层塔板。其筛孔为直孔，受液区开孔鼓泡，增大塔板有效面积。DJ-2 型降液管不是宽型，其长宽比大于 6，降液管底开圆形或长圆形孔，面积也较 DJ-1 型为小。而且在液体进入塔板的位置设置开有导流孔的导流板。DJ-3 型为与填料复合的塔板(见 465 页“DJ 型复合塔板”)。

浮阀塔盘 float valve tray 由塔板、浮阀、溢流堰、降液管等组成。塔盘板上开许多阀孔，每一个孔上装一个带支腿、可在一定范围内上下自由浮动的阀盘。浮阀是保证气液接触的元件，其阀盘开度与通过阀孔的气体流量相适应。浮阀的形式主要有盘形浮阀和条形浮阀，盘形浮阀有 F-1 型、V-4 型、A 型、十字架型等；最常用的是 F-1型，F-1型已经标准化。

舌形塔盘 tongue type tray 是在塔盘板上冲有一系列舌孔，舌片与塔盘板呈一定倾角。气流通过舌孔时，利用气体喷射作用，使气液处于喷射状态，进行传质，并推动液相通过塔盘。舌孔与塔盘板的倾角一般有 18°、20°和 25°三种，通常是 20°，舌孔按三角形排列。推荐的舌片长宽有 25mm×25mm 和 50mm×50mm 两种。除前述冲压固定舌片外，也有可浮动舌片。

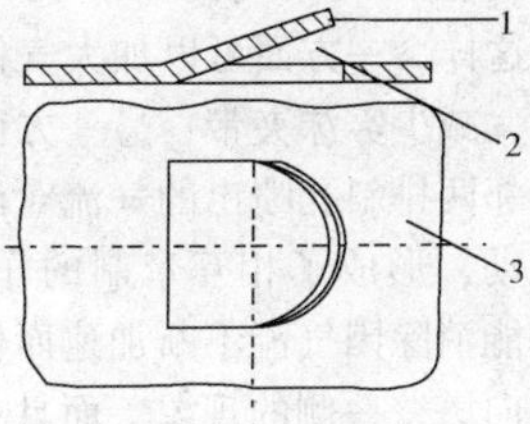

普通型固定舌形塔盘结构

1—固定舌片；2—开口角；3—塔盘

浮动舌形塔盘 directional float tray 是 20 世纪 60 年代研制的一种定向喷射型塔板，舌片可以浮动，且带有限制其升高位置的支腿。静止时平放在塔板上，当气流通过时就将其抬起，因前后支腿长短不一，故仍可形成张角。该塔盘压降低，特别适合于减压蒸馏塔，处理能力大，操作弹性较大，塔盘效率高，但舌片易损坏。

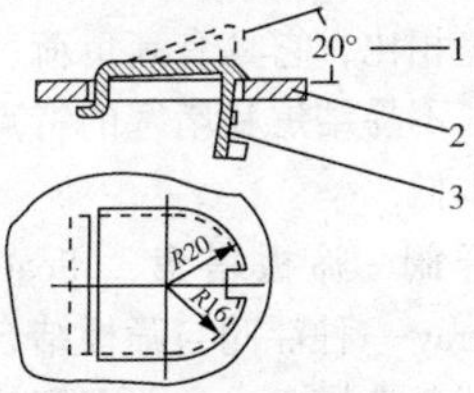

浮动舌形塔盘结构

1—最大开口角；2—塔盘；3—浮舌

斜孔塔盘　inclined-hole tray 是在总结各种塔盘优缺点的基础上设计而成的一种新型塔盘。塔板上冲有若干排平行的斜孔，开孔方向与塔盘上液流方向垂直。每一排孔口方向相同，相邻两排的孔口方向相反，交错排列。气流从斜孔中喷出。这样，一方面可以加大气体的流速，减少雾沫夹带；另一方面由于相邻两排斜孔喷出的气流对液流的扰动，形成了相互牵制的作用，不仅能消除因气流不断加速而使液体推向塔壁一侧的现象，而且有使液体变成多程折流的趋势，增加了液体流道的长度，使气液接触良好，液层低而均匀，大大提高了塔板的效率和生产能力，但操作弹性较小。该塔盘可采用单溢流，也可采用多降液管。

网孔塔盘　perform tray; mesh tray 是 20 世纪 60 年代末研制成的一种塔盘。塔板用金属薄板制成，其上按一定方向冲压网状分布的斜孔，斜孔倾角为 10°~60°，斜孔的开缝宽度为 2~5mm。而且塔板上设置互为平行的斜置挡沫板。与浮阀塔盘相比，它具有高负荷、低压力降、不易结焦和堵塞的特点，制造成本低。

浮阀-筛板塔盘　float valve sieve tray 一种浮阀与筛板结合的无溢流式复合塔盘。主要在穿流式筛板上设置一些浮阀，增加塔板的有效面积。既利用了筛板的大处理能力和压降低的特点，也改善了筛板的操作弹性和分离效率。

浮动喷射塔板　float jet tray 是综合喷射塔板的并流喷射与浮阀塔板的气道截面积可变的两方面优点而提出的一种喷射型塔板。这种塔盘的主体由一系列平行的浮动板组成，浮动板支承在支架的三角槽内，可在一定角度内转动。由上层塔盘降液管流下来的液体，在百叶窗式的浮动板上面流过，上升气流则从浮动板间的缝隙喷出，喷出方向与液流方向一致。该塔板兼具两种类型塔板的长处。

旋流板塔　rotating stream tray scrubber 又称旋叶板塔，为一种喷射塔。主要利用导向板强迫气体做旋流运动产生离心力，使液滴甩向塔壁达到气液分离。多用于吸收、洗涤、气液分离等过程。

凯特尔塔盘　Kittel-type tray 穿流式塔盘的一种。由上、下两层塔盘组成一个单元，塔板用金属板、网制造，具有定向切口，切口的安排可以使上层塔盘的液体流向是离心的，下层塔盘则是向心的，从而强化了传热、传质过程。这种塔盘具有低压降、高负荷、自净等特点。

MD 型复合塔板　MD type composite tray MD 筛板与规整填料或颗粒填料复合成为 MD 型复合塔板，可达到高通量、高效率的效果。填料层置于筛板下，多个降液管置于填料内。这可使原来对传质无效的空间起到一定的传质作用。

DJ 型复合塔板 DJ type composite tray DJ 筛板与规整填料复合成为 DJ 型复合塔板，可达到高气液通量、高效率、高弹性的效果。薄层填料(30~90mm)置于 DJ 筛板下，填料与塔板间留有一定间距，可起气体再分布作用。降液管内液体没有经过填料层。气体负荷高时，填料层起抑制雾沫夹带作用；低时，塔板漏液进填料层，又起传质作用。这种复合形式克服了筛板由于漏液和雾沫夹带而造成的效率下降和操作弹性小的不足。

泡罩塔 bubble cap tower 采用泡罩塔盘的塔，又称泡帽塔。塔内装有多层水平泡罩塔盘。泡罩塔广泛用于精馏和气体吸收。泡罩塔应用历史悠久，技术成熟，操作弹性大，液气比范围大，不易堵塞。但结构复杂，造价高，气相压降大，安装维修不便。除一些特殊应用外，现已几乎被浮阀塔和筛板塔所取代。

筛板塔 sieve-plate tower 采用筛板塔盘的塔。筛板塔的突出优点是结构简单，金属耗量小，造价低廉；气体压降小，塔板上液面落差也较小，其生产能力及板效率较泡罩塔高。主要缺点是操作弹性范围较窄，小孔筛板易堵塞。

浮阀塔 float valve tower 采用浮阀塔盘的塔。由于浮阀可在适当范围内上下浮动，因此可以适应较大气相负荷的变化。浮阀塔由于气液接触状态良好，雾沫夹带量小(因气体水平吹出之故)，塔板效率较高，生产能力较大。塔盘结构及安装较简单，重量轻，造价低，应用较为广泛。但其在气速较低时，塔盘可能漏液导致效率下降，而且浮阀也有卡死或吹脱的可能。

舌形塔 tongue type tray tower 采用舌形塔盘的塔，是应用较早的一种斜喷型塔。气体通道为在塔盘上冲出以一定方式排列的舌片，舌片开启一定的角度，舌孔方向与液流方向一致。因此，气相喷出时使气液处于喷射状态，液层减薄，处理能力增大，并使压降减小。舌形塔结构简单，安装及检修方便，金属耗量少，节省投资，但操作弹性不大，且不适应较低的气相负荷。

穿流式栅板塔 turbogrid tray tower 属于无溢流型板式塔。塔盘上冲有长条平行的栅缝，操作时蒸气通过栅缝上升进入液层，液体被扰动形成泡沫层。当泡沫层达到一定高度后，液体通过栅缝下流。这种塔没有降液管。其结构简单，易加工，安装及维修方便，投资少。由于无降液管节省了相应塔面积，开孔率大，压降小。可用于减压蒸馏，但板效率、操作弹性不及泡罩塔板。

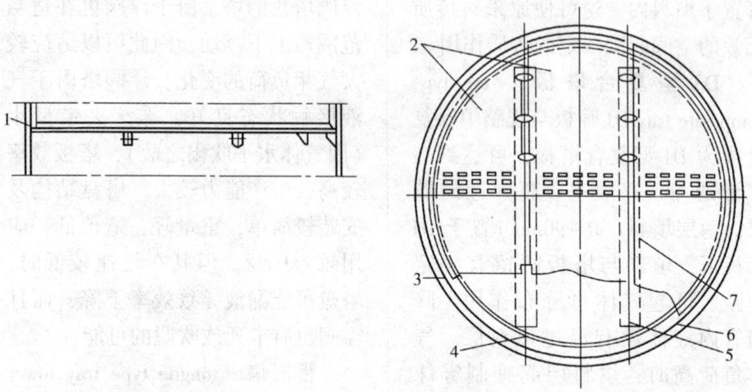

穿流栅板塔盘结构

1—垫片；2—塔板；3—支承板；4—支架；5—梁；6—支承圈；7—专用垫片

导向筛板塔 flow-guided sieve plate tower 采用导向筛板塔盘的塔。是改进了的筛板塔，一是在塔盘上开有导向孔，可均布液体；二是液体进口区设置了鼓泡促进装置。由于作了上述改进，故比普通筛板塔的效率高，操作弹性大，压降也稍低。

转盘塔 rotary disk column 一种常用于液-液萃取的设备。塔内装有多层的固定环形板，中间一搅拌轴，轴上装有多层圆盘，每层圆盘都位于相邻两固定环形板的中间。转盘的转动促进了液滴的分散，有利于改善传质效率。

散装填料 random packing 是一个个具有一定几何形状和尺寸的颗粒体，一般以随机的方式堆积在塔内，又称为乱堆填料或颗粒填料。通常分为两大类，即普通填料和高效填料。前者用于工业应用，后者多用于实验室。散装填料根据结构特点不同，又可分为环形填料、鞍形填料、环鞍形填料及球形填料等。

颗粒填料 granular packing 见“散装填料”。

规整填料 structured packing 是按一定的几何构形排列、整齐堆砌的填料。不但规整了气液流路，而且改善了诸如沟流、壁流及润湿性能，降低了阻力，也提供了更大的气液接触面积。规整填料种类很多，根据其几何结构可分为格栅填料、波纹填料、脉冲填料等。

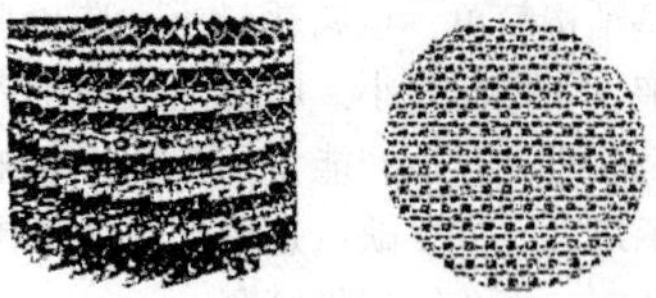

规整填料

瓷环填料　porcelain ring packing　由陶瓷制作的填料，有优异的耐酸、耐热性能，能耐除氢氟酸以外的各种酸、碱的腐蚀。常见的有拉西环、鲍尔环、矩鞍环、异鞍环、共轭环等。

拉西环填料　Rasching ring packing　于 1914 年由拉西（F. Rashching）发明，为外径与高度相等的空心圆环，可由陶瓷、金属、塑料制成。拉西环填料一般乱堆在塔内，易产生架桥、空穴现象，气液分布较差，传质效率低，阻力大，通量小，目前工业上已较少应用。

拉西环填料

鲍尔环填料　Pall ring packing　是对拉西环的改进，在拉西环的侧壁上开出两排长方形的窗孔，上下两层窗孔位置错开。被切开的环壁的一侧仍与壁面相连，另一侧向环内弯曲指向环心，形成内伸的舌叶，每层 5 个舌叶。鲍尔环由于环壁开孔，大大提高了环内空间及环内表面的利用率，气流阻力小，液体分布均匀。与拉西环相比，鲍尔环的气体通量可增加 50%以上，传质效率提高 30%左右。

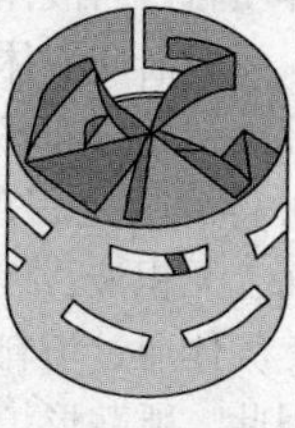

鲍尔环填料

狄克松环填料　Dixon ring packing 又称 θ 环填料。是一种小颗粒高效填料，用金属丝网卷制而成，填料的直径与高度相等。有两种形式，一种是 θ 形，一种是 S 形。主要用于实验室及小批量、高纯度产品的精馏过程。

麦克马洪填料　McMahon packing 又称金属纱网鞍形填料。由金属丝网做成鞍形状的填料，既有金属丝网分散液体特点，又有弧形结构的优点。一般由一小片网目 80~100 目的金属丝网压成，丝网尺寸一般为 6mm×6mm。丝网既增加了填料比表面积，同时又增加了液体润湿性能和流动中的扰动。因此，具有很高的传质性能，属于高效塔填料之一。

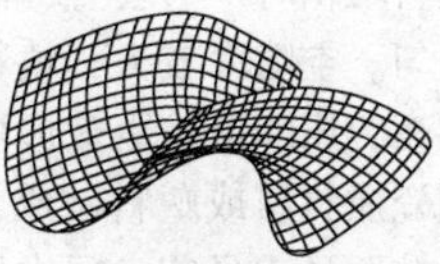

麦克马洪填料

弧鞍形填料　Berl saddle packing 一种表面全部呈展开状、形如马鞍的瓷质实体填料。当液体淋洒到填料表面后，弧形面使液体向两旁分散。即使液体初始分布不良，经弧面后，仍可得到一定程度的改善。此外，弧面上无积液，表面的有效利用率高，气体通过填料层时压力降也小。因此，弧鞍形填料比拉西环的传质性能好。缺点是由于其形体对称，装填时容易形成重叠，重叠部分的表面非但不能利用，还降低了有效空隙率。此外，开式结构的强度也较差。因此，在矩鞍形填料出现后，已很少使用弧鞍形填料。

弧鞍形填料

矩鞍形填料　Intalox saddle packing 由弧鞍形填料发展而来。将弧鞍形填料两端的弧形面改为矩形面，且两个鞍形曲面形状不同，长短不等，即成为矩鞍形填料。矩鞍形填料堆积时不会套叠，液体分布较均匀。空隙率较大，填料表面利用率高，压降低。矩鞍形填料一般采用瓷质材料或塑料制成，其性能优于拉西环。目前，国内绝大多数应用瓷拉西环的场合，均已被瓷矩鞍形填料所取代。

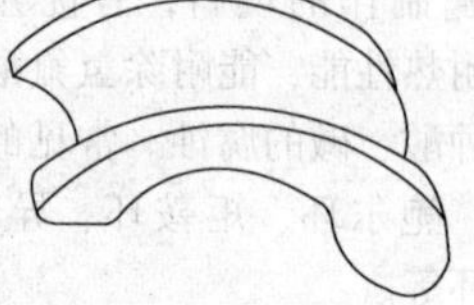

矩鞍形填料

阶梯环填料　cascade ring packing 是对鲍尔环的改进，但高径比小于1，故属开孔短环类填料。与鲍尔环相比，阶梯环壁上仅开有一层窗孔，使得气体绕填料外壁的平均路径大为缩短，减少了气体通过填料层的阻力。并在一端或两端增加了一个锥形翻边，不仅增加了填料的机械强度，而且使填料之间由线接触为主变成以点接触为主。这样不但增加了填料间的空隙，同时增加了液体沿填料表面流动的汇集分散点，促进液膜的表面更新，有利于传质效率的提高。阶梯环的综合性能优于鲍尔环，成为目前所使用的环形填料中最为优良的一种。可由金属、陶瓷或塑料制成。

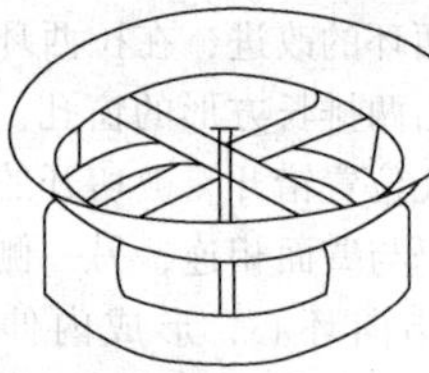

阶梯环填料

丝网波纹填料　gauze corrugated packing 一种规整填料。由若干平行直立放置的波网片组成，网片的波纹方向一般与塔轴线成30°或45°倾斜角，相邻网片的波纹方向相反，于是在波纹网片之间构成了一个相互交叉又相互贯通的三角形截面通道网。组装在一起的网片周围用带状丝网圈箍住，构成一个圆柱形的填料盘。填料盘的直径比塔的内径小2mm左右，以便于装入塔内。填料装填入塔时，上下两盘填料旋转90°。丝网波纹填料是用丝网制成的，材料细薄、结构紧凑、组装规整，因而孔隙率及比表面积均较大。而丝网的细密网孔，对液体有毛细管作用，有少量液体即可在丝网表面形成均匀的液膜，因而填料的表面湿润性很好。但易堵塞。可用金属、塑料或碳纤维制作。

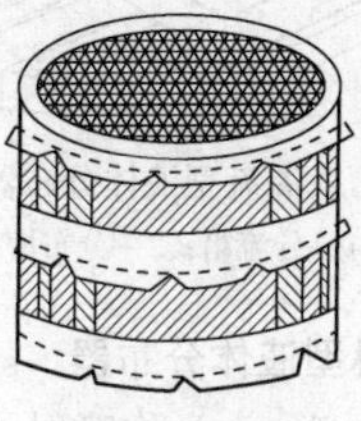

丝网波纹填料

板波纹填料 corrugated-sheet packing 一种规整填料，其结构与丝网波纹填料相同，只是用金属波纹板、陶瓷波纹板或塑料波纹板代替波纹丝网，且板上开有小孔或在金属板上碾压出密度较大的刺孔。其分离能力类似网状波纹填料，但抗堵能力优于网状波纹填料。

液体分布器 liquid distributor 用来将液体均匀分布在填料塔截面上的装置。按用途分有通用型和特殊型；按液体流动推动力分有压力型和重力型；按液体流出方式分有孔流和堰流。常见的液体分布器有管式、盘式和槽式等。

管式液体分布器 tubular liquid distributor 是一种通用型液体分布器。常用的有排管式和环管式两种。根据推动力不同，又分为压力型和重力型两类。管式分布器可提供最大的气流通道，但允许喷淋密度较小，物料不能含固体杂质。结构简单，加工方便，造价低廉。

排管式液体分布器 calandria liquid distributor 液体流出方式为孔流，结构形状为排管，故可简称排管式或管式孔流型分布器。由总管、支管组成，且支管开有液流小孔。分为重力型排管和压力型排管液体分布器。

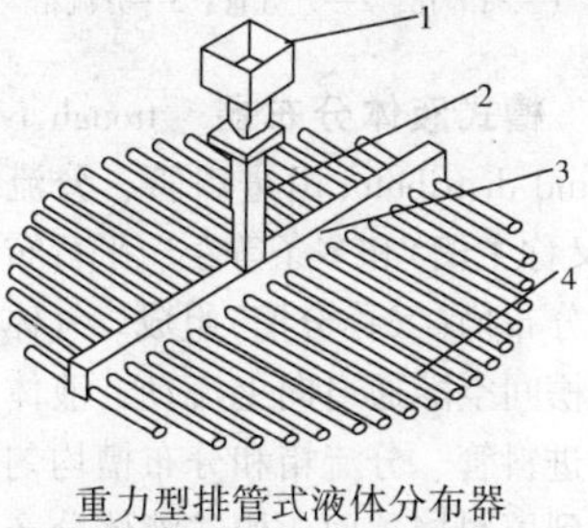

重力型排管式液体分布器

1—进液口；2—液位管；
3—液体分配管；4—布液管

盘式液体分布器　disc type liquid distributor 属于重力型液体分布器，分为孔盘式和堰盘式两种。分布器主要由升气管和液体分布盘组成。气体沿升气管及分布盘与塔壁的间隙向上升。孔盘式分布器的底板上均匀布置许多液体下淋孔和升气管。升气管可以是圆形或矩形管。矩形升气管适应于较大规模的塔。孔盘式分布器可以处理较大负荷，但盘安装水平度要求较高。孔口易被堵塞。堰盘式分布器则是在圆形升气管的顶端开有V形溢流堰。其升气管也是溢流管，是液体下流的通道，两管合一，易形成雾沫夹带，适于小型塔的场合。

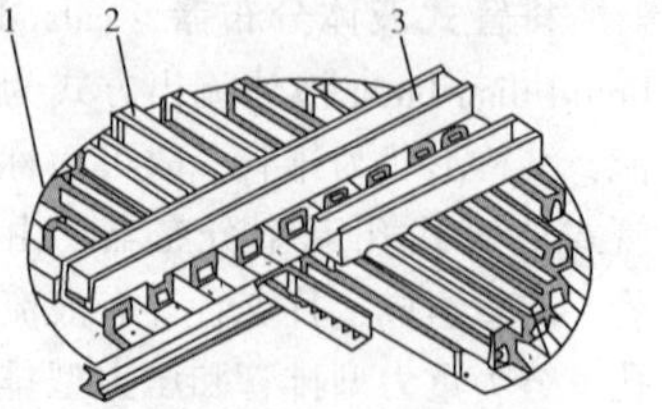

孔盘式液体分布器(矩形升气管)
1—喷淋孔；2—升气管；3—分流箱

槽式液体分布器　trough type liquid distributor 由进料管、分流箱(又称主槽)和多条等距、平行布置的分布槽(又称分槽)组成。气体穿过槽间空隙通道向上流动，液体通过进料管、分流箱和分布槽均匀下淋到填料层顶面。槽式液体分布器有孔槽式和堰槽式之分。孔槽式的液体流出方式是孔流；堰槽式流出方式则是溢流。槽式液体分布器具有较大的气流通道，结构简单紧凑，易于支承，且造价低于盘式。

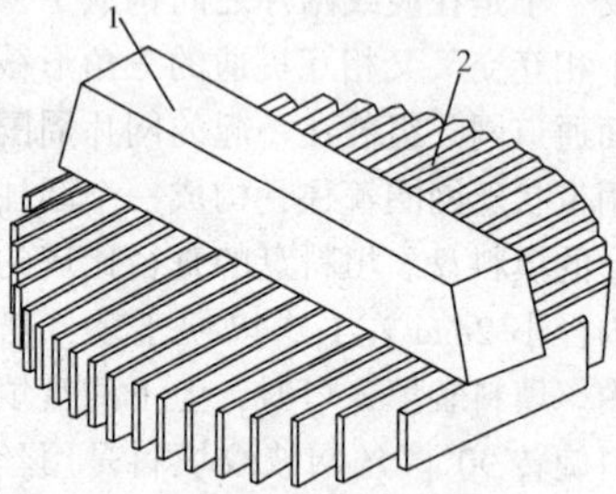

槽式孔流型液体分布器
1—分流箱；2—分布槽

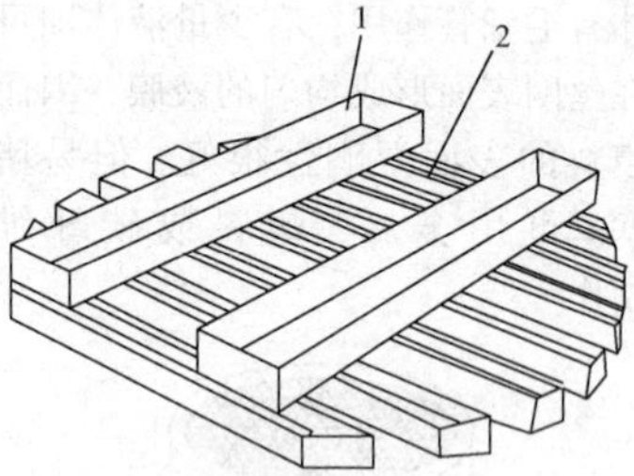

槽式溢流型液体分布器
1—分流箱；2—分布槽

喷淋型液体分布器　spray type liquid distributor 又称喷射式液体分布器。分布器装有一定数量的喷头或喷嘴，其数量多少与布置和塔径、液体流量及喷射高度有关。此类分布器结构简单，喷洒均匀，安装、拆卸方便；但小孔容易堵塞，雾沫夹带严重，流量或压力改变时，液体分布状况会产生较大改变。适用于直径小的塔。

溢流型液体分布器　overflow type liquid distributor 属于重力型液体分布装置。按其结构可分为盘式溢流分布器(见盘式液体分布器)和槽式溢流分布器两种。液体的喷淋依靠液体的自重，在溢流盘或溢流槽中液体达到一定高度，通过溢流堰口或开孔喷淋至填料上。目前大直径填料塔多采用溢流型液体分布器。其优点是操作弹性大，不易堵塞，抗污染能力强。

槽式溢流型液体分布器　trough over-flow type liquid distributor 溢流型液体分布器的一种，又称堰槽式分布器，是使用广泛的液体分布器。由溢流槽(又称分布槽)和分流箱组成。溢流槽平行、等距、对称排列。分流箱数量根据塔径和液体负荷而定(1～3个)。为了保证进入分流箱的液体按规定比例分流，在箱底部开孔，或在侧面开V形、矩形孔或圆孔。溢流槽的溢流堰开在槽的侧壁上，一般为夹角30°～60°的V形孔。液体通过分配管先进入分流箱，靠液位由分流箱的V形或矩形溢流孔分配至各溢流槽中，然后通过V形溢流孔流到填料表面上。堰槽式分布器操作弹性比高，可在气液通量很大的范围操作，适用于物料内有固体颗粒易被堵塞的场合。

冲击式液体分布器　lash type liquid distributor 主要包括反射板式液体分布器和宝塔式液体分布器。反射板式液体分布器由中心管和反射板组成，是利用进塔液体的压头，使液体从中心管流出并冲击反射板，利用反射分散作用将液体均匀分布。反射板可做成平板、凸形板和锥形板等形状。当液体喷淋要求均匀性较高时，可将多块反射板组成宝塔式液体分布器。冲击式液体分布器的喷洒范围大，液体流量大，结构比较简单，不易堵塞，但须在稳定的液体压头下工作。

液体再分布器　liquid redistributor 液体沿填料向下流动时，由于向上的气流速度不均匀，中心气流速度较大、靠近塔壁处流速较小，使得液体流向塔壁形成“壁流”，减少了气、液的有效接触，降低了塔的传质效率，严重时会使塔中心的填料不能被湿润而形成“干锥”现象。为此，每隔一定高度的填料层则设置一个液体再分布器，以便使液体再一次重新均匀分布。液体再分布器应兼有收集、混合和再分布流体的功能，以达到均化组分、均布流体的作用。最常见的液体再分布器是分配锥，盘式、槽式及管式液体再分布器等。

分配锥　distribution cone; pyramid liquid redistributor 由锥头、锥体、挡液板及拦截网片构成。其特征在于：锥头为一个上边缘向外折边的圆环体，在圆环体下部内径侧连接呈上大下小的锥体。在锥体高的二分之一处下方的不同锥截面的锥体上开设均匀排列大小相等的液流孔，在锥高的二分之一处的上方锥周面上开设均匀排列大小相等的矩形升气槽。在升气槽的上端的锥体内连接挡液板，在升气槽的下端，锥体外侧连接金属丝网的拦截网片。可实现液体的收集及均匀分布和均匀升气，是保证填料塔具有高分离效率的重要塔内件之一。

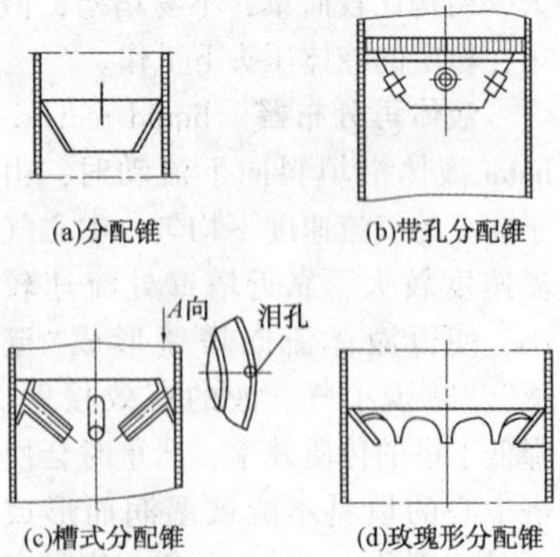

(a)分配锥　(b)带孔分配锥

(c)槽式分配锥　(d)玫瑰形分配锥

分配锥

盘式液体再分布器　disc type liquid redistributor 由盘式液体分布器改进而来，在设计方法上没有大的差别。和盘式液体分布器一样，也有孔盘式和堰盘式之分。结构上仅仅在升气管顶部增加了为防止液体直接落入升气管的挡液罩。同时挡液罩也改变了上升气流的方向，推助气流的横向混合。盘式液体再分布器具有结构简单、安装方便、高度小、流体混合与均布性较好等优点。

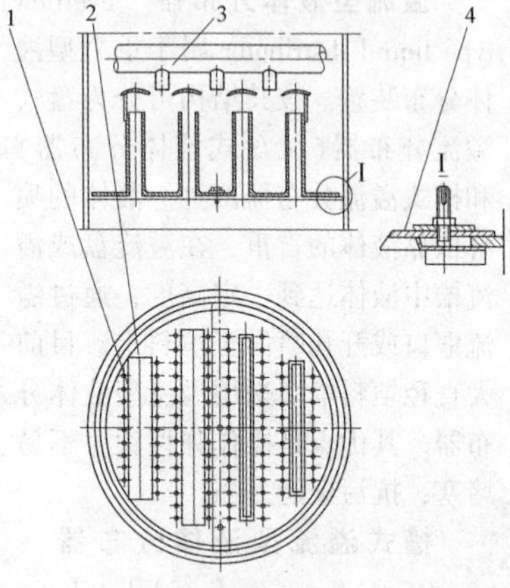

孔盘式液体再分布器

1—喷淋孔；2—矩形升气管；3—液体分布管；4—金属网

槽式液体再分布器　trough type liguid redistributor 与槽式液体分布器类似，仅在支承板和液体分布器之间增设液体收集器，解决收集上层填料层下流的液体。然后收集的液体进入液体分布器，均匀下淋到下一层填料层。典型的液体收集器是配有环形集液槽的斜板式液体收集器。斜板式液体收集器收集液体后汇入环形槽中，再从其出口流入分布槽。槽式液体再分布器其流通道大，阻力小，分布效果理想，但结构复杂，占塔空间大。类似地，重力型管式液体分布器亦可与液体收集器联合，组成管式液体再分布器。

斜板复合式液体再分布器　inclined plate composite liguid redistributor

把支承板、液体收集器、液体分布器结合在一起的装置，可以减小塔的高度。其导流-集液板同时当作支承板使用，而分布槽既是收集器又是分布器。汇集于环形槽中的壁流液体，从圆筒上的开孔流入分布槽。与由斜板导入分布槽的液体一起，通过槽底的分布孔重新均布到下一层填料。当液体负荷较大时，通过分布槽内的溢流管溢流，从而可以适应较大的液体流量变化，同时又增加了液体的喷淋点数，因而取得良好的分布效果。

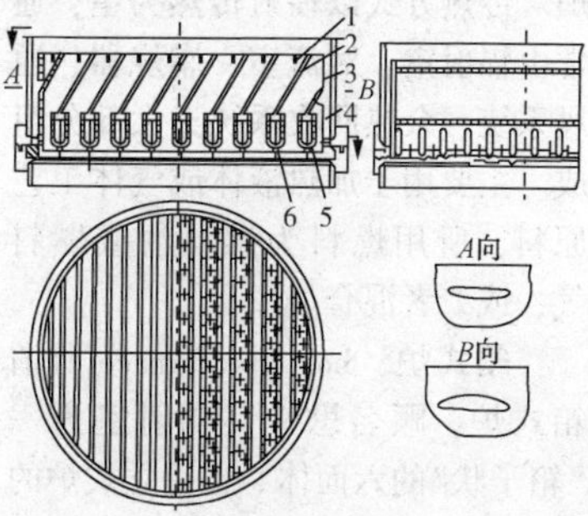

斜板复合式液体再分布器

1—支承栅板；2—导流集液板；3—圆角；4—环形槽；5—分布槽；6—溢流管

填料支承板 packing support plate 用于支承填料的装置，安装在填料层的底部。其作用是防止颗粒填料或填料碎片通过板开孔落下；支承填料层和其他各种负荷的重量；保证足够的开孔率，使气液两相能自由通过。支承板应具有足够的强度及刚度，结构应简单，便于安装。

格栅式支承板 grid support plate 结构最简单、最常用的填料支承板，由相互垂直的栅条组成，放置于焊接在塔壁的支承圈上。塔径较小时可采用整块式栅板，大型塔则可采用分块式栅板。

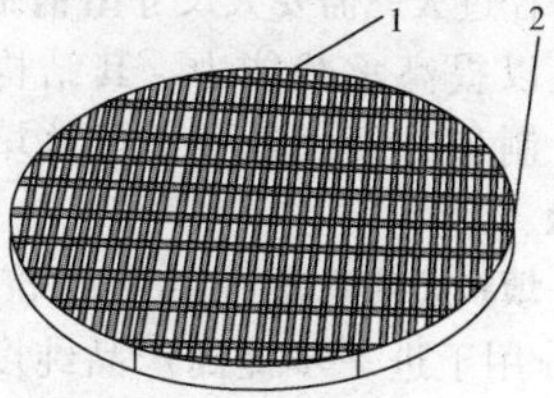

整块栅板型支承

1—栅条；2—支承圈

气体喷射式填料支承板 gas injection packing support plate 是在较薄的波纹(驼峰状)钢板(一般不锈钢为3~5mm，碳钢为6mm)或非金属(陶瓷、塑料)波纹板上开出密集的长圆形孔，再用螺栓连接成分块式(或组焊成一体)波形的支承板，固定于塔体的支承圈上。波纹结构具有较好的强度和刚度，因而，大大减少了底部支承梁的数目。对于大直径的塔增设中间支承梁，以提高支承板的承载能力。由于这种支承板的截面形状似驼峰，故又称为驼峰式支承板。其特点是气体通量大，液体负荷高，是性能较好的散装填料支承板。

钟罩型气体喷射式填料支承板 bell-type gas injection packing support

plate 由带有筛孔的底板、支承圈和若干个钟罩组成。这种支承板在空隙率和强度方面均不如驼峰式支承板。

梁型气体喷射式填料支承板 beam type gas injection packing support plate 用扁钢条和扁钢圈焊接而成。若塔径过大，需要大尺寸型钢做主梁，以提高承载能力。其结构简单，制造方便，多用于规整填料支承。

填料式精馏塔 packed rectifying tower 用于进一步提高产品纯度的填料塔，其填料多采用规整填料。特点为高效、低压降和小的滞留量。

传质单元高度 height per transfer unit(HTU)表示填料塔分离性能的数值。在填料比表面和塔径已确定的情况下，相当一个传质单元所需传质面积的填料层高度。传质单元高度乘以传质单元数可得填料塔有效高度。其值越小，传质性能越好。

等板高度 height equivalent to a theoretical plate (HETP) 又称理论板当量高度，用来表达填料塔的分离效率的一种方法。指与一块理论塔板相等的填料层高度。等板高度乘以分离所要求的理论板数即为填料层高度，等板高度的值愈小，则填料塔分离性能愈好。等板高度与气液两相流动及在填料层内的接触状况和填料的几何特性有关。

理论段当量(填料层)高度 height (of packing) equivalent to a theoretical stage (HETS) 用于液-液连续抽提塔的计算。其意义与等板高度相同。

6.2 炉

管式加热炉 tube furnace; pipe furnace 是一种直接受火式加热设备，通过管子将油品或其他介质进行加热。在石油化工厂装置内所用的加热炉几乎都属于管式加热炉。传热方式以辐射传热为主，通常由辐射室、对流室、燃烧器、通风系统、余热回收系统五大部分组成。主要用于加热液体或气体工艺原料，所用燃料为燃料油或燃料气，或二者混合。

箱式炉 box-type furnace 所谓箱式炉，顾名思义其辐射室为一“箱子状”的六面体。也是立式炉的一种形式，是适应管式炉热负荷的大型化而产生的。其辐射炉管可水平布置、立式布置，也有U形或门形布置。燃烧器布置有炉底向上烧火、炉顶向下烧火或端(侧)墙对烧等三种。常见的箱式炉有大型箱式炉、顶烧箱式炉、斜顶箱式炉。

立式炉 vertical furnace 严格说立式炉应包括筒式加热炉和箱式加热炉两种(前者又称之为立式圆筒炉)，但通常提及立式炉多指箱式加热炉。它的辐射室截面为较窄

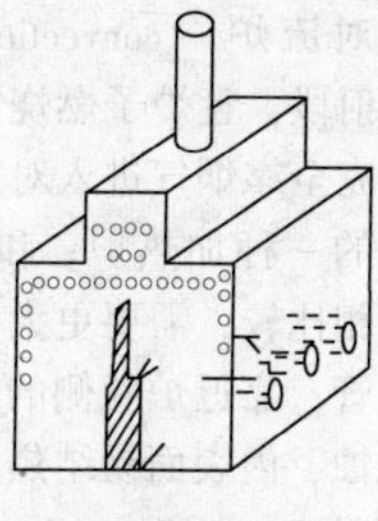

(a)大型箱式炉

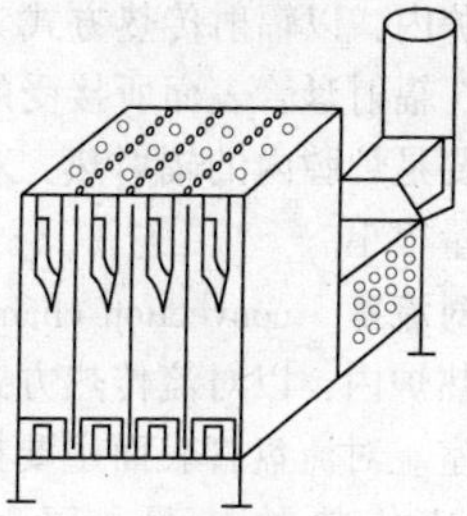

(b)顶烧箱式炉

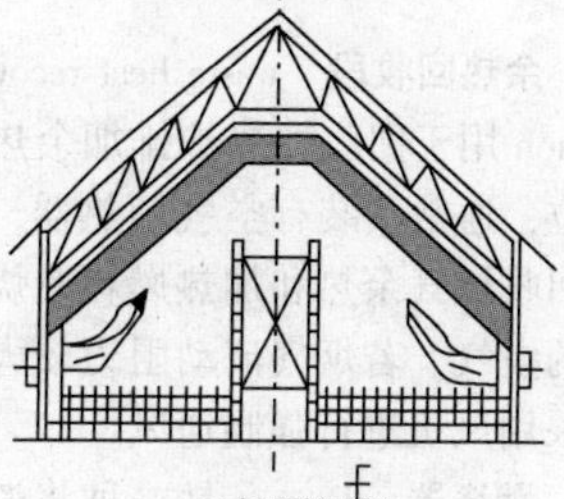

(c)斜顶箱式炉

常见箱式炉

长的矩形，对流室布置在辐射室之上，燃烧器布置在炉底，向上烧火。横管立式炉，它的主要优点在于火焰和烟气流向与炉管垂直相交，便于将高温下介质易裂解和易结焦的炉管避开炉内高温区，因此特别适用于润滑油型减压炉、焦化炉和沥青炉等。当管内介质要求不苛刻且流路又较多时，辐射室炉管可立式布置。这既可减少高合金的炉管支承件，又便于多流路布管。这样的立式炉称为立管立式炉。立管立式炉与大型箱式炉类似，同样可以满足大型化的要求，而且比箱式炉占地少、投资省、效率高。常见的有底烧水平管立式炉、附墙火焰立式炉、U 形管立式炉、立管立式炉、无焰燃烧立式炉、阶梯立式炉。

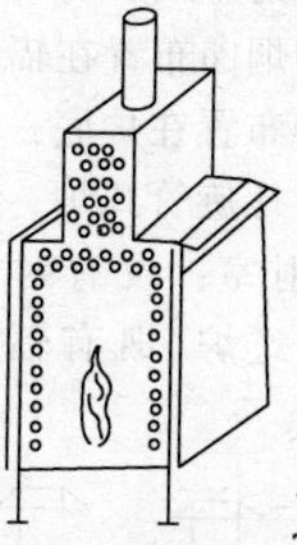

(a)底烧水平管立式炉

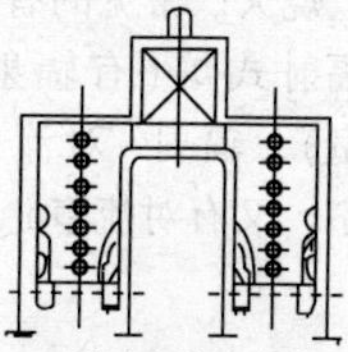

(b)附墙火焰立式炉

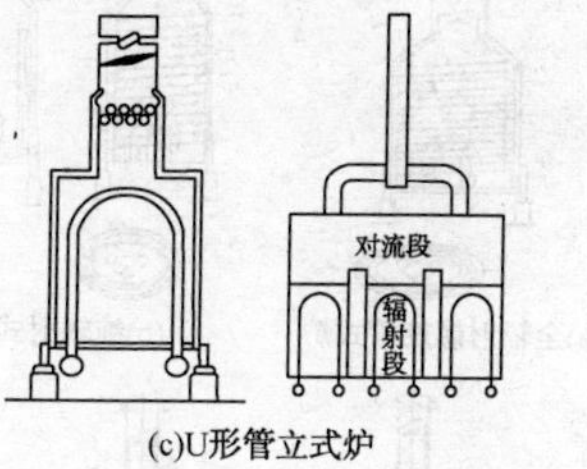

(c)U形管立式炉

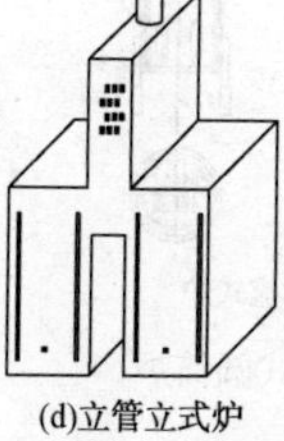

(d)立管立式炉

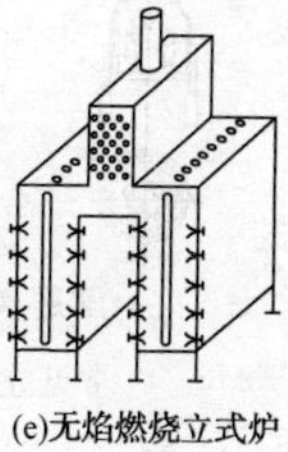

(e)无焰燃烧立式炉

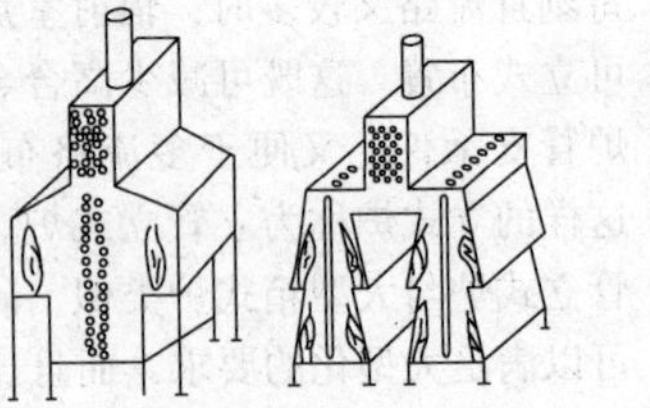

(f)阶梯立式炉

常见立式炉

立式圆筒炉　vertical cylindrical furnace 辐射室为圆筒形的管式炉称为圆筒炉，也是立式炉的一种形式。其对流室和烟囱布置在辐射室的上部，燃烧器布置在炉底，向上烧火。常见的有螺旋管式炉、纯辐射式炉(有辐射室，没有对流室)、辐射-对流式炉(既有辐射室，又有对流室)。

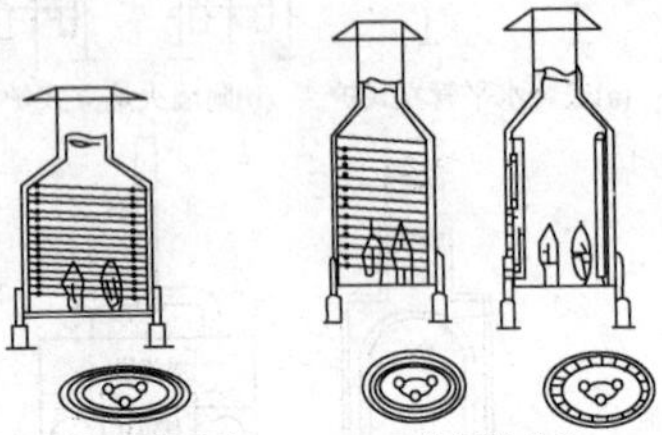

(a)全辐射螺旋管式炉　(b)纯辐射式炉

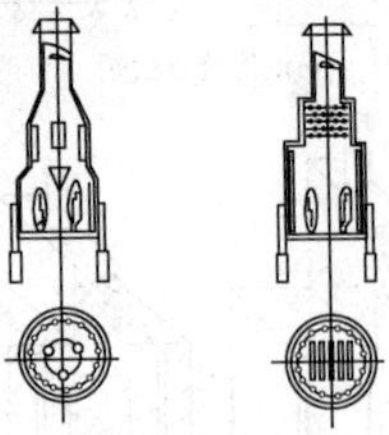

(c)辐射-对流式炉

常见立式圆筒炉

纯对流炉　convection furnace 没有辐射段，且炉子燃烧室不布置炉管，完全靠烟气进入对流室进行热交换的一种加热炉。和辐射-对流式炉相比较，需要更大的传热面积和炉管，靠近炉膛侧的炉管外表面易烧蚀，内表面易结焦。

辐射室　radiant chamber 指在加热炉内，以辐射传热方式为主的炉室。辐射盘管表面所接受的热量也主要是炉膛内的辐射热，对流传热数量很小。

对流室　convection chamber 指在加热炉内，以对流传热方式为主的炉室。对流盘管表面主要接受烟气对流传热的热量，辐射传热较小。

余热回收段　waste heat recovery section 用于回收加热炉排烟余热的部位，通常安装有空气预热器，用来回收烟气余热和加热燃料燃烧所需的空气。若烟气流动阻力较大则可采用风机进行强制通风。

燃烧器　burner 是一种将燃料和空气(或蒸汽)按照一定混合比，高速送入炉内，确保和维持燃烧条件的部件。燃烧器有燃油燃烧器、燃气燃烧器和油-气联合燃烧器三大类。按燃料雾化方式，又分为机械雾化燃烧器、介质(空气、蒸汽)雾化燃烧器和联合雾化燃烧器。一台完整的燃烧器应包括燃料喷嘴、调风器和燃烧道三个部分。

空气预热器　air preheater 是

利用锅炉、工业炉窑或其他动力、冶金、化工等装置的排烟热量来预热燃烧用空气的换热器。如锅炉尾部烟道中的烟气通过预热器的散热片将进入锅炉前的燃烧空气预热到一定温度，用来提高锅炉的燃烧效率，降低能量消耗。

废热锅炉　waste heat boiler 通过一系列的换热管将工业生产过程中产生的高温废气的热量转化为用来生成蒸汽或热水的设备。其原理就是管式换热器的原理，即水在管壁的一侧流动，高温废气在管壁的另外一侧流动，在二者的流动过程中，废气将热量传递给水而温度降低(余热被利用)，水吸收废气的热量而被逐级加热成所需参数的蒸汽或热水。

炉墙　furnace wall 用耐火和保温材料等砌筑或敷设的加热炉或锅炉炉膛的壁墙。其结构形式主要有耐火砖结构、耐火混凝土结构和耐火纤维结构。

炉管　furnace tube 是加热炉中流经物料并吸收炉膛热量的部件。按照受热方式可以分为辐射炉管和对流炉管。常用的炉管有轧制无缝钢管和离心铸管。炉管应有较高的持久强度、较好的抗氧化性和耐腐蚀性以及较高的热稳定性和可焊性。辐射室炉管与遮蔽管采用光管，对流室炉管一般采用钉头管和翅片管来强化管外对流传热。

燃料喷嘴　fuel nozzle 炼油及石油化工加热炉燃烧器使用的燃油喷嘴几乎都是内混式蒸汽雾化型，由雾化蒸汽管、燃料油管、雾化器、混合室和喷头等部件组成。

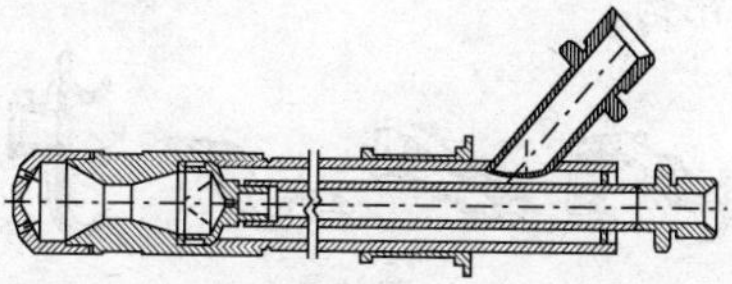

燃油喷嘴

配风器　air distributor 燃烧器的组件之一，又称空气分配器。用于引入并调节空气以保证燃料的高效、充分燃烧。

燃烧道　combustion passage 燃烧器的组件之一，保持雾化燃料流出并与空气更好混合使之燃烧的通道。燃烧道可以给火焰根部提供高热源以保证燃烧稳定。

鼓风机　blower 用于输送燃料燃烧所需要的空气的风机。

引风机　induced draft fan 用于排出加热炉产生的烟气的风机。

烟道　flue 用于引导烟气或布置受热面的烟气通道。

烟囱　chimney; stack 用来向大气排放烟气的立式设施。加热炉烟囱有两个作用：(1)将烟气排入高空，减少地面的污染；(2)当加热炉采用自然通风燃烧器时，利用烟囱形成的抽力将外界空气吸入炉内供燃料燃烧。

吊钩　lifting hook 用于安装炉管的设施，是起重机械中最常见的一种吊具。吊钩常借助于滑轮组等部件悬挂在起升机构的钢丝绳上。吊钩按形状分为单钩和双钩；按制造方法分为锻造吊钩和叠片式吊钩。

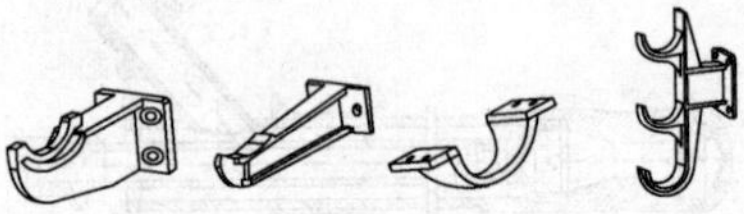

吊钩

拉钩 drawing hook 用于安装、固定炉管的构件。

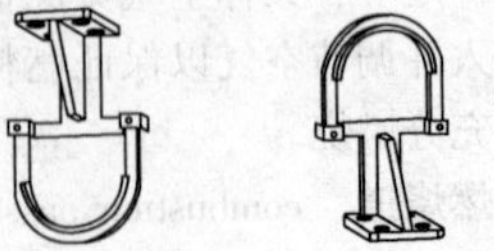

拉钩

看火孔 fire hole 用来观察加热炉或锅炉辐射室内燃烧器燃烧的火焰颜色及长短的炉体开口之一。也可用来对炉管、弯头、拉钩、吊钩、热电偶、炉墙、炉顶衬里、炉底衬里、火盆砖等进行观察，检查在运行中是否有烧坏或变形等异常现象。

点火孔 ignition hole 用来点火的小孔，点火枪通过它可点燃燃烧器喷出的燃料。

炉用人孔 furnace manhole 加热炉上供人员进入检查、维修维护的人孔。

吹灰器 soot blower 利用喷射蒸汽、空气或超声波清扫炉管表面灰尘的器具。吹灰器有蒸汽吹灰器、声波吹灰器和激波吹灰器三大类。

烟囱挡板 chimney damper 是一种调节烟气或空气体积流量、改变阻力的部件。烟囱挡板有密封式和不密封式两种。密封式挡板有单轴、双轴、三轴和四轴之分。

翅片管 finned tube 为了提高对流管烟气侧的传热效果，可在对流管的外壁上焊接一定数量、一定规格的翅片，这种焊有翅片的炉管称为翅片管。翅片管和钉头管一样都是扩展表面管，增加了光管的受热面积。翅片管的形式繁多，主要有以下六种：L型绕片管、LL型绕片管、KLM型绕片管、镶嵌式翅片管、I型翅片管、椭圆翅片管。

钉头管 studded tube 为了提高对流管烟气侧的传热效果，在对流管的外壁上焊接一定数量、一定规格的钉头，这种焊有钉头的炉管称为钉头管。

急弯弯头 sharp bend 将单根炉管组成串连盘管的专用连接件，常用的有180°和90°两种。急弯弯头与炉管全部采用焊接，所以适用管内不结焦或结焦较少或可以用空气-蒸汽烧焦来清焦的加热炉。

回弯头 return bend 将单根炉管组成串连盘管的专用连接件。由于回弯头带有可拆卸的堵头，所以适用于结焦严重、需要机械清焦的加热炉。

耐火砖结构炉墙 refractory

brick heater wall 由耐火砖和保温层、密封层、钢结构组成的炉墙。

耐火混凝土结构炉墙 refractory concrete heater wall 主要由耐火混凝土构成的炉墙。耐火混凝土由胶结剂、集料和掺合料组成。其性能主要取决于三组分的性能和配合比，其次还与集料的级配和水灰比有关。

耐火纤维结构炉墙 refractory fiber heater wall 是由硅酸铝耐火纤维毡和岩棉板或酚醛树脂矿棉板复合组成的炉墙。

砌砖炉墙 bricklaying heater wall 一般由耐火砖和保温砖砌筑而成。为了保证炉墙的整体稳定性，各层材料之间应牵连砌筑。外面的密封层可以用石棉沥青膏，也可以用表面钢板。

挂砖炉墙 hanging brick heater wall 由砖架梁、拉砖架立柱、转拉钩、转托架等钢结构系统和异形耐火砖、保温层、密封层等组成的炉墙。密封层常用石棉沥青膏涂层。

拉砖炉墙 brickpulling heater wall 用砖拉钩(或砖托板)和砖拉杆，将砌筑炉墙与炉子钢架联系起来，增加炉墙的稳定性，从而可使砌筑炉墙减薄。

过剩空气系数 excess air coefficient 在实际条件下燃料完全燃烧或不完全燃烧所需的空气量与在理想条件下燃料完全燃烧时所需要的最少空气量之比。对加热炉而言，过剩空气系数为进入炉子的实际空气量与理论空气量之比。若太大会降低炉膛温度，炉子热效率低，排烟损失的热量也大；若过小，燃料不能燃烧充分，炉子的热效率也降低。

燃烧器冷模试验 cold model test for burner 在实验室中用水、空气做实验，来测试没有反应过程的流经燃烧器流体的速度或者物质传递速率。

燃烧器热模试验 hot model test for burner 使用真实物料做的一些包括可能发生化学反应过程的试验。

燃烧器冷模试验曲线 cold model test curve of burner 根据燃烧器冷模试验结果所绘制的曲线。

燃烧器热模试验曲线 hot model test curve of burner 根据燃烧器热模试验结果所绘制的曲线，用于指导燃烧器的燃烧。

火墙 fire wall 用耐火砖砌成的空心短墙。作用是吸收来自燃烧器的热量，再通过辐射的方式传给炉管，使炉管受热更均匀。

热效率 heat efficiency 表示炉子有效利用能量的程度，即被加热流体吸收的有效热量与燃料燃烧放出的总热量之比。$\eta = Q/BQ_L$，其中 Q 表示炉子的有效热负荷(kW)，B 表示燃料用量(kg/s)，Q_L 表示燃料低发热值(kJ/kg 燃料)。

6.3 再生器

催化裂化再生器 catalytic cracking regenerator 裂化催化剂由于焦炭沉积和碱性氮化物的影响，会造成暂时失活，为恢复其活性和选择性，需要对催化剂进行再生。再生器是催化剂再生的主要设备，主要包括五部分：再生器筒体，系冷壁设计的压力容器；空气分布器；气-固分离设施，以旋风分离器为主体；催化剂的进出设施；取热设施。

辅助燃烧室 auxiliary combustion chamber 其结构为一夹套式燃烧炉，直接安装于再生器空气分布器下方。内套为燃烧室，通入一次风和燃料，产生高温烟气，二次风则经环形通道在内燃烧室出口与高温烟气混合进入空气分布器。辅助燃烧室有立式和卧式两种，以卧式较多。其作用主要是用于装置开工时加热主风，预热反应-再生系统，反应-再生系统紧急停工时用以维持系统温度。正常生产时仅为主风的通道。

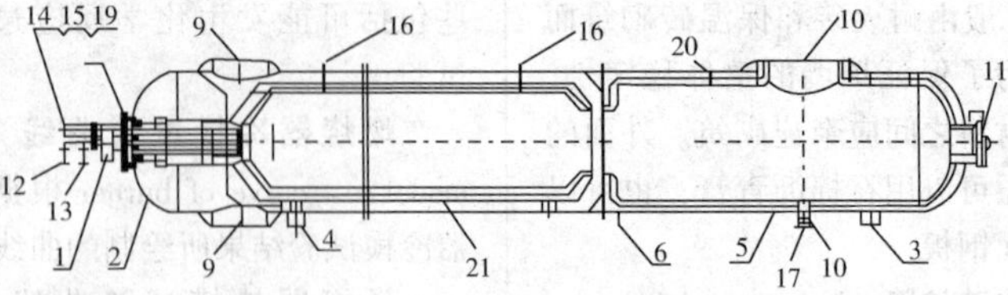

催化装置辅助燃烧室

1—燃烧器；2—壳体；3、4—鞍式支座；5—衬里锚固钉；6—保温支持圈；7—不锈钢包石棉垫片；8—一次空气入口；9—二次空气入口；10—烟气出口；11—垂直吊盖人孔；12—燃料油入口；13—雾化蒸汽入口；14—燃料气入口；15—点火燃料气入口；16—热电偶套管；17—物料排出口；18—催化剂松动口；19—燃烧器；20—陶瓷纤维毯；21—耐热衬里

主风分布管 main air distributing tube 作用是使空气沿整个床层截面分布均匀，创造一个良好而稳定的流化条件。一般有环状和树枝状两种。分布管上开有喷嘴。分布管一般采用奥氏体不锈钢(0Cr18Ni9)，外部衬以耐热材料，使金属温度不大于450℃，以减少热应力变形和减小催化剂的磨蚀。

燃烧油喷嘴 oil burner nozzle 在催化裂化装置开工过程中为了达到反应温度或反应-再生系统在生产中不能维持正常温度时，向再生器内喷入柴油的喷嘴。属于内混式蒸汽雾化型喷嘴，由雾化蒸汽管、燃料油管、雾化器、混合室和喷头等部件组成。

分布板　distributing plate 催化裂化装置再生器内部的重要元件，用于均匀分布气体和催化剂，并创造一个良好的流化条件，而且可以长期稳定地保持下去。其为一圆形向下凹的球面板，受力较好，升温操作时不致产生过大的局部应力，也使支承简化。板上的开孔较大，多用于同轴式两段再生的中间分布板。

稀相管　dilute-phase tube 又称稀相烧焦管。在内部风压作用下，由再生器底部向上催化剂的密度逐渐下降，当催化剂密度达到某一临界值时称为稀相，而稀相管就是提供催化剂稀相输送的通道。在前置烧焦罐式再生中，稀相管与烧焦罐、再生器(鼓泡床)共同组成再生器系统。稀相管下部与烧焦罐顶部连接，上部进入再生器稀相空间。

一级旋风分离器　first-stage cyclone 旋风分离器是气-固分离中应用最广泛的设备，它使含有固体颗粒的气体通过特定结构的入口而产生高速旋转，颗粒所受到的离心力比其重力大数百倍，可以分离的最小粒径为 5～10μm。其材料为 0Cr18Ni9 或 0Cr17Ni12Mo2。国产旋风分离器主要有 PV 型、PLY 型、BY 型等。引进的主要有 Ducon 型、Buell 型、GE 型、Emtrol 型等。实现再生器内催化剂和烟气第一次分离的为一级旋风分离器。

二级旋风分离器　second-stage cyclone 油气或烟气经一级旋风分离器后进入二级旋风分离器进行气固分离。一级旋风分离器的烟气出口与二级旋风分离器的入口连接，烟气经二级旋风分离器后，催化剂含量进一步降低。

旋风分离器料腿　cyclone dipleg 指再生器内直立的管子，上部与旋风分离器相连，下部与密封设施(翼阀)相连。其作用是输送旋风分离器分离下来的催化剂粉尘，使其顺利地流回床层，并且起密封作用。

翼阀　wing valve 料腿的气封装置，分为悬舌板式翼阀和重锤式翼阀。由阀体、阀板、吊环等组成。其材料可用 0Cr18Ni9 或 0Cr18Ni12Mo2。其作用是为了保证料腿内有一定的料柱高度。

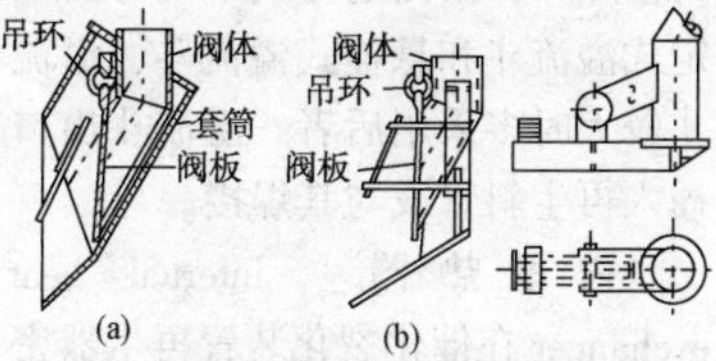

悬舌板式翼阀　重锤式翼阀

(a)全覆盖式翼阀；(b)半覆盖式翼阀

外集气室　external gas collecting chamber 收集再生器内经过二级旋风分离器分离的烟气的设备。有卧罐式、立罐式、椭球式、环管式多种。设置在再生器的外部(顶部)。

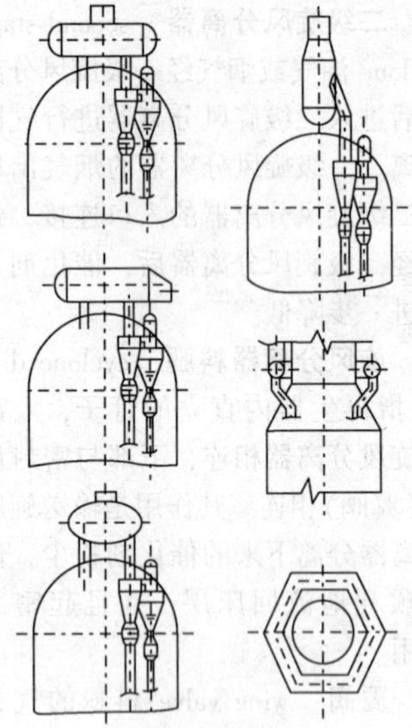
外集气室

再生催化剂溢流斗 regenerated catalyst overflow downcomer 为增加催化剂循环量，再生催化剂出口多为锥形斗，按固定方式不同分为固定式溢流斗和悬挂式溢流斗，溢流斗较大时多采用后者。溢流斗出口插入再生斜管或与其焊接。

内取热器 internal heat exchanger 在催化裂化装置再生器密相床层内安装的取热元件。床层中的催化剂与取热管外壁相接触，以对流和辐射的方式，将热量传递到管壁，管内水吸收热量后产生蒸汽。内取热器取热管有以下几种形式：水平环形[图(a)]、水平盘管式[图(b)]、垂直蛇管式[图(c)]、垂直管束式[图(d)]、垂直套管式[图(e)]等，取热管材质多选用1Cr5Mo。

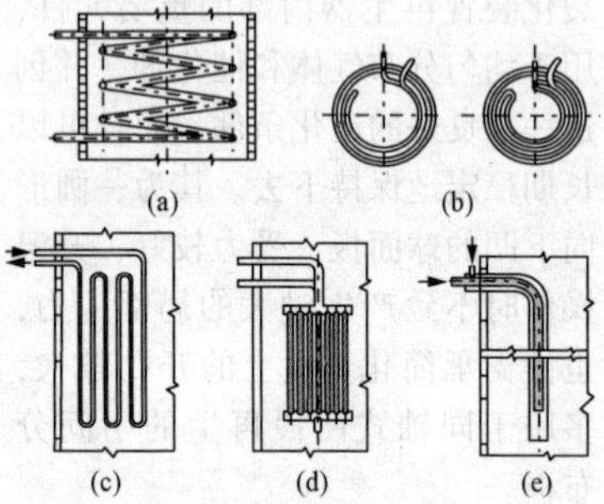

内取热器取热管

外取热器 external heat exchanger 位于催化裂化装置再生器外，其壳体为冷壁设计，取热管通常悬吊于壳体上。将热催化剂从再生器引出，进入外取热器，取热后再将催化剂返回再生器，达到取出过剩热量、控制再生器温度的目的。取走的热量使管束中水生成蒸汽。外取热器按催化剂流动方向分为上流式、下流式外取热器。

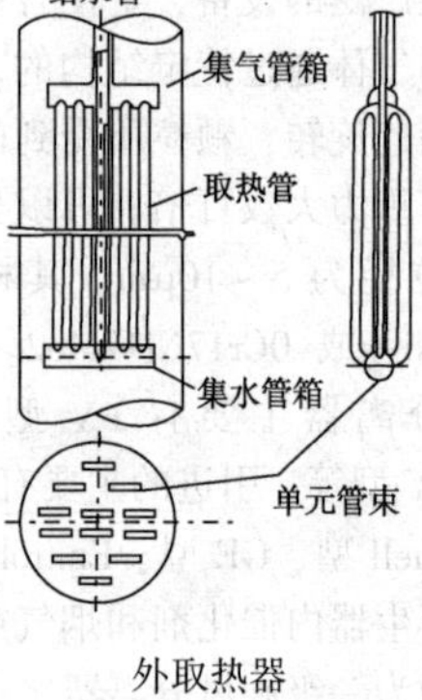

外取热器

蒸汽稀相过热盘管 steam overheating coil in dilute phase 吸取再生器热量并给蒸汽过热的换热管。作用是转移再生器过剩热量，提高蒸汽温度，节能降耗。位于再生器稀相段。

耐磨热电偶 wear-resisting thermocouple 针对不同温度范围及被测介质而采用不同的高强度耐磨保护管及表面改性措施的热电偶。

双层衬里 dual-layer lining 由隔热衬里和耐磨衬里两层组成的衬里。

隔热衬里 heat insulating lining 采用具有轻质隔热性能的衬里材料，使设备壁温达到设计要求的衬里。从而再生器壳体材料可使用碳素钢或低合金钢，达到节能的目的。

耐磨衬里 wear resistant lining 采用高耐磨材料制成的衬里，保护隔热层和器壁金属不受催化剂的冲刷、磨损。高耐磨衬里材料按胶黏剂不同分为两类：气硬性高耐磨材料和水硬性高耐磨材料。

单层隔热耐磨衬里 single-layer heat insulating and wear resistant lining 集耐磨、隔热于一体的衬里，适用于重油催化裂化再生器。其衬里材料强度高、线收缩小，并加入钢纤维，进一步增强了衬里的抗裂、抗拉、抗弯、抗剪性能。一般为无龟甲网结构，采用 Ω 形锚固钉支承、固定，其整体性能较好。

锚固钉（Y 形、S 形、Ω 形） anchoring nail (Y-type, S-type and Ω-type) 连接器壁和衬里材料之间的一种锚固件，其一端焊于器壁上，另一端伸入衬里材料中，以锚固衬里。按其形状分为 Y 形、S 形、Ω 形。

侧拉环 side ring 主要应用在斜管、筒体变径区和异形区，是针对异形区由于热膨胀造成的衬里变形起包脱落研制的，其在施工过程中应控制安装间距。为圆环形，方便施工，但成本高。

龟甲网衬里 monolithic lining 龟甲网是固定隔热、耐磨衬里的部件，同时也是衬里的骨架，常用 0Cr13 或 0Cr18Ni9 不锈钢制作。使用时先将龟甲网焊在器壁的锚固件上，然后衬上衬里材料，形成龟甲网衬里或整体式衬里。

刚玉耐磨衬里 corundum wear resistant lining 一种新型耐磨抗蚀材料衬里。采用多种强硬金属与非金属科学配比，以复合高温黏结剂作胶联材料，骨架材料由龟甲网或钢丝网组成。在常温下化学固化，高温下形成坚硬的金属陶瓷体。因此，该材料具有耐中温、耐高温、坚硬耐磨、耐腐蚀、耐剥落等特点。与普通衬里材料和耐磨浇注料相比，刚玉质衬里材料具有更高的耐磨耐腐性能，更强的结合强度，材料均匀度高，致密性好。主要用于再生器内设备如旋风分离器、分布板、分布管等。

衬里烘干 lining drying 通过加热除去衬里中水分并对其进行固化的工艺过程。衬里烘干时，升温速度、恒温时间及温度都有严格的要求，应按规定的衬里烘干曲线和技术要求进行烘干。

衬里表面水 lining surface water 由于采用黏结剂，在施工和养护期间需要添加一定量的水，施工结束后这部分水还会有一定量存在于衬里的表面，这部分水被称为衬里表面水。

衬里结晶水 lining crystal water 由于衬里施工采用黏结剂，因而，施工后在衬里中会形成分子间的结晶水。

衬里烧结 lining sintering 衬里烘干过程中使衬里固化的过程，以增强其强度，防止脱落，延长使用寿命。

衬里挡板 lining baffle 用来保护衬里或固定龟甲网的环形挡板。

待生催化剂斜管 spent catalyst inclined tube 催化反应后表面附着焦炭而失去活性的催化剂称为待生催化剂，待生催化剂由反应器流向再生器的管线称为待生催化剂斜管。

流化床 fluid bed 又称沸腾床。当反应物气体和其他气体通过催化剂床层的速度逐渐提高到某值时，催化剂颗粒出现松动，颗粒间空隙增大，床层体积出现膨胀。如果再进一步提高流体速度，床层将不能维持固定状态。此时，颗粒全部悬浮于流体中，显示出相当不规则的运动。随着流速的提高，颗粒的运动愈加剧烈，床层的膨胀也随之增大呈流动状态，但是颗粒仍逗留在床层内而不被流体带出。床层的这种状态称为流化床。与固定床相比，反应均匀、传热传质效率高、压降小，为催化剂连续再生创造了条件。

再生剂定炭 carbon on regenerated catalyst(CRC)即再生催化剂的含碳量。为降低装置生焦量，再生剂的含碳量一般控制在0.1%以下，这样，有利于恢复催化剂的活性，对提高反应深度有利。

催化剂水热失活 catalyst hydrothermal deactivation 催化剂在高温、特别是存在水蒸气的条件下，会使催化剂表面结构发生变化，比表面积和孔容减小，分子筛的晶体结构破坏，导致催化剂活性和选择性下降。

催化剂热崩 thermo-collapse of catalyst 水碰到高温催化剂迅速汽化，而使催化剂颗粒崩裂的现象。它主要和再生温度、补入再生器的新鲜催化剂中含水量、反应-再生系统蒸汽含水量及稀相喷水有关。

催化剂筛分 catalyst screening 见444页“催化剂粒度的筛分分析法”。

催化重整再生器 catalytic reforming regenerator 再生器分两种

类型：固定床再生器和移动床再生器。现在连续重整装置多采用移动床再生器。该再生器为一直立变径筒体，由燃烧段、氧氯化段、干燥段等组成。由于再生器内操作温度高(约550℃)，并含有腐蚀性气体，壳体和内件材质多选用316(0Cr18Ni12Mo2)、321(0Cr18Ni10Ti)。

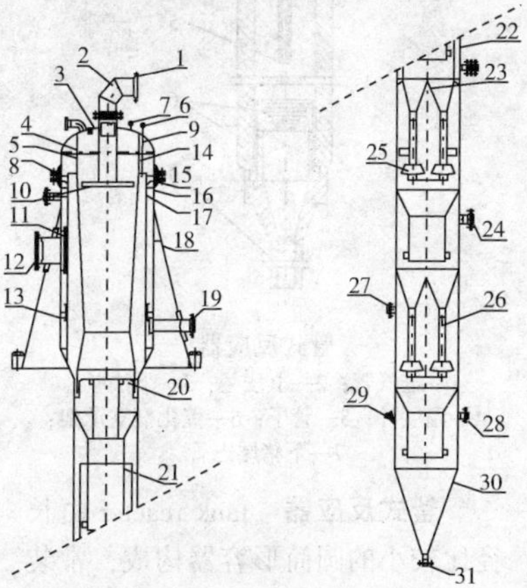

催化重整移动床再生器

1—燃烧区出口；2—弯头；3—再生器封头；4—吊筒；5—吊耳；6—中法兰；7—热偶口；8—催化剂入口；9—催化剂输送管；10—环形隔板；11—防冲挡板；12—燃烧区入口；13—导向板；14—再生器内网；15—连接板；16—再生器器壁；17—再生器外网；18—裙座；19—预热区入口；20—催化剂导流板；21—催化剂导流筒；22—再生器器壁；23—催化剂导流锥；24—干燥区入口；25—气体平衡口；26—催化剂导流筒；27—冷却区出口；28—冷却区入口；29—压力表口；30—催化剂收集器；31—催化剂排出口

筛网 screen 焊接条缝筛网的简称，又称作约翰逊网(Johnson screen)。是由支承杆和筛条在专用的筛网焊接机上通过接触焊焊制而成。条缝间隙可通过油气，但不能通过催化剂。它具有表面光洁平整、缝隙均匀、开孔率大、机械强度高、刚性好和不易堵塞等特点，是金属丝网的优良替代品。广泛应用于催化重整装置反应器、再生器中。

催化剂支持床 catalyst supporting bed 再生器内用以支承催化剂，并将再生器分割成不同功能区的部件。

料仓 silo 储存催化剂的设备，一般为金属制造的圆筒形直立设备。

6.4 反应器

单相(均相)反应器 single-phase (homogeneous-phase) reactor 只有单一物料在单一相态下发生反应的反应器。

多相(复相、非均相)反应器 multi-phase (heterogeneous, non-homogeneous) reactor 固-液式反应器、液-液式反应器、气-液式反应器和气-液-固三相式反应器等均称为多相反应器。

低黏度反应器 low viscosity reactor 一般采用釜式反应器进行混料或反应。

高黏度反应器　high viscosity reactor 一般不采用釜式反应器进行混料或反应，因为难以搅拌。通常采用螺杆挤出机的方式来实现。

间歇操作反应器　intermittent operation reactor；batch reactor 将原料按一定配比一次加入反应器，待反应达到要求后，一次卸出物料的反应器。间歇反应器的优点是设备简单，同一设备可用于生产多种产品，尤其适合于医药、染料等工业部门小批量、多品种的生产。另外，间歇反应器中不存在物料的返混，对大多数反应有利。缺点是需要装卸料、清洗等辅助工序，产品质量不易稳定。

连续操作反应器　continuous operation reactor 连续加入原料、连续排出反应产物的反应器。当操作达到定态时，反应器内任何位置上物料的组成、温度等状态参数通常不再随时间而变化。

半连续(间歇)操作反应器　semi-continuous (semibatch) reactor 又称半间歇操作反应器，介于连续操作反应器和间歇操作反应器两者之间。通常将一种反应物一次加入，然后连续加入另一种反应物。反应达到一定要求后，停止操作并卸出物料。

管式反应器　tubular reactor 指呈管状、长径比很大的连续操作反应器。反应器结构可以是单管，也可以是多管并联，可以是空管也可以在管内设置填充颗粒状催化剂的填充管。管式反应器返混小，容积率高，且可以实现分段温度控制，物料流动可视为平推流。

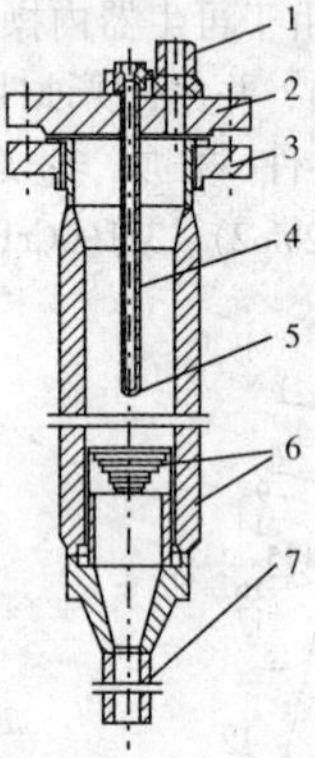

管式反应器

1—进气管；2—上法兰；3—下法兰；4—温度计；5—管子；6—催化剂支承架；7—下猪尾巴管

釜式反应器　tank reactor 由长径比较小的圆筒形容器构成，常装有机械搅拌或气流搅拌装置，可用于液相单相反应过程和液-液相、气-液相、气-液-固相等多相反应过程。用于气-液相反应过程的称为鼓泡搅拌釜(见鼓泡反应器)；用于气-液-固相反应过程的称为搅拌釜式浆态反应器。

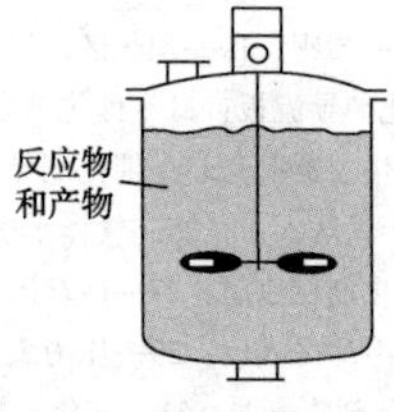

釜式反应器

塔式反应器　tower reactor 用于实现气-液相或液-液相反应过程的塔式设备，包括填充塔、板式塔、鼓泡塔等。

固定床反应器　fixed-bed reactor 又称填充床反应器，装填有固体催化剂或固体反应物用以实现多相反应过程的一种反应器。固体物通常呈颗粒状，粒径 2~15mm 左右，堆积成一定高度(或厚度)的床层。床层静止不动，流体通过床层进行反应。它与流化床反应器及移动床反应器的区别在于固体颗粒处于静止状态。固定床反应器主要用于实现气-固相催化反应，如氨合成塔、二氧化硫接触氧化器、加氢裂化反应器等。用于气-固相或液-固相非催化反应时，床层则填装固体反应物。滴流床反应器也可归属于固定床反应器，气、液相并流向下通过床层，呈气、液、固相接触。

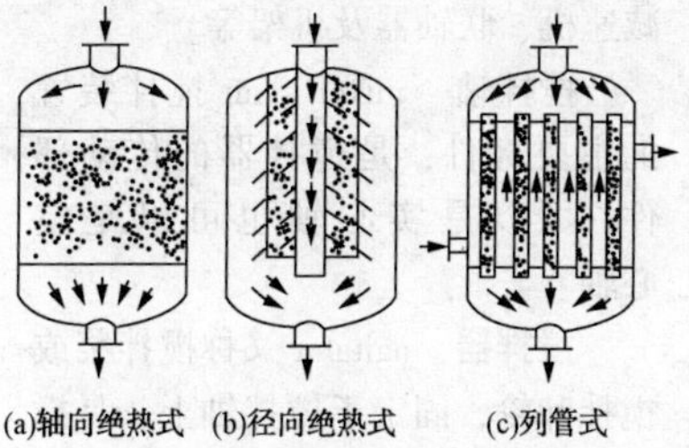

固定床反应器

移动床反应器　moving-bed reactor一种用以实现气-固相反应过程或液-固相反应过程的反应器。在反应器顶部连续加入颗粒状或块状固体反应物或催化剂，随着反应的进行，固体物料或催化剂逐渐下移，最后自底部连续卸出。流体则自下而上(或自上而下)通过固体床层，进行反应。由于固体颗粒之间基本上没有相对运动，但却有固体颗粒层的下移运动，因此，也可将其看成是一种移动的固定床反应器。

搅拌反应器　stirred reactor 将搅拌设备用于化学反应的装置，其搅拌设施的作用是将物料均匀混合以使反应顺利进行。

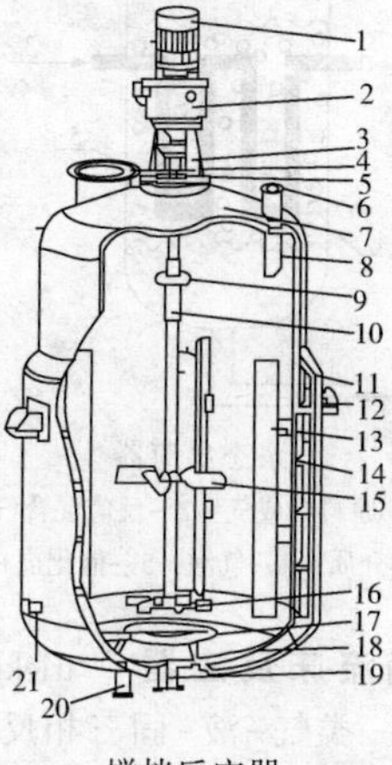

搅拌反应器

1—电动机；2—减速机；3—机架；
4—人孔；5—密封装置；6—进料口；
7—上封头；8—筒体；9—联轴器；
10—搅拌轴；11—夹套；12—载热介质出口；
13—挡板；14—螺旋导流板；
15—轴向流搅拌器；16—径向流搅拌器；
17—气体分布器；18—下封头；19—出料口；
20—载热介质进口；21—气体进口

鼓泡反应器 bubbling reactor 以液相为连续相，气相为分散相的气-液式反应器。有槽型鼓泡反应器、鼓泡管式反应器、鼓泡塔等多种结构型式，其中鼓泡塔应用最广。

浆态反应器 slurry reactor 气体以鼓泡形式通过悬浮有固体细粒的液体(浆液)层，以实现气-液-固相反应过程的反应器。浆态反应器中液相可以是反应物，也可以是悬浮固体催化剂的载液。

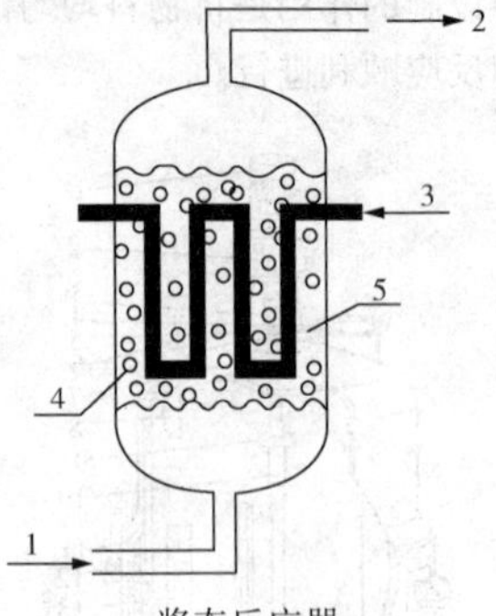

浆态反应器
1—原料合成气；2—反应混合气；
3—热介质；4—气泡；5—催化剂+载液

滴流床反应器 trickle bed reactor一类气-液-固三相反应器，反应物的气体和液体通过分配器向处于下部的静止固体催化剂均匀喷洒，并在流经催化剂的过程中，在催化剂的作用下发生化学反应，生成所需的目的产品。滴流床反应器结构简单，造价低。它在化工过程，尤其是在石油炼制和石油加工过程中有着广泛的应用。例如，各种石油馏分(液相)与氢气(气相)在固相(催化剂)上进行加氢脱硫、加氢精制、加氢裂解等。

轴向绝热式固定床反应器 axial adiabatic fixed bed reactor 催化剂均匀地放置在一多孔筛板上，预热到一定温度的反应物料自上而下沿轴向通过床层反应。在反应过程中反应物系与外界无热量交换(图见487页“固定床反应器”)。

径向绝热式固定床反应器 radial adiabatic fixed bed reactor 催化剂装载于两个同心圆筒的环隙中，流体沿径向通过催化剂床层进行反应。在反应过程中反应物系与外界无热量交换。其特点是在相同筒体直径下增大流道截面积(图见487页“固定床反应器”)。

传动装置 transmission device 在一个机组中，将转动从一部分传到另一部分的机构。包括电动机、减速机、联轴器及机架等。

搅拌轴 mixer shaft 搅拌装置的主要部件，是搅拌器的传动部件，可以是实心轴也可以是空心轴。

搅拌器 agitator 又称搅拌桨或搅拌叶轮，固定于搅拌轴上，是搅拌反应器的关键部件。提供过程所需要的能量和适宜的流动状态，是使液体、气体介质强迫对流并均匀混合的器件。搅拌器旋转时把机械能传递给流体，在搅拌器附近形成高湍动的充分混合区，并产生一股高速射流推动液体在搅拌容器内循环流动。

夹套 jacket 搅拌反应器的换热元件。在容器的外侧，用焊接或法兰连接方式装设各种形状的钢结构，使其与容器外壁形成密闭的空间。此空间内通入加热或冷却介质，可加热或冷却容器内的物料。

整体夹套 conventional jacket 夹套为整体型，常用的有圆筒形和U形两种。载热介质流过夹套时，其流动横截面积为夹套与筒体间的环形面积。

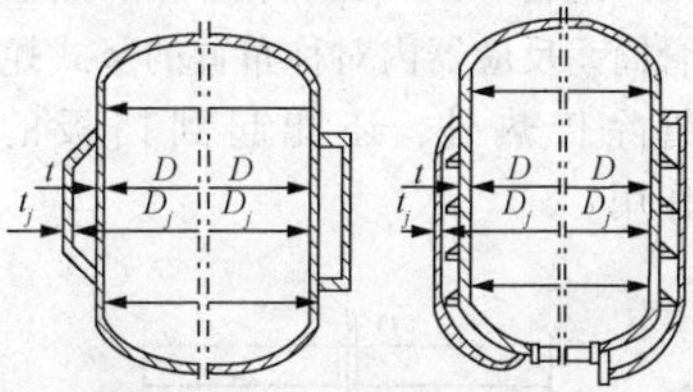

(a)圆筒形　　(b)U形

整体夹套

型钢夹套 section steel jacket 一般用角钢与筒体焊接组成。角钢主要有两种布置方式：沿筒体外壁轴向和螺旋布置；型钢的刚度大，不易弯曲成螺旋形。

半圆管夹套 half pipe jacket 由半圆管或弓形管与筒体焊接而成。其半圆管或弓形管可由带材压制，加工方便。当载热介质流量小时宜采用弓形管。可以螺旋形缠绕在筒体外侧，也可以沿筒体轴向平

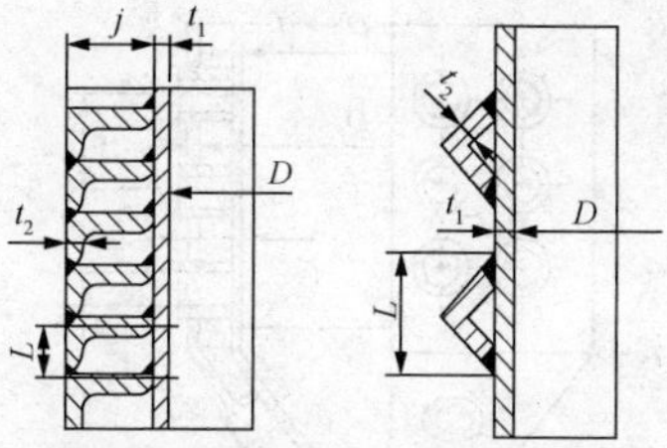

(a)螺旋形角钢互搭式　　(b)角钢螺旋形缠绕

型钢夹套

行焊接在筒体外侧，也可以沿筒体圆周方向平行焊接在筒体外侧。缺点是焊缝多，焊接工作量大，筒体较薄时易造成焊接变形。

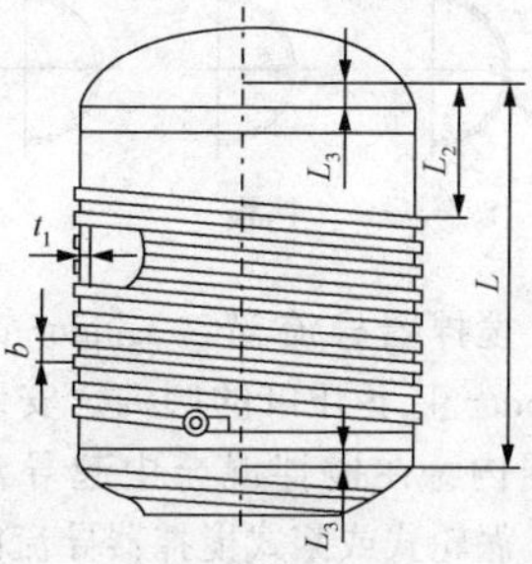

半圆管夹套

蜂窝夹套 cellular jacket 以整体夹套为基础，采取折边或短管等加强措施。这些措施提高了筒体的刚度和夹套的承压能力，同时减少了流道面积，但减薄筒体壁厚，强化传热效果。常用的有折边式和拉撑式。

挡板 baffle 为消除打漩和提高混合效果而在反应器、换热器等设备中加入的金属板。

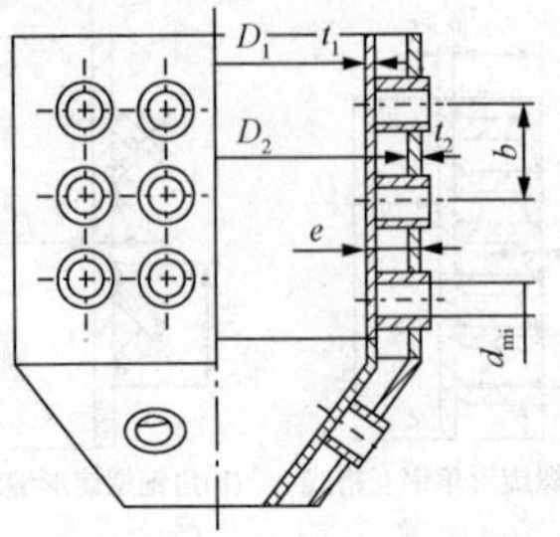

蜂窝夹套

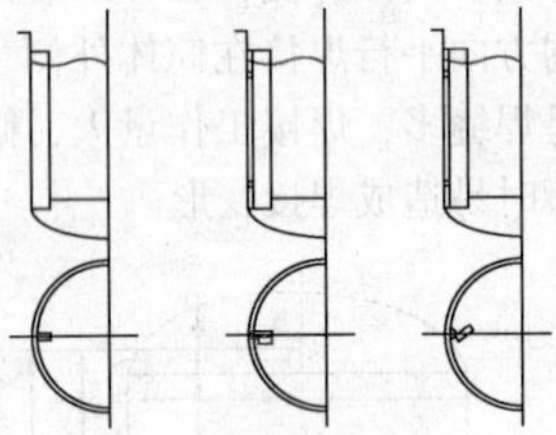
挡板

搅拌器导流筒 agitator guide cylinder 上下开口的圆筒。安装于容器内，在搅拌混合中起导流作用。涡轮式或桨式搅拌器导流筒置于桨叶的上方；推进式搅拌器导流筒套在桨叶外面，或略高于桨叶。

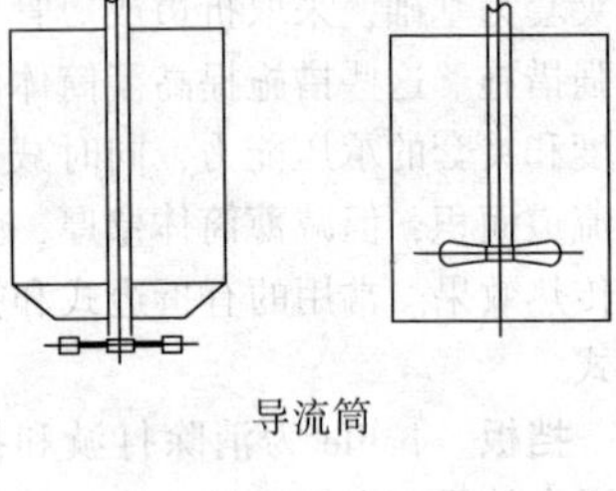
导流筒

内盘管 inner coil pipe 在反应器内部设置的加热盘管。内盘管浸没在物料中，热量损失小，传热效果好，但检修较困难。

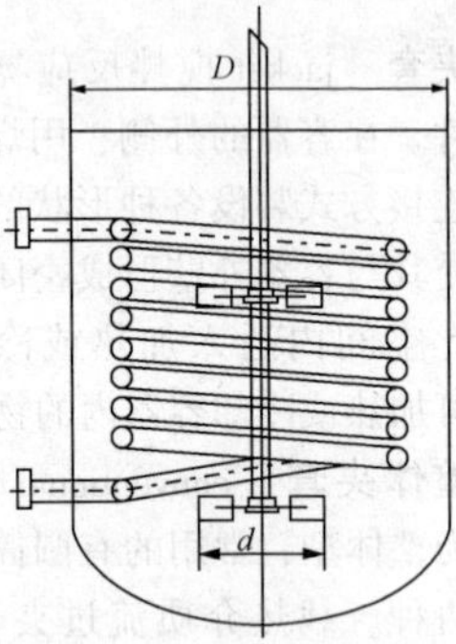

内盘管

蛇管 coil pipe 蛇形的加热盘管筒。反应器内对称布置的竖式蛇管除传热外，还能起到挡板的作用。

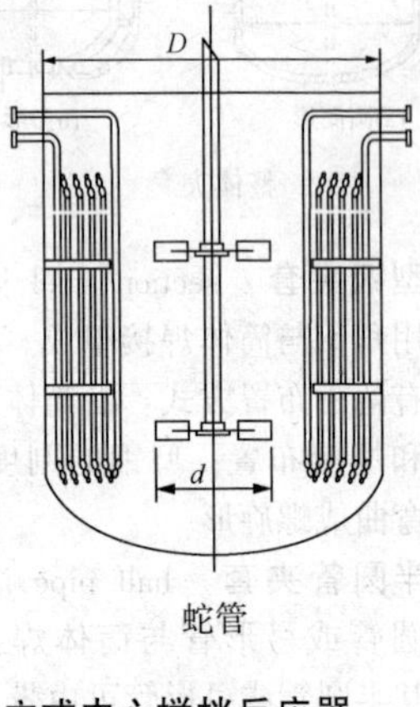

蛇管

立式中心搅拌反应器 vertical center stirred reactor 将搅拌装置安装在容器中心线上的立式反应器。是应用最普遍的一种搅拌反应器，驱动方式一般为皮带和齿轮传动。

偏心式搅拌反应器　eccentric stirred reactor 搅拌中心偏离容器中心线的反应容器。这样的搅拌能使流体在各点处的压力不同，因而使液层间的相对运动加强，增加了液层间的湍动，使搅拌效果明显提高。但其容易引起振动，一般多用于小型设备。

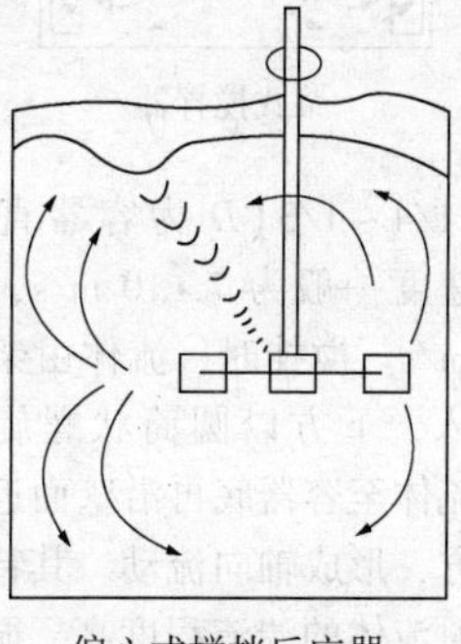

偏心式搅拌反应器

倾斜式搅拌反应器　tilting stirred reactor 为了防止混流的产生，对简单圆筒形或方形敞开的立式设备，可将搅拌装置用夹板或卡盘直接安装在设备的上缘，搅拌轴倾斜插入筒体内，这种形式的反应器称为倾斜式搅拌反应器。此种搅拌装置小巧、轻便、结构简单、操作容易，应用广泛。

底式搅拌反应器　bottom stirring reactor 搅拌装置设在底部的反应器。其优点是搅拌轴短而细，轴的稳定较好，降低了安装要求，所需安装、检修的空间较小。

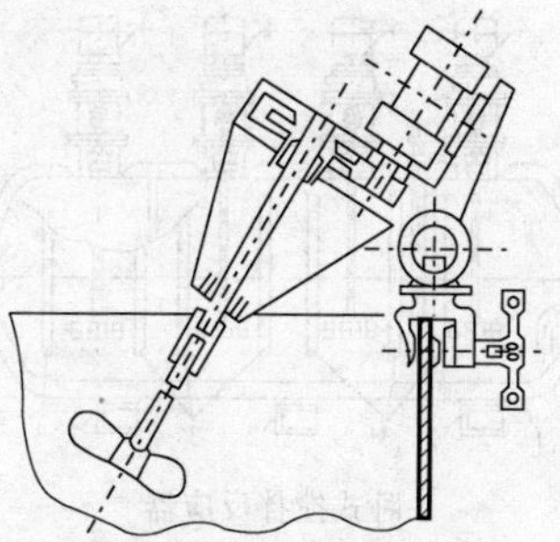

倾斜式搅拌反应器

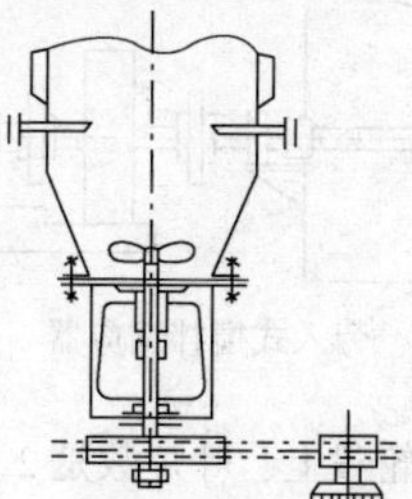

底式搅拌反应器

卧式搅拌反应器　horizontal stirred reactor 搅拌装置安装在筒体上方的卧式反应器。这种形式可降低设备的安装高度，提高搅拌装置的抗振性，改进悬浮液的状态。

旁入式搅拌反应器　side-entering type stirred reactor 将搅拌装置安装在筒体丝网侧壁上的反应容器。这种形式的搅拌装置轴封困难。

桨式搅拌器　paddle type agitator 结构最简单的一种搅拌器。桨叶片用扁钢制成，焊接或用螺栓

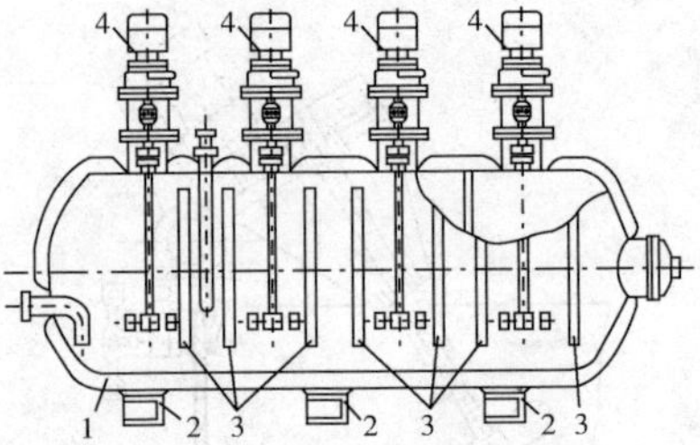

卧式搅拌反应器

1—壳体；2—支座；3—挡板；4—搅拌器

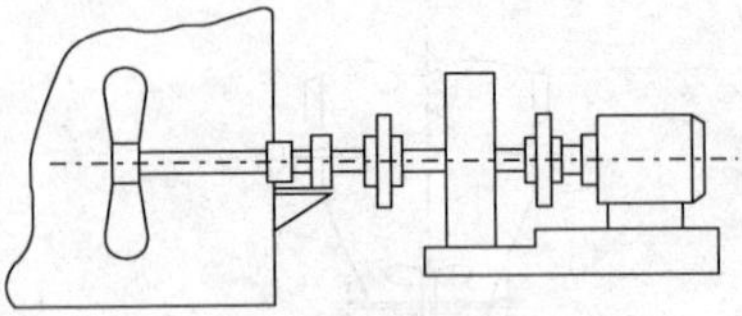

旁入式搅拌反应器

固定在轮毂上，叶片数是2、3或4片，叶片形式可分为平直叶式和折叶式两种。同样排量下，折叶式比平直叶式的功耗少，操作费用低。在液-液系中用于防止分离、使容器内的温度均一；固-液系中多用于防止固体沉降。桨式搅拌器的转速一般为20~100r/min，最高适用黏度为20Pa·s。不能用于以保持气体和以细微化为目的的气-液分散操作中。

推进式搅拌器 propeller type agitator 又称船用推进器，常用于低黏流体中，循环性能好，剪切作用不大，属于循环型搅拌器。标准推进式搅拌器有三瓣叶片，其螺距与桨直径 d 相等。桨直径较小，

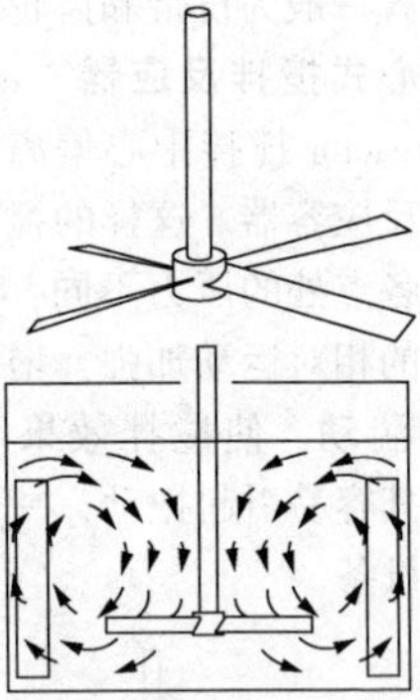

桨式搅拌器

$d/D=1/4\sim1/3$（D 为容器直径），叶端速度一般为 7~10 m/s，最高达15m/s。搅拌时，流体由桨叶上方吸入，下方以圆筒状螺旋形排出，流体至容器底再沿壁面返至桨叶上方，形成轴向流动。其特点是搅拌时流体的湍流程度高，循环量大，结构简单，制造方便。

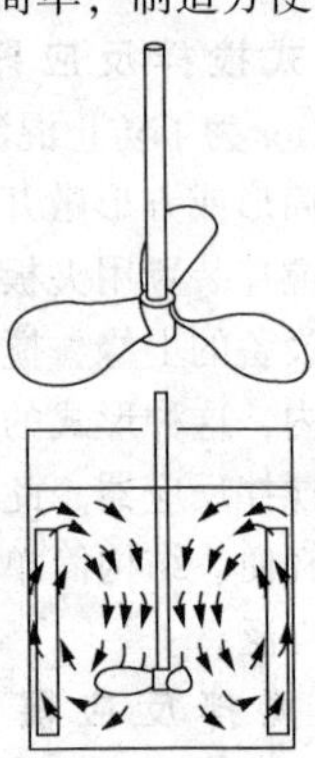

推进式搅拌器

涡轮式搅拌器 turbine agitator 又称透平式叶轮，是应用较广的一

种搅拌器，能有效地完成几乎所有的搅拌操作，并能处理黏度范围很宽的流体。涡轮式搅拌器有较大的剪切力，可使流体微团分散得很细，适用于低黏度到中等黏度流体的混合、液-液分散、液-固悬浮，以及促进良好的传热、传质和化学反应。

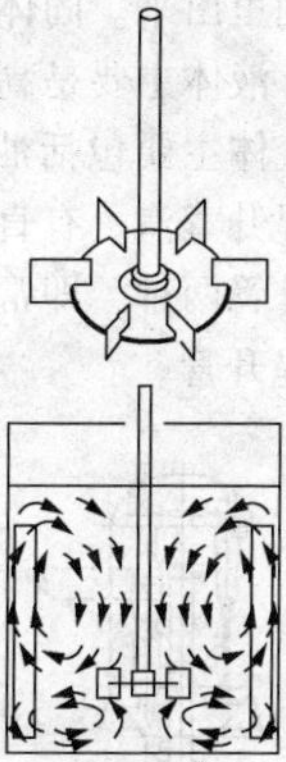

涡轮式搅拌器

框式搅拌器 gate type agitayor 一般用于粥状物料的搅拌，搅拌转数以 60~130r/min 为宜。可视为桨式搅拌器的变形，其结构比较坚固，搅动物料量大。框式搅拌器直径较大，一般取反应器内径的 2/3~9/10，50~70r/min。框式搅拌器与釜壁间隙较小，有利于传热过程的进行，快速旋转时，搅拌器叶片所带动的液体把静止层从反应釜壁上带下来；慢速旋转时，有刮板的搅拌器能产生良好的热传导。这类搅拌器常用于传热、晶析操作和高黏度液体、高浓度淤浆和沉降性淤浆的搅拌。

锚式搅拌器 anchor agitator 结构简单，适用于黏度在 100Pa · s 以下的流体搅拌。当流体黏度在 10~100Pa · s 时，可在锚式桨中间加一横桨叶，即为框式搅拌器，以增加容器中部的混合。锚式或框式桨叶的混合效果并不理想，只适用于对混合要求不太高的场合。

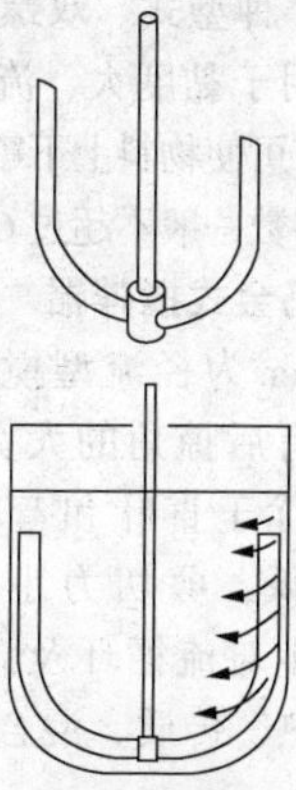

锚式搅拌器

圆盘涡轮式搅拌器 disk turbine agitator 由在水平圆盘上安装 2~4 片平直的或弯曲的叶片构成。桨叶的外径、宽度与高度的比例一般为 20 : 5 : 4，圆周速度一般为 3~8m/s（搅拌器转数一般应选择 300r/min 以上）。涡轮在旋转时造成高度湍动的径向流动，适用于气体及不互溶液体的分散和液液相反应过程。被搅拌液体的黏度一般不超过 25Pa · s。

螺杆式搅拌器 screw agitator 具有一个或多个叶片，其螺距与搅拌器直径相等。适用于层流(高黏度流体)状态下操作，带有导流筒。螺杆和螺带可组合使用。

螺带式搅拌器 helical ribbon agitator 螺带的外径与螺距相等，专门用于搅拌高黏度液体(200~500Pa·s)及拟塑性流体，通常在层流状态下操作。有单、双、内-外螺带等多种型式。双螺旋桨带式搅拌器适用于黏度大、流动性差的物料搅拌，可使物料上下窜动混合搅匀，搅拌转数一般不超过60r/min。

布鲁马金式搅拌器 Brumagin-type impeller 为径流型搅拌器，桨叶前端带有后掠角的大宽叶桨叶，排出性能优于直叶和弯叶开启涡轮，功耗低，剪切力小，有挡板时，可产生对流循环及湍流扩散。适用于传热、传质、混合、纤维物料的溶解。

平叶、折叶、螺旋面叶 flat blade、folded blade and helical blade 平叶的桨面与运动方向垂直，即运动方向与桨面法线方向一致。折叶的桨面与运动方向成一个倾斜角度Φ；一般Φ为60°或45°等。螺旋面叶是连续的螺旋面或其中一部分，桨叶曲面与运动方向的角度逐渐变化，如推进式桨叶的根部曲线与运动方向一般可为40°~70°，而其桨叶前端面与运动方向角度较小，一般为17°左右。

提升管反应器 riser reactor 根据分子筛催化剂裂化反应的要求而设计，催化裂化装置反应再生系统中的重要设备。它是一根竖立的管段。原料油与催化剂同向流动，接近活塞流流动方式反应。流动中，原料油的重组分进到催化剂的微孔，反应后裂化为轻组分，轻组分再从催化剂里出来。固体主要是高温催化剂；液体主要是高沸点雾状原料油；气体主要包括油气、雾化蒸汽及预提升蒸汽。有直提升管和折叠式提升管两种，即常说的内提升管和外提升管。

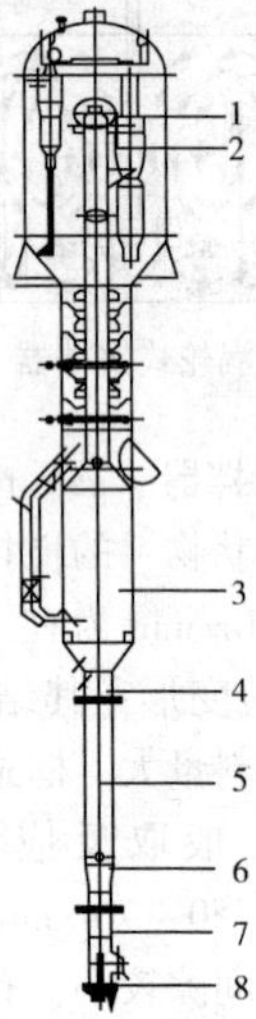

提升管反应器

1—提升管出口；2—粗旋；
3—第二反应区；4—终止反应区；
5—第一反应区；6—进料段和喷嘴；
7—预提升段；8—预提升分布器

直提升管 straight riser 即内提升管，是一根竖立的直管段，原料油的反应和催化剂的性能发挥都要在 2s 左右的时间内完成。

两段提升管反应器 two-stage riser reactor 为适应两段提升管催化裂化新工艺而开发的一种新型高效反应器。采用这种反应器可将现行提升管中的催化裂化反应过程分为两段进行，利用催化剂“性能接力”原理，使两段的反应更加有效。

MIP 反应器 MIP reactor MIP 是 maximizing isoparaffin 的缩写，MIP 技术是中国石化开发的一种多产异构烷烃、降低汽油烯烃含量的催化裂化工艺。该技术的反应器提升管设 2 个反应区，以烯烃为界，生成烯烃为第 1 反应区，烯烃反应为第 2 反应区。该工艺保留了提升管反应器高反应强度，又能够促进某些二次反应多产异构烷烃和芳烃。

进料喷嘴 feed nozzle 是催化裂化反应器进料部件。它对反应效果起关键作用，通常采用挡板撞击雾化、蒸汽二次混合雾化、尾喷头雾化的方式。

靶式系列喷嘴 target type nozzle 一种新型喷嘴，油流冲击靶面，经蒸汽雾化从喷嘴喷出，形成连续的扇面油雾层，与上升的催化剂充分接触。用于馏分油催化裂化进料，可提高轻油总收率 0.52%，降低焦炭产率 0.28%（对原料），经济效益明显。该种喷嘴进料雾化效果好，操作弹性大，能适应原料日趋重质化的需要，可避免结焦堵塞。油嘴、汽嘴和靶子等更换方便，可以大大减轻检修工人的劳动强度。

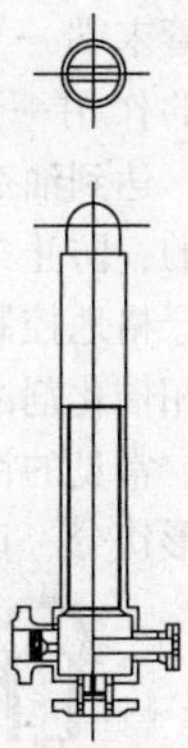
靶式喷嘴

喉管系列喷嘴 throat nozzle series 比直管式喷嘴在雾化效果上有很大进步，它利用高速喷射的蒸汽把液体进料冲击破碎，并使进料在进入提升管时形成强烈的紊流脉动喷射流，与周围介质发生撞击而破碎。一般都是偶数个喷嘴，两两对应安装。

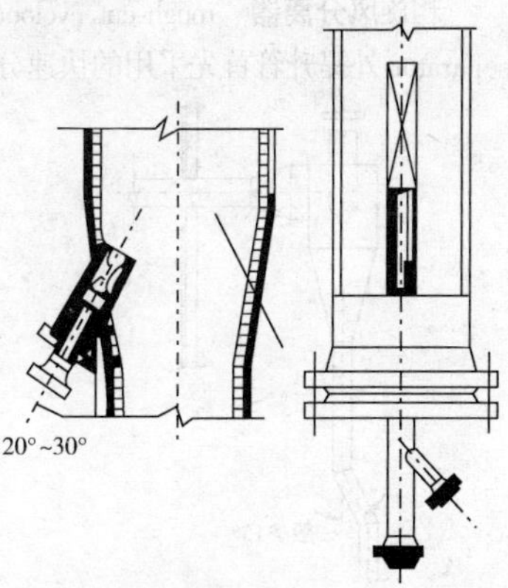

喉管式喷嘴

快速分离设备 quick separation device 常简称为“快分”，是提

升管末端一个简单而重要的设备。它的作用一是使油剂迅速脱离接触，达到油剂快速分离终止反应的目的，防止二次反应和过度裂化，更严格地控制反应时间；二是降低稀相催化剂浓度，减小自由沉降高度。常见的快速分离设备形式有伞帽形快分、T形快分和蝶形快分。

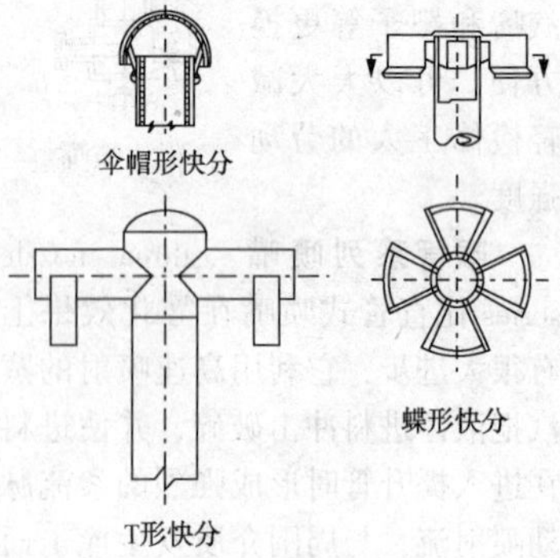

快速分离设备

粗旋风分离器 rough-cut cyclone separator 外提升管首先采用的快速分离设施，是一种没有灰斗而料腿很短的旋风分离器，效率可达85%~95%。在催化裂化装置中，用于将反应油气快速与催化剂分离，减少不必要的二次反应。旋风分离器入口直接与提升管相连，采用的个数可以是一个或几个。常简称为粗旋。

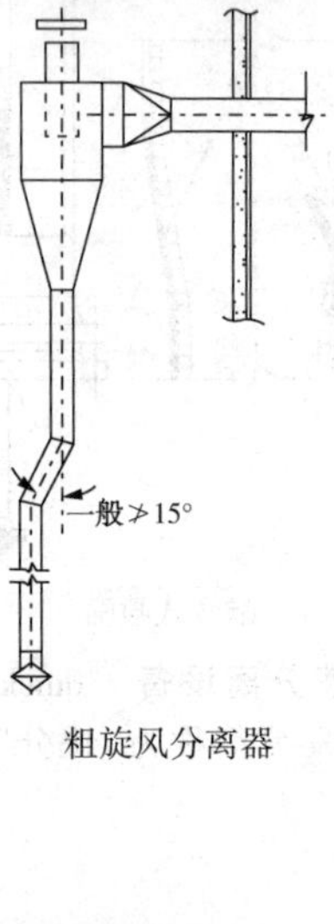

粗旋风分离器

挡板汽提式粗旋快分 fender-stripping cyclone(FSC)是特殊的粗旋设施。在旋风分离器的灰斗内设置挡板进行预汽提，使催化剂和油气初步分离。

旋流式快分 vortex quik-separation(VQS)混合的催化剂与裂化油气在提升管顶部经三臂旋流头快分后(线速约16m/s)，斜向20°沿封闭罩内旋转，受离心力的作用，在封闭罩中心形成负压区。因油气密度小，故携带少量催化剂的绝大部分裂化油气折而向上与来自沉降器汽提段的汽提蒸汽汇合，经过封闭罩上的导流管进入沉降器单级高效旋风分离器，靠离心力的作用，使油气与催化剂得到分离。

密相环流汽提快分 circulating stripping cyclone (CSC)一种带有密相环流预汽提器的提升管出口气固快分设备。设备包括初旋旋风分离器、顶旋旋风分离器、预汽提器及承插式导气管。快分设备中之预汽提器为套筒式结构，形成密相环流预汽提器，可以做到密相汽提，同时可使催化剂在内外环间与新鲜汽提蒸汽多次接触，以获得较好汽提效果。结构简单合理，解决了油气与催化剂快速分离和催化剂携带油气的快速预汽提问题。

汽提段　stripping section; stripper 又称汽提器，是反应和再生之间的中间环节，是催化裂化装置的关键设备之一。汽提段是将催化剂颗粒间和内部的油气赶出来，以防止这部分可汽提的油气带到再生器去烧掉，增加再生器负荷。

沉降器　settler 是催化裂化装置中用于实现催化剂和油气(反应器顶部的沉降器)或者催化剂和烟气(再生器顶部的沉降器)固相和气相分离的设备，提供快速分离器及旋风分离器装置安装的空间，并用一小部分油气缓冲空间，增加装置操纵弹性。沉降器顶部设有防结焦设施，即在顶部死区位置设防焦蒸汽分布管，直接通入防焦蒸汽，在顶部形成气垫，避免油气停留时间过长结焦。为避免蒸汽分配不均匀，防焦蒸汽分配环管分为几段。

预提升段　pre-lifting section 是一个过渡段，使催化剂从旋塞流变为活塞流，与原料油充分接触。其作用一是保证催化剂能够在提升管内流化；另一个是催化剂在与原料接触之前有一定的流速并形成湍流。

反应器分布板　distributing plate of reactor 分布板水平地固定在反应器器壁上，其上沿与反应器底部的垂直距离小于进料喷嘴的垂直高度；进料喷嘴垂直穿过分布板的中心，并与固定在反应器底部的烃油管线相连。其作用是均布反应物相。

内集气室　internal plenum chamber 收集提升管反应器反应后的油气的场所。设置在沉降器的内部，或收集再生器内经过二级旋风分离器分离的烟气的空间，在再生器的内部。内集气室结构较复杂，油气停留时间长，有死角。

防焦挡板　anti-coking baffle 是防止焦块落进待生立管、塞阀，堵塞线路的部件。早期的装置在汽提段下部设防焦挡板。

催化重整反应器　catalytic reforming reactor 催化重整装置是石油加工过程中重要的二次加工装置，其目的是生产高辛烷值汽油或化工原料(芳香烃)，同时副产氢气可作为加氢工艺氢气来源。催化重整反应器是该装置的核心设备，是在有催化剂存在及在一定温度、压力的条件下，使汽油中烃分子重新排列为新的分子结构的工艺设备。应用较多的是一反、二反、三反、四反叠在一起的“四合一”式反应器。

人字挡板　herringbone baffle 早期催化裂化装置的汽提段内件，因其呈人字形排列而得名。其作用是提高汽提段的汽提效果。

灰斗　ash bucket 连接旋分器底部排灰口和料腿上部的部件。

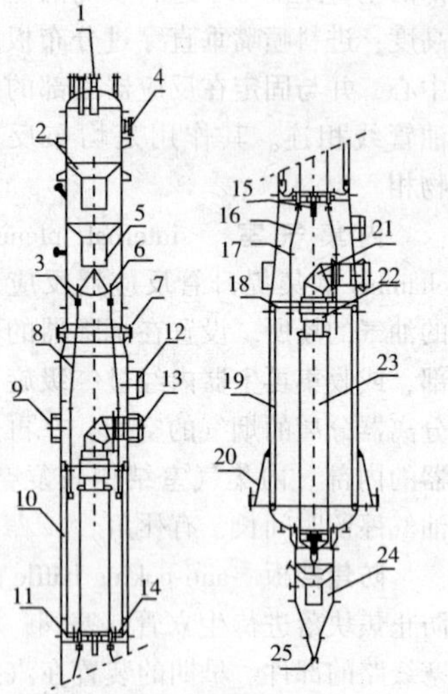

催化重整移动床式反应器

1—催化剂入口；2—催化剂导流锥；
3—联管器；4—人孔；5—催化剂导流筒；
6—催化剂排除口；7—中法兰；
8—催化剂输送管；9—人孔；10—扇形筒；
11—反应器底封头；12—油气入口；
13—油气出口；14—中心管底座；
15—中心管固定螺栓；16—催化剂输送管；
17—联管器；18—扇形盖板；19—扇形筒；
20—裙座；21—弯头；22—膨胀节；
23—中心管；24—催化剂收集器；
25—催化剂排出口

料腿 dipleg 是粗旋底部直立的管子，上部与灰斗相连，下部与翼阀相连。其作用是输送旋风分离器分离下来的催化剂粉尘，保证分离下来的催化剂顺利地流回床层。

桶形下流式反应器 barrel type downflow reactor 液体反应物由上向下流动的桶形反应器。

上流式球形反应器 upflow type spherical reactor 反应物由下向上流动，壳体为球形的反应器。这类反应器具有操作简单的优点。

分配器 distributor 均匀分配反应进料的部件。它有多种结构形式，其作用是将反应物均匀地分布在整个催化剂床层上。

中心管罩帽 center pipe cap 是阻止油气走短路的构件。罩帽下端埋入催化剂床层，罩帽的高度根据反应器不同的催化剂装入量和不同沉降高度进行设计。

内(外)套筒 inner (outer) sleeve 法国某公司工艺技术的重整反应器内件的组成部分，位于反应器的上部。内套筒由钢板制成，外套筒由钢板和约翰逊网制成。

盖板 cover plate 反应器分配盘组件。

筛条 sieve bar 反应器分配盘组件。

平垫密封结构 flat gasket sealing structure 最常用的一种密封形式，因其所用垫片为平板形而得名。该类密封结构加工方便，使用成熟，在直径小、压力不太高的场合密封可靠，但当结构尺寸大、操作压力高时，螺栓尺寸也大，结构笨重、装拆不便，且每次检修都得更换垫片。一般适用于操作压力、温度不高且波动不大的中、小型承压设备上。

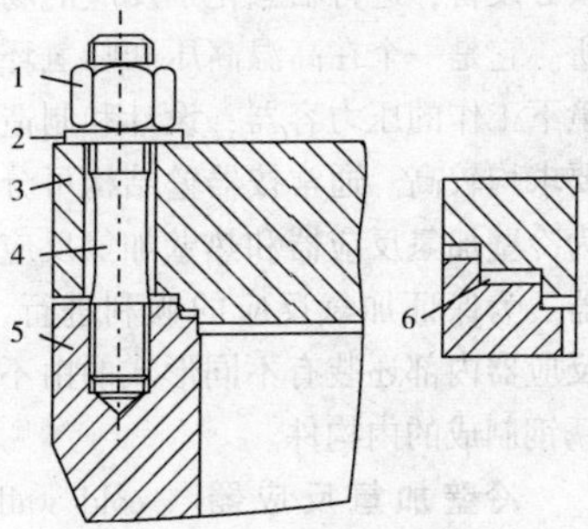

平垫密封结构

1—主螺母；2—垫圈；3—顶盖；
4—主螺栓；5—筒体端部；6—平垫片

双锥密封结构 double cone sealing structure 一种半自紧式密封。因其所用金属密封环的外侧上下两端均为锥面而得名。双锥密封面上有厚度为 1mm 左右的软金属垫片；双锥环的密封面上开有两条半径 1~1.5mm、深 1mm 左右的半圆形沟槽或深 1mm 左右的三角沟槽；顶盖上放置双锥环处的圆柱支承面上开有几条纵向半圆形沟槽；双锥环的内圆柱面与顶盖的圆柱支承面之间，其径向间隙应控制在 $\delta=(0.1\%\sim0.15\%)D_1$ 范围内。D_1 为双锥环的内圆柱面直径；锥角 $\alpha=30°$；双锥环密封面的粗糙度 R_a 为 3.2μm；顶盖及筒体端部密封面的粗糙度为 $R_a=3.2\sim1.6$μm。根据使用条件(设计压力、温度和介质性质)，双锥环材料选用 20、25、35、16Mn、20MnMo、15CrMo、1Cr18Ni9Ti 等钢材。

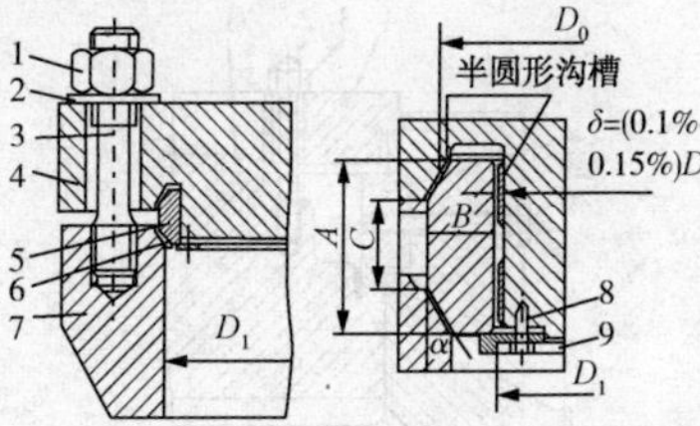

双锥密封结构

1—主螺母；2—垫圈；3—主螺栓；
4—顶盖；5—双锥环；6—软金属垫片；
7—筒体端部；8—螺栓；9—托环

组合式(伍德式)密封结构 combined (Uhde) sealing structure 目前高压加氢装置上使用较为满意的一种高压自紧式密封，由德国伍德公司开发，因此而得名。其密封机理是靠密封环壳体锥面及浮动顶盖的凸形面接触来实现的，借预紧螺栓达到预紧作用。当工作时，介质压力通过浮动顶盖传递到密封环上，从而产生自紧作用。四合环是可拆卸的，由四部分组成并用螺栓连接到筒体端部。四合环和密封环之间做成斜面，这样可越拉越紧。密封环三面做成斜形，给自紧作用建立了先决条件。由于顶盖可以自由移动，故温度、压力有波动时密封性能良好，且有自紧作用。开启速度快，适用于快开的场合。该结构虽然没有大螺栓，但密封结构较复杂，零件多，组装时要求高，加工精度也要求高。

O 形环密封结构 O-ring sealing structure 属于自紧式密封结

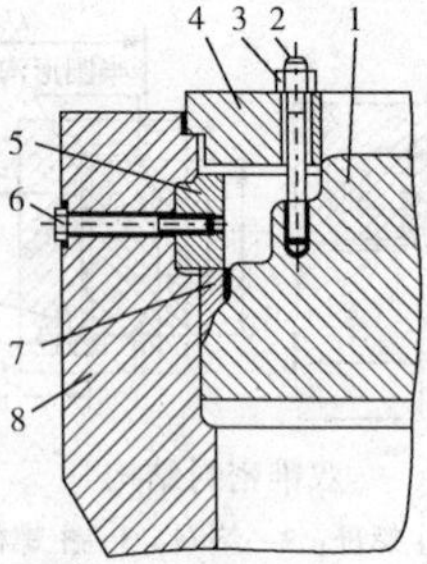

伍德密封结构

1—顶盖；2—预紧螺栓；3—螺母；
4—支持环；5—四合环；6—拉紧螺栓；
7—密封环；8—筒体端部

构，因其所用垫圈截面形状为“O”形而得名。是由端部法兰、抗剪螺栓、内置顶盖、两个软铝O形圈、双锥环和预紧螺栓组成的密封结构。可以实现线接触全自紧密封，具有密封可靠、使用安全、减轻重量、装拆方便、加工简化等优点。

三角垫密封结构 delta gasket sealing structure 螺栓连接，在介质压力下三角垫向外产生弯曲，其斜面与V形槽的两斜面贴合而自紧的密封结构。

G形环与B形环密封 G-ring and B-ring seal 螺栓连接，靠“G”或“B”形环的波峰和筒体端部与顶盖上相配的密封槽之间的过盈形成预紧。在介质压力作用下，“G”与“B”形环向外扩张产生径向自紧力的密封结构。

加氢反应器 hydrogenation reactor加氢精制和加氢裂化装置的核心设备，进行临氢化学反应的场所。它是一个在高温高压和临氢环境下工作的压力容器，设计和制造要求均较高。通常按器壁结构可分为冷壁加氢反应器和热壁加氢反应器。为保证加氢反应的顺利进行，反应器内部还装有不同形式的由不锈钢制成的内构件。

冷壁加氢反应器 cold wall hydrogenation reactor 在内壁设置非金属隔热层，有些并在隔热层内衬不锈钢套的加氢反应器。由于有内隔热层，可使反应器的壁温降低。冷壁加氢反应器的设计壁温通常不高于300℃，因此，其壳体可采用15CrMoR或碳钢进行制造，内壁也不用堆焊不锈钢。冷壁反应器内的非金属隔热层在介质的冲刷下，或

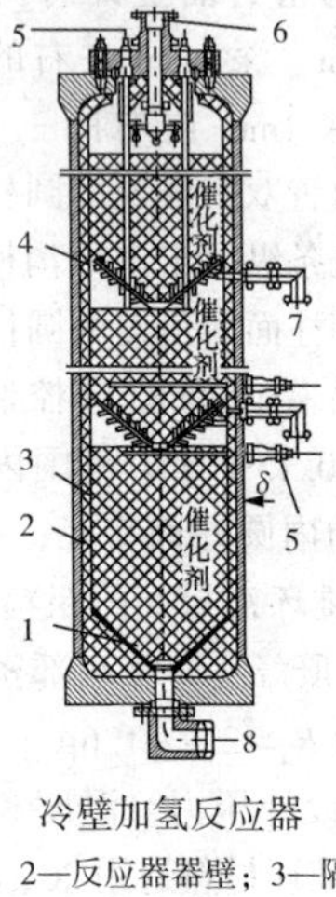

冷壁加氢反应器

1—瓷球；2—反应器器壁；3—隔热衬里；
4—斜式催化剂支持盘；5—热电偶；
6—原料入口；7—冷氢入口；8—产品出口

在温度的变化下易损坏，操作一段时间可能就需要修理或更换，且施工和修理费用较高。如果在操作时衬里脱落，衬里脱落处及其附近的反应器器壁就会超过设计温度，从反应器外部看，该处的变色漆就会变色。由此造成了反应器的安全隐患，严重时甚至造成装置被迫停车。目前在国内外已很少采用。

热壁加氢反应器　hot wall hydrogenation reactor 器壁直接与介质接触，器壁温度与操作温度(420℃左右)基本一致的加氢反应器。相对于冷壁加氢反应器而言，壁温较高，故被称为热壁加氢反应器。通常反应器的壳体由 Cr-Mo 钢制造，同时，为了抵抗高温硫化氢的腐蚀，在内壁上还设有不锈钢复合层

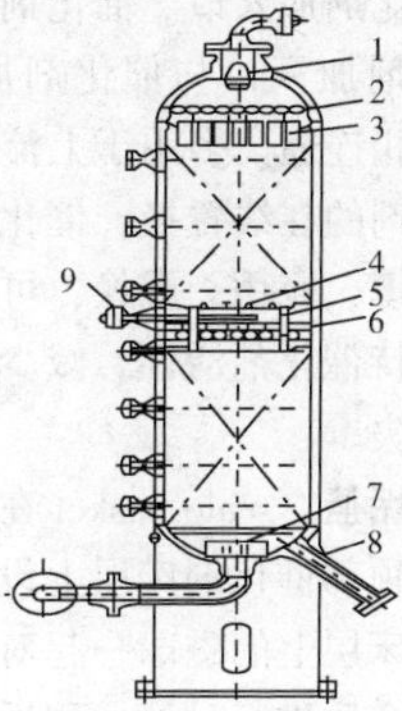

热壁加氢反应器

1—入口扩散器；2—气液分配盘；3—去垢篮筐；4—催化剂支持盘；5—催化剂连通管；6—急冷氢箱及再分配盘；7—出口收集器；8—催化剂卸料口；9—急冷氢管

(或堆焊层)。虽然热壁加氢反应器的制造难度较大，一次性投资较冷壁的高，但它可以保证长周期安全运行，目前已在国内外普遍采用。

锻焊式加氢反应器　forge welded hydrogenation reactor 壳体由锻制的筒节组焊而成的加氢反应器。相对于板焊式反应器，其壁厚一般较厚。该类反应器没有纵焊缝，只有环焊缝，提高了设备的操作安全性。相对于板焊式反应器，其造价一般较贵。

板焊式加氢反应器　plate welded hydrogenation reactor 壳体是用钢板卷制、组焊而成的加氢反应器。相对于锻焊式反应器，其壁厚一般较薄，造价较低。

沸腾床加氢反应器　ebullated bed hydrogenation reactor 反应物和催化剂处于沸腾状态下进行加氢反应的反应器。有不同的结构形式。其中之一是由反应器壳体和三相分离器所组成。三相分离器设置在反应器壳体内上部，是包括内筒和外筒的套筒结构。内筒和外筒的上下两端均为开口结构。内筒和外筒均由相连的上段和下段组成，上段均为倒置的锥台形结构，下段均为正置的锥台形结构。可以进一步提高分离效果，减少催化剂带出量，增加三相分离器的操作弹性。该类反应器主要适用于不同种类液体和气体物质在与固体颗粒接触情况下进行的化学反应，具有催化剂藏量

大、反应器利用率高、结构简单和操作容易等优点。

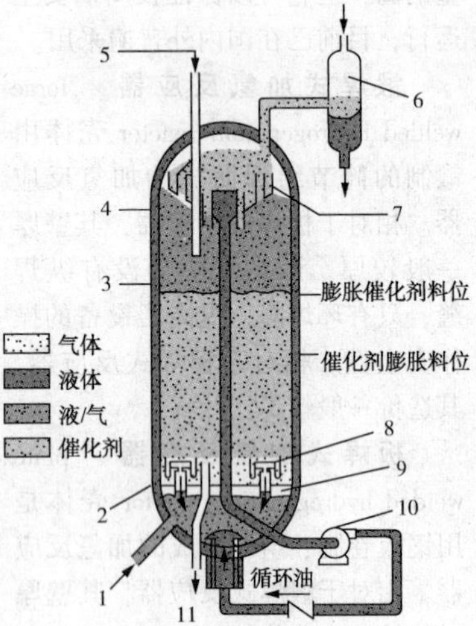

沸腾床加氢反应器

1—氢和原料入口；2—反应器器壁；3—循环管；4—喇叭口；5—催化剂补给口；6—气液分离器；7—回流罩；8—泡帽；9—分配板；10—循环泵；11—催化剂卸出口

浆液床(悬浮床)加氢反应器 slurry bed (suspended bed) hydrogenation reactor 反应物和催化剂处于浆液(悬浮)状态下进行加氢反应的反应器。常见的一种结构形式是在反应器筒体内设置筒形内构件。筒形内构件的顶端密封，底端敞开。筒形内构件通过气液分布板固定在反应器筒体内，或通过其他连接形式固定在悬浮床反应器内。筒形内构件的侧壁不同高度位置上设置开口。该类反应器用于重、渣油加氢裂化反应时传热速度快，系统反应热能够及时导出有效反应区，大大降低温升幅度，能够保持反应器轴向床层温度的均匀，减少二次裂解反应的几率，减少结焦，保障反应稳定进行。

催化剂在线置换加氢反应器 on-stream catalyst replacement hydrogenation reactor 包括反应器和催化剂在线置换系统，反应器内安装有2~5个弧形催化剂支承筛板，筛板将反应器分隔为不同的催化剂床层反应空间。在筛板上开有均匀的反应物料流动小孔。催化剂在线置换系统包括催化剂加入/卸出系统，筛板弧形最下端设置催化剂排出口，以及每个催化剂床层反应空间设置催化剂加入口。催化剂排出口和催化剂加入口与催化剂加入/卸出系统相连通。多用于上流式反应器催化剂的在线置换，催化剂的级配、装填、应用、置换，可以实现连续保持催化剂活性，减少停工带来的损失。

积垢篮 scale basket 在加氢反应器的顶部催化剂床层上设置的部件，与床层上的磁球一起对进入反应器的介质进行过滤。积垢篮一般均匀地布置在床层上表面，周围充填适量的大颗粒瓷球，以增加透气性。

冷氢盘 cold hydrogen disk 将冷氢气引入反应器内部并加以分布

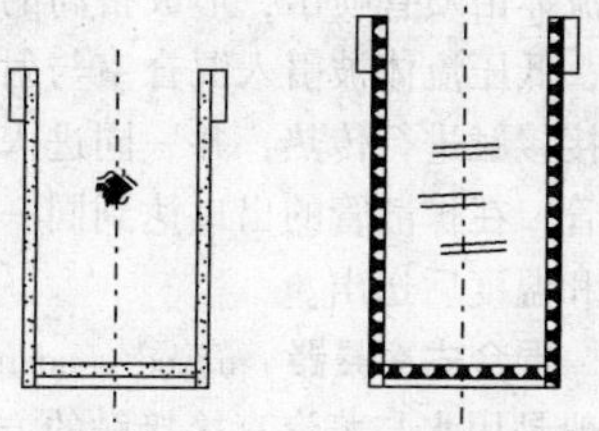

积垢篮

的盘管。烃类的加氢反应属于放热反应，对多床层的加氢反应器来说，油气和氢气在上一床层反应后温度将升高，为了下一床层继续有效反应的需要，必须在两床层间引入冷氢气来控制温度。

分配盘 distributing tray 在催化剂床层上面，为了均布反应介质，改善其流动状况，实现与催化剂的良好接触，进而达到径向和轴向的均匀分布而采用的部件。分配盘由塔盘板和在该板上均布的分配器组成。

入口扩散器 entrance diffuser 介质进入反应器遇到的第一个部件。它将进来的介质扩散到反应器的整个截面上；消除气、液介质对顶分配盘的垂直冲击，为分配盘的稳定工作创造条件；通过扰动促使气液两相混合。

6.5 热交换器

混合式换热器 mixed heat exchanger 依靠热流体和冷流体直接

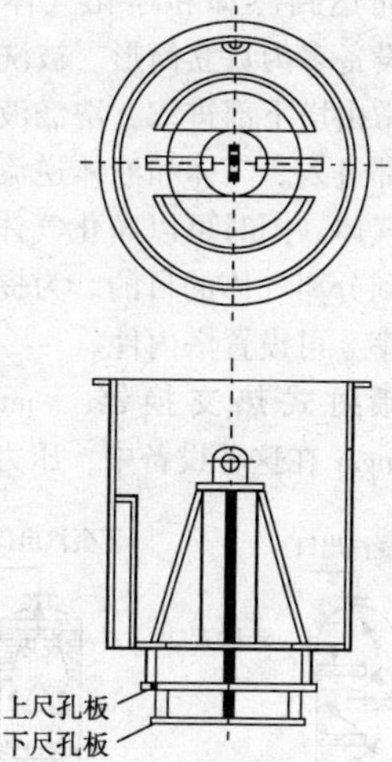

入口扩散器

接触和互相混合来实现热量交换的换热设备。在热量传递的同时，伴随着质量的混合。这种传热方式避免了传热间壁及其两侧的污垢热阻，只要流体间的接触情况良好，就有较大的传热速率。这类换热器具有传热速度快、效率高、设备简单等优点，适用于允许流体相互混合的情况。

冷却塔 cooling tower 又称凉水塔。利用水的蒸发及空气和水的传热原理带走水中热量的设备和构筑物。通常用自然通风或机械通风的方法，将经使用温度升高的水进行冷却降温，之后循环使用，以减少新鲜水用量。

气体洗涤塔 gas scrubbing tower 简称洗涤塔。用液体洗涤气体从而达到冷却和净化气体的设备。设备多为直立筒形。被洗涤气体通常由塔下部进入，洗涤液体由塔上部进入。气体和液体逆流接触冷却气体。同时可以净化气体，也可达到分离气体的目的。为提高冷却效率，可设置塔内件。

喷射式热交换器　jet heat exchanger 在这种设备中，压力较高的流体由喷管喷出，形成很高的速度，低压流体被引入混合室与射流直接接触进行传热，并一同进入扩散管，在扩散管的出口达到同一压力和温度后送出。

混合式冷凝器　mixed condenser 一般是用水与蒸汽直接接触的方法使蒸汽冷凝，最后得到水与冷凝液的混合物的冷凝设备。

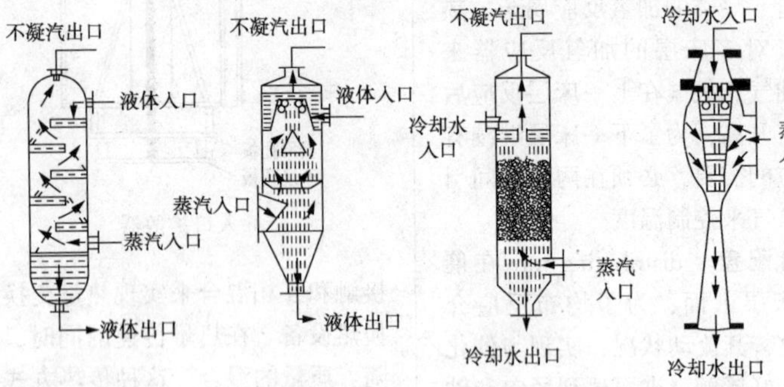

(a)液柱式　(b)液膜式　(c)填充式　(d)喷射式

混合式冷凝器

蓄热式换热器　regenerative heat exchanger 通过蓄热体进行换热的设备。蓄热体一般由格子砖或填料构成。固定式蓄热式换热器的换热分两个阶段进行：第一阶段，热流体通过蓄热体，将热量传给蓄热体而储蓄起来；第二阶段，冷流体通过蓄热体，接受蓄热体所储蓄的热量而被加热。通常用两个蓄热器交替完成蓄热与放热。也有回转式蓄热式换热器，能实现连续换热。由于冷热流体交替输入蓄热体，会造成小部分流体的掺和，故蓄热式换热器一般用于对介质混合要求比较低的工况。

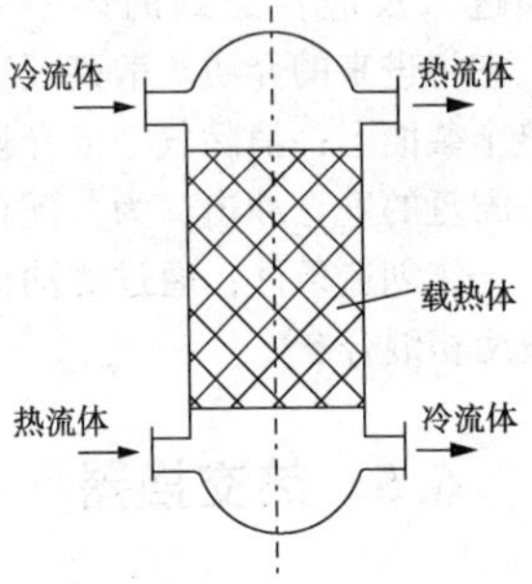

蓄热式换热器

蓄热室 regenerator 安置蓄热体的空间，其室壁应具有隔热、耐温的性能。

蓄热体 heat accumulator 在蓄热式换热器中交替从高温工质吸热和向低温工质放热的物体。如格子砖、金属波形带、金属板层或金属丝网等。

间壁式换热器 wall type heat exchanger 又称间接式换热器、表面式换热器。在这种换热器中，冷热两种流体被固体壁面隔开。在换热过程中，两种流体互不接触，热量由热流体通过壁面传给冷流体。是应用最广泛的一类换热器。管式换热器都属于间壁式换热器。

夹套式换热器 jacket type heat exchanger 间壁式换热器的一种。在容器外壁安装夹套制成，结构简单，介质受热或冷却均匀。可在器内安装搅拌器，亦可在夹套中设置螺旋隔板或其他增加湍动的设施，以提高夹套一侧的传热系数。夹套式换热器广泛用于反应过程的加热和冷却。

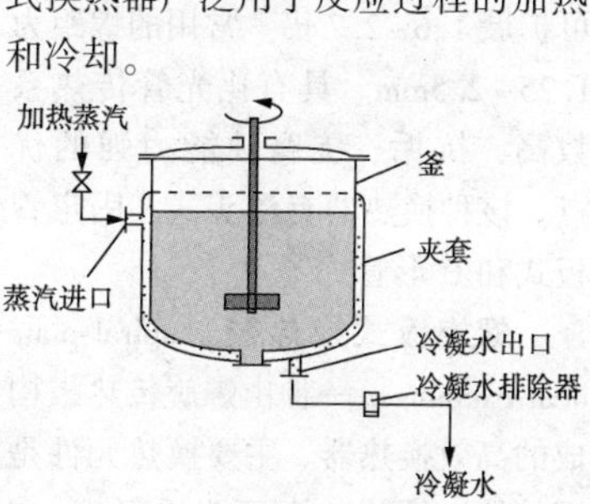

夹套式换热器

沉浸式蛇管换热器 submerged coil heat exchanger 又称箱式冷却器。将金属盘管安置于方形箱内，箱内充满水，盘管全部浸入水中，管内流体被水冷却或冷凝。其结构简单，但箱内液体湍动程度低，管外传热系数小，体积大，占地面积大。为提高传热系数，箱内可安装搅拌器。此种换热器现在在炼油厂已很少应用。

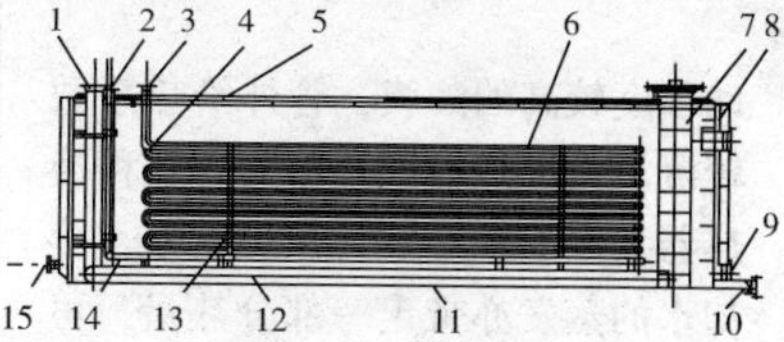

沉浸式蛇管换热器

1—水入口管；2—蒸汽入口管；
3—工作介质入口管；4—无缝弯头；
5—箱体顶板；6—管束；7—内部直梯；
8—水箱；9—放水口；10—放空口；
11—底板；12—水分配管；13—管束支架；
14—蒸汽分配管；15—介质出口

水浸式冷凝冷却器 water immersion condensate cooler 水冷却器的一种。是将一组或几组蛇形盘管置于一筒体内，筒体内通入冷却水，盘管全部浸入水中，当高温的油气通过蛇形盘管后，即可被冷却水冷却或冷凝。

喷淋式换热器 spray-type heat exchanger 将换热管成排地固定在钢架上，热流体在管内流动，冷却水从上方喷淋装置均匀淋下的换热设备。喷淋式换热器的管外是一层湍

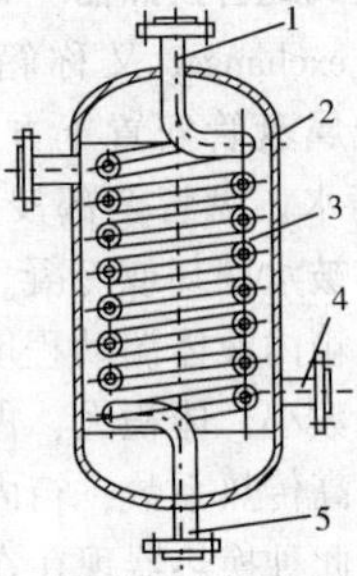

水浸式冷凝冷却器
1、4、5—接管；2—壳体；3—盘管

动程度较高的液膜，管外给热系数较沉浸式换热器大。另外，这种换热器大多放置在空气流通之处，冷却水的蒸发亦带走一部分热量，可起到降低冷却水温度，增大传热推动力的作用。因此，和沉浸式换热器相比，喷淋式换热器的传热效果大为改善。缺点是占地面积大，耗水量大，目前多被空气冷却器所代替。

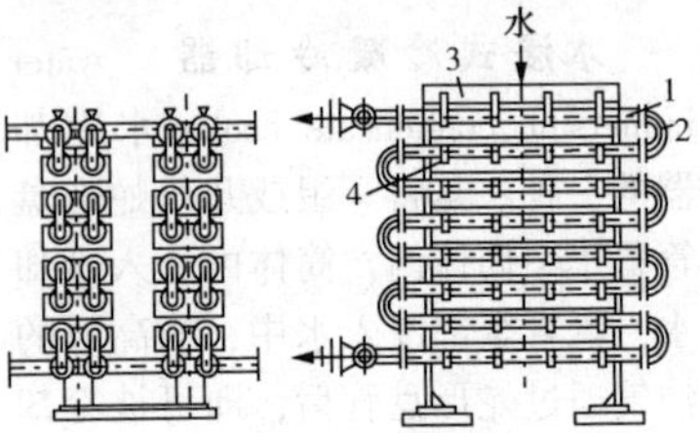

喷淋式换热器
1—直管；2—U 形管；3—水槽；
4—齿形檐板

套管式换热器　double pipes heat exchanger 由两种不同直径的管子同心套在一起组成，每一段套管称为“一程”。这种换热器多数由内管作为传热元件，采用 U 形弯管连接成排，固定于支架上。换热时，一种流体走内管，一种流体走内外管之间的间隙。一般采用逆流方式传热。

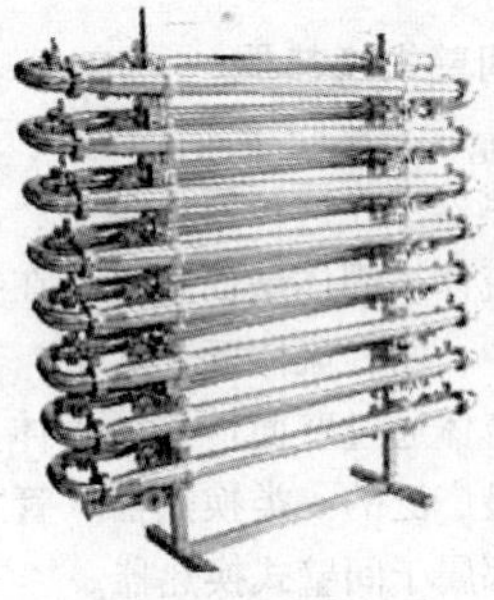
套管式换热器

螺纹管式换热器　serew tube heat exchanger 采用螺纹管组成的换热设备。螺纹管属于管外扩展表面的强化传热元件。在普通换热管内或外壁轧制螺纹状的低翅片，用以增加传热表面积。其表面积比光管可扩展 1.6~2.7 倍。常用的螺距为 1.25~2.5mm。具有比光管传热系数高，抗垢、抗腐蚀能力强的优点。该种换热器有浮头式、固定管板式和 U 形管式等。

螺旋板式换热器　spiral-plate heat exchanger 一种由螺旋传热板构成的高效换热器。主要换热元件是螺旋体，螺旋体由两张平行钢(或其他材质)板卷制而成，具有两个螺

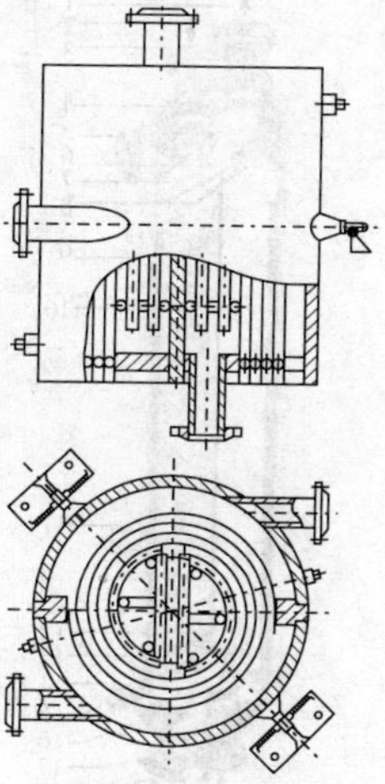

螺旋板式换热器

旋通道，通道的间距由焊在板上的定距柱保证，并在其上安装端板（或封板）和接管。冷热流体分别流经两个螺旋通道，通过螺旋板进行热交换。螺旋板式换热器具有传热系数大、传热效率高、压降小、能进行低温差热交换、结构紧凑、加工制造方便等特点。根据其结构，分为可拆式与不可拆式两大类。

热管式换热器　heat pipes exchanger 利用热管原理实现热交换的换热器。由若干支热管组成的换热管束通过中间隔板等置于壳体内构成。中间隔板与热管加热段、冷却段及相应的壳体内腔分别形成热、冷流体通道，热、冷流体在通道中横掠热管管束连续流动，实现传热。热管内装有专用工质，工质在热端吸热汽化，在冷凝端放热冷凝。由于汽化（冷凝）潜热大，所以热管式换热器传热系数高。

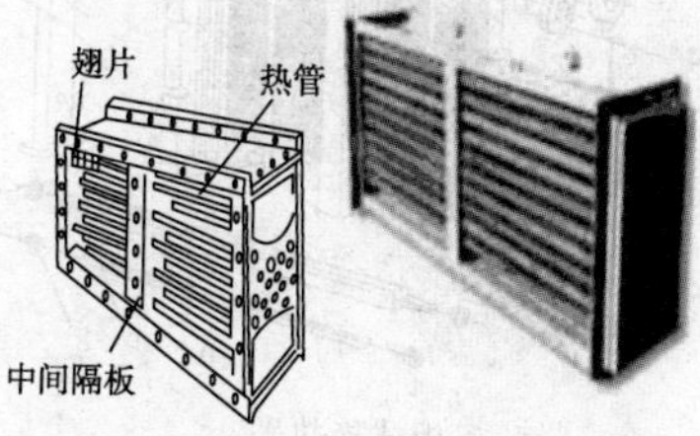

热管式换热器

板式换热器　plate heat exchanger 指不同温度的流体交错在多层紧密排列的薄壁金属板间流动换热的表面式换热器。主要由传热板片、固定盖板、活动盖板、定位螺栓及压紧螺栓组成。板片之间用垫片进行密封。板片表面通常压制成波纹形或槽形，以增加板的刚度，增大流体的湍流程度，提高传热效率。板片边缘用垫片密封。各板片之间形成狭窄的网形通道，冷热流体分别流入各自通道，可以逆流也可以并流、错流，通过板片进行热量交换。与常规的管壳式换热器相比，在相同的流动阻力和泵功率消耗情况下，其传热系数要高出很多。其结构紧凑，使用灵活，清洗和维修方便，应用范围广泛。其缺点是密封周边长，易泄漏，承压能力低，流道狭窄，易堵塞，使用温度不宜太高。

板壳式换热器　lamella heat

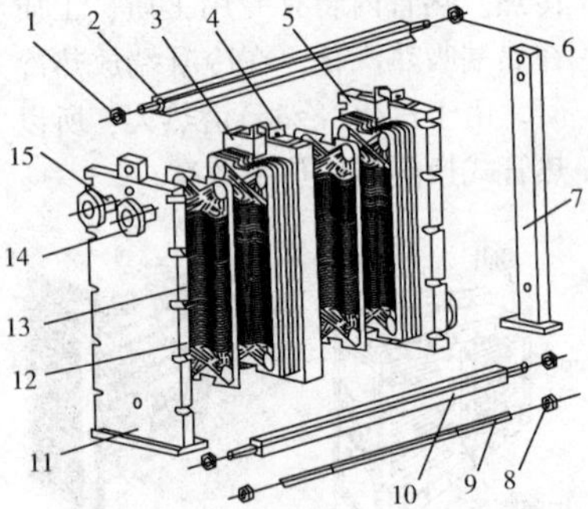

板式换热器

1—螺母；2—上导杆；3—中间隔板；4—滚动机构；5—活动压紧板；6—螺母；7—立柱；8—螺母；9—夹紧螺柱；10—下导杆；11—螺母；12—固定压紧板，板片；13—垫片；14—法兰；15—接管

exchanger 一种大型的焊接板式换热器，主要由一个焊接的板式传热板束以及壳体、进出口管及支座构成。它具有管壳式换热器耐温、耐压和板式换热器高效、紧凑的特点。用于催化重整装置的典型板壳式换热器有以下两种：(1) Alfa Laval Packinox 板壳式，内部为方形板式管束，外壳为圆筒形，管束为内悬挂式支承。(2)国内研制的立式焊接板壳式换热器，其板片为人字形波纹，板束与壳体用法兰连接，板束可从壳体中抽出。以上均已应用于多套装置。板壳式换热器还有卧式、边板可拆的箱式焊接、焊接方形板式换热器等多种形式。

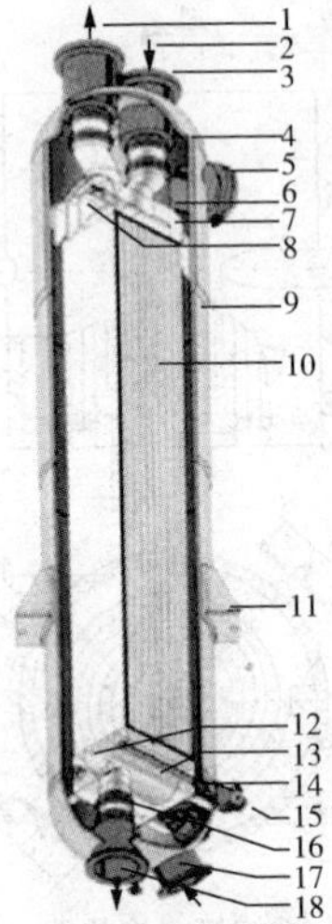

板壳式换热器

1—进料出口；2—产物入口；3—放空口；4—热端膨胀节；5—人孔；6—进料管箱；7—产物入口管箱；8—板束支承；9—压力容器；10—焊接板束；11—支承或裙座；12—产物出口管箱；13—文丘里管；14—喷雾杆；15—液体进料；16—冷端膨胀节；17—循环氢气入口；18—产物出口

翅片管换热器 finned heat exchanger 与一般管壳式换热器结构相似，只是用翅片管(肋片管)代替了光管作为传热管。翅片管是一种强化换热元件，由于翅片扩展了传热面积，所以使换热效率提高。

管壳式换热器 shell and tube heat exchanger; tubular heat exchanger 又称列管式换热器，主要由壳体、管束、管板、管箱和封头等部分组成。壳体截面多呈圆形，内部装有

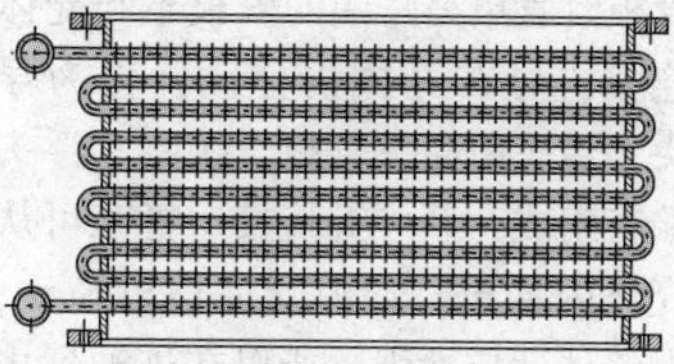
翅片管换热器

平行管束或者螺旋管等，管两端固定于管板上。在管壳式换热器内进行换热的两种流体，一种在管内流动，其行程称为管程；一种在管外流动，其行程称为壳程。管束的壁面即为传热面。根据结构特点，该种换热器可分为固定管板式、浮头式、U形管式、填料函式和釜式重沸器五类。是应用最广泛的换热器。

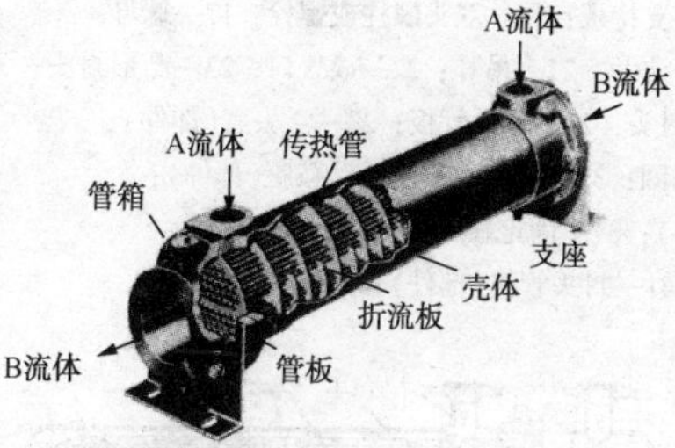

管壳式换热器

螺旋槽纹管 spiral grooved tube 又称T形翅片管。是靠坯管表层金属的塑性变形形成翅片，其形状与英文字母T相似。T形翅片管加工过程控制参数为螺距、翅片间的开口度。开口度对性能影响最大。经加工在管子外表面形成有规则的T形小槽穴，槽穴上方开口小，下方为圆形凹槽。此种换热管多用于重沸器中，是强化传热管。

横纹管 corrugated pipe 又称波纹管，以光滑管为毛坯，采用无切削滚轧成型。成型后横纹管管外为一圈圈与管轴线成90°正交的横向槽纹，管内则成相应的凸起。管内单相流体流经凸肋后产生的轴向涡流群(不产生螺旋流)使管内对流传热得到强化；管外如属蒸汽冷凝，则冷凝的表面张力能在管外槽峰和槽谷之间形成一定的压力梯度把冷凝液由槽峰压向槽谷，槽峰上液膜很薄，热阻很小，冷凝传热也得到了强化。因此横纹管是一种两面强化管。

固定管板式换热器 fixed tube sheet heat exchanger 管板与壳体焊接在一起，管板不能从壳体上拆卸下来的一种换热器。优点是结构比较简单、紧凑、造价低。缺点是管外无法机械清洗，要求壳程介质必须清洁、不易结垢或不易对壳体造成腐蚀。由于管壁和壳壁的温度不同或材料的线膨胀系数不同而引起

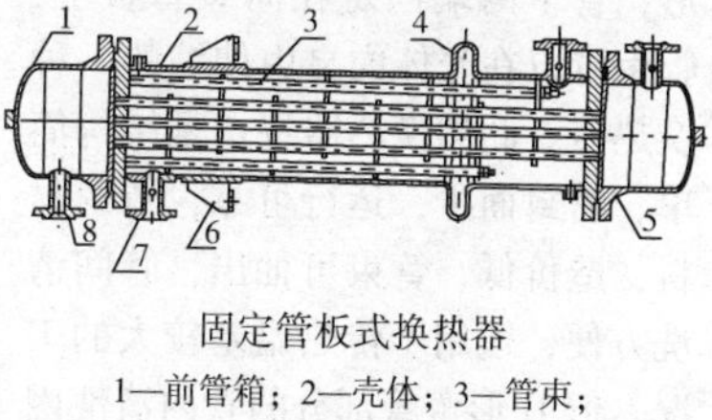

固定管板式换热器

1—前管箱；2—壳体；3—管束；
4—膨胀节；5—后管箱；6—支座；
7—壳程接管；8—管程接管

的应力，可造成管子和管板连接接头泄漏，甚至造成管子从管板上拉脱或顶出。工程上采用在壳体上安装膨胀节的方式减少此应力。

浮头式换热器 floating-head type heat exchanger 管束一端的管板与壳体用法兰固定连接，称为固定管板。管束另一端的管板不与壳体连接，可在壳体内浮动，称为浮头。浮头由浮头管板、钩圈和浮头端盖组成，系可拆连接。管束可从壳体内抽出，管内管外均可清洗，对流体适应性强，所以在炼油厂内是应用最多的一类换热器。

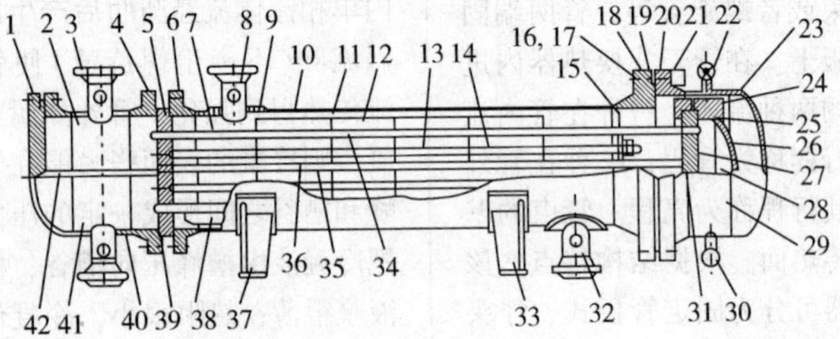

浮头式换热器

1—平盖；2—平盖管箱（部件）；3—接管法兰；4—管箱法兰；5—固定管板；6—壳体法兰；7—防冲板；8—仪表接口；9—补强圈；10—壳体（部件）；11—折流板；12—旁路挡板；13—拉杆；14—定距管；15—支持板；16—双头螺柱或螺栓；17—螺母；18—外头盖垫片；19—外头盖侧法兰；20—外头盖法兰；21—吊耳；22—放气口；23—凸形封头；24—浮头法兰；25—浮头垫片；26—球冠形封头；27—浮动管板；28—浮头盖（部件）；29—外头盖（部件）；30—排液口；31—钩圈；32—接管；33—活动鞍座（部件）；34—换热管；35—挡管；36—管束（部件）；37—固定鞍座（部件）；38—滑道；39—管箱垫片；40—管箱圆筒（短节）；41—封头管箱（部件）；42—分程隔板

U 形管式换热器 U-tube type heat exchanger 是将换热管弯成 U 形，管子两端固定在同一管板上，管束可以在壳体内自由伸缩的一种换热器。此类换热器特点是结构简单，密封面少，运行可靠，节约材料，造价低，管束可抽出，管间清洗方便，适用于传热温差较大的工况。但 U 形弯管部分的管内清洗困难，拆修更换管子不方便，要求管程介质清洁和不易结垢。

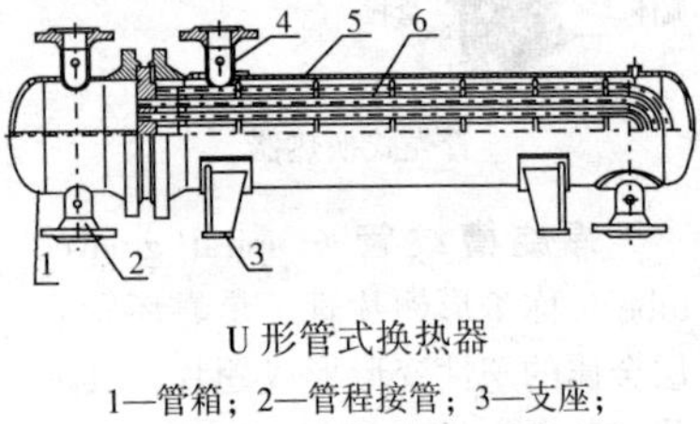

U 形管式换热器

1—管箱；2—管程接管；3—支座；4—壳程接管；5—壳体；6—管束

填料函式换热器 stuffing box heat exchanger 另一种浮头式换热器。它的浮动端采用填料密封浮动管板，可使管束沿壳体轴向滑动，以补偿换热管与壳体的膨胀差量。这种结构具有一般浮头式换热器的优点，但由于采用填料函密封，所以换热器的壳体直径、壳程压力均受到限制。

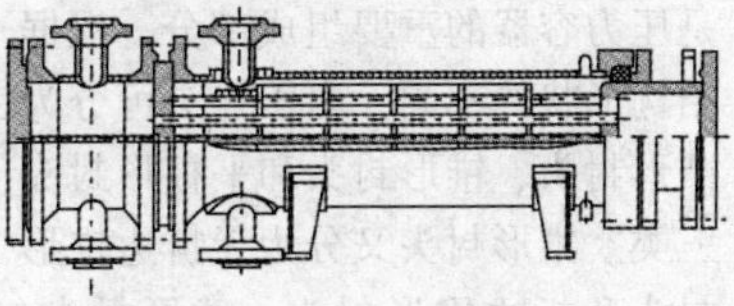

填料函式换热器

填料函分流式换热器 stuffing box divided flow heat exchanger 填料函式换热器的一种，适用于大流量且压降要求低的情况。

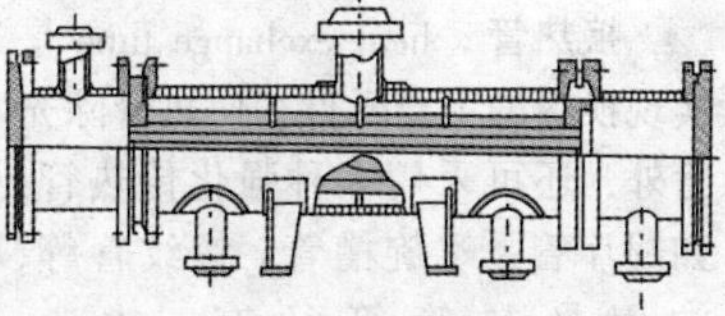

填料函分流式换热器

釜式重沸器 kettle-type reboiler 带有蒸发空间的换热器，其管束多为浮头式和U形管式或固定管板式。为保证重沸器的正常操作，必须保证壳程液体介质有足够的蒸发空间。为此，其壳体大于其他具有相同换热面积的管壳式换热器的壳体。

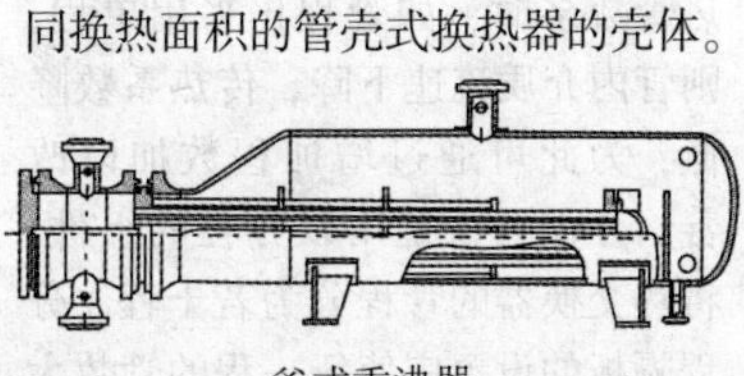

釜式重沸器

高压螺纹锁紧环式换热器 high pressure thread locking ring heat exchanger 这种换热器的管束多采用U形管式。螺纹锁紧环换热器的管箱同壳程壳体焊接在一起，壳程另一端为封头，管箱端部用螺纹承压环旋入；所有的内构件都封装在同一壳体内，减少了密封点。适用于管程和壳程均为高压的场合，如加氢裂化装置生成油和原料油换热器。换热器一旦发生泄漏，只要调节压紧螺栓就可以压紧垫片，内漏调节内压紧螺栓，外漏则调节外压紧螺栓。但此种换热器加工制造要求高，特别是螺纹承压环加工精度要求高。换热器主要零件分别为：筒体、管束、管板、螺纹承压环、压环、卡环、管程内套筒、内外密封垫片、压盖、内外压紧螺栓。

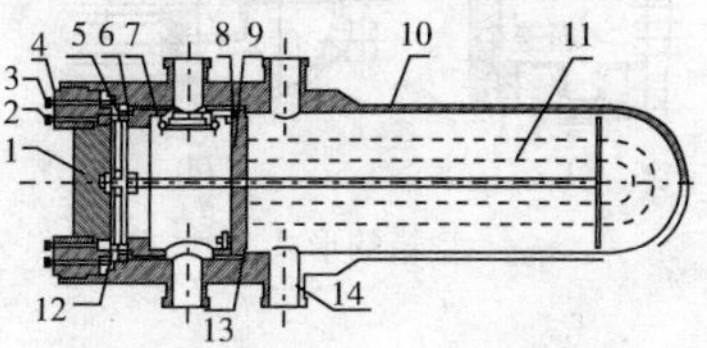

螺纹锁紧环式换热器

1—压盖；2—内压紧螺栓；3—外压紧螺栓；4—螺纹锁紧环；5—压环；6—卡环；7—管程内套筒；8—盘根；9—管板；10—筒节；11—管束；12—密封盘；13—缠绕垫片；14—管嘴；15—螺栓

管程 tube pass 在管壳式换热器内进行换热的两种流体，一种在管内流动，其行程称为管程。

壳程 shell pass 在管壳式换热

器内进行换热的两种流体，一种在管外流动，其行程称为壳程。

管箱　tube header 装在换热器端部的部件。其作用是将管程介质均布到各换热管中，汇集各换热管的流出介质；在多管程换热器中，管箱内装有分程隔板，还能改变流体的流向。管箱的结构形式主要是以换热器是否需要清洗及管束是否需要分程等因素来决定。

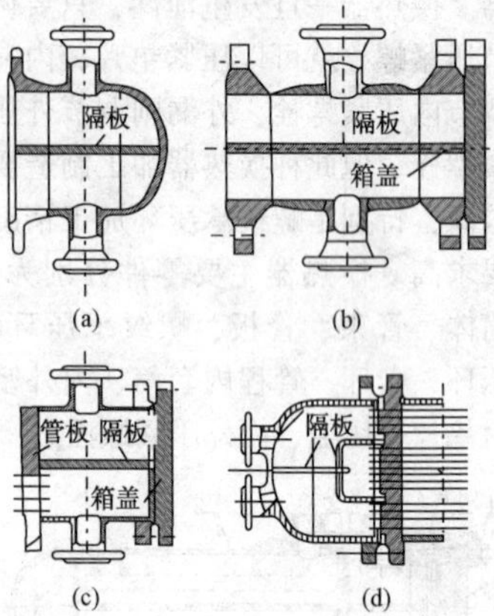

管箱的形式

管板　tube sheet 是管壳式换热器重要的受力元件之一。其作用是连接固定换热管，并将管程和壳程介质分隔。管板同时承受管程、壳程压力及介质温度的作用。根据压力、温度和介质腐蚀性选材。管板厚度主要取决于介质的压力、温度、管板直径、材质与壳体的连接方式。

管束　tube bundle 实现换热器传热的主要部件，通常指换热器中所有换热管的集合。广义上包括换热管、折流板、支持板、定距管、拉杆以及管板等组成的结构件。

封头　head 容器的一个部件，是压力容器的重要组成部分。根据结构形状的不同，内压封头可分为凸形封头、锥形封头和平板形封头三类。锥形封头又分为无折边锥形封头和折边锥形封头。球形封头、椭圆形封头、碟形封头、球冠形封头属于凸形封头。其材质根据介质性质、压力、温度选用碳钢、不锈钢、合金钢，以及铝、钛、铜、镍及其合金或复合材料等。

换热管　heat exchange tube 是实现换热的主要元件。换热管除光管外，还可采用多种强化传热管，如翅片管、螺旋槽管、螺纹管等。常用换热管管径有 ϕ19mm、ϕ25mm、ϕ38mm 等。换热管尺寸已有系列标准。换热管的材料主要有碳钢、低合金钢、不锈钢，以及铜、铝、钛镍及其合金，少量应用玻璃、石墨、陶瓷、聚四氟乙烯等非金属材料。

分程隔板　pass partition 当换热管数多时，如管程仍采用单程，则管内介质流速下降，传热系数降低，为此可通过增加程数加以改善。分程隔板是用以分程的组件，将热交换器的管程分为若干程。分程隔板的设置应使每一程的管数大致相等，其形状应力求简单，并使密封长度尽可能短。

折流板 baffle 管束上的零件。安装折流板可提高壳程流体流速，增加湍动程度，提高壳程流体的传热系数，同时减少结垢，增加管束刚度。在卧式换热器中，折流板还起支承管束的作用。常用的折流板有弓形和圆盘-圆环形两种。弓形折流板有单弓形、双弓形和三弓形三种。折流板一般按等间距布置。

折流杆 rod baffle 是一种新型的管束杆系支承结构。解决了折流板换热器存在折流死区，流体阻力大，横向冲击管束容易使其振动，甚至导致破坏等弊端。由于折流杆的作用，使流体产生脱体现象，在折流杆后产生漩涡尾流可改善平行流传热。折流杆换热器管束支承的特点：在每根换热管的四个方向上，被折流杆加以固定。折流杆焊在折流圈上，四个折流圈为一组。由折流圈组成的管束支承形似一个笼子，有良好的防震性能。

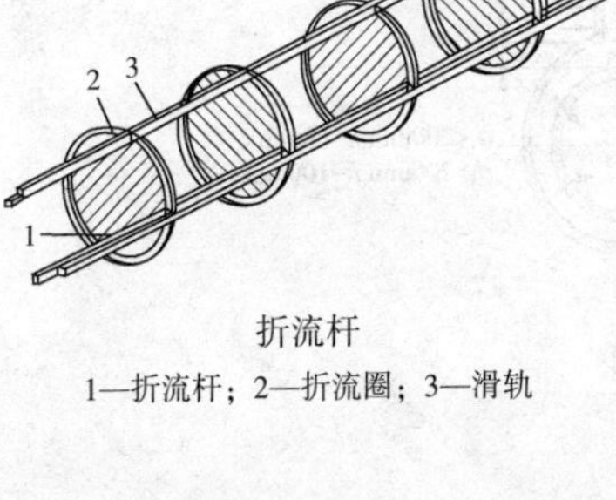

折流杆

1—折流杆；2—折流圈；3—滑轨

支持板 supporting plate 从传热角度考虑，有些换热器是不需要设置折流板的，但为了增加换热管的刚度，防止产生过大的挠度或引起管子振动，当管束无支承跨距超过了标准中的规定值时，必须设置一定数量的支持板，其形状与尺寸按折流板规定。

定距管 spacer tube 限定折流板位置，套在拉杆上协同确定折流板间距。

浮头 floating head 浮头式换热器、填料函式换热器、带套环填料函式换热器的一端管板与壳体固定，而另一端的管板可自由浮动，可自由浮动的一端称为浮头。有填料函式、钩圈式、可抽式、带套环填料函式浮头。

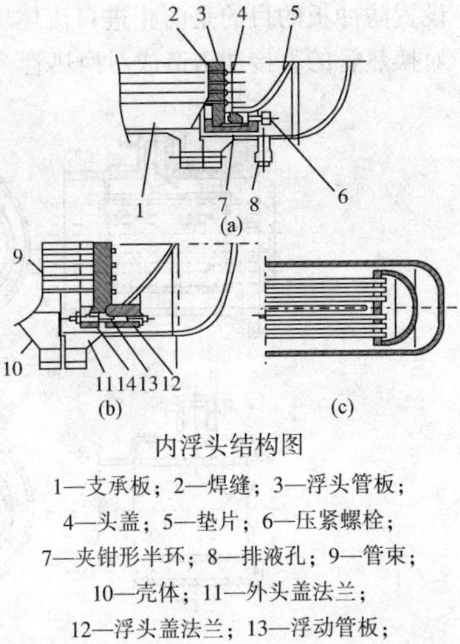

内浮头结构图

1—支承板；2—焊缝；3—浮头管板；4—头盖；5—垫片；6—压紧螺栓；7—夹钳形半环；8—排液孔；9—管束；10—壳体；11—外头盖法兰；12—浮头盖法兰；13—浮动管板；14—钩圈

浮头管板　floating tube sheet 又称浮动管板，其直径小于固定端管板直径。

浮头钩圈　floating head backing device 构成浮头的零件，其形状为半圆形。与浮动端盖、垫片用螺栓紧固于浮动管板上，密封管程介质。

浮头端盖　floating head cover 构成浮头的零件，为带法兰的凸形(多为球冠形)封头，与钩圈、垫片用螺栓固定于浮头管板上，起到密封管程介质的作用。

防冲板　impingement plate 在管程和壳程设置。管程设置防冲板的目的是防止大流速流体直接冲击换热管与管板的接头，造成换热管管端的冲蚀而引起泄漏，同时能使进入换热管的流体流量均匀；壳程设置防冲板的目的是防止进口流体对换热管的直接冲击造成对换热管的冲蚀和引起振动，同时也避免了由于换热管受热不均而产生热应力，起到保护换热管的作用。

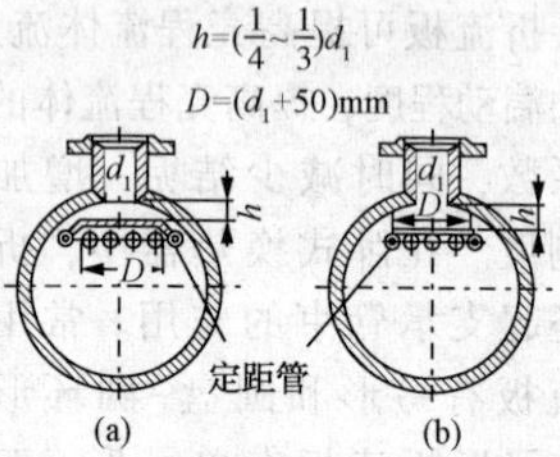

防冲板

换热器导流筒　guide shell in exchanger 是为强化管壳式换热器传热效率、改进壳程结构而设置的，分为内外导流筒。可以防止流体入口处流体对换热管的冲击，并使壳程流体分布均匀。减小由于进出口接管距管板较远流体停滞区过大，靠近管板管束的传热面积利用率低等弊端。

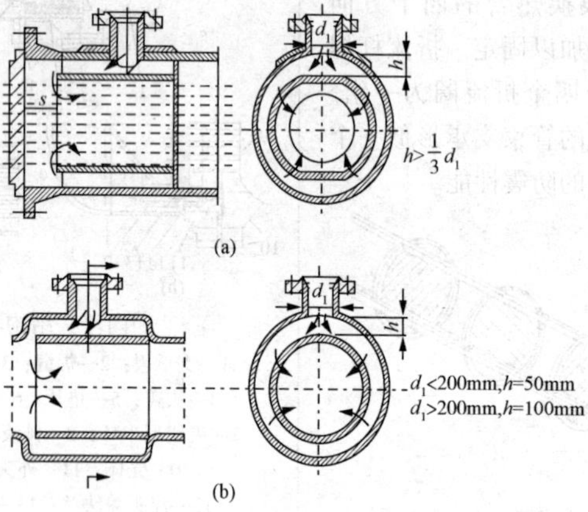

导流筒

扩大管 expansion pipe 当进口介质为蒸汽时，进口管可采用扩大管，以起缓冲作用。

旁路挡板 by-pass damper 为防止管壳式换热器壳程边缘介质短路而降低传热效率，需增设旁路挡板，以迫使壳程流体通过管束与管程流体进行换热。旁路挡板嵌入折流板槽内并与之焊接。旁路挡板可用钢板或扁钢制成，其厚度和材质一般与折流板相同。

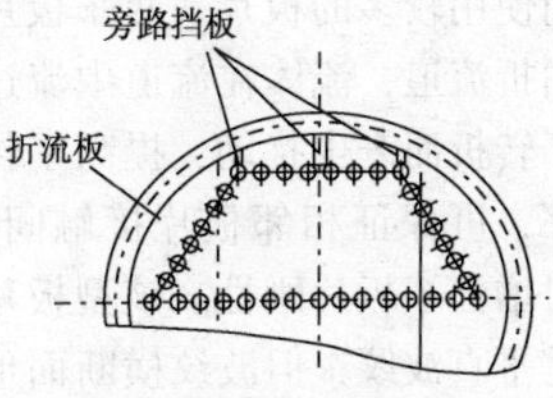

弯路挡板

中间挡板 intermediate baffle 在U形管式换热器中，U形管管束的中心部分存在较大空间，壳程流体容易在此短路而降低传热效率，故在此处设置中间挡板。中间挡板的两端点焊在折流板上。其厚度和材质一般与折流板相同。

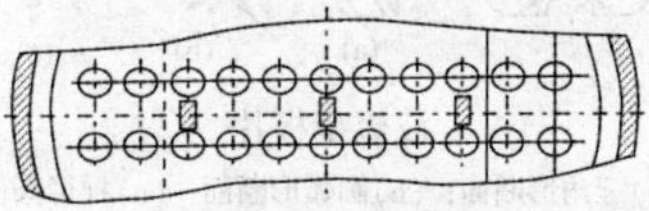
中间挡板

纵向隔板 longitudinal baffle 对于管壳式换热器，壳程结构采用双壳程时，中间要设置纵向隔板，隔板平面与壳体轴线平行。由于该隔板的分隔，使壳程流体先流经一部分换热管，折转方向再流经另一部分换热管。与壳体间应采取密封措施。

挡管 dummy tube 对于多管程换热器，为了安排管箱分程隔板，在管板的分程隔板槽处不需放置换热管，但这会使管束在此处的通流阻力减小，使壳程流体产生短路。因此，在此处仍然安排管子，即挡管。但将其两端堵死，使其不换热但保持此处的通流阻力不变。管子两端点焊在折流板上。也可在此处不安排管子安排拉杆。

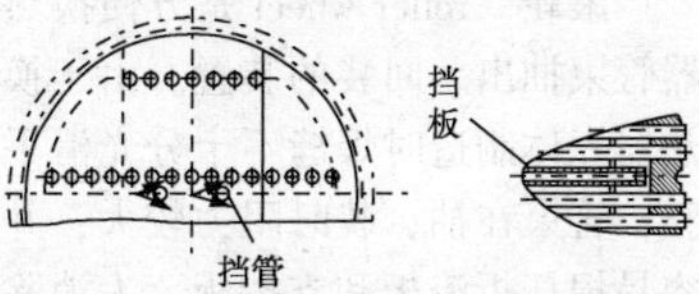

拉杆 tie rod 用于固定折流板与支持板的部件。与套在其上的定距管协同作用固定折流板和支持板。

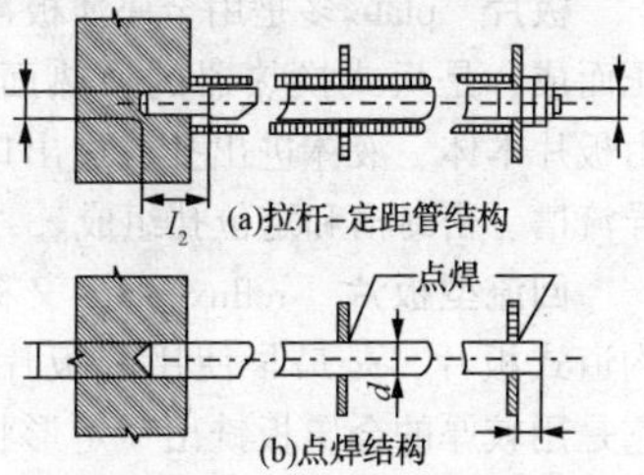

拉杆结构

填料函 packing box 用来装置填料的空间。由填料函法兰、填料、填料压盖和螺栓等构成。通过旋紧螺栓而压紧填料，从而达到密封的目的。广泛应用于炼油设备上，在换热设备中主要应用于填料函式换热器上。

滑道　slide way 固定于换热器壳体内的底部，便于管束的安装和检修，使换热管束能够顺利从换热器的壳体内抽出及回装(减少摩擦力)而设置的，还能起到支承管束的作用。

滑板　slide plate 折流板装入管束时，主要是靠滑板的支承，滑入壳程内。滑板一般高出折流板 1mm。

滚轮　roller wheel 是方便换热器管束抽出、回装的装置。由于换热器壳体制造时焊缝不十分光滑平整，管束在抽、装时阻力较大，并容易损坏折流板和支持板，为消除上述弊端，在换热器内安装滚轮。

滑条　guide bar 是方便换热器管束抽出、回装的装置，一般用于釜式重沸器。

板片　plate 多是用金属薄板冲压而成，是板式换热器的换热面。由板片本体、液体进出孔、进出口导流槽、密封槽和定位孔组成。

回流型板片　reflux plate 又称沟道式板片，是最早使用的板片。它是用较厚的金属板铣出一定形状的沟槽或用加筋条焊成一定形状的沟道而形成的；后发展为冲压或滚压成型。但由于其传热性能较差，板片的触点较小，刚性较差，易发生串流，流体流动阻力大，目前已很少使用。

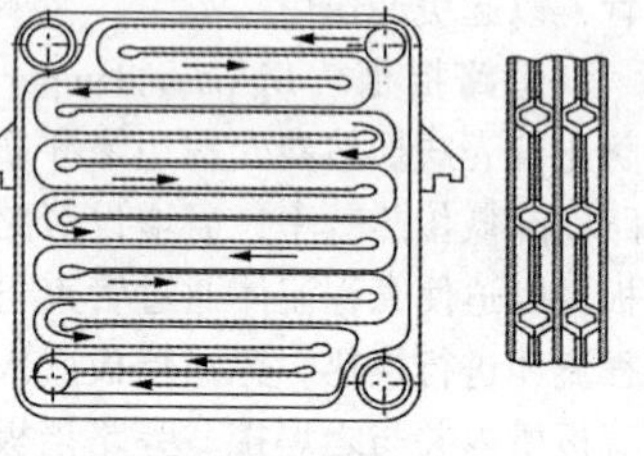

回流型板片

波流型板片　wave flow plate 目前使用较多的板片。两张板片构成曲折流道，流体在流道中流过时由于转折而产生扰动，提高了传热效率，可保证相邻板片接触间距，同时增强了板片刚性。该型板片主要是平直波纹，但波纹横断面形状不尽相同，有三角形、圆弧形、梯形等断面。

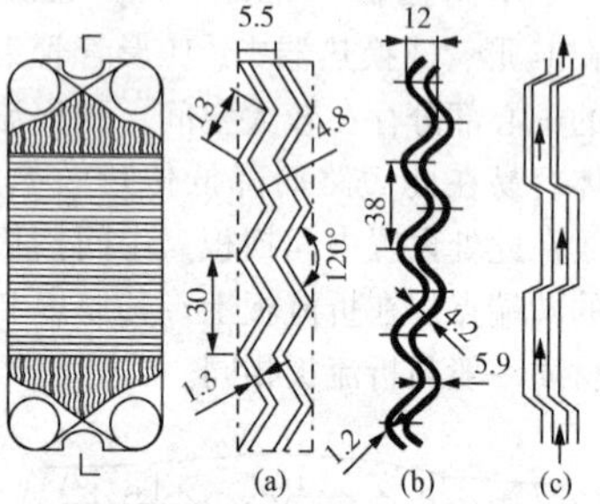

波流型板片

(a)三角形断面；(b)圆弧形断面；(c)梯形断面

网流型板片　grid flow plate 其特点是在两块板组成的流体通道中布满着网格形错列布置的触点，流体在这些触点之间回绕流动，呈螺旋线前进，因而产生强烈的扰动，提高了传热效率。同时由于错列布置的触点，大大增加了板片的刚度。是目前应用较多的板片。

人字形板片　Chevron L-type plate 网流型板片的一种。其波纹以板片纵轴为中心向两侧斜向伸展，呈人字形。组合时，相邻板片的波纹呈反向布置。于是相邻两板的波峰相接触形成触点和通道。

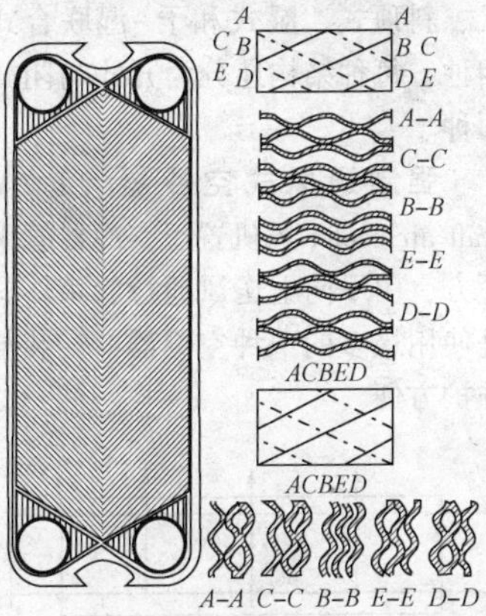

人字形板片

斜纹板片　diagnal plate 网流型板片的一种。有单向斜纹和双向斜纹两种，一般用双向斜纹。双向斜纹板上的波纹分成上下两截，两截的波纹分别向左右两侧倾斜。板片组合时，相邻板片的波纹方向相反，则波纹交错形成很多触点，触点分布与人字形板片相似。

H 形板片　H-type plate 网流型板片的一种。在水平方向上有多次弯曲的波纹，有较大的阻力和较高的传热系数。

V 形板片　V-type plate 网流型板片的一种。在垂直方向有多次弯曲的波纹，阻力和传热系数都较低。除了弯曲方向不同外，与 H 形板片尺寸均相同。

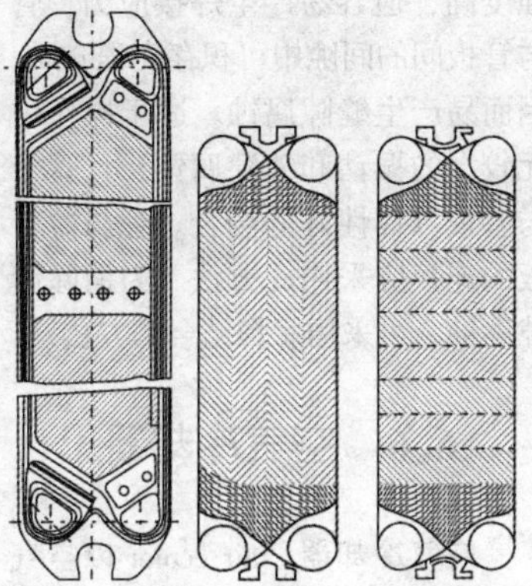

斜纹板片　H 形板片　V 形板片

强度胀接　strength expanded joint 指保证换热管与管板连接的密封性能及抗拉脱强度的胀接。胀接方法主要有机械滚胀法、液压胀接法、橡胶胀接法和爆炸胀接法。胀接时先把管子插进管板孔，再用胀接方法使管端头扩胀，产生塑性形变，同时使管板只产生弹性形变。胀管后管板与管之间产生一定的挤压力而贴合在一起，达到紧固与密封的目的。为提高抗拉脱能力和密封性，管板孔可加工成带槽孔，胀管时换热管材料被挤入槽中。

贴胀　light expansion joint 指为消除换热管与管板孔之间缝隙、但不保证抗拉脱强度的胀接。常与强度焊组合使用。

强度焊　strength welding 管板与换热管连接的一种工艺方式。强度焊保证换热管与管板连接的密封性能及抗拉脱强度。其特点是连接强度高，但容易产生焊接应力，管与管板间的间隙中可积存壳程介质，因而易产生缝隙腐蚀。适于操作中无较大的振动和缝隙腐蚀，且管子与管板可焊性好的场合。管与薄管板的连接应采用此方法。为消除缝隙腐蚀，可采用胀焊结合的方法。

6.6　空气冷却器

空气冷却器　air cooler 以空气作为冷却介质，将工艺流体冷却到所需温度的设备。一般简称为空冷器。空冷器具有节水、传热效率高、操作费用低等优点，在缺水地区优越性尤为明显。广泛应用于石油炼制、化工、电力等部门。

空冷器管箱　header of air cooler 管束的两端为管箱，管束与其通过焊接或胀接相连，同时与空气冷却器的进、出口管相连接。一方面把由入口管输送来的流体均匀分配给空冷器翅片管，同时又把从翅片管流出的流体汇集起来，经出口管排出空冷器。

风机　blower fan 为空冷器鼓风或引风的设备，通常采用低压轴流式风机。风机主要由叶片、轮毂和驱动装置组成，自动调角风机还配有自调机构。

百叶窗　shutter 窗子的一种式样。在空冷器上，其主要作用是调节风量以控制被冷却介质的出口温度。其调节机构有自动和手动两种。

构架　frame-work 承载空冷器各部件的框架，主要由立柱、横梁、风箱等组成。应有良好的稳定性。构架依据布置方式分为水平式、斜顶式、湿式和干-湿联合式四种，每种结构还分为开式与闭式两种。

强制通风式空冷器　forced draft air cooler 风机置于空冷器管束下方，由下向上送风通过管束。这是使用最多的一种空冷器，安装与维护方便。

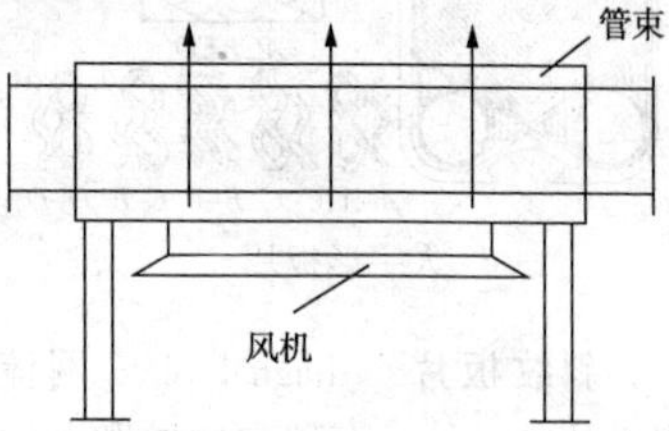

强制通风式空冷器

引风式空冷器　induced draft air cooler 又称诱导通风式空冷器。引风式空冷器风机位于管束上方，百叶窗也装在风筒出口上。空气穿过管束由风机引出。优点是受日照、风雪等气候影响较小，排出的空气也不易回流，因此用于介质出口温度要求严格控制的工况。在相同风量下，噪声比鼓风式小；但其结构复杂，风机的维修、管束的检修和更换比较麻烦，且风机所耗功率要比鼓风式大。

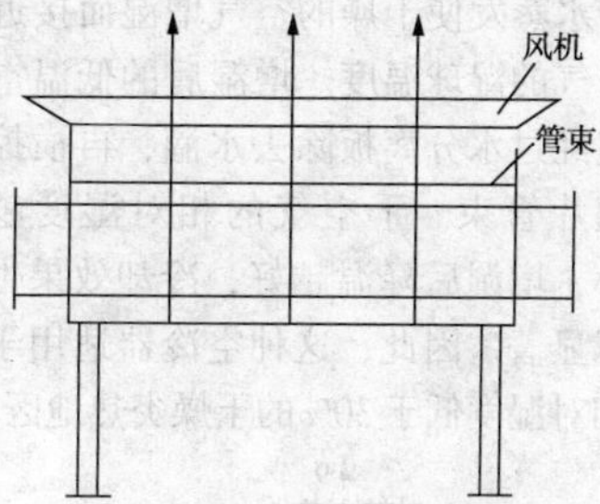

引风式空冷器

水平式空冷器 horizontal type air cooler 又称平顶式空冷器。管束及风机叶轮呈水平放置，气流垂直于地面，自下而上通过管束。管束或最后一程管子常有一坡度(0.5%~1%)，便于排液。结构简单，安装方便。

斜顶式空冷器 yamp roof type air cooler 管束与地平面成一夹角布置。占地面积比水平式小。管内阻力比水平式小。一般用于气相冷凝

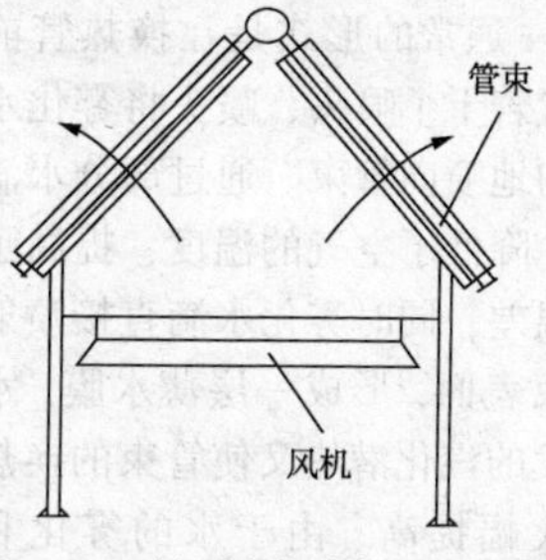

斜顶式空冷器

冷却，传热系数比水平式高，也适用于负压真空系统。

立式空冷器 vertical air cooler 管束垂直放置，风机置于顶部。该空冷器布置紧凑，但是风速不均匀，受自然风的影响较明显。

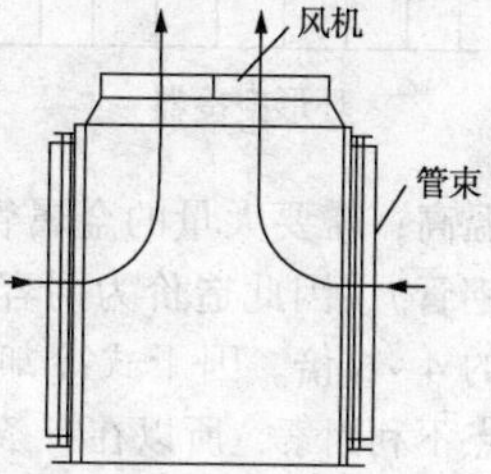

立式空冷器

V 形空冷器 V-type air cooler 风机置于顶部，管束呈 V 字形布置，属于引风式空冷器。

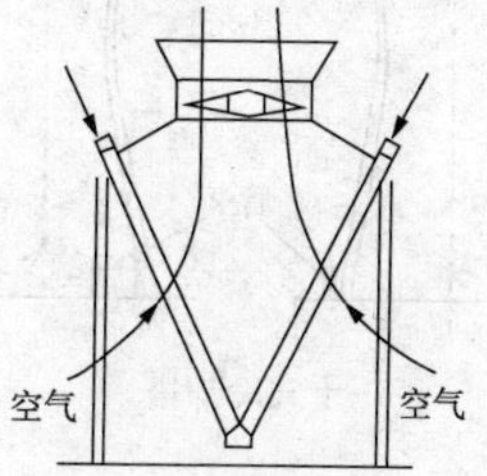

V 形空冷器

环形空冷器 ring form air cooler 风机置于顶部，多片管束呈环形布置，属于引风式空冷器。

干式冷却塔 dry cooling tower 热水在散热器管内流动，靠与管外空气的温差而冷却。没有水、风损失，也没有污染，适于缺水干旱地区；水的冷却靠接触传热，冷却极限为空气的干球温度，效率低，冷

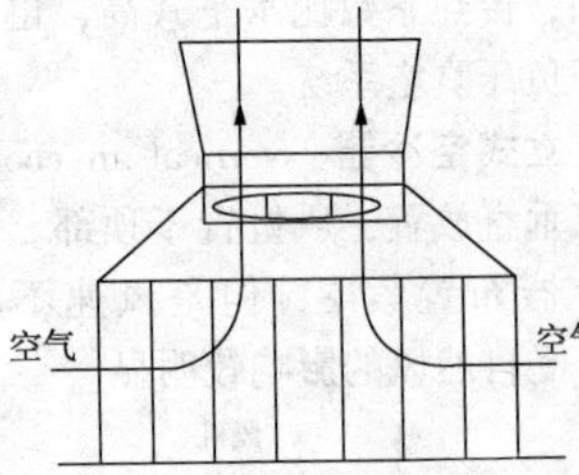

环形空冷器

却水温高；需要大量的金属管（铝管或钢管），因此造价为同容量湿式塔的 4～6 倍。因干式冷却塔有后两点不利因素，所以在有条件的地区，应尽量采用湿塔。干塔可以用自然通风，也可以用机械强制通风。

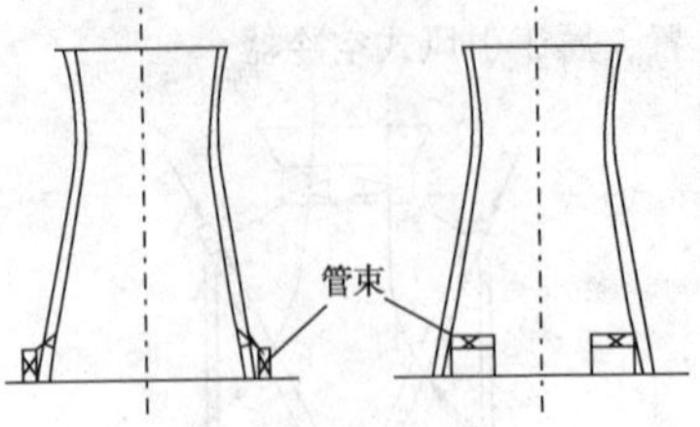

干式冷却塔

干式空冷器 dry air cooler 单纯以空气作为冷却介质的空冷器。其特点是操作简单，使用方便，但由于冷却温度取决于空气的干球温度，所以干式空冷不能把管内热流体冷却到环境温度。

湿式空冷器 wet air cooler 分为增湿型空冷器和喷淋型空冷器（又分为喷淋蒸发式和表面蒸发式空冷器）。其冷却效果优于干式空气冷却器，尤其适用于相对湿度低、干燥炎热地区使用，但消耗水。

增湿型空冷器 humidification air cooler 在空气入口处喷雾状水，借水蒸发使干燥的空气增湿而接近空气的湿球温度。增湿后的低温空气经过水分离板除去水滴，再横掠翅片管束。干空气的相对湿度越小，增湿后降温越好，冷却效果也越显著。因此，这种空冷器适用于相对湿度低于30%的干燥炎热地区。

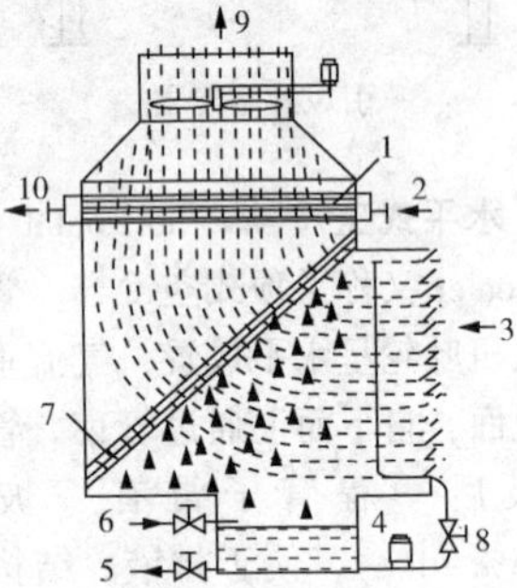

增湿型空冷器

1—管束；2—工艺流体入口；
3—空气入口；4—循环水泵；
5—排水管；6—供水管；7—挡水板；
8—阀门；9—空气出口；10—工艺流体出口

喷淋型空冷器 spray type air cooler 通常的形式是在换热管前方设置若干个喷头，喷头将雾化水滴均匀地喷向管束。通过部分水滴蒸发，降低了空气的温度，提高了传热温差；同时雾化水滴直接喷射在管束表面，形成一层薄水膜，水膜蒸发的汽化潜热又使管束的换热能力大幅提高。由于水的雾化和蒸发，使它同时兼有增湿和蒸发空冷的优点，其管外膜传热系数大大高于普通干式空冷器。

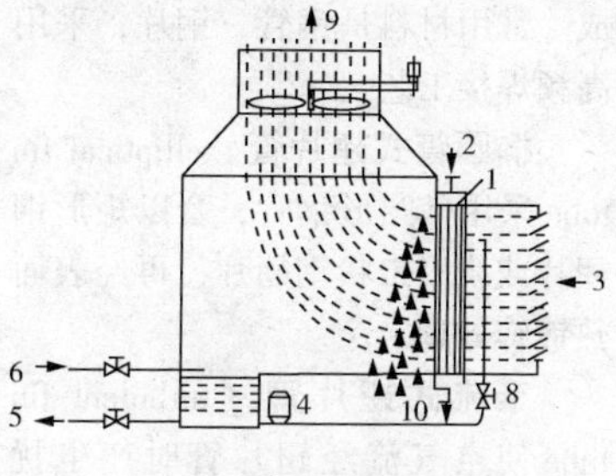

喷淋型空冷器

1—管束；2—工艺流体入口；3—空气入口；4—循环水泵；5—排水管；6—供水管；7—挡水板；8—阀门；9—空气出口；10—工艺流体出口

干湿联合式空冷器 dry and wet hybrid air cooler 是将干式空气冷却器和湿式空气冷却器组合成一体。由于组合的方法不同，结构形式也有很多变化，但基本原则相同。一般在工艺流体的高温区域用干式空冷器，在低温区域用湿式空冷器。

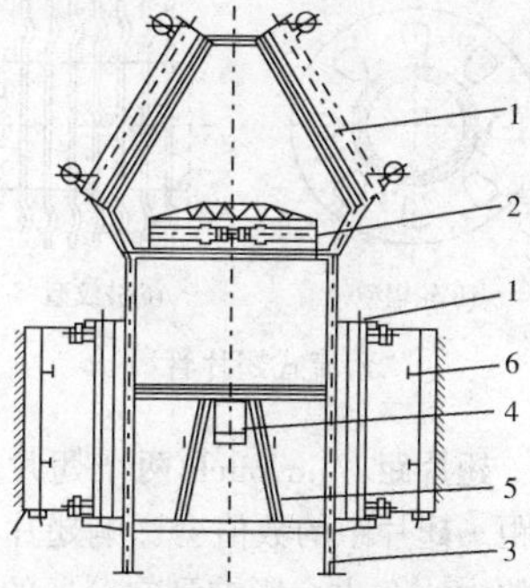

干湿联合式空冷器

1—管箱；2—风机；3—支架；4—电机；5—除雾器；6—喷嘴

风箱 air box 空冷器构架组件之一，由风墙、底板组成，用以联系风机和管束，将空气导流至空冷器管束的箱形部件。风箱分为方形、过渡锥形和棱锥式三种。风箱应有一定高度，以使空气能合理流经管束。

风筒 air duct 风机叶片外的圆筒，其作用是导流空气和增加风压。它的内径和风机叶片之间的间隙应取叶片直径的 0.5% 和 19mm 中的较小值，但最小间隙为 6mm。

绕片式翅片管（I 型、L 型、LL 型、KLM 型、皱折型） around slice form fin tube（I－type、L－type、LL－type、KLM－type、folded－type）是将薄金属带呈螺旋形缠绕到金属管上制成的。在绕带过程中要使金属带拉紧，保持一定的张力，以便使翅片金属带与管缠绕紧固。翅片多采用铝材，也有钢翅片。

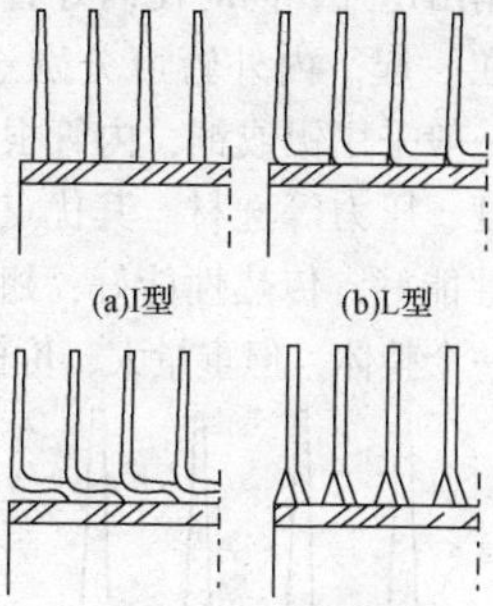

(a)I型 (b)L型

(c)LL型 (d)皱折型

绕片式翅片管

镶片式翅片管（G 型） imbedded fin tube（G－type）又称 G 型翅片管。它是将 I 型翅片边缠绕边镶嵌到金属管壁上预先轧制出的螺旋形沟槽内，再碾压管表面，使之镶嵌紧固。

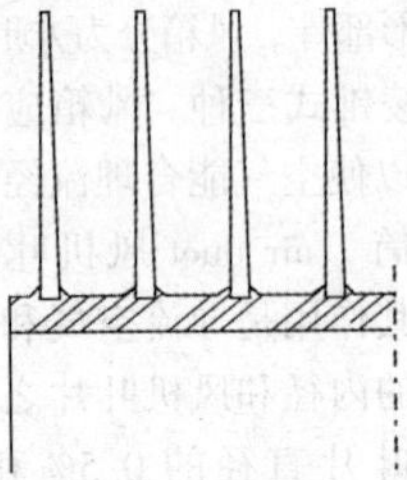

镶片式翅片管

套片式翅片管　plate finned tube 是将冲压成型的翅片紧套到金属管上而成。翅片的形状为矩形，每片翅片可以套在一根管上，也可以同时套在多根管上。

双金属轧片式翅片管　（DR 型）bi-metallic finned tube（DR－type）是将内外管套在一起，在外管轧制出翅片，同时使内外管紧密结合在一起。内外管可分别选材，外管一般采用铝或铜，内管根据介质温度、压力等选材。其优点是抗腐蚀性能好，传热性能好，翅片与管为一个整体，但重量大，价格高。

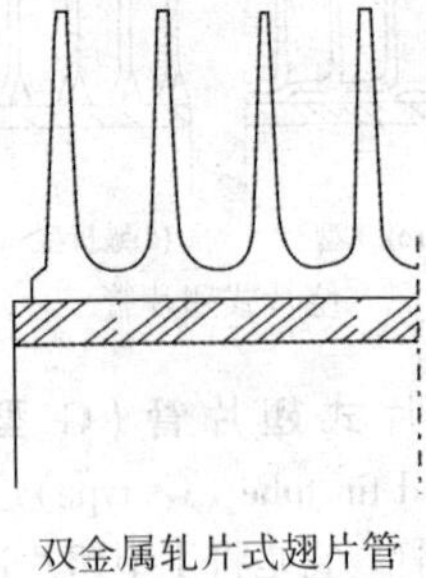

双金属轧片式翅片管

焊片式翅片管　welded fin tube 将金属翅片焊接到管子上面而制成。常用材料是钢管、钢片，采用高频焊接工艺。

椭圆管式翅片管　elliptical fin tube 采用椭圆形钢管，套以矩形钢翅片或绕以带状钢翅片，再经表面热镀锌处理。

紊流式翅片管　turbulent fin tube 使空气流经翅片管时产生扰动，破坏其边界层，以提高管外膜传热系数。它是在前述几种翅片管的基础上发展起来的，应用较多的是开槽型，还有轮辐型、波纹型。

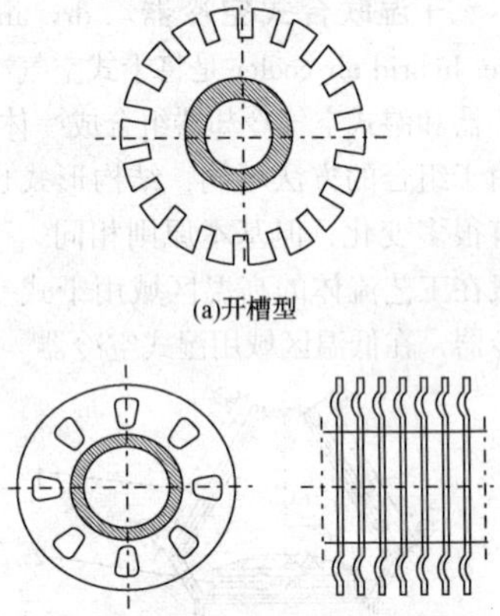

(a)开槽型　(b)轮辐型　(c)波纹型

紊流式翅片管

翅片距　fin pitch 两个翅片的间距。翅片距的数值会影响翅片面积的大小，也会影响到空冷器的功率消耗。对于干净的空气，可选择较小的翅片距；对于易使翅片间堵塞的大气环境，应选择较大的翅片距。

翅化比　finned ratio 指单位长度翅片管的总表面积与基管外表面积之比。翅化比的选择应根据管内介质膜传热系数的大小而定。

堵头式管箱　plug header 又称丝堵式管箱。在管箱的一侧与每根翅片管对应的位置上装设一丝堵，便于装配时胀接翅片管，也便于检修时清扫。

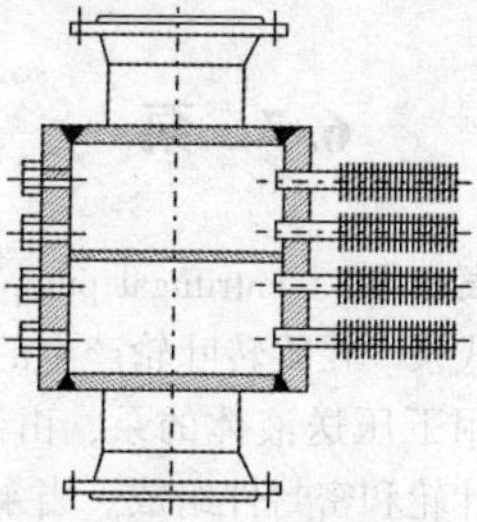

堵头式管箱

法兰式管箱　flange form header 又称盖板式管箱。管箱侧面为法兰(盖板)的结构。这种管箱的制造技术要求较高，由于对翅片管和管箱清扫方便，所以适用于容易产生污垢的介质。

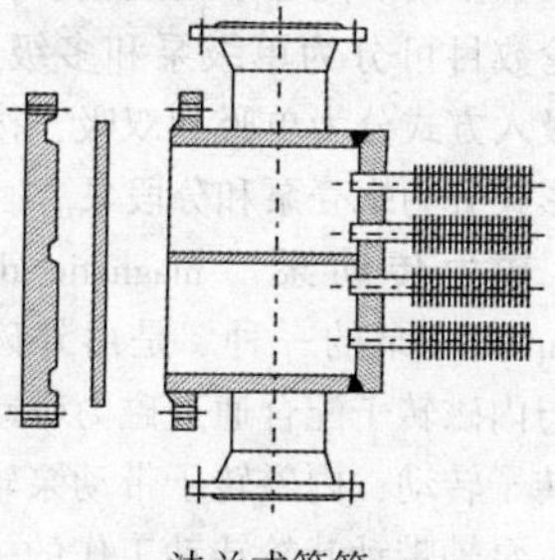

法兰式管箱

集合管式管箱　collector pipe header 其上焊有短管，然后再与翅片管焊接。适于高压空冷器。优点是节约金属，缺点是清洗极其困难。适于清洁、没有污垢的介质。

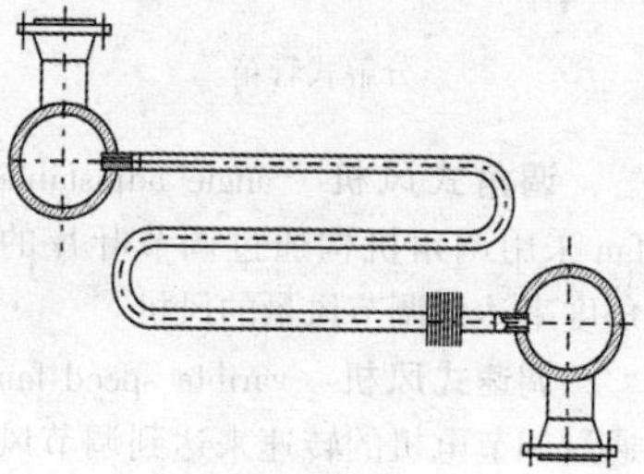

集合管式管箱

半圆管式管箱　half pipe header 管箱采用全焊接装配，无丝堵、盖板等可拆卸零部件，适用于密封性要求很高的场合。

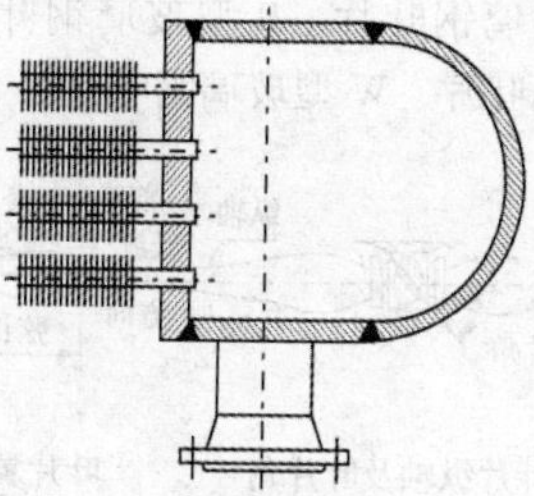

半圆管式管箱

分解式管箱　disassemble header 适用于多管程空冷器，介质进出口温差大，进口端管排的热变形远比出口端的热变形大，使用整体式管箱有可能使管束产生弯曲的场合。

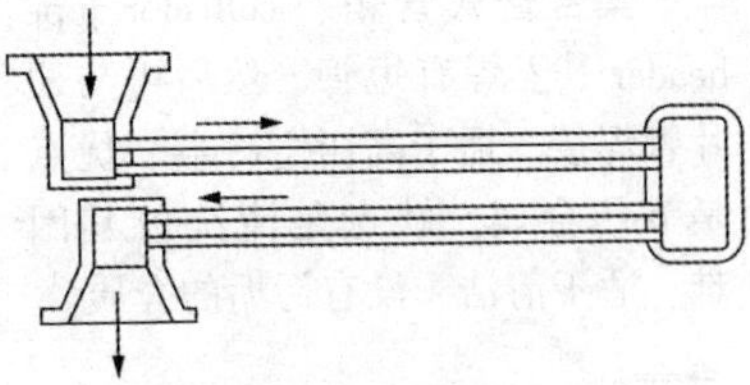

分解式管箱

调角式风机 angle adjustable fan 采用调角机构通过调节叶片的角度来达到调节风量的风机。

调速式风机 varible speed fan 通过调节电机的转速来达到调节风量的风机。

叶片 blade 又称叶桨，是风机的流体动力元件。多由玻璃钢制成，也采用铸铝制造。玻璃钢叶片采用薄壳结构，分为根部、外壳和龙骨三部分。常用的叶片形式有 R 型玻璃钢叶片、B 型玻璃钢叶片、铸铝叶片、W 型玻璃钢叶片等。

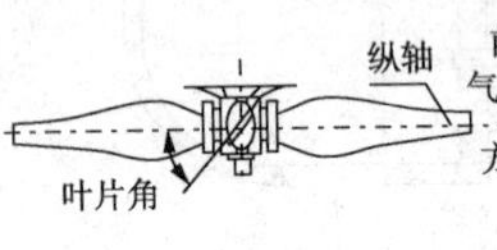

叶片纵轴及叶片角

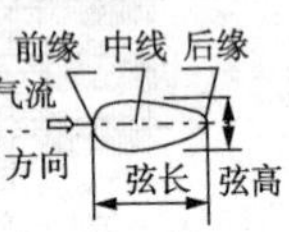

叶片翼型

轮毂 hub 风机的主要传动部件，其内部与风机传动轴相嵌，外部与叶片相嵌。

防护网 protective net 罩在风圈上的金属网，主要保护叶片，防止杂物被吸进风机而损坏叶片；同时防止人员被叶片打伤。

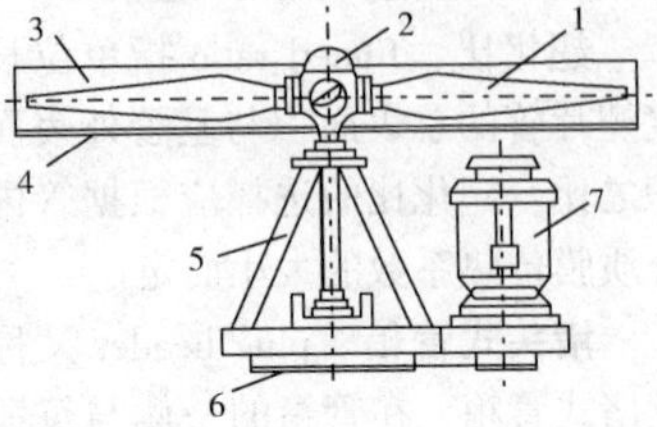

空冷风机

1—叶片；2—轮毂；3—风圈；4—防护网；5—支架；6—传动装置；7—动力装置

6.7 泵

离心泵 centrifugal pump 一种叶片式泵。在旋转叶轮产生的离心力作用下压送液体的泵，由泵体、轴、叶轮和密封件组成。当泵内充满液体时，由于叶轮带动液体高速旋转产生的离心力，使液体不断地由中心流向四周，同时液体获得能量，压力升高，经压出室排出。此时叶轮中心处压力低于吸入管内压力，在差压的作用下液体不断地流入泵内，离心泵就可以连续将液体吸入和排出。离心泵型式很多，按叶轮数目可分为单级泵和多级泵，按吸入方式分为单吸和双吸，按泵体形式分为蜗壳泵和分段泵。

磁力传动泵 magnetic drive pump 离心泵的一种。是由外磁转子与内磁转子配合通过磁力带动内磁转子转动，内磁转子带动泵轴转动，泵轴带动叶轮转动工作的一种泵。由于泵轴、内磁转子被泵体、隔离套完全封闭，从而彻底解决了“跑、冒、滴、漏”问题，消除了炼油化工等行业易燃、易爆、有毒、有害介质通过泵密封泄漏的安全隐患，属于无密封泵。

屏蔽式电机泵　canned motor pump 离心泵的一种，按其驱动装置命名。泵和电动机连在一起，电动机的转子和泵的叶轮固定在同一根轴上，利用屏蔽套将电机的转子和定子隔开，转子在被输送的介质中运转，其动力通过定子磁场传给转子。这种结构取消了传统离心泵具有的旋转轴密封装置，故能做到完全无泄漏，属于无密封泵。

高速泵　high speed pump 离心泵的一种。它的流量较小，但效率高、扬程高(可达 1000m)。泵的高转速(可高达 24700r/min)通过增速齿轮来实现。通常，高速泵做成单级流程泵的结构，其叶轮为径向叶片的开式叶轮，电机轴端有齿与齿圈啮合，进而带动齿轮箱中齿轮旋转。当叶轮高速旋转时，液体以相同速度在叶轮外圆周旋转，并在扩压管排出部分液体，在扩压器中将速度头转变成压头。通常，用作液态烃泵、注水泵等。

混流泵　mixed-flow pump 一种叶片式泵，液体在叶轮内的流动方向既不是径向也不是轴向，而是斜流的叶片泵。特点是流量大，扬程低，效率较高。多用于供排水。

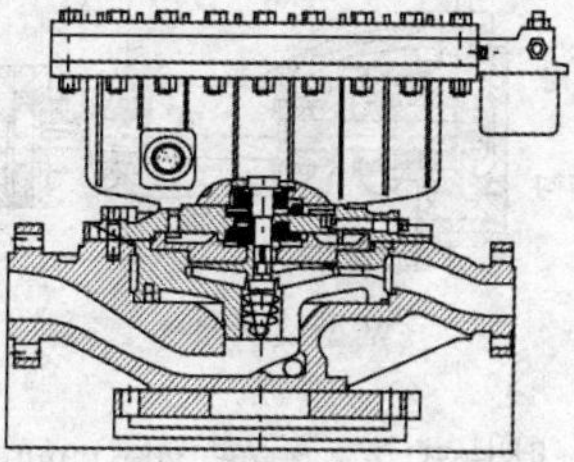

高速泵

立式筒袋泵　vertical barrel pump 一种立式离心泵，又称立式筒式泵(见 527 页“筒式泵”)。泵体为双层壳体，内壳与转子组装后安装在厚壁筒内。特点是耐高压，密封可靠，整个泵埋装在地面以下而形成自然地灌注头，但泵拆装的工作量大。

透平泵　turbine pump 一种带导轮的分段式离心泵。因其结构类似逆向透平，故称透平泵。也有将气轮机驱动的分段式多级离心泵称为透平泵。

旋涡泵　vortex pump 一种叶片式泵，外形和离心泵有点相似，但在叶轮上铣出很多径向叶片，叶轮与泵壳之间有空隙，形成与叶轮同心的环形流道。当叶轮高速旋转时，液体被甩到叶轮四周的环形流道内，碰到泵壳又返回到叶轮流道，被叶片甩出。如此反复，每进一次叶轮液体能量就增加一次。液体在泵体内形成旋涡运动而获得能量，以实现液体的输送，故名旋涡泵。

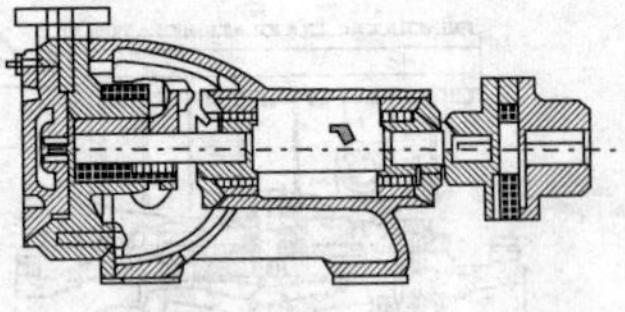

W 型旋涡泵

叶片式泵 vane type pump 依靠高速旋转的叶轮的叶片和液体相互作用来输送液体提高液体压力的泵。如离心泵、轴流泵、混流泵、旋涡泵等。

真空泵 vacuum pump 抽送气体获得真空的泵。如滑片式、水环式、活塞式、蒸汽喷射式泵。

轴流泵 axial flow pump 一种叶片式泵，液体在叶轮内的流动方向与轴方向平行。特点是流量大、扬程低、叶片安装角度可以改变，泵性能也随之改变，运转范围较宽。

转子泵 rotory pump 一种容积式泵，在泵体内转子与转子或转子与定子互相啮合，形成若干个相互隔开的空间，供液体吸入和排出用。特点是转速高、排出压力高、流量小，适用于输送高黏度液体。

液下泵 submerged pump 一种立式离心泵，泵体浸没在被输送的液体中，电机露在上面。由于浸没在液体中，密封性好，泵运转产生的轴向及径向力分别由滚动轴承及滑动轴承支承，因此运行宁静无噪声。密封填料处有冷却系统，用冷却水带走热量。

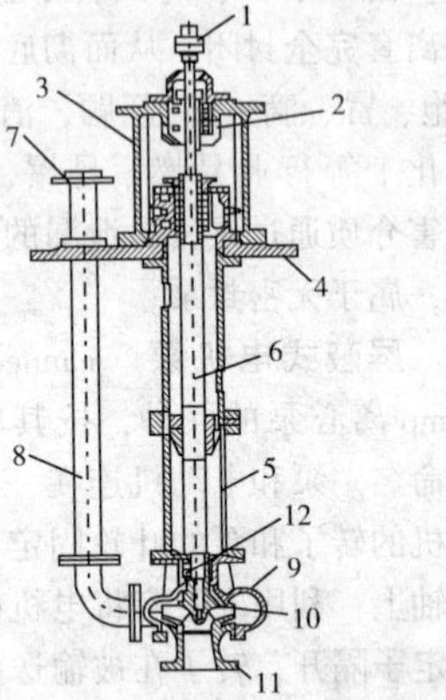

液下泵

1—联轴器；2—轴承盒；3—下支架；
4—安装盘；5—支承管；6—轴；
7—出口法兰；8—出液管；9—泵体；
10—叶轮；11—泵盖；12—轴套

屏蔽套 canned sleeve 在屏蔽泵中用于隔离电机定子与转子，避免输送介质与电机定子接触的部件。

自吸泵 self-priming pump 一种离心泵，可安装于介质液面之上，不需在吸入管路内充满介质就能自动地把介质吸入泵内的离心泵。

容积式泵 volumetric pump 依靠工作元件在泵缸(壳)内作往复或回转运动，使工作容积交替增大和缩小，实现液体的吸入和排出。

螺杆泵 screw pump 属于容积式转子泵。泵体内的转子为螺杆(视螺杆根数而命名，如单螺杆泵、双螺杆泵等)。当螺杆转动时，利用螺杆与螺杆或螺杆与衬套之间的啮合空间的变化来输送介质。

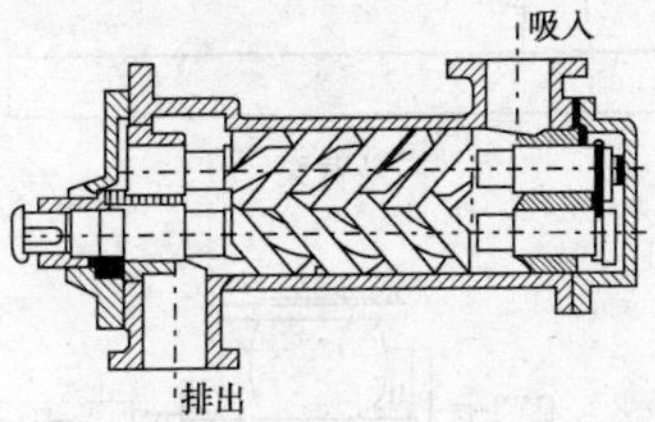

螺杆泵

齿轮泵　gear pump 属于容积式转子泵。泵内有两个互相啮合的齿轮(主动轮和从动轮)。当齿轮的齿啮合分开时空间变大，介质吸入，沿缸壁随齿轮转动方向移动到出口，当齿轮的齿啮合时介质被排除。

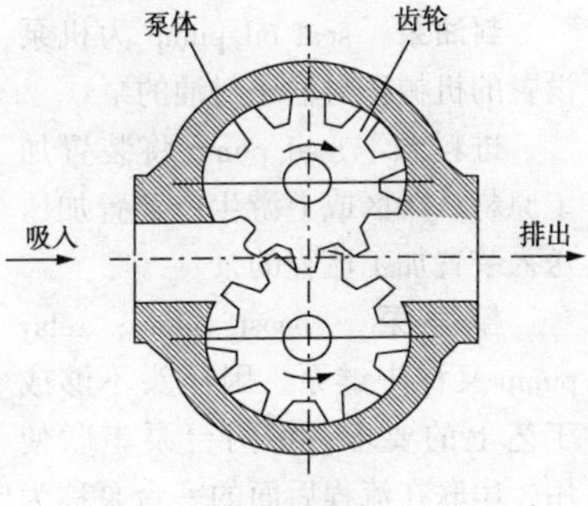

齿轮泵

往复泵　reciprocating pump 依靠活塞、柱塞或隔膜在泵腔内往复运动使泵腔内工作容积交替增大或减小来输送介质使之增压的容积式泵。根据往复元件不同分为活塞泵、柱塞泵和隔膜泵三种类型。

隔膜泵　diaphragm pump 是往复泵的一种。依靠夹紧在泵腔之间的隔膜，通过与之相连接的推杆的往复运动或柱塞作用于液压腔内的液压油产生脉动压力使隔膜产生交替运动，通过排出阀和吸入阀的启闭来输送介质。

罗茨泵　Roots pump; lobe pump 一种容积式转子泵。泵体内有两个转向相反的 8 字形转子，由一对同步齿轮传动，当转子转动时介质沿转子和泵体所形成的空间从吸入室输送到排除室。

筒式泵　barrel pump 用筒状外壳包裹的离心泵，又称双层壳体泵。筒壳上布置吸入管口和排出管口，端盖径向剖分，便于拆泵。拆泵时，连接管线不动，筒壳仍在原地。筒式泵一般为径向剖分的卧式或立式多级泵。高压或超高压泵、锅炉给水泵多为这种泵。

柱塞泵　plunger pump 往复泵的一种，作用原理和结构与活塞泵类似，只是柱塞上没有活塞环，不与泵腔内壁接触。常用于需要排出压力高、精度高和高黏度介质的场合。

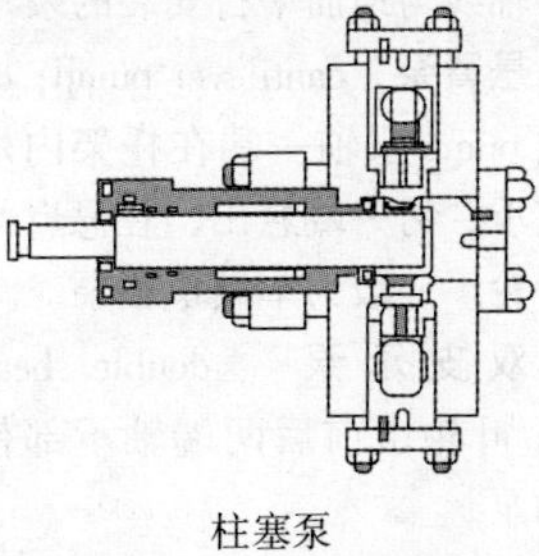

柱塞泵

液环泵　liquid ring pump 由工作介质(通常是水)、叶轮和泵两侧盖板形成了多个互不相通的空间。由于叶轮偏心运动导致工作容积不断变化，从而完成气体的吸入和排出。

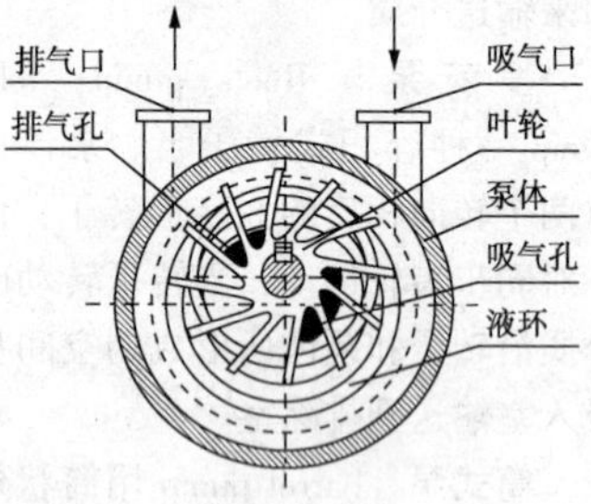

液环泵

立式泵　vertical pump 泵的旋转轴线与地面垂直安装的泵。

管道泵　pipeline mounted pump 一种直接安装在管道上的立式离心泵，泵体、机座和底座合为一体，结构简单。一般，管道泵应满足运转安全可靠、级数少、叶轮背靠背布置；容易拆卸和安装；效率高、流量范围尽可能宽等要求。

卧式泵　horizontal pump 泵的旋转轴线与地面平行安装的泵。

悬臂泵　cantilever pump; overhung pump 泵轴一端在托架内用轴承支承，另一端悬出，在悬臂端装有叶轮。一般为单级单吸泵。

双支承泵　double bearing pump 叶轮由前后两端轴承部件支承的泵。

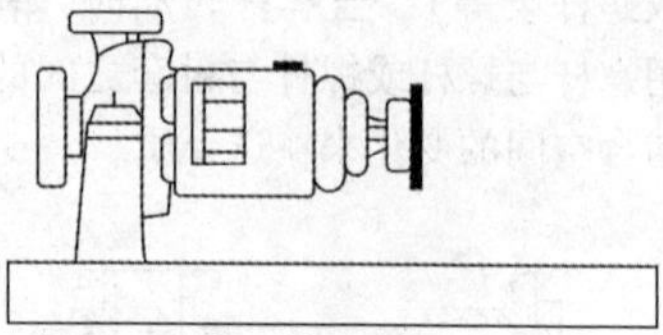

悬臂泵

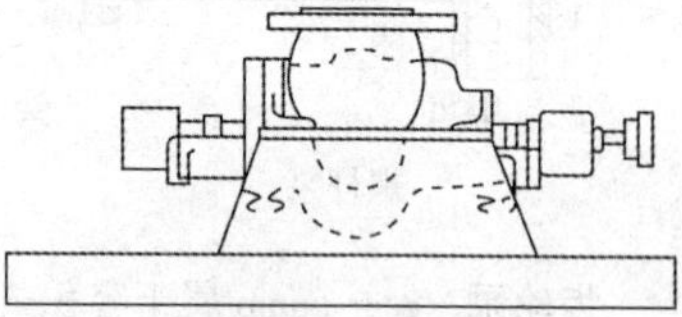

双支承泵

低温泵　cryogenic pump 输送的介质温度低于-20℃的泵。

高温油泵　hot oil pump 输送温度大于或等于自燃点油品的泵。

封油泵　seal oil pump 为机泵设置的机械密封输送封油的泵。

进料泵　feed pump 将装置加工原料从罐区或上游生产装置加压送入装置加工流程的泵。

接力泵　boost pump; relay pump 又称中继泵。因压头不够或工艺上的要求，将两台泵串联使用，串联在流程后面的一台泵称为接力泵。

水泵　water pump 输送介质为水的泵。

塔底泵　column bottom pump 抽取塔底液体的泵。

油浆泵　oil slurry pump 催化裂化装置中用于输送高温含固体催

化剂颗粒的油浆的泵。

冲洗油泵 flushing oil pump 给泵的机械密封输送冲洗油的泵。

辐射进料泵 radiation section feed pump 焦化装置用于输送高温且含焦粉的原料油至加热炉辐射室的泵。

高压除焦泵 high pressure decoking pump 焦化装置的高压除焦水泵。用来将水升压后，利用高压水的射流切割作用，使焦炭塔内的焦炭脱落，并清除出焦炭塔。与一般离心泵相比，具有扬程高、流量大、启动频繁、抗焦炭颗粒磨损及耐硫腐蚀等特点。

蒸汽往复泵 steam reciprocating pump 一种以蒸汽为动力的直动往复泵。由配汽机构控制蒸汽的压力和流量作用在汽缸活塞上，通过活塞杆驱动液缸活塞做往复运动，使液缸内的流体发生压力变化，同时配合进出口阀组的开闭来吸入和输出液体。

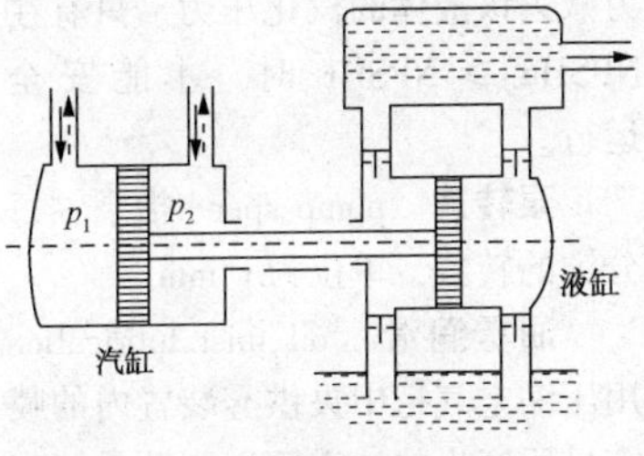

蒸汽往复泵

叶轮密封环 impeller ring 在泵体和叶轮之间防止液体在级间泄漏，配对使用。安装在叶轮上的称为叶轮密封环，安装在壳体上的称为壳体密封环。

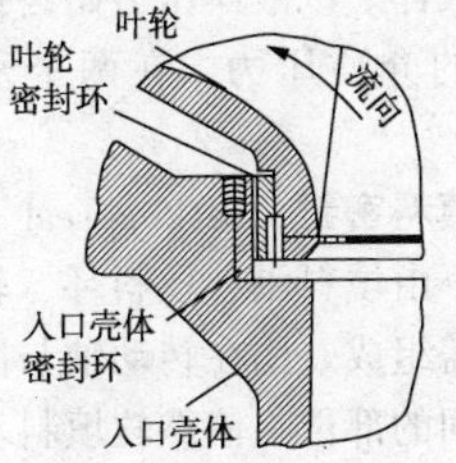

密封环结构图

壳体密封环 casing ring 见“叶轮密封环”。

诱导轮 inducer 是一个轴流叶轮，它直接装在离心泵第一级叶轮的上游，并随其一起同步转动。依靠诱导轮增加离心泵第一级叶轮入口的静压。

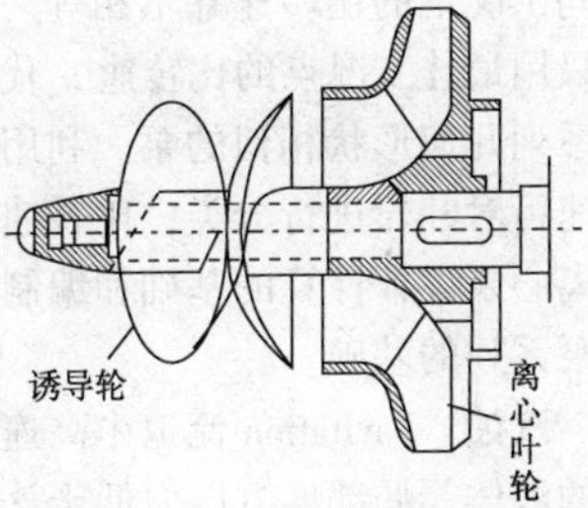

诱导轮

隔离液 barrier fluid 引入到有压力的双机械密封之间，把泵内介质与环境完全隔离开的液体。该液体压力始终高于被密封的介质压力也对密封面进行润滑。

缓冲液 buffer fluid 引入到无压力的双重机械密封之间(串联机械密封)，用作一种润滑液或缓冲液的液体。该液体压力始终低于被密封的介质压力，在两个密封间循环。

填料密封 packing seal 一种动密封，由填料函、填料环、软填料和压盖组成。用在转动轴与固定泵体之间的部位。依靠软填料和轴或轴套外圆表面紧密接触来阻止泵内介质外漏，其严密性可靠压盖调节。

比转速 specific speed 又称比转数。是从相似理论中引出的一个综合性参数，符号 n_s。对于一系列几何形状相似的泵，说明了流量、扬程和转速之间关系。相似的泵在相似工况下比转速相等，同一台泵不同工况下的比转速并不相等。一般只用最佳工况点的比转速 n_s 代表一系列几何形状相似的泵。利用比转速可对叶轮进行分类；比转速也是离心泵设计计算的基础和编制离心泵系列的基础。

汽蚀 cavitation 流道中高速流动的液体，局部地方压力低于该条件下液体的饱和蒸气压，液体汽化形成大量小气泡，这些小气泡进入高压区后凝缩而形成空穴，周围液体将以极高的速度向空穴集中，形成极大的水力冲击，将金属表面冲蚀成麻点。这一现象称为汽蚀。

汽蚀余量 net positive suction head(NPSH)或称净正吸入压头泵运行时不发生汽蚀的安全界限。指为了保证泵不发生汽蚀，在泵入口处，单位质量的液体所必须具有的超过汽化压力的富裕的能量。

必需汽蚀余量 required net positive suction head (NPSHr) 对一般离心泵通过用水实验来确定的导致扬程(多级泵首级叶轮)下跌 3% 的汽蚀余量。它反映液流从泵入口到叶轮内最低压力点处的全部能头损失，用 Δh_r 来表示。

泵流量 pump flow 指泵在单位时间内输送液体的流量。有体积流量和质量流量两种表示方法。单位为 m^3/h 或 L/s，kg/h 或 kg/s。

泵效率 pump efficiency 泵的有效功率与轴功率的比值百分数。由泵的机械效率、容积效率和水力效率，综合决定泵的总效率。

有效汽蚀余量 available net positive suction head (NPSHa) 从基准高度算起的泵入口总吸入绝对压力减去该液体的汽化压力。只有在 NPSHa ≥ NPSHr 时，才能安全运行。

泵转速 pump speed 指泵轴每分钟的转数，单位为 r/min。

油雾润滑 oil mist lubrication 用压缩空气把中央供雾装置内的喷雾机所产生的油雾输送到轴承箱内来润滑的系统。油雾润滑是一种集中式润滑系统，其特点是润滑方便、均匀，节省油料。

机械效率 mechanical efficiency 在机械运行过程中，轴功率减去机械机构(轴承和轴密封)摩擦损失(通常为轴功率的0.5%~2%)之后，剩下的功率与轴功率比值的百分数。

临界转速 critical speed 转子轴承支承系统处于谐振状态时的轴转速。

泵扬程 pump head 又称压头。指单位质量的液体经过泵作用后所增加的能量。用N·m/kg或m液柱来表示。特殊情况下表示泵能提升液体的高度。

轴功率 shaft power 泵在单位时间内输送液体所消耗的能量。也是泵从驱动机那里所获得的功率。

6.8 机

压缩机 compressor 排气终压$p>0.2MPa$的压气机。压缩机分容积式压缩机和透平式压缩机两类。每个压缩机组包含主机、驱动设备(如电动机、汽轮机)和辅机系统(如润滑系统、冷却系统、监测系统等)。

容积式压缩机 displacement compressor 依靠工作容积的周期性变化吸入和排出气体。特点是有压缩过程，工作过程是周期性的。最大优点是效率较高，产生的压力高，但构造较复杂，占地面积大，排气量比透平式小。按结构分为往复式和回转式压缩机。

透平式压缩机 turbine compressor 依靠一个或几个高速旋转的叶轮推动气体流动，通过叶轮对气体做功，首先使气体获得动能，然后使气体在压缩机流道内做减速流动，再将动能转变为气体的静压能。按气体在压缩机内的流动方向分为离心式和轴流式压缩机。

回转式压缩机 rotary compressor 一种容积式压缩机。由机壳与定轴转动的一个或几个转子构成压缩容积，依靠转子转动过程中产生的工作容积变化压缩气体。输送气体连续均匀，构造简单紧凑，重量轻，体积小，但转子制造工艺要求高，排气量不大，效率比往复式压缩机低，不适于作高压压缩机。常用型式有滑片式、螺杆式等。

往复式压缩机 reciprocating compressor 一种容积式压缩机，又称活塞式压缩机。由气缸和活塞构成工作容积，依靠曲柄连杆机构带动活塞在气缸内做往复运动压缩气体。

离心式压缩机 centrifugal compressor 气体沿径向流动的透平压缩机，故又称径流式透平压缩机。工作原理与离心泵类似，主要由进气室、叶轮、扩压器和排气室等组成。叶轮转动时，带动气体一同旋转，在离心力的作用下，气体被甩到扩压器中提高压力，再进入下一级叶轮，继续升压，直到所需压力，而后排出。机壳结构有水平剖分和筒形两种，前者用于中低压，后者用于高压。

轴流式压缩机 axial-flow compressor 气流进入压缩机后，压缩机叶片推动气体沿轴线方向流动的透平式压缩机。其定子装置的静叶依据角度变换起减速导流作用。由于其气体流路短，阻力损失小，故较离心式压缩机效率高，但终端出口压力较低。一般在炼油厂多用作催化裂化装置的主风机使用。

水平剖分压缩机 horizontal split compressor 气缸沿水平中分面剖分成上下两半部的压缩机型式，吸气、排气以及气体分支接管等均布置在下半机壳。上半机壳可以吊起，方便检修、安装。这种机壳剖分形式适于最高工作压力为 6MPa 的场合。

垂直剖分压缩机 vertical split compressor 又称筒型压缩机。机壳只有垂直剖分面，如果机壳有两个端盖，而另一端盖与筒体一体，机壳钟型，也称钟型壳体压缩机。这类压缩机大多用于高压场合，最高工作压力可达 70MPa。

内冷式压缩机 internal cooling compressor 气体冷却器布置在机壳内的压缩机形式。

外冷式压缩机 external cooling compressor 气体冷却器布置在机壳外的压缩机形式。

低压压缩机 low pressure compressor 排气压力 $0.2MPa<p\leqslant 1.0MPa$ 的压缩机。

高压压缩机 high pressure compressor 排气压力 10~100MPa 的压缩机。

超高压压缩机 ultra-high pressure compressor 排气压力超过 100MPa 的压缩机。

通风机 fan 排气终压 $p\leqslant 0.015MPa$ 的压气机。按结构分有离心式和轴流式两种。通常，吹风用的通风机称为送风机或鼓风机；抽风用的通风机称为引风机。

转子 rotor 透平式压缩机中，由装配在主轴上的叶轮、平衡盘轴套、止推盘、半联轴器等零部件组成的转动部件。

主轴 main shaft 构成转子的主要零件，由它传动动力。

叶轮 impeller 由叶片、轮盘、轮盖等零件构成，是级中做功的元件，气体在其叶片流道中获得能量。

平衡鼓 balancing drum 平衡转子轴向推力的鼓形零件。

推力盘 thrust collar 把转子的轴向力传递给止推轴承的零件。

联轴器 coupling 联接驱动机与压缩机或压缩机与变速箱的部件。或汽轮发电机组各转子相互连接的部件。

轴套 shaft sleeve 转子上轴向定位的套筒，构成流道或密封结构的一部分。

定子 stator 泛指压缩机静止元件总称，即压缩机气缸内组成压缩机通流部分的静止元件的总称。静止元件包含进气室、导流器、扩压器、集流器、排气室等。

机壳 casing 离心式或轴流式压缩机的外壳。

支座 support 机壳上用于支承压缩机自身重量及机壳定位的零件。

底座 base 安放和固定压缩机、变速器和驱动机等的部件。

隔板 diaphragm 在涡轮式压缩机中组成扩压器、弯道、回流器及进口导流器等的部件。

扩压器 diffuser 将气流动能转换成压力能的部件。

弯道 crossover; bend channel 从扩压器出口到回流器进口的半环形气流通道。

回流器 deswirl; return channel 离心式压缩机中使弯道出口的气流向心流动，并使其以一定方向流入下一级叶轮的部件。

平衡管 balance pipe 连接平衡气室与进气管的管路。

导向键 guide key 固定压缩机气缸方位，又能允许气缸向一定方向自由膨胀的零件。

级间密封 interstage seal 压缩机各级之间的密封，通常采用迷宫式密封。

迷宫式密封 labyrinth seal 在转轴周围设若干个依次排列的环形密封齿，齿与齿之间形成一系列节流间隙与膨胀空腔，被密封介质在通过曲折迷宫的间隙时产生节流效应而达到阻漏的目的。由于迷宫式密封的转子和机壳间存在间隙，无固体接触，无须润滑，并允许有热膨胀，适应高温、高压、高旋转频率的场合。这种密封形式被广泛用于汽轮机、燃气轮机、压缩机、鼓风机的轴端和级间的密封，或其他动密封的前置密封。

机械密封 mechanical seal 由至少一对垂直于旋转轴线的端面在流体压力和补偿机构弹力或磁力的作用以及辅助密封的配合下保持贴合并相对滑动而构成的防止流体泄漏的装置。

浮环密封 floating ring seal 依靠密封间隙内的流体阻力效应而达到阻漏目的，属于流阻型非接触式动密封。浮环密封由若干个浮环、支承环、弹簧所组成。

干气密封 dry gas seal 无液体润滑的非接触式端面密封。其结构与机械密封类似，不同之处在于动环面上刻有螺旋槽，旋转起来密封端面上产生流体动压，形成流体膜，达到密封效果。还能保证密封在静止时不产生泄漏。

油膜轴承 filmatic bearing 用油作润滑剂的轴承。工作时轴承中相对滑动的两个精加工表面被油膜隔开而互不接触或呈悬浮状态。

径向轴承 journal bearing 主要

支持转子自身重量的轴承。

推力轴承 thrust bearing 承受转子轴向推力的轴承。

润滑油站 oil lubricating console 由油泵、油冷器、滤油器、安全阀、油箱等组成的供油装置。

卧式压缩机 horizontal compressor 气缸中心线均在同一水平面内的压缩机。

立式压缩机 vertical compressor 气缸中心线与水平面垂直的压缩机。

角度式压缩机 angle compressor 气缸中心线间夹角不等于0°或180°的压缩机。

水冷式压缩机 water-cooling compressor 气缸、冷却器均由水进行冷却的压缩机。

风冷式压缩机 air-cooling compressor 气缸、冷却器均由空气进行冷却的压缩机。

单列压缩机 single-row compressor 列数为1的压缩机。活塞压缩机由一个连杆带动的串联在一起的气缸，称为"列"。列即可是一个气缸，也可能是几个气缸构成一列。

两列压缩机 double-row compressor 列数为2的压缩机。

多列压缩机 multi-row compressor 列数大于2的压缩机。

单级压缩机 single-stage compressor 级数为1的压缩机。一叶轮及其配套的固定元件组成离心式压缩机"级"，级是压缩机的基本单元，气体在各级中流动及压缩状况基本相同。而对于往复式压缩机，吸排气压力相同的气缸则构成压缩机的一个级，所以，级可由一个气缸构成，也可由几个气缸构成一级。

多级压缩机 multi-stage compressor 级数大于或等于2的压缩机。

单作用压缩机 single-acting compressor 对活塞式压缩机来说，活塞工作面仅在向盖行程或向轴行程时才压缩气体的压缩机。

双作用压缩机 double-acting compressor 活塞工作面在向盖行程及向轴行程时均压缩气体的压缩机。

传动部件 driving components 压缩机的曲轴、连杆、十字头等运动件构成传动部件。

基础部件 basic components 压缩机的传动部件、机身、中体等构成基础部件。

压缩部件 compressing components 由气缸、活塞、气阀、填料函等构成，在压缩机中起压缩气体作用部件的总称。

气阀 gas valve 位于气缸上，用以控制吸气或排气过程的阀门部件。

阀盖 valve cover 位于气缸上，用来封闭气阀装入孔，压紧气阀或压阀罩的零件。

压阀罩 valve cage 位于阀盖与气阀之间，用以固定气阀的罩形零件。

卸荷器 unloader 装在吸气阀上，依靠动力风在活塞行程中压开吸气阀，用以调节排气量的一种装置。

气量无级调节系统 stepless capacity regulation system 通过液压传动装置使压缩机在压缩过程中进气阀保持有可控的一定时间开启，即延迟关闭进气阀的方式，使气缸中的部分气体返回进气腔，从而实现在全程范围内的气量调节。

活塞环 piston ring 装在活塞上，起密封气体作用的零部件，由金属和非金属两类材料制造。

支承环 support ring 固定在活塞外圆柱面上，使活塞在气缸内滑动，起导向和支承作用的零件。

刮油环 wiper packing ring 用以刮除气缸壁上多余润滑油的环。

气缸填料 cylinder packing 通常是指阻止气缸内压缩介质沿活塞杆泄漏的部件。

主轴承 main bearing 支承曲轴主轴颈的轴承。

防爆阀 anti explosion valve 使机身或曲轴箱内的空间与大气沟通的部件。

缓冲罐 surge tank 为缓冲压缩机及气体管路中的气体压力脉冲现象而设置的容器。

飞轮 flywheel 能储存与释放旋转系统的能量，以使曲轴旋转均匀的部件。

盘车装置 barring gear 机组启动前和停机后，为避免转子弯曲变形，用外力使转子连续转动的装置。

螺杆压缩机 screw compressor 一种回转式压缩机。机壳内装有两螺杆，主动螺杆为凸螺纹，从动螺杆为凹螺纹，两螺杆依靠齿轮传动，工作时，凸螺纹挤压凹螺纹内的气体，使工作容积产生变化，实现气体的吸入和排出。优点是转速高，重量轻，振动小，输出气体均匀，但消耗功率大，制造工艺要求高，排气量小，噪声大，不适宜作高压压缩机。

静叶调节 stator blade adjustment 通过改变静叶的叶片安装角来改变压缩机性能的调节方法。

防喘振 anti-surge 为预防离心式压缩机发生喘振所采取的措施，如部分气流放空、部分气流回流等措施。

过滤机 filter 用于进行过滤操作的机器，如用来脱出滤液中的石蜡。

重力过滤机 gravity filter 依靠料液自身重量产生的静压进行过滤的装置。

转鼓加压过滤机 rotary-drum pressure filter 转鼓密封在机壳中，用机壳内压缩气体压力形成过滤推动力进行加压过滤的转鼓过滤机。

转鼓真空过滤机 rotary-drum vacuum filter 一种连续式过滤机，通常用于润滑油溶剂脱蜡过程。绕水平轴线慢速转动的圆柱形转鼓蒙上滤布作为过滤部件，滤鼓内为负压，可不断地将脱蜡油和溶剂经滤布吸入鼓内。结晶蜡留在滤布上形成滤饼，随着滤鼓转动被刮刀刮下。

间歇操作过滤机 batch filter 悬浮液分批进行过滤，操作不连续的过滤机。

连续操作过滤机 continous filter 过滤、洗涤、滤干和卸料等工序分别在过滤面的不同区域连续完成的过滤机。

滤板 filter plate 板框压滤机中用于支托滤布，表面有网状或条状滤液导槽的板状零件。

滤框 filter frame 板框压滤机中与滤板构成滤室的框形零件。

滤布 filter cloth 用作过滤介质的纺织品。

石蜡成型机 paraffin wax shaper; paraffin molding machine 将液体石蜡以物理方法机械化转为固体石蜡的一种成型设备。石蜡成型机主要有石蜡间歇式板框成型、石蜡链盘式连续成型、石蜡转鼓冷却挤压成型三种型式。

汽轮机 steam turbine 用蒸汽做功、将蒸汽的热能转换为机械能的一种旋转式原动机。主要由汽缸、喷嘴、转子和调速器等组成。其特点是工作稳定，安全可靠，功率大，重量轻，尺寸小，经济性好。有单级和多级，冲动式和反动式，凝汽式、背压式和中间抽气式等几种分类。

冲动式汽轮机 impulse steam turbine 蒸汽主要在喷嘴或静叶栅中进行膨胀的汽轮机。

反动式汽轮机 reaction steam turbine 蒸汽主要在喷嘴(或静叶栅)和动叶栅中都进行膨胀的汽轮机。

凝汽式汽轮机 condensing steam turbine 排汽直接进入凝汽器的汽轮机。

背压式汽轮机 back pressure steam turbine 做功后的蒸汽以高于大气的压力排汽，用于供热和其他用途。

抽汽式汽轮机 extraction steam turbine 从汽轮机级后抽出部分不同等级的蒸汽供用户使用的汽轮机。

低压汽轮机 low pressure steam turbine 主蒸汽压力为0.12~1.5MPa的汽轮机。

中压汽轮机 medium pressure steam turbine 主蒸汽压力为2~4MPa的汽轮机。

高压汽轮机 high pressure steam turbine 主蒸汽压力为5~10MPa的汽轮机。

超高压汽轮机 super-high pressure steam turbine 主蒸汽压力为

12.0~14.0MPa 的汽轮机。

亚临界汽轮机 subcritical pressure steam turbine 主蒸汽压力接近于临界压力(一般高于 16.0MPa，又低于临界压力 22.1MPa)的汽轮机。

超临界汽轮机 supercritical pressure steam turbine 主蒸汽压力高于临界压力(一般高于 24.0MPa，低于 28.0MPa)的汽轮机。

单轴汽轮机 tandem compound steam turbine 多缸汽轮机各汽缸的轴串联为一个轴系的汽轮机。

双轴汽轮机 cross compound steam turbine 多缸汽轮机各汽缸的轴分列为两组，分别采用串联方式连接的汽轮机。

蒸汽室 steam chest 蒸汽通过主汽阀后进入调节汽阀前，为均衡气流而设置的腔室。

静叶 stator blade 隔板、汽缸等静止部件上的叶片，其功能是使蒸汽的热量有效地转换为动能并对汽流起导向作用。

动叶 moving blade 装在转子上的叶片，其主要功能是使蒸汽动能和热能有效地转换为机械能。

汽封 gland seal 防止蒸汽从动静部件间的间隙处过量泄漏，或防止空气从轴端处漏入汽缸的密封装置。

轴封 shaft gland 防止转子两端穿过汽缸部位处漏汽的密封。

轴承座 bearing pedestal 装在汽轮机汽缸体或基础上用来支承轴承的构件。

平衡活塞 balance piston 反动式汽轮机中，形成反向蒸汽压差用来减少汽轮机轴向推力的装置。

排汽缸 exhaust chamber 引导末级排汽至汽轮机出口的通流壳体。

滑销系统 sliding key system 为使汽轮机的汽缸定向自由膨胀或收缩，并保持汽轮机各部件正确的相对位置，在汽缸与基座之间所设置的一系列滑键。

调节系统 governing system 控制汽轮机转速和输出功率(或抽汽压力)，以维持机组正常运行的设备与仪表的组合。

烟气轮机 gas expander; flue gas turbine 又称烟气膨胀透平机，以具有一定压力的高温烟气为动力，通过膨胀做功，推动烟气轮机的转子旋转，将烟气的压力能转换为烟气轮机的机械能，在催化裂化装置中带动主风机或发电机等设备工作或发电。烟气轮机主要由进气壳、排气壳、转子、轴承及轴承箱、底座、轴封系统和轮盘冷却系统等部分组成。

烟机级 flue gas turbine stage 静叶和轮盘上装有动叶的工作叶轮是组成烟气轮机的最基本的工作单元，称为级。

单级烟机 single-stage flue gas turbine 整台烟气轮机只有一个级，

热效率可达0.76~0.78。

双级烟机 double stage flue gas turbine 整台烟气轮机有两个级，热效率可达0.80~0.82。

轴流式烟机 axial-flow flue gas turbine 烟气在级内轴向流动。其特点是工质流量大，流动稳定，结构上易做成多级形式，满足高膨胀比和大功率要求，效率较高。

径流式烟机 radial flow flue gas turbine 烟气在级内径向流动。其特点是入口压力损失大，适宜小功率场合。

烟机转子 flue gas turbine rotor 主要由轮盘、动叶及主轴等组成。轮盘与主轴采用止口定位，热装在轴端。轮盘和动叶为实心结构，采用高温合金材料模锻并加工而成，轮缘开有枞树形叶根榫槽与带枞树形叶根的动叶配合，并用锁紧片将动叶锁紧固定在轮盘的榫槽内。为减缓烟气中催化剂冲刷，动叶表面喷涂高温耐磨涂层。

烟机进气机壳 flue gas turbine inlet casing 主要由机壳、导流锥及静叶组件组成。

烟机排气机壳 flue gas turbine exhaust casing 由进出口法兰、扩压器及壳体组成，为不锈钢焊接成型。为防止壳体内产生高温热应力，一般壳体厚度较薄，在壳体外表面焊有加强筋。

轴承箱 bearing box 是水平剖分结构，由箱体和箱盖组成，材质为铸钢件，接有润滑油进出口管线。轴承箱上装有轴承、油封和转数探头、轴振动探头及轴位移探头。

烟机底座 flue gas turbine expander base 为焊接件，支承排气机壳的两个支承座为刚性支座，用水冷却，以保证机组的中心标高不变。它既要支承排气机壳的重量，又要承受出入口管线热应力。

轴封系统 shaft seal system 烟机转子与排气机壳之间的轴封，采用蒸汽和压缩空气两组迷宫密封。蒸汽封烟气，压缩空气封蒸汽，且控制三者之间的差压，保证烟气不外泄。

轮盘冷却系统 disk cooling system 冷却蒸汽分成两路进入机壳，一路由喇叭口(锥底)的喷嘴喷射到一级轮盘中心，沿轮盘表面作径向流动；另一路通过二级轮盘后的轴端密封蒸汽进入机壳，沿轮盘表面作径向流动。

润滑油系统 lube oil system 润滑油由进油总管分别进入前后端径向轴承和止推轴承，回油经轴承箱和润滑油出口管线至机组回油管。烟机使用的润滑油有两个功能：润滑轴承和冷却轴承。

监测系统 monitoring system 烟气轮机设置了轴振动、轴位移、轴承温度、转速监测系统。轮盘温度必须控制在一定范围内，用一支热电偶插入一级轮盘前进行监测，其温度可通过自动调节蒸汽管线上调节阀开度实现自动控制。

6.9 罐

桁架锥顶油罐 truss cone roof tank 油罐固定顶的一种类型，罐顶为圆锥形，顶部为桁架式支承形式。一般用于储存挥发性较低的油品。因耗钢量较大，现已很少修建，但在特殊条件下，如大风雪地区浮顶罐不宜使用时，仍需用桁架式油罐。

无力矩顶油罐 moment-free roof tank 即链式油罐，是根据悬链线理论，用薄钢板制造的顶盖和中心柱构成罐顶。无力矩顶盖的一端支承在中心柱顶部伞形罩上，另一端支承在装有包边角钢或刚性环的罐壁最上端，柔性顶板沿径向形成悬链曲线。这种悬链式顶板只有拉应力而无弯应力，故称为无力矩顶油罐。

拱顶油罐 dome roof tank 指罐顶为球面形，罐体为圆柱形的一种罐。其罐顶由厚度为 4~6mm 的薄钢板和加强筋构成，或由桁架和薄钢板构成。拱顶载荷通过拱顶周边传递于罐壁上。这种罐顶可承受较高的剩余压力，有利于减少罐内液体介质的挥发损耗。拱顶罐除罐顶板的制作较复杂外，其他部位的制作较易，造价较低，故在国内外石化企业应用较广泛。

浮顶油罐 floating roof tank 又称外浮顶油罐，是一种带有浮在油面上的罐顶的油罐。浮顶油罐由浮在液体介质表面上的浮顶和立式圆筒形罐体所构成。浮顶直接浮在液面上，随着油面的升降而升降。由于浮盘与油面间几乎不存在空气空间，并在浮顶外缘与罐内壁的环形空间加设随浮顶一起升降的密封装置，从而有效减少了油品挥发损耗，还可提高储油的安全性及满足环保要求。

内浮顶油罐 internal floating roof tank 指在拱顶罐内部增设浮顶而成的一种油罐结构形式。罐内增设浮顶可减少油品挥发损耗，外部拱顶又可防止雨水、积雪及灰尘等污物从浮顶与罐壁间的环形空隙处进入罐内，保持罐内油品的清洁。这种储罐主要用于储存轻质油品。对内浮顶油罐罐壁板要求与浮顶罐相同，对其拱顶的要求与拱顶罐相同，但部分设有罐壁环形通气孔的内浮顶，其罐顶设计外荷载较低。

常温球形容器 normal temperature spherical vessel 指设计温度大于-20℃的球形容器，储存压力一般为 1~4MPa。主要用于储存液化石油气、氨和氧等介质，也用于进入城市的输气管道储存经压缩的天然气，作高峰调节气量。

低温球罐 low temperature spherical tank 指设计温度低于等于-20℃，但一般不低于-100℃的

球形容器，储存压力一般为1.8~2MPa。主要用于储存乙烯等。

深冷球形储罐 cryogenic spherical tank 指设计温度-100℃以下的球形容器，往往在介质液化点以下储存，压力不高，有时为常压。由于对保冷要求较高，常采用双层球壳并用保冷材料充填。

自支承式锥顶 self-supporting cone roof 立式圆筒形油罐罐顶的一种结构形式，罐顶形状为正圆锥形，载荷仅靠罐壁周边支承。

支承式锥顶 supporting cone roof 立式圆筒形油罐罐顶的一种结构形式，罐顶形状为正圆锥形，载荷主要靠梁柱、桁架或其他结构支承。

自支承式拱顶 self-supporting dome roof 立式圆筒形油罐罐顶的一种结构形式，罐顶形状为球面形，载荷仅靠罐壁周边支承。

准球形拱顶 torispherical dome 立式圆筒形油罐罐顶的一种结构形式。罐顶形状为准球面形，即拱顶的截面呈三圆弧拱，中间是一个大圆弧(曲率半径为油罐直径的0.8~1.2倍)，两边是匀调转角的小圆弧(曲率半径是大圆弧曲率半径的0.1倍)。拱顶与罐壁间用小圆弧过渡连接，具有承压能力高的优点，但施工困难，在油库中较为少见。

瓜皮板 melon peel shaped plate 是拱顶油罐顶板的组成部分。罐顶形状近似球面，球面由中心盖板和瓜皮板组成。瓜皮板一般做成偶数，对称安排，板与板之间互相搭接，搭接宽度不小于5倍板厚，且不小于25mm。中心板搭载在瓜皮板上。

光面球壳 smooth spherical shell 由于拱顶油罐直径较大，其罐顶不可能使用一块钢板制造成为一个完整的球壳，是由多块钢板组装、焊接而成。光面球壳就是用钢板拼成的球壳，组成球壳的钢板不采用任何型钢加强，如角钢、扁钢等加强件。

带肋球壳 spherical shell with rib 指在拱顶油罐球壳的内表面(或外表面)焊制适当肋条，使得球顶具有更好的稳定性。对于由外压(或稳定性)起着控制作用的球壳，为了减轻罐顶的重量，节省建设投资费用，采用加肋条的球壳是极为有效的途径。球壳板和肋条构成的组合截面是承受载荷的主体。

双盘式浮顶 double deck floating roof 指由上盘板、下盘板和浮舱边缘板组成密封腔体的浮顶。在上、下两盘板间设有环形隔板，同时设置径向隔板将环形舱隔成若干个独立的环形舱室，即使其中一个舱室受到损坏而渗漏，浮顶仍能升降，继续工作，每个小舱室上部均设有检查人孔。双盘优点主要是浮力大，强度高，避免阳光直射，可耐积雪荷载，由于双层部分隔热效果好，油气蒸发损耗也大大降低。

单盘式浮顶 single-deck floating roof 指周围设置环形密封舱，中间仅为单层盘板的浮顶。其优点是当个别隔舱渗漏时不致使浮顶沉没；但由于其浮顶中心为单板，仍可能由于阳光直射造成高挥发液体沸腾，因此，它仍不适合于轻质油品储存。

船舱人孔 compartment manhole 指在浮顶油罐每个浮舱的上面均设有人孔，其直径不低于500mm。在正常操作情况下，以便进入舱内检查是否有泄漏和检修。人孔设有不会被大风吹开的轻型防雨盖，人孔接管上端高于浮顶的允许积水高度。

浮顶人孔 floating roof manhole 指浮顶油罐浮顶单盘板上均设有人孔，以便在油罐建造、检查、检修时出入。人孔的直径不小于600mm，一般用6~8mm厚的钢板卷制成短管，与平焊法兰焊制而成。

浮顶集水坑 floating roof drain sump 由于浮顶排水装置是利用浮顶上积水的落差，将积水排出，所以浮顶上设有集水坑，便于雨、雪水的收集、外排。排水口在集水坑壁的侧面，为减缓腐蚀，部分企业在集水坑下部浇沥青，使底面稍低于排水管下表面。

中央排水管 central drain pipe 浮顶罐的浮顶直接暴露于大气中，中央排水管是为了及时排放汇集于浮顶上的雨、雪水而设置的。排水管的上端与设于浮顶中央的集水坑相连，下端与通向罐外的排水阀相连。中央排水管由若干段 *DN*100 的钢管组成，管段之间用活动接头连接，可以随浮顶的高度而伸缩和折曲。根据油罐直径的大小，每座罐内可以设1~3根排水折管。

紧急排水装置 emergency roof drains 用于大型浮顶油罐浮顶上的装置。一般情况下，雨水由中央排水管排出罐外，但当积水超过浮顶承载设计时，超载积水通过滤网流入紧急排水装置排水管内，利用水的冲击力，将浮子翻转，装置进入紧急排水状态，避免沉船事故发生。紧急排水装置主要由过滤集水罩、密封系统、浮子、排水管和水封槽组成。

气托式弹性填料密封 gas holder type elastic packing seal 装有软泡沫塑料的尼龙袋全部浮在油面之上而形成的密封。密封件与油品不接触，不容易老化，但是该密封装置和油面之间有一连续的环形气体空间，而且密封装置与罐壁的竖向长度较小，因而油品蒸发损耗较液托式弹性填料密封大。

液托式弹性填料密封 hydraulic support type elastic packing seal 装有软泡沫塑料的尼龙袋部分浸没在油品中而形成的密封。该种密封的密封件容易老化，但它不存在连续的环形气体空间，降低蒸发损耗的效果更显著。采用弹性填料密封装置时，在其上部常装有防护板，又称风雨挡，对密封装置起到遮阳防老化、防雨和防尘的作用。防护板由镀锌铁皮制成。防护板与浮船之间用多根导线作电气连接，以防止雷电或静电起火。

软泡沫塑料密封 soft foam plastic seal 用泡沫塑料块来填充密封橡胶带，置于浮顶外缘环板与壁板之间的环形空间，利用它的弹性来保证浮顶升降过程中的密封作用。为增加塑料块的弹性，在塑料块上开出部分一定形状的孔，增加它的压缩量。在长期使用时，由于被压缩油罐使用的软泡沫塑料可能产生塑性变形，其密封效果将局部降低。一般为聚氨酯软泡沫塑料。

油罐迷宫式密封装置 labyrinth sealing device of tank 由密封橡胶件等组成，密封橡胶件由丁腈橡胶制造。该密封装置的外侧有6条凸起的褶同罐壁接触，相当于6道密封线。少许油气即使穿过其中的一条褶，进入褶与褶之间的空隙，还要经过多次穿行才能逸出罐外，故而得名。迷宫式密封装置结构简单，密封性能好，能使浮顶运动平稳。

复合密封 composite seal 各种结构的密封装置可以单独使用，也可以同附加密封装置一起使用。两两共同使用时称复合密封(又称二次密封)。二次密封可装在机械密封金属滑板的上缘，也可装在浮船外缘环板的上缘，后者主要用于非机械密封。

唇式密封 lip seal 同迷宫式密封装置类似，只是外形做成唇形。由唇形密封体、防护板、芯板、浮船组成，上、下唇处有两道密封线，故气密性较一般软泡沫塑料密封好，也没有一般软泡沫塑料密封在浮船上下移动时易产生滚动、扭曲的现象。它的宽度调节范围为130~390mm，标准宽度为260mm。其缺点是结构复杂，难于加工，价格昂贵。

刮蜡器 wax scraper 是安装于浮顶边缘浮舱下表面上紧贴罐壁的刮蜡薄钢板，在浮顶上下移动时将黏附在罐壁上的蜡质或油品除掉的装置。按对刮蜡薄钢板上施压的方式不同，可分为板弹簧式和重锤式两种。

敞口隔舱式内浮顶 open-top bulk-headed internal floating roof 浮顶周围设环形敞口隔舱，中间为单层盘板的浮顶。

浮筒式内浮顶 internal floating roof on floats 是内浮顶的一种结构形式，由浮盘和若干个圆柱体金属浮筒组成。盘板与液面不接触，由浮筒提供浮力。

赤道板 equatorial plate 是橘瓣式球壳的组成部分。球壳由不同数量的瓣片组装焊接而成，球形罐壳体瓣片分布为北极、北寒带、北温带、赤道带、南温带、南寒带、南极。赤道带的球壳板称为赤道板，在现场安装时，首先安装赤道板。

赤道正切式柱式支座 equatorial tangent column bearing 球壳由多个圆柱状支柱在球壳赤道部位等距离布置，正切型柱式支座与球壳相切或近似相切（相割）并与球壳焊接成一个整体。支柱之间设置拉杆连接，支承球罐的重量，承受风载荷和地震载荷，以保证球罐的稳定性。具有支柱受力均匀、弹性好、安装和检修方便的优点。缺点是重心偏高。

V 形柱式支座 V shaped column bearing 由每两根支柱组成一组呈 V 字形设置，每组支柱等距与赤道圈相连，柱间无拉杆连接。支柱与壳体相切，相对赤道平面的垂线向内倾斜 2°~3°，在连接处产生一向心水平力。这种形式结构可承受膨胀变形，稳定性较好。

三柱会一形柱式支座 three-column bearing around equator 是由每三根支柱组成一组呈树杈形结构，每组支柱等距与赤道圈相连，柱间无拉杆连接。支柱与壳体相切，相对赤道平面的垂线向内倾斜 3°~4°。缺点是支柱与球壳接触不均匀，作用在基础上的力较难控制。适用于直径不大于 11m 的球形容器。

水喷淋装置 water spray device 安装在油罐顶部，一般用直径 50mm 钢管制成环状，上边均匀钻有众多直径为 2~4mm 的小孔，是油罐上装设的一种水冷却降温设施。在夏天气温高的时候，对地面油罐不断均匀地进行喷淋水冷却，水由罐顶经罐壁流下，使冷却水带走油罐所吸收的太阳辐射热，降低油罐气体空间温度，使昼夜油面温度变化幅度减小，大大减少油罐的呼吸损耗。

球壳应力 spherical shell stress 由于气体内压力、储存的液体介质的液柱静压力、球壳内外壁的温度差、安装与使用时的温度差、自重、局部外载荷及安装施工等因素使球壳产生的应力。

球壳壁厚 spherical shell wall thickness 指球壳的厚度。它是由球壳的直径、设计压力、球壳板许用应力、焊缝系数及厚度附加量决定的。

球壳载荷 spherical shell loading 指球壳所承受的内力、外力及其他因素。球壳载荷有重力载荷、风载荷和地震载荷等。

分带组装法 band-divided assembly method 首先在平台上将球罐各带组装，焊接成环带，然后再把各环带组装、焊接成球的方法。优点：各带板在平台上组对焊接，方便又有助于保证质量，不易产生很大的焊接应力和变形。其缺点是在现场需配用起重能力大的吊装机。

半球组装法 hemisphere assembly method 利用组对和组带，将整个球罐预制成两个半球，然后将两个半球组装在基础上组装成整球的拼装方法。它具有现场组装工作量小、组装精度高等优点，广泛用于小型球罐的安装。

混合组装法 mixture assembly method 在散装法和分带组装法的基础上发展起来，是两者的结合。其方法是赤道带用分带组装方法，其他各带用散装组装方法。几种球罐拼装方法混合施工，组装精度高，组装的拘束力小，施工进度快，提高了工效，保证纵缝的焊接质量。

橘瓣式球壳 orange petal type spherical shell 球罐壳体按橘瓣结构进行分割的组合结构。特点是球壳拼装焊缝较规则，施工简便，加快组装进度，能使用自动焊。缺点是球瓣在各带位置尺寸大小不一，下料及成型比较复杂，原材料利用率较低，球极板往往尺寸较小。

足球瓣式球壳 football petal spherical shell 由四边形或六边形组成。特点是每块球壳板尺寸相同，下料成型规格化，材料利用率高，互换性好，组装焊缝较短，焊接及检验工作量小。缺点是焊缝布置复杂，施工组装困难，对球壳板的制造精度要求高。应用于容积小于 $120m^3$ 的球罐。

混合瓣式球壳 mixed petal spherical shell 罐体组合方式的一种，即球罐的上、下部分球壳板划分为足球瓣形，中部球壳板划分采用橘瓣形的混合组成。这样划分的优点：其材料利用率高，焊缝长度缩短，壳板数量少，极板尺寸大，易布置人孔及接管，便于安装和运输等。

量油孔 dip hatch 为了人工检尺、取样、测温而设置。每台罐设置一个，直径一般为150mm。量油孔装设在罐顶梯子平台附近，且应远离油罐进出油口，与罐壁的距离一般不小于1m。目前量油孔多为铸铝，量油孔内壁的一侧设有导尺槽，以便人工检尺时下尺，减少误差。

透光孔 light hole 主要用于油罐安装、检修、清洗时采光和通风。透光孔直径一般为500mm，设于罐顶。根据规范要求，透光孔应设置在罐顶并距罐壁800~1000mm处，且应与人孔、排污孔相对应。

膨胀油管 expansion pipe 直径多为20~25mm，用球心阀控制，主要用于汽油管线上，是为防止油品受热体积膨胀损坏设备而设的泄压设施。管内油品受环境温度影响，特别是夏季油温会升高，体积会膨胀，压力急剧增加，此时只要打开膨胀管阀门，使膨胀油品从罐顶进入油罐，由于泄压及时就能防止因压力升高致使管线破裂。

脱水管 water drawoff pipe 又

称放水管，主要是为了排放油罐底部污水和清除罐底污油残渣，以保证原料油加工要求或产品质量。下部焊接有挡板，贴近罐底板，防止排水时产生漩涡，降低所排污水的含油量。其形式有固定式脱水管和带集污槽的脱水管。

消防泡沫室　fire fighting foam chamber 又称泡沫发生器，是固定于油罐上的灭火装置。浮顶油罐普遍采用固定于罐壁和罐壁顶部包边角钢上的固定泡沫灭火装置，作为油罐的消防设施。一端与泡沫管线相连，另一端在罐壁最上层圈板上。一旦油罐着火时，灭火泡沫从防护堤外泡沫管线高速送入，在流经空气吸入口处，吸入大量空气形成泡沫，并冲破玻璃，达到灭火的目的。

清扫孔　flush-type cleanout fitting 为清罐时便于清除沉积于罐底的淤渣、污泥而设置。清扫孔主要用于原油罐或重油罐，清扫孔底缘与罐底持平，其截面有圆形和矩形两种，盖板上可附设放水管。

罐下采样器　bottom sampler 采样作业时，采样人员不需上罐，只需打开罐下采样箱即可采样。采样器装置是将三根(上、中、下)采样管固定在支承管上，一根采上部油样，一根采中部油样，另一根采下部油样。支承杆上端连浮标，下端固定在罐底固定支座上。当液面升降时，浮标随之浮动，采样管亦随之升降，三根采样管的开口高度始终保持在规定的采样位置。

消防挡板　fire baffle 浮顶罐的火灾初期，一般均发生在密封系统，即边缘浮舱外侧环板与罐壁间环形区域。在浮舱上沿密封系统设泡沫堰板(又称泡沫挡板)，可使沿罐壁流下的泡沫在这区域积聚，从而提高泡沫利用率和灭火效果。泡沫挡板一般用厚度为3~6mm的薄钢板制作。

浮子钢带-光纤液位计　float-tape fibre liquid level meter 其测量原理与浮子钢带相同，只是其浮子的位移由光信号读出。光纤液位计由测量单元、光纤传感器、光电转换器、二次表及光缆组成。通过浮球将被测液位信号变为计量绞轮的精确转动，并由此带动光纤传感器的光学编码器，液位的脉冲信号再经二次表放大整形，进行判向和计数等处理显示出液位。

呼吸阀　breather valve 油罐的呼吸系统通常由呼吸管、呼吸阀、阻火器等组成。呼吸阀是用来自动控制油品储罐气体通道的启闭，在一定范围内降低油品的损耗，并保护油品储罐本体或局部密闭区域免受超压或真空破坏的安全设施。它是易挥发油品储罐的专用设备。呼吸阀有机械式和液压式两种。机械呼吸阀一般由压力阀和真空阀两部分组成。当罐内压力达到油罐设计允许压力时，压力阀阀盘被顶开，气体从罐内排出；当罐内气体压力达到油罐设计允许真空度时，罐外气体顶开真空阀盘进入罐内，从而保证油罐在其允许压力范围内工作。为防止罐外明火向罐内传播，通常在呼吸阀下串联一阻火器。

重力式机械呼吸阀 gravity mechanical breathing valve 是靠阀盘本身的重量与罐内外压差产生的上举力相平衡而工作。当上举力大于阀盘的重量时，阀盘沿导杆升起，油罐排出（或吸入）气体，卸压后，阀盘靠自重落到阀座上；当罐内压力变化比较缓慢时，阀盘在阀座上连续跳动。只有罐内通气量较大时，阀盘才能被气流托起，悬浮于座上。

弹簧式机械呼吸阀 spring mechanical breather valve 是靠弹簧的张力与罐内外压差产生的推力相平衡而工作。对阀盘重量无严格要求，因而可以采用非金属材料，如聚四氟乙烯制造，以减小阀盘冻结的危险。呼吸阀的控制压力可通过改变弹簧的预压缩长度来调节。当罐内压力达到阀的控制正压时，下阀盘带动上阀盘一起升起，脱离阀座，油罐呼气，反之油罐吸气。

全天候机械呼吸阀 all-weather mechanical breather valve 为阀座相互重叠的重力式结构，阀盘骨架由合金钢板冲压而成，呈微拱形。阀盘与阀座之间采用带空气垫的软接触，阀盘起跳自如，因而气密性好，不容易结霜冻。由于在阀座上加聚四氟乙烯衬套，在寒冷气候下也不会冻结，故称“全天候”。

多功能呼吸阀 multi-functional breather valve 由内外壳体、压力阀组件、真空阀组件、阀座、内壳体盖、通气防尘罩等组成，是利用阀组件重量和配重盘来控制油罐内压的。其特点是将呼吸阀、阻火器设计为整体，改进了油罐呼吸系统阻火器的结构，并采用了全天候呼吸阀的防冻措施，防火结构合理，维修时可将防尘罩、防火组件、内壳体盖、真空阀组件逐件取出，减轻了劳动强度，方便操作。

液压安全阀 hydraulic safety valve 机械呼吸阀有时因锈蚀或冻结而失灵，为保证油罐的安全，罐上还装设液压安全阀。液压安全阀控制的压力和真空度一般都比呼吸阀高出 5%～10%，正常情况下不动作，只是机械呼吸阀失灵或其他原因使罐内出现过高的压力或真空度时才动作。液压安全阀是利用液体的静压力来控制油罐的呼气压力和吸气真空度。

喷淋冷却装置 spray cooling device 为降低罐内油温、减少油罐大小呼吸损耗而安装的节能设施。该装置安装在油罐顶部，一般用直径 50mm 钢管制成环状，上边均匀钻有众多直径为 2～4mm 的小孔。

冷却水从罐下水线引上罐顶，水流经环状管上小孔均匀射向罐顶四周，然后沿罐壁流下，使罐顶和罐壁几乎全被一层水幕覆盖，既隔开了阳光直射，又带走罐身温度，达到降低罐内油温的目的。

通气管 vent pipe 是重质油罐收发作业时为平衡油罐内外压力而安装的连通管。它装于罐顶上，口径有 100mm、150mm、200mm、250mm、300mm 五种，选择时一般和进出油管直径相同。通气短管截面上应装有铜丝或其他金属丝网封口，金属网可以制成方眼或斜纹方眼。

升降管 lifting pipe 又称起落管。通过回转接头与出油接合管相连接，连接处用转动弯头，以卷扬机带动升降，可抽取罐内任何部位的油品。一般只安装在润滑油或特种油油罐上。

油罐搅拌器 tank agitator 是炼油厂或油田应用的油罐专用附件。主要用于轻油罐进行油品调和，重油罐用来防止沉淀物积聚，使用时多为侧向伸入式搅拌器。搅拌器由防爆电机、减速传动装置、吊架、密封装置及搅拌螺旋桨组成。

加热盘管 heating coil 为满足原油、重质油品储运、生产操作要求，对油罐进行加热、保温采用的设施。目前油罐普遍采用固定在罐底部的水蒸气加热器，称为固定式加热器，其结构有分段式、蛇管式、围栏式等。

分段式加热器 sectional type heater 采用无缝钢管焊接而成，对称地在罐内布置，并保持一定坡度，便于冷凝水集中外排，减少水击。每一组有单独水蒸气进口控制阀门和冷凝水出口控制阀门，一旦发现某组加热器损坏，可以关闭该组进出口控制阀门，将其切出。分段式加热器具有加热均匀、操作方便、热效率高、检修方便等优点。缺点是故障率高、易发生泄漏。

蛇管式加热器 heating coil 由无缝钢管煨弯焊接而成，配以少量法兰，便于维修。蛇管式加热器对于由温差而产生的伸缩变形有较大的适应性。蛇管通过卡箍连接在支承架上，对称地在罐内布置，并保持一定坡度。对于大型油罐，可分几组并联供汽。蛇管式加热器具有自由伸缩能力，管道内应力小，因而它可以承受稍高压力的水蒸气，提高油品加热效果。

围栏式加热器 fence type heater 是近年来开发的一种新型加热器。它采用无缝钢管焊接而成，对称地在罐内布置，并保持一定坡度，但变分段式加热器、蛇管式加热器的平面结构为立体结构，具有加热速度快、安全性高、节能效果明显等优点。

通气孔 vent 内浮顶油罐当浮盘下降时，黏附在罐壁上的油品就会蒸发，内浮盘与拱顶间的空间会有油气出现。为防止油气积聚达到危险程度，在罐顶和罐壁设置通气孔。罐顶通气孔安装在罐顶中心位置，孔径不小于250mm，周围安装金属网，顶部有防雨防尘罩。罐壁通气孔安装在最高设计液位以上的壁板上部，通气孔应沿周围均匀分布。

导向管 guide tube 供内浮顶油罐操作人员检尺、测温、取样而设置。导向管也是量油管，上端接罐顶量油孔，垂直穿插过浮盘直达罐底，兼起浮盘定位导向作用。为防止浮盘升降过程中摩擦产生火花，在浮盘上安装有导向轮座和铜制导向轮；为防止油品泄漏，导向轮座与浮盘连接处、导向管与罐顶连接处都安装有密封填料盒和填料箱。

静电导出装置 static extracting device 内浮顶油罐由于浮盘与罐壁之间多采用橡胶、塑料类绝缘材料作密封材料，浮盘容易积聚静电，且不易通过罐壁消除，因此在浮盘与罐壁之间都要安装导静电连接线。安装在浮盘上的导静电连接线，一端与浮盘连接，另一端连接在罐顶的采光孔上。其选材、截面积、长度、根数由设计部门根据油罐容量确定。

浮顶支柱 floating roof supports 环向分布安装于浮顶下部的支柱。设置浮顶支柱的目的：一是在液面处于较低位置时，浮顶随之下降支承在支柱上，以免浮顶与罐内附件(如加热盘管、清扫器等)相碰撞；二是为了检修时浮顶支在支柱(此时支承高度不低于1.8m)上，以便检修人员由人孔进入罐底与浮顶之间的空间内进行检修或清扫罐底上的沉积物。立柱与罐底板的接触部位应设置厚度不小于5mm的垫板，垫板直径不小于500mm，其周边应与底板连续焊。

浮盘自动通气阀 floating disc automatic bleed vent 浮盘在距离罐底500mm支承位置时，为保证浮盘下面进出油品的正常呼吸，防止油罐浮盘下部出现憋压或抽空，在浮盘中部设有自动通气阀。自动通气阀由阀体、阀盖和阀杆组成。自动通气阀在浮盘检修时，阀盖、阀杆应拔出，以便盘下放水并兼作通风口使用。

油品调和喷嘴 oil blending nozzle 喷嘴分单头喷嘴、多头喷嘴、旋转喷嘴和喷射系统。喷嘴调和适用于调和比例变化范围较大、批量也较大的中、低黏度油品的调和。外浮顶罐、拱顶油罐多采用单头喷嘴、喷射系统；内浮顶油罐采用多头喷嘴、旋转喷嘴。喷嘴的一种安装方式是安装于油罐壁，与油罐内输油管线相连接；另一种是安装于油罐内中心，采取法兰与油罐内输油管线相连接。

6.10 压力容器

压力容器 pressure vessel 指盛装气体或者液体，承载一定压力的密闭设备。储运容器、反应容器、换热容器和分离容器均属压力容器。压力容器的设计压力划分为低压、中压、高压和超高压四个压力等级。

低压容器 low pressure vessel 压力容器的设计压力(p)为0.1MPa≤p<1.6MPa，即为低压容器(代号为L)。

中压容器 medium pressure vessel 压力容器的设计压力(p)为1.6MPa≤p<10.0MPa，即为中压容器(代号M)。

高压容器 high pressure vessel 压力容器的设计压力(p)为10.0MPa≤p<100.0MPa，即为高压容器(代号H)。

超高压容器 ultra-high pressure vessel 压力容器的设计压力(p)≥100.0MPa，即为超高压容器(代号U)。

第一类压力容器 class Ⅰ pressure vessel 除第二类、第三类压力容器以外的低压容器为第一类压力容器。

第二类压力容器 class Ⅱ pressure vessel 包括：中压容器；低压容器(仅限毒性程度为极度和高度危害介质)；低压反应容器和低压储存容器(仅限易燃介质或毒性程度为中度危害介质)；低压管壳式余热锅炉；低压搪玻璃压力容器。

第三类压力容器 class Ⅲ pressure vessel 包括：高压容器；中压容器(仅限毒性程度为极度和高度危害介质)；中压储存容器(仅限易燃或毒性程度为中度危害介质，且pV乘积大于等于10MPa·m^3)；中压反应容器(仅限易燃或毒性程度为中度危害介质，且pV乘积大于等于0.5MPa·m^3)；低压容器(仅限毒性程度为极度和高度危害介质，且pV乘积大于等于0.2MPa·m^3)；高压、中压管壳式余热锅炉；中压搪玻璃压力容器；使用强度级别较高(指相应标准中抗拉强度规定值下限大于等于540MPa)的材料制造的压力容器；移动式压力容器，包括铁路罐车(介质为液化气体、低温气体)、罐式汽车[液化气体(半挂)车、低温液体(半挂)车、永久性气体(半挂)车]和罐式集装箱(介质为液化气体、低温气体)等；球形储罐(容积大于等于50m^3)；低温液体储存容器(容积大于等于5m^3)。

反应容器 reaction vessel 代号R，主要用于完成介质的物理、化学反应的容器，如反应器、反应釜、聚合釜、合成塔、蒸压釜、煤气发生炉等。

换热容器 heat exchange container 代号E，主要用于完成介

质热量交换的压力容器。如管壳式余热锅炉、热交换器、冷却器、冷凝器、蒸发器、加热器等。

分离容器 separation vessel 代号S，主要用于完成介质的流体压力平衡和气体净化分离等压力容器。分离容器的名称较多，按容器的作用分为分离器、过滤器、集油器、缓冲器、洗涤器、吸收塔、铜洗塔、干燥塔、蒸馏塔、汽提塔、分气缸、除氧器等。

储存容器 storage vessel 代号C，其中球罐代号为R，主要用于储存或盛装气体、液体、液化气体等的压力容器。在化工、石油、炼油、医药等行业生产中，用作储存物料及作为换热器、塔器、反应器等设备的外壳。一般由壳体、端盖、法兰、接管、支座等零部件组成。

内压容器 internal pressure vessel 承受正压即容器内部压力大于外部压力的容器。炼油厂所用容器大部分为正压容器。

外压容器 external pressure vessel 工作时内压小于外压的压力容器。炼油厂也有少数外压容器，如蒸馏装置的减压塔。

腿式支座 leg support 是压力容器支座类型中的一种，用于立式设备。其结构由一块底板、一块盖板、一个支柱焊接而成。底板上有螺栓孔，用螺栓固定设备于地基之上。一般在设备周围均匀分布三个腿式支座，大一点的设备可以用四个。腿式支座有A型、AN型（不带垫板）、B型、BN型（不带垫板）、C型、CN型（不带垫板）六种结构。适用于容器直径*DN*400～1600mm，圆筒长度*L*与容器公称直径*DN*之比应小于等于5及容器的总高度H_1不超过5m。不适用于通过管线直接与产生脉动载荷的机器刚性连接的容器。

支承式支座 bracket support 是压力容器支座类型中的一种，应用于立式设备。它的结构由一块底板、两块支承板（钢管）和一块垫板焊接而成。底板上有螺栓孔，可用螺栓固定于地基之上。在设备周围一般均匀分布三个支承式支座。支承式支座有A型、B型（圆管作支承）两种结构。适用于容器直径*DN*800～4000mm，圆筒长度*l*与容器公称直径*DN*之比应小于等于5及容器的总高度H_0不超过10m。

耳式支座 lug support 由筋板和支脚板组成，具有制造简单、能吸收局部径向热膨胀、安装易于找正等优点。常用于穿过楼板或穿过框架的立式容器，也用于悬挂在另一设备上的立式容器。适用于容器直径一般不大于4000mm，圆筒长度*L*与容器公称直径*DN*之比应小于等于5及容器的总高度H_0不超过10m。

裙式支座 skirt support 简称裙座。支承塔容器的部件，因外形像裙子而得名。裙式支座分圆筒形和圆锥形支座两种。裙式支座用于高大的立式塔和容器。

鞍式支座 saddle support 是化工设备用支座的一种，广泛用于卧式容器。由一块鞍形板、两块支承板、一块底板及一块竖板组成。支承板焊于鞍形板和底板之间，竖板被焊接在它们的一侧，底板搁在地基上，并用地脚螺栓加以固定。卧式设备一般用两个鞍式支座支承，当设备过长，超过两个支座允许的支承范围时，应增加支座数目。

圈式支座 ring support 因自身重量而可能造成严重挠曲的薄壁容器或多于两个支承的长容器应采用圈式支座。除常温常压下操作的容器外，若采用圈座时则至少应有一个圈座是滑动支承的。

杠杆式安全阀 lever safety valve 利用重锤和杠杆来平衡作用在阀瓣上的力。根据杠杆原理，它可以使用质量较小的重锤通过杠杆的增大作用获得较大的作用力，并通过移动重锤的位置(或变换重锤的质量)来调整安全阀的开启压力。此安全阀结构简单，调整容易而又比较准确，所加的载荷不会因阀瓣的升高而有较大的增加，适用于锅炉和温度较高的压力容器。

弹簧式安全阀 spring safety valve 依靠弹簧的弹性压力而将阀的瓣膜或柱塞等密封件闭锁。一旦当压力容器的压力异常后产生的高压将克服安全阀的弹簧压力，所以闭锁装置被顶开，形成了一个泄压通道，将高压泄放掉。根据阀瓣开启高度不同又分为全启式和微启式两种。全启式泄放量大，回弹力好，适用于液体和气体介质；微启式只宜用于液体介质。

爆破片 hydrostatic disk 是压力容器、管道的重要安全装置。它能在规定的温度和压力下爆破，泄放压力。爆破片安全装置具有结构简单、灵敏、准确、无泄漏、泄放能力强等优点。能够在黏稠、高温、低温、腐蚀的环境下可靠地工作，还是超高压容器的理想安全装置。广泛用于石油、化工、化肥、医药、冶金、空调等大型装置和设备上。

液压试验 hydrostatic test 容器制成或检修之后，在交付使用前，都必须进行超过工作条件的压力试验，全面综合考核其整体强度及密封性能。目的是检查容器是否有渗漏或异常变形，以发现容器制造或检修中的潜在缺陷，考核容器的强度和质量。采用液体介质作压力试验时称液压试验。在压力试验条件下不会发生危险的液体，在低于其沸点温度下都可用于液压试验。液压试验一般以水作为试验液体，试验压力为：对于内压容器，$p_t = 1.25p\times[\sigma]/[\sigma]_t$，式中 p 为最高工作压力；$[\sigma]/[\sigma]_t$ 为容器各元件材料比值最小者。对于外压容器，$p_t = 1.25p$。采用石油产品进行液压试验时，试验温度必须低于油品的闪点。

气压试验 air pressure test 容器制成或检修之后，在交付使用前，都必须进行超过工作条件的压力试验。目的是检查容器是否有渗漏或异常变形，以发现容器制造或检修中的潜在缺陷，考核容器的强度。气压试验采用气体介质作压力试验，可采用干燥洁净的空气、氮气或其他惰性气体。气压试验具有一定的危险性，只有不适合做液压试验的容器，如容器内不允许有残留液体，或由于结构或支承原因不能充灌液体的容器，才可采用气压试验。作为气压试验容器的 a 类和 b 类焊缝必须事先经 100% 无损检测合格，此外，还必须制定相应的安全措施。

应力校验 stress check 由于压力试验时的试验压力大于设计压力，容器壁内的应力值也相应增大，因此在对压力容器进行压力试验以前，都应进行应力校验计算。在液压试验时，圆筒的薄膜应力 σ_t 不得超过试验温度下材料屈服点的 90%（校核时还应计入液柱静压力）。在气压试验时，σ_t 不得超过试验温度下材料屈服点的 80%。

致密性校验 leakage test 指通过气密性试验或煤油渗漏试验等措施，对压力容器的焊接接头和连接部位进行泄漏检查，目的是为了检查焊缝接头是否有穿透性缺陷和连接部位存在密封不严的情况。

筒体 shell 压力容器外壳的构成部分之一。是储存物料或完成化学反应所需要的主要空间，压力容器最主要的受压元件之一。筒体结构可分为圆柱形筒体（即圆筒）和球形筒体。筒体直径较小（一般小于 500mm）时，圆筒可用无缝钢管制作；直径较大时，可用钢板在卷板机上卷成圆筒或用钢板在水压机上压制成两个半圆筒，再用焊缝将两者焊接在一起，形成整圆筒。

开孔补强 opening reinforcement 为弥补压力容器开孔周围区域强度下降而采取的加强措施。壳体开孔后因承载面积减小及应力集中，使开孔边缘应力增大且强度受到削弱，为使孔边应力下降至允许范围以内，可采用增加大面积壳体厚度的整体式补强或在开孔附近区域内增加补强元件金属的局部补强。常用的补强元件有补强圈、接管和整锻件。

工作压力 working pressure 在正常工作情况下，压力容器可能达到的最高压力。

设计压力 design pressure 指设定的压力容器顶部的最高压力，与相应的设计温度一起作为设计载荷条件，其值不低于工作压力。在相应设计温度下，通过设计压力来确定压力容器的壳体厚度。

计算压力 calculating pressure

指在相应的设计温度下，用以确定元件计算厚度的压力，其中包括液柱静压力。

试验压力 test pressure 压力容器专业术语，指在压力试验时，容器顶部的压力。常用的压力试验方法分液压试验和气压试验。

设计温度 design temperature 为压力容器设计载荷条件之一，指压力容器在正常情况下，设定元件的金属温度（沿元件金属截面的温度平均值）。当元件金属温度不低于0℃时，设计温度不得低于元件金属可能达到的最高温度；当元件金属温度低于0℃时，其值不得高于元件金属可能达到的最低温度。

试验温度 test temperature 压力容器专业术语，指在压力试验时，壳体的金属温度。

计算厚度 calculating thickness 压力容器专业术语，指按照压力容器相关国家标准中各章的公式计算或者有限元分析所得到的厚度。需要时，尚应计入其他载荷（如液体静压力、内压、外压或最大压差等）所需厚度。

设计厚度 design thickness 压力容器设计厚度指计算厚度与腐蚀裕量之和。

名义厚度 nominal thickness 压力容器专业术语，指将设计厚度加上钢材厚度负偏差后向上圆整至钢材标准规格的厚度，即图样上标注的厚度。当钢材标准规定的厚度负偏差不大于0.25mm时，且不超过名义厚度的6%时，可忽略不计。

有效厚度 effective thickness 压力容器专业术语，指名义厚度减去腐蚀裕量和钢材厚度负偏差。它是容器实际运行过程中容器壁厚的理论最小值。

6.11 特殊阀门

单动滑阀 single-acting slide valve 催化裂化装置专用的大口径耐磨自动调节阀门。多用于两器之间催化剂循环的管线上，正常操作时控制催化剂的循环量，对催化裂化的反应温度进行控制、起物料调节关键作用。在开停工和发生事故时可用于切断两器联系，防止催化剂倒流和空气窜入反应器。按工艺角度分为再生单动滑阀、待生单动滑阀、半再生单动滑阀。主要由阀体、阀盖、节流锥、阀座圈、导轨、阀板和阀杆等部件组成。壳体为20#或16MnR钢板组焊的圆筒形同径或异径三通结构，阀体内部一般衬有龟甲网双层衬里，操作温度一般不超过200℃。阀体的安装采用焊接形式，并与安装管线采用相同内径的同类材料连接。目前采用的执行机构基本为电液执行机构。

双动滑阀 double-acting slide valve 安装在催化裂化装置再生器出口或三旋出口烟气管道上，是控制再生器压力和两器压力平衡的重要设备。阀内有两块向相反方向移动的阀板，分别由两个执行机构带动。对于无烟气能量回收机组的装置，滑阀主要作用是正常操作时调节再生器压力。对于有烟气能量回收机组的装置有两大作用：一是在烟气能量回收机组运转时，关小烟气旁路，更多地回收能量；二是在该系统故障停运时，通过调整烟气泄放量，来控制再生器压力。

气动滑阀　pneumatic slide valve 配有气动执行机构的滑阀，执行机构气缸活塞杆与阀杆用中间连接螺母连接，并配有定位器和阀位变送器。气缸为贯穿式双作用气缸，后缸盖处设有开合螺母结构的手动机构，定位器和阀位变送器靠阀杆带动反馈杆直接反馈，结构紧凑。该执行机构的灵敏度与准确度与其他执行机构相比较差。

液压电动滑阀　electro-hydraulic slide valve 采用电液执行机构的滑阀，执行机构以电动机为动力，高压液压油为介质，通过精密的伺服控制系统和伺服油缸实现滑阀的自动控制。具有调节性能好、输出推力大、行程速度快、响应迅速、稳定可靠的特点。

塞阀　plug valve 提升管流化催化裂化装置的关键设备之一。按其在工艺过程中的作用分别为待生塞阀和再生塞阀两种，分别安装在装置再生器的待生和再生立管上，用来调节待生和再生催化剂的循环量，以控制汽提段料位和提升管出口温度；也是同轴式催化裂化装置独有的一种特殊阀门，安装于第一再生器底部，用于控制汽提段催化剂藏量和调节待生线路循环量，在开停工或装置故障时作为切断阀使用。为适应开停工过程中立管的膨胀与收缩，具有可靠的自动吸收膨胀和补偿收缩功能。塞阀主要由节流锥、阀座、阀头、阀体、阀杆和补偿弹簧箱组成。

烟机入口高温闸阀　high temperature gate valve at inlet of fule gas turbine explander 用于催化裂化装置烟气能量回收系统的大型切断型阀门，主要是起到一种高温切断的自保作用。垂直安装在水平的烟气管道上。当烟机正常工作时，此阀全开；停工或事故状态下，联锁动作，通过执行机构及时关闭此阀，用以保护烟机安全和满足停机检修的需要。执行机构一般有气动和电动两种形式，一般要求两位动作。

烟机入口调节蝶阀　adjustive butterfly valve at inlet of flue gas turbine explander 用于催化裂化装置，安装在水平管道上，位置在烟气切断阀门之后。作用是控制再生器压力及调节烟机入口烟气流量，并在烟机超速时兼作快速切断用，以保护烟机-主风机组。由阀体、执行机构(含手动执行机构)等部分组成，可配置摆动式气动执行机构和电液执行机构，均设有正常调节和快速关闭两个回路。

烟机入口切断蝶阀 cut-off butterfly valve at inlet of flue gas turbine explander 用于催化裂化装置，安装于烟机入口调节蝶阀之前。替代烟机入口大口径高温闸阀，作为可以快速切断的截止阀。阀门设计成三维偏心斜锥阀座硬密封结构，一般只要求两位动作，配置快速动作的电液执行机构，关闭时间较短。

旋启式阻尼单向阀 swing damping check valve 用于催化裂化装置，安装在主风管线上，在事故状态下快速切断，防止催化剂倒流。具有结构简单、关闭快速、适用寿命长等特点，适用于公称直径≤600mm，多用于小型主风机出口或增压机出口。其阀体结构与通用的旋启式止回阀类似，采用平面密封形式，配有两位式摆动气缸执行机构，通过电磁阀实现快开快关功能，不能实现随动控制功能。

蝶形阻尼单向阀 butterfly damping check valve 用于催化裂化装置，安装在主风管线上，用于在事故状态下快速切断，防止催化剂倒流。阀体分为双偏心和三偏心结构，配有两位式拨叉气动执行机构，一般用于公称直径较大管线上。安装于主风出口的单向阀按随动开关附加气动快关功能设计，配有平衡重、阻尼油缸和双作用气缸。安装于辅助燃烧室前的单向阀不设平衡重，按气动快开、快关的设计要求配有双作用气缸。

气压机气动蝶阀 pneumatic butterfly valve of gas compressor 用于压缩机入口，一般用在大型催化裂化装置富气压缩机入口，是一种气动调节的截断型阀门。安装在催化裂化富气压缩机进口管线上，替代风动闸阀，用来控制通过该阀的富气流量或截断管路。机入口为开、关两位式控制，出口为随动控制。由阀体、传动机构及自动控制部分组成，一般用于通径较大的管道上。

气压机风动闸阀 pneumatic gate valve of gas compressor 一种气动调节的截断型阀门，安装在催化裂化富气压缩机进出口和通往火炬的放空管线上。用来控制、调节通过阀门的富气流量或截断管路，机入口为开、关两位式控制，出口为随动控制。由阀体、传动机构及自动控制部分组成，一般用于通径较小的管道上。

气压机入口气动快开蝶阀 pneumatic quick-opening butterfly valve at inlet of gas compressor 用于催化裂化装置，安装在富气压缩机入口管线上，后路与火炬管线相连。作用是在开停工过程或气压机故障情况下，通过调节该阀门开度，控制反应和分馏塔顶压力。由阀体和气动执行机构组成，可随动控制，气压机紧急停车时设有快开功能。

除焦控制阀 decoking control valve 用于焦化装置，主要由阀体、气动执行机构、电气控制元件组成。安装在高压水泵出口，通过预充水，全开及全关顺序动作以满足除焦操作的需要，实现无水锤、平稳切换操作，并使高压水泵能在最小流量工况下进行水循环，以节省能耗。它具有全关(旁路)、预充、全开三种工作位置，对应三种工作状态，便于实现水力除焦系统的顺序操作。

高温四通旋塞阀 high temperature four-way plug valve 安装在延迟焦化装置焦炭塔进油管线上，用来切换原料油流向，保证从加热炉来的高温渣油从已充满焦炭的焦炭塔及时切换到另一预热好的焦炭塔继续操作，使装置运行操作连续而稳定。阀门为手动操作，有一个进口、三个出口，进口接进料管线，两个出口分别接两台焦炭塔，另一出口开工时接焦炭塔顶油气线。

高温四通球阀 high temperature four-way ball valve 该阀安装在延迟焦化装置焦炭塔进油管线上，用来切换原料油流向，保证从加热炉来的高温渣油从已充满焦炭的焦炭塔及时切换到另一预热好的焦炭塔继续操作，使装置运行操作连续而稳定。一般使用在大型延迟焦化装置，可根据要求选用电动、液动和气动执行机构。

焦炭塔底盖阀 bottom flat gate valve for coke drum 一种单阀板双重金属密封结构的高温含固流体用平板闸阀。它可取代现人工装卸的焦炭塔底盖盲板和塔底盖机，实现全封闭除焦操作，消除安全隐患，改善环境条件，缩短除焦生产周期。该阀由阀体部分、中间支架、动力油缸和电气控制箱组成。

夹套切断阀 jacketed shut-off valve 用于硫黄回收装置，为两位式气控阀，分别安装在酸性气燃烧炉出口放空管线和尾气燃烧炉入口管线上，作为放空至烟囱和切断尾气进炉用阀，可在主控室进行远程操作。阀体采用 T 形夹套结构，蒸汽引入夹套防止硫凝固及过程气冷凝对阀体腐蚀。

夹套三通阀 jacketed three-way valve 用于硫黄回收装置，安装在两个低温克劳斯反应器之间的两位式程序控制阀。作用是将再生气体交替通入每个反应器，使原来间断的解析操作连续化。阀体外有蒸汽夹套，阀体内有上、下两个阀座，平板型阀板。采用电磁阀控制的气动执行机构设有行程开关，可显示阀的实际操作状态。

内旁通高温塞阀 internal bypass high temperature plug valve 介质为转化气，用于硫黄回收装置，安装在硫黄回收尾气处理装置的过程气废热锅炉的侧面。圆筒形阀体插入废热锅炉内，阀体一端的阀盖与废热锅炉安装口法兰联接，另一端由托架支承在废热锅炉筒体上。

回转阀 rotary valve 用于分子筛脱蜡及 PX 装置。回转阀是一个各种物料的特殊分配装置，将七股工艺物料按次序进入或离开 24 个床层。阀定时移动一步，每股液流就前进一个床层，移动 24 步后阀旋转到原来的位置，再开始另一个循环。由阀体、拨动系统、液压系统组成。

制氢调节阀 hydrogen generation control valve 用于制氢装置的转化炉蒸汽发生器调节阀，安装在转化蒸汽发生器端部。高温转化气进入蒸汽发生器，经过换热管和壳程内的水换热后，产生蒸汽输出，同时转化气降温后输出。转化气通过中心管后，在中心管出口有个调节阀，用以调节中心管路气体流量，控制转化气出口温度。该阀阀头为锥形，采用气动控制机构，具有操作方便、控制灵活、使用寿命长的特点。

沥青阀 asphalt valve 沥青专用阀，又名沥青旋塞阀，用以输送常温下会凝固的高黏度介质。它是用带通孔的塞体作为启闭件，通过塞体与阀杆的转动实现启闭动作的阀门。该阀带有夹套，焊装于阀门的两法兰之间，夹套中可自由地流过蒸汽或其他热的保温介质，确保黏稠介质可顺畅地流过阀门。具有良好的保温保冷特性，同时又能有效降低管路中介质热量损失。驱动方式可选用手动、蜗轮、气动、电动。

6.12 空气分离设备

氮压机 nitrogen compressor 专门用来压缩氮气的压缩机。一般应用在外压缩流程的空分装置中，用来压缩由深冷法制取的、出冷箱后的低压氮气。

氧压机 oxygen compressor 专门用来压缩氧气的压缩机。一般应用在外压缩流程的空分装置中，用来压缩由深冷法制取的、出冷箱后的低压氧气。由于氧气属于强氧化剂和助燃剂，因此氧压机一般采用充氮密封和无油润滑方式。

低温液体灌充泵 cryogenic liquid filling pump 在石油、空分和化工装置中，用于将低温液体(如液氧、液氮、液氩、液态烃和液化天然气等)加压灌装至储罐储存或槽罐车中以方便移动运输销售的低温液体泵。在气体供应企业中应用较多。

低温液体泵 cryogenic liquid pump 简称低温泵，用来输送温度在-100℃以下的液体。是石油、空分和化工装置中用来输送低温液体(如液氧、液氮、液氩、液态烃和液化天然气等)的特殊泵。随着空分技术的发展，低温液体得到了广泛的应用。其在空分装置中的主要作用为：用于将低温液体从压力低的场所输送到压力高的场所；用于液体循环；或是从储槽抽取液体并将其压入汽化器，汽化后送给用户。

液氧泵 liquid oxygen pump 一种低温液体泵，借以提高液氧的压力，达到输送液氧的目的。常用作主冷凝蒸发器的液氧循环泵，并列布置的上、下塔之间的工艺液氧泵，内压缩流程的产品液氧泵和储罐用液氧泵。它可以分为离心式液氧泵与柱塞式液氧泵两大类。柱塞式液氧泵一般用于压送小流量、高压力的液体；离心式液氧泵用于大、中型低压空分装置中。

液氮泵 liquid nitrogen pump 一种低温液体泵，借以提高液氮的压力，达到输送液氮的目的。常用于内压缩流程的产品液氮提压以及储槽液氮产品外输时槽车的充装及氮气管网调峰供气。它可以分为离心式与柱塞式两大类。一般离心式流量大、压力较低，柱塞式流量小、压力高。

液氩泵 liquid argon pump 一种低温液体泵，借以提高液氩的压力，达到输送液氩的目的。常用于无氢制氩流程中的粗氩塔的粗液氩循环以及储槽中氩产品外输时槽车的充装。它可以分为离心式与柱塞式液氩泵两大类，以离心式应用较广。一般离心式流量大、压力较低，柱塞式流量小、压力高。

活塞式膨胀机 reciprocating expander 一种制取冷量的低温机械。其原理是利用气体在气缸中膨胀对外做功以制取冷量和获得一定温度级的低温流体。

透平膨胀机 turbo-expander 一种制取冷量的低温机械。其原理是利用有一定压力的气体在透平膨胀机内进行绝热膨胀对外做功而消耗气体本身的内能，从而制取冷量和获得一定温度级的低温流体。

反动式透平膨胀机 reaction turbo-expander 反动度大于零的透平膨胀机，又称反击式或反作用式透平膨胀机。

向心径流式透平膨胀机 radial-inflow turbo-expander 流体从工作轮叶片流道的径向进入，径向流出的透平膨胀机。

向心径-轴流式透平膨胀机 radial-axial-inflow turbo-expander 流体从工作轮叶片流道的径向进入，轴向流出的透平膨胀机。

轴流式透平膨胀机 axial-inflow turbo-expander 流体从工作轮叶片流道的轴向进入，轴向流出的透平膨胀机。

波纹管式端面密封 bellows type end face seal 机械密封的一种。用固定在转轴上的动环和固定在静止机壳上的静环，依靠波纹管弹性元件实现其紧密配合，使转轴缝隙与低温液体通路隔绝，从而达到阻止液氧泄漏的作用。采用波纹管式端面密封，操作维护简单。但其运转周期受到摩擦材料磨损率的限制，适用于短期运转的低温泵。

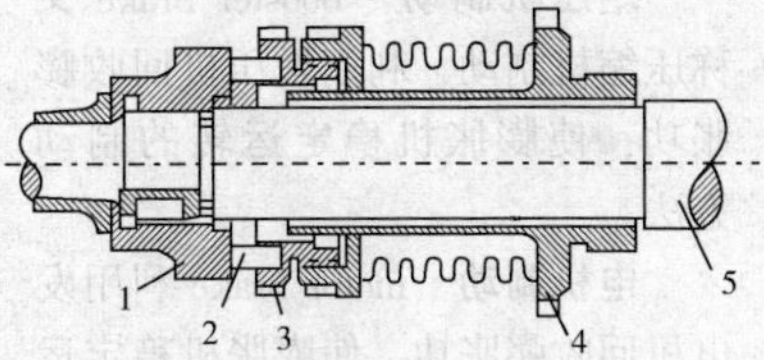

波纹管式端面密封

1—动环；2—静环；3—静环座；4—密封环；5—轴

充气式迷宫密封 inflatable labyrinth seal 利用迷宫形式的结构，并在其中通入密封用气体，以防止低温液体沿离心泵轴泄漏的密封方式。按迷宫结构形式，可分为单齿充气迷宫密封与双齿充气迷宫密封。充气密封不存在材料磨损问题，适于长期运转。但操作维护方面比端面密封要复杂，制造安装要求高，维修不方便。

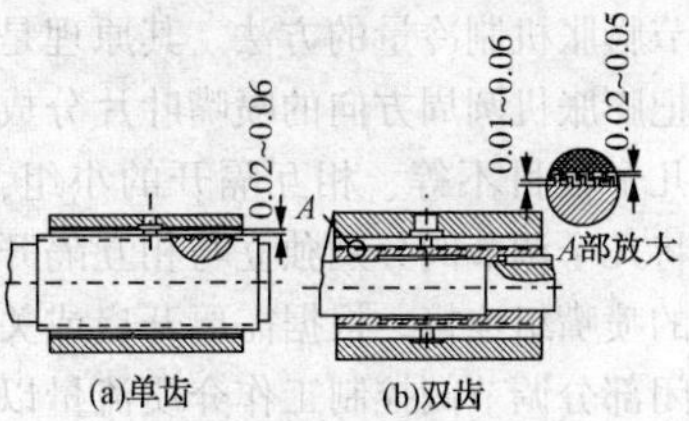

(a)单齿 (b)双齿

充气式迷宫密封

皮碗密封 cup leather packing 以阻塞为主要目的的摩擦密封。一般应用于往复运动的液压油缸、气缸活塞的密封。由于其在低温下工作时良好的密封性能（小泄漏量和小摩擦热）且无须润滑，早期在活塞膨胀机中得到广泛应用。

蜗壳 volute 实现对喷嘴环均匀分配流体的部件。其截面形状有梯形、圆形、矩形等，由于其形状复杂而处于低温下工作，一般多采用铜、铝合金等耐低温的材料浇铸而成。

导流器（喷嘴） flow guider (nozzle) 将由蜗壳进入的气体进行膨胀并产生具有一定方向的高速气流进入工作轮的部件。导流器内设置叶片，分为叶片固定的固定式喷嘴和叶片可调的可调式喷嘴两种。

可调式喷嘴 adjustable nozzle 通过蜗轮、蜗杆传动机构可以摆动喷嘴叶片的导流器。叶片摆动改变喷嘴的流通截面及安装角度，从而能够调节膨胀机的进气量。一般应用在电机制动和增压透平机制动的膨胀机中。而固定式喷嘴则应用在风机制动的膨胀机中。

工作轮 working impeller 在膨胀机中将流体的能量转变为机械能的叶轮。分为半开式及闭式两种，前者应用广泛，制造简单，但效率比后者差。

风机轮 fan impeller 安装在主轴上用来消耗膨胀功进行风机制动的叶轮。一般用在小功率的透平膨胀机中，维持透平膨胀机的最佳工作转速。

增压轮 impeller of booster 安装在主轴上用来回收膨胀功压缩流体进行增压机制动的叶轮。

中间体 intermediate body 连接透平膨胀机蜗壳和轴承箱的部件。工作时，中间体腔内充满压力为0.5~1kgf/cm^2的干燥常温氮气，以减少膨胀气体泄漏，并防止轴承冻结。

密封器 sealer 阻止流体泄漏的部件。膨胀机的密封器是连接中间体靠蜗壳一端的密封零件。主要作用是防止膨胀气体向中间体泄漏，减少膨胀机的外漏，并且防止轴承润滑油向膨胀机流通部分泄漏，以免污染膨胀气体。

气体轴承 gas bearing 用气体作润滑剂的轴承，工作时轴承中相对滑动的两个精加工表面被气膜所隔开而互不接触或呈悬浮状态。

气体静压轴承 gas-static pressure bearing 由轴承外部的气源不断地将具有一定压力的气体通过进气孔进入轴承间隙，抬起运动件以建立承载气膜的气体轴承。

气体动压轴承 gas-dynamic pressure bearing 由运动件在运转时轴承间隙内的气体自动形成流体动力气膜而产生承载能力的气体轴承。

电磁轴承 electromagnetic bearing 由电磁场使转子悬浮在空气中，工作时轴承中相对滑动的表面互不接触。

风机制动 fan brake 利用风机消耗膨胀功，使膨胀机稳定运转的制动方法。

增压机制动 booster brake 又称压缩机制动，利用增压机回收膨胀功，使膨胀机稳定运转的制动方法。

电机制动 motor brake 利用发电机回收膨胀功，使膨胀机稳定运转的制动方法。

节流调节 throttling governing 一种调节膨胀机制冷量的方法。通过节流调节阀开度的改变来调节膨胀机进口工作介质压力，从而改变膨胀机等熵比焓降和膨胀气量，以调节制冷量。此调节方法结构简单、工作可靠、操作方便，可简化膨胀机结构，又可实现较宽范围的无级调节。缺点是不能充分利用工作介质的有效比焓降，降低了装置的运行经济性。

喷嘴组调节 nozzle block control 又称部分进气调节。一种调节膨胀机制冷量的方法。其原理是把膨胀机圆周方向的喷嘴叶片分成几个数目不等、相互隔开的小组，将几个调节阀分别独立与相互隔开的喷嘴组连接。根据需要开启或关闭部分调节阀控制工作介质流量以达到调节膨胀机的制冷量。

转动喷嘴调节 rotating nozzle control 又称可调喷嘴调节。一种调节膨胀机制冷量的方法。其作用是转动喷嘴环叶片角度，改变喷嘴流通面积，以调节膨胀机制冷量。

变高度喷嘴调节　control by changing height of nozzle 一种调节膨胀机制冷量的方法。其原理是改变喷嘴环叶片轴向有效高度，使喷嘴流通面积发生变化，以调节膨胀机制冷量。

比转数　specific speed 又称比速，表示膨胀机特性的一个无因次量。它是转速与出口容积流量二次根的乘积除以等熵焓降四分之三次方的商。符号：N_s（或σ）。

比直径　specific diameter 又称比径，表示膨胀机特性的一个无因次量。它是工作轮外径与等熵焓降四次根的乘积除以出口容积流量二次根的商。符号：D_s（或δ_d）。

等熵速度　isentropic velocity 膨胀机级的等熵焓降全部转变为动能时气体所具有的速度。符号：C_s。

等熵效率　isentropic efficiency 计及各种损失后，气体实际焓降和理论等熵焓降之比。符号：η_s。膨胀机膨胀是一个可逆的绝热过程，膨胀前后熵值不变，叫等熵膨胀。这是理想的状态，实际的膨胀机膨胀会有损失。像气流冲击膨胀机叶片等造成一些能量损失。所以膨胀机一般都有个等熵效率的参数，等熵效率越高膨胀机性能越好。

反动度　degree of reaction 又称反作用度或反击度。具有反动度的膨胀机级不但在喷嘴中有焓降过程，在工作轮中也存在焓降。指在理想情况下，工作轮的等熵焓降与整个级的等熵焓降之比。符号：ρ。

轮径比　impeller diameter ratio 又称倒径比。对于向心径流式工作轮指工作轮叶片出口直径与工作轮外径之比；对于向心径轴流式工作轮则指工作轮叶片出口截面面积平均直径与工作轮外径之比。符号：μ。

喷嘴喉部宽度　throat width of nozzle 喷嘴环两相邻叶片之间的最小距离。符号：b_c。

喷嘴速度系数　nozzle velocity coefficient 喷嘴出口实际速度与理想速度之比。符号：Φ。

工作轮进口相对宽度　relative width of working impeller inlet 工作轮叶片进口轴向宽度与工作轮外径之比。

工作轮速度系数　working impeller speed coefficient 工作轮出口实际相对速度与理想相对速度之比。符号：ψ。

喷嘴多变指数　polytrope exponent of nozzle 描述喷嘴中流体多变膨胀过程（包括不可逆绝热膨胀）的物理量，是绝热指数与喷嘴速度系数的函数。符号：n。

喷嘴相对损失　relative loss of nozzle 喷嘴中的能量损失与膨胀机级的等熵焓降之比。符号：ξ_n。

工作轮相对损失　relative loss of working impeller 工作轮中的能量损失与膨胀机级的等熵焓降之比。

符号：ξ_i。

相对余速损失 relative residual velocity loss; relative leaving-velocity loss 工作轮出口处流体动能与膨胀机级的等熵焓降全部换算为动能之比。符号：ζ_r。

相对轮盘摩擦损失 relative friction loss of impeller disk 工作轮轮盘、轮盖或叶片克服与流体的摩擦所消耗的能量与膨胀机级的等熵焓降之比。符号：ζ_f。

相对内泄漏损失 relative internal leakage loss 在工作轮叶顶侧或轮盖侧与机壳之间的间隙中，由泄漏引起的能量损失与膨胀机级的等熵焓降之比。符号：ζ_1。

相对跑冷损失 relative cold loss caused by heat inleak 由膨胀机构件与周围环境间的热传递引起的冷量损失与膨胀机产冷量之比。符号：ζ_c。

外泄漏损失 external leakage loss 通过轴封泄漏到外界的气量损失。

流动效率 flow efficiency of expansion stage 只计及通流部分的相对损失和相对余速损失时膨胀机级的效率。符号：η_f。

产冷量(制冷量) refrigerating capacity 单位时间内，气体通过膨胀机所产生的冷量。符号：Q_c。

有效机械功率 effective mechanical power 计及机械效率时膨胀机单位时间内输出的机械功。符号：P。

工作轮进(出)口相对速度角 relative velocity angle at working impeller inlet (outlet) 膨胀机工作轮进(出)口相对速度与工作轮进(出)口圆周速度的夹角。符号：β_1 (β_2)。

工作轮进(出)口绝对速度角 absolute velocity angle at working impeller inlet (outlet) 膨胀机工作轮进(出)口绝对速度与工作轮进(出)口圆周速度(反方向)的夹角。符号：$\alpha_1(\alpha_2)$。

工作轮进(出)口相对速度 relative velocity at working impeller inlet (outlet) 膨胀机工作轮进(出)口处流体相对于工作轮的速度，它等于该处流体绝对速度矢量减去工作轮进(出)口圆周速度矢量。符号 $w_1(w_2)$。

工作轮进(出)口绝对速度 absolute velocity at working impeller inlet (outlet) 膨胀机工作轮进(出)口处流体的绝对速度。符号：c_1 (c_2)。

工作轮进(出)口圆周速度 peripheral velocity at working impeller inlet (outlet) 膨胀机工作轮进(出)口处的切向速度。它的大小等于该处半径与工作轮转动角速度的乘积，方向为该处转动圆周的切线方向。符号：$\mu_1(\mu_2)$。对于径轴流式工作轮而言，其出口圆周速度指工作轮叶片出口面积平均直径处的切向速度。符号：μ_{2m}。

喷嘴叶片出口安装角　setting angle at nozzle outlet vane 由工作轮进口绝对速度角和喷嘴环叶栅参数确定的叶片出口位置角。符号：α_{1A}。

喷嘴流动偏转角　flow deflection angle at nozzle outlet 超音速流体在叶片斜切口段继续膨胀引起的偏转角。符号：δ。

喷嘴出口流动角　flow angle at nozzle outlet 喷嘴叶片出口安装角与喷嘴流动偏转角之和。符号：α_1'。

喷嘴出口流动速度　flow velocity at nozzle outlet 流体流出喷嘴时的绝对速度。符号：c_1'。

冷箱　cold box 气体深冷分离的低温换热组合设备。它由工作温度低于周围环境温度的板翅式换热设备、低温气液分离罐、管道和阀门所组成。因为低温极易散冷，要求极其严密的隔离绝热保冷，因而把这些换热设备、气液分离罐、管道和阀门均包装在一个箱形物内，填充绝热材料进行隔离保冷，这个箱体称为冷箱。填充用的绝热材料一般采用珠光砂。在空气的深冷分离过程中就采用工作在-196℃左右的冷箱。

低温液体储罐(槽)　cryogenic liquid storage tank 通常指储存和运输低温液体的设备，它是杜瓦容器、低温储液器和储槽的统称。为了长期储存低温液体，低温液体容器必须采取有效的绝热措施。通常是双层结构，内容器(内胆)内储存液体，内容器与外容器(外壳)之间形成绝热夹层，以减少由传导、对流和辐射而导入内容器的热量。根据低温液体沸点的不同，应采取不同的绝热形式。常见的绝热形式有：普通绝热(堆积绝热)、高真空绝热、真空粉末绝热、真空多层绝热。

增压汽化器　pressurized vaporizer 利用外界热量汽化少量低温液体为气体，使其返至容器气相空间，以使气体增压的设备。

真空绝热输液管　delivery pipe with vacuum insulation 采用真空或真空多层绝热形式的输液管，一般由内外双层管组成，并在内外管夹层空间抽至 1.33×10^{-3} Pa 左右的真空，排除气体的对流传热和绝大部分的气体热传导。内外管采用铜、铝和不锈钢等低辐射系数的材料，以减少辐射传热。为保证高真空，夹层空间内放有一定量的吸附剂，如硅胶、活性炭或分子筛。

挠性绝热输液管　flexible delivery pipe with insulation 用纤维绝热材料缠绕在金属波纹管上，具有挠性的绝热输液管。

真空绝热挠性输液管　flexible delivery pipe with vacuum insulation 真空绝热输液管的一种，但内外管为金属波纹管组成，使其具有挠性。

粗氩塔 crude argon column 用来分离氩馏分气体，以提取氩含量(体积比)大于或等于96%的粗氩的精馏塔。它通常由冷凝器和塔体两部分组成。塔体通常采用填料塔、筛板塔的形式。但在全精馏无氢制氩工艺的粗氩塔理论塔板数达70块，同时粗氩塔顶部压力受空气分离精馏塔操作压力限制，将粗氩塔分成粗氩Ⅰ塔和粗氩Ⅱ塔两段，且采用阻力降更小的规整填料塔。

纯氩塔 pure argon column 又称精氩塔。用来分离大于或等于96%的粗氩气体，以提取氩含量(体积比)大于或等于99.99%的精馏塔。它由冷凝器、塔体和蒸发器三部分组成。塔体通常采用填料塔、筛板塔的形式。

切换板翅式换热器 plate-fin type reversing heat exchanger 又称切换式换热器。指冷热流体按一定的时间间隔周期性地进行交替工作的换热器。切换式换热器在空分装置中不仅承担冷却加工空气的任务，同时使返流气体复热，而且还要担当自清除任务，以清除空气中水分和二氧化碳杂质。与一般的切换式换热器(如蓄冷器)相比，阻力小、启动快；此外它的温度工况稳定，供水分、二氧化碳沉积的空间更大，因此切换时间可以延长，切换时空气放空损失减少，能耗降低。

板翅式换热器 plate-fin heat exchanger 一种新型组合式间壁式换热器。它由隔板、封条、翅片及导流片等基本元件用不同方式叠置和排列所组成，经钎焊成一个整体(板束)，并在流体进出口配置封头和接管。板翅式换热器的特点是翅片的传热面积在总传热面中占很大的比例，并且在单位体积内的传热面积很大，一般在每立方米容积中具有1500~2500m^2左右的传热面，相当于管式换热器的8~20倍，传热效率高达98%~99%。而且阻力小、启动快，属高效新型换热器。

液空过冷器 liquid air subcooler 使饱和温度下的富氧液空进一步冷却而无相变的换热器。一般均使用板翅式换热器。

液氮过冷器 liquid nitrogen subcooler 使饱和温度下的液氮进一步冷却而无相变的换热器。一般均使用板翅式换热器。

液氧过冷器 liquid oxygen subcooler 使饱和温度下的液氧进一步冷却而无相变的换热器。一般均使用板翅式换热器。

氧液化器 oxygen/air liquefier 利用下塔来的空气回收返流液氧的冷量，空气被液化的换热器。一般均使用板翅式换热器。

纯氮液化器 pure nitrogen/air liquefier 利用下塔来的空气回收返流纯氮的冷量，空气被液化的换热器。一般均使用板翅式换热器。

污氮液化器 waste nitrogen/air liquefier 利用下塔来的空气回收返流污氮气的冷量，空气被液化的换热器。一般均使用板翅式换热器。

粗氩冷凝器 crude argon condenser 为粗氩塔提供回流液并伴随流体的集态变化(粗氩冷凝、富氧液空蒸发)的换热器。常见的型式有板翅式和管式换热器两种。

纯氩冷凝器 pure argon condenser 用于余氩蒸气和来自空气分离设备的液氮之间的热交换，为纯氩塔提供回流液，保证精馏过程的进行。并伴随液体的集态变化(液氮蒸发、余氩蒸气冷凝)。常见的型式为板翅式换热器，一般采用全铝结构，具有板翅式换热器的一般特点。

纯氩蒸发器 pure argon evaporator 用于液氩和来自空气分离设备的压力氮之间的热交换，为纯氩塔提供上升蒸汽，保证精馏过程的进行。并伴随流体的相态变化(液氩蒸发、压力氮冷凝)。常见的型式为板翅式换热器，一般采用全铝结构，具有板翅式换热器的一般特点。

冷凝蒸发器 condenser-evaporator 联系上、下塔的重要换热设备，用于液氧和气氮之间的热交换。为精馏塔提供回流液和上升蒸汽，保证精馏过程的进行。常见的形式有板翅式和管式换热器两种。其中管式又分为长管、短管和盘管三种。长管式和短管式一般采用铜材料，具有列管式换热器的一般特点。盘管式由于传热系数较小，已逐渐被淘汰。板翅式一般采用全铝结构。

液体喷射蒸发器 liquid jet evaporator 用蒸汽直接加热排放的液体，使其快速汽化的设备。管道内液体通过微负压抽出，低温液体从上部流下，高温蒸汽从下部进入，然后直接接触汽化。

水冷塔 water cooling tower 利用空气分离设备中排出来的低温、含水量不饱和的污氮与来自空气冷却塔的温度较高的冷却水在塔内进行充分接触，以降低空气冷却塔冷却水温的设备。水冷塔本质是一种混合式换热器，为了使冷却水充分接触、强烈混合，以增大传热面积，减小流动阻力，通常采用填料塔、筛板塔和旋流板的形式。

空气冷却塔 air cooling tower 利用来自水冷却塔的较低温度的水与来自空压机的空气直接接触，清除空气中的灰尘，溶解空气中的 H_2S、SO_2、SO_3 等气体，并降低空气温度的设备。空气冷却塔本质是一种混合式换热器，为了使冷却水充分接触、强烈混合，以增大传热面积，强化传热，通常采用填料塔和筛板塔的形式。

预冷器 precooler 利用空气分离设备中排出来的低温、含水量不饱和的污氮的冷量或另外冷量来预先冷却原料空气的设备。在全低压空分装置中预冷器主要由水冷塔和空气冷却塔组成。有的装置还增设一个氨蒸发器以增加冷却效果，补充额外的冷量。

蓄冷器 regenerator 一个充装填料的容器，一种蓄热式换热器。冷热流体通过填料作为中间媒介进行一种周期性交替的换热。换热过程分为冷吹与热吹两个阶段。在空分装置中应用它作为一种切换式换热器，用于清除空气中水分和二氧化碳。常用的填料有：铝带、玄武石、天然卵石、石英石及瓷球等。

空气过滤器 air filter 用机械方法过滤空气中固体微粒的设备。根据除尘的原理，空气过滤器可分为干式和湿式两种。干式过滤器属于表面式过滤器，靠织物网眼阻挡尘粒；湿式过滤器靠油膜黏附灰尘。在空分装置中常用的干式过滤器有三种：干带式空气过滤器、袋式过滤器和固定筒式过滤器；湿式过滤器有两种：拉西环式过滤器和链带式过滤器。

干带式过滤器 dry band filter 干带是一种用尼龙丝或棉、毛等纤维织成的长毛绒状织物。它由一个电动机变速传动，随着灰尘的积聚，空气通过干带阻力增大，当超过规定值(约为 147Pa)时，电机带动干带转动。当空气阻力恢复正常时，自动停止转动。这种过滤器通常串联于链带式过滤器之后，用来过滤空气中夹带的尘埃及油雾。

袋式过滤器 bag filter 袋式过滤器的滤袋由羊毛毡与合成纤维织成。滤袋数目取决于气量的大小。空气从顶部进入，经分配器后流入袋内，经滤袋过滤后由下部流出。积聚在袋上的灰尘靠反吹风机吹落。当压差达到 980Pa 时，自动进行反吹，不需停止或切换过滤器就使整个滤袋均能被反吹干净。当压差降至 548.8Pa 时，反吹就自动停止。被反吹下来的灰尘落入底部灰斗，定时由星形阀排出。这种过滤器的过滤效率很高，对粒度大于 0.2μm 的灰尘，效率在 98% 以上。其缺点是阻力较大；对湿度太大的地区或季节，滤袋易被堵塞。

固定筒式过滤器 fixed tubular filter 共有 64 个单元模件，每个模件有 4 支滤芯，每 8 支滤芯为 1 小组，以程序控制器按顺序用空压机后的压缩空气反吹除灰。性能参数是：空气速度 1m/s，初始阻力 383Pa。当阻力达到 750Pa 时，自动反吹其中 4 个模件，阻力降至 500Pa 自动停吹。此过滤器对 3～5μm 的尘粒，过滤效率为 99.99%。这种过滤器适用于尘量较大的地区，过滤效率高且便于维护。在空压机工作过程中，自动清灰。只在 0.1s 内影响 4%的加工空气量。

链带式过滤器 chain filter 由许多链组成，片状链带上装有框架，每个框架上铺有几层孔为

$1mm^2$的丝网。链带靠电动机变速传动。过滤器装在外壳内，外壳下面有油槽。当空气通过网架时，所含的灰尘被网上的油膜所黏附。随着链轮的回转，附着的灰尘通过油槽时被洗掉并被覆盖上一层新的油膜。过滤油应具有下列指标：恩氏黏度在50℃时不低于3.5~4.0，凝点不高于-20℃。这种过滤器应在启动空压机前24h启动，以保证滤网全部被油膜覆盖。链带式过滤器应用于大型空分装置或含大量灰尘的场合。过滤效率为96%~98%，过滤后空气的含尘量小于$0.5mg/m^3$。为防止空气中带油，可在链带式过滤器后增加一道干式过滤器。

拉西环过滤器 Raschig ring filter 具有钢制外壳，在其内插入装填拉西环的插入盒，环上涂有低凝点过滤油，空气通过插入盒，灰尘便附着在过滤油上，同时由于空气流速的降低，部分灰尘也将沉降于其中。过滤油应具有下列指标：恩氏黏度在50℃时不低于3.5~4.0，凝点不高于-20℃。每2000~$4000m^3/h$空气量需要$1m^2$的过滤器面积。过滤器开始时阻力是98~147Pa，当阻力超过392Pa时应进行清洗。净化后空气中含尘量不超过$0.5mg/m^3$。拉西环过滤器一般用于小型空分装置，将其安装在空气吸入管上。

液空吸附器 liquid air adsorber 内装细孔硅胶，用吸附法清除液空中乙炔及其他碳氢化合物和过滤干冰颗粒的设备。

液氧吸附器 liquid oxygen adsorber 内装细孔硅胶，用吸附法清除液氧中乙炔及其他碳氢化合物，确保制氧过程安全运行的设备。

二氧化碳吸附器 carbon dioxide adsorber 内装细孔球形硅胶，用低温吸附法清除空气中二氧化碳的设备(一般用于采用中部抽气法的低压空气分离设备中的蓄冷器)。

空气纯化器 air purifier 用吸附法或冻结法清除空气中水蒸气、二氧化碳、乙炔及其他碳氢化合物的设备。吸附法空气纯化器普遍采用的是分子筛纯化器，有立式、卧式、径向式三种结构形式；冻结法空气纯化器采用的是蓄冷器或切换式换热器，但由于乙炔不能冻结，一般需加并二氧化碳吸附器。

长颈阀盖 long neck bonnet 低温阀门需要采用长颈阀盖结构，其目的是减少外界传入装置中的热量；保证填料箱部位的温度在0℃以上，使填料可以正常工作；防止因填料函部分过冷而使处在填料函部位的阀杆以及阀盖上部的零件结霜或冻结。在工业应用中，可以根据现场实际情况(如保温、操作空间、位置等)的需要，适当地加长颈部尺寸。

泄压部件 relief parts 对进出口侧均能密封的低温阀门而言，当阀门关闭后，残留在阀体中腔的低温介质从周围环境中大量吸收热量，迅速汽化，在阀体内产生很高的压强。它可能将闸芯紧紧地压在阀座上，导致阀芯卡死，使阀门不能正常工作；也可能冲坏填料和法兰垫片，甚至引起阀体爆炸。对于这种阀门应采取防止阀体中腔异常升压的泄压部件。泄压部件可设置降压孔、降压通道或采取其他泄压方式。对于球阀，自泄压阀座与球体初始密封由弹簧加载弹性材料制成自泄压阀座。

上密封装置 upper sealing device 在阀门全开时，阻止工作介质向填料函处泄漏的一种装置。上密封装置有两个作用：(1)可以减小工作介质对填料的损坏。工业阀门在绝大多数工作时间处于开启状态，如无上密封装置，则介质压力直接作用于填料。填料长期处于受压状态，易老化。(2)当填料处有泄漏时，全开阀门，使上密封装置处于工作状态，就可以带压进行填料更换。

深冷处理 cryogenic treatment 工作温度低于-100℃的低温阀门，其主要零部件在精加工前应进行深冷处理，目的是减少由于温差和金相组织变化而产生的变形并提高材料的冲击韧性等性能。深冷处理，即零部件在研磨前浸在-196℃的液氮中保冷2~6h后取出，自然恢复到常温，然后研磨装配。

6.13 计量设备

流量范围 flow-rate range 流量计选型时应关注的参数，是管道内介质最大流量和最小流量所限定的范围。流量计在该范围内使用均满足计量性能的要求。

额定流量 rated flow 流体通过时可发挥设备最佳性能的流量点。对流量计而言，在此流量下，流量计应能在连续运行和间断运行时满足计量性能的要求。额定流量又称公称流量，在某些流量计中称常用流量。

流量计误差特性曲线 error characteristic curve of flowmeter 表示流量计流量与误差关系的曲线，是被测量和影响测量误差的其他量的函数。

流量计系数法 flowmeter coefficient method 一种原油管输交接计量方式，是流量计基本误差的一种处理方法。原油管输计量多采用准确度等级为0.2级的(容积式)流量计，在某一流量下，其指示值与标准值之间存在偏差；在流量计线性、稳定性、重复性等技术性能均合格的前提下，以误差趋近于0的思路，利用标准装置给出的流量计各流量检定点本次与上次检定流量计系数的算术平均值，作为两次检定期间相应检定点系数；求出该期间流量计平均流量，采用内差法确定该点流量修正系数，参与油量结算，以改善流量计基本误差，提高交接计量准确性；与国家对交接准确度要求本质上一致。

液态物料定量灌装机 quantitative filling machine for liquid material 简称灌装机，集计量与灌装辅助操作于一体的专用设备。按定量原理可分为：用定量缸或计量泵等控制容积的定容式灌装机，用衡器等控制质量的定重式灌装机。可配有适应包装容器和灌装量变化的调节装置，广泛用于石油、化工、食品等行业的定量包装环节。

汽车罐车 tank-truck 公路运输液体特种专用车，石化企业应用较多。容量多为 $5m^3$、$8m^3$、$10m^3$、$15m^3$ 或更大。罐体形状根据所运液体物料的流动性特点，结合车型等设计制造，一般为椭圆形，用 4~13mm 厚的钢板焊接制成；罐体顶部有帽口(人孔)，底部有物料进、出管和阀门等。用于计量需经法定技术机构周期检定，具有有效检定证书和罐容表。

船舶液货计量舱 ship's liquid cargo tank 船舶用来装运液体货物的船舱，检定合格可作为计量容器。通过测量货舱液位、温度、介质密度，再查找对应舱容表，计算所装介质的体积与质量用于贸易交接。液货舱单舱总量 $\leqslant 300\ m^3$ 的称为小型舱，$>300m^3$ 的称为大型舱。液货舱几何形状规则的为规则舱；下部不规则，中上部规则的为部分规则舱；除此之外为不规则舱。装运散装油品的习称油轮和油驳。油轮有动力设备，可以自航，一般均有输油、扫舱、加热以及消防设施等；油驳无动力设备，依靠拖船牵引，并利用油库的油泵和加热设备装卸及加热油品。大型油轮载重数万吨；油驳载重较小，一般只有几百吨至几千吨。液货计量舱需按规程周期检定，具有有效舱容表和检定证书。

量油尺 gauge stick 测定容器内油品高度或空间高度的专用尺。分为测深量油尺和测空量油尺，是尺带和尺砣以及尺架、手柄、摇柄的组合体。部件材料除尺带是碳钢外，其他都应采用撞击不发生火花的材料制作。尺带的一面蚀刻或印有米、分米、厘米、毫米等刻度。需按规程周期检定，参照检定证书给出的修正值使用。

量水尺 staff gauge 测定容器内介质底部明水高度的专用尺，长度为 350mm 以上，分度值为 1mm，从最底部开始刻度。采用与金属摩擦不发生火花的铜材料制成，质量至少为 0.6kg，并确保在使用中能拉紧尺带。

石油密度计 petroleum densimeter 一种按阿基米德定律设计，测量石油视密度的器具。其在液体中能垂直自由漂浮，根据其浸没于液体中的深度来直接测量液体密度或溶液浓度的仪器，又称浮计；由躯体、压载室、干管三部分组成。躯体是圆柱形的中空玻璃管，下端是压载室，室内装填金属丸，用胶固物或玻璃板封固；躯体上端有直径均匀的干管，指示读数的标尺粘于干管内，示值从下至上逐渐减小。需有有效的检定证书，使用时应将读数按证书给出的修正值进行修正。

容器容量表　container capacity meter 容器静态计量的重要依据；根据规程对容器进行测量或检定，按照容器的形状、几何尺寸及内部附件体积等资料，计算编制的液位和对应容积值的数据表。如立式金属罐体在理想状态下看作可分为若干层的圆筒，从下至上依次称为第1圈板，第2圈板……第 n 圈板，则每圈板容积为一圆柱形，只要测量出各圈板的内高和内径，即可从计量基准点起，从下至上求出该罐的部分容积，以表格形式表示液位高度和对应的容积值。容器容积表一般是20℃、空罐时的容积数据，所给出的压力修正表是以水为介质的数据。

计量口　gauge hatch 又称检尺口，容器(储罐)顶部的一个可密闭的开口，用于测量罐内介质液位、温度和取样。

计量板　gauge board 位于容器(储罐)计量口正下方，检尺时承托量油尺尺砣的水平金属板，是下计量基准点的定位板。

上计量基准点　upper datum point; upper metering datum point 又称检尺点。容器(储罐)计量口上的一个固定点或标记，是下尺槽与计量口上边沿的交点。

下计量基准点　lower datum point; lower metering datum point 容器(储罐)内经过上计量基准点的自由下垂线与计量板上表面的相交点；若无计量板，则是与罐底部表面的相交点。该点是液体高度测量的起始点，又称为计量基准点、零点。

参照高度　reference height 容器(储罐)的上计量基准点与下计量基准点之间的垂直距离。

检实尺　full scale gauging; liquid gauge 适用油品为汽油、煤油、柴油和轻质润滑油等。用量油尺直接测量容器内介质液面至下计量基准点(零点)之间距离的操作。对于轻质油(如汽油、煤油、柴油等)应检实尺。

液位(油高)　liquid level (oil level) 容器计量中，专指容器内从油品(介质)液面到下计量基准点(零点)之间的距离。

水高　water level 容器计量中，专指从容器内油(介质)、水界面到容器下计量基准点之间的距离。

空距　ullage 容器计量中，指从容器上计量基准点至容器内介质液面的距离。

底量 bottom volume 容器计量中，专指容器(储罐)底部最高点水平面以下的容量。

死量 deadstock 容器计量中，专指容器(储罐)下计量基准点水平面以下的容量。

正浮状态 upright condition (油船的)船舶艏艉、左右舷吃水深度相等的状态，是实现船舶液货舱准确计量的重要条件，否则应进行横倾和纵倾的修正。

扩展不确定度 expanded uncertainty 又称展伸不确定度或范围不确定度。表征合理地赋予被测量之值的分散性，与测量结果相联系，通常由测量过程的数学模型和不确定度的传播规律来评定。当测量结果是由若干个其他量的值求得时，按其他各量的方差和协方差合成求得的标准不确定度，是测量结果标准差的估计值。为提高置信概率，对合成标准不确定度乘以包含因子，确定测量结果区间，使得合理赋予被测量之值分布的大部分含于此区间。

重力式自动装料衡器 automatic gravimetric filling instruments 又称电子自动定量包装机。用于颗粒料如聚烯烃类树脂、粉料如 PVC 粉料、片状料如脂肪醇等散状物料自动定量计量的专用设备。把散装物料连续按预定质量装入容器的自动衡器。由称重单元、给料装置、控制执行机构等组成；具有零点跟踪、过冲量修正、称重显示与计数、差量报警、断电保护、自诊断等功能。其与物料接触的零部件须用不带磁性的不锈钢或化学性能稳定的材料制造。

电子皮带秤 electronic belt weigher 对皮带输送的散状物料进行称量的连续累计自动衡器，由称重、测速、信号处理与控制单元，及皮带输送、驱动机构组成。称重传感器输出正比于物料重力的电信号，经放大、模/数转换后变成数字量；测速传感器输出反映皮带运行速度的脉冲量，送处理与控制单元求得这一测量周期的物料量。累计各周期量即得到连续通过的物料总量。

核子皮带秤 nuclear conveyor belt scale 对皮带输送的散状物料进行连续称量的自动衡器。由计算机与现代核技术结合，根据 γ 射线与物料相互作用后强度被衰减的原理制造；由源部件(γ 射线源及防护铅罐)、a 型支架、电离型 γ 射线探测器、前置放大器、测速传感器、主机系统等组成。通过连续测量载有物料时的射线强度，与空皮带时比较；并测得皮带运行速度，经系统计算显示单位载荷、瞬时流量、累积量等。

点包计数器 package counter 对传送带运输的定量袋装产品计数的计量设备。计数检测方式有光电输入、摆轮加接近开关、电场感应、红外线探头或超声波传感器等；多采用智能模糊控制算法，结合平均值滤波法，解决定量包装产品输送中的连包、叠包等不规则现象，并具有记录、查询、预警、联锁等功能。广泛用于包装管理、批量出库、装车、装船等转运计包场合。

物料堆场盘存仪 stockyard inventory measuring instrument 测量固体散料堆场存量的设备。利用激光测距技术，快速测量料堆表面特征线及空间坐标，采用数字内插技术拟合料堆表面形状，绘制三维立体图形，求得料堆体积；通过物料平均密度求取堆料质量。多用于煤炭、化工原料、冶金矿料及粮食、土方、沙石等堆场的体积、质量盘点；其三维显示，辅助分析等功能有助于提高料场管理水平。

电子汽车衡 electronic truck scale 一种较大的电子平台秤，通过传感器把重力直接转换为与被测重物成正比的电量，然后通过力-电之间的对应关系显示被测物体的质量。常用的是静态电子汽车衡，其准确度高，可靠性好，操作简便，使用广泛。随着电子技术的发展，电子汽车衡的智能化程度不断提高，适应能力强，是一种理想的称重计量设备。

自动轨道衡 automatic rail-weighbridge 又称动态电子轨道衡，是列车动态称重设备。可对行进中的铁路货车及载货进行自动计量，在货车不摘钩、不停车时完成列车逐节重量和总重的自动称量，可具备自动扣除车辆自重、自动识别车号、自动记录打印等功能，还可检查货车轮重、轴重、转向架重及偏载等。称重效率高，减少车辆占用时间及操作人员，降低了劳动强度；准确度相对较低。使用时应注意匀速和限速上衡。

静态电子轨道衡 electronic static rail-weighbridge 让铁路货车静止在轨道衡上后，再进行称重的电子衡器。由于是摘钩进行称量，线路和车辆状态对称量的影响较小，具有准确度高、可靠性好、适应能力强等特点。可用于四轴货车的单车净重、毛重、皮重的称量和定值控制，是铁路运输中大宗货物、散装原材料的准确计量手段。缺点是称重效率低，劳动强度较大。

储罐计量 storage tank measurement 一种传统的容器计量方式。以石化生产和储运用的储罐作为计量容器，通过测量介质液位、温度、密度，再查找对应罐容表，计算内装介质的体积与质量。罐体主要有立式圆筒形、卧式圆筒形和球形三种形式。一般将立式圆筒罐中容量$>10000m^3$者称为大型储罐；目前立式圆筒罐最大容量已达$24\times10^4m^3$。卧式圆筒储罐的容积为$2\sim400m^3$，球形储罐的容积为$400\sim3000m^3$。储罐需按规程检定，具有有效检定证书和罐容表。

铁路槽车　rail tanker 又称油槽车，俗称铁路罐车。铁路专用运输车辆，石化行业物料重要运输工具，也是计量容器。罐体容积是正常工作条件下，20℃时罐体内表面顶部水平切面以下的容积。标记容积也称有效容积，为罐体容积的95%~98%。

油品静态计量　petroleum product static measurement 油品处于静止状态下的一种计量方式，包括容器计量和衡器计量两种形式。容器计量是油品在油罐、油船、铁路罐车、汽车罐车、桶等容器内进行的计量，通过测量介质液位、温度、密度，再查找对应罐容表，计算内装介质的体积与质量。衡器计量是采用磅秤、汽车衡、静态轨道衡等进行的称重计量。静态计量历史悠久，是传统的计量方式。

油品动态计量　petroleum product dynamic measurement 被测的石油及石油产品连续不断地通过计量器具而对其数量(体积或质量)进行测量的过程。用于动态计量的计量器具，主要有各种类型的流量计和动态轨道衡等。

6.14　材料

碳素钢　carbon steel 又称碳钢，是含碳量低于2%的铁碳合金。工业上应用的碳素钢含碳量一般不超过1.4%，无人为添加合金元素，但含有符合规范要求的少量锰、硅、磷、硫、氧等杂质。按含碳量可分为低碳钢、中碳钢和高碳钢；按用途可分为碳素结构钢和碳素工具钢。随着含碳量增加，碳钢的强度、硬度提高，而延性、冲击韧性和可焊性则降低。在各类钢中碳素结构钢的价格最低，具有适当的强度、良好的延性、韧性和加工性能。这类钢的产量最高，用途很广，多用于制造厂房、桥梁和船舶等建筑工程结构。

低合金钢　low alloy steel 在碳素钢(含碳量不超过0.2%)的基础上，添加铬元素和其他合金成分以提高材料高温强度、抗蠕变性能，且总和最多不超过3.5%(质量)的钢族。低合金钢强度较高、韧性好，有较好的加工性能、焊接性能和耐蚀性。按用途可分为：低合金高强度钢、低温用钢、中温抗氢钢(含铬、钼为主)、低合金耐蚀钢(含铜、锰为主)。

中合金钢　medium alloy steel 在碳素钢(含碳量不超过0.2%)的基础上，加入合金元素总量为3.5%~10%的合金钢。

高合金钢　high alloy steel 在碳素钢(含碳量不超过0.2%)的基础上，加入大于10%的合金元素而制成的合金钢。强度较高、韧性好，有较好的加工性能、焊接性能和耐蚀性。按用途可分为：不锈钢、耐热钢。

无缝钢管 seamless steel pipe 由钢锭、管坯或钢棒穿孔制成的无缝的钢管。无缝钢管按生产工艺分为热轧(或热挤压)无缝钢管和冷轧(或冷拔)无缝钢管。

焊接钢管 welded steel pipe 用热轧或冷轧钢板或钢带卷焊制成的钢管，可以纵向直缝焊接，也可以螺旋焊接。按焊缝的形状可分为直缝钢管、螺旋缝钢管和双层卷焊钢管。一般小直径的焊管采用直缝焊接，大直径的焊管采用螺旋焊。焊接钢管生产工艺比无缝钢管简单，成本低，效率高，但管强度较低。

螺旋钢管 spiral welded steel pipe 用热轧或冷轧钢板或钢带螺旋卷焊制成的钢管。一般大直径的焊管采用螺旋焊。生产工艺比无缝钢管简单，成本低，效率高，但强度较低。

锻钢 forged steel 指金属坯料经过冷锻、冷镦、锻造、锻压等冷加工的方法，产生塑性变形而制成的钢件。锻钢材料内部的组织更加致密，从而从很大程度上提高了材料的强度和韧性。

堆焊层 overlay 用焊接方法在零件或容器壁，如加氢反应器壁表面堆敷一层具有一定性能的材料，以增加零件或器壁的耐磨、耐热、耐腐蚀等方面性能。上述零件或器壁表面的堆敷层就是堆焊层。

复合钢板 clad steel plate 指在薄钢板、厚钢板、钢带或钢管等基体上，采用爆炸法、轧制法、焊接法或其他方法，连续地包覆一层耐磨或耐化学腐蚀的钢或合金。复合钢板中主要承受结构强度的金属材料称为基层金属，接触大气和工作介质的金属材料称为复层金属。

铁素体 ferrite (F) 一种金相组织，是碳在 α 铁中的间隙固溶体。呈体心立方晶格。溶碳能力很小，最大为 0.02%；硬度和强度很低，HB80～120，韧性和延展性特别好，感磁性强。

奥氏体 austenite (A) 一种金相组织，是碳在 γ 铁中的间隙固溶体。呈面心立方晶格。最高溶碳量为 2.06%；一般情况下，具有高的塑性，但硬度和强度低，HB170～220。奥氏体组织除了在高温转变时产生外，常温下也存在于不锈钢、高铬钢和高锰钢中。

渗碳体 cementite (C) 一种金相组织，为铁碳化合物（Fe_3C）。呈复杂的八面体晶格。含碳量为 6.67%；硬度很高，HRC70～75，耐磨，但脆性很大。因此，渗碳体不能单独应用，总是与铁素体混合在一起。

马氏体 martensite (M) 一种金相组织，钢铁或非铁金属中通过无扩散共格切变型转变(马氏体转变)形成的产物。钢铁中马氏体转变的母相是奥氏体，由此形成的马氏体化学成分与奥氏体相同，晶体结构为体心正方，可被看作是过饱和 α 固溶体。主要形态是板条状和片状。具有很高的硬度，而且随含碳量增加而提高。

珠光体 perlite（P）一种金相组织。是铁素体片和渗碳体片交替排列的层状显微组织，铁素体与渗碳体机械混合物（共析体）。是过冷奥氏体进行共析反应的直接产物。其片层组织的粗细随奥氏体过冷程度不同，过冷程度越大，片层组织越细。它们的硬度较铁素体和奥氏体高，较渗碳体低，其塑性较铁素体和奥氏体低而较渗碳体高。

贝氏体 bainite（B）一种金相组织。钢铁奥氏体化后，过冷到珠光体转变温度区与马氏体转变温度（ms）之间的中温区等温，或连续冷却通过这个中温区时形成的组织。这种组织由过饱和 α 固溶体和碳化物组成。根据其形成温度和形态可分为上贝氏体、下贝氏体和粒状贝氏体。上贝氏体的强度和韧性都较差，而下贝氏体的强度和韧性都较好，粒状贝氏体的强度比珠光体组织高，塑性也较好。

铬钼钢 chrome-molybdenum steel 铬（Cr）、钼（Mo）及铁（Fe）、碳（C）的合金。淬火性好，耐高温。常常被用于制造一些耐高温、耐高压的阀门和压力容器。

不锈钢 stainless steel 指以铬作为耐蚀性的基本元素，且含铬量≥12%（质量）的钢种，能够耐受一定的空气、蒸汽、水等弱腐蚀介质和酸、碱、盐等化学浸蚀性介质腐蚀。通常，分为铬不锈钢（铬12%）和铬镍不锈钢（铬 18%，镍8%）两类。按不锈钢使用状态的金相组织，可分为铁素体不锈钢、马氏体不锈钢、奥氏体不锈钢、双相不锈钢（铁素体加奥氏体不锈钢）和沉淀硬化型不锈钢五类。除了广泛用作耐蚀材料外，同时还是重要的耐热材料。奥氏体不锈钢在液态气体的低温下仍有很高的冲击韧性，因而又是很好的低温结构材料。

超低碳不锈钢 extra-low-carbon stainless steel 含碳量不超过 0.03% 的不锈钢。在室温时，奥氏体中能溶解的碳的质量分数最大为 0.02%～0.03%，因此超低碳奥氏体不锈钢原则上不会产生晶间腐蚀。此类钢材有 00Cr19Ni11（304L）、00Cr17Ni14Mo2（316L）、00Cr17Ni14Mo2Cu2 等。

渗铝钢 aluminized steel 利用热浸渗铝方法改善耐蚀性和耐热性的钢。具体做法是将钢制件浸没于熔融铝浴中完成，方法简单，易于连续作业。渗铝层的厚度可达 0.05mm。一般渗铝钢的耐热温度可达 700℃，其热反射性能也很好，可将 75%左右的辐射热反射掉。渗铝钢可用于炉、局部加热装置和塔内件等。

铝合金 aluminium alloy 铝的

质量分数大于50%以上的合金。一般在铝中适当添加铜、锰、硅、镁、锌及稀土元素等，既保持了纯铝相对密度小、耐腐蚀能力强的特点，其力学性能又大幅提高。因此在航空业、交通运输业及石油化工行业得到广泛应用。另外，铝合金在低温时无脆性转变现象，因此非常适合用于制造深冷设备。

铜合金 copper alloy 以铜为基体金属，含有其他合金元素及杂质的合金。一般铜合金有铜-锌合金(黄铜)、铜-锡合金(青铜)、铜-铝合金(铝青铜)、铜-镍合金(白铜)、铜-镍-锌合金(锌白铜，又称镍银)等。

工业纯钛 industrially pure titanium 以质量分数大于99%的钛为基体，并含有少量铁、碳、氧、氮与氢等杂质的致密金属。钛能与氧和氮形成化学稳定性极高的致密氧化物和氮化物保护膜，具有极高的抗腐蚀能力，能耐大部分酸、碱及化合物腐蚀。

钛合金 titanium alloy 以钛为基体金属，含有钒、钼、钽、铌等其他合金元素及杂质的合金。钛合金因具有强度高、耐蚀性好、耐热性高等特点而被广泛用于各个领域。

工业纯镍 industrially pure nickel 牌号为N6，含镍99.5%。镍具有良好的机械强度和延展性，具有磁性。在空气中不被氧化，又耐强碱及高温卤素环境，有良好的耐腐蚀性。

镍基合金 nickel-base alloy 以镍作为主要合金元素(镍含量>30%)，适当添加铜、铬、钼、铁等元素组成的二元或多元合金。具有强度高、塑性好、耐蚀性强、焊接性较好等优点。镍基合金的代表材料有：Incoloy合金，如Incoloy800，属于耐热合金；Inconel合金，如Inconel600，属于耐热合金；Hastelloy合金，即哈氏合金，如哈氏C-276，属于耐蚀合金；Monel合金，即蒙乃尔合金，如蒙乃尔400，属于耐蚀合金。

耐硫化氢应力腐蚀用钢 hydrogen sulfide stress corrosion-resistance steel 碳钢和低合金钢在含硫化氢的水溶液中发生的应力腐蚀开裂称为硫化氢应力腐蚀开裂。耐硫化氢应力腐蚀用钢严格控制有害元素P、S的含量，控制Ni含量，淬火后进行高温回火以消除马氏体组织，加入Mo、Ti、Nb、V、Al、B、稀土元素等促进细小均匀的球形碳化物形成，以弥散强化来提高强度和抗裂性能。具有良好的抗硫化氢应力腐蚀开裂性能。如12MoAlV钢。

耐硫酸露点腐蚀用钢(ND钢) sulfuricacid dew-point corrosion-resistance steel (ND steel) 烟气中SO_3可以与水蒸气结合生成硫酸，凝结在低温部件上，造成腐蚀，称

作硫酸露点腐蚀或露点腐蚀。能耐此种腐蚀的钢材称为耐硫酸露点腐蚀用钢。这些钢材中合金元素以Cu、Si为主，辅以Cr、W、Sn等元素，在钢材表面形成致密的腐蚀产物膜层，抑制进一步的腐蚀。如：09CuWSn钢和09CrCuSb(Nd)钢。

耐热钢 heat-resistant steel 在高温下具有良好的化学稳定性或较高强度的钢。分为两种：以抗高温氧化为主的称不起皮钢(或称抗氧化钢)，是含铬、铝、硅为主的高合金钢，性脆，主要用作加热炉吊架等；以抗高温蠕变为主的称热强钢，在高温下仍有较高强度，常用的有铬钼耐热钢，用于制造设备和加热炉炉管。此外，高铬镍奥氏体钢等既有良好的抗氧化性，又有很好的抗蠕变性能，可用作高温转化炉炉管等。

抗氢致开裂钢 hydrogen induced cracking resistance steel 碳钢和低合金钢在含硫化氢的水溶液中会发生的应力腐蚀开裂，沿钢材轧制方向伸展的台阶状裂纹或氢鼓泡，又称作氢致开裂。抗氢致开裂钢又称为抗HIC钢。特点是钢中硫、磷含量低，或使钢中偏析的硫化物呈球状；控制钢中的碳当量；钢板或管材经抗HIC腐蚀试验评定。

中温抗氢钢 medium-temperature antihydrogen steel 当压力容器介质的氢分压较高而温度又高于200℃时，应考虑钢材的氢腐蚀问题。在钢中加入铬、钼等合金元素，能显著提高钢材的高温持久强度极限和蠕变极限，又能提高钢材的抗氢腐蚀能力，这种钢称为中温抗氢钢。如15CrMoR。

低温用钢 low-temperature steel 低温一般指设计温度≤-20℃，这时金属材料易冷脆断裂。低温用钢的含碳量一般控制在0.2%以下，同时添加锰、镍元素，降低硫磷等杂质含量以提高钢材的低温韧性。如16MnDR，07MnNiMoVDR。

抗拉强度 tensile strength 试样在拉伸试验中，材料经过屈服阶段进入强化阶段，断裂过程中的最大试验力(F_m)与试样原横截面积(S_o)的比值，称为抗拉强度(R_m)。它表示金属材料在拉力作用下抵抗破坏的最大能力。

屈服强度 yield strength 金属材料的一种机械性能。在金属材料拉伸试验期间发生显著塑性变形时的最小的应力值。对于屈服点不明显的材料，以塑性应变达0.2%时的应力值作为其屈服极限。发生屈服这一阶段的最大、最小应力分别称为下屈服点和上屈服点。由于下屈服点的数值较为稳定，因此以它作为材料抗力的指标，称为屈服点或屈服强度。

弹性模量 elastic modulus 指低于比例极限的应力与相应应变的比值。是材料的一种机械性能。材料试棒受拉时，在弹性变形阶段，

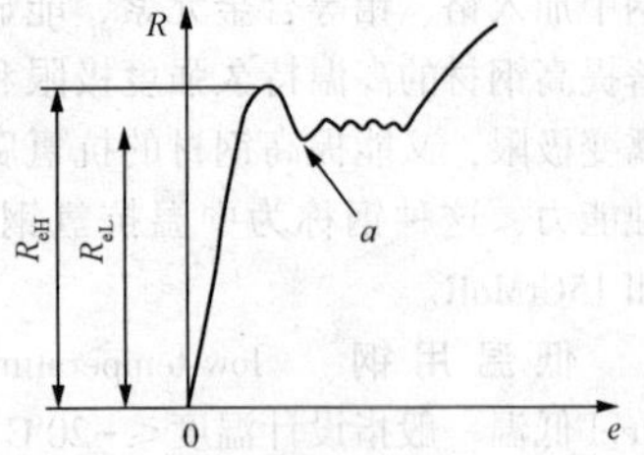

屈服强度曲线

R_{eH}—上屈服强度；R_{eL}—下屈服强度；

R—应力；e—延伸率；a—初始瞬时效应

应力 σ 和应变 ε 之间是线性关系，符合胡克定律，即：$\sigma=E\varepsilon$。式中，E 是常数，即弹性模量。

蠕变极限　creep limit 试样在一定压力作用下，随着时间增加而缓慢发生的塑性变形叫蠕变。试样在一定温度和规定的持续时间内，所产生的蠕变伸长率等于规定值时的最大应力就是蠕变极限。是反映材料高温性能的重要指标。

持久强度极限　endurance strength limit 试样在规定的温度下，达到规定的时间，而不断裂的最大应力。用符号 $\sigma(T,\ t)$ 表示。反映材料在高温下抵抗交变应力的能力指标。

布氏硬度　Brinell hardness 淬硬小钢球或硬质合金在布氏硬度计上压入金属试件表面，保持一定时间待变形稳定后卸载，其压痕球坑表面积除以加在钢球上的载荷，所得之商，即为金属的布氏硬度数值。用于评价抵抗变形的能力。

夏比冲击试验　Charpy impact test 由两个砧座支承试样，使试样具有 U 形缺口或 V 形缺口，以试验机举起的摆锤作冲击，使试样沿缺口冲断，用折断时摆锤所吸收的势能（A_{ku} 或 A_{kv}）来测定金属材料抗缺口敏感性（韧性）。吸收功值大，表示材料韧性好，对结构中的缺口或其他的应力集中情况不敏感。对重要结构的材料近年来趋向于采用更能反映缺口效应的 V 形缺口试样做冲击试验。

焊后消除应力热处理　post-weld stress relief heat treatment 指为改善焊接接头的组织与性能，消除焊接残余应力等影响，将焊接接头及其邻近局部的热影响区在金属相变点以下均匀加热到足够高的温度，并保持一定的时间，然后缓慢冷却的过程。焊后消除应力热处理可以松弛焊接残余应力，软化淬硬区，改变组织形态，减少含氧量，尤其是提高某些钢种的冲击韧性，改善力学性能。

消氢处理　hydrogen removal treatment 又称后热处理。即在焊后将工件加热到 200～350℃，保温 2～6h，使焊缝中扩散氢加速溢出，大大降低焊缝及热影响区的氢含量，防止产生冷裂纹。一般淬硬倾向较大的材料需要进行焊后消氢处理。

时效处理　ageing treatment 工件经固溶处理或淬火后，在室温或高于室温的适当温度，保温较长时间，以达到沉淀硬化的目的。在室温下进行的称为自然时效，在高于室温下进行的称为人工时效。常用来处理要求形状不再发生变形的精密工件。

回火 tempering 将淬硬后的工件，加热到临界温度 A_{c1}（平衡状态下共析转变温度）以下某个温度，保温一定时间，然后以一定的冷却速度冷却到室温的热处理工艺。目的是消除淬火后所产生的内应力，降低脆性，以防变形和开裂；能使淬火后的淬硬组织（马氏体、贝氏体等）转变为较稳定的组织，以得到良好的机械性能。按回火温度范围，回火可分为低温回火、中温回火和高温回火。

正火 normalizing 将工件加热到相变温度 A_{c3} 以上 30～50℃或更高温度，保温一定时间，然后以稍大于退火的冷却速度冷却下来（如空冷、风冷、喷雾等）的热处理工艺，得到片层间距较小的珠光体组织。目的是细化晶粒，提高钢材韧性和稳定钢材的力学性能。

淬火 quenching 将工件加热到相变温度 A_{c3}（亚共析钢）或 A_{c1}（过共析钢）以上某一个温度，并保持一定时间，使之奥氏体化后，急冷至室温以获得马氏体或（和）贝氏体组织的热处理工艺。淬火剂常用水、油、盐水和空气。目的是提高强度和硬度，改善某些特殊钢的力学和化学性能。

退火 annealing 将金属缓慢加热到一定温度，保持足够时间，然后以适宜速度冷却的一种金属热处理工艺。目的是降低钢的硬度，细化晶粒，改善组织，消除化学成分的偏析和内应力，改善机械性能。

调质 thermal refining; hardening and tempering 在生产中一般指将钢淬火后高温回火的联合热处理工艺。获得的是回火索氏体组织。表现出较好的综合力学性能。

固溶处理 solution treatment 奥氏体不锈钢加热到 1000～1100℃，保温一定时间，使过剩相充分溶解，然后快速冷却，以获得过饱和固溶体的热处理工艺。这种处理的奥氏体不锈钢具有一定的强度、很高的韧性和优良的耐蚀性。

稳定化处理 stabilizing treatment 将含有 Ti 和 Nb 等稳定化元素的奥氏体不锈钢，加热到 850～950℃，保温一定时间后水冷、油冷或空冷，使稳定化元素 Ti 和 Nb 同钢中的碳形成 TiC 和 NbC，提高钢的耐晶间腐蚀等的能力。

回火脆性 temper brittleness 指钢在某个温度范围回火时，发生冲击韧性降低的现象。产生回火脆性的钢，不仅室温下的冲击韧性较正常钢为低，而且使钢的冷脆温度大为提高。

酸洗钝化 pickling and passivating 不锈钢的耐腐蚀主要依靠表面钝化

膜，工程上通常进行酸洗再用氧化剂钝化处理，去除不锈钢设备在制造、安装等过程中带来的表面油污、铁锈、氧化皮、焊渣与飞溅物等影响不锈钢设备表面质量、破坏其表面氧化膜的污垢，提高耐蚀性。

石墨化　graphitization 碳钢和一些低合金钢，在高温作用下，其过饱和的碳原子会发生迁移和聚集，并转化为游离的碳原子，即石墨。由于石墨强度极低，并以片状存在于珠光体内，致使材料的强度大大降低，而脆性增加。这种现象称为材料的石墨化。如碳素钢和碳锰钢在 425℃以上长期使用，钢中的渗碳体会产生分解，形成石墨。石墨化损伤易发生在催化裂化装置热壁管道、催化重整装置低合金钢制造的反应器及中间加热器；延迟焦化装置热壁管道、焦炭塔、焦化炉管以及服役温度在 441～552℃之间的省煤器管件、蒸汽管道等。要阻止石墨化倾向，可在钢中加入与碳结合能力强的合金元素，如铬、钛、钒等。设计中可以采取的措施有：改变材质，如选择适合于中温条件下使用的压力容器用 Cr－Mo 钢等。

无延性转变温度　nil-ductility transition temperature（NDT）使用落锤试验方法测定的，材料由延性断裂向脆性断裂转变时的温度。温度低于该值时，钢材在破断前无变形，且起始裂纹极易传播，十分危险。

射线检测　radiographic test（RT）利用强度均匀的 X 射线和 γ 射线照射工件，使照相胶片感光，得到和工件内部有无缺陷相对应的不同黑度的图像（射线底片），从而检查出缺陷的种类、大小和分布状况等。优点：不损伤被检物，方便实用，底片长期存档备查，可以直观地显示缺陷图像等。缺点：对人体有伤害；胶片和显定影药品消耗量大，成本高。

超声波检测　ultrasonic test（UT）利用材料本身或内部缺陷对超声波传播的影响，来判断结构内部及表面缺陷的位置、大小和形状。优点：对垂直与声束的平面型缺陷十分敏感，检测仪易于携带，穿透力强。缺点：不适用或很难适用粗晶材料（如奥氏体钢铸件和焊缝）、形状复杂或表面粗糙的工件。

渗透检测　penetrant test（PT）利用液体的毛细管作用，将渗透液渗入固体材料表面开口缺陷处，清洗掉表面多余渗透液，再通过显像剂将渗入缺陷中的渗透液析出到表面，从而达到检测缺陷的目的。优点：可检测大部分的非吸收性物料的表面开口缺陷，对于形状复杂的缺陷也可一次性全面检测。缺点：灵敏度低于磁粉检测，对于埋藏缺陷或闭合性表面缺陷无法测出，对被检测物体表面光洁度有一定要求。

涡流检测　eddy current test (ET) 利用电磁感应原理，使导电的容器元件(导体)内产生涡流，当涡流碰到裂纹或缺陷时会迂回通过，从而造成涡流分布紊乱，通过测量涡流的变化量来进行缺陷检测。适用于钢铁、有色金属、石墨等导电体工件。优点：检测速度快。缺点：设备投资昂贵，只适用于表面缺陷的检测，无法判定缺陷的种类。

声发射检测　acoustic emissiontest (AE) 利用材料在变形或开裂时，会以弹性波或应力波形式释放其应变能的声发射特点来探测压力容器缺陷发生、发展规律或寻找缺陷位置的一种检测技术。通常在加压过程中进行，在制造重要压力容器耐压试验过程中，采用此方法进行补充检测以发现活动性危害缺陷，对在役的重要压力容器接近超标界限的缺陷的增长进行检测和监控。

衍射时差法超声波检测　time of flight diffraction (TOFD) 一种依靠从待检试件内部缺陷的“端角”和“端点”处得到的衍射能量来检测缺陷的方法。该技术采用一发一收两个宽带窄脉冲探头，探头相对于焊缝中心线对称布置。发射探头产生非聚焦纵波波束，以一定角度入射到被检测工件中，其中部分波束沿近表面传播被接收探头接收，部分波束经底面反射后被探头接收。接收探头通过接收缺陷尖端的衍射信号及其时差来确定缺陷的位置和高度。与常规的超声波技术不同，TOFD 法不用脉冲回波幅度对缺陷大小做定量测定，而是靠脉冲传播时间来定量。优点：对于焊缝中部缺陷检出率很高，检测速度快。缺点：在上、下表面附近存在盲区，对“噪声”敏感，对粗晶材料检测困难。

氨渗漏试验　ammonia leak test 利用氨易溶于水、在微湿空间极易渗透检漏的特点，在压力容器中充入100%、30%或1%氨气进行检漏的方法。适用于对有较高致密性要求的容器衬里、焊接接头、管子和管板连接以及容器密封面的检漏。

卤素检漏试验　halogen leak test 一种高灵敏度的检漏方法，将压力容器抽真空后，利用氟利昂和其他卤素压缩空气作为示踪气体，在待检部位用铂离子吸气探针进行探测，以发现泄漏。在卤素检漏中，卤素化合物的重要意义在于其有足够的蒸气压力可用作示踪气体。

氦检漏试验　helium leak test 一种高灵敏度的检漏方法，将压力容器抽真空后，利用氦压缩空气作为示踪气体，在待检部位用氦质谱分析仪的吸气探针进行探测，以发现泄漏。由于氦检漏试验的灵敏度高，因此对工件清洁度和试验环境要求高，一般仅对有特殊要求的设备才进行这种检漏方法。

不定型耐火材料 unshaped refractory material 由具有一定粒度级配的耐火骨料和粉料、结合剂、外加剂混合而成的耐火材料，以交货状态直接使用，或加入一种或多种不影响其耐火度的合适的液体后使用。无固定的外形，可制成浆状、泥膏状和松散状，因而又称为散状耐火材料。同耐火砖比较，具有工艺简单(因省去烧成工序)、节约能源、成本低廉、便于机械化施工等特点。按工艺特性可分为浇注料、可塑料、捣打料、喷射料、投射料、耐火泥、耐火涂料等。

耐火砖 refractory brick 又称火砖。用耐火黏土或其他耐火原料烧制成的、具有一定形状和尺寸的耐火材料。淡黄色或带褐色，能耐1580~1770℃的高温。按制备工艺方法来划分可分为烧成砖、不烧砖、电熔砖(熔铸砖)、耐火隔热砖；按形状和尺寸可分为标准型砖、普通砖、特异型砖等。可用作建筑窑炉和各种热工设备的高温建筑材料和结构材料，并在高温下能经受各种物理化学变化和机械作用。

高铝砖 high alumina brick 用刚玉、高铝土为原料制成的耐火砖，含 Al_2O_3在 48%以上。它的耐火度、常温机械强度及荷重软化点都较高，对碱性矿渣也有较好的抵抗能力，最高使用温度达 1750~1790℃。高铝砖常用来砌筑加热炉燃烧室和高温炉膛，如蓄热炉的格子砖、回转窑衬里砖等。炼油厂催化裂化装置再生器的辅助燃烧室是用高铝砖砌筑的。

耐火陶瓷纤维 refractory-ceramic fiber 以 SiO_2、Al_2O_3为主要成分，是适用于 800℃以上的纤维状隔热材料的总称。其特点是：耐高温、耐腐蚀、耐热震性能好、可加工性能好，具有良好的吸音性能和绝缘性能。

隔热耐磨衬里 heat-insulation and wear-resistant lining 在设备或管道的器壁上由衬里混凝土和衬里锚固件所构成的牢固覆着在器壁上的特定结构。根据构成和作用，分为龟甲网双层隔热耐磨衬里、龟甲网单层高耐磨衬里、无龟甲网单层隔热耐磨衬里、无龟甲网单层高耐磨衬里等。

搪玻璃 glass lining 将含硅量高的瓷釉涂于金属表面，通过950℃搪烧，使瓷釉密着于金属铁胎表面制成。因此，它具有类似玻璃的化学稳定性和金属强度的双重优点。对于各种浓度的无机酸、有机酸、有机溶剂及弱碱等介质均有极强的抗腐性。但对于强碱、氢氟酸及含氟离子介质，以及温度大于180℃、浓度大于 30%的磷酸等不适用。但一般质脆，且热稳定性低，在温度剧变时会引起破裂。

玻璃钢 glass fibre reinforced plastic 即玻璃纤维增强塑料。它是以合成树脂为黏结剂，玻璃纤维及其制品(如玻璃布、玻璃带、玻璃毡等)为增强材料，按一定的成型方法制成。由于它的比强度超过一般钢材，因此称为玻璃钢。玻璃钢的质量轻、强度高，其电性能、热性能、耐腐蚀性能及施工工艺性能都很好。

聚四氟乙烯衬里 polytetrafluoroethylene lining 聚四氟乙烯具有非常优秀的耐蚀性及耐热性，几乎可抵挡所有强酸、强氧化剂、还原剂和各种有机溶剂的腐蚀，并能在-20~180℃正常使用，已成为容器衬里的重要材料。

硅酸钙制品 calcium silicate product 一种以水化硅酸钙为主要成分并掺以增强纤维的保温材料。具有容重小、导热系数低、耐高温和强度大等特点。

微孔硅酸钙 micro-porous calcium silicate 由硅酸钙水化物、增强纤维等原料混合，经高温工艺制成瓦块或板。产品具有耐热度高、绝热性好、强度高、无腐蚀、无污染等优点。微孔硅酸钙保温材料制品可用于高温设备、热力管道的保温隔热工程。

泡沫石棉 litaflex 新型轻质高效的保温节能材料，以天然矿物石棉纤维为原料，通过制浆、发泡、干燥成型工艺制成。具有容量轻、导热系数低、保温性能好、防水性能好、抗腐蚀、吸音防震，不刺激皮肤、无粉尘污染的特点，可任意裁剪、弯曲，施工简便迅速。

岩棉 rock wool 以天然岩石及矿物等为原料制成的蓬松状短细纤维。将天然岩、矿石等原料，在冲天炉或其他池窑内熔化(温度2000℃以下)，用50atm的压力强吹、骤冷成纤维状。或用甩丝法，将熔融液流脱落在多级回转转子上，借离心力甩成纤维。

矿渣棉 mineral wool 可用作保温、隔热和吸音的材料。矿渣棉是以工业矿渣如高炉矿渣、磷矿渣、粉煤灰等为主要原料，经过重熔、纤维化而制成的无机质纤维。这种纤维经加工，可制成板、管、毡、带、纸等各种制品，可用于建筑和工业装备、管道、窑炉的绝热、防火、吸声、抗震等。

玻璃棉 glass wool 属于玻璃纤维中的一个类别，是一种人造无机纤维。玻璃棉是将熔融玻璃纤维化，形成棉状的材料，化学成分属玻璃类，是一种无机质纤维。具有成型好、体积密度小、热导率低、保温绝热、吸音性能好、耐腐蚀、化学性能稳定等特点。

硅酸铝纤维 aluminosilicate fibre 一种轻质耐火材料。硅酸铝耐火纤维制品(毡、板、砖、管等)和复合材料，广泛地用于冶金、机械、建筑、化工和陶瓷工业中的热力设备，如锅炉、加热炉和导管等的耐火隔热材料。

复合硅酸盐制品 silicate compound product 一种固体基质联结的封闭的孔网状结构材料，由硅酸铝纤维、海泡石等耐火高温材料加分散剂、黏结剂、渗透剂等复合制造而成。制品质地柔软、密度低、导热系数小，防水性能好(憎水性)，耐酸碱性好，使用温度高，无毒、无腐蚀、无污染，施工简便，是目前国内较理想的保温材料。

膨胀珍珠岩 expanded perlite 由酸性火山玻璃质熔岩(珍珠岩)经破碎、筛分至一定粒度，再经预热、瞬间高温焙烧、冷却后制成的一种白色或浅色的优质绝热材料。其颗粒内部是蜂窝状结构，具有低导热系数及良好的耐热性、耐蚀性、吸声性，价格低廉。

聚氨酯泡沫塑料 polyurethane foaming plastic 异氰酸酯和羟基化合物经聚合发泡制成的材料。按其硬度可分为软质和硬质两类，其中软质为主要品种。一般来说，它具有极佳的弹性、柔软性、伸长率和压缩强度；化学稳定性好，耐许多溶剂和油类；耐磨性优良，较天然海绵大 20 倍；还有优良的加工性、绝热性、黏合性等性能，是一种性能优良的缓冲材料，但价格较高。

聚苯乙烯泡沫塑料 poly-styrene foam 以聚苯乙烯树脂为主体，加入发泡剂等添加剂制成，是目前使用最多的一种缓冲材料。它具有闭孔结构，吸水性小，有优良的抗水性；相对密度小，一般为 0.015～0.03；机械强度好，缓冲性能优异；加工性好，易于模塑成型；着色性好，温度适应性强，抗放射性优异，而且尺寸精度高，结构均匀。因此在外墙保温中其占有率很高。但燃烧时会放出污染环境的苯乙烯气体。

泡沫玻璃 cellular glass 用珍珠岩、黑曜岩等天然熔岩或工业废渣作基础原料，也可加入一定量的玻璃粉，以降低发泡温度，用芒硝等作发泡剂制成。一般可作建筑及工业设备的保温材料和墙体材料等。泡沫玻璃是一种性能优越的绝热(保冷)、吸声、防潮、防火的轻质高强建筑材料和装饰材料，使用温度范围为-196～450℃。

绝热结构 thermal insulation construction 有保冷和保温两种绝热结构。保冷结构由防锈层、保冷层、防潮层、保护层组成。保温结构一般由保温层和保护层构成，对于埋地设备和管道的保温结构，应设防潮层。

冷桥 cold bridge 埋在保冷层中，导热系数很大，导致冷量大量流失的部件。

导热系数 thermal conductivity factor 又称热传导系数或热导率。

其数值等于单位时间内在单位温度梯度下沿热流方向通过材料单位面积传递的热量。导热系数是一个表征物质导热能力的物理量。

露点温度　dew-point temperature 指多组分气体混合物在某一压力下冷却至刚刚开始凝结，即出现第一个小液滴时的温度。露点温度也就是该混合物在此压力下平衡汽化曲线的终馏点（100%馏出温度）。

橡胶　rubber 指具有橡胶弹性的高分子材料。橡胶具有良好的物理机械性能和良好的耐腐蚀及防渗性能。工程中常用橡胶制品有：天然橡胶、丁苯橡胶、丁腈橡胶、氯磺化聚乙烯橡胶、丁基橡胶、氯丁橡胶、氟橡胶、硅橡胶等。

石棉橡胶板　asbestos rubber sheet 用石棉、橡胶、填充料压制的板材，具有较低硬度、较高的弹性，适用于水、饱和蒸汽、过热蒸汽、煤气、惰性气体等介质的设备管道法兰连接处密封衬垫材料。因石棉为一种致癌物，现已禁止使用。

非石棉橡胶板　non asbestos rubber sheet 由有机或（和）无机纤维、填料和橡胶黏结剂相混合，经加热轧制而成的板状密封材料，用以代替石棉橡胶板。

聚四氟乙烯　polytetrafluoroethylene（PTFE）俗称塑料王，具有非常优良的耐高、低温性能。几乎耐所有的化学药品，在浸蚀性极强的王水中煮沸也不起变化，摩擦系数极低。缺点是强度低，冷流性强。

柔性石墨　flexible graphite 又称膨胀石墨。它以鳞石墨为原料，经化工处理生成层间化合物。在800~1000℃的高温下，层间化合物变成气体，使鳞片石墨膨胀200倍左右，变得像棉花一样导热，克服了脆性的缺点，因而显示出良好的密封性。在高温、高压或辐射条件下工作，不发生分解、变形或老化，化学性质稳定。无辐射、无污染，适用范围广。柔性石墨除了强氧化性酸之外，能耐大多数的化工介质，包括用于放射性化工介质。

酚醛树脂涂料　phenolic resin coating 以酚醛树脂为主要成膜物质的合成树脂涂料。酚醛树脂涂料耐老化、耐热性好，价格低廉，应用广泛。

沥青涂料　asphalt coating 由沥青（天然沥青、煤焦沥青或石油沥青）和干性油溶于有机溶剂而制成的涂料。防潮、耐腐蚀，常用于潮湿环境下的设备、管道外部，防止工业大气、水及土壤的腐蚀。

醇酸树脂涂料　alkyd resin coating 以醇酸树脂为主要成膜物质的合成树脂涂料。醇酸树脂涂料可在常温下干燥，具有耐候性、附着力好和光亮、丰满等特点，且施工方便。但涂膜较软，耐水、耐碱性欠佳。醇酸树脂可与其他树脂配成多种不同性能的自干或烘干磁漆、底漆、面漆和清漆，广泛用于桥梁等建筑物以及机械、车辆、船舶、飞机、仪表等涂装。

过氯乙烯涂料 perchloroethylene coating 以过氯乙烯树脂溶于有机溶剂中配制而成。具有良好的耐大气、海水、稀硫酸、盐酸、稀碱液等许多介质的腐蚀，但不耐许多有机溶剂，不耐磨、易老化，且与金属表面附着力差。

环氧树脂涂料 epoxy resin coating 以环氧树脂溶于有机溶剂中，并加入填料和适当的助剂配制而成。使用时再加入一定量的固化剂。具有良好的机械性能和耐腐蚀性能，特别是耐碱性极好，耐磨性也较好，附着力好。但易老化，不耐户外日晒，不宜用作面漆。

环氧玻璃鳞片涂料 epoxy glass flake coating 由环氧树脂、玻璃鳞片、颜料、固化剂、助剂和溶剂等组成。具有优良的附着力和耐久性、耐腐蚀性及抗冲击性能。具有优良的耐水性、耐盐水性、耐油性、耐碱性及一定程度的耐酸性。固体分含量高，可作为厚膜涂料使用，耐溶剂性好。组分中含有大量玻璃鳞片。成膜后屏蔽性强，能有效阻止腐蚀介质的渗透，达到隔离防锈目的。耐候性较差。适用于钢结构及混凝土构筑物的重防腐涂装体系。

聚氨酯涂料 polyurethane coating 在漆膜中含有相当数量的氨酯键的涂料。耐水、耐油、耐磨、耐酸碱腐蚀，漆膜坚韧、附着力好。

有机硅涂料 organic silicon coating 以有机硅聚合物或有机硅改性聚合物为主要成膜物质的涂料。具有优良的耐热、耐寒、电绝缘、耐电晕、耐辐射、耐潮湿和憎水、耐候、耐沾污及耐化学腐蚀等性能。

橡胶涂料 rubber coating 由加有增塑剂和溶剂等的氯化橡胶制成的涂料。耐水、耐化学腐蚀。主要作化工设备的耐化学腐蚀涂料和船舶的防锈蚀涂料。

无机富锌涂料 inorganic zinc-rich coating 由锌粉、水玻璃为主配制成的涂料。施工简单，价格便宜。具有良好的耐水、耐温、耐溶剂性，并耐干湿交替的盐雾。

绝缘型防腐蚀涂料 insulation type anticorrosive coating 涂层的表面电阻$\geqslant 10^{13}\ \Omega$可以认为是绝缘的。当储罐内采用绝缘型防腐蚀涂料时，涂层的表面电阻率应不低于$10^{13}\Omega$。就防腐涂层来说，其表面电阻越大，防腐性能越好。一般用于原油储罐。

导静电型防腐蚀涂料 antistatic and anticorrosive coating 既能导静电又能防止腐蚀的涂料，分为本征型与添加型。一般用于产品储罐的内表面、浮顶罐钢制浮顶底板外表面和浮顶侧板外表面。当储罐内采用导静电型防腐蚀涂料时，涂层的表面电阻率应为 10^8 ~ 10^{11} Ω。

金属喷涂 metal spraying 用熔融金属的高速粒子流喷在基体表面，以产生覆层的材料保护技术。基体受热一般不超过200℃，覆层与基体间的附着力高，喷涂后的表面粗糙度降低。可用于机械修复、抗腐蚀、提高耐磨性、改善摩擦性能。应用最多的金属喷涂材料是锌、铝和铝锌合金。

6.15 设备腐蚀防护

金属腐蚀 metal corrosion 金属材料与其周围环境(介质)发生化学或电化学作用而产生的变质或破坏。

化学腐蚀 chemical corrosion 指材料与周围介质直接发生纯化学作用而引起材料的变质或破坏。在化学腐蚀过程中，电子的传递是在材料与介质之间直接进行的，因而没有电流产生。它服从于多相反应的化学动力学的基本规律。

电化学腐蚀 electrochemical corrosion 两种相连接的材料浸入电解质液中，由于材料电极电位的不同，形成同时进行的阳极反应和阴极反应过程的腐蚀。这两种材料分别称为阳极材料和阴极材料。多发生在电解质液中两种材料连接处，损伤形态与材料组合、电解质流体导电性和阳极/阴极相对暴露面积等有关。阳极材料可能发生均匀腐蚀或局部腐蚀，形成蚀坑、蚀孔、沟槽或裂缝等。

物理腐蚀 physical corrosion 金属由于单纯的物理作用而引起的破坏。如高温熔盐、熔碱中的腐蚀。

均匀腐蚀 general corrosion 与局部腐蚀相对而言的，在整个金属表面上以同一速度产生的腐蚀。材质均一的金属，在整个表面处于相同的腐蚀环境时，才发生这种腐蚀。

局部腐蚀 local corrosion 指腐蚀作用仅局限在一定的区域，而金属其他大部分区域则几乎不发生腐蚀或腐蚀轻微。其特点是腐蚀的分布、深度和发展很不均匀，常在整个设备较好的情况下，发生局部穿孔或破裂，引起严重事故。

孔蚀 pitting 又称点蚀，是一种集中发生在某些点处并向金属内部发展的孔、坑状腐蚀。蚀孔的最大深度与金属的平均腐蚀深度之比称为孔蚀系数，用于评定孔蚀的严重程度。孔蚀是一种隐藏性极强、破坏性极大的腐蚀形式。如不锈钢或铝合金在氯离子溶液中常发生这样的破坏形式。

缝隙腐蚀 crevice corrosion 一种局部腐蚀。金属部件在介质中，由于金属与金属或金属与非金属之间形成特别小的缝隙(一般在0.025~0.1mm范围内)，使缝隙内介质处于滞留状态，引起缝隙内金属的加速腐蚀。如铆接、焊接、螺纹等。

电偶腐蚀 galvanic corrosion 又称接触腐蚀、双金属腐蚀。当两种不同的金属或合金接触并放入电解质溶液中或在自然环境中，由于两种金属的腐蚀电位不等，原腐蚀电位较负的金属腐蚀速度增加，而电位较正的金属腐蚀速度反而减小。实际上就是材料差别引起的宏观电池腐蚀。

应力腐蚀开裂 stress corrosion cracking(SCC)指受拉应力作用的金属材料在某些特定介质中，由于腐蚀介质与拉应力的协同作用而发生的脆性断裂现象。这种断裂事先没有明显征兆。

晶间腐蚀 intergranular corrosion 指沿着或紧挨着金属的晶粒边界发生的腐蚀。金属遭受晶间腐蚀时，金属表面还保持一定的金属光泽，看不出破坏的迹象，但它的晶粒间的结合力显著减小，内部组织变得松驰，从而机械强度大大降低。通常出现在奥氏体不锈钢、铁素体不锈钢中。

磨损腐蚀 grinding corrosion 由于腐蚀流体和金属表面间以较高速度作相对运动，引起金属的加速破坏或腐蚀。

腐蚀疲劳 corrosion fatigue 在周期载荷和腐蚀的共同作用下产生的开裂。断裂呈现脆断特征，裂纹多为穿晶，与应力腐蚀开裂的形态相近，但腐蚀疲劳裂纹无分叉，并常常形成多条平行裂纹；塑性变形小，剩余壁厚不足以支承外加机械超载最终引起快速断裂。如锅炉中腐蚀疲劳损伤通常先出现在水侧，一般呈现为环绕支柱与水冷壁管连接件焊缝处环状裂纹。在横截面上，裂纹往往向各个方向扩展呈球状，为穿晶型；硫化环境中的腐蚀疲劳裂纹具有相似的外观，裂隙中填满硫化物；在旋转设备上，腐蚀疲劳裂纹大部分为穿晶型，带有极少量分叉。

湍流腐蚀 turbulent flow corrosion 在设备或部件的某些特定部位，介质流速急剧增大形成湍流。湍流腐蚀是流体速度达到湍流状态而导致加速腐蚀的一种腐蚀形式。

空泡腐蚀 cavitation corrosion 又称空化腐蚀、空穴腐蚀、汽蚀。当流体中的液体局部压力下降到临界压力时，液体中气核成长为气泡，气泡产生、聚积、流动、分裂、溃灭对设备造成腐蚀的全过程。通常看上去像边缘清晰的点蚀，仅在流体低压区域发生。

选择性腐蚀 selective corrosion; preferential attack 在金属腐蚀过程中，其表面上某些特定部位有选择地溶解现象。可分为组分的选择性腐蚀和组织的选择性腐蚀。如黄铜脱锌属组分的选择性腐蚀；铸铁因腐蚀而发生铁素体的溶解以及碳化物和石墨在表面上富集属组织的选择性腐蚀。由于腐蚀后剩下一个已优先除去某种合金组分的组织结构，所以也常称为去合金化。

穿晶腐蚀 transgranular corrosion 发生在金属晶体内部，由于腐蚀造成材料晶粒腐蚀，产生穿过晶粒的微裂纹。

垢下腐蚀 deposit corrosion 指当锅炉受热面上结有水垢或有沉积水渣时，在水垢或水渣下形成的腐蚀。垢下腐蚀可能是碱性腐蚀，也可能是酸性腐蚀。主要取决于锅水中所含的物质以及锅水的 pH 值。

微振腐蚀 fretting corrosion 指由于承受载荷、互相接触的两表面反复地相对运动形成微振，破坏了金属表面保护膜，裸露出来的新鲜金属被迅速氧化，如此磨损和氧化反复进行，使破坏加剧。金属表面接触受压还可能产生冷焊或熔化，其后相对运动使金属碎粒脱落，并迅速氧化。其腐蚀一般发生在非连续运动的表面，腐蚀产物可导致两部件粘连锈死，或使接触面超过容许公差，甚至产生局部性沟槽、波纹、圆孔和山谷形蚀坑，通常具有一定的方向性。易发生在换热器管束和折流板接触部位、折流板和壳体接触部位、搅拌轴和接管接触部位。

微生物腐蚀 microbiological corrosion 微生物对金属的腐蚀，又称细菌腐蚀。通常表现为局部垢下腐蚀或微生物簇团处腐蚀；对碳钢通常为杯状点蚀，对不锈钢通常为表面蚀坑。一般发生在换热器、储罐底部水相，低流速或介质流动死角的管线，与土壤接触的管线等；水质处理不良的冷却水储罐和水冷换热器；消防水系统等。

析氢腐蚀 hydrogen evolution corrosion 在阳极发生金属腐蚀溶解的同时，阴极过程是析氢反应，这种腐蚀称为析氢腐蚀。氢在阴极上放电还原，阴极实质上是一个氢电极，其平衡电位高于阳极金属的平衡电位，是析氢腐蚀的必要条件。所以负电性金属如铁、锌在非氧化性酸中，或负电性很强的金属如镁及其合金在中性、甚至碱性溶液中，都会发生析氢腐蚀。

耗氧腐蚀 oxygen-consumption corrosion 指阴极上发生氧的去极化反应，而使阳极金属溶解的腐蚀。这时阴极实际上是氧电极，只有阳极金属的平衡电位负于氧电极的平衡电位，才可能发生耗氧腐蚀。不论在酸性、中性、碱性溶液中，只要有氧存在就有可能发生耗氧腐蚀。

腐蚀电池 corrosion cell 金属发生电化学腐蚀时，本身起着将原电池正极和负极短路的作用。可将一个电化学腐蚀体系看作是短路原电池，阳极使金属溶解，而不能输出电能，腐蚀体系中的氧化还原反应的化学能全部以热能形式散失。故在腐蚀电化学中，将这种只能导致金属的溶解而不能对外做有用功的短路原电池称腐蚀电池。可分为宏观腐蚀电池和微观腐蚀电池。

宏观腐蚀电池　macro corrosion cell 金属腐蚀电池类型之一。指可用肉眼看到电极的腐蚀电池。在石油炼制设备的电化学腐蚀中，常遇到的宏观电池有电偶腐蚀电池、浓差腐蚀电池。

电偶腐蚀电池　galvanic corrosion cell 两种具有不同电极电位的金属或合金相互接触，并处于电解质溶液中所组成的腐蚀电池。其中电位较负的金属遭受腐蚀，而电位较正的金属则得到保护，因而称这种腐蚀电池为电偶电池腐蚀。

浓差电池腐蚀　concentration cell corrosion 宏观腐蚀电池的类型之一。同一种金属与电解质溶液接触，但不同部位的电解质溶液的浓度不同，因而造成金属不同部位的电位不同。浓度高的部位电极电位较正，为阴极；浓度低的部位电极电位较负，为阳极，遭受腐蚀。常见的过程是土壤中形成的氧的浓差电池对地下管道和金属构件的腐蚀。

微电池腐蚀　micro cell corrosion 在金属表面上由于存在许多肉眼不可分辨的极微小的电极而形成的微电池作用而形成的腐蚀。微电池腐蚀是由于金属表面的电化学不均匀性所引起的自发而又均匀的腐蚀。

金属钝化　metal passivation 金属或合金在腐蚀或发生阳极溶解时，在一定条件下，由于阳极溶解发生阻碍作用，使金属或合金的溶解速度显著地降低，耐腐蚀性能大大提高，这种现象称为金属钝化。根据钝化过程不同，分为自钝化、钝化剂钝化或阳极钝化。阳极保护是利用某些金属的阳极钝化现象。某些金属表面经氧化而形成一层氧化薄膜，从而阻止金属进一步化学反应，也属钝化。

腐蚀速率　corrosion rate 金属遭受腐蚀后，其质量、厚度、机械性能以及组织结构等都发生变化，这些物理和力学性能的变化率均可用来表示金属的腐蚀程度。在均匀腐蚀的情况下，金属的腐蚀速率可以用质量指标(重量法)来表示，也可用深度指标(年腐蚀深度来表示)。单位以 mm/a 或 $mg/(dm^2 \cdot a)$ 表示。

非金属腐蚀　nonmetal corrosion 指非金属材料与其周围环境(介质)发生作用而产生的破坏或变质。如橡胶老化、溶解。

高分子材料腐蚀　polymer material corrosion 高分子材料与其周围环境(介质)发生作用而产生的破坏或变质。如化学裂解、溶胀和溶解、应力开裂、渗透破坏。

碳或石墨材料腐蚀 carbon or graphite material corrosion 碳或石墨材料与其周围环境(介质)发生作用而产生的破坏或变质。如氧化、电化学作用破坏。

硅酸盐材料腐蚀 silicate material corrosion 硅酸盐材料与其周围环境(介质)发生作用而产生的破坏或变质。如内部结晶、体积膨胀。

盐酸腐蚀 hydrochloric acid corrosion 金属与盐酸接触时发生的全面腐蚀/局部腐蚀。碳钢和低合金钢盐酸腐蚀时可表现为均匀减薄，介质局部浓缩或露点腐蚀时表现为局部腐蚀或沉积物下腐蚀；奥氏体不锈钢和铁素体不锈钢发生盐酸腐蚀时可表现为点状腐蚀，形成直径为毫米级的蚀坑，甚至可发展为穿透性蚀孔。一般易发生在常减压装置、加氢装置、催化重整装置。

硫及硫化物腐蚀 sulfur and sulfide corrosion 原油中含有硫及硫化物，如硫化氢、硫醚、二硫化物、多硫化物、单质硫等。硫化氢、硫醇和单质硫属活性硫，对金属有腐蚀性；其他硫化物属中性硫，对金属无腐蚀性，但在高温下，特别是有氢时，转化成硫化氢和硫醇。硫氧化产物，如二氧化硫和三氧化硫，对金属也有腐蚀作用。炼油厂设备的硫及硫化物腐蚀可分为低温硫腐蚀和高温硫腐蚀。

高温硫化物腐蚀(无氢气环境) high temperature corrosion of sulfide (hydrogen-free environment) 无氢气环境中碳钢或低合金钢等与硫化物反应发生的腐蚀。多为均匀减薄，有时表现为局部腐蚀，高流速时局部腐蚀明显；腐蚀发生后部件表面多覆盖硫化物膜，膜厚度跟材料、介质腐蚀性、流速和杂质浓度有关。易发生在常减压、催化裂化、焦化、加氢裂化和加氢精制装置中；处理含硫物料的设备和管道的高温段；使用油、气、焦和其他燃料的加热炉(腐蚀程度取决于燃料中的硫含量)；暴露在含硫气体中的锅炉等高温设备。

高温硫化物腐蚀(氢气环境) high temperature corrosion of sulfide (hydrogen environment) 氢气环境中碳钢或低合金钢等与硫化物反应发生的腐蚀。通常表现为均匀减薄，同时生成 FeS 保护膜，膜层大约是被腐蚀掉的金属体积的 5 倍，并可能形成多层膜；金属表面保护膜因结合牢固且有灰色光泽，易被误认为是没有发生腐蚀的金属。在处理高温氢气/硫化氢介质的设备和管道中易发生这种腐蚀，典型的如加氢精制和加氢裂化装置；注氢点下游的设备和管道腐蚀速率较高。

环烷酸腐蚀 naphthenic acid corrosion 环烷酸(RCOOH)(R 为环烷基)是原油中各种酸的混合物，

相对分子质量在很大的范围内变化(180~350)。环烷酸对金属材料的腐蚀性受温度影响很大。220℃以下环烷酸不发生腐蚀，以后随温度上升腐蚀性逐渐增强，在270~280℃腐蚀性最强，温度再提高腐蚀性又下降。可是到350℃附近腐蚀性又急骤增强，400℃以上就没有腐蚀性了。此时原油中环烷酸已基本汽化完毕，气流中酸性物浓度下降。环烷酸腐蚀发生在液相，其腐蚀产物可溶于原油。被腐蚀的金属表面光洁而没有鳞状物，呈沟槽状腐蚀。一般发生在常减压装置常压塔、减压塔内构件、填料和高酸物流凝结或高速液滴冲击的部位、加热炉炉管、常压和减压转油线、减底油管线、常压汽油循环系统，减压渣油和减压汽油循环系统，延迟焦化装置轻油系统和蜡油系统及常减压装置的下游装置内注氢点之前热烃物料系统。

高温氢/硫化氢腐蚀 high temperature hydrogen/hydrogen sulfide corrosion 指介质温度大于或等于260℃时，在氢的促进下，可使硫化氢加速对设备的腐蚀。由于原子氢不断侵入硫化膜造成膜的疏松多孔，原子氢与硫化氢得以互相扩散渗透，因而硫化氢的腐蚀就不断进行。其腐蚀形态为均匀腐蚀、氢脆和氢腐蚀。主要发生在加氢脱硫装置、加氢裂化装置反应器和催化重整装置加氢精制反应器等部位。

氯化铵腐蚀 ammonium chloride corrosion 氯化铵在一定温度下结晶成垢，垢层吸湿潮解或垢下水解均可能形成低pH值环境，对金属造成腐蚀。其腐蚀部位多存在白色、绿色或灰色盐状沉积物，垢层下腐蚀通常为局部腐蚀，易形成蚀坑或蚀孔。一般在常减压塔塔顶、塔内上部塔盘、塔顶管线及换热器易发生垢下腐蚀，塔顶循环回流物料含有氯化铵时腐蚀严重；加氢装置反应器流出物、催化重整装置反应器流出物和循环氢系统、流化床催化裂化装置和焦化装置分馏塔塔顶和顶回流系统会发生氯化铵垢下腐蚀。

硫氢化铵腐蚀 ammonium hydrosulfide corrosion 金属材料在存在硫氢化铵(NH_4HS)的碱性、酸性水中遭受的腐蚀。在介质流动方向发生改变的部位，或浓度超过2%(质量)的紊流区易形成严重局部腐蚀；在介质注水不足的低流速区可能发生局部垢下腐蚀，对于换热器管束可能发生严重积垢并堵塞；会迅速腐蚀耐酸黄铜管和其他铜合金。一般易发生在加氢装置空气冷却器联管箱以及换热器管束、反应器产物分离器的进出口管道、酸性水排出管(尤其是控制阀下游位置)、高压分离器的气相管线、汽提塔塔顶；对催化裂化装置硫氢化铵浓度通常小于2%(质量)，多在介质低流速或高流速部位，或存在氰化物的部位发生严重腐蚀；对酸性水汽提塔塔顶管道、冷凝器、回流罐和回流管道及酸性水处理装置再生塔塔顶设备和回流管道、延迟焦化装置分馏塔下游的气体提浓装置可能发生腐蚀。

胺腐蚀　amine corrosion 金属在胺液中发生的腐蚀。胺腐蚀并非直接由胺本身造成，而是胺液中溶解的酸性气体（二氧化碳和硫化氢）、胺降解产物、耐热胺盐（HSAS）和其他腐蚀性杂质引起的金属腐蚀。碳钢和低合金钢遭受胺腐蚀时可表现为均匀减薄或局部减薄，以及沉积物垢下腐蚀。当介质流速较低时，多为均匀减薄；介质高流速并伴有紊流时，多为局部减薄。易发生在各类胺处理系统中的设备和管道，如炼油厂中用于脱除硫化氢、二氧化碳或硫醇的胺处理系统；常见于常减压装置、焦化装置、催化裂化装置、重整加氢装置、加氢裂化装置和尾气处理装置；胺处理系统再生塔塔底再沸器和再生器，尤其位于高温且介质流速高的区域，易发生严重腐蚀；胺处理系统中贫/富溶液热交换器的高温部位，以及回收设备是腐蚀易发区域。

保温层下腐蚀　corrosion under insulation (CUI) 敷设保温层等覆盖层的金属在覆盖层下发生的腐蚀。对碳钢和低合金钢遭受腐蚀时主要表现为覆盖层下局部减薄；对奥氏体不锈钢遭受腐蚀时可能发生覆盖层下金属表面应力腐蚀，因覆盖层与材料表面间容易在覆盖层破损部位渗水，随着水汽蒸发，雨水中氯化物会凝聚下来，有些覆盖层本身含有的氯化物也可能溶解到渗水中，在残余应力作用下（如焊缝和冷弯部位），容易产生应力腐蚀开裂；对铝、镁和钛等金属发生层下腐蚀后可在表面生成一层氧化膜，并失去表面金属光泽；对铜在遭受层下腐蚀时易在金属表面生成绿色腐蚀产物。

高温烟气硫酸露点腐蚀　high temperature flue gas sulphuric acid dew point corrosion 燃料燃烧时燃料中的硫和氯类物质形成二氧化硫、三氧化硫和氯化氢，低温（露点及以下）遇水蒸气形成酸从而对金属造成的腐蚀。该腐蚀是亚硫酸腐蚀、硫酸腐蚀和盐酸腐蚀中某种腐蚀或几种腐蚀共同作用的综合结果；易发生在省煤器的碳钢或低合金钢部件的烟气露点腐蚀表现为大面积的宽浅蚀坑，形态取决于硫燃烧后凝结时形成的酸性产物；对于余热锅炉中的奥氏体不锈钢的给水加热器部分，可能发生环境开裂并形成表面裂纹。

高温氧化腐蚀　high temperature oxidation corrosion 高温下金属与氧气发生反应生成金属氧化物的过程。多数合金，包括碳钢和低合金金钢，氧化腐蚀表现为均匀减薄，腐蚀发生后在金属表面生成氧化物膜；奥氏体不锈钢和镍基合金在高温氧化作用下易形成暗色的氧化物薄膜。易发生在加热炉、锅炉和其他火焰加热器等高温环境中运行的设备，尤其是在温度超过538℃的设备和管道中。

锅炉水/冷凝水腐蚀　boiler water/condensate corrosion 锅炉系统和蒸汽冷凝水回水管道上发生的均匀腐蚀和点蚀。含氧锅炉冷凝水腐蚀为点蚀，多呈溃疡状，在金属表面形成黄褐色或砖红色鼓包，直径为1~30mm不等，为各种腐蚀产物组成，腐蚀产物去除后，可见金属表面的腐蚀坑；CO_2腐蚀为均匀腐蚀，形成光滑的腐蚀沟槽，锅炉水除氧不彻底时同时发生点蚀；铜合金在含氨氛围或铵盐存在时可发生应力腐蚀开裂。一般发生在锅炉外处理系统、脱氧设备、给水线、泵，级间换热器/省煤器/蒸汽发生系统的水和火侧，以及冷凝水回流系统。

硫酸腐蚀　sulfuric acid corrosion 金属与硫酸接触时发生的腐蚀。由稀硫酸引起的金属腐蚀通常表现为壁厚均匀减薄或点蚀；碳钢焊缝和热影响区易遭受腐蚀，在焊接接头部位形成沟槽。浓硫酸多在与金属接触部位形成局部腐蚀，引起钝化后，可阻止腐蚀的进行。硫酸腐蚀易发生在硫酸烷基化装置，易受硫酸腐蚀部位包括反应器废气管线、再沸器、脱异丁烷塔塔顶系统和苛性碱处理工段；废水处理装置硫酸通常在分馏塔和再沸器的底部蓄积，在此部位硫酸相对较浓，腐蚀性较强。

酸性水腐蚀　sour water corrosion 含有硫化氢且pH值介于4.5~7.0的酸性水引起的金属腐蚀，介质中有时可能含有二氧化碳。碳钢的酸性水腐蚀一般为均匀减薄，有氧存在时易发生局部腐蚀，形成沉积垢时可能发生垢下局部侵蚀，含CO_2的环境可能伴有碳酸盐应力腐蚀；奥氏体不锈钢易发生点蚀、缝隙腐蚀，有时伴有氯化物应力腐蚀。一般发生在催化裂化装置和焦化装置的气体分离系统塔顶H_2S含量高、NH_3含量低的部位。

氢氟酸腐蚀　hydrofluoric acid corrosion 金属与氢氟酸接触时发生的腐蚀。对碳钢的腐蚀表现为全面减薄或严重局部减薄，腐蚀后易形成氟化亚铁垢皮；对蒙乃尔合金腐蚀时多表现为全面减薄，且很少有积垢现象。易发生在氢氟酸烷基化装置临氢氟酸环境的设备和管道，以及含酸火炬气管道。

冲蚀/冲蚀腐蚀　erosion/erosion corrosion 固体、液体、气体及其混合物的运动或相对运动造成的表面材料机械损耗。冲蚀/冲蚀腐蚀可以在很短的时间内造成局部严重腐蚀，典型情况有腐蚀坑、沟、锐槽、蚀孔和波纹状形貌，且具有一定的方向性。一般易发生在输送流动介质的所有设备、管道系统，如催化裂化装置反再系统的催化剂处理系统、焦化装置的焦炭处理系统，尤其是这些系统中的泵、压缩机和旋转设备；加氢反应器废水管道可能同时发生硫氢化铵致酸性水腐蚀/冲蚀；常减压装置的设备和管道可能同时发生环烷酸腐蚀/冲蚀；采油装置泥浆输送管道系统，尤其是系统中的泵、压缩机和旋转设备。

碱腐蚀 caustic corrosion 高浓度的苛性碱或碱性盐，或因蒸发及高传热导致的局部浓缩引起的金属腐蚀。局部浓缩致碱腐蚀表现为局部腐蚀，锅炉管子的腐蚀沟槽或垢层下的局部减薄均属此类；垢下局部腐蚀在垢层的遮掩下一般不太明显，使用带尖锐前端的设备轻击垢层可观察到局部腐蚀情况；水汽界面的介质浓缩区域在腐蚀后形成局部沟槽，立管可形成一个环形槽，水平或倾斜管可在管道顶端或在管道相对两边形成纵向槽；温度高于79℃的高强度碱液可导致碳钢的均匀腐蚀，温度升高至95℃时腐蚀加剧。

苯酚腐蚀 phenol corrosion 又称石碳酸腐蚀，是金属与苯酚接触时发生的腐蚀。碳钢遭受腐蚀时可表现为全面腐蚀或局部腐蚀，对存在流体冲刷时多引起局部减薄。易发生在润滑油装置中的苯酚提取设施，苯酚丙酮装置的苯酚塔再沸器和废苯酚回收工段的加热器，双酚A装置的苯酚回收塔再沸器和苯酚提纯塔再沸器。

有机溶剂腐蚀（糠酸腐蚀） organic solvent corrosion (furoic acid corrosion) 糠醛化学稳定性差，在遇热及光照情况下易与氧发生氧化反应生成糠酸，糠酸与铁反应生成糠酸铁，且溶于糠醛随物流一起流走，使铁素体被逐渐剥离，造成铁的腐蚀。表现在碳钢管线、设备上的腐蚀形态为出现麻点，严重时呈蜂窝状，甚至大面积蚀透。

糠醛结焦腐蚀 furfural coking corrosion 由于糠醛分子中存在不饱和双键，这个共轭双键可以开键聚合，并进一步生成焦类大分子，而氧和酸性物质的存在可以加速双键分子的聚合。而大分子焦类物质，一般存在于设备内流速缓慢的滞留区，并在设备表面堆积成垢建立以缝隙内部为阳极的浓差电池，造成缝隙处的局部腐蚀。

糠醛相变腐蚀 furfural phase change corrosion 糠醛介于气、液二相同时作用于金属表面，气、液两相互变的不稳定状态对金属的冲击而造成金属腐蚀。这种腐蚀最易发生在糠醛精制装置废液加热炉辐射管急弯弯头处，管线弯头、三通、换热器管束、管箱隔板、塔内液面波动处。

二氧化碳腐蚀 carbon dioxide corrosion 金属在潮湿的二氧化碳环境(碳酸)中遭受的腐蚀。腐蚀多发生于气液相界面和液相系统内，以及可能产生冷凝液的气相系统冷凝液部位；腐蚀区域壁厚局部减薄，可能形成蚀坑或蚀孔；介质流动冲刷或冲击作用的部位可能形成腐蚀沟槽，典型腐蚀部位为焊缝根部。易发生在所有锅炉给水和蒸汽冷凝系统；制氢装置低于149℃的转化气易产生腐蚀，最高腐蚀速率可达2.5mm/a；CO_2分离装置再生器顶部系统；空分装置压缩空气经冷却后的低点凝液部位易发生腐蚀。

冷却水腐蚀 cooling water corrosion 冷却水中由溶解盐、气体、有机化合物或微生物活动引起的碳钢和其他金属的腐蚀。溶解了氧的冷却水对碳钢的腐蚀多为均匀腐蚀；冷却水腐蚀主要推动因素为垢下腐蚀、缝隙腐蚀或微生物腐蚀时，局部腐蚀较为常见；冷却水在管嘴入口/出口或管线入口易形成冲蚀或磨损，形成波状或光滑腐蚀；在电阻焊制设备或管道的焊缝区域，冷却水腐蚀多沿焊缝熔合线形成腐蚀沟槽。

大气腐蚀 atmospheric corrosion 未敷设保温层等覆盖层的金属在大气中发生的腐蚀。碳钢和低合金钢遭受腐蚀时主要表现为均匀减薄或局部减薄；对奥氏体不锈钢遭受腐蚀时可能发生应力腐蚀，主要因大气中含有的Cl^-所引起；对铝、镁和钛等金属因新鲜金属与大气接触后可在表面生成一层氧化膜，并失去表面金属光泽；铜在遭受大气腐蚀时易在金属表面生成绿色腐蚀产物。

土壤腐蚀 soil corrosion 金属接触到土壤时发生的腐蚀。土壤腐蚀多表现为局部腐蚀，形成蚀坑甚至蚀孔，腐蚀的严重程度取决于局部的土壤条件和设备金属表面环境条件的变化。一般易发生在埋设于地下并与土壤直接接触的设备；埋设于地上，但设备的底部或其他某些部位与土壤直接接触的设备；埋地或半埋地管道及设立在地面上且有一部分与土壤相连的金属支承结构。

海水腐蚀 marine corrosion 金属结构和构件在海洋环境中发生的腐蚀。海水是自然界中含量大并且是最具腐蚀性的天然电解质溶液。

燃灰腐蚀 fuel ash corrosion 高温燃灰在金属表面沉积和熔化，致使材料损耗的过程。该腐蚀是材料在高温下的加速损伤。燃料中的杂质(主要为S、Na、K、V)在加热炉、锅炉和燃气涡轮的金属表面沉积和熔化，生成的熔渣熔解了表面的氧化物膜，使膜下新鲜金属和氧气反应生成氧化物，不断损坏管壁或部件。一般易发生在加热炉或燃气涡轮，尤其以燃烧含钒和钠的燃料油或渣油的加热炉最容易发生燃灰腐蚀；其高温下使用的加热炉炉管的管吊和支承以及炉管结焦时，炉管部件温度上升，可能高于极限温度，发生燃灰腐蚀；过热器和再热器中温度高于538℃的部位；水冷壁温度高于371℃，即蒸汽压力高于12.4MPa的部位也可能发生燃灰腐蚀。

盐酸盐腐蚀 hydrochloride corrosion 大多数原油都含有盐酸盐，它们或是溶解在原油乳化水里，或是以悬浮固体形式存在。在蒸馏装置内，氯化镁和氯化钙盐水解形成氯化氢，并导致塔顶系统出现稀的氯化氢，遇水形成盐酸造成腐蚀。

有机氯腐蚀 organic chlorine corrosion 由于在开采、运输和加工过程中使用大量化学制剂含有有机氯成分，如加氢处理装置，进料中有机氯化物的加氢作用形成氯化氢，或者氯化氢与烃原料或氢一道进入装置，并与水分一起进入反应流出物中，从而造成腐蚀。

低温硫腐蚀 low temperature sulfur corrosion 原油中存在的硫及有机硫化物在不同条件下逐步分解生成硫化氢等低分子的活性硫，与原油加工过程中生成的腐蚀性介质(如氯化氢、氨、二氧化碳等)和人为加入的腐蚀介质(如乙醇胺、糠醛、水等)共同形成腐蚀性环境，在装置的低温部位(特别是气液相变部位)造成严重的腐蚀。如蒸馏装置常、减压塔顶的$HCl+H_2S+H_2O$腐蚀环境等。

氢鼓泡 hydrogen blistering 由于氢进入金属内部而产生的局部鼓泡现象。常见于钢因电化学腐蚀、电解或电镀时，因氢活度很高，以致在金属表面总有一定浓度的氢原子，其中一些没有结合成氢分子的高活度氢原子，扩散进入金属内部，而后结合成氢分子。因氢分子不能扩散，以致在金属内部氢气浓度和压力上升，使金属膨胀而局部变形，在钢的表面上可看到鼓泡现象。

氢脆 hydrogen embrittlement 原子氢渗入高强度钢造成材料韧性降低，发生脆性断裂的过程。腐蚀过程中化学反应产生的氢或材料内部的氢，以氢原子形式渗入高强度钢，造成材料韧性降低，在材料内部残余应力及外加载荷应力共同作用下发生脆性断裂。氢脆引起的开裂以表面开裂为主，也可能发生在表面下，断裂时一般不会发生显著的塑性变形；对强度较高的钢氢脆开裂一般形成沿晶裂纹。一般易发生在催化裂化装置、加氢装置、胺处理装置、酸性水装置和氢氟酸烷基化装置中在湿硫化氢环境下服役的碳钢管线和容器，以及加氢装置和催化重整装置的铬钼钢制反应器、缓冲罐和换热器壳体，尤其是焊接热影响区的硬度超过 HB235 的部位；采用高强度钢制造的球罐；高强度钢制螺栓和弹簧也易发生氢脆，甚至在电镀过程中渗入氢并发生开裂。

氢腐蚀 hydrogen attack 在高温高压临氢条件下，扩散到钢内部的氢与不稳定的碳化物或固溶碳发生化学变化反应生成甲烷，使钢材脱碳和产生晶界裂纹，这种氢损伤形态称为氢腐蚀。这是一种不可逆过程。氢腐蚀可使材料的抗拉强度、延性和韧性显著降低。

氢致剥离 hydrogen-induced disbonding 指设备停工冷却过程中，当温度降到 150℃以下时，由于在高温、高压环境中扩散到钢中的氢来不及向外释放，在某些条件下使堆焊层与母材开裂的损伤现象。在 250~550℃，硫化氢和氢共存时的腐蚀比单一硫化氢或氢腐蚀更强烈。这主要因为初生态的氢可渗透硫化铁膜，从而使膜疏松并失去保护作用。这种硫化铁膜的反复剥离与生成，使腐蚀加剧。

氯化物应力腐蚀开裂 chloride stress corrosion cracking（ClSCC）奥氏体不锈钢及镍基合金在拉应力和氯化物溶液的作用下发生的表面开裂。材料表面发生开裂，无明显的腐蚀减薄；裂纹的微观特征多呈树枝状，金相观察有明显的穿晶特征，但对敏化态的奥氏体不锈钢，沿晶开裂的特征更加明显。一般易发生在所有由奥氏体不锈钢制成的管道及设备、加氢反应后物料运储的管道和设备以及保温棉等绝热材料被水或其他液体浸泡后，可能会在材料外表面发生层下氯化物应力腐蚀开裂；此开裂也可发生在锅炉的排水管中。

连多硫酸应力腐蚀开裂 polythionic acid stress corrosion cracking（PASCC）在停工期间设备表面的硫化物腐蚀产物，与空气和水反应生成连多硫酸（$H_2S_xO_6$，$x=3\sim6$），在奥氏体不锈钢的敏化区域，如焊接接头部位，引起的开裂过程。这种开裂与奥氏体不锈钢在经历高温阶段时碳化铬在晶界析出，晶界附近的铬浓度减少，形成局部贫铬区有关。易发生在奥氏体不锈钢的敏化区域，多为晶间型开裂，开裂可能在短短几分钟或几小时内迅速扩展穿透管道和部件的壁厚。一般发生在加氢装置、催化装置、焦化装置、蒸馏装置等奥氏体不锈钢制设备和管道，如反应器、换热器、炉管、工业管线、膨胀节等奥氏体不锈钢制部件或构件。

胺应力腐蚀开裂 amine stress corrosion cracking 钢铁在拉伸应力和碱性有机胺溶液联合作用下发生的应力腐蚀开裂，是碱应力腐蚀开裂的一种特殊形式。多发生在设备和管线接触介质部位的焊接接头热影响区，在焊缝和靠近热影响区的母材高应力区也可能发生；热影响区发生的开裂通常平行于焊缝，在焊缝上发生的开裂既可能平行于焊缝，也可能垂直于焊缝；表面裂纹的形貌和湿硫化氢破坏引发的表面开裂相似，胺应力腐蚀裂纹一般为晶间型，在一些分支中充满了氧化物。易发生在吸收和脱除酸性气（H_2S 和 CO_2）装置或系统中；在贫胺环境中所有未经焊后热处理的碳钢管线和设备，包括吸收塔、汽提塔、再生塔、换热器，以及其他任何可能接触胺液的设备都存在一定的开裂倾向。

湿硫化氢破坏 wet hydrogen sulfide damage 在含水和硫化氢环境中碳钢和低合金钢所发生的损伤过程，包括氢鼓泡、氢致开裂、应力导向氢致开裂和硫化物应力腐蚀开裂四种形式。易发生在常减压装置、加氢装置、催化裂化装置、延迟焦化装置、制硫装置的轻油分馏系统、酸性水系统等，以及未采用抗氢致开裂钢制造的塔器、换热器、分离器、分液罐、球罐、管线等。

氢氟酸致氢应力开裂 hydrofluoric acid-induced hydrogen stress cracking 碳钢和高强度低合金钢暴露在氢氟酸水溶液中，在焊缝和热影响区等局部高硬度区表面发生的开裂。氢氟酸对金属表面腐蚀产生的氢原子扩散进入钢中，并在高应力区聚集，造成开裂。裂纹多呈晶间型，且一般只能通过金相观察进行验证；多在焊接接头附近产生断续的裂纹。易发生在所有在氢氟酸溶液中使用，且采用高强度低合金钢的管道和设备；高强度低合金钢制螺栓和压缩机部件及螺栓施加过量扭矩时，可能发生氢氟酸致氢应力开裂。

氨应力腐蚀开裂 ammonia stress corrosion cracking 碳钢和低合金钢在无水液氨中，或铜合金在氨水溶液和/或铵盐水溶液环境中发生的应力腐蚀开裂。对碳钢暴露于液氨中的未经热处理的焊缝金属和热影响区可发生开裂。对铜合金产生氨应力腐蚀开裂时多为表面开裂，穿晶或沿晶，裂纹中会有浅蓝色的腐蚀产物。一般易发生在换热器的铜锌合金管束、氨冷冻装置和一些润滑油炼制工艺中用于氨储运的碳钢或低合金钢制管线、储罐和其他设备。

碱应力腐蚀开裂 alkali stress corrosion cracking（ASCC）暴露于碱溶液中的设备和管道表面发生的应力腐蚀开裂。多数情况下出现在未经消除应力热处理的焊缝附近，可在几小时或几天内穿透整个设备或管线壁厚。此开裂通常发生在靠近焊缝的母材上，也可能发生在焊缝和热影响区；形成的裂纹一般呈蜘蛛网状的小裂纹，开裂常常起始于引起局部应力集中的焊接缺陷处。对碳钢和低合金钢上的裂纹主要是晶间型的，裂纹细小并组成网状，内部常充满氧化物；对奥氏体不锈钢的开裂主要是穿晶型的，和氯化物开裂裂纹形貌相似。一般易发生在碱处理的设备和管线，包括脱H_2S和脱硫醇装置、硫酸烷基化和氢氟酸烷基化装置中使用的碱中和设备；伴热设置不合理的设备及管线、经蒸汽清洗的碱处理设备及锅炉。

硝酸盐应力腐蚀开裂 nitrate stress corrosion cracking 碳钢和低合金钢在含有硝酸盐、硫化氢及NO_x的物料系统中，焊接接头区域存在拉伸应力作用的部位发生开裂的过程。此开裂常出现在焊接接头的焊缝金属和热影响区，其裂纹多为纵向；焊缝金属上的裂纹则以横向为主，主要为晶间型，裂纹内一般会充满氧化物。易发生在催化裂化装置再生系统，特别是再生器壁温低于烟气露点温度的部位。

碳酸盐应力腐蚀开裂 carbonate stress corrosion cracking 在碳酸盐溶液和拉应力共同作用下，碳钢和低合金钢焊接接头附近发生的表面开裂，是碱应力腐蚀开裂的另一种特殊情况。此开裂常见于焊接接头附近的母材，裂纹平行于焊缝扩展，有时也发生在焊缝金属和热影响区；易在焊接接头的缺陷位置形成开裂，裂纹细小并呈蜘蛛网状；裂纹主要为晶间型，裂纹内一般会充满氧化物。一般发生在催化裂化装置主分馏塔塔顶冷凝系统和回流系统及下游的湿气压缩系统和这些工段排出的酸性水管线、设备；制氢装置的碳酸钾、钾碱和二氧化碳脱除系统的设备、管线。

异种金属焊缝开裂 dissimilar metal weld cracking 热膨胀系数差别大的两种材料，焊接后由于变形不协调在焊接接头区域发生开裂的过程。易发生在采用异种金属焊接结构的高温服役设备和管道，典型情况有催化裂化装置的再生器和相连管道、部分更换新材质的加热炉炉管、部分更换新材质的管道焊接接头；铁素体材料与奥氏体材料组合焊接的过热器和再热器。

蠕变断裂/应力断裂 creep-rupture/stress-rupture 在高温下，金属部件在低于屈服应力的载荷下会缓慢不断地变形，这种蠕变损伤会最终导致断裂。如加热炉炉管、管托、吊架、催化分馏塔和再生器内构件等。

金属脱碳 metal decarburization 热态下介质与金属中的碳发生反应，使合金表面失去碳。脱碳一般仅发生在金属表面，极端情况下可能发生穿透脱碳，脱碳后的合金出现软化现象。因脱碳层没有碳化物相，碳钢在完全脱碳后可变为纯铁。一般易发生在加氢装置、催化重整装置中在高温临氢环境下服役的设备和管道以及热加工成型的设备和管道部件。

脱金属腐蚀 metal removal

corrosion 多相合金中一个或多个相在介质的腐蚀作用下先发生损失，甚至脱除，导致材料密度降低，呈现多孔特征的过程。多相合金表面组分的耐腐蚀性能不同，在腐蚀介质的作用下活性较大的组分被优先溶解或氧化，较稳定的组分则残留下来。脱金属腐蚀时，一些材料颜色会发生明显变化，或出现侵蚀形貌，跟合金材料性质有关。一般易发生在地下铸铁管道；盐水、海水、自来水、生活用水环境中使用的黄铜或铝铜换热管；锅炉给水管道系统的青铜泵、蒙乃尔合金滤网、黄铜压力表附件等。

高温硫化腐蚀　high temperature sulfidation corrosion 金属在高温条件下与含硫介质（如 H_2S、SO_2、Na_2SO_4、有机硫化物等）作用，生成硫化物的过程，称为金属的高温硫化。如含硫流体的高温环境下的管线和设备腐蚀。

475℃脆化　475℃ embrittlement 含铁素体相的合金暴露于 316～540℃温度范围时，材料产生脆化的过程，尤其在 475℃附近时脆化最为敏感。它使材料硬度增加，韧性降低。易发生在催化裂化装置、常减压装置、延迟焦化装置中高温容器内件、分馏塔盘；用敏感材料制造，且暴露于脆化温度范围内的所有设备及长时间暴露于 316℃以上的双相不锈钢换热管及其他部件。

耐火材料退化　refractory material degradation 隔热和抗冲蚀耐火材料受到机械损伤以及氧化、硫化和其他高温腐蚀的影响发生的性能退化过程。耐火材料出现开裂、剥落或剥离，或暴露于湿气中而引起材料软化或性能退化，或遭受介质腐蚀发生性能退化。焦炭沉积物可能在耐火材料层下析出，加快耐火材料开裂和退化；冲蚀环境中使用的耐火材料可能被冲蚀减薄，使耐火材料锚固系统暴露出来。如催化裂化装置反应器、再生器、容器、管道废热锅炉、加热炉衬里退化。

渗碳　carburizing 高温下金属材料与碳含量丰富的材料或渗碳环境接触时，碳元素向金属材料内部扩散，导致材料含碳量增加而变脆的过程。材料表面形成具有一定深度的渗碳层，表面硬度增加，延性降低；渗碳部位构件壁厚或体积可能增加、渗碳后合金的铁磁性可能增强。一般发生在所有火焰加热炉炉管，尤其是催化重整装置和延迟焦化装置加热炉炉管、乙烯裂解炉炉管、蒸汽转化炉炉管，以及其他采用蒸汽/空气除焦的加热设备。

短时过热－应力开裂　short-term overheating-stress cracking 因局部过热，在相对低应力水平下发生永久变形，通常因鼓胀并应力断裂失效。如常减压、重油加氢、焦化装置有结焦倾向的加热炉炉管。

回火脆化 temper embrittlement 低合金钢长期暴露在343~593℃范围内，操作温度下材料韧性没有明显降低，但降低温度后发生脆性开裂的过程。采用夏比V形缺口冲击试验测试，回火脆化材料的韧脆转变温度较非脆化材料升高。易发生在服役温度长期高于343℃的各种低合金钢制装备，如加氢处理装置反应器、热进料/出料换热器及热高压分离器，催化重整装置反应器、换热器，催化裂化装置反应器和焦化装置焦炭塔、换热器。

再热裂纹 reheat crack 金属在焊后热处理或高温服役期间，高应力区因应力松弛而发生开裂的过程。高温下材料因应力消除或应力松弛，粗晶区应力集中区域的晶界滑动量超过该部位塑性变形能力而发生开裂。再热裂纹为晶间开裂，发生表面开裂或内部开裂取决于设备的应力状态和几何结构，常见于厚壁断面，最常见于焊接接头热影响区的粗晶段。易发生在厚壁管道、厚壁容器的接管焊接接头等高拘束区及高强低合金钢制造的设备。

热疲劳 thermal fatigue 温度变化引起的周期应力作用造成设备疲劳开裂的损伤过程。热疲劳裂纹始发于受热表面热应变最大区域，一般有若干个疲劳裂纹源，裂纹垂直于应力方向从表面向壁厚深度方向发展，受热表面产生特有的龟裂裂纹，以单个或多个裂纹形式出现，裂纹通常较宽，以穿晶型为主，裂隙多充满高温氧化物；蒸汽发生器的截面厚度变化处多有应力集中，裂纹易在此类部位及角焊缝根部发生；吹灰器中的水可引起热疲劳龟裂，以周向裂纹为主，轴向裂纹为辅。如发生在焦炭塔壳体和焦炭塔裙座上的裂纹。

σ相脆化 σ-phase embrittlement 奥氏体不锈钢和其他铬含量超过17%(质量比)的不锈钢材料，长期暴露于538~816℃温度范围内时，析出金属间化合物(σ相)而导致材料变脆的过程。σ相脆化可通过金相分析或冲击试验检测，易在焊接接头或高应力区域出现开裂；铸态奥氏体不锈钢中可含大量铁素体相/σ相(σ相质量比高达40%)，高温下其延展性很差。易发生在催化裂化装置再生器的不锈钢旋风分离器、不锈钢管道系统及不锈钢阀门，奥氏体不锈钢堆焊层、不锈钢制换热器的管子-管板焊接部位和不锈钢加热炉炉管。

脆性断裂 nonplastic fracture 金属材料受力后没有发生明显的塑性变形就突然发生的快速断裂。脆性断裂的全过程包括裂纹的萌生与扩展，当材料性质与外加应力配合最不利时，就可能萌生裂纹。裂纹多平直、无分叉，塑性变形小，裂纹周围无剪切唇或局部颈缩，在显微镜下断口基本呈解理形貌，有时存在少量的沿晶裂纹和韧窝。易发生在轻质烃球罐，高温工艺下运行的设备；在开车、停车、水压试验、气密试验期间可能发生脆性断裂，尤其是厚壁设备，材料未进行冲击试验，或冲击试验的韧性指标较低的材料制造的设备。

热冲击 heat shock；hot impact 由于急剧加热或冷却，设备材料在较短的时间内产生大量的热交换，局部温度发生剧烈的变化，形成较高的温度梯度，因产生变形不协调形成高热应力，甚至发生开裂的过程。热冲击引发的表面开裂多呈现为“发丝状”裂纹。易发生在延迟焦化焦炭塔和快速停开工设备。

金属粉化 metal pulverization 渗碳钢在482~816℃温度范围内服役，且介质或工艺流体环境中含有碳和氢时，金属发生损失，并在表面形成含石墨金属粉尘的腐蚀斑的过程。低合金钢发生金属粉化后材料表面通常有大量腐蚀坑，有时也发生表面均匀减薄，腐蚀坑内或腐蚀面的腐蚀产物通常为金属颗粒和疏松碳粉的混合物，也可能为金属氧化物颗粒和碳化物颗粒的混合物。不锈钢和高合金钢发生金属粉化后通常形成局部减薄，可在表面观察到深而圆的腐蚀坑，腐蚀产物底层的金属严重渗碳。易发生在表面渗碳的火焰加热炉炉管、热电偶套管及炉内构件，如催化重整装置加热炉、焦化装置焦化炉的炉管、热电偶套管及炉内构件以及甲醇转化炉出口管道等。

氢致开裂 hydrogen induced cracking(HIC)指金属材料处在含氢的介质(如硫化氢的水溶液)中，在电化学腐蚀过程中析出的氢进入金属材料内部而产生阶梯形裂纹，这些裂纹的生长发育最终使金属材料发生开裂。这种破坏多发生于临氢设备和管线处。

应力导向氢致开裂 stress oriented hydrogen induced cracking (SOHIC)与氢致开裂相似。但却是一种潜在的更具有破坏性的形式，表现为堆叠于彼此顶部裂纹阵列，结果是由高(残余或外加)应力水平导致，形成垂直于表面的全厚度裂纹。它们通常出现于焊缝热影响区附近的母材处，因氢致开裂损伤或包括硫化物应力裂纹在内的其他裂纹或缺陷而引起。

硫化物应力腐蚀开裂 sulfide stress corrosion cracking (SSC) 指碳钢和高强度合金钢受到拉伸应力作用，在湿硫化氢环境中以裂纹方式出现的脆性破坏。硫化物应力腐蚀开裂往往不需要很高的载荷，而且裂纹发展速度非常快。裂纹无分枝，或分枝很少，多为穿晶型，也有晶间型或混合型。

定点测厚 fixed-point thickness measurement 目前国内外炼化企业普遍采用的腐蚀监测技术。指采用超声波测厚方法，通过测量壁厚的减薄来反映设备管线的腐蚀速度。定点测厚分为在线定点、定期测厚和检修期间定点测厚。

在线腐蚀监测 on-line corrosion monitoring 利用电阻、电感、电化学等监测技术，将多个腐蚀探针的监测信号通过模数转换、远程传输、数据处理、软件集中控制等实现多路在线自动腐蚀监测。它的特点是实时高效，成为目前国内外炼化企业普遍采用的腐蚀监测方法之一。

腐蚀介质分析 corrosive medium analysis 常用分析技术有常减压塔顶冷凝水分析、催化裂化装置酸性水分析、加氢装置酸性水分析等。如冷凝水分析主要用于监测装置低温部位腐蚀情况，常规分析项目有 $Fe^{2+/3+}$、Cl^-、pH 值、S^{2-} 四项等。通过腐蚀介质分析可以判断被监测部位总的腐蚀情况，以便于及时调整工艺操作，减轻腐蚀。还可用于监测、评价工艺防腐措施的使用效果。

腐蚀产物分析 corrosion product analysis 在装置运行或检修期间，对腐蚀设备进行腐蚀产物取样分析，通过定性和定量分析，结合设备实际工艺操作条件(温度、压力、介质等)，判断腐蚀产物组成，为确定腐蚀机理提供依据。目前常用的腐蚀产物分析方法有显微镜法、X射线衍射法、火焰光谱法、化学分析等。

氢探针 hydrogen probe 一种快速连续测量氢渗程度的工具。探针是模仿一个带有内部夹层的钢板，用以测出氢渗所形成的压力，如果压力升高，即表示有氢鼓泡的潜在危险。适用于气相中的测量，可插入塔体或气体集合器中，氢渗单位是 $cm^2/(cm^2 \cdot d)$。探针外壳的厚度为 0.508～1.524mm 的薄壁管，内部加圆柱塞棒，环形空间的径向尺寸为 0.025～0.076mm，从环形空间到压力表和旁路支管到阀的体积都应保持最小，以保证探针的灵敏度。

氢通量腐蚀监测 hydrogen flux corrosion monitoring 基于测量设备管线外壁渗出的氢原子量来反映设备内部腐蚀程度。该测量方法采用光电离微元素测量技术，光电离微元素测量由气体收集导管、光电离室、传感器和综合分析装置组成。整个分析过程可在几到十几秒内完成。在炼油厂中，该技术常用于监测高温环烷酸腐蚀、湿硫化氢环境下的腐蚀，各种形式的氢损伤等，也可用于工艺防腐注剂的评价和实时控制。

烟气露点监测 flue gas dew point monitoring 为了节能降耗，保证加热炉、余热锅炉等排烟温度尽量低，且不造成设备腐蚀，采用露点测试仪准确测试烟气的露点温度，并进行定期监测。

红外成像监测　infrared imaging monitoring 采用探测器测出物体表面的辐射能，根据物体的辐射率，得到物体的绝对温度，从而实现物体温度分布的测量。通过对温度分布结果的分析，找出温度异常的部位，总结出被监测出设备的运行状态。主要用于监测诊断加热炉炉管、加热炉衬里、反再系统衬里、蒸汽管线、烟气管道等设备故障，评价炉管寿命、衬里损伤和保温效果等。

无损检测　nondestructive examination 石油炼制企业设备腐蚀监测最有效的手段之一。无损检测技术包括超声波、磁粉、渗透、涡流、声发射等，根据每项无损检测技术的特点来进行腐蚀监督与检测。如超声波检测主要是用于超声波定点测厚；磁粉检测主要用以探测磁性材料中表面或表面附近的缺陷如裂纹或点蚀；涡流检测主要用于冷换管束检查，也可用于油罐底板腐蚀检查。

超声波内部检测　ultrasonic internal testing 是当前检测各种成因管道裂纹的最佳选择。实施管道内部检测，可以直接发现管道的金属损失或裂纹，明确缺陷位置，指导维修的重点部位。

露点探针　dew point probe 可以准确监测到塔顶露点温度条件下，不同材质的腐蚀速度，评价工艺防腐效果。它使用仪表风冷却探头，人为地在探头表面制造一个露点状态，从而实现露点条件下的腐蚀速度监测。

带保温层管道腐蚀超声导波检测　ultrasonic guided wave detection to pipeline corrosion with insulation layer 在管道上安装环形传感器，由计算机控制电信号激发传感器，在传感器和管体表面的均匀空间产生导波，在管体内沿着轴向向管道两边均匀传播，像个环形的波在扫查整个管道。如管道某一部位发生腐蚀，导致缺陷波除了反射外还会发生散射，同时会发生模式的转换，反射回来的就是缺陷波叠加转换波形成分的波，而由非均匀的源产生的转换波能揭示出管道在某处出现了缺陷。该技术对于截面损失率>9%的腐蚀检出率为100%。

覆盖层保护　covering layer for protection 用耐蚀性能良好的金属或非金属材料覆盖在耐蚀性能较差的材料表面，将其材料与腐蚀介质隔离开来，以达到控制腐蚀的目的。这种保护方法称为覆盖层保护，此覆盖层则称为表面覆盖层。

金属覆盖层　metallic coating 用耐蚀性能较好的一种（或多种）金属或合金把耐蚀性较差的金属表面完全覆盖起来以防止腐蚀。通过一定的工艺方法牢固地附着在基体金属上，而形成几十微米至几毫米以上的功能覆盖层称为金属覆盖层。

热喷涂金属覆盖层 thermal spraying metallic coating 将金属熔化后高速喷涂到基体表面形成机械结合覆盖层的工艺。此工艺灵活，各种材料金属均可喷涂，形成几十微米至几毫米的附着层。该法主要用于防止大型固定设备的腐蚀，也可用来修复表面磨损的零件。

化学镀金属覆盖层 chemical plating metallic coating 在溶质中通过离子置换或自催化反应使金属离子沉积到基体表面形成覆盖层的工艺。多在水溶液中常温或低温处理，工艺简单，覆盖层厚度一般<25μm。适合各种复杂零件防腐蚀装饰层或作金属与有机件的预镀底层。目前用于铜和镍及其合金等。

熔融与堆焊 melting and surface welding 通过喷涂熔融或电焊、真空熔覆的方法，获取熔融致密的扩散结合层。一般作厚毛坯件，需磨削精加工。主要用于修复或特种防腐蚀。

爆炸复合金属板层 explosively clad metal plate 通过爆炸的方法把覆盖层金属复合在基体金属表面，可得到其他方法达不到的覆盖层厚度和薄层。主要用于管、板、棒等半成品件材，常见覆盖材料有不锈钢、钛、镍等。

热扩散金属覆盖层 thermal diffusion metallic coating 是利用热处理的方法将合金元素的原子扩散入金属表面，以改变其表面的化学成分，使其表面合金化，以改变钢表面硬度或耐热、耐蚀性能，故热扩散金属覆盖层又称表面合金化。热扩散工艺方法有粉末包渗法、镀层扩散法、液体扩散法、气体扩散法。如防腐中应用的渗铝、渗铬等。适合于精密螺纹件的特殊防护。

金属衬里 metal lining 把耐蚀金属，如衬钛、铝、不锈钢等，衬在基层金属(一般为普通碳钢)上，以确保设备具有很强的耐蚀性。

非金属覆盖层 nonmetallic coating 在金属设备上覆盖上一层有机或无机的非金属材料进行保护，以达到防腐蚀的作用。

涂料覆盖层 coating covering layer 涂料是目前防腐蚀应用最广的非金属材料品种之一，是在金属设备上覆盖上一层有机或无机非金属材料进行保护。防腐蚀涂料有几道涂层，以组成一个涂层系统发挥功效，包括底层、中间层、面层。涂覆方法一般有涂刷、注涂、喷涂、静电喷涂、电泳涂装等。

橡胶衬里 rubber lining 因橡胶具有良好的耐酸和耐碱性，而且具备一些特有的加工性质，如优良的可塑性、可粘接性、可配合性和硫化成型等特性，所以被广泛用于金属设备的防腐衬里或复合衬里中的防渗层。作为金属设备的防腐衬里，将腐蚀介质与被保护表面隔离开，起到很好的防腐作用。可用于静设备衬里，也可用于运动零件(如搅拌桨、泵和风机叶轮)的耐蚀、抗磨的包覆材料。

塑料衬里 plastic lining 指把塑料薄层直接黏合在金属表面上作为覆盖层，以能抵抗酸、碱、盐的侵蚀。如聚四氟乙烯作设备或管道衬里防止酸碱腐蚀，用在酸碱处理装置。

砖板衬里 tiled lining 指用砖板材料衬于钢铁或混凝土设备内部，将腐蚀介质与被保护表面隔离开。这是一种防腐蚀性能好、工程造价高的防腐蚀技术。砖板衬里技术包括材料、胶合剂、衬里结构的选择和施工。如用于碱渣罐衬里。

玻璃钢衬里 glass fibre reinforced plastic lining 因玻璃钢具有重量轻、强度高、耐腐蚀、成型好与适用性强的优异性能，常将玻璃钢作为材料衬里层，主要起屏蔽作用。一般玻璃钢衬里层由底层、腻子层、玻璃钢增强层及面层组成。常用的有环氧树脂、酚醛树脂、呋喃树脂等几种材料。主要应用于含硫污水、污油罐作内防衬里。

表面转化膜层 surface conversion coating 任何金属裸露在环境介质中，都会自发氧化反应生成纳米级厚的氧化膜层。薄膜理论认为，这层热稳定膜层会覆盖金属表面，阻滞阳极反应，促使阳极钝化形成钝化膜。这层薄膜是由金属表面转化来的，故称表面转化膜层。

渗铝 aluminizing 是解决炼油厂设备腐蚀的一种有效手段。在钢件表面喷铝后，再按一定的操作工艺在高温下热处理，使铝向钢表层内扩散，形成渗铝层。渗铝后的金属材料表面显微硬度增高，有良好的耐磨性，如碳钢和铬钼钢表面渗铝后所得到的渗铝钢具有优良的耐高温硫、耐环烷酸腐蚀和耐高温氧化性能。渗铝有粉末包埋渗铝、料浆感应渗铝及热浸渗铝等。

钎焊熔镀耐蚀合金涂层 corrosion resistantalloy coatings by brazing molten plating 采用合金化原理，制出耐蚀合金粉末，并用胶黏剂涂覆固化，在保护气氛中熔镀烧结而成。主要用以解决工业加热炉、锅炉对流室及空气预热器的硫酸露点腐蚀问题。用熔镀耐蚀合金生产的钎焊翅片管和其他无机涂层相比，具有耐热性好、导热效率高、耐热冲击性能优良和不易脱落等优点。

镍-磷化学镀 nickel-phosphorus chemical plating 化学镀是利用还原剂使溶液中的金属离子有选择地在经过活化的材料表面上还原析出，形成金属镀层的一种方法。化学镀镍-磷合金具有优良的耐硫化氢、二氧化硫和氯离子的侵蚀能力。

激光表面熔覆与合金化 laser surface cladding and alloying 激光表面熔覆技术是用激光将金属表面所

涂合金粉层熔融，同时也将基体熔化一薄层，从而形成冶金结构的强化层。而激光表面合金化技术则是将金属基体表面熔化，同时加入合金元素（或颗粒），在以基体为溶剂、合金元素为溶质的基础上构成表面强化层。熔覆与合金化元素通常采用预沉积或同步沉积两种方法涂在基层表面。

电化学保护 electrochemical protection 根据电化学原理在金属设备上采取措施，使之成为腐蚀电池中的阴极，从而防止或减轻金属腐蚀的方法。

阴极保护法 cathode protection method 金属的一种电化学保护法。通过采用牺牲阳极或外加电流，使需要保护的设备成为阴极，从而使之免遭腐蚀或减轻腐蚀。多用于地下管线的土壤腐蚀防护和炼油厂中水腐蚀防护。按保护电流的电源分，可分为牺牲阳极法和外加电流法。

牺牲阳极护保法 sacrificial anode protection method 又称护屏保护。一种阴极保护法。把电位负值较大的金属用导线与需被保护的金属相连，使它们在电解质溶液中构成一个大电池。这时，因外加金属电位较负，作为阳极被腐蚀，原金属电位较正，作为阴极被保护。即设备保护是靠牺牲另一种电位较负的金属而实现的。此法宜用于导电性能良好的盐溶液中（如防止海水腐蚀和土壤腐蚀），不宜用于导电性差和强腐蚀介质中。牺牲阳极法主要应用于防止电缆、石油管道、原油罐底及地下设备和化工设备等的腐蚀。

外加电流阴极保护法 impressed current cathodic protection method 一种阴极保护方法。把需保护设备用导线连接外加电流的负极，把另一辅助阳极连接电源的正极，这时电源便给金属设备提供阴极电流，金属设备的电位就向负的方向移动。当电位接近或降到原来存在的腐蚀电池阴极起始电位时，便减少或消除电位差，也就消除或减轻电化学腐蚀。炼油厂水浸式冷却器、油罐、水罐、地下管道等均可使用此法防腐蚀。

排流保护法 drainage protection method 防止埋地金属管线或构件受杂散电流腐蚀的电化学保护方法。在被保护金属的阳极区部位上用绝缘电缆与排流设备连接，使杂散电流顺排流设备流至发生杂散电流的阳极保护管线，或引至人工埋设的阳极上去。

深井阳极保护技术 deep well anode protection technology 属外加电流阴极保护技术的一种。主要应用于已经建成的储罐，尤其适用于空间狭小地区，可以将整个油罐区及其地下金属构筑物联合保护，即对某一特定面积内的所有金属构筑物进行全面保护——区域性阴极保护。随着新式阳极材料的应用，深井阳极保护系统已满足了大电流保护的要求。

网状阳极保护 meshed anode protection 属外加电流阴极保护法的一种。由混合金属阳极带和钛导电片组成，阳极网处于罐底板下回填沙中，距罐底板200mm，钛连接片与阳极垂直交叉并焊在一起，为检测罐底板某部位的保护电位，在基础回填沙中埋3~6支长效参比电极。它只能应用于新建储罐，因网状阳极需预铺设在储罐沙层基础中。优点是电流分布均匀，输出可调；对其他设施干扰小；保护年限长。

涂料与阴极保护联合防护 combined protection of coating with cathodic protection 采用涂料与牺牲阳极保护联合防护，使裸露的金属获得集中的电流保护，弥补了涂层缺陷，是原油储罐底板防腐最为经济有效的方法。

金属热喷涂和涂层联合防护 combined protection of metal thermal spraying with coating 采用热喷涂技术对设备及钢结构进行防腐，由于喷涂材料为无数变形粒子相互交错波浪式堆在一起的层状组织结构，在颗粒与颗粒之间不可避免地存在一部分孔隙式空间，因此一般选用涂层来封闭这些孔隙以免腐蚀介质进入基材。如防湿硫化氢球罐、焦化粗汽油罐、常减压常顶罐、常减压减顶罐等均采用该法来防护。

腐蚀适应性评估 corrosion adaptability evaluation 根据装置重点部位腐蚀情况相关数据McConomy曲线、API581标准、ASME推荐的方法等和实际腐蚀速率、最小承压壁厚，并将设备管道的实际用材与加工高含硫原油部分装置在用设备及管道选材指导意见及设计选材导则等进行对比，结合工艺防腐现场情况和专家经验，对炼油装置加工劣质原料进行腐蚀适应性安全评价，对于存在以及可能存在安全隐患的部位，给出可操作的解决方案。

润滑脂腐蚀试验 grease corrosion test 用以确定润滑脂对金属腐蚀性的试验。将规定的金属片置于润滑脂试样中，在一定温度下，经一定时间后，检查金属片颜色的变化，以确定润滑脂对金属是否有腐蚀性。

工业挂片腐蚀试验 industrial coupon corrosion test 对炼油厂设备腐蚀进行观察测试的一种试验方法。把待试的钢材做成一定形状的挂片，安放在生产设备一定的位置上，使挂片接触腐蚀介质，经过规定时间腐蚀后，由腐蚀前后的质量损失、挂片面积和腐蚀时间，便可推算出腐蚀速度。其目的是复核使用材质是否合适，并寻找和选择适用的材料，以满足设计选材的需要。

防锈油脂腐蚀性试验 anti-rust grease corrosion test 将金属片浸在一定温度的防锈油脂中，经规定时间后，以金属试片颜色及质量变化来评定油脂对金属的腐蚀。目的是检验油脂在与金属长时间接触时，油脂组分和杂质对金属表面的腐蚀作用。是防锈油脂的质量指标之一。

应力腐蚀试验 stress corrosion (cracking) test 对材料在拉应力作用下，在相应的介质中进行试验，判断该材料是否能承受这个特定环境下的应力腐蚀。

6.16 润滑油脂的生产专用设备

气相氟化反应器 gas phase fluorination reactor 采用金属氟化物气相法制备全氟碳油的反应设备。其结构包括釜体、减速机、搅拌、加热器等。

液相氟化反应器 liquid phase fluorination reactor 采用金属氟化物液相法制备全氟碳油的反应设备。其结构包括釜体、减速机、搅拌、加热器等。

电解氟化反应器 electrolytic fluorination reactor 采用电解氟化法制备含氟化合物的反应设备。

氟氯裂解反应釜 fluorochlorine cracking reaction kettle 采用催化裂解反应制备氟氯碳油的反应设备。其结构包括釜体、减速机、搅拌、加热器等。

聚合单体计量罐 polymerization monomer metering tanks 低温下用来计量聚合单体质量、监控单体加料速度、临时储存单体的设备。其结构包括罐体、夹套等。

光氧化聚合反应器 photooxidation polymerization reactor 采用低温光氧化聚合反应制备全氟聚醚油的反应设备。反应器由釜体、盘管、紫外发生器等组成。

脱氯反应器 dechlorination reactor 采用脱氯反应制备三氟氯乙烯单体的反应设备。其结构包括釜体、减速机、搅拌器等。

真空泵机组 vacuum pump unit 产生高真空和超高真空工况的设备。通常可分为罗茨真空机组、扩散泵真空机组等。根据工作真空度、抽气速率、抽取介质等因素选用串联级别和种类。

微孔板 microplate 用于氟化反应气体均匀分布的一种由金属粉末压制烧结而成的多孔材料。具有良好的机械加工性能，也可用于精密过滤。

玻璃过滤器 glass filter 俗称砂芯漏斗，用于过滤液体或气体，消除其中的固体杂质。根据砂芯滤板的孔径大小，将砂芯漏斗分成G1到G6六种规格。从G1到G6过滤精度可由250μm到1.2μm不断提高。

分子蒸馏设备 molecular distillation equipment 高真空度下精细分馏的设备。采用多级串联可提高分离效率，实现不同物质的多级分离。主要包括：分子蒸发器、脱气系统、进料系统、加热系统、冷却真空系统和控制系统。核心部分是分子蒸发器，主要有3种：(1)降膜式：结构简单，分离效率差；(2)刮膜式：分离效率高，但结构复杂；(3)离心式：蒸发效率高，但结构复杂，制造成本高。

塔式氟化反应器 tower fluorinated reactor 用微孔板作气体分布器的立式反应设备。由釜体、冷凝器、加热器、气体分布器等组成。具有极高的储液量和气液相接触面积大、传质和传热效率高、反应稳定高效、结构简单、容易清理的特点。

釜式氟化反应器 tank fluorinated reactor 一种用于实现气液相反应的釜式氟化反应器，由釜体、搅拌、换热器等组成。

制氟电解槽 fluorine electrolyzer 电解氟化氢制备氟气的设备，由槽体、阳极、阴极、隔膜、换热器等组成。

氟气膜式压缩机 diaphragm type fluorine compressor 靠隔膜在气缸中作往复运动压缩和输送氟气的往复式压缩机。由于输送介质不与润滑剂接触，保证了压缩气体的纯度。

氟气净化塔 fluorine purification tower 用于除去氟气中的氟化氢等杂质净化氟气的设备。通常采用氟化钠作吸收剂。

氯化反应器 chlorinating reactor 油品直接氯化的反应设备。按结构分为塔式反应器和釜式反应器。材质以搪瓷最佳。

碱脱羧反应器 alkali decarboxylation reactor 含氟油与碱反应脱除不稳定基团的高压反应设备。其结构包括釜体、调速器、搅拌、加热器等。

光照反应器 illumination reactor 在紫外光照射下去除全氟聚醚粗油中过氟基团的反应设备。由釜体、紫外发生器组成。

制冷机组 refrigerating machine unit 由高温级制冷机、低温级制冷机组合获取超低温冷源的设备，最低温可达-80℃左右。

过热蒸汽加热器 superheated steam heater 采用低电压、高电流直接加热蒸汽产生过热蒸汽的设备。过热蒸汽温度可达750℃以上。

聚四氟乙烯裂解反应器 polytetrafluoroethene cracking reactor 由高温过热蒸汽和电热提供能量使聚四氟乙烯树脂裂解制备四氟乙烯单体的设备。由釜体、筛板、加热器等组成。

含氟尾气吸收塔 fluorine containing tail gas absorber 含氟尾气

与碱性溶液逆流接触除去氟气及氟化物的填料吸收塔。特点是吸收效果好，操作简单，碱溶液可循环使用。

钾盐溶液蒸发器 potassium salt solution evaporator 用水蒸气加热钾盐溶液进行真空蒸发，提高溶液中溶质浓度的化工分离设备。主要由加热室和蒸发室两部分组成。

尾气处理装置 tail gas treatment unit 含氟油脂生产过程中用于回收处理含氟尾气中氟元素的生产装置。工作原理是采用喷射技术产生的真空作为处理含氟尾气的动力，以氢氧化钾水溶液吸收处理含氟尾气，所得母液经蒸发结晶回收利用。

百级超净间 class 100 clean room 指生产润滑油脂的某个车间或某个车间的局部，生产正常运行过程中，其空间范围内空气中的微粒子等指标达到 GB 50073《洁净厂房设计规范》中百级要求。超净间作用是控制产品所接触空气的洁净度及温湿度，使产品能在一个符合产品标准要求的环境空间中生产、制造。净化级别主要是根据每立方米空气中粒子直径大于划分标准的粒子数量来规定。

四氯化硅醇解反应釜 alcoholysis reactor for silicon tetrachloride 四氯化硅与有机醇等原料进行醇解反应的设备。主要由釜体、搅拌器、换热器、真空源等组成。

硅油氯化反应器 silicone oil chlorination reactor 氯苯基硅油生产中的氯化工序的反应设备。主要由釜体、搅拌器、氯气分配器、加热器、氯气吸收罐等组成。

硅油格氏反应器 silicone oil Grignard reactor 用于格氏试剂与有机硅氧烷反应，制备甲基苯基硅氧烷的设备。主要由釜体、搅拌器、加热器、真空源等组成。

有机硅单体水解反应釜 organosilicon monomer hydrolysis reactor 各种有机硅单体进行水解反应的主要设备。主要由釜体、搅拌器、加热器、密封装置、加水装置、真空源等组成。

硅油聚合反应釜 silicone oil polymerization reactor 各种有机硅原料进行高分子聚合和平衡化反应的主要设备。主要由釜体、加热器、搅拌器等组成。

硅油精馏塔 silicone oil rectification column 聚合反应完成后的粗硅油进行精馏的一种塔式气液接触装置。主要由塔体、加热器、搅拌器、真空源等组成。

酯化釜 esterification reactor 用于醇与酸进行酯化反应，制备酯类油的设备。酯化釜由釜体、搅拌器、加热器、真空源等组成。

碱水洗釜 alkaline water wash kettle 用于碱水洗工艺，利用氢氧化钠中和反应除去粗酯中过量酸、催化剂等杂质的设备。主要由釜体、搅拌器和加热器等组成。

调配釜 blending kettle 酯类基础油调和或与添加剂溶解混合的设备。主要由釜体、搅拌器、加热器、真空源组成。本设备也可以用于酯类油的真空脱水操作。

均质机 homogenizer 又称均质泵，是润滑脂均化设备之一。由三缸往复式柱塞泵、均脂阀、耐震压力表和电动机组成。是通过挤压、强冲击和泄压膨胀等作用使润滑脂均匀细腻的设备。

剪切器 shear device 一种简易的均化设备，其工作过程是润滑脂在一定的工作压力下，受到剪切应力的作用，使稠化剂充分分散在基础油中，从而使产品得到均化。剪切器类型包括孔板剪切器和静态剪切器两种。

静态剪切器 static shear device 指在一定的工作压力下，润滑脂高速通过座盘上的圆孔，润滑脂经受强挤压和高速冲击作用，实现对润滑脂的剪切与均化的设备。静态剪切器是由本体、固定的带孔座盘、带有锥形杆的阀盘、密封装置、阀杆和手轮等组成。

孔板剪切器 orifice plate shear device 安装在润滑脂调和釜的循环管道上，当润滑脂物料在一定工作压力下通过剪切板时，受到剪切应力的作用，使稠化剂充分分散在基础油中，使产品得到均化。可通过更换不同孔径的剪切板改变剪切分散的程度。

真空脱气罐 vacuum degassing tank 利用真空泵对脱气罐抽真空，实现为罐中润滑脂脱气的设备。脱气罐包括储罐或带搅拌的密闭釜两种形式。主要设备包括脱气罐、旋片式真空泵和出料泵。

皂化管式反应炉 tubular saponification furnace 润滑脂生产连续式皂化制脂设备。具有连续进行皂化反应、操作简单、调节方便、生产能力大、皂化时间短、皂化反应完全、综合能耗低等特点。适用于批量大、品种单一的润滑脂的生产。主要有套管式反应器、管式加热炉和湍流式接触器等类型。

闪蒸罐 flash tank 润滑脂管式炉连续式生产的配套设备之一，用于管式炉出口物料的泄压脱水。

刮边器 surface scraper 指设置在润滑脂皂化反应釜和调和釜的搅拌框上的各种形式的刮刀或者刮板。其作用是刮下黏附在釜内壁上的黏稠物料，以促进传热和强化搅拌。分为固定式刮边器、活动式刮边器和弹簧压紧式刮边器等。

三重搅拌制脂釜 triple stirred tank for manufacturing grease 制备润滑脂的反应釜，搅拌系统由双向搅拌器和釜底推进式搅拌器组成。其特点是传热效率高，是普通釜的4倍，可节约操作时间30%~80%。

超净间 clean room 又称无尘

室或清净室。指将一定空间范围内空气中的微粒子、有害空气、细菌等污染物排除，并将室内温度、洁净度、室内压力、气流速度与气流分布、噪声振动及照明、静电控制在某一需求范围内而特别设计的房间。其具有不论外在空气条件如何变化，其室内均能维持原先设定要求的洁净度、温湿度及压力等性能的特性。

压盖机　closing machine 润滑油脂灌装过程中一种专用的封口设备。可以实现盖与容器的螺纹或非螺纹连接形式的封口，能够保证压盖紧密和压盖后盖子的平整。

灌装过滤器　filling filter 将润滑油脂产品中的杂质过滤掉以达到标准要求的一种设备。能滤掉生产过程中带入的和生产原料中未经处理的杂质。另外过滤器还起对润滑油脂进行均化、分散的作用。

条码打印机　barcode printer 属于打印机的一种，作用是打印条码。其和普通打印机的最大区别就是，条形码打印机的打印是以热为基础，以碳带为打印介质(或直接使用热敏纸)完成打印。这种打印方式的最大优点在于它可以在无人看管的情况下实现连续高速打印。它所打印的内容一般为企业的品牌标识、序列号标识、包装标识、条形码标识、信封标签、服装吊牌等。

三辊磨　triple-roll mill 由三个空心辊筒、齿轮机构、进料挡板、出料刮刀和冷却水管等组成，具有研磨和冷却作用的润滑脂均化设备。

常压釜　open kettle 俗称开口釜，用于生产皂基润滑脂的反应釜之一。其特点是设备结构简单，成本低，操作容易，但皂化周期长，生产效率低。结构包括釜体、搅拌器、减速器和电动机等几部分。

压力釜　presure kettle 用于生产皂基润滑脂的反应釜。特点是设备结构较为复杂，皂化反应周期短，生产效率高，操作要求严格。结构包括釜体、搅拌器、减速器和电动机等几部分。

胶体研磨机　colloid mill 润滑脂均化设备之一。其工作原理是当润滑脂送入料斗，进入定子磨轮和转子磨轮之间的余隙后，由于转子磨轮的高速旋转，使物料受到强烈的剪切作用而达到均化的目的。其结构由定子磨轮和转子磨轮及外壳和电动机组成。

套管冷却器　double-pipe cooler 用于冷却工艺的一种设备。常用的包括双套管冷却器和螺旋推进式套管冷却器。

薄膜冷却器　film cooler 用于冷却工艺的一种设备。其结构是外壳带夹套的圆形卧式筒体，圆筒内设有转筒，外壳与转筒间形成一个环隙空间，在此环隙内可形成薄膜。借助压力使冷却的润滑脂沿着环隙空间流动，换热后的润滑脂经出口挤出。

急冷混合器 quench mixer 一种结构简单操作方便的冷却设备。其作用主要是将热皂液和冷基础油同时进行混合急冷。由物料管、夹套管和折流换向元件组成。

调和釜 blending kettle 常压釜的一种。主要用于加入添加剂改善润滑脂性能或加入基础油调节润滑脂稠度。

自清式过滤器 self-cleaning filter 润滑脂的过滤设备。特点是能够自动清除过滤出的杂质。常见的有线隙式滤芯过滤机和叠层式滤芯过滤机。

套管式过滤器 double-pipe filter 润滑脂的过滤设备。特点是结构简单、容易制作、操作方便。它是由外壳、滤筒和快开法兰等组成。

润滑脂灌装机 grease filling machine 用于灌装润滑脂的专用机械。有桶式、管式等不同包装形式的灌装机。

氟氯聚合反应釜 fluorochlorine polymerization reactor 采用热调聚反应制备氟氯碳油的反应设备。其结构包括釜体、内衬、加热套等。

自动批量调和装置 automatic batch blending device 一种润滑油自动调和生产设备。在系统控制下，将基础油、添加剂按一定顺序依次计量后注入调和釜，然后搅拌混合均匀，完成油品的调和。

桶抽取单元装置 drum decanting unit 一种桶装原料自动抽取设备。由抽杆、机泵、称重元件等部件组成。在系统控制下，桶装原料经自动计量后，通过机泵抽提至目的地。

调和搅拌装置 blending agitator 一种油品混合设备。油品组分在搅拌下，通过主体对流、涡流扩散及分子扩散进行传热、传质，从而使各组分混合均匀，油品性质达到均一状态。

管线清扫装置 pipeline pigging facility 一种管道清扫设备。应用聚合物等材料制成的球或梭形“子弹”，在压缩气体或液体的作用下，将其沿管道推进，从而起到对管道内残留的物料进行清扫的作用。

管汇装置 manifold unit 一种油品自动输送分配设备。在系统控制下，按照预先设定的方式，实现不同源和目的地之间的组合，保证了油品高效、灵活、快捷的输送。

快速加热器 rapid heater 一种安装在油品储罐内的换热设备。在机泵的作用下，罐内油品通过换热设备边输送边加热，用多少加热多少，快速、高效、节能，避免油品长时间加热造成的氧化变质。

切胶机 rubber cutting machine 一种将黏度指数改进剂干胶切块

(片)、粉碎的设备，以便于将其快速溶解于基础油中。

溶胶釜　dry glue dissolving kettle 一种溶解黏度指数改进剂干胶的设备。带有加热和搅拌装置，能够使固体添加剂与基础油相互溶解充分、混合均匀。

计量泵　metering pump 又称定量泵或比例泵，通过机泵容积的变化对所输送流体进行精确计量的一种特殊的容积泵。它可以满足各种严格的工艺流程需要，流量能在0~100%范围内无级调节。

控制阀　control valve 由阀体和执行机构等部件构成，利用机械工程或液压传动原理，根据控制系统指令，控制物料流动方向、压力或流量的阀门总称。

调和罐　blending tank 一种油品混合装置，配备混合(脉冲或机械搅拌)、加热、液位及温度检测等设备。用于将基础油组分与添加剂组分进行混合，使其达到均匀的装置。

基础油储罐　base oil tank 一种油品存储装置，配备混合、加热、油品取样等设备。用于存储基础油的装置。

添加剂储罐　additive tank 一种添加剂存储装置，配备混合、加热、取样等设备。

侧向搅拌器　side inserted agitator 一种液体混合设备，由传动机构、叶轮、密封机构和支承等部件组成，在叶轮驱动下使介质强迫对流并均匀混合。通常安装于罐侧面并与水平面成一定夹角。

添加剂稀释罐　additive dilution tank 一种添加剂混合设备，配备机械搅拌和加热等部件。按照一定比例将高黏度添加剂和低黏度油品进行混合，从而降低添加剂黏度，便于输送或存储。

质量流量计　mass flow meter 一种流量测量仪表，由测量元件、传感器、变送器、计算器等部件组成。通过对流体流动时产生的光、电、力等信号的测量及计算，从而直接测定流体的质量。

加剂槽　additive decanting tank 一种传统的桶装原料加入设备，配备混合搅拌和输送等设备。通过人工倾倒等方式将桶装原料加入至槽中，并进行初步混合，通过输送泵将混合原料输送到目的地。

油罐监控系统　tank monitoring system 一种油罐信息即时监控设备，运用计算机技术实现液位、质量、密度、温度等油罐信息远程监控，同时具有历史数据查询、自动报警等功能。

真空脱水机　vacuum dewatering machine 一种油品除水设备，通过降低真空度进而将油品中的水分去除，从而达到干燥油品的目的。

输送机　conveyor 又称连续输送机，是在一定线路上连续输送物料的搬运设备。

分道器 divider machine 将灌装产品由单列变多列输送的设备。可以根据产品在纸箱中的排列位置和数量，将从压盖机出来的单列产品分成多列，或将不合格的产品桶分离到残品道。

封箱机 carton sealer 将被包装物品放入包装箱内，并实施相应的包装封口作业的设备。根据包装材料的不同，采用开槽式纸箱或瓦楞纸板进行包装。

捆扎机 strapping machine 又称打包机，是使用捆扎带缠绕产品或包装件，然后收紧并将两端通过热效应熔融或使用包扣等材料连接的设备。

热熔胶机 hot melt adhesive machine 将热熔胶熔解，再通过喉管和喷枪输送到包装纸箱表面，热熔胶经挤压冷却后，完成黏合的设备。

喷码机 inkjet printer 一种通过软件控制，使用非接触方式在产品上进行标识的设备。根据喷码机工作原理的不同，可分为连续喷射式、按需滴落式和激光喷码式等类型。

灌装计量控制系统 filling statistical process control system 一种实现净含量灌装的自动控制系统，根据预设的 PLC 控制程序，通过 PLC 接收传感器判断灌装净含量，自动控制灌装阀的开启或关闭。主要有容积式计量和称重式计量两种方式。

贴标机 labeller 以黏合剂把纸或金属箔标签粘贴在规定的包装容器上的设备。按功能分，有圆瓶贴标机、平面贴标机和侧面贴标机等；按贴标方式分，有吸贴、滚贴和刷帖等。

在线称重系统 online weighing system 采用 PLC 控制，通过高精度传感器对产品进行在线称重，对包装净含量不合格的产品自动报警剔除，可与各种包装生产线以及输送系统集成。

缠膜机 wrapping machine 又称托盘裹包机，是将大量的散件货物或单件货物与仓储物流的托盘包装成为一个整体的包装设备。主要由转盘、薄膜卷辊滑架和机架组成。

码垛机 palletizing machine 按照要求的编组方式和层数，完成对料袋、箱体等各种包装产品码垛的设备。自动码垛机主要有框架式和机械手式两种形式。

接触釜 contactor 又称接触器，是一种先进的生产皂基润滑脂的压力釜。其特点是皂化反应周期短、生产效率高、产品质量好。由釜体、内夹套导流管、釜底、搅拌器、机械密封装置及机座和电动机等部分构成。

调和配方管理系统 blending formulas management system 根据生产任务，运用计算机技术进行润滑油调和配方的编制及计算，并通过网络直接下达至润滑油生产控制系统的一种管理系统。同时具有原始配方参考、历史配方查询、成本计算、工艺参数制定及下达等功能。

调和生产控制系统　blending process control system 在润滑油调和生产过程中，综合运用计算机技术、自动控制技术，实现生产过程集中控制，分散运行，达到缩短生产时间、提高调和精度性和稳定性，生产过程灵活和高度自动化的一种管理系统。

同步计量调和装置　simultaneous metering blender 一种润滑油自动调和生产设备。在系统控制下，按配方将各组分经计量后汇入集合管，然后进入成品罐，在成品罐内进行油品混合，完成油品的调和。

7 仪 表

7.1 检测仪表

被测参数 measured parameter 又称被测变量。指所需检测的量、特性或状态。工业生产过程中被测参数通常指温度、压力、流量、液位、速度、物质成分及含量等。

测量信号 measuring signal 被测参数通过检测元件、传感器等一次元件感受并转换出来的信号。测量信号与被测参数具有一一对应的关系，反映被测量的大小。

测量范围 measuring range 按规定精确度能够测量的被测量下限值与上限值之间所确定的区间。

仪表量程 instrument span 仪表测量范围上限值与下限值之间的代数差。例如：温度测量范围为-20~100℃时，量程为120℃。

引用误差 fiducial error 又称相对百分误差，用仪表的示值绝对误差除以规定值的百分数表示。这一规定值常称为引用值，通常是仪表的量程。

精确度 precision 指测量结果与真实值的接近程度。它是反映仪表检测精密和准确程度的指标，是测得值的随机误差和系统误差的综合反映。用去掉正负号和百分号的仪表允许相对百分误差的数值表示。说明被测参数的测量结果与(约定)真值的一致程度。

零点漂移 zero drift 在规定参比工作条件下的规定时间内，对应于恒定输入范围下限时的输出变化。当下限值不为零值时亦称为始点漂移。

零点迁移 zero shift 用于液位测量系统。在液位为最低液位时，由于现场安装的因素造成仪表指示不在零点，通过调整仪表上的迁移装置使其回到零点的过程。当零点迁移量较小时，可直接调整仪表零点来实现。

检测元件 detecting element 又称敏感元件。直接感受被测量，并将被测量(参数)直接转换成适合于测量的物理量的元件或器件。是测量链中的一次元件。

传感器 sensor; transducer 检测被测量的信号，并按一定规律变换成为电信号或其他所需形式输出的装置。通常由敏感元件和转换元件组成。种类繁多，可按照转换原理、用途、输出信号类型及制作材料和工艺来进行分类。

探头 probe 又称探测头、探测器和探测针。处于检测过程的最前端位置，用于感受被测的参数，作用相当于传感器。

前置器 prepositive device; proximitor 设备的前置部分，用于与其他设备连接时，对信号进行先行处理，如阻抗匹配、电平移动、信号转换等。

延伸电缆 extension cable 远距离连接设备的特定电缆。常见的如各种型号的热电偶补偿导线。

屏蔽导线 shielded wire 外层具有屏蔽作用的导线。可使信号在传递过程中避免受到附近设备的影响，克服外界的高压强电的感应干扰，保证信号真实有效。

保护套管 protective casing 包装在检测元件外面，对相应设备起到保护作用的管子。

隔离罐 sealing pot 安装于工艺设备与仪表之间，起保护作用的容器罐。当罐中装有隔离液时，可避免工艺介质直接接触仪表设备，保护仪表不受损坏。

仪表隔离液 sealing liquid of instrument 对仪表设备无损坏作用的介质，装于隔离罐中，以避免工艺介质直接接触仪表设备。既能完成信号传递，又保护仪表不受损坏。

变送器 transmitter 自动控制系统中的主要仪表，能将各种被测参数(如温度、压力、流量、液位等)或其他中间测量信号变换成相应的标准统一信号，以供指示、记录或控制。根据标准信号类型的不同，可分为电动变送器和气动变送器。

智能变送器 smart transmitter 在传统传感器的基础上增加微处理器电路而形成的智能检测仪表。特点是精度高、量程范围宽，可通过手持通信器编制各种程序，远程进行零点量程的调整，还有自修正、自补偿、自诊断等多种功能，使用维护方便，可直接与计算机通信。

指示仪表 indicating instrument 与检测仪表、变送器或测量元件配套，用来指示被测参数值的仪表。按工作原理分有模拟式、数字式、屏幕指示三种。

记录仪表 recording instrument 与检测仪表、变送器或测量元件配套，用来记录被测参数值的仪表，通常含有指示功能。按信号类型分有模拟式、数字式、无笔无纸记录仪；按功能分有实时记录仪、趋势记录仪等。

计量仪表 metering instrument 单独或连同辅助设备一起用以进行测量的仪器。按原理的不同可分为显示式、比较式、积分式和累积式。

火焰检测器 flame detector 当燃料(油、煤气、瓦斯、天然气及煤粉等)燃烧时，火焰会产生一定强度的紫外线、可见光和红外线。火焰检测器根据不同燃料燃烧时火焰光谱分布情况，通过光敏传感器，将光信号转换成相对应的电信号输出，达到对火焰强度检测的目的。

双金属温度计 bimetallic thermometer 根据膨胀式原理制成的温度检测装置。其检测元件的结构是叠焊在一起的两金属片。当温度变化时，由于双金属元件的线膨胀系数不同，从而使双金属产生弯曲变形，弯曲角度的大小反映温度的高低。

热电偶温度计 thermocouple thermometer 主要由热电偶、补偿导线、显示仪表组成的温度检测装置。其利用热电效应原理工作，由热电极、绝缘套管、保护套管及接线盒构成。两根不同材料的电极连接端称工作端，另一端称冷端。当工作端与冷端温度不同时，由于接触电势和温差电势的形成，在回路中产生热电势。如果冷端温度和热电偶材料一定，则热电势只与工作端温度有关，通过测量热电势就可测量温度大小。

多点式热电偶 multipoint thermocouple 可以测量多个位置或位置多处测量的热电偶。见“热电偶温度计”。

铠装热电偶 armored thermocouple 将热电极和绝缘材料一齐紧压在金属保护管中制成的热电偶。具有细长、容易弯曲、热响应时间快、耐振动、耐温、抗压和坚固耐用等优点。

补偿导线 compensation lead wire 热电偶连接延长的专用导线。其作用是将热电偶的冷端延伸到温度基本恒定或装有冷端补偿器的地方。要求在0~100℃温度范围内与所连接的热电偶具有相同的热电特性，其材料又是廉价金属。实际应用中补偿导线必须与冷端温度补偿方法配合使用。

冷端温度补偿 cold junction compensation 在热电偶测温时，规定冷端温度为0℃，但实际应用时热电偶的冷端温度一般都不为0℃，造成测量结果偏高(或偏低)，因此需要对测量结果进行修正。常用的补偿方法有：冰点法、计算法、仪表机械零点调整和补偿电桥等。目前工业上使用的热电偶测温装置一般都具有冷端温度自动补偿功能。

热电阻温度计 resistance thermometer 利用电阻随温度变化的导电元件作为检测元件，辅助(或配合)能检测电阻的装置，实现温度检测的系统。检测元件与检测电阻的装置之间通常需要采用三线制进行连接。

铠装热电阻 armored resistance 将电阻丝和绝缘材料一齐紧压在金属保护管中制成的热电阻。具有细长、容易弯曲、热响应时间快、耐振动、耐温、抗压和坚固耐用等优点。

红外温度计 infrared thermometer 又称红外测温仪，由光学系统、光电探测器、信号放大器及信号处理、显示输出等部分组成。光学系统汇聚其视场内的目标红外辐射能量，视场的大小由测温仪的光学零件及其位置确定。红外能量聚焦在光电探测器上并转变为相应的电信号。该信号经过放大器和信号处理电路，并按照仪器内置的算法和目标发射率校正后转变为被测目标的温度值。

光学高温计 optical pyrometer 基于热物体光谱辐射亮度随温度升高而增长的原理制成的辐射测温仪表，属于非接触式温度检测装置。

全辐射高温计 total radiation pyrometer 一种测量高温辐射源的仪器。将来自辐射源的辐射，经凹面镜汇聚到一块涂黑的箔片上，此箔片贴在温差电偶上。根据测出的温差电动势，即可知道箔片的温度。

温度变送器 temperature transmitter 检测温度并将检测结果转换为标准信号输出的设备。按检测元件的不同可以分为热电偶、热电阻温度变送器等。按测量参数不同有温度变送器、温差变送器。

压力传感器 pressure transducer 能感受压力并将其转换成可测信号输出的传感器。按测量方法分类有液柱式、弹性式、电气式、物性型等。按照压力的表示方式不同可分为绝压式、真空表、气压计、差压式。

弹簧管压力表 Bourdon tube pressure gauge 利用弹簧管作为检测元件，当管内承受被测压力后，弹簧管自由端产生位移，经机械传动、放大机构，通过指针指示被测压力大小。具有结构简单、使用方便、价格低廉、测量范围极宽的特点，应用十分广泛。

液柱式压力计 liquid column manometer 利用已知容积的液柱高度产生的压力和被测压力相平衡原理制成的测压计。有单管、U形管、斜管几种类型。具有结构简单、使用方便、精度较高、耐压低、价格便宜等特点，一般用于实验室。

压力变送器 pressure transmitter 检测压力并将检测结果转换为标准信号输出的设备。常用的类型有：力矩平衡式、电容式、智能型。

绝对压力变送器 absolute pressure transmitter 属于压力变送器类。用于检测绝对压力等参数，然后转变成4~20mA DC信号输出。

法兰式压力变送器 flange type pressure transmitter 以法兰形式安装的压力变送器。用于检测压力，并将检测结果转换为标准信号输出的设备。

差压变送器 difference pressure transmitter 检测差压，并将检测结果转换为标准信号输出的设备。典型的如电容式差压变送器。

高静压差压变送器 differential pressure transmitter with high static pressure 属于差压变送器类。用于

在高工作压力环境下测量液体、气体或蒸汽的压力和压差，然后转变成4~20mA DC信号输出。

节流装置 throttling device 差压流量计的一次装置，包括节流件、取压装置以及前后毗连的配管。通过节流原理，当流体流经该装置时，将在节流件的上、下游两侧产生与流量有确定数值关系的压力差。

标准孔板 standard orifice plate 差压流量计的一种标准节流件。在设计计算时都有统一的标准，可直接按照标准制造、安装和使用，不必进行单独标定。基本形状为中心开有圆孔的金属薄圆平板。

偏心孔板 eccentric orifice plate 差压流量计的一种非标准节流件。开孔偏离管道轴中心，主要适用于含有杂质的流体以及其他的两相流体的流量检测，需要个别标定。

内藏孔板 integral orifice plate 管径小于*DN*50的孔板，有多种结构形式，主要有直通式、U形弯管式。孔板边缘锐利度及管道粗糙度严重影响流出系数，需要个别进行标定。

标准喷嘴 standard nozzle 差压流量计的一种标准节流件。是渐缩装置，此渐缩装置的纵断面呈连续曲线状，可形成一个圆筒形喉部。在设计计算时都有统一的标准，可直接按照标准制造、安装和使用，不必进行单独标定。

1/4圆喷嘴 1/4 round nozzle 差压流量计的一种特殊节流件。只有标准喷嘴的四分之一(前部分)，主要适用于低雷诺数流体的流量检测。

文丘里管 Venturi tube 差压流量计的一种标准节流件。由圆筒形入口部分、渐缩部分、圆筒形喉部和渐扩部分组成。在设计计算时都有统一的标准，可直接按照标准制造、安装和使用，不必进行标定。

角接取压 corner tapping 差压流量计标准节流装置的一种标准取压方式。分别在节流件前后端面取压力，可匹配标准孔板、标准喷嘴和标准文丘里管使用。

法兰取压 flange tapping 差压流量计标准节流装置的一种标准取压方式。分别在距节流件前后端面各1in(25.4mm)位置取压力，可匹配标准孔板使用。

径距取压 radius taps 差压流量计的非标准取压方式。分别在距节流件前端面(上游)一个管道内径和距节流件后端面(下游)半个管道内径的位置取压力。

缩流取压 shrinkage flow pressure taps 差压流量计的非标准取压方式，又称理论取压。上游取压口中心距孔板前端面为一个管道内径，下游取压口中心位于流束收缩最小处的截面。

压力损失 pressure loss 管道中流动的流体，由于摩擦阻力和局部阻力等因素而使压力自然降低的现象。实质上反映了流体经过装置所消耗的静压能，表示装置消耗能量大小的技术经济指标，是差压式流量计应用中的一项基本指标和选型应考虑的重要参数。

三阀组 three-valve manifold 节流装置测流量时，在仪表或变送器附近的三个阀(正、负压阀及平衡阀)。有时也组成一体。

V锥流量计 V-cone flowmeter 一种差压式流量计。由V锥流量传感器、引压附件与差压变送器组成。V锥流量传感器由同轴安装在测量管内的迎流与背流锥形芯体对接构成，流体沿迎流锥形芯体逐渐节流收缩到管道内壁附近，随后沿管道内壁与背流锥形芯体流出，在迎流锥体上游与背流锥体下游之间形成一定的压力差。通过引压附件与差压变送器可测量此压力之差，从而实现流量测量。

楔式流量计 wedge flowmeter 一种差压式流量计。其检测件是一个V字形楔块(又称楔形节流件)，流体通过时，由于楔块的节流作用，在其上、下游侧产生了一个与流量值成平方关系的差压。将此差压从楔块两侧取压口引出，送至差压变送器转变为电信号输出，再经专用智能流量计算仪运算后，即可获知流量值。

威力巴流量计 Verabar flowmeter 一种差压式、速率平均式流量传感器。流体在探头前部产生一个高压分布区，流过探头时速度加快，在探头后部产生一个低压分布区，通过所产生的差压进行流量测量。探头前后有按一定规则排列的多对取压孔：探头前部，高压区围绕着探头，使高压取压孔不被堵塞；低压孔取在探头侧后两边，流体从表面斜掠而过，保护低压孔不被掠动，从而能保证长期稳定精确地检测到由流体的平均速度所产生的平均差压。具有精度高、测量压力损失小、污物不易堆积和长期稳定等性能。适用于气体、液体和蒸汽的高精度流量测量。

阿牛巴流量计 Annubar flowmeter 又称笛形均速管流量计或托巴管流量计。采用皮托管测量原理测量挡体上游的动压力与下游的静压力之间形成的压差，从而达到测量流量的目的。

变面积式流量计 variable area flowmeter 通过节流面积的改变实现力的平衡，利用面积的变化反映流量的大小的流量检测方法。典型的应用是转子流量计。

转子流量计 rotameter 又称浮子流量计，是变面积式流量计的一种。在一根由下向上扩大的垂直圆锥形管中，圆形横截面的转子的重力是由液体动力承受的，转子可以在锥管内自由地上升和下降，在流速和浮力作用下上下运动，与浮子重量平衡后，转子的位置就是通过管子的流量指示值。可通过磁耦合传到刻度盘指示流量。一般分为玻璃和金属转子流量计。特点：只能垂直安装，适用小流量检测(注：实心体或浮子往往带翼或槽，使其在流体中旋转运动以减小摩擦造成的滞留)。

容积式流量计 positive displacement flowmeter 安装在封闭管道中，由若干个已知容积的测量室和一个机械装置组成，流体流动压力驱动机械装置并借此使测量室反复地充满和排放流体的装置。检测精度高，设备成本较高。常见的有椭圆齿轮流量计、腰轮流量计和刮板流量计。

椭圆齿轮流量计 oval wheel flowmeter 容积式流量计的一种形式。通过计算安装在圆柱形测量室内的一对椭圆齿轮的旋转次数来测量流经测量室的液体或气体的体积流量的装置。主要特点：测量精度高，误差主要来自泄漏量，适合高黏度流体流量测量。

刮板流量计 sliding vane rotary flowmeter 容积式流量计的一种形式。由测量室中带动刮板(滑动叶片)的转子的旋转次数来测量流经圆筒形容室的液体体积总量。转子转速通常由轴输出，经一系列齿轮减速与转速比调整机构后，变换成标准信号输出或显示装置显示。根据显示方式不同有就地显示和远传显示两种。

旋涡流量计 vortex flowmeter 又称旋进旋涡流量计，是利用流体强迫振荡原理检测流量的仪表。当流体通过由螺旋形叶片组成的旋涡发生器后，被迫绕着发生体轴剧烈旋转，形成旋涡。当流体进入扩散段时，旋涡流受到回流的作用，开始作二次旋转，形成陀螺式的涡流进动现象。该进动频率与流量大小成正比，不受流体物理性质和密度的影响。检测元件测得流体二次旋转进动频率，就可转换成流量。

涡街流量计 vortex shedding flowmeter 利用流体自然振荡原理检测流量的仪表。流体通过一个特殊形状的阻流体(亦称非流线型旋涡发生体)释放出与流量成正比的旋涡频率，测量旋涡频率则得到流量大小。由于管道内部无可动部件，压力损失较小，检测结果几乎不受介质物理性质影响。

涡轮流量计 turbine flowmeter 利用动量矩守恒原理检测流量的仪表。用装置内旋转速度与流量成正比的涡轮(多叶片转子)反映封闭管道中流体流量。转子的转速通常由安装在管道外的装置检测。主要由涡轮、导流器、磁电转换装置、外壳及信号放大电路等部分组成。

电磁流量计 electro-magnetic flowmeter 利用电磁感应原理检测流量的仪表。由于垂直于流动轴线和电极的磁场的作用，导致垂直于流动轴线的两个电极处产生电动势，它与流体的平均速度成正比，因此通过测量电动势就可以确定流体的平均速度，从而测出流量的装置。主要由磁路系统、测量管、电极、外壳及转换电路等部分组成。

超声波流量计 ultrasonic flowmeter 通过检测超声声能束与运动流体的相互作用来测量运动流体流速的仪表。根据检测声波方法不同可分为：时差法、相位法和频率法。

靶式流量计 target flowmeter 在恒定截面直管段中设置一个与流束方向相垂直的靶板，流体沿靶板周围通过时，靶板受到推力的作用，推力的大小与流体的动能和靶板的面积成正比。在一定的雷诺数范围内，流过流量计的流量与靶板受到的力成正比，靶板所受的力由力传感器检出，再转换成相应的电信号输出，达到测量流量的目的。

热式流量计 thermal flowmeter 利用流体流量(或流速)与热源对流体传热量的关系来测量质量流量的流量计。其原理是有两个温度传感器被置于介质中时，其中一个被加热到环境温度以上的温度，另一个用于感应介质温度，当介质流速增加，介质带走的热量增多，两个温度传感器的温度差将随介质的流速变化而变化，根据温度差与介质流速的比例关系，可得出流体的流量。大部分用于测量气体，少量用于测量微小液体流量。

界面测量 interface measurement 指对两种液体互不相溶、密度不同的分界位置的测量，如油和水分界面位置的检测。

吹气式测量 aerating measurement 用于液位或密度测量的辅助装置。空气或气体从吹气管吹入液体，避免检测元件直接接触可能有腐蚀性或黏性的被测液体。由于管中吹出的气泡释出超压，因此吹气管中的压力事实上与液体压头(浸入液体的吹气管长度与液体密度的乘积)相等。

差压式液位计 differential pressure type level gauge 利用静压原理工作。液位对某定点产生压力，通过差压检测液位。主要由取压口、导压管和差压变送器等部分组成。

法兰式液位计 flange type level gauge 利用静压原理工作。由测量头、毛细管和变送器组成。结构形式有单法兰和双法兰两种。主要用于腐蚀性、结晶颗粒、黏度大介质的液位测量。

音叉式料位计 tuning fork type level meter 一种振动式的料位开关，开关通常以螺纹形式安装在储罐规定物位高度的侧壁上来监测储罐中介质的物位。探头在压电激励下产生振动频率达 125Hz 的机械式振动，一旦探头部分被固体物质覆盖，由此产生的阻尼就会立刻被电路监测到并且输出相应的开关量信号。

重锤探测料位计 hammer detection level meter 由重锤探测器和仪表两部分组成。探测器置于仓顶，重锤由电机通过不锈钢带或钢丝绳牵引吊入仓内，仪表控制传感自动定时对料位进行探测。每次测量时重锤从仓顶起始位置开始下降，碰到料面立即返回到仓顶等待下一次测量。仪表通过对重锤下降过程传感信号的处理可得到仓顶到料面的距离。仓高是由用户预置的，用仓高减去仓顶到料面的距离可得出料位高度，仪表直接显示料位高度。

超声波物位计 ultrasonic level meter 通过测量一束超声声能发射到物料表面或界面并反射回来所需的时间来确定物料(液体或固体)物位的仪表。

直读式液位计 direct-reading level meter 根据与被测容器相连通的玻璃管或玻璃板内所示液面的位置来观察容器内液面位置的仪表。结构简单，只能适用于容器压力不高，仅需现场指示的场合。

浮子式液位计 float level indicator 利用恒浮力原理，浮子漂浮于被测液面，通过传动机构检测浮子位置来测量液位的仪表。主要由浮子、传动机构及显示装置等部分构成。

伺服液位计 servo level meter 基于力平衡的原理，由伺服电动机驱动体积较小的浮子，精确地进行液位或界面测量。浮子用测量钢丝悬挂在仪表外壳内，而测量钢丝缠绕在精密加工过的外轮鼓上，外磁铁被固定在外轮鼓内，并与固定在内轮鼓内磁铁耦合在一起。当液位变化时，浮子作用于细钢丝上的力在外轮鼓的磁铁上产生力矩，引起磁通量的变化，导致内磁铁上的电磁传感器(霍尔元件)的输出电压信号发生变化。该电压值与参考电压的差值驱动伺服电动机转动，带动浮子上下移动重新达到平衡点。

光纤液位计 fibre level meter 根据力平衡原理测量储罐液位的仪表。由浮球、光纤传感器、力平衡传动机构、光电变换器、光缆及显示仪表等组成。工作原理：在力平衡机构的作用下，浮球把感测到的液位的变化量，通过钢丝绳传递给测量装置内的磁耦合器，在磁耦合器的作用下使隔离的光纤传感器感受到位移的变化量，并通过光纤送出光信号给光电变换器变换成电信号给显示仪表显示液位。

浮筒液面计 float liquid level meter 一种变浮力式液位计。作为检测元件的浮筒为圆柱形，部分沉浸于液体中，利用浮筒被液体浸没高度不同引起的浮力变化而检测液位。

电容式液位计 electrical capacitance level meter 通过检测物料(液体或固体)两侧两个电极间的电容来测量物料物位的仪表。主要由电极(敏感元件)和电容检测电路组成，其中一个电极可以是容器壁。

射频导纳液位计　radio frequency admittance level meter 是电容式物位技术的升级。导纳的含义为电学中阻抗的倒数，由电阻性成分、电容性成分、感性成分综合而成；射频即高频无线电波谱；射频导纳可理解为用高频无线电波测量导纳。仪表工作时，仪表的传感器与罐壁及被测介质形成导纳值，物位变化时，导纳值相应变化，电路单元将测量导纳值转换成物位信号输出，实现物位测量。

钢带液位计　steel tape level meter 利用力学平衡原理工作。主要是由液位检测装置、高精度位移传动系统、恒力装置、显示装置、变送器装置及其他外设构成；液位检测装置是漂浮于液面的浮子，根据液位的情况带动钢带移动，位移传动系统通过钢带的移动策动传动销转动，进而作用于计数器来显示液位的情况。

磁致伸缩液位计　magnetostrictive liquid level meter 由探测杆、电路单元和浮子三个部分组成。核心部分是最内核的波导管，由一定的磁致伸缩物质构成。浮子内装一组永久磁铁，沿探测杆随液位的变化而上下移动。电路单元产生电流脉冲沿着波导管向下传输，在与浮子磁场相遇时，就会产生一个应变脉冲。应变脉冲与电流脉冲的时间差通过计算反映出浮子的实际位置，测得液位。

射线式液位计　radio active level meter 利用物料处在射线源与检测器之间时吸收射线的原理测量物料（液体或固体）物位的仪表。主要由射线源、射线探测器和电子线路等部分构成。

雷达液位计　radar level meter 又称微波液位计。是应用雷达技术，通过发射能量极低的极短微波脉冲信号，配合天线系统对反射回信号的接收，实现检测液面高度的目的。主要由发射器（既发射微波信号，也起接受反射回的微波信号作用）、转换电路及显示装置等部分构成。

声学式物位计　acoustic level meter 利用声波特性，通过声波从发射至接受到被测物位界面所反射的回波时间间隔确定物位的高低。一般应用超声波。主要由超声波换能器（用作超声发射及接受）、转换电路及显示装置等部分构成。

γ射线料位计　γ-ray level meter 利用物料处在射线源与检测器之间时吸收γ射线的原理测量物料（液体或固体）物位的仪表。主要由射线源、射线探测器和电子线路等部分构成。

液位开关　level switch 习惯称水位开关，就是用来控制液位的开关。从形式上主要分为接触式和非接触式；从原理上主要分为电容式、电子式、电极式、光电式、音叉式、浮球式水位开关等。

旋转机械状态监测系统 condition monitoring system for rotating mechinery 实时监控旋转机械各个部件的关键部位，实时显示振动、温度、压力、应变等参数，可设置相应的报警阀值。系统可自动连续地采集与设备安全有关的主要状态参数，包括键相/转速、轴振、瓦振、摆度、轴位移、胀差、偏心和其他过程量（如温度、压力、负荷等），为设备提供可靠的保护，并可以对设备故障进行分析和诊断。

7.2 分析仪表

样品处理系统/预处理系统 sample treatment system/pretreatment system 预处理是被测样品进入分析仪器之前需要进行的一项准备工作，预处理系统主要由取样、过滤、温度、压力、流量控制装置和其他辅助设备组成。目前已向模块化、自动化和集成化方向发展。

烟气排放连续监测系统 continuous monitoring system for fine gas emission 采用直接抽取法测量烟气中污染物浓度。由气体分析仪、颗粒物分析仪、温度压力流速监测仪、样气采集系统、样气预处理系统、保护反吹系统、自动标定系统、系统控制与数据采集系统组成；主机可与各在线监测点相连，并实时处理各点所测量的数据。系统可用标准气对分析仪在线标定。

火灾报警系统 fire alarm system; fire warning system 由触发器件、火灾报警装置、火灾警报装置及具有其他辅助功能的装置组成。具有自动报警、自动灭火、安全疏散诱导、系统过程显示、消防档案管理等功能。

激光颗粒在线监测系统 laser particle on-line monitoring system 进行烟气管道中颗粒浓度、粒度分布和变化趋势的实时在线监测。系统由发射和接收系统、信号处理系统、计算机控制中心系统、吹扫系统构成。

电导式成分分析器 conductometric component analyzer 属于溶液性质分析器的一类。利用电解质溶解于水中时的电导率随其浓度而改变的原理制成。有盐量计和硫酸浓度计等。

在线分析仪表 on-line analyzer 取样装置直接与工艺生产设备相连，对生产过程中的各种介质组分自动实时测量，用于显示或构成自动控制系统。与实验室分析仪表的区别在于取样和分析都是自动和连续地进行。

物性测量仪表 physical properties measurement instrument 指检测物料物理特性的仪表，如黏度计、湿度计、密度计、水分计等。此类仪表比间接监测控制温度、压力、流量好，但生产和选用较困难。

气相色谱仪 gas chromatograph

利用气相色谱法对物质进行定性、定量分析的仪器。利用混合物中各组分在不同两相间分配系数的差异，而使混合物得以分离，然后利用检测器依次检测已分离出来的组分。根据固定相的不同，可分为气-液色谱和气-固色谱。一般由气路控制、进样装置、色谱柱、检测器、电气部件、恒温箱、记录及数据处理组成。

质谱仪 mass spectrograph 将被分析物质被电离形成的离子和离子碎片按照质荷比(质量与电荷之比)进行分离，并列成谱线，与标准谱线图进行对比，以便对物质进行定性分析。

色散红外线气体分析仪 dispersive infrared gas analyzer 利用棱镜、光栅或滤光片使红外光源发出的红外线辐射在穿过气体之前色散，然后用宽带检测器检测辐射量，以此测量对特定波长红外线辐射的吸收。

非色散红外线气体分析仪 nondispersive infrared gas analyzer (NDIR)通过向气体辐射宽带红外线并用波长选择检测器选择指定频带，以此测量特定波长红外线辐射的吸收。

近红外分析仪 near infrared analyzer 利用不同气体对近红外线波长的电磁波能量具有特定的吸收特性进行分析。按分光系统可分为固定波长滤光片、光栅色散、快速傅里叶变换、声光可调滤光器和阵列检测类型。按光谱采集形式可分为透射、漫反射、光纤测量等。

近红外-傅里叶变换分析仪 near infrared-Fourier transform analyzer 以迈克尔逊干涉仪作核心器件，通过机内的干涉仪动镜的匀速运动把待分析光变成干涉光，分析光的干涉强度随时间变化的函数，通过傅里叶变换把干涉光变换成光谱图。可用于实验室分析及生产过程中的在线监测。该分析仪在近红外工作时，常用钨灯作光源、石英作分束器、PbS和InSb作检测器。与其他类型的光谱仪比较，具有信噪比高、分辨率高、波长准确且重复性好、稳定性好等优点。

气体成分分析仪表 gas composition analytical instrument 在混合气体中定性、定量地检测出一种或多种组分含量的仪表。以检测为主，有的也参与调节过程。种类较多，按测量原理分有电化学式、热学式、磁式、光学式、色谱式气体分析仪等；按检测参数分有CO_2、O_2、CO、N_2、H_2S气体分析仪等。

顺磁性氧分析仪 paramagnetic oxygen analyzer 利用氧的顺磁性且磁化率较其他气体大得多的特性来测量氧气含量。

热磁对流式氧分析仪 thermomagnetic convection oxygen analyzer 利用氧气是一种强顺磁性气体，其磁化率与温度平方成反比的特性来测量氧气含量。利用热磁对流把气体中氧气含量转变成磁风的强弱，磁风的大小决定了加热铂电阻丝热量被带走的多少，通过测量铂电阻的阻值，即可测出氧气含量。

磁力机械式氧分析仪 magnetic mechanical oxygen analyzer 直接测量氧的顺磁特性。由哑铃、反射镜、分光镜、光电管和放大器等部分构成。当样气中的氧含量增加时，哑铃产生偏转，转角由反射镜检测，经分光镜光束被光电管接收，经放大后输出信号。该仪表灵敏度高，可进行常规和微量氧含量的测量，不受样气的导热性能和密度变化的影响。

磁压力式氧分析仪 magnetic pressure type oxygen analyzer 基于氧的顺磁性原理工作。利用氧气的强顺磁性，即混合气体的磁化率几乎完全取决于所含氧气的多少，在非均强磁场中，用薄膜电容器作检测元件，被分析气样和参比气样在膜片两侧产生压力差，通过测量压差来测得氧气浓度。

电化学式微量氧分析仪 electrochemical trace oxygen analyzer 运用电化学检测原理进行检测。燃料池氧传感器是由高活性的氧电极和铅电极构成。样气中的氧分子通过高分子薄膜扩散到氧电极中进行电化学反应，反应中产生的电流与扩散到氧电极的氧分子数，即与样气中的氧含量有关。选用燃料电池式微量氧检测元件，具有寿命长、反应速度快等特点。

电解池式氧气分析仪 electrolytic cell type oxygen analyzer 测量原理与电化学式微量氧分析仪相同，不同的是电化学反应不能自发进行，需要外接电源供应电能。其阳极是非消耗型的，一般不需要更换。

溶解氧分析仪 dissolved oxygen analyzer 利用溶解在水中的氧，在已加固定电压的原电池阴极(金或铂)处与水反应生成 OH^-，而在原电池的阳极(镉、锌或银)处产生镉、锌或银离子，使原先极化的原电池去极化，产生的极化电流的大小和水中溶解氧的浓度成正比。按结构形式分为膜式溶解氧分析仪和电极直接测量溶解氧分析仪。

氧化锆氧分析仪 zirconia oxygen analyzer 属于电化学分析仪的一种。氧化锆是一种氧离子导电的固体电解质，两侧烧结上铂电极就形成氧浓差电池。当电极两侧被测气体和参比气体存在氧浓度差时，电极间就产生电势，电势大小与温度和被测气体氧含量有关。具有灵敏度高、稳定性好、响应快和测量范围宽的特点，传感器探头可直接插入烟道中连续测量氧含量，维护量少。但要求探头必须在850℃左右下工作。

化学需氧量分析仪 chemical oxgen demand (COD) analyzer 采用比色法测定化学需氧量的实验室仪

器。水样、重铬酸钾、硫酸汞溶液和浓硫酸的混合液被加热，铬离子作为氧化剂，被还原而改变颜色，颜色的改变度与样品中的有机化合物含量成对应关系。具有体积小，操作方便，节约水、电及试剂，减少二次污染等优点。

生化需氧量分析仪 biochemical oxgen demand（BOD）analyzer 根据压差法测量原理设计。模拟自然界有机物的生物降解过程：测试瓶上方空气中的氧气不断补充水中消耗的溶解氧，有机物降解过程中产生的 CO_2 被密封盖中的氢氧化锂吸收，压力传感器随时监测测试瓶中氧气压力的变化。气体压力与生化需氧量有关，在屏幕上可直接显示出生化需氧量值。

比色式气体分析器 colo(u)rimetric gas analyzer 光学分析的一种。利用光线透过有色的标准溶液和被测物质溶液而比较透过光线的强度以测定被测物质的含量的方法。特点是简单迅速、取样量少、有一定的准确度，工业上应用较广。

体积压力式气体分析器 volume-pressure gas analyzer 又称吸收式气体分析器，属于化学式气体分析器的一类。利用气体在与固体或液体吸收剂作用后引起体积或压力变化的原理制成。分为人工操作和自动操作。

热化学式气体分析器 thermochemical gas analyzer 利用化学反应的热效应制成。测量范围较小，应用不多，主要用于分析可燃性气体和蒸气。一般用作可燃性气体和蒸气含量的报警器或探测器。

热导式气体分析仪 thermal conductivity gas analyzer 物理式气体分析器的一类。利用混合气体的总导热系数随待分析气体的含量不同而改变的原理制成。不同的气体有不同的导热系数，混合气体的总导热系数是各组分导热系数的平均值。直接测定较困难，一般将其转换为电阻的变化，用电桥等测定。

电导式气体分析器 electroconductive gas analyzer 化学式气体分析器的一种。利用气体与液体发生化学作用后生成溶液的导电性制成。工业生产过程中应用不多。

红外线气体分析仪 infrared gas analyzer 光学分析的一种。利用不同气体对红外线波长的电磁波能量具有特殊的吸收特性进行分析。辐射源发出连续光谱的射线投射到被测气体上，气体的浓度不同，吸收固定波长红外线的能量及检测器内的热量也不相同，通过测量热量转换后的温度或压力测出气体的浓度。

奥氏气体分析仪 Orsat gas analyzer 化学法分析烟道气或合成氨原料气的仪器。其利用不同溶液来相继吸收分析样品中的不同组分。由量气管和多种吸气管组成，与梳形管连接，用水准瓶吸进样气到量气管，并把样气轮流送进各吸收瓶分析其组成。

半导体激光气体分析仪 semiconductor laser gas analyzer 利用激光能量被气体分子选频吸收形成吸收光谱的原理。由半导体激光器发射特定波长的激光束穿过被测气体，激光强度的衰减与被测气体浓度成一定的函数关系。由发射、接受、吹扫、正压单元等部分构成。具有可靠、方便、实时、无须气体采样预处理的特点，用于高温、高粉尘、易燃易爆等复杂工业现场中的在线气体检测。

光谱式气体分析仪 spectrum gas analyzer 物理式气体分析器的一类。利用气体吸收光谱中可见光线、红外线或紫外线部分的辐射强度制成。较常用的是红外线气体分析器。

光谱分析(法) spectral analysis; spectrum analysis 各种结构的物质都有自己的特征光谱，光谱分析指利用特征光谱研究物质结构或测定化学成分的方法。根据特征光谱的不同，分为发射光谱分析、吸收光谱分析、荧光光谱分析和散射光谱分析；根据电磁辐射的本质，分为分子光谱和原子光谱。

光谱仪 spectrograph 能把复合光分解为按波长顺序排列的单色光并能进行观测记录的仪器。按分光原理可分为棱镜光谱仪、光栅光谱仪、晶体X射线衍射光谱仪和傅里叶变换光谱仪。由光源、分光系统及观测系统构成。

分光光度计 spectrophotometer 用单色光测量光线通过物质后的光度的仪器，可测定物质的某些光学性质与波长之间的关系。分为目视、自动、半自动记录式。结构复杂，但测量较准确。

火焰光度计 flame photometer 将被测物质置于火焰中以测定某些元素被激发后所发射光的强度的仪器。测定时先用标准溶液作好工作曲线，在激发条件一定的情况下，电流计读数与被测元素的含量成正比。

气相渗透仪 gas-phase osmometer 将预先处理好的试样在测试腔内与真空形成一个恒定的压差，气体在压差梯度的作用下，由高压侧向低压侧渗透，通过对低压侧压强的监测处理，得出试样的气体透过率。适用于各种中空包装容器整体气体透过率的测定。

离子选择电极 ion-selective electrode(ISE)产生的电信号是溶液中特定离子活度的函数的一种传感元件。

氧化还原复合电极 redox electrode assembly 一种传感器，由一个测量电极和一个参比电极组成。产生的电信号是溶液中离子的氧化和还原状态的活度比或浓度比的函数。

pH 复合电极 pH electrode assembly 一种传感器，由一个测量电极和一个参比电极组成。产生的电信号是水溶液中氢离子活度的函数。

水中油分析仪 analyzer for oil content in water 测试水中微量油(碳氢化合物)浓度的仪器。采用紫外-荧光检测技术，测量水样中的辐射强度。它可以在较短的波长下吸光，在较长的波长下发射光，不同类型的油有不同的辐射特性。用于工业循环水、凝结水、废水的水质检测。无需药剂，无污染，是安全环保的在线监测仪器。

总有机碳分析仪 total organic carbon analyzer 测定分析有机碳总量的仪器。利用二氧化碳与总有机碳之间碳含量的对应关系，对水溶液中总有机碳进行定量测定。按工作原理不同，可分为燃烧氧化-非分散红外吸收法、电导法、气相色谱法等，由进样口、无机碳反应器、有机碳氧化反应器、气液分离器、非分光红外 CO_2 分析器、数据处理部分构成。

硅酸根分析仪 silicate analyzer 用于火电厂除盐水、蒸汽、炉水等水质中硅酸根的测定。样水加入比色池，使硅与钼蓝反应，形成黄色的硅钼蓝络合物，再加入草酸除干扰，用还原剂将黄色的硅钼蓝络合物还原为蓝色，硅钼蓝的颜色与硅含量成正比。

磷酸根分析仪 phosphate analyzer 通过在酸性条件下，磷酸根与钒钼酸生成黄色的磷钒钼黄络合物，采用分光光度法即可测定磷酸根含量。

荧光元素(硫)分析仪 fluorescence element (sulfur) analyzer 采用能量色散原理进行测量。样品气化后在高温下与氧气结合，样品中硫转化为二氧化硫。经过膜干燥器后，在硫检测器内，接受特定波长的紫外光照射，二氧化硫吸收辐射后，导致某些电子跃迁到高能量轨道，当电子返回到原始轨道时，以荧光的形式释放出能量，并在特定波长下，被光电倍增管检测。这种荧光专属于硫，并与样品中的硫含量成正比。

库仑式微量总硫分析仪 Coulomb total sulfur trace analyzer 试样裂解氧化，硫转化为二氧化硫，随载气一并进入滴定池，与电解液中的三碘离子发生反应，使指示和参比电极对之间的电位差发生变化，和给定的偏压相比较后输入微库仑放大器，放大后输出电压。同时该电压加到电解电极进行反应，补充三碘离子，消耗的电量就是电解电流对时间的微积分。根据法拉第电解定律即可求出试样的硫含量。主要构成有裂解炉、裂解管、滴定池、电磁搅拌器、自动进样器及气体流量计等。

总磷分析仪 total phosphorus

analyzer 利用比色法原理进行测量。将水中各形态磷氧化成正磷酸，可用过硫酸钾消解。在酸性介质中，正磷酸与钼酸铵反应，在锑盐存在下生成磷钼杂多酸后，立即被抗坏血酸还原，生成蓝色的络合物，在880nm 和 700nm 波长下均有最大吸收度。按分光光度操作步骤，测定吸光度，从工作曲线或从相关回归统计的计数器中即可查得磷的含量。

氨氮分析仪 ammonia nitrogen analyzer 采用离子选择性电极法测定。首先测量样品的初次电位值，然后根据此数值添加一定体积已知浓度的标准溶液，再次测量该混合溶液的电位值，根据两次测量的差值代入公式计算出样品浓度。

气体热值分析仪 gas calorific value analyzer 对混合可燃气体内各种主要成分进行检测，根据每种气体成分的标准热值含量(MJ/Nm^3)以及在混合气体中所占的百分比数，实现对可燃气体热值直接检测。

冷镜式露点分析仪 chilled-mirron dew-point analyzer 让样气流经露点冷镜室的冷凝镜，通过等压制冷，使得样气达到饱和结露状态(冷凝镜上有液滴析出)，测量冷凝镜此时的温度即是样气的露点。特点是精度高，但响应速度慢。

电解式微量水分析仪 electrolysis trace water analyzer 利用电解原理进行检测。传感器由一个玻璃材质的圆柱和两根电极组成，电极之间涂有很薄的一层磷酸。出现的电解电流，使酸中的水分分解为 H_2 和 O_2，产物是可从样气中吸收水分的五氧化二磷。电解电流信号经过仪器内部信号放大器处理后输出。该仪器灵敏度高，适合非常微量的水/痕水测试，但传感器需要定期重涂。

电容式微量水分析仪 capacitance trace water analyzer 利用一个高纯铝棒，表面氧化成一层超薄的氧化铝薄膜，其外镀一层多孔的网状金膜，金膜与铝棒之间形成电容。由于氧化铝薄膜的吸水特性，导致电容值随样气水分的多少而改变，测量该电容值即可得到样气的湿度。该仪器特点是响应速度快，但精度较差。是目前常用的分析仪。

晶体振荡式微量水分析仪 crystal oscillation trace water analyzer 通过检测吸水性敏感石英晶体的振动频率的变化检测微量水分。当晶体吸收水分质量不同时，就有不同的振动频率，让样气和标准干燥气流经该晶体，因而产生不同的振动频率差，计算两频率之差即可得到样气的湿度。该方法具有电解法的优点，且使用前无须干燥。

在线全馏程分析仪 on-line full distillation range analyzer 一种能连续自动分析多种油品馏程的在线质

量分析仪表。被测油品经预处理后注入分馏器加热，采用先进测量技术对分馏全过程中的温度、压力和分馏速度进行实时检测控制，并显示当前工作状况和相关信息。分馏结束后，微处理机显示检测结果初馏点、10%、50%、90%、95%、终馏点。

在线终馏点分析仪　on-line final boiling point analyzer 一种专门用于炼油生产过程中，在线自动检测油品终馏点的分析仪表。结构与恩式蒸馏装置类似。

在线闪点分析仪　on-line flash point analyzer 工作过程与在线全馏程分析仪类似，加热过程中要边升温边点火，直至达到闪点为止。主要部件有过滤器、油杯、加热空气浴、压力传感器等。

在线凝点分析仪　on-line freezing point analyzer 主要部件有数据记录仪、控制箱、分析器箱、预处理箱、内定量泵、油管、传感器和冷芯等。经过预处理的油样由定量泵送入分析器管道内，当半导体冷堆开始制冷时，流经冷芯内的油样温度降低。当油样凝固时，冷芯内的油样停止流动，油样经传感器流出，传感器发出检测信号，控制系统记录凝点温度，转入下一检测运行周期。

在线蒸气压分析仪　on-line vapor pressure analyzer 将以水为动能的喷射器抽真空，试样经节流喷嘴射入恒温检测室内，当室内的气液比达到设定值时，停止进样。此时即可测得绝对蒸气压。经计算机系统修正后，便可获得蒸气压值。该仪器用于炼制汽油或轻质油组分以及汽油管道调和系统的连续检测，也可检测轻质油储罐中油品的饱和蒸气压。

在线倾点分析仪　on-line pour point analyzer 根据振幅与黏滞阻力有关的性质进行测量。分析仪主要由采样系统、传感器、制冷器、三通电磁阀、计算机等部分构成。传感器的探测部分放置在可冷却的环境中，其中充满被测液体。当通入电流时，探测敏感部分会发生位移，检测部分将位移转变成电信号。测量时，由制冷器控制使被测液体温度逐渐降低，此时液体黏滞阻力增大，传感器检测的信号逐渐减小。当信号减小到设定的下限值时，此时的液体温度即为倾点值。

H_2S/SO_2比值分析仪　H_2S/SO_2 ratio analyzer 基于紫外线分光吸收原理进行检测。特定物质对不同波长的紫外光有不同的吸收率，利用比尔定律选定不同组分对本组分有较大吸收的紫外波长作为测量波长来分析各组分浓度。选择一个组分都不吸收的紫外波长作为参比波长进行补偿。主要由电气控制箱、恒温箱、检测箱、吹扫系统构成。

X射线硫分析仪　X-ray sulfur analyzer 由于硫具有特定的原子能

级结构，它被激发后跃迁时放出的X射线的能量也是特定的。通过测定特征X射线的能量，可以确定硫的存在。而特征X射线的强弱（或者说X射线光子的多少）则代表硫的含量。

SO_2分析仪 SO_2 analyzer 检测原理见“H_2S/SO_2比值分析仪”。

氧化-还原电位计 oxidation-reduction potentiometer 利用物质氧化或还原性质，在还原反应中电子数目增加，在氧化反应中电子数目减少的原理进行测量。如果水溶液中含有氧化剂或还原剂，就能进行电子交换。电位计由复合电极和毫安计组成。复合电极包括测量和参比电极。测量电极在敏感层表面进行电子释放或吸收；敏感层使用惰性金属铂或金材料；参比电极是和pH电极一样的银/氯化银电极。

密度计 densitometer; gravimeter 根据物体浮在液体中所受的浮力等于重力的原理工作，可作为比重计使用。使用时将密度计竖直地放入待测的液体中，待密度计平稳后，即可读出待测液体的密度。密度计按其用途分为液体密度计、气体密度计、固体密度计等。按测量原理可分为浮子式密度计、静压式密度计、振动式密度计和放射性同位素密度计。

色度分析仪 colorimeter 进行介质色度的在线或离线检测的仪器。按测量方法不同分为光度测定法、比色法和倍率法。光度测定法让一束精确聚焦的平行光以恒定光强穿透介质后剩余的光强被对面的整体封装的光电管接受检测，通过测量介质对光的吸收和/或散射引起的光强变化来测量色度。

超声波式黏度计 ultrasonic viscometer 由黏度传感探头和信号处理器组成。牛顿流体磁致伸缩弹簧片敏感元件的纵向机械振动产生阻尼作用，不同黏度的液体具有不同的阻尼作用。振动形成的交变磁场在线圈中感应出超声波信号，其幅值随时间和阻尼作用而衰减。将此信号进行电路处理得到脉冲频率，此频率与黏度及密度乘积的平方根成正比，当密度已知时，即可得出黏度值。使用时应注意该仪表只能测牛顿流体，且受温度影响较大，安装时弹簧片应与流体方向平行。

振动式黏度计 vibro viscometer 具有一对音叉共振式振动器组件。分别在其自由端各有一个插在待测样品内的敏感板，两个敏感板同时受相位相反、频率相同的力激励。由于该敏感板受样品的黏滞阻力，振动组件的振幅产生变化，通过检测器将该振幅变为电信号。主要由振动器、激励装置、检测器、温度计构成。

自动毛细管黏度计 automatic capillary viscometer 一种具有玻璃毛细管（或金属毛细管）的黏度测量仪器。依据液体在毛细管中的流出速度不同来测量液体的特性黏度。毛细管黏度计按结构和形状可分为乌氏、芬氏、平氏、逆流四种。按照测量参数的不同，自动毛细管黏度计有压力型、重力型等类型。仪器的主要部分包括毛细管、试样管、螺杆传动系统、减速器、记录系统和支柱等。

露点湿度计 dew-point hygrometer 应用露点法的一种湿度计。测定气体中水蒸气的露点，就可从合适的图表中查出气体的水蒸气压力，从而得出该气体的相对湿度。

pH 计 pH meter 是一种用电位法测量酸碱度的仪器。当把测量电极浸入被测溶液中时，在电极薄膜两侧表面由于水化作用形成水化层。在水化层上会产生接界电位差，通过测定此电位差，从而测得被测溶液的 pH 值。工业用的测量电极有锑电极和玻璃电极，测量时还需要采用参比电极，如甘汞电极。

在线核磁共振分析仪 on-line nuclear magnetic resonance analyzer 核磁共振指磁矩不为零的原子核，在交变磁场作用下，自旋核会吸收特定频率的电磁波，从较低的能级跃迁到较高能级的过程。利用油和水中氢核在磁场中具有共振并产生信号的特性，来探测岩石中油、水及其分布和岩石物性的特征。具有快速、无损、无污染等优点，应用领域非常广泛。

轻烃组分分析仪 light hydrocarbon component analyzer 基于轻烃分析方法，是将气相色谱分离分析方法与样品的预处理相结合的一种简便、快速的分析技术。样品经过压力和温度的变化使气体脱附和挥发，易挥发组分逐渐与顶空气体之间达成气-液平衡状态。将该样品气经载气携带进入色谱柱，采用色谱分析法，经检测器检测最终得到轻烃组分色谱图。

浊度计 turbidimeter 液体中的固体颗粒对光有散射作用，散射光强度在一定条件下与浊度成正比。通过测量散射光强度就能测出浊度大小。按照原理分有散射光和透射光两种类型。

漏油检测分析仪 oil leakage detection analyzer 见 634 页“水中油分析仪”。

钠离子分析仪 sodium ion analyzer 基于电化学中的电位分析法。由钠离子选择性电极、参比电极以及待测溶液构成测量电池，通过一个高阻抗的毫伏计对被测溶液进行精确的电位测量，从而可直接测定溶液中钠离子的含量。由预处理、测量电极、参比电极、变送单元、分析单元等部分构成。

氩中氮分析仪 analyzer for nitrogen in argon 测量氩气中微量氮的仪器。在一个石英材料电离室内，通过高频调幅振荡电场使载气分子氩和被测杂质分子氮气电离，而在氮气分子被激发的情况下发射出一定波长且具有一定能量的光波，由光电倍增管检测其光的强度即可得知氩中氮的含量。主要由电离室、高频调幅振荡器、离子检测器等构成，用于在线监测和质量检验。

氩分析仪 argon content analyzer 属于热导式气体传感器。气体传热的快慢与各种气体的导热系数有关，将导热系数的变化转换为热丝电阻值的变化，从而间接测定气体中氩气的含量。

感温电缆 temperature sensitive cable 又称缆式线性定温火灾探测器。一种用来探测被保护区域的温度变化的检测元件，由缆式线型感温电缆、转换盒、终端盒组成。由两根分别挤塑负温度系数热敏绝缘材料的钢芯导线绞合而成，能够对沿着其安装长度范围内任意一点的温度变化进行探测。可采用直线悬挂、缠绕式或正弦波式进行安装敷设。安装在电缆沟、电缆隧道、电缆竖井等电缆类场所。

电化学式气体报警器 electrochemical gas alarm 利用气体与电解质的电化学反应，可分辨气体成分、检测气体浓度。主要有原电池型、恒定电位电解池型、浓差电池型和极限电流型。

半导体气敏式气体报警器 semiconductor gas sensing gas alarm 由气敏传感器和报警装置构成。气敏传感器利用半导体材料吸附气体后性质发生变化的特性，是一种气-电转换元件。可分为电阻式和非电阻式两种。电阻式气敏传感器用氧化锡等金属氧化物材料，利用其阻值随气体浓度的变化而改变的特性来检测气体浓度。主要分烧结型、薄膜型、厚膜型。特点是稳定性较差，受环境影响较大。

催化燃烧式气体报警器 catalytic combustion type gas alarm 基于催化燃烧原理工作。探头由一对催化燃烧式检测元件组成。其中一个元件检测可燃气体，另一个元件用于补偿环境温度变化。在催化剂作用下，敏感元件上发生催化燃烧。测出两个检测元件的电阻变化，即可知道可燃气体浓度大小。当检测气体中含有硫化氢和氯化物时，不宜选用，以免中毒。测量时需要确保周围氧气的浓度达到8%~10%。

红外线吸收式气体报警器 infrared absorption gas alarm 根据气体的红外线吸收光谱的波长差异，通过吸收量的多少来检测出各气体的种类和浓度。适合于烷烃类、瓦斯的检测。

可燃气体报警器 combustible gas alarm 当可燃气体通过涂有催化剂的平衡电桥的一个桥臂电阻时，会发生燃烧，电阻发热后阻值增加，桥路就有不平衡电压输出，电压的大小与可燃气体浓度有关。结构由隔爆(或本安)传感器、传输电缆和控制仪表组成。传感器将可燃气体浓度转变成电信号，它包括平衡电桥和检测放大电路。控制仪表包括供电和控制单元，它可以为传感器提供电源，同时将传感器的信号放大、处理、显示、报警，驱动继电器动作。

毒性气体报警器 toxic gas alarm 检测工业生产和日常生活环境中的毒性、有害气体。其检测方法和传感器的种类很多，有半导体气敏式、固态热导式、光干涉式、红外线吸收式、定电位电解式、伽伐尼电池式等。选择时根据环境毒气的检测灵敏度、选择性、可靠性、响应时间、稳定性、浓度范围和经济性等因素综合考虑。

烟雾报警器 smoke detector; smoke alarm 又称火灾烟雾报警器、烟雾传感器、烟雾感应器等。由检测烟雾的感应传感器和电子扬声器组成。按使用的传感器分有离子烟雾报警器、光电烟雾报警器等。

7.3 控制仪表

回路 loop 两个或多个仪表或控制功能的组合并在其间传递信号，从而进行过程变量的测量和控制。

控制回路 control loop(CL)由比较元件、正向通路和相应的控制通路组成的元件组合而成。根据不同的控制目的和功能，控制回路可以是主回路，也可包含其他回路如小回路、子回路、副回路、辅助回路或局部回路。

两线制 two wire system 指变送器的信号和电源线是共用的模式。现场变送器和控制室仪表间的信号联系及供电只用两根电线，这两根电线既是电源线又是信号线。由于信号起点不为零，便于识别断电和断线故障，利于安全防爆。主要应用于压力、差压变送器，有向其他领域扩展的趋势。

三线制 three wire system 指仪表或传感器的信号和电源线存在的模式。电源正端和信号正端各用一根导线，电源负端和信号负端共用一根导线。如热电阻采用三线制可以减少连接导线电阻变化带来的测量误差。使用情况由现场仪表类型决定。

四线制 four wire system 指变送器的信号和电源线是独立存在的模式。电源线和信号线分开，电源用两根线，信号用两根线。使用情况由现场仪表类型决定。

本安回路 intrinsically safe loop 又称本质安全防爆回路。由本安现场仪表和作为回路限能关联设备的安全栅配合组成。回路所产生的能量(一般在短路产生电火花时)不足以引爆易燃易爆气体，一般通过限定输出能量，采用低功耗电路形式和低功耗器件的方式实现。

联锁复位 interlocking reset 当联锁条件解除时，联锁信号不会自动消除，需要人工确认后才能解除的过程。联锁复位包括两个部分，现场阀门重新设置和控制器参数的调整。

联锁切除 interlock removal 联锁是确保装置和生产安全平稳运行所采取的保护措施。在开停车、正常检修、紧急、特殊等情况下可进行联锁切除。

联锁投入 interlock joint 作为确保装置和生产安全平稳运行所采取的保护措施。要求联锁投用率100%，投用需要分阶段进行。有些联锁是在所在工艺过程都正常后才投入，但开车联锁是在开车前投入，还有些因为设备或工艺等问题，不能投入，需要屏蔽。

行程 travel；stroke 指调节阀执行机构的输出，即推杆产生的位移的大小。有直行程和角行程两种类型。

泄漏量 leakage 指调节阀全关时介质泄漏的量的大小。一般为最大流量的0.1%~0.01%。

流量特性 flow characteristic 介质流过调节阀的相对流量与相对位移之间的关系。受调节阀前后压差的影响。流量特性分为理想流量特性和工作流量特性。理想流量特性由阀芯的形状所决定，主要有直线、等百分比(对数)、抛物线及快开特性。

直线流量特性 linear flow characteristic 指调节阀的相对流量与相对位移成直线关系。即阀门的放大系数为常数，但相对流量的变化量随流量的减少而增加。

等百分比流量特性 equal percent flow characteristic 指单位相对位移变化所引起的相对流量变化与该点的相对流量成正比关系。放大系数随相对流量的增加而增大，使用较广泛。

可调比 adjustable rate 指调节阀所能控制的最大流量和最小流量之比。反映调节阀的调节能力的大小。受调节阀前后压差的影响，可调比分为理想可调比和实际可调比。

气开 air-to-open type 有信号压力输入时阀门打开、无信号压力时阀门全关的一种阀门控制方式。

气关 air-to-close type 有信号压力输入时阀门关闭、无信号压力时阀门全开的一种阀门控制方式。

流通能力 flow capacity 即调节阀的流量系数。定义为调节阀全开，阀两端压差为100kPa，介质密度为1g/cm³时，每小时流过调节阀的流量(m³/h)。数值决定调节阀口径的大小。

控制规律 controling law 指控制器的输出信号随输入信号(偏差)变化的规律。基本的控制规律有双位控制、比例(P)、积分(I)、微分(D)控制规律；组合控制规律有比例积分(PI)、比例微分(PD)、比例积分微分(PID)；工业上常用的控制规律有比例(P)、比例积分(PI)、比例微分(PD)、比例积分微分(PID)。

调节 regulation 指被控变量在干扰或给定值变化作用下偏离设定值后，调节系统进行控制使其重新回到设定值的过程。

被调参数 controlled parameter 又称被控变量。被控对象内需要保持设定数值的工艺参数。

调节参数 adjustment parameter 又称操纵(控制)变量。受调节器操纵，用以克服干扰的影响，实现控制作用的变量。它是执行器的输出信号。

调节对象 controlled member 又称被控对象。自动控制系统中，工艺参数需要控制的生产过程、设备或机器等。

阶跃 step 是一种理想化的模型。单位阶跃信号是指在时间 $t<0$ 时，信号恒为0；在 $t>0$ 时，信号恒为1。为了衡量系统的控制性能，获得系统响应人为加入的输入，比较具有代表性。

干扰 interference 指引起被控变量偏离给定值，除操作变量以外的各种因素。

正作用 direct action(D)调节器的作用方式之一。被控变量的测量值增大，调节器的输出也增大。调节器正反作用的选择由被控对象和执行器的作用方式来决定。

反作用 reverse action(R)调节器的作用方式之一。被控变量的测量值增大，调节器输出减少；或测量值减小，输出反而增加。

超调量 overshoot 随动控制系统衡量稳定程度的一个单项性能指标。表征被控参数偏离给定值的程度，数值等于最大偏差除以新稳态值的百分数。

控制品质 control quality 控制系统固有的性能。品质好的控制系统，当设定值变化或系统受干扰作用时，被控变量应平稳、迅速、准确地恢复到设定值。

控制指标 control index 评价或比较不同控制系统的性能或控制质量的指标，分单项指标和综合性指标两种。单项指标有最大偏差(或超调量)、衰减比、余差、振荡周期、过渡时间等。综合性指标有偏差积分、偏差绝对值积分、偏差平方的值积分、偏差绝对值与时间乘积的积分。

给定值 set-point value 生产过程中被控变量的期望值。

测量值 measured value 由检测元件得到的被控变量的实际值。

偏差 deviation 给定值与测量值的差。在反馈系统中，调节器根据偏差信号的大小来控制操纵变量

主回路 master loop; major loop 由副回路、主调节器、主对象、主被控变量检测变送环节组成的回路。是串级控制系统的外环，以保证主被控变量的恒定。是一个定值

控制系统。

副回路 minor loop; slave loop 由副被控变量检测变送环节、副调节器、调节阀、副对象组成的回路。是串级控制系统的内环，在控制过程中起着粗调的作用，能迅速克服作用于副回路的干扰。是一个随动控制系统。

主调节器 main controller 接受主被控变量的偏差信号，主调节器的输出作为副调节器的设定值。

副调节器 slave controller 接受副被控变量的偏差信号，副调节器的输出去控制调节阀的开度。

简单控制系统 simple control system 由一个被控对象、一个检测元件及变送器、一个调节器和一个执行器所构成的闭环负反馈单回路控制系统。可以解决大量的参数定值控制问题。是最基本且使用最广泛的一种形式。

复杂控制系统 complex control system 为满足更高控制质量或特殊控制需求而提出的控制系统。主要有串级、均匀、比值、分程、前馈、三冲量等控制系统。

串级控制 cascade control 复杂控制系统的一种。由主、副调节器串接而成，构成主、副两个控制回路，主调节器的输出作为副调节器的给定值。串级控制具有较强的抗干扰能力，可改善对象特性、提高工作频率。主要应用于对象滞后大、干扰大而频繁、非线性以及负荷变化较大的场合。

比值控制 ratio control 复杂控制系统的一种。两种物料按照一定比例(比值可以固定或变化)混合或参加化学反应。在化工生产中应用较广，有开环和闭环比值控制之分。

均匀控制 average control 同时兼顾两个互相矛盾的变量(一般指液位和流量)，在控制过程中使其在各种允许的范围内缓慢变化，保证前后设备的物料供求之间的均匀控制。

前馈控制 feedforward control 一种开环控制系统。根据扰动或给定值的变化按补偿原理而工作的控制系统。比反馈控制及时，不受系统滞后影响。但控制的好坏与扰动通道和控制通道模型有关。实际应用中多与反馈控制或串级控制结合。

顺序控制 sequential control 按一定的动作顺序依次执行各阶段动作程序的过程控制。控制中可以兼用连续控制、逻辑控制和输入/输出监控的功能。

批量控制 batch control 利用顺序程序，控制一个间断的生产过程以得到规定的产品。是顺序控制的一种应用。

智能控制 intelligent control 实现某种控制任务的一种智能系统。具备一定的智能行为，可解决那些用传统方法难以解决的复杂系统的控制问题。主要由广义对象与智能控制器两部分组成。研究内容主要包含：模糊控制、神经网络控制和专家控制等。

自适应控制 adaptive control 针对不确定性系统而提出。为了能适应对象特性的变化，控制系统必须随时测取系统的有关信息，再经过某种算法自动地改变调节器的有关参数，使系统始终运行在最佳状况下的控制。

程序控制装置 programmed control device 又称自动操纵装置。在人工或程序信号发生器发出指令后，可以自动启动或停止设备的操作或进行交换接通的操作。也可用于远程遥控，实现工艺参数的集中控制。

程序控制系统 programmed control system 又称自动操纵系统或顺序控制系统。由程序控制装置和被控对象组成，属于开环系统，只能起操纵作用，不能起控制作用。程序控制往往是开关控制，不作定量控制。

选择性控制 selective control; override control 一般指在控制回路中引入选择器的系统，选择器有高值器和低值器之分。主要应用于软保护(又称超驰控制)、被控变量测量值的选择及对信号限幅。

分程控制 split-ranging control 复杂控制系统的一种。一个调节器控制两个或以上调节阀，控制信号被分割成不同的量程范围以控制不同的调节阀，扩大了调节阀可调范围，使系统更加合理可靠，以满足工艺对控制的特殊要求。

参数整定 parameter tuning 在控制系统确定后，为获得最佳的控制过渡过程而求取的比例度(或放大增益)、积分时间、微分时间的具体数值。参数整定方法分理论计算整定和工程整定。工程上常用工程整定法，如临界比例度法、衰减曲线法、经验凑试法等。

定值控制 control with fixed set-point 需要将工艺过程控制的被控变量的给定值保持恒定的控制系统。是化工生产中广泛使用的一种控制系统类型。

随动控制 follow-up control 过程控制中被控变量的给定值随机变化，被控的参数能准确快速地跟随给定值的变化的控制系统。

联锁保护系统 interlock protection system(IPS) 当生产过程中某些参数超出允许数值时，会发出报警并自动采取联锁保护措施，避免设备或装置发生事故，或限制事故扩大。是安全生产的一项重要措施。

紧急停车系统 emergency shutdown(ESD) system 为生产过程的安全而设置。适用于高温、高压、易燃、易爆等连续性生产领域。当生产过程出现意外波动或紧急情况需要采取某些动作或停车时，该系统能精确监测，并及时、准确地做出响应，使装置停在一定的安全水平上，确保装置和人身的安全。主要由检测元件、逻辑单元和执行元件组成。

信号报警系统 signalling alarm system(SAS) 为及时发现各种过程参数越限而设计的系统。能识别是哪一个过程参数超过限值，可根据事故的性质和程度采用不同的报警信号。一般由一台主机、若干台分机构成。报警输出部分有数字显示屏、汉字显示屏、声响报警器；输入部分有输入接点及接口组件。

三冲量控制系统 three-element control system 根据三个变量来进行的控制。在锅炉液位控制中，汽包水位作为主变量，给水流量作为副变量，蒸汽流量作为前馈信号构成一个前馈-串级控制系统，能及时克服给水压力变化以及蒸汽负荷变化对汽包水位的影响。

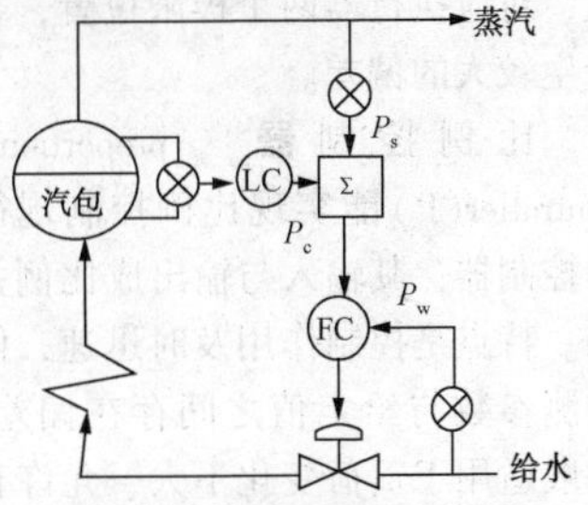

三冲量控制系统

P_s—蒸汽流量变送器输出；

P_c—液位控制器输出；

P_w—给水流量变送器输出

安全火花防爆系统 intrinsically safe(I. S.) system 不仅在危险场所使用安全火花型防爆仪表，而且在危险场所与安全场所之间设置安全栅的控制系统。

防喘振控制 antisurge control 一种避免压缩机进入喘振区而进行的控制。喘振是离心式压缩机固有的特性，主要由负荷减少所致。防喘振控制就是要确保任何转速下，通过压缩机的实际流量不能小于喘振极限线所对应的最小流量。类型有固定极限流量法和可变极限流量法。

防爆仪表 explosion-proof instrument 指在正常或事故状态下所产生的火花不会引起仪表周围危险混合物爆炸的仪表。

防爆等级 explosion-proof grade 指确定防爆仪表的防爆级别。分安全火花型、隔爆型、安全型。控制系统中的仪表使用的是安全火花型和隔爆型。

二次仪表 secondary instrument 接受由变送器、转换器、传感器(包括热电偶、热电阻)等送来的电或气信号，并指示所检测的过程工艺参数量值的仪表。是自动检测装置的部件(元件)之一。用于指示、记录或积算来自一次仪表的测量结果。

基地控制仪表 local-mounted controller 以指示、记录仪表为主体，附加控制机构，不仅能对工艺参数进行指示或记录，还具有控制功能。基地式仪表一般结构比较简单，用于简单控制系统。

单元组合仪表 unit assembly instruments 根据控制系统中各个组成环节的不同功能和使用要求，将其划分成若干单元，每个单元能独立实现某种功能，单元之间用统一的标准信号联系，将这些单元进行不同的组合，可构成简单或复杂的自动检测和控制系统。常用的单元有变送单元、调节单元、执行单元等。按传输信号的不同，可分为电动单元组合仪表（简称 DDZ）和气动单元组合仪表（简称 QDZ）。

电动单元组合仪表 electric unit assembly instrument 一种采用电子管、晶体管和集成电路组件制成的单元组合仪表。以电子管和晶体管为基本元件的仪表（已淘汰）采用-5～+5mA 和 0～10mA DC 电流信号，以集成电路为基本元件的仪表采用 4～20mA DC 电流信号或 1～5V DC 电压信号。这三类仪表在线路、结构、元件和工艺等方面有所不同，但品种分类、性能指标和使用条件等都相近。

气动单元组合仪表 pneumatic unit assembly instrument 一种采用力平衡原理制成的仪表。各单元之间采用统一标准的 20～100kPa 的气压信号，用 140kPa 的干燥、洁净的压缩空气作能源。具有结构简单、可动部件少、经济和安全防爆的特点。

调节仪表 regulation meter 被控变量在外作用下偏离设定值，调节系统进行控制使其重新回到设定值的过程中所使用的各种仪表。按能源形式可分为电动、气动、液动和机械式等；按信号类型分为模拟式和数字式两大类；按结构形式可分为基地式、单元组合式、组装式、DCS、FCS 等。

调节器 controller; regulator 将生产过程参数的测量值与给定值进行比较，得出偏差后根据一定的调节规律产生输出信号推动执行器动作以便消除偏差量，使该参数保持在给定值附近或按预定规律变化。

双位控制器 on-off controller; two-position controller 控制规律的一种。通过控制被控参数大小两个数值而达到所要求的给定值。优点是结构简单；缺点是只有两个输出值，对应执行器两个极限位置，会产生较大的偏差。

比例控制器 proportional controller(P)能实现比例控制规律的控制器，其输入与输出成比例关系。特点是控制作用及时迅速，但被测参数与给定值之间存在偏差。一般适用于负荷变化不大、允许有余差的系统。

比例微分控制器 proportional-derivative controller(PD)能实现比例微分控制规律的控制器，输出与输入偏差变化的速度成正比。它能根据偏差变化的趋势提前采取控制措施，具有超前控制的特点。特别适用于对象的容量滞后较大、允许有余差的系统。

比例积分控制器 proportional-integral controller(PI)能实现比例积分控制规律的控制器，输出为比例与积分两种作用的输出之和。特点是控制作用及时迅速，能消除被测参数与给定值之间的偏差。一般适用于负荷变化不大、不允许有余差的系统。

比例积分微分控制器 proportional integral derivative controller (PID)实现比例积分微分控制规律的控制器，是三种控制规律的组合，具有三种控制规律的特点。适用于对象的容量滞后较大、负荷变化大、控制质量要求较高的系统。

自力式控制器 self-operated regulator; self-operated controller 也称自力式控制阀，是无需电力或压缩空气等外界辅助能源，由自身的调节机构操作，即可达到自动控制作用的控制阀。常用类型有：自力式压力控制器、自力式差压控制器、自力式流量控制器与自力式温度控制器。

模拟控制器 analog controller 采用模拟技术，以运算放大器等模拟电子器件为基本部件，由各种放大器和由电(气)阻、电(气)容构成的基本环节的组合而成。运算形式有偏差型和微分先行两种。

数字控制器 digital controller 采用数字技术，以微处理器为核心，由硬件电路和软件两部分组成，控制规律由软件来实现。不同型号的控制器硬件电路基本相同，主要有主机电路、过程输入输出通道、人机接口电路及通信接口电路等。软件与控制器种类有关。常用的类型有非编程数字调节器、可编程温度程序调节器、KMM 可编程序调节器、SLPC 可编程序调节器、PMK 可编程序调节器等。

可编程序调节器 programmable controller 一种以 CPU 为核心的控制仪表。由 CPU、随机存储器(RAM)、只读存储器(ROM)、输入输出接口(I/O)及相应的辅助电路构成。可通过编制不同的软件实现不同的控制和运算功能。

显示仪表 display instrument 用来与检测仪表、变送器或测量元件配套，指示或记录被测参数值的仪表。按工作原理有模拟式、数字式、屏幕显示。模拟式显示仪表有电动机械式(已淘汰)、磁电式、电子平衡式；数字式显示仪表有电压型和频率型；屏幕显示属于新型显示仪表，分为无纸记录仪和虚拟式。

模拟显示仪表 analog display instrument 以仪表指针的线性位移或角位移来模拟显示被测参数连续变化的仪表。与检测仪表、变送器和传感器配套使用。具有结构简单、可靠、价廉的优点；缺点是速度慢、精度较低。

数字显示仪表 digital display instrument 与各种检测仪表相连接，通过电子线路将被测信号如温度、压力、流量、液位等变换成数字信号进行数字显示，避免使用磁电偏转机构或机电式伺服机构。具有速度快、精度高，读数直观，便于与计算机连用的特点。

屏幕显示 on screen display (OSD)将图形、曲线、字符和数字等直接在屏幕上进行显示。可以是计算机控制系统的一个组成部分。由于功能强大、显示集中清晰，目前在 DCS 控制系统中应用广泛。

无纸记录仪 paperless recorder instrument 以 CPU 为核心，采用液晶显示的记录仪，全数字采样、存储和显示。可接受热电偶、热电阻以及其他直流电压电流信号。对多种工艺参数进行数字显示、数字记录、报警。所有的功能可以通过组态和编程来实现。

多点记录仪 multi-point recorder 集显示、处理、记录、积算、报警和配电等多种功能于一体，能够接受电流、电压、热电偶和热电阻等多种输入信号。主要由电源、主机和 A/D 构成，可实现无纸记录仪强大的记录功能。

趋势记录仪 trend recorder 属于无纸记录仪的一种。它在实时显示各类检测仪表测量值的同时，把实时数据保存到记录仪的内存中，查询时，只要输入所需查询的起止时间，仪表就可以曲线或数字形式显示过去一段时间的历史数据。此记录通常可同时记录多个测量参数，不同的参数曲线用不同的颜色来区分。

电子平衡电桥 electronic balance bridge 与热电阻测量元件配合，用来显示温度。由测量系统、放大器、可逆电机、指示和记录机构以及调节机构等组成。测量系统接受来自测量元件的信号，根据平衡原理工作。特点是结构简单，动作迅速，精确度高，有被新型显示仪表所取代的趋势。

执行器 actuator; final controlling element 按照控制器输出的控制信号或手动操作信号，去改变控制变量的大小，使被控变量维持在给定值。是自动控制系统中的一个重要的、不可缺少的组成部分。

调节阀 control valve 接受控制器的输出信号，通过本身开度的变化去改变被控介质的流量，使被控变量维持在给定值。由执行机构和调节机构组成。按能源形式可分为气动、电动、液动调节阀。

电磁阀 solenoid valve; electromagnetic valve 一种借电磁控制进行调节的阀。电流通过电磁铁线圈时，在电磁吸力的作用下，使阀芯上升到极端位置；电流停止时，由于电磁元件的重量和弹簧的作用，恢复到初始位置。具有作用快、双位控制的特点。

执行机构 actuator; actuating mechanism 是执行器的推动装置，根据输入控制信号大小，产生相应的输出力(或输出力矩)和位移(直线位移或角位移)去推动调节机构动作。按能源有气动、电动之分，作用方式有正作用和反作用形式。

气动执行机构 pneumatic actuator 利用压缩空气作为动力源的执行机构。按结构的不同可分为薄膜式、活塞式和长行程式。薄膜式执行机构又分为有弹簧和无弹簧类型。

电动执行机构 electric actuator 利用电作为动力源的执行机构，分为直行程式和角行程式。角行程执行机构又分为单转式和多转式。由伺服放大器、伺服电动机、位置发送器和减速器组成。

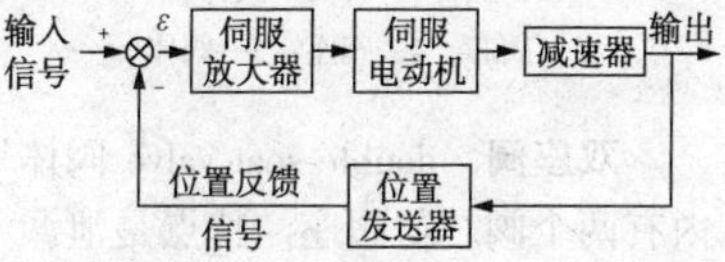

电动执行机构

气动薄膜执行机构 pneumatic diaphragm actuating mechanism; phenumatic diaphragm actuator 一种气动执行机构。来自调节器或定值器的压力信号作用在薄膜上产生推力，使薄膜连同阀杆、阀芯一起移动，改变通过调节阀的流体流量。推力使弹簧压缩或拉伸，产生反作用力，当反作用力与推力平衡时，阀杆停止动作。特点是结构简单、动作可靠，易于调整，在炼油厂应用很广泛。

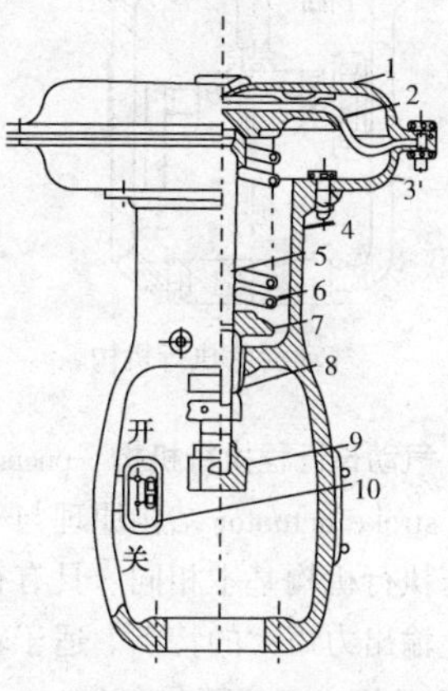

气动薄膜执行机构

1—上膜盖；2—波纹膜片；
3—下膜盖；4—支架；5—推杆；
6—压缩弹簧；7—弹簧座；
8—调节件；9—连接阀杆螺母；
10—行程标尺

气动活塞执行机构 pneumatic piston actuator 一种气动执行机构。来自调节器或定值器的压力信号输入波纹管，使其伸张并推动杠杆绕支点逆时针方向转动使杠杆上的挡板靠近喷嘴，气动功率放大器的输出压力升高，当与弹簧产生的反馈力相平衡时，杠杆平衡，阀门保持在一定开度。特点是行程推力大、工作匀滑可靠。

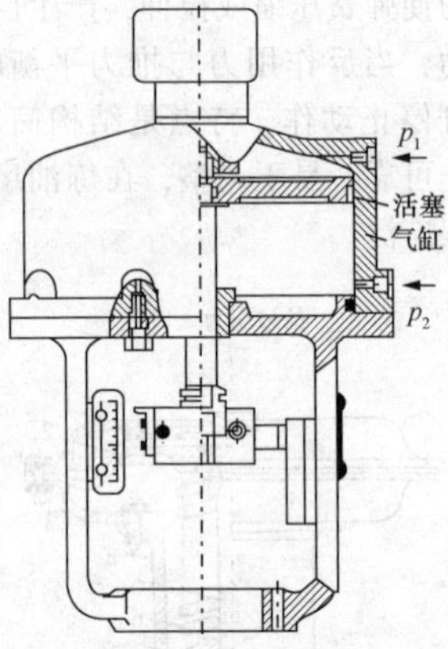

气动活塞执行机构

气动长行程执行机构 pneumatic long stroke actuator 结构原理与气动活塞执行机构基本相同。具有行程长、输出力矩大的特点。适于输出位移(200mm)和转角(90°)，可用于蝶阀或风门的推动装置。

电动执行器 electric actuator 采用电动执行机构，通称电动调节阀。有正作用和反作用形式。输入信号增大时阀关，无信号时阀开的为正作用；反之，为反作用。执行器的正作用和反作用可以通过执行机构的正反作用形式以及调节机构的正装和反装的不同组合来实现。具有动作迅速、能源获取方便的优点；缺点是价格较贵，一般只适用于防爆要求不高的场合。

智能执行器 intelligent actuator; smart actuator 构成与电动执行机构相同，只是伺服放大器采用微处理器系统，所有的功能都是通过编程来实现。集检测、控制、执行等作用于一身，具有控制、显示、自诊断和通信等功能。现已在现场总线控制系统中使用。

单座阀 single-seat valve 阀体内只有一个阀芯与阀座。特点是泄漏量小、不平衡力大。应用在小口径、低压差的场合，是应用最广的一种类型。

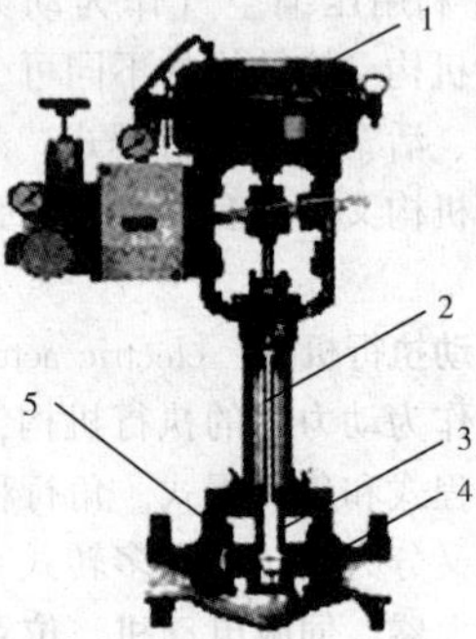

单座阀

1—执行机构；2—阀杆；
3—阀芯；4—阀座；5—阀体

双座阀 double-seat valve 阀体内有两个阀芯与阀座。特点是泄漏量大、不平衡力小，是最常用的一种类型。适用于压差较大、泄漏量要求不高的干净介质场合。

直通阀 through way valve 由上下阀盖、阀体、阀座、阀芯、阀杆、填料和压板等部件组成。上下阀盖装有衬套作导向，阀盖上斜孔使阀盖内腔和阀后内腔相互连通，便于阀芯移动。有单座阀和双座阀之分。

三通阀 three-way valve 阀体上有三个通道与工艺管道相连，有合流型和分流型两种类型。可用来代替直通阀，适用于三个方向流体的管路系统以及配比和旁路控制，不同方向流体温度差不大于150℃。

套筒阀 sleeve valve; cage valve 又称笼式阀。阀内有一个圆柱形套筒，结构有单密封和双密封两种。前者类似于单座阀，适用于单座阀场合；后者类似于双座阀，适用于双座阀场合。具有稳定性好、装卸方便的特点。

角阀 angle valve 除阀体为直角外，其他结构与直通单座调节阀相似。特点是流路简单，死区和涡流区较小，流阻小，适用于高黏度、含悬浮物和颗粒状流体的场合，特殊情况下可以反装，即流向侧进底出。

平行闸阀 parallel gate valve 阀体有扁体和圆体两种形式，阀座有双重密封和自清洗功能，全封闭结构，防护性能好。全开时，通道平滑为直线，流阻系数极小，无压力损失。适用于各种输送管线上，截断或接通管路中的介质，也可用于放空系统和汽储存装置上，作为启闭设备。

滑阀 slide valve 依靠圆柱形阀芯在阀体或阀套内作轴向移动而打开或关闭阀口的液压控制阀。利用阀芯(柱塞、阀瓣)在密封面上滑动，改变流体进出口通道位置以控制流体流向的分流阀。按结构和动作特点，滑阀分为往复式和回转式。常用于蒸汽机、液压和气压等装置。使运动机构获得预定方向和行程的动作或者实现自动连续运转。

比例阀 proportional valve 一种输出量与输入信号成比例关系的调节阀。通过控制比例阀内电磁线圈所产生的磁力大小来控制输出。按输出量的不同，可分为压力、流量和方向控制阀。

电液伺服阀 electro-hydraulic servo valve 实现电、液信号的转换和放大并对液压执行机构进行控制的装置。接受模拟电信号，输出调制的相应流量和压力的液压控制阀。具有动态响应快、控制精度高、使用寿命长等优点，已广泛应用于化工等多个领域的电液伺服控制系统。按力矩马达形式分为动圈式和永磁式。目前已研制出集机械、电子、传感器及计算机技术为一体的智能化新型伺服阀。

低噪声阀 low noise valve 为防止机械噪声、液体动力噪声、气体动力噪声而设计。安装在流体流速大、压差高、阀后压力相对较小(甚至放空)、流体产生闪蒸、空化的场合。

防空化阀 anti-cavitation valve 为防止液体空化而设计。采用轴向多级分流叠板集成块或节流组件。阀工作时，流体进入节流组件，分别在各自的独立空间内进行多级节流、缓冲膨胀和转变折流。每个独立空间都有径向流道、轴向节流孔和缓冲室，并集成为一个不可分割的整体，经多级节流后其压力和压差均按一定规律逐步降低。

气锁阀 air lock valve 仪表辅助装置。当压缩气源发生故障停止供气时，利用气锁阀切断阀门控制通道，使阀门位置保持断气前的位置，以保证工艺过程的正常进行，直到事故消除重新供气后气锁阀才打开通道，恢复正常控制。具有尺寸小，重量轻，不用支架固定安装，可以直接用导管固定连接的特点。

气动保位阀 pneumatic lock-up valve 又称气动锁止阀，是气动阀门常配附件。见“气锁阀”。

空气过滤减压阀 air pressure regulator-filter 气动薄膜调节阀组合单元的一种辅助装置。经输入0.3～1.0MPa压缩空气后，可向气动遥控板或阀门定位器提供0.1～1.0MPa洁净气源。属于先导活塞式减压阀，由主阀和导阀两部分组成；具有空气过滤减压双重功能，压力输出稳定。

截止阀 globe valve 利用阀杆下面的阀盘(阀芯)与阀体的突缘部分(阀座)的配合来控制阀的启闭。安装有方向性，流体只能向一个方向流动。优点是结构简单、密封面小，制造和维修方便，能调节流量。缺点是流体阻力大，密封性较差，不适用于带颗粒的、黏度较大的流体。可分为直通式、角式和直流式。阀杆也有明杆和暗杆之分，通径小的阀通常采用暗杆，通径大或使用在高温及腐蚀性介质的阀通常采用明杆。

膨胀阀 expansion valve 节流阀在制冷工程中的别称。是压缩式制冷装置的附件之一，起降压和控制流量的作用。使流体工质由冷凝压力降至蒸发压力，并控制进入蒸发器的流量。

隔膜阀 diaphragm valve 用在输送温度小于60℃的酸性或带悬浮物介质的管线上。阀芯是一橡胶隔膜，夹置在阀座阀盖之间。隔膜的中央突出部分固定在阀杆上，隔膜将阀杆与介质隔开，阀体内部衬有橡胶。有直通式、角式和直流式之分。具有结构简单、密封性能好、维修方便、流体阻力小的特点，当阀开度较小时隔膜有振动现象。

蝶阀 butterfly valve 取一直管段来做阀体，且阀体又相当于阀座，故自洁性能好、体积小、重量轻。适用于不干净介质和大口径、大流量、大小压差的场合。

偏心旋转阀 eccentric rotary plug valve 球面阀芯的中心线与转轴中心偏离，转轴带动阀芯偏心旋转，使阀芯向前下方进入阀座。具有体积小、使用可靠、通用性强的特点，适用于不干净介质、泄漏要求小的调节场合。

旋塞阀 plug valve 是关闭件或柱塞形的旋转阀，通过旋转90°使阀塞上的通道口与阀体上的通道口相同或分开，实现开启或关闭的一种阀门。按阀塞的形状有圆柱形或圆锥形之分，最适于作为切断和接通以及分流介质使用，有时也用于节流。

安全栅 safety barrier 作为安全火花防爆系统中的关联设备，一方面传输信号，另一方面控制进入危险场所的能量。形式有电阻式、齐纳式、中继放大器式、光电隔离式和变压器隔离式。

隔离式安全栅 isolated safety barrier 通过隔离器件，隔离、限制进入危险场所的电压、电流。此类安全栅结构较复杂，但可靠性、防爆电压高，是实际中应用较广的类型。如光电隔离安全栅和变压器隔离安全栅。

齐纳式安全栅 Zener barrier 基于齐纳二极管反向击穿性能而工作的安全栅。具有结构简单、经济、可靠、通用性强、防爆额定电压高的优点。应用很广泛。

超速保护器 overspeed governor 当发动机超过预定转速时，控制供油与进气或点火系统的一种转速传感器和驱动部件的组合件。通过监控独立的磁阻式转速传感器来防止蒸汽轮机、燃气轮机或其他原动机的超速。

浪涌保护器 surge protection device(SPD)又称电涌保护器，是电子设备雷电防护中不可缺少的一种装置。基本元器件有放电间隙、充气放电管、压敏电阻、抑制二极管和扼流线圈等。不同用途的电涌保护器类型和结构有所不同。

信号隔离器 signal isolator 将输入单路或双路电流或电压信号，变送输出隔离的单路或双路线性的电流或电压信号，并提高输入、输出、电源之间的电气隔离性能。可与单元组合仪表及DCS、PLC等系统配套使用。按供电方式分有独立供电和回路供电两种类型。

气动定值器 pneumatic loading station 一种气动单元组合仪表定值器，由手动调节旋钮和稳压放大器组成。调节手动调节旋钮可得到20~100kPa稳定的气压输出信号。

闪光报警器 flash alarm 可以与各路电接点式控制、检测仪表配合使用。用来指示生产过程中的各种参数是否越线。按测量点数有单点和多点之分；按功能有常规和智能之分。

蜂鸣器 buzzer 一种一体化结构的电子讯响器，采用直流电压供电，可分为压电式和电磁式。前者主要由多谐振荡器、压电蜂鸣片、阻抗匹配器及共鸣箱、外壳等组成；后者由振荡器、电磁线圈、磁铁、振动膜片及外壳等组成。

报警设定器 alarm setting meter 接收来自于现场变送器、转换器、温度传感器和其他控制设备的信号，对信号进行报警设定。通过设定器内置的一组或两组继电器开关触点输出，继电器在被监控过程变量超出用户设定的信号报警范围时动作，并启动相连的灯光报警器、声音报警器或紧急停车系统。它是集信号报警、信号变送、隔离功能一体的多功能接口仪表。

伺服放大器 servo amplifier 电动执行机构组成中的一部分。根据偏差的极性和大小，控制可控硅交流开关Ⅰ、Ⅱ的导通或截止，接通伺服电机的交流电源，分别控制伺服电机的正、反转或停止不转。

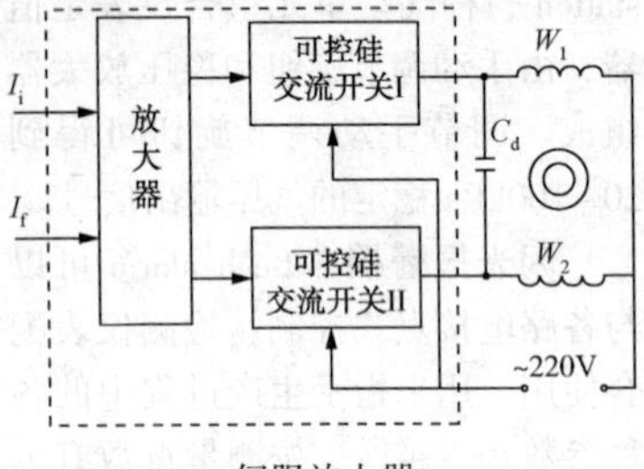

伺服放大器

阀门定位器 valve positioner 有气动阀门定位器和电动阀门定位器之分。前者是一种气动功率放大装置，与气动薄膜调节阀配套使用，用来放大来自调节器的信号，改善阀的调节特性。后者由电气转换器和气动阀门定位器组成，用在由电动单元组合仪表和气动薄膜调节阀组成的调节系统。

电气转换器 electric/pneumatic converter(I/P)一种电动单元组合仪表转换器。把电信号(如4~20mA DC)转换成气信号(如20~100kPa)，去驱动气动执行器。由测量、反馈、转换放大和调零等组成。当直流电流通入置于恒定磁场中的测量线圈时，线圈受磁铁的吸引向上运动，使杠杆绕支点转动，带动挡板靠近喷嘴，气动放大器输出压力增加。此压力使反馈波纹管产生反馈力，当反馈力矩与测量力矩平衡时，杠杆平衡，输出压力与输入电流大小成比例。

电子调速器 electronic governor 控制发电机转速的控制装置。主要由控制器、转速传感器、执行器、超速保护装置和电源等组成。可以使发电机速度保持在预设的转速而不受负荷变化的影响。转速由能够测设定转速与实际转速差值的控制器来控制，差值被转变成电信号，传给磁体(执行器)，通过调节喷油泵的控制杆来调节喷油量。

按钮 button 一种常用的控制电子元件，常用来接通或断开“控制电路”(其中电流很小)，从而达到控制电动机或其他电气设备运行目的的一种开关。形状通常是圆形或方形，由按键、动作触头、复位弹簧、按钮盒组成。按结构可以分为常开、常闭、常开常闭按钮。按功能可分为急停、启动、停止、组合(键盘)、点动、复位按钮。

开关 switch 指一个可以使电路开路、使电流中断或使其流到其他电路的电子元件。按用途分有波动、波段、录放、电源、预选、限位、控制、转换、隔离、行程、墙壁、智能防火开关等；按结构分有滑动、钮子、拨动、按钮、按键、薄膜、钢架开关等；按开关数分有单键、双键和多键开关之分。

7.4 PLC/DCS/FCS

可编程序控制器 programmable logic controller(PLC)一种专门为在工业环境下应用而设计的数字运算操作的电子装置。采用可编程存储器，用来在其内部存储执行逻辑运算、顺序运算、计时、计数和算术运算等操作的指令，并通过数字式或模拟式的输入和输出，控制各类型的机械或生产过程。PLC 及其有关的外围设备都按易于与工业控制系统形成一个整体，易于扩展其功能的原则而设计。

梯形图语言 ladder diagram (LD) language 一种用梯形图的图形符号来描述程序的 PLC 编程语言。采用因果关系来描述事件发生的条件和结果，每个梯级是一个因果关系。在梯级中，描述事件发生的条件表示在左边，事件发生的结果表示在右边。梯形图与电气控制系统的电路图很相似，特别适用于开关量逻辑控制。梯形图常被称为电路或程序，梯形图的设计称为编程。

功能模块图语言 function block diagram(FBD) language 一种与数字逻辑电路类似的 PLC 编程语言。采用功能模块图的形式来表示模块所具有的功能。其特点：以功能模块为单位，分析理解控制方案简单容易；用图形的形式表达功能，直观性强，对于具有数字逻辑电路基础的设计人员容易掌握；对规模大、控制逻辑关系复杂的控制系统，编程调试时间可大大减少。

顺序功能图语言 sequential function chart(SFC) language 一种描述顺序控制系统的控制过程、功能、特性的 PLC 编程语言。主要由步、有向连线、转换、转换条件(或命令)组成。编程时将顺序流程动作的过程分成步和转换条件，根据转移条件对控制系统的功能流程顺序进行分配，一步一步按照顺序动作。每一步代表一个控制功能任务，用方框表示。用于系统规模较大、程序关系较复杂的场合。

指令表语言 instruction list(IL) language 一种与汇编语言类似的助记符 PLC 编程语言，由操作码和操作数组成。适合采用 PLC 手持编程器对用户程序进行编制。指令表编程语言与梯形图编程语言图一一对应，在 PLC 编程软件下可相互转换。

结构化文本语言 strutured text (ST) language 一种用结构化的描述文本来描述程序的 PLC 编程语言。采用计算机的描述方式来描述系统中各变量间的各种运算关系，完成所需的功能或操作，是类似于高级语言的一种编程语言。其特点：采用高级语言进行编程，可完成较复杂控制运算；需要有一定的计算机高级语言知识和编程技巧，对设计人员要求较高；直观性和操作性较差。主要用于其他编程语言较难实现的用户程序编制。

编程软件 programming software PLC 的编程语言有梯形图语言(LD)、指令表语言(IL)、功能模块图语言(FBD)、顺序功能图语言(SFC)及结构化文本语言(ST)等。PLC 编程软件安装在计算机上，利用 PLC 软件编好程序下载到 PLC 中，完成对电气动作的控制。

集散控制系统 distributed control system(DCS)又称分布式控制系统。是一个由过程控制级和过程监控级组成的以通信网络为纽带的多级计算机系统，综合了计算机、通信、显示和控制等 4C 技术。其基本思想是分散控制、集中操作、分级管理、配置灵活、组态方便。

系统结构 system architecture 典型的 DCS 系统结构分为三层：第一层为分散过程控制级；第二层为集中操作监控级；第三层为综合信息管理级。层间由高速数据通路 HW 和局域网络 LAN 两级通信线路相连，级内各装置之间由本级的通信网络进行通信联系。

现场控制级 field control level 主要是将过程非控变量进行数据采集和预处理，对实时数据进一步加工处理，供 CRT 操作站显示和打印，从而实现开环监视，并将采集到的数据传输到监控计算机。现场控制级直接面对现场，跟现场过程相连。

过程控制级 process control level 又称现场控制单元或基本控制器，是 DCS 系统中的核心部分。它接受现场控制级传来的信号，按照工艺要求进行控制规律运算，并将结果作为控制信号发给现场控制级的设备。

过程管理级 process management level DCS 的人机接口装置，是 DCS 的核心显示、操作和管理装置。普遍配有高分辨率、大屏幕的色彩 CRT、操作者键盘、打印机、大容量存储器等。操作人员通过操作站来监视和控制生产过程，通过屏幕了解生产运行情况、每个过程变量的数值和状态。

经营管理级 operational management level 又称上位机，功能强、速度快、容量大。通过专门的通信接口与高速数据通路相连，综合监视系统各单元，管理全系统的所有信息，完成生产管理和经营管理功能。

操作员站 operator's station(OS)一台用于操作、监视、报警、趋势显示、记录和打印报表的PC机，在DCS系统中作为操作员在操作台使用的人机接口设备。包括显示器、主机、键盘、鼠标或光笔等。操作员站通过以太网和过程控制站相连。

工程师工作站 engineer's work station(EWS)在DCS系统中，供系统设计工程师使用，对计算机系统进行组态、编程、修改等系统设计的工作站。它提供各种设计工具，使系统设计工程师利用它们来组合、调用DCS的各种资源。

系统组态 system configuration 用应用组态软件中提供的工具、方法，对系统硬件构成的软件设置，进行系统结构组态和功能组态，完成工程中某一具体任务的过程。系统组态在工程师站上完成。

组态软件 configuration software 指一些数据采集与过程控制的专用软件，在自动控制系统监控层一级的软件平台和开发环境，能以灵活多样的组态方式提供良好的用户开发界面和简捷的使用方法。它解决了控制系统通用性问题。

DCS画面 DCS panel 在DCS中，为了完成对生产过程的监视、操作、设计和维护，在显示屏上预先定义的各种图像。包括操作员画面(菜单、总貌、组、单点、报警总貌、报警提示窗口、趋势组、工艺流程、机电设备运行状态等)、工程技术人员画面(系统组态、用户图形生成、高级语言编程、联机记录和报表生成等)、维护人员画面(系统诊断、系统维护、系统资源使用情况、系统状态等)。

事件顺序记录 sequence of events(SOE)在发生事故时，根据数据量输入(DI)电平变化的记录时间来判断被监控设备开关动作的时间和顺序，并按动作的顺序打印。主要用于事故的事后分析，查找事故第一原因。

冗余设备 redundancy unit 为保障重要系统设备不停止运转而采用多台互为备用的设备。常采用一用二备或一用三备的配置。正常工作时，几台设备同时工作，互为备用；一旦遇到停电或者机器故障，自动转到正常设备上继续运行，确保系统不停机，数据不丢失。

功能模块 function module 指单独命名并可通过名字来访问的按规定格式编制成的具有某种运算、处理、调节控制、限幅、报警等功能的程序集合。功能模块化是将程序划分成若干个功能模块，每个功能模块完成一个子功能，再把这些功能模块总起来组成一个整体，以满足所要求的整个系统的功能。

监控和数据采集系统 supervisory control and data acquisition (SCADA) system 指采集各种类型传感器输出的模拟信号并转换成数字信号后输

入计算机处理，得到特定的数据结果并将计算得到波形和数值进行显示，对各种物理量状态进行监控的系统。

基金会现场总线 fieldbus foundation(FF)由现场基金会组织开发的总线，以ISO/OSI开放系统互联模式为基础，取其物理层、数据链路层、应用层为FF通信模型的相应层次，并在应用层上增加了用户层。主要技术内容包括FF通信协议，用于完成开放互联模式中第2~7层通信协议的通信栈，用于描述设备特性、参数、属性及操作接口的DDL设备描述语言、设备描述字典，用于实现测量、控制、工程量转换等功能的功能块，实现系统组态、调度、管理等功能的系统软件技术及构筑集成自动化系统、网络系统的系统集成技术。

CAN总线 controller area network控制器局域网络的简称。是由研发和生产汽车电子产品著称的德国BOSCH公司开发，并最终成为国际标准（ISO11898）。是国际上应用最广泛的现场总线之一。在北美和西欧，CAN总线协议已经成为汽车计算机控制系统和嵌入式工业控制局域网的标准总线，并且拥有以CAN为底层协议专为大型货车和重工机械车辆设计的J1939协议。近年来，其所具有的高可靠性和良好的错误检测能力受到重视，被广泛应用于汽车计算机控制系统和环境温度恶劣、电磁辐射强和振动大的工业环境。

LonWorks local operating net works由美国Echelon公司推出，并由Motorola、Toshiba公司共同倡导的总线。采用ISO/OSI模型的全部7层通信协议，采用面向对象的设计方法，通过网络变量把网络通信设计简化为参数设置。支持双绞线、同轴电缆、光缆和红外线等多种通信介质，通信速率从300bit/s至1.5m/s不等，直接通信距离可达2700m(78kbit/s)，被誉为通用控制网络。

PROFIBUS process fieldbus是德国标准(DIN19245)和欧洲标准(EN50170)的现场总线标准。由PROFIBUS-DP、PROFIBUS-FMS、PROFIBUS-PA系列组成。DP用于分散外设间高速数据传输，适用于加工自动化领域。FMS适用于纺织、楼宇自动化、可编程控制器、低压开关等。PA用于过程自动化的总线类型，服从IEC1158-2标准。

P-NET 由Proces-Data A/S公司研制并开发的一种全世界通用的开放型标准总线。是一种多主控器主从式总线，使用屏蔽双绞线电缆RS485，每段总线最长1200m，每段最多可联结125个设备，总线分段之间使用中继器，数据以NRZ编码异步式传输，传输速率76.8kbit/s。

WorldFip world factory instrument protocol 一种用于工业自动化系统的控制网络技术。WorldFip 现场总线组织成立于 1987 年，目前已有一百多个成员，其中许多是工业控制领域的世界著名大公司。前期产品是 Fip（Factory Instrumentation Protocol）。Fip 是法国标准，后采纳了 IEC 国际标准（61158-2），改名为 WorldFip。相应的欧洲标准是 EN50170-3。WorldFip 总线是面向工业控制的，主要特点为实时性、同步性、可靠性。

INTERBUS 一个传感器/调节器总线系统，特别适用于工业用途，能够提供从控制级设备至底层限定开关的一致的网络互联。通过一根单一电缆来连接所有的设备，无须考虑操作的复杂度，并允许用户充分利用这种优势来减少整体系统的安装和维护成本。

CC-Link control & communication link 控制与通信链路系统的缩写，1996 年由三菱电机为主导的多家公司推出。是一个以设备层为主的网络，同时也可覆盖较高层次的控制层和较低层次的传感层。2005 年 7 月被中国国家标准委员会批准为中国国家标准指导性技术文件。

HART highway addressable remote transducer 美国 Rosement 公司于 1985 年推出的一种用于现场智能仪表和控制室设备之间的可寻址远程传感器高速通道的开放通信协议。HART 装置提供具有相对低的带宽，适度响应时间的通信，是全球智能仪表的工业标准。

Vnet/IP 由日本横河 Yokogawa 公司开发，该协议的实时扩展是实时可靠数据报协议（Real-time & Reliable Datagram Protocol，RTP），在传输层采用 UDP 协议，但在 IP 栈协议层进行了优化以实现冗余网络联结。

Tcnet 由日本东芝 Toshiba 公司开发的实时以太网，在 MAC 进行了实时扩展，并基于标准以太网开辟了两个冗余通道连接。广泛应用于诸如驱动装置、钢板轧制等高速控制领域。

EtherCAT ethernet for control automation technology 由德国倍福 Beckhoff 公司开发，并由 EtherCAT 技术组（EtherCAT Technology Group，ETG）支持。是一个可用于现场级的超高速 I/O 网络，使用标准的以太网物理层和常规的以太网卡，传输媒体可为双绞线或光纤。

Ethernet POWERLINK 由奥地利贝加莱 B&R 公司开发，并由 Ethernet Powerlink 标准化组（Ethernet Powerlink Standardisation Group，EPSG）支持。Powerlink 协议对第三、四层的 TCP（UDP）/IP 栈进行了扩展，在共享式以太网网段上采用槽时间通信网络管理（Slot Communication Net-work Management，SCNM）中间件控制网络上的数据

流量。

工业以太网通信协议　industrial ethernet communication protocol 对普通以太网技术进行通信实时性改进，工业应用环境适应性的改造，并添加了一些控制应用功能后，形成的工业以太网通信协议。

MODBUS　是由 Modicon（现为施耐德电气公司的一个品牌）在 1979 年开发，全球第一个真正用于工业现场的总线协议。为更好地普及和推动 Modbus 在基于以太网上的分布式应用，目前施耐德公司已将 Modbus 协议的所有权移交给 IDA（Interface for Distributed Automation，分布式自动化接口）组织，并成立了 Modbus-IDA 组织。

Synqnet　由 Danaher Motion 公司的子公司 Motion Engineering Inc.（MEI）公司所设计的一个架构在 100Base-T 的物理层控制网络，提供集中控制模型的所有性能优势，同时还有增强的性能、容错性、可靠性和诊断特性。

8 信 息

8.1 经营管理信息系统

ABC 分类法 ABC classification 又称帕累托分析法。是根据帕累托最优原则设计的分类方法，按照事物在技术或经济方面的主要特征进行分类，分清重点和一般，从而有区别地确定管理方式的一种分类方法，多用于库存分析。A 类因素，发生频率为 70%~80%，是主要影响因素；B 类因素，发生频率为 10%~20%，是次要影响因素；C 类因素，发生频率为 0~10%，是一般影响因素。

办公自动化 office automation (OA)将现代化办公和计算机网络功能结合起来的一种新型的办公方式，通过计算机网络传递办公业务信息，实现事务处理、信息管理和决策支持的综合自动化。

闭环物料需求计划 closed loop MRP 在物料需求计划(MRP)的基础上，增加对投入与产出的控制，以对企业能力进行检测、执行和控制。闭环 MRP 理论认为，只有在考虑能力的约束或者对能力提出需求计划并得到满足的前提下，物料需求计划才能保证物料需求的执行和实现。

采购订单 purchase order(PO) 企业采购部门在选定供应商之后，向供应商发出的订货单据。采购订单是采购双方订立采购合同的重要依据，包括了采购所需的重要细节信息，如采购数量、商品规格、质量要求、采购价格、交货日期、交货地址等。

车间作业管理 jobshop control 对加工环节多、加工过程长的生产任务的每道工序进行细致管理的过程。包括生产任务的下达、工序的计划、工序的领料、加工后结果汇报、检验、将物料移转到下道工序、加工、汇报和移转……直至完成最后一道加工工序，检验、加工结果汇报至成品入库的全过程。

粗能力计划 rough-cut capacity planning(RCCP)指在闭环 MRP 设定完成生产计划后，通过对关键工作中心生产能力和计划生产量的对比，判断主生产计划是否可行，将成品的生产计划转换为相对的工作中心的能力需求。

档案管理系统 file management system 通过建立统一的标准，构建完整的档案资源信息共享服务平台，支持档案管理全过程的信息管理系统，涵盖档案采集、档案移交接收、归档、存储管理、档案借阅利用和编研发布等全过程，以规范整个文件管理，包括规范各业务系统的文件管理。

倒序排产 back scheduling 指将 MRP 确定的订单完成时间作为起点，然后安排各道工序，找出各工序的开工日期，进而得到 MRP 订单的最晚开工日期。排产计算由合同的交货日期开始，进行倒序计算，以便确定每道工序的完工日期。

电子合同 electronic contract 又称电子商务合同。是双方或多方当事人之间通过电子信息网络以电子的形式达成的设立、变更、终止财产交易性民事权利义务关系的协议，是以电子的方式订立的合同，是书面合同的另一种形式。

电子商务 electronic commerce (EC)指基于互联网环境下，买卖双方不谋面地部分或全面完成各种交易活动，实现消费者与商户以及商户之间的交易和相关的综合服务活动的一种新型的商业运营模式，包括 B2B、B2C 等形式。

电子邮件 electronic mail (E-mail)又称电子信箱、电子邮政，标志：@。它是一种用电子手段提供信息交换的通信方式。

订货承诺 order promise 给出发货承诺的过程。回答诸如什么时候可以发货之类的问题。对于面向订单生产的产品，订货承诺通常涉及到对物料和能力的检查。

动态企业建模 dynamic enterprise modele (DEM)运用为客户定制的知识工具、方法和业务参考模型建立的实际企业管理模型。

动态数据交换 dynamic data exchange (DDE)一种进程间的通信形式，由微软公司开发的 WINDOWS 应用程序的 IAC 协议。它允许一个应用程序从其他应用程序中发送或接受信息和数据。

多维数据库 multi-dimensional database (MDD)将数据存放在一个 *N* 维数组中，通过多维视图来观察数据。多维数据库增加了一个时间维，与关系数据库相比，它的优势在于可以提高数据处理速度，加快反应时间，提高查询效率。

发货单 despatching note; invoice 企业或公司把自己或他人的产品发到指定的人或公司并作为提货、出门、运输、验收等过程的票务单据，是企业或公司确认销售的重要单据。

分布式系统 distributed system 建立在网络之上的软件系统，具有高度的内聚性和透明性。内聚性是指每一个数据库分布节点高度自治，有本地的数据库管理系统。透明性是指每一个数据库分布节点对用户的应用来说都是透明的，看不出是本地还是远程。在分布式数据库系统中，用户感觉不到数据是分布的，即用户不须知道是否分割、有无副本、数据存于哪个站点以及事务在哪个站点上执行等。

分销资源计划 distribution resource planning（DRP）企业分销需求计划的延伸，在保证有效地满足市场需要又使得分销成本最低的基础上，解决分销物资的供应计划和调度问题，目的是使企业对订单和供货具有快速反应和持续补充库存的能力。

IT服务外包 IT outsourcing managed service 把企业的信息化工作委托给专业化服务公司来实施。它可以包括以下内容：信息化规划、咨询、设备和软件选型、网络系统和应用软件系统建设、整个系统网络的日常维护管理和升级等。是企业迅速发展企业数字化，提高数字化质量，提高企业工作效率，节约信息化成本的一种途径。

业务流程外包 business process outsourcing（BPO）指企业检查业务流程以及相关部门的职能，将这些流程或职能外包给供应商，并由供应商对这些流程进行重组。外包供应商根据服务协议在自己的系统中对这些职能进行管理。

决策支持系统 decision support system（DSS）辅助决策者通过数据、模型和知识，以人机交互方式进行半结构化或非结构化决策的计算机应用系统。它是管理信息系统（MIS）向更高一级发展而产生的先进管理系统。它为决策者提供建立模型、分析问题、模拟决策过程和方案的环境，提供各种信息收集、整理和分析工具，帮助决策者提高决策水平和质量。

甘特图 Gantt chart 又称横道图、条状图。以图示的方式通过活动列表和时间刻度形象地表示出任何特定项目的活动顺序与持续时间。

高级计划与排程技术 advanced planning and scheduling（APS）techniques 一种基于供应链管理和约束理论的先进计划与排产工具，包含了大量的数学模型、优化及模拟技术，为复杂的生产和供应问题找出优化解决方案。

工作分解结构 work breakdown structure（WBS）以可交付成果为导向对项目要素进行的分组。它归纳和定义了项目的整个工作范围，每下降一层代表对项目工作的更详细定义。

工作流 workflow 自动运作的业务过程部分或整体，表现为参与者对文件、信息或任务按照规程采取行动，并令其在参与者之间传递。简单地说，工作流就是一系列相互衔接、自动进行的业务活动或任务。

工作中心 work center ERP 系统中直接改变物料形态或性质的生产作业单元。在 ERP 系统中，工作中心相关数据是工艺路线的核心组成部分，是运算物料需求计划、能力需求计划的基础数据之一，是工序调度和 CRP 产能计算的基本单元。

供应商关系管理 supplier relationship management (SRM)一种致力于实现与供应商建立和维持长久、紧密伙伴关系的管理思想和软件技术的解决方案，旨在改善企业与供应商之间关系的新型管理机制，实施于围绕企业采购业务相关的领域。目标是通过与供应商建立长期、紧密的业务关系，并通过对双方资源和竞争优势的整合来共同开拓市场，扩大市场需求和份额，降低产品前期的高额成本，实现双赢的企业管理模式。

共享服务 shared service 集团企业有效组织和提供内部支持服务的一种最佳实践。集团企业采用标准化业务流程和合并业务流程的方式，消除原先分布在各业务单元的重复作业，由共享服务组织为各业务单元提供标准化的增值服务，以达到降低运营成本的目的。

共享服务中心 shared service center 通常是指在一个集团公司内部建立的公共服务平台，该平台能为多个业务单元(或集团公司下属的多个法人实体)提供一种或多种的共享服务。共享服务中心自身可以是集团公司(或集团公司下属公司)的一个部门，也可以是一个独立的法人实体。

挂起 suspension 计算机的资源是有限的，在资源不足的情况下，计算机操作系统对在内存中的程序进行合理的安排，其中有的进程被暂时调出内存，待条件允许时再次调回，系统在超过一定的时间没有任何动作的过程就称挂起。

关键用户 key user 指在项目实施过程中，代表甲方提出业务需求，全程参与整个项目实施，负责对最终用户进行培训，及实施后系统维护的人员。

管理信息系统 management information system (MIS)以人为主导，利用计算机硬件、软件、网络通信设备以及其他办公设备，进行企业管理相关信息的收集、传输、加工、储存、更新和维护，以企业战略竞优、提高效益和效率为目的，支持企业的高层决策、中层控制、基层运作的集成化的人机系统。

互联网 internet 一个由各种不同类型和规模的、独立运行和管理的计算机网络组成的世界范围的巨大计算机网络——全球性计算机网络。组成互联网的计算机网络包括小规模的局域网(LAN)、城市规模的区域网(MAN)以及大规模的广域网(WAN)等等。这些网络通过普通电话线、高速率专用线路、卫星、微波和光缆等线路把不同国家的大学、公司、科研部门以及军事和政府等组织的网络连接起来。

即时通信 instant messenger (IM)指能够即时发送和接收互联

网消息等的业务。即时通信集交流、资讯、娱乐、搜索、电子商务、办公协作和企业客户服务等为一体，是一种终端联网即时通信网络的服务。即时通信不同于e-mail，在于它的交谈是即时的。大部分的即时通信服务提供了状态信息的特性——显示联络人名单，联络人是否在线及能否与联络人交谈。

基于活动成本核算 activity-based costing 又称动态成本核算，是一种评测活动、资源和成本对象的成本与性能的方法。资源分配给活动，而活动又根据其用途分配给成本对象。基于活动的成本核算确定成本发生因素与活动之间的因果关系。在进行成本核算时，对已完成的活动所发生的成本，先进行累计，再把总成本按照产品种类、顾客群、目标市场或者项目课题进行分摊。

计划订单 planned order MRP针对出现的净需求所生成的订货数量和交货日期的建议，如果条件发生变化，下次MRP处理可能改变或删除原来的计划订单。处于某一层的计划订单将分解成下一个低层物料的毛需求。计划订单与预计人库量也是能力需求计划的输入，用以计算出未来时区内的能力总需求。

角色 role 权限分配的载体。基于角色的访问控制模型中的基本元素，角色通过继承关系支持分级的权限实现，通过对角色分配访问权限控制，然后对用户或者用户组分派角色来实现用户的访问权限控制。

结构化查询语言 structured query language (SQL)一种数据库查询和程序设计语言，用于存取数据以及查询、更新和管理关系数据库系统。同时也是数据库脚本文件的扩展名。

精益生产 lean production(LP)通过系统结构、人员组织、运行方式和市场供求等方面的变革，使生产系统能很快适应用户需求的不断变化，并能使生产过程中一切无用、多余的东西得到精简，最终达到包括市场营销在内的生产的各方面最好的结果。

可供销售量 available to promise (ATP)又称可签约量，是计划产出量超出下一次出现计划产出量之前各时段合同量的部分。这部分超出的数量可以随时向客户出售，是销售部门自由裁量进行销售的依据。可供销售量=某时段计划产出量(含计划接收量)-下一次出现计划产出量之前各时段合同量之和。

可扩展标记语言 extensible markup language (XML)用于标记电子文件使其具有结构性的标记语言，可以用来标记数据、定义数据类型，是一种允许用户对自己的标记语言进行定义的源语言。XML是标准通用标记语言 (SGML)的子集，非常适合 Web 传输。XML 提供统一的方法来描述和交换独立于应用程序或供应商的结构化数据。

客户关系管理 customer relationship management（CRM）不断加强与顾客交流，不断了解顾客需求，并不断对产品及服务进行改进和提高以满足顾客的需求的连续的过程。其内涵是企业利用信息技术和互联网技术实现对客户的整合营销，是以客户为核心的企业营销的技术实现和管理实现。

库存控制 inventory control 使用控制库存的方法，对制造业或服务业生产、经营全过程的各种物品、产成品以及其他资源进行管理和控制，使其储备保持在经济合理的水平上，从而得到更高的赢利的商业手段。

例外控制 exception control 指遵循泰罗的例外管理原则，对偏离计划和预期效果的事件实施应用控制，一般事务则通过授权由下级管理人员处理的控制方法。

联合库存管理 jointly managed inventory（JMI）基于协调中心的库存管理方法，是为了解决供应链体系中的牛鞭效应，提高供应链的同步化程度而提出的。联合库存强调供应链节点企业同时参与，共同制定库存计划，使供应链管理过程中的每个库存管理者都能从相互之间的协调性来考虑问题，保证供应链相邻的两个节点之间的库存管理者对需求的预测水平保持一致，从而消除需求变异放大现象。

零库存 zero inventory 指物料（包括原材料、半成品和产成品等）在采购、生产、销售、配送等一个或几个经营环节中，不以仓库存储的形式存在，而均是处于周转的状态；不是指以仓库储存形式的某种或某些物品的储存数量真正为零，而是通过实施特定的库存控制策略，实现库存量的最小化。

领导驾驶舱 leader cockpit; leadship cockpit 服务于企业决策层、为管理和经营决策提供的快捷高效的数据视图，以帮助企业的决策层、管理层、执行层更清晰地了解企业当前的生产运营、管理、目标达成情况。起帮助企业更好地识别风险，实现提早控制和辅助决策的作用。

流程制造 processing manufacturing 指被加工对象不间断地通过生产设备，通过一系列的加工装置使原材料进行化学或物理变化，最终得到产品。包括连续生产和间歇生产两种类型。

敏捷制造 agile manufacturing（AM）将柔性生产技术、有技术有知识的劳动力与能够促进企业内部和企业之间合作的灵活管理集中在一起，通过所建立的共同基础结构，对迅速改变的市场需求和市场进度作出快速响应。

能力需求计划 capacity

requirement planning（CRP）确定为完成生产任务具体需要多少劳力和机器资源的过程。在 CRP 系统中，已下达的车间订单和计划订单是能力需求计划的输入，能力需求计划将这些订单转换成不同时区、不同工作中心上的工时数。

配送 distribution 指在经济合理区域范围内，根据客户要求，对物品进行拣选、加工、包装、分割、组配等作业，并按时送达指定地点的物流活动。

批次管理 batch management 指产品从原材料投入到交付出厂的整个生产过程，实行严格按批次进行的科学管理。它贯穿于产品生产制造的全过程。

企业信息门户 enterprise information portal（EIP）一个连接企业内部和外部的网站。它可以为企业提供一个单一的访问企业各种信息资源的入口，企业的员工、客户、合作伙伴和供应商等都可以通过这个门户获得个性化的信息和服务。

企业知识地图 enterprise knowledge map（EKM）企业知识资源的总分布图，包括企业知识资源的总目录及各知识点间的关联和人员专家网络。一幅好的企业知识地图不仅清楚地揭示出企业内部、外部相关知识资源的分布及知识节点间的相互关联，还建立了知识与人、人与人之间的联系。更完善的知识地图还可揭示企业的组织结构、业务流程等内容。

企业资源计划 enterprise resource planning（ERP）又称企业资源规划，是整合企业管理理念、业务流程、基础数据、人力物力、计算机硬件和软件于一体的现代企业资源管理系统。其侧重于企业相关的财务、物料和信息流集成管理，进一步扩展到人力、设备资源等综合资源进行综合平衡和优化管理，协调企业各管理部门，围绕市场导向开展业务活动，提高企业的核心竞争力，从而取得最好的经济效益。ERP 首先是一个软件，同时也是一个管理工具。它是 IT 技术与管理思想的融合体，也就是先进的管理思想借助计算机，来达成企业的管理目标。

权限管理 right management 一般是指根据系统设置的安全规则或者安全策略，用户可以访问而且只能访问自己被授权的资源。

群决策支持系统 group decision support system（GDSS）一种基于计算机的交互式系统，通过辅助一群决策者的群决策过程，来解决特定领域的半结构化或非结构化问题。

人机对话 manmachine conversation 计算机的一种工作方式。用户与计算机之间，通过控制台或终端显示屏幕，以对话方式进行工作，操作员可用命令或命令过程告诉计算机执行某一任务。通过对话，人对计算机的工作给以引导或限定，监督任务的执行。

人机界面 human machine interface(HMI) 人与计算机之间传递、交换信息的媒介和对话接口，计算机系统的重要组成部分。是指人和机器在信息交换和功能上接触或互相影响的领域或称界面。此界面不仅包括点线面的直接接触，还包括远距离的信息传递与控制的作用空间。

柔性制造系统 flexible manufacturing system (FMS) 由若干数控设备、物料运储装置和计算机控制系统组成的并能根据制造任务和生产品种变化而迅速进行调整的自动化制造系统。由集中的控制系统及物料搬运系统连接起来，可在不停机的情况下实现多品种、中小批量的加工及管理。

商业数据仓库 business data warehouse (BDW) 是 BI、DW、OLAP 和 DM 等技术的综合运用，为了解决拥有大量业务数据的企业或机构能及时、有效地提取经营管理决策所需要的信息而产生。目的是有效地组织大量的数据，维护数据的一致性，为决策人员有效地使用商业信息提供方便。

商业智能 business intelligence 对商业信息的搜集、管理和分析过程，目的是使企业的各级决策者获得知识或洞察力，促使他们作出对企业更有利的决策。商业智能一般由数据仓库、联机分析处理、数据挖掘、数据备份和恢复等部分组成。

生产订单 production order 下达给生产车间并要求生产车间执行的生产任务。车间根据生产订单组织生产和领用物料。

生产作业控制 production operation control 又称生产进度控制，是在生产计划执行过程中，对有关产品生产的数量和期限的控制。其主要目的是保证完成生产作业计划所规定的产品产量和交货期限指标。生产作业控制是生产控制的基本方面。狭义的生产控制就是指生产进度控制。

数据仓库 data warehouse(DW/DWH) 一个面向主题的、集成的、相对稳定的、反映历史变化的数据集合，用于支持管理决策。是决策支持系统和联机分析应用数据源的结构化数据环境。

数据仓库元数据 data warehouse metadata 描述数据仓库内数据的结构和建立方法的数据。按用途分为两类：技术元数据和商业元数据。技术元数据是数据仓库的设计和管理人员用于开发和日常管理数据仓库用的数据。商业元数据从商业业务的角度描述了数据仓库中的数据。元数据为访问数据仓库提供了一个信息目录，是数据仓库运行和维护的中心。数据仓库服务器利用它来存储和更新数据，用户通过它来了解和访问数据。

数据获取 data acquisition 指利用一种装置，将来自各种数据源的数据自动收集到一个装置中。被采集数据是已被转换为电信号的各种物理量，如温度、水位、风速、压力等，可以是模拟量，也可以是数字量。采集一般是采样方式，即隔一定时间（称采样周期）对同一点数据重复采集。采集的数据大多是瞬时值，也可是某段时间内的一个特征值。

数据集市 data mart 又称为部门数据或主题数据。为了特定的应用目的或应用范围，而从数据仓库中独立出来的一部分数据。

数据接口 data interface 进行数据传输时向数据连接线输出数据的接口。常见的数据接口有 ODBC、ADO、ADO. NET、JDBC 等；用于通信的常见接口有 RS232、RS485、RS422、USB、网卡（TCP/IP）等。

数据库 database 指长期存储在计算机内或专用存储介质内有组织的、可共享的数据集合。数据库中的数据按一定的数据模型组织、描述和存储，具有较小的冗余度、较高的数据独立性和易扩展性，并可为各种用户共享。

数据库管理系统 database management system（DBMS）一种操纵和管理数据库的大型软件，用于建立、使用和维护数据库。它对数据库进行统一的管理和控制，以保证数据库的安全性和完整性。用户通过 DBMS 访问数据库中的数据，数据库管理员也通过 DBMS 进行数据库的维护工作。它可使多个应用程序和用户用不同的方法在同时或不同时刻去建立、修改和询问数据库。

数据挖掘 data mining（DM）从存放在数据库、数据仓库或其他信息库中的大量的数据中获取有效的、新颖的、潜在有用的、最终可理解的数据的过程。这个过程也是一种决策支持过程，主要基于人工智能、机器学习、模式识别、统计学、数据库、可视化技术等，高度自动化地分析企业的数据，做出归纳性的推理，从中挖掘出潜在的模式，帮助决策者调整市场策略，减少风险，作出正确的决策。

数据转换 data conversion 将数据从一种表示形式转变为另一种表示形式的过程。

数字认证 digital authentication 指为保证网络上数字信息的传输安全而建立的一种信任及信任验证机制。它利用证书技术实现各类实体在网络上信息交流及政务、商务活动中的身份证明。通常将提供数字认证服务的机构或实体称为数字认证中心。

数字证书 digital certificate 网络通信中标志通信各方身份信息的一系列数据；是一个经证书授权中心数字签名的包含公开密钥拥有者

信息以及公开密钥的文件。最简单的证书包含一个公开密钥、名称以及证书授权中心的数字签名。

数字制造 digital manufacturing 用数字化定量、表述、存储、处理和控制方法，支持产品全生命周期和企业的全局化优化。以制造过程的知识融合为基础，以数字化建模仿真与优化为特征，在虚拟现实、计算机网络、快速原型、数据库等技术支持下，根据用户需求，对产品信息、工艺信息和资源信息进行分析、规划和重组，实现产品设计和功能仿真以及原型制造，进而快速生产出符合用户要求的产品的整个制造过程。

条形码 bar code 分为一维和二维两类。一维条形码是将宽度不等的多个黑条和空白，按照一定的编码规则排列，用以表达一组信息的图形标识符。二维条形码是用某种特定的几何图形按一定规律在平面(二维方向上)分布的黑白相间的图形记录数据符号信息。

投入产出模型 input/output model ERP 系统中的一种控制方式，将工作中心的实际产出与由能力需求计划产生并由生产部门批准的计划产出相比较，同步监控投入，以检查是否与计划一致。

图形用户界面 graphical user interface(GUI)指采用图形方式显示的计算机操作环境用户接口。它极大地方便了非专业用户的使用，人们从此不再需要死记硬背大量的命令，取而代之的是可通过窗口、菜单、按键等方式来方便地进行操作。

网际协议 internet protocol(IP) 为计算机网络中进行数据交换而建立的规则、标准或约定的集合。

纹理映射 texture mapping 将纹理空间中的纹理像素映射到屏幕空间中的像素的过程。纹理映射能够保证在变换多边形时，多边形上的纹理也会随之变化。

物料编码 material coding 唯一标识物料的代码，通常用字符串(定长或不定长)或数字表示。物料编码是计算机系统对物料的唯一识别代码，物料编码必须是唯一的。

物料清单 bill of material(BOM) ERP 中构成父项装配件的所有子装配件、中间件、零件及原材料的清单，其中包括装配所需的各子项的数量。可以用多种方法描述物料清单，如单层法、缩进法、模块法、暂停法、矩阵法以及成本法等。在某些工业领域，可能称为“配方”“要素表”或其他名称。

物料需求计划 material requirements planning(MRP)利用物料清单、库存数据和主生产计划计算物料需求的一套技术。物料需求计划产生下达补充物料清单的建议，且由于它是划分为时间段的，当到货日期与需求日期不同步时，MRP 会建议重排未结清单。最初

MRP 只被看成一种比库存订货点更好的库存管理方法，现在普遍认为它是一种计划技术，即建立和维护订单的有效到货日期的方法。它是闭环 MRP 的基础。

信息技术基础架构库 information technology infrastructure library(ITIL) 用来管理信息技术的架构设计，研发和操作的一整套概念和思想，主要精神为和谐推动及持续改善。将服务对象视为客户，为企业的 IT 服务管理实践提供了一个客观、严谨、可量化的标准和规范。企业的 IT 部门和最终用户可以根据自己的能力和需求定义自己所要求的不同服务水平，参考 ITIL 来规划和制定其 IT 基础架构及服务管理，从而确保 IT 服务管理能为企业的业务运作提供更好的支持。ITIL 这个名称和 IT Infrastructure Library 都是英国政府商务办公室（OGC）的注册商标。

虚拟仓库 virtual warehouse 建立在计算机和网络通信技术基础上，将地理上分散的、属于不同所有者物品储存、保管和远程控制的物流设施进行整合形成具有统一目标、统一任务、统一流程的暂时性物资存储与控制组织。可以实现不同状态、空间、时间的物资有效调度和统一管理。

需求管理 demand management 指认识和管理对产品的全部需求，并确保主生产计划反映这些需求的功能，包括预测、订单录入、订单承诺、分库需求、非独立需求、厂际订单及维修件需求等。

业务/企业流程标准 business/enterprise process standard 将某一事或管理程序的标准操作步骤和要求以统一的格式描述出来，用来指导和规范日常的工作。

业务流程管理 business process management(BPM)一套达成企业各种业务环节整合的全面管理模式，涵盖了人员、设备、桌面应用系统应用等内容的优化组合，从而实现跨应用、跨部门、跨合作伙伴与客户的企业运作。通常以联网方式实现信息传递、数据同步、业务监控和企业业务流程的持续升级优化。

业务流程重组 business process reengineering(BPR)最早由美国的 Michael Hammer 和 Jame Champy 提出，强调以业务流程为改造对象和中心，以关心客户的需求和满意度为目标，对现有的业务流程进行根本的再思考和彻底的再设计。利用先进的制造技术、信息技术以及现代的管理手段，最大限度地实现技术上的功能集成和管理上的职能集成，以打破传统的职能型组织结构，建立全新的过程型组织结构，从而实现企业经营在成本、质量、服务和速度等方面的巨大改善。

移动办公 mobile office 利用移动办公设备(如手机、笔记本电脑等)，建立与电脑互联互通的企业软件应用系统，摆脱时间和场所局限，随时进行随身化的公司管理和沟通，帮助有效提高管理效率。

应用到应用集成 application to application(A2A) integration 指将业务流程、应用软件、硬件和各种标准联合起来，在两个或更多的企业应用系统之间实现无缝集成，使它们像一个整体一样进行业务处理和信息共享。

用户界面 user interface(UI) 指对软件的人机交互、操作逻辑、界面美观的整体设计。好的用户界面设计不仅是让软件变得有个性、有品位，还要让软件的操作变得舒适、简单、自由，充分体现软件的定位和特点。

用户权限 user privilege 指根据用户实际工作需要设置的应用系统的权利限制范围。

源代码 source code 又称源程序，是用高级语言或汇编语言编写的程序，是一系列人类可读的计算机语言指令。

知识表示 knowledge representation 指把知识客体中的知识因子与知识关联起来，便于人们识别和理解知识，是知识组织的前提和基础。任何知识组织方法都要建立在知识表示的基础上，分为主观知识表示和客观知识表示两种。

知识管理 knowledge management (KM)为企业实现显性知识和隐性知识共享提供的途径。目的是利用集体的智慧提高企业的应变和创新能力，包括以下几个方面工作：建立知识库；促进员工的知识交流；建立尊重知识的内部环境；把知识作为资产来管理。

制造标准 manufacturing standard 指在制造过程中应遵循的标准和规范，包括设计、制造、检验、包装、运输、测试等各个环节。

制造资源计划 manufacturing resource planning(MRP II)又称基于网络计划的管理系统。对于制造企业的所有资源进行有效计划的一种方法，是闭环 MRP 的直接发展和延伸。包括许多相互联系的功能：经营规划、生产规划、主生产计划、物料需求计划、能力需求计划以及有关能力和物料的执行支持系统。

主生产计划 master production schedule(MPS)指在一定时间段内企业将要生产的产品品种和数量。

主数据 master data(MD)指在整个企业范围内各个系统(操作/事务型应用系统以及分析型系统)间要共享的数据基础，通常需要在整个企业范围内保持一致性、完整性和可控性。

主数据管理 master data management(MDM)描述了一组规程、技术和解决方案。这些规程、技术和解决方案用于为所有利益相关方(如用户、应用程序、数据仓库、流程以及贸易伙伴)创建并维护业务数据的一致性、完整性、相关性和精确性。

准时制生产 just-in-time(JIT) 建立在力求消除一切浪费和不断提高生产率基础上的一种生产理念。它覆盖了从产品设计直到产成品发送一整套的生产活动，只要这些活动是出产一件最终产品所需要的，包括从原材料开始的各个在制品生产阶段，都必须向消除一切浪费、不断提高生产率的目标看齐。

资产信息管理 asset information management(AIM)以设备为中心的全生命周期的信息管理体系。包括资产信息管理、资产查询、资产领用、借用归还、资产调拨、资产报废、维修、盘点、资产核查、财务核对、统计报表等。

综合报警管理 comprehensive alarm management 针对大型网络环境下分散监控场所不同种类数字图像设备，安防报警设备集中监控管理，是一种面向业务应用服务的、全数字化的、基于网络和高度集中的管理。

8.2 生产过程优化控制

纯组分数据库 pure component database 存放各种纯组分基础物性参数的关系型数据库。

动态过程 dynamic process 温度、压力、流量和液位等工艺参数随时间变化较大，这样的工艺过程称为动态过程。模拟计算时，需要考虑工艺参数对时间的导数和边界条件，比稳态模拟计算要复杂很多。如间歇精馏过程或间歇反应器应看作动态过程。

独立变量/非独立变量 independent variable/non-independent variable 独立变量指在系统中可以独立变化的变量，可以理解为数学意义上的自变量，是系统的输入量。它们的改变不受系统中其他变量的影响，这些改变的做出或者由操作人员来完成，或者是由外界(即环境)带来。独立变量分为操纵变量和干扰变量。非独立变量在系统中不能直接进行调节，而只能受到独立变量的影响而改变的变量，可以理解为数学意义上的因变量，是系统的输出量。非独立变量更多的时候被称为被控变量。

断裂流股 fracture stream 流程模拟中，当有物料(或者热量)流股从下游循环至上游时，需要选择适当的流股断开，并赋初值帮助收敛。

多层递阶控制结构 multi-layer hierarchical control structure 大系统控制理论中一类按控制的功能及决策的性质进行多层次划分的控制结构。多层递阶控制结构主要用于解决复杂的决策问题。

二次规划 quadratic programming (QP)若某非线性规划的目标函数

是自变量 x 的二次函数，约束条件又全是线性的，则称这种规划为二次规划。

二元交互作用参数数据库 binary interaction parameter database 指存放某些物性方法需要的两个组分之间交互作用参数的数据库。如 NRTL 二元交互作用参数用于计算特殊过程的气液平衡常数。

回转设备监控系统 rotating equipment monitoring system 指回转机械设备(如泵、压缩机、风机等)运行状态监测控制系统。

计算机仿真 computer simulation 指借助高速、大存储量数字计算机及相关技术，对复杂真实系统的运行过程或状态进行数字化模拟的技术。

计算机监督控制系统 supervisory computer control system 利用计算机对工业生产过程进行监督管理和控制的数字控制系统。

夹点 pinch point 设计换热网络的时候，当有多股热流和多股冷流进行换热时，可在温-焓图上将所有的热流合并成一条热复合曲线，所有的冷流合成一条冷复合曲线。冷热复合曲线在某点重合时该系统内换热达到最大，重合点的传热温差为零，该点称为夹点。

静态数据 static data 不会每天发生变化的信息数据，如分析方法、产品指标、人员信息、仪器设备信息等。

模糊控制 fuzzy control 在控制方法上应用模糊数学理论、模糊语言变量及模糊逻辑推理的知识来模拟人的模糊思维方法，用计算机实现与操作者相同的控制。

模型 model 用来描述客观过程的变化规律，用以分析问题的概念、数学关系、逻辑关系和算法序列的表示体系。数学模型是模型的一种形式，它以数学结构的形式来反映实际过程的行为特性。

全面生产维护 total productive maintenance(TPM)是日本现代设备管理维修制度。它以达到最高的设备综合效率为目标，确立以设备终生为对象的生产维修全系统，涉及设备的计划、使用、维修等所有部门，从最高领导到第一线工人全员参加，依靠开展小组自主活动来推行的生产维修。概括为：T—全员、全系统、全效率；PM—生产维修(包括事后维修、预防维修、改善维修、维修预防)。

软仪表 software instrument 使用软测量技术，根据过程历史数据建立一个数学模型。该模型的输入为易测的变量(又称为辅助变量)，如温度、压力、流量等，输出为难测的被控变量。难测的被控变量可以根据实时测量到的辅助变量值，用模型在线计算出来，从而实现了在不增加硬件的情况下用软件来估计重要质量参数的目的。

实时过程优化 real-time process

optimization(RPO)以流程工业装置为对象，综合考虑经济、装置自身约束和装置操作自由度等因素，基于装置的现有信息和数据，对某一个或多个目标进行在线的目标优化求解，并将获得优化方案用于指导(开环)或直接控制(闭环)装置操作。

实时数据库 real time database (RTDB)数据库系统发展的一个分支，是数据库技术结合实时处理技术产生的。实时数据库系统是开发实时控制、数据采集、CIMS 等系统的支撑软件。可用于工厂过程数据和信息的自动采集、存储和监视，可在线存储每个工艺过程点的多年数据，可以提供清晰、精确的操作情况画面。在流程行业中，大量使用实时数据库系统进行控制系统监控，系统先进控制和优化控制，并为企业的生产管理和调度、数据分析、决策支持及远程在线浏览提供实时数据服务和多种数据管理功能。

收敛 convergence 模型循环计算中当最大的计算误差小于允许误差时(最大 Err/Tol 小于 1)，即为收敛。

统计过程控制 statistical process control(SPC)一种借助数理统计方法的过程控制工具。它对生产过程进行分析评价，根据反馈信息及时发现系统性因素出现的征兆，并采取措施消除其影响，使过程维持在仅受随机性因素影响的受控状态，以达到控制质量的目的。

统计质量控制 statistical quality control 一种采用数理统计分析技术，以图表的形式对工艺过程的一组测量数据进行比对分析和监控的质量管理方法。如果测量值超过控制范围，则意味着工艺过程“失控”，可以采取相应的纠正措施。

稳态过程 steady state process 温度、压力、流量和液位等工艺参数相对稳定，不随时间变化，这样的工艺过程称为稳态过程。石油化工行业的大多数生产过程可近似看作稳态过程。

稳态模拟 steady state simulation 模拟的过程状态不随时间而变化，即模拟确定工况下的过程主要变量间的相互关系。通过稳态模拟，分析系统中各单元输入、输出物流，设备结构参数和操作参数间的关系，及对系统整体特性的影响。

系统辨识 system identification 根据系统的输入、输出时间数据来确定描述系统行为的数学模型，是现代控制理论中的一个分支。通过系统辨识建立数学模型的目的是估计表征系统行为的重要参数，建立一个能模仿真实系统行为的模型，用当前可测量的系统的输入和输出预测系统输出的未来演变，以及设计控制器。

先进过程控制 advanced process

control(APC)是对那些不同于常规控制，并具有比常规PID控制更好控制效果的控制策略的统称，而非专指某种计算机控制算法。基于模型的多变量预估控制、推理控制、解耦控制、最优控制、自适应控制等都属于先进控制的范畴，其中又以多变量预估控制的应用最为广泛。

先进制造技术 advanced manufacturing technology(AMT)当代以现代信息技术、现代控制技术、现代智能技术装备现代制造过程，与现代管理理念相融合的制造业综合自动化技术。其区别于传统产业制造的特点有：制造过程的自动化、最优化、信息化；业务管理的信息化、规范化、闭环化；控制决策、管理决策、战略决策的模型化、可视化、智能化。

现场控制 shop floor control (SFC)企业生产计划排产优化中用于组织、跟踪和报告生产流程顺序及调度的方法或系统。

协同生产管理 collaborative production management(CPM)一种多代理、分布式网络化的协同生产体系。这一协同生产管理体系可根据目标和环境的变化进行重新组合，动态调整企业的组织结构。

智能制造 intelligent manufacturing (IM)一种由智能机器和人类专家共同组成的人机一体化智能系统。它在制造过程中能进行智能活动，诸如分析、推理、判断、构思和决策等。通过人与智能机器的合作共事，去扩大、延伸和部分地取代人类专家在制造过程中的脑力劳动。它把制造自动化的概念更新，扩展到柔性化、智能化和高度集成化。

企业制造智能 enterprise manufacturing intelligence(EMI)指将不同来源的、与企业生产相关联的数据集成在一起，报告、分析和展示企业生产状况，同时在企业层与装置底层系统间传递数据的应用软件。

预测控制 predictive control 一类新型的计算机控制算法。由于它采用多步测试、滚动优化和反馈校正等控制策略，因而控制效果好。适用于控制不易建立精确数字模型且比较复杂的工业生产过程。

预测模型 predictive model 用来获得对象未来输出的预测值，是被控对象的动态模型。在工艺允许的条件下，可以直接在控制输入处施加阶跃或脉冲信号，得到对象的阶跃响应数据或脉冲响应数据，通过辨识算法即可获得被控对象的模型。

直接数字控制 direct digital control(DDC)由数字装置实现控制器功能的控制。

智能预警系统 intelligent early warning system 基于对象现状信息，对其运行的方向和状况进行自动分析和判断，并对未来可能超出正常状态或方向给予警示的系统。

最小方差控制 minimum variance control(MVC)使有随机噪声作用的系统的输出量起伏方差保持为最小的控制方式。可应用于许多工业过程控制中。是随机最优控制的特殊情形。

8.3 生产营运指挥系统

Delta-Base 结构 delta-base structure model(DBM)一种用于从原料性质等参数预测二次加工装置产品收率或性质的线性规划技术。当装置的某个原料性质等参数变化时，装置的收率变化曲线可近似地看作由一些折线段组成。在每个折线段，收率的变化是线性的。将折线段的某点的对应值(原料性质及其对应的收率)作为 base，并将该原料性质的单位变化引起的收率变化值(斜率)作为 delta，就构成 Delta-Base 结构模型。线性规划优化时，自动选择段(base 和 delta)，根据优化的原料性质值，计算对应的产品收率、产量和性质。

储罐计量系统 tank gauging system 利用压力或差压变送器测量油品介质作用在储罐底部的静压，利用油温变送器测量油品介质的温度，压力变送器、油温变送器输出的电流信号经过信号调理、信号转换等处理后集中送入计算机进行计量计算，得到储罐内介质的质量、温度、压力等信息。这些信息集成形成一套储罐计量应用软件管理系统。

地理信息系统 geographic information system(GIS)又称地学信息系统或资源与环境信息系统。它是一种特定的十分重要的空间信息系统。它是在计算机硬、软件系统支持下，对整个或部分地球表层(包括大气层)空间中的有关地理分布数据进行采集、储存、管理、运算、分析、显示和描述的技术系统。地理信息系统处理、管理的对象是多种地理空间实体数据及其关系，包括空间定位数据、图形数据、遥感图像数据、属性数据等，用于分析和处理在一定地理区域内分布的各种现象和过程，解决复杂的规划、决策和管理问题。

调度模型 scheduling model 指为调度优化系统建立的后台运算模型，包括原油输转调配、原油一次加工装置、二次加工装置、油品调和、油品进罐、油品外运等过程模型。

动态模拟 dynamic simulation 模拟系统随时间变化的行为，即描述过程的主要变量从一种工况过渡到另一种工况时的变化过程。动态模拟可用于系统开停车过程，某控制参数发生扰动对系统产生的动态影响及自动控制策略等。对过程的非稳定状态进行模拟，以了解系统在各种非稳定状态下的特性和变化趋势。

动态数据仓库　active data warehouse（ADW）指在传统数据仓库的基础上，对数据的实时性要求更高的数据仓库解决方案，以支持企业运营智能分析的需要。动态数据仓库的突出特点有两个，一是动态访问，用户可以动态、实时地访问所需要的信息；二是动态数据加载，能连续加载并实现一分钟或者几秒钟间隔的近实时加载，从而体现动态。

对偶单纯形法　dual simplex method（DSM）单纯形法是从原始问题的一个可行解转换到另一个可行解，通过迭代直到检验数满足最优性条件为止。对偶单纯形法则是从满足对偶可行性条件出发通过迭代逐步搜索原始问题的最优解。

多目标规划　multiple objective program（MOP）又称多目标最优化，研究多于一个的目标函数在给定区域上的最优化。在实际问题中，往往难以用一个指标来衡量一个方案的好坏，而需要用多个目标来比较，在许多可行性方案中进行选择最优化目标。

二维模型　two dimensional model 对研究对象建立数学模型时，如果过程为定态的，各变量将不随时间而变。此时，如果设备是轴对称的，并考虑径向的变量变化，则变量的变化是二维的。在此基础上建立的数学模型称为二维模型。

基解　basic solution 基是线性规划中最基本的概念，是由系数矩阵 A 中的线性无关的列向量构成的可逆方阵。基解是当基选定之后，令非基变量全部等于 0，此时线性规划模型标准型的约束条件部分就成为了一个仅包含基变量的线性方程组，求解这个线性方程组就可以把此时该基对应的基变量的值求出来。这种做法求出的所有变量的值，被称为该基对应的基解。一般地，也常将这种做法得到的该基所有基变量的值称为基解。

可视化管理　visual management 指利用 IT 系统，让管理者有效掌握企业信息，实现管理上的透明化与可视化，这样管理效果可以渗透到企业人力资源、供应链、客户管理等各个环节。可视化管理能让企业的流程更加直观，使企业内部的信息实现可视化，并能得到更有效的传达，从而实现管理的透明化。

灵敏度分析　sensitivity analysis 又称后优化分析，是用于研究与分析一个系统（或模型）的状态或输出变化对系统参数或周围条件变化的敏感程度的方法。在最优化方法中经常利用灵敏度分析来研究原始数据不准确或发生变化时最优解的稳定性。通过灵敏度分析还可以决定哪些参数对系统或模型有较大的影响。

流程模拟　process simulation

指对流程工艺进行诊断、分析、模拟的信息技术。其采用数字仿真技术，对流程型生产过程，基于工艺机理或数理统计方法建立数学模型，进行仿真分析。通过对过程对象模拟，探索能够提高产品收率、降低能耗物耗、改进产品结构的装置工艺条件，发现工艺改进的瓶颈，在不增加投资或投资很小的情况下提高经济效益。

面向过程控制的对象链接和嵌入 object linking and embedding (OLE) for process control (OPC) 用于过程控制的 OLE，是一项面向工业过程控制的数据交换软件技术。该项技术是从微软的 OLE 技术发展而来，提供了一种在数据源与客户端之间进行实时数据传输的通信机制。

能源管理系统 energy management system(EMS) 通过能源计划、能源监控、能源统计、能源消费分析、重点能耗设备管理、能源使用监管、能源计量设备管理、能源评价对标、能源审计、优化等多种手段，在能源生产、存储、转换、输送、消耗全流程采用自动化、信息化技术，使企业各级管理者对企业的能源成本比重、发展趋势有准确的掌握，以期在保障安全生产和优化工艺操作的同时，合理计划和利用能源，降低单位产品能源消耗，确保提高企业整体的能源利用效率，提高经济效益，最终实现企业健康节能发展为目的的信息化管控系统。

财务状况趋势分析 finanicial standing trend analysis 指将实际达到的结果，与不同时期财务报表中同类指标的历史数据进行比较，从而确定财务状况、经营成果和现金流量的变化趋势和变化规律的一种分析方法。具体的分析方法包括定比和环比两种方法。定比是以某一时期为基数，其他各期均与该期的基数进行比较；环比是分别以上一时期为基数，下一时期与上一时期的基数进行比较。

全球定位系统 global positioning system(GPS) 20 世纪 70 年代由美国陆海空三军联合研制的新一代空间卫星导航定位系统。其同时利用四个以上人造卫星发出的卫星位置和时间导航无线电波来正确地测定出目标本身在地球上的位置。GPS 分直接接收通信型和误差补偿型两种。后者还需补偿修正设施。其特点是全天候、全球覆盖、三维定速定位定时、高精度、快速、高效。除军事应用外，已广泛应用于交通、物流等国民经济领域和日常生活中。

人工智能 artificial intelligence (AI) 研究、开发用于模拟、延伸和扩展人的智能的理论、方法、技术及应用系统的一门新的技术科学。人工智能是计算机科学的一个分支，是研究使计算机来模拟人的某些思维过程和智能行为(如学习、推理、思考、规划等)的学科。主要包括计算机实现智能的原理、制造类似于人脑智能的计算机，使计算机能实现更高层次的应用。

实验室信息管理系统 laboratory information management system (LIMS)由计算机硬件和应用软件组成，能够完成实验室数据和信息的收集、分析、报告和管理。LIMS基于计算机网络，专门针对一个实验室的整体环境而设计，是一个包括了信号采集设备、数据通信软件、数据库管理软件在内的高效集成系统。以实验室为中心，将实验室的业务流程、环境、人员、仪器设备、标物标液、化学试剂、标准方法、文件记录、客户管理等因素有机结合。

视频监控 video monitoring 安全防范系统的重要组成部分，是一种防范能力较强的综合系统。视频监控以其直观、准确、及时和信息内容丰富而广泛应用于许多场合。近年来，随着计算机、网络以及图像处理、传输技术的飞速发展，视频监控技术也有了长足的发展。

数据采集 data acquisition (DAQ)指从传感器和其他待测设备等模拟和数字被测单元中自动采集非电量或者电量信号，送到上位机中进行分析处理。

数据恢复 data recovery 当存储介质出现损伤或由于人员误操作、操作系统本身故障所造成的数据看不见、无法读取、丢失时，通过特殊的手段还原、读取在正常状态下不可见、不可读、无法读的数据。

数据集成 data integration 把不同来源、格式、特点性质的数据在逻辑上或物理上有机地集中，从而为企业提供全面的数据共享。在企业数据集成领域，已经有了很多成熟的框架可以利用。目前通常采用联邦式、基于中间件模型和数据仓库等方法来构造集成的系统。这些技术在不同的着重点和应用上解决数据共享和为企业提供决策支持。

数据模型 data model 客观事物及其联系的逻辑组织描述。在计算机数据管理中是数据特征的抽象，是数据库管理的数学形式框架，用以提供信息表示和操作手段的形式构架。包括数据库数据的结构部分、数据库数据的操作部分和数据库数据的约束条件。

数据同步 data synchronization 一类数据更新的操作，目的是使存放在不同应用系统或不同存储地点的同一数据信息按照一定时间间隔或者更新要求和规则保持相同的赋值。

图像识别 image recognition 利用计算机对图像进行处理、分析和理解，以识别各种不同模式的对象的技术。

拓扑关系 topological relation; topological relationship 指图形元素之间相互空间上的连接、邻接关系并不考虑具体位置。这种拓扑关系是由数字化的点、线、面数据形成的以用户的查询或应用分析要求进行图形选取、叠合、合并等操作。

优良实验室规范 good laboratory practice(GLP)就实验室实验研究从计划、实验、监督、记录到实验报告等一系列管理而制定的法规性文件，涉及实验室工作的所有方面。它主要是针对医药、农药、食品添加剂、化妆品、兽药等进行的安全性评价实验而制定的规范。制定GLP的主要目的是严格控制化学品安全性评价试验的各个环节，即严格控制可能影响实验结果准确性的各种主客观因素，降低实验误差，确保实验结果的真实性。

整数规划 integer programming (IP)指一类要求问题中的全部或一部分变量为整数的数学规划。或者说，整数规划问题是要求变量取整数值的线性规划或非线性规划问题。

知识库 knowledge base 知识工程中结构化、易操作、易利用、全面有组织的知识集合；是针对某一(或某些)领域问题求解的需要，采用某种(或若干)知识表示方式在计算机存储器中存储、组织、管理和使用的互相联系的知识集合。这些知识包括与领域相关的理论知识、事实数据，由专家经验得到的启发式知识，如某领域内有关的定义、定理和运算法则以及常识性知识等。

制造执行系统 manufacturing execution systems(MES)位于上层的计划管理系统与F层的工业控制之间的面向生产执行层的管理信息系统。MES能通过信息传递对从订单下达到产品完成的整个生产过程进行优化管理。当工厂发生实时事件时，MES能对此及时作出反应、报告，并用当前的准确数据对它们进行指导和处理。MES还通过双向的直接通信在企业内部和整个产品供应链中提供有关产品行为的关键任务信息。

专家系统 expert system 一个智能计算机程序系统。其内部含有大量的某个领域专家水平的知识与经验，能够利用人类专家的知识和解决问题的方法来处理该领域问题。

状态监测 condition monitoring 指利用人的感官或仪器、工具对设备运行过程中温度、压力、转速、振动、声音、运行性能的变化进行间断或连续的检测。结合设备原始技术档案，客观全面地进行分析，最后制定科学可行性检维修计划。状态检测的目的在于掌握设备发生故障之前的异常征兆与劣化信息，以便事前采取针对性措施控制和防止故障的发生，从而减少故障停机时间与停机损失，降低维修费用和提高设备有效利用率。

资源清单　bill of resource 所有在生产过程中需要的人力、物力列表，即产品制造过程中需要的关键资源列表。通常用来预测资源供应变化对生产计划排产的影响。

供应链管理　supply chain management（SCM）一种集成的管理思想和方法，围绕供应者、生产者与需求者之间的物流和资金流进行信息共享和经营协调，实现稳定、高效、柔性的供需关系。供应链管理是企业的有效性管理，表现了企业在战略和战术上对企业整个作业流程的优化。

供应物流　supply logistics 为企业提供原材料、零部件或其他物品时，物品在提供者和需求者之间的实体流动。包括原材料等一切生产物资的采购、进货运输、仓储、库存管理、用料管理和供应管理。

国际物流　international logistics 伴随着国际间经济交往、贸易活动和其他国际交流所发生的不同国家之间的物流活动。

回收物流　recycling logistics 不合格物品的返修、退货以及可再利用物料的周转使用所形成的物品实体流动。

生产物流　production logistics 生产过程中，原材料、在制品、半成品、产成品等在企业内部的实体流动。

销售物流　sales logistics 企业出售商品时，物品在供方与需方之间的实体流动。

智慧供应链　wisdom supply chain 结合物联网技术和现代供应链管理的理论、方法和技术，实现供应链的智能化、网络化和自动化。具备三个主要特点：透彻的感知、全面的互联互通及深入的智能化，减少了人工干预。

自动化仓库　automated storage/retrieval system; automated warehouse 实行自动化管理和控制、不需要人工搬运而实现收发作业的仓库。

8.4　信息基础

IP 地址　IP address 给每个连接在 Internet 上的主机分配的一个 32 比特地址。按照 TCP/IP 协议规定，IP 地址用二进制来表示，每个 IP 地址长 32 比特，IP V6 地址长 128 比特。

IP 视讯会议系统　IP video conference system 通过网络通信技术使地理上分散的用户通过传输线路以及媒体设备，使用图形、声音等多种方式进行信息交流，共享开展协同工作，综合了计算机 IP 视频技术、视频和音频数据压缩处理技术、互联网应用技术的一种多媒体视频系统。

Web 服务　web service 基于 XML 和 HTTPS 的一种服务，其通

信协议主要基于 SOAP，服务的描述通过 WSDL，通过 UDDI 来发现和获得服务的元数据。

安全策略 security policy 指在某个安全区域内（一个安全区域，通常是指属于某个组织的一系列处理和通信资源），用于所有与网络、信息和服务等资源及安全相关活动的一套规则。

安全漏洞 security hole; security vulnerability 在硬件、软件、协议的具体实现或系统安全策略上存在的缺陷，从而可以使攻击者能够在未获授权的情况下访问或破坏系统。

安全套接层协议 secure sockets layer（SSL）网景公司提出的基于 WEB 应用的安全协议。协议指定了一种在应用程序协议（如 HTTP、Telenet、NMTP 和 FTP 等）和 TCP/IP 协议之间提供数据安全性分层的机制。它为 TCP/IP 连接提供数据加密、服务器认证、消息完整性以及可选的客户机认证。

备份拷贝 backup copy 一种数据和应用系统的保护手段。如果系统的硬件或存储媒体发生故障，有效的“备份”可以保护数据和应用系统免受意外的损失。例如，可以使用“备份”创建硬盘中数据的副本，然后将数据存储到其他存储设备。备份存储媒体既可以是逻辑驱动器（如硬盘）、独立的存储设备（如可移动磁盘），也可以是由自动转换器组织和控制的整个磁盘库或磁带库。

并发控制 concurrency control 一种解决数据冲突的手段。在计算机科学，特别是程序设计、操作系统、多重处理和数据库等领域，并发控制是确保及时纠正由并发操作导致的错误的一种机制。

操作系统 operating system（OS）管理电脑硬件与软件资源的程序，同时也是计算机系统的内核与基石。操作系统是控制其他程序运行、管理系统资源并为用户提供操作界面的系统软件的集合。操作系统身负诸如内存管理、资源分配、输入输出控制、操作网络与管理文件系统等基本事务。目前常见的操作系统有 DOS、OS/2、UNIX、XENIX、LINUX、Windows、Netware 等。常见的手机或平板电脑用操作系统有 Android、苹果 Ios、Windows mobile、Windows phone 等。

插件 plug-in 一种遵循一定规范的应用程序接口编写出来的程序，向其主调程序提供某种特定功能。很多软件都有插件，插件有无数种。例如，在 IE 中，安装相关的插件后，WEB 浏览器能够直接调用插件程序，用于处理特定类型的文件。

超链接 hyperlink 指从一个网页指向一个目标的链接关系。这个目标可以是另一个网页，也可以是相同网页上的不同位置，还可以是一个图片，一个电子邮件地址，一个文件，甚至是一个应用程序。

超文本传送协议　hypertext transport protocol（HTTP）一种详细规定了浏览器和 Web 服务器之间互相通信的规则，是通过互联网传送万维网文档的数据传送协议。

程序设计语言　programming language 一组用来定义计算机程序的语法规则。语言的基础是一组记号和一组规则。根据规则由记号构成的记号串的总体就是语言。在程序设计语言中，这些记号串就是程序。程序设计语言有 3 个方面的因素，即语法、语义和语用，常见的有 C/C++、JAVA 等。

传输控制协议　transmission control protocol（TCP）TCP/IP 协议中一种面向连接的、可靠的、基于字节流的运输层通信协议，通常由 IETF 的 RFC 793 说明。在简化的计算机网络 OSI 模型中，它完成传输层所指定的功能。

代理服务器　proxy server 介于浏览器和 Web 服务器之间的一台服务器。当通过代理服务器上网浏览时，浏览器不是直接到 Web 服务器去取回网页，而是向代理服务器发出请求，由代理服务器来取回浏览器所需要的信息，并传送给浏览器。代理服务器大多被用来连接 Internet（国际互联网）和 Intranet（局域网）。

单点登录　single sign on（SSO）身份管理的一部分。在多个应用系统中，用户只需要登录一次就可以访问所有相互信任的应用系统。它包括可以将这次主要的登录映射到其他应用中用于同一个用户的登录的机制。单点登录是比较流行的企业业务整合的解决方案之一。

第三代移动通信技术　3rd generation（3G）第三代移动通信及其技术的简称，是指支持高速数据传输的蜂窝移动通信技术。3G 服务能够同时传送声音及数据信息，速率一般在几百 kbps 以上。目前 3G 存在四种标准：CDMA2000，WCDMA，TD-SCDMA，WiMAX。

第四代移动通信技术　4th generation（4G）第四代移动通信及其技术的简称，是集 3G 与 WLAN 于一体并能够传输视频图像以及图像质量与高清晰度电视不相上下的技术产品。4G 系统能够以 100Mbps 的速度下载，上传的速度也能达到 20Mbps。

电子签名　electronic signature 指数据电文中以电子形式所含、所附用于识别签名人身份并表明签名人认可其中内容的数据。

电子认证　electronic authentication 采用电子技术检验用户合法性的操作，可以确保传递信息的真实性、完整性和不可否认性。

对象链接与嵌入　object linking & embedding（OLE）微软操作系统中用于工具与应用开发的对象技术

规范。OLE 是组件式软件交互与协作的基础，可以方便地从不同的应用中创建包含多种信息来源的混合文档。

访问控制　access control 按用户身份及其所归属的某项定义组来限制用户对某些信息项的访问，或限制对某些控制功能的使用。访问控制通常用于系统管理员控制用户对服务器、目录、文件等网络资源的访问。

分布式组件对象模型　distributed component object model（DCOM）一系列微软的概念和程序接口。利用这个接口，客户端程序对象能够请求来自网络中另一台计算机上的服务器程序对象。

负载均衡　load balance 网络专用术语，指将负载（工作任务）平衡分摊到多个操作单元上进行执行。例如，Web 服务器、FTP 服务器、企业关键应用服务器和其他关键任务服务器等，从而共同完成工作任务。

工业电视系统　industrial television system；closed circuit television system 用于监视工业生产过程及其环境的电视系统。该系统主要由摄像机、传输通道、控制器和监视器组成。应用在生产过程实时监视（如锅炉汽包水位监视、燃烧室火焰监视等）、安全和消防等方面。

关键字　keyword 互联网应用系统中用户在使用搜索引擎时输入的能够最大程度概括用户需要查找的信息内容的字或词，是信息的概括化和集中化。

计算机病毒　computer virus 利用计算机软件与硬件的缺陷或操作系统漏洞，由被感染机内部发出的破坏计算机数据并影响计算机正常工作的一组指令集或程序代码。

计算机辅助设计　computer aided design（CAD）指利用计算机及其图形设备帮助设计人员进行设计工作。在工程和产品设计中，计算机可以帮助设计人员担负计算、信息存储和制图等各项工作。在设计中通常要用计算机对不同方案进行大量的计算、分析和比较，以决定最优方案；各种设计信息，不论是数字的、文字的或图形的，都能存放在计算机的内存或外存里，并能快速地检索；在图形制作时利用计算机可以进行与图形的编辑、放大、缩小、平移和旋转等有关的图形数据加工工作

计算机辅助制造　computer aided manufacturing（CAM）指在机械制造业中，利用电子数字计算机通过各种数值控制机床和设备，自动完成离散产品的加工、装配、检测和包装等制造过程。

简单文件传输协议　simple file transfer protocol（SFTP） TCP/IP 协议族中的一个用来在客户机与服务器之间进行简单文件传输的协议，提供不复杂、开销不大的文件传输

服务。端口号为69。

简单邮件传输协议 simple mail transfer protocol(SMTP)一组用于由源地址到目的地址传送邮件的规则，由它来控制信件的中转方式。SMTP 协议属于 TCP/IP 协议族，使用TCP 端口 25，帮助每台计算机在发送或中转信件时找到下一个目的地。

局域网 local area network (LAN)指在某一区域内由多台计算机互联成的计算机网络。一般是方圆几千米以内。局域网可以实现资源共享，如文件管理、应用软件共享、打印机共享、工作组内的日程安排、电子邮件和传真通信服务等功能。局域网可以由办公室内的两台计算机组成，也可以由一个公司内的上千台计算机组成。

反病毒软件 antivirus software 又称杀毒软件，是用于侦测、消除电脑病毒、特洛伊木马和恶意软件的一类软件。杀毒软件通常集成监控识别、病毒扫描和清除自动升级等功能，有的杀毒软件还带有数据恢复等功能，是计算机防御系统(包含杀毒软件，防火墙，特洛伊木马和其他恶意软件的查杀程序，入侵预防系统等)的重要组成部分。

可视化编程 visual programming 以“所见即所得”的编程思想为原则，力图实现编程工作的可视化，即随时可以看到结果，程序与结果的调整同步。可视化编程是与传统的编程方式相比而言的，这里的“可视”，指的是无须编程，仅通过直观的操作方式即可完成界面的设计工作。

联机分析处理 online analytical processing(OLAP)指实现多维信息的共享、针对特定问题的联机数据访问和分析的快速软件技术。它通过对信息的多种可能的观察形式进行快速、稳定一致和交互性的存取，允许管理决策人员对数据进行深入观察。

联机事务处理 online transaction processing(OLTP)通常在数据库系统中，事务是工作的离散单位。联机事务处理与离线事务处理相对应，是实时地采集处理与单次事务相连的数据，并即时更新和共享数据库和其他文件的事物结果的变化。

浏览器 browser 万维网(Web)服务的客户端浏览程序。可向 Web 服务器发送各种请求，并对从服务器发来的超文本信息和各种多媒体数据格式进行解释、显示和播放。

路由协议 routing protocol 在异构互联网中指导 IP 数据包发送的事先约定好的规定和标准。常见的路由协议有 OSPF、RIP 等。

平均故障间隔时间 mean time between failures(MTBF)产品或服务可靠性的一种基本参数，一般定义为相邻两次故障之间的平均工作时间。其度量方法为：在规定的条件下和规定的时间内，产品的寿命单位总数与故障总次数之比。

区域网络中心 regional network center 指整体网络的重要节点和组成部分，包括本区域的网络及相关网络服务。建立区域网络中心的目的是：整合区域内网络资源，实现区域内主干网资源共享，提高主干网使用效率。

冗余 redundancy 指重复配置系统的一些部件。当系统发生故障时，冗余配置的部件介入并承担故障部件的工作，由此减少系统的故障时间。

入侵检测 intrusion detection 对入侵行为的检测，通过收集和分析网络行为、安全日志、入侵检测图片、审计信息数据以及计算机系统中若干关键点的信息，检查网络或系统中是否存在违反安全策略的行为和被攻击的迹象。入侵检测作为一种积极主动的安全防护技术，提供了对内部攻击、外部攻击和误操作的实时保护，在网络系统受到危害之前响应拦截和入侵。

身份认证 ID authentication 指在计算机网络中确认操作者身份的过程。身份认证可分为用户与主机间的认证和主机与主机之间的认证。常见的身份认证手段包括：密码、智能卡、usbkey、生物特征识别等。

实时传送控制协议 real time transport control protocol（RTCP）采用与数据包相同的分发机制，将控制包周期性传输到所有会话参与者中。底层协议必须提供数据和控制包的多路发送，RTCP 提供数据分发质量反馈信息，这是 RTCP 作为传输协议的部分功能，并且它涉及了其他传输协议的流控制和拥塞控制。

视频会议系统 video conference system 又称会议电视系统。指两个或两个以上不同地方的个人或群体，通过传输线路及多媒体设备，将声音、影像及文件资料互传，实现即时且互动的沟通，以实现会议目的的系统设备。

信息安全 information security 指信息网络的硬件、软件及其系统中的数据受到保护，免受未经授权的进入、使用、披露、修改、破坏和销毁等。系统连续、可靠、正常地运行，信息服务不中断。

数据分组 data clustering 指根据统计研究的需要，将原始数据按照某种标准化分成不同的组别的数据。数据分组的主要目的是观察数据的分布特征。

数据广播 data broadcasting 把数据化的音频、视频、图像、动画以及计算机文件等各种数据信息通过数字电视广播信道以“推送”的方式传输到用户的数字电视机顶盒、数字电视接收机、个人电脑以及移动设备等智能设备的一类新型业务。

数据库模型 database model 是数据库的基础，定义了数据结构和操纵数据的方法。模型的结构部分规定了数据如何被描述（如树、表等），模型的操纵部分规定了数据的添加、删除、显示、维护、打印、查找、选择、排序和更新等操作。

搜索引擎 （internet）search engine 指根据一定的策略，运用特定的计算机程序从互联网上搜集信息，在对信息进行组织和处理后，为用户提供检索服务，将用户检索相关的信息展示给用户的系统。

同步在线实时复制 synchronous on-line real-time replication 将数据与系统实时同步从本地端备份至远地端，本地端有任何更改，远地端将随时更改，使得备存在远地端的数据和系统与本地端一样。一旦本地端系统毁损，远地端可以立即上线接手，实现数据零漏失。

图像分辨率 image resolution 表征图像细节的能力，指显示介质单位距离上图像像素点的数目。平面显示介质用整个屏幕能显示的像素点阵表示。

完整备份 full backup 对整个数据库数据、部分事务日志、数据库结构、文件结构以及数据库系统的备份。完整备份代表的是备份完成时刻的数据库，是备份的基础，提供了任何其他备份的基准，其他备份如差异备份只是在执行完整备份之后才能被执行。

网络安全 network security 指网络系统及其系统中的资源受到保护，免受未经授权的进入、使用、披露、修改、破坏和销毁等。系统连续可靠正常地运行，网络服务不中断。网络安全从其本质上来讲就是网络上的信息安全。

网络体系结构 network architecture（NA）指网络通信系统的整体设计，为网络硬件、软件、协议、存取控制和拓扑提供标准。

卫星通信 satellite communication 在两个或多个卫星地面站之间利用人造地球卫星转发或反射信号的无线电通信方式。

文件传输协议 file transfer protocol（FTP） TCP/IP 网络上两台计算机传送文件的协议，是在 TCP/IP 网络和 Internet 上最早使用的协议之一。它属于网络协议组的应用层。

无线应用协议 wireless application protocol（WAP）指在数字移动电话、互联网或其他个人数字助理机、计算机应用乃至未来的信息家电之间进行通信的全球性开放标准。

系统管理员 system administrator 主要分为网络系统管理员和信息系统管理员。网络系统管理员主要负责整个网络的网络设备和服务器系统的设计、安装、配置、管理和维护工作，为内部网的安全运行做技术保障。信息系统管理员则负责具体信息系统日常管理和维护，具有信息系统的最高管理权限。

系统集成 system integration 在系统工程科学方法的指导下，根据用户需求，优选各种技术和产品，将各个分离的子系统连接成为一个完整可靠经济的和有效的整体，并使之能彼此协调工作，发挥整体效益，达到整体性能最优。狭义的系统集成，就是通过结构化的综合布线系统和计算机网络技术，将各个分离的设备(如个人电脑)、功能和信息等集成到相互关联的、统一和协调的系统之中。

信息安全审计 information security audit 指由专业审计人员根据有关的法律法规、财产所有者的委托和管理当局的授权，对计算机网络环境下的有关活动或行为进行系统的、独立的检查验证，并作出相应评价。

信息风险评估 information risk assessment 从信息安全的角度来讲，风险评估是对信息资产所面临的威胁、存在的弱点、造成的影响，以及三者综合作用所带来风险的可能性的评估。风险评估是组织确定信息安全需求的一个重要途径。

信息孤岛 information island 指相互之间在功能上不关联互助、信息不共享互换以及信息与业务流程和应用相互脱节的计算机应用系统。

虚拟内存 virtual memory 是计算机系统内存管理的一种技术。它使得应用程序认为它拥有连续的可用的内存(一个连续完整的地址空间)，而实际上，它通常是被分隔成多个物理内存碎片，甚至部分暂时存储在外部磁盘存储器上，在需要时进行数据交换。

虚拟现实 virtual reality 简称VR技术，又称灵境技术或人工环境。是利用电脑模拟产生三维空间的虚拟世界，提供使用者关于视觉、听觉、触觉等感官的模拟，让使用者如同身临其境一般，可以及时、没有限制地观察三维空间内的事物。

虚拟制造技术 virtual manufacturing technology(VMT)以虚拟现实和仿真技术为基础，对产品的设计、生产过程统一建模，在计算机上实现产品从设计、加工和装配、检验、使用整个生命周期的模拟和仿真。利用VMT技术可以优化产品的设计质量和制造，优化生产管理和资源规划，以达到产品开发周期和成本的最小化、产品设计质量的最优化和生产效率最高化。

虚拟终端 virtual terminal(VT) 连接在远地的分时共用计算机系统的远程终端，具有让用户感到是在计算机旁使用终端的功能。

虚拟主机 virtual host 在网络服务器上划分出一定的磁盘空间配以若干单独的域名和地址等供用户

放置站点、应用组件等，提供必要的站点功能、数据存放和传输功能，实现虚拟但完整的服务器功能。

虚拟专用网络 virtual private net-work（VPN）在公用网络上建立专用网络的技术。虚拟专用网络的任意两个节点之间的连接并没有传统专网所需的端到端的物理链路，而是架构在公用网络服务商所提供的网络平台。

异步复制 asynchronous replication 数据与系统备份至远地端时是异步的、有时间差的，这多半的原因是取决于网络频宽的缘故。因此，当本地端的系统毁损，数据有部分可能会漏失。

应用程序接口 application program interface（API）又称应用编程接口，就是软件系统不同组成部分衔接的约定。

应用服务器 application server 指通过各种协议把商业逻辑提供给客户端的程序框架以及构建方法。它提供了访问商业逻辑的途径以供客户端应用程序使用。应用服务器使用此商业逻辑就像调用对象的一个方法一样。

灾备 disaster recovery 指利用科学的技术手段和方法，提前建立系统化的数据应急方式，以应对灾难的发生。其内容包括数据备份和系统备份，业务连续性计划、人员架构、通信保障、危机公关、灾难恢复规划、灾难恢复预案、业务恢复预案、紧急事件响应、第三方合作机构和供应链危机管理等等。

灾备中心 disaster recovery center 完成“灾备”和灾难恢复任务的场所，按照最高的可靠性和可用性标准建设。具备数据实时备份、冗余处理能力和网络传输条件，能够在公司生产中心面临灾难无法正常运作的时候，提供替代服务，对公司业务进行紧急恢复。

灾难恢复 disaster recovery（DR）指自然或人为灾害后，重新启用信息系统的数据、硬件及软件设备，恢复正常商业运作的过程。

周期性复制 periodic replication 以定期复制的方式将数据与系统复制到远地端，如一个星期一次，或者每隔两天一次的完整备份。这类型的复制一般针对非关键性业务的数据，适合备份信息系统中的一些不经常变化的数据。

ActiveX 控件 Active X control Microsoft 对于一系列策略性面向对象程序技术和工具的称呼，其中主要的技术是组件对象模型（COM）。

8.5 信息新技术

电源使用效率 power usage effectiveness（PUE）指数据中心消耗的所有能源与 IT 负载使用的能源之比，体现了 IT 设备电源工作效率，是评价数据中心能源效率的指标。

动态电源管理 dynamic power management(DPM)一种电源管理机制。传统的电源管理方式要求系统要么挂起(suspend)以节省能源，要么恢复(resume)运行让程序正常工作，这个过程通常要用户参与(如按键)，而且这种状态切换非常缓慢。在动态电源管理中，系统一方面可以关闭暂时不使用的设备，比如关闭硬盘和显示器；另外一方面也可以根据负载的重轻，动态调整 CPU 和总线的频率，以达到节省能源的目的。

非结构化查询 unstructured query 对非结构化数据的查询、检索。

功率密度 power density 数据中心每平方英尺电能消耗瓦数与数据中心 IT 设备数的比值。

绿色数据中心 green data center 指数据机房中的 IT 系统、机械、照明和电气等能取得最大化的能源效率和最小化的环境影响。绿色数据中心的“绿色”具体体现在整体的设计规划以及机房空调、UPS、服务器等 IT 设备、管理软件应用上，要具备节能环保、高可靠可用性和合理性。

数据中心基础设施效率 data center infrastructure efficiency(DCIE) 指数据中心实际电力使用量与总功率的比值，也是 PUE 指标的倒数。这一比值将永远小于 1，越接近 1 越好。

数据中心生产率 data center productivity(DCP)数据中心产生的有用工作与整个数据中心为产生有用工作而所消耗资源的比例，也即投入和产出的比例。作为整个数据中心的 DCP，它包括能源生产率和 IT 设备能源生产率。

虚拟化 virtualization 指计算机科学中用于创建某些资源或功能的技术。虚拟化技术可以扩大硬件的容量，简化软件的重新配置过程。如 CPU 的虚拟化技术可以单 CPU 模拟多 CPU 并行，允许一个平台同时运行多个操作系统，并且应用程序都可以在相互独立的空间内运行而互不影响，从而显著提高计算机的工作效率。

映射-简化 Map-Reduce 一种编程模型，用于大规模数据集的并行运算。概念“Map(映射)”和“Reduce(简化)”，和它们的主要思想，都是从函数式编程语言以及矢量编程语言里借来的特性。

内存计算 in-memory computing CPU 直接从内存而不是硬盘上读取数据，并进行计算、分析，是对传统数据处理方式的一种加速。

内存数据库 in-memory database (IMDB)通过将系统的常用数据库表中的数据全部映射到主机共享内存，并且在数据库表上的关键字段上建立内存索引的方式。应用程序在访问这些数据库表时，通过调用内存数据库 API 接口来使用共享内存中的数据，而不是直接访问物理数据库表中的数据，这样，极大地提高了系统的实时性能。

无线传感网 wireless sensor network(WSN)综合了传感器技术、嵌入式计算技术、现代网络及无线通信技术、分布式信息处理技术等，能够通过各类集成化的微型传感器协作地实时感知、采集和监测各种环境或监测对象的信息，通过嵌入式系统对信息进行处理，并通过随机自组织无线通信网络以多跳中继方式将所感知信息传送到用户终端。现代 WSN 要求采用智能传感器，并实现双向通信与控制。

泛在计算 ubiquitous computing 指将数个嵌入式系统用开放式网络连接在一起，从而将现实世界中的基础设施通过计算机来控制，强调计算和环境融为一体，而计算机本身则从人们的视线里消失。在泛在计算环境中，人们能够在任何时间、任何地点以任何方式进行信息的获取与处理。

机器与机器的对话 machine to machine(M2M) dialogue 代表机器对机器、人对机器、机器对人、移动网络对机器之间的连接与通信。它涵盖了所有实现在人、机器、系统之间建立通信连接的技术和手段。

射频识别 radio frequency identification(RFID)即 RFID 技术，又称电子标签、无线射频识别。是一种利用无线电射频电磁场原理的无线非接触式通信技术，可通过无线电信号识别特定目标并读写相关数据，而无须识别系统与特定目标之间建立机械或光学接触。

物联网 internet of things(IOT) 指将无处不在的末端设备和设施通过各种无线和有线的通信网络连接起来，实现互联互通并与互联网连接起来，实现智能化识别、定位、跟踪、监控和管理的一种网络。

智慧地球 smart planet 将传感器嵌入和装备到电网、铁路、桥梁、隧道、公路、建筑、供水系统、大坝、油气管道等各种物体中，并且被普遍连接，形成所谓“物联网”，然后将“物联网”与现有的互联网整合实现人类社会与物理系统的整合。

智慧工厂 smart factory 通过视频采集、RFID 采集、工业现场传感器、手持终端等采集数据，在企业内部通过无线网络的方式，传送到企业的运算层，PCS 或者 ERP 通过物联网的方法把信息相互连通在企业外部，把企业的协同企业信息并入进来。之后从消费者的角度，下游通过信息链有机结合起来，达到信息共享，上下游衔接。智慧工厂这些信息互联协同可以把平台统一化，各个系统相互协同，实现决策智能化、流程全自动化。整个企业管理非常透明，具有以下特征：可视化、模型化、数字化、自动化、智能化。

中间件 middle-ware 一种独立的系统软件或服务程序。分布式应用软件系统借助这种中间体在不同的软件和技术平台之间共享资源。

自动识别技术 automatic identification technology 指应用一定的识别装置，通过被识别对象和识别系统之间的通信和交互作用，自动地获取被识别对象的相关信息，并提供给后台的计算机处理系统来完成相关后续处理的一种技术。

IP 呼叫中心 IP call center (IPCC) 以 IP 技术和 IP 语音为主要应用技术的呼叫中心构建方式，即利用 IP 传输网来传输与交换语音、图像和文本信息。

WEB 挖掘 web mining 数据挖掘技术在 Web 上的应用。它利用数据挖掘技术从与互联网相关的资源和行为中抽取感兴趣的、有用的模式和隐含信息，涉及 Web 技术、数据挖掘、计算机语言学、信息学等多个领域，是一项综合技术。

大数据 big data 数据量大 (volume)、数据种类多样 (variety)、要求实时性强 (velocity)、蕴藏的商业价值大 (value)，这是大数据的 4V 特性。符合这些特性的，叫大数据。

动态迁移 live migration 将一个运行中的虚拟机在不发生任何服务中断或者任何停机条件下从一个物理主机移动到另外一个上面。

近距离无线通信 near field communication (NFC) 一种短距离的高频无线通信技术，允许电子设备之间进行非接触式点对点数据传输，在 10cm 内交换数据。

面向服务的体系结构 service oriented architecture (SOA) 一个组件模型，它将应用程序的不同功能单元(称为服务)通过这些服务之间定义良好的接口和契约联系起来。接口是采用中立的方式进行定义的，它应该独立于实现服务的硬件平台、操作系统和编程语言。这使得构建在各种这样的系统中的服务可以以一种统一和通用的方式进行交互。

内容分发网络 content delivery network (CDN) 一种透过互联网互相连接的计算机网络系统，提供高效能、可扩展性及低成本的网络，将内容传递给使用者。

Web 服务技术 web service technology 自包含、自描述、模块化的应用程序，可以发布、定位、通过 web 调用。一旦部署以后，其他 web service 应用程序可以发现并调用它部署的服务。它可以使用标准的互联网协议，像超文本传输协议(HTTP)和 XML，将功能纲领性地体现在互联网和企业内部网上。可将 Web 服务视作 Web 上的组件编程。

微件 widget 是 Web2.0 的一

个小型的应用程式，展现形式可以是一个时钟，一个日记簿，一段视频，或者一个 flash 片段等。微件不仅可以添加到网页当中，也可以直接添加到电脑桌面来使用，从而增加桌面的功能性。

无线宽带网络　wireless broadband network 又称无线宽带，一类能实现与互联网或其他计算机网络进行无线连接的网络技术。

用户体验　user experience(UE) 一个测量和测试产品使用满意程度的名词术语，是在用户使用产品过程中建立起来的一种纯主观感受。

业务连续性管理　business continuity management(BCM)一个综合的管理过程。它能识别并评估威胁组织潜在的影响因素，并且提供构建弹性机制的管理架构，以及确保有效反应的能力；以保护它的关键利益相关方的利益、声誉、品牌以及创造价值的活动。

业务连续性计划　business continuity planning(BCP)企业用于实施业务连续性管理过程的一套规范性文档，覆盖了业务连续性的目标、范围、针对的灾难性事件的场景、团队及其职责、通知过程、恢复过程和重建过程等内容。

业务影响分析　business impact analysis(BIA)分析业务功能及其相关信息系统资源、评估特定灾难对各种业务功能的影响过程。

分布式计算　distributed computing 一门计算机科学，研究如何把一个需要非常巨大的计算能力才能解决的问题分成许多小的部分，然后把这些部分分配给许多网络连接的计算机进行处理，最后把这些计算结果综合起来得到最终的结果。

分布式网络架构　distributed network architecture 由分布在不同地点且具有多个终端的节点机互连而成的计算机网络。网中一点均至少与两条线路相连，当任意一条线路发生故障时，通信可转经其他链路完成，具有较高的可靠性和可扩充性。

公用计算　utility computing 一种广泛存在的 IT 架构，在此架构内，计算资源，如数学计算、数据存储、各类应用软件服务，可以打包提供给需要使用资源的客户。

基础设施即服务　infrastructure as a service(IAAS)是消费者使用处理、储存、网络以及各种基础运算资源，部署与运行操作系统或应用程序等各种软件。客户端无须购买服务器、软件等网络设备，即可任意部署和运行处理、存储、网络和其他基本的计算资源。可以控制操作系统、储存装置、已部署的应用程序，有时也可以有限度地控制特定的网络元件，但是不能控管或控制底层的基础设施。

平台即服务　platform as a service(PAAS)把开发环境作为一

种服务来提供。可以使用中间商的设备来开发自己的程序并通过互联网和其服务器传到用户手中。

软件即服务 software as a service(SAAS)一种通过互联网提供软件的模式。厂商将应用软件统一部署在自己的服务器上，客户可以根据自己实际需求，通过互联网向厂商定购所需的应用软件服务，按定购的服务多少和时间长短向厂商支付费用，并通过互联网获得厂商提供的服务。用户不用再购买软件，而改用向提供商租用基于Web的软件，来管理企业经营活动。用户无须对软件进行维护，服务提供商会全权管理和维护软件。

网格计算 grid computing 分布式计算的一种特殊形式，通过利用大量异构计算机(通常为桌面)的未用资源(CPU周期和磁盘存储)，将其作为嵌入在分布式网格中构成虚拟的计算机集群，为解决大规模的计算问题提供了一个模型。

云计算 cloud computing 一种基于互联网的虚拟超级计算模式。在远程的数据中心里，成千上万台电脑和服务器连接成一片电脑“云”，用户通过电脑、笔记本、手机等方式接入数据中心，按自己的需求进行运算。狭义云计算是指互联网基础设施的交付和使用模式，通过网络以按需、易扩展的方式获得所需的资源。提供资源的网络被称为“云”。“云”中的资源在使用者看来是可以无限扩展的，并且可以随时获取，按需使用，随时扩展，按使用付费。

信息生命周期管理 information life-cycle management(ILM)信息在储存媒介网络之内流动的全过程管理。此过程确保企业获取需要的信息，并向客户提供一个良好的服务水平，同时实现成本最低的目标。

9 公用工程

9.1 水

净水厂 water treatment plant; water purification plant 又称水厂。对原水进行给水处理并向用户供水的工厂。

原水 raw water 未经任何处理或用以进行水质处理的待处理水。

新鲜水 fresh water 经处理后的淡水。

生活饮用水 drinking water 水质符合生活饮用水卫生标准的用于日常饮用、洗涤的水。

给水处理 water treatment 对原水采用物理、化学、生物等方法改善水质的过程。

预处理 pre-treatment (1) 给水常规处理前的处理；(2) 进入膜处理装置前的处理；(3) 污水一级处理前的处理，一般包括隔栅、沉砂等。

常规处理 conventional treatment (1) 给水处理中以去除浊度和灭活细菌病毒为目的的处理，一般包括混凝、沉淀、过滤、消毒；(2) 污水处理中预处理、一级处理、二级处理、消毒的总称。

混凝 coagulation 凝聚和絮凝的总称。

沉淀 sedimentation 利用重力沉降作用去除水中悬浮物的过程。

澄清 clarification 通过与高浓度泥渣接触去除水中悬浮物的过程。

消毒 disinfection 使病原体灭活的过程。

液氯消毒 chlorine disinfection 将液氯汽化后通过加氯机投入水中完成氧化和消毒的方法。

氯胺消毒 chloramine disinfection 氯和氨反应生成一氯胺和二氯胺以完成氧化和消毒的方法。

二氧化氯消毒 chlorine dioxide disinfection 将二氧化氯投加水中以完成氧化和消毒的方法。

臭氧消毒 ozone disinfection 将臭氧投加水中以完成氧化和消毒的方法。

紫外线消毒 UV disinfection 利用紫外线光在水中照射一定时间以完成氧化和消毒的方法。

深度处理 advanced treatment 常规水处理后设置的处理。包括超滤、纳滤、微滤、离子交换、电渗析等。

膜污染密度指数 silt density index (SDI) 又称淤塞指数、污染指数。膜处理工艺中，表示进水中悬浮物、胶体物质浓度和膜过滤特性的数值。

产水流量 product water flow 经过膜系统产生的净化水流量。

浓水流量 concentrated water flow 反渗透系统中未透过膜的溶液，即浓缩水流量。

回收率 recovery 膜系统中原水转化成为产水或透过液的百分率。

脱盐率 desalination rate 通过反渗透膜从系统水中去除总可溶性杂物浓度的百分率。

总固体 total solid(TS)水样在103~105℃下蒸发干燥后所残余的固体物质总量，也称蒸发残余物。包括悬浮固体和溶解固体。

总溶固 total dissolved solid (TDS)指水中溶解组分的总量。包括溶解于地下水中各种离子、分子、化合物的总量，但不包括悬浮物和溶解气体。

总碳 total carbon 水中有机碳和无机碳的总和。

工业用水 industrial water(IW)指工、矿企业的各部门，在工业生产过程(期间)中，制造、加工、冷却、空调、洗涤、锅炉等处使用的水及厂内职工生活用水的总称。

生产用水 production water supply 直接用于工业生产的水，包括间接冷却水、工艺用水、锅炉用水。

间接冷却水 indirect cooling water 通过热交换设备与被冷却物料隔开的冷却水。

循环冷却水 recirculating cooling water 循环用于同一过程的冷却水。

直流冷却水 once-through cooling water 经一次使用后，直接排放的冷却水。

工艺用水 process water 工业生产中，用于制造、加工产品以及与制造、加工工艺过程有关的用水。

产品用水 water used in product 生产过程中，直接进入产品的水。

洗涤用水 washing water 生产过程中，对原材料、半成品、成品、设备等进行洗涤的水。

直接冷却水 direct cooling water 与被冷却物料直接接触的冷却水。

锅炉用水 water for boiler 锅炉产蒸汽或产水所需要的用水及锅炉水处理自用水。

除盐水 desalted water 去除水中阴、阳离子(主要是溶于水的强电解质)至一定程度的水。

生活用水 domestic water 厂区和车间内职工生活用水及其他用途的杂用水。

工业用水水源 industial water source 工业生产过程所用全部淡水(或包括部分海水)的引取来源。

常规水资源 conventional water resource 陆地上能够得到且自然水能循环不断得到更新的淡水，包括陆地上的地表水和地下水。

地表水 surface water 陆地表

面形成的径流及地表储存的水，如江、河、湖、水库等水。

地下水　underground water 地下径流或埋藏于地下的，经过提取可被利用的水。

非常规水资源　unconventional water resource 地表水和地下水之外的其他水资源，包括海水、苦咸水、矿井水和城镇污水再生水等。

海水　seawater 指沿海城市的一些工业用作冷却水水源或为其他目的所取的那部分海水。

苦咸水　bitter and salt water 存在于地表或地下，含盐量大于1000mg/L的水。

矿井水　mine water 在采矿过程中，矿床开采破坏了地下水原始储存状态而产生导水裂隙，使周围水沿着原有的和新的裂隙渗入井下采掘空间而形成的矿井涌水。

再生水　reclaimed water; recyled water 以污废水为水源，经再生工艺净化处理后水质达到再利用标准的水。

其他水　other water 有些企业根据本身的特定条件使用除地表水、地下水、海水、苦咸水、矿井水和再生水等以外的水作为水源。

工业节水　industrial water saving 指通过加强管理，采取技术上可行、经济上合理的技术措施，减少工业用水量和取水量，提高用水效率，合理利用水资源，保证工业和经济的可持续发展。

用水量　quantity of water usage 指工业企业完成全部生产过程所需要的各种水量的总和。

生产用水量　water quantity in prodution 指间接冷却水用水量、工艺用水量和锅炉用水量之和。

间接冷却水用量　quantity of indirect cooling water usage 在生产过程中，用于间接冷却目的而进入各冷却设备的总水量。

工艺用水量　quantity of process water 在生产过程中，用于生产工艺过程进入各工艺设备的总的水量。

锅炉用水量　quantity of boiler water usage 进入锅炉本身和锅炉水处理的用水量。

生活用水量　quantity of domestic water usage 厂区和车间职工生活用水及其他用途的杂用水的总水量。

直流用水系统　once-through water system 在生产过程中水经一次使用后排入水体的一种用水方式。

循环用水系统　recirculating water system 将使用过的水直接或经适当处理后重新用于同一生产过程的用水方式。

回用水系统　reused water system 将使用过的水经适当处理后用于同一用水系统内部或外部的其他生产过程。

串联用水系统 series water using system 根据生产过程中各工序、各车间、各工业企业，或根据在不同范围内对用水水质的不同要求，将水依次地再利用。

重复利用水量 quantity of water recycle在确定的用水单元或系统内，使用的所有未经处理和处理后重复使用的水量的总和，即循环水量和串联水量的总和。

循环水量 quantity of recirculating water 在确定的用水单元或系统内，生产过程中用过的水，再循环用于同一过程的水量。

回用水量 quantity of reused water 企业产生的排水，直接或经处理后再利用于某一用水单元或系统的水量。

串联水量 quantity of series water 在确定的用水单元或系统，生产过程中产生的或使用后的水，再用于另一单元或系统的水量。

冷凝水回用量 quantity of reused condensate water usage 蒸汽经使用冷凝后，直接或经处理后回用于锅炉和其他系统的冷凝水量。

生产用水重复利用水量 quantity of reused water in production 间接冷却水循环量、工艺水回用量和锅炉回用水量之和。

间接冷却水循环量 indirect cooling water recirculation 在间接冷却水中，从冷却设备中流出又进入冷却设备中使用的那部分循环利用的水量。

工艺水回用量 quantity of reused process water 在工艺用水中，从一个设备中流出被本设备或其他设备回收利用的那部分水量。

锅炉回用水量 quantity of reused boiler water 锅炉本身和锅炉水处理用水的回收利用水量。

锅炉蒸汽冷凝水回用量 quantity of reused condensate water of boiler usage 锅炉蒸汽冷凝水回用于生产生活各个用水部门的水量总和。

生活用水重复利用水量 quantity of domestic water reused usage 生活用水中重复利用的那部分水量。

雨水积蓄利用 rainwater saving for use 通过集雨工程积蓄处理后的雨水被工业利用的过程。

海水利用 seawater utilization 海水淡化、海水直接利用和海水资源利用的统称。

污水资源化 utilization of sewage 污水经过净化处理后，达到一定的水质标准，作为水资源加以利用。

外排水量 quantity of wastewater out-discharged 完成生产过程和生产活动之后排出企业之外的水量。

达标排放率 qualified discharge ratio 在一定的计量时间内，达到排放水质标准的外排水量占外排水量的百分比。

取水定额 water intake norm

在一定的生产条件和管理条件下，对生产单位产品或创造单位产值所规定的取水量。

单位产品取水量　quantity of water intake for unit product 在一定计量时间内，生产单位产品的取水量。

单位产品用水量　quantity of water usage for unit product 指在一定计量时间内，生产单位产品需要的用水量。

重复利用水率　recycle ratio 在一定的计量时间内，生产过程中使用的重复利用水量占用水量的百分比。

循环利用率　recirculating ratio 在一定的计量时间内，一个单元生产过程中使用的循环水量占用水量的百分比。

蒸汽冷凝水回用率　steam condensate reused ratio 在一定的计量时间内，蒸汽冷凝水回用量占锅炉蒸汽发汽量的百分比。

漏失率　leakage ratio 漏失水量占新水量的百分比。

用水定额　water intake norm 指在一定的生产技术和管理条件下，生产单位产品或创造单位产值所规定的合理利用的水量标准。

规划定额指标　planning norm and quota 为满足工业用水规划的需要制定的工业用水定额指标。

设计定额指标　design norm and quota 为满足工业项目用水设计的需要制定的工业用水定额指标。

管理定额指标　management norm and quota 为满足日常工业用水管理的需要制定的管理定额指标。

节水技术　water-saving technology 可以提高水利用效率和效益，减少用水损失，能替代常规水资源和无水生产等技术，包括直接节水技术和间接节水技术。

节水(型)企业　water-saving enterprise 采用先进适用的管理措施和节水技术，经评价用水效率达到国内同行业先进水平的，并经相关部门或机构认定的企业。

节水(型)产品　water-saving product 在使用中与同类产品或完成相同功能的产品相比，具备可提高水的利用率、或防止水漏失、或能替代常规水资源等特性的，并经相关部门或机构认定的产品。

节水器具与设备　water-saving appliance and equipment 具有显著节水功能的用水器具或设备。

企业水平衡　enterprise water balance 以企业为考察对象的输入与输出水量的平衡，即该企业各用水系统的输入水量之和应等于输出水量之和。

循环冷却水系统　recirculating cooling water system 以水作为冷却介质，并循环运行的一种给水系统，由换热设备、冷却设施(备)、处理设施、水泵、管道及其他有关设施组成。

敞开式循环冷却水系统 open recirculating cooling water syetem 冷却水与空气直接接触冷却的循环冷却水系统。

自然通风冷却塔 natural draft cooling tower 由塔内外空气密度差形成的抽力提供塔内空气流动动力的冷却塔。

横流式冷却塔 cross-flow cooling tower 空气从塔的进风口水平方向进入塔内，与水流方向正交穿过填料而使水温降低的冷却塔。

机械通风冷却塔 mechanical draft cooling tower 塔内空气流动动力是由通风机械(风机)提供的冷却塔。

逆流式冷却塔 counterflow cooling tower 空气从塔的下部进风口进入塔内，向上与自塔上部淋下的水流进行热交换而使水温降低的冷却塔。

压力通风系统 plenum system 冷却塔的上部结构。它包括顶架、配水系统及收水器等。

淋水填料 packing 设置在冷却塔内，使水与空气间有充分的接触时间和面积，有利于热、质交换作用的填充材料。

配水系统 water distribution system 冷却塔的重要组成部分。功能是将冷却的热水均匀分布于淋水填料表面上，充分发挥其冷却作用。

收水器 drift eliminator 设置在冷却塔内，用来回收出塔气流中所夹带的液态水(水滴、水雾)的装置。

集水池 collecting basin 设于冷却塔底，起到储存和调节水量的作用。

水冷却器 water cooler 换热器(又称热交换器)的一种，以水为冷却介质(冷流)。换热器按形式分类有管壳式(又称列管式)换热器、套管式换热器、蛇管式换热器、阶式换热器、板式换热器等。

监测换热器 monitoring type heat exchanger 安装在循环冷却水旁路，能够监测循环水系统腐蚀、结垢等运行情况的监测设备。

旁流水处理 side stream treatment 指取部分循环水量进行处理之后再返回系统内，以满足循环水水质的要求。一般均为降污处理，采用简单易行、效果好的过滤处理方法，因此又称旁滤处理或旁流过滤。这种方法是在回水总管进冷却塔前接出一支管，这部分流量经滤池处理后直接进入冷水池。旁流水处理量的确定可以用估算法和用公式计算。

水质稳定处理 stabilization treatment of water quality 又称水质平衡。使水中碳酸钙和二氧化碳浓度达到平衡状态的处理过程。

干球温度 dry bulb temperature 温度计水银球干燥时所测的温度，

即用一般温度计所测得的温度。

湿球温度 wet bulb temperature 在温度计水银球上盖上一层很薄的湿布，湿布中的水分必然要蒸发进入空气中，其蒸发所需的汽化热则由水温降低所散发的热来供给，水温不断下降直至稳定在某一温度时，此时的温度就是湿球温度。

相对湿度 relative humidity 空气中实际的水蒸气分压力与同温度下饱和状态空气的水蒸气分压力之比，通常以百分数表示。

有效淋水面积 effective water drenching area 冷却塔淋水填料层顶部扣除梁、柱面积的断面面积。

气水比 air/water ratio 进入冷却塔的干空气与循环水的质量流量之比，常以符号 λ 表示。

密闭式循环冷却水系统 closed recirculating cooling water syetem 冷却水不与空气直接接触冷却的循环冷却水系统。

干式空气冷却 dry air cooling 在密闭式循环冷却水系统中，利用大气气流通过换热装置间接强制循环冷却水降温的冷却方式。

湿式空气冷却 wet air cooling 在密闭式循环冷却水系统中，利用置于冷却塔中的喷淋水换热装置间接强制循环冷却水降温的冷却方式。

直流冷却水系统 once-through cooling water system 冷却水经一次使用后，直接排放的用水系统。

生物黏泥量 slime content 用生物过滤网法测定的循环冷却水所含生物黏泥体积，以 mL/m^3 表示。

污垢热阻值 fouling resistance 表示换热设备传热面上因沉积物而导致传热效率下降程度的数值。其计量单位通常以 $m^2 \cdot K/W$ 表示。

黏附速率 adhesion rate; scaling rate 换热器单位传热面上每月的污垢增长量。其计量单位通常以 $mg/cm^2 \cdot$ 月表示。

浓缩倍数 cycle of concentration 循环冷却水与补充水含盐量的比值。

水的含油量 mineral oil content of water 水中矿物油的含量，通常采用红外或者紫外光度法测量。

水的含盐量 salt content of water 指水中所含盐类的总量。由于水中盐类一般均以离子的形式存在，所以水的含盐量也可以表示为水中全部阳离子和阴离子的总量。将一定体积的水样在105~110℃下蒸干后，所得残渣的质量，以mg/L表示。

预膜 prefilming 以预膜液循环通过换热设备，使其金属表面形成均匀致密保护膜的过程。

水温差 temperafure difference of water 指冷却塔进水温度与出水温度之差值。

系统水容积 system capacity volume 循环冷却水系统内所有水容积的总和，单位为 m^3。

蒸发水量 volume of evaporation 指在开式循环冷却水系统运行过程中，单位时间内因蒸发而损失的水量。

补充水量 amount of make-up water 补充循环冷却水系统运行过程中损失的水量。

排污水量 amount of blowdown; waste water flow 在确定的浓缩倍数条件下，需要从循环冷却水系统中排放的水量。

飞散损失水量 drift loss 又称风吹损失量。在开式循环冷却水运行中，冷却水呈水滴从冷却塔飞散出系统而损失的水量。

循环水分散剂 dispersant for recirculating water 指阻止循环冷却水系统中颗粒(垢)物聚集沉降，并维持其悬浮状态的专用化学品。

预膜剂 prefilming agent 指用于循环冷却水系统进行预膜处理的化学品。

防沫剂 antifoaming agent 又称消泡剂。指用以控制或消除循环冷却水处理过程中所产生的泡沫的药品或制剂。

火灾种类 classes of fire 火灾依据物质燃烧特性，可划分为A、B、C、D、E、F六类。A类火灾：指固体物质火灾。B类火灾：指液体火灾和可熔化的固体物质火灾。C类火灾：指气体火灾。D类火灾：指金属火灾。E类火灾：指带电物体和精密仪器等物质的火灾。F类火灾：烹饪器具内的烹饪物火灾。

消防水源 water source for fire fighting 供灭火用的人工水源和天然水源。

消防给水系统 fire water supply system 由消防给水和水灭火设施组成的系统，以水为主要介质，用于灭火、控火和冷却等功能的室外消火栓、室内消火栓、自动喷水、水喷雾、泡沫、消防炮等一种或几种系统的组合。

消防用水量 fire demand 指某一场所扑灭一次火灾需用的最低水量计算值。

稳高压消防给水系统 stable high pressure fire water supply system 采用稳压泵维持管网的消防水压力大于或等于0.7MPa的消防水系统。

临时高压系统 temporary high service system 平时不能满足水灭火设施所需的工作压力或流量，火灾时能直接自动启动消防水泵加压以满足水灭火设施所需的工作压力和流量的消防给水系统。

低压消防给水系统 low pressure fire water supply system 能满足消防车或手抬泵等取水所需的压力(从地面算起不应小于0.10MPa)和流量的系统。

消防水枪 fire water branch 由单人或双人携带和操作的以水作为灭火剂的喷射管枪。水枪通常由接口、枪体、阀和喷嘴或能形成多种形式喷射的装置组成。按水流形状分为直流水枪、开花直流水枪和喷雾水枪等；按功能分为多用水枪和多头水枪等。

消火栓 fire hydrant 与供水管路连接，由阀、出水口和壳体等组成的消防供水(或泡沫溶液)的装置。

室内消火栓 indoor fire hydrant 设于建筑物内部的消火栓。消火栓为与供水管路连接，由阀、出水口和壳体等组成的消防供水(或泡沫溶液)装置。

消防软管卷盘 fire hose reel 由阀门、输入管路、卷盘、软管、喷枪等组成的，并能在迅速展开软管的过程中喷射灭火剂的灭火器具。在石化企业一般以水作为灭火剂。

消防竖管 fire standpipe 由各层框架平台设置的带阀门的管牙接口、给水或泡沫混合液立管、地面设置的带阀门的管牙接口等组成的，由消防车供给灭火所需消防水或泡沫的灭火设施。一般安装在工艺装置内高于15m的甲乙类设备框架平台上，沿梯子敷设。

消防水炮 fire water monitor 设置在消防车顶、地面及其他消防设施上的以水作为灭火剂的喷射炮。

灭火器 fire extinguisher 由筒体、器头、喷嘴等部件组成，借助驱动压力可将所充装的灭火剂喷出灭火的器具。

自动喷水灭火系统 automatic sprinkling systems 由洒水喷头、报警阀组、水流报警装置(水流指示器或压力开关)等组件，以及管道、供水设施组成，并能在发生火灾时喷水的自动灭火系统。

闭式喷水灭火系统 closed-type sprinkler system 采用闭式洒水喷头的自动喷水系统。

雨淋系统 deluge system 又称开式系统。由火灾自动报警系统或传动管控制，自动开启雨淋报警阀和启动供水泵后，向开式洒水喷头供水的自动喷水灭火系统。

水幕系统 drencher systems 由开式洒水喷头或水幕喷头、雨淋报警阀组或感温雨淋阀，以及水流报警装置(水流指示器或压力开关)等组成，用于挡烟阻火和冷却分隔物的喷水系统。

自动喷水-泡沫联用系统 automatic sprinkler-foam system 配置供给泡沫混合液的设备后，组成既可喷水又可喷泡沫的自动喷水灭火系统。

水喷雾/水喷淋灭火系统 water spray extinguishing system 利用水雾喷头在一定水压下将水流分解成细小水雾滴进行灭火防护冷却的一种固定式灭火装置。

响应时间 response time 由火灾自动报警系统发出火警信号起，至系统中最不利点水雾喷头喷出水雾的时间。

水雾喷头　spray nozzle 在一定水压下，利用离心或撞击原理将水分解成细小水滴的喷头。

雨淋阀组　deluge valves unit 由雨淋阀、电磁阀、压力开关、水力警铃、压力表以及配套的通用阀门组成的阀组。

泡沫灭火系统　foam extinguishing system 以泡沫混合液为介质进行灭火的消防系统。按照泡沫发泡倍数分为低倍数泡沫灭火系统、中倍数泡沫灭火系统、高倍数泡沫灭火系统。按照设备安装使用方式可分为固定式泡沫灭火系统、半固定式泡沫灭火系统、移动式泡沫灭火系统。

泡沫液　foam concentrate 可按适合的混合比与水混合形成泡沫溶液的浓缩液体。发泡倍数低于 20 的灭火泡沫称为低倍数泡沫；发泡倍数在 20~200 的灭火泡沫称为中倍数泡沫；发泡倍数高于 200 的灭火泡沫称为高倍数泡沫。

泡沫混合液　foam solution 泡沫液与水按特定比例配制成的泡沫溶液。

泡沫预混液　premixed foam solution泡沫液与水按特定混合比预先配制成的储存待用的泡沫溶液。

泡沫混合比　foam concentration 泡沫液在泡沫混合液中所占的体积分数。

发泡倍数　foam expansion ratio 泡沫体积与形成该泡沫混合液体积的比值。

低倍数泡沫灭火系统　low-expansionfoam extinguishing system 由水源、水泵、低倍数泡沫液供应源、空气泡沫比例混合器、管路和泡沫产生器组成的灭火系统。

液上喷射系统　surface application system 泡沫从液面上喷入被保护储罐内的灭火系统。

液下喷射系统　base injection system 泡沫从液面下喷入被保护储罐内的灭火系统。

半液下喷射系统　semi-base injection system 泡沫从储罐底部注入，并通过软管浮升到燃烧液体表面进行喷放的灭火系统。

横式泡沫产生器　foam maker inhorizontal position 在甲、乙、丙类液体立式储罐上水平安装的泡沫产生器。

立式泡沫产生器　foam maker in standing position 在甲、乙、丙类液体立式储罐上铅垂安装的泡沫产生器。

分水器　wye 从水带干线分出水带支线的消防器材。每一个分水器有一个进水口和几个出水口。

泡沫导流罩　foam guiding cover 安装在外浮顶储罐管壁顶部，能使泡沫沿罐壁向下流动和防止泡沫流失的装置。

泡沫-水喷淋系统　foam-water sprinkler system 由喷头、报警阀组、水流报警装置(水流指示器或压力开关)等组件，以及管道、泡沫液与水供给设施组成，并能在发生火灾时按预定时间与供给强度向防护区依次喷洒泡沫与水的自动灭火系统。

泡沫喷雾系统 foam spray system采用泡沫喷雾喷头，在发生火灾时按预定时间与供给强度向被保护设备或防护区喷洒泡沫的自动灭火系统。

固定式泡沫灭火系统 fixed foam extinguishing system 由固定的泡沫消防水泵或泡沫混合液泵、泡沫比例混合器(装置)、泡沫产生器(或喷头)和管道等组成的灭火系统。

半固定式泡沫灭火系统 semi-fixed foam extinguishing system 由固定的泡沫产生器与部分连接管道，泡沫消防车或机动消防泵，用水带连接组成的灭火系统。

移动式泡沫灭火系统 mobile foam extinguishing system 由消防车、机动消防泵或有压水源、泡沫比例混合器、泡沫枪、泡沫炮或移动式泡沫产生器，用水带等连接组成的灭火系统。

平衡式比例混合装置 balanced pressure proportioning set 由单独的泡沫液泵按设定的压差向压力水流中注入泡沫液，并通过平衡阀、孔板或文丘里管(或孔板和文丘里板的结合)，能在一定的水流压力或流量范围内自动控制混合比的比例混合装置。

计量注入式比例混合装置 direct injection variable pump output proportioning set 由流量计与控制单元等联动控制泡沫液泵向系统水流中按设定比例注入泡沫液的比例混合装置。

压力式比例混合装置 pressure proportioning tank 压力水借助于文丘里管将泡沫液从密闭储罐排出，并按比例与水混合的装置。依罐内设囊与否，分为囊式和无囊式压力比例混合装置。

泡沫液储罐 foam concentrate storage tank 储存泡沫原液的储罐。

泡沫消防泵站 foam system pump station 设置泡沫消防水泵或泡沫混合液泵等的场所。

泡沫站 foam station 不含泡沫消防水泵或泡沫混合液泵，仅设置泡沫比例混合装置、泡沫液储罐等的场所。

干粉灭火系统 powder extinguishing system 由干粉供应源通过输送管道连接到固定的喷嘴上，通过喷嘴喷放干粉的灭火系统。

气体灭火系统 gas extinguishing system 指平时灭火剂以液体、液化气体或气体状态存储于压力容器内，灭火时以气体(包括蒸气、气雾)状态喷射作为灭火介质的灭火系统。主要用在不适于设置水灭火系统等其他灭火系统的环境中。

蒸汽灭火系统 steam extinguishing

system 利用水蒸气作为灭火剂的灭火系统。水蒸气是一种含热量的惰性气体，能冲淡燃烧及可燃气体浓度，降低空气中氧含量及窒息火焰而达到灭火的目的。按设备特点分为固定式和半固定式两类。饱和蒸汽的灭火效果要优于过热蒸汽。用于高温设备的油气火灾灭火系统等。

消防站 fire station 保护工厂安全的全厂性重要设施，一般由消防车辆、车库、综合楼及训练场(塔)所构成。

手动火灾报警按钮 manual fire alarm call point 用手动方式启动自动火灾报警系统的器件。

感温火灾探测器 temperature detector 响应异常温度、温升速率和温差的火灾探测器。

感烟火灾探测器 smoke fire detector 响应燃烧或热解产生的固体或液体微粒的火灾探测器。

感光火灾探测器 optical flame fire detector 响应火焰辐射出的红外、紫外、可见光的火灾探测器。

气体火灾探测器 gas fire detector响应燃烧或热解产生的气体的火灾探测器。

复合式火灾探测器 combination type fire detector 响应两种以上不同火灾参数的火灾探测器。

点型火灾探测器 spot-type heat detector 响应某一点周围的火灾参数的火灾探测器。

线型火灾探测器 line-type heat detector 响应某一连续线路周围的火灾参数的火灾探测器。

雨水系统 storm-water system 收集、输送、处理、再生和处置雨水的排水系统。

降雨量 rainfall 降雨的绝对量，即降雨深度。

降雨历时 duration of rainfall 降雨过程中的任意连续时段。

暴雨强度 rainfall intensity 单位时间内的降雨量。工程上常用单位时间内单位面积上的降雨体积计，其计量单位通常以 $L/(s \cdot hm^2)$ 表示。

汇水面积 catchment area 雨水管渠汇集降雨的流域面积。

重现期 recurrence interval 在一定长的统计期间内，等于或大于某统计对象出现一次的平均间隔时间。

径流系数 runoff coefficient 一定汇水面积内地面径流量与降雨量的比值。

地面集水时间 inlet time 又称集水时间。雨水从相应汇水面积的最远点地面流到雨水管渠入口的时间。

管内流动时间 time of flow 雨水在管渠中流行的时间。

雨水泵站 storm water pumping station 分流制排水系统中，提升雨水的泵站。

雨水口 gutter inlet 收集地面

雨水的构筑物。

雨水调节池 rainwater regulation pond 调节雨水排放量的构筑物。

初期雨水 initial rainfall 降雨后初期产生的有一定污染的径流。石油化工企业内通常指污染区内的初期雨水。

污染区 accident contaminated area 火灾或事故状态下可能被污染的范围或区域。

雨水监控设施 rainfall monitoring installation 监测、控制厂区雨水的设施。

污染雨水池 polluted storm water collecting tank 用于收集和储存污染雨水的水池。

清净废水系统 nonpolluted industrial wastewater system 未受污染或受轻微污染以及水温稍有升高的工业废水系统。

生活排水系统 sanitary wastewater system 民用建筑中，居民在日常生活中排出的生活污水和生活废水的系统。

化粪池 septic tank 将生活污水分隔沉淀，及对污泥进行厌氧消化的小型处理构筑物。

降温池 cooling tank 降低排水温度的小型处理构筑物。

生产污水系统 polluted industrial wastewater system 被污染的工业废水。包括水温过高、排放后造成热污染的工业废水系统。

含盐废水系统 saline wastewater system 一般指含盐量大于等于2000mg/L的工业废水系统。

含硫污水系统 sour water system 生产过程中排出的含硫化氢和硫化物的污水系统。

排水体制 sewer system 在一个区域内收集、输送污水和雨水的方式，有合流制和分流制两种基本方式。

充满度 depth ratio 水流在管渠中的充满程度，管道以水深与管径之比值表示，渠道以水深和渠高之比值表示。

检查井 manhole 排水管中连接上下游管道并供养护工人检查、维护或进入管内的构筑物。

跌水井 drop well 设置在管底高程有较大落差处，具有消能作用的特种检查井。

水封井 water-sealed chamber 装有水封装置，可防止易燃、易爆、有毒等有害气体进入排水管的检查井。

排水泵站 drainage pumping station 污水泵站、雨水泵站和合流污水泵站的总称。

倒虹管 inverted siphon 遇到河道、铁路等障碍物，纵向呈U形从障碍物下绕过的管道敷设形式。

虹吸管 siphon 将液体经高出液面的管段重力引向低处的管道。

清扫口 cleanout 排水横管上用于清通排水管的配件。包括法兰清扫口和承插清扫口。

通气管(排水) vent 为使排水系统内空气流通、压力稳定、防止水封破坏而设置的气体流通管道。

地漏 floor drain 用于排除地面水的排水附件。

漏斗 funnel 接纳含有工艺物料污水的一种排水设施。

卫生器具 plumbing fixture 供水并接受、排出污废水或污物的容器或装置。

防渗工程 seepage prevention project 为防止物料或污染物渗透到地下而采取的措施。

污染防治区 polluted area 物料或污染物泄漏的区域或部位。

一般污染防治区 general pollution control area 物料或污染物泄漏后，可及时发现和处理的区域或部位。

重点污染防治区 special pollution control area 物料或污染物泄漏后，不易及时发现和处理的区域或部位。

非污染防治区 nonpolluted area 除污染防治区以外的其他区域或部位。

电导率 electrical conductivity 是物质传输电流能力的量度。电阻率的倒数为电导率，单位 S/m。电导率越大则导电性越强，反之越弱。常用于衡量工业用水纯度和喷气燃料抗静电性能。

9.2 电

电网 power network 由若干发电厂、变电站、输电线路组成的具有不同电压等级的输电网络。

变电站 transformer substation 电网中的线路连接点，用于变换电压、交换功率和汇集、分配电能的设施。

发电机 generator 将机械能或其他形式的能源转换成电能的一种设备。

直流电源 D. C. power source 指电压恒定的电源。

交流电源 A. C. power source 指电压随时间做周期性变化的电源。

架空线路 overhead line 空中架设，从电力系统受电的馈线或由变电站向电力负荷供电的馈线。

电缆线路 cable line 可直接埋地敷设的绝缘馈线。

电力负荷 power load 工厂所需的电能功率。按其重要性可分为：一级负荷、二级负荷、三级负荷。

异步电动机 asynchronous motor 将电能转变为机械能的旋转机械。由用以产生旋转磁场的定子绕组和鼠笼转子组成。电动机应用通电线圈在旋转磁场中受力转动的电磁感应原理制造。分为中压电动机和低压电动机。

同步电动机 synchronous motor

由直流供电的励磁磁场与电枢的旋转磁场相互作用而产生转矩，以同步转速旋转的交流电动机。

电加热器 electric heater 用于对流动的液态、气态介质的升温、保温、加热。当加热介质在压力作用下通过电加热器加热腔，采用流体热力学原理均匀地带走电热元件工作中所产生的巨大热量，使被加热介质温度达到用户工艺要求。

灯具 lamps and lanterns 指能透光、分配和改变光源光分布的器具。包括除光源外所有用于固定和保护光源所需的全部零部件，以及与电源连接所必需的线路附件。

变压器 transformer 利用电磁感应的原理来改变交流电压的装置，主要构件是初级线圈、次级线圈和铁芯(磁芯)。在电器设备和无线电路中，常用作升降电压、匹配阻抗、安全隔离等。

绕组 winding 构成与变压器(电抗器)标注的某一电压值相应的电气线路的线匝组合。

避雷器 surge arrester 一种能释放过电压能量、限制过电压幅值的设备。当过电压出现时，避雷器两端子间的电压不超过规定值，使电气设备免受过电压损坏；过电压作用后，又能使系统迅速恢复正常状态。

母线 bus bar 变电所中各级电压配电装置的连接，以及变压器等电气设备和相应配电装置的连接，大都采用矩形或圆形截面的裸导线或绞线，这统称为母线。母线的作用是汇集、分配和传送电能。

电流互感器 current transformer (CT)指将大电流变成小电流的互感器。在正常使用情况下其比差和角差都应在允许范围内。电流互感器是依据电磁感应原理，由闭合的铁芯和绕组组成。它的一次绕组匝数很少，串在需要测量的电流的线路中，因此它经常有线路的全部电流流过；二次绕组匝数比较多，串接在测量仪表和保护回路中。电流互感器在工作时，它的二次回路始终是闭合的，因此测量仪表和保护回路串联线圈的阻抗很小，电流互感器的工作状态接近短路。

电压互感器 potential transformer (PT)指将高电压变成低电压的互感器。在正常使用情况下，其比差和角差都应在允许范围内。电压互感器是一个带铁芯的变压器。它主要由一、二次线圈、铁芯和绝缘组成。当在一次绕组上施加一个电压 U_1 时，在铁芯中就产生一个磁通 φ。根据电磁感应定律，则在二次绕组中就产生一个二次电压 U_2。改变一次或二次绕组的匝数，可以产生不同的一次电压与二次电压比，这就可组成不同比的电压互感器。

气体绝缘开关设备 gas-insulated switchgear(GIS)全部或部分采用绝缘气体而不采用大气压下的空气作为绝缘介质的金属封闭开关设备。

充气式开关柜 cubicle gas insulated switchgear(CGIS)又称为柜式气体绝缘金属封闭开关设备。把GIS的SF6绝缘技术、密封技术与空气绝缘的金属封闭开关设备制造技术有机地相结合，将各高压元件设置在箱形密封容器内，并充入较低压力的绝缘气体而制成的成套设备。

开关柜 switchgear 配电设备。外线先进入柜内主控开关，然后进入分控开关，各分路按其需要设置，控制各种设备开与关。组成主要有断路器、接触器或启动器、保护电器，控制钮或柄及附件。

有载分接开关 on-load tapchanger 一种适合在变压器励磁或负载下进行操作的、用来改变变压器绕组分接连接位置的调压装置。

隔离开关 disconnector 在分闸位置能够按照规定的要求提供电气隔离断口的机械开关装置。

间隔 space 进线或者出线与母线之间的开关设备；由断路器、隔离刀闸及接地刀闸组成的母线连接设备；变压器与两个不同电压等级母线之间相关的开关设备。将一次断路器和相关设备组成虚拟间隔，间隔概念也可适用于断路器接线和环形母线等变电站配置。

配电箱 distribution box 按电气接线要求将开关设备、测量仪表、保护电器和辅助设备组装在封闭或半封闭金属柜中或屏幅上，构成低压配电装置。正常运行时可借助手动或自动开关接通或分断电路。一般分为动力配电箱和照明配电箱、计量箱，是配电系统的末级配电设备。

断路器 circuit breaker 能够关合、承载和开断正常回路条件下的电流，并能关合、在规定的时间内承载和开断异常回路条件(包括短路条件)下的电流的开关装置。

熔断器 fuse 一种安装在电路中，保证电路安全运行的电器元件。熔断器其实就是一种短路保护器，广泛用于配电系统和控制系统，主要进行短路保护或严重过载保护。

接触器 contactor 能频繁关合、承载和开断正常电流及规定的过载电流的开断和关合装置。

电容器 capacitor 由一个或多个电容器元件组装于单个外壳中并有引出端子的组装体。

电抗器 reactor 电力系统中用于限制短路电流、无功补偿的电感性高压电器。按其绕组内有无主铁芯分为铁芯式电抗器和空芯式电抗器。

消弧装置 arc-suppression device 适用于6~35kV中性点经消弧线圈接地电力系统，对系统中的过电压加以限制，有效地提高了系统运行安全性及供电可靠性。

变频调速装置 variable speed device 通过改变电动机电源频率的

方式使电动机变速运行的装置。

软启动装置 soft starting device 各类大功率电动机的启动方式，可实现电动机平滑启动，降低启动电流，减少电机启动时较大电流对电机的机械冲击以及对电网的冲击，改善用电质量。

再启动装置 restart device 当电动机三相电压出现“晃电”时，在设定时间内母线电压恢复至恢复电压设定值。再启动装置根据失压前记忆的电机运行状态（失压前电机为运行状态）及设定的时序（再启动延时时间），分别控制相应的输出继电器动作，实现该台电动机的分批再启动控制，避免多台电机在自启动中对电网的影响。

电磁继电器 electromagnetic relay 一种电子控制器件，具有控制系统（又称输入回路）和被控制系统（又称输出回路），应用于自动控制电路中。实际上是用较小的电流、较低的电压去控制较大电流、较高的电压的一种“自动开关”。

闭锁装置 locking device 常规防误闭锁方式主要有 4 种：机械闭锁、程序锁、电气联锁和电磁锁。

接点 contact 一般指开关、插销、电键和继电器等电器中使电路或通或断的开合点。如继电器的常开常闭接点，将其控制电路与其本身所在电路关联起来；再如用空接点来放大容量或汇集并入多个接点，为电路的设计及维护带来很大方便。

微机数字式综合保护器 computer digital integrated protection device 将相关保护功能、测量控制等功能集成于一体的装置。装置在给应用对象提供继电保护功能的同时，能够为其正常运行提供必要的测量、监视和控制功能。

低压智能保护器 low-voltage intelligent integrated protector 基于微处理器技术适用于 380V 及以下低压系统，作为配出馈线或电动机馈线终端的保护、监测和控制的智能化综合装置。

继电保护装置 relaying protection equipment 当电力系统中的电力元件（如发电机、线路等）或电力系统本身发生了故障危及电力系统安全运行时，能够向运行值班人员及时发出警告信号，或者直接向所控制的断路器发出跳闸命令以终止这些事件发展的一种自动化措施和设备。

过负荷 overload 指在电力系统中发电机、变压器及线路的电流超过额定值或规定的允许值。

过流保护 over current protection 当用电设备运行电流超过设定保护电流时候，设备自动断电，以保护设备。

重合闸 reclosing 当架空线路故障清除后，在短时间内闭合断路器。

差动保护 differential protection

指输入的两端 CT 电流矢量差，当达到设定的动作值时启动动作元件。保护范围在输入的两端 CT 之间的设备(可以是线路、发电机、电动机，变压器等电气设备)。

微机数据采集及监控系统 supervisory control and data acquisition (SCADA)即数据采集与监视控制系统，是以计算机为基础的 DCS 与电力自动化监控系统。它应用领域很广，可以应用于电力、冶金、石油、化工等领域的数据采集与监视控制以及过程控制等诸多领域。

电能管理系统 energy management system(EMS)电力系统管理和操作平台，具有电力系统计划、控制、管理、分析、决策、能效等功能。

不间断电源装置 uninterruptible power supply(UPS)由变流器、开关和储能装置(如蓄电池)组合构成的，在输入电源故障时，用以维持在电力连续性的电源设备。

应急电源装置 emergency power supply(EPS) unit 当建筑物发生火灾或其他紧急情况时为应急照明、疏散指示标志灯和各种灯具及各种电力设备提供集中供电的集中式蓄电池应急电源装置。

直流电源装置 DC power supply device 由整流器、开关和储能装置(如蓄电池)组成，维持电路中形成恒稳电流的装置。

9.3 风

空气除尘 air aspirating 用过滤器除去空气中的灰尘及颗粒状杂质，滤芯材料根据要求选择。

空气压缩 air compression 空气经空气过滤器过滤后进入空气压缩机，经压缩及冷却后进入空气缓冲罐。当用户不需对空气作进一步处理时，可直接将空气缓冲罐的气体送往用户。

耗气量 air consumption 仪表工程设计中常用术语，含义包括“最大耗气量”“平均耗气量”“稳态耗气量”“暂态耗气量”。工程设计中以稳态耗气量作为仪表耗气量依据。常见的仪表产品说明书中，最大空气耗量即是设计规定中所指的仪表稳态耗气量。

气源 air source 用气体(通常为空气)作为驱动仪表或部件运行的能源。

供气 air supply 气源或供气装置的通称，是仪表或系统的能源。

清扫风 cleaning air 用于清扫设备和管线的压缩空气。一般具有 608~810.6kPa 压力。

燃烧空气 combustion air 一般燃烧是由空气供给氧气，这部分空气即为燃烧空气。在用火嘴进行燃烧时，通常分为一次空气和二次空气。

压缩空气 compressed air 通常

指空气压缩机压缩到压力高于 0.2MPa(表压)的空气，一般用作能源。用于风动工具、气力传动、柴油机启动、管道液体或粒状物的输送等。

干空气 dry air 不含有水蒸气的空气。即当相对分子质量为 28.966，气体常数为 287J/kg·K，温度为 0℃，压力为 98.1kPa 时，密度 1.293kg/m^3。

强制供风 forced draft 炉子的一种供风方式。利用风机将燃烧所需要的空气送入炉内。炼油厂常用于有空气预热器的场合。

强制通风 forced ventilation 高温厂房的一种通风方式。有送风式和引风式两种类型：送风式多为集中供风式，即使用较大型风机，通过管道将风送到各高温厂房；引风式多为分散安装式，使用小型风机，安装在高温厂房的墙洞下，通常都使用轴流式风机。

仪表空气系统 instrument air system 用来提供仪表用气的设备。由仪表压缩机、过滤器、平衡器等组成。

仪表风 instument air 指给自动化仪表中的调节机构使用，有气动阀、流量计等的空气源，压力≥0.6MPa(表压)。仪表风专门供应调节阀的仪表设备作动力，要求纯净度比较高。一般工厂风经过脱水、净化后可作为仪表风使用。

湿空气 moist air 含有水蒸气的空气。

湿含量 moisture content 表示气体湿度的一种方式。为单位质量绝对干燥空气(或其他气体)中所含水蒸气的质量。其数值等于水蒸气相对密度与干空气(或其他气体)相对密度之比。

工厂风 plant air 指工厂内的压缩空气，主要用于投产、检修或工艺需要的吹扫。空气质量要求一般，压力较稳定，有需要地开启使用。干净度没有特殊要求，为非净化风，一般是直接经空压机压缩而得的风，压力 0.4~0.5MPa。也有用氮气的。生产中不能有空气存在的装置，吹扫后需用氮气置换。

气动控制 pneumatic control 用压缩空气作工作介质的控制方法。将控制信号转换为风压，风压作用于控制阀调节管道中的流量，从而达到温度、压力、流量和液位的控制，使用风压 2~9.8kPa。是现代石油化工采用的主要控制方式之一。

气动遥控 pneumatic remote control 将控制器安装在控制室的仪表板上，用风线与现场控制点上的控制阀相连接的远距离控制方法。是石油化工中常用的一种集中控制方法。

气动输送 pneumatic transport 又称气力输送。物料由气流分散成稀相进行的流化输送。为近距离大量输送粒状固体的一种方法。设备简单、输送能力大，但功率消耗大。

一次空气 primary air 又称初级气、一次风。供燃料燃烧用的空气中主要用于燃烧初期气化及发火的空气。如瓦斯燃烧时，指在燃烧前于燃烧器内部或喷嘴附近预先混入燃烧瓦斯中的空气；重油或炭粒燃烧时，指用于燃烧雾化的空气；煤或焦燃烧时，指由炉栅下部送入煤或焦炭层的空气。

工艺风 process air 指生产用的、与物料接触的压缩性气体，如气力输送空气。

吹扫 purge 又称冲洗。指用水蒸气、惰性气体、空气或高压水等排除生产装置或设备(如塔、罐、反应器、机械及管线等)内部的可燃性气体或残油的作业。常在装置或设备检修前或开、停工时采用。

再生空气 regeneration air 催化裂化的催化剂烧焦再生所用的空气，由装置中特设的主风机供给。

空气加热 regeneration air heating 用加热的空气流过吸附剂完成再生。

二次空气 secondary air 不是在火嘴混合室内与燃料混合的那部分空气，而是在炉膛内供燃料完全燃烧的补充空气。为了使燃料达到完全燃烧，二次空气量应适当高于燃烧的理论需要量，高出部分成为过剩空气。实际空气量与理论空气需要量之比，成为过剩空气系数。

稳态耗气量 steady-state air consumption 在稳态时，仪表在稳定工作时所消耗的空气最大流量。通常是用每小时标准立方米或每小时标准升表示，即 m^3/h(标准)或 L/h(标准)。

吹扫气 sweeping gas 一股预干燥过的气，用来去除膜外区域湿气的气流。

理论空气量 theoretical air 指燃料燃烧时按化学反应计算所需的空气量。可由燃料的化学组成计算出。而实际燃烧中所耗空气量均大于理论空气量。大出部分以百分数表示，称为过剩空气系数。

气/水分离器 air/water separator 一种依靠物理特性(如气体和液体的重度差别或气体运动的离心力等)从压缩空气中分离出污染物的设备。一般用作压缩空气中的较大固体颗粒和液滴的粗分离。

9.4 汽

锅炉 boiler 利用燃料燃烧释放的热能或其他热能加热水或其他工质，以生产规定参数(温度、压力)和品质的蒸汽、热水或其他工质的设备。

循环流化床锅炉 circulating fluidized bed boiler(CFB)在鼓泡床锅炉(沸腾炉)的基础上发展起来的一种新型锅炉。其沸腾燃烧以流态化技术为基础，由空气将固体燃料颗粒托起使其呈沸腾状态燃烧，固体燃料颗粒和脱硫剂在气流的作用下，构成流态化床层，并且在燃烧室及旋风分离器间多次循环、反复燃烧。循环流化床锅炉技术是近十几年来迅速发展的一项高效低污染清洁燃烧技术，具有燃烧效率高、操作灵活、排烟清洁、投资和运行费用低等特点。

余热锅炉 heat recovery boiler 利用各种工业过程产生的废气、废料、废液中的显热或其可燃物质燃烧后产生的热量作为热源加热除氧水，产生蒸汽或热水，达到余热再利用的目的。或是在燃油(或燃气)的联合循环机组中，回收从燃气轮机排出的高温烟气热量的锅炉。

燃油锅炉 oil-fired boiler 指以油品为燃料的锅炉。

水煤浆锅炉 coal water slurry boiler 指使用水煤浆为燃料的锅炉。水煤浆是一种由70%左右的煤粉、30%左右的水和少量药剂混合制备而成的液体，可以像油一样泵送、雾化、储运，并可直接用于各种锅炉、窑炉的燃烧。它改变了煤的传统燃烧方式，显示出了巨大的环保节能优势。尤其是近几年来，采用废物资源化的技术路线后，研制成功的环保水煤浆，可以在不增加费用的前提下，大大提高水煤浆的环保效益。在我国丰富煤炭资源的保障下，水煤浆也已成为替代油、气等资源的洁净能源之一。

燃煤锅炉 coal-fired boiler 指以煤为燃料的锅炉。煤炭热量经转化后，产生蒸汽或者热水。

气体燃烧器 gas burner 又称燃气火嘴。是使用可燃气体或气化液体为燃料的燃烧器。按气体燃料与空气混合的先后可分为三种方式：(1)预混式(无焰燃烧)，燃烧所需全部空气在喷嘴内部预先混合；(2)外混式(扩散燃烧)，气体燃料和空气在燃烧管道内混合；(3)半预混式(半无火焰燃烧)，部分空气在喷嘴内预先混合，另一部分在燃烧管道内混合。

省煤器 economizer 指锅炉尾部烟道中将锅炉给水加热的受热面。由于通过该受热面的是具有一定温度的烟气，经过与锅炉给水换热后，相应降低了烟气温度，提高了锅炉给水温度，节省了能源，提高了热效率，所以称之为省煤器。

法兰 flange 用于连接管子、设备等的带螺栓孔的突缘形元件。

阀门 valve 用以控制管道内介质流动的、具有可动机构的机械产品的总称。

气液分离器 gas/liquid separator 设置在气体管道上，可将气体中夹带的液体分离出来的小型设备。

过滤器 filter strainer 设置在管道上，用以滤去流体中固体杂质的小型设备。

视镜 sight glass; sight flow indicator设置在管道上，通过透明

体观察管内流体流动情况的小型设备。

浮球式视镜 float glass 带有浮球，便于观察管内液体流动的视镜。

全视视镜 full visual sight glass 四周为透明体，便于从不同方向观察管内流体流动的视镜。

取样冷却器 sampling cooler 由冷却盘管及外壳组成，用以冷却样品的小型冷却器。

混合孔板 mixing orifice 设置在管道上，混合两种或两种以上流体的孔板。

隔热 thermal insulation 为减少管道或设备内介质热量或冷量损失，或为防止人体烫伤、稳定操作等，在其外壁或内壁设置隔热层，以减少热传导的措施。

保温 heat insulation 为减少管道或设备内介质热量损失而采取的隔热措施。

表面温度保温厚度 insulation thickness by surface temperature 根据规定的保温层外表温度，计算确定的保温层厚度。

磁粉检测 magnetic particle testing 利用在强磁场中，铁磁性材料表层缺陷产生的漏磁场吸附磁粉的现象而进行的无损检验法。磁粉检测是铁磁性材料工件被磁化后，由于缺陷的存在，使工件表面和近表面的磁力线发生局部畸变而产生漏磁场，吸附施加在工件表面的磁粉，形成目视可见的磁痕，从而显示缺陷的位置、大小。适用于检测铁磁性材料表面和近表面缺陷。优点：操作简单方便，检测成本低。缺点：对被检测件的表面光滑度要求高，检测范围小，检测速度慢。

渗透探伤 penetrant inspection; penetrant testing 采用带有荧光染料(荧光法)或红色染料(着色法)的渗透剂的渗透作用，显示缺陷痕迹的无损检验法。

疏水器 steam trap 用以排除蒸汽管道中的凝结水或为给水管放水的设备。

减温减压装置 attemperating and pressure reducing device 现代工业中热电联产、集中供热(或供汽)及轻工、电力、化工、纺织等企业在热能工程中广泛应用的一种蒸汽热能参数(压力、温度)转变装置和利用余热的节能装置。通过本装置，将高温高压的蒸汽降为用户需要的低温低压蒸汽。一般由减温系统、减压系统(或减温、减压一体化系统)、主蒸汽管体、安全保护系统、热力控制系统等组成。

烟气脱硫 flue gas desulfurization 除去烟气中的硫及化合物的过程，主要指烟气中的 SO_3、SO_2。有干法和湿法两大类。目前烟气脱硫工艺主要包括石膏法、旋转干燥法、磷铵肥法、炉内喷钙尾部增湿法、烟气循环流化床法、海水脱硫法、电子束法、氨水洗涤法等。

脱硝 denitration 为防止锅炉

内煤燃烧后产生过多的 NO_x 污染环境，在燃烧前后及过程中加注还原剂(氨、尿素等)，以去除烟气中 NO_x 的过程。分为燃烧前脱硝、燃烧中脱硝、燃烧后脱硝等三种技术。目前应用比较广泛的是燃烧后脱硝技术，分为选择性非催化还原脱硝法及选择性催化还原脱硝法。

选择性非催化还原脱硝 selectivenon-catalytic reduction(SNCR) denitration 将含有 NH_3 基的还原剂，喷入炉膛温度为 800～1100℃ 的区域，该还原剂迅速热分解成 NH_3，无须经过催化剂的催化，直接与烟气中的 NO_x 进行反应生成 N_2 和水的脱硝工艺。

选择性催化还原脱硝 selective catalytic reduction(SCR) denitration 利用还原剂在催化剂作用下有选择性地与烟气中的氮氧化物发生化学反应，生成氮气和水的方法。

9.5 燃料系统

燃油系统 fuel oil system 向主辅机、锅炉等燃油设备提供所需燃油的设备、管路、附件的总称。

燃烧室 combustion chamber 又称炉膛，是由炉墙包围供燃料与空气发生连续燃烧反应的立体密闭空间。该空间只有燃料及空气入口、烟气出口和排渣口与外界相通。

燃烧指数 burning index 指燃料燃烧生成物中一氧化碳(CO)与二氧化碳(CO_2)的体积比。由燃烧指数可以大致判断燃烧安全的程度。

燃烧效率 combustion efficiency 燃料燃烧过程中实际提供的有效热量与燃料完全燃烧时应放出的热量之比。影响燃烧效率的因素很多，如空气与燃料的配合程度、燃具设计等。

大火嘴 main burner 燃烧器俗称“火嘴”，也俗称“烧嘴”。通常指的是燃烧装置本体部分，有燃料入口、空气入口和喷出孔，起到分配燃料和助燃空气并以一定方式喷出后燃烧的作用。大火嘴是指锅炉、加热炉的主燃烧器。

联合燃烧器 combined burner 将两种或两种以上的不同燃料和空气，按所要求的浓度、速度、湍流度和混合方式送入炉膛，并使燃料能在炉膛内稳定着火与燃烧的装置。由燃料喷嘴、调风器、燃烧道三部分组成。

9.6 气

空分净化装置 air purifying equipment 去除空气中机械杂质、水分、二氧化碳、乙炔、机械油等碳氢化合物的各类过滤器、吸附器、洗涤塔、可逆式换热器等装置。

空分冷箱 cold box of air separation unit 把换热设备、精馏设备、机器、管道和阀门放在冷箱内，能使加工空气在其内进行传质传热，最后使各组分分离而获得产品的冷箱，统称为空分冷箱。

空气分离装置 air separation unit 又称空分装置。从空气中分离氧气、氮气和氩气等气体以及其他一些气体的工业装置。主要由空气压缩、纯化系统、膨胀制冷系统和精馏系统组成。

火炬系统 flare system 通过燃烧方式处理排放可燃气体的一种设施，分为高架火炬、地面火炬等。由排放管道、分液设备、阻火设备、火炬燃烧器、点火系统、火炬筒及其他部件等组成。

储气与输气工况 gas transportation and gas storage conditions 储罐内气体在不同储气、输气过程情况下，由于热力学过程变化而引起的温度对储气量的影响。

气化站房 gasification station 以布置输送氧、氮、氩等气体给用户的低温液体系统设施为主的，包括有关主要及辅助生产间的建筑物。

氢 hydrogen 周期系中第一种元素，也是最轻的元素。原子序数1，稳定同位素：1，2，3（甚微）。相对原子质量1.00794。相对分子质量2.0159。无色、无臭、无味气体。密度0.08987（0℃）。化合价±1。在自然界，自由状态的氢极少，在大气中不足百万分之一。主要以化合态存在于水和有机物中。

生氢因数 hydrogen production factor 表示裂化催化剂产氢选择性的因素。指在相同转化率下待测催化剂的氢产率与参比催化剂的氢产率之比值。氢气不是催化裂化的目的产物，所以生氢因数越高，目的产物的选择性越差。裂化催化剂受重金属污染后生氢因数值会增加，因而常用以表示催化剂的污染程度。

氢活化 hydrogen reactivation 指在一定操作条件下通入氢气，除去催化剂上的重质胶状物，恢复催化剂部分活性的过程。但氢活化并不能除去催化剂上残留的焦炭，烧焦常需用氧再生的方法。

冷量损失 loss of refrigeration capacity 指空气分离设备中由于跑冷损失、复热不足损失、吹除损失以及引出液体的冷量损失等的总称。

氮 nitrogen 周期系第Ⅴ主族（氮族）元素。原子序数7。稳定同位素：14，15。相对原子质量14.0067。无色、无臭气体。气体密度1.25046。相对密度：气体0.96737（空气≈1），液体0.808（−195.8℃），固体1.026（−252℃）。熔点−209.86℃。沸点−195.8℃。主要化合价±3和±5。稍溶于水和乙醇。化学性质不活泼。氮约占空气的4/5，工业上用蒸发液态空气的方法大规模制得氮。

氮气压缩站 nitrogen compressor station 以布置压缩、输送氮气的工

艺设备为主，包括有关主要及辅助生产间的建筑物。

氮循环　nitrogen cycle 氮元素在生态系统和环境储库之间的迁移、转化的往复过程。

氧　oxygen 周期系第Ⅵ族主族（氧族）元素。原子序数 8。稳定同位素：16，17，18。相对原子质量 15.9994。无色、无臭和无味气体。密度 1.429。熔点 -218.4℃。沸点 -183℃。主要化合价 -2。能被液化和固化。液氧呈天蓝色。固氧是蓝色晶体。仅略溶于水。氧在自然界中分布极广，在空气、水、矿石中的氧，占地壳总质量的 48.6%，是地壳中丰度最高的元素。

氧(氮、氩等)气充装台　oxygen (nitrogen, argon, etc.) filling bench 包括充装接头（卡具）、卡具吊装器、气水分离器、充装管道、阀门、气瓶防倒链、压力表、安全阀等整套设施。

灌氧站房　oxygen pouring station 以布置充罐并储存输送或只压缩输送氧气及其他空分产品工艺为主的，包括有关主要及辅助生产间的建筑物。

烃　hydrocarbon 又称碳氢化合物。由碳和氢两种元素组成，以碳原子为骨架的一大类有机化合物的统称。按其分子结构和性质，可分为开链烃（又称脂肪烃，包括烷烃、烯烃和炔烃）和闭链烃（又称环烃，包括环烷烃、环烯烃和芳烃）两大类。烃类是天然气、石油、页岩油和煤焦油的主要成分。在原油中，烃类含量随馏分平均相对分子质量的增加而减少。液化石油气和汽油几乎是纯烃，而渣油则含烃较少，往往主要是由非烃类（硫、氮、氧的有机化合物）组成。

加工空气　feed air 进入空分冷箱内且参加精馏的空气。

空气预冷系统　air precooling system 用来冷却压缩机出口空气的设备。主要由制冷机组及蒸发器所组成。

低温吸附　cryogenic absorption 在低温条件下，流体以一定的速度通过吸附器，被其内的固体吸附剂除去流体中杂质的过程。

烟道气分析　flue gas analysis 指测定烟道气的成分和含量。分析结果可以作为判断燃烧完全程度、控制燃烧过程和研究燃烧过程的依据。分析仪有化学式、电气式等类型。

高压流程　high pressure process 正常操作压力大于 5.0MPa 的工艺流程。

高氮流程　high nitrogen process 用深冷法制取高纯度氮气和液氮的流程。

带膨胀机的高压液化循环(海兰德循环)　high pressure liquefaction cycle with expander (Heyland cycle) 对外做功的绝热膨胀与节流膨胀配合使用的气体液化循环。其特点是膨胀机进口的气体状态为高压、常温。

煤气化制氢 hydrogen production technologies by coal gasification 将煤炭气化得到CO和H_2为主要成分的合成气，经过净化、CO变换及分离、提纯等处理过程而获得一定纯度的氢气产品。按床型分为固定床、流化床、气流床；按进料状态分为块煤、粉煤、水煤浆。

超吸附 hypersorption 一般指气体和吸附剂以一定的流速在填充床吸附设备中作逆向运动而进行接触的连续吸附操作。目前应用还限于气体混合物的分馏，如从天然气中分离丙烷和丁烷等。

一次节流液化循环(林德循环) liquefaction cycle with single throttling (Linde cycle)以高压节流膨胀为基础的气体液化循环。其特点是循环气体既被液化又起冷冻剂作用。

带膨胀机的低压液化循环(卡皮查循环) low pressure liquefaction cycle with expander(Kapitza cycle)对外做功的绝热膨胀与节流膨胀配合使用的气体液化循环。其特点是膨胀机进口的气体状态为低压低温。

低压流程 low pressure process 正常操作压力小于或等于1.0MPa的工艺流程。

低温加氢 low temperature hydrogenation一种高温裂解汽油的选择加氢过程。采用钯、钴、镍的双组分或三组分催化剂，在100℃以下进行加氢。可使汽油中的二烯烃加氢饱和，而对单烯烃和芳烃基本无影响，从而可使汽油的辛烷值不降低。

带膨胀机的中压液化循环(克劳特循环) medium pressure liquefaction cycle with expander (Claude cycle)对外做功的绝热膨胀与节流膨胀配合使用的气体液化循环。其特点是膨胀机进口的气体状态为中压低温。

变压吸附 pressure swing adsorption (PSA)一种在固定吸附剂床层，以变化的气体压力为主要参数，进行短周期吸附及脱吸来分离气体混合物的过程。常用吸附剂为A型或X型沸石分子筛及碳分子筛。工业上多用于氢气回收，方法灵活可靠，氢纯度可达99.999%，但处理量大时投资较高。也用于其他气体的分离回收。

液氧自增压流程 self-boosting process of liquid oxygen 从主冷凝蒸发器的液氧引出流经液氧增压器，由于液位差提高了液氧压力，液氧再等压蒸发经复热出冷箱的流程。

德士古气化工艺 Texaco gasification process (TGP)美国德士古公司开发的一种非催化部分氧化过程。可利用从天然气到沥青、石油焦、煤以及各种废油、废渣来生产合成气。其过程是，在衬耐火材料的压力气化炉中，将含碳进料与氧气反应，通入水蒸气，以调节反应温度在1200~1500℃，反应压力

2~8.5MPa。在气化炉中进料转化为氢、一氧化碳、二氧化碳、水及硫化氢等。经过脱硫、脱碳及精制，得到氢加一氧化碳合成气，也可单独制氢。

甲醇蒸汽转化制氢装置 installation for hydrogen gas produced by methanoltransforming 以甲醇和水为原料，采用催化转化工艺，在一定温度下将甲醇裂解转化制取氢气的生产设备组合的统称。

水电解制氢装置 installation for hydrogen gas produced by electrolysising water 以水为原料，由水电解槽、氢(氧)气液分离器、氢(氧)气冷却器、氢(氧)气洗涤器等设备组合的统称。

变压吸附提纯氢装置 hydrogen purification unit on pressure swing adsorption以各类含氢气体为原料，经多个吸附塔，采用变压吸附法，从原料气中提取氢气的工艺设备组合的统称。

水电解制氢系统 system of hydrogen gas produced by electrolysising water 以水电解工艺制取氢气，由水电解制氢装置及氢气加压、储存、纯化、灌充等操作单元装置组成的工艺系统的统称。

节流膨胀 throttling expansion 一种制冷方法。是利用流体流经一缩孔如膨胀阀时，压力骤然降低，体积膨胀做功而引起的温度下降来制冷。

等温节流效应(焦耳-汤姆逊效应) isothermal throttling effect(Joule Thomson effect)指气体膨胀不做功产生的温度变化的现象。

低压深冷分离法 low pressure cryogenic separation method 分离裂解气中的甲烷和氢的一种方法。以甲烷为制冷剂，在182.4~253.3kPa和-100~-140℃下进行分离，适用于含惰性气体较多的裂解气。由于操作温度低，需用较多耐低温合金钢材和甲烷冷冻机，应用不如高压深冷法广泛。

超吸附分离法 separation by hypersorption 采用各型分子筛等进行超吸附的裂解气分离。如采用分子筛5A型进行乙烯与丙烯的分离；采用沸石连续吸附从丙烯、丙烷混合物中分离高纯度丙烯。采用分子筛13X在常压下使芳(香)烃与烯烃及其他脂肪烃分离；采用分子筛以加压吸附、减压脱附方法分离裂解气中的甲烷和氢气，所得到的氢气纯度一般可在90%以上。解吸时一般可用水蒸气或其他气体吹出吸附在分子筛上的物质。在采用分子筛吸附时，分子筛的高度选择性和吸附能力、分子筛的使用周期和制备成本等都是重要的因素。

吸附器 adsorber 用吸附法清除流体中杂质的设备。按流体名称不同有液空吸附器、液氧吸附器、二氧化碳吸附器等。

空浴式汽化器 air bath vaporizer 用常温空气对低温液体进行加热的

汽化器。

空气纯化系统(设备) air purification system(equipment)用来净化空气中的水分、CO_2、C_2H_2及部分碳氢化合物的系统(设备)。

增压机-透平膨胀机 booster turbo-expander 增压机制动的透平膨胀机，又称增压透平膨胀机。

粗氩液化器 crude argon liquefier 把粗氩气液化成液态的换热器。

气柜 gas holder(tank)又称贮气柜或储气柜。是储存气体的设备。封闭严密，不漏气，并有平衡气压和调节供应量的作用。通常分为储存压力不超过表压4.9kPa的气体的低压气柜和储存压力为表压0.5MPa的气体的高压气柜两类。高压气柜一般是球形(也有圆筒形的)，结构比低压气柜紧凑，不需要保温，但压缩气体的能量消耗很大。低压气柜又分为浸入水槽中密封的湿式气柜和用盘作为密封的干式气柜。

液化冷箱 liquefied cold box 把液化设备、机器、管道和阀门放在冷箱内，能使组分气体液化而获得该组分液态产品的冷箱，统称液化冷箱。

消声塔 silencing tower 能承受一定压力的消声元件所组成的消声体，装在能承受一定压力的钢筋混凝土上，组成消声塔(坑)，壳体为钢筋混凝土。

氩气 argon 分子式Ar，相对分子质量39.948(按1991年国际相对原子质量)，是一种无色、无味的气体。空气中的体积含量为0.932%。在标准状态下的密度为1.784kg/m^3，沸点为87.291K。化学性质不活泼，不能燃烧，也不能助燃。主要用于金属焊接、冶炼等。

二氧化碳 carbon dioxide 俗名碳酸气，又称碳酸酐和碳酐。无色、无臭气体，有酸味。密度1.977。相对密度1.53(空气=1.00)。溶于水，部分生成碳酸。化学性质稳定。液体二氧化碳蒸发时吸收大量的热而凝成固体二氧化碳，俗称干冰。气体二氧化碳用于制碱工业、制糖工业，并用于钢铸件的淬火和铅白的制造等。是石灰、发酵等工业的副产品。可由碳在过量空气中燃烧或使大理石、石灰石、白云石煅烧或与酸作用而得。

干气 dry gas 又称贫气。在常温常压条件下不含易液化组分的石油气，即不含C_2以上组分的石油气。主要是甲烷和乙烷。为在炼油厂里将炼厂气经过吸收塔吸收后，未被吸收而从塔顶排出的气体。主要由H_2、C_1、C_2、C_3以上烃类组分组成。

烟道气 flue gas 指煤等含碳燃料燃烧时所产生而从烟道或烟囱出来的气体。一般含有水蒸气、二氧化碳、氮、氧，可能还有一氧化碳、硫化物等。也常含有少量不饱和烃及饱和烃，燃烧温度高时，还含有氢。

新氢 fresh hydrogen 加入加氢系统中作为补充消耗的新鲜氢气。由于新氢比系统中的循环氢纯度高，因而除补充消耗外，还具有维持系统中氢的浓度和氢分压的作用。新氢一般都是通过新氢压缩机增压后补入系统。

气态烃 gaseous hydrocarbon 常温、常压下以气体形式存在的低分子碳氢化合物。包括 C_4 及以下的烷烃、烯烃及炔烃。

循环氢 recycle hydrogen 从高压分离器分出，经循环氢压缩机升压后在系统内循环的氢气。在加氢精制或加氢裂化过程中主要作为急冷氢，并保持工艺要求的氢油比。而在重整过程中一部分作为热载体，将热量带至重整反应器，同时抑制催化剂表面的生焦速度，另一部分从高压分离器分出的氢可直接供预加氢使用。

炼厂气 refinery gas 指炼油厂副产的气态烃。主要来源于原油蒸馏、催化裂化、热裂化、延迟焦化、加氢裂化、催化重整、加氢精制等过程。不同来源的炼厂气其组成各异，主要成分为 C_4 以下的烷烃、烯烃以及氢气和少量氮气、二氧化碳等气体。炼厂气的产率随原油的加工深度不同而不同，深度加工的炼厂气一般为原油加工量的 6%(质量)左右。炼厂气加工是炼油厂的重要任务之一。

重整气 reformed gas 重整过程所产生的气体烃和氢。热重整气体烃中含 C_2 ~ C_4 烯烃，其中 C_3 ~ C_4 可用于叠合或叠合重整；催化重整的气体烃中以丙烷、丁烷及异丁烷为主，但不含烯烃，所产氢的纯度高(含氢 75%~95%)，每吨原料可产氢气 150~300Nm^3。也可解释为转化气，指水蒸气转化过程所产生的氢、一氧化碳和一定量的二氧化碳及少量甲烷的混合气。

安全气 safety gas 装置上用的惰性气体。在溶剂脱蜡装置中主要用于真空转鼓过滤机的密封和反吹过程，也用于溶剂罐的密封和溶剂管线的吹扫。安全气主要成分为氮与二氧化碳。新鲜气含氧量要求不大于 1%，系统中的循环气含氧量不大于 5%。安全气通常是用油在安全气发生器中产生。

二氧化硫 sulfur dioxide 又称亚硫酸酐。无色气体。有刺激性气味。密度 2.927kg/m^3。在常温下加压至 0.4MPa 即能液化成无色液体。液体的相对密度 1.434(0℃)。熔点-76.1℃。沸点-10℃。溶于水而部分变成亚硫酸。也溶于乙醇和乙醚。能氧化成三氧化硫。二氧化硫气体用于制三氧化硫、硫酸和保险粉等。液态二氧化硫是良好的有机溶剂，用于精制各种润滑油，并用作冷冻剂。由焙烧硫黄或黄铁矿等含硫矿石而制得。

10 设计、施工、安装、检修

10.1 设计

可行性研究报告 feasibility study report(FSR)通过对项目的主要内容和配套条件，如项目建设的必要性和建设条件、市场需求、资源供应、建设规模、工艺路线、设备选型、环境影响、资金筹措、赢利能力等，从技术、经济、工程等方面进行调查研究和分析比较，并对项目建成以后可能取得的财务、经济效益及社会影响进行预测，提出项目的投资及建设的咨询意见，为项目决策提供依据的一种综合分析方法。一般由总论和市场、工程、工艺技术、公用工程、生态环境、投资与经济、风险与竞争力评价等篇章构成。报告提出满足特定项目要求的所有方案，对每一个方案进行评价，通过方案对比，对推荐的方案进行概要描述，并说明选择原因。它是项目前期投资者和金融机构决策、政府部门审批或核准的主要依据。

基础工程设计 basic engineering design(BED)由工艺包转化为工程设计的重要环节。在此阶段，化工工艺和系统设计工程师要将工艺包相关文件细化，在工艺管道及仪表流程图(P&ID)图纸上加入为实现工业化生产所需的全部管道和管件，再为自控、设备、给排水、环保、概算等专业提供设计条件，并把这些专业返回的条件补充到P&ID图上及相应的设计文件中。

详细工程设计 detailed engineering design(DED)依据项目合同、批复确认的基础工程设计文件和设计基础资料进行编制。详细工程设计文件是在基础工程设计的基础上进行的，其内容和深度应满足通用材料采购、设备制造、工程施工及装置投产运行的要求。

总体设计 overall design(OD)总体设计文件应根据批复的可行性研究报告进行编制，作为各单项工程开展基础设计(初步设计)的依据。主要内容包括：确定设计主项和分工；制定全厂物料平衡及燃料和能量平衡；统一设计指导思想、技术标准，统一设计基础(如气象条件、公用工程设计参数、原材料和辅助材料规格等)；协调设计内容、深度和工程有关规定，协调环境保护、劳动安全卫生和消防设计方案，协调公用工程设计规模，协调生活设施；确定总工艺流程图、总平面布置、总定员、总进度及总投资估算。

消防设计专篇 fire fighting design special article 根据设计合同、国家或地方的相关法规、相关的技术标准规范等，对炼油化工装置及辅助生产设施中的可能出现的火灾安全隐患提出详细的分析报告。其主要内容包括设计依据、概述、装置火灾危险分析、防火安全措施、消防设计、专项投资概算和附图。

环境保护专篇 environmental protection special article 根据设计合同、国家或地方的相关法规、相关的技术标准规范等，对炼油化工生产过程中可能存在的大气、水、噪声、固体废渣等污染提出详细的分析报告。其主要内容包括设计依据、概述、生产污染可能性分析、相关治理措施、环境保护设计、专项投资概算和附图。

劳动安全卫生专篇 labor safety and health special article 根据设计合同、国家或地方的相关法规、相关的技术标准规范等，对化工生产过程中可能存在的“三废”污染及对工作人员身心健康产生的影响提出详细的分析报告。其主要内容包括设计依据、概述、生产污染可能性分析、相关治理措施、安全卫生保护设计等。

工艺软件包 process design package 进行工程设计的基础环节。在此阶段，工艺工程师要根据设计合同、国家或地方的相关法规、相关的技术标准规范等提出项目概况、装置的规模及组成、原料及产品的规格等、公用工程消耗等；并提供主要工艺原理、工艺操作条件及主要工艺流程说明、主要工艺设备表、物料平衡表和工艺流程图(PFD)等。

设计规范 design specification 由国家行政管理职能部门所确立的行为标准，对炼油化工行业进行设计定性的信息规定，统一设计表格、图等相关文件，同时规定了设计过程中所要遵循的准则，是进行设计的依据。

设计导则 design guidelines 一般由国家行政管理职能部门发布，用于规范工程咨询与设计的手段和方法，具有一定的法律效力。

工艺系统 process system 工艺专业的一个重要分支，主要任务是作出详尽的工艺管道及仪表流程图(P&ID)；算出所有工艺和公用工程管道的规格并汇总成表；决定控制方案并选定仪表；作出平面布置方案。目的：满足正常生产、开停车，以及事故情况的操作与安全的需要。

设计基础 design basis 炼油化工设计者进行设计的依据，主要包括工艺装置的组成和工艺特性，生产规模，年操作小时，原料、催化剂和化学品规格，公用工程规格和用量，产品规格，原料和化学品、催化剂的消耗和单耗值，技术保障指标，废物的性质、排放量及处理措施，安全卫生等。

生产规模 process scale 指所设计工艺装置的设计规模，以主要产品产量、中间产品产量、原料处理量（kt/a或t/h）表示。

工艺信息 process information 包括工艺包、工艺系统专业计算所需物料量、物性数据及操作条件，必要时应包括技术风险备忘录。

工艺原理 process principle 主要是研究化工过程中由原料转化为产品所发生的反应及经历的单元操作、典型过程设备的工艺流程等。

主要工艺参数 primary process parameters 指完成工艺设计的一系列基础数据或者指标，这些基础参数构成了工艺操作或者设计的内容。

工艺流程说明 process description 按顺序说明物料通过工艺设备的过程以及分离或生成物料的去向。包括主要工艺设备的关键操作条件，如温度、压力、物料配比等；对于间断操作，则需说明一次操作投料量和时间周期；说明过程中主要工艺控制要求，包括事故停车的控制原则。

工艺流程图 process flow diagram（PFD）指用于表示工艺设备及其位号、名称，主要工艺管道，物料平衡表，特殊阀门位置，物流的编号、操作条件（温度、压力、流量），工业炉、换热器的热负荷，公用物料的名称、操作条件、流量，主要控制、联锁方案的设计图纸。

工艺管道及仪表流程图 piping and instrument diagram（P&ID）指用于表示工艺设备及其位号、名称；主要管道（包括主要工艺管道、开停工管道、安全泄放系统管道、公用物料管道）及阀门的公称直径，材料等级和特殊要求；安全泄放阀；主要控制、联锁回路等的设计图纸。

工艺设备一览表 process equipment list 表达P&ID图中所有设备的位号、名称、台数（操作/备用）、操作温度、操作压力、技术规格、材质等；专利设备列出推荐的供货商。

工艺设备数据表 process equipment data sheet 对P&ID图中的工艺设备按容器（含塔器、反应器）、换热器、工业炉、机泵、机械等分类逐台列表，并包含设备的位号、名称、数量、介质物性、操作条件（温度、压力、流量等）、工艺设计和机械设计条件、材料规格选材等，对于主要静设备应附简图。

工艺流程模拟 process flow simulation 一种计算机辅助工艺设计软件，这种软件接受有关炼油化工流程的输入信息，进行对过程开发、设计或操作有用的系统分析计算。

换热网络 heat exchanger

network 能量回收利用中的一个重要子系统。为了保证过程物流达到指定的温度要求，往往还需要设置一些辅助的加热设备和冷却设备，换热流程中的换热器、加热器、冷却器、混合器和分流器的组合便构成了换热网络。用于冷热物流之间的热量交换，达到提高冷物流温度、高效回收热物流余热的目的。

燃料平衡 fuel balance 以工厂主要燃料为研究对象，研究入厂燃料(煤、油、气)的量和发电、供热所用燃料量、非生产用量以及燃料储存量、各项损失之间的平衡关系。

蒸汽及凝液系统平衡 steam and condensate system balance 包括工厂内各装置的蒸汽发生(从锅炉或废热锅炉)，蒸汽输入和输出量；各级蒸汽的用户(蒸汽透平、工艺加热器及直接注入蒸汽)，冷凝水回收系统，锅炉给水系统及除氧器。可由图或多张表格表示。

水平衡 water balance 指包括工厂内各装置的生产给水和排水、生活给水和排水及循环冷却水平衡。可以用图或表格表示。

电力平衡 power balance 指包括工厂内各装置的输入电源(如6000V、3600V、125000V 等)和输出电源(如 6000V、380V、220V 等)的平衡。可以用图或表格的形式表示。

气(汽)平衡 gas (steam) equlibrium指包括工厂内各装置的氮气、工厂风、仪表风(蒸汽)等的平衡。可以用图或表格的形式表示。

热量衡算 heat balance 确定为达到一定的物理或化学变化须向设备传入或从设备传出的热量。根据热量衡算可确定加热剂或冷却剂的用量以及设备的换热面积，或可建立起进入和离开设备的物料的热状态(包括温度、压力、组成和相态)之间的关系。对于复杂过程，热量衡算往往需与物料衡算联立求解。

总平面布置 general layout 确定全厂建(构)筑物、铁路、道路、码头、装卸站点和工程管道的平面坐标。布置原则应满足生产和运输的要求；应满足安全和卫生的要求；应考虑工厂发展的可能性及需妥善处理工厂分期建设的问题；需贯彻节约用地的要求并考虑自然条件及周围环境的影响。

竖向布置 vertical layout 合理利用和改造厂区的自然地形，协调厂内外的高程关系，根据自然条件(如地形、水文、工程地质和水文地质等)，按照工艺要求、线路技术条件、防洪排涝标准、与相邻场地衔接等因素，确定最佳的场地设计标高，以达到最顺畅地排除场地雨水和达到使土(石)方工程、场地排雨水工程和土建基础工程的综合费用最低。竖向布置的主要内容有：确定场地平整形式和场地设计标高；计算土(石)方工程量；编制土方的平衡和调配；设计场地排雨水系统等。

管道布置 piping layout 管道布置设计依据工艺设计提供的带控制点工艺流程图，设备布置图，物料衡算与热量衡算，工厂地质情况，地区气候情况，水、电、汽等动力来源、有关配管施工，验收规范标准等基础资料。

总图运输 general layout and transportation 综合利用各种条件，合理确定工业(园)区、工业企业各种建筑物、构筑物及交通运输设施的平面关系、竖向关系、空间关系及与生产活动和原料、产品进出厂区有机联系的综合性设计工作。

装置布置 plant layout(PL)根据生产规模、生产特点、厂区面积及地形等确定各工段的合理有效安排。

设备布置 equipment layout 根据生产工艺、设备安装及检修、厂房建筑等要求对设备进行合理有效的安排。

工艺设备平面布置图 process equipment layout plan 设备布置方案的一种简明图解形式，用以表示建(构)筑物、设施、设备等的相对平面位置并标明设备编号、设备的管口方位、大小及典型管口代号。

工艺设备立面布置图 process equipment elevation plan 设备布置方案的一种简明的侧面图解形式，用以表示建(构)筑物、设施、设备等的高度定位线和尺寸线；设备的支撑形式；操作台的立面示意图等。

装置总平面布置图 general layout plan for plant 作为整个装置全貌的介绍及各个单体的索引，应包括各建(构)筑物轮廓线，门及楼梯位置，柱网编号及尺寸，室外设备外形尺寸，设备编号和定位尺寸；操作控制室及辅助设施示意图，界区内道路，铁路专用线，运搬设施，管廊，管沟，地坑，消防设施的位置及尺寸；以总界区左下角为基准线，标出基准点的坐标即相当于总图上的坐标。

设备布置图 equipment layout diagram 依据生产工艺、设备安装及检修、厂房建筑等要求，以图示的方式将设备的布置清晰明确地表示出来。

工艺操作手册 process operation manual 对炼油化工工艺过程、主要工艺参数、设备的操作条件进行详细地描述，并对装置的操作运行等提供依据。

项目资料 project information 包括整个项目实施过程中的文书资料、工程技术资料、施工资料、科研项目资料、竣工图等。

设备资料 equipment information 包括容器、塔器、换热器、工业炉和特殊设备各版设备图和数据表。

自控资料 automatic control information包括工艺控制方案说明

及图表；塔器、容器、换热器、特殊设备和工业炉等各类设备上的仪表接口；成套(配套)设备的限定供货范围，包括随机仪表、配套仪表和仪表的特殊要求。

机泵资料 machine and pump information 包括预计的机泵能量消耗汇总表；蒸汽轮机负荷汇总表；机泵数据表；制造厂提供的先期确认图纸资料和最终确认图纸资料。

环保资料 environmental protection information 包括“三废”的来源及危险性分析及其相应治理方案，必要时应提供环保噪声控制要求。

分析手册 analysis manual(AM) 包括对化学品原料和最终产品的分析方法；对控制装置操作的分析要求、采样点、分析方法及分析频次；实验室分析仪器的规格。

管道工程 pipeline engineering 指油品管道、天然气管道和固体料浆管道的建设工程，广义还包括器材和设备供应。管道工程包括管道线路工程、站库工程和管道附属工程。

管道布置图 piping layout drawing 依据生产工艺、设备安装及检修、厂房建筑等要求，以图示的方式将管道的布置清晰、明确地表示出来。

管道组装图(轴测图) piping erection diagram (isometric diagram) 指用等轴投影画法表示从一个设备(或管道)到另一个设备(或管道)的整根管道。图中给出管道制造和安装所需要的全部资料。一般画在一张图上，如管道较长，也可分画几张图。

管道材料 piping material 其选用要综合考虑材料对操作条件的适应性能、加工性能、经济性能和实际可得到的货源以及材料的大众化、系列化等因素，其中管道材料的机械性能、耐腐蚀性能、物理性能、制造工艺等基本性能，是适应石油化工生产工艺与生产条件多样化工况管道材料选择的重要依据。

管道界区条件 pipeline boundary condition 其基本内容应包括管道号、介质及介质状态、管道起止点、正常操作条件(流量、压力和温度)、界区交点的设计条件，以及操作状态及输送方式。

物料代号 fluid identification mark 指输送介质的简写代表符号，可根据设计及项目的规定编制，并在首图中加以说明。

管道图例 piping legend 指用图示的方法将主管道、支路管道及主要管件表示出来，并在首图中加以规定说明。

工业水系统 industrial water system(IWS) 指从自然水源取得的原水经处理后提供给炼油化工装置所需的水，一般不经过消毒、杀菌流程。基本用途包括：循环水补充水；工艺用水的进水，如脱盐水、工艺用纯水；锅炉给水的补充水；公用工程站的用水；场地冲洗水；消防水池的水源；储罐的冷却喷淋水等。因工业企业生产方式不同，有不同的用水系统，可以分为直流、循环、回用和串联。

冷却水系统 cooling water（CW）system 指为换热式的冷却器和冷凝器及泵、压缩机或其他需冷却的设备提供冷却介质，根据工艺装置中各用户的热负荷和冷却水的进出口温差计算冷却水消耗量，并计算工艺装置冷却水平衡，得到冷却水总消耗量。冷却水系统的设计量为冷却水总消耗量的125%为宜。

蒸汽和冷凝水系统 steam and condensate system 工厂企业中，担负蒸汽生产、输送，回收凝结水、余热、废气，提供热能动力，以蒸汽或热能形式联系在一起的各种装置和设备，并借助各种仪表所组成的统一、协调、平衡的系统，称为蒸汽系统。蒸汽系统产生的凝结水可单独作为一个冷凝水系统加以回收利用，可作为锅炉水的水源、低温热源等。

锅炉给水系统 boiler feedwater（BFW）system 指为锅炉提供满足水质、压力和温度及流量需要的高压、无氧纯水的系统。主要由热力除氧器、离子交换、反渗透、电渗析等软化、除盐等纯水制备，多级离心给水泵，给水控制组成。

工业和仪表用压缩空气系统 compressed air system for industrial and instrument 指为工艺装置提供足够的工业和仪表用压缩空气，以保证工艺装置的正常运行。

燃料气系统 fuel gas（FG）system 指根据燃料平衡向各需加热部位提供燃料气源。

燃料油系统 fuel oil（FO）system 指根据燃料平衡向各需加热部位提供燃料油源。

火炬排放系统 flare system 目的是将工艺装置中的设备、管道上的安全阀、泄压阀、排放阀等在不正常操作时排放的可燃物料，开停车时必须要排放的可燃物料和试车中暂时无法平衡时所必须排出的可燃物料收集并送到火炬筒顶部的火炬头及时燃烧排放，以确保装置的安全运行，并使其符合大气排放标准。

含油污水排放系统 oily wastewater discharge（OD）system 指处理工艺装置生产过程中所产生的含油污水的系统，由隔油、加药和浮选三部分组成，处理后的废水再排入污水处理厂。

锁与铅封 lock and lead sealing 指对平日不需启闭，只在开停车或事故处理时才使用的阀门，为避免误操作，平时要用锁锁住或加铅封封住。一般按计划控制的开、停车用阀门，要用锁锁住；而事故处理时使用的阀门则应采用铅封封住，以免因找钥匙而耽误事故处理的时机。

涂漆、保温(冷) paint、heat (cold) preservation 为防止管道外表面发生腐蚀现象，需在管道表面涂漆。为满足工艺要求，需要对某些管道进行保温(冷)处理，管道的保温厚度应在管道表中列出，在管道及仪表流程图的管段号的后缀中亦可看出管道是否有保温(冷)。

伴热 heat tracing 指为满足工艺要求，防止管内流体因温度下降而凝结或产生凝液或黏度升高以及为保持温度稳定等，在管外或管内采用的间接加热方法。伴热方式有伴管伴热、夹套管伴热和电伴热。伴热管道应在管道表上列出，并在管道及仪表流程图中表示其伴热范围。

自动控制和仪表 automatic control and instrument 指在检测的基础上，再运用控制仪表和执行器来代替人工操作的自动化过程。自动控制仪表在自动控制系统中的作用是将被控变量的测量值与给定值相比较，产生一定的偏差。控制仪表根据该偏差进行一定的数学运算，并将运算结果以一定的信号形式送往执行器，以实现对于被控变量的自动控制。

控制系统 control system 指由控制主体、控制客体和控制媒体组成的具有自身目标和功能的管理系统。

分散控制系统 distributed control system (DCS) 又称集散控制系统。由多个(对)以微处理器为核心的过程控制采集站，分别分散地对各部分工艺流程进行数据采集和控制，并通过数据通信系统与中央控制室各监控操作站联网，对生产过程进行集中监视和操作的控制系统。

可编程控制系统 programmable logic control system (PLC) 是一种数字运算操作的电子系统，专为在工业环境应用而设计的。它采用一类可编程的存储器，用于其内部存储程序、执行逻辑运算、顺序控制、定时、计数与算术操作等面向用户的指令，并通过数字或模拟式输入/输出控制各种类型的机械或生产过程。是工业控制的核心部分。

安全仪表系统 safety instrumentation system (SIS) 又称安全联锁系统。主要为工厂控制系统中报警和联锁部分，对控制系统中检测的结果实施报警动作或调节或停机控制，通过执行单个或多个功能来保护工厂不受多种危险因素的影响。是工厂自动控制中的重要组成部分。安全仪表系统通常由现场传感器、逻辑运算装置、执行机构组成。按过程安全所需要的安全度，可划分为 4 个等级(SIL1 ~ SIL4)。

串级控制系统 cascade control system 由两个控制器串联组成的系统。通常指所谓的主控制器回路及副控制器回路，且主回路控制器输出作为副回路控制器的设定值。对副回路设定器来说，这种设定方式并非取自本机，故常称为外设定方式；而主控制器的设定方式则取自本机，称为内设定方式。

均匀控制系统 uniform control system 可以为简单控制系统，也可以为串级控制系统。其目的是使两个相互有关的工艺被控变量达到兼顾均匀控制，故称为均匀控制系统。

比值控制系统 ratio control system 一般指为了保持两个流量值达到一定的比例关系的系统，被广泛应用于生产过程中。

分程控制系统 split range control system 指一个控制器的输出同时操作两个或两个以上的执行机构，而这些执行机构的工作范围又不相同。

选择性控制系统 selective control system 指生产过程中一个被控量往往会受到多种条件的约束，根据此约束条件，为使被控量保持稳定，对几个操作量进行选择性的控制。

现场总线 field bus 将自动化最底层的现场控制器和现场智能仪表设备互连的实时控制通信网络，遵循 ISO 的 OSI 开放系统互连参考模型的全部或部分通信协议。

现场总线控制系统 field bus contol system(FCS)用开放的现场总线控制通信网络将自动化最底层的现场控制器和现场智能仪表设备互连的实时网络控制系统。

压力管道 pressure pipeing 指利用一定的压力，用于输送气体或者液体的管状设备，其范围规定为最高工作压力大于或者等于0.1MPa(表压)的气体、液化气体、蒸汽介质或者可燃、易爆、有毒、有腐蚀性、最高工作温度高于或者等于标准沸点的液体介质，且公称直径大于25mm的管道。

公用物料流程图 utility flow diagram(UFD)用图示的方法按顺序说明公用物料通过工艺设备的过程以及去向。包括主要工艺设备的关键操作条件，如温度、压力等，还包括主要控制条件。

公用系统管道及仪表流程图 utility instrument diagram(UID)用图示的方法表示公用管道位号及名称；主要公用工程管道及阀门的公称直径，材料等级和特殊要求；安全泄放阀；主要控制、联锁回路。

技术经济指标 technieal and economical index 指国民经济各部门、企业、生产经营组织对各种设备、各种物资、各种资源利用状况及其结果的度量标准。它是技术方案、技术措施、技术政策的经济效果的数量反映。可反映各种技术经济现象与过程相互依存的多种关系，反映生产经营活动的技术水平、管理水平和经济成果。各部门和企业都有一套与本部门、本企业的技术装备、工艺流程、所用原料、燃料动力以及产品特点相适应的技术经济指标。

消耗指标 consumption index 指进行生产所需的各种原辅料及公用系统消耗的消耗量，一般以单位产品的消耗量表示。

总能耗 total energy consumption 指进行工业生产的主要公用系统(燃料或动力及蒸汽和水)折合成标准煤或标准油的总消耗量。

阀门规格书 valve specification 主要内容包括阀门的编号、类型、规格、材料、操作条件(压力、温度等)、结构形式及传动机构等。

静电接地 static electricity grounding 指建筑厂房及室外化工设施需用避雷针与建筑物钢筋混凝土焊接在一起妥善接地，当雷击发生时，接地点乃至整个建筑构物的地面都将成为高压电流的泄放点，以保证厂房及设备安全。

绝对标高 absolute elevation 指以黄海平均海平面定为绝对标高的零点，其他各地标高以此为基准。

相对标高 relative elevation 指把室外地坪面定为相对标高的零点，用于建筑物施工图的标高标注。

电视监控系统 television monitoring system 安全技术防范体系中一个重要组成部分，是一种先进的、防范能力极强的综合系统。可通过遥控摄像机及其辅助设备(镜头、云台等)直接观看被监视场所的一切；可对被监视场所的情况一目了然；还可与防盗报警系统等其他安全技术防范体系联动运行，使其防范能力更加强大。

火灾自动报警系统 automatic fire alarm system 由触发装置、火灾报警装置、火灾警报装置以及具有其他辅助功能装置组成。它具有能在火灾初期，将燃烧产生的烟雾、热量、火焰等物理量，通过火灾探测器变成电信号，传输到火灾报警控制器，并同时显示出火灾发生的部位、时间等，使人们能够及时发现火灾，并及时采取有效措施，最大限度地减少因火灾造成的生命和财产的损失。

总概算 general estimate 反映建设工程总投资的文件，包括建设项目从筹建开始到设备购置和建筑、安装工程的完成及竣工验收交付使用前所需的全部建设资金。

综合概算 comprehensive estimate 编制总概算工程费用的组成部分和依据，反映一个单项工程(车间或装置)投资的文件，也可按一个独立建筑物进行编制。

单位工程概算 estimate of unit project 反映单位工程综合概算中的各个单位工程投资额的文件，是编制综合概算中的单位工程费用的依据。

土地使用费 fee for land use

指按照国家土地管理法律规定，建设项目通过划拨或土地使用权出让方式取得土地使用权所需土地征用及拆迁补偿费用或土地使用权让出金。

建设单位管理费 construction unit management fee 指建设项目从立项、筹建、建设、联合试运转、竣工验收、交付使用及后评估等全过程管理所需费用。

研究试验费 experimental and reserch expense 指为建设项目提供或验证设计参数、数据资料等进行必要的研究试验及按设计规定的施工中必须进行试验、验证等所需费用，以及支付科研成果、先进技术等的一次性技术转让费。

生产准备费 production preparation expense 指新建企业或新增生产能力的企业，为保证竣工支付必要生产准备所发生的费用。

勘察设计费 project survey and design cost 指为本建设项目提供项目建议书、可行性研究报告及设计文件等所需费用。

工程建设监理费 project supervise fee 指建设单位委托取得法人资格、具备监理条件的工程监理单位，按合同和技术规范要求，对承包商(设计及施工)实施全面监理与管理所发生的费用。

锅炉和压力容器检验费 boiler and pressure vessel inspection expense 指锅炉和压力容器委托有关单位进行检验的费用。

10.2 施工

场地勘探 site exploration 指对建筑场地和地基进行的综合性地质调查。

钻探法 drilling prospection method 指用钻机在地底层中钻孔取原状土样，以鉴别地层和土质情况的勘探方法。

触探法 sounding method 指通过探杆将探头压入或打入土层时量测其对触探头的贯入阻力或贯入一定深度的锤击数，以判断土层及其力学性质的勘探方法和原位测试技术。

静力触探 static sounding 指将电阻应变式探头以静力贯入土层中，由电阻应变仪量测土的贯入阻力来判断土的力学性质的勘探方法。

动力触探 dynamic sounding 指用一定重量的落锤以一定的落距将触探头打入土中，根据每贯入一定深度的锤击数判定土的性质的勘探测试方法。

标准贯入试验 standard penetration test 指利用标准的落锤能量(锤重 63.5kg，落距 76cm)将一定尺寸的钻探头打入土层，根据每贯入一定深度(30cm)的锤击数来判定土的性质及容许承载力的勘探和测试方法。

扩展(扩大)基础　spread foundation 指将块石或混凝土砌筑的截面适当扩大，以适应地基容许承载力或变形的天然地基基础。

刚性基础　rigid foundation 指基础底部扩展部分不超过基础材料刚性角的天然地基基础。

独立基础　isolated footing; pad foundation 指用于单柱下并按材料和受力状态选定形式的基础。

联合基础　combined footing 指有两根或两根以上立柱(筒体)共用的基础，或两种不同形式基础共同工作的基础。

条形基础　strip foundation 指水平长而狭的带状基础。

板式基础　slab foundation 指按板计算的柱下钢筋混凝土独立基础和墙下钢筋混凝土条形基础。

杯形基础　socket foundation 指留有一定深度的杯形孔洞以备插放预制柱子的钢筋混凝土柱基础。

箱形基础　box foundation 指由钢筋混凝土底板、顶板、侧墙板和一定数量的内隔墙板组成整体的形似箱形的基础。

桩基础　pile foundation 指由桩连接桩顶、桩帽和承台组成的深基础。

管柱基础　cylinder pile foundation 指大直径钢筋混凝土或预应力混凝土圆管，用人工或机械清除管内土、石，下沉至地基中，嵌固于岩层或坚实地层的基础。

摩擦桩　friction pile; buoyant pile 指在极限承载力状态下，桩顶荷载由桩侧阻力承受的桩。

端承桩　end-bearing pile; column pile 指在极限承载力状态下，桩顶荷载由桩端阻力承受的桩。

灌注桩　cast-in-place pile; cast-in-site pile 指在桩位处就地成孔，现场灌注混凝土或钢筋混凝而制成的桩。

钢管桩　steel tube pile 指用钢管制成的桩。

静力压桩　static pile loading 指利用静压力(压桩机自重和配重)将预制桩压入土中的沉桩工艺。

锤击沉桩　driven pile 指用落锤、柴油桩锤、蒸汽锤及液压桩锤，利用锤的冲击能量克服土对桩的阻力，使桩沉到预定深度达到持力层的方法。

支护结构　supporting structure 指垂直开挖深基坑时，底端深入土中用于挡土和挡水的板、桩或墙结构体系。

防震沟　aseismic trench 指为防止打桩震动危害而在邻近建筑物等设施附近开挖的隔震浅沟。

地下连续墙　diaphragm wall 指土方开挖前于地基土中用特殊挖槽机械在泥浆护壁下分段建造的用作承重、防渗及支护结构的钢筋混凝土墙。

土工织物　geotextile 指埋设于土体中起排水作用、隔离作用、反滤作用和加筋作用的聚合物纤维制品。

土工膜 geomembrance 指在各种塑料、橡胶或土工纤维上喷涂防水材料而制成的不透水土工织物。

地基处理 subsoil improvement; foundation treatment 指对建筑物和设备基础下的受力层进行提高其强度和稳定性的强化处理。

桩基施工 pile foundation construction 指用钢筋混凝土、钢、木材等制成柱状桩体后，用沉桩机械打入或压入地层内直至坚实土壤，或先成孔后再浇筑成混凝土柱状桩体，借此加强桩承台承载力的工艺。

10.3 安装

塔架 tower pylon 指由管型构件或型材制作的零部件焊接或螺栓连接组成的稳定结构体系，如火炬塔架(flare stack tower pylon)等。

框架 frame 指用于支承设备或作为大型设备操作平台，由型材制作的零部件焊接或螺栓连接组成的稳定结构体系。

管廊 pipe rack 指由型材制作的零部件焊接或螺栓连接组成的支承工艺管道的排架体系。

零件 part 指组成部件或构件的最小单元，如节点板、翼缘板等。

构件 element 指由零件或由零件和部件组成的钢结构基本单元，如梁、柱、支承等。

小拼单元 smallest assembled rigid unit 指钢网架结构安装工程中，除散件之外的最小安装单元。一般分平面桁架和锥体两种类型。

中拼单元 intermediate assembled structure 指钢网架结构安装工程中，由散件和小拼单元组成的安装单元。一般分条状和块状两种类型。

高强度螺栓连接副 set of high strength bolt 指高强度螺栓和与之配套的螺母、垫圈的总称。

抗滑移系数 slip coefficent of faying surface 指高强度螺栓连接中，使连接件摩擦面产生滑动时的外力与垂直于摩擦面的高强度螺栓预拉力之和的比值。

预拼装 test assembling 指为检验构件是否满足安装质量要求而进行的拼装。

空间刚度单元 space rigid unit 指由构件构成的基本的稳定空间体系。

焊钉(栓钉)焊接 stud welding 指将焊钉(栓钉)一端与板件(或管件)表面接触通电引弧，待接触面熔化后，给焊钉(栓钉)一定压力完成焊接的方法。

环境温度 ambient temperature 指制作或安装时现场的温度。

大型设备 over-equipment 指起重施工作业工件质量大于100t

或工件安装高度大于60m的塔类设备和塔式构架的统称。

压制钢丝绳绳索 press steel wire rope 指钢丝绳的环套用铝合金套管通过压套机压制固结的钢丝绳绳索。

无接头钢丝绳索 endless sling 又称无端头钢丝绳索。指以一根一定直径的钢丝绳为子绳按所需周长绕成的只有一个子绳接头的绳圈，是钢丝绳索具的特种形式。

合成纤维吊装带 synthetic fibre lifting belt 指由高韧性的合成纤维连续多丝编织而成的柔性吊装用的索具。

吊梁 lifting beam 指起重施工作业用于平衡负载的吊装工具。

交工验收 acceptance of handover project 指建设工程项目投料试车产出合格产品或试运行标定后，建设单位组织设计、施工、工程监理及相关单位按规程合同规定对交付工程的验收。

生产考核 production assessment 指石油化工生产装置在投料试车产出合格产品后，通过规定期限的连续运行，对设计的生产能力、工艺指标、产品质量、设备性能、质控水平、消耗定额及环保指标等进行考核与评价。

工厂化制造 factory fabrication 指在具有一定加工能力和生产工艺相对固定的场所加工制造过程。

管道组成件 piping component 指用于连接或装配管道的元件，包括管子、管件、法兰、垫片、紧固件、阀门以及膨胀接头、挠性接头、耐压软管、疏水器、过滤器和分离器等。

管道支承件 pipe-supporting element指管道安装件和附着件的总称。

安装件 fixture 指将负荷从管子或管道附着件上传递至支承结构或设备上的元件，包括吊杆、弹簧支吊架、斜拉杆、平衡锤、松紧螺栓、支承杆、链条、导轨、锚固件、鞍座、垫板、滚柱、托座和滑动支架等。

附着件 structural attachment 指用焊接、螺栓连接或夹紧等方法附装在管子上的零件，包括管吊、吊(支)耳、圆环、夹子、吊夹、紧固夹板和裙式管座等。

流体输送管道 fluid transportation piping 指设计单位在综合考虑了流体性质、操作条件以及其他构成管理设计等基础因素后，在设计文件中所规定的输送各种流体的管道。流体可分为剧毒流体、有毒流体、可燃流体、非可燃流体和无毒流体。

热弯 hot bending 指温度高于金属临界点时的弯管操作。

冷弯 cold bending 指温度低于金属临界点时的弯管操作。

热态紧固 tightening in hot condition 指防止管道在工作温度

下，因受热膨胀招致可拆连接处泄漏而进行的紧固操作。

冷态紧固 tightening in cold condition 指防止管道在工作温度下，因冷缩导致可拆连接处泄漏而进行的紧固操作。

100%射线照相检验 100% radiographic examination 指对指定的一批管道的全部环向对接焊缝所作的全圆周射线检验和对纵焊缝所作的全长度射线检验。

抽样射线照相检验 random sampling radiographic examination 指在一批指定的管道中，对某一规定百分比的环向对接焊缝所作的全圆周的射线检验。它只适用于环向对接焊缝。

压力试验 pressure test 指以液体或气体为介质，对管道逐步加压，达到规定的压力，以检验管道强度和严密性的试验。

泄漏性试验 leak test 指以气体为介质，在设计压力下，采用发泡剂、显色剂、气体分子感测仪或其他专门手段等检查管道系统中泄漏点的试验。

复位 recovering original state 指已安装合格的管道，拆开后重新恢复原有状态的过程。

单线图 isometric diagram 指将每条管道按照轴侧投影的绘制方法，画成以单线表示的管道空视图。

自由管段 pipe-segment to be prefabricated 指在管道预制加工前，按照单线图选择确定的可以先行加工的管段。

封闭管段 pipe-segment for dimension adjustment 指在管道预制加工前，按照单线图选择确定的、经实测安装尺寸后再行加工的管段。

焊接工艺评定 welding procedure qualification 指为验证所拟定的焊件焊接工艺的正确性而进行的试验过程及结果评价。

焊接工艺指导书 welding procedure specification 指为验证性试验所拟定的、经评定合格的、用于指导生产的焊接工艺文件。

焊接工艺评定报告 welding procedure qualification report 指按规定格式记载验证性试验结果，对拟定焊接工艺的正确性进行评价的记录报告。

焊接接头 welded joint 指由两个或两个以上零件要用焊接组合或已经焊合的接点。检验接头性能应考虑焊缝、熔合区、热影响区甚至母材等不同部位的相互影响。

焊件 weldment 指用焊接方法连接的压力容器或其零部件。焊件包括母材和焊接接头两部分。

试件 test piece 指按照预定的焊接工艺制成的用于焊接工艺评定试验的焊件。试件包括母材和焊接接头两部分。

焊后热处理 post weld heat treatment(PWHT) 指能改变焊接接

头的组织和性能或残余应力的热处理过程。

下转变温度 lower transition temperature 指加热期间开始形成奥氏体的相变温度。

上转变温度 upper transition temperature 指加热期间完成奥氏体转变的相变温度。

横向弯曲 transverse bending 指焊缝轴线与试样纵轴垂直时的弯曲。

纵向弯曲 longitudinal bending 指焊缝轴线与试样纵轴平行时的弯曲。

面弯 face bend 指试样受拉面为焊缝正面的弯曲。具有较大焊缝宽度的面称为正面；当两面焊缝宽度相等则先完成盖面层焊缝一侧为正面。

背弯 root bend 指试样受拉面为焊缝背面的弯曲。

侧弯 side bend 指试样受拉面为焊缝横截面的弯曲。

接地极 grounding electrode 指埋入地中并直接与大地接触的金属导体。

接地线 grounding wire 指电气装置、设施的接地端子与接地极连接用的金属导电部分。

接地装置 grounding device 指接地线和接地极的总和。

接地网 grounding grid 指由垂直和水平接地极组成的供发电厂、变电站使用的兼有泄流和均压作用的较大型的水平网状接地装置。

大型接地装置 large-scale grounding device 指 110kV 及以上电压等级变电所、装机容量在 200MW 及以上火电厂和水电厂或者等效平面面积在 $5000m^2$ 及以上的接地装置。

电缆 cable 指电缆线路中除去电缆接头和终端等附件以外的电缆线段部分。

金属套 metallic sheath 指均匀连续密封的金属管状包覆层。

铠装层 armour 指由金属带或金属丝组成的包覆层，通常用来保护电缆不受外界的机械力作用。

终端 terminal 指安装在电缆末端，以使电缆与其他电气设备或架空输电线相连接，并维持绝缘直至连接点的装置。

接头 joint 指连接电缆与电缆的导体、绝缘、屏蔽层和保护层，以使电缆线路连续的装置。

电缆分接(分支)箱 cable dividing box; cable pillar 指完成配电系统中电缆线路的汇集和分接功能，但一般不具备控制测量等二次辅助配置的专用电气连接设备。

电缆附件 cable accessory 指终端、接头、充油电缆压力箱、交叉互联箱、接地箱、护层保护器等电缆线路的组成部件的统称。

电缆支架 cable bearer 指电缆敷设就位后，用于支持和固定电缆的装置的统称。包括普通支架和桥架。

电缆桥架 cable tray 指由托盘(托槽)或梯架的直线段、非直线段、附件及支吊架等组件构成，用以支撑电缆具有连续的刚性结构系统。

电缆导管 cable duct；cable conduit 又称电缆管。指电缆本体敷设于其内部受到保护和在电缆发生故障后便于将电缆拉出更换用的管子。有单管和排管等结构形式。

布线系统 wiring system 指一根电缆(电线)、多根电缆(电线)或母线以及固定它们的部件的组合。如果需要，布线系统还包括封装电缆(电线)或母线的部件。

电气设备 electrical equipment 指发电、变电、输电、配电或用电的任何物件，诸如电机、变压器、电器、测量仪表、保护装置、在线系统的设备、电气用具。

用电设备 current-using equipment 指将电能转换成其他形式能量(如光能、热能、机械能)的设备。

电气装置 electrical installation 指为实现一个或几个具体目的且特性相配合的电气设备的组合。

建筑电气工程(装置) electrical installation in building 指为实现一个或几个具体目的且特性相配合的，由电气装置、布线系统和用电设备电气部分的组合。这种组合能满足建筑物预期的使用功能和安全要求，也能满足使用建筑物的人的安全需要。

导管 conduit 指在电气安装中用来保护电线或电缆的圆形或非圆形的布线系统的一部分。导管有足够的密封性，使电线电缆只能从纵向引入，而不能从横向引入。

金属导管 metal conduit 指由金属材料制成的导管。

绝缘导管 insulating conduit 指没有任何导电部分(不管是内部金属衬套或是外部金属网、金属涂层等均不存在)，由绝缘材料制成的导管。

保护导体 protective conductor 指为防止发生电击危险而与下列部件进行电气连接的一种导体：裸露导电部件、外部导电部件、主接地端子、接地电极(接地装置)。

中性保护导体 protective neutral conductor 指一种同时具有中性导体和保护导体功能的接地导体。

防爆电气设备 electrical appatatus for explosive atmospheres 指在规定条件下不会引起周围爆炸性环境点燃的电气设备。

危险区域 hazardous area 指爆炸性环境大量出现或预期可能大量出现，以致要求对电气设备的结构、安装和使用采取专门措施的区域。

仪表管道 instrumentation pipeline 指仪表测量管道、气动和液动信号管道、气源管道和液压管道的总称。

测量管道 measuring pipeline

指从检测点向仪表传送被测介质的管道。

信号管道 signal pipeline 指用于传送气动或液动控制信号的管道。

气源管道 air pipeline 指为气动仪表提供气源的管道。

仪表线路 instrumentation line 指仪表电线、电缆、补偿导线、光缆和电缆槽、保护管等附件的总称。

脱脂 degreasing 指除去物体表面油污等有机物的作业。

检定 verification 指由法制计量部门或法定授权组织按照检定规程，通过试验，提供证明来确认测量器具的示值误差满足规定要求的活动。

校准 calibration 指在规定条件下，为确定测量仪器仪表或测量系统的示值、实物量具或标准物质所代表的值与相对应的由参考标准确定的量值之间关系的一组操作。

调整 adjustment 指为使测量器具达到性能正常、偏差符合规定值而适于使用的状态所进行的操作。

10.4 检修

检修 overhaul 指为了保持和恢复设备规定的性能而采取全面检查、深度修理的技术措施，包括检验、检测。

维修 maintenance and repair 指维护和修理的总称。

修理 repair 指使设备损坏的部件恢复原有的状态或规定性能而进行的作业。

维护 maintenance 指设备运行过程中，维持和保护设备的额定状态和完好而采取的措施，包括清洁、润滑、紧固、调整、防腐等。

检维修 overhaul, maintenance and repair 指检修和维修的总称。

保养 maintenance 指按照设备运行规定时限以及作业范围和要求，定期进行的活动。保养又分一级保养、二级保养和三级保养。

全员生产维护 total productive maintenance(TPM) 指以企业全体员工(包括领导、管理和操作人员)参与为基础的设备维护体制。

预防性试验 preventive test 指为防止电气设备、压力容器及其他有特殊要求的设备在运行中发生故障或事故，按有关规程要求，定期对相关设备进行的试验。

检修周期 interval between overhauls 指设备相邻两次大修之间的时间间隔。

检修费用预算 overhaul cost budget 指事先对检修计划项目中人工、材料、机械等进行测算的费用。

检修费用结算 overhaul cost settlement 指按检修定额对检修过程中实际发生人工、材料、机械等费用的核算。

检修工程预算定额 overhaul

engineering budget ration 指检修过程中人工、材料、机械等计价的标准。

维护维修费用定额 maintenance and repair cost ration 指在生产运行过程中进行巡检、状态检测(点检)、定期检查校验、值班、故障处理并填写相关记录所发生的费用标准。

设备老化 plant ageing 指使用达到经济寿命年限、技术上被先进的新型设备所代替、社会上不再生产原型的设备。设备老化是对设备陈旧程度的形象化表述。

设备故障 equipment failure 指设备(系统)或零部件丧失其规定的功能。故障按其发展可分为突发性和渐发性。

设备故障率曲线 equipment failure rate curve 指设备在运行寿命时间内,故障率发展规律随使用时间推移而发生变化的图形。因典型故障曲线的形状与浴盆相似,又称浴盆曲线。

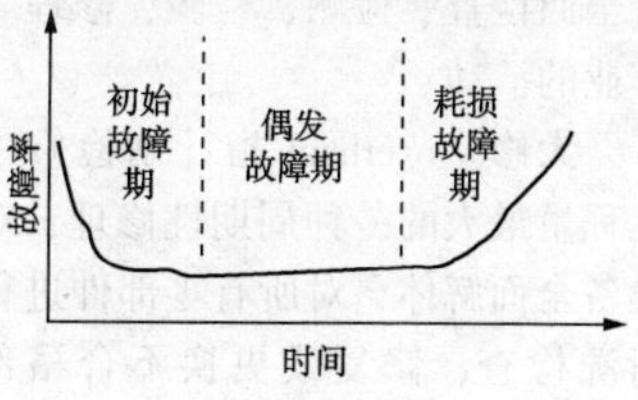

设备故障率曲线

潜在故障 latent fault 指运行中的设备如不采取维修和调整措施,再继续使用到某个时间将会发生的故障。

故障征兆 fault symptom 指设备或零部件发生异常、缺陷,虽尚未发生故障,但已超出正常状态的现象。

突发性故障 random fault 指不能通过事先的测试或监控预测到的,以及事先并无明显征兆亦无发展过程的随机故障。突发性故障发生故障的概率与使用时间无关。

检修规程 plant maintenance specification 指对设备检修工艺、检查和修理内容、修理方法、质量标准、试验与验收等作出规定的技术性文件。

维护规程 equipment service specification 指对运行设备的日常检查和维护作出的技术性文件。其主要内容包括清洁、润滑、紧固、调整、防腐等。

气密性试验 air-tightness test 指按规定的压力和保持时间,利用气体介质进行压力试验,检验设备、管道及其连接部位有无泄漏的现象。气密性试验主要是检验压力容器和管道的严密性。介质毒性程度为极度、高度危害或设计上不允许有微量泄漏的压力容器,必须进行气密性试验。气密性试验应在液压试验合格后进行。气密性试验所用气体应为干燥、清洁的空气、氮气或其他惰性气体。

水压试验 hydraulic test 指按规定的压力和保持时间对压力容器

和管道及其连接部位用水进行的压力试验，以检查其有无泄漏和残余变形。

设备诊断技术 equipment diagnos tictechnique指采集设备在运行过程中检测的各种信息，通过分析手段判断产生故障的部位、原因程度和发展趋势，预测、预报设备未来状态的技术。

备品配件 spare part 指设备在维修过程中，为了缩短修理时间，在仓库内预先储备通用零部件或制造商供应专用零部件。

进口备件 spare part for import edequipment 指因国内无法制造或替代，仍需要进口设备的零部件。

设备点检 fixed point inspection of equipment 指通过人的视、听、嗅、味、触(五感)和简单工具、仪器，对设备进行定人、定点、定方法、定周期、定标准(五定)的模式，按规定的技术标准和规范，对该点查找其有无差错现象、缺陷、隐患的检查过程。

设备巡回检查 patrol inspection of plant 指按规定的检查内容、时间、路线、检查点的作业。

静密封点 static seal point 指相对静止部分密封结合处。一个静密封结合处称为一个静密封点。

动密封点 kinematical seal point 指相对运动部分密封结合处。一个动密封结合处称为一个动密封点。

静密封泄漏点 leakage point of static seal 指静密封结合处空隙或本体焊缝裂纹、砂眼、穿孔及其他原因等造成泄漏的点。

泄漏率 leakage rate 指石油化工装置泄漏点总数与静密封点总数的比值。一般用千分数表示。

无泄漏标准 leakless standard 指考核石油化工企业或生产装置泄漏点总数与静密封点总数比值以及管理规定的准则。石油化工企业无泄漏标准泄漏率≤0.5‰。

设备解体检查 equipment check under disassembled condition 指设备按解体工序拆卸零部件进行磨损、失效等检查的作业。

设备检修 equipment maintenance 指按相关计划及规程或对发生故障的设备进行检查和修理的活动。

装置停产设备大检修 equipment overhaul for shutdown 指装置系统停产对所有设备按计划或大修规程进行全面检查、检测、检验、修理等作业的活动。

大修 overhaul 指计划检修中工程量最大的一种周期性修理，对设备全面解体，对所有零部件进行清洗检查，修复或更换不合格部件，翻新外观，消除检修前存在隐患和缺陷，恢复设备规定的性能。

中修 middle repair 指计划检修中工程量介于大修与小修之间，视实际设备缺陷状况进行的针对性修理。

小修　minor repair 指计划检修中工程量最小的一种修理，针对日常点检和定期检查中发现问题而进行局部修理。

抢修　first-aid repair 指为迅速恢复生产或避免产生严重后果，对突然发生设备故障（事故）而进行24h连续修复作业的活动。

消缺检修　eliminate defect repair 指在一个检修周期内，由于设备发生严重缺陷影响装置生产或产生严重后果，针对缺陷设备被迫安排的一种修理。

年度检修计划　annual overhaul schedule 指年内按月预定检修作业活动的文件，主要包括检修项目名称、内容、费用预算、承包商、备件等。

月度检修计划　monthly overhaul schedule 指月内按日历预定检修作业活动的文件，主要包括检修项目名称、内容、费用预算、承包商、备件等。

大检修计划　overhaul plan 指根据设备检修规程制定大检修作业活动的文件，主要包括大检修开停车时间、项目名称、内容、费用预算、工期、承包商、机具配备、备品配件及材料等。

大检修网络计划　overhaul network plan 指根据大检修所需时间，应用网络技术绘制图形表示大检修过程中各作业工序之间的相互关系、时间和整个检修计划，找出影响大检修任务的关键工序和关键路线，确保大检修计划完成。

检修技术方案　overhaul technology solution 指为落实设备检修的内容、技术标准和规范、质量控制、工期、验收内容和要求、风险控制措施等而形成文件，对检修施工有指导性作用。

检修施工方案　overhaul construction scheme 指为落实设备施工作业的内容、程序、技术规范、用工、机具配备、进度、质量控制、风险控制措施等而形成的文件。

大检修指挥部　overhaul commanding headquarters 指由企业（单位）主要领导以及相关部门负责人组成临时指挥机构，协调装置系统停车大检修各项工作。

预知维修　predictive maintenance and repair 指通过采集检测和监测数据得到潜在故障信息，经判断故障的发生及发展趋势，诊断故障部位和类型，在故障发生前进行维修的活动。预知维修可避免过剩维修或维修不足，但投入费用昂贵，是设备维修发展的方向。

预防维修　preventive maintenance（PM）指在设备故障发生之前进行周期性检查、维修的活动。

事后维修　breakdown maintenance（BM）指设备在使用中发生了故障之后才进行检查、修理的活动。

改善检修　corrective maintenance

指对重复性故障或设计、制造缺陷的设备，进行性能或局部结构改进，改善设备性能的维修活动。

风险维修 risk based maintenance 指基于风险分析和评价决策维修的方法。风险=后果×概率。后果是指健康、安全与环境的危害，设备和零部件损失以及影响生产损失。

绿色维修 green maintenance 指综合考虑环境影响和资源利用效率的现代维修模式。其目标是达到保持和恢复设备规定状态，满足可持续发展要求。

机会维修 opportunistic maintenance 指利用节假日或生产淡季和产品滞销等生产空隙时机对装置设备进行系统性检查、修理和维护保养的活动。

定期维修 periodic maintenance 指按照固定的时间周期对设备进行检查、修理和保养的作业。

可靠性为中心的维修 reliability centered maintenance (RCM) 指以设备故障后果作为判断依据，应用逻辑决断分析方法对设备预防性维修的需求、方式进行决策，以最少的维修资源消耗保持设备可靠性和安全性的一种维修管理模式。可靠性为中心的维修主要应用于故障后果严重的设备体系。

维修性 maintainability 指可修复设备在规定条件下进行维修时的性能。维修性是一项设计参数。

维修度 maintainability 指可修复设备在规定条件下进行维修后达到技术标准的概率。概率表示设备进行维修的难易程度。

恢复性检修 recovery overhaul 指设备造成的较大缺陷或受到破坏，或长期停用造成部件缺损、严重锈蚀，从而进行检查和修理或更换局部零部件，恢复设备运行性能的作业。

外委检修 outsourcing overhaul 指委托社会专业检修企业或制造厂商承担设备检查和修理，签订设备检修合同。

返修 reworking 指承修企业(单位)在保修期因检修设备不符合技术规定而重复进行的检查和修理。

设备修理费 maintenance and repair cost 指设备在使用过程中，为恢复和维持其原有性能和能力所发生的直接在成本中列支的费用。

检修质保期 overhaul warranty period 指设备检修竣工验收后，承修方承诺检修质量保障的时间。检修质保期一般为三个月、六个月、十二个月，具体根据不同设备在合同中双方约定。

检修合同 overhaul contract 指委托与承接双方为了检修设备的各自权利和义务而订立的契约。

检修质保金 overhaul warranty bond 指委托与承接双方在检修合同中的约定，从应付检修合同结算款中预留，用以保证检修责任期内已通过竣工验收设备出现缺陷进行修复的费用。检修质保金一般为检修合同总金额的5%，不计利息。

检修预付款 overhaul advance payment 指检修合同签订后，委托方在合同结算之前预先支付另一方合同总金额的部分价款，解决合同一方周转资金短缺。预付款可以一次支付，也可分期支付。

检修验收 acceptance check for equipment overhaul 指设备检修后，委托和承接修理双方专业人员根据合同技术协议规定要求，对设备进行检查和试车，确认合格后签字认可的过程。

检修质量 repair quality 指设备检修后，符合石油化工维护检修规程或相关规定的精度、性能、外观、安全、环保等技术要求。

设备拆卸 plant disassembly 指将设备分解成部件，再由部件分解成零件的过程。拆卸应按一定的规律、顺序以及规程要求进行，以免造成不必要的损伤或不能装配复原。

设备装配 plant assembly 指按一定的规律、顺序以及规程要求，将零件或部件进行连接和配合的过程，使之成为符合性能要求、稳定运行的设备。

检修记录 repair record 指检修过程中对规定的数据和文字描述以书面或电子形式予以保存的信息。

负荷试运转 load trial operation 指检查安装或检修完毕设备的实际工作能力，按规程对设备逐步施加各种负荷的试车运转。

试车 commissioning 指为保证安装或检修完毕设备投用后达到规定工作能力，而在投用前进行的调整和试运行。一般先进行空运转（无负荷）试车，再进行载负荷试车。

空运转 no-load running 指安装或检修完毕的设备在投用前进行无负荷试车的运转。

故障诊断 fault diagnosis 指对状态监测信息中信号出现异常现象进行分析、判断，确定故障的性质、类别、程度、原因、部位，同时提出控制和消除故障措施的过程。

失效 failure 指设备在使用过程中由于自身的变化导致丧失了预定的工作能力或其性能恶化成不合格状态。

热处理 heat treatment 指对固态金属或合金采用适当方式加热、保温和冷却，以获得所需要的组织结构与性能的加工方法。

化学热处理 thermo-chemical treatment 指将金属或合金工件置于一定温度的活性介质中保温，使一种或几种元素渗入它的表层，以改变其化学成分、组织和性能的热处理工艺。

咬死　seizure 指设备部件摩擦表面发生严重粘着或移动，使相对运动停止的现象。

抱轴　seized shaft; shaft holding 指转动设备的轴与轴套或轴承卡在一起，不能转动的现象。

失真　distortion 指任何非故意造成的且通常不希望有的信号变化。

在线监测　on-line monitoring 指通过安装在设备上的各类监测仪表，对设备运行状况进行连续自动检测的过程。

校正　correction 指设备在修理或维护中，根据规程和标准对相关数值误差进行校对，加以纠正的过程。

疲劳磨损　fatigue wear 指在循环交变应力作用下，在摩擦副接触表面或亚表面产生微裂纹，随着循环次数增加，微裂纹扩展，相互结合，导致局部材料从表面脱落，形成磨粒，摩擦副表面出现"麻坑"（点蚀和剥落）。这种磨损过程称为疲劳磨损。

腐蚀磨损　corrective wear 指设备摩擦体在摩擦过程中与周围介质发生化学与电化学反应作用下产生点蚀、剥落等材料表面损失的现象。

冲击磨损　impact wear 指设备或零部件受到小而松散的流体粒子冲击时表面出现破坏的一类磨损现象。

冲刷磨损　erosive wear 指设备摩擦体在高速介质（液、气流或液、气流中夹带砂粒）的冲刷作用下而使材料表面损失的现象。

侵蚀磨损　corrode wear 指含有硬颗粒的流体相对于设备或零部件表面运动，使表面受到冲蚀作用下而产生的磨损。

机械磨损　mechanical wear 指设备或零部件在滑动、滚动或重复冲击等机械作用下所产生的磨损。

裂纹扩展　crack growth 指已经形成的裂纹在应力或环境（或两者同时）作用下，不断长大的过程。裂纹扩展到一定程度，会造成材料的断裂。

裂纹　crack 指设备或零部件在应力或环境（或两者同时）作用下产生的裂隙。

点蚀　pitting 指设备或零部件表面产生点（小孔）状的局部腐蚀，且从金属表面向内部扩展，形成孔穴的现象。

磨蚀　abrasion; fretting corrosion 指设备或零部件在腐蚀和磨耗的综合作用下所产生的破坏现象。

剥落　spalling 指设备或零部件表面本体或覆盖物成片地脱落的现象。剥落是一种严重的疲劳磨损形式。

气孔　pore 指铸件在浇铸溶液中或金属焊接熔融中含有过多的气体或者发生反应生成气体无法有效排出而生成空隙。

锈斑 rusty stain 指金属表面生锈形成的斑迹。

毛刺 saw burr 指金属件表面出现余屑和表面极细小的显微金属颗粒。

污垢 fouling 指黏附在设备或内部零部件表面不同形状的有机和无机物污浊堆积物。

砂眼 voids 指铸件表面或内部因有气体或杂质等而形成的孔眼。

斑点 spot 指设备或内部零部件表面显露出另种颜色密集点子或小坑的现象。一般指表面出现极小部分的杂质。

划痕 scratch 指设备或零部件表面被另一物体相碰擦而形成细长凹陷的痕迹。

伤痕 scar 指设备或零部件表面受损害后的痕迹。

凹痕 dent 指设备零部件摩擦、碰撞、侵蚀出现的缺口或小凹陷。

沟痕 groove mark 指设备或零部件表面损伤后显示凹下沟状的痕迹。

拉毛 galling 指由于摩擦或液体中颗粒、杂质碰撞以及原加工精度和安装磨合不够，造成设备或零部件表面粗糙、凹痕的现象。

疵痕 defect mark 指设备或零部件表面显露缺陷的现象。

麻点 pit 指设备或零部件表面显示细碎的斑点或小坑、小孔的现象。

开裂 cracking 指设备及其零部件受内应力、外部冲击或环境条件等影响而在其表面或内部所产生的裂纹。

卡涩 jam fault 指摩擦表面粗糙产生黏着，使相对运动困难的现象。比咬死程度要轻。

渗漏 leakage; seepage 指设备或零部件本体、连接处存在缺陷产生微小缝隙，液体或气体在压力作用下向外缓慢流动的现象。

虚焊 inveracious soldering 指焊接处存在氧化物、杂质和焊接温度控制不佳，造成导体接触不良，导电性能差，时通时断的现象。

短路 short 指电源未经过负载而直接由导线连接成闭合回路的现象。短路会产生过大电流而烧毁设备并容易发生火灾。

研磨 lapping 指用研磨工具和研磨剂，作相对滑动或滚动，从工件上去掉一层极薄表面层的精加工方法。

着色渗透探伤 dye-penetrant flaw detection 指利用液体荧光染料渗入构件表面裂纹等缺陷处，然后用紫外线照射以显示缺陷的无损探伤方法。

无损探伤 nondestructive testing (NDT) 指在不损坏工件或原材料工作状态的前提下，对被检验部件的表面和内部缺陷进行检查的一种测试方法。

射线探伤 radiography testing 指利用 X 射线、γ 射线等电磁辐射检测物体内部缺陷的方法。

超声波探伤 ultrasonic flaw detection 指利用超声波脉冲探测材料内部缺陷的无损检验方法。可检测金属材料和焊缝中的裂缝、气孔、夹渣、未焊透等缺陷。

涡流探伤 eddy current test 指利用交流电磁线圈在金属构件表面感应产生的涡电流变化量，来检测焊缝缺陷的无损探伤方法。

补焊 repair welding 指为修补损坏设备或零部件的缺陷而进行的焊接。

焊接 welding 指通过加热或加压，或两者并用，也可能用填充材料，使工件达到原子结合且不可拆卸连接的方法。通常有熔焊、压焊和钎焊等。

焊缝 welding joint 指焊件经焊接后所形成的结合部分。

焊丝 welding wire 指焊接时作为填充金属或同时作为导电体的金属丝。

焊剂 flux 指焊接时能够熔化形成熔渣和气体，对熔化金属起保护和冶金物理化学作用的一种物质。

焊条 welding rod 指涂有药皮的供电弧焊用的熔化电极。它由药皮和焊芯两部分组成。焊条的材料通常跟工件的材料相同。

堆焊 overlaying welding 指为增大或恢复焊件尺寸，或使焊件表面获得具有特殊性能的熔敷金属而进行的焊接。

喷涂 spray coating 指利用喷枪等喷射工具把涂料雾化后，喷射在被涂工件上的涂装方法。

喷焊 spray welding 指对金属基体加热，使自溶性合金粉末涂层在基体表面重熔化，形成熔敷层的方法。利用气体燃烧火焰为热源的喷焊方法称为火焰喷焊。利用转移型等离子弧为主要热源的喷焊方法称为等离子喷焊。

氩弧焊 argon arc welding 指使用氩气作为保护气体的气体保护焊。用于高强度钢、不锈钢、铝、镁及其合金和稀有金属的焊接。

气割 gas cutting 指利用气体火焰的热能将工件切割处预热到一定温度后，喷出高速切割氧流，使材料燃烧并放出热量实现切割的方法。

焊接应力 welding stress 指焊接构件由于焊接而产生的应力。它是导致结构变形、形成裂纹的主要原因。

焊接缺陷 welding defect 指焊接过程中在焊接接头中产生的未焊透、未熔合、夹渣、气孔、咬边、焊瘤、烧穿、偏析、未填满、焊接裂纹等金属不连续、不致密或连接不良的现象。

未焊透 lack of penetration 指焊接时接头根部未完全熔透的现象，对于对接焊缝也指焊缝深度未达要求的现象。

焊接裂纹 welding crack 指在

焊接应力及其他致脆因素共同作用下，焊接接头中局部的金属原子结合力遭到破坏而形成的新界面所产生的缝隙，是焊接件中最常见的一种严重缺陷。

切割 cutting 指把板材或型材等切成所需形状和尺寸的坯料或工件的过程。

热喷涂 thermal spraying 指将熔融状态的喷涂材料，通过高速气流使其雾化喷射在零部件表面上，形成喷涂层的金属表面加工方法。

粘接 adhesion 指借助胶黏剂在固体表面上所产生的黏合力，将同种或不同种材料牢固地连接在一起的方法。

胶黏剂 adhesive 又称黏合剂。指能将两种同质或异质物件表面紧密连接在一起的物质。

表面处理 surface treatment 指改进设备或构件表面性能的处理工艺。包括前(预)处理、电镀、涂装、化学氧化、热喷涂等众多物理化学方法在内的工艺方法。前(预)处理是对工件表面进行清洁、清扫、去毛刺、去油污、去氧化皮、粗化等。

固化 curing 指涂料或胶黏剂在热、化学或光等作用下的缩合、聚合或自氧化，使其变为固体并具有一定强度的过程。

清洗 cleaning 指用清洗液清除设备及零部件表面上的污垢积聚物的过程。

化学清洗 chemical cleaning 指根据化学反应原理，利用化学药剂将设备内附着沉积物溶解、剥离的过程。

清焦 decoking 指清除设备内部管道内壁焦炭状积聚物的过程。清焦一般采用烧焦、机械清焦和在线清焦等。

清罐 cleaning tank 指利用人工或机械的方法，以水、蒸汽、空气对油罐或容器内的油泥、污物、铁锈等积聚物进行清洗的过程。一般检修、改造、介质调换储藏都要清罐。

机械清焦 mechanical decoking 指利用机械方法对设备内壁和管道内壁焦炭状积聚物进行清除的过程。机械清焦常用高压水泵产生水压使清焦球在管道内壁机械摩擦清除结焦。生产中利用高压水泵产生3~4MPa压力的水压将清焦球推入结焦的管道内作为除焦除垢工具在炉管内来回运动，通过清焦球表面附带的螺钉状金属物对管道内壁作机械摩擦，将附着在管道内壁上的污垢及锈刮除掉。

酸洗 acid cleaning 指采用规定浓度的酸性化学药剂去除设备、管道或零部件表面沉积物的过程。

刮研 scraping 用刮刀以人工方法修整设备零部件表面形状、粗糙度等作业的过程。刮研分为粗刮、细刮、精刮等。

打磨 sanding; burnish 指利用

手工或机械方法对设备或零部件表面进行重复摩擦的作业。

喷砂 sand blasting 指利用高速砂流的冲击作用清理和粗化设备本体表面的过程。喷砂是油漆、喷涂等工艺的表面准备工序。

胀接 expansion joint 指根据金属具有塑性变形特点，用胀管器将管子胀牢固定在管板上的连接方法。用于换热器管束与管板的连接。

堵管 plugging tube 指将管子利用堵头进行密封的作业。

换管 replacing tube 指更换损坏或泄漏管束的作业。

拉伸 tension 指杆件、管束或单元体的两端平面上受到法向均布拉力而产生沿拉力方向的伸长现象。

修复 repair 指设备发生故障或丧失技术性能后进行修理恢复原来性能的过程。

紧固 tightening 指将两个或两个以上零部件或构件紧密固定连接成为一件整体时的作业。

切削 cutting 指利用刀具或砂轮等工具切除零部件的多余部分的过程。

组装 assembly 指将若干个零件组合成组件、部件或将若干个零件的组件、部件组成产品的过程。设备一般都是由许多零部件组成的。

带压堵漏 hole-plugging with pressure 指生产装置运行状况下，对流体介质泄漏缺陷部位采取封堵的措施。分为动火和不动火带压堵漏，石油化工常用不动火带压堵漏。

密封胶 sealant 指以非定型状态填充间隙并与间隙对应表面粘接在一起实现间隙密封的材料。常用于带压堵漏。

间隙 clearance 指两物件相互之间存在空间的距离。

油漆 paint 指能涂覆在被涂物体表面并能形成牢固附着的连续薄膜的材料。

面漆 finish paint 指涂饰工序中涂覆的最后一层涂料，具有装饰和保护功能。

底漆 primer 指直接涂覆在物体表面的涂料。作为中间涂层或罩面涂层与物体表面之间的媒介层，具有附着力强、防腐、抗碱等功能。

除锈 derusting; descaling 指清除金属表面油脂、污垢、氧化皮、铁锈等附着物的作业。除锈有手工、机械、化学三种方法。

漆膜 paint film 又称涂膜。指涂覆在物体表面上的一道或多道涂料层形成的固态连续薄膜。一般包括底漆层、中间涂层、面漆层。

油漆稀释剂 paint thinner 指为了降低涂料黏度，改善其工艺性能而加入的与涂料混溶性良好的液体物质。分为活性稀释剂和非活性稀释剂。

11 安全

11.1 安全技术

联锁 interlock 指用于防止部件在特定条件下运行的机械、电气或者其他类型的装置。常用于过程或设备安全操作保护系统。其作用是当生产过程或设备运行中出现不正常情况时，检测开关自动发出信号，联锁保护系统按预先设计的逻辑使整套设备或其中一部分从系统中切除或停止工作，达到防止发生重大事故或保障设备、人身安全的目的。联锁保护可分为联锁报警、联锁停车、联锁开车、联锁切除某种设备等。

安全阀 relief valve; safety valve 指用来防止受压容器、锅炉、塔类和管道因介质压力超过规定数值而引起破坏的一种阀门。按结构不同可分为弹簧式、杠杆式、脉冲式等。在炼油厂，弹簧式多用于有毒或腐蚀介质的场合，杠杆式和脉冲式多用于锅炉设备上。

基于风险的检验 risk-based inspection(RBI)指一种重点在于工艺装置中承压设备因材料劣化引起的物料泄漏的风险评价和管理过程。主要通过对设备进行检查来管理这些风险。其目的是指出在设施失效的情况下，什么样的事故可能发生，如何发生及发生的概率。

安全评定 safety assessment 指对结构中影响安全的因素进行安全性的评定。安全评定比缺陷评定具有更广泛的含义。缺陷评定一般指对结构中的缺陷进行评定；而安全评定除针对缺陷之外还针对其他所有有可能影响安全的因素，例如材质长期使用后发生变化、经长期使用后结构被严重腐蚀、使用工况更加恶化等，采用相应的评定原理进行安全评定。通常需给出的评定结论有安全、做某些修复、做某些监控、报废等。

安全系数 safety factor 指为保证零部件安全使用所要求的强度裕量，用材料的极限强度与许用强度(即许用应力)之比来表示。各国压力容器规范采用的安全系数与其规定的设计元件、计算方法、制造、检验及失效分析模型等均有关。

阻火器 fire barrier; flame arrester指用来阻止易燃气体及蒸气的火焰和火花继续传播的安全装置。由外壳和阻火元件组成。阻火元件可由金属波纹带、金属丝网、砾石、多孔烧结金属或微孔陶瓷等构成。当火焰通过时，由于阻火元件的冷却作用以及沿冷却表面产生非燃烧区的器壁效应导致火焰熄灭。常见的有油罐阻火器、管道阻火器、汽车尾气阻火器等。

结构完整性技术 sturctural integrity (SI) technology 指用断裂力学原理通过设计、原材料、制造、检验与在役使用中的各个环节对结构中的裂纹进行有效控制，以保证结构在整个使用期内完整不破。这是涉及断裂力学及多学科的系统分析技术。

紧急切断阀 emergency shutoff valve 指安装在槽车(罐车)、储罐或管道上快速关闭的阀门。主要用作液化石油气和液氨储运设备的安全附件。按主要部分在罐内或罐外分为内置式和外置式。按结构及功能分为：(1)有过流切断功能紧急截断阀；(2)无过流切断功能紧急截断阀；(3)与球阀连成一体有过流切断功能紧急截断阀。

缺陷评定 defect assessment 指对结构中的缺陷按一定的原理与准则(例如断裂力学原理的合乎使用准则)进行安全性的评定。焊接结构中的缺陷(裂纹、未熔合、未焊透、咬边等)在载荷作用下可以发生各种形式的失效，例如低应力脆断、弹塑性撕裂、塑性失稳、疲劳裂纹扩展、未爆先漏、应力腐蚀裂纹扩展等。对预计可能会发生某种形式的失效，按防止这种失效的原理进行必要的试验或理论分析，以确定在正常工作条件下是否能确保安全。对不能确保安全的应对缺陷进行修复或报废。

液封 liquid seal 指用液体隔绝气体流通的装置或措施。采用水隔绝时称为水封。例如在泵的轴封部位注入液体，以防空气进入泵内并造成气缚。

未爆先漏 leak before break (LBB)指压力容器中的非穿透性裂纹发生扩展直至穿透壁厚而未爆破、仅发生介质泄漏的情况。未爆先漏也是失效事故，但危害较小。若漏出的是易燃易爆或剧毒介质，后果也可能是灾难性的。

失效分析 failure analysis(FA) 指对机构设备失效问题从技术角度进行的分析研究。失效分析工作涉及材质、力学、强度、制造、环境及使用等各个学科及现代各种诊断技术。

失效模式 failure mode 指从致使失效的因素、失效的机理、失效发展过程到失效临界状态的到达等整个失效过程的综合术语。最常见的基本失效模式有：(1)变形；(2)磨损；(3)腐蚀；(4)断裂；(5)疲劳。

合乎使用 fitness for service 指构件质量不符合制造质量标准，但投入使用却不致影响安全使用的情况。例如焊接结构中存在裂纹或超过标准容许的其他焊接缺陷时则被判为不合格产品，不允许投用。若已投用的在役结构探测出存在这些缺陷，而经断裂力学的缺陷评定认为它非常安全可靠，则应可以继续投入使用，或附加一些必要条件后投用，这称为不符合“质量控制标准”，但符合“合乎使用”标准。目前国内外颁布的许多以断裂力学原理制订的缺陷评定标准即为“合乎使用”标准。

化学反应危害 chemcial reaction hazard 指物质在生产、使用、储运等过程中，由于不期望的或失控的化学反应而造成的泄漏、中毒、燃烧或爆炸等危害。

工艺安全管理 process safety mangement(PSM) 广义上的工艺安全管理是指为了确保油气开采、炼油或化工等设施的安全运行而实施的各种安全管理制度的统称。狭义的工艺安全管理是指美国职业安全健康管理局(OSHA)颁布的包含 14 个管理要素的工艺安全管理体系。

开车前安全审查 pre-startup safety review(PSSR) 指在新工艺启用或工艺变更后，工艺重新运行前进行的源于触发事件的最后安全审查。这也是美国职业安全健康管理局工艺安全管理法规和美国环保署风险管理程序的管理要素之一。

安全操作极限 safe operating limit 指工艺装置或其他系统能安全运行的压力、温度、流量等参数的极限值。

失控反应 runaway reaction 指化学反应中由于主反应或副反应的反应放热速率超过了体系散热速率而导致的温度、压力快速升高的现象。失控反应产生的高温导致物料蒸气压增大，同时容易分解产生小分子物质，造成压力升高，因而发生泄漏、火灾甚至爆炸等事故。失控反应发生时有温度升高的现象，因此也称为热失控反应。

反应危害指数 reaction hazard index(RHI) 由 Stull 提出的一种评估物质的反应危害的指标。反应危害指数 $RHI=10T_d/(T_d+30E_a)$。式中，E_a 为活化能(kcal/mol)；T_d 为绝热分解温度(K)。

蒙德法火灾爆炸和毒性指数 Mond fire explosion and toxicity index 帝国化学公司蒙德分部在道化学火灾爆炸指数的基础上开发了一种对化工生产装置的火灾、爆炸和毒害风险进行评估的方法，简称蒙德法。用该方法半定量地计算出表征装置的火灾、爆炸和毒性风险大小的数值即为火灾爆炸和毒性指数。

物料累积 material accumulation 指反应器中积累的可参与反应，但未反应的物料的总和。反应中物料的累积现象容易导致发生失控反应。

急冷 quenching 指通过快速降低反应温度、稀释反应物浓度、加入阻聚剂或催化失活剂等方式在短时间内阻止反应继续进行的安全防护措施。

紧急卸料 emergency discharge

指为了预防反应失控，将反应器内的物料倾卸至另一安全容器内的安全防护措施。

本质安全 intrinsic safety 指如果在正常操作条件下发生的非预计偏差后系统仍然处于一种安全状态，这就是所谓的本质安全。本质安全并非绝对安全，因为本质安全并不可能排除所有危险。

工作接地 working grounding 指将电力系统中某些点直接或经电阻、电抗、消弧线圈与大地作技术性连接，如变压器、互感器的中心点接地等。变压器采用工作接地，可以得到相、线两种电压，防止零点电压偏移，保证三相电压基本平衡，当一相接地时，可降低人体接触电压。由于电网承受的是相电压，可减少电气设备绝缘等级，利用保护装置能迅速地切断故障线路。

火灾危险场所区域等级 zone classification in fire-hazardous area 指按火灾事故发生的可能性和后果及物质状态的不同分为 21、22、23 三级区域。具有闪点高于场所环境温度的可燃液体，在数量和配置上能引起火灾危险的场所为 21 区；具有悬浮状、堆积状的爆炸性或可燃性粉尘，虽不可能形成爆炸混合物，但在数量和配置上能引起火灾的场所为 22 区；具有固体状可燃物质，在数量和配置上能引起火灾危险的场所为 23 区。在进行电力设计时，可根据火灾危险场所区域等级准确选择电气设备的类型。

爆炸性气体危险场所区域等级 zone classification in explosive gas hazardous area 气体爆炸危险场所按爆炸物质出现的频度，持续时间和危险程度的不同分为 0、1、2 三个区域等级。0 区为正常情况下，爆炸性气体混合物连续地、短时间频繁出现或长期存在的场所；1 区为正常情况下，爆炸性混合物可能出现的场所；2 区为正常情况下，偶尔短时间出现的场所。根据气体爆炸危险场所区域等级可准确选择防爆电气设备的类型。

本质安全型电气设备 intrinsic safety electrical apparatus 指电气设备的一种防爆结构类型，使用的都是很微弱的电压和电流，在正常或事故情况下产生的电火花，其电流均小于所在场所爆炸混合物的最小引爆电流，不会引起爆炸。常用于各种工艺计量和控制仪表中，防爆标志为 i。根据故障条件又分为 ia 和 ib 两级：ib 适用于 1 区和 2 区气体爆炸危险场所；ia 适用于 0 区气体爆炸危险场所。

安全色 safety color 为便于识别、防止电气设备误操作，确保运行和检修人员的安全，采用不同颜色来区别设备特征，这些不同的颜色称为安全色。按照《电力安全技术法规》规定：电气母线 A 相为黄色，B 相为绿色，C 相为红色。明敷接地线涂以黑色，二次系统交流回路用黄色，负电源用蓝色，信号和警告回路用白色。仪表盘上运行极限参数画红线等。

安全电压 safe voltage 指人体与电接触时，对人体各部组织(如皮肤、心脏、呼吸器官和神经系统)不会造成任何损害的电压。安全电压的规定，各国有所不同。我国根据具体环境条件规定安全电压值为：在无高度触电危险的建筑物中为65V；在有高度触电危险的建筑物中为36V；在有特别触电危险的建筑物中为12V。

安全用电标志 electric safety sign 保证用电安全的一项重要措施。分为颜色标志和图形标志。颜色标志常用来区分各种不同性质、不同用途的导线，或用来表示某处的安全程度。图形标志一般用来告诫人们不要去接近有危险的场所。如在配电装置前的围栏上悬挂当心触电的三角图形标志牌。为保证安全用电，必须确保统一的安全用电标志，按有关标准使用安全用电标志。

过电流保护 over-current protection 指线路上发生短路时，电流急剧增大，当超过某一预定值(整定值)时，反应于电流升高而动作的保护装置。主要由电流继电器和时间继电器组成。电流继电器接于被保护元件的电流互感器二次侧，时间继电器起延时跳闸作用，也可保证继电保护动作具有选择性。广泛用于低压辐射形成电网或电动机。在高压电网、变压器和发电机保护装置中，可作为后备保护。

过负荷保护 overload protection 指反应电气设备中通过的负荷超过额定值的继电保护。主要由电流继电器和时间继电器组成。电流继电器整定值可按被保护设备的额定电流来整定，时间继电器整定值大于过电流的整定时限。当被保护电气设备发生过负荷时，经过延时动作，给出灯光和音响信号以便运行人员采集措施处理。如果被保护电气设备发生短路故障，则由于过负载保护整定时限较大，也不会发生错误动作。广泛用于发电机、变压器和其他可能发生过负荷的电气设备上。

防爆充油型电气设备 explosion-proof and oil-immersed electrical apparatus电气设备的一种防爆结构类型。把开关、制动器等电气设备浸在绝缘油中，使电气火花在油中自动熄灭，不致引起油面上爆炸性混合物的爆炸。通常油面应高于设备危险部位10mm以上。设有排气孔，以防止开合时的弧光使绝缘油热分解，产生可燃气体引起爆炸事故。适用于1区和2区气体爆炸危险场所中的电器和仪表。防爆标志为o。

防爆特殊型电气设备 special type explosion-proof electrical apparatus

指防爆电气设备的一种类型，其结构没有采取常用的标志类型，而是根据具体情况采取其他防爆措施。例如，浇注环氧树脂及填充石英砂等。这类电气设备必须由主管部门制定暂行规定，经指定点位检验后，方可按防爆特殊型使用。此种类型新的防爆标志为 s。

保护接地 protective grounding 指将电气设备在正常情况下不带电的金属部分与接地体之间作良好的金属连接。是为防止因绝缘损坏而遭受触电危险的一种安全技术措施。如电动机、变压器外壳和配电装置金属构架的接地。保护接地应用在中性点不接地系统中，其接地电阻能分流触电时通过人体的电容电流，以保人身安全。在接地大电流电网中，当绝缘损坏时，可自动切断故障线路，以免设备因绝缘损坏而使原来不带电部分带电，发生触电事故。

粉尘爆炸危险场所区域等级 zone classification in dust-explosion hazardous area 按化工设计标准《化工企业爆炸和火灾危险场所电力设计规定》，粉尘爆炸危险场所区域等级可按爆炸性混合物出现的频度和持续时间分为 10 区和 11 区。爆炸性粉尘混合物连续出现或长期出现的区为 10 区；有时将积留下的粉尘扬起而偶然出现爆炸性粉尘混合物危险环境的区为11 区。根据区域等级可准确选择电气设备及线路的类型，使其爆炸性粉尘、可燃性导电粉尘等和由于电气原因引起的点火源同时出现的概率减少到最低限度。

致命电流 deadly current 指在较短时间内危及生命的最小电流。电击致命的主要原因是电流通过人体引起的心室颤动或窒息造成的。也可以认为引起心室颤动的电流就是致命电流。根据试验，80 ~ 100mA 电流能够引起心室颤动。因此，100mA 即为致命电流。

峰值耐受电流 peak withstand current 又称动稳定电流。指在规定的使用条件下，配电装置和电器的载流部分所能承受的电流峰值，借以考核其承受由短路电流所产生的电动力而不致引起电和机械性能损坏的能力。对于交流设备可取短路电流的冲击电流值，直流设备则取电路接通后的最大电流值。

增安型电气设备 increased safety electric apparatus 指电气设备的一种防爆结构类型，此类型不设防爆结构，只是采取补救性措施，限制电火花能量，使之达不到引燃爆炸性混合物的最小激发能量。对于容易过热或产生火花的部件，在绝缘、温升等方面的处理比一般电气做得可靠，对气隙、端子板、连接点等部位增加了安全度。适用于气体爆炸危险场所 1 区、2 区的照明灯具、电机、固定安装的电器和仪表等。防爆标志为 e。

爆炸危险场所 explosive hazardous area 指爆炸性混合物出现或预期可能出现的数量达到足以要求对电气设备的结构、安装和使用采取预防措施的场所。根据化工设计标准《化工企业爆炸和火灾危险场所电力设计技术规定》，爆炸危险场所按形成爆炸混合物的物质状态，分为气体爆炸危险场所和粉尘爆炸危险场所两类。

爆炸性环境用电气设备 electrical apparatus for explosive atmosphere 指在规定条件下不会引起周围爆炸性环境点燃的电气设备。

爆炸性环境 explosive atmosphere 指在大气条件下，气体、蒸气、粉尘、纤维或飞絮状的可燃性物质与空气形成的混合物被点燃后，能够保持燃烧自行传播的环境。

爆炸性气体环境 explosive gas atmosphere 指在大气条件下，气体或蒸气的可燃性物质与空气形成的混合物被点燃后，能够保持燃烧自行传播的环境。

爆炸下限 lower explosive limit (LEL)指空气中的可燃性气体或蒸气的浓度，低于该浓度就不能形成爆炸性气体环境。

爆炸上限 upper explosive limit (UEL)指空气中的可燃性气体或蒸气的浓度，高于该浓度就不能形成爆炸性气体环境。

浪涌电流 surge current 又称电涌电流。指加在电气设备上持续短暂的高于额定值的瞬态电流。

浪涌电压 surge voltage 又称电涌电压。指沿线路或电路传播的瞬态电压波。其特征是电压快速上升后缓慢下降。

静电安全 electrostatic safety 指在生产过程及各种环境(系统)中，不发生由于静电现象而导致人的伤害、设备损坏或财产损失的状况和条件。

静电危险场所 electrostatic hazard area 指空间存在可由静电引爆的爆炸性混合物，或对其进行直接加工、处理和操作等工艺作业场所的统称。

职业卫生 occupational health 对工作场所内产生或存在的职业性有害因素及其健康损害进行识别、评估、预测和控制的一门科学，其目的是预防和保护劳动者免受职业性有害因素所致的健康影响和危险，使工作适应劳动者，促进和保障劳动者在职业活动中的身心健康和社会福利。

职业性有害因素 occupational hazard 又称职业病危害因素。指在职业活动中产生和(或)存在的、可能对职业人群健康、安全和作业能力造成不良影响的因素或条件，包括化学、物理、生物等因素。

职业病 occupational disease 指企业、事业单位和个体经济组织的劳动者在职业活动中，因接触粉尘、放射性物质和其他有毒、有害物质等因素而引起的疾病。

职业禁忌症 occupational contraindication 劳动者从事特定职业或者接触特定职业性有害因素时，比一般职业人群更易于遭受职业危害和罹患职业病或者可能导致原有自身疾病病情加重，或者在从事作业过程中诱发可能导致对劳动者健康构成危险的疾病的个人特殊生理或者病理状态。

行动水平 action level 工作场所职业性有害因素浓度(强度)达到该水平时，用人单位应采取包括监测、健康监护、职业卫生培训、职业危害告知等控制措施，一般是职业接触限值的一半。

噪声作业 work (job) exposed to noise 指存在有损听力、有害健康或其他危害的声音，且 8h/日或 40h/周噪声暴露等效声级≥80dB(A)的作业。

电离辐射 ionizing radiation 指能使受作用物质发生电离现象的辐射，即波长<100nm 的电磁辐射。

噪声职业接触限值 occupational exposure limits for noise in the workplace 指几乎所有劳动者反复接触不引起听力或正常语言理解力有害效应的噪声声压级和接触持续时间。

立即威胁生命或健康的浓度 immediately dangerous to life or health concentration(IDLH)指在此条件下对生命立即或延迟产生威胁，或能导致永久性健康损害，或影响准入者在无助情况下从密闭空间逃生。某些物质对人产生一过性的短时影响，甚至很严重，受害者未经医疗救治而感觉正常，但在接触这些物质后 12~72h 可能突然产生致命后果，如氟烃类化合物。

呼吸带 breathing zone 指距离人的鼻孔 30cm 所包含的空气带。

等效连续 A 声级 equivalent continuous A-weighted sound pressure level 又称等效连续 A 计权声压级。指在规定的时间内，某一连续稳态噪声的 A 计权声压，具有与时变的噪声相同的均方 A 计权声压，则这一连续稳态噪声的声级就是此时变噪声的等效声级，单位用 dB(A)表示。

8h 等效声级 normalization of equivalent continuous A-weighted sound pressure level to a norminal 8h working day 又称按额定 8h 工作日规格化的等效连续 A 计权声压级。指将一天实际工作时间内接触的噪声强度等效为工作 8h 等效声级标准。

40h 等效声级 normalization of equivalent continuous A-weighted sound pressure level to a nominal 40h working week 又称按额定每周工作 40h 规格化的等效连续 A 计权声压级。指非每周 5 天工作制的特殊工作场所接触噪声声级等效为每周工

作40h的等效声级。

接触评价 exposure assessment 确定人体通过不同的途径接触外源化学物的量及接触条件，得出总的接触量。

卫生防护距离 health protection zone 指从产生职业性有害因素的生产单元(生产区、车间或工段)的边界至居住区边界的最小距离。即在正常生产条件下，无组织排放的有害气体(大气污染物)自生产单元边界到居住区的范围内，能够满足国家居住区容许浓度限值相关标准规定的所需的最小距离。

警示标识 warning signs 通过采取图形标识、警示线、警示语句或组合使用，对工作场所存在的各种职业危害进行标识，以提醒劳动者或行人注意周围环境，避免危险发生。

应急救援设施 emergency rescue facility 指在工作场所设置的报警装置、现场急救用品、洗眼器、喷淋装置等冲洗设备和强制通风设备，以及应急救援使用的通信、运输设备等。

事故应急救援设施 rescuing measure for emergency 指在工作场所或运输过程中设置的、为避免有毒有害物质大量逸出或泄漏而发生急性职业危害或控制事故危害程度而设的防护设施。

职业健康监护 occupational health(medical) surveillance 以预防为目的，根据劳动者的职业接触史，通过定期或不定期的医学健康检查和健康相关资料的收集，连续地监测劳动者的健康状况，分析劳动者健康变化与所接触的职业病危害因素的关系，并及时将健康检查和资料分析结果报告给用人单位和劳动者本人，以便适时采取干预措施，保护劳动者。职业健康监护主要包括职业健康检查和职业健康监护档案管理等内容。

职业健康促进 occupational health promotion 指采取综合干预措施，以改善作业条件，改变劳动者不健康生活方式和行为，控制健康危险因素，预防职业病，减少工作有关疾病的发生，促进和提高劳动者健康和生命质量的活动。

职业病筛检 screening for occupational disease 在接触职业性有害因素的人群中所进行的健康检查，可以是全面普查，也可以在一定范围内进行。

密封(放射)源 sealed(radioactive) source 指密封在包壳或紧密覆盖层内的放射源，这种包壳或覆盖层具有足够的强度使之在设计的使用条件和正常磨损下，不会有放射性物质泄漏出来。

尘肺 pneumoconiosis 指在职业活动中长期吸入生产性粉尘并在肺内潴留而引起的以肺组织弥漫性纤维化为主的全身性疾病。

职业中毒 occupational poisoning

指劳动者在职业活动中组织器官受到工作场所毒物的毒作用而引起的功能性和(或)器质性疾病。

职业性噪声聋 occupational noise-induced deafness 指人们在工作过程中长期接触生产性噪声而发生的一种进行性感音性听觉障碍。有确切的职业噪声接触史，有自觉的听力损失或耳鸣症状，纯音测听为感音性聋，结合历年职业健康检查资料和现场职业卫生学调查，并排除其他原因所致听觉损害。

职业性化学源性猝死 occupational chemical-induced sudden death 在职业活动中，由于化学物的毒作用，或进入化学物所造成的缺氧环境，或在急性化学物中毒病程中或者病情已基本稳定后，突然发生的心跳和呼吸骤停。

硫化氢中毒 hydrogen sulfide poisoning 指在职业活动中，短期内吸入较大量硫化氢气体后引起的以中枢神经系统、呼吸系统为主的多器官损害的全身疾病。轻度中毒：明显的头痛、头晕、乏力等并出现轻度至中度意识障碍，急性气管-支气管炎或支气管周围炎；中度中毒：意识障碍表现为浅至中度昏迷，急性支气管肺炎；重度中毒：意识障碍程度达深昏迷或呈植物状态，肺水肿，猝死，多脏器衰竭。

一氧化碳中毒 carbon monoxide poisoning 吸入较高浓度一氧化碳后引起的急性脑缺氧性疾病，少数患者可有迟发的神经精神症状，部分患者亦可有其他脏器的缺氧性改变。

甲苯中毒 toluene poisoning 在职业活动中短时期内接触较大量的甲苯所引起的以神经系统损害为主要表现的全身性疾病，并可引起心、肾、肝、肺损害。

慢性正己烷中毒 chronic *n*-hexane poisoning 指劳动者在职业活动中长期接触正己烷所致的以周围神经损害为主的疾病。

慢性二硫化碳中毒 chronic carbon disulfide poisoning 指在职业活动中因长期密切接触二硫化碳所致以神经系统改变为主的全身性疾病。

急性氨中毒 acute ammonia poisoning 指在职业活动中，短时间内吸入高浓度氨气引起的以呼吸系统损害为主的全身性疾病，常伴有眼和皮肤灼伤，严重者可出现急性呼吸窘迫综合征。

放射性脑损伤 radiation-induced brain injury 指由电离辐射(X射线、γ射线、中子及电子束辐射等)超过该器官阈剂量，而引起的因脑水肿所致的颅内压增高症状，表现为智能减退和局部脑组织坏死所致的定位症状和体征。

放射性脊髓损伤 radioation spinal cord injury 由电离辐射(X射线、γ射线、中子及电子束辐射等)超过该器官阈剂量，而引起的临床主要表现为脊髓相应部位的疼痛和功能障碍(包括肢体的运动、感觉及大小便功能障碍)。

急性放射性皮肤损伤 acute radiation skin injury 指身体局部受到一次或短时间(数日)内多次大剂量(X 射线、γ 射线和 β 射线及中子等)外照射所引起的急性放射性皮炎及放射性皮肤溃疡。

慢性放射性皮肤损伤 chronicr adiation skin injury 指由急性放射性皮肤损伤迁延而来或由小剂量射线长期照射(职业性或医源性)后引起的慢性放射性皮炎及慢性放射性皮肤溃疡。

放射性皮肤癌 radiation-induced skin cancer 指在电离辐射所致皮肤放射性损害的基础上发生的皮肤癌。

呼吸防护用品 respiratory protective equipment 指防御缺氧空气和尘毒等有害物质吸入呼吸道的防护用品。

指定防护因数 assigned protection factor(APF)指一种或一类适宜功能的呼吸防护用品，在适合使用者佩戴且正确使用的前提下，预期能将空气污染物浓度降低的倍数。

密合型面罩 tight-fitting facepiece 指能罩住鼻、口与面部密合的面罩，或能罩住眼、鼻和口与头面部密合的面罩。密合型面罩分半面罩和全面罩。

开放型面罩 loose-fitting facepiece 指应用于正压式呼吸防护用品的送气导入装置，只罩住眼、鼻和口，与面部形成部分密合。

沸溢 boilover 宽馏分油品在燃烧过程中会形成热波(又称热层或热液)沉入罐底，如果燃烧时间足够长，热液会将罐底的水或乳化液加热至沸腾，沸腾产生的蒸气会把燃烧的原油推出罐外而造成大面积火灾。沸溢必须具备三个条件，即热波移至油下水层，水转化为水蒸气，水蒸气不易通过黏性油层。

沸溢性油品 boiling spill oil 指含水并在燃烧时可产生热波作用而导致沸溢现象的油品。一般为宽馏分油品，如原油、渣油、重油等。

爆轰 detonation 又称爆震。指以爆轰波的形式沿炸药药柱高速进行的过程。爆轰波通过冲击波传播，速度达上千到数千米每秒，超过音速，且外界条件对爆速的影响较小。爆轰可近似视为定容绝压过程，因而不论是在非密闭系统还是密封系统，均形成高温、高压气体，使爆炸周围介质受到强烈的冲击、压缩、变形、破碎、抛掷等作用，并常伴随有声、光、烟等效应。内燃机的一种破坏性工况也称为爆震，与化石燃料性质密切相关。

粉尘爆炸 dust explosion 可燃性固体的细微粉尘或烟雾，或者可燃性液体的雾滴，如果分散在空气等助燃性气体中，当到达一定浓度时，被着火源点着，就会引起粉尘爆炸。粉尘爆炸的燃烧速度和压力上升速度没有混合气体爆炸时的速度快。

高温饱和水爆炸 high temperature saturated water explosion 指高温饱和水在大气压力下迅速蒸发汽化，体积激烈膨胀引起的爆炸现象。高温饱和水在外壳破裂之前是气液平衡状态，在某温度下外壳所承受的压力是饱和水在该温度下的饱和蒸气压。外壳破裂时，气液平衡破坏，水蒸气迅速膨胀，高温水在大气压力下快速蒸发汽化，体积激烈膨胀引起爆炸。高温饱和水蒸气爆炸能量包括系统内蒸汽的爆炸能量和高温饱和水的爆炸能量。

混合气体爆炸 mixed gas explosion指可燃性气体与助燃性气体的混合物，其浓度在爆炸极限范围内的爆炸。

过压爆炸 overpressure explosion 指封闭外壳或受限空间承受不住系统内介质的压力引起的爆炸。多发生于压缩气体的爆炸。爆炸时气体迅速膨胀、降压，体积直至扩散到极限为止。降压膨胀速度很快，可视为绝热过程。

物理爆炸 physical explosion 指物理变化引起的爆炸。物理爆炸的能量主要来自于压缩能、相变能、动能、流体能、热能和电能等。气体的非化学过程的过压爆炸，液相的汽化爆炸，液化气体和过热气体的爆炸，溶解热、稀释热、吸附热、外来热引起的爆炸，流体运动引起的爆炸，过流爆炸以及放电区引起的空气爆炸都属于物理爆炸。

化学爆炸 chemical explosion 指由化学变化引起的爆炸。化学爆炸的能量主要来自于化学能。化学爆炸变化的过程和能力取决于反应的放热性、反应的快速性和生成气体产物。放热是爆炸变化的能量源泉；快速则是使有限的能量集中在局限化的空间，是产生大功率的必要条件；气体是能量的载体和能量转换的工作介质。

溅溢 spillage 指用水或泡沫灭火时，水沉到热波中时形成蒸汽使油中的重组分形成泡沫溢出的现象。溅溢不同于沸溢，通常是由于消防人员灭火操作而人为造成的。

可燃气体混合物爆炸 combustible gas mixuture explosion 指可燃气体(蒸气)与助燃性气体混合后迅速燃烧，引起压力急骤升高的过程。气体发生爆炸的重要条件是：足够浓度的可燃气体与空气的混合物和足够能量的火源。

液化气体爆炸 liquified gas explosion 指液化气体在封闭外壳破裂时发生的一种爆炸现象。液化气体的容器破裂时，系统内的气相部分首先迅速膨胀，使系统压力瞬间降至大气压力，气液平衡被破坏，处于过热状态的液体快速蒸发汽化，外壳受到突跃压力的冲击，形成很高的爆炸能量。因而液化气体爆炸是由于压力突然下降、液体在大气压力下迅速蒸发汽化引起的一种爆炸现象。

蒸气爆炸 vapor explosion 指液体(包括液化气体)处于过热状态时，瞬间急剧蒸发汽化引起的爆炸。蒸气爆炸是所有液体都可能发生的现象，它不需要火源引爆。不论是水，还是有机液体或液化碳酸气，都可产生蒸气爆炸。液体的过热状态有两种：一种是当液体接触高温物体时，传热导致液体瞬间变为过热状态；另一种是高压容器内的液体泄漏使液体变成不稳定的过热状态，容易引起蒸气爆炸。

气体分解爆炸 gas decomposition explosion 指单一成分的气体发生分解的过程中放热而导致的爆炸。例如乙炔、环氧丙烷、乙烯、丙二烯、甲基乙炔、乙烯基乙炔、叠氮化氢、臭氧等气体。

气体泄漏燃烧 gas leaking combustion 指可燃性气体或液化气体从生产、使用、储存、运输等装置、设备、管线中泄漏引起的燃烧。可燃气体泄漏到环境中，是爆炸引起燃烧，还是燃烧中导致爆炸，由泄漏与点火的先后顺序及燃烧中装置状态决定。

煤气爆炸 gas explosion 指煤气与助燃性气体按照一定浓度混合在引燃能量作用下发生的一种快速燃烧过程，或是煤气在过压情况下引起密封外壳破裂的过程。

物料跑损 abnormal material loss 指由于设备损坏、操作失误等原因造成的不期望的物料排放。

雾滴爆炸 droplet explosion 指可燃液体的雾滴与助燃性气体，如空气形成混合物后在点火源的作用下发生的爆炸。石化生产中垫片破裂、尾气带料、紧急排空都可能形成可燃液体的雾滴，可燃液体的雾滴和可燃蒸气-空气混合物的燃烧浓度极限近似相等，但燃点更低，其危险性并不亚于可燃蒸气-空气混合物。评价雾滴危险性时，蒸发热和化学组成比闪点更有意义。

气体爆炸 gas explosion 又称气相爆炸。指相对于凝聚相爆炸而言的单一或混合的气体物质，或雾滴与助燃气体混合物发生的爆炸。

凝聚相爆炸 condensed phase explosion(CPE)指液体或固体物质，通常为炸药类的含能材料发生的爆炸。

自加速分解 self-accelerating decomposition(SAD)指由于反应放热使温度升高，或者是分解反应的自催化特性致使反应速度不断加快的分解反应过程。物质的自加速分解容易造成燃烧或爆炸事故，可能具有此类危害的物质应进行自加速分解温度(SADT)的测试，以确定合适的储运温度。

蒸气云爆炸　见“气云爆炸”。

沸腾液体扩展蒸气爆炸　boiling liquid expanding vapor explosion (BLEVE)指装有加压液体的容器在环境温度高于液体常压下沸点的情况下发生破裂而造成的爆炸。泄漏造成内部压力瞬间降低，液体剧烈沸腾，放出大量蒸气，蒸气的压力会非常高，能造成严重的爆炸，并可能破坏容器。沸腾液体扩展蒸气爆炸不仅在可燃液体容器破裂中会发生，不可燃的物质，如水、液氮或其他制冷剂泄漏时也会发生。

气云爆炸(未密封蒸气云爆炸)　unconfined vapor cloud explosion (UVCE)指由于气体或易挥发的液体燃料的大量泄漏、与周围空气混合，形成覆盖很大范围的可燃气体混合物，在点火能量作用下而产生的爆炸。与一般的燃烧和爆炸相比，气云爆炸的破坏范围要大得多，所造成的危害程度也要严重得多。

沸腾喷溢　见763页“沸溢”。

殉爆　sympathetic detonation 指爆炸物的爆炸能引起与其相距一定距离的被惰性介质隔离的其他爆炸物爆炸的现象。先爆炸的爆炸物称为主发爆炸物，后引爆的爆炸物称为被发爆炸物。其中的惰性介质可以是空气、水、土壤、金属或非金属材料。引起殉爆的主要原因是主发爆炸物的爆炸产物直接冲击被发爆炸物。

爆燃　deflagration 一般指炸药的快速燃烧。炸药燃烧时由于本身含有氧化剂和可燃物，不需要空气中的氧气就能燃烧。通常爆燃的燃烧速度在每秒几毫米到数百米之间，低于炸药中的音速。燃烧过程在大气中进行得比较缓慢，没有明显的音响效应。而在密封系统中，燃烧过程进行得很快，有明显的音响效应，并能做机械功，燃烧是通过热的传导、扩散和辐射在炸药中传播的。在一定条件下，爆燃可转化为爆轰。

火灾类别　fire classification 通常指按照物质燃烧特性对火灾的分类。我国将火灾分为四类：A类火灾，指固体物质火灾，这种物质往往具有有机物质，一般在燃烧时能产生灼热的灰烬，如木材、棉、毛、麻、纸张火灾等；B类火灾，指液体火灾和可熔化的固体物质火灾，如汽油、煤油、柴油、原油、甲醇、乙醇、沥青、石蜡火灾等；C类火灾，指气体火灾，如煤气、天然气、甲烷、乙烷、丙烷、氢气火灾等；D类火灾，指金属火灾，如钾、钠、镁火灾等。电气火灾不作单独的火灾类型。

爆炸分类　explosion classification 按照爆炸性质、爆炸速度和反应相进行的爆炸现象归类。按照性质分为化学爆炸、物理爆炸、原子爆炸。按照速度分为轻爆、爆炸、爆轰。按照爆炸反应相分类为气相爆炸、凝聚相爆炸等。

可燃气体混合物燃烧 combustible gas mixture combustion 指可燃气体与空气、氧气或其他助燃气体的混合物被点燃，火焰以一定速度沿气体法线一维传播的过程。

不完全燃烧 incomplete combustion; imperfect combustion 指燃料的燃烧产物中还含有某些可燃物质的燃烧。按发生原因的不同，有化学不完全燃烧和机械不完全燃烧两种。前者指燃烧产物中尚残存有一氧化碳、氢、甲烷等可燃物质；后者指一部分燃料在燃烧设备内未能参与燃烧，而以煤核、炭粒、油滴或积焦的形态出现。不完全燃烧不仅导致燃料的浪费，还会污染环境，故燃烧设备中应尽量避免不完全燃烧。

淬灭效应 quenching effect 指由于壁面对火焰传播所必需的自由基的吸收作用而导致火焰不能继续传播的现象。

热爆炸理论 thermal explosion theory 又称为热自燃理论。热爆炸是指在单纯的热作用下物质发生的自动和不可控的爆炸现象。热爆炸的根本原因在于体系的放热速率大于散热速率。研究一定体积和散热条件下热爆炸体系中物质的反应速率、温度分布、热量传递和临界爆炸条件的理论统称为热爆炸理论。其中应用较为广泛的热爆炸理论包括 Semenov 热爆炸理论、Frank-Kamenetskii 热爆炸理论和 Thomas 热爆炸理论。

爆炸极限 explosion limit 分为爆炸浓度极限和爆炸温度极限。如果不加说明，则指爆炸浓度极限。爆炸浓度极限是指在一定温度压力下，气体、蒸气或粉尘、纤维与空气形成的能够点燃并传播火焰的浓度范围。该范围的最低浓度称为爆炸下限，最高浓度称为爆炸上限。气体和蒸气的爆炸极限常用所占体积分数表示。粉尘和纤维的爆炸极限常用每立方米的克数表示。爆炸温度极限是可燃液体蒸发至浓度达到爆炸浓度极限时的相应温度，也分为上限和下限。可燃液体的爆炸温度下限即其闪点。

最小点火能 minimum ignition energy 在规定的试验条件下，能使爆炸性混合物燃爆所需要的最小电火花能量。最小点火能是衡量物质危险程度的重要性能指标。烃类燃油的最小点火能约为 0.2mJ，甲烷约为 0.33mJ，甲苯约为 2.5mJ，乙炔和氢气约为 0.02mJ，层状铝粉约为 1.6mJ，层状沥青粉约为2~4mJ。

着火延滞期 ignition delay period 又称延迟着火时间或诱导时间。指可燃物质和助燃气体的混合物，或自分解物质从开始暴露于高温下到起火的时间，或混合气着火前自动加热的时间。

燃烧极限 combustion limit 又

称着火极限。指在一定温度、压力下，可燃气体、蒸气或粉尘在助燃气体中形成的均匀混合体系能点燃并能传播火焰的浓度范围。最低浓度称为燃烧下限；最高浓度称为燃烧上限。燃烧极限常用体积分数或毫克每升表示。

燃烧上限　upper combustion limit 又称着火上限。在一定温度、压力下，可燃气体、蒸气或粉尘在助燃气体中形成的均匀混合体系能点燃并能传播火焰的最高浓度。

燃烧下限　lower combustion limit 又称着火下限。在一定温度、压力下，可燃气体、蒸气或粉尘在助燃气体中形成的均匀混合体系能点燃并能传播火焰的最低浓度。

耐火极限　duration of fire resistance指在标准耐火试验条件下，建筑构件、配件或结构从受到火的作用时起，到失去稳定性、完整性或隔热性时止的这段时间，用小时表示。

火焰传播速度　flame propagation velocity 指火焰前锋沿其法线方向相对于未燃可燃混合气的推进速度。火焰传播速度表征了进行燃烧过程的火焰前锋在空间的移动速度，是研究火焰稳定性的重要数据之一。其值高低取决于可燃混合气本身的性质、压力、温度、过量空气系数、可燃混合气流动状况(层流或湍流)以及周围散热条件等。

气相爆炸混合系临界压力　critical pressure for mixed system of gas phase explosion 可燃气体与空气形成爆炸混合系的爆炸极限随着系统的压力而变化，压力降低，爆炸范围缩小。当压力降低至一定值时，爆炸下限与爆炸上限重合，此时对应的压力称为临界压力。混合系压力降至临界压力以下，便不成爆炸系了。例如，一氧化碳的临界压力为真空度 30.66kPa，一般烃类介质的临界压力为真空度 5.33kPa。

可燃气体混合物爆炸力　explosive power of inflammable gas mixture 可燃性气体与助燃性气体形成的爆炸混合系的爆炸能力。

水蒸气爆炸能量系数　explosive energy coefficient of steam 指不同压力下每立方米水蒸气的爆炸能量。

回火防止器　back fire arrester 同阻火器。阻止易燃气体或蒸气的火焰或火花继续传播的装置，通常安装在可能产生火星的设备或管道上，以防止产生电动火花引爆其他物料。回火防止器通常通过多孔金属吸热的方式，或水封的方式阻止火焰传播。

阻隔防爆　separate and explosion-proof 指将网状或蜂窝状的金属(如铝合金箔片)或非金属材料(聚氨酯泡沫)填充在油箱、油气储罐、油罐车等装置内部或外部，以防止装置发生火灾爆炸事故的技术。

泄爆门　explosion venting door 指能通过掀开或脱落的方式有效倾

泄爆炸冲击波荷载的门。

安全泄放量 required relief capacity指压力容器在超压时为保证它的压力不再升高，在单位时间内所必须泄放的物质的量。

防爆门 explosion-door 装在炉子辐射室炉墙上，当炉膛内气体压力升高到一定程度时，门盖则被推开，炉膛泄压以保护炉体安全，压力降低后靠门盖本身重量而自动复位关闭。防爆门(安全门)还可兼作人孔用。

安全液封 safety liquid seal 指利用具有一定高度的液体将两部分气体隔离开来，从而避免空气进入系统或介质外泄的装置。液封液通常为不与介质反应的液体，如水或油。

半固定式空气泡沫消防系统 semifixed air foam extinguishing system 油罐区的一种消防系统。只在油罐上装有固定的空气泡沫室和附属管线，发生火灾时，消防车开至火场，临时用水龙带把消防栓和空气泡沫室相连。

防火堤 fire dike 指在单个或一组地上或半地下的罐体周围修筑的土堤。一般高 1m 以上，顶宽至少 0.5m。用来防止可燃液体爆裂或着火时，液体外溢或漫流燃烧。

防火分区 fire compartment 指采用防火分隔措施划分出的、能在一定时间内防止火灾向同一建筑的其余部分蔓延的局部区域。

防火间距 fire separation distance 指防止着火建筑的辐射热在一定时间内引燃相邻建筑，且便于消防扑救的间隔距离。

防火墙 fire wall 指为了阻止火灾蔓延而设计的墙体或类似墙体的障碍物。

防烟分区 smoke compartment 指在建筑内部屋顶或顶板、吊顶下采用具有挡烟功能的构配件进行分隔所形成的、具有一定蓄烟能力的空间。

可燃性导电粉尘 combustible conductive dust 指与空气中的氧起发热反应而燃烧的导电性粉尘，如石墨、炭黑、焦炭、煤等粉尘。

可燃性非导电粉尘 combustible nonconductive dust 指与空气中的氧起发热反应而燃烧的非导电性粉尘，如苯乙烯、苯酚树脂等粉尘。

防爆规范 explosion prevention standard 指由国家标准管理部门、行业协会或标准组织制定的与防止爆炸相关的各种标准或规范。如《粉尘防爆安全规程》《防爆通风机》等。

机组在线监测 machine set online monitoring 指利用各种传感仪表对运行中的大型转动机器，如发电机、风机、烟机、压缩机、泵类等的各种运行状态参数进行实时测量，通过信号处理判断出机组的运行状态和可能的故障的技术。一套监测系统通常包括传感器，信号传输，数据的处理、诊断、展示，报警和保护动作等部分。

离线监测　offline monitoring 指通过生产线和设备以外的各类检测仪表，对生产及设备状况进行必要的人工抽查检测。与在线监测对应。

安全技术措施　technical safety measure 指依据相关法律法规以及各项安全技术标准，根据各种工程施工特点，针对可能的安全隐患，运用工程技术手段防止或减轻事故后果，实现生产工艺和机械设备等生产条件安全的措施。按照危险有害因素类别可分为防火防爆安全技术措施、锅炉与压力容器安全技术措施、起重与机械安全技术措施、电气安全技术措施等；按照导致事故的原因可分为防止事故发生的安全技术措施和减少事故损失的安全技术措施等。

重大危险源　major hazard 指长期地或临时地生产、加工、搬运、使用或储存危险物质，且危险物质的数量等于或超过临界量的单元。

危险化学品重大危险源　major hazard for dangerous chemicals 指长期地或临时地生产、加工、搬运、使用或储存危险化学品，且危险化学品的数量等于或超过临界量的单元。

11.2　安全检测

声发射　acoustic emission(AE) 指材料中局域能量快速释放而产生瞬态弹性波的现象。声发射检测是通过接收和分析材料的声发射信号来评定材料性能或结构完整性的无损检测方法。

腐蚀监测　corrosion monitoring 指利用各种仪器工具和分析方法，对材料在腐蚀介质环境中的腐蚀速度或者与腐蚀速度有密切关系的参数进行连续或断续测量的技术。按照腐蚀速度结果能否直接获得可分为直接监测和间接监测，按照监测仪表是否能在生产过程中连续自动运行可分为在线监测和离线监测。目前炼油厂常用的腐蚀监测方法有定点测厚、各类腐蚀探针、腐蚀挂片、腐蚀介质分析、腐蚀产物分析等。

氢通量检测　hydrogen flux inspection指通过测量设备管线外壁渗出的氢气量来反映设备内部腐蚀程度的检测技术。由英国 Ion Science 公司开发。在炼油厂该技术常用于高温环烷酸腐蚀、湿硫化氢环境下的腐蚀、HF 烷基化中的腐蚀、各种形式的氢损伤、焊接除氢的监测，以及高温缓蚀剂的评价等。

腐蚀挂片　corrosion coupon 指悬挂于实验环境或现场环境中，通过一定时间内的质量变化及表面状态测定腐蚀情况的金属试样。是腐蚀监测最基本的方法之一。测试结果通常可作为设备和管道选材的重要依据。

逸散性泄漏 fugitive emission leakage 指在生产、储运或使用化学品活动中，无规则、无计划、连续或间歇地释放出物料的过程。

泄漏检测 leakage detection 指对生产过程中各种装置或设备的密封点逸出的挥发性有机化合物或其他有害化合物浓度进行的测量。这些装置或设备包括阀门、法兰和其他连接部位、泵和压缩机、泄压装置、开口阀、泵和压缩机密封系统排气口、储罐呼吸口、搅拌器密封处、检修口(人孔)密封处等。

可燃气体检测报警仪 detector of combustible gas 指用于监测环境中可燃气体浓度的仪器，主要由检测元件、放大电路、报警系统、显示器等组成。

有毒气体检测报警仪 detector of toxic gas 指由传感器将环境中有毒气体转换成电信号，并以浓度(摩尔分数)显示出来的仪器。

氧气检测报警仪 oxygen alarm detector 指用于测定气体及环境空气中氧含量的仪器，通常由电化学氧传感器、气路单元和电子检测单元组成。

受限空间有害气体分析 hazardous gas analysis in confined space 指对与外界相对隔离，进出口受限，自然通风不良，足够容纳一人进入并从事非常规、非连续作业的有限空间内气体含量的测定。受限空间指炉、塔、釜、罐、仓、槽车、管道、烟道、下水道、沟、井、池、涵洞、裙座等进出口受限，通风不良，存在有毒有害风险，可能对进入人员的身体健康和生命安全构成危害的封闭、半封闭设施及场所。

动火作业场所气体分析 gas analysis for hot work area 指对用火作业场所气体含量的测定。用火作业系指在具有火灾爆炸危险场所内进行的施工过程。包括以下方式的作业：(1)各种气焊、电焊、铅焊、锡焊、塑料焊等各种焊接作业及气割、等离子切割机、砂轮机、磨光机等各种金属切割作业；(2)使用喷灯、液化气炉、火炉、电炉等明火作业；(3)烧(烤、煨)管线、熬沥青、炒砂子、铁锤击(产生火花)物件、喷砂和产生火花的其他作业；(4)生产装置和罐区连接临时电源并使用非防爆电器设备和电动工具；(5)使用雷管、炸药等进行爆破作业。

职业接触限值 occupational exposure limits(OELs)指劳动者在职业活动过程中长期反复接触，对绝大多数接触者的健康不引起有害作用的容许接触水平，是职业性有害因素的接触限制量值。化学有害因素的职业接触限值包括时间加权平均容许浓度、短时间接触容许浓度和最高容许浓度三类。物理因素的职业接触限值包括时间加权平均容许限值和最高容许限值。

时间加权平均容许浓度 permissible concentration-time weighted average (PC-TWA)指以时间为权数规定的8h工作日、40h工作周的平均容许接触浓度。

短时间接触容许浓度 permissible concentration-short term exposurelimit (PC-STEL)指在遵守PC-TWA前提下容许短时间(15min)接触的浓度。

最高容许浓度 maximum allowable concentration (MAC)指在一个工作日内、任何时间和任何工作地点有毒化学物质均不应超过的浓度。

超限倍数 excursion limits(EL)又称漂移限值。指对未制定PC-STEL的化学有害因素，在符合8h时间加权平均容许浓度的情况下，任何一次短时间(15min)接触的浓度均不应超过的PC-TWA的倍数值。

化学有害因素 chemical hazard 指职业过程中产生和(或)存在的，可能对职业人群健康、安全和作业能力造成不良影响的因素或条件，包括化学物质、粉尘等因素。

生产性粉尘 industrial dust 指在生产过程中形成的，并能够长时间浮游于空气中的固体微粒。按粉尘的性质分为无机粉尘(inorganic dust，含矿物性粉尘、金属性粉尘、人工合成的无机粉尘)、有机粉尘(organic dust，含动物性粉尘、植物粉尘、人工合成有机粉尘)和混合性粉尘(mixed dust，混合存在的各类粉尘)。

总粉尘 total dust 指可进入整个呼吸道(鼻、咽、喉、气管、支气管、细支气管、呼吸性细支气管、肺泡)的粉尘，亦即用总粉尘采样器，按标准测定方法，从空气中采集的粉尘，简称"总尘"。

呼吸性粉尘 respirable dust 指可进入肺泡区(无纤毛呼吸性支气管、肺泡管、肺泡囊)的粉尘粒子，亦即用呼吸性粉尘采样器，按标准测定方法，从空气中采集的粉尘。其空气动力学直径均在7.07μm以下，简称"呼尘"。

生产性毒物 poductive toxicant 指生产过程中产生或存在于工作场所空气中的，在一定条件下较低剂量能引起机体功能性或器质性损伤的外源性化学物质。

粉尘分散度 distribution of particulates指粉尘中不同粒径颗粒的数量或质量分布的百分比。本法采用数量分布百分比表示。

半致死浓度 median lethal concentration，50%(LC_{50})指在动物急性毒性试验中，使受试动物半数死亡的毒物浓度，用LC_{50}表示。是衡量存在于水中的毒物对水生动物和存在于空气中的毒物对哺乳动物乃至人类的毒性大小的重要参数。

高温作业 heat stress work 指在高气温、或有强烈的热辐射、或伴有高气湿相结合的异常气象条件下，WBGT(湿球黑球温度)指数超过规定限值的作业。

低温作业 working in cold environment指平均气温≤5℃的作业。

生产性噪声 industrial noise 指在生产过程中产生的噪声。按噪声的时间分布分为连续噪声(continuous noise)和间断噪声(intermittent noise)；声级波动<3dB(A)的噪声为稳态噪声(steady noise)，声级波动≥3dB(A)的噪声为非稳态噪声(unsteady noise)；持续时间≤0.5s，间隔时间>1s，声压有效值变化≥40dB(A)的噪声为脉冲噪声(impulsive noise)。

噪声频谱分析仪 noise spectrum analyzer 指用于环境噪声测量及统计分析、频谱分析的仪器。

声级计 sound level meter 指用于环境噪声检测的仪器。

大气污染物排放限值 emission limit of air pollutants 其指标体系为最高允许排放浓度、最高允许排放速率和无组织排放监控浓度限值。执行包括各自的行业性国家大气污染物排放标准以及大气污染物综合排放标准。

边界大气污染物限值 unit border limit of air pollutants 指单位边界处的污染物浓度限值，其中边界指单位与外界环境接界的边界，通常应依据法定手续确定边界，若无法定手续则按目前的实际边界。监控点一般应设于周界外10m范围内。

水污染物排放限值 discharge limit of water pollutants 指若干种水污染的排放限值，包括水污染物的最高允许排放浓度和部分行业最高允许排水量。按照国家综合排放标准和行业排放标准不交叉的原则执行。

水污染物特别排放限值 special discharge limit of water pollutants 指除国家污水综合排放标准外，颁布的地方性或者行业性水污染物的排放限值。

泄漏检测与修复 leak detection and repair(LDAR)指对生产过程中各种装置或设备的密封点泄漏的挥发性有机化合物或其他有害化合物进行的检测，并对泄漏部件进行修理或更换。包括泄漏部件的识别、实施常规泄漏监测、修复泄漏部件、报告泄漏监测结果。

11.3 安全文化

三级安全教育 three level safety education 指厂(矿)、车间(工段、区、队)、班组三级的安全培训教育。我国国家安全生产监督管理总局于2006年3月1日执行的《生产经营单位安全培训规定》明确规定：加工、制造业等生产单位的其他从业人员，在上岗前必须经过厂(矿)、车间(工段、区、队)、班组三级安全培训教育。

安全绩效 safety performance 指基于安全方针和目标，与组织的安全风险控制有关的，安全管理体系的可测量结果。

安全绩效考核 safety performance evaluation 指企业在既定的安全生产目标下，运用特定的标准和指标，对过去取得的安全绩效数据进行统计和评估，并运用评估的结果对将来的安全绩效和全员安全责任制的落实产生正面引导。安全绩效指标一般分为人身伤害或疾病指标、火灾或爆炸指标。

百万工时损失工时事故率 lost time injury rate per million man-hours 指某时期内，每100万工时所发生的死亡、损失工作日伤害或疾病数。百万工时事故损失率=死亡、损失工作日伤害或疾病数/总工时×1000000。其中，人身伤害或疾病是指与工作有关的事件或暴露在不良工作环境中导致的人身伤害或疾病；损失工作日则指的是任何与工作有关、致使员工在事故第二天无法上班的人身伤害或与职业有关的疾病，应包括休息日、周末、法定节假日。

11.4 安全管理

安全锁 safety lock 指在设备、装置进行维修保养或改造时，有效地锁定易燃物、有毒物质、电力装置等危险物及能源，确保人员安全及环境设备能够得到充分保护的安全器具。

吊装作业 lifting operation 指在检维修过程中利用各种吊装机具将设备、工件、器具、材料等吊起，使其发生位置变化的作业过程。包含一级、二级和三级吊装作业。

动火作业 hot work 指能直接或间接产生明火的工艺设置以外的非常规作业，如电焊、气焊(割)、喷灯、电钻、砂轮等可能产生火焰、火花和炽热表面的非常规作业。动火作业分为特殊动火作业、一级动火作业和二级动火作业三级。

动火安全作业证 hot work permit 又称为动火作业许可证、火票。如需进行动火作业，则需要开具动火安全作业证。动火安全作业证的内容主要包括申请、批准、实施和关闭四个部分。

动土作业 excavation work 指挖土、打桩、钻探、坑探、地锚入土深度在0.5 m以上，使用推土机、压路机等施工机械进行填土或平整场地等可能对地下隐蔽设施产生影响的作业。

断路作业 road breaking 指在化学品生产单位内交通主干道、交通次干道、交通支道与车间引道上进行工程施工、吊装吊运等各种影响正常交通的作业。

非常规作业 non-routine operation 指临时性的、缺乏程序规定的以及承包商作业的活动。

高处作业 work at height 指距坠落高度基准面 2m 及其以上，在有可能坠落的高处进行的作业。分为一级、二级、三级和特级高处作业。

坠落高度 highness of falling 又称作业高度。指从作业位置到坠落基准面的垂直距离。

盲板抽堵作业 blind plate operation指在设备抢修或检修过程中，设备、管道内存有物料(气、液、固态)及一定温度、压力情况时的盲板抽堵，或设备、管道内物料经吹扫、置换、清洗后的盲板抽堵。

受限空间作业 operation at confined space 指进入或探入化学品生产单位的受限空间进行的作业。

HSE 管理体系 health，safety，and environment management system (HSEMS) 指实施安全、环境与健康管理的组织机构、职责、做法、程序过程和资源等而构成的整体。

HSSE 管理体系 health，safe，security，environment management system 指实施健康、安全、公共安全(防恐)与环境管理的组织机构、职责、做法、程序过程和资源等而构成的整体。

QHSE 管理体系 quality，health，safety，environment management system 指实施质量、安全、环境与健康管理的组织机构、职责、做法、程序过程和资源等而构成的整体。

突发事件 emergency 指突然发生，造成或者可能造成严重社会危害，需要采取应急处置措施予以应对的自然灾害、事故灾难、公共卫生事件和社会安全事件。

应急预案 emergency response plan 针对可能发生的事故，为迅速、有序地开展应急行动而预先制定的行动方案。

预警 early-warning 指在灾害或灾难以及其他需要提防的危险发生之前，根据以往总结的规律或观测得到的可能性前兆，向相关部门发出紧急信号，报告危险情况，以避免危害在不知情或准备不足的情况下发生，从而最大程度地减低危害所造成的损失的行为。

工艺安全事故 process safety accident 指危险化学品(能量)的意外泄漏(释放)，造成人员伤害、财产损失或环境破坏的事件。

事件成因图 event and causal factor charting(ECFC) 指按照事件发生的时间顺序，利用图形编辑的手段整理、组织、展示证据的一种事故分析方法。

保护层分析 layer of protection analysis(LOPA) 指对降低不期望事件频率或后果严重性的独立保护层的有效性进行评估的一种过程(方

法或系统）。

定量风险评价方法 quantitative risk analysis（QRA）method 在识别危险分析方面，定性和半定量的评估是非常有价值的。但是这些方法仅是定性，不能提供足够的定量化，特别是不能对复杂的，并存在危险的工业流程等提供决策的依据和足够的信息。在这种情况下，必须能够提供完全的定量的计算和评价。定量风险评价可以将风险的大小完全量化，风险可以表征为事故发生的频率和事故的后果的乘积。QRA对这两方面均进行评价，并提供足够的信息，为业主、投资者、政府管理者提供有利的定量化的决策依据。

故障假设分析方法 what … if（WI）analysis method 是一种对系统工艺过程或操作过程的创造性分析方法。使用该方法的人员应对工艺熟悉，通过提问（故障假设）来发现可能的潜在的事故隐患（实际上是假想系统中一旦发生严重的事故，找出促成事故的潜在因素，在最坏的条件下，这些导致事故的可能性）。

故障类型及影响分析 failure mode and effect analysis（FMEA）系统安全工程的一种方法。根据系统可以划分为子系统、设备和元件的特点。按实际需要，将系统进行分割，然后分析各自可能发生的故障类型及其产生的影响，以便采取相应的对策，提高系统的安全可靠性。

故障树分析 fault tree analysis（FTA）一种描述事故因果关系的有方向的“树”，是安全系统工程中的重要的分析方法之一。它能对各种系统的危险性进行识别评价，既适用于定性分析，又能进行定量分析。具有简明、形象化的特点，体现了以系统工程方法研究安全问题的系统性、准确性和预测性。FTA作为安全分析评价和事故预测的一种先进的科学方法，已得到国内外的公认和广泛采用。

可操作性研究 operability-study（OS）一种以系统工程为基础，针对化工装置而开发的危险性评价方法。它的基本过程是以关键词为引导，找出过程中工艺状态的变化（即偏差），然后再继续分析造成偏差的原因、后果及可以采取的措施。

人员可靠性分析 human reiliability analysis（HRA）人员可靠性行为是人机系统成功的必要条件，人的行为受很多因素影响。这些“行为成因要素”可以是人的内在属性，如紧张、情绪、教养和经验；也可以是外在因素，如工作间、环境、监督者的举动、工艺规程和硬件界面等。

事故树分析 accident tree analysis（ATA）见“故障树分析”。

危险和操作性研究 hazard and operability study（HAZOP）也即危险与可操作性分析。是英国帝国化学工业公司(ICI)于1974年对化工装置开发的一种危险性评价方法。其基本过程是以关键词为引导，找出系统中工艺过程或状态的变化，即偏差，然后再继续分析造成偏差的原因、后果及可采取的对策。

危险因素 risk factor 指能对人造成伤亡或对物造成突发性损害的因素。

危险指数方法 risk rank(RR) 通过评价人员对几种工艺现状及运行的固有属性(是以作业现场危险度、事故概率和事故严重度为基础，对不同作业现场的危险性进行鉴别)进行比较计算，确定工艺危险特性重要性大小及是否需要进一步研究的安全评价方法。目前已有许多种危险指数方法得到广泛的应用，如危险度评价法，道化学公司的火灾、爆炸危险指数法，帝国化学工业公司(ICI)的蒙德法，化工厂危险等级指数法等。

系统安全 system safety 指在系统生命周期内应用系统安全工程和系统安全管理方法，辨识系统中的危险源，并采取有效的控制措施使其危险性最小，从而使系统在规定的性能、时间和成本范围内达到最佳的安全程度。

预先危险性分析方法 preliminary hazard analysis(PHA)又称初始危险分析，是安全评价的一种方法。是在每项生产活动之前，特别是在设计的开始阶段，对系统存在危险类别、出现条件、事故后果等进行概略地分析，尽可能评价出潜在的危险性。

作业条件危险性分析 operating condition risk analysis 对具有潜在危险的环境中作业的危险性进行定性评价的一种方法。它是由美国的格雷厄姆(K. J. Graham)和金尼(G. F. Kinnly)提出的。对于一个具有潜在危险性的作业条件，影响危险性的主要因素有三种：发生事故或危险事件的可能性 L；暴露于这种危险环境的情况(频率) E；事故一旦发生可能产生的后果 C。用公式表示：$D = LEC$。式中：D 为作业条件的危险性，D 值越大，作业条件的危险性越大。

事件树分析 event tree analysis (ETA)起源于决策树分析(DTA)，它是一种按事故发展的时间顺序由初始事件开始推论可能的后果，从而进行危险源辨识的方法。事件树分析法是一种时序逻辑的事故分析方法，它以一初始事件为起点，按照事故的发展顺序，分成阶段，一步一步地进行分析，每一事件可能的后续事件只能取完全对立的两种状态(成功或失败，正常或故障，安全或危险等)之一的原则，逐步向结果方面发展，直到达到系统故障或事故为止。所分析的情况用树枝状图表示，故称事件树。它既可以定性地了解整个事件的动态变化过程，又可以定量计算出各阶段的概率，最终了解事故发展过程中各种状态的发生概率。

化学暴露指数　chemical exposure index(CEI)提供一种简单的方法评价可能的化学释放事件对邻近工厂的人员或居民产生的严重健康危害。确定风险的准确数值是很困难的，但是CEI系统提供一种评价相对危险等级的方法，它不确定某一特定设计是否安全。CEI应用于：初始工艺过程危险分析(PHA)；计算分布等级指数(DRI)；通过审定工艺过程，提出消除、减少或减轻释放的建议；应急响应计划。易燃和爆炸危险不包括在本指数内。

火灾爆炸指数　fire & explosion index(F&EI)1964年，道化学公司火灾爆炸危险指数评价方法第一版发布。经过几十年的实际运用，F&EI评价法已经发展为一种能给出单一工艺单元潜在火灾、爆炸损失相对值的综合指数。F&EI的最初目的是作为选择火灾预防方法的指南，目前其更多的用途是针对装置的关键特征，提供一种给单一工艺单元进行相对分级的方法。

安全台账　safety log book 又称安全管理台账或安全生产台账，是反映一个单位安全生产管理的整体情况的资料记录。应包括安全组织、安全会议、安全教育、安全检查、隐患治理、事故管理、安全考核与奖惩等七类内容。加强安全生产台账管理不仅可以反映安全生产的真实过程和安全管理的实绩，而且为解决安全生产中存在的问题，强化安全控制、完善安全制度提供了重要依据，是规范安全管理、夯实安全基础的重要手段。

行为安全　behavior-based safety 是帮助员工识别不安全行为并选择安全行为的过程，研究重点是员工的不安全行为。行为安全的四个关键组成部分是行为观察与反馈、审查行为观察数据、改进目标、强化改进目标。

安全生产标准化　work safety standardization 为安全生产活动获得最佳秩序，保证安全管理及生产条件达到法律、行政法规、部门规章和标准等要求制定的规则。企业通过建立健全的安全生产责任制、安全生产规章制度和操作规程，以风险管理为基础，排查治理隐患，规范安全生产行为，使各生产环节符合有关安全生产法律法规和标准规范的要求，人、机、物、环处于良好的生产状态，持续改进，建立安全生产长效机制，形成常态化、规范化、标准化管理。

安全许可　safety permit 又称作业许可。是指在开展某项非常规作业或特殊作业前，必须获得书面授权和指示的证明。

12 节能环保

12.1 环评

环境背景值 environmental background value 又称为环境地球化学背景值。指环境要素在未受污染时，化学物质的正常含量以及环境中能量分布的正常值，反映了环境质量的原始状态。通常以平均含量表示。按环境要素可分为大气环境背景值、水环境背景值、土壤环境背景值等；按范围大小则可分为全球环境背景值及区域环境背景值。一般指项目建设前所处地区的环境质量现状。

环境容量 environmental capacity 指在不影响环境正常功能或作用的情况下，或是在维持生态平衡和不超过人体健康阈值的前提下，环境所能承受污染物的最大允许量或能力。

环境承载力 environmental carrying capacity 指某一时期，某种环境状态和结构在不发生对人类生存发展有害变化的前提下，所能承受的人类活动限值。是环境自我调节能力的度量，包括资源、能源、人口、交通、经济及环境等各个系统的生态阈值。

生态功能区划 ecological function zoning 根据区域生态环境要素、生态环境敏感性与生态服务功能空间分异规律，将区域划分成不同生态功能区的过程。

环境友好技术 environmentally friendly technology 主要包括预防污染的少废或无废工艺技术和产品技术，同时也包括治理污染的技术，如末端技术。

环境质量评价 environmental quality assessment 对环境要素或区域环境性质的优劣进行定量描述，并对改善和提高人类环境质量的方法及途径进行研究的科学。

污染源评价 pollution source assessment 以判别主要污染源和主要污染物为目的的评价。

建设项目环境影响评价 environmental impact assessment for construction project 指在一定区域内进行开发建设活动，事先对拟建项目可能对周围环境造成的影响进行调查、预测和评定，并提出防治对策和措施，为项目决策提供科学依据。

环境影响技术评估 technical review of environment impact assessment 根据我国现行环保规定，建设项目环境影响评价文件编制完成后，由环境影响技术评估单位对环境影响评价文件(主要是内容和结论)进行技术评估，评估结果为环保行政主管部门(也可为建设单位)决策提供依据。

建设项目环境风险评价 environmental risk assessment on construction project 对建设项目建设和运行期间发生的可预测突发性事件或事故(一般不包括人为破坏及自然灾害)引起有毒有害、易燃易爆等物质泄漏，或突发事件产生新的有毒有害物质，所造成的对人身安全与环境的影响和损害进行评估，提出防范、应急与减缓措施。

环保“三同时”制度 “three-simultaneous” system in environmental protection 根据我国《环境保护法》第26条规定：“建设项目中防治污染的措施，必须与主体工程同时设计、同时施工、同时投产使用。防治污染的设施必须经原审批环境影响报告书的环保部门验收合格后，该建设项目方可投入生产或者使用。”这一规定在我国环境立法中通称为“三同时”制度。

环境质量监测 environmental quality monitoring 通过对影响环境质量因素的代表值的监测，确定环境质量(或污染程度)及其变化趋势。是环境工程设计、环境科学研究、企业环境管理和政府环境决策及监管的重要基础和手段。

监视性环境监测 surveillance environmental monitoring 对指定的有关项目(指标)进行定期的、长时间的监测，以确定环境质量及污染源状况、评价控制措施的效果，衡量环境标准实施情况和环境保护工作的进展。

应急环境监测 emergency environmental monitoring 指在发生环境污染事故时进行的环境监测，以确定污染物浓度、扩散方向、速度和危及范围，为控制污染提供支持。

环境污染 environment pollution 指人类在工农业生产和生活消费过程中向自然环境排放的、超过其自然环境消纳能力的有害物质或有害因子，致使环境系统的结构与功能发生变化而引起的一类环境问题，如大气污染、水体污染、噪声污染、固体废物污染等问题。

污染源 pollution source 指排放各种污染物的源头，即向环境排放有害物质或对环境产生有害影响的场所、设备及装置。炼油企业的污染源一般指生产工艺过程中的污染物排放源。

污染物 pollutant 指进入环境后使环境的正常组成、状态、性质及结构发生变化，直接或间接有害于人类健康、生存和发展的物质。

污染排放总量控制制度 total pollutant emission control system 以环境质量目标为基本依据，对区域内各污染源的污染物排放总量实施控制的管理制度。在实施总量控制时，首先必须科学确定某个目标区域的允许污染物排放总量，而后应控制污染物的排放总量小于或等于相应的允许排放总量。

排污权交易 emission trading 在满足环境要求的条件下，建立合法的污染物排放权力即排污权(这种权力通常以排污许可证的形式表现)，并允许这种权力像商品那样被买入和卖出，以此来进行污染物的排放控制。

排污收费制度 pollution levy system(PLS)按照污染物的种类、数量和浓度，依据法定的征收标准和方法，对向环境排放污染物或者超标排放污染物的排污者征收费用的制度。

排污许可制度 pollutant discharge permit system 以污染总量控制为基础，对污染物排放的数量、种类、排放地点和方式进行控制的一项制度。

排污申报登记制度 discharge declaration and registration system 对污染源和污染物排放进行管理的一种制度。根据该项制度的要求，一切向环境排放污染物的单位或者个人，应当向所在地的环境保护部门申报登记所拥有的污染物排放设施、处理设施和在正常作业条件下排放污染物的种类、数量和浓度，并提供防治污染的有关技术资料。如果排放污染物的种类、数量和浓度有重大改变，也应当及时申报。

突发环境事件 abrupt environmental accident 突然发生，造成或者可能造成环境污染和生态损害，导致重大人员伤亡、重大财产损失或对全国或者某一地区的经济社会稳定、政治安定构成重大威胁和损害，有重大社会影响的涉及公共安全的环境事件。

限期治理制度 deadline governance system 一种行政强制措施。指有关人民政府依法以行政命令的形式，责令对环境造成严重污染的企事业单位，在限定的时间内治理污染。

环境保护 environmental protection 指采取行政的、法律的、经济的、技术的多方面措施，防治环境污染和破坏，合理开发利用自然资源，保持和发展生态平衡，保障人类社会经济与环境健康协调发展。

环境敏感区 environmental sensitive area 依法设立的各级各类自然、文化保护地，以及对建设项目的某类污染因子或者生态影响因子特别敏感的区域。

绿色技术 green technology 指有利于保护、改善环境的技术。(1)包括清洁生产、“三废”治理、环境监测、生态农业等高新技术；(2)具有高度战略性，与可持续发展的战略密不可分，是可持续发展的技术基础；(3)是一个发展着的相对概念，随着时间推移及科技的进步，绿色技术的内涵及外延也会随之变化及发展；(4)对高新技术的容量很大，许多高新技术都可在绿色技术中发挥巨大作用。

末端治理 end-of-pipe treatment 在生产过程的末端，对产生的污染物进行的治理。

环境限批 environment limited approval 针对环境影响评价执行率低、“三同时”违法现象严重或未按期完成污染物总量削减目标的地区或行业，对超过污染物总量控制指标、国家主要控制断面不能满足环境功能区划要求的河流流域，多次发生特大重大环境污染事故、环境风险隐患突出的行政区域，暂停审批新建项目环境影响评价的政策。

循环经济 circular economy 以“减量化、再利用、资源化”为原则，以提高资源综合利用效率为核心，促进资源利用由“资源→产品→废物”的线性模式向“资源→产品→废物→再生资源”的循环模式转变，以尽可能少的资源消耗和环境成本，实现经济社会可持续发展，使社会经济系统与自然生态系统相和谐。

环保尽职调查 environmental protection due diligence 了解目标公司在实际经营过程中是否存在违反环境保护的法律规定或由于环境污染而可能受到处罚或承担赔偿责任的情况，以及判断目标公司在环境保护方面需要承担的责任和可能面临的风险。

环境空气质量指数 ambient air quality index (AQI)定量描述环境空气质量状况的无量纲指数。

大气环境防护距离 atmospheric environment protection zone 为保护人群健康，减少正常排放条件下大气污染物对居住区的环境影响，在建设项目厂界以外设置的大气环境防护距离(及大气环境防护区域)。

企业环境报告书 corporate environmental report 主要反映企业的管理理念、企业文化、企业环境管理的基本方针以及企业为改善环境、履行社会责任所做的工作。它以宣传品的形式在媒体上公开向社会发布，是企业环境信息公开的一种有效形式。

节水型企业 water-saving enterprise 采用先进适用的管理措施和节水技术，经评价用水效率达到国内同行业先进水平的企业。

取水量 quantity of water intake 指企业从各种水源提取的水量。包括取自地表水、地下水、城镇供水工程，以及从市场购得的其他水及水的产品(如蒸汽、热水、地热水等)，不包括企业自取的海水、苦咸水、城镇污水再生水等以及企业外供给市场的水的产品而取用的水量。

主体功能区 major-function zone 基于不同区域的资源环境承载能力、现有开发密度和发展潜力等要素，将特定区域确定为特定主体功能定位类型的一种空间单元。一定的国土空间具有多种功能，但必有一种主体功能。我国各地区各种自然环境和资源条件差别迥然，各地区不能按照统一的发展模式进行发展。根据全国整体发展规划及各地具体情况，我国国土空间按开发方式划分，分为优化开发区域、重点开发区域、限制开发区域和禁止开发区域；按层级划分，则分为国家和省级两个层面。

主体功能区划　major-function oriented zoning（MFOZ）在对不同区域的资源环境承载能力、现有开发密度和发展潜力等要素进行综合分析的基础上，以自然环境要素、社会经济发展水平、生态系统特征以及人类活动形式的空间分异为依据，划分出具有某种特定主体功能的地域空间单元。

环境功能　environmental function 指环境各要素及其所构成的系统对人类生存、发展所承担的职能、任务和作用。包括：（1）提供人类生存、生产所必需的资源；（2）对环境污染和生态破坏的净化调节功能；（3）美学功能。

环境功能区划　environmental funcition zoning 环境实现科学管理的一项基础工作。环境功能区划是从整体空间观点出发，根据自然环境特点和经济社会发展状况，把规划区分为不同功能的环境单元，以便具体研究各环境单元的环境承载力及环境质量的现状与发展变化趋势，提出不同功能环境单元的环境目标和环境管理对策。

12.2　污水

排水系统　sewerage system 收集、输送、处理、再生和处置污水和雨水的设施以一定方式组合成的系统。

工业污水　industrial wastewater 在工业生产过程中被使用过，为工业物料所污染，在质量上已不符合生产工艺要求、要从生产系统中排出的水。

污污分治　respectively treatment of sewages 根据污水的不同水质特性以及处理后的去向，分别采用不同工艺进行处理的方式。采用污污分治可以提高污水处理效率和效果。

清污分流　separate clean water from wastewater 结合污水处理工艺特点和处理后水回用要求，将污染特性不同的高污染水和低污染水（或微污染水）分开，便于分质处理和分别回用，达到减少外排污染物量和降低水处理成本的处理方式。

污水单排量　wastewater discharge amount per ton of crude 企业每加工单位原材料（或以某主要原材料为代表），或得到单位产品（或以某主要产品为代表），需要最终排入环境的污水量。对炼油企业来说，指加工每吨原油最终排入环境的污水量。

污水预处理 sewage pretreatment 炼油企业的污水处理场一般采用除油-生化流程，为满足该流程对水质的要求而设置的前处理。

污水深度处理 wastewater advanced treatment 经过一级、二级处理后的污水，为使水质满足资源化利用或达到更为严格的排放标准而进行的进一步提高水质的处理方法。

污水回用 wastewater reuse 经二级处理和深度处理后的污水，再用于生产或生活杂用的过程，如作为循环水系统的补充水、锅炉水系统的给水、绿化用水等。

污水排海管道 sewage pipeline discharging into the sea 敷设于海中用于排放污水的管道，由放流管和扩散器组成。放流管是指由陆上污水处理设施将污水经调压井输送至扩散器的管道；扩散器是指在海域分散排放污水的管道。

污水排海混合区 initial dilution area for sewage discharging into the sea 由扩散器排出的污水与环境水体直接混合后形成的水域。它离排污点最近，其范围包括从水底到水面的水域空间，其水质在任一瞬时，尚未达到目标水域所要求的水质标准。

生产污水 polluted industrial wastewater 生产工艺过程中产生的污水，还包括水温过高(被污染的凝结水)、排放后造成热污染的工业污水。

含油污水 oily wastewater 在原油加工过程中与油品接触使水中含油的水，包括冷凝水、介质水、生成水、油品洗涤水、油泵轴封水等。这些水中的主要污染物是油，还包括少量硫化物、挥发酚、氰化物等污染物。

含盐污水 saline wastewater 含有硫酸根、碳酸根、磷酸根等盐离子，以盐浓度较高为显著特征的污水。

碱渣污水 alkaline residue wastewater 炼油生产过程中产生的碱渣经湿式氧化等工艺预处理后得到的污水。

含硫污水 sour water 含有较高浓度的硫化物和氨，同时含有挥发酚、氰化物和石油类等污染物的污水，如加工装置分离罐的排水、富气洗涤水及部分污油罐的排水等。

脱硫净化水 desulfurized purified water 含硫污水以物理或化学的方式，比如汽提工艺，全部或部分去除含硫物质后得到的水。

清净废水 clean wastewater 是一个旧有的名词。一般指在正常工况下装置区排出的污染程度较轻的污水，即其水质指标基本符合纳污水体的水质指标要求(如未被污染的间接冷却水排水等)。一般可通过清污分流，并严格监管后直接排放。

污染雨水 polluted rainwater 雨水溶解了大量气体及气溶胶，如酸性气体、汽车尾气、工厂废气等，降落地面后，又由于冲刷地面及构筑物，如屋面、道路、工地等，使得雨水中含有大量的有机物、病原体、重金属、悬浮固体等污染物质，不能直接排放到自然水体中，形成了污染雨水。在炼油厂应为生产区的初期雨水，由雨水冲刷装置区的地面与构筑物，受其污染而产生的污水。

厂区生活污水 domestic wastewater in plant area 厂区内因办公、就餐等生活行为而产生的污水。

总氮 total nitrogen 指水样中所有的含氮化合物所含的氮，是有机氮、氨氮、亚硝酸盐氮和硝酸盐氮的总和。

总凯氏氮 total Kjeldahl nitrogen (TKN) 指以凯氏法测得水样中的含氮量，包括氨氮和在此条件下能被转化为铵盐而测定的有机氮化合物。

硝酸盐氮 nitrate nitrogen 指水样中以 NO_3^- 形式存在的无机氮氧化物中的氮。

亚硝酸盐氮 nitrite nitrogen 指水样中以 NO_2^- 形式存在的无机氮氧化物中的氮。它是氨氮进行硝化反应的中间产物，不稳定，易被氧化成硝酸盐氮。

总酚 total phenol 酚是羟基与芳香环直接相连的一类物质的总称，水样中所有酚类物质统称为总酚。酚类化合物是一种原生质毒物，对微生物有较高的毒害作用，影响生化处理效果。

挥发酚 volatile phenol 部分酚类能够与水蒸气一起蒸出，通常将沸点在230℃以下的酚类称为挥发酚(属一元酚)。

石油类 petroleum 原油开采、储存、运输、加工过程中，进入到水体中所有碳氢化合物及其衍生物的总称。根据其测定方法，系指在规定的条件下能够被四氯化碳萃取且不被硅酸镁吸附的物质。

浮油 floating oil 油珠粒径一般大于100μm，在水中分散颗粒较大，静置后能较快上浮，以连续相的油膜漂浮在水面上。

分散油 dispersed oil 油珠粒径为10~100μm，以微小的油珠悬浮在水中，不稳定，静置后易形成浮油。

乳化油 emulsified oil 油珠粒径小于10μm，一般为0.1~2μm，形成稳定的乳化液，且油滴在污水中分散度愈大愈稳定。

溶解油 dissolved oil 以分子形态或离子态溶解于水中的油，形成稳定的水溶液，油的粒径一般小于0.1μm。

苯系物 benzene series 指单环芳烃，即分子结构中只含有一个苯环的芳烃。苯系物包括苯、甲苯、乙苯、对二甲苯、间二甲苯、邻二甲苯、异丙苯、苯乙烯等物质。

溶解性总固体 total dissolved solids（TDS）指水中溶解组分的总量，包括溶解于水中各种离子和分子的总量，但不包括悬浮物和溶解气体。

溶解氧 dissolved oxygen（DO）指溶解在水中的分子态氧，用每升水中氧的毫克数和饱和百分率表示。溶解氧的饱和含量与空气中氧的分压、大气压、水温和水质有密切的关系。

磷酸盐（以P计） phosphate（as P）水体中磷酸盐（包括正磷酸盐、聚磷酸盐、有机磷酸盐等）的含量，折算成P含量计。

硫化物 sulfide 指水溶性无机硫化物和酸溶性金属硫化物，包括溶解性的H_2S、HS^-、S^{2-}，以及存在于悬浮物中的可溶性硫化物和酸可溶性金属硫化物。

余氯 residual chlorine 在水的氯化消毒过程中，所投加的氯经过一定接触时间后，除了与水中的细菌和还原性物质发生作用被消耗外，还应有适量的剩余氯留在水中，以保证持续的杀菌能力，这部分氯就称为余氯。

格栅除污机 bar screen machine 利用格栅齿的循环运动，对格栅上的污染物进行连续去除的专用除污设备。一般设置在污水处理场的最前端。

沉砂池 grit chamber 以降低流速为前提，使污水中携带的泥沙等杂物在重力作用下自行下降到池底，或为了提高沉砂效果，必要时可以投加絮凝剂再进行去除的构筑物。

污水除油处理 oil removal treatment for wastewater 通过一定的除油方法，对污水中携带的石油类物质进行去除的过程。

隔油池 oil separation tank 利用油与水的密度差异，分离去除污水中颗粒较大的悬浮油的一种处理构筑物。

平流隔油池 horizontal flow oil separation tank 隔油池的一种，主要特点是水流呈水平向平行流动，依靠油水的密度差异对油水进行分离的构筑物。

斜板隔油池 inclined plate oil separation tank 在普通隔油池中设置一定倾角的斜板进行油分上浮分离及重油、杂质下沉分离的含油废水处理构筑物。

旋流除油器 cyclone oil separator 利用高速旋转的液体产生的离心力场，使不同密度的油、水在离心力作用下实现快速分层，以实现油的去除的专用除油设备。

罐中罐除油 "tank within tank" oil separation 在隔油罐中设置内（除油）罐，利用旋流原理，使油、水在离心力作用下快速分层，其中油相通过收油器进行回收，水相通过虹吸管线进入外罐，以实现油水分离的专用除油设备。

污水粗粒化 coalescence of oily wastewater 指利用油水两相对聚结材料亲和力的不同，使微细油珠在聚结材料表面集聚成为较大颗粒或油膜，从而达到油水分离的过程。

气浮 flotation 通过某种方法产生大量微气泡，黏附水中悬浮和脱稳胶体颗粒(如水中乳化油等)，在水中上浮完成液-液或固-液分离的一种过程。包括浅层气浮、溶气气浮、电凝聚气浮、散气气浮等。

溶气气浮 dissolved-air flotation 在水中溶气达到饱和状态情况下，瞬时减压释放，气体以微气泡逸出，黏附水中杂质(包括石油类)上浮，以达到除油效果的处理方法。有加压溶气气浮、真空气浮等。

散气气浮 falloff flotation 指利用机械方法产生大量微气泡完成气浮的工艺，包括叶轮曝气气浮和扩散板曝气气浮。目前前者较为常用。叶轮曝气设备将水面上的空气通过抽风管道转移到水下，在空气输送管底部散气叶轮的高速转动而产生的真空区形成微气泡并螺旋型地上升到水面，从而完成气浮过程，如涡凹气浮等。

气浮滤池 dissolved air flotation and filtration 将传统溶气气浮与滤池进行结合形成的一种新污水处理构筑物。主要目的是去除污水中携带的悬浮物质。一般用于生化后处理。

絮凝反应池 flocculation reaction tank 通过投加合适的化学药剂，使水或液体中悬浮微粒集聚变大，或形成絮团，从而加快粒子的聚沉，达到固液分离目的的构筑物。

混凝沉淀法 coagulation sedimentation 指利用药剂完成混凝反应，使水中污染物凝聚成絮体，通过沉淀方法去除的组合方法。

污水生物处理 wastewater biotreatment 利用生物亦即细菌、霉菌或原生动物的代谢作用处理污水的方法。可分为好氧性和厌氧性处理两种。

B/C 比 BOD/COD ratio 指污水中生化耗氧量和化学耗氧量之比，其值一般用来表示污水生化处理的难易程度及可以达到的水平。当比值大于 0.3 时，可以认为能(易)进行生物降解；而小于 0.3 时，可以认为难以进行生物降解。

可生化降解 COD biodegradable COD 通过常规生化处理工艺可去除的 COD。

难生化降解 COD hard-biodegradable COD 通过常规生化处理工艺难以去除，必须采用特殊工艺，如催化氧化、微电解、高温高压氧化等才能降解的 COD。

生物反应池 biological reaction tank 利用生物处理技术对污水进行

处理的设施。

生物硝化　bio-nitrification 指污水生物处理工艺中，硝化菌在好氧状态下将氨氮氧化成硝态氮的过程。

生物反硝化　bio-denitrification 指污水生物处理工艺中，反硝化菌在缺氧状态下将硝态氮还原成氮气的过程。

水力停留时间　hydraulic retention time（HRT）水流在处理构筑物内的平均驻留时间。从直观上看，可以用处理构筑物的容积与处理进水量的比值来表示。HRT 的单位一般为 h。对生物反应器，代表污水与生物反应器内微生物作用的平均反应时间。

污泥停留时间　sludge retention time 又称作泥龄。指活性污泥在反应池（区）中的平均停留时间。

混合液污泥浓度　mixed liquor suspended solids（MLSS）表示在曝气池单位容积混合液内所含有的活性污泥固体物的总质量，计量单位通常以 g/L 表示。

混合液挥发性污泥浓度　mixed liquor volatile suspended solids（MLVSS）混合液活性污泥中通过高温灼烧被去除的部分，一般代表有机性固体物质部分的浓度。

容积负荷　volume loading 每立方米池容每日负担的有机物量，一般指单位时间负担的化学需氧量。也有用 5 日生化需氧量（曝气池、生物接触氧化池和生物滤池）或挥发性悬浮固体千克数（污泥消化池），单位通常以 kg/（m^3·d）表示。

污泥负荷　sludge loading 曝气池内每千克活性污泥单位时间负担的化学需氧量或 5 日生化需氧量，单位通常以 kg/（kg·d）表示。

污泥膨胀　sludge bulking 指污泥结构极度松散，体积增大、上浮，泥水难于沉降分离影响出水水质的现象。当污泥指数大于 150 时容易出现污泥膨胀现象。

污泥体积指数　sludge volume index（SVI）表示污泥沉降性能的参数。是生化池污泥混合液 30min 沉降体积与相对应的干污泥质量的比值。

污泥回流比　sludge reflux ratio 曝气池中回流污泥的流量与进水流量的比值。

污泥沉降比　sludge settling ratio 指将混匀的曝气池活性污泥混合液迅速倒进 100mL 量筒中至满刻度，静置沉淀 30min 后，沉淀污泥与所取混合液之体积比（%）。又称污泥沉降体积（SV30），以 mL/L 表示。

二次沉淀池　secondary sedimentation tank 设在生物处理构筑物后的沉淀池，用于活性污泥与水的分离。

完全混合式生物处理　completely mixed biotreatment 以完全混合流形

式进行微生物的处理过程。当液体物料粒子进入池子内后，立刻被均匀混合到整个池子内。流出池子的粒子与其统计总体成正比例。

传统推流式生物处理 conventional plug-flow biotreatment 水流流动形式为推流式的曝气池。一般在长方形水池内水流推流前进，进入池内的全部颗粒在池内停留时间相同，由于部分活性污泥从二次沉淀池回流入池，有些颗粒可能多次通过水池。

曝气系统 aeration system 指为好氧生物处理系统输送压缩空气，或向污水充氧的系统，由空气压缩机、管道、阀门、释放器等组成。如浅层曝气、深层曝气、射流曝气等。

纯氧曝气 pure-oxygen aeration 利用纯氧(富氧)代替空气进行曝气的活性污泥法生物处理方法。

延时曝气 extended aeration 活性污泥法的一种形式。特点是污泥负荷低、曝气时间长、有机物氧化度高和产生剩余污泥量少。

活性污泥法 activated sludge process 污水生物处理的一种方法。该法是在人工条件下，对污水中的各类微生物群体进行连续混合和培养，形成悬浮状态的活性污泥。利用活性污泥的生物作用，以分解去除污水中的有机污染物，然后使污泥与水分离，大部分污泥回流到生物反应池，多余部分作为剩余污泥排出活性污泥系统。

氧化沟 oxidation ditch 指反应池呈封闭无终端循环流渠形布置，池内配置充氧和推动水流设备的活性污泥法。主要工艺包括单槽氧化沟、双槽氧化沟、三槽氧化沟、竖轴表曝机氧化沟和同心圆向心流氧化沟等，变形工艺包括一体化氧化沟、微孔曝气氧化沟等。

吸附-生物降解法 adsorption-biodegradation process 在传统的活性污泥法和高负荷活性污泥法的基础上提出的一种新型的超高负荷活性污泥法。该工艺由A段和B段二级活性污泥系统串联组成，并分别有独立的污泥回流系统。AB法处理工艺的突出优点是A段负荷高，抗冲击负荷能力强，特别适用于处理浓度较高、水质水量变化较大的污水。

序批式活性污泥法 sequencing batch reactor activated sludge process (SBR)指在同一反应池(器)中，按时间顺序由进水、曝气、沉淀、排水和待机五个基本工序组成的活性污泥污水处理方法，简称SBR法。其主要变形工艺包括循环式活性污泥工艺(CASS或CAST工艺)、连续和间歇曝气工艺(DAT-IAT工艺)、交替式内循环活性污泥工艺(AICS工艺)等。

厌氧-缺氧-好氧活性污泥法 anaerobic-anoxic-oxic activated sludge

process(AAO)指通过厌氧、缺氧和好氧等工序组合去除水中有机物、氮、磷等污染物的污水处理方法，如A/O法等。

短程硝化反硝化技术 shortcut nitrification denitrification technology 生物脱氨氮经过硝化和反硝化两个过程，当反硝化反应以NO_2^-为电子受体时，生物脱氮过程则经过NO_2^-途径，称为短程硝化反硝化技术。其基本原理是将硝化过程控制在亚硝酸盐阶段，阻止NO_2^-的进一步硝化，然后直接进行反硝化。

粉末活性炭活性污泥法 powdered activated carbon treatment process (PACT)利用活性炭载体，使炭在处理污水过程中炭表面上生成生物膜，产生活性炭吸附和微生物氧化分解有机物的协同作用的污水生物处理过程。

膜生物法 membrane biological process 指把生物反应与膜分离相结合，以膜为分离介质替代常规重力沉淀固液分离，从而获得较好的出水水质，并能改变反应进程和提高反应效率的污水处理方法。简称MBR(膜生物反应器)法，其处理系统有浸没式(S-MBR)及外置式(R-MBR)等。

滗水 decantiation 指在不扰动沉淀后的污泥层、挡住水面的浮渣不外溢的情况下，将上清液从水面撇除的操作。一般用于SBR工艺。

生化曝气器 biochemical aerator 向好氧生物反应器不断充氧的设施，如转盘曝气装置、散流式曝气器、射流式曝气器、鼓风式潜水曝气机、转刷曝气装置、机械表面曝气装置等。

生物膜 biofilm 指附着生长在填料表面上的具有污水净化功能的膜状微生物聚集体。

生物膜法 biofilm process 利用固着在惰性材料表面的膜状生物群落处理污水或废气的方法。生物滤池法、生物接触氧化法和生物转盘法均属于此种方法。

生物载体 biological carrier 为微生物提供栖息和生长的场所，同时是固定微生物(挂膜)的固体介质(填料)或载体。

悬浮填料 suspended media; suspended carrier 指使用时在被处理水体中处于悬浮、流化状态的填料。

悬挂式填料 suspension type stuffing 指安装时把填料两端(或一端)分别拴扎在各种类型支架上使用的填料。

挂膜 biofilm formation 指微生物在填料基质表面生长并逐渐稳定起来的过程，是膜法生化处理的重要环节。

填料容积负荷 media volumetric loading 指每立方米填料每天处理污染物的量。随着去除的污染物及生化过程的不同，有化学需氧量(5

日生化需氧量)容积负荷、硝化容积负荷、反硝化容积负荷等。

生物滤池 biological filter 一种用于处理污水的生物反应器，内部填充有惰性过滤材料，材料表面生长生物群落，用以处理污染物。

生物转盘 rotating biological disk 一种好氧处理污水的生物反应器。由水槽和一组圆盘构成，圆盘下部浸没在水中，圆盘上部暴露在空气中。圆盘表面生长有生物群落，转动的转盘周而复始地吸附和氧化有机污染物，使污水得到净化。

生物接触氧化法 bio-contact oxidation process 一种好氧生物膜污水处理方法。该系统由浸没于污水中的填料、填料表面的生物膜、曝气系统和池体构成。在有氧条件下，污水与固着在填料表面的生物膜充分接触，通过生物降解作用去除污水中的有机物、营养盐等，使污水得到净化。

生物流化床 biological fluidized bed 为提高生物膜法的处理效率，以填料作为生物膜载体，通过曝气使载体呈流化状态，从而在单位时间加大生物膜同污水的接触面积和充分供氧，并利用填料流化状态强化污水生物处理过程的构筑物，如MBBR池。

曝气生物滤池 biological aerated filter(BAF)由接触氧化和过滤相结合的污水处理构筑物。在有氧条件下，完成污水中有机物氧化、过滤、反冲洗过程，使污水获得净化。

生物活性炭反应器 biological activated carbon reactor 以活性炭为载体形成生物膜，在水质净化过程中同时发挥活性炭的吸附和生物膜的降解作用的技术。

工程菌 engineering microbe (EM)用基因工程的方法，使外源基因得到高效表达的菌类细胞株系。工程菌是采用现代生物工程技术加工出来的新型微生物，具有多功能、高效和适应性强等特点。

厌氧反应器 anaerobic reactor 在无氧条件下，厌氧微生物使污水中的有机物进行生物降解和稳定的设施。如升流式厌氧污泥床、厌氧颗粒污泥膨胀床反应器、内循环厌氧反应器等。

水解酸化 hydrolysis acidogenesis 在厌氧条件下，利用水解-产酸菌的生化反应，截留和吸附进水中的颗粒物质与胶体物质，将不溶性有机物水解为溶解性物质，将大分子、难于生物降解的物质转化为易于生物降解的小分子有机物质(如有机酸类等)的处理工艺。

污水自然处理 natural treatment of wastewater 充分利用自然环境中的净化能力来进行污水处理的一种工艺。主要特点是自然、能耗低，但所需要的占地面积相对较大。如稳定塘、土地处理系统、人工湿地等。

过滤 filtration 指借助滤料截除水中杂质的过程。如砂滤、多介质过滤器、流砂过滤器、自动清洗网式过滤器、微孔过滤装置等。

活性炭吸附 active carbon adsorption利用活性炭(及改性活性炭)的物理吸附、化学吸附、氧化、催化氧化和还原等性能去除水中污染物的深度处理方法。如固定床吸附、膨胀床吸附等。

吸附剂再生 adsorbent regeneration 指在吸附剂本身结构不发生或极少发生变化的情况下，用某种方法将吸附质从吸附剂微孔中除去，从而使吸附饱和的吸附剂能够重复使用的处理过程。

电凝聚处理设备 electric coagulating equipment 采用电化学方法产生氢氧化物作为混凝剂，使污水中污染物发生氧化还原反应，生成不溶于水的絮体或者气体，从而使污水净化。

污水化学氧化法 chemical oxidation process for wastewater 利用化学氧化原理对污水中的污染物进行降解处理，使污水无害化的方法。

污水臭氧氧化 ozone oxidation for wastewater 用臭氧作氧化剂对污水进行降解，提高可生化性，进行净化和消毒处理的方法。

Fenton 试剂 Fenton reagent 指过氧化氢与催化剂 Fe^{2+} 构成的氧化体系。在催化剂作用下，过氧化氢产生两种活泼的羟基自由基，从而引发自由基链反应，加快有机物和还原性物质的氧化。Fenton 试剂一般在 pH = 3.5 下应用，在该 pH 值时羟基自由基生成速率最大。

污水湿式氧化 wet air oxidation for wastewater(WAO)在高温(125～320℃)、高压(0.5～20MPa)条件下通入空气，使污水中的高分子有机化合物氧化降解为无机物或小分子有机物的方法。

污水缓和湿式氧化 mild wet air oxidation for wastewater 以空气中的 O_2 为氧化剂，在相对较低的反应温度(100～200℃)与适宜的操作压力(0.12～3.15MPa)下，保持反应器内水处于液相状态，把污水中的硫化物或有机物分别氧化为亚硫酸盐、硫酸盐或小分子有机物。

污水湿式催化氧化 catalytic wet air oxidation for wastewater 在一定的温度、压力和催化剂的作用下，经空气氧化，使污水中的有机物氧化分解成 CO_2、H_2O 等无害物质，达到净化的目的。

污水空气氧化法 air oxidation for wastewater 利用空气将污水中的负二价硫离子氧化为无毒的硫代硫酸盐和硫酸盐的方法。

污水微电解技术 micro-electrolysis technology for wastewater 指通过填充在污水中的微电解材料(如铁碳电极)产生电位差，在酸性电解质的溶液中发生电化学反应对污水进行处理的技术。

杀藻剂 algicide 能够在较低浓度下有效抑制藻类生命过程，在较短时间导致藻类死亡的化学剂，如具有强氧化作用、强渗透作用的物质等。

污水回用处理 wasterwater reuse treatment以水回用为目的、适应不同回用水质要求、对处理后的油达标污水进行的再处理。包括污水适度处理回用(对水质要求较低，如循环水场补充水等)和污水深度处理回用(对水质要求较高，如锅炉给水的补充水等)。

污水膜分离法 memebrane separation process for wastewater 利用膜的选择透过性进行分离或浓缩水中的离子或分子的方法。

离子交换 ion-exchange 采用离子交换剂去除水中某些盐类离子的过程。

电渗析 electrodialysis 在电场作用下，利用离子交换膜对水中阴、阳离子的选择透过性，使离子透过离子交换膜进行迁移的过程。是一种将盐类与水分离的技术，可实现溶液的淡化、浓缩、精制或纯化等的工艺过程。

反渗透 reverse osmosis(RO) 以高于渗透压的压力作为推动力，利用反渗透膜(一种半透膜)只能透过溶剂(如水)进入低压侧，而不能透过溶质的选择透过性，将溶液中的其他组分(如盐)阻挡在膜的高压侧，并随浓溶液排出，从而达到有效分离的过程。

超滤 ultrafiltration(UF)以压力为驱动力，使待处理水流过孔径为5~100nm 的滤膜，分离相对分子质量范围为几百至几百万的溶质和微粒(如截留其中的悬浮物、大分子和细菌)的过程。

纳滤 nanofiltration(NF)以压力为驱动力，用以脱除多价离子(如钙、镁、硫酸根等)、部分一价离子和相对分子质量 200~1000 的有机物的膜分离过程。

微滤 microfiltration(MF)在压力作用下，使待处理水流过孔径为0.05~5μm 的滤膜，截流水中杂物的过程。

膜降解 membrane degradation 指膜被氧化或水解造成膜性能下降的过程。

膜污堵 membrane fouling 指膜因有机污染物、微生物及其代谢产物的沉积造成膜性能下降的过程。

膜结垢 membrane scaling 指盐类的浓度超过其溶度积在膜面上的沉淀。

膜清洗 membrane cleaning 根据膜的实际运行情况，在膜的压差上升、产水量下降等情况下，使用酸碱对膜进行清洗，或使用专用膜清洗药剂对膜进行清洗，恢复膜的功能的过程。

污泥处理 sludge treatment 对污泥进行调质、浓缩、脱水、干化或焚烧的处理过程。

污泥处置　sludge disposal 对污泥的最终消纳方式。一般将污泥脱水或干化后填埋等。

污泥综合利用　sludge integrated application 污泥处理或处置的最佳途径之一，即将污泥作为原材料在各种用途上加以利用的方法。如油泥、浮渣进焦化装置处理。

剩余活性污泥　excess activated sludge 从二次沉淀池、生物反应池(沉淀区或沉淀排泥时段)排出系统的活性污泥。

油泥　oil sludge 炼油企业在生产过程中产生的污泥，主要来自油罐底、污水均质罐(池)底、隔油罐(池)底等。

浮渣　scum 在气浮系统处理过程中产生的、以渣的形式上浮到水面的含油污染物质。

消化污泥　digested sludge 经过厌氧或好氧降解的污泥。与原污泥相比，有机物总量有一定程度的降低，污泥性质趋于稳定。

化学污泥　chemical sludge 在水处理过程中加入化学药剂(如石灰等碱类)后形成的污泥。

污泥含水率　moisture content of sludge 污泥中所含水分的质量与污泥总质量之比的百分数。

污泥调质　sludge conditioning 提高污泥浓缩、脱水效率的一种预处理方法。通常在污泥中添加调质剂，如石灰、高分子絮凝剂等，或对污泥进行热处理。

污泥消化　sludge digestion 通过厌氧或好氧的方法，使污泥中的有机物进行生物降解和稳定的过程。

污泥浓缩　sludge thickening 采用重力、气浮、机械或在加压、减压条件下降低污泥含水率并减少污泥体积的方法。

污泥重力浓缩法　gravity sludge thickening method 利用自然重力作用使污泥中的间隙水得以分离的方法。

污泥气浮浓缩法　flotation sludge thickening method 使微小气泡附着在悬浮污泥颗粒上，以减小污泥颗粒密度随小气泡一同上浮而与水分离的方法。

污泥脱水　sludge dewatering 浓缩污泥进一步去除含水量的过程。一般采用机械脱水。

污泥离心脱水　centrifugal sludge dewatering 利用离心力作为推动力进行污泥脱水的方法。

污泥真空过滤　sludge vacuum filtration 利用真空泵等机械使过滤介质背面减压，正面处于大气压力下的污泥进行过滤脱水的方法。

污泥板框压滤　sludge plate-frame pressure filtration 将具有滤后水通路的沟或孔的滤板滤框平行交替配置，滤布夹在板和框中间，用端板压紧连接在一起。污泥从进料口压入滤框内，加压过滤后污泥堆积在框内，通过滤布的水从排水口排出。

污泥带式压滤 sludge belt press filtration 利用污泥带式压滤机进行污泥脱水的方法。污泥带式压滤机由两条平行的、许多辊子支撑的环形过滤带组成，一条过滤带置于另一条过滤带的上面，传送到两条过滤带间的污泥由于相互压挤而被强制加压脱水。

叠螺式污泥脱水机 stacked spiral sludge dewatering machine 脱水机的叠螺主体是由固定环和游动环相互层叠，螺旋轴贯穿其中形成的过滤装置。前段为浓缩部，后段为脱水部。固定环和游动环之间形成的滤缝以及螺旋轴的螺距从浓缩部到脱水部逐渐变小。污泥在浓缩部经过重力浓缩后，被运输到脱水部，在前进的过程中随着滤缝及螺距的逐渐变小，以及背压板的阻挡作用下，产生极大的内压，容积不断缩小，达到充分脱水的目的。

污泥干化 sludge drying 通过自然蒸发、加热蒸发等作用，从污泥中去除大部分水分的过程。一般指采用自然蒸发的污泥干化场(床)等或采用蒸汽、烟气、热油等热源进行蒸发的干化设施。

污泥自然干化法 sludge natural drying method 通过自然蒸发、渗透和重力分离等作用，使泥水分离，达到脱水及干化的目的。处理方法较简单，但占地面积很大，场地卫生条件差，目前实际应用日趋减少。人工滤层污泥干化床是其改进型的一种。

污泥热干化 sludge heat drying 通过将脱水污泥加热蒸发等作用，对污泥进行传热和传质扩散并从污泥中去除大部分水分的处理工艺。可分为直接热干化、间接热干化、直接-间接联合式热干化等形式。目前较常用的设备有带式污泥干化机、涡轮薄层污泥干化机、转鼓污泥干化机、流化床污泥干化机等。

污泥焚烧 sludge incineration 利用焚烧将污泥高温分解和深度氧化使之成为少量灰烬的处理工艺。如回转窑、沸腾流化床、机械炉排等。

污泥湿式燃烧 sludge wet burning 又称污泥湿式氧化。指污泥中的有机物在有水介质存在的条件下，经过适当的压力和温度所进行的快速氧化过程。适合处理有机物含量大的污泥。

12.3 废气

空气污染 air pollution 由于人类活动或自然过程，使得排放到大气中的物质浓度及持续时间足以对人的舒适感、健康，以及对设施或环境产生不利影响时，称为空气污染。

燃烧废气 combustion emissions 在加热物料和发生蒸汽的过程中，

煤、油、气等燃料燃烧时排放的废气，如加热炉、锅炉等排放的废气。

工艺废气 waste gas from production process 在生产工艺过程中产生并排入大气的废气。

排气筒高度 height of exhaust tube 排气筒（或其主体建筑构造）所在地面至排气筒出口处的高度。

烟气排放连续监测 continuous emission monitoring(CEM) 对固定污染源排放的污染物进行连续、实时跟踪测定；每个固定污染源的总测定小时数不得小于锅炉、炉窑总运行小时数的 5%；每小时的测定时间不得低于 45min。

标准状态下的干烟气 dry flue gas under standard condition 指在温度 273K，压力为 101.3kPa 条件下不含水汽的烟气。

有效烟囱高度 effective stack height 烟囱排出烟气扩散公式中采用的高度，即烟囱高度加上烟气抬升高度。烟气抬升高度取决于烟气出口速度、温度及风速等因素，也可能受地形的影响。

烟气抬升高度 lifting height of flue gas 烟气离开烟囱排放口后，由于受到浮力和惯性力作用而上升的高度。

环境空气质量标准 ambient air quality standard 规定了大气环境中的各种污染物在一定的时间和空间范围内的容许含量的标准。该类标准反映了人群和生态系统对环境质量的综合要求，也反映了社会为控制污染危害，在技术上实现的可能性和经济上可承担的能力。大气环境质量标准是大气环境保护的目标值，也是评价污染物是否达到排放标准的依据。

大气污染物排放标准 air pollutant release standard 为了控制污染物的排放量，使空气质量达到环境质量标准，对排入大气中的污染物数量或浓度所规定的限制标准。

大气污染物特别排放限值 special limitation for air pollutant 指为防治区域性大气污染，改善环境质量，进一步降低大气污染源的排放强度，更加严格地控制排污行为而制定并实施的大气污染物排放限值。该限值适用于重点地区，如火电厂锅炉烟气二氧化硫排放标准定为 $50mg/m^3$。

空气污染物 air pollutant 由于人类活动或自然过程，排放到大气中的对人或环境产生不利影响的物质，包括常规污染物和特征污染物（如非甲烷总烃、苯等芳烃类物质等）。

总悬浮颗粒物 total suspended particle(TSP) 指悬浮在空气中的空气动力学当量直径≤100μm 的颗粒物。

可吸入颗粒物 inhalable particle (PM10) 指悬浮在空气中的空气动力学当量直径≤10μm 的颗粒物。

细颗粒物 fine particulate matter (PM2. 5)指悬浮在空气中的空气动力学当量直径≤2. 5μm 的颗粒物。

气溶胶 aerosol 固体颗粒、液体颗粒或二者在气体介质中的悬浮体系(如烟气脱硫尾气中存在的氨溶胶、钙溶胶等)。这些颗粒物在该体系中的降落速度很小。

粉尘 dust 通常指空气动力当量直径在 75μm 以下的固体小颗粒物(如催化裂化再生烟气中的催化剂粉尘等),能在空气中悬浮一段时间,靠本身重量可从空气中沉降下来。

林格曼黑度 Ringelmann blackness 用视觉方法对烟气黑度进行评价的一种方法。共分为六级,分别是:0、1、2、3、4、5 级,5 级为污染最严重。

氮氧化物 nitrogen oxide 指空气中主要以一氧化氮和二氧化氮形式存在的氮的氧化物。一般以 NO_2计。

非甲烷总烃 non-methane hydrocarbon(NMHC)指除甲烷以外的所有可挥发的碳氢化合物(其中主要是 C_2~C_8)。

挥发性有机化合物 volatile organic compound(VOC)指常温下饱和蒸气压大于 70Pa、常压下沸点在 260℃以下的有机化合物;或在 20℃条件下蒸气压大于或等于 0. 01kPa,具有相应挥发性的全部有机化合物。

半挥发性有机化合物 semi-volatile organic compound(SVOC)一般指沸点在 170~350℃,蒸气压在 0~1. 3332Pa 的有机物。

苯并[a]芘 benzo[a]pyrene (BaP)由 5 个苯环构成的多环芳烃,是 1933 年第一次由沥青中分离出来的一种致癌物。环境空气质量标准中的 BaP,是指存在于颗粒物(粒径小于等于 10μm)中的苯并[a]芘。

恶臭污染物 odor pollutant 指所有刺激人体嗅觉器官、引起不愉快以及损坏生活环境的气体物质,如硫化氢、氨以及硫醇、硫醚等小分子含硫有机物等。

臭气浓度 odor concentration 指恶臭气体(包括异味)用无臭空气进行稀释,稀释到刚好无臭时,所需的稀释倍数。

大气污染源 air pollution source 指排放大气污染物的设施或指排放大气污染物的建筑构造(如车间等)。大气污染源分为天然污染源(火山喷发、森林火灾、土壤风化等)和人为污染源(如油气储罐和生产装置等)。

无组织排放 non-organizational emission 指大气污染物不经过排气筒的无规则排放。低矮排气筒(一般排气筒高度小于 15m)的排放属于有组织排放,但是由于在一定条件下也可造成与无组织排放相同的环境影响,因此在执行"无组织排放监控浓度限值”指标时，将不扣除由此类排气筒造成的对监控点污染物浓度的贡献值。

无组织排放监控浓度限值 non-organizational emission surveillance and control density limitation value 指监控点的污染物浓度在任何1h的平均值不得超过的限值。监控点是根据《大气污染物排放标准》附录C的相应规定，为判别无组织排放是否超过标准而设立的监测点。

无组织排放源 non-organizational emission source 指设置于露天环境中具有无组织排放的设施，或指具有无组织排放的建筑构造(如车间、工棚等)。

含硫废气 sour gas 又称酸性气，指煤、石油转化过程中产生的含有硫氧化物、氮氧化物、硫化氢及二氧化碳等的气体。

低压瓦斯 low pressure gas 炼油生产过程中产生的压力较低，直接排往火炬系统或需增压回收的瓦斯气。

高压瓦斯 high pressure gas 炼油生产过程中产生的压力较高，可直接利用的瓦斯气。

烟尘 fume 指在燃料燃烧、高温熔融和化学反应等过程中形成的飘浮于空中的固体颗粒物。典型的烟尘是烟筒里冒出的黑色烟雾，即燃烧不完全的细小黑色炭粒。

油罐“大呼吸”损耗 oil tank big breathing loss 收油时油罐内气相空间的不断变化而引起的动态损耗。

油罐“小呼吸”损耗 oil tank small breathing loss 油罐内的油品由于压力和温度而产生的静态损耗。

炉内脱硫 furnace desulfurization 在燃烧过程中，向炉内加入固硫剂如$CaCO_3$等，使煤中硫分转化成硫酸盐，随炉渣、飞灰排出，如循环流化床锅炉(CFB)。

烟气脱硫剂 flue gas desulfurizer 是脱硫剂中的一种，用于脱除烟气中二氧化硫的药剂，如石灰石、NaOH、氨等。

烟气脱硫效率 flue gas desulfurization efficiency 单位时间内烟气脱硫系统脱除的二氧化硫量占进入脱硫系统烟气中二氧化硫量的百分比。

钙硫化学计量比 calcium-sulfur stoichiometric proportion 投入脱硫系统中钙基吸收剂与脱硫系统脱除硫的摩尔比。它同时表示脱硫系统在达到一定脱硫效率时所需要的脱硫吸收剂的过量程度。

吸收剂利用率 absorbent utilization ratio 脱硫系统中与硫反应所用吸收剂量与加入吸收剂总量之比。

烟气再循环 flue gas recirculating 在锅炉的空气预热器前抽取一部分低温烟气直接送入炉内，或与一次风或二次风混合后送入炉内，这样不但可降低燃烧温度，而且也降低了氧气浓度，进而降低了 NO_x 的排放浓度。

飞灰再循环 fly ash recirculating 将尾部烟道收集的部分飞灰再送入炉膛燃烧。

石灰-石膏法烟气脱硫技术 lime-gypsum flue gas desulfurization technology 用石灰石粉和水混合成的浆液作脱硫剂，在塔内与烟气充分接触混合以去除烟气中二氧化硫的烟气脱硫技术。反应生成硫酸钙，硫酸钙达到一定饱和度后，结晶形成二水石膏，然后经过浓缩、脱水形成含水量小于10%的石膏。

氧化镁法烟气脱硫技术 magnesia flue gas desulfurization technology一种采用氧化镁作为脱硫剂的脱硫工艺。氧化镁与烟气中的二氧化硫反应，生成亚硫酸镁和少量硫酸镁，而后或将亚硫酸镁彻底氧化为硫酸镁，再进行浓缩以制取七水硫酸镁；或控制脱硫产物为亚硫酸镁，再分解为二氧化硫及氧化镁，达到脱硫剂循环使用的烟气脱硫技术。

双碱法烟气脱硫技术 dual-alkali flue gas desulfurization technology 采用钠基脱硫剂，脱除烟气中的二氧化硫，脱硫产物用氢氧化钙进行还原再生，再生出的钠基脱硫剂循环使用的烟气脱硫技术。

钠碱法烟气脱硫技术 sodium alkali flue gas desulfurization technology 以氢氧化钠溶液作脱硫剂，脱除烟气中的二氧化硫的湿式烟气脱硫工艺。

氨法烟气脱硫技术 ammonia flue gas desulfurization technology 以氨基物质作脱硫剂，脱除烟气中的二氧化硫并回收副产物(如硫酸铵等)的湿法烟气脱硫工艺。

有机胺法烟气脱硫技术 organic amine flue gas desulfurization technology 属于回收法。以有机胺为吸收剂，将胺用喷嘴雾化后，喷入吸收器内完成二氧化硫的吸收；吸收二氧化硫后的富液经再生后循环使用，再生出的二氧化硫可作为硫酸、液体二氧化硫或硫黄生产中所需原料。

石膏脱水 gypsum dewatering 在吸收塔浆液池中形成的脱硫石膏，被输送至石膏旋流器，脱去其中的大部分水分的过程。目前，为开拓石膏的利用空间，进一步要求将二水石膏制取半水石膏，对脱硫石膏的脱水过程提出了更高的要求。

脱硫副产物的氧化率 oxidation rate of desulfurated accessory substance 脱硫副产物固体物料中亚硫酸钙氧化成硫酸钙的程度。它在数值上等于脱硫副产物的固体物料中硫酸根离子的物质的量除以硫酸根离子物质的量与亚硫酸根离子物质的量之和。

脱硫副产物的含湿量 moisture content of desulfurated accessory

substance 脱硫副产物固体物料中水的质量分数，但不包括固体物料中的结晶水。

低氮氧化物燃烧技术 low NO_x combustion technology 采用适当的燃烧装置或燃烧工况，以降低燃烧产物(烟气)中的氮氧化物生成量的燃烧方式。

烟气脱硝还原剂 flue gas denitration reductant 脱硝系统中用于与氮氧化物发生还原反应的物质及原料，如氨系还原剂(氨、尿素等)、碳系还原剂(炽热炭、甲烷等)等。

臭氧低温氧化脱硝技术 low temperature ozonation denitration 利用臭氧的强氧化作用，将烟气中难溶于水的一氧化氮氧化成易溶于水的高价态氮氧化物，然后在洗涤塔内将氮氧化物吸收转化为溶于水的物质的方法。

重力除尘器 gravity dust collector 利用自身重力使尘粒从烟尘中沉降分离的除尘器。

惯性除尘器 inertial dust collector 利用粉尘的惯性将粉尘从含尘气体中分离出来的除尘器。

离心除尘器 centrifugal dust collector 利用含尘气体的旋转流动，使粉尘在惯性力的作用下沿径向移动而被分离出来的除尘器。

多管旋风除尘器 multiple cyclone 指多个旋风除尘器并联使用组成一体，并共用进气室和排气室，以及共用灰斗，而形成的多管除尘器。

静电除尘器 electrostatic precipitator 利用强电场使尘粒带电，并在静电场的作用下将尘粒分离、捕集的装置。

洗涤过滤式除尘器 filtering scrubber 利用不断被液体冲洗的过滤介质捕集含尘气体中粉尘的湿式除尘器。

水浴式除尘器 water bath type dust collector 将烟气以高速喷出，撞击液面激起大量的泡沫和水滴，达到净化烟气目的的除尘器。

泡沫式除尘器 bubbling scrubber 依靠含尘气体流经筛板产生的泡沫捕集粉尘的湿式除尘器。

水膜式除尘器 water film scrubber 通过在除尘器器壁表面上形成自上向下流动的水膜，并利用烟气旋转的惯性力将尘粒抛向水膜而被水流带走，从而达到除尘目的的除尘器。

文丘里管除尘器 Venturi scrubber 含尘气流经过喉管形成高速湍流，使液滴雾化并与粉尘碰撞、凝聚后被捕集的湿式除尘器。

袋式除尘器 bag filter 利用由过滤介质制成的袋状或筒状过滤元件来捕集含尘气体中粉尘的除尘器。

恶臭 odor 各种气味(异味)的总称。大气、水、废弃物中的异味通过空气介质，作用于人的嗅觉思维而被感知。

恶臭强度 odor intensity 一种恶臭物质的臭气强度随着其浓度的增加而增强，其强度可划分为六级：0级，无臭；1级，勉强感到轻微臭味；2级，容易感到轻微臭味；3级，明显感到臭味；4级，强烈臭味；5级，无法忍受。

密闭脱水 closed dewatering 在密闭管道和密闭容器中实施脱水，避免物料挥发污染。

密闭采样 closed sampling 整个采样过程为全密闭状态，最大限度地减少物料挥发，保护操作人员免受伤害与减少环境污染以及保障样品的真实性。

密闭吹扫 closed purging 对要吹扫的管道、设备进行密闭，将吹扫气体密闭回收或处理，避免吹扫气体直接排放而污染大气。

油气回收 vapor recovery 指在装卸油品过程中，对挥发的油气进行收集，并通过吸收、吸附、冷凝或膜分离等工艺，使油气从气态转变为液态，达到回收利用的目的。

油气排放浓度 vapor emission concentration 标准状态下（温度273K，压力101.3kPa），排放每立方米干气中所含非甲烷总烃的质量，单位为g/m^3。

浸没式装油 immersion loading 将装油管插入罐底部将油装入罐中的方法。装油管出油口通常位于油品液面以下，减少了油品湍流，挥发量少。

喷溅式装油 splash loading 装油管略微伸入罐内，油品喷入罐中的方法。装油管出油口位于油品液面以上，油品湍流大，挥发量大。

油气回收吸收法(洗涤法) absorption process for vapor recovery (washing method) 利用吸收剂对油气有较好的溶解度，将油气吸收到吸收剂中，从而实现油气的回收。

油气回收吸附法 adsorption process for vapor recovery 利用吸附剂对油气有较好的吸附能力，将油气吸附于吸附剂中，从而实现油气的回收。

油气回收冷凝法 condensation process for vapor recovery 利用油气在不同的温度和压力条件下具有不同的饱和蒸气压的特性，对油气实行加压冷却，将油气转化为液态，从而实现油气的回收。

油气回收膜分离法 membrane separation process for vapor recovery 在压力驱动下借助气体中各组分在高分子膜表面上的吸附能力以及在膜内溶解-扩散上的差异，利用膜分离器将油气分离。

油气收集系统泄漏点 vapor collection system leakage point 油气收集系统可能发生泄漏的部位，如油气回收密封式快速接头、铁路罐车顶装密封罩、阀门、法兰等。

有机废气低温等离子体法 non-thermal plasma (NTP) process

for organic waste gas 通过高电压放电形式，获得非热平衡等离子体，即产生大量的高能电子或高能电子激励产生的 O、OH、N 基等活性粒子，破坏 C—H、C—C 等化学键，使尾气分子中的 H、Cl、F 等发生置换反应，最终生成二氧化碳和水蒸气的方法。

有机废气热力燃烧 thermal combustion of organic waste gas 依靠辅助燃料燃烧时产生的热能，提高废气的温度，使废气中烃及其他污染物迅速氧化，转变为二氧化碳和水蒸气的方法。

有机废气蓄热燃烧 regenerative combustion of organic waste gas 利用陶瓷材料作为热交换的介质，将燃烧后的高温烟气热能回收并用来预热燃烧所需空气的废气燃烧方法。

有机废气催化燃烧 catalytic combustion of organic waste gas 在催化剂存在下，废气中可燃组分在较低温度下进行燃烧，利用催化剂的催化活性将有机组分直接完全氧化成二氧化碳和水蒸气的方法。

有机废气生物制剂法 biological agent method for organic waste gas 通过喷洒生物酶制品、植物提取液或微生物除臭剂等生物制剂分解去除废气中有机物的方法。

有机废气生物处理法 biological treatment method of organic exhaust gas 利用吸附在填料(含滤料)及(或)水溶液中的微生物，对富集在生物膜上或溶于水中的有机物进行生物氧化降解的方法。如生物过滤法、生物滴滤法、生物洗涤法等。

恶臭掩蔽法 odor masking method 用掩蔽剂破坏恶臭物质的发臭基团，达到除臭效果的方法。

恶臭稀释法 odor dilution method 用新鲜空气去稀释恶臭气体直到无臭味的方法。

恶臭稀释倍数 odor dilution ratio 用新鲜空气去稀释恶臭气体直到无臭味所需要的气体量。

恶臭气体碱液吸收法 alkali absorption method for malodorous gas 用碱液吸收酸性恶臭气体，通过中和反应将恶臭气体净化的方法。

12.4 固体废弃物

工业固体废物 industrial solid waste 固体废物是指在生产、生活或其他活动中产生的丧失原有利用价值或者虽未丧失利用价值但被抛弃或者放弃的固态、半固态或置于容器中的气态的物品、物质以及法律、行政法规规定纳入固体废物管理的物品、物质。工业固体废物指来自各工业生产部门的生产加工及流通过程中所产生的固体废物。

固体废物的压实 compaction of solid waste 利用压力减少废物的体积或外形尺寸，提高废物的容重，以减少运输费用。

固体废物的破碎 crushing of

solid waste 废物处理的一种方法(单元操作)，使固体废物进一步破损或破裂为更小的碎块(片)。破碎的主要目的是将固体废物变成适合于进一步加工或能经济地再处理的形状与大小。

固体废物的分选 separation of solid waste 废物处理的一种方法(单元操作)，将固体废物选择性地分成两种或两种以上的物质或分成不同的粒度级别。目的是将废物中可回收的物质分选出来，或将不利于后续处理(如焚烧)或处置(如填埋)工艺要求的物料拣出。

固体废物的固化 solidification of solid waste 在固体废物中添加适当的凝结剂(如水泥、沥青、石膏等)，使其转变为不可流动固体或将有害物质封闭在固化体内不被浸出的过程。

固体废物的减量化 reduction of solid waste 指通过实施适当的技术或手段，减少产生的固体废物量及体积。如污泥的消化、脱水、干化。

固体废物的资源化 resource utilization of solid waste 指采取各种技术及管理措施，从固体废物中回收具有使用价值的物质及能源，使之成为可利用的二次资源。如油泥、浮渣进焦化处理。

固体废物的无害化 harmless treatment of solid waste 指通过适当的技术对废物进行处理，使其不对周围环境产生污染，不损坏人体健康。

固体废物的生物转换技术 biological conversion technique of solid waste 指通过各种技术手段，借助微生物的生物能，对固体有机废物进行生物处理，从而实现固体废物稳定化、无害化及资源化的技术。

危险废物 hazardous waste 指列入国家危险废物名录或者根据国家规定的危险废物鉴定标准和鉴别方法认定的具有腐蚀性、毒性、易燃性、反应性和感染性等一种或一种以上危险特性，以及不排除具有以上危险特性的固体废物，如油泥、加氢含镍废催化剂等。

危险废物浸出毒性 hazardous waste extraction toxicity 固体废物遇水浸沥，浸出的有害物质迁移转化，污染环境，这种危害特性称为浸出毒性。

持久性有机污染物 persistent organic pollutant (POP) 具有毒性、生物蓄积性和半挥发性，在环境中持久存在，且能在大气中长距离迁移并返回地表，对人类健康和环境造成严重危害的有机化学污染物质。

危险废物焚烧 hazardous waste incineration 指焚化燃烧危险废物使之分解并无害化的过程。

危险废物焚烧残余物 incineration residues of hazardous waste 指焚烧危险废物排出的燃烧残渣、飞灰和经尾气净化装置产生的固态物质。

危险废物填埋场 hazardous waste landfill 处置危险废物的一种陆地处置设施。它由若干个处置单元和构筑物组成，处置场有界限规定。主要包括废物预处理设施、废物填埋设施和渗滤液收集处理设施。

危险废物储存 hazardous waste storage 指危险废物再利用或无害化处理和最终处置前的临时存放。

一般工业固体废物 general industrial solid waste 指未被列入《国家危险废物名录》或者根据国家规定的 GB 5085 鉴别标准和 GB 5086 及 GB/T 15555 鉴别方法判定不具有危险特性的工业固体废物。

工业固体废物储存场/处置场 storage/disposol site for industrial solid waste 将一般工业固体废物置于符合《一般工业固体废物储存、处置场污染控制标准》(GB 18599) 规定的非永久性的集中堆放场所。

12.5 噪声

环境噪声污染 environmental noise pollution 所产生的环境噪声超过国家规定的环境噪声排放标准，并干扰他人正常生活、工作和学习的现象。

工业企业厂界环境噪声 industrial entreprises noise at boundary 在工业生产活动中使用固定设备等产生的、在厂界处进行测量和控制的干扰周围生活环境的声音。

噪声敏感建筑物 noise sensitive buildings 医院、学校、机关、科研单位、住宅等需要保持安静的建筑物。

噪声频谱分析 noise spectrum analysis 对声源所发出的声音进行频率组成及其声级大小的分析。

噪声衰减 noise attenuation 噪声在传播过程中逐渐减弱的过程。包括扩散衰减和吸收衰减。扩散衰减是由于噪声在传播过程中，波前的面积随着传播距离的增加而不断扩大，声能逐渐扩散，从而使单位面积上通过的声能相应减少，使声强随着离声源距离的增加而衰减。吸收衰减是噪声在介质中传播时，由于介质的内摩擦、黏滞性、导热性等特性使声能不断被介质吸收转化为其他形式的能量，使声强逐渐衰减。

最大声级 maximum sound level 在规定的测量时间内或对某一独立噪声事件，测得的 A 声级最大值，用 L_{max} 表示，单位 dB(A)。

声压级 sound pressure level 表示声压相对大小的指标。声压与基准声压的比值以 10 为底的对数乘以 20，单位为 dB。

累积百分声级 cumulative percentile sound level 在规定的测量时间 T 内所测得的声级中，有 $N\%$

的时间超过某一声级“LA”值，则这个“LA”值称为累积百分声级LN，单位为 dB(A)。

倍频带声压级 sound pressure level in octave band 采用符合 GB/T 3241 规定的倍频程滤波器所测量的频带声压级，其测量带宽和中心频率成正比。本标准采用的室内噪声频谱分析倍频带中心频率为 31.5Hz、63Hz、125Hz、250Hz、500Hz，其覆盖频率范围为 22～707Hz。

声强级 sound intensity level 表示声强度相对大小的指标。其值为声强与基准声强的比值以 10 为底的对数 乘以 10，单位 dB。

声功率级 sound power level 声功率与基准声功率的比值以 10 为底的对数乘以 10，单位为 dB。

声阻抗率 specific acoustic impedence简称声阻抗。在声波分布的介质中某点的瞬时声压 p 与该点处质点振动速度 v 的比值，用 Z_s 表示，$Z_s=p/v$，单位为 Pa·s/m。

噪声源 noise source 向周围辐射噪声的振动物体。

空气动力性噪声 aerodynamic noise 空气流动或物体在空气中运动引起空气产生涡流、冲击或者压力突变导致空气扰动而形成的噪声。

机械性噪声 mechanical noise 由于机械设备运转时，部件间的摩擦力、撞击力或非平衡力，使机械部件和壳体产生振动而产生的噪声。

电磁性噪声 electromagnetic noise 由电磁场交替变化而引进某些机械部件或空间容积振动而产生的噪声。

电声性噪声 electro-acoustic noise 指由于电声转换而产生的噪声。

工业噪声 industrial noise 工业生产过程中，由于机器或设备运转以及其他活动所发出的，使人有不舒适感觉的不和谐声响。

低频噪声 low-frequency noise 频率在 200Hz 以下的噪声。

中频噪声 mid-freqency noise 频率在 500～2000Hz 的噪声。

高频噪声 high-freqency noise 频率在 2000～16000Hz 的噪声。

频发噪声 frequent noise 指频繁发生、发生的时间和间隔有一定规律、单次持续时间较短、强度较高的噪声。如排气噪声、货物装卸噪声等。

偶发噪声 sporadic noise 指偶然发生、发生的时间和间隔无规律、单次持续时间较短、强度较高的噪声。

突发噪声 burst noise 指突然发生、持续时间较短、强度较高的噪声。如锅炉排气、工程爆破等产生的较高噪声。

背景噪声 background noise 被测量噪声源以外的声源发出的环境噪声的总和。

稳态噪声 steady noise 在测量时间内，被测声源的声级起伏不大于 3dB 的噪声。

非稳态噪声 non-steady noise 在测量时间内，被测声源的声级起伏大于 3dB 的噪声。

起伏噪声 fluctuation noise 为随机噪声(长时间统计满足正态分布)，故又称白色噪声(类似白光的频谱)。

脉冲噪声 impulse noise 是非连续的，由持续时间短和幅度大的不规则脉冲或噪声尖峰组成。

吸声 sound absorption 声波通过多孔的吸声材料或空腔共振结构而使声音消减的过程。

吸声系数 sound absorption coefficient 声波入射到吸声材料或吸声结构时所被吸收的声能与入射声能的比值。

吸声材料 sound absorption material 具有较强的吸收声能、减低噪声性能的材料。

吸声板结构 sound-absorbing panel structure 由多孔吸声材料与穿孔板组成的板状吸声结构。

吸声体 absorber 一种悬挂或摆放于室内的吸声构件。

薄板共振吸声结构 sheet resonance sound-absorbing structure 由薄板(胶合板、石膏板、硬质纤维板、金属板等)及薄板和刚性壁面之间的空气层组成。当声波入射到薄板上时，薄板则发生振动并弯曲变形，由于板内及板与固体支点(龙骨)之间的摩擦耗损，使部分声能被吸收的结构。

薄膜共振吸声结构 film resonance sound-absorbing structure 由人造革、漆布、不透气的帆布、塑料薄膜等膜状材料及膜与刚性壁之间的空气层所组成的结构。

穿孔板共振吸声结构 perforated panel resonance sound-absorbing structure 由穿孔板(表面上打孔的金属板或非金属板)及板与刚性壁面之间的空气层所组成的结构。

隔声 sound insulation 利用隔声材料和隔声结构阻挡声能的传播，把声源产生的噪声限制在局部范围内，或在噪声的环境中隔离出相对安静的场所。

透声系数 sound transmission coefficient 隔声构件透声能力的大小，用透声系数来表示。它等于透射声功率与入射声功率的比值。

透声损失 sound transmission loss 墙或间壁一面的入射声能与另一面的透射声能相差的分贝数。

隔声材料 sound insulation material把空气中传播的噪声隔绝、隔断、分离的一种材料、构件或结构。

隔声罩 acoustic enclosure 用来阻隔机械设备向外辐射噪声或用于防止外界噪声投入的罩子。

隔声屏 sound barrier 指用来阻挡噪声源与接收者之间直达声的障板或帘幕。

消声 noise elimination 为使噪声级符合规定的噪声标准而采取的降低噪声的措施。

消声器 silencer muffler 一类既能允许气流通过，又能阻止或减弱声波传播的装置。它是控制气流噪声通过管道向外传播的有效工具。

阻性消声器 absorption silencer 利用装置在管道(或气流通道)的内壁或中部的阻性材料(吸声材料)的吸声作用使噪声衰减，从而达到消声目的的消声器。

抗性消声器 reactive muffler 通过管道截面的突变处或旁接共振腔等在声传播过程中引起阻抗的改变而产生声能的反射、干涉，从而降低由消声器向外辐射的声能，以达到消声目的的消声器。

阻抗复合式消声器 impedance composite silencer 把阻性结构和抗性结构按照一定的方式组合起来，构成的消声器。

微穿孔板消声器 fin diaphragm orifice silencer 以微穿孔板吸声结构作为消声器的贴衬材料，由于共振孔很小($d<1$mm)，从而提高了声阻，减少声量而达到消声作用的消声器。

干涉式消声器 interfered muffler 利用相干波的相互抵消作用达到消声目的的消声器。

高压气体排放小孔消声器 micropore muffler of high pressure gas blow-off 指一种专门用于降低高压气体排放噪声的消声装置。该装置采用频移原理，由孔径不大于5mm、并按一定节距排列的孔群构件组成。

隔振 vibration isolation 利用波动在物体间的传播规律，在振源和需要防振的设备之间安置隔振装置的方法。使振源产生的大部分振动为隔振装置所吸收，减少了振源对设备的干扰，从而达到减少振动的目的。

主动隔振 active vibration isolation 指机器本身是振源，它通过机脚、支座传至基础或基座。主动隔振就是隔离振源，使振源的振动经过减振后再传递出去，从而减少对周围环境和设备的影响。

被动隔振 passive vibration isolation 将需要保护的仪器设备与振源隔开的方法。

阻尼弹簧隔振器 damping spring vibration isolator 指用在设备和支承结构之间的弹性元件，该弹性元件由螺旋钢弹簧经阻尼处理构成，旨在减少从该设备向支承结构或从支承结构向该设备传递振动或冲击力。

橡胶隔振器 rubber vibration isolator 指在设备和支承结构之间，旨在减少振动或冲击从该设备向支承结构或从支承结构向该设备的传递，以橡胶为主要材料构成的弹性元件。

阻尼减振 damp vibration reduction 指在金属结构上涂敷一层阻尼材料，使结构振动产生的能量尽可能多地耗散在阻尼层中，从而减少噪声的一种方法。

阻尼材料 damping material 将固体机械振动能转变为热能而耗散的材料，主要用于振动和噪声控制。

12.6 清洁生产

清洁生产 cleaner production 指不断采取改进设计、使用清洁的能源和原料、采用先进的工艺技术与设备、改善管理、综合利用等措施，从源头削减污染，提高资源利用效率，减少或者避免生产、服务和产品使用过程中污染物的产生和排放，以减轻或者消除对人类健康和环境的危害。

清洁生产标准 cleaner production standard 清洁生产标准是资源节约与综合利用标准化工作的重要组成部分。它对企业清洁生产的管理要求、生产工艺和装备要求、污染物控制要求、资源能源利用要求、产品要求及数据采集和计算方法等，都给出了阶段性的指标，以指导企业清洁生产和污染的全过程控制。适用于企业清洁生产的审核和清洁生产企业的评定。

清洁生产评价指标体系 cleaner production assessment indicator system 用来评价企业清洁生产水平，作为创建清洁生产先进企业的主要依据，并为企业持续推进清洁生产提供技术指导。

清洁生产过程 cleaner production process 指尽量少用或不用有毒有害原料；尽量使用无毒、无害的中间产品；减少或消除生产过程的各种危险性因素，如高温、高压、低温、低压、易燃、易爆、强噪声、强振动等；采用少废、无废工艺；采用高效设备；物料的再循环利用(包括厂内和厂外)；简便、可靠的操作和优化控制；完善的科学量化管理等。

清洁产品 cleaner product 指在产品的整个生命周期中，包括生产、流通、使用及使用后的处理处置，不会造成环境污染、生态破坏和危害人体健康的产品。

清洁能源 cleaner energy 指在人类利用过程及最终形态不对环境产生污染或基本不产生污染的能源。

清洁生产审核 cleaner production audit 按照一定程序，对生产和服务过程进行调查和诊断，找出能耗高、物耗高、污染重的原因，提出减少有毒有害物料的使用和产生，降低能耗、物耗以及废物产生的方案，进而选定技术、经济及环境可行的清洁生产方案的过程。

清洁生产审核评估 audit and evaluation of cleaner production 按照

一定程序对企业清洁生产审核过程的规范性，审核报告的真实性，以及清洁生产方案的科学性、合理性、有效性等进行的技术审查。

清洁生产审核重点 key points of cleaner production audit 指企业开展清洁生产审核需重点开展审核工作的环节。这个环节可能是影响生产正常进行的瓶颈部位，可能是产生废物的污染物量大、耗能高的主要环节。

清洁生产方案 cleaner production plan 指在清洁生产审核过程中提出的，可以提高资源、能源利用效率，减少废物或污染物产生的技术改造方案和管理类方案。

持续清洁生产 sustainable cleaner production 是清洁生产审核工作的延续和深化，是企业清洁生产工作取得实质成效的有效途径和必要手段。通过对企业持续清洁生产工作的内容及其相关保障措施的论述，在进一步明确持续清洁生产工作内容的同时，为政府机构、企业自身和清洁生产专业机构在制定持续清洁保障措施时提供科学的参考与借鉴。

清洁生产审核验收 acceptance of cleaner production audit 指企业开展清洁生产审核，通过方案实施取得绩效，编写的审核报告符合要求的阶段性评审。

资源综合利用 resource comprehensive utilization 以先进的科学技术方法，对自然资源各组成要素进行的多层次、多用途的开发利用。

清洁发展机制 clean development mechanism（CDM）《京都议定书》中引入的灵活履约机制之一。核心内容是允许附件1缔约方（即发达国家）与非附件1缔约方（即发展中国家）进行项目级的减排量抵消额的转让与获得，在发展中国家实施温室气体减排项目。

12.7 碳排放

碳源 carbon source 为微生物生长提供碳素来源物质的统称。

碳汇 carbon sink 主要是指森林吸收并储存二氧化碳的多少，或指森林吸收并储存二氧化碳的能力。

碳失汇 missing sink 指大气碳收支不平衡。

碳循环 carbon cycle 碳在生态系统和储存库之间运动、转化和往复的过程。

碳中和 carbon neutral 人们算出日常活动直接或间接产生的二氧化碳排放量，并算出为抵消这些二氧化碳所需的经济成本或所需的碳“汇”数量，然后，个人付款给专门企业或机构，由他们通过植树或其他环保项目来抵消大气中相应的二氧化碳量。

碳吸收 carbon absorption 通过

技术手段将游离的二氧化碳等温室气体固化，并储存起来。

碳捕获与封存 carbon capture and storage 指将人类生产及生活活动产生的碳排放物(主要为二氧化碳)捕获、收集并存储到安全的碳库中，或直接从大气中分离出二氧化碳并安全存储的技术。这种技术被认为是未来大规模减少温室气体排放、减缓全球变暖最经济、可行的方法之一。

碳交易 carbon exchange 在二氧化碳总量管制与交易制度下，排放权已成为有价值的商品。协议允许每个国家排放一定数量的二氧化碳气体或类似气体，然后政府为各自境内的污染户分发排放"配额"，即"碳减排量"。各污染户可以在全球范围内买卖这种配额，称为碳交易。

碳生产率 carbon productivity 指单位二氧化碳的 GDP 产出水平，又称为碳均 GDP。它与单位 GDP 的碳排放强度呈倒数关系。

碳补偿 carbon offset 指个人或组织向二氧化碳减排事业提供相应资金，以充抵自己的二氧化碳排放量。

碳足迹 carbon footprint 人类活动对于环境影响的一种量度。以其产生的温室气体量，按二氧化碳的质量计。它包括两部分：一是燃烧化石燃料排放出二氧化碳的直接(初级)碳足迹；二是人们所用产品从其制造到最终分解的整个生命周期排放出二氧化碳的间接(次级)碳足迹。

碳平衡 carbon balance 指碳的排放和吸收两方面在数量或质量上相等或相抵。

温室效应 greenhouse effect 大气中某些微量或痕量气体含量增加，引起地球平均气温上升的现象。

温室气体 greenhouse gas 指对太阳短波辐射透明(吸收极少)，对长波辐射有强烈吸收作用的二氧化碳、甲烷、一氧化二氮、氯氟烃及臭氧等 30 余种气体。

12.8 节能

标准煤 standard coal; coal equivalent 又称煤当量，具有统一的热值标准。我国规定每千克标准煤的热值为 7000kcal (1kcal = 4.1868kJ)。

标准燃料 standard fuel; reference fuel 计算能源总量的一种模拟的综合计算单位。在能源使用中主要利用它的热能，因此，习惯上都采用热量来作为能源的共同换算标准。由于煤、油、气等各种燃料质量不同，所含热值不同，为了便于对各种能源进行计算、对比和分析，必须统一折合成标准燃料。标准燃料可分为标准煤、标准油、标准气等。国际上一般采用标准煤、标准油较多。世界各国都按本国的用能特点确定自己的能源标准量。

耗能工质 energy-transfer medium 在生产过程中所消耗的不作为原料使用，也不进入产品，在生产或制取时又需要消耗能源的工作物质。

软化水 softened water 指将水中钙、镁等离子去除使硬度降低到一定程度的水。水在软化过程中，仅硬度降低，而总含盐量不变。

除氧水 deoxygenized water 又称脱氧水。是将脱盐水或软化水中的溶解氧脱除后的水，以减轻氧腐蚀危害。脱氧水主要用于锅炉给水。脱氧方法有热力除氧、真空除氧和化学除氧。

冷冻水 refrigerated water 把冷量从制冷机传送到需要进行冷热交换场所的水。

电能 electric energy 表示电流做多少功的物理量，指电以各种形式做功的能力(所以有时也叫电功)。单位是J或kW·h。电能分为直流电能、交流电能、高频电能等。这几种电能均可相互转换。

蒸汽 steam 即水蒸气，是水经蒸发、沸腾或升化，由液体或固体变成的气体。

乏汽 exhausted steam 蒸汽经一次以上蒸煮或蒸发利用后产生的二次蒸汽，并由设备放散的低焓值蒸汽。

燃料 fuel 能产生热能或动力的可燃物质，主要是含碳物质或碳氢化合物。按形态可分为固体燃料、液体燃料和气体燃料。也指能产生核能的物质。

制冷剂 refrigerant 又称冷冻剂，制冷机中的工质。工作时在制冷机中由液态蒸发成气态，气态又冷凝为液态，不断反复进行。当液态制冷剂降压后蒸发成气体时，吸收四周热量，造成低温；气态制冷剂经压缩、冷凝，放出所吸收的热量，回复到原来的液态。

催化烧焦 coke burning in FCC regenerator 在催化裂化装置，部分进料及反应产物(多数来自二次裂化和聚合反应)沉积在催化剂上成为焦炭，焦炭在再生器中燃烧除去，催化剂恢复活性，所释放的热量供给装置。

能量当量值 energy calorific value 按照物理学电热当量、热功当量、电功当量换算的各种能源所含的实际能量。按国际单位制，折算系数为1。

当量热值 equivalent heat value 单位量的某种能源，在绝热状况下按能量守恒定律全部转换为热量，这一热量即为该能源的当量热值。

等价热值 equivalent calorific value 为得到单位量的二次能源或单位量的载能体实际所消耗的一次能源的热量，即为该二次能源或载能体的等价热值。

能源消耗总量　total energy consumption 指规定的能耗体系在一段时间内，实际消耗的各种能源实物量按规定的计算方法和计量单位分别折算为一次能源后的总和。

能源计量　energy measuring 指在能源流程过程中，对各个环节的数量、质量、相关特征参数，进行检测、度量和计算。能源计量可分为一级能源计量、二级能源计量、三级能源计量。

能源计量单位　unit of energy 表示能源的量或单位时间内能源量的计量单位。计量单位应采用法定计量单位。国际单位制计量单位和国家选定的其他计量单位，为我国法定计量单位。如电量的单位是“kW·h”。我国法定计量单位的名称、符号由国务院公布。

能源计量器具配备率　equipping rate of energy measuring instrument 能源计量器具实际的安装配备数量占理论需要量的百分数。

余热(低温余热)　waste heat 以规定温度为基准，被考察体系排出的热载体可释放的热。

能量换算系数　energy conversion factor 燃料、电及耗能工质折为一次标准能源时的系数。我国主要以煤为燃料，所以一直采用以标准煤作为标准燃料。燃料发热量有高位、低位之分，我国统一规定采用低位发热量进行折算，即以低位发热量为29.27MJ 的燃料，作为 1kg 标准煤。对于二次能源折算标准煤系数选取的热量，有当量热值和等价热值。我国统一规定：所有一、二次能源按当量热值折算，只有电力，因是优质能源，除按统一规定采用电力当量热值折算外，可根据需要，再按等价热值另行计算。

㶲(有效能)　exergy 体系中的工质从所处状态转变到环境状态时所能做出的最大有用功。㶲经济学是一门从热力学与经济学相结合的角度研究经济行为的应用性学科。通过㶲经济学分析，可以更加准确地发现用能系统的薄弱环节，从而更加合理地安排用能过程。

显热　sensible heat 物流不发生化学变化或相变化，只是在加热或冷却过程中由于温度变化而吸收或放出的热量。

潜热　latent heat 在恒温、恒压下，物质由一个相转变为另一相时所放出或吸收的热量。

能量品质(能级)　energy quality (energy level)是衡量能量质量的指标，以单位能量中含有㶲的多少来度量。单位能量所含有的㶲称为能级。

综合能耗　comprehensive energy consumption 用能单位在统计报告期内实际消耗的各种能源实物量，按规定的计算方法和单位分别折算为一次能耗后的总和。对企业，综合能耗是指统计报告期内，主要生产系统、辅助生产系统和附属生产系统的综合能耗总和。企业中主要生产系统的能耗量应以实测为准。

单位能量因数能耗 unit energy factor consuming 简称单因能耗，是全厂在每一个能量因数下每加工一吨原油所消耗的能量。计算方法为：单位能量因数能耗=全厂炼油能耗(MJ/t)/同期的炼油能量因数。炼油能量因数由炼油装置因数和辅助系统因数两部分组成。以炼油厂常减压蒸馏装置能耗定额为基准，把常减压蒸馏装置的能量系数定为1，其他炼油装置以平均先进能耗作为该装置的能耗定额，并与常减压蒸馏装置的能耗定额相比，其比值作为该装置的能量系数。各炼油装置的加工量(或产品量)与全厂原油加工量的比值与该装置能量系数的乘积之和，为炼油装置能量因数。辅助系统能量因数由储运系统、污水处理场、其他辅助系统、热力损失和电力损失五部分组成。全厂炼油能量因数为炼油装置因数与辅助系统因数之和与气温修正系数的乘积。气温修正系数是为了消除不同地区气温对能耗的影响，更加合理地确定能耗评价指标，以便于能耗指标的对比。

燃动能耗 energy consumption of fuel and power 统计报告期内各种燃料和动力以及耗能工质等能源的消耗量。

基准能耗 energy consumption baseline 在技术先进、操作优化和科学管理条件下可能达到的最低计算能耗。

发电标准煤耗 standard coal consumption for power generation 指火力发电厂每发 1kW · h 电能耗用的标准煤量。

供电标准煤耗 standard coal consumption of power supply 统计期内向外供电的单位电能的标准煤消耗量。

节能监测 energy saving monitoring 指由政府授权的节能监测机构，依据国家有关节约能源的法规(或行业、地方的规定)和技术标准，对能源利用状况进行监督、检测以及对浪费能源的行为提出处理意见等执法活动的总称。

功率因数 power factor 在交流电路中，电压与电流之间的相位差的余弦。在数值上等于有功功率与视在功率之比。

设备能量平衡测试 test for energy balance of equipment 对进入设备的能量与离开设备的能量进行考察，确定供给能量、有效能量、损失能量和设备能源利用率的全部试验和测量过程。

蒸汽平衡 steam balance 指蒸汽的产生和使用之间的平衡。

电网损耗 loss of power grid 由于组成电网的各种元件(如线路、变压器等)都存在电阻，在电网中，电能从发电厂发出要经过多级变压器变压以及不同的电压网络传输才能到达用户，供用户使用。而电能以电流的形式通过电阻时，就要产生功率损耗和电能损耗使电阻发热；另外在不同电压等级的网络，电磁能量转换过程中，要使电磁感应这一能量转换形式持续存在，就必须提供给变压器铁芯一个励磁电动势，同时磁场也会在铁芯设备中产生涡流和磁滞损耗，这些都会产生功率损耗和电能损耗，因此电能经过网络传输时必然产生有功电能损耗。其电网的电能损耗不仅会引起电网中的设备发热，而且还会因耗费的能源不能得到应用而占去一部分发电和供电设备容量。

凝结水回收率 recovery rate of condensation water 凝结水回收量与可回收蒸汽量的比值，用百分数表示。

排烟温度 exhaust gas temperature 锅炉、加热炉等加热设备最后一个受热面出口排出烟气的平均温度。

排烟热损失 heat loss due to exhaust gas 加热炉高温烟气直接排入大气所造成的热损失。

散热损失 heat loss due to radiation 绝热结构外表面向周围环境散失(或吸收)的热流密度或线热流密度。

锅炉排污 boiler blowdown 为了使炉水的含盐量(或含硅量)维持在合格范围内并排除炉水中的水渣，在锅炉运行中放掉一部分炉水，并补入相同数量的给水的操作。锅炉排污有连续排污和定期排污两种方式。

过汽化率 overflash rate 为了使分馏塔最低一个侧线以下几层塔板有一定量的液相回流，原料油进塔后的汽化率应该比塔上部各种产品的总收率略高一些。高出的部分称为过汽化量，过汽化量占进料量的百分数称为过汽化率。

蒸汽品质 steam quality 蒸汽到达用汽点时所具备的特性，包括温度、压力、空气和其他不凝性气体的含量、清洁度、干度等。

机泵运行效率 pump operating efficiency 机泵的有效功率与机泵的轴功率之比值。

中段回流取热分配 pumparound heat distribution 分馏塔各中段(包括塔顶)回流取出热量的分配比例。

过程能量优化 process energy optimization 以热力学第二定律分析和火用经济学所揭示的能量利用原理为指导，通过各工艺单元在单体、局部和全局三个层次上的组合、协调，以期达到整个过程系统物料和能量综合优化的目标。

低温热综合利用 comprehensive utilization of low temperature heat 对各种低温热资源进行多层次、多用途的开发利用。对炼油企业来讲，一般指温度低于200℃的余热。

过程强化 process intensification 在实现既定生产目标的前提下，通过大幅度减小生产设备的尺寸、改进工艺流程、减少装置的数量等方法来使工厂布局更加紧凑合理，单位能耗更低，废料、副产品更少，并最终达到提高生产效率、降低生产成本，提高安全性和减少环境污染的目的。

蒸汽梯级利用 steam cascade utilization 按蒸汽的压力或温度等级安排不同蒸汽用户依次进行合理利用。

经济保温层厚度 economical insulation thickness 综合考虑管道保温结构的投资和管道散热损失的年运行费用两者因素，折算得出在一定年限内其“年计算费用”为最小时的保温层厚度。

能量结构模型 energy structure model 揭示工艺过程能量利用、转化、回收等环节结构关系的理论模型，如三环节结构模型、洋葱模型等。

三环节能量流结构模型 three-link energy flow structure model 指能量转换环节、能量利用环节和能量回收环节三者相互关系的模型。

三环节㶲分析模型 three-link exergy analysis model 基于三环节能量流结构模型，结合㶲经济学，在对应能量流结构模型中所有能量流数据计算相应的㶲流数据，进而进行㶲分析的模型。

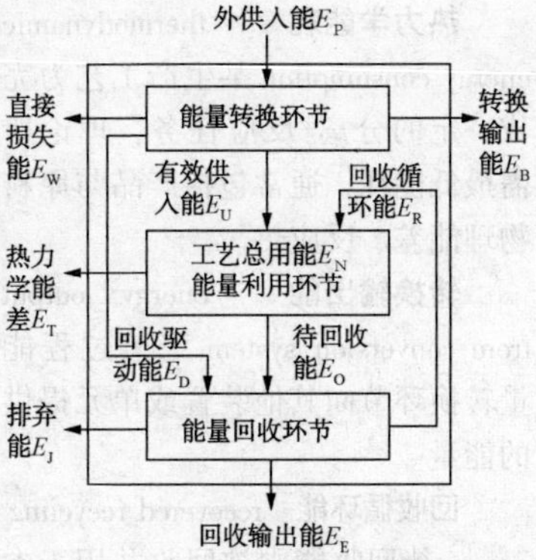

三环节能量流结构模型

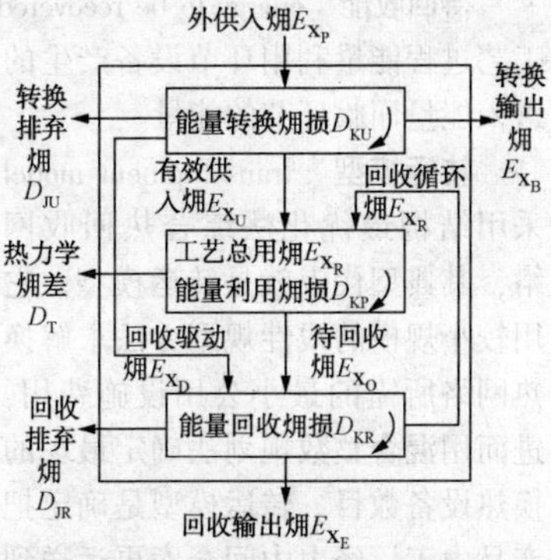

三环节㶲分析模型

实时在线优化 on-line real-time optimization 在装置稳态模型的基础上，通过数据校正和更新模型参数，根据经济数据和约束条件进行模拟和优化，并将优化结果传送到先进控制系统。

工艺总用能 total process energy consumption 把原料加工成产品所需能源的总量。

热力学能耗 thermodynamic energy consumption 某生产工艺为完成一定的分离/反应任务，理论所需最低能耗，通常包括产品与原料物理能差、反应热。

转换输出能 energy output from conversion system 工艺过程能量转换环节向其他装置或单元提供的能量。

回收循环能 recovered recycling energy 待回收能中被回收并用于本装置工艺利用环节的循环能量。

待回收能 energy to be recovered 工艺过程能量利用环节设备产生的进入能量回收环节的能量。

转运模型 transshipment model 采用结构最优化法综合热回收网络，其典型代表就是转运模型。它用较小规模的线性规划方法求解换热网络所需的最小公用设施费用，进而用混合整数规划法确定最少的换热设备数目。转运模型是确定把产品由工厂经由中间仓库再运送到目的地的最优网络。对于热回收问题，热量可看作产品，由热物流通过中间的温度间隔送到冷物流，在中间的温度间隔内，应当满足传热过程的热力学上的约束，即热、冷物流间传热温差要大于或等于允许的最小传热温差。温度间隔的划分可按夹点热系统中的子网络的划分方法，在每个子网络中保证了热、冷物流间的传热温差。热回收网络的转运模型示意图如下，热量由热物流流到相应的温度间隔，然后流到该间隔中的冷物流，剩余的热量则流向较低温位的温度间隔。

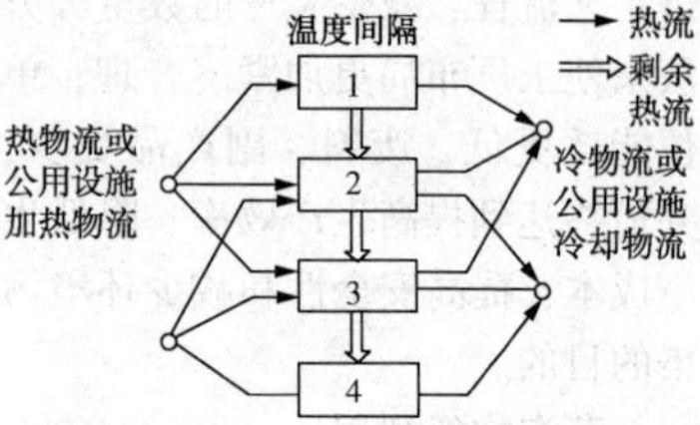

热回收网络的转运模型

夹点（窄点）技术 pinch technology 20世纪70年代末由英国学者Linnhoff B提出。夹点技术从能量回收有极限值的观点出发，通过组合温焓曲线或问题表格找出能量回收的瓶颈，建立一个最大限度能量回收的初始网络，进行投资费用与运转费用的权衡，对网络进一步调优，得到一个最优换热网络。

温-焓图 temperature-enthalpy diagram 以温度为纵坐标、焓为横坐标，表达温度和焓之间相互关系的二维直角坐标系。

冷(热)复合曲线 cold (hot) composite curve 在温-焓图上，将相同温度区间的热量加和起来得到温焓直线，连接不同温度区间的温焓直线，标绘于温焓坐标图中的曲线。

总复合曲线 grand composite curve 由冷、热流匹配图作出的，在不同温位段，标出净热流量和该温端的温度值，连接这些点就构成了总复合曲线。总复合曲线是换热网络热量平衡关系的一种表示方法，是画在温焓图上的折线。

最大热回收网络 maximum heat recovery network 能够回收最大热量的换热匹配网络。

阈值问题 threshold value problem 在换热网络夹点分析中，只存在一种公用工程(只有冷公用工程或只有热公用工程)的问题。

热泵精馏 heat-pump distillation 利用工作介质吸收精馏塔顶蒸气的相变热，通过热泵对工作介质进行压缩，升压、升温，使其能质得到提高，然后作为再沸器的加热热源，从而既节省精馏塔再沸器的加热热源，又降低精馏塔塔顶冷凝器的冷凝换热负荷，达到节能目的。

热耦精馏 thermally coupled distillation 按照传统设计的常规精馏系统，各塔分别配备再沸器和冷凝器。此流程由于冷、热流体通过换热器管壁的实际传热过程是不可逆的，为保证过程的进行，需要有足够的温差，温差越大，有效能损失越多，则热力学效率就越低。热耦精馏塔就是基于此而研究出的一种新型的节能精馏。如图所示的流程，副塔的物料预分为 A、B 和 B、C 两组混合物，其中轻组分 A 全从塔顶蒸出，重组分 C 全从塔釜分出，物料进入主塔后，进一步分离，塔顶得到产物 A，塔底得到产物 C，在塔中部 B 组分浓度达到最大，此处采出中间产物，副塔避免使用冷凝器和再沸器，实现了热量的耦合，故称为热耦精馏。

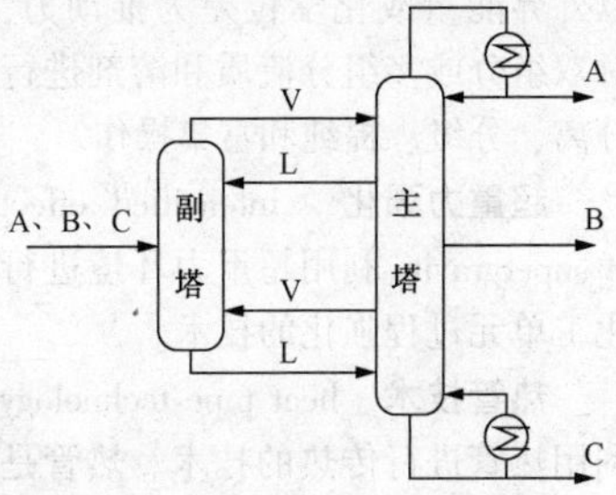

热耦精馏流程

分壁式精馏塔 dividing wall column 在普通精馏塔内设置一竖直隔板，此结构能使得多股物流同时在塔内进行传质、传热，在一个塔壳里实现通常需一个常规精馏序列才能完成的分离任务。

反应蒸馏 reactive distillation 利用蒸馏过程把反应产物和原料分离，破坏化学反应的平衡关系，使反应继续进行；另一方面利用反应关系，破坏气液平衡关系，加快传质分离。

萃取蒸馏 extractive distillation 在一种易溶、高沸点，并且不挥发的溶剂组分存在下的蒸馏，而这种溶剂本身并不与混合物中的其他组分形成恒沸物。

三元流动理论 three-dimensional flow theory 研究流体三元流动规律的理论。所谓三元流动，是指在实际流动中，所有流动参数都是空间坐标系上三个方向变量的函数。

膜分离 membrane separation 采用天然或人工合成高分子薄膜，以外界能量或化学位差为推动力，对双组分或多组分流质和溶剂进行分离、分级、提纯和富集操作。

超重力强化 intensified effect of supergravity 利用超重力环境进行化工单元过程强化的技术。

热管技术 heat pipe technology 利用热管进行传热的技术。热管是一种具有极高导热性能的新型传热元件，它通过在全封闭真空管内的液体蒸发与凝结来传递热量，利用重力或毛细作用等形成自然循环，起到良好的制冷效果。

螺旋折流板换热器 helical baffle heat exchanger 在壳程采用沿壳体轴线展开的螺旋形折流板结构的换热器。

分布式供能 distributed energy 以高效、节能、环保、经济和安全可靠为前提，灵活地、因地制宜地利用清洁化石能源和可再生能源。

燃气轮机 gas turbine 以连续流动的气体为工质带动叶轮高速旋转，将燃料的能量转变为有用功的内燃式动力机械。由压气机、加热工质的设备(如燃烧室)、透平、控制系统和辅助设备组成，将气体压缩、加热后送入透平中膨胀做功，把一部分热能转变为机械能的旋转原动机。

煤气化联合循环 combined cycle gasification process 将煤气化技术和高效的蒸汽联合循环相结合的动力系统。该系统主要由两大部分组成，第一部分为煤的气化与净化部分，第二部分为燃气-蒸汽联合循环发电部分。

富氧燃烧技术 oxygen-enriched combustion technology 用比普通空气氧含量更高的富氧空气作为助燃剂进行燃烧的一种技术。

液环式真空系统 liquid ring vacuum system 在液环泵的泵体中装入适量的液体作为工作介质，当偏心安装的叶轮在电机的驱动下旋转时，液体被叶轮抛向四周，由于离心力的作用，液体形成了一个与泵腔形状相似的等厚度的封闭液环而产生抽气作用。通常把液环式真空系统称为机械抽真空系统。

循环水串级利用 cascade use of circulating water 在循环水的使用过程中，将上一级的循环冷却水下水作为下一级的循环冷却水上水。

热力循环 thermodynamic cycle 工质从某一初态出发，经过一系列的中间状态变化，又回复到原来状态的全部过程。

绝热(保温) thermal insulation 为减少设备、管道及其附件向周围环境散热，在其外表面采取的增设绝热层的措施。

保冷 cold insulation 对常温以下的设备或管道进行保护或涂装以

减少外部热量向内部的侵入并使表面温度保持在露点以上，不使外表面凝露而采取的隔热措施；或对0℃以上，常温以下的设备或管道，为防止其表面凝露而采取的隔热措施。

制冷 refrigeration 用机械方法，从一个有限的空间内取出热量，使该处的温度降低到所要求的程度。

液力耦合器 fluid coupling 又称液力联轴器，是利用液体的动能和压力能来传递功率的一种液力传动设备。

永磁调速器 permanent magnet drive（PMD）在永磁耦合器的基础上加入调节机构，调节器调节筒形永磁转子与筒形导体转子在轴线方向的相对位置，以改变永磁转子和导体转子耦合的有效部分，即可改变两者之间传递的扭矩，能实现可重复的、可调整的、可控制的输出扭矩和转速，实现调速节能的目的。永磁调速器主要由三个部件组成：永磁转子、导体转子、调速机构。永磁耦合器是通过磁力耦合实现非机械连接扭矩传递的装置。

变频调速 variable frequency adjustable speed 通过改变交流电源频率调整交流电动机转速的连续平滑调速方法。主要用于同步电动机和鼠笼型异步电动机。

液力透平 hydraulic turbine 在加氢等装置中，油品从高压设备通过减压阀降压后进入低压设备，流体的降压损失较大，液力透平可取代减压阀将高低压设备间的压力差转化为机械能。透平是将流体工质中含有的能量转换成机械功的机器，又称涡轮或涡轮机。透平最主要的部件是一个安装在透平轴上、具有沿圆周均匀排列叶片的旋转元件，即转子或称叶轮。流体的能量在流经喷管时转换成动能，流过叶轮时流体冲击叶片，推动叶轮转动，从而驱动透平轴旋转。透平轴直接或经传动机构带动其他机械，输出机械功。

有机朗肯循环 organic Rankine cycle（ORC）常规的朗肯循环系统以水-水蒸气作为工质，系统由锅炉、汽轮机、冷凝器和给水泵四组设备组成，工质在热力设备中不断进行等压加热、绝热膨胀、等压放热和绝热压缩四个过程，将高温高压水蒸气的热能转化为机械能进而转化为电能。有机朗肯循环与常规的蒸汽朗肯循环类似，只是采用的是低沸点有机物作为工质。该循环系统由蒸发器、膨胀机、冷凝器和工质泵组成，工质在蒸发器中从低温热源中吸收热量产生有机蒸气，进而推动膨胀机旋转，带动发电机发电，在膨胀机中做完功的乏汽进入冷凝器中重新冷却为液体，由工质泵打入蒸发器，完成一个循环。有机朗肯循环与常规的蒸汽朗肯循环相比最显著的特点是，相对于水蒸气而言，有机工质的沸点低，在压力不太高（0.15～0.5MPa），温度60～70℃、甚至40～50℃，就可以汽化为蒸气，从而可以利用原来废弃的品位较低的热能，将这些能源再生后以电能的形式输出。有机朗肯循环可以实现使用废热、太阳能和地热能等低品位热源发电。

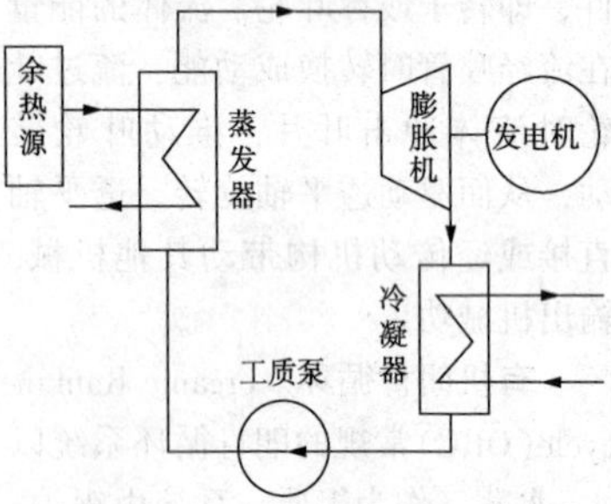

有机朗肯循环余热发电系统原理图

燃气蒸汽联合循环发电　gas-steam combined cycle power generation　利用天然气等气体燃料在燃气轮机内燃烧推动燃机透平发电，高温尾气进入余热锅炉，产生过热蒸汽，进入蒸汽轮机进一步发电的技术。

溴化锂制冷机组　lithium bromide refrigerating unit　又称溴化锂吸收式制冷机组。它是一种以蒸汽、热水、燃油、燃气和各种余热为驱动热源，制取冷水的节能型制冷设备。溴化锂吸收式制冷机以水为制冷剂，溴化锂水溶液为吸收剂，制取0℃以上的低温水，多用于生产工艺或空调系统。它由高压发生器、低压发生器、冷凝器、蒸发器、吸收器和高温热交换器、低温热交换器以及凝水热交换器等主要部件，以及屏蔽泵（溶液泵和冷剂泵）、真空泵和抽气装置等辅助部分组成。

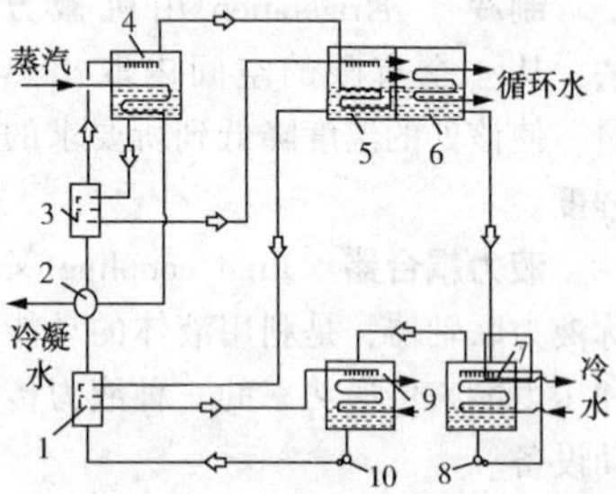

溴化锂制冷机组组成及工作原理图

1—低温热交换器；2—凝水换热器；
3—高温热交换器；4—高压发生器；
5—低压发生器；6—冷凝器；
7—蒸发器；8—冷剂泵；
9—吸收器；10—溶液泵

热泵　heat pump　一种从低温热源吸取热量转换成可以利用的较高位品热量的装置。热泵根据工作原理可分为压缩式热泵、吸收式热泵和化学热泵三大类。

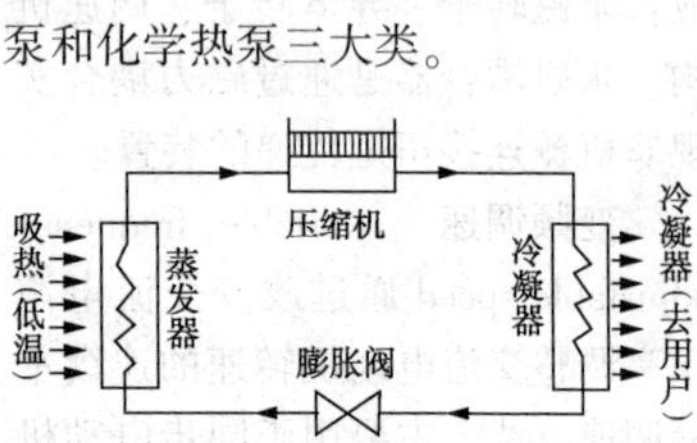

压缩式热泵原理图

冷热电联产　combined cooling

heating and power(CCHP)一种建立在能量梯级利用概念基础上，将制冷、制热(包括供暖和供热水)及发电过程一体化的总能系统。是一套系统解决冷、热、电等全部需要的能源系统。

疏水 drain 将受热面或蒸汽管道中所产生的凝结水放出的过程。

热网系统 heating network system 包括热源及热输送管道的整个系统。

能源审计 energy audit 审计单位依据国家有关的节能法规和标准，对企业和其他用能单位能源利用的物理过程和财务过程进行的检验、核查和分析评价。

固定资产投资项目节能评估 energy assessment of fixed asset investment project 指根据节能法规、标准，对固定资产投资项目的能源利用是否科学合理进行分析评估，并编制节能评估报告书、节能评估报告表或填写节能登记表的行为。

能源需求侧管理 energy demand side management 指在政府法规和政策的支持下，采取有效的激励和引导措施以及适宜的运作方式，在不牺牲用户的用能品质和不增加用户的能源成本前提下，通过科学使用能源的合理技术，来实现有效降低负荷，减少能源消耗，达到节约资源和保护环境，实现社会效益最好、各方受益、最低成本能源服务所进行的管理活动。

能源效率标识 energy-efficiency label 是附在产品上的信息标签，用来表示产品的能源性能(通常以能耗量、能源效率和/或能源成本的形式给出)，以便在消费者购买产品时，向消费者提供必要的信息。

能源综合利用 energy comprehensive utilization 一种能源利用方式，其特点是对某种能源转换成多种形式能量利用，或是对同种能量做梯级利用，或是两者兼有。

单项能源节能量 energy saved by energy type 企业统计报告期内，按能源品种计算的能源消耗变化量。

炼油装置能量系数 energy factor of refining unit 指本炼油装置的能耗定额与常减压蒸馏装置的能耗定额的比值。炼油装置能量系数不是一成不变，要定期进行修订。

能源网络图 energy network diagram 用网络图的形式对能量的实际流转过程进行描述。依据能源平衡表绘制，把企业的能源系统从左到右划分为购入储存、加工转换、输送分配和最终使用四个环节，标示出各环节的能源构成和能源投入产出关系。它反映了各种能源在企业使用和加工的流向和过程，便于准确地把握企业能源消耗的薄弱环节，为用能的科学性和合理性作出准确判断。

能流图 energy flow diagram 表

示能量利用流向的图形。它直观形象地概括企业能源系统的全貌，描述企业能源消费结构，反映了企业在各生产环节中的能量平衡关系，是分析用能状况、研究节能方向和途径、进行能源管理的重要依据和方法之一。

𤆬流图 exergy flow diagram 表示𤆬流向的图形。

能耗定额 energy consumption quota 指在一定的生产工艺、技术装备和组织管理条件下，为生产单位产品或完成某项任务所规定的能源消耗数量标准。

13 产品营销及应用

13.1 市场销售

市场需求 market demand 指一定的顾客在一定的地区、一定的时间、一定的市场营销环境和一定的市场营销方案下对某种商品或服务愿意而且能够购买的数量。

不规则需求 irregular demand 指某些物品或者服务的市场需求在不同季节，或一周不同日子，甚至一天不同时间上下波动很大的一种需求状况。

潜在市场 potential market 指客观存在的，由于诸多因素的影响而未显露或未成熟的市场。同时也是表明对某个在市场出售的商品有某种程度兴趣的顾客群体。

市场信息 market information 指在一定的时间和条件下，同商品交换以及与之相联系的生产与服务有关的各种消息、情报、数据、资料的总称，是商品流通运行中物流、商流运动变化状态及其相互联系的表征。

市场渗透 market penetration 指企业通过广告、宣传和推销等活动，在某些地区增设销售网点，借助多渠道将产品送达市场，提高产品销售量，扩大市场占有率。

买方市场 buyer's market 指在商品供过于求的条件下，买方掌握着市场交易主动权的一种市场形态。

卖方市场 seller's market 指供给小于需求、商品价格有上涨趋势，卖方在交易上处于有利地位的市场。

市场营销者 marketer 指希望从别人那里取得资源并愿意以某种有价之物作为交换的人，既可以是卖主，也可以是买主。

不正当竞争 unfair competition 指经营者违反法律的规定或以有悖于商业道德的方式，损害其他经营者的合法权益、扰乱社会经济秩序的竞争行为。

保本销售量 break-even sales volume 指使企业刚好能够收回成本和缴纳税金时的销售量，这时既无利润，也无亏损。

保本销售额 break-even dollar sale 指商业企业在一定时期的经营活动中不赚不赔的销售额。亦即用销售额表示的盈亏临界点。高于这个临界点，企业即可盈利；低于这个临界点，企业就要亏损。

销售回扣 sales rebate 指企业在发生销售行为时或发生后给予购货方货币、货物或其他经济利益的统称。

赊销 sale on credit 信用销售的俗称。赊销是以信用为基础的销售，卖方与买方签订购货协议后，卖方让买方取走货物，而买方按照协议在规定日期付款或分期付款形式付清货款的过程。

交易折扣 trade discount 指卖方在商品的卖价上，在一定交易量的基础上，给予买方一定数量或比例的折让。

销售政策 sale policy 通过利益之手促使通路各成员按照公司所设定的思路展开工作并达到预期效果的调控手段。

销售管理 sale management 计划、执行及控制企业的销售活动，以达到企业的销售目标。

销售量 sale volume 企业在一定时期内实际销售出去的产品数量。

销售额 sale 根据《中华人民共和国增值税暂行条例》第六条的规定，销售额为纳税人销售货物或者应税劳务向购买方收取的全部价款和价外费用，但是不包括收取的销项税额。

销售净额 net sale 指从销售总额中减去销售退回与销售折让的金额。

销售收入 sale revenue 又称营业收入或者经营收入，指企业发生在商品产品、自制半成品或提供劳务，使商品产品所有权转到顾客，收到货款、劳务价款或取得索取价款凭证，而认定的收入。

销售风险 sale risk 指由于销售环境的变化，可能给销售活动带来的各种损失。

销售机会 sale opportunity 指在销售过程中，由于环境经常发生变化，给销售人员提供的实现其销售目的的一种可能性的统称。

销售订单 sale order 指企业进行销售业务时，预先向客户发出的销售商品名称、规格、数量、价格、交货日期、地点等信息的业务单据，表明企业与客户间的购销契约关系。销售订单实现企业与客户之间的沟通，实现客户对企业待售货物的一种请求，同时也是企业对客户的一种销售承诺。

销售计划 sale plan 指在进行销售预测的基础上，设定的销售目标，进而为能具体实现该目标而实施销售任务的分配作业，随后编写销售预算，以支持未来一定期间内的销售配额的达成。

零售市场 retail market 指向个人消费者、社会团体消费者或其他最终消费者销售商品和服务的商业市场。

批发市场 wholesale market 指向再销售者、产业和事业用户销售商品和服务的商业市场。

批零倒挂 inversion of wholesale-retail price “批”即批发价，“零”即零售价。意思是批发价和零售价颠倒过来，即零售价格低于批发价格。

寄售 consignment 一种委托代售的贸易方式。它是指委托人(货主)先将货物运往寄售地，委托代销人(受托人)，按照寄售协议规定的条件，由代销人代替货主进行销售，在货物出售后，由代销人向货主结算货款的一种贸易方式。

大客户销售 key account sale 指企业为某个集团大客户提供的特别销售服务。

销售终端 sale terminal 指产品销售渠道的最末端，是产品到达消费者完成交易的最终端口，是商品与消费者面对面的展示和交易的场所，具体表现形式有加油站、专卖店等。

包销 exclusive sale 指一个企业根据一定条件收购另一企业的全部或部分产品，是对外贸易经营方式之一。

国际定价 international pricing 指某种产品的价格由国际市场供需决定。

特许加盟 franchise chain 指特许人与受许人之间的一种契约关系。根据契约，特许人向受许人提供一种独特的商业经营特许权，并给予人员训练、组织结构、经营管理、商品采购等方面的指导和帮助，受许人向特许人支付相应的费用。

国家指导价 state guided price 指由县级以上(含县级)各级人民政府物价部门、业务主管部门按照国家规定权限，通过规定基准价和浮动幅度、差率、利润率、最高限价和最低保护价等，指导企业制定的商品价格和收费标准。

限价 limit price 国家对某些商品规定的价格极限。是国家干预价格的一种手段。分为最高限价和最低限价两种；(1)最高限价，一般适用于某些价格偏高的工业品和农产品；(2)最低限价(即保护价)，一般适用于某些价格偏低的农副产品的收购价格。

信用证 letter of credit (L/C) 指银行(即开证行)依照进口商(即开证申请人)的要求和指示，对出口商(即受益人)发出的、授权出口商签发以银行或进口商为付款人的汇票，保证在交来符合信用证条款规定的汇票和单据时，必定承兑和付款的保证文件。

经销商 dealer; distributor 在某一区域和领域拥有销售或服务的单位或个人。经销商具有独立的经营机构，拥有商品的所有权(买断制造商的产品/服务)，获得经营利润，多品种经营，经营活动过程不受或很少受供货商限制，与供货商责权对等。

代理商 agent 代理是代企业打理生意，而不是买断企业产品，是厂家给予商家佣金额度的一种经营行为，所代理货物的所有权属于厂家，而不是商家。因为商家不是售卖自己的产品，而是代企业转手卖出去，所以“代理商”一般是指赚取企业代理佣金的商业单位。

批发商 wholesaler 指向生产企业购进产品，然后转售给零售商、产业用户或各种非营利组织，不直接服务于个人消费者的商业机构，位于商品流通的中间环节。

零售商 retailer 指将商品直接销售给最终消费者的商业机构，处于商品流通的最终阶段。

中间商 intermediate trader 指在制造商与消费者之间“专门媒介商品交换”的经济组织或个人。

燃油税 fuel oil tax 指对在我国境内销售的车用燃油所征收的税。它是费改税的产物，是为取代养路费而开征的，将养路费转换成燃油税，并入成品油消费税。

价外税 price excluded tax 为价内税的对称，指税款不包含在商品价格内的税，价税分列的税种。

含税价 price included tax 包含税金在内的商品或劳务的销售价格。

不含税价 tax-exclusive price 不包含税金在内的商品或劳务的销售价格。

批零差价 between wholesale and retail prices differentials 在同一时间、同一市场上，商品的零售价格高于其批发价格之差额。

价格听证 price hearing 又称政府价格决策听证。指的是在制定和调整实行政府指导价或者政府定价的商品和服务价格前，由价格主管部门组织社会各界，尤其是经营者和消费者，对制定调整价格的必要性和可行性进行论证的活动。

价格听证会 public price hearing 价格听证的主要形式。它是指在制定、调整实行政府指导价或者政府定价的重要商品价格和服务价格前，政府价格主管部门遵循公正、公开、公平的原则，以会议形式组织社会有关方面的代表对其必要性、可行性进行的论证，充分听取各方面意见。

价格战 price war 各商品品牌之间为了打压竞争对手、占领更多市场份额、消化库存等目的而采用的竞相降低产品价格的竞争方式。

产销率 current period inventory; sales/output ratio 即产品产销率，指在一定时间内已销售的产品数量与已生产的产品数量的比值。

应收账款 amount receivable 指该账户核算企业因销售商品、材料、提供劳务等，应向购货单位收取的款项，以及代垫运杂费和承兑到期而未能收到款的商业承兑汇票。

预收账款 deposit received 指预收账款科目核算企业按照合同规定或交易双方之约定，向购买单位或接受劳务的单位在未发出商品或提供劳务时预收的款项。

定金 earnest money 以合同订

立或在履行之前支付的一定数额的金钱作为担保的付款方式。

汇票　bill of exchange 由出票人签发的，要求付款人在见票时或在一定期限内，向收款人或持票人无条件支付一定款项的票据。

银行汇票　bank draft 指汇款人将款项存入当地出票银行，由出票银行签发，由其在见票时按照实际结算金额无条件付给收款人或者持票人的票据。

商业汇票　commercial bill 指由付款人或存款人（或承兑申请人）签发，由承兑人承兑，并于到期日向收款人或被支付人支付款项的一种票据。

即期汇票　sight bill 指见票即付的汇票。

远期汇票　time bill; usance bill 指在一定期限或特定日期付款的汇票，可分为定期付款汇票、出票日后定期付款汇票、见票后定期付款等三种。

光单汇票　clean bill 简称光票，指不附带商业单据的汇票。

跟单汇票　documentary bill 又称信用汇票、押汇汇票。是需要附带提单、仓单、保险单、装箱单、商业发票等单据，才能进行付款的汇票，属于有价证范畴。商业汇票多为跟单汇票，在国际贸易中经常使用。

银行承兑汇票　banker's acceptance bill 商业汇票的一种，是由在承兑银行开立存款账户的存款人出票，向开户银行申请并经银行审查同意承兑的，保证在指定日期无条件支付确定的金额给收款人或持票人的票据。

商业承兑汇票　trade acceptance 指由银行以外的付款人承兑的票据。

出票　draw a bill 指出票人签发票据并将其交付给收款人的票据行为。

背书　endorsement 票据的收款人或持有人以转让票据权利为目的在汇票上签章并作必要的记载，所做的一种附属票据行为。

本票　promissory note 由出票人签发的，承诺自己在见票时无条件支付确定的金额给收款人或持票人的票据。

银行本票　cashier's cheque note 申请人将款项交存银行，由银行签发的承诺自己在见票时无条件支付确定的金额给收款人或者持票人的票据。

商业本票　commercial paper 又称一般本票。是企业为筹措短期资金，由企业署名担保发行的本票。

支票　check; cheque 出票人签发，委托办理支票存款业务的银行或者其他金融机构在见票时无条件支付确定的金额给收款人或持票人的票据。

记名支票　order check 出票人在收款人栏中注明“付给某人”，

"付给某人或其指定人"。这种支票转让流通时，须由持票人背书，取款时须由收款人在背面签字。

不记名支票 bearer cheque 又称空白支票。指单位签发的没有填写收款单位名称，没有付款日期，没有付款金额，而已经加盖了印鉴的支票，有时也包括未经签章的支票。

划线支票 crossed cheque 指由出票人、收款人或代收银行在支票上划上两条横跨票面的平行线。这种支票只能用于银行转账，不能提取现金，以防支票遗失被冒领。

保付支票 certified check 为了避免出票人开空头支票，收款人或持票人可以要求付款行在支票上加盖"保付"印记，以保证到时一定能得到银行付款。

银行支票 bank check 指银行的存款人签发给收款人办理结算或委托开户银行将款项支付给收款人的票据。

旅行支票 traveller's check 一种定额本票，其作用是专供旅客购买和支付旅途费用。它与一般银行汇票、支票的不同之处在于旅行支票没有指定的付款地点和银行，一般也不受日期限制，能在全世界通用，客户可以随时在国外的各大银行、国际酒店、餐厅及其他消费场所兑换现金或直接使用，是国际旅行中常用的支付凭证之一。

库存管理 inventory management 又称库存控制。是对制造业或服务业生产、经营全过程的各种物品，生产成品以及其他资源进行管理和控制，使其储备保持在经济合理的水平上。

仓储 warehouse 利用仓库存放、储存未即时使用的物品的行为。

库存 inventory 为了满足未来需要而暂时闲置的资源。

安全库存 safety stock (SS) 又称安全存储量、保险库存。指为了防止不确定性因素(如大量突发性订货、交货期突然延期、临时用量增加、交货误期等特殊原因)而预计的保险储备量(缓冲库存)。

合理库存 reasonable inventory 商业企业保持与正常经营相适应的，具有先进性和可行性的商品库存量。

存货水平 stock level 指生产厂商、批发商和零售商保存在他们库房里的产品数量，是了解供需状况的一个较为直接的指标。

库容量 storage capacity 指仓库能容纳物品的数量，是仓库内除去必要的通道和间隙后所能堆放物品的最大数量。

库存量 inventory level 在某一时点上，存在企业原料或产成品仓库中暂未使用或售出的原料或产品实物数量。

库存周期 inventory cycle 在一定范围内，库存物品从入库到出库的平均时间。

库存天数 days of inventory 将库存周转数换算成具体的天数，等于365天/库存周转数。

可调库存 available inventory 又称业务库存。指商业批发企业的业务部门，为了完成商品流转任务，保证市场的正常供应，所应保持的商品库存数量。

虚拟库存 virtual inventory 指将自己将来可能需要而又没有的东西的所有相关信息建立档案，包括品名、规格、价格、数量等，在需要时使用。

零库存管理 zero inventory management; zero-stock management 以仓库储存形式的某些种物品数量为"零"，即不保存经常性库存。它是在物资有充分社会储备保证的前提下，所采取的一种特殊供给方式。

商品损耗率 percentage of damaged good 又称库存商品自然损耗率。是指在一定的保管条件下，某商品在储存保管期中，其自然损耗量与入库商品数量的比率，以百分数或千分数表示。

在途库存 transportation inventory 又称中转库存。指尚未到达目的地，正处于运输状态或等待运输状态而储备在运输工具中的库存。

最低库存 minimum inventory 指存货在仓库中应储存的最小数量，低于此数量就有可能造成存货短缺，进而影响企业的正常生产。

托运人 consignor 在货物运输合同中，将货物托付承运人按照合同约定的时间运送到指定地点，向承运人支付相应报酬的一方当事人。

承运人 carrier 专门经营海上、铁路、公路、航空等客货运输业务的运输企业，如轮船公司、铁路或公路运输公司、航空公司等。他们一般拥有大量的运输工具，为社会提供运输服务。

物流 logistics 利用现代信息技术和设备，将物品从供应地向接收地准确的、及时的、安全的、保质保量的、门到门的合理化服务模式和先进的服务流程。

物流中心 logistics center 从事物流活动的中心枢纽或组织。具有完善的物流环节，并能实现物流集散和控制一体化运作。它接受并处理下游用户的订货信息，对上游供应方的大批量货物进行集中储存、加工等作业，并向下游用户进行批量转运。

物流企业 logistics enterprise 从事物流活动的经济组织，至少从事运输(含运输代理、货物快递)或仓储一种经营业务，并能够按照客户物流需求对运输、储存、装卸、包装、流通加工、配送等基本功能进行组织和管理，具有与自身业务相适应的信息管理系统，实行独立核算、独立承担民事责任的经济组织。

间接电子商务 indirect electronic commerce 又称不完全的电子商务。是指在网上进行的交易环节只能是订货、支付和部分的售后服务，而商品的配送还需交由现代物流配送公司或专业的服务机构去完成。因此，间接电子商务要依靠送货的运输系统等外部要素。

电子贸易 electronic commerce (e-commerce) 电子商务的组成部分。其利用电子方式、电子媒介及电子化的程序，在电脑网络世界进行不同形式的商业活动。

电子交易 electronic trading 指通过电子系统进行的交易，不同于在交易所交易大厅面对面进行的交易。

基本运费率 basic rate 每单位(如每吨或每立方米)货物的运输价格，即每吨运费的价格，也就是运费的单位。基本运费率是运价表中对货物规定的必收的基本运费单价，是其他一些以百分比收取附加费的计算基础。

运杂费 freight and miscellaneous charges 运费及与运输有关的杂费的总称。运费是根据现行运价规章规定的运价率和有关计费办法核收的。杂费是运输部门提供辅助作业或附带服务时核收的费用，例如货物装卸费、搬运费、换装费、车辆取送费、调动费、暂存费、租用车船费等。

装卸费 handling charges 将货物装入或卸出运输载体(例如轮船、火车、货车)，以及集并、疏散货物的短距离位移作业的费用。

堆场费 storage charge at container yard 集装箱由于查验、疏港、内陆监管等进入堆场，堆场会收取的场地使用费及服务费。

便利店 convenience store 一种用以满足顾客应急性、便利性需求的小型零售店。以经营即时性商品为主，大多采取自选式购物方式。

加油站 gas station 指具有储油设施，使用加油机为机动车加注汽油、柴油等车用燃油并可提供其他便利性服务的场所。

加油卡 fuel card 石油公司为维护客户关系、提高客户忠诚度而推出的一种便捷性电子付款方式。发行方式有储值卡、借记卡、联名卡、礼品卡等，客户可选择集团卡、车队卡、(个人)金卡、银卡等以获得不同的优惠。

自助加油 self-service 20 世纪 40 年代起源于美国的一种加油方式。其特点是由顾客自行加油，在加油机边或进店付款，完成交易过程。

自助加油站 self-service station 具有相应的安全防护措施，可由顾客自行完成加注燃油行为的加油站。

港口 port 具有水陆联运设备和条件，供船舶安全进出和停泊的运输枢纽。是水陆交通的集结点和枢纽，工农业产品和外贸进出口物资的集散地，船舶停泊、装卸货物、上下旅客、补充给养的场所。

港口吞吐量　port handling capacity一年间码头经水运输出、输入港区并经过装卸作业的货物总量，单位为t。

趸船　pontoon 无动力装置的矩形平底船，固定在岸边、码头，以供船舶停靠，上下旅客，装卸货物。

13.2　营销理论

薄利多销　small profits but quick turnover 指低价低利扩大销售的策略。

搭配销售　tie in sale 简称搭售，又被称为附带条件交易。即一个销售商要求购买其产品或者服务的买方同时也购买其另一种产品或者服务，并且把买方购买其第二种产品或者服务作为其可以购买第一种产品或者服务的条件。

捆绑销售　bundling sale 共生营销的一种形式，是指两个或两个以上的品牌或公司在促销过程中进行合作，从而扩大它们的影响力。它作为一种跨行业和跨品牌的新型营销方式，开始被越来越多的企业重视和运用。

市场营销　marketing 简称营销，又称为市场学、市场行销或行销学。是指个人或集体通过交易其创造的产品或价值，以获得所需之物，实现双赢或多赢的过程。它包含两种含义，一种是动词理解，指企业的具体活动或行为，这时称之为市场营销或市场经营；另一种是名词理解，指研究企业的市场营销活动或行为的学科，称之为市场营销学、营销学或市场学等。

质量营销　quality marketing 指企业在质量经营活动过程中，以产品质量为营销中心，通过实施各种营销手段，来提高顾客对企业产品、质量感知的程度，满足或者超越顾客的需求或期望，最终达到顾客满意的一种管理活动过程。

技术营销　technical marketing 指以技术为手段或方法，对产品、营销渠道、品牌传播、售后服务、消费者培育、市场开拓等进行的一系列营销活动。通过运用企业的技术服务和专业知识等方面的系统能力，使客户在短期内认识、了解和接受新技术、新产品。

市场营销组合　marketing mix 指企业在选定的目标市场上，综合考虑环境能力、竞争状况对企业自身可以控制的因素（产品、价格、促销等）加以组合和运用，以完成企业的目的与任务。

生态营销　ecological marketing 指企业在生产经营过程中，将企业自身利益、消费者利益和环境保护利益三者统一起来，以此为中心，对产品和服务进行构思、设计、制造和销售。

绿色营销 green marketing 一种能辨识、预期及符合消费的社会需求，并且可带来利润及永续经营的管理过程。

网络营销 network marketing 以国际互联网络为基础，利用数字化的信息和网络媒体的交互性来辅助营销目标实现的一种新型的市场营销方式。简单地说，网络营销就是以互联网为主要手段进行的，为达到一定营销目的的营销活动。

知识营销 knowledge marketing 通过有效的知识传播方法和途径，将企业所拥有的对用户有价值的知识(包括产品知识、专业研究成果、经营理念、管理思想以及优秀的企业文化等)传递给潜在用户，并逐渐形成对企业品牌和产品的认知，为将潜在用户最终转化为用户的过程和各种营销行为。

直复营销 direct response marketing 即直接回应的营销。它是以盈利为目标，通过个性化的沟通媒介向目标市场成员发布发盘信息，以寻求对方直接回应(问询或订购)的社会和管理过程。

关系营销 relationship marketing 把营销活动看成是一个企业与消费者、供应商、分销商、竞争者、政府机构及其他公众发生互动作用的过程。其核心是建立和发展与这些公众的良好关系。

社会营销 social marketing 一种运用商业营销手段达到社会公益目的或者运用社会公益价值推广商业服务的解决方案。很多企业把商业运营模式放到公共领域，以此来开展营销活动，从而获得了良好的效果。这种营销活动且称之为社会营销。

个性化营销 personalization marketing 指企业面向消费者，直接服务于顾客，并按照顾客的特殊要求制作个性化产品的新型营销方式。

大市场营销 mega marketing 指为了成功地进入特定市场，并在那里从事业务经营，在战略上协调使用经济的、心理的、政治的和公共关系等手段，以获得各有关方面如经销商、供应商、消费者、市场营销研究机构、有关政府人员、各利益集团及宣传媒介等合作及支持。大市场营销是对传统市场营销组合战略的发展，包括了市场营销组合(4P)，还有另外两个P：权力和公共关系。

整合营销 integrated marketing 一种对各种营销工具和手段的系统化结合，根据环境进行即时性的动态修正，以使交换双方在交互中实现价值增值的营销理念与方法。

产品生命周期 product life cycle(PLC) 指产品从进入市场开始，直到最终退出市场为止所经历的市场生命循环过程。

市场分析 market analysis 根据已获得的市场调查资料，运用统计原理，分析市场及其销售变化。

市场细分 market segmentation 指营销者通过市场调研，依据消费者的需要和欲望、购买行为和购买习惯等方面的差异，把某一产品的市场整体划分为若干消费者群的市场分类过程。

目标市场 target market 企业在市场细分之后的若干"子市场"中，准备以相应的产品和服务满足其需要的一个或几个子市场。

需求价格弹性 price elasticity of demand 在一定时期内一种商品的需求量变动对于该商品的价格变动的反应程度。或者说，表示在一定时期内当一种商品的价格变化1%时所应引起的该商品需求量变化的百分比。

4P 营销理论 marketing theory of 4P 杰罗姆·麦卡锡(E. Jerome McCarthy)于 1960 年在其《基础营销》(Basic Marketing)一书中第一次将企业的营销要素归结为四个基本策略的组合，即著名的"4P"理论：产品(Product)、价格(Price)、渠道(Place)、促销(Promotion)。

4C 营销理论 marketing theory of 4C 1990 年，美国学者罗伯特·劳特朋(Robert Lauterborn)教授提出了与传统营销的 4P 相对应的 4C 营销理论。4P 营销组合向 4C 营销组合的转变，具体表现为产品(Production)向顾客(Consumer)转变，价格(Price)向成本(Cost)转变，分销渠道(Place)向方便(Convenience)转变，促销(Promotion)向沟通(Communication)转变。

4V 营销理论 marketing theory of 4V 进入 20 世纪 80 年代之后，国内学者吴金明等综合性地提出了 4V 的营销哲学观。"4V"是指差异化(Variation)、功能化(Versatility)、附加价值(Value)、共鸣(Vibration)的营销组合理论。

4R 营销理论 marketing theory of 4R 4R 营销理论以关系营销为核心，注重企业和客户关系的长期互动，重在建立顾客忠诚。是一个更为实际、有效的营销制胜术。4R 分别指代 Rele-vance(关联)、Reaction(反应)、Relation-ship(关系)和 Reward(回报)。

整体产品 whole product 指人们通过购买而获得的能够满足某种需求和欲望的物品的总和。它既包括具有物质形态的产品实体，又包括非物质形态的利益。

核心产品 core product 指向顾客提供的产品的基本效用或利益。

形式产品 actual product 指核心产品借以实现的形式或目标市场对某一需求的特定满足形式，包括品质、式样、特征、商标及包装。

延伸产品 augmented product 指顾客购买形式产品和期望产品时，附带获得的各种利益的总和，包括产品说明书、保证、安装、维修、送货、技术培训等。

产品战略 product strategy 指企业对其所生产与经营的产品进行的全局性谋划。

价格定位 price positioning 依据产品的价格特征，把产品价格确定在某一区域，在顾客心智中建立一种价格类别的形象。通过顾客对价格所留下的深刻印象，使产品在顾客的心目中占据一个较显著的位置。

产品定位 product positioning 指企业为满足目标消费者或目标消费市场的需求所做的产品规划。

市场定位 market positioning 20 世纪 70 年代由美国营销学家艾·里斯和杰克特劳特提出。其含义是指企业根据竞争者现有产品在市场上所处的位置，针对顾客对该类产品某些特征或属性的重视程度，为本企业产品塑造与众不同的，给人印象鲜明的形象，并将这种形象生动地传递给顾客，从而使该产品在市场上确定适当的位置。

竞争定位 competitive positioning 指突出本企业产品与竞争者同档产品的不同特点，通过评估选择，确定对本企业最有利的竞争优势的营销方式。

产品组合 product mix 指一个企业生产或经营的全部产品线、产品项目的组合方式。它包括四个变数：产品组合的宽度、产品组合的长度、产品组合的深度和产品组合的一致性。

产品组合长度 product mix length 指产品组合中所有产品线的产品项目总数。

产品组合宽度 product mix width 又称产品组合广度。指一个企业的产品组合中所包含的产品线的数目。

产品组合关联度 product mix consistency 指各产品线在最终用途、生产条件、分销渠道和其他方面相互关联的程度。

品牌战略 brand strategy 指公司将品牌作为核心竞争力，以获取差别利润与价值的企业经营战略。

单品牌策略 single brand strategy 指企业生产的若干产品使用同一个品牌的决策策略。

多品牌策略 multi-brand strategy 指企业根据各目标市场的不同利益分别使用不同品牌的品牌决策策略。

品牌组合战略 brand portfolio strategy 指提供一套系统的方法，用以审查现有的品牌组合，发现需要进一步分析和解决在品牌组合的管控和发展方面存在的问题。简而言之，品牌组合战略就是用战略管理的视野和方法来管理和控制品牌组合。

统一品牌 blanket family brand 指一个企业无论其产品种类有多少，销售地域有多广，都使用一样名称、名词、标号或设计的品牌。

品牌价值 brand value 指企业通过对品牌的专有和垄断获得的物质文化等综合价值以及消费者通过对品牌产品的购买和使用获得的功能和情感价值。是品牌管理要素中最核心的部分，也是区别于同类竞争品牌的重要标志。

品牌优势 brand advantage 指由高位品牌所建立起来的竞争优势。这种优势的直接作用是知名度和美誉度所带来的市场关注度，以及市场销量和赢利能力的提升。

品牌知名度 brand awareness 指潜在消费者认识到或记起某一品牌是某类产品的能力，即一个品牌被消费者认知的程度。

品牌美誉度 brand favorite 品牌力的组成部分之一。它是市场中人们对某一品牌的好感和信任程度，是现代企业形象塑造的重要组成部分。

品牌影响力 brand influence 指品牌开拓市场、占领市场并获得利润的能力，现已经成为左右顾客选择商品的重要因素。

品牌营销 brand marketing 指企业利用消费者的品牌需求，创造品牌价值，通过运用各种营销策略使目标客户形成对企业品牌和产品、服务的认知过程。

主品牌 master brand 指在市场中能影响顾客购买的品牌。

副品牌 subsidiary brand 指企业在生产多种产品的情况下，给其所有产品冠以统一品牌的同时，再根据每种产品的不同特征所取的一个恰如其分的名称。

母品牌 parent brand 指凌驾于所有产品之上的、为所有产品共用的品牌。

子品牌 sub-brands 在母品牌之下，根据不同的业务所分支出来的单独的品牌。

成本导向定价法 cost-driven pricing 以产品单位成本为基本依据，再加上预期利润来确定价格的成本导向定价法，是中外企业最常用、最基本的定价方法。成本导向定价法又衍生出了总成本加成定价法、目标收益定价法、边际成本定价法、盈亏平衡定价法等几种具体的定价方法。

竞争导向定价法 competition-oriented pricing 指企业通过研究竞争对手的生产条件、服务状况、价格水平等因素，依据自身的竞争实力，参考成本和供求状况来确定商品价格。以市场上竞争者的类似产品的价格作为本企业产品定价的参照系的一种定价方法。

顾客导向定价法 customer-driven pricing 又称需求导向定价法、市场导向定价法。是指企业根据市场需求状况和消费者的不同反应分别确定产品价格的一种定价方式。

认知价值定价法 perceived-value pricing 又称觉察价值定价法、

感受价值定价法、理解价值定价法。是根据消费者所理解的某种商品的价值，或者说是消费者对产品价值的认识程度来确定产品价格的一种定价方法。

撇脂定价法 skimming pricing 又称高价法。即将产品的价格定得较高，尽可能在产品寿命初期，在竞争者研制出相似的产品以前，尽快地收回投资，并且取得相当的利润。然后随着时间的推移，再逐步降低价格使新产品进入弹性大的市场。

市场渗透定价法 market penetration pricing 指以一个较低的产品价格打入市场，目的是在短期内加速市场成长，牺牲高毛利以期获得较高的销售量及市场占有率，进而产生显著的成本经济效益，使成本和价格得以不断降低。渗透价格并不意味着绝对的便宜，而是相对于价值来讲比较低。

逆向定价法 reversely pricing 这种定价方法主要不是考虑产品成本，而重点考虑需求状况。依据消费者能够接受的最终销售价格，逆向推算出中间商的批发价和生产企业的出厂价格。

尾数定价法 mantissa pricing 指在确定零售价格时，以零头数结尾，使用户在心理上有一种便宜的感觉，或是按照风俗习惯的要求，价格尾数取吉利数字，以扩大销售。这会使顾客产生大为便宜的感觉，属于心理定价策略的一种。

整数定价法 integer pricing 与尾数定价相反，即按整数而非尾数定价。是指企业把原本应该定价为零数的商品价格定为高于这个零数价格的整数，一般以“0”作为尾数。这种舍零凑整的策略实质上是利用了消费者按质论价的心理、自尊心理与炫耀心理。一般来说，整数定价策略适用于那些名牌优质商品。

声望定价法 prestige pricing 指利用消费者仰慕名牌商品或名店的声望所产生的某种心理来制定商品的价格。

招徕定价法 fetch-in pricing 又称特价商品定价。是一种有意将少数商品降价以招徕吸引顾客的定价方式。

分销渠道 distribution channel 指当产品从生产者向最后消费者或产业用户移动时，直接或间接转移所有权所经过的途径。

直接渠道 direct channel 生产者直接把商品出售给最终消费者的分销渠道。基本模式为：生产者—消费者。

间接渠道 indirect channel 生产者通过流通领域的中间环节把商品销售给消费者的分销渠道。基本模式为：生产者—中间商—消费者。

渠道长度 channel length 指产品分销所经中间环节的多少及渠道层级的多少。

渠道宽度 channel width 指企业在某一市场上并列地使用多少个中间商。

人员促销 presonal selling 指企业推销员直接与顾客接触、洽谈、宣传介绍商品和劳务以实现销售目的的活动过程。

营业推广 business promotion 一种适宜于短期推销的促销方法，是企业为鼓励购买、销售商品和劳务而采取的除广告、公关和人员推销之外的所有企业营销活动的总称。

公共关系 public relation(PR) 指组织机构与公众环境之间的沟通与传播关系。

销售促进 sales promotion 指通过陈列、路演、市场推广会、试用、协销、奖励等短期性的营销活动，促进消费者和经销商迅速和/或较大量地购买某一种特定的产品或服务。

促销组合 promotion mix 指企业根据促销的需要，对广告、销售促进、宣传与人员推销等各种促销方式进行的适当选择和配合。

推式策略 push strategy 指企业利用人员推销，以中间商为主要促销对象，把产品推入分销渠道，最终推向市场的策略。常用的推式策略有示范推销法、走访销售法、网点销售法、服务推销法等。

拉式策略 pull strategy 指企业利用广告、公共关系和营销推广等方式，以最终消费者为主要促销对象，设法激发消费者对产品的兴趣和需求，促使消费者向中间商、中间商向制造商企业购买该产品。常用的拉式策略有会议促销法、广告促销法、代销、试销等。

无差异化营销 undifferentiated marketing 又称无差别市场策略、无差异性市场营销。指面对细分化的市场，企业看重各子市场之间在需求方面的共性而不注重它们的个性，不是把一个或若干个子市场作为目标市场，而是把各子市场重新集合成一个整体市场，并把它作为自己的目标市场。

差异化营销 differentiated marketing 又称差异性市场营销。指面对已经细分的市场，企业选择两个或者两个以上的子市场作为市场目标，分别对每个子市场提供针对性的产品和服务以及相应的销售措施。企业根据子市场的特点，分别制定产品策略、价格策略、渠道(分销)策略以及促销策略并予以实施。

集中营销 concentrated marketing 又称聚焦营销。指企业不是面向整体市场，也不是把力量分散使用于若干个细分市场，而只选择一个或少数几个细分市场作为目标市场。

国际营销 international marketing 指企业超越本国国境进行的市场经营活动。通过制订适当的营销组合方案以满足国际市场的需要，从而实现企业的利润，获得更大的市场发展空间。

深度协销 indepth assisting sale 指通过有组织地提升客户关系价值以掌控终端，从而取得市场综合竞争优势。在对目标市场区域进行划分后，通过固定人员定线，定时对终端的细致拜访，进行市场开发、维护、服务和管理，实现对销售通路的精耕细作，达到提高产品铺市率、提升销售量的目的。

密集分销 intensive distribution 指企业尽可能地通过许多批发商、零售商推销其产品。它通过最大限度地方便消费者购买而推动销量的提升。它是一种最宽的分销渠道。一般来说，密集分销分为零售密集分销和批发密集分销。

连锁经营 chain operation 指经营同类商品或服务的若干个企业，以统一的品牌、店名、标识、标准化服务和管理规范，组成一个联合体。在整体规划下进行专业化分工和集中化管理，把独立的经营活动组合成整体的规模经营，从而实现规模效益。

暗箱理论(5W1H 理论) black box theories 指消费者心理如同暗箱，我们只能看到消费者购买的外界条件(产品信息、价格信息和促销信息)和最终选择的结果。暗箱理论就是研究消费者行为的基本内容，即 5W1H 理论(购买什么 what、谁购买 who、何地购买 where、何时购买 when、怎样购买 how、为何购买 why)。

推搡效应 pushing effect 指把商品放在目标买主够得着的地方。原本商场企图通过将领带货架放在人们容易够得着的通道旁以增加销量，但通道上的人流挤撞不但没有达到预期的效果反而降低了销量。这就是所谓的"推搡效应"引起的销量下降现象。

经济预测 economic forecasting 指以调查统计资料和经济信息为依据，从经济现象的历史、现状和规律性出发，运用科学的方法，对经济活动的现状作出恰当的定性、定量结论，对经济现象未来的发展前景进行测定。

技术预测 technological forecasting 指利用预测的理论与方法，对未来技术与经济发展的相互影响作出科学的估计与分析。

需求预测 demand forecasting 指针对一项产品或服务的预期需求所作的评估。

短期预测 short-term forecasting 指对一年以下的市场发展变化的预测。

中期预测 medium projection; medium-term forecasting; medium-term prediction 指一年以上、五年以下的预测。它主要为五年计划和长期规划提供切实可行的措施方案。

长期预测 long-run forecast;

long-term forecasting; long-term prediction 指五年以上的预测，是为企业制定长期规划服务的。这种预测着重于研究市场要素的长期发展趋势，为确定企业的长期发展方向提供决策依据。

定性预测 qualitative forecasting 指预测者依靠熟悉业务知识、具有丰富经验和综合分析能力的人员与专家，根据已掌握的历史资料和直观材料，运用个人的经验和分析判断能力，对事物的未来发展做出性质和程度上的判断，然后，再通过一定形式综合各方面的意见，作为预测未来的主要依据。

德尔菲法 Delphi method 又称专家调查法。是采用背对背的通信方式征询专家小组成员的预测意见，经过几轮征询，使专家小组的预测意见趋于集中，最后作出符合市场未来趋势的预测方法。

定量预测 quantitative forecasting 指使用一历史数据或因素变量来预测需求的数学模型。是根据已掌握的比较完备的历史统计数据，运用一定的数学方法进行科学的加工整理，借以揭示有关变量之间的规律性联系，用于预测和推测未来发展变化情况的一类预测方法。

加权算术平均法 weighted arithmetic average 利用过去若干个按照发生时间顺序排列起来的同一变量的观测值并以时间顺序数为权数，计算出观测值的加权算术平均数，以这一数字作为预测未来期间该变量预测值的一种趋势预测方法。

趋势平均法 trend average method 指以最近若干时期的平均值为基础，来计算预测期预期值的一种方法。趋势平均法指在移动平均法计算 n 期时间序列移动平均值的基础上，进一步计算趋势值的移动平均值，进而利用特定基期销售量移动平均值和趋势值移动平均值来预测未来销售量的一种方法。

指数平滑法 exponential smoothing（ES）method 由布朗（Robert G. Brown）提出。他认为时间序列的态势具有稳定性或规则性，所以时间序列可被合理地顺势推延；最近的过去态势，在某种程度上会持续到最近的未来，所以将较大的权数放在最近的资料。

平均发展速度 average velocity of development 反映现象逐期发展速度的平均程度，是各个时期环比发展速度的几何平均数，说明社会经济现象在较长时期内速度变化的平均程度。

一元线性回归预测模型 unitary linear regression model 分析一个因变量与一个自变量之间的线性关系的预测模型。常用统计指标：平均数、增减量、平均增减量。

高低点法 high-low method 指

在若干连续时期中，选择最高业务量和最低业务量两个时点的半变动成本进行对比，求得变动成本和固定成本的一种分解半变动成本的方法。

时间序列预测法 time series prediction method 一种历史资料延伸预测，又称历史引申预测法。是以时间数列所能反映的社会经济现象的发展过程和规律性，进行引申外推，预测其发展趋势的方法。

13.3 客户服务

顾客满意度 customer satisfaction 指顾客在消费相应的产品或服务之后，所产生的满足状态等次。

顾客满意度研究 customer satisfaction research(CSR) 指通过对影响顾客满意度的因素进行分析，发现影响顾客满意度的因素、顾客满意度及顾客消费行为三者的关系，从而通过最优化成本有效地提升影响顾客满意度的关键因素达到改变消费者行为，建立和提升顾客忠诚度，达到减少顾客抱怨和顾客流失，增加重复性购买行为，创造良好口碑，提升企业的竞争能力与盈利能力的一种研究方法。

顾客忠诚度 customer loyalty 指由于质量、价格、服务等诸多因素的影响，使顾客对某一企业的产品或服务产生感情，形成偏爱并长期重复购买该企业产品或服务的程度。

顾客关系管理 customer relationship management(CRM) 指专门收集整理顾客与企业相互联系的所有信息，借以改进企业经营管理，提高企业营销效益。它既是一种市场导向的企业营销理念，同时也是面向顾客优化市场、服务、销售业务流程，是增强企业部门间集成协同能力，加快顾客服务的响应速度，提高顾客满意度和忠诚度的一整套解决方案。

企业形象识别系统 corporate identity system(CIS) 指将企业经营理念与精神文化，运用整体传播系统(特别是视觉传播设计)，传播给企业周围的关系或团体(包括企业内部与社会大众)，并使其对企业产生一致的认同与价值观。它由以下三个方面的因素构成：经营理念识别(mind identity)，经营活动识别(behavior identity)和整体视觉识别(visual identity)。

顾客总价值 total customer value 指顾客为购买某一产品或服务所期望获得的一组利益。它主要包括产品价值、服务价值、人员价值和形象价值等。

服务价值 service value 指伴随产品实体的出售，企业向顾客提供的各种附加服务。包括产品介绍、送货、安装、调试、维修、技术培训、产品保证等所产生的价值。

形象价值 image value 指企业及其产品在社会公众中形成的总体形象所产生的价值。

信用评级 credit rating 又称资信评级。是一种社会中介服务，将为社会提供资信信息，或为单位自身提供决策参考。

信用额度 line of credit; credit limit 又称信用限额。指银行授予其基本客户一定金额的信用限度，就是在规定的一段时间内，企业可以循环使用的资金额度。

14 原油采购、贸易与储运

14.1 原油采购和贸易

国营贸易 state-run trading 进口原油管理体制的产物。进口原油有国营贸易和非国营贸易两种方式，通过国营外贸代理公司代理进口原油的称为国营贸易。

进口原油非国营贸易配额 non-state run crude import quota 根据对外贸易经济合作部令 2002 年第 27 号，遵循我国入世承诺，进口原油分国营贸易和非国营贸易两种方式。以非国营贸易方式进口原油时，申请进口单位必须申请并获得由商务部分配的数额，称为进口原油非国营贸易配额。

一般贸易 ordinary trade 指单边输入关境进口贸易方式，其交易的货物是企业单边售定的正常贸易的进口货物。与之相对应的是加工贸易。

进口原油加工贸易 import crude oil processing trade 主要指进口原油来料加工、进料加工，与一般贸易相对。

来料加工 processing on order 指外商提供原油，由炼油厂进行加工，成品交外商销售，炼油厂收取加工费。原油来料加工需按照海关规定的成品油收率核定，未出口的部分需按照收率折算成原油进行补证补税。

进料加工 processing trade 指国内炼油厂直接用外汇购买进口原油，成品油返销出口。原油进料加工需按照海关规定的成品油收率核定，未出口的部分需按照收率折算成原油进行补证补税。

长期合同 long term contract 双方约定在未来某段时间内分批次总共交收一定数量石油实物的交易。长期合同节约交易成本，保护商业关系。对卖方来说，意味着稳定的销路和更大的市场控制力；对买方来说，意味着稳定的资源供应，也方便组织实施套期保值。

官价 official selling price (OSP)原油出口国官方定期公布的原油价格或贴水，适用于长期合同。按照官价公布时间在提货月之前或之后，分为前瞻式与回溯式官价。沙特阿拉伯、科威特等中东产油国的官价制度起步最早，体系最为成熟，尼日利亚等后起欧佩克国家也在效仿。

原油现货 spot crude oil 双方约定在近期按一定价格和其他条件一次性交收一定数量原油实物的交易。

装期　shipping window 指预定的开始装运货物的时间。

外贸代理公司　international trading agent 我国现行规定进口原油使用单位必须通过有资质的外贸公司代理进口，不能直接在国际市场上自行采购进口。将代理进口原油的外贸公司称为外贸代理公司。

代理费　agency fee 进口原油使用单位支付给进口原油代理公司的费用。

基准油价　benchmark oil price 又称挂靠油种。是现货原油浮动价格公式的组成部分：原油价格=基准油价格+贴水。原油计价一般选取某一种或者几种固定油种作为参照，在参照油种报价的基础上加减一定金额来定价。不同地区、不同油种采用的基准原油不同。

基准原油　benchmark crude oil 指以该种原油的价格作为基准油价的原油，不同地区、不同油种采用的基准原油不同。目前全球原油贸易中的主要基准原油有 WTI、布伦特、阿曼、迪拜和米纳斯等。其中，中东原油计价多以阿曼和迪拜原油作为基准原油来计价；非洲、西北欧和地中海原油多以布伦特原油作为基准原油来计价；美国进口原油多以 WTI 原油作为基准原油来计价。

西得克萨斯中质油　West Texas intermediate oil（WTI）美国得克萨斯州西部油田出产的原油，是一种低硫轻质原油，为纽约商品交易所（NYMEX）交易的西得克萨斯中质油期货合约的基础。传统上，WTI 原油是全球最重要的油价基准。相对布伦特原油而言，WTI 原油价格更容易受到当地供需的影响，从而影响了其权威性。

布伦特原油　Brent oil 英国北海油田生产的一种轻质低硫原油，是西北欧、地中海、西北非等原油作价的基准原油。目前全球 65% 以上的实货原油挂靠布伦特体系定价。布伦特原油日产量约 50 万桶，其装运港为北海设得兰群岛的索伦佛，主要在北欧加工提炼，也有小部分在美国东海岸以及地中海地区加工，这些生产商大部分仍是以非标准化的现货方式交易。1988 年 6 月 23 日，伦敦国际石油交易所推出该原油期货合约。

带船期布伦特　dated Brent 反映北海原油现货市场交易的常用术语。指现货或即付货的 BFOE（Brent \ Forties \ Oseberg \ Ekofisk）原油装船日期在此后 10~21 天内进行。部分加拿大东部原油、西北欧原油、地中海地区原油、西北非洲原油及中东也门原油的作价一般以此为参照基准油。

迪拜原油　Dubai crude oil 阿联酋迪拜酋长国出产的一种原油。迪拜原油是含硫原油的主要定价基准，尤其是用于为中东出口至亚洲的原油定价。其现货主要在新加坡和东京交易。

迪拜商品交易所阿曼原油 DME Oman 阿曼生产和出口的原油品种，是含硫原油的主要作价基准原油之一，用于为中东出口至亚洲的原油定价。阿曼原油是迪拜商品交易所重要的期货交易合约。

阿格斯 Argus Media 是英国的一家独立能源报价和分析的专业公司，成立于 1970 年。阿格斯报价在全球现货、长期合同及纸货交易中被广泛用于官方指导价。

阿格斯含硫油指数 Argus sour crude index(ASCI)原油交易中常见的定价工具，由阿格斯每日发布，反映美湾地区中质含硫原油的价值，多用于长期合同的计价。2009 年沙特阿美与科威特采用该指数为出口美国的原油定价，伊拉克在 2010 年也开始采用。

远期 BFOE forward contract cash(BFOE)北海原油远期现货市场交易。指远期交货的 25 天 BFOE(指 Brent、Forties、Oseberg 和 Ekofisk 等四种可以相互替代交割的北海原油)，该合约在实货装船日之前的 25 个工作日到期停止交易。

密度品质调价 API adjustment 原油买卖双方针对原油密度品质商定价格，当实际 API 值高于(或低于)合同规定的 API 值，相应升高(或降低)贴水水平。常见的有巴士拉原油。密度品质调价更多地被当作一种强化原油商品竞争力的工具。

提单日 bill of lading date; B/L date 又称装船日。指货物完成装船的日期。是原油交易中最重要的时间节点，因为货物的价期往往与之相关。此外，信用证开立、付款、索赔等执行工作也与提单日密切相关。

预估到港日 estimated arrival time(EAT)是在途船舶按照租船合约的规定，向装卸港与租船方通报航行状态的重要指标。

美制桶 U.S. barrel(BBL)现行国际原油交易皆以美制桶为法定计量单位，简称桶。桶是体积单位，等于 42 美加仑，该标准源自 15 世纪晚期英王理查德三世制订的液体密封木桶标准，1872 年为美国石油生产商协会正式确立，沿用至今。国际原油价格的单位通常表示为美元/桶。

吨桶比 ton-barrel conversion ratio 每吨油品折算的桶数。常规原油的吨桶比多在 6.7~7.5 附近。此换算系数与油品密度的倒数成正比，关系式为：吨桶比系数 = 6.29/油品密度。例如大庆原油密度为 0.8602，吨桶比 = 6.29/0.8602 = 7.31，即每吨大庆油折合 7.31 桶。现行国际原油交易皆以美制桶为法定计量单位。

普氏 Platts 普氏能源资讯，是全球领先的能源与金属信息提供商，同时亦是全球实物能源市场最重要的估价来源。目前我国进口原油的基准价大部分来源于普氏报价。

纸货交易 paper trading 纸货(paper)是相对于实货(physical)的一个概念，通常包括期货和场外交易两种形式。纸货交易与实货交易的区别在于它一般不以物权转移为根本目的。大多数纸货交易不发生“物流”。对于实货交易商和用户来说，纸货交易是管理实货价格风险的有效工具。在贸易实践中，国际原油纸货交易数量远远大于实货交易量。因此，石油公司和贸易公司也常利用纸货和实货结合进行“杠杆”交易。

实货交易 physical trading 是在市场中进行原油实物买卖的交易形式，交易发生后实际货物的所有权相应发生转移。原油实货交易可分为现货交易和长期合同交易两大类贸易形式。现货交易是买卖双方对已经装货的或即将装运的原油进行的一种贸易形式，例如西非原油主要以现货交易投标的形式出售；长期合同是买卖双方之间以合同的形式约定在一段时间内买卖若干数量原油的交易行为，例如中东原油大多以长期合同的形式出售。

期货 futures 按照约定在未来的某一特定日期以指定价格交割的买卖合同的总称。期货交易的主要标的物可以是某种商品，如黄金、能源产品、农产品，也可以是金融工具和金融指标。目前全球进行石油期货的主要交易所有纽约商品交易所(NYMEX)、洲际交易所(ICE)和迪拜商品交易所(DME)；期货交易所买卖的期货合约是由期货交易所统一制定的标准合约；在期货市场上通过公开竞价方式形成的期货合约标的物的价格即为期货价格。

期货市场 futures market 买卖期货合约及期货期权合约的场所。见“期货交易所”。

现货市场 spot market; cash market 又称实货市场、现金交易市场或实物市场。指成交后立即交割和结算的市场，与期货、期权等衍生工具市场相对。

期货价格 futures price 在期货交易所交易平台通过公开竞价方式形成的期货合约标的物的价格。

期货交易 futures trading 指在期货交易所按照规定进行期货合约的买卖。期货合约的买方，如果将合约持有到期，那么他有义务买入期货合约对应的标的物；而期货合约的卖方，如果将合约持有到期，那么他有义务卖出期货合约对应的标的物。有些期货合约在到期时不是进行实物交割而是结算差价，期货合约的交易者还可以选择在合约到期前进行反向买卖来冲销这种义务。

期权交易 option trading 在期权交易所按照规定进行期权合约

的买卖。

期货交易所 futures exchange 专门供期货交易者买卖期货合约的场所，是期货市场的核心。期货交易所需要制定本交易所的交易规则和其他规章制度；制定本交易所的标准合约；为交易所会员提供合约履行及财物方面的担保；设立仲裁机构，对会员以及会员与客户之间的争议作出裁决；公布即时行情，使场内、场外交易者能了解有关信息，使交易价格具有公开性等。

纽约商品交易所 New York Mercantile Exchange（NYMEX）芝加哥交易所集团（COMEX）四大交易所之一，是全球最具规模的商品交易所，其交易主要涉及能源、农产品和金属三大类。其中，能源产品交易远超过其他产品的交易。目前交易的能源类期货合约主要有 WTI 原油、汽油、取暖油、天然气、电力、丙烷和煤。

洲际交易所 Intercontinental Exchange（ICE）成立于 2000 年 5 月，总部位于美国乔治亚州亚特兰大，投资者来自七家商品批发商。2001 年该公司收购了伦敦国际石油交易所（IPE）；目前 ICE 的英国子公司 ICE Futures 以交易能源期货产品为主，主要有北海布伦特原油和柴油等。

迪拜商品交易所 Dubai Mercantile Exchange（DME）中东首个国际能源期货交易所。2007 年 6 月 1 日该交易所推出阿曼原油期货合约，此外，还有两个非实物交割的期货合约，即布伦特-阿曼价差合约和 WTI-阿曼价差合约。DME 会员席位采用面对国际金融市场拍卖的方式发售。目前，共有超过 50 家会员企业和超过 20 家做市商成为了迪拜商品交易所的会员，主要有中国石油国际事业有限公司、摩根士丹利、花旗银行、高盛公司、MBF 清算公司等。

期货合约 futures contract 期货交易的买卖对象或标的物，由期货交易所推出的标准化的合约，规定在将来某一时间以当前约定的价格买进或卖出标准数量的倍数的某种商品。它是期货交易的对象。这个标的物，又称为基础资产，可以是某种商品，如原油或铜；也可以是某个金融工具，如外汇、债券；还可以是某个金融指标，如股票指数。期货交易参与者正是通过在期货交易所买卖期货合约，转移价格风险，获取风险收益。期货合约是在现货合同和现货远期合约的基础上发展起来的，它们最本质的区别在于期货合约条款的标准化。

原油掉期 crude swap 指双方通过订立标准合约的方式，将某种计价方式进行互换的交易形式。通常的原油掉期交易是为了实现浮动价和固定价之间的相互转换，是规避计价波动风险的重要手段。

头寸 position 一种市场的约

定，即拥有的实货、期(纸)货、资金等的数量余额。

空头头寸　short position　指出售期货合约，即一种因预料价格会下跌而卖出或使卖出大于买入的头寸，简称空头。空头头寸可以通过买入等额的金融工具而平仓。因空头头寸而买入称“空头回补”。

多头头寸　long position　指买入期货合约，即一种因预料价格会上涨而买入或使买入大于卖出的头寸，简称多头。多头头寸可以通过卖出等额的金融工具而平仓。因多头头寸而卖出称“多头平仓”。

未平仓量　open interest　指单向买进或卖出，尚未进行反方向操作对冲的头寸数量。在期货交易中，未平仓量指未平仓或未交割的期货合约数量。在大多数情形下，未平仓量是每日测量定的，反映期货合约的流动性。

场内交易　curb trading　传统意义上是指在交易所内的交易大厅进行的面对面交易，现在通过交易所的电子交易系统所进行的交易也称为场内交易。场内交易的特点：(1)有集中、固定的交易场所和固定的交易活动时间；(2)有严密的组织管理制度；(3)采用公开竞价和双向拍卖的方式进行交易。一般场内交易的交易量比较大，交易活跃。

场外交易　over-the-counter (OTC) trading　指在交易所之外，通过对手之间以行业标准合约形式远期、掉期等交易的活动。与交易所不同的是，场外交易没有集中的交易场所，一般通过电话或计算机网络进行交易，主要以协商定价方式成交，且场外交易的交易量较少。场外市场没有向其他市场参与者自动披露交易价格的机制，场外市场交易及其交易的工具并未标准化。

保证金　margin　期货市场的结算所或买卖双方之间为确保买卖双方有能力履行各自的合约义务而要求交纳的押金，一般会要求他们在交易达成时交存初始保证金并在随后根据市场的变动追加交纳浮动保证金。有时候还要求在交割实货前交纳交货保证金。在原油期货交易中，保证金一般分为初始保证金和变动保证金。

初始保证金　initial margin　交易者建立和维持头寸必须支付给结算所的可退还押金。对于所交纳的初始保证金的金额，世界各地的不同交易所有不同的规定，通常按交易金额的一定百分比计收，一般在5%~10%之间。该笔保证金一旦交纳，即存入清算所的保证金账户。此外，结算所也会监察每日所有存款的变化情况，确保所有投资者的保证金至少符合要求的水平。

维持保证金　maintenance margins　指交易所为保证交易双方有能力履行合约而规定的任何一方交易方必须在保证金账户上维持的最

低金额押金，通常相当于初始保证金的75%。交易者在持仓过程中，如果保证金账户资金降到了维持保证金水平之下，交易所通知交易者追加保证金，该账户的资金必须追加到初始保证金的水平。接到追加保证金通知时，交易者可以存入额外的资金，或者将这个头寸平仓。

正向市场 normal market 指期(纸)货合约到期日距今越远，价格越高的情形。即在正常情况下，期货价格高于现货价格(或者近期月份合约价格低于远期月份合约价格)，基差为负值。因为期货市场多了未来的持有成本，理论上期货价格应该高于现货价格，远期合约的价格也相应高于近期合约的价格。正向市场是套期保值交易的理想环境。

反向市场 inverted market 指期(纸)货合约到期日距今越远，价格越低的情形。即在特殊情况下，现货价格高于期货价格(或者近期月份合约价格高于远期月份合约价格)，基差为正值。反向市场的出现是由于人们对现货商品的需求过于迫切，价格再高也愿意承担，从而造成现货价格剧升，近期月份合约价格也随之上升，远期月份合约则因未来供给将大量增加的预测，价格相对平稳。

到期 expiration 买方可以行使权利的最后一日。原油期货合约采用月份合约形式，并需要交割。在某一合约进入交割月份前，该合约即到期终止交易。如WTI原油2003年6月合约的到期日为2003年5月20日，在此日之前大部分头寸都已平仓完毕，未平仓部分将进行实货交割。

交割 delivery 指买卖双方根据交易所相关规定及电子合同约定，卖方向买方交付货物、买方向卖方支付货款的过程。即按照交易所指定的一定的程序，在该交易所交易的某一商品的所有权或者控制权在特定条件下发生转变。一般来说，交割商品必须置于交易所指定的交割仓库或其他指定的储藏地点，交割必须由指定的专人监督。交割方式主要有实物交割和现金交割两种。

实物交割 physical delivery 指交易双方通过交易所的安排，按规则在交割日将合约商品的所有权进行转移，从而对冲未平仓合约头寸的过程。由于期货交易不是以现货买卖为目的，而是以买卖合约赚取差价来达到保值的目的，因此，实际上在期货交易中真正进行实物交割的合约并不多。交割过多，表明中场流动性差；交割过少，表明市场投机性强。在成熟的国际商品期货市场上，交割率一般不超过5%。

现金交割 cash settlement 指交易双方通过交易清算所在交割日对合约盈亏以现金方式进行结算的过程。即指到期未平仓期货合约进行交割时，用结算价格来计算未平仓合约的盈亏，以现金支付的方式最终了结期货合约的交割方式。在现金交割方式下，每一未平仓合约将于到期日结算时得以自动平仓，即多空双方只是根据交割结算价计算双方的盈亏金额，通过将盈亏直接在盈利方和亏损方的保证金账户之间划转的方式来了结交易。

贴水 discount 又称升水(premium)，指某种原油售价低于(高于)其计价的基准原油的差值。影响原油是加贴水，还是减贴水或平贴水、以及贴水幅度的因素有许多，主要包括该油种同基准原油的品质差、运输费率、收益差、净回收益等。交易计价期的不同也可以导致时间相近的同种类原油贴水差别很大。

期货经纪商 futures broker; futures commission merchant 在期货市场交易中充当买卖双方中介，执行相关交易委托的个人、企业或信托公司，它们以收取客户的现金或其他资产作为佣金收入。期货经纪商有时也称为佣金公司、期货佣金公司或商品经纪公司，它们必须在商品期货交易委员会进行注册登记。

期货保证金 futures margin 在期货市场上，交易者只需按期货合约价格的一定比率交纳少量资金作为履行期货合约的财力担保，便可参与期货合约的买卖，这种资金就是期货保证金。

标的物 subject matter 商业合同买卖中的特定名词，指买卖合同中所指的物体或商品。

商品期货 commodity futures 标的物为实物商品的期货合约品种，与金融期货相对应。商品期货合约以传统的大宗物质为主，主要包括农副产品、金属产品、能源产品等几大类，是期货市场发展历史最久的成熟领域。

能源期货 energy futures 标的物为能源产品(石油、天然气、炼制产品、煤炭、电力等)的期货，是商品期货的一个交易品种。

石油期货 oil futures 标的物为石油产品(石油、天然气、炼制产品)的期货，是能源期货的一个交易品种。目前全球进行石油期货的主要交易所有纽约商品交易所(NYMEX)、洲际交易所(ICE)和迪拜商品交易所(DME)。

原油期货 crude oil futures 标的物为原油产品的期货，是石油期货的一个交易品种。

西得克萨斯中质油期货合约 West Texas intermediate futures contract 标的物为西得克萨斯中质油的标准化合约，1983 年 3 月由美国纽约商品期货交易所(NYMEX)推出。该原油期货每张合约为 1000 桶，交割地在美国俄克拉荷马州库欣(Cushing, Okla-hom)的管道终端。

布伦特原油期货合约 Brent futures contract 标的物为布伦特原油的标准化合约，1988年6月由英国国际石油交易所(IPE)推出。该交易所被收购后，目前主要在洲际交易所(ICE)交易。该原油期货每张合约为1000桶，装运港为英国舍得兰群岛的萨洛姆湾(Sullom Voe)终端。

天然气期货合约 natural gas futures contract 标的物为天然气的标准化合约。美国纽约商品期货交易(NYMEX)于1990年4月，洲际交易所(ICE，当时为IPE)于1997年3月分别推出天然气期货合约。

期权 option 又称为选择权，是在期货的基础上产生的一种衍生性金融工具。从其本质上讲，期权实质上是在金融领域中将权利和义务分开进行定价，使得权利的受让人在规定时间内对于是否进行交易，行使其权利，而义务方必须履行。在期权的交易时，购买期权的一方称作买方，而出售期权的一方则称作卖方；买方即是权利的受让人，而卖方则是必须履行买方行使权利的义务人。期权买方必须向期权卖方支付一定的期权费。

期权合约 option contract 赋予买方在约定时间以约定价格(不论当时的市价如何)购买或卖出约定量商品或其他金融产品权力(而非责任)的合约。

美式期权 American-style option 指可以在成交后有效期内任何一天被执行的期权，多为场内交易所采用。

欧式期权 European-style option 指只有在合约到期日才被允许执行的期权，大部分场外交易期权为欧式期权。

英国国际石油交易所 International Petroleum Exchange (IPE) 该石油交易所2001年6月被洲际交易所(Intercontinental Exchange Inc，ICE)收购。主要交易布伦特原油、柴油、天然气等的期货及期权合约。

套期保值 hedging 又称风险对冲。即通过期货(纸货)市场，将价格风险转移给愿意承担风险的交易商，以达到锁定成本或收益的目的。原油套期保值即是利用期货(纸货)与实货的相关性，在期货(纸货)市场买进(卖出)与现货市场上经营的商品数量相当，期限相近，但交易方向相反的相应期货合约，以期在未来某一时间通过卖出(买进)同样的期货合约来抵补原油因市场价格变动所带来的实际价格风险。

套期保值者 hedger 为了保护已持有或未来的现货头寸免于未来不确定的价格波动而进行期货期权交易的市场参与者。

做多 long 因预期某种金融产品的价格会上涨而买进这些资产的行为。

做空　short 因预期某种金融产品的价格会下降而卖出(待低价再买入)这些资产的行为。

投机者　speculator 指没有需求基础，主要目的是获取价差收益，而不是获得利息与红利收入的市场参与者。

套利者　arbitrageur 在市场中进行套利的机构或个人。

套利(窗口)　arbitrage(ARB)指利用期货和实货之间价差变化、同品种的不同市场之间的价差变化、不同品种之间的价差变化、同品种不同交割月份之间的价差变化，两头同时买进卖出以赚取价差变化收益的行为(平台)。

清算所　clearing house 对期货交易所内买卖的期货合同进行统一交割、对冲和结算的机构。清算所是随期货交易的发展以及标准化期货合同的出现而设立的清算结算结构。在期货交易的发展中，清算所的创立完善了期货交易制度，保障了期货交易能在期货交易所内顺利进行，因此成为期货市场运行机制的核心。一旦期货交易达成，交易双方分别与清算所发生关系。清算所既是所有期货合同的买方，也是所有期货合同的卖方。

佣金　commission; brokerage charge 指经纪商代理客户进行买卖业务收取的报酬。

远期合约　forward contract 指交易双方所达成的在未来某一特定日期按照事先约定的价格和方式买卖某种商品或金融资产的协议。

衍生产品　derivatives 又称衍生工具。是由现货市场、期货市场或者其他金融工具衍生而成的金融工具。例如，期货合约就是现货商品合约的衍生产品，期权合约是期货合约的衍生产品。

战略石油储备　strategic petroleum reserve(SPR)以政府为主体的原油储备，由政府确定采购和动用，企业无权动用。它是应对短期石油供应冲击(大规模减少或中断)的有效途径之一。它本身服务于国家能源安全，以保障原油的不断供给为目的，同时具有平抑油价异常波动的功能。

原油商业储备　commercial crude reserve 以企业为主体的原油储备，政府给予财政支持并监控，企业可根据市场情况灵活动用。商业储备既是战略石油储备的有效补充，服务于国家整体能源安全；也是企业生产库存的延伸，起到调剂余缺、周转资源的作用。

国际贸易术语通则　international commercial terms(INCOTERMS)是国际商会(ICC)颁布，用以定义货物销售合同中买卖双方责任和义务的规范文件，广泛应用于国际贸易实务，也适用于境内贸易。1936 年初版，现行版本系 2010 年 9 月 27 日发布，2011 年 1 月 1 日正式生效，通称 INCOTERMS 2010。新通则将术语分作多式联运和水运两组。新版本发布以后，只要双方在合同中明文宣示引用旧版通则，那么 INCOTERMS 2000 或者更早版本的术语通则依然有效。

EXW 条款　EX works(EXW)　指工厂交货。按此条款成交，卖方在其营业处所或其他指定地(工厂、仓库)将货物交付买方处置，即为履行交货义务，买方须负担自卖方营业处所受领货物至目的地的一切费用及风险。这种条件下，卖方的责任最轻，而买方的责任最重，因此，在国际贸易中，较少采用。

FAS 条款　free alongside ship (FAS)指装运港船边交货，适用于内陆水运和海运。按此条款成交，卖方将货物放置在指定装船港船边码头上或驳船内时，即履行交货义务。买方则须负担自那时起，货物灭失或毁损的一切费用及风险。本条件之下，“船边”的定义并未界定，实务上，一般的解释是指能够用船边的吊货索具或岸上的起重机或其他装货工具进行装货的地方。当指定船舶可以进港靠岸时，系指在装港船边码头上；当指定船舶无法进港靠岸时，系指在驳舶上。

FOB 条款　free on board (FOB)指装运港船上交货，俗称“离岸价”，适用于内陆水运和海运。按此条款成交，卖方负责在指定的装运港将货物装到买方的船上，并负担将货物越过船舷之前的一切费用和风险。一旦货物越过船舷，物权、费用与风险尽皆转移至买方。石油为液体载货，使用该条款时通常以输油臂固定接口为转移界限。

CFR 条款　cost & freight (CFR)适用于内陆水运和海运，其价格包含成本和运费。是指在装运港货物越过船舷卖方即完成交货，之后货物灭失或损坏的风险，以及由于各种事件造成的任何额外费用，即由卖方转移到买方。卖方必须给予买方充分的交货通知，并支付将货物运至指定的目的港所需的运费。石油为液体载货，使用该条款时通常以输油臂固定接口为转移界限。

CIF 条款　cost insurance & freight(CIF)适用于内陆水运和海运，其价格构成包含成本、运费和保险费。在装运港当货物越过船舷时卖方即完成交货，之后货物灭失或损坏的风险及由于各种事件造成的任何额外费用即由卖方转移到买方。卖方支付将货物运至指定的目的港所需的运费和保险费等。是卖方将风险在装运港转移到买方，但承担途中的运输费用和保险费用的一种价格术语。石油为液体载货，使用该条款时通常以输油臂固定接口为转移界限。

FCA 条款　free carrier(FCA)　常用贸易术语，意为货交承运人。按此条款成交，卖方于指定地点或地方办妥输出通关手续后，将货物交给买方指定的运送人接管时，即履行其交货义务。买方须负担自交货后的一切费用及风险。本条件中所谓承运人系指公路、铁路、空中、海上、内陆水路运送或复合运送或安排履行上述各种运送的人，因此，本条款适用于多式联运。

CPT 条款 carriage paid to (CPT) 指运费付讫条件。按此条款成交，卖方须负担货物运至指定目的地为止的成本、费用及运费，货物灭失或毁损的风险，以及货物交付运送人后，由于事故而产生的额外费用，自货物交付运送人保管时起，由卖方移转至买方负担。本条件适用于任何运输方式，包括复合运送。本条件与 CFR 相近，由卖方负担货物运至指定目的地运费，但货物灭失或毁损的危险以及运费以外的任何费用，则于货物交付第一运送人收管时移转于买方负担，而非以船舷为保险或费用负担移转的界限。

CIP 条款 carriage & insurance paid to (CIP) 指运保费付讫条件。按此条款成交，卖方须负担货物运至指定目的地为止所需的费用、运费及运输保险费用，但货物灭失或毁损的风险及货物在交付运送人后，由于事故而产生的任何额外费用，则自货物交付运送人保管时起，由卖方移转至买方负担。本条件与 CPT 条件相同，但增加了卖方一项义务，即必须就货物于运送中灭失或毁损的危险买保险，并支付保险费。本条件适用于多式联运。

DAT 条款 delivered at terminal (DAT) 意为目的地卸毕交货。按此条款成交，卖方负责将货物运至指定目的地并卸货完毕交由买方处置，即履行完其交货义务。报关与进口关税由买方负责。2011 年 1 月 1 日生效的《国际贸易术语 2010》中新提出 DAT，取代过去的 DEQ。

DAP 条款 delivered at place (DAP) 意为目的地未卸货交货。按此条款成交，卖方负责将货物运至指定目的地，交由买方处置，即履行完其交货义务。卸货、报关与进口关税等由买方负责。2011 年 1 月 1 日生效的《国际贸易术语 2010》中新提出 DAP，取代过去的 DAF、DES 和 DDU。

DDP 条款 delivered duty paid (DDP) 意为目的港完税交货。按此条款成交，卖方于输入国指定地方，将货物交由买方处置时，即履行完其交货义务。卖方须办理输入通关手续，并负担将货物交到上述地方为止的风险及费用，包括税捐及其他费用。此贸易条件卖方的责任最大。若卖方无法直接或间接取得输入许可证，则不宜使用本条款。

DAF 条款 delivered at frontier (DAF) 旧版 INCOTERMS 2000 贸易术语，意为边境交货。卖方在毗邻

国海关边界之前的边境指定地点及地方，办妥输出通关手续后，将货物交由买方处置，即履行完其交货义务。买方须负担自卖方交付货物之后，有关货物毁损或灭失的一切风险及费用。2011 年 1 月 1 日生效的《国际贸易术语 2010》中取消 DAF，代之以 DAP。

DES 条款 delivered ex-ship (DES) 旧版 INCOTERMS 2000 贸易术语，意为目的港船上交货，又称到岸价。其含义是卖方要在规定的时间和地点将符合合同规定的货物提交买方。卖方承担在目的港船上将货物交由买方处置以前的一切费用和风险；买方则承担船上货物交由其处置时的一切费用和风险，其中包括负责卸货费和办理货物进口的清关手续。2011 年 1 月 1 日生效的《国际贸易术语 2010》中取消 DES，代之以 DAP。

DEQ 条款 delivered ex-quay (DEQ) 旧版 INCOTERMS 2000 贸易术语，意为目的港船边交货。按此条款成交，卖方在指定目的港码头上，将尚未办妥输入通关的货物交由买方处置时，即为履行完其交货义务。卖方须负担将货物于该交货地交付为止的一切风险及费用。若买卖双方国家间对于输入关税采取免税政策(如 EU 国家间)，而卖方拟将货物运至买方国内交付买方时，即可采用本条款。2011 年 1 月 1 日生效的《国际贸易术语 2010》中取消 DEQ，代之以 DAT。

DDU 条款 delivered duty unpaid (DDU) 旧版 INCOTERMS 2000 贸易术语，意为目的港未完税交货。按此条款成交，卖方于输入国指定地方，将尚未办理输入通关手续且尚未从运输工具卸下的货物交由买方处置时，即履行完其交货义务。卖方须负担将货物运至上述指定地方为止的风险及费用。若买卖双方国家间对于输入关税采取免税政策，而卖方拟将货物运至买方国内交付买方时，即可采用本条款。2011 年 1 月 1 日生效的《国际贸易术语 2010》中取消 DDU，代之以 DAP。

14.2 原油运输

WS 点 world scale (WS) 全称 new worldwide tanker nominal freight scale (国际油轮名义运费)，即在国际油运市场，对油轮运费水平的制定及计算已形成的通行的准则。总运费 = 基本费率×计费吨×WS 点数。WS 点数的高低是反映国际运费市场变化的关键指数。

空载率 dead freight ratio 油轮实际装载吨数低于计费吨的量与计费吨的比。该指标一般用来表示航次中的空舱运费损失。

计费吨 freight ton 油轮在计算货物运费时的基本单位。这里的“吨”只是一个计费标志，有时是质量单位，有时是体积单位。基准计费吨为质量=1立方米，质量和体积哪个大按哪个计费，若货物质量吨不足1立方米，按质量计费，否则按立方米计费。

基本费率　flat rate 以75000t级油轮为标准船型，计算船东执行某一航线航行的总体运输成本，对这一特定航线所规定的以美元/t为单位的运费费率。

船级社　ship classification society 又称验船协会或验船机构。是建立和维护船舶与海上设施建造和操作技术标准的组织，通过定期检查来确保航海设备满足其规范。世界上最早的船级社是1760年创立的英国劳埃德船级社（LLOYD'S）。国际船级社协会IACS现有13家正式会员社，营运油轮都需要挂靠某一船级社，定期接受检验。多数船级社为民间组织。

双壳船　double hull ship 船体构造为双层外壳的油轮。国际海事组织（IMO）海上环境保护委员会（MEPC）对单壳、单底油轮的使用制定了《73/78防污公约》，规定于1993年7月6日以后签定合同、或者无建造合同，于1994年1月6日以后安放龙骨、而且于1996年7月6日以后交船的载重吨在5000t以上的油轮，强制要求双壳、双底。

单壳船　single-hull ship 船体构造为单层外壳的油轮，与“双壳船”相对。还有一些单底双边和双底单边的油轮，也被归入单壳船之列。

满载吃水　load draught 油轮达到核定装载量时的吃水深度，通常指油轮在载满货物、物资、燃料和人员的条件下，在夏季赤道附近的吃水深度。

船龄　vessel age 船舶的年龄，船舶从首次下水时间起计算的使用年限。

滞期费率　rate of demurrage 租船合同中约定的实际装卸货时间超出允许装卸时间后，租家向船方额外支付的费用标准。

装卸货时间　laytime 租船合同约定的允许装卸货的总时间。

包干运费　lump-sum freight 一种租船方式。租家与船方谈定一个固定金额作为运费，不需要通过基本费率、WS点、计费吨计算运费。

浮仓　floating storage 利用在海上锚泊或漂航的油轮作为仓储设施。浮仓既是石油货物的库存，也是油轮船位的库存，同时充当原油和航运两大市场的有效缓冲，成为跨国石油公司与大型国有石油公司争夺、控制市场的有力工具。

受载期　laycan 启装日（layday）和解约日（canceling day）的总称。启装日，租约对船东可以开始装货的时间规定。解约日，租约对船东抵达装港的时间期限的规定。如船东无法在该时间期限内抵达装港，租家有权解除租约，但船东不承担延误装期给租家造成的损失。

错过受载期 miss laycan 油轮无法在货物受载期限内抵达装港。错过受载期给卖方和装港造成的损失巨大，习惯上都要由租家承担，船东一般不承担责任。

装卸准备就绪通知书 notice of readiness(NOR)是船舶到达装/卸港口后，船长代表船舶出租人，向承租人或其代表(通常是港口船舶代理人)递交的、表明该船舶已到达装/卸港，并在必要的船舱、船机、起货机械和吊货工具等所有与装/卸货有关的方面，均做好了准备的书面通知。有效递接的装/卸准备就绪通知书，对出租人和承租人合理划分经济利益和责任具有重要意义。

滞期 demurrage 未能在约定的装卸货时间内完成货物的装卸，致使船东在港费用增加，并遭受船期损失，由此增加的时间。

滞期费 demurrage charge 指非由于船东的原因，租船人未能在合同规定的装卸时间之内完成装卸作业，对因此产生的船期延误，按合同规定向船东支付的款项。

滞期时间 time on demurrage 指非由于船东的原因，在规定的装卸时间内未能将货物全部装卸完毕，致使货物及船舶继续在港内停泊，使船东开始增加在港费用支出并遭受船期损失，这段超出规定的时间称为滞期时间。装卸时间以船长递交备装、备卸通知书后6h开始起算，装卸作业结束、拆管时间截止。对装卸作业中的除外时间，租约虽有具体规定，但内容复杂，条件苛刻。一般，受坏天气影响的靠泊装卸作业时间减半处理，过驳作业不减半，码头被占用、等待泊位时间不扣除。

合同装卸时间 laytime for charter party 租船合同约定的允许装卸货的总时间，是滞期费理算的基础。

分旬到港均衡度 中国石化内部考核指标。指在某一港口上、中、下旬到货量分布的均衡程度。

单港卸货率 one-discharge rate 中国石化内部考核指标。指油轮在某一港口实际卸货量与油轮满载装载量的比值。

锚地过驳 ship-to-ship transfer at anchorage 指两船在锚地用软管相连进行船对船的装卸货物方式。

双舷过驳 lightering by double sides 锚地过驳方式的一种，指母船双舷通过软管相连，同时进行船对船的装卸货物方式，可提高作业效率。

岸线过驳 shoreline lightering 指各码头之间利用岸上管线，采用不进罐的方式，从一条船过驳货物到另一条船的方式。

围油栏 oil boom 海面或水面

发生溢油事故时，为了防止油层扩散，便于溢油清除，把油层限制住的一种工具。

吸油毡 absorbing oil felt; sorbent一种由聚丙烯经熔喷工艺制做而成，能有效吸附油品并将之留住的工具。用于清理、围堵、预防任何可能出现的油液和化学品泄漏。

原油洗舱 crude oil washing (COW)利用油船本身所载原油的自溶性，通过加压喷射的方法，清洗残留在油舱内表面的油泥、油渣等。

清舱作业 tank cleaning operation 清理舱内残存的油渣或垃圾等的过程。油轮为了货舱的修理等目的，在日常营运过程中，货舱的底部和边角，都有油渣或沉淀物，在经过原油洗舱或水洗舱之后，仍有部分油脚等洗不干净，需要人工清理，把里面的垃圾等清理干净，达到安全要求。

收舱作业 stripping operation 卸货快结束时，把油轮上各舱的残留的油品收集起来卸出船舶的过程。

接/拆输油臂 connect/disconnect loading arm 装/卸货前或装/卸货完毕后，接/拆用于连接码头输送管道和油轮歧管的输油设备。

接/拆输油软管 connect/disconnect cargo hose 过驳作业卸货前或卸货完毕后，接/拆用于连接船舶输送管道的输油设备。

岸上扫线 stripping 卸货结束后，对输油臂内的残留油品采用惰性气体，从码头方吹扫到船上的制定舱。

船上扫线 lines stripping 卸货结束前，船上采用专用扫残泵把管路内残留货物卸到岸上的过程。

扫海 sweeping 为查明海区航行障碍物的情况，并确定船只安全航行的深度，对使用水域的底部进行扫测的作业。

提单量 bill of lading figure (B/L figure) 指提单中标明的货物数量。而提单是作为承运人和托运人之间处理运输中双方权利和义务的凭证。

提单二次分割 prorata 企业间相互拼装时，在卸港实际卸货量难以完全与提单量一一对应。外贸代理公司按照企业实际卸货量比例重新分割提单量，称为提单二次分割。

商检量 surveyor figure 商检部门检测出的货物数量。

短量 shortage 商检量比提单量少的数量。国际惯例中±0.5%属于正常范围，严重短量可以向供货方或船方索赔。一般超过0.5%的部分可以找保险公司索赔。

前尺 ullage before loading/discharge 油品装/卸交接前的损耗检测。

后尺 ullage after loading/

discharge 油品装/卸交接后的损耗检测。

罐检量 shore tank figure 通过对岸上油罐测量计算得出的货物数量。

船检量 ship figure 通过对船上货舱测量计算得出的货物数量。

价内税 tax included in price 包含在商品价格之内的税金。国内海洋原油销售价格中包括5%的税金。

浮式生产储油卸油装置 floating oil production storage and offloading (FPSO)是浮动的油轮，用于海上石油和天然气的开采、加工、储存、外运。

租船合约 charter party(C/P) 指船东(承运人)就约定航次或期间提供船舶，承运货物，而由承租人支付约定运费的运输合同。原油及石油产品因批量巨大，普遍采用租船运输。

跟单信用证统一惯例 uniform customs and practice for documentary credits 国际商会(ICC)所制订，旨在明确信用证有关当事人的权利、责任、付款的定义和术语，减少有关当事人之间的争议和纠纷，调和各有关当事人之间的矛盾，是信用证领域最权威、影响最广泛的国际商业惯例。该文件最初版本于1930年制订，并于1933年正式公布，第二次世界大战后几经修订，延续至今。现行最新版本为2006年修订，次年7月1日实施的UCP 600；此外，1993年修订，次年1月1日实施的UCP500因其卓著的影响力也仍为市场广泛接受，二者并行不悖。国际贸易实务中当事人可根据习惯与需要，自由选择其商业合同适用哪一版本。

14.3 储运设备及工艺

公路槽车 tank truck 又名罐车，俗称公路罐车。是在公路上运输液体石油产品的油罐车。

混合搅拌器 mixing agitator 是一种使多种流体介质通过强迫对流均匀混合的器件。

反应搅拌器 reaction agitator 利用搅拌的作用促使流体介质发生强迫对流、碰撞、吸附以利于被搅拌介质反应、沉淀或分离的器件。

油罐叶轮搅拌器 impeller agitator for oil tank 安装在油罐内促进罐内介质均匀混合、分离、反应或沉淀，以叶轮作搅拌部件的搅拌器。

油罐旋转喷射搅拌器 rotary jet mixer for oil tank 用于油品调和的一种无动力设备，安装在油罐底部中央，上部沿圆周方向均匀装有成一定角度开口向上的喷嘴，底部通过管道与罐壁接合管连接。当调和油品自罐壁接合管进入，从喷射口向上喷出时，喷射头产生旋转，从而和上部油品进行充分混合，达到调和目的。

高压清洗机 HP washer 通过动力装置使高压柱塞泵产生高压水来冲洗物体表面的机器。它能将污垢剥离、冲走，达到清洗物体表面的目的。因为是使用高压水柱清理污垢，所以高压清洗也是世界公认最科学、经济、环保的清洁方式之一。可分为冷水高压清洗机、热水高压清洗机、电机驱动高压清洗机、汽油机驱动高压清洗机等。

小爬车 creeper driver 大鹤管小爬车，由车体、行车轮、推车臂和驱动结构组成。其特征是：驱动结构与推车臂相连，推车臂采用斜面结构，即在一个同水平成10°~30°夹角的平面内运动，驱动结构包括钢丝绳传动结构和齿轮传动结构。

汽油在线调和 on-line gasoline blending 将各汽油调和组分和添加剂按一定比例同时送入调和总管内，通过静态混合器进行充分混合，混合后的油品由在线分析仪在线检测油品的各项质量指标，然后将分析结果送至调和控制软件，调和控制软件及 DCS 根据预先设定的控制策略实时控制和优化各组分的配比，调和成品汽油的过程。汽油在线调和优点：提高汽油调和精确度，减少质量过剩，提高一次调成率。

活性炭吸附工艺法 activated carbon adsorption process 利用吸附介质活性炭(孔隙率较大的物质)与油气分子的亲和作用吸附油气分子，不吸附空气，实现油气与空气的分离，从而达到油气回收的目的。

深冷工艺法 cryogenic process 采用多级连续冷却方法降低挥发油气的温度，使油气中的轻油成分凝聚为液体而排出洁净空气的一种回收方法。

膜分离式工艺法 membrane separation process 利用烃类 VOCS 与空气在膜内的扩散性能(即渗透速率)不同来实现分离，即让烃类 VOCS 与空气混合物在一定压差推动下经过膜的“过滤作用”，使混合气中的烃类 VOCS 优先过膜而得以分离回收，空气则被选择性截留。

吸收液吸收工艺法 absorption process with solvent 首先利用油气中的空气和纯油气在专用吸收剂中溶解度不同的特性，利用专用吸收剂吸收油气中的纯油气，实现油气中纯油气与空气的分离；然后将纯油气从吸收剂中解吸出来，实现纯油气与吸收剂的分离及吸收剂的再生。吸收剂是加入某些添加剂组分的烃类物质，吸收轻烃量大，解吸后吸收剂中轻烃残留量很小。

阴极保护系统 cathodic protection sysytem 把要保护的金属设备作为阴极，另外用不溶性电极作为辅助阳极，两者都安装在金属设备上，电解质溶液里接上外加直流电源，通电后，大量电子被强制流向被保护的金属设备，使金属设备表面产生负电荷(电子)的积累，只要外加足够强的电压，金属腐蚀而产生的原电池电流就不能被输送，因而防止了金属设备的腐蚀。此法主要用于防止土壤、海水及河水中金属设备的腐蚀，如罐及管道。化工厂中盛装酸性溶液的容器或管道，也常用此法。

绝缘法兰 insulating flange 对同时具有埋地钢质管要求的密封性能和电法腐蚀防护工程所要求的电绝缘性能的管道法兰接头的统称。

绝缘接头 insulating joint 根据绝缘法兰在使用中存在的问题进行改进的换代产品，是钢质管道阴极保护系统中必不可少的重要压力元件，广泛应用于钢制管道的阴极保护系统。绝缘接头参照国外最新产品结构，实现了埋地免维护的功能，使绝缘接头的使用寿命与配套的管线相同。

地面取样器 ground sampler 用于石油液体储罐的取样设备。取样器结构为折叠式，可安装于浮顶和拱顶罐。取样管线内置于按比例升降的伸缩架内，各取样孔位置根据 GB/T 4756—1998《石油液体手工取样法》规定取样位置设计，当罐内液面发生变化时，能随着罐内液面的升降自动调整进样口位置。取样器可按《石油液体手工取样法》标准规定采集上部、中部、下部、出口液面、底部样，也可同时取上、中、下(或上、中、出口液面)的等比例混合样等几种规格。取样器适用于取罐内原油、成品油、苯、二甲苯、邻二甲苯等其他液体。

油罐盘管式加热器 coil heater for oil tank 一种用较长的管道弯曲成的管式加热器，常用 15~50mm 直径的无缝钢管焊接而成。为了安装和维修的方便设置少量法兰连接，加热器在油罐下部均匀分布。为了使管子在温度变化时能自由伸缩，用导向卡箍将盘管安装在金属支架上。支架具有不同高度，使盘管沿着蒸汽流动的方向保持一定的坡度。

油罐 U 形管式加热器 U-tube heater for oil tank 其加热管一般采用直径 20~35mm 的无缝钢管弯制而成，管束的形状与 U 形管式换热器类似，但管束弯管端露出在油罐内。这种加热器的安装是通过在罐壁上开孔后，外侧焊接管和法兰，再把管束从此开孔接管处伸入罐内。在罐里侧设有支承，U 形管可在支承上自由伸缩。加热器用椭圆形法兰封头，封头上焊有蒸汽进口和冷凝水出口及其隔板，封头法兰和罐壁外侧的接管法兰用螺栓连接夹持管板来固定加热器。加热器的中心距罐底标高均在 1000mm 以下，每个加热器都有独立的蒸汽进口和冷凝水出口，所以各个加热器都能独立工作。根据所要求的加热面积及加热的均匀性，可随意选取加热管束的直径、数量、长度及加热器的台数。

油罐排管式加热器 calandria heater for oil tank 适用于加热面积小、要求物料温度较为均匀的油罐。加热器的排管应尽可能地均匀分布，并避开罐内立柱、量油孔等。对于黏度大、凝固点较高的特殊物料，当需要加热面积较大时，加热器排管也可分层布置。

油罐阻火器 flame arrester for oil tank 一种防火安全装置，是储罐防火的必需附件，用来阻止易燃气体、液体的火焰蔓延和防止回火而引起爆炸的安全装置。阻火器通常安装在输送或排放易燃易爆气体的储罐和管线上。如火炬、加热燃烧系统、石油气体回收系统或其他易燃气体系统。阻火器适用于储存闪点低于28℃的甲类油品和闪点低于60℃的乙类油品，如汽油、煤油、轻柴油、原油、苯、甲苯等油品及化工原料的储罐。阻火器滤芯常用金属网滤芯和金属拆带滤芯，耐腐蚀，易于清洗。按功能可分为：(1)阻爆轰型阻火器，能阻止音速和超音速火焰通过的阻火器；(2)阻爆燃型阻火器，能阻止亚音速火焰通过的阻火器。

浮动式吸油装置 floating oil absorption device 适用于各类卧式、立式储罐，其一端连于油罐底部出油短管上，另一端同浮筒吊在液面下，并随液面升降而上下浮动，始终抽取表面油品。由于水分、杂质在重力场的沉降作用，上层燃油的水分和杂质始终低于底部油层，因此，使用油罐浮动出油装置抽取上层油品，能保证发出较洁净的油品，延长下游净化设备的使用寿命。

带芯人孔 manhole with core 在人孔盖内加设一层与罐壁弧度相等的芯板，与罐壁齐平，安装在罐壁内浮顶起浮高度上方。其作用是便于人员进入内浮盘上方检查内浮盘、浮盘密封、浮盘导向绳、浮盘静电导线等。

泄压人孔 pressure relief manhole 安装在设备和储罐上的快速泄压装置。通常与罐顶上安装的呼吸阀配套使用，维持罐内的正常压力，能避免因意外原因造成罐内急剧超压或真空时损坏储罐而发生的事故。

紧急卸压人孔盖 emergency relief manhole cover 安装于油罐顶部的人孔盖，具有内置呼吸和紧急排气功能，并可在人孔盖上安装油气回收阀、量油孔、防溢流探杆等。

油罐切水器 dehydrator for oil tank 又称自动脱水器。安装在油罐底部，与油罐脱水管相连，自动切除罐内游离水，取代人工脱水。切水器有两种，一是机械式切水器，二是感应式切水器。机械式切水器以重力为动力源，应用液体在容器内部的压强和油水之间的密度差，从而可产生较高的浮力。采用浮体和高灵敏度的杠杆原理，通过放大机构控制特制无背压阀门开启和关闭。利用旋流导板加速油水分离时间，并将分离出的油品自动快速地返回储罐内，以达到自动排水截油的目的。

精密过滤器 precision filter 广泛用于汽油、煤油、柴油、液压油、透平油、变压器油、溶剂油及润滑油等油品的过滤，是确保各类油品、化工产品、液体、气体相关的输送机械、检测仪表及自控元件正常运行的净化设备。既可安装在上述各类介质需要精细过滤的场所上游串联使用，亦可以单独使用。它能减轻下游精细过滤的负荷，减少微米级颗粒杂质造成的机械磨损、堵塞引起的机械故障甚至停机事故。油品过滤器技术参数：壳体结构，碳钢或不锈钢材质；过滤精度，1~150μm；滤芯材质，不锈钢-植物纤维-玻璃纤维；密封件，耐油橡胶-聚四氟乙烯。

快拆式过滤器 quick-opening filter 区别于传统的用螺栓固定的袋式过滤器。通过摇转快关传动轴就可以实现上盖的开启和关闭，而不用像传统螺栓固定的盖子一样，将十几个甚至几十个螺栓依次拧开或拧紧，来实现盖子的开启和关闭，十分方便快捷。适用于高流量及频繁更换滤袋的液体过滤。

火炬筒体 flare stack 火炬系统的重要组成之一，其作用是把火炬气送到高空的火炬头进行燃烧。在确定了火炬的最大排放量后，可根据此最大排放量，按有关规范确定火炬筒体和火炬头的尺寸。

火炬塔架 flare stack tower pylon 为火炬头及火炬筒体最重要的支撑部分，一般由塔柱、腹杆、横杆组成。

水封阀组 water sealed valve train 由水封罐和多个控制阀组成，实现火炬气回收系统和火炬气燃烧系统切换的设备，兼具水封控制和阀门控制的优点。

火炬点火器 flare ignitor 能在一瞬间提供足够的能量点燃高架火炬的点火装置。

高空点火器 flare aerial ignitor 安装于高架火炬的火炬头上的点火装置。高空点火器改变了传统的点火形式，从结构上保证了点火器的高点火成功率和长寿命。

分子封密器 molecular sealer 简称分子封，是火炬设施中安装在火炬头和火炬筒体之间一个单独的防止火炬设施回火、爆炸的重要设备。当火炬处于停工或小流量工作时，连续从火炬总管补充比空气轻的氮气（或其他可燃气体），利用吹扫气体的浮力在分子封内形成一个压力高于大气压的区域。这样使火炬外面的空气不能进入压力较高的火炬内部，从而阻止火炬头部燃烧着的火焰倒灌及发生内部爆炸事故。

火炬头带流体密封 flare tip with liquid sealing device 在火炬头内部设置多层锥形折流挡板所形成的气体密封形式称为流体密封器，这样的设置称为火炬头带液体密封。其工作原理：在流体密封器入口前端连续通入一定量的吹扫气体，利用吹扫气体在锥形折流挡板出口处形成的速度动力封以有效阻止空气进一步进入火炬筒体内，从而防止回火或内部爆炸。

火炬头不带流体密封 flare tip without liquid sealing device 指火炬头内部不是通过设置折流挡板而形成流体密封进行火炬气密封的方式。

重油装车鹤管 loading arm for heavy oil 用于重质油、高黏油、油砂、天然沥青和油母页岩等重油装车、装船的鹤管，常带有伴热管。通常采用敞开式装车。

浸没式装车鹤管 immersion loading crane tube 装有分配头的装车鹤管。在装车时，能将鹤管伸到车底，使油不能直接冲击车底，绝大部分油从液面流出，液面平稳上升，油与汽车壁及空气摩擦小，液面没有严重翻腾，油面上部油气少，油面电位低，因而大大减少了油品的损耗和静电的积聚。

密闭装车鹤管 sealed loading arm 为适应人们对环境质量要求而发展起来的新的装车技术。它在普通装车鹤管的基础上，增加了密封盖子、回气管线、密封盖压紧装置、高液位报警控制装置等。在装车过程中，能将罐车内的气体引到油气处理场所，大大降低了排放至大气中的所装介质的蒸气。鹤管适用于易挥发性液体和毒性液体(如原油、汽油、苯、甲苯、甲醇等)的装车。

卸车鹤管 unloading arm 用于铁路槽车和油罐汽车的卸载流体作业的专用鹤管。它采用旋转接头与刚性管道及弯头连接起来，以实现火车、汽车槽车与栈桥储运管线之间传输液体介质的活动设备，以取代老式的软管连接，具有很高的安全性、灵活性及寿命长等特点。

阻火通气罩 fire ventilation hood 又称防火器。防止外部火焰窜入存有易燃易爆气体的设备和管道内或阻止火焰在设备、管道间蔓延的安全装置。根据火焰通过热导体的狭小孔隙时由于热量损失而熄灭的原理设计制造。

地衡 weigh bridge 地上衡和地中衡的总称。地中衡是称量汽车或畜力车载重量的衡器。按结构和功能分为机械式、机电结合式和电子式3类，以机械式为最基本型。机械式和机电结合式的秤体安放在地下的基坑里，秤体表面与地面持平。电子式的秤体直接放在地面上或架在浅坑上，秤体表面高于地面，两端带有坡度，可移动使用，又称无基坑汽车衡。地上衡也称为地磅，它装有秤轮，可在地面上移动使用。

轨道衡 rail-weigh bridge; track scale 称量铁路货车载重的衡器。以火车轨道一节车厢的长度为计量衡器的承重部件，并与电子传感器相连接(电子轨道衡)或与机械比例杠杆相连接(机械轨道衡)的计量衡器。分静态轨道衡、动态轨道衡和轻型轨道衡3种。广泛用于工厂、矿山、冶金、外贸和铁路部门对货车散装货物的称量。

灌装秤 filling scale 一种将液体按照设定的重量灌入容器中的衡器。灌装秤一般由液体灌注枪、称重平台和控制系统组成。液体灌装一般采用两种形式，即液位上灌装和液位下灌装。对于灌装过程中不起泡沫且无毒气体产生的液体，一般采用液位上灌装；对于灌装过程中会产生泡沫的液体或有毒气溢出的液体，一般采用液位下灌装。所谓液位上灌装，即灌枪口在灌装过程中始终在液体的平面以上，不与液体产生接触。而液位下灌装则是灌装枪口在灌装的过程中始终保持在液位平面下方，并且为了减少灌装枪在液体中产生的重量错误，灌装枪会自动跟踪液位上升而上升。

发球 launch 为了清洁管壁及监测管道内部状况，需向管内发射一种装置(如清管器)，在其自身动力或在油、气流推动下完成清管及监测等任务。发球就是将清管器放入管线内并使其在自身动力或在油、气流推动下进入管道的操作过程。

清管器 pipe cleaning pig 借助于本身动力或在油、气流推动下，在管腔内运动，用于清洁管壁及监测管道内部状况的工具。它可以携带无线电发射装置与地面跟踪仪器共同构成电子跟踪系统。

清管器发球筒 pig launcher 清管扫线设备的重要组成部分，安装在管线两端用于发射清管器。它主要由快开盲板、筒体、异径管、鞍式支架等部分构成。

清管器收球筒 pig receiver 清管扫线设备的重要组成部分，安装在管线两端用于接收清管器。它主要由快开盲板、筒体、异径管、鞍式支架等部分构成。

首站 initial station 长距离输油管道的起点。它的任务是收集原油或石油产品，经计量后向下一站输送。其主要组成部分为油罐区、输油泵区和油品计量装置，有的为了加热还设有加热系统。

末站 terminal 输油管道的终点。它的任务是接受来油和向用油单位供油，因此一般有相应的计量、化验和转输设施。

油库 fuel depot 指用来接收、储存和发放原油或原油产品的企业和单位。同时，油库也指用以储存油料的专用设备，因油料具有的特异性应以相对应的油库进行储藏。油库是协调原油生产、原油加工、成品油供应及运输的纽带，是国家石油储备和供应的基地，对于保障国防和促进国民经济高速发展具有相当重要的意义。(1)按油库的管理体制和经营性质可分为独立油库和企业附属油库两大类。独立油库是指专门从事接收、储存和发放油料的独立经营的企业和单位。企业附属油库是工业、交通或其他企业为满足本部门的需要而设置的油库。(2)按主要储油方式可分为地面(或称地上)油库、隐蔽油库、山洞油库、水封石洞油库和海上油库等。地面油库与其他类型油库相比，建设投资省、周期短，是中转、分配企业附属油库的主要建库形式，也是目前数量最多的油库。(3)油库还可按照其运输方式分为水运油库、陆运油库和水陆联运油库；按照经营油品分为原油库、润滑油库、成品油库等。

储备库 petroleum storage depot 按照油库功能划分的一种油库，主要是国家或者企业因为战略或者商业等因素考虑而建设，专用于储存石油及其产品的专属油库。主要以储存为主，中转率相对较低。

洞库 storage cavern 将储油罐建设在人工开挖的洞石或者天然山洞内。这种洞库隐蔽条件好，也具有较强的防护能力。一般大型的战略油库和军用油库多采用山洞库。

水封洞库 underground oil storage in rock cavern 利用稳定的地下水位，将需要储存的油品封存于地下洞室中。其储油罐体是在有稳定地下水位的岩体内开挖的人工洞室，不需要另建储油罐。

油库的等级划分 classification of oil depot 从安全防火观点出发，根据油库总容量的大小，将油库划分为若干等级并制订出与之相应的安全防火标准，以保证油库的建设者更加合理和长期安全运营。国家标准《石油库设计规范》(GB 50074)根据油库储存油料总容量多少将油库分为五个等级。不同等级的油库安全防火要求有所不同。容量愈大，等级愈高，防火安全要求愈严格；油品的轻组分愈多，挥发性愈强，防火安全要求也愈严格。油库按库容划分等级为：一级是指总库容 $\geqslant 100000m^3$；二级是指 $30000m^3 \leqslant$ 总库容 $< 100000m^3$；三级是指 $10000m^3 \leqslant$ 总库容 $<30000m^3$；四级是指 $1000m^3 \leqslant$ 总库容 $< 10000m^3$；五级是指总库容 $<1000m^3$。

储存天数 storage days 油品从进库到出库这个时间段内的实际储存天数。

周转量 turnover capacity 报告周期内油库完成油品中转的数量。

吞吐量 handling capacity 指报

告期内经由水路进、出港区范围并经过装卸的货物数量。该指标可反映港口规模及能力。

全防罐 full containment storage tank 由内罐和外罐组成的储罐。其内罐和外罐都能适应储存低温冷冻液体，内外罐之间的距离为1~2m，罐顶由外罐支撑。在正常操作条件下内罐储存低温冷冻液体，外罐既能储存冷冻液体，又能限制内罐泄漏液体所产生的气体排放。

单防罐 single containment storage tank 带隔热层的单壁储罐或由内罐和外罐组成的储罐。其内罐能适应储存低温冷冻液体的要求，外罐主要是支撑和保护隔热层，并能承受气体吹扫的压力，但不能储存内罐泄漏出的低温冷冻液体。

14.4 港口

提单 bill of lading(B/L)在对外贸易中，运输部门承运货物时签发给发货人的一种凭证。《中华人民共和国海商法》1993 年 7 月 1 日施行，第 71 条规定："提单，是指用以证明海上货物运输合同和货物已经由承运人接收或者装船，以及承运人保证据以交付货物的单证。提单中载明的向记名人交付货物，或者按照指示人的指示交付货物，或者向提单持有人交付货物的条款，构成承运人据以交付货物的保证。"

油轮 oil tanker 俗称油船，是用来运输原油、成品油等石油货物或其他油类货物的船种。按船舶结构分，代表船型可分为五类：超大型原油轮、苏伊士型油轮、阿芙拉型油轮、巴拿马型油轮、成品油轮、化学品油轮。按载重吨位可分为：小型油轮（0.6 万载重吨以下），以运载轻质油为主；中型油轮（0.6 万~3.5 万载重吨），以运载成品油为主；大型油轮（3.5 万~16 万载重吨），以运载原油为主，偶尔载运重油；巨型油轮（VLCC，16 万~30 万载重吨）、超级油轮（ULCC，32 万载重吨以上），专用运载原油。

驳船 barge 本身无动力或只设简单的推进装置，依靠拖船或推船带动的或由载驳船运输的平底船。其特点为设备简单、吃水浅、载货量大。驳船一般为非机动船，与拖船或顶推船组成驳船船队，可航行于狭窄水道和浅水航道，并可根据货物运输要求而随时编组，适合于内河各港口之间的货物运输。

减水后常温体积 ambient temprature volume after water reduction; gross observed volume 常温下油品体积减去水后的体积。

减水后标准体积 standard volume after water reduction; gross standard volume 标准温度下油品体积减去水后的体积。

惰性气体系统 inert gas system 船上用于提供含氧量不足以使碳、氢气燃烧的烟气或混合气体的设备或系统。它将货物泵出以后以一种惰性气体(化学性质非常稳定，通常为船舶发动机的废气)来代替货物充入油轮的油舱以避免油舱爆炸。它的主要功能是降低货油舱的氧气含量，使其降低至爆炸下限以下。

船上数量 on board quantity (OBQ)油轮或者货轮运抵至卸货港时船舶上的货物总吨数。

船上剩余量 quantity remaining on board 船舶在卸货港卸完货物后的实际剩余量，单位 t。

单点系泊系统 single point mooring system(SPM) 定义一：允许系泊船舶随着风、浪、流作用方向的变化而绕单个系泊点自由回转的系泊方式。它通常设置在离海岸足够水深处，通过漂浮在海面上的浮筒和铺设在海底与陆地储藏系统或海上油田连接的管道，将油卸输至岸(允许液体货物通过其在油船和岸上油罐或海上油田之间进行装卸作业)。定义二：狭义：在海上设置单个浮筒，供船舶停靠并进行装卸作业的系统。广义：在海上提供一个点来约束浮体的一种方式。单点系泊可分为单锚链腿系泊和悬链式锚腿系泊等类型。

单点系泊储油装置 single point mooring storage tanker 由单点系泊浮筒与储油驳船两大部分组成。单点系泊浮筒用 4~8 根锚链固定在海底，浮筒上有转盘和旋转密封接头。储油驳船与单点浮筒的转盘用钢丝绳或钢臂连接，可作 360°旋转，似风标，使之保持在受力最小的方位。原油从海底管线经过单点上的旋转密封接头进入储油驳船，运油轮则从储油驳船上装油外运。

变径软管 reducing hose; tapered hose 单点漂浮软管中，为连接不同管径的软管而特别设计的一节首末端尺寸不同的特殊软管。

防撞裙座 anti-collision skirt 浮筒底部安装的一层圆周型钢板结构，比浮筒外径大，用于防止浮筒可能被外力直接撞击的安全设施。

浮筒体 buoy hull 是一个漂浮在水面上的密闭金属筒，下部用铁锚固定，用来系船或做航标等。单点浮筒体是一个浮在海上的卸油终端，能提供油轮系泊，并连接卸油水上漂浮软管和水下软管的金属筒体。

锚链管 chain pipe 单点系泊设施之一。专门用于锚链穿越和固定锚链的短管。

锚链量角器 anchor chain protractor单点系泊检测设备，专用于测量单点系泊锚链角度的一种仪表或者仪器。

锚链张紧三角架 anchor chain tensioning tripod 浮筒平衡臂上用于

穿挂钢丝绳，调整锚链长度的支撑装置。

平衡臂 balance arm 单点上转盘组成部分，用于平衡输油臂、系泊臂对基座的力。

拾取缆 pick-up rope 油轮靠泊单点系泊时，使用的系泊缆绳之一。

水下软管 flexible hose under water 单点系泊设备之一。是指连接浮筒与海底管线之间的具有柔性的专用管道。

系泊臂 mooring arm 单点系泊设备之一。装配有系泊过渡链等部件，与系泊缆连接，供油轮系泊用。

系泊缆 mooring hawser 单点系泊设备之一。连接油轮与单点系泊臂之间的缆绳，供油轮系泊用。

系泊三角板 mooring triangle 单点系泊缆设备之一。系泊缆末端用于连接浮筒。

支撑链 hang-off chain 单点系泊设备之一。在接管过程中，用于固定软管在油轮上的链条。

体积修正系数 volume-correction coefficient(VCF)石油在标准温度下的体积与其在非标准温度下的体积之比，用 VCF 表示。

边舱 side tank; wing tank (W.T.)油船一般都是按左、中、右三列将货油舱进行划分，其中位于左右两列的货油舱称为边舱。为便于区分，通常要对舱进行编号，如 1 号右舱为 1S，1 号左舱为 1P。

中舱 centre tank(C.T.)油船一般都是按左、中、右三列将货油舱进行划分，其中位于中间列的货油舱称为中舱。为便于区分，通常要对舱进行编号，如 1 号右舱为 1S，1 号左舱为 1P，1 号中舱为 1C。

储能瓶 accumulator bottle 氮气经压缩在胆囊型袋并驱动液压油，平时胆囊储存在一个瓶内，称为储能瓶。

管道带压堵漏 pipeline pressure seal 全称“管道或容器不动火不停输快速带压堵漏作业”，指原来有密封或原来没有密封的各种材质管道或容器和附件，因人为或腐蚀泄漏后管道或容器处于承压或使用状态情况下采用的一种技术或多种技术复合堵漏过程。

带压开孔 hot tapping 在管道和容器上制造接口的一种方法，开孔时管道和容器处于承压或使用状态下。带压开孔是在完全封闭的空腔内进行的，刀具切削过程与空气隔绝，无着火、爆炸的可能性，对环境也无污染。适用于除氧气以外的任何介质以及不同直径的各类管道。

浮船 floating pontoon 一种通过浮力使之随储罐液面升降而升降的覆盖在液面上的节能环保设备。储罐通过安装浮盘密封储存的介质、降低介质蒸发损耗，达到节能、保护环境的目的。其主要部件有支柱、人孔装置、量油装置、通气装置、导静电装置、防旋转装置、周边密封装置、浮力元件、骨架(结构部分)、盖板、紧固件等。

浮动海上储油库 offshore floating oil tank 在海上修建的储油设施，用于石油的中转、储存和海上油田的开发。飘浮式储油设施是将储油船、储油舱或其他类型的储油装置锚固在特定的海域，用于接收、储存和转运石油。这类设施施工简单，机动性强，造价较低且不受水深影响。但受气候影响大，稳定性差。

浮盘立柱 floating deck column 专门设计为浮盘在下降至最低位置时起支持作用的支柱。

浮盘人孔 floating deck manhole 安装在储罐顶上的安全应急通气装置。通常与防火器、机械呼吸阀配套使用，既能避免因意外原因造成罐内急剧超压或真空时损坏储罐而发生事故，又起到安全阻火作用。是保护储罐的安全装置，特别适用于储存物料以氮气封顶的拱顶常压罐。具有定压排放、定压吸入、开闭灵活、安全阻火、结构紧凑、密封性能好、安全可靠等优点。

肯特卸扣 Kenter shackle 索具的一种。是由扣体和销轴装配而成的可拆式组合体。

检空尺 ullage gauge 属于检尺的一种方法。测量容器(储藏)上计量基准点至罐内液面(空距)的过程。其使用范围：(1)以空高编制的容积表；(2)适用油品为原油、重质燃料油、重质润滑油等。

量油管 dipping tube 储罐附件之一。其上设置有量油孔，常与油罐浮船导向柱一起，对浮船升降起着导向作用。

气击 air hammer 气体静压轴承工作过程中发生的共振现象。

铅封 lead sealing 由特定人员施加的类似于锁扣的设备。铅封一经正确锁上，除非暴力破坏(即剪开)则无法打开，破坏后的铅封无法重新使用。每个铅封上都有唯一的编号标识。目的：为防止非特定人员破坏而进行的一种完好性标识。

上下温带球壳 upper/lower temperate zone spherical shell 球罐结构分为上极、上寒带、上温带、赤道带、下温带、下寒带、下极。上下温带球壳是指赤道带上、下的二段球壳。

舌型止链器 tongue shape chain stopper 一种应急拖曳装置，形状如舌型。专门用于锁止链条的一种工具。

输油臂 loading arm 码头装卸油装置，连接码头管线与船舶歧管的输油导管。一般由立柱、内臂、外臂、回转接头以及与油轮接油口连接的接管器组成。

双盘 double deck 浮顶储罐的

浮顶种类之一。浮顶分为单盘式浮顶、双盘式浮顶和浮子式浮顶等形式。双盘式浮顶由上盘板、下盘板和船舱边缘板所组成，由径向隔板和环向隔板隔成若干独立的环形舱。其优点是浮力大、排水效果好。在南方常用的浮盘为单盘；北方由于天气寒冷，储罐有保温，为防止热损失，浮盘采用双盘结构。

水击 water hammer 又称水锤。在压力管道中因流速、压力急剧变化而引起压力波在水中沿管道传播的现象。如管道系统中闸门急剧启闭、输水管水泵突然停机等，都会产生水击。引起水击的基本原因是：管道内因瞬时流速发生急剧变化，引起液体动量迅速改变，而使压力显著变化。水击现象发生时，压力升高值可能为正常压力的好多倍，使管壁材料承受很大应力；压力的反复变化，会引起管道和设备的振动，严重时会造成管道、管道附件及设备的损坏。

提升链 lifting chain 在软管末端，用于吊机提升软管的链。

体积管 volumetric tube 用于在线检测流量计(椭圆齿轮流量计、UF-Ⅱ流量计等体积流量计、涡轮流量计等)精度的标准体积管。

通球 pigging operation 为对管线进行清洁，一般是采用比管子内径稍大的橡胶球或高密度泡沫清管器，在发球站放入管道里(需建立专门的收发球装置)，利用管道内输送介质(如原油、成品油、天然气等)的压力，从压力稍高的一端推向压力稍低的收球站。在该过程中，管线内污物等通过收球端的排污管线排放到污水池。整个过程称为清管通球。

涡凹浮选 cavitation floatation 采用机械曝气与化学絮凝相结合的原理处理水质不同的各类污水的物化设备。

吸水井 suction well 为水泵吸水管专门设置的构筑物。在不需设置储水池外部管网又不允许直接抽水时，应设置吸水井。吸水井的有效容积不得小于最大一台水泵3min的出水量。吸水井的尺寸应满足吸水管的布置、安装、检修和水泵正常工作的要求。

引缆 pulling hawser; heaving line 在靠泊时，投放给码头一方并通过绞缆机的作用使船舶顺利靠泊码头的一种辅助缆绳。通常固定在船方绞车上。

有档链环 stud-link 能防止锚链绞缠的一种改进设计的锚链。

顺序输送 sequence transmission 在同一条管道内，按一定的顺序连续输送几种油品，这种输送方法称为顺序输送(或交替输送)。顺序输送一般多用于成品油管道。

正输 forward transmission 首站至末站的输送方式。相对的为反输，即从末站输油至首站的输油方式。

中间站 intermediate station 给长输管道油流补充能量的站点，通常是中间泵站、加热站或者热泵站。相对于首站、末站，其设施简单，功能更单一。

全越站 by-pass operation 长输管道输油时，在中间站点(场)不进行加热、接力等措施而是直接输往下一站点的输油方式。

全输 non-boosting operation 油品通过首站输送，中间站不进行接力的输送方式。

混输 mixed transmission 一般指两种或两种以上不同油品混合后经泵进行的长距离输送。

加温输送 heated transmission 通过加热油品，使其在管道输送时不凝、低黏，以降低输油的动力消耗的管道输油工艺。目前，世界上的易凝高黏油品输送一般都采用加温输送。

密闭输送 tight line transportaion 又称从泵到泵输油。从首站储油罐经泵、干线、中间泵站到终点油罐之间，油品处于密闭状态下输送的一种工艺。

带输 assisted conveying 高液位罐与低液位罐或高温油罐与低温油罐同输，通过阀门开度调节，使在输油状态下不用倒罐而直接输抵低液位罐，或满足输油温度的要求，以达到节约输油能耗的目的。

14.5 储运

油品分类 oil classification 以闪点作为油品危险特性分类的依据，将油品分为甲、乙、丙三类。其中，甲类油品的闪点小于28℃；乙A类油品的闪点为28~45℃(含28℃、45℃)，乙B类油品的闪点为45~60℃(不含60℃)；丙A类油品的闪点为60~120℃，丙B类油品的闪点为>120℃。

储存损耗率 storage loss rate 油品在储存期内所发生的损耗量占储存量的百分数。

大呼吸损耗 working loss 指在收发油时因罐内气体空间体积改变而产生的损耗。油罐收油时，罐内液面升高，压缩上部的气体，使气体的压力增大而导致呼吸阀打开产生排气。一般收进多少体积的油品，就要排出大致相同体积的混合气体，损耗是很大的。发油时，罐内气体空间体积增大，压力减小，罐外的空气通过真空阀被吸入罐内，补充因发油而多出来的空间体积。吸入的大量空气使罐内的油蒸气浓度降至很低，这样又加剧了油品的蒸发。

单板 single deck 指浮顶中央、浮盘之内的单层钢板。

浮标尺 floating gauge 液位观测器，其浮标尺的底部固定安装有浮球(或浮子)，而能随容器内液面上下移动的浮标尺安装在容器外壁的导向架上，在浮标尺上有显示容器内液位高度的指标器和标志，根据指示器指示的标记即可读出容器内的液面高度。

管式密封 tubular sealing 用充满填充液的密封管来充填浮顶与罐壁之间的环形空间的一种密封。管式密封装置由密封管、吊带、充注管、防护板等组成。密封管用尼龙织物外覆以耐油橡胶制成，管内充填10号柴油或水。这种密封装置紧贴在罐壁上，密封管受压时，管内液体可自由流动，因而与罐壁间的摩擦力不致有很大的增加。

灌泵 priming pump 为保证离心泵的正常启动，排出泵腔内的气体，往泵腔内灌注输送液体介质的过程。

灌桶损耗率 barrel filling loss rate 灌桶损耗量占灌桶总油量的百分数。

罐壁温度修正系数 tank-wall temperature corrected coefficient 将油罐从标准温度下的标定容积(即油罐容积表示值)修正到使用温度下实际容积的修正系数。

罐底边缘板 tank bottom annular plate 沿油罐底板(中幅板)外部的一圈罐底板，用于支撑罐壁板。

鹤管 loading arm 将管线流过的油品导入槽车(铁路罐车或公路罐车)的设备。

鹤位 loading position 将管线流过的油品导入槽车(铁路罐车或公路罐车)的位置。

环向通气孔 annular vent hole 安装在内浮顶油罐最上圈板周边的通气孔，使发油时黏附在罐壁而蒸发的油蒸气或其他原因蒸发到浮顶上部与拱顶空间的油蒸气形成对流，溢出罐外，避免在罐内空间形成爆炸性混合气体。

检尺点 gauging point 又称基准点(datum mark)。主计量口上的一个固定点或标记，是下尺槽与计量口上边缘的交点。

检尺口 dipping hole 又称计量口。是容器顶部的一个孔，用于人工测量液位、油温测量和取样。

检水尺 draft survey 测量容器油、水界面到下计量基准点的距离的过程。测量前，在量油尺尺带上的检水尺刻线上均匀涂抹一层很薄的试水膏；读数前用煤油将检水尺刻线上重质油品(原油、燃料油等)洗掉；读数时，检水尺应垂直或倾斜不大于45°。

零售损耗 retail loss 指零售商店、加油站在小批量付油过程和保管过程中发生的油品损失。

零售损耗率 retail loss rate 指零售商店、加油站单位时间内零售损耗量占单位时间内出库量的百分比。

零位油罐 zero level tank 入口低于其他盛油容器最低点的油罐。

起浮高度 start floating height

浮顶油罐的浮顶支柱离开罐底板的支撑，使浮顶处于漂浮状态时的最低高度。

浅盘式浮顶　floating roof with shallow plate 钢制浮盘不设浮舱且边缘板高度不大于 0.5m 的内浮顶油罐。

圈板　shell plate 油罐为薄壁圆筒形容器，油罐筒身(罐壁)钢板由多圈钢板卷制焊接组合而成，筒身钢板即为圈板。

全用　full use 由油罐出油管直接连接到泵入口，往目的地输油。

全用罐　full use tank 由油罐出油管直接连接的泵入口往目的地输油的输油罐。

带用　cutting-in delivery 在输送其他油罐的油品时，同时将另一油罐的出口管线改通到在用油罐的出口管线上，与在用油罐一起往目的地输油称为带用。其中主输罐称为带罐，被带用的油罐称为带用罐。

扫线　pipeline purging 指用介质将原管线中的介质置换出来。其目的是通过使用空气、蒸汽、水及有关化学溶液等流体介质的吹扫、冲洗、物理和化学反应等手段，清除施工安装过程中残留在其间和附于其内壁的泥砂杂物、油脂、焊渣和锈蚀物等。通常包括以下几种方法：水冲洗、空气吹扫、酸洗钝化、油清洗和脱脂等。

试水膏　water finding paste 一种与油不会发生反应，遇水会变色的膏状物质。在测量容器底部水高时，将其涂在检水尺上，浸水部分发生颜色变化，从而可清晰显示出水面在检水尺上的位置。

试油膏　oil finding paste 一种在油品交接处会产生变色的膏状物质。在测量容器内油品高度时，将其涂在检油尺上，可清晰显示出油品液面在检油尺上的位置。

损耗率　loss rate 指石油产品在某一项生产、作业过程中发生的损耗量同参与该项生产、作业量的重量百分比。

蒸发损耗　evaporation loss 指在气密良好的容器内按规定的操作规程进行装卸、储存、输转等作业或按规定的方法零售时，由于石油产品表面汽化而造成数量减少的现象。

残漏损耗　residual loss 指在保管、运输、销售中由于车、船等容器内壁的黏附，容器内少量余油不能卸净和难以避免的洒滴、微量渗漏而造成数量上损失的现象。

小呼吸损耗　breathing loss 指因罐内气体空间温度变化而产生的损耗。其温度变化主要指因太阳照射而引起的昼夜温度变化。自日出到午后气温最高的这段时间里，随着外界温度的上升，罐内气体空间的温度不断升高，导致油蒸气的大量蒸发。蒸发出来的油蒸气使压力升高，上升的温度也使油气压力升高。当呼吸阀被升高的气压打开时，油气就被排出罐外。排气后压力减小，呼吸阀关闭。如果温度还在上升，这样的排气过程还将重复。

油驳 oil barge 货驳的一种，系指无动力推进装置的，专门用于运输散装油类货物的船舶。

油品调和 oil product blending 将性质相近的两种或两种以上的石油组分按规定的比例，通过一定的方法，达到混合均匀，有时还需要加入某种添加剂以改善油品某种性能。这种油品均匀混合而生成一个新产品的过程称为油品调和。

运输损耗 transportation loss 油品装入运输容器计量后，运输到达目的地过程中的损耗。

运输损耗率 transportation loss rate 油品装入运输容器计量后，运输到达目的地过程中的损耗量占运输油品总量的百分数。

自然通风损耗 natural draft loss 如果装油容器上部有孔隙，随着容器内部或外部气压的波动，容器就会自孔隙排出油气或吸入空气。如果孔隙不止一个，就会因空气流动而形成自然通风，空气从一个孔隙吹入而油气从另一个孔隙被吹出。当孔隙分布在不同高度时，还会因高差而产生的气压压差使油气从低处孔隙被排出，空气从高处孔隙吸入。油气排出和空气吸入，都会使容器内的油蒸气浓度降低，结果又使油品不断地蒸发，形成恶性循环。这样产生的损耗，就称为自然通风损耗。

集油管 gathering line 汇集管线来油并从多个或更大出油口流向目的地的输油管。

开式流程 pump to tank system; float tank operation 上站来油通过中间泵站的常压油罐输往下站的输送流程。最初的开式流程是每个中间泵站有不少于两个的油罐。上站来油先进入收油罐，再进入发油罐，使上站来油压力泄为常压，站内油泵从发油罐抽油输往下站。收发油罐可互相倒换使用，借此调节上下游泵站输量的不平衡，并可用于计量各站的输量。目前采用的开式流程是上站来油直接进入油泵的进口汇管，与汇管旁接的常压油罐仅用于缓冲上、下游泵站输量的不均衡，根据旁接罐油面的升降来调节输量，不作计量用。开式流程的各泵站只为站间管道提供压力能，不能调节各泵站的压力。

闭式流程 tight line pumping operation 在中间泵站不设油罐，上站来油直接进泵，沿管道全线的油品在密闭状态下输送的流程。全线各泵站是相互串联工作的水力系统，所以各站输量相等。同开式流程相比，闭式流程的优点是：避免油品在常压油罐中的蒸发损耗；减少能量损失，站间的余压可与下站进站压力叠加；简化了泵站流程；

便于全线集中监控；在所要求的输量下，可统一调配全线运行的泵站数和泵机组的组合，以最经济地实现输油目的。但闭式流程运行时，任何一个泵站或站间管道工作状况的变化，都会使其他泵站和管段的输量和压力发生变化，这就要求管道、泵机组、阀件、通信和监控系统有更高的可靠性。

管道调和 pipeline blending 又称连续调和。就是将各组分油与添加剂按不同的比例泵入管道中，通过液体湍流混合或通过混合器把液体依次切割成极薄的薄片，促进分子扩散达到均匀状态，然后沿输送管道进入成品罐储存或直接装车、装船、管输出厂的调和方式。

无水锤加热器 heater without water hammer 水锤时，管道中的压力升高，可以超过管中正常压力的几十倍至几百倍，以致管壁产生很大的应力，而压力的反复变化将引起管道和设备的振动，管道的应力交变变化，将造成管道、管件和设备的损坏。无水锤加热器是消除水锤现象的油罐加温系统。

垫水 tank bottom water 向密度比水小的油品注水，使油品浮于水上的操作。常见于卸船以及油罐清罐。

封罐 tank mothballing 储罐停止收料，同时采样分析储罐内物料，判定产品等级。

浮盘 floating deck 一种通过浮力使之随储罐液面升降而升降的覆盖在液面上的节能环保设备。安装于储存汽油、喷气燃料、轻柴油、石蜡油、原油、甲醇、甲苯、乙酸等高挥发性油品及化工介质的罐内，可减少储罐中介质的蒸发损耗。

过衡 weighing 汽车、火车空载或载重通过衡器进行称重的活动。

虹吸罐 siphon tank 采用顶部敞开口上卸罐车时，离心泵有的进口管道设有虹吸罐(负压罐)，是为了启动泵前排气用的。虹吸罐应设于栈桥的鹤管下方。

批量装车系统 batch loading system 即定量装车系统。根据设定的预装量值，自动发出开关阀信号，实现定量装车的一套自动化管理系统。可满足各种汽车和火车鹤管定量装车的自动化控制和管理需求，实现从开单、提货、装车到出库、核算、报表等各个环节系统化操作。

水封 water sealing 利用水将要隔离的两部分气体隔离开来的一种分离方式。

水封罐 water sealing tank 用作水封用途的储罐。水封罐在化工工艺上指的是用于保证罐内压力的非标管件，起到类似安全阀的作用。水封罐的作用是防止回火现象的发生，假设发生回火，火焰通过火炬气出口进入水封罐后，因为入口管道在水面以下，杜绝了火焰的继续传播。水封罐是通过水的压力来实现防回火功能的，水面高出进口的高度不能低于操作压力的 1.5 倍。火炬气通过水封罐进口管道，进入水封罐内的水面以下，达到一定压力后冲破水封进入火炬筒体进行放散。

引压管 impulse tube 利用差压变送器测量压力时，将介质引至差压变送器的两个测量室的管线。

注水管道 water injection pipeline 专门用作向储罐、油井等注水的管道，常用于石油化工、煤化工等行业。常作为储罐紧急状态下的事故处理的一种方式。

拉断阀 break-away coupling valve 又称紧急脱离装置，能防止胶管意外断裂造成的泄漏事故。其原理是受到外来拉力时自动断开，并自动封闭两个断面，防止卸车胶管受到拉力断裂造成大量液体外泄而发生事故。适用领域包括：船对岸卸载，公路、铁路的槽罐装卸以及其他固定和移动流体储存装置，比如鹤管、流体输送臂与运输载体之间的连接。

15 技术经济

15.1 生产运营经济技术指标

已占用资本回报率 return on capital employed (ROCE) 指一定时期内的税后 EBIT(息税前利润)与已占用资本的比率。该指标表征企业生产经营活动中所有运用的投资资本的收益比率，而不论这些投资资本是债务还是权益。计算公式：$ROCE=EBIT\times(1-t)/CE$。其中，t 为企业所得税率；CE 为已占用资本。已占用资本=所有者权益+少数股东权益+负债−无息流动负债=权益+附息债务。无息流动负债即应付账款。

炼油完全费用 total refining cost 加工每吨原油及外购原料油所发生的完全费用，包括现金操作费用、折旧及摊销和财务费用，但不包括营业外支出、其他业务支出及炼油业务以外的支出。反映企业生产管理水平和成本控制水平。

炼油毛利 refining margin 加工每吨原油及外购原料油所带来的毛收益。毛收益为炼油销售收入扣除原油及原料油成本、销售税金及附加后的部分。用以衡量企业生产的盈利能力。

炼油现金操作费用 cash operating cost of refining 加工每吨原油及外购原料油所发生的现金操作成本。包括全部变动费用与不含折旧、摊销和财务费用的固定费用，不包括营业外支出和其他业务支出及供炼油企业外的费用。用以衡量炼油环节的竞争能力。

单位净现金利润 net cash margin 指炼油毛利扣减现金操作费用后的余额。

吨油利润 processed profit per ton oil 加工每吨原油及外购原料油所带来的利润总额。

吨油息税折旧扣金推销前利润 EBITDA per ton of processed oil 在未计折旧、摊销、财务费用、所得税前的利润总额和所加工的原油与外购原料油总量的比值。用以衡量炼油企业生产经营带来的现金利润，反映其核心业务的盈利能力。

单位变动费用 unit variable cost 加工每吨原油及外购原料油所耗费的变动费用。炼油变动费用是指与加工的原油及外购原料油数量相关的费用。主要包括燃动能耗费用、辅助材料费用、其他变动费用等。

单位其他变动费用 unit other variable cost 加工每吨原油及外购原

料油所耗费的其他变动费用。是单位变动费用扣除单位燃动成本和单位辅材成本后的部分。

单位固定费用 unit fixed cost 加工每吨原油及外购原料油所耗费的固定费用。炼油固定费用是指与加工的原油及外购原料油数量不相关的费用。主要包括职工薪酬、修理费、折旧、财务费用、其他固定费用等。

单位人工成本 unit labour cost 加工每吨原油及外购原料油所耗费的人工费用。炼油人工成本主要包括职工薪酬、外包人员的工时费、上级管理人员的分摊薪酬等。

单位维修成本 unit maintenance cost 加工每吨原油及外购原料油所耗费的维修费用。炼油维修成本主要包括一般维修费和大修费。

单位其他固定成本 unit other fixed cost 加工每吨原油及外购原料油所耗费的其他固定费用。是单位固定费用扣除单位人工成本和单位维修成本后的部分。

单位燃动成本 unit fuel & power cost 加工每吨原油及外购原料油所耗费的燃料及动力费用。炼油燃动成本包括外购的燃料油、燃料气，用作燃料的天然气、煤炭、石油焦，各种水、空气、氧气、氮气等的费用。

单位辅材成本 unit auxiliary material cost 加工每吨原油及外购原料油所耗费的辅助材料费用。辅材费用包括催化剂、化工助剂、化学药剂等的费用。

汽油(柴油)品质比率 quality ratio of gasoline to disel 汽、柴油品质，即汽、柴油产品的质量和牌号。汽、柴油的质量和牌号不同，其价格不同，不同品质间的价格比即为品质比率。我国汽、柴油品质比率，根据政府规定，是指不同牌号产品的比价。目前汽油品质比率以 90 号无铅汽油为100，柴油品质比率以 0 号柴油为 100。

成品油定价机制 oil product pricing mechanism 即成品油定价的方式、法则。当今世界上成品油定价方式主要有两种，一是市场定价，二是政府定价。一般来说，经济发达、市场机制较为完善的国家多由市场形成价格；欠发达和市场机制发育不成熟的国家则多由政府制定。我国成品油价格目前由政府制定。

裂化价差 crack spread 又称裂解价差。原油和原油炼制产品之间的价格差异即为裂化价差。也可表述为炼油厂预期的“裂化”原油可获得的利润空间。对裂化价差影响最大的因素之一是炼油厂生产各种原油炼成品的相对比例。当汽油价格或燃料油价格相对于原油价格上涨时，提炼石油的利润就会增加，即裂化价差将上涨，给原油价格更多的上涨空间。裂化价差广泛应用于石油工业和期货交易中。

原油净回值定价 netback pricing of crude oil 指以原油的各馏分市场价值为基础确定原油价格的方法。通常以原油中液化气、汽油、煤油、柴油、燃料油等收率及市场价格为基础，计算出的原油价格扣除原油运输成本后确定原油的价格。

进口原油到厂价 gate price of imported crude oil 指进口原油抵达炼油厂界区内所发生的完全成本和费用。进口原油到厂价=原油到岸价+国内运杂费，其中原油到岸价=原油离岸价+国际运费+运输保险费+银行手续费+外贸手续费+关税+增值税；国内运杂费=国内运费+代理费+质检费+量检费+其他费用。

原油一次加工能力 capacity of crude oil distillation 指企业常减压蒸馏装置或常压蒸馏加工原油(含凝析油)的能力之和。用以衡量企业原油加工生产规模。

原油综合加工能力 comprehensive processing capacity of crude oil 指炼油企业考虑到一次蒸馏及二次加工装置能力后的原油加工处理能力。

高硫原油加工能力 capacity of processing high sulfur content crude oil 指企业处理硫含量大于某一规定值的原油的实际综合加工能力。不同的企业对高硫原油的规定值不同。该指标用于衡量企业的高硫原油综合加工能力，反映对原油加工的适应性。

原油加工量 crude oil throughput 通常是指进入到常减压蒸馏装置中的原油及凝析油数量。也包括直接进入到焦化装置等二次加工装置中加工的比较重质的原油数量。

综合商品率 comprehensive commodity rate of refining 石油产品商品量占全厂原油和外购原料油加工量的百分比。石油产品商品量包括：(1)已销售和准备销售的石油制品；(2)已销售和准备销售的其他石油产品，如丙烯、丁烯、硫黄等；(3)供本企业基建、生活等非工业生产部门的石油产品。不包括自备热电站用的燃料以及本企业非炼油装置用的原料、燃料。用以衡量原油加工过程的物料投入产出水平。

可比综合商品率 comparable comprehensive commodity rate 可比综合商品量占全厂原油和外购原料油加工量的百分比。可比综合商品量除石油产品商品量外，还包括：(1)半成品期初、期末库存差；(2)外销蒸汽折燃料与外购蒸汽折燃料的差；(3)自备电站发电用的各种燃料之和；(4)由炼油提供的非炼油用的燃料和原料。用以在不同类型的炼油厂之间进行比较。

轻质油收率 light oil yield 轻质油产量占原油和外购原料油加工

量的百分比。轻质油产量包括汽油、煤油、轻柴油、溶剂油以及相同馏分的产品(为化工轻油、苯类、洗涤剂原料、分子筛脱蜡原料等)。用以反映原油加工过程的产品轻质化水平。

高价值产品收率 high-value product yield 具有较高附加值的产品产量占原油和外购原料油加工量的百分比。高价值产品产量包括氢气、供化工的原料气、液化气(含丙烷、丙烯)、汽油、煤油、轻柴油、溶剂油以及相同馏分的产品(为化工轻油、苯类、洗涤剂原料、分子筛脱蜡原料等)、润滑油(基础油)、石蜡。用以反映原油加工过程的产品增值水平。

汽油收率 gasoline yield 汽油产量占原油和外购原料油加工量的百分比。汽油产量主要是指车用汽油产量，也包括航空用汽油产量。用以反映炼油厂生产汽油的能力。

煤油收率 kerosene yield 煤油产量占原油和外购原料油加工量的百分比。煤油产量包括航空用煤油、灯用煤油。用以反映原油加工过程中煤油的生产水平。

柴油收率 diesel yield 柴油产量占原油和外购原料油加工量的百分比。柴油产量包括各种牌号的车用柴油、普通柴油，也包括船用燃料油中的柴油组分。用以反映原油加工过程中柴油的生产水平。

化工轻油收率 chemical light oil yield 化工轻油产量占原油和外购原料油加工量的百分比。化工轻油是指在石油化工中，用作生产石油化学产品最基本的化学品或石油产品。化工轻油产量包括供给化工厂作原料或外售给化工企业作原料的轻质油品。

燃料油收率 fuel oil yield 燃料油产量占原油和外购原料油加工量的百分比。燃料油产量包括船用燃料油、重油及其他燃料油。燃料油产量还包括炼油厂自用中的燃料油量。

炼油厂自用率 self-used product rate of refinery 炼油厂自用量占原油和外购原料油加工量的百分比。炼油厂自用量是指用作炼油厂燃料的燃料油、燃料气、催化烧焦、石油焦。

炼油加工损失率 refining processing loss rate 原油加工过程中的损失量占原油和外购原料油加工量的百分比。全厂加工损失量：炼油厂各车间或装置在生产过程中的加工损失量之和，减去回收污油的数量(按扣水后的纯油量计算)。具体包括：瓦斯跑损；排放污水带油；生产装置加工损失；半成品输转和调和损失；酸碱渣和白土渣带油及其他损失。损失量中不包括电脱盐、重大跑油事故和清罐的损失量。用以反映炼油加工过程的物料损失控制水平。

柴汽比 diesel/gasoline ratio

指一个国家和地区在一个时期内所生产或提供市场消费的柴油和汽油的数量比。在炼油行业中，是指一个企业在某一时期内所生产的柴油与汽油的质量比值。

炼油综合能耗 comprehensive energy consumption per ton for crude oil refining 加工每吨原油和原料油综合消耗各种能源的总和。消耗的各种能源要按一定的规则折合成标准燃料油。

炼油单因耗能 unit energy factor consuming for crude oil refining 即炼油单位能量因数耗能。指综合能耗与炼油企业能量因数的比值。炼油企业能量因数为炼油装置、储运系统、污水处理场、其他辅助系统、热力损失、输变电损失等各部分能量因数之和。用于比较炼油企业间的能耗水平。

炼油能耗定额 refinery energy consumption quota 包括炼油生产装置能耗定额、储运系统能耗定额、污水处理场能耗定额、热力损失能耗定额、输变电损失能耗定额等。其中最主要的是生产装置能耗定额，它是指炼油生产装置的平均先进单位综合能耗。其他各种定额按不同的规定进行计算。

单位耗水 unit water consumption 炼油厂耗用的新鲜水与原油和外购原料油加工量的比值。

单位耗电 unit electricity consumption 炼油厂耗用的电量与原油和外购原料油加工量的比值。耗用的电量包括外购的电量和自产电。

单位耗蒸汽 unit steam consumption 炼油厂耗用的蒸汽与原油和外购原料油加工量的比值。

单位耗辅材 unit auxiliary material consumption 炼油厂耗用的辅材价值与原油和外购原料油加工量的比值。单位为元每吨。辅材包括催化剂、助剂、添加剂、化学药剂等。

单位耗燃料 unit fuel consumption 炼油厂耗用的燃料与原油和外购原料油加工量的比值。燃料包括炼油厂外购及自用的燃料油、燃料气、催化烧焦、石油焦等。

单位热输出 unit heat output 炼油厂向外输出的热量折合成标准燃料油后与原油和外购原料油加工量的比值。向外输出的热量包括热物料的直供热量、与厂外物料的热交换热量以及以热水形式供出的热量等。

(生产)设备完好率 equipment perfectness ratio 企业已安装(生产)设备中的完好台数占已安装(生产)设备的比例。用以反映企业(生产)设备技术状况。

维修指数 maintenance index 指大修指数和一般性维修指数之和。其中，一般性维修指数是指当年一般性维修费用与上一年度一般性维修费用的平均值。反映炼油厂维修费用的支出水平。

大修指数 overhaul index 指每当量蒸馏能力的炼油厂年均大修费用，反映炼油厂大修费用的支出水平。炼油厂年均大修费用是炼油厂各装置、公用工程系统及界区外系统大修费用与大修周期的和。

Nelson 炼油厂复杂度指数 Nelson refinery complexity index 指炼油厂二次加工能力与蒸馏装置能力的比值，利用 Nelson 复杂度指数表征了炼油厂的复杂程度。该指数不仅反映了炼油厂的投资强度、成本指数，也反映了炼油厂的潜在价值。指数越高，成本越大，其炼油厂的价值也越大。

装置单位耗蒸汽 unit steam consumption of plant 某装置消耗的蒸汽量与该装置的原料加工量(或产品产量)的比值，原料中包括原料用氢气。制氢装置、硫黄装置、烷基化装置主要以产品产量计。

装置单位耗辅材 unit auxiliary material consumption of plant 某装置消耗的辅材费用与该装置的原料加工量(或产品产量)的比值，原料中包括原料用氢气。制氢装置、硫黄装置、烷基化装置主要以产品产量计。

装置单位耗氢 unit hydrogen consumption of plant 某装置消耗的氢气量与该装置的原料加工量(或产品产量)的比值，原料中包括原料用氢气。硫黄装置主要以产品产量计，不应再计氢量。

装置单位耗燃料油 unit fuel oil consumption of plant 某装置消耗的燃料油量与该装置的原料加工量(或产品产量)的比值，原料中包括原料用氢气。制氢装置、硫黄装置、烷基化装置主要以产品产量计。

装置单位耗燃料气 unit fuel gas consumption of plant 某装置消耗的燃料气量与该装置的原料加工量(或产品产量)的比值，原料中包括原料用氢气。制氢装置、硫黄装置、烷基化装置主要以产品产量计。

装置单位耗其他燃料 unit other fuel consumption of plant 某装置消耗的除燃料油、燃料气外的其他燃料与该装置的原料加工量(或产品产量)的比值，原料中包括原料用氢气。制氢装置、硫黄装置、烷基化装置主要以产品产量计。

装置加工损失率 processing loss of plant 某装置的加工损失量占该装置的原料加工量的百分数，原料中包括原料用氢气。

装置综合能耗 comprehensive energy consumption of plant 某装置消耗的燃料、电、蒸汽、水、外输热按规定折算为千克标准油之和与该装置的原料加工量(或产品产量)的比值，原料中包括原料用氢气。制氢装置、硫黄装置、烷基化装置主要以产品产量计。

装置开工率 utilization rate of

plant 在一定时间内装置的开工时数占该期间的日历时数的百分数。开工定义因装置而不同，可按有关的专业要求确定。如催化裂化装置以反应器喷油为开工，反应器停止喷油为停工。

装置负荷率 rate of plant capacity utilization 在一定时间内装置的原料处理量(或产品量)占日历期内设计处理量(或产品量)的百分数。

炼油厂复杂度 unit complexity of refinery 炼油厂当量蒸馏能力与常压蒸馏装置能力之比。用以衡量炼油厂的复杂程度。

供应链 supply chain 以完成从采购原材料，到制成中间产品及最终产品，然后将最终产品交付用户为功能的一系列过程形成的网络。各个过程可以由同一地区的同一企业完成，也可以由不同地区的不同企业完成。

装置模拟模型 unit simulation model 以装置的工艺流程、设备参数、物料性质、操作条件等为基础，建立能够反映装置投入产出关联关系的数学模型，能够最大程度地与实际生产过程相吻合的模型。

炼油优化 refinery optimization 以炼油企业经济效益最大化为目标，应用线性规划方法和专业性分析工具，确定原油选择、装置加工、产品生产等过程中的决策变量的最佳值。

炼化一体化优化 optimization of refining & chemical integration 对于具有物料互供关系的炼油和化工两个部分，以其整体效益最大化为目标，应用线性规划方法和专业性分析工具，确定炼油与化工之间物料互供，以及原油选择、装置加工、产品生产等过程中的决策变量的最佳值。

公用工程优化 utility system optimization 以工艺生产过程中所使用的水、电、蒸汽等为对象，应用线性规划方法和专业性分析工具，在满足生产要求的前提下实现整体效益最大化。

决策变量 decision variable 指在生产运营过程中能够描述系统状态、可以独立变化的变量。例如，在炼化生产过程中的原料采购量、装置生产负荷等。

约束方程 constraint equation 指能够表达不同变量之间关系的数学表达式。它可以是等式方程，也可以是不等式方程。例如，在炼化生产过程中的装置进料要求、产品质量指标要求等。

边际效益 marginal benefit 指单位原料或单位产品或单位产能，每增减一个单位对研究对象目标函数的影响。

原油保本价 break-even price of crude oil 指在产品价格及其他相关因素确定的前提下，企业经济效益不发生变化时倒推的原油采购价格。

原油保本价格测算 estimate of crude break even price 指在一定条件下，对企业原料或产品保本价格测算的过程。某一原油的保本价格测算，是在约束相同的条件下，采用专业性测算工具，设置两个方案，以加工不同数量的该种原油，测算后，用两个方案的效益差除以原油数量差得到单位原油效益差，再加上测算前该原油的预定价格，即为该原油的保本价。

总流程优化 total process optimization 指以原油采购、原油加工、装置利用、产品调和、公用工程消耗等整个系统过程为基础，以工艺物流流向和分配为重点，对系统全过程进行优化，达到全厂利润最大的目的。

原料油优化 feedstock optimization 根据现有的生产工艺流程和装置能力等条件，按照所需产品的数量和品质要求，通过对所加工的原料油后续流程进行过程优化，对原料油的加工数量、性质进行优化选择，使原料油得到最合理的利用，以最低的原料油成本实现最大的经济效益，整个过程称为原料油优化。

产品优化 product optimization 在满足产品质量要求的情况下，对产品的数量和结构进行调整，使生产出的产品取得最大的经济效益。

原油调和优化 optimization of crude oil blending 将不同性质的原油进行合理的调配，使混合原油性质达到装置的进料要求，从而实现降低原油成本、稳定原油性质的目的。原油调和优化需要建立原油调和优化管理系统，将计划、调度、执行等三个层次有机结合，提升原油管理水平。

产品调和优化 product blending optimization 在满足产品质量指标的前提下，通过对调和产品指标进行统计分析，结合原材料成本对产品调和方案进行优化，合理利用组分油，优化产品结构。分析油品主要质量指标的卡边控制因素，提高一次调成率，实现优化目标。具体的优化目标包括：质量控制，成本最小，效益最大，波动最小。

装置操作优化 optimization of plant operation 在生产过程中，通过对生产装置的操作流程和操作参数进行优化，以达到降低装置生产波动、调节装置处理能力、提高高价值产品收率、实现产品质量闭环控制、节能降耗等目标，最终实现生产效益最大化。

装置进料约束 feed quality constraint of unit 为了满足装置正常生产的需要，减小上游产品对下游装置生产的影响，对装置进料性质进行的约束。装置的进料约束一般包括硫含量、氮含量、金属含量、残炭等。

在线优化 on-line optimization

对炼油化工企业已经上线的生产过程实施在线实时监控，通过在线软仪表技术、先进控制技术和实时优化技术等，对生产过程进行在线优化，为炼油化工企业带来持久的经济效益。在实际优化过程中，通过减少质量过剩、有效使用组分油配额、降低库存、减少操作事故等，实现生产过程的在线优化。

离线优化 off-line optimization 结合实际工艺流程和操作参数，通过离线模拟，能够有效地对装置负荷和工艺条件等进行优化调整，保持装置始终处于高效、低耗并且安全的优化生产状态。该技术对生产具有积极的指导意义。

库存优化 inventory optimization 以企业现有库容和需要存储的物料为基础，充分考虑延伸的供应链中需求、供应、约束等变化因素，在保持并提高企业生产水平的同时，尽可能降低库存物料成本，提高收入，改善现金流量。

库存维护成本 inventory maintenance cost 指为了保持仓库(储罐)和库存物料能处于正常状态而产生的费用支出，主要包括仓库及设备折旧费、运营成本、税收、保险金等。

目标库存 target inventory 指根据经验，为了保证生产和供应的连续性而设定的库存目标。研究目标库存问题，就是给出库存参数和有关假定，得到每个周期平均单位利润函数，在平均单位利润最大的标准下，求解出每个周期最优库存，从而得出企业的目标库存。

原油切割 crude cutting 指利用组成石油的化合物具有不同沸点的特性，采用加热蒸馏等方法将原油分离成不同沸点范围（即馏程）的若干部分，每一部分就是一个馏分。切割馏分所用的温度因研究目的不同而有所差异。原油切割馏分一般分为汽油馏分、柴油馏分、减压馏分、减压渣油馏分等。

侧线悬摆 swing of side-cut 在相邻馏分油段之间建立一个较小馏分段(切割温度上下不超过15℃)，作为一股单独物料，同其他物流一样，给出其初馏点和终馏点，并让它同时具有两个相邻馏分油的性质。根据优化需求，确定该馏分汇入上下相连馏分的比例，这种小段窄馏分就叫悬摆馏分段，这种方法称为侧线悬摆。

原油加工方案 crude processing scheme 指常减压蒸馏装置的生产方案，主要包括原油的选择和产品侧线的划分两部分。原油加工方案常见类型有：乙烯石脑油方案，重整方案，加氢裂化方案，催化裂化方案，润滑油方案，焦化方案，渣油加氢方案等。

原油数据库 crude database 指按照数据结构来组织、存储和管理原油数据的系统。包括评价所得的原油密度、硫含量、酸值等一般性质数据，以及各馏分段的主要性质数据。它是炼油企业选择油种、制定加工方案的重要依据。目前常用的原油数据库有 Chevron 数据库、BP 数据库、中国石化数据库等。

基础方案 base case 为了对多个方案进行对比而设置的基本参照方案。

优化方案 optimal plan 指针对炼化企业所研究的系统，经过多个方案测算对比，得到最优化的方案。优化方案一般采用建立、分析、求解、应用模型的方式，主要是线性规划问题的模型、求解（线性规划问题的单纯形解法）及其应用。

优化方案对比 comparison of optimal plan 指对多个优化方案的原料采购、产品生产、装置负荷、经济效益进行对比分析的过程。

成品油市场占有率 market share of finished oil 指企业的成品油销售量占全国成品油表观消费量的比重，反映销售板块的经营规模水平及对成品油市场的控制能力。

销售收入利润率 profit margin rate of sale revenue 指企业实现的总利润与同期的销售收入的比率。用以反映企业销售收入与利润之间的关系，是反映企业获利能力的重要指标。指标越高，说明企业销售收入获取利润的能力越强。

销售吨油流通费用 sale circulation cost per ton of finished oil 指销售每吨成品油所需的商品流通费用，用以衡量成品油销售的费用控制水平，反映销售运营效率和成本竞争力水平。

吨成品油日常操作费用 daily operation cost per ton of finished oil saled 指销售每吨成品油需花费的日常操作费用，用以衡量成品油销售的费用控制水平，反映销售运营效率和成本竞争力水平。

吨成品油销货运杂费 unit freight and miscellaneous charges on finished oil saled 指销售每吨成品油花费的销货运杂费。销货运杂费是指企业之间调拨发生的二次运杂费和销售过程发生的运杂费，包括铁路、水路、公路、管输等相关的费用，不包含以租赁方式租入车船等运输工具所支付的租赁费。

百元毛利费用 cost of gross margin per RMB100 指每百元销售毛利所花费的商品流通费用，用以反映销售企业成本控制水平。销售毛利是指主营业务收入与主营业务成本之差。

汽柴油零售比重 proportion of retailed gasoline and diesel 指销售企业汽油和柴油零售量占汽、柴油销售总量的百分比，用以反映销售企业零售业务的经营状况。

汽柴油直销比重 proportion of direct sold refined prodcts (gasoline and diesel) 指销售企业汽油和柴油直销量占汽、柴油销售总量的百分

比，用以反映销售企业直销业务的经营状况。

成品油终端销售比重 terminal sales proportion of finished oil 指成品油终端销售量占成品油销售量的百分比，用以反映成品油销售结构及质量情况。

成品油销售量增长率 growth rate of finished oil sale 指本期成品油销量与上期成品油销量相比的增长率，用以反映销售企业成品油经营状况及发展水平。

成品油零售量增长率 retail sales growth rate of finished oil 指本期成品油零售量与上期成品油零售量相比的增长比率，用以反映销售企业零售业务的经营状况。

非油品营业额增长率 non-fuel product turnover growth rate 指本期非油品营业额与上期非油品营业额相比的增长比率，用以反映销售企业非油品业务经营状况及发展水平。其中，非油品营业额不含润滑油销售额、高速公路非油品营业额。非油品业务指经营成品油以外的业务。

吨零售量非油品营业额 non-fuel product turnover per ton of retail sales volumn 指非油品业务营业额与汽柴油零售总量的比值，用以反映销售企业非油品业务与零售规模的匹配程度。

油库年周转次数 turnover of oil depot 指油库年出库量与油库有效库容总量的比值，用以衡量销售企业油库运营效率水平。

平均单站年加油(气)量 annual average fueling charge per station 指期末各销售分(子)公司每座在营加油站年平均成品油(气)零售量，用以衡量销售企业在营加油站单站成品油(气)经营规模。

在营加油站座数 number of service stations in operation 指期末各销售分(子)公司在营加油站座数之和，用以反映当前销售网络发展规模。

15.2 投资项目技术经济

投资 investment 指以预期的经济或社会效益为目的的资金投入行为和过程。

总投资 total investment 指建设项目从前期筹划到建成投产所需的以货币形式体现的全部投入。总投资=建设投资+建设期利息+流动资金。

建设投资 construction investment 建设项目总投资的重要组成部分。建设投资由固定资产费用、无形资产费用、其他资产费用和预备费组成。

建设期利息 interest incurred during construction 指建设项目在建设期内为筹措资金向金融机构借款而发生的借款利息。建设期利息通常作资本化处理。

流动资金 floating capital 又称运营资本(working capital)。指投放在流动资产上的资金，主要项目是现金、应收账款和存货，存在不断投入和收回的循环过程。项目经济评价计算时，流动资金=流动资产-流动负债。其本质是长期债权人和所有者提供的参加经营周转的那一部分流动资金。

铺底流动资金 initial (start-up) working capital 按照国家有关规定，将建设项目投资中流动资金的30%作为铺底流动资金。铺底流动资金必须是投资人的自有资金。

成本 cost 为获得一定利益而付出的代价。在企业生产经营活动中，成本是企业为购买投入的生产要素所支付的货币量。

费用 expense 生产性企业或非生产性的单位，在生产过程中以及日常业务中所发生的各种耗费，用货币指标表示称为费用。费用的概念应用范围较广，不仅用于生产性企业，也用于非生产性单位。

固定资产 fixed asset 使用期限超过一年以上，单位价值在规定的标准以上，并且在使用过程中保持原有物质形态的资产。

无形资产 intangible asset 没有物质实体但却可使拥有者长期受益的资产。它或者表明企业所拥有的一种特殊权利，或者有助于企业取得高于一般水平的收益。它包括如下几种：专利权、商标权、特许经营权（专营权)、版权、租赁权、商誉等。

其他资产 other asset 指除货币资金、交易性金融资产、应收及预付款项、存货、长期投资、固定资产、无形资产以外的资产。

固定资产投资 fixed asset investment包括工程费用和固定资产其他费用。工程费用指建设项目投资中的设备购置费、主要材料费、安装工程费和建筑工程费。固定资产其他费用指工程建设管理费、临时设施费等若干项费用。

无形资产投资 intangible asset investment 建设项目为有偿取得上述无形资产而投入的资金。

其他资产投资 other asset investment指企业在组织筹建工程项目期间发生的不构成流动资产、固定资产或无形资产的各项费用。主要包括生产人员准备费、出国人员费用、国外工程技术人员来华费用和图纸资料翻译复制费等。

预备费 preliminary cost 指在建设项目投资估算(概算)编制时，为防止工程量变化和价格变化而预留的费用。包括基本预备费和价差预备费。

基本预备费 basic preliminary cost 指在投资估算(概算)编制时难以预料的工程费用，包括：(1)在批准的涉及范围内及施工过程中所增加的工程和费用(如设计变更、局部地基处理等)；(2)一般自然灾害造成的损失和预防自然灾害所采取措施的费用；(3)竣工验收时为鉴定工程质量对隐蔽工程进行必要开挖和修复的费用。

价差预备费 reserve cost for price difference 指建设项目在建设期内，价格变化等因素引起工程造价变化的预留费用。包括设备材料涨价、建筑安装工程费变化引起的费用调整。

工程费 construction cost 指建设项目投资中的设备购置费、主要材料费、安装工程费和建筑工程费。

固定资产其他费 other fixed asset cost 指为构建工程实体而发生的工程建设管理费、临时设施费等若干项费用。

工程建设管理费 project construction management fee 指工程建设管理机构在合理的建设工期内为实施建设项目管理所发生的，从可行性研究报告批准后至投料试车交付生产为止的管理费用。

临时设施费 temporary facility cost 指建设实施期间使用的临时设施的搭设、维修、拆除、摊销或租赁费用，分建设和办公两部分。

前期准备费 preliminary preparation cost 指筹建机构在项目前期阶段为筹建项目所发生的费用。包括工作人员人工费、社会保障费、办公费、差旅交通费、工具用具使用费、固定资产使用费、会议及业务招待费、零星固定资产购置费、技术图书资料费、签订委托合同及落实厂外条件发生的费用、合同契约公证费、法律顾问费、项目申请报告编制费、评估费、咨询费等费用。

环境影响咨询费 consulting fee for environmental impact 指按照国家环境保护及环境影响评价法律等规定，为全面、详细评价本建设项目对环境可能产生的污染或对环境造成重大影响所需的费用，包括编制和评价环境影响报告书(大纲、表)等所需的费用。

劳动安全卫生评价费 labour' safety and health evaluation fee 指按照国家劳动、卫生等部门规定，为预测和分析建设项目存在的职业危险、危害因素的种类和危险、危害程度，并提出先进、科学、合理可行的劳动安全卫生技术报告和管理对策所需的费用。

可行性研究报告编制费 preparation expense for feasibility study report指编制可行性研究报告的费用。

工程勘察设计费 project survey and design cost 指委托勘察设计单位进行工程水文地质勘察、工程设计、编制施工图设计预算、竣工图及模型设计制作所发生的费用。

进口设备材料国内检验费 domestic check expense of imported equipments and materials 指按《中华

人民共和国进出口商品检验法》和2005年国务院令第447号《中华人民共和国进出口商品检验法实施条例》等有关文件规定的检验项目对建设项目进口的设备材料所发生的检验费用。

特种设备安全监督检验费 safety supervision inspection expense for special equipments 指在施工现场组装和安装的锅炉、压力容器、电梯、起重机械等特种设备和设施，由安全监察部门按照有关安全监察条例和实施细则以及设计技术要求进行安全检验发生的费用。

超限设备运输特殊措施费 special measure expense for over-sized equipment transportation 指设备质量、几何尺寸超过铁道和交通运输管理部门规定的运输极限，在运输中进行路面处理、桥涵加固、铁路设施改造、码头装卸等发生的特殊措施费用。

施工机构迁移费 construction organization moving expense 指施工企业根据项目建设的需要，成建制地由原驻地或施工地点迁移到另一施工地点所发生的一次性费用。

设备采购技术服务费 technical service expense for equipment procurement 指设计人根据发包人委托，配合发包人进行设备采购提供的技术服务，参加编写技术附件和采购技术谈判，配合招投标开展的评标等工作所发生的费用。

设备监造费 equipment survey expense 指为保证设备制造质量，根据相关规定和项目需要委托具有监造资质的第三方进行设备监造所发生的费用。

工程质量监督费 project quality supervision expense 指质量监督部门按照相关法律、法规、规定对设备、构件、配件及材料安装和建筑工程实施质量监督收取的费用。

工程保险费 project insurance expense 指建设项目在建设期间，根据需要对建筑工程、安装工程及机器设备进行投保而发生的保险费用。

联合试运转费 joint test-run cost 指新建项目或新增生产能力的改扩建项目在交付生产前，按照批准的设计文件所规定的工程质量标准和技术要求，进行整个生产线或装置的负荷联合试运转(联动试车和投料试车)所发生的费用。

土地使用权出让金及契税 land transaction fee and deed tax 指国家以土地所有者身份将国有土地使用权在一定年限内让与土地使用者，由土地使用者向国家支付的土地使用权出让金及契税。

特许权使用费 royalty (1)国内部分特许权使用费指建设项目为取得省、部级批准的国内专有技术、专利及注册商标使用权而支付的专有技术、专利及商标使用费；

(2)国外部分特许权使用费指进口货物的买方为取得知识产权权利人及权利人有效授权人关于专利权、商标权、专有技术、著作权、分销权或者销售权的许可或者转让而支付的费用。

生产人员准备费 preparation expense for workers 指为保证正常生产而发生的提前进厂费、人员培训费以及必备的办公用具购置费。

出国人员费 personnel abroad expense 包括设计联络、出国考察、联合设计、设备材料采购、设备材料检验、培训等所发生的旅费、生活费等。

外国工程技术人员来华费 entry expense of foreign engineer 包括住宿费、工资、交通费、现场办公费、生活补助和医药费等。

图纸资料翻译复制费 translation and copy expense of drawing & data 指标准、规范、图纸、操作规程、技术文件等资料的翻译、复制费用。

开办费用 preliminary expense 指企业(项目)在筹建期间发生的费用。包括筹建期间人员工资、办公费、培训费、差旅费、注册登记费以及不计入固定资产和无形资产购建成本的汇兑损益和利息等支出。

设备购置费 equipment acquisition cost 指工程建设中需要安装和不需要安装的全部设备(包括一次填充物料、触媒及化学药品等)的购置费。

主要材料费 main materials cost 指需要安装并构成工程实体的材料的购置费。

安装费 installation cost 指工程建设中需要安装的设备、材料在安装过程中的人工、材料、机械台班和措施费用。

建筑工程费 civil engineering cost; construction engineering cost 指工程建设中总图竖向布置、建筑物、构筑物、给排水井等的全部费用。

安全生产费用 safety production expanse 简称安全费用,指企业按照规定标准提取,在成本中列支,专门用于完善和改进企业安全生产条件的资金。安全费用按照"企业提取、政府监管、确保需要、规范使用"的原则进行财务管理。

设备、材料价格指数 price index of equipments & materials 价格指数是反映不同时期商品价格水平的变化方向、趋势和程度的经济指标,是经济指数的一种,通常以报告期和基期相对比的相对数来表示。设备、材料价格指数是反映建设项目所需设备、材料价格变动趋势和方向的指标工具。

设备运杂费 freight and miscallaneous charge of equipment 指采购的设备从供货地点至安装工地仓库或施工现场堆放地点所发生的

运费、运输保险费、装卸费、包装费、采购和保管费。

材料运杂费 freight and miscellaneous charge of material 指采购的主要材料从供货地点至安装工地仓库或施工现场堆放地点所发生的运费、运输保险费、装卸费、包装费、采购和保管费。

国内采购设备运杂费 freight and miscellaneous charge of equipments purchased at home 指国内采购的设备从供货地点至安装工地仓库或施工现场堆放地点所发生的运费、运输保险费、装卸费、包装费、采购和保管费，不包括超限设备运输特殊措施费和成套设备订货手续费。

国内采购主要材料运杂费 freight and miscellaneous charge of materials purchased at home 指国内采购的主要材料从供货地点至安装工地仓库或施工现场堆放地点所发生的运费、运输保险费、装卸费、包装费、采购和保管费。

工器具及生产用具购置费 purchasing expense of tools and production implement 指建设项目为保证初期正常生产必须购置的第一套未达到固定资产标准的设备、仪器、工卡模具、器具等费用。

进口设备材料国外运输费 international transport cost of imported equipments and materials 一般指进口设备材料从国外港口到我国港口的运输费用。

进口设备材料国外运输保险费 international transport insurance of imported equipments and materials 指进口设备材料从国外港口到我国港口的运输保险费用。

外贸手续费 foreign trade service charge 指外贸企业采取代理方式进口商品时，向国内委托进口企业(单位)收取的一种费用。此费用除补偿外贸代理费用外，还有一定的利润。

银行财务费 bank service charge 指建设项目法人或进口代理公司引进设备、材料时，由开证银行收取的服务费用，一般按开具信用证金额的百分比征收。

进口设备材料国内运杂费 domestic freight and miscellaneous charge of imported equipments and materials 指由我国到岸港口或由接壤的陆地交货地点至安装工地仓库或施工现场堆放点所发生的运费、运输保险费、装卸费、保管费和所在港口发生的费用，不包括超限设备运输特殊措施费。

首次装填催化剂和化学品费用 cost of initial catalysts and chemicals fill 建设项目投产初期，为满足工艺操作要求，第一次装入的催化剂和化学品的购置费用。

特殊地区施工增加费 additional construction cost in special area 指在高原、沙漠、戈壁滩、岛屿、海滩地区施工时，由于上述自然条件，使人工和机械降效需增加的费用。

特殊工种技术培训费 technical training cost in special trade 指工程采用新技术、新材料、新工艺，对施工质量有新要求，施工前必须对工人、技术人员和管理人员培训所发生的工资、差旅费、学习资料费、检验试验费、培训实习用材料费、机械台班使用费及代培费。

特殊技术措施费 special technical measure expense 指按施工组织设计或施工方案要求，在施工中所采取的技术措施费用。

大型机具进出场费 mobilization and demobilization cost for large equipment指施工机械从储存点运送到施工地点与施工完毕后运回储存点所发生的费用。中小型机械一般包含在台班费中，不单独计算。

大型机具使用费 fee for using large machines and tools 指按工程施工要求，使用大型吊车、卷扬机、大型焊机等机械设备所需费用。

项目资本金 project capital 指在投资项目总投资中，由投资者认缴的出资额。对投资项目来说是非债务性资金，项目法人不承担这部分资金的任何利息。投资者可按其出资的比例依法享有所有者权益，也可转让其出资，但不得以任何方式抽回。国家为了从宏观上调控固定资产投资，根据不同行业和项目的经济效益，对投资项目资本金占总投资的比例有不同规定。

投资估算指标 indices for investment estimate 指在编制项目建议书、可行性研究报告阶段进行投资估算时使用的一种定额。具有较强的综合性、概括性，其概略程度与可行性研究阶段相适应。它的主要作用是为项目决策和投资控制提供依据，是一种扩大的技术经济指标。投资估算指标虽然往往根据历史的预、决算资料和价格变动等资料编制，但其编制基础仍离不开预算定额、概算指标。

工程量清单 bill of quantities (BOQ)指建设工程的分部分项工程项目、措施项目、其他项目、规费项目和税金项目的名称和相应数量的明细清单。工程量清单用于规范建设工程的工程量清单计价活动。

定额 quota 指在合理的劳动组织和合理的使用材料和机械的条件下，预先规定完成单位合格产品的资源消耗数量标准。它反映一定时期社会生产力水平的高低。定额中劳动力的单价根据编制时不同工种价格取定，材料费和机械使用费是根据前期的市场价格制定出来的预算价格。

投资规模指数 investment scale index 规模指数法又称 0.6 指数法，是指利用已知的投资额来概略地估算同类型但不同规模的工程项目或设备的投资额。该法通常用于生产装置、辅助生产设施、公用工程等工程费用的投资估算。

Nelson-Farra 炼油厂建设费用指数 Nelson-Farra refinery construction cost index 通过对不同类型炼油厂建设投资的统计，结合不同年份的设备、材料及人工费用的变化，以投资指数形式表现的炼油厂建设费用变动趋势，用于调整不同年份的炼油厂投资。

投资估算 capital cost estimatation 指在可行性研究(预可研)阶段，对拟建项目的投资进行的预测。通常借助于投资估算指标、概算指标和已建成项目的投资资料完成。

确定性估算 definitive estimate 指精度为正负 5%或 10%的估算。一个确定性估算来源于定义良好的数据、规范和图纸等。确定性估算用来进行投标、投标评估、合同变更、法律诉讼和政府审批。

概算 budget estimate 指建设项目在基础设计阶段对总投资的估算方法，通常编制概算书并上报投资主管部门。经批准的概算是项目投资控制的依据。概算的编制依据是工程量和概算指标或概算定额。

预算 budget 是在施工图设计阶段编制的，一般只对单位工程或安装工程编制预算。预算的编制依据是工程量和预算定额。

工程结算 engineering settlement 指施工企业按照承包合同和已完工程量向建设单位(业主)办理工程价款清算的经济文件。结算方式分为定期结算、阶段结算、年终结算和竣工结算。

竣工决算 final accounts of completed project 指工程竣工验收交付使用阶段，由建设单位编制的建设项目从筹建到竣工验收、交付使用全过程中实际支付的全部建设费用，是整个建设工程的最终价格。它是建设单位财务部门汇总固定资产的主要依据，是项目法人核定各类新增资产价值的文件，是建设工程办理交付使用的依据。通过竣工决算，一方面能够正确反映建设工程的实际造价和投资结果；另一方面可以通过竣工决算与投资估算、概算的对比分析，考核投资控制的工作成效。

界区内费用 inside battery limit cost(ISBL cost)指国外工程公司估算投资的概念。相当于我国投资估算(概算)中工艺生产装置的工程费用。

界区外费用 outside battery limit cost(OSBL cost)相当于我国投资估算(概算)中除工艺生产装置以外部分的工程费用，如配套系统工程、厂外工程部分的工程费用。

融资 financing 指一个企业资金筹集的行为与过程，也就是公司根据自身的生产经营状况、资金拥有的状况，以及公司未来经营发展的需要，通过科学的预测和决策，采用一定的方式，从一定的渠道向公司的投资者和债权人去筹集资金，组织资金的供应，以保证公司正常生产需要与经营管理活动需要的理财行为。

资本成本 cost of capital 指筹集和使用长期资金（包括自有资本和借入长期资金）的成本，是企业为筹集和使用长期资金而付出的代价。资本成本包括资金筹集费用和资金占用费用两部分，资本成本通常用资本成本率表示。资本成本率=资本占用费用/资本（筹资总额-筹资费用）。

加权平均资本成本 weighted average cost of capital（WACC）分别以各种资金成本为基础，以各种资金占全部资金的比重为权数计算出来的项目综合资金成本。是综合反映项目资金成本总体水平的一项重要指标。

无风险收益率 risk-free rate 指把资金投资于一个没有任何风险的投资对象所能得到的收益率。一般会把这一收益率作为基本收益，再考虑可能出现的各种风险。在国际上，一般采用短期国债收益率来作为市场无风险收益率。无风险收益率=资金时间价值（纯利率）+通货膨胀补偿率。

风险报酬率 rate of risk return on investment 投资者因承担风险而获得的超过时间价值率的那部分额外报酬率，即风险报酬额与原投资额的比率。

权益资本 equity capital 指企业依法筹集并长期拥有、自主支配的资本。我国企业权益资本，包括实收资本、资本公积金、盈余公积金和未分配利润，在会计中称“所有者权益”。

债务资本 debt capital 指公司以负债方式借入并到期偿还的长期资金，主要有银行借款、发行债券等方式。

权益资本成本 cost of equity capital 指企业的所有者投入企业资金的成本，指企业的优先股、普通股以及留存利润等的资金成本。权益成本包括两部分：一是投资者的预期报酬；二是筹资费用。

债务资本成本 cost of debt capital 指借款和发行债券的成本，包括借款和债券的利息和筹资费用。

资本资产定价模型 capital asset pricing model（CAPM）在投资组合理论和资本市场理论基础上形成发展起来，主要研究证券市场中资产的预期收益率与风险资产之间关系的方法。该模型方法可用于测算权益资本的行业财务基准收益率。

贷款利率 lending rate 借款期限内利息数额与本金额的比例。贷款利率的高低直接决定着利润在借款企业和银行之间的分配比例，因而影响着借贷双方的经济利益。贷款利率因贷款种类和期限的不同而不同，同时也与借贷资金的稀缺程度相联系。

伦敦银行间拆放利率 London inter bank offered rate (LIBOR)英国银行家协会根据其选定的银行在伦敦市场报出的银行同业拆借利率，进行取样并平均计算成为基准利率。是伦敦金融市场上银行之间相互拆放英镑、欧元及其他欧洲货币资金时计息用的一种利率。该利率一般分为两个利率，即贷款利率和存款利率，两者之间的差额为银行利润。

租赁 rent; lease 指一种以一定费用借贷实物的经济行为。在这种经济行为中，出租人将自己所拥有的某种物品交与承租人使用，承租人由此获得在一段时期内使用该物品的权利，但物品的所有权仍保留在出租人手中。承租人为其所获得的使用权须向出租人支付一定的费用(租金)。

融资租赁 financing lease 指出租人根据承租人对租赁物件的特定要求和对供货人的选择，出资向供货人购买租赁物件，并租给承租人使用，承租人则分期向出租人支付租金，在租赁期内租赁物件的所有权属于出租人所有，承租人拥有租赁物件的使用权。租期届满，租金支付完毕并且承租人根据融资租赁合同的规定履行完全部义务后，对租赁物的归属按合同约定执行。

技术经济学 technical economics 指技术科学与经济学相互结合而产生的交叉学科，是应用经济学的一个分支。它是一门应用理论经济学基础，研究技术领域经济问题和经济规律，研究技术进步和经济增长之间的相互关系的科学，是研究技术领域内资源的最佳配置，寻求技术与经济的最佳结合以求可持续发展的科学。综合性、应用性、系统性、定量性、比较性是其主要特点。

工程经济学 engineering economics 又称工程技术经济学。研究工程技术方案选优与经济效果评价方法的科学。工程经济学是一门工程学与经济学交叉的综合性边缘科学。1930年，美国格莱梯(E. L. Grant)教授编著的《工程经济原理》(《Principles of Engineering Economy》)出版，奠定了工程经济学的基础。工程经济学研究的对象是工程项目经济上的合理性和技术上的可行性。

资金时间价值 time value of money 又称货币的时间价值。表现为资本或资金的货币，投入生产或流通领域之后，就会带来收益(利润或利息)，使自身得到增值。资金所具有的这种随时间增值的能力，被称为资金的时间价值。应当指出，资金价值的增值必须基于人们对资金的利用，资金时间价值的大小取决于人们对占有资金的利用效果。

本金 principal 指一项投资或贷款的原始金额，区别于收益或利息。

利息 interest 在财务理论上，利息是货币的时间价值。在会计实务上，利息是借用货币或资本所支付的费用，由使用者按期支付。利息包括单利和复利两种形式。

利率 interest rate 又称利息率。表示一定时期内利息量与本金的比率，通常用百分比表示，按年计算则称为年利率。其计算公式是：利息率=利息量÷本金÷时间×100%

复利 compound interest 即不仅对原始本金计算利息，同时还对已发生利息计算利息的计息方式。

资金等效值 equivalence value of money 又称为等值资金。在特定利率下、不同时点上、数额不等而价值相同的资金。影响资金等值的因素主要有资金的数额、资金发生的时点和利率(或折现率)的大小。

短期复利 short-interval compound interest 当计息周期不是1年，而是每半年，或每季、每月、每周甚至每日计息一次。这时，每年计息次数相应地变为2次、4次、12次、52次或365次。这种计息方式称为短期复利。其实际利率由名义利率除以年计息次数得到。

连续复利 continuous compound interest 当一年中的计息周期数趋于无穷大时的实际利率。

名义利率 nominal interest rate 又称货币利率。实际利率的对称。银行挂牌执行的存款、贷款的利率。它是以货币为标准计算出来的利率。名义利率是包含了对通货膨胀风险补偿的利率。

有效利率 effective interest rate 指以年利率表示对贷款或存款实际支付或收取的货币利息。

现金流量 cash flow 如果把研究对象(公司、项目等)看成一个系统，某一时间点流出系统的资金称为现金流出，流入系统的资金称为现金流入，现金流入与流出的代数和称为这一时间点的(净)现金流量。通常在技术经济分析中，将时间点选为年末，并用现金流量图描述项目期间的现金流入和流出情况，作为项目技术经济评价的基础信息。

现值 present value; present worth 又称折现值或贴现值。指今后某一日期收到或支付的款项，按一定利率计算的现在价值。通常都按复利法计算，故又称复利现值。在进行投资效益评价时，由于投资决策涉及的现金流出和现金流入是在不同的时间发生的，因而，必须考虑货币时间价值的影响，将未来不同时间里收付的款项按一定的贴现率和时间长度折算成现值进行比较分析。

终值 final value 现值的对称。指一定货币量在将来时间的价值，即一定量的货币在某一或若干规定时间按一定的利率和年限计算的本利之和。终值有单利和复利之分，终值通常按复利计算。

年金 annuity 指在一定时期内，每隔相等的时间收入或支出固定的金额。如退休金的定期支付或者债券利息及优先股股利的支付。年金的收付可分为多种形式。凡是每期期末付款的年金，称为后付年金，即普通年金。发生在每期期初的年金，称为即付年金，或称预付年金。凡无限期连续收付的年金，称为永续年金。

复利终值系数 future value interest factor (FVIF); coefficient of compound terminal value 按复利要求计算的本利（又称复利终值）之和相当于本金的倍数。复利终值的计算式为：复利终值=本金$(1+i)^n$。式中：i 为利息率；n 为复利期数，而$(1+i)^n$即复利终值系数。

复利现值系数 present value interest factor (PVIF) 又称折现系数。指按复利法计算利息的条件下，将未来不同时期一个货币单位折算为现时价值的比率。它直接显示现值同已知复利终值的比例关系，与复利终值系数互为倒数。

折现 discounting 把今后某一日期收到或支付的款项，折算为现值的过程。单位资金在不同时期的现值，称为贴现系数或折现系数。

$$贴现(折现)系数=\frac{1}{(1+利率)^{期数}}$$

折现率 discount rate 把投资项目未来的收益和支出的价值贴现到现在价值的利率。一般不同的行业、部门和企业有不同的贴现率。油田企业一般取10%~15%。

等额系列终值系数 uniform series compound amount factor 计算期内每期等额资金流按复利法计算的终值相当一期资金流的倍数。

等额系列储金系数 uniform series sinking fund deposit factor 等额系列终值系数的倒数。指计算期内一期资金流相当于各期等额资金流按复利法计算的终值的倍数。

等额系列资金回收系数 uniform series capital recovery factor 期初一笔投资在投资回收期内每期期末收回一个相同数量资金，每期期末收回的等额资金相当于期初投资的倍数称为等额系列资金回收系数。

等额系列现值系数 uniform series present worth factor 期初一笔投资在投资回收期内每期期末收回一个相同数量资金，期初投资相当于每期期末收回的等额资金的倍数称为等额系列现值系数。它是等额系列资金回收系数的倒数。

税收 taxation 国家为了实现其职能，凭借政治上的权力，按照法律规定的标准，对单位或个人无偿取得财政收入的一种方式。在历史上又称为赋税、租税或捐税。任何税收主要都是由纳税人、课税对象和税率三项要素构成的。它体现了以国家为主体在国家与纳税人之间形成的特定分配关系。

税率 rate of taxation 对征税对象或计税依据的征收比例和征收额度。在征税对象及计税依据确定的条件下，税率决定着税额的大小。税率的高低直接决定着国家财政收入占国民收入的比例及纳税人的负担程度。

税基 tax base 计算应纳税额的依据，即纳税对象。例如，销售收入、个人收益和财产价值等。

直接税 direct tax 间接税的对称。税不能转嫁、只能由纳税人承担的税。直接税是以个人收入、企业利润、财产价值等税基为纳税依据的税。一般将所得税、财产税、遗产税、土地税等视为直接税。

间接税 indirect tax 直接税的对称。税负可以转嫁，纳税人并不最后承担税负的税。从形式上看，间接税是由纳税人缴纳的，但纳税人可将税负转嫁给商品或劳务的购买者，即通过将税收额加在产品的价格上，由购买者承担税负。间接税实质上是不直接向承担税负的人征收的税。一般包括增值税、消费税、营业税、关税等。

从量税 specific tax 从价税的对称。以课税对象的质量、数量、容积、面积等单位为标准，采用固定税额形式计征的税收。如我国现行的盐税、城镇土地使用税、车船使用税等。主要特点是应征税额不受产品价格和成本费用的影响，收入稳定，易于征管，但税负有时不尽合理。

从价税 advalorem tax 从量税的对称，凡是以课税对象的价格或金额，按一定税率计征的税种，都是从价税。一般来说，依据课税对象的价格或金额从价定率计算征税，可以使税收与商品或劳务的销售额、增值额、营业额以及纳税人的收益额密切相连，能够适应价格、收入的变化，具有一定的弹性，较为合理地参与国民收入从价税的再分配。我国的营业税、增值税等属从价税。

增值税 value-added tax 对生产、销售商品或提供劳务过程中实现的增值额所征收的税。1954 年，法国首先推出这一税种。当今世界上有 100 多个国家和地区征收增值税。在我国境内销售货物或者提供加工、修理修配劳务以及进出口货物的单位和个人，为增值税的纳税人。计算公式为：应纳税额=销项税额-进项税额。

增值税进项税额 input value added tax；input VAT 纳税人购进货物或接受应税劳务所支付或负担的增值税额，它与销售方收取的销项税额相对应。在一项销售业务中，销售方收取的销项税额就是购买方支付的进项税额。

增值税销项税额 output value added tax; output VAT 纳税人销售货物或应税劳务，按销售额和适用税率计算并向购买方收取的增值税额。销项税额的概念是相对于进项税额来说的，定义销项税额是为了区别于应纳税额。在没有依法抵扣其进项税额前，销项税额不等于应纳税额。所以增值税一般纳税人销项税额不一定是应纳税额；而小规模纳税人由于无进项税额，所以销项税额等于应纳税额。

消费税 consumption tax; excise duty 国家对消费品或消费行为征收的税。消费税以消费品或消费行为作为征收对象，但在实际生活中并不是对所有消费品或消费行为都征税，而是有选择性地征收。在不同国家、不同时期，消费税的征收对象有所不同。一般而言，消费税的主要征收对象是酒类、烟类、汽油、燃料油、高档化妆品、贵金属制品、机动车辆和家用电器之类的消费品。

营业税 business tax 以纳税人从事经营活动的营业额(销售额)为课税对象的一种税。在我国境内提供应税劳务、转让无形资产或者销售不动产的单位和个人是营业税的纳税人。现行营业税含九个行业税目。这九个行业为交通运输业、建筑业、金融保险业、邮电通信业、文化体育业、娱乐业、服务业、转让无形资产和销售不动产。营业税实行比例税率。

城市维护建设税 city maintenance and construction tax 指我国为了加强城市的维护建设，扩大和稳定城市维护建设资金的来源开征的一税种。承担城市维护建设税纳税义务的单位和个人缴纳增值税、消费税。计算城市维护建设税应纳税额的根据为以纳税人实际缴纳的增值税、消费税、营业税税额。应纳税额=(增值税+消费税+营业税)×适用税率；城市维护建设税实行地区差别税率。

教育费附加 educational surtax 指对缴纳增值税、消费税、营业税的单位和个人征收的一种附加费。用于发展地方性教育事业，扩大地方教育经费的资金来源。农业、乡镇企业，由乡镇人民政府征收农村教育事业附加，不再征收教育费附加。应纳教育费附加=(实际缴纳的增值税、消费税、营业税三税税额)×3%。

地方教育附加 local educational surtax 指各省、自治区、直辖市根据国家有关规定，为实施“科教兴省”战略，增加地方教育的资金投入，促进本省、自治区、直辖教育事业发展，开征的一项地方政府性基金。该收入主要用于各地方的教育经费的投入补充。地方教育附加征收标准统一为单位和个人实际缴纳的增值税、营业税和消费税税额的2%。

关税 tariff 国家对进出国境的货物所课征的一种税。按征收对象分，有进口税、出口税和过境税；按征收目的分，有财政关税和保护关税；按征收方法分，有从价税、从量税和从价从量混合税；按有无协定分，有一般关税和协定关税。

暂定关税 interim tariff 根据我国经济贸易政策的需要，按照进出口关税条例的规定，由国务院关税税则委员会对规定的商品制定的临时性关税税率(一般按照年度制定)，包括进口商品暂定税率和出口商品暂定税率。

关税暂定税率 interim tariff rate 指在海关进出口税则规定的进口优惠税率和出口税率的基础上，对进口的某些重要的工农业生产原材料和机电产品关键部件(但只限于从与中国订有关税互惠协议的国家和地区进口的货物)以及出口的部分资源性产品实施的更为优惠的关税税率。这种税率一般按照年度制订，并且随时可以根据需要恢复按照法定税率征税。

所得税 income tax 国家以居民、企业和社会团体等自然人和法人为应税人，以其工资、利息、股利、租金、特许使用费(如版权收入)、非合股企业的利润等为税基而课征的一种直接税。课征这种税的根本目的是为政府的经济活动提供资金。在税率具有累进性质时，所得税还具有收入再分配的功能。

企业所得税 income tax on enterprises 指对企业(或企业性的事业单位)生产、经营所得或其他所得征收的一种税。企业所得税的征税对象是应纳税所得额。企业应纳所得税额=当期应纳税所得额×适用税率；应纳税所得额=收入总额-准予扣除项目金额。

个人所得税 personal income tax 对个人(自然人)取得的收入所征的税。个人所得税的应税所得包括：(1)工资、薪金所得；(2)个体工商户的生产、经营所得；(3)企业、事业单位的承包经营、承租经营所得；(4)劳务报酬所得；(5)稿酬所得；(6)特许权使用费所得；(7)利息、股息、红利所得；(8)财产租赁所得；(9)财产转让所得；(10)偶然所得；(11)国务院财政部门确定征税的其他所得。

资源税 resources tax 为保护及合理利用国家的地面、地下和海洋等方面的自然资源，调节资源级差收益而征收的税。其征税对象主要是原油、天然气、原煤、金属矿产品和其他非金属矿产品等。资源税在不同的国家和不同的历史时期有不同的规定，有的国家因劳动力资源匮乏，而对人力资源超额使用课税；土地在历史上曾广泛作为资源税的征收对象。当代一些国家虽然继续征收“地税”，但其范围已扩大到渔业、矿产、森林等方面。

石油特别收益金 special oil gain levy 指国家对石油开采企业销售国产原油因价格超过一定水平所获得的超额收入按比例征收的收益金。石油特别收益金属中央财政非税收入，纳入中央财政预算管理。石油特别收益金实行 5 级超额累进从价定率计征，按月计算、按季缴纳。

矿产资源补偿费 mineral resource compensation cost 指国家作为矿产资源所有者，依法向开采矿产资源的单位和个人收取的费用。矿产资源补偿费属于政府非税收入，全额纳入财政预算管理，体现国家对矿产资源的财产权益。

矿区使用费 mining royalty 指矿产资源的所有人凭借其对资源的拥有权，对开采资源收取的特许费用。目前国际上大多数国家征收矿区使用费，但由于各国资源情况、开采条件和经济政策方面的区别，各国征收矿区使用费的办法和费率水平各不相同。矿区使用费的缴纳，较多国家采用货币缴纳，也有的国家采用实物缴纳。征收矿区使用费，对于加强资源管理，控制资源的合理开采和有效利用，以及增加财政收入等都有积极意义。

水资源费 water resource charge 主要指对城市中直接从地下取水的单位征收的费用。这项费用，按照取之于水和用之于水的原则，纳入地方财政，作为开发利用水资源和水管理的专项资金。征收水资源费的目的，是运用经济手段，促进节约用水，特别是控制城市地下水的开采量。

土地使用税 use tax of land 城镇土地使用税的简称。

耕地占用税 tax on farm land occupation 为了合理利用土地资源对占用耕地建房或者从事其他非农业建设的单位或个人所征收的税。耕地指用于种植农作物的土地、鱼塘、园地、菜地及其他农业用地。以纳税人实际占用的耕地面积计税，按定额税率征收。

城镇土地使用税 urban and township land-use tax 对城镇使用土地的单位和个人征收的一种税。该税种对城市、县城、建制镇、工矿区征收，以纳税人实际占用的土地面积为计税依据，按照规定税额计算征收。

房产税 house property tax 我国现行税制中财产课税的一个税种。是以房产为课税对象，按房价或出租租金收入征收的一种税。房产税的征税范围在城市、县城、建制镇、工矿区。分从价计征和从租计征两种形式。

车辆购置税 vehicle acquisition tax 指对在我国境内购置规定车辆的单位和个人征收的一种税，它由车辆购置附加费演变而来。车辆购置税的纳税人为购置（包括购买、进口、自产、受赠、获奖或以其他方式取得并自用)应税车辆的单位和个人，征税范围为汽车、摩托车、电车、挂车、农用运输车。

车船使用税 vehicles and vessels usage tax 以车、船为课税对象，对拥有并使用车、船的单位和个人按其使用车船的种类、大小、使用性质，实行定额征收的一种税。车船使用税是对使用的车船征税，未使用的车船不征税。其纳税人是车船的拥有人或使用人。

土地增值税 land value inerement tax 指根据土地价格增加的数额向土地所有人征收的一种税。分为土地移转增值税和土地定期增值税。前者在土地所有权移转时，对土地所有人出卖土地价格高于购入土地价格的部分征收；后者在土地所有权没有移转而在一定时期内土地价格有所增加时，对增加部分征收。

印花税 stamp tax 对经济活动中书立、使用、领受的具有法律效力的凭证所征收的一种税。采取在应税凭证上粘贴印花税票的形式完成纳税义务。纳入印花税税目的应税凭证有：经济合同或具有合同性质的凭证；产权转移书据；营业账簿；权利许可证照；政府确定征税的其他凭证。印花税的税率分为比例税率和定额税率两种。

契税 deed tax 土地、房屋买卖、典当、赠予、交换等所有权和使用权转移时，对承受人征收的一次性税收。

固定资产投资方向调节税 fixed assets investment orientation regulation tax 对我国境内用各种资金进行固定资产投资的单位和个人，按其投资额征收的一种税。其纳税义务人为我国境内用各种资金进行固定资产投资的单位和个人，计税依据为纳税人实际完成的固定资产投资额，税目分为基本建设项目和更新改造项目两个系列。自 2000 年 1 月 1 日起暂停征收此税种。

有效税率 effective tax rate 名义税率的对称。实征税额与其征税对象实际数额的比例。是衡量纳税人实际负担程度的主要标志，也是研究和制定税收政策的重要依据。

固定资产原值 original value of fixed asset；fixed asset at original cost 又称固定资产原始价值或固定资产原价 。指建造、购置或以其他方式取得固定资产时，实际发生的全部支出，它是进行固定资产核算、计算折旧的依据。

固定资产净值 net value of fixed asset 又称固定资产折余价值。是指固定资产原始价值减去已提累计折旧额后的余额。它反映固定资产的现存账面价值。

净残值 net salvage value 指固定资产残值收入减去清理费用后的余额。

折旧 depreciation 以系统的、合理的方式将固定资产的成本或其他计价基础减去残值后的净额，在资产估计使用年限中进行分配的过程。折旧一般与固定资产相联系。固定资产（土地除外）计提折旧的原因是，由于有形损耗和无形损耗的影响使固定资产的服务潜力逐渐衰竭和消失。计提折旧的目的不仅是使企业将来有能力重置固定资产，而且更为重要的是将固定资产的成本在收益期进行合理分配，以实现收入与费用的正确配比。

折旧费 depreciation expense 固定资产在使用过程中，因折旧而计入产品成本的费用。是产品生产成本的构成要素之一。固定资产经过使用后，其价值会因为固定资产磨损而逐步以生产费用形式进入产品成本和费用，构成产品成本和期间费用的一部分，并从实现的收益中得到补偿。

折旧方法 depreciation method 指将应提折旧总额在固定资产各使用期间进行分配时所采用的具体计算方法。企业应当根据与固定资产有关的经济利益的预期实现方式，合理选择折旧方法。我国会计准则中可选用的折旧方法包括年限平均法、工作量法、双倍余额递减法和年数总和法。固定资产的折旧方法一经确定，不得随意变更。

折旧年限 depreciable life 固定资产折旧年限的简称。指用以计算各项固定资产折旧的年限。在确定各项固定资产的折旧年限时，不但要考虑固定资产物理性能上的耐用年限，而且要考虑固定资产的无形损耗，即该项固定资产在经济上的可用年限。

直线法/平均年限法 straightline method 按照固定资产预计使用年限平均计算折旧的方法。计算公式如下：固定资产年折旧额=（固定资产原值-预计净残值）/固定资产折旧年限。

加速折旧法 accelerated depreciation method 在既定的固定资产折旧年限内，采用前期多提折旧而后期少提折旧的方式，提早收回固定资产投资额的方法。一般有余额递减法及年数总和法等。

年数总和法 sum-of-years-digits method 将固定资产原值减去预计净残值后的余额，乘以递减折旧率而确定折旧额的方法。这是一种快速折旧法。这种方法，因计算时应计折旧总额是固定的，而折旧率呈递减变化，所以计算得到的折旧额也是逐年递减的。在年数总和折旧法下，每年折旧递减额为常数，最后一年的折旧额正好等于递减的差额。

余额递减法 declining balance method 固定资产加速折旧方法的一种。其折旧率是固定的，用于计算折旧的基数则是逐期减少的。因而在固定资产使用的早期计提的折旧费数额多，以后逐期减少。

修理费 cost of repairs 用于恢

复固定资产使用价值和延长其使用年限而开支的费用。按修理范围的大小、费用支出多少、间隔时间的长短，固定资产修理可以分为日常修理(经常性修理)和大修理。固定资产的修理费用，一般计入当期损益，作为期间费用处理。

租赁费 lease rental 又称租赁租金。指按租赁办法承租设备所应支付的设备成本、融资利息和手续费的总金额。它包括租赁财产的全部价款(设备原价、运输费、保险费、调试费)和信托部门提供的融资利息、应收手续费和垫付的财产保险费等。

摊销 amortization 指对除固定资产之外，其他可以长期使用的经营性资产按照其使用年限每年分摊购置成本的会计处理办法，与固定资产折旧类似。摊销费用计入管理费用中减少当期利润，但对经营性现金流没有影响。常见的摊销资产如土地使用权、商誉、大型软件、开办费等无形资产，它们可以在较长时间内为公司业务和收入作出贡献，所以其购置成本也要分摊到各年才合理。

无形资产摊销 amorization of intangible asset 对于为取得无形资产而发生的费用，分期记入产品成本的会计处理方法。通常采用直线法，除非情况表明直线法不适用时，才采用其他方法。

其他资产摊销 amorization of other asset 形成其他资产时发生的费用，在以后若干受益年度内分摊成本的会计处理方法。

职工薪酬 employee compensation payable 指企业为获得职工提供的服务而给予各种形式的报酬以及其他相关支出。职工薪酬包括：(1)职工工资、奖金、津贴和补贴；(2)职工福利费；(3)医疗保险费、养老保险费、失业保险费、工伤保险费和生育保险费等社会保险费；(4)住房公积金；(5)工会经费和职工教育经费；(6)非货币性福利；(7)因解除与职工的劳动关系给予的补偿；(8)其他与获得职工提供的服务相关的支出。

经营成本 operation cost 指项目从总成本中扣除折旧费、维简费、摊销费和利息支出以后的成本，即：经营成本=总成本费用-折旧费-(维简费)-摊销费-利息支出。

生产成本 production cost 为生产产品（或提供服务）而发生的生产费用总和。生产成本通常是指生产过程中物化劳动的消耗、支付的工资和其他费用。

制造费用 manufacturing expense 产品生产中发生的、除直接材料费和直接人工费之外的有关生产耗费。制造费用通常包括间接材料费、间接人工费和其他制造费用。

其他制造费用 other

manufacturing expense 制造费用包括车间管理人员工资及福利、劳保费用、折旧、维修费，办公水电、取暖及差旅等费用。在项目经济评价中，通常将折旧与维修费列出，其他合并称为其他制造费用。

期间费用 period expense 指企业行政管理部门为组织和管理生产经营活动而发生的行政管理费用，为筹措资金而发生的各项财务费用，以及为开展销售活动而发生的销售费用。该费用与企业生产产量和销售量不直接相关。

管理费用 management expense 为组织和管理企业的生产经营活动而发生的费用。包括：管理部门职工的工资及提取的职工福利基金；管理部门使用房屋和管理用具等固定资产的折旧费和修缮费；管理部门耗用的消耗性材料、办公费、差旅费、水电费；以及不能直接计入产品生产成本的其他管理费用。

其他管理费用 other management expense 指办公费、差旅费、劳保费、土地使用税、审计费、评估费、诉讼费、法律顾问费、排污费及管理部门偶尔发生的零星费用。

财务费用 financial expense 指企业为筹措资金而发生的各项费用。包括企业经营期间发生的利息净支出(利息支出减利息收入)、汇兑净损失、金融机构手续费，以及企业筹措资金中发生的其他财务费用。

销售费用 marketing expense; selling expense 指企业在销售产品和提供劳务等日常经营过程中发生的各项费用以及专设销售机构的各项经费。包括：运输费、装卸费、包装费、保险费、广告费、展览费、租赁费(不包括融资租赁费)，以及为销售本公司商品而专设销售机构的职工工资、福利费、办公费、差旅费、折旧费、修理费、物料消耗、低值易耗品的摊销等。

总成本费用 total cost 指财务评价中制造成本和期间费用的总和。总成本费用=制造成本+销售费用+管理费用+财务费用。

固定成本 fixed cost 与变动成本相对而言，指其总额不随产销量的变动而变动的成本。固定成本主要表现为折旧、固定资产保险、研究开发费用、管理费用等。

可变成本 variable cost 又称变动成本。指在总成本中随产量的变化而变动的成本项目，主要是原材料、燃料、动力成本等。

机会成本 opportunity cost 在资源有限的情况下，用于本项目的某种资源，若用于其他替代机会可能获得的最大效益。

沉没成本 sunk cost 过去发生而无法由目前进行的任何决策所变更的成本。作为沉没成本，它既不对某项决策的制定构成影响，也不因该项决策的实施而有所改变。因此，决策者在分析评价有关备选方案的经济性时不应考虑沉没成本。

边际成本 marginal cost 指厂商在短期内增加一单位产量所引起的总成本的增加。一般而言，随着产量的增加，总成本递减的增加，从而边际成本下降，也就是说的是规模效应。边际成本对制定产品决策具有重要的作用。微观经济学理论认为，当产量增至边际成本等于边际收入时，企业获得其最大利润时的产量。

重置成本 replacement cost 在目前生产条件和市场供求状态下，重新购置相同或类似资产所需要发生的全部支出。重置成本可以衡量资产当前的市场价格水平。

单位成本 cost per unit 指生产单位产品而平均耗费的成本。它反映同类产品的费用水平。单位成本的高低，反映了企业生产水平、技术装备和管理水平的好坏。它对于分析企业成本管理水平具有重要作用。

直接成本 direct cost 又称直接费用。指为生产产品而发生的、可以直接计入产品成本的生产费用。一般情况下，原料、主要材料、外购零配件和生产工人的工资、交通运输中的燃料费用等都属于直接成本。直接成本一般都是随产量的增减而增减，同产量变动成正比例变动的费用。

间接成本 indirect cost (expense); overhead cost (expense) 一般不能直接归属于某一具体产品的成本。间接成本包括所有的固定成本，大多是企业管理费或间接的生产费用，如管理人员的工资、动力、维修、固定资产折旧费用等。

直接生产成本 direct production cost 指生产该产品过程中耗费的和有助于产品形成的各项费用。包括产品在生产过程中直接消耗的原材料、人工和有关的生产费用。

直接材料费 cost of direct materials 产品生产中直接发生并伴随该产品产量的增减而发生比例变动的有关材料费用。如形成产品主要部分的原材料、构成产品实体的零部件等。这类材料耗费通常能够根据原始凭证直接计入某种（某类、某批）产品的成本之中，是该种(该类、该批）产品直接成本的重要组成部分。

直接燃料和动力费 cost of direct fuel and power 产品生产中直接发生并伴随该产品产量的增减而发生比例变动的燃料和动力费用。

直接工资 direct wages 包括企业直接从事产品生产人员的工资、奖金、津贴和补贴。

职工福利费 employee service and benefit costs 用于企业职工福利的费用。主要用于：(1)集体福利设施方面的支出；(2)职工医药费；(3)职工困难补助。职工福利费按职工工资总额的14%提取。

项目经济评价　project economic evaluation 指根据国民经济与社会发展及行业、地区发展规划的要求，在项目初步方案的基础上，采用科学的分析方法，对拟建项目的财务可行性和经济合理性进行分析论证，为项目的科学决策提供经济方面的依据。建设项目经济评价包括财务评价或财务分析和国民经济评价或经济分析。

财务评价　financial evaluation 或称财务分析(financial analysis)。指在国家现行财税制度和价格体系下，针对界定的项目范围，计算项目的财务效益和费用，分析项目的盈利能力和清偿能力等一系列指标，从而评价项目在财务上的可行性。

新建项目　grass-root project 指从无到有，“平地起家”，新开始建设的项目。原有项目扩建，其新增加的固定资产价值超过原有固定资产价值的 3 倍以上，也属新建项目。

改扩建项目　renovation and expansion project 指企业依靠原有资产与资源，投资形成新的生产服务设施，扩大、完善原有生产服务系统的项目。改扩建项目包括改建、扩建、迁建和停产复建等。实施改扩建项目的目的主要有扩大产能、提升技术水平并提高产品质量、开发新产品、调整产品结构、节能降耗减污、治理生产环境等。

有无对比原则　with and without comparison principle “有无对比”是指“有项目”相对于“无项目”的对比分析。无项目指的是不实施项目的将来状况，即不对该项目进行投资时，在计算期内，与项目有关的资产、费用与收益的预计发展情况；有项目指的是实施项目的将来状况，即对该项目进行投资后，在计算期内，资产、费用与收益的预计情况。有无对比求出项目的增量效益，突出项目活动的效果。

静态分析　static analysis 指不考虑资金时间价值的经济分析。常用的静态指标为静态投资回收期和投资收益率。

动态分析　dynamic analysis 指考虑资金时间价值的经济分析，用于项目决策前的可行性研究阶段。常用的动态指标为净现值、内部收益率等。

融资前财务分析　financial analysis before financing 在不考虑融资方案的情况下，全部投资当作自有资金对项目进行的财务分析，从纯项目角度判断项目的财务可接受性。

融资后财务分析　financial analysis after financing 以融资前财务分析和一定的融资方案为基础，考察项目在一定融资条件下的财务可接受性。在前期可用于比选融资方案，帮助投资者作出融资决策。

利益费用分析　benefit-cost

analysis 指对所实施的项目进行效益和费用方面的估算和分析，进而判断项目的可行性。分为财务效益分析和经济效益分析。财务效益分析遵循有无对比原则，正确识别估算项目实施后财务效益和费用，为财务分析提供准确和可靠的数据基础。经济效益分析是从国民经济全局的角度，用货物的影子价格、影子工资、影子汇率和社会折现率等经济参数，考察和确定项目的效益和费用。

盈利能力分析 profitability analysis 指通过一系列的指标分析项目获取利润的能力。项目融资前和融资后都需要进行盈利能力分析。融资前盈利能力分析是指不考虑债务融资条件下进行的财务分析，融资后盈利能力分析是指以设定的融资方案为基础进行的财务分析。盈利能力分析的主要指标是项目投资财务内部收益率、项目投资财务净现值和项目资本金财务内部收益率。

偿债能力分析 analysis of solvency 主要是通过借款还本付息计划表计算借款偿还期或利息备付率和偿债备付率等评价指标，判断项目的偿债能力。也可通过资产负债表计算资产负债率、流动比率、速动比率来对项目的偿债能力进行判断。

折现现金流量法 discounted cash flow(DCF) method 又称折现现金流量分析，简称折现法(DCF法)。指将投资项目寿命期内各年现金流量按一定的折现率折现到同一时点(通常是期初)，换算为现值后进行比较分析的方法。

净现值 net present value (NPV) 建设项目在整个建设期和营运期内各年的净现金流量，按设定的折现率或基准折现率折现到同一时点(一般为项目期初)的现值累计值。净现值包括财务净现值和经济净现值两类。

净现值率 net present value ratio 一个工程项目的净现值与总投资现值之比值。净现值率就是该工程项目的单位投资所能得到的净现值额，值越大说明该项目的投资经济效益越好。

净年值 net annual value (NAV) 指通过资金等值换算将项目净现值分摊到寿命期内各年(从第1年到第 n 年)的等额年值。判别标准：若 $NAV \geqslant 0$，则项目在经济效果上可以接受；若 $NAV<0$，则项目在经济效果上不可接受。

费用现值 present cost (PC) 指建设项目在整个建设期和营运期内各年的现金流出量按设定的折现率或基准折现率折现到同一时点(一般为项目期初)的现值累计值。费用现值包括财务费用现值和经济费用现值两类。

费用年值 annual cost(AC) 指通过资金等值换算将项目费用现值

分摊到寿命期内各年(从第 1 年到第 n 年)的等额年值。费用年值用于多方案比选，费用年值最小的方案为优。

最低可接受利润率 minimum acceptable rate of return (MARR)根据企业的盈利目标、行业基准收益率及预期的收益水平，对要实施的项目在财务上可行、所能够达到的最低的收益率。通常是基于企业未来市场机会和企业财务状况所作出的人为判断，一般要高于银行存款利率或国债投资收益率，高于资金成本。

基准收益率 benchmark yield; hurdle cut-off rate 指建设项目财务评价中对可货币化的项目费用与效益采用折现方法计算财务净现值的基准折现率。是衡量项目财务内部收益率的基准值，是项目财务可行性和方案必选的主要判据，反映投资者对相应项目占用资金的时间价值的判断，是投资者在相应项目上最低可接受的财务收益率。

内部收益率 internal rate of return (IRR)指净现值为零时的折现率，是反映项目获利能力的动态评价指标之一。设基准折现率为 i_0，判别标准：若 $IRR \geqslant i_0$，则项目在经济效果上可以接受；若 $IRR < i_0$，则项目在经济效果上不可接受。

差额投资内部收益率 differential internal rate of return(ΔIRR) 指互斥方案差额净现值为零时的折现率，设基准折现率为 i_0，判别标准：若 $\Delta IRR \geqslant i_0$，则投资大的方案优；若 $\Delta IRR < i_0$，则投资小的方案优。

投资利润率 profit ratio of investment 指工程项目达到设计能力后正常年份的年净利润(NP)与总投资(TI)之比，以百分数表示。它是考察项目单位投资盈利能力的静态指标。

总投资收益率 return on investment(ROI)指项目达到设计能力后正常年份的年息税前利润或运营期内年平均息税前利润(EBIT)与项目总投资(TI)的比率，表示总投资的盈利水平。

项目资本金净利润率 rate of return on equity(ROE) common stock holders 指项目达到设计能力后正常年份的年净利润或运营期内年平均净利润(NP)与项目资本金投资(EC)的比率，表示项目资本金的盈利水平。

静态投资回收期 static payback period 指以项目的净收益回收项目投资所需的时间，以年为单位。一般从项目建设开始年算起，若从项目投产开始年计算，应予以特别注明。可借助项目投资现金流量表计算。项目投资现金流量表中累计净现金流量由负值变为零的时点，即为项目的投资回收期。

动态投资回收期 dynamic payback period 指把投资项目各年的

净现金流量按基准收益率折成现值之后，再来推算投资回收期。这就是它与静态投资回收期的根本区别。动态投资回收期就是净现金流量累计现值等于零时的年份。

经济增加值 economic value added(EVA)指企业税后净营业利润减去资本成本，用于全面评价企业经营者有效使用资本和为股东创造价值的能力，是企业价值管理体系的基础和核心。国务院国资委目前将 EVA 作为考核中央企业的一项重要指标。

方案经济比选 economic comparison of scheme 指从技术和经济相结合的角度进行多方案分析论证，比选优化。对项目建设规模与产品方案、技术方案、工程方案、厂址选择方案、环境保护治理方案、融资方案等都应选择若干个方案，通过经济计算论证其经济效益的大小，以判别方案的优劣。方案经济比选可采用效益比选法、费用比选法和最低价格法。

独立项目 independent project 指作为评价对象的各个项目的现金流是独立的，不具有相关性，且任一项目的采用与否都不影响其他项目是否采用的决策。

互斥项目 mutually exclusive project 指方案之间存在互不相容、互相排斥关系，在对多个互斥项目进行比选时，至多只能选取其中之一。

利润表 income statement 或称损益表(profit and loss statement)。指反映企业一定期间生产经营成果的会计报表。利润表把一定期间的营业收入与其同一会计期间的营业费用进行配比，以计算出企业一定时期的净利润(或净亏损)。通过利润表反映的收入、费用等情况，能够反映企业生产经营的收益和成本耗费情况，表明企业生产经营成果。借助该表，可计算项目投资利润率、总投资收益率、资本金净利润率等指标。

资产负债表 balance sheet 指反映企业某一特定日期财务状况的会计报表。它是根据资产、负债和所有者权益(或股东权益)之间的相互关系，按照一定的分类标准和一定顺序，把企业一定日期的资产、负债和所有者权益各项目予以适当排列，并对日常工作中形成的大量数据进行高度浓缩后编制而成的。它表明企业在某一特定日期所拥有或控制的经济资源、所承担的现有义务和所有者对净资产的要求权。借助该表，可计算项目资产负债率、流动比率、速动比率等偿债能力指标。

现金流量表 cash flow statement 指以现金为基础编制的反映企业财务状况变动的报表。它反映公司或企业一定会计期间内有关现金和现金等价物的流入和流出的信息。借助该表，可计算项目净现值、内部收益率、投资回收期等指标。

经济效益 economic benefit 一项工程比没有该工程所增加的各种物质财富，尤其指可以用货币计量的财富的总称。

价格机制 price mechanism 市场机制中的基本机制，指在竞争过程中，与供求相互联系、相互制约的市场价格的形成和运行机制。价格机制包括价格形成机制和价格调节机制。价格机制是在市场竞争过程中，价格变动与供求变动之间相互制约的联系和作用。商品价格的变动，会引起商品供求关系变化；而供求关系的变化，又反过来引起价格的变动。

计算价格 evaluation price; calculation price 又称评价价格。评价采用以市场价格为基础的预测价格，反映项目整个运营期内投入与产出的实际经济价值，一般采用项目运营期初的价格水平，有要求时，也可考虑价格总水平的变动。

汇率 exchange rate 指一国货币兑换另一国货币的比率，是以一种货币表示另一种货币的价格。由于世界各国货币的名称不同，币值不一，所以一国货币对其他国家的货币要规定一个兑换率，即汇率。从短期来看，一国的汇率由对该国货币兑换外币的需求和供给所决定。在长期中，影响汇率的主要因素主要有：相对价格水平、关税和限额、对本国商品相对于外国商品的偏好以及生产率。

成本加成定价 cost-plus pricing 指按产品单位成本加上一定比例的利润制定产品价格的方法。大多数企业是按成本利润率来确定所加利润的大小的。即：价格=单位成本(1+成本利润率)。成本加成定价法是企业较常用的定价方法。

营业收入 operating revenue 指销售产品或提供服务所获得的收入。是现金流量表中现金流入的主体，也是利润表的主要科目。

资产 asset 指由过去交易或事项形成，为企业拥有或者控制的资源，该资源能够给企业带来经济利益。

负债 liability 指企业过去经济业务事项形成的现时义务，履行该义务会使经济利益流出企业。如果把资产理解为企业的权利，那么，负债就可以理解为企业所承担的义务。它是企业承担并须偿还的债务，包括短期和长期负债。

所有者权益 equity; owners' equity 又称净资产。指所有者在企业资产中享有的经济利益。在性质上体现为所有者对企业资产的剩余利益，在数量上体现为资产减去负债后的余额。包括实收资本、资本公积、盈余公积和未分配利润四项，其中，盈余公积和未分配利润合称为留存收益。

少数股东权益 minority interest 在母公司对子公司控股，但股份不足100%，即只拥有子公司净资产的部分产权时，子公司股东权益的一部分属于母公司所有，即多数股东权益，其余部分属外界其他股东所有，由于后者在子公司全部股权中不足半数，对子公司没有控制能力，故被称为少数股东权益。

流动资产 current asset 与固定资产相对应，指企业可以在一年或者超过一年的一个营业周期内变现或者运用的资产，是企业资产中必不可少的组成部分，如购买原材料、燃料，支付工人工资以及水、电、汽等费用。它们在生产过程中起主要劳动对象的作用，它们的实物形态在生产过程中不断改变甚至消失，需要不断更新和补充，故称流动资产。

运营资本 working capital 又称流动资金。主要项目是现金、应收账款和存货，它们占用了绝大部分的流动资金。运营资本有一不断投入和收回的循环过程。

流动负债 current liability 指在一份资产负债表中，一年内或者超过一年的一个营业周期内需要偿还的债务合计。主要包括短期借款、应付票据、应付账款、预收账款、应付工资、应付福利费、应付股利、应交税金、其他暂收应付款项、预提费用和一年内到期的长期借款等。

速动资产 liquid asset; quick asset 为流动资产扣除存货部分，反映企业短时间内变现的能力。

项目计算期 project calculation period 指经济评价中为进行动态分析所设定的期限，包括建设期和运营期。运营期一般应以项目主要设备的经济寿命期确定。

建设期 construction period 指项目资金正式投入开始到项目建成投产为止所需要的时间，可按合理工期或预计的建设进度确定。

达产期 full-load period 指项目生产运营达到设计预期水平后的时间。

负荷率 load factor 指在规定期间(日、月、年)内的平均负荷与额定负荷之比的百分数。常用产量与设计能力相比求得。

毛利 gross profit; gross margin 指营业收入扣除直接成本费用后的余额。其计算公式为：毛利=营业收入-营业成本-营业税金及附加。

利润总额 total profit 指企业在一定期间的经营成果。包括营业利润、营业外收支净额、补贴收入等部分。

息税前利润 earnings before interest and tax (EBIT) 指支付利息和所得税之前的利润。其计算公式有两种：*EBIT*=净利润+利息费用+所得税，或 *EBIT*=经营利润+投资收益+营业外收入-营业外支出+以前年度损益调整。

息税折旧摊销前利润 earnings before interest, tax, depreciation and amortization(EBITDA)指扣除利息、所得税、折旧、摊销之前的利润。其计算公式为：*EBITDA*＝净利润＋所得税＋利息＋折旧＋摊销；或*EBITDA*＝*EBIT*＋折旧＋摊销。

净利润 net profit 指企业在一定期间的经营成果，为利润总额减去所得税费用之后的余额。

法定盈余公积金 statutory surplus reserve 指国家统一规定必须提取的公积金，它的提取顺序是在弥补亏损之后，按当年税后利润的10%提取。盈余公积金已达到注册资本50%时不再提取。非公司制企业法定盈余公积的提取比例可超过净利润的10%。法定盈余公积的主要用途为：一是弥补亏损；二是增加资本(股本)。

营运能力比率 ratio of operating capability 用来衡量企业在资产管理方面的效率，通常指资产的周转速度，主要包括应收账款周转率、存货周转率、流动资产周转率和总资产周转率等。

资金周转率 ratio of capital turnover 反映资金周转速度的指标，可以用资金在一定时期内的周转次数表示，也可以用资金周转一次所需天数表示。可用固定资金周转率和流动资金周转率反映。计算公式：固定资金周转率＝营业收入/平均固定资产；流动资金周转率＝营业收入/平均流动资产。

流动资产周转率(次) current assets turnover 指营业收入与全部流动资产的平均余额的比值，反映流动资产的周转速度。其计算公式为：流动资产周转率＝营业收入/平均流动资产。

应收账款周转率(次) receivable turnover ratio 指年度内应收账款转为现金的平均次数，反映应收账款的流动速度。其计算公式为：应收账款周转率＝营业收入/平均应收账款。

总资产周转率(次) total asset turnover 指营业收入与平均资产总额的比值，反映资产总额的周转速度。其计算公式为：总资产周转率＝营业收入/平均资产总额。

存货周转率(次) inventory turnover ratio 指衡量和评价企业购入存货、投入生产、销售收回等各环节管理状况的综合性指标，反映存货转换为现金或应收账款的速度。其计算公式为：存货周转率＝营业成本/平均存货。

资产负债率 liability on asset ratio(LOAR)指负债总额除以资产总额的百分比，反映总资产中有多大比例是通过借债来筹集的，也可以衡量企业在清算时保护债权人利益的程度。其计算公式为：资产负债率＝(负债总额/资产总额)×100%。

借款偿还期 loan repayment period 指项目投产后可用作还款的利润、折旧、摊销及其他收益偿还建设投资借款本金(含未付建设期利息)所需要的时间，一般以年为单位表示，不足整年的部分可用线性插值法计算。其计算公式为：借款偿还期=(出现盈余期数-开始借款期数)+(当期应偿还款额/当期可用于还款的收益额)。

利息备付率 interest coverage ratio (ICR)指在借款偿还期内的息税前利润与应付利息的比值，从付息资金来源的充裕性角度反映项目偿付债务利息的保障程度。本指标应分年计算。

偿债备付率 debt service coverage ratio (DSCR)指在借款偿还期内，用于计算还本付息的资金(*EBITDA-TAX*)与应还本付息金额(*PD*)的比值。它表示可用于还本付息的资金偿还借款本息的保障程度。本指标应分年计算。式中：*EBITDA*—息税前利润加折旧和摊销；*TAX*—企业所得税；*PD*—应还本付息金额，包括还本金额和计入总成本费用的应付利息。

流动比率 current ratio 指流动资产除以流动负债的比值，反映法人偿还流动负债的能力。

速动比率 quick ratio 指从流动资产中扣除存货部分，再除以流动负债的比值，反映法人短时间内偿还流动负债的能力。

不确定性 uncertainty 指不可能预测未来将要发生的事件。由于存在着多种可能性，无法事先知道所有可能的结果；由于缺乏历史数据或者类似事件信息，无法预测某一事件发生的概率。

风险 risk 从广义上讲，风险是未来变化偏离预期的可能性以及其对目标产生影响的大小。风险可能产生不利影响，也可能带来有利影响。在项目决策分析与评价中，侧重于分析、评价风险带来的不利影响。因此风险可以概括为在一定条件下和一定时期内，由于各种结果发生的不确定性而导致项目遭受损失的大小以及这种损失发生的可能性。

确定性分析 deterministic analysis 确定性是指决策者在充分了解投资项目相关的各种影响因素前提下，可以精确地确定任何特定行为所产生的后果。确定性分析指在确定性基本假设条件下评价分析项目的常用指标(如净现值、内部收益率、净年金、净终值、投资回收期等)并进行多方案比较。

不确定性分析 uncertainty analysis 即分析和计算由于不确定因素变化对项目投资收益的影响程度。通过该分析可以尽量弄清和减少不确定性因素对经济效益的影响，预测项目投资可能承担的风险，为确定项目投资的可靠性和稳定性提供决策参考。不确定性分析通常可分为盈亏平衡分析和敏感性分析。

风险分析 risk analysis 指认识

项目可能存在的潜在风险因素，估计这些因素发生的可能性及由此造成的影响，研究防止或减少不利影响而采取对策的一系列活动。它包括风险识别、风险估计、风险评价与对策研究四个基本阶段。主要方法有概率树分析、蒙特卡洛分析等。

敏感性分析 sensitivity analysis 指投资项目的经济评价中常用的一种研究不确定性的方法。通过考察项目涉及的各种不确定性因素对项目基本方案经济评价指标的影响，找出敏感性因素，估计项目效益对它们的敏感程度，预测项目可能承担的风险。敏感性因素一般可选择主要参数(如销售收入、经营成本、生产能力、初始投资、寿命期、建设期、达产期等)进行分析。根据选择敏感性因素的数量可分为单因素敏感性分析和多因素敏感性分析。

概率分析 probability analysis 使用概率论原理研究各种不确定性因素发生在一定范围内的随机变动，分析并确定这种变动的概率分布及其对项目经济效益指标的影响，对项目可行性和风险性以及方案优劣作出判断的一种不确定性分析法。概率分析常用于对大中型重要项目的评估和决策之中。概率分析的方法主要有期望值法、效用函数法和模拟分析法等。

期望净现值 expected NPV 以概率为权数计算出来的在各种不同情况下净现值的加权平均值。

大中取大准则 max-max criterion 在不确定型决策中采用的一种决策准则，即采取乐观和冒险原则进行决策。其基本思想是在所有可选择的方案中，从最好的结果着想，再从最好的结果中选取其中最好的结果作为决策方案。

大中取小后悔准则 minimax-regret criterion 在不确定型决策中采用的一种决策准则，即采取后悔值原则进行决策。所谓后悔值是在某种状态下因选择某方案而未选取该状态下的最佳方案而少得的收益。大中取小后悔准则是从所有可选择方案的最大后悔值中选取最小值所对应的方案作为决策方案。

小中取大准则 min-max criterion 在不确定型决策中采用的一种决策准则，即采取悲观和保守原则进行决策。其基本思想是在所有可选择方案中，从最坏的结果着想，再从最坏的结果中选取其中最好的结果作为决策方案。

决策树法 decision tree method 又称决策网络。在风险型决策中采用的一种决策分析方法。其图形如树枝状，因此称为决策树。决策树一般由方块结点、圆形结点、三角结点、方案枝、概率枝等组成。方块结点称为“决策点”，由决策点引出若干条细支，每条细支代表一个方案，称为“方案枝”；圆形结点称为“状态点”，由状态点引出若干条细支，表示不同的自然状态，称为概率枝。每条概率枝代表一种自然状态，在每条细枝上标明客观状态的内容和其出现概率。概率枝最末端的三角形节点称为“结果点”，表示该方案在该自然状态下所达到的损益值。

盈亏平衡点 break even point (BEP)指项目的盈利与亏损的转折点，即在这一点上，销售(营业、服务)收入等于总成本费用，正好盈亏平衡。盈亏平衡点是可行性研究中重要的数量指标，用以考察项目对产品变化的适应能力和抗风险能力。在盈亏平衡分析图上，表现为总成本线与总收入线相交之点。

敏感度系数 sensitivity coefficient 指项目效益指标变化的百分率与不确定因素变化的百分率之比。敏感度系数越高，表示项目效益对该不确定因素的敏感程度越高，提示应重视该不确定因素对项目效益的影响。

临界点 critical point 指不确定因素的极限变化，即不确定因素的变化使项目由可行变为不可行的临界数值，也可以说是该不确定因素使内部收益率等于基准收益率或净现值变为零时的变化率。当该不确定因素为费用科目时，为其增加的百分率；当该不确定因素为效益科目时，为其降低的百分率。临界点也可采用该百分率对应的具体数值表示。

确定型决策 decision making under certainty 指只存在一种完全确定的自然状态下的决策。即在已知未来可能发生情况的条件下，根据每一个备选方案只能产生唯一的结果，从中选择最优方案。确定型决策必须具备以下四种条件：(1)存在一个明确的决策目标；(2)存在一个明确的自然状态；(3)存在可供决策者选择的多种备选方案；(4)可求得各方案在确定状态下的损益值。

风险型决策 decision making under risk 指决策问题所面临的多种自然状态可以确定，并且可预测出各种自然状态发生的概率，此种情形下作出的决策。风险型决策的标准是损益期望值。损益期望值标准是指计算出每个自然状态下的收益和损失的期望值，并以该期望值为标准，选择收益最大或损失最小的方案为最优方案。

不确定型决策 decision making under uncertainty 指决策问题所面临的两种或两种以上难以确定的自然状态，且各种自然状态发生的概率也无法预测时所作出的决策。不确定型决策的原则有大中取大准则、大中取小后悔准则、小中取大准则、等似然准则及折中准则等。

投资风险 investment risk 指在投资中可能会无法实现预期结果的可能性。投资风险一般包括市场风险、利率风险、工程风险、技术风险及政策风险等。在可行性研究中，经常需要对各种投资风险进行分析，确定投资风险、投资回收期及投资收益率的最佳组合。一般地说，投资收益率越高，或投资回收期越长，投资风险越大。

融资风险 financing risk 指筹资活动中由于筹资的规划而引起的收益变动的风险。项目的融资风险主要包括资金运用风险、项目控制风险、资金供应风险、资金追加风险、利率及汇率风险。

信贷风险 credit risk 指贷款者违约不能如期偿还债务本息给银行带来的风险，以及贷款者还款能力降低或信用下降有可能给银行带来的潜在违约风险。

利率风险 interest rate risk 指未来市场利率的变动引起项目资金成本的不确定性。无论是固定利率还是浮动利率都会存在利率风险，为了规避利率风险，有些情况可以采取利率掉期转移风险。

汇率风险 exchange rate risk 又称外币风险。指由于汇率的变动使得项目的资金成本发生变动所带来的风险。为了防范汇率风险，可以根据项目未来的收入或支出币种选择借款外汇和还款外汇币种。还可以通过外汇掉期转移汇率风险。

市场风险 market risk 在一定的成本水平下能否按计划维持产品质量与产量，以及产品市场需求量与市场价格波动所带来的风险。市场风险一般来自于三个方面：一是市场供需实际状况与预测值发生偏离；二是项目产品市场竞争力或者竞争对手情况发生重大变化；三是项目产品和主要原材料的实际价格与预测价格发生较大偏离。

价格风险 price risk 由于价格变动带来的风险，包括原材料价格、产品价格、替代品价格等。

资源风险 resource risk 指资源加工型项目所需的石油、天然气、煤炭等矿产资源的来源、数量、质量等与原预测结果发生较大偏离，资源不能保证正常生产运营需要，导致项目损失的可能性。

技术风险 technical risk 指项目采用技术(包括引进技术)的先进性、可靠性、适用性和可得性与预测方案发生重大变化给项目带来的风险。

工程风险 engineering project risk 指一项工程在设计、施工及移交运行的各个阶段可能遭受的、影响项目原定目标实现的风险。造成工程风险的原因包括自然风险、决策风险、组织与管理风险、技术风险等。

政策风险 policy risk 指由于国内外政治经济条件发生重大变化或者政策调整，导致项目原定目标难以实现的风险。一个国家或地区的社会经济环境中存在的经济政策、技术政策、产业政策等，以及税收、金融、环保、投资、土地等各种政策的变化都会给项目带来风险。

社会风险 social risk 由于对环境的社会影响估计不足，或者项目所处的社会环境发生变化，导致项目原定目标难以实现的风险。造成社会风险的原因包括宗教信仰、社会治安、文化素质、公众态度等。

风险管理 risk management 指对风险从认识、分析乃至采取防范和处理措施等一系列过程。具体地说，风险管理的主体通过风险识别、风险分析和风险评估，并以此为基础，采取合理的风险回避、减少或转移等方法对风险进行有效的控制，妥善处理风险事件造成的不利后果，以合理的成本保证安全可靠的实现预定目标。

风险回避 risk avoidance 考虑到风险事故存在的可能性较大时，主动放弃或改变某项可能引起风险损失的做法。这是彻底规避风险的一种做法。风险回避一般适用于两种情况：一是某种风险可能造成相当大的损失，且发生的频率很高；二是应用其他的风险对策防范风险代价昂贵，得不偿失。

风险减轻 risk mitigation 指把不利风险事件发生的可能性和(或)影响降低到可以接受的临界值范围内，是绝大部分项目应用的主要风险对策。风险减轻措施应针对项目具体情况提出，既可以是项目内部采取的技术措施、工程措施和管理措施等，也可以采取向外分散的方式来减少项目风险。

风险转移 risk transfer 指试图将项目业主可能面临的风险转移给他人承担，以避免风险损失的一种方法。转移风险是把风险管理的责任推给他人，而非消除风险。一般情况下，采用风险转移策略要向风险承担者支付风险费用。

风险自担 risk assumption 指风险损失留给项目业主自己承担。风险自担可能是主动的，也可能是被动的。一种情况是已知有风险但由于可能获利而需要冒险，而且无法采用其他合理的应对策略，必须被动地承担这种风险。另一种情况是已知有风险，但若采取某种风险措施，其费用支出会大于自担风险的损失时，常常主动接受风险。

竞争力 competitiveness; competitive strength 竞争泛指在“自由竞争”的条件下，个体或社会实体之间比高下、争优劣、求胜负、图存亡的角逐和较量。而竞争力则是个体或社会实体角逐、较量和制胜的能力。竞争力的类别很多，有国际竞争力、国家竞争力、地区(城市)竞争力、企业竞争力乃至个人竞争力等。狭义角度则是与市场经济相联系的实力较量行为，最终达到“优胜劣汰”。

核心竞争力 core competitiveness

又称核心能力，1990年由美国企业战略管理专家C·K·普拉哈德和G·哈墨尔提出。指的是企业组织中的积累性知识，并据此获得超越其他竞争对手的独特能力，即核心竞争力是建立在企业核心资源基础上，企业的智力、技术、产品、管理、文化等综合优势在市场上的反映。

核心竞争力分析 core competitiveness analysis 指按照核心竞争力的主要特点，针对企业个体开展多方面多角度的竞争优势分析，总结归纳出企业所拥有的核心竞争力，潜在的可发展的竞争优势方面，以及由此核心竞争力可延伸发展的方面，指导企业发展核心竞争力。

企业竞争力评估 competitiveness' assessment of corporation 企业竞争力是由相互联系、相互作用的若干要素构成的有机整体或系统。企业竞争力评估则需要系统的研究方法，通过多层次多指标的方式，揭示各要素间的相关性和系统性，使其概念化、条理化、层次化。通过研究系统各组成部分的相互关系与功能的相互作用，以及对整个系统的影响，给出企业竞争力水平的评价。

竞争战略 competitive strategy 指在把握外部环境和内部条件的基础上，为在竞争中求得生存和发展做出的长期的、总体的和全局的谋划和对策。或者说，竞争战略的目的就是在竞争角逐场上寻找并建立一个有利可图和持之以恒的竞争地位。竞争战略是竞争活动的行动纲领。

竞争优势 competitive advantage 指在竞争中的“有利条件”或“强项”。竞争优势是一种比较优势，是通过与竞争对手的“比较”来发现的。有广义和狭义之分，狭义的优势仅指从市场角度比较得到的优势；广义的竞争优势是从系统和市场两个角度全面比较而得到的综合或核心优势。

项目竞争力分析 project competitiveness analysis 指以项目为分析主体的竞争力分析，分析项目所具有的竞争优势及劣势。涉及的项目相关各个方面，分析的内容也包括项目的工艺技术、市场、成本价格、生产运营、品牌等多个方面，以及项目所依托的政策、地域、土地等多个方面。

市场竞争力 market competitiveness 指在市场经济下，经济行为主体为维护和实现自己的经济利益，采取的自我保护和扩张行为能力的概括。

技术竞争力 technology competitiveness 市场竞争中，经济行为主体为维护和实现自己的经济利益，采取的技术范畴行为能力的概括。技术竞争行为包括技术领先型、技术追随型和技术替代型等。

财务竞争力 financial

competitiveness市场竞争中，经济行为主体为维护和实现自己的经济利益，采取的财务范畴行为能力的概括。财务竞争行为更为复杂且隐蔽，与其他竞争行为都有一定联系。

质量竞争力 quality competitiveness 市场竞争中，经济行为主体为维护和实现自己的经济利益，采取的相关产品质量范畴行为能力的概括。包括产品性能、功用、效率、可靠度、安全性、精度、外观、经济性等方面。质量竞争属于非价格竞争行为，内容较价格竞争丰富且与技术竞争行为有一定联系。

价格竞争力 price competitiveness 市场竞争中，经济行为主体为维护和实现自己的经济利益，采取的相关产品价格范畴行为能力的概括。价格竞争包括生产和流通两个领域的竞争，一是企业通过降低生产成本，以低于同类产品市场价格与对手竞争；二是企业采取不同的价格手段进行市场销售竞争。价格竞争是经济竞争最基本的、主要的内容和手段。价格竞争的特点是既迅速又猛烈。

品牌竞争力 brand competetiveness 指企业核心竞争力的外在表现，有不可替代的差异化能力，有使企业能够持续赢利的能力以及获取超额利润的品牌溢价能力，有构建竞争壁垒以及使企业得以扩展的能力。它是企业文化在社会公众心目中的折射体现。品牌竞争力包括技术、质量、市场营销等方面。

竞争情报 competitive intelligence 指关于竞争环境、竞争对手和竞争策略的信息和研究。它既是一种过程，又是一种产品。过程指对竞争信息的收集和分析，产品则指由此形成的情报和谋略。

竞争情报系统 competitive intelligence system 指能够为企业在关键战略决策提供信息和思想的系统。竞争情报系统应做到组织网络、信息网络和人际网络相结合，先进性和实用性相结合，建立以竞争环境、竞争对手和竞争策略的信息获取和分析为主要内容，具有快速反应能力的工作系统。

定标比超 benchmarking 指将本企业经营的各个方面状况和环节与竞争对手或行业内外一流的企业进行对照分析的过程。是一种评价自身企业和研究其他组织的手段，是将外部企业的成就业绩作为自身企业的内部发展目标并将外界的最佳做法移植到本企业的经营环节中去的一种方法。实施定标比超的企业必须不断对(竞争对手或一流企业)产品、服务、经营业绩等进行评价来发现优势和不足。

定标比超分析 benchmarking analysis 通常针对企业进行，是将本企业经营的各个方面状况和环节与竞争对手或行业内外一流的企业进行对照分析。按照企业运作不同层面，可将定标比超分析分为三个层面：战略层面，找出成功战略中的关键因素；操作层面，主要集中比较成本和产品的差异性，重点是功能分析，即竞争性成本和竞争性差异，容易用定量指标衡量；管理层面，包括人力资源管理、营销规划、管理信息系统等，但较难用定量指标衡量。

竞争对手 competitor 指从微观层次上按所研究的企业的视角来看，去观察分析竞争场上与之相匹敌的竞争者，将其称为“竞争对手”。而竞争者是在中观层次上对竞争场上的一切行为主体的统称。竞争对手是竞争者的一部分，只有那些有能力与研究企业抗衡的竞争者才是竞争对手。

竞争对手分析 competitor analysis 指企业在同行业众多参与竞争者中寻找到与自己相匹敌的那个竞争者。它是企业竞争战略的制定基础和有机组成。涉及五个方面：竞争对手相对的市场实力，资源与核心能力，当前和未来可能的战略，企业文化，在公司和业务单位水平上的目标群和最终目的。

竞争态势分析 competition situation analysis 又称 SWOT (strength, weakness, opportunity, threat)分析，是一种被广泛运用在企业战略管理、市场研究和竞争对手分析领域中的分析方法。

价值链 value clain 企业的价值创造活动包括内部后勤、生产作业、外部后勤、市场和销售、服务等，这些互不相同但又相互关联的生产经营活动，构成了一个创造价值的动态过程，即价值链。

关键成功因素 key success factor(KSF); critical success factor 指为达到目标而必须正确进行的事项。关键成功因素支持或威胁目标的达成，甚至是公司的存在与否。关键成功因素是指一些特性、条件和变量，如果能够适当且持续地维持和管理，就能对公司在特定产业中竞争成功产生显著影响。关键成功因素相互配合的结果将对企业整体经营业绩产生相当大影响。

战略与绩效分析 profit impact of market strategy (PIMS) PIMS 全称为市场战略对利润的影响。这是关于战略与绩效关系测度的大型实证研究，以“市场战略”和“公司业绩”为研究对象，并以销售利润率(ROS)和投资收益率(ROI)为主要绩效指标，目的是鉴别和测量影响公司绩效的主要决定因素。

合作竞争 co-opetition Novell 公司的创始人雷鲁达提出“你不得不在竞争的同时与人合作”，恰当诠释了合作竞争的含义。当共同创建一个市场时，商业运作的表现是合作；而当进行市场分配时，商业运作的表现是竞争。商业运作是合作与竞争的综合体。竞争是永恒的，而合作往往是暂时的，有条件的。合作竞争最明显的例子如石油输出国组织。

国民经济评价 evaluation of national economy 按照资源合理配置的原则，从国民经济和社会需要出发，从国家整体角度考察项目的效益和费用，采用影子价格、影子工资、影子汇率、土地影子价格及社会折现率等国家经济评价参数，运用费用-效果分析等方法，计算项目对国民经济的净贡献，衡量项目在经济上的合理性。它与财务评价相对。

费用效果分析 cost-effectiveness analysis(CEA)从国民经济和社会整体角度出发，通过比较足够数量的多种备选项目或方案的全部预期效益和费用的现值，来决定项目取舍或选择最终实施方案的一种方法。它是项目国民经济评价的基本原理和主要方法。

影子价格 shadow price 在市场价格不反映机会成本，或无市场价格时，对某一商品或劳务的估算价格。它应用于费用效果分析中。建设项目国民经济评价中，影子价格是由国家有关部门统一测定后颁布或项目评价人员测定，独立于实际价格，能够反映项目投入与产出物真实经济价值的计算价格。它能更好地反映各种社会资源的社会价值、稀缺程度和市场供求关系。

影子汇率 shadow exchange rate 单位外汇的影子价格，是能正确反映国家外汇经济价值的汇率。国民经济评价中，项目的进口投入物和出口产出物，必须采用国家行政主管部门统一测定、发布的影子汇率换算系数，调整计算进出口外汇收支的价值。若存在明显迹象表明本国货币对外币的比价存在扭曲现象，在将外汇折算成本币时，应采用影子汇率。

影子工资 shadow wage 劳动力的影子价格。指建设项目使用劳动力资源而使社会付出的代价。在项目国民经济评价中，以影子工资计算劳动力费用。对项目财务分析中采用的劳动力工资即财务工资，采用国家有关部门统一测定、发布影子工资换算系数调整计算，得到影子工资。

社会折现率 social discount rate(SDR)社会对资金时间价值的估算，从整个国民经济角度所要求的资金投资收益率标准，代表占用社会资金所应获得的最低收益率。它是建设项目国民经济评价中衡量资金时间经济价值的主要的通用参数，由国家行政主管部门统一测定、发布，是评价经济内部收益率的基准值，是计算经济净现值的折现率，是项目经济可行性和方案比选的主要判别依据。

经济内部收益率 economic internal rate of return (EIRR)项目在计算期内各年经济净效益流量的现值累计等于零时的折现率，是反映项目对国民经济净贡献的相对指标。经济内部收益率等于或大于社会折现率，表明项目对国民经济的净贡献、资源配置的经济效率达到或超过了要求的水平，此时应认为项目是可以接受的。

经济净现值 economic net present value (ENPV) 用社会折现率将项目计算期内各年的经济净效益流量折现到建设期初的现值之和，是反映项目对国民经济净贡献的绝对指标，是国民经济评价的主要指标。经济净现值等于或大于零，说明项目可以达到社会折现率要求的效率水平，该项目从经济资源配置的角度可以接受。

外部效应 externality 又称外部效果或外部性。是外部收益和外部成本的统称。指项目可能对其他社会群体产生正面或负面影响，而项目本身却不会承担相应的货币费用或享有相应的货币效益。计算范围应考虑环境及生态影响、技术扩散及产业关联的效应。一般计算一次性的外部影响效应。考虑项目产生的外部效应，是国民经济评价的主要任务之一。

15.3 工程项目建设

项目生命周期 project life cycle 又称项目周期。每个项目都要经过的四个连续的主要阶段：概念阶段，定义阶段，执行或实施阶段，试运行或结束阶段。世界银行划分的阶段是选定(识别)、准备和分析、评估、谈判、实施和监督及评价。

机会研究 opportunity study (OS) 又称机会鉴别。根据国民经济发展，地区、行业等规划及方针政策，在一个确定的地区或行业内，结合资源分布、市场预测、建设布局等条件，选择建设项目，寻求有价值的投资机会。它是在将项目意向变成项目建议的过程中，对所需参数、资料和数据进行量化分析的主要工具。可分为一般机会研究和项目计划研究。

初步可行性研究 pre-feasibility study (PS) 又称预可行性研究。在机会研究的基础上，项目初选粗略估算。通过调查研究、粗略估算，筛选方案，对方案进行初步的技术、经济分析和社会、环境评价，初步确定项目的可行性。目的是判断项目的生命力，判定是否有必要进行下一步详细研究。

可行性研究 feasibility study (FS) 评价各种技术、建设和生产经营等方案经济效益的方法。在采取某一项目方案前，对方案实施的可行性及潜在的效果，从技术、工程、经济、环境、社会等方面进行分析、论证和评价，得出该项目财务和经济效益如何、是否值得投资、建设方案是否合理等结论，从而为项目的最终决策提供依据。一般在初步可行性研究的基础上进行。目的是为投资决策者提供决策依据，为银行贷款、合作者签约、工程设计等提供依据和基础资料。它是决策科学化的必要步骤和手段。

项目核准申请报告 approval of project application report 我国自2004年投资体制改革后，企业在投资建设重大项目和限制类项目时，为获得政府核准机关对拟建项目的行政许可，按照核准要求报送的项目论证报告。由具备相应资质的工程咨询单位编制。主要内容：申报单位及项目概况；战略规划、产业政策及行业准入分析；资源开发及综合利用分析；项目选址及土地利用；节能方案分析；征地拆迁及移民安置；环境和生态影响分析；经济影响分析；社会影响分析。

项目备案制 project filing system 企业利用自有资金、融资等非政府性资金进行的固定资产投资项目，无须政府匹配条件、不需要政府核准的项目，实行备案制。备案申报材料：企业投资项目备案申请报告，备案信息表，资金证明文件，节能评估文件，以及铁路、公路和供水、供气、电力部门意见等。备案申请报告主要内容：拟建项目情况，总投资及资金来源，资源利用和能源耗用分析，生态环境影响分析，建设时间。

设计采购施工总承包 engineering，procurement，and construction(EPC)工程总承包企业按照合同约定，对工程项目的设计、采购、施工、试运行服务等实行“一条龙”管理，对质量、安全、工期、造价全面负责，直至交钥匙投产使用。它有利于工程建设各阶段、各环节的链接，有利于各参建单位活动协调一致，有利于缩短工期，提高质量，降低造价。

工程项目采购 project procurement 为实现工程项目目标，从项目组织外部以合同形式有偿获取工程、货物和服务的整个采办过程。包括购买货物，雇佣承包商来实施工程，以及聘用咨询专家从事咨询服务。货物采购是指购买项目建设所需的机械、设备、仪器仪表、建筑材料等，以及与之相关的运输、保险、安装、调试、培训、初期维修维护等服务；土建工程采购指通过招标或其他商定的方式选择合格的承包商承担项目工程施工任务；咨询服务采购指聘请咨询公司承担项目投资前期准备工作的咨询服务，工程设计和招标文件编制服务，项目管理、施工监理等执行性服务，技术援助和培训等服务。采购是项目执行中的关键环节和主要内容之一。

工程项目开工 start of project construction 指工程设计文件中的主体工程正式动工兴建。工程开工之前，建设单位向工程所在地政府建设行政主管部门申领施工许可证。开工条件：施工许可证已获批准，征地拆迁满足工程进度需要，施工组织设计已经项目监理单位审定，施工单位人员到位、机具进场、主要工程材料落实，进场道路及水、电、通信等满足开工要求。建设工期从主体工程开工时算起。

工程项目试车 project commissioning 在单项工程验收过程中，对工程项目进行单机空负荷与联动空负荷试车调试，称交工验收试车。单项工程验收后可进行单项有负荷与联动有负荷试车调试，称竣工后试车。在全面竣工验收前应进行试生产考核，称竣工验收试车。

工程项目竣工验收 acceptance of completed construction project 指工程项目由施工建设转入投产使用的标志和必经程序，是全面考核和检查工程项目决策、设计、采购、施工等环节工作和工程质量的总结性工作，是项目建设全过程的重要阶段，是项目业主、合同商向投资者汇报建设成果和交付新增固定资产的过程。竣工验收时间点由工程项目业主或主管部门根据需要选定，由项目投资主体组织进行。

工程索赔 engineering claim 在工程合同履行过程中，合同当事人一方因对方不履行或未能正确履行合同或者由于其他非自身因素而受到经济损失或权利损害，通过合同规定的程序向对方提出经济或时间补偿要求的行为。最常见的索赔是承包人向业主提出的索赔。按照索赔目的，分为工期索赔、费用索赔；按照索赔的成因，分为工程师的延误、业主的延误、难以预见的因素三者分别造成的索赔。

工程保险 engineering insurance 保险指一种转移和抵御风险的措施。工程保险主要有工程一切险、第三方责任险、承包人施工设备的保险、人身意外险。不同的建设项目可根据工程特点选择投保险种。

工程项目招标 engineering project bidding 指招标人通过招标文件的形式向投标人发出要约邀请的行为。招标选择项目工程承包商，要考虑建设单位拟采用的项目承包方式、总包与分包体系、合同类型、项目管理方式等主要因素。招标人应要求投标人提供有关资质证明文件和业绩情况，并对投标人进行资格审查。

工程项目投标 engineering project bid 指投标人根据招标文件要求向招标人发出邀约。工程项目投标人须符合招标文件提出的资格要求，具有专业资质、执业资格、项目经验与业绩等。投标文件必须按招标文件要求编制，对招标文件提出的实质性要求和条件作出明确响应。

工程项目管理 engineering project management 指运用科学的理念、程序、方法和现代化手段，对工程项目投资建设进行计划、组织、指挥、协调、控制和监督的系列活动。通过选择适宜的管理方式、构建科学的管理体系和规范有序的管理，合理使用和组合项目资源，确保投资建设各阶段、各环节的工作协调和顺畅，力求建设方案最佳、工程质量最优、投资效益最好，实现预期的工程项目目标。应坚持科学化、规范化、专业化、效能化原则。

项目后评价 post project evaluation对已完成项目的目的、执行过程、效益、作用和影响所进行的系统、客观的分析，是项目周期最后一个阶段。通过对项目实施过程、结果及其影响的检查总结，与项目决策时的预期目标以及技术、经济、环境、社会等指标进行对比，分析成败原因，总结经验教训，对本项目持续运营和未来新项目决策提出建议，及时反馈信息，改善投资管理和决策，提高投资效益。后评价包括对项目决策过程、实施过程、经济、影响、可持续性的评价。

项目跟踪评价 project tracking evaluation 又称中间评价或实施过程评价。项目开工后到竣工验收前任何一个时点由独立机构所进行的评价。目的是检查评价项目评估和设计的质量，评价项目建设过程中的重大变更及其对项目效益的作用和影响，诊断项目发生的重大困难和问题，寻求解决办法。

逻辑框架法 logical framework approach(LFA)一种概念化论述项目的方法。用一张简单的框图清晰地分析一个复杂项目的内涵和关系。将内容相关、必须同时考虑的若干动态因素组合起来，通过分析其间的关系，从设计策划到目的目标等方面评价一项活动或工作。它为项目计划者和评价者提供一种分析框架，用以确定工作的范围和任务，并通过对项目目标和达到目标所需要的手段进行逻辑关系的分析。核心是分析事物的因果逻辑关系。它是美国国际开发署(USAID)于1970年开发的工具。

层次分析法 analytic hierarchy process(AHP)可用于处理复杂的社会、政治、经济、技术等方面决策问题的分析方法，尤其适用于对各个评价指标权重因子的确定。基本过程：根据问题的性质和预定目标，将复杂问题分解成各个组成元素，按支配关系将元素分组，形成有序的递阶层次结构，通过两两比较的方式判断各层次中诸元素的相对重要性并予以量化，利用数学方法确定诸元素在决策中的权重，通过排序结果对问题进行分析和决策。即：因素分解，层次排列，要素量化，确定权重，排序分析。该过程体现了分解、判断、综合的决策思维基本特征。

项目成功度 project success

degree 对照项目决策时所签订的预期目标和计划，分析实际实现结果与其差别，以评价项目目标的实现程度。项目成功度评价依靠评价专家或专家组的经验，综合各项指标的评价结果，对项目的成功程度作出定性的结论，此即专家打分法。成功度评价是一种全面系统的评价，以用逻辑框架法分析的项目目标的实现程度和经济效益分析的评价结论为基础，以项目目标和效益为核心。项目成功度可分为“完全成功”至“失败”等若干等级。

16 其 他

16.1 天然气净化

液化天然气 liquified natural gas(LNG)天然气的液态形式，具有无色、无味、无毒且无腐蚀的特点。它是由含 90% 以上甲烷(CH_4)的天然气，经过脱烃、脱硫、脱水、清除二氧化碳等净化处理后，再进行低温液化而得到的。其液化温度为-162℃。1m³ 液化天然气等于 620m³ (20℃，101.325 kPa)气态天然气。

天然气净化 natural gas purification 指将天然气中的硫、二氧化碳等杂质脱除。常用的工艺技术有醇胺工艺、Benfield 工艺、Sulfinol 工艺、Sulfatreat 工艺、低温甲醇洗工艺、膜分离工艺。

天然气脱硫 natural gas desulfurization 一般天然气气田产出的天然气含有不同的硫化物，需要脱除这些硫化物才能外输使用。天然气脱硫就是采用脱硫剂将其中的硫化物脱除。脱硫工艺有很多种，占主导地位的工艺技术是醇胺溶剂吸收法，如常规胺法、选择性胺法、物理溶剂法、化学物理溶剂法、直接转化法等脱硫工艺。

天然气脱碳 natural gas decarbonization 指脱除天然气中的二氧化碳。可以采用与脱硫同样的溶剂或方法，在脱除硫化物的同时，脱除二氧化碳；也可以采用特殊的方法脱除二氧化碳。

天然气脱水 natural gas dehydration 指净化后的(脱硫脱碳后)天然气采用甘醇、分子筛、分离膜、氯化钙等脱除其中的水，降低水的露点，以免在长输过程中降温析出水。

天然气常规胺法脱硫脱碳工艺 conventional amine desulfurization and decarbonization process for natural gas 指较早在工业上获得应用的、可基本上同时完全脱除硫化氢和二氧化碳的胺法。

天然气选择性胺法脱硫脱碳工艺 selective amine desulfurization and decarbonization process for natural gas 在硫化氢和二氧化碳同时存在的条件下，几乎完全脱除硫化氢而仅吸收部分二氧化碳，这种可以实现选择性脱硫的胺法称为选择性胺法。

天然气物理溶剂法脱硫脱碳工艺 physcial solvent desulfurization and decarbonization process for natural gas 利用硫化氢和二氧化碳等酸性杂质与烃类在物理溶剂中溶

解度的巨大差异来实现天然气的脱硫与脱碳的工艺。

天然气化学物理溶剂法脱硫脱碳工艺 chemical and physical solvent desulfurization and decarbonization process for naturalgas 指以化学溶剂(胺类)与物理溶剂组成的溶液脱除气体中的酸性组分的方法。

天然气直接转化法脱硫脱碳工艺 direct convert desulfurization and decarbonization process for natural gas 指使用含有氧载体的溶液将天然气中的硫化氢氧化为单质硫，被还原的氧化剂经空气再生恢复了氧化能力的一类气体脱硫方法。

水解法脱羰基硫 carbonyl sulfide hydrolysis process 指气相水解脱除羰基硫 COS，主要是 COS 与 H_2O 反应生成 H_2S 和 CO_2，然后再由 MDEA 脱除生成的 H_2S 和 CO_2。COS 水解反应式如下：$COS + H_2O = H_2S + CO_2$。

天然气胺法脱硫脱碳工艺 amine desulfurization and decarbonization process for natural gas 采用醇胺为溶剂的净化工艺。常用的醇胺有一乙醇胺、二乙醇胺、二异丙醇胺、甲基二乙醇胺(MDEA)等。采用 MDEA 为溶剂的净化工艺，是目前炼油厂和天然气净化厂广泛采用的工艺。MDEA 溶剂在压力和常压下均具有很好的吸收性能。以 MDEA 为主溶剂，添加改善选吸性能的助剂、阻泡剂、缓蚀剂、抗氧剂等，可以进一步拓宽 MDEA 的应用领域。

二甘醇胺法工艺 DGA treating process 采用二甘醇胺(DGA)为溶剂的净化工艺。DGA 是一种伯胺，其性质接近乙醇胺(MEA)，具有高反应性能的优点。该法溶液的浓度可高达 65%，循环量降低，节能显著。即使贫液温度高达 54℃也保证 H_2S 净化度，因此溶液冷却可仅使用空冷，适合沙漠和干旱地区。

超重力脱硫 high gravity desulfurization采用超重力技术脱硫的工艺。超重力技术是新一代的化工分离技术，采用旋转的环状多孔填料床代替垂直静止的塔器，使气-液相在超重力下的填料层中充分接触，在液相的高度分散、表面急速更新和相界面得到强烈扰动的情况下，进行传质、传热和化学反应，使过程得到强化。

LO-CAT 脱硫工艺 LO-CAT desulfurization process 一种络合铁法脱硫工艺。该工艺是美国 Air Product and Chemical Co. 于 20 世纪 70 年代开发的脱硫工艺。该工艺有双塔和单塔两种流程可供选择，双塔流程用于天然气脱硫，单塔流程用于处理胺法脱硫装置的酸气。

SulFerox 脱硫工艺 SulFerox desulfurization process 一种络合铁法脱硫工艺。该工艺是美国 Shell 公司和 Dow 化学公司联合开发的，溶液铁含量高达4%，理论硫容高，溶液循环量和设备尺寸小，有利于较高压力的天然气脱硫。但高硫容会带来设备容易堵塞及溶液机械损失高等问题。

生物脱硫法 biological desulfurization process 使用微生物使气体中的硫化氢氧化成单质硫而将其脱除的方法。生物脱硫法工艺流程简单，投资和操作费用比其他直接转化法低得多。Shell-Paques/Thiopaq生物脱硫法应用较多，该法以弱碱性溶液吸收硫化氢至小于$10mL/m^3$，以硫杆菌在生物反应器内用空气将硫化氢转化为单质硫，碱液得到再生循环使用。

甘醇脱水 glycol dehydration 使用甘醇类化合物脱除天然气中的水分，降低天然气露点的方法。甘醇类化合物有乙二醇、二甘醇、三甘醇及四甘醇等，具有良好的吸水性能。目前气田主要用三甘醇为脱水剂。

16.2 天然气制油

天然气制油 gas to liquid (GTL)以天然气为原料，通过一定工艺将其转换为合成气(氢气和一氧化碳)，然后通过费-托合成反应生成液体烃类。

天然气转化 natural gas conversion 天然气经过一系列步骤处理转化为氢气或费-托合成所需的原料气(氢气和一氧化碳的混合气体)。主要工艺有水蒸气重整(SMR)工艺、联合重整(SMR/O_2R)工艺、非催化部分氧化(POX)工艺、自热重整(ATR)工艺、催化部分氧化(CPO)工艺。

催化燃烧 catalytic combustion 指可燃物在催化剂作用下燃烧。与直接燃烧相比，催化燃烧温度较低，燃烧比较完全。

氧化重整 oxidation reforming 天然气和氧气反应生成合成气的反应过程，主要产物为氢气和一氧化碳。

部分氧化 partial oxidation 可燃物在缺氧的条件下进行非完全氧化，主要产物通常为氢气、一氧化碳、二氧化碳。

水蒸气重整 steam reforming 天然气和水蒸气在较高温度和催化剂的作用下反应生成氢气、一氧化碳、二氧化碳的过程。

自热重整 autothermal reforming 天然气、氧气、水蒸气发生部分氧化反应后，高温混合气体再与催化剂接触发生重整反应生成合成气的过程。

氢碳比 hydrogen-carbon ratio 烃类化合物中氢和碳的质量比或原子比，常以质量比表示。氢碳比越高，石油和石油产品中分子越小，饱和程度越高。延迟焦化、催化裂化、加氢裂化等加工工艺等都是改变原料的氢碳比，以获得高价值产品的过程。

浆态床反应器 slurry bed reactor 催化剂在反应器中呈浆态的反应器。采用该反应器类型，催化剂与产品烃类无法实现自行分离，需通过过滤器对其进行分离，以达到降低产品烃类固含量的目的。反应器运转过程中，催化剂以在线补充的形式进行添加。气液固三相浆态床反应器有鼓泡悬浮浆态床反应器和搅拌釜式浆态床反应器两种类型。

合成油加氢 synthetic oil hydrogenation 合成油通过加氢的方法进行处理的过程，包括加氢处理和加氢改质两大类。加氢处理的主要目的是饱和合成油中的烯烃，脱除氧原子，以提高油品的安定性。加氢改质的目的是改变烃类的分子结构，使之满足不同油品分子结构要求。

合成轻油 synthetic light oil 通常指合成油中石脑油馏分、煤油馏分、柴油馏分的总称，常温下通常呈液态形式存在。

合成重油 synthetic heavy oil 通常指从合成油中蒸出石脑油或石脑油和柴油后所余较重油品的总称，常温下通常呈固态形式存在。

加氢处理 hydrotreating（HT）指通过加氢的方法进行油品精制的过程，通常不改变烃类结构。

加氢裂化 hydrocracking（HC）指在一定的温度和氢压及催化剂的作用下，使重质原料油通过裂化、加氢、异构化等反应，转化为轻质产品或润滑油基础油的二次加工方法。

异构脱蜡 isodewaxing 指通过以异构化反应为主的方法，将蜡油或柴油中的正构烷烃异构化为异构烷烃，从而降低其倾点或凝点。

16.3 煤制油气

煤液化 coal liquefaction 指固体煤炭经化学加工转化为液体燃料(包括烃类及醇类燃料)的过程。根据不同的加工路线，可分为直接液化和间接液化两大类。

煤-油共处理 coal-oil coprocessing 又称煤-油共炼。一种同时对煤和非煤衍生油在高温高压下进行临氢热解，转化为轻质和中质馏分油，生产各种运输燃料油和化工原料等轻质油品的工艺。煤-油共处理所使用的油通常为低价值的高沸点物质，如来自石油加工业的沥青、超重原油或石油残渣等。

煤热解 coal pyrolysis 指煤在隔绝空气的条件下进行加热，在不同的温度下发生一系列的物理变化和化学变化的复杂过程。煤热解是煤转化的必经步骤，煤气化、液化、焦化和燃烧都要经过或发生热解过程。

索氏抽提 Soxhlet extraction 又称索氏萃取。采用索氏提取器，利用溶剂的回流和虹吸原理，对固体混合物中所需成分进行连续提取。当提取筒中回流下的溶剂的液面超过索氏提取器的虹吸管时，提取筒中的溶剂流回圆底烧瓶内，即发生虹吸。随温度升高，再次回流开始，每次虹吸前，固体物质都能被纯的热溶剂所萃取，溶剂反复利用，缩短了提取时间，提高了萃取效率。

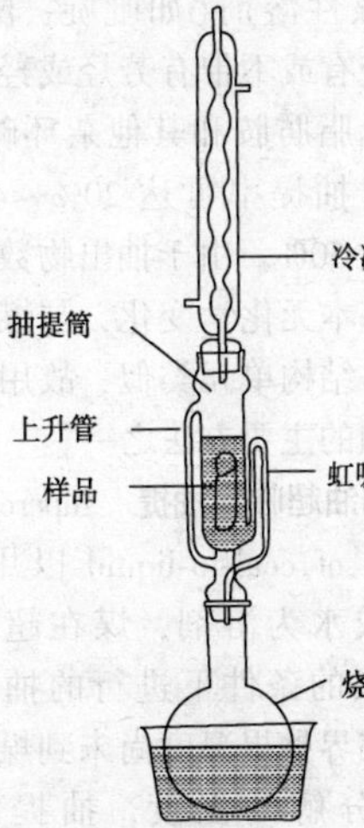

索氏提取器

沥青烯 asphaltene 煤或煤液化产物中不溶于正己烷（或环己烷、正庚烷）而溶于甲苯（或苯）的物质。外形为深褐色或黑色固体，有光泽，其组成为比重质油相对分子质量大得多的稠环芳香烃为主的芳香化合物混合体系，具有强的荧光效应。

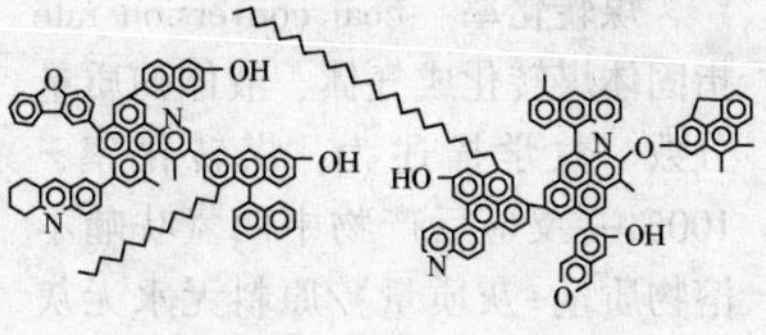

沥青烯组分的平均分子结构模型

煤制油液化反应 liquefaction reaction of coal-to-liquid 在高温高压下，固体煤经过气化及合成，或加氢饱和及裂解，大部分变成液体产品的过程。

煤制油起始溶剂 initial solvent of coal-to-liquid 指煤直接液化装置初开车时，需要将煤制成油煤浆，用来配制煤浆的体系外来油品。起始溶剂需要有较高的供氢能力，可以选用高温煤焦油中的脱晶蒽油、石油重油催化裂化装置产出的澄清油或石油常减压装置的渣油。在煤液化装置的开车初期，由起始溶剂完全置换到煤液化自身产生的循环溶剂需要经过10次以上的循环。

煤制油循环溶剂 recycling solvent of coal-to-liquid 在煤直接液化装置连续运转过程中，实际使用的溶剂是煤直接液化产生的中质油和重质油的混合油，称为循环溶剂。循环溶剂的主要组成是2~4环的芳烃和氢化芳烃，循环溶剂常通过预加氢，提高溶剂中氢化芳烃的含量，从而提高溶剂的供氢能力。

煤转化率 coal conversion rate 指固体煤转化成气体、液体的质量分数。数学描述为：煤转化率=100%-(反应后产物中四氢呋喃不溶物质量-灰质量)/原料无水无灰煤质量×100%。煤转化率是反映煤直接液化催化剂活性高低、工艺优劣的关键指标之一。

煤浆 coal slurry 指一定粒度的煤和溶剂或重油混合制成的浆液。煤浆黏度一般为50～500mPa·s，一般用于煤直接液化或油煤共炼等。

煤浆浓度 concentration of coal slurry 指干基煤占煤浆的质量分数，煤直接液化工艺中一般为30%～50%。

液化粗油 liquefaction crude oil 指煤炭直接液化得到的初始液体产物。液化粗油保留了液化原料煤的一些性质特点，芳烃含量高，氮、氧杂原子含量高，色相与储藏稳定性差，不能直接使用，必须经过提质加工，才能获得与石油制品类似的符合国家标准的液体燃料。

液化残渣 liquefaction residue 又称液化残焦。煤炭在加氢液化反应后，通过固液分离工艺将固体物与液化油分开，所得的固体物。残渣的主要组成是煤中无机矿物质、催化剂和未转化的煤中惰性组分，由于分离技术所限，常夹带一部分重质液化油。

煤制油普通抽提 conventional extraction of coal-to-liquid 指在常压和≤100℃温度下，煤在人们常用的、普通的、非极性低沸点溶剂(如苯、乙醇、氯仿等)中进行抽提。煤的溶解度一般只有百分之几。抽出物多是树脂和树蜡所组成的低分子有机化合物。

煤制油特定抽提 specific extraction of coal-to-liquid 指煤在200℃以下，在具有电子给予体性质的亲核性溶剂(如吡啶、酚类、胺类和带有或不带有芳烃或羟基取代基的低脂肪胺和其他杂环碱等)中抽提，抽提率可达20%～40%，甚至超过50%。由于抽出物数量较多，且基本无化学变化，与煤有机质的基本结构单元类似，故用作研究煤结构的主要方法之一。

煤制油超临界抽提 supercritical extraction of coal-to-liquid 以甲苯、异丙醇或水为溶剂，煤在超过溶剂临界点的条件下进行的抽提过程。超临界抽提温度尚未到煤发生激烈热分解的温度，抽提率大于30%。

煤制油热解抽提 pyrolysis extraction of coal-to-liquid 用高沸点多环芳烃(如菲、联苯等)或焦油馏分作为溶剂，在400℃左右伴有热解反应的情况下萃取煤的过程，抽提率一般在60%以上。

煤制油加氢抽提 hydrogenation extraction of coal-to-liquid 采用供氢溶剂(如四氢萘或9,10-二氢菲)或

非供氢溶剂在高氢压下，煤在大于400℃的温度下萃取，同时发生激烈的热解和加氢反应，属于煤直接加氢液化法。

煤炭水分 moisture of coal 日常所说的原煤的水分是指在一定环境温度和湿度下，煤与大气达到接近平衡时所失的那部分水(外在水)和留下来的内在水分，它们的测定值随测定环境的温度和湿度改变而发生变化。一般分析煤样水分，也称空干基水分(Mad)，是指分析用煤样(< 0.2mm)在实验室大气中达到平衡后所保留的水分，也可以认为是内在水分。有时用户也会要求使用收到基水分(Mar)，一般可认为Mar即全水分，包括外在水分和内在水分。

煤炭灰分 ash of coal 指煤样在规定条件下完全燃烧，所含矿物质发生一定化学变化后所得的残留物。灰分是表征煤质特性的重要指标之一。

煤炭挥发分 volatile-matter content of coal 指煤在与空气隔绝的容器中在一定高温下加热一定时间后，从煤中分解出来的液体(蒸气状态)和气体减去其水分后的产物。它是评价煤炭质量的重要指标和进行煤的分类的重要依据。

桥键 bridge bond 是联结煤基本结构单元的化学键。煤中桥键一般有四类：次甲基键、醚键和硫醚键、次甲基醚键和次甲基硫醚键、芳香碳-碳键。桥键是煤大分子结构较弱的化学键，在热解时最先发生断裂。

空气干燥基 air dried basis 以与空气湿度达到平衡状态的煤为表示分析结果的基准，代表符号“ad”。

干燥基 dry basis 以假想无水状态的煤为表示分析结果的基准，代表符号“d”。

干燥无灰基 dry ash-free basis 又称可燃基。以假想无水、无灰状态的煤为表示分析结果的基准，代表符号“daf”。

收到基 as received basis 以收到状态的煤为表示分析结果的基准，代表符号“ar”。

芳碳率 aromaticity 又称芳香度。表征煤分子基本结构单元中芳香碳的数量多少，是指芳香碳原子数与总碳原子数之比。芳碳率是表征煤分子结构特征的重要参数，煤变质程度增高，芳碳率也增大。

希尔施物理结构模型 Hirsch physical structure model 1954年，P. B. Hirsch根据XRD结果对不同变质程度的煤提出三种结构模型：(1)年轻烟煤的敞开式结构。芳香层片较小，而不规则的“无定形物质”比例较大。(2)中等变质烟煤的液态结构。芳香层片在一定程度上定向，并形成包含两个或两个以上的层片的微晶。(3)高变质无烟煤结构。芳香层片增大，定向程度增大。

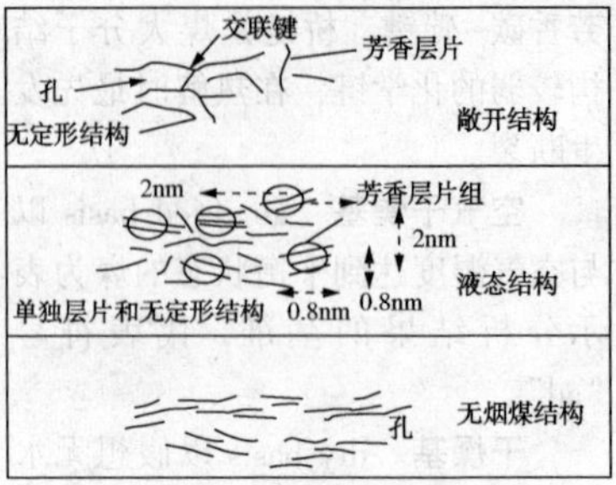

希尔施物理结构模型

两相模型 two-phase model 又称主-客体模型或大分子-小分子模型。认为以芳环为主体的结构单元通过桥键-交联键构成三维空间大分子网络，而小分子则以非共价键缔合于网络结构空隙中。该模型能解释煤的许多性质，如在溶剂中发生溶胀和抽提等，但也与一些现象相矛盾。

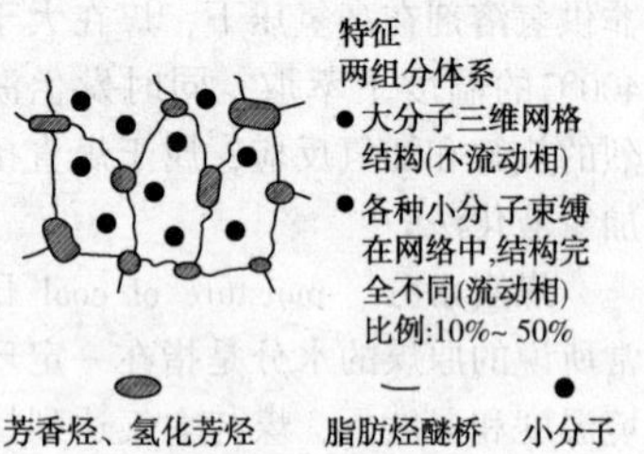

两相模型

威斯化学结构模型 Wiser chemical structure model 20 世纪 70 年代中期，由美国 W. H. Wiser 提出。威斯化学结构模型被认为是比较全面合理的一个模型。该模型针对年轻烟煤(碳含量 82%～83%)，基本反映了煤分子结构的现代概念，可以合理解释煤的液化以及其他化学反应性质。缺点是没有考虑小分子化合物。

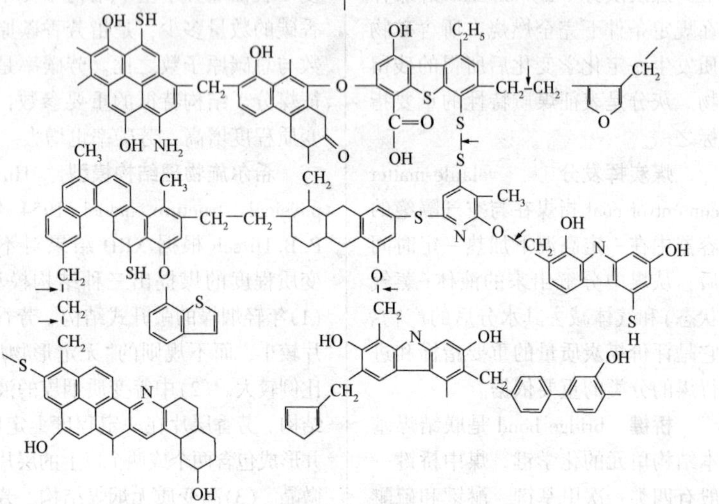

威斯化学结构模型

煤溶胀 coal swelling 溶胀是煤的一种重要性质。煤具有供氢和受氢能力，在亲电和亲核试剂作用下，打破小分子相和结构单元间的弱键，使煤样的体积膨胀，结构改变和重排。煤溶胀反应过程是不可逆的，其中非共价键的断裂是主要特征。溶剂去除后，煤中的大分子结构发生重排，形成较强的 π-π 键，而小分子相与网络结构相连的物理和化学力明显减弱，煤结构的自由能降低。溶胀对于研究煤的结构、提高焦油产率和煤炭液化、转化效率都具有极为重要的指导意义。

反射率 reflectivity 指煤对垂直入射光于磨光面上光线的反射能力。一般指镜质组反射率，是鉴定煤化度的重要指标。煤的反射率 R 定义为：$R=I_r/I_i\times100\%$。式中：I_r 为反射光强度；I_i 为入射光强度。

煤阶 coal rank 又称煤级，是反映煤化作用深浅程度的等级。煤阶可通过测量最大的镜质组反射率，挥发物质的质量分数或煤中碳的质量分数来确定。

煤岩分析 coal petrographic analysis 用肉眼或运用光学仪器研究自然状态下固体可燃矿产并作为有机岩石加以研究的分析方法。

岩相组成 petrographic composition of coal 煤的岩相组成可以分为宏观煤岩组成和显微组成。宏观煤岩组成包含镜煤、亮煤、暗煤和丝炭。显微组成包括镜质组、惰质组和壳质组以及下一级别的显微组分。

镜质组 vitrinite 由植物的木质纤维组织受凝胶化作用形成的显微组分的总称。镜质组是煤中最主要的显微组分。镜质组在透射光下呈橙红色，透明或半透明，较均一；油浸反射光下呈深灰色或浅灰色，无突起或微突起。

壳质组 liptinite；exinite 主要由植物皮壳组织和分泌物，以及与这些物质相关的次生物质，即孢子、角质、树皮、树脂及渗出沥青等形成的反射力最弱的显微组分的总称。壳质组在透射光下透明或半透明，呈黄色或橙红色；油浸反射光下呈灰黑色或黑色，具有中高突起。

惰质组 inertinite 由成煤植物的木质纤维组织受丝炭化作用或火焚作用形成的显微组分的总称。惰质组在反射光下突起高，呈白色；油浸反射光呈亮白色。

矿物质 mineral matter 煤中的无机物质，不包括游离水，但包括化合水。常见的矿物主要有黏土矿物、硫化物、氧化物及碳酸盐类等四类。

灰成分分析 ash analysis 煤炭燃烧后剩余灰的金属和非金属的组成分析，通常以氧化物表示。

赤泥 red mud 又称红泥，是制铝工业提取氧化铝时排出的工业固体废渣。由于氧化铁含量大，可用于煤液化催化剂。

黄铁矿 pyrite 主要成分是铁的二硫化物，化学式为 FeS_2，是提取硫、制造硫酸的主要矿物原料。

磁黄铁矿 pyrrhotite 一种铁的硫化矿物，其化学式为 $Fe_{1-x}S$(x=0~0.17)，是煤液化催化剂的主要活性相。

钼灰 molybdenum ash 钼矿冶炼炉烟道气中的飞灰，主要成分为 MoO_3。

水合氧化铁 oxide hydrate ferric 一种铁的水合氧化物，化学式为 FeOOH，是制造磁粉的原料，也用于煤液化催化剂。

气液比 gas/liquid ratio 通常用气体标准状态下的体积流量($N \cdot m^3/h$)与煤浆体积流量(m^3/h)之比来表示，为无量纲参数。

高压煤浆泵 high pressure pump for coal slurry 将煤浆以一定流量从常压送入高压系统内的泵。一般选用往复式高压柱塞泵，柱塞材料必须为高硬度的耐磨材料。高压煤浆泵长周期运转的关键是柱塞泵的进出口煤浆止逆阀的结构形式必须满足煤浆中固体颗粒的沉积和磨损。

单段液化工艺 single-stage coal liquefaction process (SSL) 指通过一个主反应器或几个串联的反应器生产液体产品。该工艺可包含一个合在一起的在线加氢反应器，主要对液体产品进行加氢改质，但没有提高煤的总转化率。

两段液化工艺 two-stage coal liquefaction process (TSL) 指通过两个不同功能的反应器或两套反应装置生产液体产品。第一段的主要功能是煤的热解，不加催化剂或加入低活性可弃性催化剂。第一段的反应产物于第二段反应中在高活性催化剂存在下再加氢生产出液体产品。

热溶解 thermal dissolution 指煤与溶剂加热到低于液化温度，煤中有些弱键发生断裂，产生可萃取的物质的过程。

自由基碎片 free radical fragment 指在一定温度下，煤中弱键断裂后产生的以煤的结构单元为基础，并在断裂处带有未配对电子的分子碎片。其相对分子质量范围为 300~1000。

煤的解聚 coal depolymerization 在反应温度低于 300℃ 和催化剂作用下，切断煤大分子结构单元中 C—C、C—O、C—N 和 C—S 等交联键，尽量减少一次解聚物之间发生二次反应，避免大分子骨架结构变化的过程。一般用于煤结构和反应性研究。

氢利用率 hydrogen utilization ratio 指液化油产率与氢耗量的比值，为无量纲参数，是一个反映氢利用效率的指标。

费-托合成 Fischer-Tropsch

synthesis(F-T synthesis)以合成气(CO和H_2)为原料在催化剂(主要是铁、钴和钌)和适当反应条件下合成以石蜡烃为主的液体燃料的工艺过程，是天然气和煤等间接液化技术中重要反应过程，可简称为F-T合成反应。1923年由德国化学家F. Fischer和H. Tropsch开发，第二次世界大战期间投入大规模生产。其反应过程可以用下式表示：$nCO+2nH_2 \rightarrow [CH_2]_n+nH_2O$。副反应有水煤气变换反应$H_2O+CO \rightarrow H_2+CO_2$等。一般来说，F-T合成产物主要成分是直链烷烃、烯烃、少量醇类及副产水和二氧化碳，烃类生成物满足ASF分布。随催化剂体系不同，产物有所不同。当铁为催化剂时，产品组成中轻质烃较多，适宜于生产汽油、煤油和柴油等发动机燃料，并可得到醇、酮类等化学品；钴为催化剂，所得产品组成复杂，轻质液体烃少，重质石蜡烃较多；钌为催化剂，所得产品重质石蜡烃更多。

浆态床费-托合成工艺 slurry bed F-T synthesis process 合成气(H_2+CO)以鼓泡方式向上通过含有细粒子催化剂的液相介质进行反应的过程。与其他F-T合成工艺相比，浆态床F-T合成工艺主要优点有：温度容易控制，传热效果好，催化剂负荷较均匀；但其主要缺点有：催化剂与液相不易分离，分离和再生工艺复杂，催化剂容易磨损，失活较快。浆态床F-T合成技术始于1938年德国的Kolbel等的实验室研究，并于20世纪50年代建成了半工业化示范装置。20世纪70年代由于石油危机，美国能源部分析了浆态床F-T合成的技术经济优越性，开始了对该工艺的研究。1993年5月，南非的Sasol公司，第一个在世界上实现了浆态床F-T合成技术工业化应用。

固定床费-托合成工艺 fixed bed F-T synthesis process 合成气(H_2+CO)以气体方式通过固定床F-T合成催化剂床层进行反应的过程。基本反应过程可表述为：反应气体由反应器床层气流主体通过外扩散到达催化剂颗粒表面，然后在颗粒表面与液相产物蜡达到溶解平衡，溶解后的反应气体在颗粒内进一步扩散至催化剂内表面的催化活性中心发生聚合反应，反应产物从颗粒内部扩散至外表面，进而通过外膜传递进入反应器床层。与其他F-T合成工艺相比，固定床F-T合成工艺主要优点有：技术成熟、工艺简单、容易放大、反应活性稳定，不存在催化剂磨损和催化剂与液相分离问题；但其主要缺点有：温度不易控制、对催化剂设计要求较高。固定床F-T合成技术于二战前在德国工业化，20世纪50年代以后南非Sasol公司继承了德国的固定床技术，1990年以后，Shell公司新一代固定床F-T合成技术在马来西亚工业化应用。

甲醇制烯烃 methanol-to-olefin (MTO) 其技术源于甲醇制汽油。在甲醇合成汽油过程中，发现 C_2～C_4烯烃是过程的中间产物。控制反应条件(如温度等)和调整催化剂的组成，能够使反应停留在生产乙烯等低碳烃的阶段。催化剂的研究则是 MTO 技术的核心。

甲醇制丙烯 methanol-to-propene(MTP)甲醇制烯烃技术中的一种，其特点是可选择性制取丙烯。

合成油 synthetic oil 相对于矿物油而言。矿物油是由石油提炼出来，成分中有较多杂质。合成油的种类有很多，例如费-托合成油，合成润滑油等。费-托合成油是通过费-托合成反应将煤、天然气和生物质等合成的油品。合成润滑油(syntheticlubricant)是借由化学反应，来混合较低相对分子质量成分以形成较高相对分子质量成分，所制造出来的流体在某些状况条件下可以与一些经过选择的添加剂合成，即为常见的合成油。在受控制的条件下，合成油为含有纯净成分的混合物，因此合成油又被称作人造油。各类合成油基有其特性及优缺点，更重要的是不同的合成油不能相混合，否则易造成不可企及的负面影响。

醇醚燃料 alcohol ether fuel 由各种含碳氢化合物(如煤炭、石油、天然气或生物质等)经过气化后再由合成气合成的低碳含氧燃料，如甲醇和二甲醚。

煤气化 coal gasification 以煤或煤焦为原料，以氧气(包括空气、富氧或纯氧)、水蒸气或氢气等作气化剂，在高温条件下通过化学反应将煤或煤焦中的可燃部分转化为气体燃料的过程。煤的气化类型可归纳为五种基本类型：自热式的水蒸气气化、外热式水蒸气气化、煤的加氢气化、煤的水蒸气气化和加氢气化结合制造代用天然气、煤的水蒸气气化和甲烷化相结合制造代用天然气。煤气化技术是指把经过适当处理的煤送入反应器如气化炉内，在一定煤气化技术工艺流程的温度和压力下，通过氧化剂(空气或氧气和蒸气)以一定的流动方式(移动床、流化床或携带床)转化成气体，得到粗制水煤气，通过后续脱硫脱碳等工艺可以得到精制一氧化碳气或合成气。

间接液化 indirect liquefaction 一般指煤的间接液化。首先将煤制成合成气，然后采用费-托合成反应合成油品，再将这些油品加工成其他产品。

直接液化 direct liquefaction 一般指煤的直接液化。将煤在高温高压下与氢反应，使其降解和加氢，从而使煤转化为液体油类(如汽油、柴油、航空燃料和化工原料等)的工艺，又称煤加氢液化。适合直接液化的煤种为褐煤和年轻烟煤。

合成气 synthesis gas; syngas 以一氧化碳和氢气为主要组分，用作化工原料的一种原料气。合成气的原料范围很广，可由煤或焦炭等固体燃料气化产生，也可由天然气和石脑油等轻质烃类制取，还可由重油经部分氧化法生产。按合成气的不同来源、组成和用途，它们也可称为煤气、合成氨原料气、甲醇合成气等。

合成气净化 syngas purification 其作用是除去气体中的杂质如H_2S、COS、CO_2等。根据下游工艺的不同，净化技术也有差别。主要的净化技术有低温甲醇洗、MDEA、NHD，对于中小厂也有脱硫用ADA、PDS，脱碳用热钾碱、PC、MDEA技术。脱除H_2S的方法有多种，总的来说分为湿法脱硫和干法脱硫。在选择应用何种脱硫方法的时候，应该根据原料的来源、组成、脱硫净化度的要求、动力来源、环保要求等，通过技术经济比较后，选择适宜的脱硫方法。

冷阱料 cold trap material F-T合成产品有气相、液相和固相三种反应产物，在冷阱中收集到的反应流出物称为冷阱料。冷阱料主要为液体油相产物和液体水相产物。

热阱料 hot trap material F-T合成产品有气相、液相和固相三种反应产物，在热阱中收集到的反应流出物称为热阱料。热阱放出的蜡样经冷却后成固态。

烃时空收率 space time yield (STY) of hydrocarbon 指在给定反应条件下，单位时间内，单位体积(或质量)催化剂能获得某一产物量。它是衡量催化剂活性大小及反应器装置生产能力的标志之一。烃时空收率的概念常用于F-T合成反应中。

煤焦油 coal tar 由煤在隔绝空气加强热时干馏过程中所得到的一种黑褐色黏稠液体产物。按焦化温度不同所得焦油可分为高温焦油、中温焦油和低温焦油。

高温费-托合成 high temperature F-T synthesis (HTFT) 一般温度在300℃以上，使用熔铁催化剂，在循环流化床或固定流化床中进行。费-托产物中烯烃含量高，同时可获得高附加值的化学品。

低温费-托合成 low temperature F-T synthesis (LTFT) 一般反应温度在250℃以下，使用沉淀铁和负载钴催化剂，在固定床或浆态床反应器中进行，适合生产蜡、柴油和石脑油。

列管式反应器 shell and tube reactor 由圆筒型壳体和内部竖置的管束组成，管内填充催化剂，管外为加压饱和水或其他取热介质，利用水的沸腾蒸发或取热介质来控制反应温度的反应器。

流化床反应器 fluidized bed

reactor 一种利用气体或液体通过颗粒状固体层而使固体颗粒处于悬浮运动状态，并进行气固相反应过程或液固相反应过程的反应器。在用于气固系统时，又称沸腾床反应器。按流化床反应器的应用可分为两类：一类的加工对象主要是固体，如矿石的焙烧，称为固相加工过程；另一类的加工对象主要是流体，如石油催化裂化、酶反应过程等催化反应过程，称为流体相加工过程。

煤制油　coal-to-liquid(CTL) 以煤炭为原料，通过化学加工过程生产油品和石油化工产品的一项技术。包含煤直接液化和煤间接液化两种技术路线。

气制油　gas-to-liquid(GTL) 以天然气等气相含碳物质为原料，通过化学加工过程生产油品和石油化工产品的一项技术。先对原料气进行重整，再做净化处理后，得到含一氧化碳和氢气的原料气，然后在一定的温度、压力和催化剂的作用下合成出有关油品或石油化工产品。

煤灰熔融性　coal ash fusibility 表征煤灰在一定条件下随加热温度而变的灰样变形、软化、呈半球和流动特征的物理状态。煤灰是一种由硅、铝、铁、钙和镁等多种元素的氧化物、硫酸盐构成的复杂混合物，没有固定的熔点，而只有一个融化温度的范围。当其加热到一定温度时就开始局部熔化，然后随着温度升高，熔化部分增加，到达某一温度时全部熔化。这种逐渐熔化作用，使煤灰试样产生变形、软化、半球和流动等特征物理状态。人们就以与这四个状态相应的温度来表征煤灰的熔融性。煤灰熔融性直接决定着煤炭燃烧、气化过程排渣方式的选择，是影响炉况正常运行的一个重要因素。

煤灰黏温特性　viscosity-temperature characteristic of coal ash 指煤的灰分在不同温度下熔融时所表现的流动性。灰熔点和黏温特性对气化来讲是很重要的指标。灰熔点低且熔融状态时黏度低的煤是合适的造气用煤。

煤的结渣特性　slagging characteristic of coal ash 反映煤灰在气化或燃烧过程中成渣的特性，对评价煤的加工利用特性有很重要的实际意义。在气化中，煤灰的结渣会给操作带来不同程度的影响，结渣严重时将会导致停产。因此，必须选择不易结渣或只轻度结渣的煤炭用作气化原料。须用煤的结渣性来判断煤在气化中的结渣难易程度。煤的结渣性测定，是用空气为气化介质，气化预先加热到 800～850℃的赤热煤样；气化过程的后期，当温度降到 100℃时即停止气化，等冷却到室温后取出灰渣，测定>6mm的灰渣占灰渣总重的质量分数及其相应的最高温度作为煤样的结渣性指标。

煤浆黏度 coal slurry viscosity 煤直接液化中，原料煤需与供氢溶剂(一般是装置自产的循环油)以一定的比例制成高浓度油煤浆，油煤浆经过高压泵增压，流经热交换器和预热炉升至规定温度后，再进入加氢反应器。煤浆黏度随温度的变化而变化，在一定温度条件下，循环油与煤会发生强烈的相互作用，导致包括黏度在内的流变性发生明显变化，甚至产生突变，造成系统阻力增加，传热和传质工况恶化。由于局部高温，诱发结焦和其他固体沉积物，从而影响全系统的正常运行。另外，煤阶、催化剂、氢分压、煤油比、溶剂均影响煤浆黏度。

混合溶剂萃取 mixed solvent extraction 指使用一种以上的溶剂进行萃取。煤的溶剂萃取是通过溶剂具有的授-受电子能力将煤中小分子相释放出来的过程。一般认为，煤的溶剂萃取是通过溶剂扩散渗透、交联键断裂、煤网络结构打开、有机质溶解的过程进行。对煤有较强能力的萃取溶剂应该能有效地削弱煤分子间的作用力，并对可萃取物有较强的溶解能力。

煤液化油产率 coal liquefaction oil yield 煤液化生成的液固产物组成复杂，要先用溶剂进行分离，通常所用的溶剂有正已烷(或环已烷、正庚烷)、甲苯(或苯)和四氢呋喃(THF)(或吡啶)。可溶于正已烷的物质称为油。煤液化油产率是萃取油占原料无水无灰煤的比值。

液化效率 efficiency of coal liquefaction从煤制取液化产品所消耗的煤可分为液化用煤、制氢用煤及供热用煤。液化效率就是指液化过程中液化用煤和总用煤量的比值。

煤干馏 coal carbonization 又称煤的焦化。指将煤隔绝空气加热使其分解的过程。煤干馏的产物是煤炭、煤焦油和煤气。煤干馏产物的产率和组成取决于原料煤质、炉结构和加工条件(主要是温度和时间)。随着干馏终温的不同，煤干馏产品也不同。低温干馏固体产物为结构疏松的黑色半焦，煤气产率低，焦油产率高；高温干馏固体产物则为结构致密的银灰色焦炭，煤气产率高而焦油产率低；中温干馏产物的收率，则介于低温干馏和高温干馏之间。按加热终温的不同，可分为三种：900~1100℃为高温干馏，即焦化；700~900℃为中温干馏；500~600℃为低温干馏。低温干馏主要用褐煤和部分年轻烟煤，也可用泥炭。低温干馏煤焦油比高温焦油含有较多烷烃，是人造石油重要来源之一。高温干馏主要用烟煤，因此干馏使煤粉和劣质煤得到了合理利用，创造了可贵的经济效益。高温干馏主要用于生产冶金焦炭，所得的焦油为芳烃、杂环化合物的混合物，是工业上获得芳烃的重要来源。工业上应用最广、产品最多的是高温干馏。

煤直接液化 direct coal liquefaction(DCL)又称加氢液化。是在高温(400℃以上)、高压(10MPa以上),在催化剂和溶剂作用下使煤的分子进行裂解加氢,直接转化成液体燃料,再进一步加工精制成汽油、柴油等燃料油。煤直接液化技术是由德国人于1913年发明的,并于二战期间在德国实现了工业化生产。直接液化典型的工艺过程主要包括煤的破碎与干燥、煤浆制备、加氢液化、固液分离、气体净化、液体产品分馏和精制,以及液化残渣气化制取氢气等部分。氢气制备是加氢液化的重要环节,大规模制氢通常采用煤气化及天然气转化。液化过程中,将煤、催化剂和循环油制成的煤浆,与制得的氢气混合送入反应器。在液化反应器内,煤首先发生热解反应,生成自由基“碎片”,不稳定的自由基“碎片”再与氢在催化剂存在条件下结合,形成相对分子质量比煤低得多的初级加氢产物。出反应器的产物构成十分复杂,包括气、液、固三相。气相的主要成分是氢气,分离后循环返回反应器重新参加反应;固相为未反应的煤、矿物质及催化剂;液相则为轻油(粗汽油)、中油等馏分油及重油。液相馏分油经改质加工(如加氢精制、加氢裂化和重整)得到合格的汽油、柴油和喷气燃料等产品。重质的液固淤浆经进一步分离得到重油和残渣,重油作为循环溶剂配煤浆用。

煤间接液化 indirect coal liquefaction(ICL)先对原料煤进行气化,再做净化处理后,得到一氧化碳和氢气的原料气,然后在一定的温度、压力和催化剂的作用下合成出有关油品或化工产品。即先将煤气化为合成气($CO+H_2$),合成气经脱除硫、氮和氧净化后,经水煤气反应使H_2/CO比调整到合适值,再经F-T催化反应合成液体燃料。典型的煤间接液化合成柴油工艺包括:煤的气化及煤气净化、变换和脱碳;F-T合成反应;油品加工等三个步骤。气化装置产出的粗煤气经除尘、冷却得到净煤气,净煤气经CO宽温耐硫变换和酸性气体脱除,得到成分合格的合成气。合成气进入合成反应器,在一定温度、压力及催化剂作用下,H_2和CO转化为直链烃类、水及少量的含氧有机化合物。其中油相采用常规石油炼制手段,经进一步加工得到合格的柴油。F-T合成柴油的特点是:合成条件较温和,无论是固定床、流化床还是浆态床,反应温度均低于350℃,反应压力为2.0～3.0MPa,且转化率高。间接液化几乎不依赖于煤种(适用于天然气及其他含碳资源),而且反应及操作条件温和。间接法虽然流程复杂、投资较高，但对煤种要求不高，产物主要由链状烃构成，因此所获得的柴油十六烷值很高，几乎不含硫和芳香烃。

甲醇制汽油 methanol-to-gasoline(MTG)其工艺是以甲醇作原料，在一定温度、压力和空速下，通过特定催化剂的脱水、低聚、异构等作用转化为C_{11}以下的烃类油。MTG化学可简述如下：$2CH_3OH \rightarrow CH_3OCH_3+H_2O \rightarrow$轻烯烃$+H_2O \rightarrow$较高级烯烃+正异构石蜡烃+芳烃+环烷烃。甲醇首先脱水生成二甲醚(DME)。甲醇、DME和水然后转化成轻烯烃($C_2 \sim C_4$)。最后的反应步骤生成较高级烯烃、正异构石蜡烃、芳烃和环烷烃的混合物。该工艺有固定床和流化床两种形式。

煤制天然气 coal to substitute nantural gas以煤炭为原料，气化生产合成气，经净化和转化以后，在催化剂的作用下发生甲烷化反应，生产热值符合规定的替代天然气(substitute natural gas)。也可以将煤气化和甲烷化合并为一个单元直接由煤生产富甲烷气体的合成天然气。

合成天然气 synthetic natural gas(SNG)指根据甲烷化反应原理，利用相应的设备将含碳资源转化为甲烷的技术。包括煤制天然气、生物质合成天然气、二氧化碳、甲烷化合成天然气、焦炉气合成天然气等。

煤转油 coal to oil将煤炭通过脱碳和加氢，直接或间接转化成适于运输的液体燃料。其中一种方法是焦化或热解；另外一种方法是液化，液化又包括直接液化和间接液化。

16.4 生物燃料

生物质 biomass 一切直接或间接利用光合作用形成的有机物质，包括所有的植物、微生物、动物及其代谢物。典型代表有农、林产物及其废弃物、动物粪便和微藻。

生物质能 bioenergy; biomass energy太阳能以化学能形式储存在生物质中的能量形式，即以生物质为载体的能量。它直接或间接地来源于光合作用，是一种可再生能源，同时也是唯一一种可再生的碳源，可转化为常规的固态、液态和气态燃料。

生物液体燃料 biology liquid fuel利用生物质资源生产的、能产生动力或热能、常温下呈液态的物质，如生物甲醇、生物乙醇、生物丁醇、生物喷气燃料、生物柴油、生物F-T合成油等。

能源植物 energy plant以提供能源为目的而专门种植的草本或木本植物。通常包括速生薪炭林，富糖或淀粉植物，能榨油或产油的植物，可供厌氧发酵用的藻类和其他植物等。

废弃生物质 waste biomass 工农业生产和居民生活中产生的废弃有机物质，如农作物秸秆、林产废弃物、畜禽粪便、城市垃圾等。

木本类生物质 woody biomass 来源于木本植物的有机物质，主要指林产部门生产和加工的副产物，包括残木、枝、叶以及木屑、锯末等。

草本类生物质 herbaceous biomass来源于草本植物的有机物质，主要指各种农作物秸秆、草本能源植物等。

水生生物质 aquatic biomass 来源于湖泊、河流和海洋中水生生物生产的有机物质，如各种水生微生物、藻、水生高等植物以及水生动物和它们的代谢物等。

甜高粱 sugar sorghum 学名：Sorghun bicolar（L.）Moench var. succharafum Kouern，是禾本科高粱属一年生草本植物，为高粱的一个变种。高粱籽亩产量约 100～500kg，含糖茎秆亩产量约 3000～10000kg。甜高粱不仅可作为粮食、糖料或饲料作物栽培，也可作为一种能源作物栽培，籽中的淀粉和茎秆中的糖和纤维素均可转化为乙醇。

木薯 cassava 学名：manihot esculenta crantz，又名树薯、木番薯等，大戟科木薯属植物。原产于南美洲。灌木状多年生作物，有肉质长圆柱形块根；茎直立，木质；单叶互生掌状深裂，纸质，披针形。单性花，圆锥花序，顶生，雌雄同序。其块根含淀粉，可提取淀粉，也可发酵制乙醇等。

麻疯树 jatropha 学名：Jatropha curcas L.，又名：小桐子、羔桐、吗洪罕(傣名)等，大戟科麻疯树属。原产美洲，现广泛分布于亚热带及干热河谷地区，我国广东、广西、海南、云南、贵州、四川等省可见。灌木或小乔木，高 2～5m，喜阳光，根系粗壮发达，具有较强的耐干旱瘠薄能力，树皮光滑，苍白色，枝具凸起的叶痕。叶互生，近圆形，花单性，雌雄同株，聚伞花序，腋生，枝、干、根组织松软，含浆汁多、有毒性而又不易燃烧，抗病虫害。可用杆插法繁殖，而且成活率高。果仁含油率 50%～60%，不可食用，可作为生物柴油原料。

柳枝稷 versatile switch grass 学名：Panicum virgatum，属于禾本科稷属的植物，主要分布于美国得克萨斯州草原地区至加拿大。是多年生丛生型禾草，根茎和种子繁殖，根深，株高 1～2m。柳枝稷为 C_4 植物，能高效地进行 CO_2 固定；其细胞壁成分主要是纤维素、半纤维素以及木质素，其整株植株的淀粉和蛋白质含量分别高于玉米和大豆，可作为乙醇发酵原料。

微藻 microalgae 一类在陆地、湖泊、海洋分布广泛的单细胞或简单多细胞的微生物。微藻生长迅速，且能高效地固定 CO_2，可用于能源生产、污水处理和 CO_2 减排。微藻细胞生产代谢过程中产生的多糖、蛋白质和色素等在食品、医药等行业广泛使用；富含的油脂是制备生物柴油等液体燃料的原料，微藻热解制备的生物质燃油的热值约为木材和农作物的 1.4~2 倍。

光反应器 photo reactor 以透光材料设计制成的可以进行光反应的装置，分为光化学反应器和光生物反应器。其中光生物反应器主要用于可进行光合作用的微藻、植物细胞、光合细菌的培养。

棕榈油 palm oil 从热带植物油棕树上成熟的棕果（Elaeis Guineensis）果肉中榨取出来的植物油。脂肪酸组成以饱和棕榈酸和油酸为主，饱和度一般大于 50%，是重要的食用油品种之一，也是油脂化学工业的重要原料。棕榈仁油不同于棕榈油，它来自于棕果的果仁，脂肪酸组成以小分子脂肪酸为主，特别是月桂酸一般在 50% 左右，是生产高级洗涤用品和化妆品的原料。

双低菜籽油 double low rapeseed oil 从油菜的新品种——双低油菜（芥酸含量低、饼粕硫甙含量低）的籽实中提取的植物油。主要脂肪酸包括油酸、亚油酸、亚麻酸和芥酸等，其中油酸含量达 60%，芥酸含量低于 3%，是品质优良的食用油之一，也是生产生物柴油的优质原料。

地沟油 illegal cooking oil 是失去食用价值的废弃油脂的总称，通常指宾馆、饭店、餐厅和居民家庭的餐厨余油，与餐厨垃圾混合在一起或通过下水道流入地沟，在某个特定场所被收集和加工出来。地沟油含有危害人体健康的物质，不宜回炼后食用，但可作为生物柴油生产原料。

酸化油 acidated oil 指利用植物油精炼厂的副产品皂脚和油脚酸化加工得到的油。酸化油中脂肪酸含量远高于中性油，杂质含量高，可作为工业生产脂肪酸或生物柴油的原料。

非食用油脂 non-edible oil and fat 指人食用后会产生中毒和不良感觉的一类油脂，通常作为工业原料，如桐油、大蓖麻油、巴豆油、麻疯树油等。

纤维素 cellulose 由葡萄糖单元共价连接组成的结构多糖，通常含 300~15000 个葡萄糖单位，相对分子质量在 5×10^4 ~ 2.5×10^6 之间，是植物细胞壁的主要成分。纤维素经过水解后产生的葡萄糖可用做燃料乙醇等的发酵底物。

半纤维素 hemicellulose 由几种不同类型的单糖构成的异质多聚体。这些糖是五碳糖和六碳糖，包括木糖、阿伯糖、甘露糖和半乳糖等。半纤维素木聚糖在木质组织中占总量的50%，它结合在纤维素微纤维的表面，并且相互连接，这些纤维构成了坚硬的细胞相互连接的网络。

木质素 lignin 一种广泛存在于植物体中的无定形的、分子结构中含有氧代苯丙醇或其衍生物结构单元的芳香性高聚物。分子结构上，木质素不是碳水化合物，而是苯基丙烷衍生物的单体构成的聚合物。是由四种醇单体(对香豆醇、松柏醇、5-羟基松柏醇、芥子醇)形成的一种复杂酚类聚合物。木质素是构成植物细胞壁的成分之一，具有使细胞相连的作用。

生物炼油厂 biorefinery 应用生物和化学技术将生物质原料转化为各种潜在的基础原料、中间体和其他产品的工厂。

生物质固化成型 biomass briquette 生物质原料经干燥、粉碎到一定粒度后，在一定温度、湿度和压力下发生机械变形和塑性变形，成为形状规则、密度较大、燃烧值较高的固体燃料的过程。

生物燃气 biogas 又称生物气。是指从生物质转化而来的燃气，包括沼气、合成气和氢气。

沼气 marsh gas 在一定的温度、湿度、酸度和隔绝空气的条件下，有机物质经微生物发酵作用而产生的一种以甲烷为主的可燃气体。一般含甲烷50%~70%，其余为二氧化碳和少量的氮、氢和硫化氢等。由于这种气体最先是在沼泽中发现的，所以称为沼气。

原料蒸煮 material cooking 一是泛指各种原料经过水热处理的过程；另外是特指淀粉质原料经过水热处理，使淀粉由颗粒状态变成溶解状态的糊液的过程，包括膨化、糊化和液化等过程。

间歇蒸煮 batch cooking 以间歇方式进行的原料蒸煮工艺，一般加水、投料、升温、蒸煮、吹醪等过程均在同一蒸煮设备内完成。

连续蒸煮 continuous cooking 以连续方式进行的原料蒸煮工艺。原料不断加入，产物不断取出，加料、升温、后熟等过程在不同装置中完成。根据使用设备不同，连续蒸煮可以分为罐式连续蒸煮、管道式连续蒸煮、柱式连续蒸煮三种。

淀粉糖化 starch saccharification 淀粉质原料在微生物或酶的作用下转化为还原糖的过程。是淀粉糖品制造过程的重要过程，也是发酵过程中许多中间产物生成的主要过程。工业上有酸法、酶法和酸酶结合法。

糖化酶 amyloglucosidase 又称葡萄糖淀粉酶或α-1,4-葡萄糖水解酶，能水解断开淀粉的α-1,4-葡萄糖苷键转化为葡萄糖，还能水解糊精。糖化酶是世界上产量最大的酶制剂，没有任何毒副作用，广泛应用于葡萄糖、酒精、淀粉糖、味精、抗菌素、柠檬酸、啤酒、白酒和黄酒等工业。

糖化剂 saccharifying agent 淀粉转化为可发酵性糖时所用的催化剂，包括有微生物制成的糖化曲和酶制剂，如麸曲、液体曲、糖化酶等。

间歇糖化 intermittent saccharification 以间歇方式进行的淀粉糖化工艺，糖化全过程始终在一个糖化锅中进行，直至完成。

连续糖化 continuous saccharification 以连续方式进行的淀粉糖化过程。进料、加曲、降温等过程在不同设备中进行，且不断进料和出料，使整个过程连续化进行。

同步糖化发酵 simultaneous saccharification and fermentation (SSF)糖化与发酵同时在一个反应器中进行的发酵过程。即将糖化酶与菌种加入同一反应器，将酶催化水解碳水化合物底物与酶发酵同步耦合的过程。SSF无须单独的糖化步骤，工艺简单，而且可以避免糖化酶的产物抑制和发酵初糖浓度过高造成发酵初期的底物抑制。

间歇式发酵 batch fermentation 指在一个封闭的培养系统内含有初始限制量的基质的发酵方式。即一次性投料、一次性收获产品的发酵方式。

半连续式发酵 semicontinuous fermentation 指在发酵后期周期性地放出部分含有产物的发酵液，然后再补加相同体积的新鲜培养基的发酵方法。

连续式发酵 continuous fermentation 指以一定的速度向发酵罐内添加新鲜培养基，同时以相同速度流出培养液，从而使发酵罐内的液量维持恒定的发酵过程。

固态发酵 solid state fermentation 微生物在没有或基本没有游离水的固态基质上的发酵方式。与液态发酵相比，固态发酵的优点是微生物易生长，酶活力高，酶系丰富；发酵过程粗放，不需严格无菌条件；设备构造简单、投资少、能耗低、易操作；后处理简便、污染少，基本无废水排放。

乙醇蒸馏 ethanol distillation 乙醇生产过程中以蒸馏方式从含乙醇的发酵液中分离、浓缩乙醇的过程。

乙醇脱水 ethanol dehydration (1)从乙醇中分离出水分，制备无水乙醇的过程。常用的脱水方法有：共沸精馏、萃取精馏、吸附法和膜分离法等。(2)乙醇在一定条件下发生脱水反应，生成乙烯的过程。

二代燃料乙醇技术 technology of second generation fuel ethanol 以纤维素为原料生产燃料乙醇的技术。

非粮燃料乙醇 non-grain fuel ethanol 以非粮食作为原料，发酵生产的燃料乙醇。常见的非粮原料有甘蔗、木薯、甜高粱和秸秆等。

淀粉质燃料乙醇 starch-based fuel ethanol 主要以淀粉为原料，发酵生产的燃料乙醇。淀粉质燃料乙醇生产的原则流程是：原料→粉碎→蒸煮→糖化→发酵→蒸馏→脱水→加变性剂→燃料乙醇。

纤维素燃料乙醇 cellulose fuel ethanol 主要以纤维素为原料，发酵生产的燃料乙醇。纤维素燃料乙醇生产的原则流程是：原料→粉碎→水解→分离→发酵→蒸馏→脱水→加变性剂→燃料乙醇。

变性燃料乙醇 denatured fuel ethanol 加入变性剂后不适于饮用的燃料乙醇。

变性剂 denaturant 添加到燃料乙醇中，使其不能饮用，而适于作为车用点燃式内燃机燃料的无铅汽油的添加组分。

车用乙醇汽油 ethanol gasoline for motor vehicle 将变性燃料乙醇和汽油以一定的比例混合而形成的用于车用点燃式发动机的燃料。

E10 汽油 ethanol gasoline (E10) 向汽油中加入 10%(体积分数)的变性燃料乙醇后调和得到的用于车用点燃式发动机的燃料。

丙酮–丁醇发酵 acetone-butanol fermentation 使糖转化生成丁醇和丙酮的发酵过程。菌种为严格厌氧型的丁酸梭菌和丙酮丁醇梭菌，在发酵中可同时产生乙酸、丁酸、乙醇等，并放出 CO_2 和 H_2。

生物乙醇 bioethanol 主要包括粮食作物通过微生物发酵法生产的生物乙醇或农林产物中的纤维素、半纤维素通过酶水解生产糖类后进一步发酵生产的生物乙醇。既可以单独作为汽车燃料，也可与汽油调和配制成乙醇汽油作为汽车燃料。

生物丁醇 bio-butanol 以淀粉、纤维素等生物质为原料，利用偏性厌氧型 Clostridia 属的产孢子细菌厌氧发酵生产，伴产丙酮。生物丁醇油溶性优于乙醇，用作汽油添加剂性能更好，是一种比较具有潜力的新型生物燃料。另外，生物丁醇还是生产异戊二烯、异丁烯以及生物喷气燃料的原料。

酯化 esterification 含氧有机酸和醇反应生成酯和水的过程。酯化反应可以用于由高酸油脂制备生物柴油，也可用来对高酸值生物柴油进行降酸。

酯交换 transesterification; ester exchange reaction 酯和醇在一定条件下反应生成新酯和新醇的过程。典型的酯交换反应是甘油三酯(即油脂)与甲醇反应生成脂肪酸甲酯和甘油，这是制备生物柴油的最常用方法。

超临界甲醇醇解 supercritical methanolysis 指有机酸或酯在超临界条件下的甲醇中发生的酯化和酯交换反应的过程。该过程可以不使用酸催化剂或碱催化剂，因而放宽了对原料的严格要求，而且也避免因使用催化剂带来的废水和固废的处理问题。

酶催化醇解 enzymatic alcoholysis 指有机酸或酯在生物酶催化作用下发生的酯化或酯交换反应的过程。由于该过程使用酶催化剂代替了传统的酸催化剂或碱催化剂，因而避免因使用传统催化剂带来的环保问题。

生物柴油 biodiesel 以油脂为原料，在一定条件下与甲醇通过酯交换或酯化反应生产的物化性质与石油柴油相近的液体燃料。其化学成分主要是长链脂肪酸的单烷基酯，通常主要指脂肪酸甲酯。与石油柴油相比，生物柴油不含硫和芳烃，十六烷值高，闪点高，无毒，降解速度快，并且润滑性能好，所以是一种使用安全的优质清洁柴油。新一代生物柴油是通过加氢工艺生产成为烃化合物，其质量更加优异。

单苷酯 monoglyceride (MG); monostearin 也写为单甘脂，指单脂肪酸甘油酯类的化合物。工业上常指单十八烷基酸甘油酯，是一种常用乳化剂。在生物柴油中常常含有少量的单苷酯，是油脂生产生物柴油的中间产物。

二苷酯 diglyceride (DG) 也写为二甘脂，指二脂肪酸甘油酯类化合物。在生物柴油中常常含有少量的二苷酯，是油脂生产生物柴油的中间产物，继续与醇进行一次酯交换反应可转化为单苷酯。

游离甘油 free glycerine 指溶解在生物柴油中的甘油。

总甘油 total glycerine 指生物柴油游离甘油和未反应油脂、二苷酯、单苷酯分子上甘油基团的质量总和。

BD100 生物柴油 biodiesel BD100 符合中国国家标准 GB/T 20828 规定的柴油机燃料调和用的生物柴油，其主要化学成分为高级脂肪酸甲酯。

B5 生物柴油调和燃料 biodiesel fuel blend B5 指用 2%~5%(体积) BD100 生物柴油与 95%~98%(体积)石油柴油调和而成的新型柴油燃料，需满足国家标准 GB/T 25199 的要求。

B20 生物柴油调和燃料 biodiesel fuel blend B20 指用 20%(体积)BD100 生物柴油与 80%(体积)石油柴油调和而成的新型柴油燃料。

第二代生物柴油 second-generation biodiesel 指油脂及其衍生物通过加氢脱氧和异构降凝生产得到的柴油组分。在化学组成及性质上与石油柴油近似，可以任何比例与石油柴油混合。

常压气化 atmospheric gasification 指在 0.1~0.12MPa 压力下，把固体生物质进行高温裂解变成 CO、H_2、CH_4 等可燃性气体的

过程。在转换过程中常加入气化剂，比如空气、氧气或水蒸气等。

加压气化　pressurized gasification 指在0.5~2.5MPa压力下，把固体物质进行高温裂解制取可燃性气体的过程。加压气化能提高生物质的裂解深度和气化炉的生产能力，产生的燃气热值高，经净化后不用压缩和冷却即可直接供燃气轮机燃用或合成反应使用。

间接气化　indirect gasification 指不使用生物质自身的燃烧热作为气化反应的反应热，而是利用外部供给的热量进行生物质气化的过程。与直接气化相比，间接气化可控制CO_2的产生量，增加有效气体的浓度，常利用高温过热水蒸气作为氧化剂和能量载体。

生物质水热气化　hydrothermal gasification of biomass 指生物质在高温高压水中进行裂解气化，生成以H_2、CH_4、CO和CO_2为主的气体以及少量液态产物的过程。目前的水热气化技术主要有间歇式、连续式和流化床三种工艺形式。

水热液化　hydrothermal liquefaction 指生物质在高温高压（300℃，10MPa）的热水中进行热分解反应制取液体产物的过程。

生物质快速热解　fast pyrolysis of biomass 指生物质在隔绝氧气或有少量氧气的条件下，通过高加热速率、短停留时间及适当的裂解温度，使生物质裂解为焦炭和气体的过程。在分离出灰分后，气体冷凝得到的液体产物常被称作生物油。

生物质高压液化　high pressure liquefaction of biomass 指生物质和溶剂在反应温度为200~400℃、反应压力为5~25 MPa、反应时间为2min至数小时的条件下，通过一系列化学物理作用转变为含氧有机小分子的过程。

快速热解反应器　fast pyrolysis reactor 用来对生物质进行快速裂解的反应器，是快速热解工艺的核心。典型的快速热解反应器包括旋转锥反应器、流化床反应器、循环流化床反应器、烧蚀反应器、真空移动床反应器等。

生物质液化油　bio-fuel-oil 生物质通过热裂解后冷凝或高压液化产生的油状液体，可用来生产燃料或化学品。

生物喷气燃料　bio-jet fuel 指通过生物质生产的喷气燃料，在化学结构及性质上与石油喷气燃料近似，可以与石油喷气燃料混合使用。生物喷气燃料的生产方法主要包括：油脂及其衍生物的加氢脱氧和异构降凝制备喷气燃料；生物质气化后制合成气，再通过费-托合成、加氢改质制备喷气燃料。

生物质合成油　biomass synthetic oil 指用生物质气化产生CO和H_2，通过F-T托合成制备的油状液体。通常包括烷烃汽油、煤油和柴油组分，可与石油燃料以任何比例调配。

生命周期 life cycle 生物燃料从原料采集、原料制备、产品制造和加工、包装、运输、分销，消费者使用、回用和维修，最终再循环或作为废物处理等环节组成的整个过程的生命链。

16.5 替代能源

替代能源 alternative energy 狭义的替代能源仅指一切可以替代石油的能源；而广义的替代能源是指可以替代目前使用的化石燃料的能源。大多数的新能源都是替代能源，包括太阳能、核能、风能、海洋能和生物质能等。

化石燃料 fossil fuel 是远古时期动物和植物在特定地质条件下形成的可作燃料和化工原料的沉积矿产。包括煤、石油、天然气等。

石油危机 oil crisis 指世界经济或各国经济受到石油价格的变化，所产生的经济危机。迄今被公认的三次石油危机，分别发生在1973年、1979年和1990年。几次石油危机对全球经济造成严重冲击。

洁净能源 clean energy 指大气污染物和温室气体零排放或排放很少的能源，包括可再生能源和先进核电。

能源系统 energy system 物理概念是：包含能源的材料或设备，作为其内在的属性，或者是一种投入。在能源经济学上，是指能够满足能源需求的技术和经济结构。

能源技术 energy technology 与能源的勘探、生产、加工、转换、输送、储存、分配和利用有关的技术。

常规能源 conventional energy 又称传统能源。指在现阶段已经大规模生产和广泛利用的能源，如煤炭、石油、天然气、水能等。

非商品能源 non-commercial energy 不作为商品交换就地利用的能源，指薪柴、秸秆等农林废料、人畜粪便等就地利用的能源。非商品能源在发展中国家农村地区的能源供应中占有很大比重。2005年我国农村居民生活能源有53.9%是非商品能源。

商品能源 commercial energy 作为商品经流通领域大量消费的能源，如煤、石油、天然气和电等均为商品能源。国际上的统计数字均限于商品能源。

一次能源 primary energy resource从自然界取得未经改变或转变而直接利用的能源，如原煤、原油、天然气、水能、风能、太阳能、海洋能、潮汐能、地热能、天然铀矿等。分为可再生能源和不可再生能源。

二次能源 secondary energy resource指一次能源经过加工转换以后得到的能源，例如：电力、蒸汽、煤气、汽油、柴油、重油、液化石油气、酒精、沼气、氢气和焦炭等。一次能源生产过程中排出的余能，如高温烟气、高温物料热，排放的可燃气和有压流体等也属于二次能源。一次能源无论经过几次转换所得到的另一种能源，统称二次能源。

可再生能源 renewable energy 通常是指对环境友好、可以反复使用、不会枯竭的能源或能源利用技术，包括太阳能、生物质能、风能、水力能、潮汐能、海浪能、地热能等。近年来，随着化石能源资源的短缺和气候变化对温室气体减排的紧迫要求，可再生能源发展迅速。

垃圾发电 garbage power generation 把各种垃圾收集后，进行分类处理。其中：一是对燃烧值较高的部分进行高温焚烧，在高温焚烧中产生的热能转化为高温蒸汽，蒸汽推动涡轮机并带动发电机发电；二是对不能燃烧的有机物进行发酵、厌氧处理和干燥脱硫，产生一种以甲烷为主的沼气，沼气在燃气锅炉燃烧将热能转化为蒸汽，蒸汽推动涡轮机并带动发电机发电。

人造石油 synthetic crude oil 用油页岩、煤等固体可燃矿物加工得到的类似于天然石油的液体燃料。主要成分为各种烃类，并含有氧、氮、硫等非烃化合物。主要加工方法有：煤、油页岩的低温干馏法、煤间接液化法、煤直接液化法等。

煤层气 coalbed methane (CBM)又称煤层瓦斯。指赋存在煤层中以甲烷为主要成分、以吸附在煤基质颗粒表面为主、部分游离于煤孔隙中或溶解于煤层水中的烃类气体。煤层气在适当的地质条件下亦可形成工业型气藏。是煤的伴生矿产资源，属非常规天然气，是近一二十年在国际上崛起的洁净、优质能源和化工原料。

页岩气 shale gas 从致密页岩层中开采出来的天然气，是一种重要的非常规天然气资源。页岩气常分布在沉积盆地内厚度较大、分布广的页岩烃源岩地层中。与常规天然气相比，大部分产气页岩分布范围广、厚度大，且普遍含气，使得页岩气井的生产周期比较长。由于赋存页岩气的致密岩以低孔、低渗透为特征，页岩气的勘探和开采难度大于常规天然气。

非常规石油 unconventional oil 指不是直接通过生产井从地下油气藏中开采出来的石油，或者是需要额外的加工用以生产合成油的石油。主要包括油页岩、油砂基合成原油及其衍生产品、超重稠油、煤基液化产品、生物质液化产品和天然气经化学加工生产的液体产品。

替代天然气 substitute natural gas 由煤或者从其他含碳物质制造，组成基本与常规天然气相同，且可相互替换使用的气体燃料。

太阳能 solar energy 一般是指太阳光的辐射能量。太阳能的利用有光热转换和光电转换两种方式，在现代一般用作发电。

太阳能–氢能储存 solar energy-hydrogen storage 指太阳能转换成氢能并予以储存的方式。先利用太阳能-氢能转换技术获得氢气，氢气进一步以气相、液相、固相氢化物或化合物如氨、甲醇等形式储存。

风能 wind energy 地球表面大量空气流动所形成的动能。风能是太阳能的一种转化形式。风能资源决定于风能功率密度和可利用的风能年累积小时数。

水能 hydropower 天然水流蕴藏的势能、动能等能源资源的统称。采用一定的技术措施，可将水能转变为机械能或电能。水能资源是一种自然能源，也是一种可再生资源。

生物质转化 biomass conversion 指生物质转化为生物质能，进一步可转化为热力、电力、氢气和液体燃料。生物质转化有以下几种方式：热化学转化、生物化学发酵转化、生物质光生物化学转化和生物质提取。

地热能 geothermal energy 由地壳抽取的天然热能，这种能量来自地球内部的熔岩，主要储存于地下岩体及水体之内。地热是一种清洁的可再生资源。按其属性可分为水热型、地压型、干热岩型、岩浆型四种类型，其中只有水热型地热能资源已经达到商业开发利用阶段。目前已广泛用于供暖、洗浴、养殖、种植和发电。

水热地热能 geothermal energy of hydrothermal type 即地球浅处地下 100~4500m 所见到的热水或水蒸气。

地压地热能 geopressured-type geothermal resource 即在某些大型沉积或含油气盆地深处 3~6km 存在着的高温高压流体，其中含有大量甲烷气体。

干热岩地热能 hot dry rock geothermal energy 由于特殊地质条件存在于地壳中的高温但少水甚至无水的干热岩体，需用人工注水的办法才能将其热能取出。

岩浆地热能 magma geothermal power 指储存在高温 700~1200℃ 熔融岩浆体中的巨大热能，但如何开发利用目前仍处于探索阶段。

海洋能 ocean energy 指蕴藏在海洋中的可再生能源。包括潮汐能、波浪能、海流及潮流能、海洋温差能和海洋盐度差能。

海洋盐差能 ocean salinity gradient energy 指海水和淡水之间或两种含盐浓度不同的海水之间的化学电位差能，是以化学能形态出现的海洋能。盐差能是海洋能中能量密度最大的一种可再生能源。

海流能 ocean current energy 指海水流动的动能，主要是指海底水道和海峡中较为稳定的流动以及由于潮汐导致的有规律的海水流动所产生的能量，是另一种以动能形态出现的海洋能。

海洋热能转换 ocean thermal energy conversion(OTEC)利用表层与深层海水的温差，让表层温水通过低压或真空锅炉，使内盛的工作物质变成蒸汽，推动汽轮机，带动发电机的过程。借助表层海水使工作物质沸腾，而后利用深层海水使其凝结，以便循环使用。

海洋渗透能 ocean osmotic energy 一种十分环保的绿色能源。它既不产生垃圾，也没有二氧化碳的排放，更不依赖天气的状况，被认为是取之不尽、用之不竭的新能源。在盐分浓度更大的水域里，渗透发电厂的发电效能会更好。

潮汐能 tide energy 在太阳、月亮对地球的引潮力的作用下，使海水周期性的涨落所形成的能量。

波浪能 wave energy 指海洋表面波浪所具有的动能和势能。波浪的能量与波高的平方、波浪的运动周期以及迎波面的宽度成正比。波浪能是海洋能源中能量最不稳定的一种能源。

核能 nuclear energy 又称原子能。是核反应或核跃迁时释放的能量。核能通过下述三种核反应之一释放：(1)核裂变，打开原子核的结合力释放出能量；(2)核聚变，将两个轻原子氘或氚的核结合到一起释放出能量；(3)核衰变，是自然的、慢得多的裂变形式。目前商业化核电站应用的核能均为核裂变，核聚变尚不能人为有序控制。

反应堆 nuclear reactor 又称原子反应堆或核反应堆。是装配了核燃料以实现大规模可控制核裂变或聚变链式反应的装置。它主要由活性区、反射层、外压力壳和屏蔽层组成。

轻水反应堆 light water reactor (LWR)以水或汽-水混合物作为冷却剂和慢化剂的反应堆。包括压水反应堆和沸水反应堆。现行核电站绝大多数都是用轻水反应堆。

重水反应堆 heavy water reactor(HWR)又称重水堆。是以重水即氧化氘作慢化剂、重水或轻水作冷却剂的核反应堆。广泛用作动力堆、核燃料生产堆和研究试验堆。重水是非常优异的慢化剂，它与石墨并列是最常用的慢化剂。

氢能 hydrogen energy 分为氢的化学能和核能两种。目前氢能一般指的是利用氢的化学能，其主要利用方式是燃烧。利用氢能的最终目标是实现受控氢核聚变，一旦成功将使人类的能源与环境问题得到根本的解决。

燃料电池 fuel cell 将燃料具有的化学能直接变为电能的发电装

置。根据使用电解质种类的不同，分为酸性、碱性、熔融盐类或固体电解质的燃料电池。其中，碱性燃料电池已在宇航领域广泛应用；质子交换膜燃料电池已广泛作为交通动力和小型电源装置来应用；磷酸燃料电池和固体氧化物燃料电池作为中型电源应用进入了商业化阶段。

微生物燃料电池 microbial fuel cell(MFC)利用电池的阳极来代替氧或硝酸盐等天然的电子受体，通过电子的不断转移来产生电能。微生物氧化燃料所生成的电子通过细胞膜相关联组分或者氧化还原介体传递给阳极，再经过外电路转移到阴极，在阴极区电子将电子受体如氧还原，然后与透过聚合物电解质膜(PEM)转移过来的质子结合生成水。

温差能源 temperature difference energy 是介质与介质之间因温度梯度所产生的能流通量，包括自然界原始存在的或人工产生的能源。主要蕴含在水、土壤、人工排热等介质中。地热能也是一种温差能源。

甲醇燃料 methanol fuel 利用工业甲醇或燃料甲醇，加变性添加剂后，与现有传统的汽、柴油产品或组分油，按一定比例调和而成的一种新型清洁燃料。可替代汽、柴油用作机动车燃料或锅灶炉燃料。生产甲醇的原料主要是煤、天然气、煤层气、焦炉气等。甲醇燃料一般分为甲醇汽油和甲醇柴油，目前批准在部分地区使用的多为甲醇汽油。

甲醇汽油 methanol gasoline 甲醇与汽油的混合物，是车用燃料替代物。由于甲醇可以由煤炭生产，故甲醇汽油是另一种“以煤代油”路径，可以作为汽油的替代物从而实现对原油的部分替代。

醇类燃料 alcohol fuel 指含醇的液体燃料。主要含甲醇、乙醇、汽油及少量甲基叔丁基醚。醇类含量小于10%的，称为低浓度混合燃料；醇类含量达到85%以上的，又称为燃料醇。目前有两种醇类燃料：燃料甲醇和燃料乙醇。

燃料乙醇 fuel ethanol 一般是指体积浓度达到99%以上的无水乙醇。是以玉米、小麦、薯类、糖等为原料，经液化、糖化、发酵、蒸馏而制成乙醇，再经脱水形成无水乙醇后，加上适量变性剂成为变性燃料乙醇，然后再与传统石油汽油调和成为乙醇燃料。

生物乙醇燃料 bioethanol fuel 先由生物质生产变性燃料乙醇，然后在汽油中调和一定比例的变性生物燃料乙醇成为生物乙醇燃料。如果添加比例在15%以下，不需要对汽车发动机进行改造。

触发式能源 action activated energy 指从设备工作的触发及伴随事件中获得的能量。研究触发式能源的目的在于收集并充分利用设备工作时必须经历的事件中的能量，来为设备提供充足灵活的能源供应，最终实现电气设备的完全无能耗、稳定、易用及环保的应用特点。

分布式能源系统 distributed energy resource system 指分布在用户端的能源综合利用系统。一次能源以气体燃料为主，可再生能源为辅，利用一切可以利用的资源；二次能源以分布在用户端的热电冷联产为主，其他中央能源供应系统为辅，实现以直接满足用户多种需求的能源梯级利用。分布式能源系统能源综合利用效率在75%~90%之间，并且由于其贴近用户进行能量转换，避免了远距离送电带来的输变电损失以及输热损失。

生命周期评价 life cycle assessment (LCA) 包括四个互相联系、不断重复进行的步骤，即目的与范围的确定、清单分析、影响评价和改善评价。是一种评价产品、工艺或活动从原材料采集开始，到产品生产、运输、销售、使用、回用、维护和最终处置整个生命周期阶段有关的环境负荷的过程。首先要辨识和量化整个生命周期阶段中能量和物质的消耗以及对环境的释放，然后评价这些消耗和释放对环境的影响，最后辨识和评价减少这些影响的机会。

16.6 低碳经济

低碳经济 low-carbon economy 指在可持续发展理念指导下，通过技术创新、制度创新、产业转型、新能源开发等多种手段，尽可能地减少煤炭、石油等高碳能源消耗，减少温室气体排放，达到经济社会发展与生态环境保护双赢的一种经济发展形态。

碳排放量 carbon emission 在生产、运输、使用及回收该产品时所产生的平均温室气体排放量。而动态的碳排放量，则是指每单位货品累积排放的温室气体量，同一产品的各个批次之间会有不同的动态碳排放量。

低碳能源 low-carbon energy 从目前理解水平上说，是一种含碳分子量少或没有碳分子结构的能源，是现代汽车一种低碳“动力”；广义地说是一种既节能又减排的能源。

低碳技术 low-carbon technology 指涉及电力、交通、建筑、冶金、化工、石化等部门以及在可再生能源及新能源、煤的清洁高效利用、油气资源和煤层气的勘探开发、二氧化碳捕获与埋存等领域开发的有效控制温室气体排放的新技术。

低碳社会 low-carbon society 指通过创建低碳生活，发展低碳经济，培养可持续发展、绿色环保、文明的低碳文化理念，形成具有低碳消费意识的“橄榄形”公平社会。

低碳环保生活 low-carbon living 又称低碳生活。是指生活作息时所耗用的能量要尽力减少，从而降低碳，特别是二氧化碳的排放量，从而减少对大气的污染，减缓生态恶化。主要是从节电、节气和回收三个环节来改变生活细节。

低碳工业 low-carbon industry 以低能耗、低污染、低排放为基础的工业生产模式，是人类社会继农业文明、工业文明之后的又一次重大进步。低碳工业实质是能源高效利用、清洁能源开发、追求绿色GDP的问题，核心是能源技术和减排技术创新、产业结构和制度创新以及人类生存发展观念的根本性转变。

碳税 carbon tax 指为减排二氧化碳而向排放二氧化碳的能源用户征收的一种环境税，目前已有丹麦、芬兰、荷兰、挪威、瑞典等国征收碳税。

零排放 zero emission 指应用清洁技术、物质循环技术和生态产业技术等已有技术，实现对天然资源的完全循环利用，而不给大气、水和土壤遗留任何废弃物。

排放因子 emission factor 即正常行驶1英里或1公里路程排放某种污染物的克数。

排放标准 emission standard 国家对人为污染源排入环境的污染物的浓度或总量所作的限量规定。其目的是通过控制污染源排污量的途径来实现环境质量标准或环境目标。

无悔措施 regretless measure 指不仅是从减排温室气体角度考虑，而且从经济、社会或环境角度考虑有积极意义的政策或项目。

清洁生产技术 clean production technology 指减少整个产品生命周期对环境不利影响的技术。包括节省原材料、消除有害原材料和最大限度削减排放废物的数量与毒性等措施。

清洁工艺 clean process 指最合理地使用原料和能源来生产产品的技术，同时在生产过程和成品的使用过程中，减少排入环境中可产生污染的废水和废物量。

绿色工艺 green technology 指在产品加工过程中尽量节约能源、减少污染。绿色工艺与清洁生产密不可分。绿色工艺主要还应从技术入手，尽量研究和采用物料和能源消耗少、废弃物少、对环境污染小的工艺方案。如现在的精确成形、干式切削、准干式切削、生成废物再利用、快速原型制造等都是绿色工艺的新技术。

绿色制造 green manufacturing 在不牺牲产品功能、质量和成本的前提下，系统考虑产品开发制造及其活动对环境的影响，使产品在整个生命周期中对环境的负面影响减少到最小，资源利用率最高。

绿色发展 green development 在传统发展基础上的一种模式创新，是建立在生态环境容量和资源承载力的约束条件下，将环境保护作为实现可持续发展重要支柱的一种新型发展模式。包括以下几个要点：将环境资源作为社会经济发展的内在要素；把实现经济、社会和环境的可持续发展作为绿色发展的目标；把经济活动过程和结果的“绿色化”“生态化”作为绿色发展的主要内容和途径。

车用清洁燃料 clean fuel for vehicle 指能使汽车排气污染低于常规汽油或柴油的燃料和能源。当前使用较多的车用清洁燃料有天然气、液化石油气、醇类和汽油混合物、电以及符合最新标准的清洁汽油和清洁柴油，氢气则是未来具有非常好的应用前景的清洁燃料。

节能 energy conservation 狭义地讲，节能是指节约煤炭、石油、电力、天然气等能源。广义地讲，节能是指除狭义节能内容之外的节能方法，如节约原材料消耗，提高产品质量、劳动生产率，减少人力消耗，提高能源利用效率等。

智慧能网 city intelligent energy network (CIEN) 集城市社区的微电网、微热网和物联网为一体，实现产能、供能、用能、节能、储能的能量优化系统。

《京都议定书》 Kyoto Protocol 在1992年《联合国气候变化框架公约》(简称UNFCCC)基础上，1997年12月在日本京都市召开的第三次缔约方大会通过的议定书称为《京都议定书》，旨在限制发达国家温室气体的排放量，抑制全球气候变暖。议定书于2005年2月正式生效，中国政府1998年5月签署了议定书。

清洁柴油 clean diesel 指可减少SO_x、NO_x、颗粒物、碳氢化合物、CO等有害物质的排放量的柴油。它的标准随环保要求的严格和技术的不断进步而提高，我国目前指的是含硫量符合国Ⅲ标准(低于350μg/g)的柴油。

附　　录

附录1 组织机构

阿布扎比国家石油公司 Abu Dhabi National Oil Company（ADNOC） 阿拉伯联合酋长国国有石油公司，成立于1971年。公司主要业务包括油气勘探开发、炼油和营销、天然气加工、石化等。公司网址为http://www.adnoc.com。

阿尔及利亚国家石油天然气公司 Sonatrach 阿尔及利亚国有的上下游一体化石油公司，成立于1963年。公司主要业务包括油气勘探开发、炼油和营销、石化等。公司网址为http://www.sonatrach-dz.com。

阿克森斯公司 AXENS 法国公司，隶属于IFP（法国石油研究院）Energies Nouvelles集团，成立于2001年。公司主要为炼油、石化、天然气和替代燃料行业提供先进的工艺技术（工艺许可）、催化剂、吸附剂以及服务（技术支持、咨询）。公司网址为http://www.axens.net。

阿拉伯石油输出国组织 Organization of Arab Petroleum Exporting Countries（OAPEC） 阿拉伯石油生产国为维护自身利益、反对西方石油公司的垄断而建立的组织。1968年1月9日由利比亚、沙特阿拉伯、科威特在贝鲁特创立，到1982年成员国发展到11个：阿尔及利亚、阿拉伯联合酋长国、巴林、埃及、伊拉克、卡塔尔、科威特、利比亚、沙特阿拉伯、叙利亚、突尼斯。宗旨是协调成员国的石油经济政策和成员国行动中应遵循的法律机制，交流技术和情报，尽可能为成员国公民提供培训和就业机会。机构网址为http://www.oapecorg.org。

阿曼石油开发公司 Petroleum Development Oman（PDO） 阿曼国有石油公司，成立于1962年。公司主要业务包括油气勘探开发、炼油和营销、海运等。公司网址为http://www.oman-oil.com。

阿塞拜疆国家石油公司 State Oil Company of Azerbaijan（Socar） 阿塞拜疆国有石油公司，成立于1994年。公司主要业务包括油气勘探开发、炼油和营销、管道运输等。公司网址为http://www.socar.gov.az。

埃及石油总公司 Egyptian General Petroleum Corp.（EGPC） 埃及国有石油公司，成立于1956年。公司主要业务包括油气勘探开发、炼油和营销、管道运输等。公司网址为 http://www. egpc. com. eg。

埃克森美孚公司　ExxonMobil 美国公司，也是全球最大的上下游一体化石油公司之一。公司 1999 年 11 月 30 日由埃克森公司和美孚公司合并成立，埃克森和美孚的前身都可追溯至 19 世纪末期的标准石油托拉斯。公司主要业务包括油气勘探开发、炼油和营销、化工等。公司网址为 http://www.exxon-mobil.com。

埃尼集团　Ente Nazionale Idrocarburi(ENI)意大利国家控股石油公司，成立于 1924 年。公司主要业务包括油气勘探开发、天然气和电力、炼油和营销、化工、油田服务和工程服务等。公司网址为 http://www. eni. it。

安哥拉国家石油公司　Sonangol 安哥拉国有石油公司，成立于 1976 年。公司主要业务包括油气勘探开发、炼油和营销等。公司网址为 http://www.sonangol.co.ao。

奥地利石油天然气集团　Osterreische Mineraloverwaltung A.G.(OMV)奥地利国家控股石油公司，成立于 1956 年。公司主要业务包括油气勘探开发、天然气销售、炼油和营销、化工等。公司网址为 http://www.omv.com。

奥伦耐石油添加剂公司　Oronite 美国雪佛龙公司的子公司，也是全球最大的添加剂生产商之一。公司主要业务主要包括润滑油添加剂和燃料油添加剂等。公司网址为 https: //www.oronite.com。

巴斯夫集团　BASF 德国公司，也是全球最大的综合化工公司之一，成立于 1865 年。公司主要业务包括化学品、特性产品、功能性材料、农用化学品的生产和销售以及油气勘探开发等。公司网址为 http://www.basf.com。

巴西石油公司　Petroleo Brasileiro S. A(Petrobras)巴西国家控股石油公司，成立于 1953 年。公司主要业务包括油气勘探开发、炼油和营销、储运、石化和化肥等。公司网址为 http://www. petrobras. com。

CEC 传动润滑油技术委员会　CEC Transmission Lubricants Technical Committee(CEC-TLTC)澳大利亚 CEC(清洁能源理事会)的一个分会。CEC 是一个由 600 多个成员公司在可再生能源和能源效率等领域组成的行业协会。机构网址为 http://www.cleanen ergycouncil. org.au。

出光兴产公司　Idemitsu Kosan 日本公司，成立于 1940 年。公司主要业务包括油气勘探开发、炼油和营销、海运、石化等。公司网址为 http://www. idemitsu. co. jp。

道达尔集团　Total 法国公司，也是全球最大上下游一体化石油公司之一。公司 1998~2000 年间由法国道达尔公司、比利时菲纳石油集团、法国埃尔夫阿奎坦集团先后合并成立，其历史可以追溯至20世纪20年代。公司主要业务包括油气勘探开发、炼油和营销、化工等。公司网址为 http://www.total.com。

俄罗斯石油公司 Rosneft Oil 俄罗斯国家控股石油公司，成立于1993年，前身是苏联石油部及俄罗斯石油天然气总公司。公司主要业务包括油气勘探开发、炼油和营销等。公司网址为 http://www.rosneft.ru。

厄瓜多尔国家石油公司 Empresa Estatal Petroleos del Ecuador (Petro Ecuador) 厄瓜多尔国有石油公司，成立于1972年。公司主要业务包括油气勘探开发、炼油和营销等。公司网址为 http://www.petroecuador.com.ec。

法国石油研究院 French Institute of Petroleum (IFP) 1944年由法国政府发起成立，主要从事石油、天然气和发动机领域科研开发、工业开发、教育培训和信息研究。机构网址为 http://www.ifp.fr。

富腾公司 Fortum 芬兰公司，也是北欧及波罗的海沿岸地区重要的集油气与电力业务为一体的大型能源公司之一，成立于1998年，前身可追溯至1932年。公司主要业务包括炼油和营销、发电及供热、配电、电力装置建设和维修服务等。公司网址为 http://www.fortum.com。

哥伦比亚国家石油公司 Empresa Colombiana de Petroleos (Ecopetrol) 哥伦比亚国有石油公司，成立于1951年。公司业务主要包括油气勘探开发、炼油和营销、运输和贸易等。公司网址为 http://www.ecopetrol.com.co。

国际标准化组织 International Organization for Standardization (ISO) 世界上最大的非政府性标准化专门机构，是国际标准化领域中一个十分重要的组织。于1947年成立，总部设在瑞士的日内瓦。ISO的任务是促进全球范围内的标准化及其有关活动，以利于国际间产品与服务的交流，以及在知识、科学、技术和经济活动中发展国际间的相互合作。机构网址为 http://www.iso.org。

国际经济合作与发展组织 Organization for Economic Cooperation and Development (OECD) 由30多个市场经济国家组成的政府间国际经济组织，旨在共同应对全球化带来的经济、社会和政府治理等方面的挑战，并把握全球化带来的机遇。成立于1961年，目前成员国总数34个，总部设在巴黎。机构网址为 http://www.oecd.org。

国际能源机构 International Energy Agency (IEA) 石油消费国政府间的经济联合组织。成立于1974年，总部设在法国巴黎。其宗旨是协调成员的能源政策，发展石油供应方面的自给能力，共同采取节约石油需求的措施，加强长期合作以减少对石油进口的依赖，提供石油市场情报，拟订石油消费计划，石油发生短缺时按计划分享石油，以及促进它与石油生产国和其他石油消费国的关系等。机构网址为 http://www.iea.org。

国际润滑剂标准化和批准委员会 International Lubricant Standardization and Approval Committee (ILSAC)成立于20世纪90年代初，是由美国汽车制造商协会(AAMA)和日本汽车制造商协会(JAMA)共同发起，对润滑油产品规格进行认证的机构。

环球油品公司 Universal Oil Products Company (UOP)美国霍尼韦尔的子公司，成立于1914年。主要从事石油炼制和石油化工的科研、设计和工程技术服务。公司网址为 http://www.uop.com。

ISO/TC 28 石油产品和润滑剂技术委员会 ISO/TC 28 Technical Committee on Petroleum Products and Lubricants 主要负责石油和石油产品的测量取样和检验方法、命名、术语和技术条件等方法的标准化。该委员会秘书处为美国标准协会(ANSI)。目前，由 ISO/TC28 直属工作组及六个分技术委员会制订出版的 ISO 标准已达114个，包括石油计量表、石油工业中使用的术语定义以及用于各种试验(闪点、REID 蒸气压、黏度、密度等)的标准方法、取样和分析方法等。

卡塔尔石油公司 Qatar Genral Petroleum Corporation (QGPC)卡塔尔国有公司，成立于1974年。公司主要业务包括油气勘探开发、炼油和营销等。公司网址为 http://www.qp.com.qa。

康菲石油公司 ConocoPhillips 美国公司，2002年8月30日由菲利浦石油公司和大陆石油公司合并而成。公司主要业务包括油气勘探开发、炼油和营销、天然气加工与销售等。2012年康菲公司将上下游业务分拆为康菲公司与菲利普斯66两家独立上市的公司。两公司网址分别为 http://www.conocophillips.com 和 http://www.phillips.com。

科斯莫石油公司 Cosmo Oil (COSMO)日本公司，成立于1986年。公司主要业务包括油气勘探开发、炼油和营销等。公司网址为 http://www.cosmo-oil.co.jp。

科威特国家石油公司 Kuwait National Petroleum Company(KNPC)科威特国有公司，成立于1960年。公司主要业务包括油气勘探开发、炼油和营销、石化与化肥等。公司网址为 http://www.kpc.com.kw。

壳牌集团 Shell 荷兰公司，也是全球最大的上下游一体化石油公司之一。1907年由荷兰皇家荷兰石油公司和英国壳牌运输与贸易公司合并组成。公司主要业务包括油气勘探开发、炼油和营销、化工等。公司网址为 http://www.shell.com。

莱普索 YPF 公司 Repsol-YPF 西班牙公司，成立于 1986 年。公司主要业务包括油气勘探开发、炼油和营销、化工等。公司网址为 http://www.repsolypf.com。

鲁克石油公司 Lukoil 俄罗斯公司，成立于 1991 年。公司主要业务包括油气勘探开发、炼油和营销等。公司网址为 http://www.lukoil.com。

路博润公司 The Lubrizol Corporation 美国公司，也是世界最大的润滑油添加剂供应商之一，成立于 1928 年。主要生产和销售润滑油添加剂和特种化学品。公司网址为 http://www.lubrizol.com。

马拉松石油公司 Marathon Oil Corporation 美国公司，成立于 1887 年。公司主要业务包括油气勘探开发、炼油和营销等。2011 年公司将上下游业务分拆为马拉松原油和马拉松石油两家独立上市公司。两公司网址分别为 http://www.marathonoil.com 和 http://www.marathon-petroleum.com。

马来西亚国家石油公司 Petroliam National Berhad(Petronas)马来西亚国有公司，成立于 1974 年。公司主要业务包括油气勘探开发、炼油和营销、天然气加工及销售等。公司网址为 http://www.petronas.com。

美国独立润滑剂制造商协会 Independent Lubricant Manufacturers Association (USA)(ILMA)成立于 1948 年，总部在弗吉尼亚州亚历山大市。其会员大都是润滑油制造商，该协会旨在促进润滑油的制造和销售的完整性和质量。机构网址为 http://www.ilma.org。

美国能源情报署 Energy Information Administration(EIA)隶属于美国能源部的一个统计机构。成立于 1978 年，设在美国华盛顿。其使命是向决策者提供独立的数据、预测、分析，以促进健全决策、建立有效率的市场，让公众了解有关能源及其与经济环境的相互作用。机构网址为 http://www.eia.gov。

美国润滑脂协会 National Lubricating Grease Institute (USA)(NLGI)为润滑油脂和齿轮润滑行业提供服务的国际技术贸易协会，成立于 1933 年。其宗旨包括促进研究和测试更好的润滑油脂的发展，并探索更好的润滑工程手段和方法。机构网址为 http://www.nlgi.org。

美国石油化工与炼制者协会 National Petrochemical & Refiners Association(NPRA)前身是成立于 1902 年的美国全国石油协会(National Petroleum Association, NPA)，设在美国华盛顿。主要向

美国石油炼制和石油化工企业提供炼油和石化生产的历史和科学统计数据，并致力于促进会员和其他协会、政府和公众的有效交流。机构网址为 http://www.npra.org。

美国石油学会 American Petroleum Institute(API)美国石油工业和国际石油界的重要组织之一。成立于 1919 年，设在华盛顿。宗旨是研讨与石油工业有关的科学技术问题，促进会员间的技术交流与进步，提供行业与政府间的合作方式。API 的一项重要任务，就是负责石油和天然气工业用设备的标准化工作，以确保该工业界所用设备的安全性、可靠性和互换性。机构网址为 http://www.api.org。

墨西哥国家石油公司 Petroleos Mexicanos(Pemex)墨西哥国有石油公司，成立于 1938 年。公司主要业务包括油气勘探开发、炼油和营销、石化等。公司网址为 http://www.pemex.com。

南非萨索尔集团公司 Sasol 目前世界上唯一进行大规模煤液化生产合成燃料的国际公司，成立于 1950 年。萨索尔使用间接转化技术，先将煤气化，然后合成燃料油和化工产品。目前生产汽油、柴油、蜡、乙烯、丙烯、聚合物、氨、醇、醛、酮等上百种化工产品。公司网址为 http://www.sasol.com。

尼日利亚国家石油公司 Nigerian National Petroleum Corporation (NNPC)尼日利亚国有石油公司，成立于 1977 年。公司主要业务包括油气勘探开发、炼油和营销等。公司网址为 http://www.nnpcgroup.com。

挪威国家石油公司 Statoil 挪威国家控股石油公司。2007 年由原挪威国家石油公司(Statoil)和挪威海德罗公司(Norsk Hydro)油气部门合并而成，总部位于挪威的斯塔万格。公司主要业务包括油气勘探开发、炼油和营销等。公司网址为 http://www.statoil.com。

欧洲润滑油工业技术协会 Association Technique de l'Industrie Européenne des Lubrifiants (ATIEL) 欧洲领先发动机油制造商的行业组织，其发动机润滑油技术方面的专业知识帮助建立了行业最佳实践经验和汽车制造商及消费者的质量标准。机构网址为 http://www.atiel.org。

全球再生燃料联盟 Global Renewable Fuels Alliance (GRFA) 非盈利性质的组织。2009 年在美国得克萨斯成立。由来自 30 个国家的可再生燃料生产商组成，占全球可再生燃料生产的 65%以上。其宗旨是促进并支持生物燃料的国际友好合作，使所有国家都能从生物燃料生产获得显著的经济、环境和社会效益。机构网址为 http://www.globalrfa.org。

日本润滑油协会 Japanese Lubricating Oil Society (JALOS)成立于1978年，隶属于国际贸工部，位于日本船桥市。旨在推进润滑油工业的活动。主要进行润滑油行业相关的公用事业，如各种实验和研究、管理技术的传播活动、工程师的培训和信息的收集和供应等。机构网址为http://www.jalos.or.jp。

日本石油协会 Petroleum Association of Japan(PAJ)日本18个公司的同业协会，成立于1955年，设在日本首都东京。其任务是促进会员间的信息交流，向政府提出能源和公用事业发展的建议，研究进口石油情报、供应和需求的预测及影响。机构网址为http://www.paj.gr.jp。

润英联添加剂公司 Infineum英国公司，1999年由埃克森美孚及壳牌合资成立，主要生产润滑油和燃料添加剂。公司网址为http://www.infineum.com。

SK集团 SK Holdings韩国第三大跨国企业，成立于1953年，以能源化工、信息通信、物流和金融为其主要业务。旗下SK株式会社是一家上下游一体化的石油公司，从事油气勘探开发、炼油和营销、石化等业务。公司网址为http://www.sk.co.kr。

三菱化学公司 Mitsubishi Chemical Corporation日本最大的化学公司，1994年由三菱化成公司和三菱油化有限公司合并而成。主要生产功能材料和塑料产品(包括信息及电子产品、专业化学制品、药品)；石油化工产品；碳及农业产品。公司网址为http://www.m-kagaku.co.jp。

沙特阿拉伯国家石油公司 Saudi Arabian Oil Company也称沙特阿美，沙特国有石油公司，成立于1933年。公司主要业务包括油气勘探开发、炼油和营销。公司网址为http://www.saudiaramco.com。

石油输出国组织 Organization of Petroleum Exporting Countries (OPEC)亚非拉石油生产国为协调成员国石油政策、维护共同经济利益而建立的国际性组织，简称欧佩克。成立于1960年9月，1962年11月欧佩克在联合国秘书处备案，成为正式的国际组织。该组织总部于1965年起设于奥地利首都维也纳。其最高权力机关是石油输出国组织大会，又称“部长级会议”。目前，欧佩克共有12个成员国：阿尔及利亚(1969年)、伊朗(1960年)、伊拉克(1960年)、科威特(1960年)、利比亚(1962年)、尼日利亚(1971年)、卡塔尔(1961年)、沙特阿拉伯(1960年)、阿拉伯联合酋长国(1967年)、委内瑞拉(1960年)、安哥拉(2007年)和厄瓜多尔(1973年加入，1992年退出，2007年重新加入)。机构网址为http://www.opec.org。

世界能源委员会 World Energy Council(WEC)一个非官方、非盈利组织。原为1924年创立的世界动力会议，1968年改名为世界能源会议，1990年更名为世界能源委员会，总部设在伦敦。其宗旨是研究、分析和讨论能源以及与能源有关的重大问题，为各国公众和能源决策者提供咨询、意见和建议。1985年中国成为世界能源委员会执行理事会成员。机构网址为http://www.worldenergy.org。

世界石油大会 World Petroleum Congress(WPC)一个国际性的石油代表机构，是非政府、非盈利的国际石油组织。1933年8月在伦敦成立，每4年举行一次，从第14届大会以后改为每3年举行一次。目前参与国已有80多个，常任理事会由18个国家组成。中国于1979年9月第10届世界石油大会上被正式接纳为常任理事会成员。机构网址为http://www.world-petroleum.org。

台湾中油股份有限公司 CPC Corporation, Taiwan(CPC)中国台湾省第一大企业，成立于1946年。公司主要业务包括油气勘探开发、炼油与营销、石化等。公司网址为http://www.cpc.com.tw。

太阳石油公司 Sunoco Inc. 美国最大的独立炼油公司之一，成立于1886年，主要从事炼油和营销业务。公司网址为http://www.sunocoinc.com。

泰国国家石油公司 PTT Public Company Limited(PTT)又称泰国石油管理局，泰国国有石油公司，成立于1978年。公司主要业务包括油气勘探开发、炼油与营销、石化等。公司网址为http://www.pttplc.com。

土耳其石油公司 Turkish Petroleum Corporation(TPAO)土耳其国有石油公司，成立于1954年。公司主要业务包括油气勘探开发、炼油与营销等。公司网址为http://www.tpao.gov.tr。

瓦莱罗能源公司 Valero Energy Corporation美国最大的独立炼油公司之一，成立于1955年，主要从事炼油与营销业务。公司网址为http://www.valero.com。

委内瑞拉国家石油公司 Petroleos de Venezuela S. A.(PDVSA)委内瑞拉国有石油公司，成立于1976年。公司主要业务包括油气勘探开发、炼油与营销、石化等。公司网址为http://www.pdvsa.com。

新日本石油公司 Nippon Oil Corporation日本最大的石油进口商和营销商，也是日本最大的炼油商。1999年由日本石油和三菱石油合并而成。公司主要业务包括油气勘探开发、炼油与营销等。公司网址为http://www.eneos.co.jp。

雪佛龙公司 Chevron Corporation美国公司，也是全球最大上下游一体化石油公司之一。2001 年由雪佛龙公司和德士古公司合并成立。公司主要业务包括油气勘探开发、炼油与营销、化工等。公司网址为 http://www.chevron.com。

印度尼西亚国家石油公司 Perusahaan Pertambangan Minyak dan Gas Bumi Negara (Pertamina)印度尼西亚国有石油公司，1968 年由负责石油生产的北明纳(Permina)和负责石油销售的北塔明(Pertamin)两家国营公司合并而成。公司主要业务包括油气勘探开发、炼油与营销等。公司网址为 http://www. pertamina.com。

印度石油天然气有限公司 Oil and Natural Gas Corporation Limited(ONGC)印度国家控股石油公司，成立于 1956 年。公司主要业务包括油气勘探开发、炼油与营销等。公司网址为 http://www.ongcindia.com。

印度信实工业有限公司 Reliance Industries Limited(RIL)印度公司，成立于 1966 年。公司主要业务包括油气勘探开发、炼油与营销、石化等。公司网址为 http://www.ril.com。

英国石油工业协会 UK Petroleum Industry Association(UKPIA)由英国 9 个石油公司组成的协会组织。设在伦敦，为成员公司提供监管动向和产业发展信息，也是英国下游工业发展的权威信息来源。机构网址为 http://www.ukpia.com。

英国石油公司 British Petroleum (BP)英国公司，也是全球最大上下游一体化石油公司之一，1998～2000 年原 BP 公司先后收购阿莫科、阿科和 Burmah 嘉实多等公司，规模实力明显增强。公司主要业务包括油气勘探开发、炼油与营销、化工等。公司网址为 http://www.bp.com。

智利国家石油公司 Empresa Nacional del Petroleo(ENAP)智利国有石油公司，成立于 1950 年。公司主要业务包括油气勘探开发、炼油与营销等。公司网址为 http://www.enap.cl。

中国海洋石油总公司 China National Offshore Oil Corporation (CNOOC)中国国家石油公司，成立于 1982 年。公司主要业务包括油气勘探开发、炼油与营销、化工、石油工程服务、金融等。公司网址为 http://www. cnooc.com.cn。

中国润滑脂协会 China Lubricating Grease Institute 由国内从事润滑油脂生产、科研、教学等单位组成的行业性组织，始建于 1985 年，隶属于中国石油学会石油炼制分会，以促进我国润滑脂行业的技术进步为目标。

中国石油化工集团公司 China Petrochemical Corporation (SINOPEC Group)简称中国石化集团，是 1998

年7月国家在原中国石油化工总公司基础上重组成立的特大型石油石化企业集团，是国家授权投资的机构和国家控股公司。公司主要业务包括油气勘探开发、炼油与营销、化工、石油和炼化工程服务、管道运输、贸易等。公司网址为 http://www.sinopecgroup.com。

中国石油化工股份有限公司 China Petroleum & Chemical Corporation(SINOPEC Corp.)简称中国石化，是中国石化集团最大的控股子公司，主要从事油气勘探开发、炼油与营销、化工等业务。公司网址为 http://www.sinopec.com。

中国石油天然气集团公司 China National Petroleum Corporation (CNPC)简称中国石油集团，是1998年7月在原中国石油天然气总公司的基础上组建的特大型石油石化企业集团，是国家授权投资的机构和国家控股公司。公司主要业务包括油气勘探开发、炼油与营销、化工、石油和炼化工程服务、管道运输、贸易等。公司网址为 http://www.cnpc.com.cn。

中国石油天然气股份有限公司 Petro China Company Limited (Petro China)简称中国石油，是中国石油集团最大的控股子公司，主要从事油气勘探开发、炼油与营销、化工等业务。公司网址为 http://www.petrochina.com。

中国石油学会 Chinese Petroleum Society (CPS)由中国石油、石化、海洋石油广大科技工作者组成的学术性群众团体，是中国科学技术协会的组成部分。创立于1978年，设在北京。其任务是推动石油、天然气和石油化工科学技术的发展并迅速转化为生产力；普及石油、天然气和石油化工科学技术知识；出版学术期刊；开展对石油、天然气和石油化工发展战略及经济建设重大决策的咨询服务。机构网址是 http://www.cps.org.cn。

中国石油学会石油炼制分会 Petroleum Refining Branch of Chinese Petroleum Society 以从事石油炼制方面的科研院所、生产企业、大专院校的专家学者和工程技术人员为主体的全国性专业学术团体，从属中国石油学会领导管理。成立于1995年8月11日，挂靠在中国石化石油化工科学研究院。

附录2 期刊及出版公司

阿格斯传媒有限公司 Argus Media Ltd. 全球原油、石油产品、天然气、液化石油气、煤炭、电力、生物燃料和运输等行业的市场数据的主要提供商。创建于1970年，总部设在英国伦敦。在新加坡、美国华盛顿和休斯敦、俄罗斯莫斯科等设有办事处。主要提供刊物和数据服务，以及咨询服务。出版刊物有《Asia Gas & Power》(《亚洲天然气和电力，双月刊》)和《Global LNG》(《全球液化天然气》，月刊)。

《阿拉伯石油天然气杂志》 Arab Oil & Gas Magazine(AOGM)阿拉伯石油研究中心出版，创刊于1965年，用英文和阿拉伯文出版，月刊。报道阿拉伯地区的石油和天气新闻，提供中东和国际公司计划和项目的第一手资料，包括阿拉伯地区石油工业上游和下游部分的技术新闻和最新统计等方面的内容。

爱思唯尔 Elsevier 一家世界领先的科学、技术和医学信息产品和服务提供商。基于与全球科技和医学界的合作，公司每年出版超过2000种期刊，还出版近20000种图书，包括Mosby、Saunders等著名出版品牌的参考工具书。

CRC出版社 CRC press LLC 泰勒弗朗西斯集团(Taylor & Francis Group)旗下出版公司，拥有近100年的出版经验，在科技出版界享有盛誉。出版领域广泛涉及工程、数学与统计、物理、化学、生命科学、生物医学、药学、食品科学、环境科学、信息技术、商业及法学等。每年出版新书近700种。

《当代石油石化》 Petroleum & Petrochemical Today 由中国石油化工集团公司经济技术研究院主办。创刊于1993年，月刊。旨在交流国内外石油石化技术和经济的研究成果，报道国内外石油石化技术和经济的发展动态，宣传石油石化企业经营管理之道，分析预测国内外石油石化市场供需趋势，研究石油石化工业发展战略和企业应对策略。

《高校化学工程学报》 Journal of Chemical Engineering of Chinese Universities 由清华大学、华东理工大学、浙江大学等16所重点高等院校化工院系共同主办的学术类刊物。创刊于1989年，双月刊。主要刊登我国化学工程与技术学科各个领域的科学研究成果。

格尔为出版社有限公司 Ogilvie Publishing Ltd. 美国的一个网络出版公司。成立于2001年，总部位于英国。每两周以PDF的形式发送一次信息资料到订户的收件箱内。报道非洲深水上游勘探简报、浅水区和陆地上发现的油气田情况，以及中亚、东南亚和澳大利亚等油气市场的新闻和交易信息。

《国际石油经济》 International Petroleum Economics 由中国石油学会经济专业委员会、中国石油天然气集团公司石油经济和信息研究中心、中国石油规划总院主办，创刊于1993年，月刊。内容涵盖石油及天然气领域上下游、产供销、内外贸易等各类经济问题的研究及重大信息动态的报道。

海湾出版公司 Gulf Publishing Company(GPC)美国石油天然气工业的一个主要出版公司。创建于

1916年，总部位于得克萨斯州休斯敦市。专业出版物涉及全世界能源工业、杂志、图书和目录。出版了《世界石油》《烃加工》等杂志。

《合成润滑材料》 Synthetic Lubricants 中国石化股份有限公司润滑油分公司主办，创刊于1974年。国内唯一的合成润滑油脂领域的技术性刊物，主要报道国内外合成润滑油脂科研、生产和使用方面的成果、经验和发展动态；指导正确选择和使用润滑油脂。

《化工进展》 Chemical Industry and Engineering Progress 中国化工学会会刊。由中国化工学会主办、化学工业出版社出版，创刊于1980年，月刊。内容涵盖石油化工、精细化工、生物与医药、新材料、工业水处理、化工设备、现代化管理等学科和行业。

《化工科技》 Science & Technology in Chemical Industry 由中国石油天然气股份有限公司吉林石化分公司主办的化工类综合性学术期刊。创刊于1992年，双月刊。主要报道全国化工领域重大科研成果和技术改造成果，国家、省、市级的自然科学基金资助项目、国家教委博士后基金资助项目和各种科技攻关项目以及各种获奖项目。

《化工新型材料》 New Chemical Materials 中国化工信息中心主办的化工科技信息刊物。创刊于1973年，月刊。主要报道国内外新近发展和正在开发的具有某些优异性能或特种功能的先进化工材料的研究开发、技术创新、生产制造、加工应用、市场动向及产品发展趋势。

《化工质量》 Quality for Chemical Industry 由中国石油和化学工业协会主管、中国质量协会化工分会主办。2007年6月期刊名称变更为《石油石化物资采购》，月刊。主要报道中国化工质量管理分会有关工作安排，交流企事业在深化全面质量管理中的典型经验和成果，报道企业实施名牌战略并宣传化工名牌产品，刊登先进企业贯标与认证工作的具体做法和可操作性程序，介绍质量监督的新动态，传播国内外化工质量信息等。

《化学反应工程与工艺》 Chemical Reaction Engineering and Technology 由浙江大学联合化学反应工程研究所和上海石油化工研究院共同主办，中国石油化工集团公司经济技术研究院主管。创刊于1985年，双月刊。主要内容包括：化学反应动力学、反应工程技术及其分析、反应装置中的传递工程、催化剂及催化反应工程、流态化及多相流反应工程、聚合反应工程、生化反应工程、反应过程和反应器的数学模型及仿真、工业反应装置结构特性的研究、反应器放大和过程开发以及特约论著等。

《化学工程》 Chemical

Engineering 我国创刊最早的化学工程专业刊物。由华陆工程科技有限责任公司和中国石油和化工勘察设计协会化学工程设计专业委员会联合主办，由华陆工程科技有限责任公司主管。1972 年创刊，月刊。报道范围主要有传质、传热、反应、流体流动等单元过程及设备；非均相分离及搅拌混合过程及设备；化工热力学；系统工程；生物化学工程；环境工程；精细化工；膜技术；材料科学；煤化工；能源工程；节能技术；医药工程；新技术介绍；技术开发及工程信息服务等。

《化学世界》 Chemical World 上海市化学化工学会主办的科技月刊。1946 年创刊，旨在报道化学、化工的科研生产成果和经验交流。主要栏目有综述、研究论文(包括无机化学、有机化学、高分子化学、工业分析、化学工程和综合利用等)、新技术、新方法、新信息、化学天地、学会活动等。

《化学周刊》 Chemical Week 属 Access Intelligence 有限责任公司旗下化工商业媒体系列产品。杂志总部位于纽约州纽约市，在美国马里兰州罗克维尔、英国伦敦设有分支机构。主要提供化工行业的最新消息，化学品的价格和化工市场和相关服务行业的发展，并为各行业提供新闻和化学品的价格，包括基础化学品、塑料、特种及精细化工、生物燃料和替代燃料。

《加拿大石油技术杂志》 Journal of Canadian Petroleum Technology(JCPT)加拿大石油协会刊物，双月刊。报道加拿大和世界的石油天然气勘探与生产、地球物理勘探、钻井承包、天然气加工、炼油厂和石油化工厂、海洋石油工业等。

《今日下游》 Downstream Today 在美国出版，提供有关全球范围内的建设项目，包括炼油、石油化工、液化天然气(LNG)和管道从开始到完成的详细信息。

《精细化工》 Fine Chemicals 中国化工学会精细化工专业委员会、中国精细化工协会(筹)会刊，是中国创办最早的精细化工专业技术刊物。由大连化工研究设计院(原化工部大连化工研究设计院)等单位主办，1984 年 6 月创刊，月刊。报道范围涉及当代中国精细化工科学与工业的众多新兴领域，主要栏目有：功能材料、表面活性剂、电子化学品、生物工程、中药现代化技术、催化与分离提纯技术等。

《精细石油化工》 Speciality Petrochemicals 由中国石化天津石油化工公司主办的石油化工类综合性学术期刊。创刊于 1984 年，内容包括油田化学品、日用化工产品、纺织染整性助剂、胶黏剂、表面活性剂、合成洗涤剂、催化剂、合成材料助剂、炼油精细化学品、石化副产品综合利用以及中间体的研究、开发、生产、应用等方面的成果，介绍国内外发展精细化工工业的经验及精细石油化工领域的新成就和技术进展。

《炼油技术与工程》 Petroleum Refinery Engineering 中国石化集团洛阳石油化工工程公司(LPEC)主办的炼油和石油化工方面的科技刊物。创刊于1971年，月刊。主要报道炼油、石油化工科学研究和工程技术开发的新成果及其应用。

麦格劳-希尔教育出版公司 McGraw-Hill Education 全球领先的教育出版机构，为整个教育行业提供全面的产品和服务，在儿童早期教育、中小学教育、职业培训、高等教育、专业发展及继续教育等广阔领域内，通过提供的知识内容和服务，帮助教师、学生及专业人士教学与学习。

《煤炭转化》 Coal Conversion 1978年创刊，原名为《煤炭综合利用译丛》，1992年更名为《煤炭转化》。太原理工大学主管，太原理工大学、中国科学院煤转化国家重点实验室主办。主要跟踪世界煤炭转化、煤炭综合利用的最新发展，报道国内外煤炭加工转化的科研开发等成果。

牛津大学出版社 Oxford University Press 始创于15世纪末，是牛津大学的一个部门。牛津大学出版社通过高质量的研究与出版活动，已发展成每年在50多个国家出版4500多种新书的世界最大的大学出版社。

《PetroMin 杂志》 PetroMin Magazine 由AP能源贸易出版社主办，1973年创刊。该编辑部设在新加坡。属于电子杂志，主要报道亚洲地区的石油、天然气和石油化工等工业状况和发展。

彭伟而出版公司 PennWell Publishing Company(PennWell)美国一个综合性的能源方面的书刊出版公司。成立于1910年，总部位于俄克拉荷马州塔尔萨市。其出版物涉及石油和天然气、电力、金融和经济学方面。

《燃料化学学报》 Journal of Fuel Chemistry and Technology 由中国科学院山西煤炭化学研究所主办的综合性学术期刊。创刊于1956年，季刊。主要刊载燃料化学、燃料化工及其基础研究的前瞻性、原始性、首创性研究成果、科技成就和进展，涵盖煤炭、石油、油页岩、天然气和生物质转化等与燃料化学相关学科的内容。

《润滑油》 Lubricating Oil 中国石油天然气股份有限公司润滑油公司和中国石油润滑油科技情报站共同主办。创刊于1986年，双月刊。旨在介绍国内外润滑油科研、设计、生产、销售、应用等方面的成果和管理经验，为全国润滑油行业服务。

《石油工程建设》 Petroleum Engineering Construction 中国石油石化基建工程领域创办最早的专业技术刊物。由中国石油集团工程技术研究院和中国石油工程建设(集团)公司主办,创刊于1975年,双月刊。专门报道油气田、油气管道、油气储罐、炼油厂、化工厂、石油化工联合企业的工程建设和技术改造等。

石油工业出版社 Petroleum Industry Press 直属中国石油天然气集团公司的出版社。成立于1956年1月。出版石油勘探开发、石油炼制、石油化工等方面的科技图书、词典、手册及出版相关内容的大中专、技校教材和职工培训教材等。

《石油工业技术监督》 Technology Supervision in Petroleum Industry 由中国石油天然气集团公司质量管理与节能部、中国石油天然气股份有限公司质量管理与节能部、中国质量协会石油分会、西安石油大学主办,创刊于1985年,月刊。主要宣传报道国家技术监督工作方针、政策、法规和中国石油天然气集团公司技术监督工作部署,报道各油田、炼油厂、石油销售公司、科研单位开展技术监督工作的动态、经验及有关成果,以及国内外技术监督等最新信息。

《石油化工》 Petrochemical Technology 由中国石化集团北京化工研究院和中国化工学会石油化工专业委员会联合主办。创刊于1970年,月刊。报道我国石油化学工业领域的科技成果,介绍石油化工的新技术、新进展及国内外科技、生产动态。包括特约述评、研究与开发、精细化工、石油化工新材料、环境与化工、工业技术、分析测试、进展与述评。

《石油化工腐蚀与防护》 Corrosion & Protection in Petrochemical Industry 由中国石化集团防腐蚀研究中心和洛阳石化工程公司联合主办。创刊于1984年,双月刊。主要刊登国内外石油化工领域的腐蚀与防护技术,涉及腐蚀规律探讨、腐蚀试验研究、石油化工工艺、设备选材、腐蚀检测与分析、工业水处理技术、涂料、防腐蚀经验以及有关标准等。

《石油化工技术与经济》 Technology Economics in Petrochemicals 由中国石化上海石油化工股份有限公司主办。创刊于1984年,双月刊。内容涉及石油炼制、石油化工原料、精细石油化工、三大合成材料以及化肥等行业技术经济问题。

《石油化工设备》 Petro-Chemical Equipment 由机械工业联合会主管,兰州石油机械研究所主办。创刊于1972年,双月刊。主要报道石油、化工设备及防腐技术的最新动态;交流设备管理经验;介绍石油、石化、化工设备设计、制造、使用、维修、管理和防腐技术，石油、石化、化工设备和防腐蚀方面的新产品、新技术、新材料、新设备，是一本全面反映石油、石化、化工设备及防腐技术的综合性专业期刊。

《石油化工应用》 Petrochmical Industry Application 由宁夏回族自治区科学技术协会主管，宁夏石油学会主办。创刊于 1981 年，月刊。主要报道国内外石油、天然气、化工行业最新科技成果与技术发展，以及新技术应用、新工艺、新设备、新产品、新用途方面的动态及市场行情等。

《石油化工自动化》 Automation in Petro-Chemical Industry 面向全国化工、石化、冶金、纺织、轻工等行业的自动化科技刊物，由中国石化集团宁波工程有限公司、全国化工自控设计技术中心站、中国石化集团公司自控设计技术中心站主办。创刊于 1964 年，双月刊。侧重于自控工程方面的专业技术刊物，刊登工程设计及标准、控制系统、计算机应用、仪器仪表应用与监理等内容。

《石油机械》 China Petroleum Machinery 由中国石油天然气集团公司主管，中国石油物资装备(集团)总公司、中国石油学会石油工程学会和江汉石油管理局联合主办。创刊于 1973 年，月刊。以介绍应用技术为主，并适当报道一些学术性论文。

《石油技术杂志》 Journal of Petroleum Technology (JPT) 全球石油天然气工业工程技术的主导杂志。美国石油工程师协会 SPE 出版，月刊。主要报道关于勘探开发、技术进步、石油和天然气行业的问题，以及 SPE 和其成员的新闻。

《石油经济学家》 Petroleum Economist 创刊于 1934 年，月刊。由英国石油经济学家有限出版公司出版。报道各国石油和天然气工业的发展和经济动向，包括评论、综述、动态、市场行情及统计资料。

石油经济学家有限出版公司 Petroleum-Economist 英国一家国际著名的能源杂志出版公司。成立于 1990 年，设在伦敦。出版能源和电力工业的杂志、地图、书籍并举办会议与展览。

《石油科技论坛》 Oil Forum 石油科技综合指导类刊物。由中国石油天然气集团公司主管，创刊于 2000 年，双月刊。宣传石油科技政策、法规，探讨石油行业科技发展战略，反映石油科技发展动向，推动石油企业技术创新，介绍技术创新成果与科技管理经验。

《石油科学》 Petroleum Science 由中国石油大学主办，报道石油地质与地球化学、石油地球物理、石油工程与机械、石油化学与化工、石油经济与管理等领域的应用基础研究和应用研究的新成果。

《石油科学与技术》 Petroleum Science and Technology 英国泰勒&弗朗西斯股份有限公司出版，月刊。主要提供石油科学和加工方面的文章，涵盖重油、焦油砂、沥青和渣油的性质、属性、加工处理过程，还解决了石油再生、提炼和使用的环境方面的问题。

《石油沥青》 Petroleum Asphalt 由中国石油化工集团公司齐鲁分公司主办，创刊于1987年。内容涉及石油沥青基础理论研究、加工工艺、技术、设备、市场、防水建材、沥青铺路工程技术等，着重报道沥青生产科研方面的新技术、新工艺及发展方向。

《石油炼制与化工》 Petroleum Processing and Petrochemicals 一本全国性石油炼制和石油化工专业科技期刊。中国石油化工股份有限公司石油化工科学研究院主办，创刊于1957年，月刊。主要报道炼油、石油化工专业科技新成果及其应用研究与工程技术开发的新成果，交流企业技术创新和提高经济效益、社会效益的新经验，介绍国外新技术和发展动态。

石油情报出版社 Petroleum Information Publishing 中国台湾的书刊和情报咨询单位，设立在中国台湾省台北市。前身是成立于1981年的润滑杂志社。主要提供润滑油的技术和市场信息，并经常举办研讨会、讲习班等活动，以及进行市场调研。

《石油情报周刊》 Petroleum Intelligence Weekly(PIW) 美国关于石油方面的情报杂志。创刊于1963年，其主要任务是为国际石油和天然气行业的知情决策提供分析洞察力，另外还会每年依据各石油公司的原油储产量、天然气储产量、炼制能力以及油品销售量公布世界最大50家石油公司综合排名。

《石油商技》 Petroleum Products Application Research 由中国石化集团公司创办。创刊于1983年，主刊(双月刊)研讨交流石油产品(燃料、液化气、压缩天然气、润滑油、润滑脂及相关添加剂)的研制开发、应用、生产、储运、经营与管理领域的研究成果和工作经验，介绍有关的国内外动态和综合信息。副刊作为石油产品技术研究的权威性学术刊物，发表相关研究的最新成果。

《石油天然气学报》 Journal of Oil and Gas Technology 由长江大学主办的石油天然气工业类综合性学术刊物。创刊于1979年，双月刊。主要刊载石油地质、石油物探与测井、油田工程、油田化学、石油机械、电子工程与计算机应用、土木工程、基础科学与应用等领域内有创新性的学术论文、科研成果和研究简报等。

《石油投资》 Oil Capital 俄罗斯在线英文出版物。创刊于 1999 年 1 月，月刊。主要报道俄罗斯的石油天然气工业状况，内容深度覆盖世界石油天然气状况。

《石油文摘》 Petroleum Abstracts 以报道世界范围内关于石油天然气等相关文献的摘要而著称于世界的文献性杂志。由美国塔尔萨大学情报部编辑出版，创刊于 1961 年。文献精选自美国及其他近 30 个国家、200 多个语种的 500 多种石油天然气期刊、会议录、学位论文、政府报告、图书和专利出版物。

《石油新闻》 Petroleum News 前身为阿拉斯加石油新闻，2003 年 4 月 6 日改版为石油新闻，周刊。该编辑部设立在美国阿拉斯加安克雷奇市，内容覆盖美国大陆和阿拉斯加、加拿大、墨西哥等石油天然气勘探、生产和市场状况。

《石油学报(石油加工)》 Acta petrolei sinica (Petroleum Processing Section) 由中国科学技术协会主管、中国石油学会主办、石油化工科学研究院承办的学术刊物。创刊于 1985 年，双月刊。主要刊登有关原油的性质与组成、石油加工和石油化工工艺、炼油化工催化剂、燃料和石油化学品及助剂、化学工程、反应动力学、系统工程、环保、油品分析等方面的基础理论和应用研究论文及研究结果的综合评述。

《石油仪器》 Petroleum Instruments 一本全面介绍和评论国内外石油仪器、仪表和装备的综合性科技期刊。由中国石油天然气集团公司主管，中国石油物资装备总公司和西安石油勘探仪器总厂共同主办，国内各大油田协办。创刊于 1987 年，双月刊。包括陆地和海上的石油地质勘探、地球物理勘探、地球物理测井、石油开发、石油机械、石油化工、钻井、采油、油气储运、炼化等方面的仪器、仪表、计算机及应用技术。

《石油与天然气化工》 Chemical Engineering of Oil & Gas 由中国石油西南油气田分公司天然气研究院暨重庆天然气净化总厂主办。创刊于 1972 年，双月刊。报道石油化工与天然气化工领域的科技成果，包括油气处理与加工、天然气及其凝液的下游产品开发、油田化学药剂、天然气分析测试等方面的研究和应用成果、技术开发动向等。

《石油与天然气文摘》 Petroleum and Nature Gas Abstract 一本以中文形式全面介绍国外石油、天然气信息和科技文献的检索期刊。中国石油集团经济技术研究院主办，创刊于 1962 年，双月刊。系统报道国外石油工业上下游，包括一般性问题、石油地质、物探、测井、钻井、油气田开发、油气储运、炼油化工及石油工业环境保护等各个领域科技信息。

《石油知识》 Petroleum Knowledge 石油科普刊物。中国科学技术协会主管，中国石油学会主办，创刊于1985年，双月刊。主要宣传发展石油工业的方针、政策与任务，普及石油天然气工业的技术知识，报道有关石油天然气勘探、开发、建设和油气加工、炼制储运及应用方面的科技信息。

《世界炼油商务文摘周刊》 Worldwide Refining Business Digest Weekly 由美国油气出版公司出版，是一本从数百篇石油杂志、贸易杂志、商业报纸和世界各地的政府报告中精选出新闻的综合汇总期刊。每周简报包含期货和现货价格，原油和成品油、炼油毛利、炼油业务和技术的消息。

《世界石油》 World Oil 美国海湾出版公司出版的综合性石油刊物。创刊于1916年。介绍了世界石油和天然气工业的勘探、钻井、生产技术等方面的进展并报道石油工业新闻。

《世界石油工业》 World Petroleum Industry 由世界石油理事会中国国家委员会、中国石油天然气集团公司、中国石油化工集团公司、中国海洋石油总公司、中国中化集团公司、珠海振戎公司和中国石油集团经济技术研究院共同主办。以《世界石油工业》中文版和《Petroleum Forum》英文版两种文字发行。全方位地刊登国内外石油工业的技术、经济、管理研究成果，交流石油、石化、海洋企业的经营管理之道，分析预测国内外石油工业的市场、资源供需趋势，研究中国石油工业的宏观战略和应对策略。

《天然气工业》 Natural Gas Industry 全面报道天然气工业的综合性科技期刊。四川石油管理局、中国石油西南油气田分公司主办，创刊于1981年，月刊。内容包括战略研讨、地质勘探、开发工程、钻井工程、集输工程、加工利用、经营管理与安全环保、新能源等栏目，重点反映天然气工业在上述领域的科学研究、工业生产和技术应用成果。

《天然气化工》 Natural Gas Chemical Industry 由西南化工研究设计院主办。创刊于1976年，双月刊。主要报道与天然气、合成气、一氧化碳、二氧化碳、甲醇等碳一化学品及其衍生物和低碳烷烃化工利用相关的化工技术和科研成果，同时也报道一些其他领域的新技术、新成果。

《烃工程》 Hydrocarbon Engineering 一本为下游油气加工提供技术和分析信息的主要期刊。由帕拉第奥式出版有限公司主办，月刊。其内容涉及烃加工的所有方面，包括技术特性、专家分析和实例研究等。

《烃加工》 Hydrocarbon Processing 美国海湾出版公司出版的专业刊物。创办于1922年，月刊。报道和评论世界碳氢化合物包括石油、天然气等各种石油化工产品的生产技术、方法及设备进展。

《乌克兰石油评论》 Oil Review 乌克兰石油天然气工业的评论杂志。由普查卡科学技术中心主办。设有乌克兰记事、俄罗斯、世界石油市场等栏目。内容涵盖上下游的业务和技术发展。

《现代化工》 Modern Chemical Industry 由中国化工信息中心主办，创刊于1980年，月刊。重点报道国内外化工、石化、石油领域的新技术、新工艺、新兴边缘学科和高技术成就。主要栏目有专论与评述、技术进展、科研与开发、化工行业设备、市场研究、环保与安全、海外纵横、知识介绍、国内简讯、国外动态、专利集锦及服务窗等。

《新疆石油天然气》 Xinjiang Oil & Gas 由新疆石油学院主办，季刊。主要栏目：油气勘探、油气开采、石油化工、石油机械。

《亚洲石油》 Oil Asia 印度石油界的核心刊物。创刊于1981年。报道以印度为主的亚洲地区的石油天然气勘探、生产和消费状况。

《乙烯工业》 Ethlyene Industry 中国石化集团工程建设公司主办。创刊于1989年。主要刊登有关乙烯的工程设计、工程施工管理与安装、配管及采暖通风、生产工艺的控制、机械设备与材料等方面的科研成果。

约翰威立父子出版公司 John Wiley & Sons Inc. 1807年创立于美国，是全球历史最悠久、最知名的学术出版商之一，享有世界第一大独立的学术图书出版商和第三大学术期刊出版商的美誉。

《油气杂志》 Oil & Gas Journal(OGJ) 世界油气工业的重要期刊，由美国彭伟而出版公司出版。创刊于1902年，总部设在俄克拉荷马州塔尔萨市。每星期提供最新的国际石油和天然气的消息。报道内容主要包括石油和天然气的勘探与开发、钻井与生产、炼油与加工、运输等。

油田出版有限公司 Oilfield Publication Limited(OPL) 国际石油天然气工业出版物的主要公司，在美国和英国均设有公司。成立于1996年。从事特种参考地图、书籍和容器注册业务。

《中国化工信息》 China Chemical Reporter 由中国石油和化学工业协会主管，中国化工信息中心主办。创刊于1985年，周刊。全面报道国内外石油和化工行业的产业政策、经济、生产、建设、市场、价格等信息。

中国石化出版社 China Petrochemical Press 中国石油化工集团公司所属的专业科技出版社。成立于1984年12月。出版石油勘探开发、石油炼制、石油化工等方面的科技图书、词典、手册，及出版相关内容的大中专、技校教材和职工培训教材等。

《中国石油和化工》 China Petroleum and Chemical Industry 中国石油和化学工业协会主管、主办。原为半月刊，2009年改版为月刊。主要登载石油、石化和化工行业及相关行业的改革、政策、管理、发展、市场信息及热点问题、环球行业动态等重要文章。

《中国石油企业》 China Petroleum Enterprise 由中国石油天然气集团公司主管，中国石油企业协会与中国石油企协海洋石油分会主办。创刊于1984年，月刊。紧密围绕我国石油石化行业改革、发展、管理所面临的重点、难点、焦点、热点问题进行有深度、有力度的分析报道。

《中国石油石化》 China Petrochem 原名《中国石油》，由中国石油集团公司、中国石化集团公司、中国海洋石油总公司联合创办，经济日报报业集团主管、主办。创刊于1998年，半月刊。报道三大国家石油公司及下属企业、国际石油石化公司、民营油企的企业行为，深度解析国家对于石油石化行业的各种政策，报道围绕石油石化行业近一段时间的热点、难点、重点、疑点问题。

《中国石油文摘》 China Petroleum Abstract 由中国石油天然气集团公司主管，中国石油经济技术研究院主办。1985年创刊，双月刊。收录范围包括石油工业上下游的12个专业(石油工业经济、石油企业管理、地质勘探开发、物探、测井、钻井、采油、石油炼制、储运、矿场机械、油气田环保等)；收录的文献类型有期刊、论文、汇编、内部资料、专利、标准等。

《中国油气》 China Oil & Gas 由中国石油天然气集团公司主办，石油工业出版社承办，季刊。全面介绍中国石油天然气集团公司、中国石化集团公司、中国海洋石油总公司的发展战略、经营理念、勘探开发成果，石油市场以及对外合作的政策法规。

《中外能源》 Sino-Global Energy 由中国能源研究会主办，创刊于1996年，双月刊。内容主要立足能源领域，特别是石油、天然气、煤炭及新型能源和可再生能源领域，重点围绕能源战略规划和建设、新技术开发和应用、节能与清洁化技术的研究及其产业化应用等热点问题进行报道。